U0919112

定价: 12.80元

定价: 12.80元

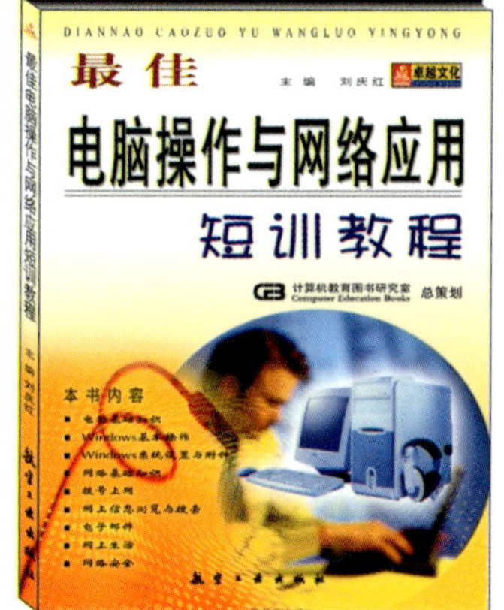

定价: 12.80元

定价: 28.00元

定价: 25.00元

定价: 25.00元

定价: 19.80元

定价: 19.80元

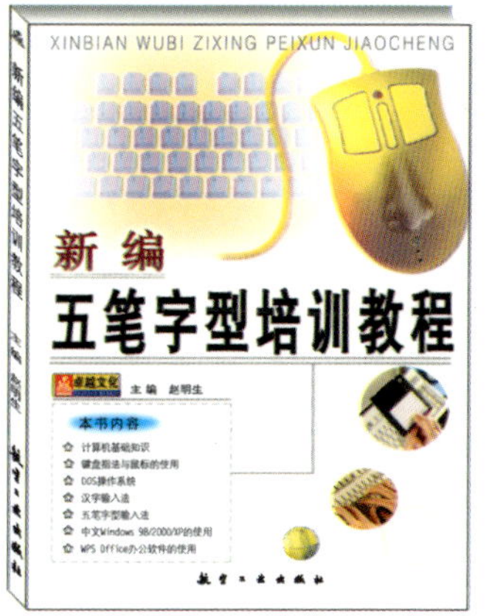

定价: 11.80元

总 策 划：崔亚海
责任编辑：王战航
责任校对：张宇民
封面设计：郭 燕

ISBN 7-80183-025-3
TP·020
定价：26.00元

定价: 32.80元

定价: 22.80元

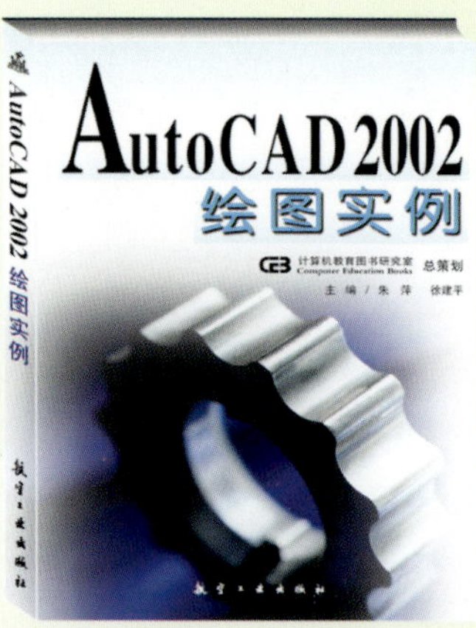

定价: 28.00元

定价: 25.80元

定价: 22.00元

定价: 20.80元

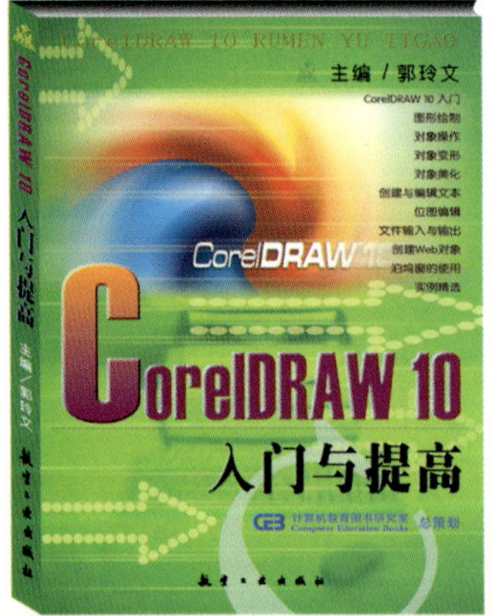

定价: 26.80元

定价: 25.00元

定价: 19.80元

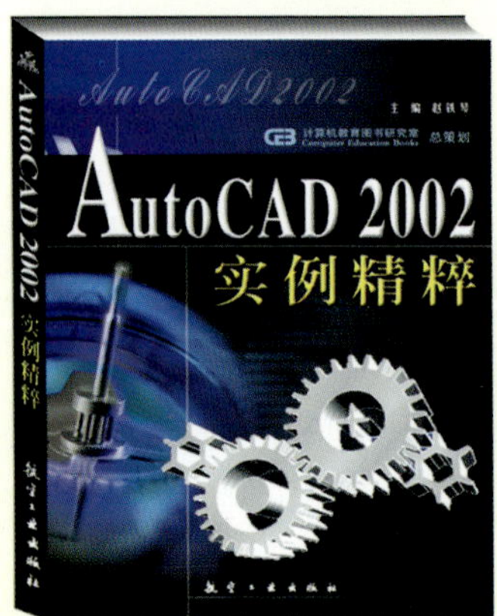

定价: 25.00元

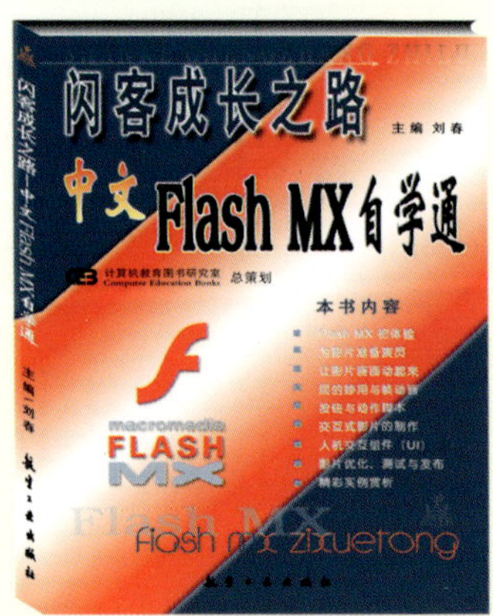

定价: 19.80元

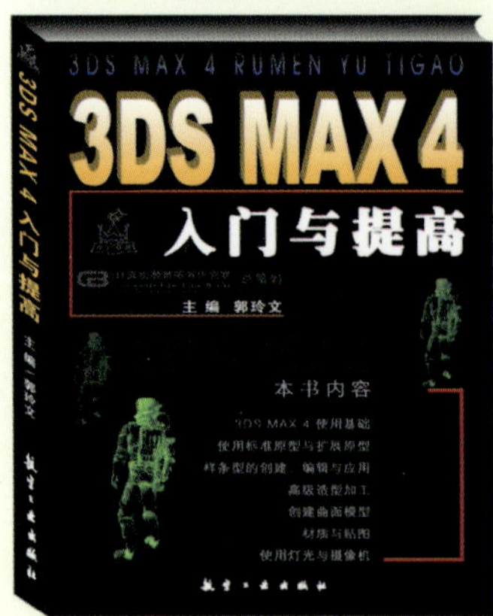

定价: 19.80元

道路设计资料集

4 路面设计

孙家驷 高建平 主编

人民交通出版社

内 容 简 介

《道路设计资料集》系列丛书共计7个分册，本丛书全面、系统地汇集了道路设计的有关资料和相关的土木工程资料。全书取材于常见、实用资料，内容丰富，简明精细。编写体例以图、表资料为主，文字叙述为辅，以利查阅。编写内容上以公路设计为主，兼顾城市道路和相关的土木设施设计。全套丛书各分册分别为：基本资料、路线测设、路基设计、路面设计、涵洞设计、交叉设计、设施设计（原计划本系列丛书为10个分册，因出版计划变更，将有关桥梁的3个分册不编入本丛书内，故现为7个分册）。

本书主要作为公路及城市道路专业设计人员的参考工具书，也可供大专院校师生、道路工程施工人员以及土木工程技术人员参考使用。

图书在版编目（CIP）数据

道路设计资料集．4，路面设计/孙家驷，高建平主编．—北京：人民交通出版社，2003
ISBN 7-114-04587-5

Ⅰ.道...　Ⅱ.①孙...②高...　Ⅲ.①道路工程－设计－资料－汇编②路面－设计－资料－汇编
Ⅳ.U412

中国版本图书馆CIP数据核字（2003）第007455号

道路设计资料集
4 路 面 设 计
孙家驷　高建平　主编
版式设计:王静红　责任校对:尹　静　责任印制:张 恺
人民交通出版社出版发行
(100013　北京和平里东街10号　010 64216602)
各地新华书店经销
北京鑫正大印刷有限公司印刷
开本:880×1230　1/16　印张:35　字数:1056千
2003年6月　第1版
2003年6月　第1版　第1次印刷
印数:0001－4000册　定价:66.00元
ISBN 7-114-04587-5
U・03399

主 编 简 介

孙家驷教授，现任重庆交通学院道路工程系主任，中国道路工程学会理事，全国路桥专业教学指导委员会委员，硕士研究生导师，全国交通系统优秀教师，曾获四川省有突出贡献优秀专家称号，交通部吴福－振华优秀教师奖；公开出版书著八本，其主编的《公路小桥涵勘测设计》全国统编教材获交通部优秀教材二等奖；公开发表论文十余篇；主持完成省、部、市级科研六项，获省级二等奖一项，重庆市软科学二等奖一项。

前言

随着我国改革开放和经济建设的突飞猛进,道路建设近十几年来得以迅速发展,公路和城市道路基础设施建设在规模、质量和速度上都有很大提高。道路设计是道路建设的前期重要工作,对道路的施工、营运和后期效益起着十分重要的作用。但近年来有关道路设计资料汇编的书籍甚少,远不能满足道路设计资料查阅的要求,在道路设计中深感不便。为此,编者在多年收集有关资料的基础上,编写了本资料集,以期成为道路设计者的良友。

本书力求紧密结合道路设计实践,收集的资料尽可能"**全面、简明、实用、精细**",编写主要遵循以下原则:

(1)取材以**常见实用**为主,采用现行的最新标准和规范,尽可能收入新近的设计资料、研究成果和新结构。对于道路的一些大型和特殊构造物,如隧道、悬索桥、斜拉桥、刚构桥、半山洞、半山桥以及其他特殊人工构造物未编入本书。

(2)编写体例以图、表资料为主,文字为辅,版面力求活泼、自由、便查,力求"一图抵千言",图像和文字相得益彰。

(3)以设计常用的资料、数据、表格、公式和示例图表为主,不做论证、分析和公式推导。

(4)在编写取材范围上以公路设计为主,兼顾城市道路和相关的土木工程设施设计,公路工程技术标准与规范和城市道路设计规范并用。

(5)编写体系上力求做到脉络清晰,查阅方便,数据准确,简明精练。

全套丛书共分七册,分期陆续出版,这七册分别为:

第一册　基本资料　　第二册　路线测设

第三册　路基设计　　第四册　路面设计

第五册　涵洞设计　　第六册　交叉设计

第七册　设施设计

全套丛书由孙家驷主编,本册主编孙家驷、高建平。本册编写组人员有:孙家驷、张维全、高建平、李松青、朱晓兵、张铭。在编写过程中得到人民交通出版社孙玺编辑的帮助和支持,在此表示谢意。本书的编写主要是资料的收集、整理和汇总工作,书中大量引用了已出版书籍、杂志和论文的内容,对文献作者为推动公路设计水平的提高所做的贡献笔者表示由衷的敬佩,同时表示感谢。应该说本书是对多年来道路设计资料的汇总,编者仅在这方面做了一点工作,如果这套丛书能对广大道路工作者有所帮助,这将是编者最大的欣慰。

由于编者水平有限,在编写中难免有挂一漏万、详略失当之处,一些资料的取舍可能不当,甚至个别资料的时效性和准确性也可能有偏差或错误,加之本书面广、篇幅大,编写人员较多,因此书中的"错、漏、缺、重"之处难免,对此,我们恳请读者批评指正。

目录

六 沥青路面

七 水泥混凝土路面

八 新型路面及特种路面

九　路　面　排　水

十　路面典型结构及实例资料

第一部分

标准规范摘要

5 路　面

5.0.1 路面设计的基本要求

公路路面应根据交通量及其组成情况和公路等级、使用任务、功能、当地材料及自然条件,结合路基进行综合设计。

路面应具有良好的稳定性和足够的强度,其表面应满足平整、抗滑和排水的要求。

各级公路的行车道、路缘带、匝道、变速车道、爬坡车道、硬路肩和应急停车带等均应铺筑路面。

各级公路路面可根据交通量发展需要,一次建成或分期修建。

5.0.2 标准轴载

路面设计以双轮组单轴 100kN 为标准轴载。

5.0.3 路面等级

路面等级一般按表 5.0.3 的规定选用。

路 面 等 级　　表 5.0.3

公路等级	高速公路	一	二	三	四
采用的路面等级	高级	高级	高级或次高级	次高级或中级	中级或低级

5.0.4 路面结构组成及其类型

路面结构一般由面层、基层、底基层与垫层组成。面层类型规定于表 5.0.4。

高速公路、一级公路基层,应采用水泥稳定粒料、石灰粉煤灰稳定粒料、沥青混合料以及级配碎砾石等材料铺筑,高速公路、一级公路底基层和二级及二级以下公路基层和底基层,除上述类型材料外,也可采用水泥稳定土、石灰稳定土、石灰粉煤灰稳定土、石灰工业废渣、填隙碎石等或其他适宜的当地材料铺筑。

各级公路当需要设置垫层时,一般可采用水稳性好的粗粒料或各种稳定类材料铺筑。

路 面 面 层 类 型　　表 5.0.4

路面等级	面层类型
高级路面	1. 沥青混凝土 2. 水泥混凝土
次高级路面	1. 沥青贯入式 2. 沥青碎石 3. 沥青表面处治
中级路面	1. 碎、砾石(泥结或级配) 2. 半整齐石块 3. 其他粒料
低级路面	1. 粒料加固土 2. 其他当地材料加固或改善土

5.0.5 路拱坡度

路拱坡度应根据路面类型和当地自然条件,按表 5.0.5 规定的数值采用。路肩横向坡度一般应较路面横向坡度大 1%～2%。

六车道、八车道的高速公路宜采用较大的路面横坡。

路 拱 坡 度　　表 5.0.5

路面类型	路拱坡度(%)
沥青混凝土、水泥混凝土	1～2
其他沥青路面	1.5～2.5
半整齐石块	2～3
碎、砾石等粒料路面	2.5～3.5
低级路面	3～4

5.0.6 路面排水

各级公路,应根据当地降水与路面的具体情况设置必要的排水设施,及时将降水排出路面,保证行车安全。高速公路与一级公路的路面排水,一般由路肩排水与中央分隔带排水组成;二级及二级以下公路的路面排水,一般由路拱坡度、路肩横坡和边沟排水组成。

第九章　柔性路面设计

第一节　设计原则与规定

第 9.1.1 条　柔性路面设计包括结构组合、厚度计算与材料组成，其原则如下：

一、路面设计应根据道路等级与使用要求，遵循因地制宜、合理选材、方便施工、利于养护的原则，结合当地条件和实践经验，对路基路面进行综合设计，以达到技术经济合理，安全适用的目的。

柔性路面结构应按土基和垫层稳定，基层有足够强度，面层有较高抗疲劳、抗变形和抗滑能力等要求进行设计。

二、结构设计应以双圆均布垂直和水平荷载作用下的三层弹性体系理论为基础，采用路表容许回弹弯沉、容许弯拉应力及容许剪应力三项设计指标。路面结构用计算机计算；无计算机时对于三层以上体系用当量层厚度法换算为三层体系后查诺模图计算。

三、面层材料应具有足够的强度与温度稳定性；上基层应采用强度高稳定性好的材料；底基层可就地取材；垫层材料要求水稳定性好。

第 9.1.2 条　分期修建的路面工程应合理选择路面结构组合，确定设计厚度，使前期工程在后期能充分利用。

第 9.1.3 条　路面结构层一般由面层、基层和垫层组成，见图 9.1.3。

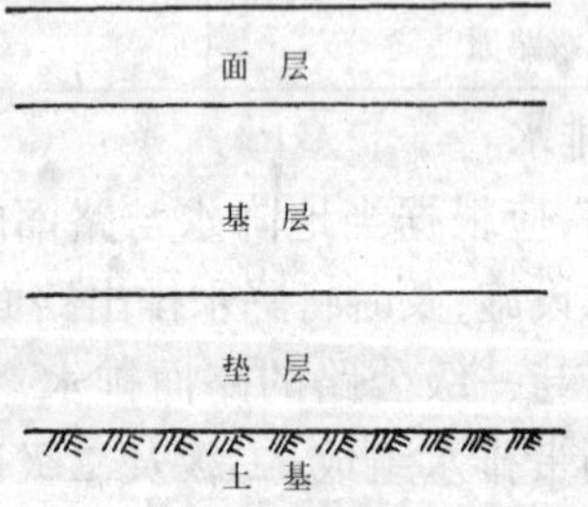

图 9.1.3　柔性路面结构层

面层为直接承受汽车车轮的作用力和自然因素影响的结构层，由一层或数层组成。

基层为路面的主要承重部分，和面层一起把荷载作用力传至土基。基层由一层或数层组成。

垫层为介于基层与土基之间的结构层，在土基水、温状况不良时，用以改善土基的水、温状况，提高路面结构的水稳性和抗冻胀能力，并可扩散荷载，以减小土基变形。

第二节　设计标准

第 9.2.1 条　路面设计以轴载 100kN 的双轮组单轴为标准轴载。各轮轮载为 25kN，轮胎压强为 0.7MPa，单轮轮迹当量圆半径 r 为 10.65cm，双轮中心间距为 $3r$。

不同轴载的轴数按式(9.2.1)换算为标准轴载的轴数。

$$N_{ci} = \sum_{i=1}^{n} \gamma_a \left(\frac{p_i r_i^{1.5}}{p_t r^{1.5}}\right)^5 N_i \qquad (9.2.1)$$

式中：N_{ci}——设计初期，机动车车行道上日交通量换算为日标准轴载的轴数(n/d)；

N_i——被换算各级轴载的轴数(n/d)；

p_t——标准轴载的轮胎压强(MPa)；

p_i——被换算各级轴载的轮胎压强(MPa)；

r——标准轴载的单轮轮迹当量圆半径(cm)；

r_i——被换算各级轴载的单轮轮迹当量圆半径(cm)；

γ_a——轮组数系数。双轮组为 1；单轮组为 0.25。

轴载大于或等于 20kN 的轴数均应换算为标准轴载的轴数，轴载小于 20kN 者不计。

第 9.2.2 条　设计指标及适用范围规定如下：

一、设计指标

1. 为防止路面出现沉陷、车辙、软弹、网裂等整体强度不足的损坏，路表容许回弹弯沉值$[l]$应大于或等于路表实际回弹弯沉值 l_s，即$[l] \geqslant l_s$。计算时其差值应符合式(9.2.2-1)。

$$([l] - l_s)/[l] \times 100\% \leqslant 5\% \qquad (9.2.2\text{-}1)$$

2. 为防止路面出现疲劳裂缝损坏，沥青混凝土面层或半刚性基层材料的容许弯拉应力$[\sigma]$应大于或等于该层的实际弯拉应力 σ，即$[\sigma] \geqslant \sigma$。计算时其差值应符合式(9.2.2-2)。

$$([\sigma] - \sigma)/[\sigma] \times 100\% \leqslant 5\% \qquad (9.2.2\text{-}2)$$

3. 为防止路面面层出现车辙、波形、推挤、滑移和剪裂等损坏，面层材料的容许剪应力$[\tau]$应大于或等于面层破裂面上的实际剪应力 τ_a，即$[\tau] \geqslant \tau_a$。计算时其差值应符合式(9.2.2-3)。

$$([\tau] - \tau_a)/[\tau] \times 100\% \leqslant 5\% \qquad (9.2.2\text{-}3)$$

二、适用范围

1. 对沥青混凝土面层应采用容许回弹弯沉、弯拉应力和剪应力三项指标设计。在交通量小的支路上铺筑沥青混凝土面层时，可仅用容许弯沉值设计。

2. 对沥青碎石面层采用容许回弹弯沉和剪应力两项指标设计。

3. 对沥青贯入式碎(砾)石面层、浇洒式施工的沥青表面处治和粒料路面，只用容许回弹弯沉指标设计。

4.采用半刚性基层时,应对基层按弯拉指标设计。

第9.2.3条　路表的容许回弹弯沉值[l]按式(9.2.3-1)计算。

$$[l] = 1.1\alpha_r\alpha_s/N^{0.2} \quad (9.2.3\text{-}1)$$

式中:[l]——路表容许回弹弯沉值(cm);

α_r——道路分类系数,按不同等级的城市、不同类别的道路采用表9.2.3-1之值;

α_s——路面类型系数,见表9.2.3-2;

N——设计年限内设计车道上标准轴载累计数;

$$N = \eta_n N_{ct} \quad (9.2.3\text{-}2)$$

η_n——轴数分配系数,各城市按实际行车状况调查确定,缺乏调查资料时,可采用表9.2.3-3规定值;

N_{ct}——设计年限内机动车车行道上各种轴载换算为标准轴载的累计数;

$$N_{ct} = 365N_{ci}[(1+\gamma)^t - 1]/\gamma \quad (9.2.3\text{-}3)$$

γ——设计年限内交通量的年平均增长率(%),各城市根据调查资料分析确定;

t——设计年限(a),见第2.5.2条。

道路分类系数 α_r　表9.2.3-1

城市级别	道路分类			
	快速路	主干路	次干路	支路
大城市	0.85	1.0	1.1	1.2
中、小城市	0.85	1.1	1.2	1.2

路面类型系数　表9.2.3-2

路面类型	沥青混凝土	沥青碎石、沥青贯入式碎(砾)石	沥青表面处治	粒料
路面类型系数 α_s	1.0	1.1	1.2	1.3

轴数分配系数　表9.2.3-3

车道数	机动车车行道宽度(m)	轴数分配系数
单车道	≤5.5	1.0
双车道	6.0~7.0	0.6~0.7
	≥7.5	0.5
四车道	≥14.5	0.5
六车道	≥22.0	0.3~0.4

注:1.双车道宽度窄时用大值,宽时用小值,大于或等于7.5m时用0.5;
2.四车道指两条小型汽车车道与两条重车车道;
3.六车道指两条小型汽车车道与四条重车车道。当重车分配均匀时用小值,分配不均匀时,如铰接公共电、汽车在外侧车道行驶等用大值。

第9.2.4条　沥青混凝土面层和半刚性基层材料容许弯拉应力[σ]按下式计算。

一、沥青混凝土面层材料容许弯拉应力[σ]

$$[\sigma_a] = f_{am}/K_{am} \quad (9.2.4\text{-}1)$$

式中:f_{am}——沥青混凝土面层材料弯拉强度(MPa);

K_{am}——沥青混凝土弯拉结构强度系数,如式(9.2.4-2)。

$$K_{am} = 0.12N^{0.2}/\alpha_r \quad (9.2.4\text{-}2)$$

二、半刚性基层材料容许弯拉应力[σ_r]

$$[\sigma_r] = f_{rm}/K_{rm} \quad (9.2.4\text{-}3)$$

式中:f_{rm}——半刚性基层材料弯拉强度(MPa);

K_{rm}——半刚性基层弯拉结构强度系数,如式(9.2.4-4)。

$$K_{rm} = 0.4N^{0.1}/\alpha_r \quad (9.2.4\text{-}4)$$

第9.2.5条　沥青混合料面层材料的容许剪应力[τ]按式(9.2.5-1)计算。

$$[\tau] = f_v/K_v \quad (9.2.5\text{-}1)$$

式中:f_v——沥青混合料面层材料的剪切强度(MPa);

$$f_v = c + \sigma_a\tan\varphi \quad (9.2.5\text{-}2a)$$

紧急制动时,按式(9.2.5-2b)计算:

$$f_v = c_d + \sigma_a\tan\varphi = 2c + \sigma_a\tan\varphi \quad (9.2.5\text{-}2b)$$

c、φ——材料的粘结力(MPa)和内摩阻角(°),由试验得出;

c_d——材料的动载粘结力(MPa),根据试验结果为c值的两倍;

σ_a——破裂面上有效法向应力(MPa);

$$\sigma_{a(f)} = \sigma_{cp(f)} - \tau_{max(f)}(1+\sin\varphi) \quad (9.2.5\text{-}3)$$

$\sigma_{cp(f)}$——水平力系数为f时的计算点最大主压应力(MPa);

$$\sigma_{cp(f)} = p_t\lambda_{(f)} \quad (9.2.5\text{-}4)$$

$\lambda_{(f)}$——水平力系数为f时的计算点最大主压应力系数;

$$\lambda_{(f)} = \lambda_{0.3} + 0.46(f-0.3) \quad (9.2.5\text{-}5)$$

$\lambda_{(0.3)}$——水平力系数$f=0.3$时的主压应力系数;

$$\lambda_{(0.3)} = \lambda'_{(0.3)}\rho_1\rho_2 \quad (9.2.5\text{-}6)$$

$\lambda'_{(0.3)}$、$\rho_1\rho_2$——由图9.4.3-8查得的系数;

$\tau_{max(f)}$——水平力系数为f时的计算点最大剪应力(MPa);

$$\tau_{max(f)} = p_t\lambda_\tau(f) \quad (9.2.5\text{-}7)$$

$\lambda_{\tau(f)}$——水平力系数为f时的计算点最大剪应力系数;

$$\lambda_{\tau(f)} = \lambda_{\tau(0.3)} + 1.3(f-0.3) \quad (9.2.5\text{-}8)$$

$\lambda_{\tau(0.3)}$——水平力系数为$f=0.3$时的剪应力系数;

$$\lambda_{\tau(0.3)} = \lambda'_{\tau(0.3)}\gamma_1\gamma_2 \quad (9.2.5\text{-}9)$$

$\lambda'_{\tau(0.3)}$、γ_1、γ_2 ——由图 9.4.3-7 查得的系数。

式中 f 值对于停车站、交叉口等缓慢制动地点为 0.2;对于突然紧急制动为 0.5。

K_V ——沥青混合料面层剪切结构强度系数。

$f=0.2$ 时,

$$K_{V(0.2)} = 0.33N_C^{0.15}/\alpha_r \qquad (9.2.5\text{-}10)$$

N_C——停车站或交叉口设计年限内同一位置停车的标准轴载累计数。

$f=0.5$ 时,

$$K_{V(0.5)} = 1.2/\alpha_r \qquad (9.2.5\text{-}11)$$

第三节　结构组合设计

第 9.3.1 条　结构组合的基本原则如下:

一、面层、基层的结构类型及厚度应与交通量相适应。交通量大、轴载重时,应采用高等级面层与强度较高的结合料稳定类材料基层。

二、层间结合必须紧密稳定,以保证结构的整体性和应力传布的连续性。面层与基层之间应按基层类型和施工情况适当洒布透层沥青、粘层沥青或采用沥青封层。

三、各结构层的材料回弹模量应自上而下递减,基层材料与面层材料的回弹模量比应大于或等于 0.3;土基回弹模量与基层(或底基层)的回弹模量比宜为 0.08 ~0.4。

四、层数不宜过多。

五、在半刚性基层上铺筑面层时,对等级较高的道路应适当加厚面层或采取其他措施以减轻反射裂缝。

第 9.3.2 条　面层设计应符合下列要求:

一、面层类型可按设计年限内设计车道标准轴载累计数确定,见表 9.3.2-1。

设计车道标准轴载累计数要求的面层类型　　表 9.3.2-1

设计车道标准轴载累计数 N	面　层　类　型
$>2\times10^6$	沥青混凝土、热拌热铺沥青碎石
$0.5\times10^6 \sim 2\times10^6$	热拌热铺或冷拌冷铺沥青碎石、沥青贯入式碎(砾)石
$<0.5\times10^6$	沥青表面处治、粒料路面

二、面层应平整、密实、坚固。对于沥青面层尚应综合考虑防渗、抗滑、耐磨、高温与低温稳定性等要求。

1.沥青混凝土面层的常用厚度和适宜层位见表 9.3.2-2,可按使用要求结合当地经验选用。

沥青混凝土面层常用厚度及适宜层位　　表 9.3.2-2

面层类型	骨料最大粒径(mm)	常用厚度(cm)	适 宜 层 位
粗粒式沥青混凝土	30、35	6 ~ 8	双层式沥青混凝土面层的下层
中粒式沥青混凝土	20、25	4 ~ 6	1. 双层式沥青混凝土面层的上层 2. 单层式沥青混凝土的面层
细粒式沥青混凝土	13、15	2.5 ~ 3	双层式沥青混凝土面层的上层
	10	1.5 ~ 2	1. 沥青混凝土面层的磨耗层 2. 沥青碎石等面层的封层和磨耗层 3. 自行车车行道与人行道的面层
砂粒式沥青混凝土	5	1 ~ 2	

2.热拌热铺沥青碎石可用作双层式沥青面层的下层或单层式面层。作单层式面层时,为防水和平整,应加铺沥青封层或磨耗层。沥青碎石的常用厚度为 5 ~ 7cm。

3.沥青贯入式碎(砾)石可做面层或沥青混凝土路面的下层。作面层时,应加铺沥青封层或磨耗层,常用厚度为 5 ~ 8cm。

4.沥青表面处治主要起防水层、磨耗层、防滑层或改善碎(砾)石路面的作用,常用厚度为 1.5 ~ 3cm。

第 9.3.3 条　基层的要求与基层材料

一、基层应符合下列要求:

1.具有足够的强度和稳定性;

2.材料强度应均匀一致;

3.底基层宜利用符合设计要求的当地材料,如天然砂砾等,并应按路基干湿类型控制细料含量。

二、用作基层的材料主要有:

1.整体型材料

(1)无机结合料稳定粒料

无机结合料稳定粒料包括石灰粉煤灰稳定砂砾、石灰稳定砂砾、石灰煤渣、水泥稳定砂砾等,其强度高,整体性好,适用于交通量大、轴载重的道路。

砂砾混合料用石灰稳定时,其细粒土的塑性指数应大于或等于 10。塑性指数小于 10 时,应经试验确定。

(2)工业废渣混合料

工业废渣混合料的强度、稳定性和整体性均较好,适用于各种路面的基层。使用的工业废渣应稳定、无风化、无腐蚀。工业废渣种类多,规格和性质差异较大,应根据实践经验选用。

(3)石灰土

石灰土适用于各种路面的基层,特别是底基层。石灰土不能在低温季节施工,并不能在水文不良地段采用。

塑性指数在10~27范围内的土可用于石灰土。有机质含量大于或等于10%或硫酸盐含量大于或等于0.8%的土不宜用石灰稳定。必须使用时,应经试验确定。

(4)水泥稳定土

有机质或硫酸盐含量高的土不宜用水泥稳定处理。液限很高的细粒土由于难以粉碎与拌和且水泥用量过多,也不宜用水泥稳定。水泥含量应通过试验确定。

2.嵌锁型和级配型材料

(1)泥结(泥灰结)碎(砾)石

泥结碎(砾)石的水稳定性较差,在中湿和潮湿路段应采用泥灰结碎(砾)石,掺灰量为含土量的8%~12%。

骨料的粒径宜小于或等于40mm,并不得大于层厚的0.7倍。嵌缝料应与骨料的最小粒径衔接。

(2)水结碎石

碎石的粒径宜小于或等于70mm,并不得大于层厚的0.7倍。嵌缝料应与骨料的最小粒径衔接。

(3)级配碎(砾)石

级配碎(砾)石层应密实稳定。为防止冻胀和湿软,应控制小于0.5mm颗粒的含量和塑性指数。在中湿和潮湿路段,用作沥青路面的基层时,应掺石灰。掺灰量为小于0.5mm颗粒含量的8%~12%。

(4)天然砂砾

天然砂砾符合标准级配要求时,其使用范围和要求与级配砾石相同。不符合标准级配要求时,只宜用作底基层或垫层,并应按路基干湿类型适当控制小于0.5mm的颗粒含量。为便于碾压,砾石最大粒径宜采用60mm。

第9.3.4条　垫层使用条件和一般规定如下:

一、路基经常处于潮湿和过湿状态的路段,以及在季节性冰冻地区产生冰冻危害的路段应设垫层。

二、垫层材料有粒料和无机结合料稳定土两类。粒料包括天然砂砾、粗砂、炉渣、矿渣等。采用粗砂和天然砂砾时,小于0.074mm的颗粒含量应小于5%;采用炉渣时,小于2mm的颗粒含量宜小于20%。

三、垫层厚度可按当地经验确定,一般宜大于或等于15cm。在季节性冰冻地区路面总厚度小于表9.3.4的规定时,应以垫层材料补足。

沥青路面防冻最小厚度　　表9.3.4

冰冻深度(cm)	路基干湿类型	最小厚度(cm)	
		粉质土	粘质土,含细粒土的砂
50~100	中湿	30~50	30~40
	潮湿	40~60	35~50
100~150	中湿	50~60	40~50
	潮湿	60~70	50~60
150~200	中湿	60~70	50~60
	潮湿	70~80	60~70
>200	中湿	70~80	60~70
	潮湿	80~110	70~90

注:1.表中数值系按砂砾类材料及非冻胀土考虑。采用隔温性能好的材料,如矿渣、炉渣、粉煤灰掺加料等,其值可酌减;
2.过湿路基按第八章规定处理后,取潮湿路基栏的大值。

第9.3.5条　路面常用结构层最小厚度见表9.3.5。

常用结构层最小厚度　　表9.3.5

结构层名称		最小厚度(cm)
砂粒式沥青混凝土		1.0
细粒式沥青混凝土	d_{max}为10mm	1.5
	d_{max}为13、15mm	2.5
中粒式沥青混凝土或中粒式沥青碎石		4.0
粗粒式沥青混凝土或粗粒式沥青碎石		6.0
沥青贯入式碎(砾)石		4.0
沥青表面处治		1.5
碎(砾)石石灰土、泥灰结碎(砾)石		12.0
无机结合料稳定土类及工业废渣类混合料		12.0
碎石		8.0
粒料	面层	8.0
	基层	12.0

注:d_{max}为骨料最大粒径(mm)。

第六节　路面防滑

第9.6.1条　路面抗滑标准不得低于表9.6.1的规定值。

路面抗滑标准　　表9.6.1

通路类别	一般路段				环境不良路段			
	摆式仪测定值		构造深度 TD(mm)	石料磨光值 PSV	摆式仪测定值		构造深度 TD(mm)	石料磨光值 PSV
	F_0	F			F_0	F		
快速路及计算行车速度≥50km/h的主干路	47~50	34~40	0.4~0.6	37~40	52~55	42~45	0.3~0.5(1.0~1.2)	42~45
计算行车速度<50km/h的主干路及各级次干路	≥45	≥35	0.2~0.4	≥35	≥50	≥40	0.2~0.4(1.0~1.2)	≥40

注:1. F_0为路面竣工验收值,F为路面设计年限内之值。TD和PSV为设计、施工与路面竣工验收值;
2.环境不良路段,对快速路为接近立体交叉或变速车道处,对其他各类道路为急弯、陡坡、交叉口附近;
3.括号内的数值用于湿度大、气温接近0℃易形成薄冰的路段。

第 9.6.2 条　防滑措施要求如下:

一、骨料应选择坚韧耐磨的石料(如安山岩、玄武岩、辉绿岩、硬质砂岩等),以保证对石料磨光值的要求。当用花岗岩、砂岩(包括石英岩)等酸性岩类时,可在骨料中掺入 2%左右的石灰粉或水泥等。

二、根据试验选择适合当地情况的最佳性质的结合料和油石比,并注意防止泛油或表面松散。

三、对于路面结构强度与稳定性能满足要求但防滑性能不能保证行车安全的路面,应加铺防滑磨耗层。

第十章　水泥混凝土路面设计

第一节　设计原则与规定

第 10.1.1 条　本章适用于接缝处设传力杆、不设传力杆及设补强钢筋网的水泥混凝土路面(以下简称混凝土路面)的设计。

设计内容包括结构组合设计、混凝土板厚度设计、混凝土板平面尺寸设计、接缝构造和传力杆设计、局部补强钢筋与钢筋网设计等。

第 10.1.2 条　混凝土板的厚度,按行车产生的荷载应力不超过水泥混凝土在设计年限末期的疲劳强度并验算温度翘曲应力后确定。

混凝土板长度的确定应使最大行车荷载应力和最大翘曲应力的叠加值不超过水泥混凝土的弯拉强度。

第 10.1.3 条　行车荷载应力和温度翘曲应力均按弹性半无限地基土的弹性薄板理论,用有限元法计算。

各项计算可用电子计算机或本章所列计算公式及图表计算。

第二节　设计标准及参数

第 10.2.1 条　混凝土路面设计以 100kN 轴载作为标准轴载。

其他各级轴载 P_i 的作用次数 N_i 应按式(10.2.1)换算为标准轴载 P_k 的作用次数 N_{ci}。

$$N_{ci}=\sum_{i=1}^{n}\alpha_n N_i(P_i/P_k)^{16} \qquad (10.2.1)$$

式中:N_{ci}——设计初期,机动车车行道上日交通量换算为日标准轴载的轴数(n/d);

N_i——被换算各级轴载的轴数(n/d);

P_k——标准轴载,为 100kN;

P_i——被换算各级轴载(kN);

α_n——与汽车后轴轴数及其他因素有关的后轴数系数,见表 10.2.1。

后轴数系数 α_n　表 10.2.1

后轴数	设传力杆	不设传力杆		
		$E_c/E_s^c=375$	$E_c/E_s^c=187.5$	$E_c/E_s^c=125$
双后轴(轴距≤1.35m)	0.23	5.93	3.71	1.76
单后轴	1	1		

注:1. E_c 为水泥混凝土弯拉弹性模量(MPa),E_s^c 为基层顶面的计算回弹模量(MPa);

2. E_c/E_s^c 值在表列范围内而非表列数值时,可用插入法求 α_n。

双后轴轴距大于 1.35m 时,分别按单后轴计。

轴载小于 40kN 的轴数可不计。轴载大于或等于 40kN 时均应换算为标准轴载的轴数。

第 10.2.2 条　混凝土路面的交通等级按设计初期设计车道的日标准轴载的轴数 N_{1i} 分为四级。交通等级及采用的设计年限见表 10.2.2。

混凝土路面交通等级及设计年限　表 10.2.2

交通等级	日标准轴载的轴数 N_{1i}(n/d)	设计年限(a)
特重	≥1500	40
重	$1500>N_{1i}\geq 500$	30
中等	$500>N_{1i}\geq 200$	30
轻	<200	20

第 10.2.3 条　设计年限内设计车道上标准轴载累计数 N 按下式计算:

$$N=365N_{1i}[(1+\gamma)^t-1]/\gamma \qquad (10.2.3\text{-}1)$$

式中:N_{1i}——设计初期,设计车道上日标准轴载的轴数(n/d);

$$N_{1i}=\eta_n N_{ci} \qquad (10.2.3\text{-}2)$$

N_{ci}——设计初期,机动车车行道上日交通量换算为日标准轴载的轴数(n/d);

η_n——轴数分配系数见表 9.2.3-3。

当初期设计车道的日标准轴载的轴数 N_{1i} 采用表 10.2.2 的数值时,设计年限内设计车道上标准轴载累计数 N 用式(10.2.3-1)计算。

第 10.2.4 条　计算荷载应力按式(10.2.4)计算。

$$\sigma^c=\beta_d\beta_c\sigma_{max} \qquad (10.2.4)$$

式中:σ^c——标准轴载作用下的计算荷载应力(MPa);

σ_{max}——标准轴载作用下的最大应力(MPa);

β_d——混凝土路面动荷系数,见表 10.2.4;

β_c——混凝土路面综合系数,见表 10.2.4。

动荷系数与综合系数　　表 10.2.4

交通等级	特重	重	中等	轻
动荷系数 β_d	1.15	1.15	1.20	1.20
综合系数 β_c	1.35	1.25	1.15	1.05

注:采用半刚性基层时,动荷系数减少 0.05;接缝处设传力杆时,动荷系数减少 0.05。

第 10.2.5 条　在旧路上铺筑混凝土板时,旧路顶面的当量回弹模量 E_s 应在最不利季节采用刚性承载板法实测确定。当量回弹模量的计算方法见第 9.5.3 条。计算回弹模量 E_s^c 按式(10.2.5-1)计算。

对于新建道路,按照现行的试验方法确定的土基回弹模量值 E_n、基层材料回弹模量 E_1,并拟用的基层厚度 h,查图 10.2.5 确定基层顶面的当量回弹模量 E_s。基层为多层时,按柔性路面设计方法计算基层顶面当量回弹模量 E_s。

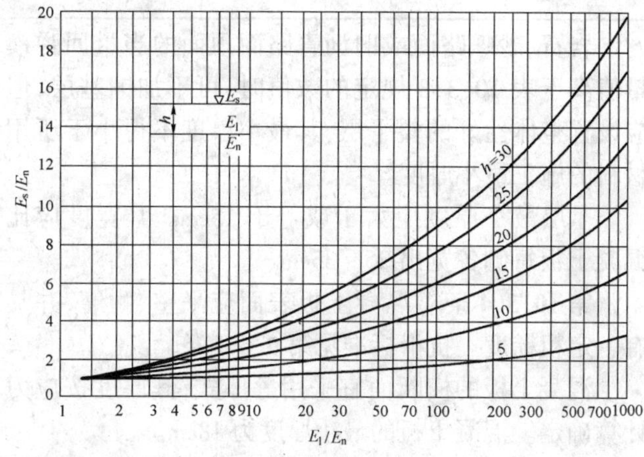

图 10.2.5　基层顶面当量回弹模量 E_s 计算图

基层顶面的计算回弹模量 E_s^c 按式(10.2.5-1)计算。

$$E_s^c = \lambda_E E_s \qquad (10.2.5\text{-}1)$$

式中:λ_E——混凝土路面基层当量回弹模量的增大系数,按式(10.2.5-2)计算。

$$\lambda_E = \lambda_d(8.4h_c/E_s + 0.58) \qquad (10.2.5\text{-}2)$$

λ_d——计算 λ_E 时按照是否设置传力杆而采用的系数,设传力杆时 $\lambda_d = 1$,不设传力杆时 $\lambda_d = 0.75$;

h_c——混凝土板厚度(cm)。

第 10.2.6 条　水泥混凝土的设计强度以龄期 28d 的弯拉强度为准,其值不得低于表 10.2.6-1 的规定值。

水泥混凝土的弯拉弹性模量 E_c 宜采用实测值。无实测值时,可按表 10.2.6-2 选用。

水泥混凝土设计强度　　表 10.2.6-1

交通等级	特重	重	中等	轻
设计强度 f_{cm}(MPa)	5	4.5	4.5	4

水泥混凝土弯拉弹性模量　　表 10.2.6-2

设计强度 f_{cm}(MPa)	5	4.5	4
弯拉弹性模量 E_c(MPa)	31 000	28 000	27 000

第 10.2.7 条　水泥混凝土的弯拉疲劳强度按设计年限内设计车道上标准轴载的累计数 N 确定,用式(10.2.7)计算。

$$\sigma_f = f_{cm}(0.885\text{-}0.063\log N) \qquad (10.2.7)$$

式中:σ_f——水泥混凝土的弯拉疲劳强度(MPa)。

第 10.2.8 条　设计年限内混凝土板的最大温度梯度计算值 T_h(℃/cm),宜采用各城市实测值,当无实测资料时,可根据道路所在的公路自然区划与不同板厚,按表 10.2.8 选用。

混凝土板的温度梯度 T_h(℃/cm)　　表 10.2.8

公路自然区划	混凝土板厚度(cm)							
	18	20	22	24	26	28	30	32
Ⅱ、Ⅴ	0.92~0.97	0.87~0.92	0.83~0.88	0.78~0.82	0.73~0.78	0.69~0.73	0.65~0.69	0.62~0.66
Ⅲ	0.99~1.05	0.94~0.99	0.90~0.95	0.84~0.89	0.80~0.84	0.75~0.79	0.71~0.75	0.67~0.71
Ⅳ、Ⅵ	0.95~1.02	0.90~0.96	0.86~0.92	0.80~0.86	0.76~0.81	0.72~0.77	0.67~0.72	0.64~0.69
Ⅶ	1.03~1.08	0.97~1.02	0.93~0.98	0.87~0.92	0.82~0.87	0.78~0.82	0.73~0.77	0.69~0.73

注:1.海拔高时取大值,湿度大时取大值;
2.混凝土板厚度在表列范围内而非表列数值时,可按插入法求温度梯度;
3.各城市可按《公路自然区划标准》(JTJ 003)确定道路所在区划。

第三节　结构组合设计

第 10.3.1 条　混凝土路面下的土基应符合下列规定：

土基的回弹模量值应符合第 8.1.2 条的规定。

埋设地下公用设施沟槽的回填土应与周围土的性质相同，并分层压实到符合第 8.4.3 条规定的压实度。

第 10.3.2 条　对于膨胀土、粘质土、季节性冰冻地区的粉质土等土基，除采取上述措施外，还应加强排水措施，并根据情况加设垫层或对土基顶部土层采取换土、低剂量结合料稳定处理等措施。

在潮湿或过湿土基上应加设垫层。垫层可采用结合料稳定土、炉渣或颗粒材料。

季节性冰冻地区的中湿、潮湿路段的路面结构总厚度小于表 10.3.2 规定的最小厚度时，其差值应设垫层补足。过湿路段按第八章的规定处理后，可按表 10.3.2潮湿路段的要求设垫层。

混凝土路面防冻最小厚度(cm)　表 10.3.2

冰冻深度(cm)	路基潮湿类型			
	中湿		潮湿	
	粉质土	粉质土、含细粒土的砂	粉质土	粉质土、含细粒土的砂
50～100	40～50	30～40	50～65	40～50
100～150	50～70	40～60	65～80	50～70
150～200	70～80	60～70	80～100	70～90
>200	80～110	70～95	100～130	90～120

注：1. 在冻深小于 50cm 的地区可不设防冻层，但对潮湿与过潮路段，路面防冻层厚度可等于当地最大冻深；

2. 表中垫层部分所需厚度系以砂砾材料为准。如采用隔温性能好的材料(炉渣等)，其厚度可适当减薄。

垫层厚度应大于或等于 15cm。其宽度应比基层每侧各宽出 25～35cm，或与路基同宽。

第 10.3.3 条　混凝土板下的基层应平整、坚实、抗变形能力强、整体性好、透水性小和耐冲刷。特重和重交通等级的道路应采用无机结合料稳定类、工业废渣稳定类材料做基层。中等和轻交通等级的道路亦可采用符合本条要求的其他材料做基层。

基层顶面当量回弹模量 E_s 不得小于表 10.3.3 的规定值。

基层顶面当量回弹模量　表 10.3.3

交通等级	特重	重	中等	轻
当量回弹模量 E_s(MPa)	120	100	80	80

岩石、砂砾路面或旧沥青路面顶面的当量回弹模量值高于表 10.3.3 规定的数值时，可不加铺基层，但应设置整体性好的整平层，其最小厚度不得小于所用材料的施工最小厚度。

基层最小厚度应大于或等于 15cm。其宽度应比混凝土板每侧各宽出 25～35cm。

第 10.3.4 条　混凝土板表面应平整、耐磨，并具有一定粗糙度。抗滑标准见第 9.6.1 条。

混凝土板的横断面宜采用等厚式，其厚度按应力计算确定。混凝土板的最小厚度为 18cm。

1 总　则

1.0.1 目的

为适应公路交通量不断增长的需要,贯彻“精心设计、质量第一”的方针,提高路面设计质量,使路面在设计年限内满足各级公路相应的承载能力、耐久性、舒适性、安全性的要求,确保工程质量、降低工程造价,特制定本规范。

1.0.2 适用范围

本规范适用于各级公路沥青路面新建和改建设计,以及四级公路的中、低级路面设计。

1.0.3 设计内容

路面设计应包括路面结构层原材料的选择、混合料配合比设计、设计参数的测试与确定、路面结构层组合与厚度计算、路面结构的方案比选等内容,以及路面排水系统设计和路肩加固等的设计。

路面结构层设计除包括行车道部分的路面外,对高速公路、一级公路还应包括路缘带,硬路肩,加、减速车道,爬坡车道,紧急停车带,匝道,收费站和服务区的路面设计。

1.0.4 设计原则

1.路面设计应根据使用要求及气候、水文、土质等自然条件,密切结合当地实践经验,进行路基路面综合设计。

2.在满足交通量和使用要求的前提下,应遵循因地制宜、合理选材、方便施工、利于养护、节约投资的原则,进行路面设计方案的技术经济比较,选择技术先进,经济合理,安全可靠,有利于机械化、工厂化施工的路面结构方案。

3.结合当地条件,积极推广成熟的科研成果,对行之有效的新材料、新工艺、新技术应在路面设计方案中积极、慎重地加以运用。

4.路面设计方案应注意环境保护和施工人员的健康和安全。

5.为提高路面工程质量,应推行机械化施工。对高速公路、一级公路,应采用大型、高效的成套机械设备施工,以确保工程质量。

6.高速公路、一级公路的路面不宜分期修建。

对软土地区或高填方路基等可能产生较大沉降的路段,宜按“分期修建”或“一次设计分期实施”的原则进行设计。设计时,应按远景交通量设计路面结构与厚度,铺筑时可减薄沥青面层,待路基趋于稳定后,视路面实际情况再加铺沥青面层。

1.0.5 设计理论与方法

路面设计应采用双圆垂直均布荷载作用下的多层弹性连续体系理论,以设计弯沉值为路面整体刚度的设计指标,计算路面结构厚度。

对高速公路、一级公路、二级公路的沥青混凝土面层和半刚性材料的基层、底基层应进行层底拉应力的验算。

计算路面厚度应采用多层弹性连续体系理论解的专用设计程序。

1.0.6 特殊地区的路面结构

多年冻土、沙漠、盐渍土、膨胀土等特殊地区的路面结构,除按本规范的规定进行设计外,应考虑当地的气候、水文、土质、材料等特点,并结合各地的科研成果和实践经验进行设计。

1.0.7 公路自然区划

设计路面时,路面结构类型的选择,路基和路面各项设计参数的确定,以及对筑路材料的要求等,应结合公路工程所在地的自然区进行考虑。自然区的划分应按交通部颁发的《公路自然区划标准》(JTJ 003)执行。

1.0.8 相关规范

设计路面时除应符合本规范的规定外,还应符合现行国家或行业有关标准、规范的规定。

3 结构设计

3.0.1 路面结构组成

1.沥青路面结构层可由面层、基层、底基层、垫层组成。

2.面层是直接承受车轮荷载反复作用和自然因素影响的结构层,可由一至三层组成。表面层应根据使用要求设置抗滑耐磨、密实稳定的沥青层;中面层、下面层应根据公路等级、沥青层厚度、气候条件等选择适当的沥青结构层。

3.基层是设置在面层之下,并与面层一起将车轮荷载的反复作用传布到底基层、垫层、土基,起主要承重作用的层次。基层材料的强度指标应有较高的要求。

4.底基层是设置在基层之下,并与面层、基层一起承受车轮荷载的反复作用,起次要承重作用的层次。底基层材料的强度指标要求可比基层材料略低。

5.基层、底基层视公路等级或交通量的需要可设置一层或两层。当基层或底基层较厚需分两层施工时,可分别称为上基层、下基层,或上底基层、下底基层。

6.垫层是设置在底基层与土基之间的结构层,起排水、隔水、防冻、防污等作用。

3.0.2 路面等级与类型

路面等级、面层类型应与公路等级、交通量相适应。路面等级、面层类型的选择应根据公路等级与使用要求、设计年限内标准轴载的累计当量轴次、筑路材料和施工机械设备等因素按表3.0.2确定。

路面类型的选择　表3.0.2

公路等级	路面等级	面层类型	设计年限(年)	设计年限内累计标准轴次(万次/一车道)
高速公路、一级公路	高级路面	沥青混凝土	15	>400
二级公路	高级路面	沥青混凝土	12	>200
	次高级路面	热拌沥青碎石混合料、沥青贯入式	10	100~200
三级公路	次高级路面	乳化沥青碎石混合料、沥青表面处治	8	10~100
四级公路	中级路面	水结碎石、泥结碎石、级配碎(砾)石、半整齐石块路面	5	≤10
	低级路面	粒料改善土	5	

对有特殊使用要求的公路，其路面等级与面层类型的选择可根据实际情况选用。

3.0.3　标准轴载及轴载换算

路面设计以双轮组单轴载100kN为标准轴载，以BZZ—100表示。标准轴载的计算参数按表3.0.3确定。

标准轴载计算参数　表3.0.3

标准轴载	BZZ—100	标准轴载	BZZ—100
标准轴载 P (kN)	100	单轮传压面当量圆直径 d (cm)	21.30
轮胎接地压强 p (MPa)	0.70	两轮中心距 (cm)	$1.5d$

1.当以设计弯沉值为指标及沥青层层底拉应力验算时，凡轴载大于25kN的各级轴载(包括车辆的前、后轴)P_1的作用次数n_1，均应按公式(3.0.3-1)换算成标准轴载P的当量作用次数N。

$$N = \sum_{i=1}^{K} C_1 \cdot C_2 n_1 \left(\frac{P_1}{P}\right)^{4.35} \qquad (3.0.3\text{-}1)$$

式中：N——标准轴载的当量轴次(次/日)；

n_1——被换算车型的各级轴载作用次数(次/日)；

P——标准轴载(kN)；

P_1——被换算车型的各级轴载(kN)；

C_1——轴数系数；

C_2——轮组系数，单轮组为6.4，双轮组为1，四轮组为0.38。

当轴间距大于3m时，应按单独的一个轴载计算，此时轴数系数为m；当轴间距小于3m时，按双轴或多轴计算，轴数系数按公式(3.0.3-2)计算。

$$C_1 = 1 + 1.2(m-1) \qquad (3.0.3\text{-}2)$$

式中：m——轴数。

2.当进行半刚性基层层底拉应力验算时，凡轴载大于50kN的各级轴载(包括车辆的前、后轴)P_1的作用次数n_1，均应按公式(3.0.3-3)换算成标准轴载P的当量作用次数N'。

$$N' = \sum_{i=1}^{K} C'_1 \cdot C'_2 n_1 \left(\frac{P_1}{P}\right)^{8} \qquad (3.0.3\text{-}3)$$

式中：C'_1——轴数系数；

C'_2——轮组系数，单轮组为18.5，双轮组为1.0，四轮组为0.09。

当轴间距小于3m时，双轴或多轴的轴数系数按式(3.0.3-4)计算。

$$C'_1 = 1 + 2(m-1) \qquad (3.0.3\text{-}4)$$

3.上述轴载换算公式仅适用于单轴轴载小于130kN的各种车型的轴载换算。

3.0.4　累计当量轴次

设计时应按公式(3.0.4-1)或(3.0.4-2)计算设计年限内一个车道上的累计当量轴次N_e。

$$N_e = \frac{[(1+\gamma)^t - 1] \times 365}{\gamma} N_1 \eta \qquad (3.0.4\text{-}1)$$

$$N_e = \frac{[(1+\gamma)^t - 1] \times 365}{\gamma(1+\gamma)^{t-1}} N_t \eta \qquad (3.0.4\text{-}2)$$

式中：N_e——设计年限内一个车道上的累计当量轴次(次)；

t——设计年限(年)；

N_1——路面竣工后第一年双向日平均当量轴次(次/日)；

N_t——设计年限末年双向日平均当量轴次(次/日)；

γ——设计年限内交通量的平均年增长率(%)，应根据实际情况调查，预测交通量增长，经分析确定；

η——车道系数，应根据调查分析结果或参照表3.0.4-1确定；公路无分隔时，路面窄宜选高值，路面宽宜选低值。

车道系数 η　表 3.0.4-1

车道特征		车道系数	车道特征	车道系数
单车道		1.0	四车道	0.4~0.5
双车道	有分隔	0.5	六车道	0.3~0.4
	无分隔	0.6~0.7		

当上下行交通或轻、重车比例有明显差异时，应区别对待，按实际情况进行厚度设计；当交通流出现明显的超载时，设计人员应根据调查资料对累计当量轴次进行修正。

3.0.5　沥青层厚度

设计时应根据公路等级、交通量及其组成、沥青品种和质量以及气候条件等因素，按照半刚性基层上沥青层推荐厚度表 3.0.5-1，综合论证地选用。若交通量较小或选用经实践证明行之有效的改性沥青，可选用推荐沥青层厚度的低值或中值。

半刚性基层上沥青层推荐厚度　表 3.0.5-1

公路等级	沥青层推荐厚度(cm)	公路等级	沥青层推荐厚度(cm)
高速公路	12~18	三级公路	2~4
一级公路	10~15	四级公路	1~2.5
二级公路	5~10		

3.0.6　高级路面的基层选择原则

高速公路、一级公路应采用水泥或石灰、粉煤灰稳定粒料类半刚性基层，以增强基层的强度和稳定性，减少低温收缩裂缝。条件允许时，底基层宜采用水泥或石灰、粉煤灰或石灰稳定各种集料或土类做半刚性底基层。若当地石料丰富，也可采用级配碎石或填隙碎石或天然砂砾等粒料做底基层。

当采用半刚性基层有困难时，可选用热拌或冷拌沥青碎石混合料或沥青贯入碎石做柔性基层。

3.0.7　结构层厚度

1.路面面层、基层、底基层的结构和厚度，应与公路等级、气候、水文、筑路材料、交通量及其组成等相适应。为了方便施工组织和管理，路面结构层次不宜太多，材料变化不宜频繁。

2.基层或底基层厚度应根据交通量大小、材料的力学性能和扩散应力的效果、压实机具的功能以及有利于施工等因素选择各结构层的厚度。表 3.0.7-1 中各种结构层的适宜厚度以及施工的最小厚度，可供设计时参考。

各类结构层的最小厚度　表 3.0.7-1

结构层类型		施工最小厚度(cm)	结构层适宜厚度(cm)
沥青混凝土、热拌沥青碎石	粗粒式	5.0	5~8
	中粒式	4.0	4~6
	细粒式	2.5	2.5~4
沥青石屑		1.5	1.5~2.5
沥青砂		1.0	1~1.5
沥青贯入式		4.0	4~8
沥青上拌下贯式		6.0	6~10
沥青表面处治		1.0	层铺 1~3，拌和 2~4
水泥稳定类		15.0	16~20
石灰稳定类		15.0	16~20
石灰工业废渣类		15.0	16~20
级配碎、砾石		8	10~15
泥结碎石		8	10~15
填隙碎石		10	10~12

3.0.8　推荐结构

根据使用经验和理论计算，附录 A 推荐了高速公路，一级公路，二、三级公路的路面结构，可供各地区参考。各地区应结合当地的交通量、筑路材料、自然条件、施工条件等因素选用适当的结构类型，其结构厚度应按本规范的方法进行计算。

3.0.9　层间结合

设计时，应采取以下的技术措施，加强路面结构各层之间的紧密结合，提高路面结构的整体性，应使各结构层之间不产生层间滑移。

1.在沥青面层与半刚性基层或粒料基层之间应设置透层沥青；当半刚性基层表面有可能出现细集料松散现象或因不能立即加铺沥青层且有施工车辆通行时，还应在透层沥青上增撒(2~3)m^3/1000m^2 的粗砂或石屑；在多雨地区或多雨季节施工，宜用层铺法的单层表面处治做下封层，以防止雨水渗入基层。

2.当沥青层由双层或三层组成时，若不能连续施工而沥青层表面被污染，或在旧沥青面层及水泥混凝土面层上加铺沥青层时，均应在层间设粘层沥青。

3.透层沥青、粘层沥青、下封层的材料规格和用量应符合《公路沥青路面施工技术规范》(JTJ 032)的要求。

3.0.10　半刚性基层沥青路面减少缩裂的措施

1.根据实践经验，应选用符合"重交通道路石油沥青技术要求"的沥青或改性沥青，以减少半刚性基层沥青路面的低温缩裂。

2.各地区宜结合当地材料、气候条件和使用要求，在沥青层与半刚性层之间设沥青贯入碎石或级配碎石层，或在半刚性基层顶面铺设耐高温的土工合成材料等，经铺筑试验路，总结减裂效果，逐步完善、提高和推广。

4 沥青面层

4.1 一般规定

4.1.1 沥青面层的技术要求

为了给汽车运输提供安全、快速、舒适的行车条件，沥青路面应具有坚实、平整、抗滑、耐久的品质，同时，还应具有高温抗车辙、低温抗开裂、抗水损害以及防止雨水渗入基层的功能。

4.1.2 沥青面层分类及适用范围

沥青面层分为沥青混凝土、热拌沥青碎石、乳化沥青碎石混合料、沥青贯入式、沥青表面处治五种类型。

沥青混凝土适用于做各级公路的沥青路面面层。对高速公路、一级公路的表面层、中面层、下面层应采用沥青混凝土；二级公路的表面层宜用沥青混凝土。

热拌沥青碎石适用于做二级及二级以下公路的面层、柔性路面的上基层以及调平层。

乳化沥青碎石混合料适用于做三级、四级公路的沥青面层，二级公路养护罩面以及各级公路的调平层。

沥青贯入式碎石(含上拌下贯式)适用于做二级及二级以下公路的沥青面层。若沥青贯入碎石设在沥青混凝土层与半刚性基层、粒料基层之间时，沥青贯入式碎石应不撒封层料，也不做上封层。

沥青表面处治适用于三级、四级公路的面层，旧沥青面层上加铺罩面或抗滑层、磨耗层等。

4.1.3 选择沥青

高速公路、一级公路的沥青路面，应选用符合“重交通道路石油沥青技术要求”的沥青，以及经过试验论证、行之有效的改性沥青。

二级及二级以下公路的沥青路面，可采用符合“中、轻交通道路石油沥青技术要求”的沥青或改性沥青。

沥青路面所用沥青标号，应根据气候条件、面层结构类型、施工方法和施工季节等按表4.1.3选用。

各类沥青路面选用的沥青标号　表4.1.3

气候分区	沥青种类 \ 沥青标号 \ 路面类型	沥青表面处治	沥青贯入式及上拌下贯式	沥青碎石	沥青混凝土
寒区	石油沥青	A—140 A—180	A—140 A—180	AH—90 AH—110 AH—130 A—100	AH—90 AH—110 A—100
温区	石油沥青	A—100 A—140 A—180	A—140 A—180	AH—90 AH—110 A—100	AH—70 AH—90 A—60 A—100
热区	石油沥青	A—60 A—100 A—140	A—60 A—100 A—140	AH—50 AH—70 AH—90 A—100 A—60	AH—50 AH—70 A—60 A—100

续上表

注：1.气候分区应根据工程所在地年最低月平均气温划分；
2.年最低月平均气温为-10℃以下属寒区；
3.年最低月平均气温为0～-10℃属温区；
4.年最低月平均气温为0℃以上属热区。

乳化沥青应符合“道路乳化石油沥青技术要求”的规定。对酸性石料、潮湿的石料，以及低温季节施工，宜选用阳离子乳化沥青；对碱性石料，以及在与水泥、石灰、粉煤灰共同使用时，宜选用阴离子乳化沥青。为提高使用性能可选用改性乳化沥青。

煤沥青不宜用于沥青面层，一般仅作为透层沥青使用。

4.1.4 集料的技术要求

各种沥青面层的粗集料、细集料、填料应符合《公路沥青路面施工技术规范》(JTJ 032)的有关规定。

4.1.5 沥青路面抗滑性能

1.高速公路、一级公路的沥青路面应具有良好的抗滑性能，其抗滑性能应符合表4.1.5的要求。二级及三级公路应根据各路段的具体情况采取必要的技术措施，以提高路面抗滑性能。

2.在设计高速公路、一级公路的沥青表面层时，应选用抗滑、耐磨石料，其石料磨光值应大于42。

设计人员应认真调查石料场，并取样试验。常用的抗滑、耐磨石料有玄武岩、安山岩、片麻岩、辉绿岩、砂岩、花岗岩、闪长岩、硅质石灰岩以及经轧制破碎的砾石等。当采用酸性石料时，为提高石料与沥青之间的粘结力，可掺入适量的水泥、石灰或抗剥落剂，掺量应通过试验确定；也可采用粘结力强的改性沥青。

3.高速公路、一级公路的表面层应根据各地气候条件、石料质量、交通量等因素，综合考虑沥青面层的抗滑、密水、耐久、抗开裂、抗车辙等技术要求，选择适当的级配类型和表面层厚度。除旧沥青面层上加铺抗滑层外，一般表面层厚度不宜小于4.0cm。

4.抗滑性能指标

(1)摩擦系数：高速公路、一级公路宜在竣工后第一个夏季采用摩擦系数测定车,以(50±1) km/h 的车速测定横向力系数(SFC)。

(2)路面宏观构造深度:路面宏观构造深度,应在竣工后第一个夏季用铺砂法或激光构造深度仪测定。

(3)竣工后第一个夏季测定沥青面层横向力系数(或摆值)、路面宏观构造深度,应符合表4.1.5规定的竣工验收值的要求。

抗滑标准 表4.1.5

公路等级	竣工验收值		
	横向力系数 SFC	摆值 F_b(BPN)	构造深度 TC(mm)
高速公路 一级公路	≥54	≥45	≥0.55

4.1.6 沥青混合料的压实度

沥青混凝土、沥青碎石的压实度当以马歇尔试验密度为标准密度时,对高速公路、一级公路压实度应达到95%,其他等级公路应达到94%。当以试验段的密度为标准密度时,均应达到98%的压实度。

4.2 高级路面

4.2.1 沥青混凝土

1.沥青面层可由单层或双层或三层沥青混合料组成,各层混合料的组成设计应根据其层厚和层位、气温和降雨量等气候条件、交通量和交通组成等因素,按表4.2.1选用适当的最大粒径及级配类型,使之满足对沥青面层使用功能的要求。

沥青混合料类型的选择(方孔筛) 表4.2.1

层位	沥青层厚度(cm)	混合料类别	高速公路、一级公路		二级及二级以下公路
			三层式	双层式	
表面层	2.5~4	细粒式	AC—13	AC—13	AC—13 AM—13
	4~5	中粒式	AC—16	AC—16	AC—16
中面层	4~6	中粒式	AC—20	—	—
	5~6	粗粒式	AC—25		
下面层	4~5	中粒式		AC—20	AC—20 AM—25
	5~6	粗粒式	AC—25	AC—25	AC—25
	6~8	粗粒式	AC—30	AC—30	AC—30 AM—30
上基层	5~6	粗粒式	AM—25	AM—25	AM—25
	6~8	粗粒式	AM—30	AM—30	AM—30
调平层	8~10	特粗粒式	AM—40	AM—40	
抗滑表层	2.5~4	细粒式	AK—13A	AK—13A	AK—13A
			AK—13B	AK—13B	
		中粒式	AK—16A	AK—16A	
			AK—16B	AK—16B	AK—16A

注:AC 为沥青混凝土;AM 为沥青碎石;AK 为抗滑面层。

2.选择沥青面层各层级配时,应至少有一层是Ⅰ型密级配沥青混凝土,以防止雨水下渗。三层式沥青面层的表面层采用抗滑表层时,中面层应用Ⅰ型密级配沥青混凝土,下面层宜根据当地气候、交通量采用Ⅰ型或Ⅱ型沥青混凝土。双层式沥青面层的表面层采用抗滑层时,下面层应用Ⅰ型密级配沥青混凝土;若采用半开级配或开级配热拌沥青碎石做表面层时,应在沥青面层下设下封层。

多雨地区采用乳化沥青碎石混合料做面层时,必须设置下封层或上封层。

3.各种类型的沥青混合料级配组成可参考附录B表B1选用。

4.2.2 沥青混合料配合比设计

沥青混合料配合比设计按马歇尔试验法进行,沥青混合料的技术指标应符合表4.2.2的要求。

热拌沥青混合料马歇尔试验技术指标 表4.2.2

试验项目	沥青混合料类型	高速公路、一级公路	其他公路
击实次数(次)	沥青混凝土	两面各75	两面各50
	沥青碎石、抗滑表层	两面各50	两面各50
稳定度(kN)	Ⅰ型沥青混凝土	>7.5	>5.0
	Ⅱ型沥青混凝土、抗滑表层	>5.0	>4.0
流值(0.1mm)	Ⅰ型沥青混凝土	20~40	20~45
	Ⅱ型沥青混凝土、抗滑表层	20~40	20~45
空隙率(%)	Ⅰ型沥青混凝土	3~6	3~6
	Ⅱ型沥青混凝土、抗滑表层	4~10	4~10
	沥青碎石	>10	>10
沥青饱和度(%)	Ⅰ型沥青混凝土	70~85	70~85
	Ⅱ型沥青混凝土、抗滑表层	60~75	60~75
	沥青碎石	40~60	40~60

注:1.粗粒式沥青混凝土稳定度可降低1kN;

2.Ⅰ型细粒式沥青混凝土的空隙率为2%~6%;

3.当沥青碎石混合料在60℃水浴中浸泡即发生松散时,可不进行马歇尔试验,但应测定密度、空隙率、沥青饱和度等;

4.沥青混凝土混合料的矿料间隙率(VMA)宜符合下表要求:

集料最大粒径(mm)	方孔筛	37.5	31.5	26.5	19.0	16.0	13.2	9.5	4.75
	圆孔筛	50	35或40	30	25	20	15	10	5
VMA不小于(%)		12	12.5	13	14	14.5	15	16	18

4.2.3 沥青混凝土的稳定性

对高速公路、一级公路的表面层和中面层的沥青混凝土做配合比设计时,应进行车辙试验,以检验沥青混凝土的高温稳定性。

高温稳定性是以温度60℃、0.7MPa轮压条件下进行车辙试验所获得的动稳定度表示,对高速公路的表面层、中面层沥青混合料,其动稳定度不应低于800次/mm;对一级公路的表面层、中面层沥青混合料不应低于600次/mm。

4.2.4 沥青混凝土的水稳性

高速公路、一级公路、二级公路的沥青混凝土应具有良好的水稳定性。沥青混合料的水稳性指标,除通常采用浸水马歇尔试验和沥青与矿料的粘附性试验,以检验沥青混合料受水损害时的抗剥落性能外,对年最低气温低于－21.5℃的寒冷地区,还应增加沥青混合料冻融劈裂残留强度试验。沥青混合料的水稳性指标应符合表4.2.4的规定。

沥青混合料水稳性指标　　表4.2.4

年降雨量(mm)	>1 000	500~1 000	250~500	<250
沥青与石料的粘附性,级,不低于	4级	4级	3级	3级
浸水马歇尔试验(48h)残留稳定度,%,不低于	75	70	65	60
冻融劈裂试验残留强度,%,不低于	70	70	65	

4.2.5　沥青玛蹄脂碎石混合料

沥青玛蹄脂碎石混合料(简称SMA),是一种以沥青、矿粉及纤维稳定剂组成的沥青玛蹄脂结合料,填充于间断级配的矿料骨架中,所形成的沥青混合料。具有抗滑耐磨、密实耐久、抗疲劳、抗高温车辙、减少低温开裂的优点。适用于高速公路、一级公路做抗滑表层使用,其厚度宜为3.5~4cm。

SMA应选用磨光值大于42的硬质石料,最大粒径宜为13mm或16mm。应选用针入度较小、粘度较大的沥青,并宜采用改性沥青,油石比不宜小于6.2%。纤维稳定剂的用量,对木质素纤维为混合料总质量的0.3%,矿物纤维为混合料总质量的0.4%。

SMA混合料的矿料级配及配合比设计可采用国内成功的经验及方法进行,5mm以上粗集料用量不低于70%,0.075mm通过量宜为8%~13%,马歇尔稳定度不宜低于6.2kN,空隙率宜控制在2%~4%范围内。但必须进行车辙试验检验,动稳定度不应低于1 500次/mm。

4.3　次高级路面

4.3.1　热拌沥青碎石

热拌沥青碎石的配合比设计应根据实践经验和马歇尔试验的结果,并通过施工前的试拌、试铺确定。

热拌沥青碎石的级配可参照附录B表B1选用。

4.3.2　乳化沥青碎石混合料

乳化沥青碎石混合料的面层宜做成双层式,若用单层式应根据当地降雨量设置下封层或上封层。混合料的级配宜符合附录B表B1的要求。混合料配合比设计可根据当地成功的经验或试拌试铺确定。

4.3.3　沥青贯入式路面

1.沥青贯入式面层的厚度一般为4~8cm。当沥青贯入式的上部加铺拌和的沥青混合料时,也称为上拌下贯,此时拌和层的厚度宜为3~4cm,其总厚度为7~10cm。

乳化沥青贯入式路面厚度不宜大于5cm。

沥青贯入式面层之下应做下封层,以避免雨雪下渗至基层,或滞留在面层与基层之间而导致路面破坏。

2.沥青贯入式路面采用的沥青、集料的技术要求,应符合本规范4.1.3和4.1.4条的规定,其材料规格和用量应符合附录B表B2、B3的要求。

4.3.4　沥青表面处治

沥青表面处治按施工方法分类有层铺法和拌和法。

1.层铺法可分为单层、双层、三层,厚度宜为1.0~3.0cm。单层表处厚度为1.0~1.5cm;双层表处厚度为1.5~2.5cm;三层表处厚度为2.5~3.0cm。

层铺法沥青表面处治和乳化沥青表面处治,集料的规格与用量应符合附录B表B4的规定。

2.拌和法沥青表面处治路面可采用热拌热铺或冷拌冷铺法施工,其混合料级配可参照附录B表B1选用。拌和法沥青表处路面厚度宜为3~4cm。

采用拌和法施工时,基层顶面应洒透层沥青或粘层沥青或做下封层,使面层与基层之间结合紧密,防止雨雪下渗。

5　基层、底基层及垫层

5.1　基层、底基层

5.1.1　一般规定

1.基层、底基层应具有足够的强度和稳定性,在冰冻地区还应具有一定的抗冻性。

2.高级路面下的半刚性基层应具有较小的收缩(温缩及干缩)变形和较强的抗冲刷能力。

3.基层、底基层结构设计应贯彻就地取材的原则,认真做好当地材料的调查,根据不同公路等级和交通量对基层、底基层的技术要求,选择技术可靠、经济合理的基层、底基层结构。

4.半刚性材料基层、底基层的配合比设计,应根据重型击实标准制件,混合料7d龄期的无侧限抗压强度试验确定。

5.一般公路的基层宽度每侧宜比面层宽出25cm,底基层每侧宜比基层宽15cm。在多雨地区,透水性好的粒料底基层,宜铺至路基全宽,以利于排水。高速公路、一级公路的基层宽度应按照本规范9.2.3条规定确定。

6.基层和底基层的压实度、平整度应符合《公路路面基层施工技术规范》(JTJ 034)的规定。

5.1.2　分类与适用范围

基层可分为有结合料稳定类(有机结合料、无机结合料)和无结合料的粒料类(嵌锁型、级配型)。底基层可分为无机结合料稳定类和无结合料的粒料类。

1.有机结合料稳定类:包括热拌沥青碎石或乳化沥青碎石混合料、沥青贯入碎石等。其技术要求应符合本规范4.1及4.3节的有关规定。

2.无机结合料稳定类(也称半刚性类型):

1)水泥稳定类:包括水泥稳定砂砾、砂砾土、碎石土、未筛分碎石、石屑、土等,以及水泥稳定经加工、性能稳定的钢渣、矿渣等。

2)石灰稳定类:包括石灰稳定土(石灰土)、天然砂砾土(石灰砂砾土)、天然碎石土(石灰碎石土)、以及用石灰土稳定级配砂砾(砂砾中无土)、级配碎石和矿渣等。

3)工业废渣稳定类:

①石灰粉煤灰类:包括石灰粉煤灰(二灰)、石灰粉煤灰土(二灰土)、石灰粉煤灰砂(二灰砂)、石灰粉煤灰砂砾(二灰砂砾)、石灰粉煤灰碎石(二灰碎石)、石灰粉煤灰矿渣(二灰矿渣)等。

②水泥粉煤灰类:包括水泥粉煤灰稳定砂砾、碎石及砂等。

③石灰煤渣类:包括石灰煤渣、石灰煤渣土、石灰煤渣碎石、石灰煤渣砂砾、石灰煤渣矿渣、石灰煤渣碎石土等。

水泥稳定类、石灰粉煤灰稳定类材料适用于各级公路的基层和底基层,但是水泥或石灰、粉煤灰稳定细粒土不能用做高级路面的基层。

石灰稳定类材料适用于各级公路的底基层,也可用做二级和二级以下公路的基层,但石灰稳定细粒土不能用做高级路面的基层。

3.粒料类

1)嵌锁型——包括泥结碎石、泥灰结碎石、填隙碎石等。

2)级配型——包括级配碎石,级配砾石,符合级配的天然砂砾,部分砾石经轧制掺配而成的级配砾、碎石等。

级配碎石适用于各级公路的基层和底基层。

级配砾石、级配碎砾石以及符合级配、塑性指数等技术要求的天然砂砾,可用做二级和二级以下公路的基层,也可用做各级公路的底基层。

填隙碎石适用于各级公路的底基层和三、四级公路的基层。

5.1.3　对原材料的技术要求

1.无机结合料

1)水泥　普通硅酸盐水泥、矿渣硅酸盐水泥和火山灰质硅酸盐水泥均可做结合料,宜选用终凝时间较长的水泥。

2)石灰　石灰质量应符合GB 1594规定的Ⅲ级以上消石灰或生石灰的技术指标。

3)粉煤灰　粉煤灰中 SiO_2、Al_2O_3 和 Fe_2O_3 的总含量应大于70%,烧失量不宜大于20%,比表面积宜大于2 500cm²/g。

2.集料

1)各类基层、底基层的集料压碎值应符合表5.1.3-1的规定。

集料压碎值　　表5.1.3-1

材料类型＼公路等级		高速公路一级公路	二级公路	三、四级公路
水泥和石灰粉煤灰稳定类		≤30%	≤35%	≤35%
石灰稳定类	基层	—	≤30%	≤35%
	底基层	≤35%	≤40%	≤40%
填隙碎石泥结碎石	基层	—	—	≤26%
	底基层	≤30%	≤30%	≤30%
级配碎石	基层	≤26%	≤30%	≤35%
	底基层	≤30%	≤35%	≤40%
级配或天然砂砾	基层	—	—	≤35%
	底基层	≤30%	≤35%	≤40%

2)无机结合料稳定细粒土时,细粒土应符合表5.1.3-2的规定。

对细粒土的技术要求　　表5.1.3-2

材料类型	塑性指数	有机质含量	硫酸盐含量
水泥稳定类	≤17	≤2%	≤0.25%
石灰稳定类	12~18	≤10%	≤0.8%
石灰粉煤灰稳定类	12~18	≤10%	≤0.8%

5.1.4　水泥稳定类

1.高速公路、一级公路用水泥稳定类材料时,其集料的级配范围应符合表5.1.4-1的规定,二级公路基层的集料,宜符合表5.1.4-1的要求。

水泥稳定类材料集料的级配范围　表5.1.4-1

层位＼通过质量百分率(%)＼方筛孔尺寸(mm)	40	31.5	19	9.5	4.75	2.36	0.6	0.075	液限	塑指
基层	—	100	88~95	57~77	29~49	17~35	8~22	0~7	<28	<9
底基层	100	93~98	74~89	49~69	29~52	18~38	8~22	0~7	<28	<9

注:集料中含有塑性指数的土时,小于0.075mm的颗粒含量不应超过5%。

2.水泥稳定类材料的压实度(按重型击实标准)及7d(在非冰冻区25℃、冰冻区20℃条件下湿养6d、浸水1d)龄期的无侧限抗压强度应满足表5.1.4-2的要求。

水泥稳定类基层、底基层的压实度及7d抗压强度　表5.1.4-2

层位	土类	高速公路、一级公路		二级和二级以下公路	
		压实度(%)	抗压强度(MPa)	压实度(%)	抗压强度(MPa)
基层	粗粒土	≥98	3~4①	≥97	2~3①
	中粒土				
	细粒土	—		≥95②	
底基层	粗粒土	≥96	≥2.0	≥95	≥1.5
	中粒土				
	细粒土	≥95		≥93	

注:①交通量大、重车多时取高值,一般情况下取中、低值;
②三、四级公路,压实机具有困难时压实度可减少2%。

3.水泥剂量

水泥剂量应通过配合比设计试验确定,但设计水泥剂量宜按配合试验确定的剂量增加0.5%~1%,对集中厂拌法宜增加0.5%,对路拌法宜增加1%。当水泥稳定中、粗粒土做基层时,应控制水泥剂量不超过6%。水泥的最小剂量应符合表5.1.4-3的规定。

水泥最小剂量　表5.1.4-3

土类 \ 拌和方法	路拌法	集中厂拌法
中、粗粒土	4%	3%
细粒土	5%	4%

4.综合稳定

1)采用水泥稳定碎石土,砾石土或含泥量大的砂、砂砾时,宜掺入一定剂量的石灰进行综合稳定,当水泥用量占结合料总质量的30%以上时,应按水泥稳定类进行设计,否则按石灰稳定类设计。

2)水泥稳定粒径较均匀且不含或含细料很少的砂砾、碎石以及不含土的砂时,宜在集料中添加20%~40%的粉煤灰,或添加剂量为10%~12%的石灰土进行综合稳定。

5.1.5　石灰粉煤灰稳定类

1.高速公路、一级公路用的石灰粉煤灰稳定砂砾基层、底基层,其混合料中砂砾的级配应符合表5.1.5-1的要求;若用石灰粉煤灰稳定碎石时,则混合料中碎石级配应符合表5.1.5-2的要求。

二灰砂砾混合料中砂砾的级配范围　表5.1.5-1

层位	通过下列方筛孔(mm)的质量百分率(%)								
	40	31.5	19.0	9.50	4.75	2.36	1.18	0.6	0.075
基层	—	100	83~98	55~75	39~59	29~49	20~40	12~32	0~15
底基层	100	89~100	69~89	52~72	39~59	29~49	20~40	12~32	0~15

二灰碎石混合料中碎石的级配范围　表5.1.5-2

层位	通过下列方筛孔(mm)的质量百分率(%)								
	40	31.5	19.0	9.50	4.75	2.36	1.18	0.6	0.075
基层	—	100	81~98	52~70	30~50	18~38	10~27	6~20	0~7
底基层	100	90~100	72~90	48~68	30~50	18~38	10~27	6~20	0~7

2.二级及二级以下公路用石灰粉煤灰稳定集料做基层时,其集料应具有一定级配,且最大粒径不应超过40mm;大于2.36mm的粗集料的质量,对二灰砂砾宜为50%~70%,对二灰碎石宜为60%~80%。当用石灰粉煤灰稳定集料做底基层时,最大粒径不应超过50mm。

3.石灰粉煤灰稳定类材料的压实度(按重型击实标准)及7d(在非冰冻区25℃、冰冻区20℃条件下湿养6d、浸水1d)龄期的无侧限抗压强度应满足表5.1.5-3的要求。

石灰粉煤灰稳定类基层、底基层的压实度及7d抗压强度　表5.1.5-3

层位	土类	高速公路、一级公路		二级和二级以下公路	
		压实度(%)	抗压强度(MPa)	压实度(%)	抗压强度(MPa)
基层	粗粒土	≥98	≥0.8	≥97	≥0.6
	中粒土				
	细粒土	—		≥95	
底基层	粗粒土	≥96	≥0.5	≥95	≥0.5
	中粒土				
	细粒土	≥95		≥93	

注:三、四级公路用石灰粉煤灰稳定细粒土做基层时,如压实机具有困难时,压实度可减少2%。

4.为提高石灰粉煤灰稳定类材料的早期强度,宜在混合料中掺入1%~2%的水泥。

5.1.6　石灰稳定类

1.石灰稳定类材料用于沥青路面的基层时,除层铺法表面处治外,应在基层上做下封层。

2.石灰稳定类材料用于基层时,最大粒径不应超过40mm;用于底基层时,最大粒径不应超过50mm。

3.不含粘性土的砂砾、级配碎石和未筛分碎石,应采用石灰土稳定,石灰土与集料的质量比宜为1:4,集料应具有良好的级配。

4.石灰稳定类材料的压实度(按重型击实标准)及7d(在非冰冻区25℃、冰冻区20℃条件下湿养6d、浸水1d)龄期的无侧限抗压强度应满足表5.1.6的要求。

石灰稳定类基层、底基层的
压实度及 7d 抗压强度　表 5.1.6

层位	土类	高速公路、一级公路		二级和二级以下公路	
		压实度(%)	抗压强度(MPa)	压实度(%)	抗压强度(MPa)
基层	粗粒土 中粒土	—	—	≥97	≥0.8①
	细粒土	—		≥95②	
底基层	粗粒土 中粒土	≥96	≥0.8	≥95	0.5~0.7③
	细粒土	≥95		≥93	

注:①在低塑性土(塑性指数小于 7)地区,石灰稳定砂砾土和碎石土的 7d 抗压强度应大于 0.5MPa;

②三、四级公路,压实机具有困难时压实度可减少 2%;

③低限用于塑性指数小于 7 的土,高限用于塑性指数大于 7 的土。

5.过湿路段和冰冻地区的潮湿路段不应直接铺筑石灰土底基层,应在其下设置隔水垫层。

5.1.7　填隙碎石

1.填隙碎石的单层铺筑厚度宜为 10~12cm,最大粒径宜为厚度的 0.5~0.7 倍。用做基层时,最大粒径不应超过 60mm;用做底基层时,最大粒径不应超过 80mm。填隙料可用石屑或最大粒径小于 10mm 的砂砾料或粗砂,主骨料和填隙料的颗粒组成可参照有关规范的规定。

2.填隙碎石的压实度以固体体积率表示,用做底基层时,不应小于 83%;用做基层时,不应小于 85%。

5.1.8　级配碎石

1.级配碎石宜用几种粒径不同的碎石和石屑掺配拌制而成,其粒料的级配组成应符合附录 C 表 C2 的要求,且级配应接近圆滑曲线。用于底基层的未筛分碎石的级配,宜符合附录 C 表 C2 的要求。

2.级配碎石用做基层时,其压实度不应小于 98%;用做底基层时,其压实度不应小于 96%。

5.1.9　级配砾石和天然砂砾

1.级配砾石或天然砂砾用做基层或底基层时,其颗粒组成应符合附录 C 表 C3 的要求,且级配宜接近圆滑曲线。

2.级配砾石或天然砂砾用做基层时,其重型击实标准的压实度不应小于 98%,CBR 值不应小于 160%;用做底基层时,其重型击实标准的压实度不应小于 96%,CBR 值对轻交通道路不应小于 40%,对中等交通道路不应小于 60%。

5.2 垫　　层

5.2.1　垫层的设置原则

处于下列状况的路基应设置垫层,以排除路面、路基中滞留的自由水,确保路面结构处于干燥或中湿状态。

1.地下水位高,排水不良,路基经常处于潮湿、过湿状态的路段。

2.排水不良的土质路堑,有裂隙水、泉眼等水文不良的岩石挖方路段。

3.季节性冰冻地区的中湿、潮湿路段,可能产生冻胀需设置防冻垫层的路段。

4.基层或底基层可能受污染以及路基软弱的路段。

5.2.2　垫层材料

垫层材料可选用粗砂、砂砾、碎石、煤渣、矿渣等粒料以及水泥或石灰煤渣稳定粗粒土,石灰粉煤灰稳定粗粒土等。若采用粗砂和砂砾料时,通过 0.074mm 筛孔的颗粒含量不应大于 5%。采用煤渣时,小于 2mm 的颗粒含量不宜大于 20%。

为防止软弱路基污染粒料底基层、垫层,或为隔断地下水的影响,可在路基顶面设土工合成材料隔离层。

5.2.3　垫层宽度

高速公路,一、二级公路的排水垫层应铺至与路基同宽,以利路面结构排水,保持路基稳定。三、四级公路的垫层宽度可比底基层每侧至少宽 25cm。

5.2.4　道路冻深计算

道路冻深应按公式 5.2.4 计算。

$$h_d = a \cdot b \cdot c\sqrt{f} \tag{5.2.4}$$

式中:h_d ——从路表面至道路冻结线的深度(cm);

a ——路面结构层的材料热物性系数,由表 5.2.4-1查得;

b ——路面横断面(填、挖)系数,由表 5.2.4-2 查得;

c ——路基潮湿类型系数,由表 5.2.4-3 查得;

f ——最近 10 年冻结指数平均值,即冬季负温度的累积值(℃·d),根据气象部门观测资料计算确定。

路面结构层材料热物性系数表　表 5.2.4-1

隔温材料层厚度(m) / 地区	0~0.10	0.10~0.20	0.20~0.30	0.30~0.40	大于 0.40
东北	2.20	2.20~2.10	2.10~2.00	2.00~1.90	1.90~1.80
华北	2.15	2.15~2.05	2.05~1.95	1.95~1.85	1.85~1.75
西北	2.10	2.10~2.00	2.00~1.90	1.90~1.80	1.80~1.70

注:1.隔温材料层厚度系指由煤渣、矿渣及粉煤灰等工业废料类组成的路面结构层;

2.隔温性能好的材料取低值,隔温性能不好的材料取高值。

路基横断面填、挖系数表　表 5.2.4-2

地区 \ 填挖高度(m)	填方 0~0.50	填方 0.50~2.0	填方 大于2.0	挖方 0~0.50	挖方 0.50~2.0	挖方 大于2.0
东北	1.80~2.00	2.00~2.20	2.25	1.80~1.70	1.70~1.55	1.50
华北	1.85~2.05	2.05~2.25	2.30	1.85~1.75	1.75~1.60	1.55
西北	1.90~2.10	2.10~2.30	2.35	1.90~1.80	1.80~1.65	1.60

注:填方高者取大值,挖方深者取小值。

路基潮湿类型系数表　表 5.2.4-3

地区 \ 路基潮湿类型	过湿	潮湿	中湿
东北	1.00~1.05	1.05~1.07	1.07~1.10
华北	1.01~1.06	1.06~1.08	1.08~1.10
西北	1.02~1.07	1.07~1.09	1.09~1.11

注:路基湿度偏低时取大值。

5.2.5 防冻厚度计算

在季节性冰冻地区的中湿、潮湿路段,路面设计时应进行防冻厚度检验。根据交通量计算结构层总厚度应不小于表 5.2.5 最小防冻厚度的规定。防冻厚度与路基潮湿类型、路基土类、道路冻深以及路面结构层材料的热物性有关。若结构层总厚度小于最小防冻厚度时,应增加防冻垫层使其满足最小防冻厚度的要求。

补强设计时,补强层厚度加原有路面结构厚度之和应大于最小防冻厚度,否则应增加补强层厚度使其满足最小防冻厚度的要求。

最小防冻厚度(cm)　表 5.2.5

路基类型	土质 / 基、垫层类型 / 道路冻深(cm)	粘性土、细亚砂土 砂石类	粘性土、细亚砂土 稳定土类	粘性土、细亚砂土 工业废料类	粉性土 砂石类	粉性土 稳定土类	粉性土 工业废料类
中湿	50~100	40~45	35~40	30~35	45~50	40~45	30~40
中湿	100~150	45~50	40~45	35~40	50~60	45~50	40~45
中湿	150~200	50~60	45~55	40~50	60~70	50~60	45~50
中湿	大于200	60~70	55~65	50~55	70~75	60~70	50~65
潮湿	60~100	45~55	40~50	35~45	50~60	45~55	40~50
潮湿	100~150	55~60	50~55	45~50	60~70	55~65	50~60
潮湿	150~200	60~70	55~65	50~55	70~80	65~70	60~65
潮湿	大于200	70~80	65~75	55~70	80~100	70~90	65~80

注:1.在《公路自然区划标准》(JTJ 003)中,对潮湿系数小于 0.5 的地区,Ⅱ、Ⅲ、Ⅳ等干旱地区防冻厚度应比表中值减少 15%~20%;

2.对Ⅱ区砂性土路基防冻厚度应相应减少 5%~10%。

1 总 则

1.0.1 为适应交通运输发展和公路建设的需要，提高水泥混凝土路面的设计质量和技术水平，保证工程安全可靠、经济合理，制定本规范。

1.0.2 本规范适用于新建和改建公路的水泥混凝土路面设计。

1.0.3 水泥混凝土路面设计方案，应根据公路的使用任务、性质和要求，结合当地气候、水文、土质、材料、施工技术、实践经验以及环境保护要求等，通过技术经济分析确定。水泥混凝土路面设计应包括结构组合、材料组成、接缝构造和钢筋配置等。水泥混凝土路面结构应按规定的安全等级和目标可靠度，承受预期的交通荷载作用，并同所处的自然环境相适应，满足预定的使用性能要求。

1.0.4 水泥混凝土路面设计除应符合本规范外，尚应符合国家和行业现行有关标准和规范的规定。

3 设计依据

3.0.1 各级公路水泥混凝土路面结构的设计安全等级及相应的设计基准期、目标可靠指标和目标可靠度，应符合表3.0.1的规定。各安全等级路面的材料性能和结构尺寸参数的变异水平等级，宜按表3.0.1的建议选用。

可靠度设计标准　表3.0.1

公路技术等级	高速公路	一级公路	二级公路	三、四级公路
安全等级	一级	二级	三级	四级
设计基准期(a)	30	30	20	20
目标可靠度(%)	95	90	85	80
目标可靠指标	1.64	1.28	1.04	0.84
变异水平等级	低	低~中	中	中~高

3.0.2 材料性能和结构尺寸参数的变异水平分为低、中和高三级。各变异水平等级主要设计参数的变异系数变化范围，应符合表3.0.2的规定。

变异系数 c_v 的变化范围　表3.0.2

变异水平等级	低	中	高
水泥混凝土弯拉强度、弯拉弹性模量	$c_v \leqslant 0.10$	$0.10 < c_v \leqslant 0.15$	$0.15 < c_v \leqslant 0.20$
基层顶面当量回弹模量	$c_v \leqslant 0.25$	$0.25 < c_v \leqslant 0.35$	$0.35 < c_v \leqslant 0.55$
水泥混凝土面层厚度	$c_v \leqslant 0.04$	$0.04 < c_v \leqslant 0.06$	$0.06 < c_v \leqslant 0.08$

3.0.3 水泥混凝土路面结构设计以行车荷载和温度梯度综合作用产生的疲劳断裂作为设计的极限状态，其极限状态设计表达式采用式(3.0.3)。

$$\gamma_r(\sigma_{pr} + \sigma_{tr}) \leqslant f_r \tag{3.0.3}$$

式中：γ_r——可靠度系数，依据所选目标可靠度及变异水平等级按表3.0.3确定；

σ_{pr}——行车荷载疲劳应力(MPa)，计算方法见附录B.1；

σ_{tr}——温度梯度疲劳应力(MPa)，计算方法见附录B.2；

f_r——水泥混凝土弯拉强度标准值(MPa)，见3.0.6条。

可靠度系数　表3.0.3

变异水平等级	目标可靠度(%)			
	95	90	85	80
低	1.20~1.33	1.09~1.16	1.04~1.08	-
中	1.33~1.50	1.16~1.23	1.08~1.13	1.04~1.07
高	-	1.23~1.33	1.13~1.18	1.07~1.11

注：变异系数在表3.0.2所示的变化范围的下限时，可靠度系数取低值；上限时，取高值。

3.0.4 水泥混凝土路面结构设计以重100kN的单轴-双轮组荷载作为标准轴载。不同轴-轮型和轴载的作用次数，按式(3.0.4-1)换算为标准轴载的作用次数。

$$N_s = \sum_{i=1}^{n} \delta_i N_i \left(\frac{P_i}{100}\right)^{16} \tag{3.0.4-1}$$

$$\delta_i = 2.22 \times 10^3 P_i^{-0.43} \tag{3.0.4-2}$$

或

$$\delta_i = 1.07 \times 10^{-5} P_i^{-0.22} \tag{3.0.4-3}$$

或

$$\delta_i = 2.24 \times 10^{-8} P_i^{-0.22} \tag{3.0.4-4}$$

式中：N_s——100kN的单轴-双轮组标准轴载的作用次数；

P_i——单轴-单轮、单轴-双轮组、双轴-双轮组或三轴-双轮组轴型 i 级轴载的总重(kN)；

n——轴型和轴载级位数；

N_i——各类轴型 i 级轴载的作用次数；

δ_i——轴-轮型系数，单轴-双轮组时，$\delta_i = 1$；单轴-单轮时，按式(3.0.4-2)计算；双轴-双轮组时，按式(3.0.4-3)计算；三轴-双轮组时，按式(3.0.4-4)计算。

3.0.5 水泥混凝土路面所承受的轴载作用，按设计基准期内设计车道所承受的标准轴载累计作用次数分为4级，分级范围如表3.0.5。

交通分级　表3.0.5

交通等级	特重	重	中等	轻
设计车道标准轴载累计作用次数 $N_e(10^4)$	>2000	100~2000	3~100	<3

注：交通调查和分析及 N_e 计算，参照本规范附录A。

3.0.6　水泥混凝土的强度以28d龄期的弯拉强度控制。当混凝土浇筑后90d内不开放交通时，可采用90d龄期的弯拉强度。各交通等级要求的混凝土弯拉强度标准值不得低于表3.0.6的规定。

混凝土弯拉强度标准值　表3.0.6

交通等级	特重	重	中等	轻
水泥混凝土的弯拉强度标准值(MPa)	5.0	5.0	4.5	4.0
钢纤维混凝土的弯拉强度标准值(MPa)	6.0	6.0	5.5	5.0

3.0.7　在季节性冰冻地区，路面的总厚度不应小于表3.0.7规定的最小防冻厚度。

水泥混凝土路面最小防冻厚度(m)　表3.0.7

路基干湿类型	路基土质	当地最大冰冻深度(m)			
		0.50~1.00	1.01~1.50	1.51~2.00	>2.00
中湿路基	低、中、高液限粘土	0.30~0.50	0.40~0.60	0.50~0.70	0.60~0.95
	粉土，粉质低、中液限粘土	0.40~0.60	0.50~0.70	0.60~0.85	0.70~1.10
潮湿路基	低、中、高液限粘土	0.40~0.60	0.50~0.70	0.60~0.90	0.75~1.20
	粉土，粉质低、中液限粘土	0.45~0.70	0.55~0.80	0.70~1.00	0.80~1.30

注：1.冻深小或填方路段，或者基、垫层为隔温性能良好的材料，可采用低值；冻深大或挖方及地下水位高的路段，或者基、垫层为隔温性能稍差的材料，应采用高值；

2.冻深小于0.50mm的地区，一般不考虑结构层防冻厚度。

3.0.8　水泥混凝土面层的最大温度梯度标准值 T_g，可按照公路所在地的公路自然区划按表3.0.8选用。

最大温度梯度标准值 T_g　表3.0.8

公路自然区划	Ⅱ、Ⅴ	Ⅲ	Ⅳ、Ⅵ	Ⅶ
最大温度梯度(℃/m)	83~88	90~95	86~92	93~98

注：海拔高时，取高值；湿度大时，取低值。

4　结构组合设计

4.1　路　　基

4.1.1　路基应稳定、密实、均质，对路面结构提供均匀的支承。

4.1.2　高液限粘土及含有机质细粒土，不能用做高速公路和一级公路的路床填料或二级和二级以下公路的上路床填料；高液限粉土及塑性指数大于16或膨胀率大于3%的低液限粘土，不能用做高速公路和一级公路的上路床填料。因条件限制而必须采用上述土做填料时，应掺加石灰或水泥等结合料进行改善。

4.1.3　地下水位高时，宜提高路堤设计标高。在设计标高受限制，未能达到中湿状态的路基临界高度时，应选用粗粒土或低剂量石灰或水泥稳定细粒土做路床或上路床填料；未能达到潮湿状态的路基临界高度时，除采用上述填料措施外，还应采取在边沟下设置排水渗沟等降低地下水位的措施。

4.1.4　路基压实度应符合《公路路基设计规范》(JTJ 013)的要求。多雨潮湿地区，对于高液限土及塑性指数大于16或膨胀率大于3%的低液限粘土，宜采用由轻型压实标准确定的压实度，并在含水量略大于其最佳含水量时压实。

4.1.5　岩石或填石路床顶面应铺设整平层。整平层可采用未筛分碎石和石屑或低剂量水泥稳定粒料，其厚度视路床顶面不平整程度而定，一般为100~150mm。

4.2　垫　　层

4.2.1　遇有下述情况时，需在基层下设置垫层：

——季节性冰冻地区，路面总厚度小于最小防冻厚度要求(表3.0.7)时，其差值应以垫层厚度补足；

——水文地质条件不良的土质路堑，路床土湿度较大时，宜设置排水垫层；

——路基可能产生不均匀沉降或不均匀变形时，可加设半刚性垫层。

4.2.2　垫层的宽度应与路基同宽，其最小厚度为150mm。

4.2.3　防冻垫层和排水垫层宜采用砂、砂砾等颗粒材料。半刚性垫层可采用低剂量无机结合料稳定粒料或土。

4.3　基　　层

4.3.1　基层应具有足够的抗冲刷能力和一定的刚度。

4.3.2　基层类型宜依照交通等级按表4.3.2选用。混凝土预制块面层应采用水泥稳定粒料基层。

适宜各交通等级的基层类型　表4.3.2

交通等级	基层类型
特重交通	贫混凝土、碾压混凝土或沥青混凝土基层
重交通	水泥稳定粒料或沥青稳定碎石基层
中等或轻交通	水泥稳定粒料、石灰粉煤灰稳定粒料或级配粒料基层

4.3.3　湿润和多雨地区，路基为低透水性细粒土的高

速公路和一级公路或者承受特重或重交通的二级公路,宜采用排水基层。排水基层可选用多孔隙的开级配水泥稳定碎石、沥青稳定碎石或碎石,其孔隙率约为20%。

4.3.4 基层的宽度应比混凝土面层每侧至少宽出300mm(采用小型机具施工时)或500mm(轨模式摊铺机施工时)或650mm(滑模式摊铺机施工时)。路肩采用混凝土面层,其厚度与行车道面层相同时,基层宽度宜与路基同宽。级配粒料基层的宽度也宜与路基同宽。

4.3.5 各类基层厚度的适宜范围见表4.3.5。

各类基层厚度的适宜范围　　表4.3.5

基层类型	厚度适宜的范围(mm)
贫混凝土或碾压混凝土基层	120~200
水泥或石灰粉煤灰稳定粒料基层	150~250
沥青混凝土基层	40~60
沥青稳定碎石基层	80~100
级配粒料基层	150~200
多孔隙水泥稳定碎石排水基层	100~140
沥青稳定碎石排水基层	80~100

4.3.6 碾压混凝土基层应设置与混凝土面层相对应的接缝。贫混凝土基层在其弯拉强度超过1.8MPa时,应设置与混凝土面层相对应的横向缩缝;而一次摊铺宽度大于7.5m时,还应设置纵向缩缝。

4.3.7 基层下未设垫层,上路床为细粒土、粘土质砂或级配不良砂(承受特重或重交通时),或者为细粒土(承受中等交通时),应在基层下设置底基层。底基层可采用级配粒料、水泥稳定粒料或石灰粉煤灰稳定粒料,厚度一般为200mm。

4.3.8 排水基层下应设置由水泥稳定粒料或者密级配粒料组成的不透水底基层,厚度一般为200mm。底基层顶面宜铺设沥青封层或防水土工织物。

4.4 面　层

4.4.1 水泥混凝土面层应具有足够的强度、耐久性,表面抗滑、耐磨、平整。

4.4.2 面层一般采用设接缝的普通混凝土;面层板的平面尺寸较大或形状不规则,路面结构下埋有地下设施,高填方、软土地基、填挖交界段的路基等有可能产生不均匀沉降时,应采用设置接缝的钢筋混凝土面层。其他面层类型可根据适用条件按表4.4.2选用。

其他面层类型选择　　表4.4.2

面层类型	适用条件
连续配筋混凝土面层	高速公路
沥青上面层与连续配筋混凝土或横缝设传力杆的普通混凝土下面层组成的复合式路面	特重交通的高速公路
碾压混凝土面层	二级及二级以下公路、服务区停车场
钢纤维混凝土面层	标高受限制路段、收费站、混凝土加铺层和桥面铺装
矩形或异形混凝土预制块面层	服务区停车场、二级及二级以下公路桥头引道沉降未稳定段

4.4.3 普通混凝土、钢筋混凝土、碾压混凝土或钢纤维混凝土面层板一般采用矩形。其纵向和横向接缝应垂直相交,纵缝两侧的横缝不得相互错位。

4.4.4 纵向接缝的间距按路面宽度在3.0~4.5m范围内确定。碾压混凝土、钢纤维混凝土面层在全幅摊铺时,可不设纵向缩缝。

4.4.5 横向接缝的间距按面层类型和厚度选定:

——普通混凝土面层一般为4~6m,面层板的长宽比不宜超过1.30,平面尺寸不宜大于25m^2;

——碾压混凝土或钢纤维混凝土面层一般为6~10m;

——钢筋混凝土面层一般为6~15m。

4.4.6 普通混凝土、钢筋混凝土、碾压混凝土或连续配筋混凝土面层所需的厚度,可参照表4.4.6所示参考范围并按4.4.9条规定计算确定。

水泥混凝土面层厚度的参考范围　表4.4.6

交通等级	特重				重			
公路等级	高速	一级		二级	高速	一级		二级
变异水平等级	低	中	低	中	低	中	低	中
面层厚度(mm)	≥260	≥250	≥240		270~240	260~230	250~220	

交通等级	中等				轻	
公路等级	二级		三、四级	三、四级	三、四级	
变异水平等级	高	中	高	中	高	中
面层厚度(mm)	240~210	230~200		220~200	≤230	≤220

4.4.7 钢纤维混凝土面层的厚度按钢纤维掺量确定,钢纤维体积率为0.6%~1.0%时,其厚度为普通混凝土面层厚度的0.65~0.75倍。特重或重交通时,其最小厚度为160mm;中等或轻交通时,其最小厚度为140mm。

4.4.8 复合式路面的沥青上面层的厚度一般为25~80mm。

4.4.9 除混凝土预制块面层外,各种混凝土面层的计算厚度应满足式(3.0.3)的要求。荷载疲劳应力和温度疲劳应力分别按附录B.1和B.2计算。面层设计厚度依计算厚度按10mm向上取整。

采用碾压混凝土或贫混凝土做基层时,宜将基层与混凝土面层视作分离式双层板进行应力分析。上、下层板在临界荷位处的荷载疲劳应力和温度疲劳应力分别按附录C.1和C.2计算。上、下层板的计算厚度应分别满足式(3.0.3)的要求。

具有沥青上面层的水泥混凝土板,在临界荷位处的荷载疲劳应力和温度疲劳应力分别按附录D.1和D.2计算。混凝土板的计算厚度,应满足式(3.0.3)的要求。

4.4.10 路面表面构造应采用刻槽、压槽、拉槽或拉毛等方法制作。构造深度在使用初期应满足表4.4.10的要求。

各级公路水泥混凝土面层的表面构造深度(mm)要求　　表4.4.10

公路等级	高速公路、一级公路	二、三、四级公路
一般路段	0.70~1.10	0.50~0.90
特殊路段	0.80~1.20	0.60~1.00

注:1.特殊路段——对于高速公路和一级公路系指立交、平交或变速车道等处,对于其他等级公路系指急弯、陡坡、交叉口或集镇附近;
2.年降雨量600mm以下的地区,表列数值可适当降低。

4.4.11 混凝土预制块可采用异形块或矩形块。预制块的长度为200~250mm,宽度为100~125mm,长宽比通常为2:1。预制块的厚度为100~120mm。预制块下稳平层的厚度为30~50mm。

4.5 路　　肩

4.5.1 路肩铺面结构应具有一定的承载能力,其结构层组合和材料选用应与行车道路面相协调,并保证进入路面结构中的水的排除。

4.5.2 路肩铺面可选用水泥混凝土面层或沥青面层。

4.5.3 路肩水泥混凝土面层的厚度通常采用与行车道面层等厚,其基层宜与行车道基层相同。选用薄面层时,其厚度不宜小于150mm,基层应采用开级配粒料。

4.5.4 路肩沥青面层宜选用密实型沥青混合料。其基层可选用无机结合料稳定粒料或级配粒料。行车道路面结构不设内部排水设施时,沥青面层和不透水基层的总厚度不宜超过行车道面层的厚度,基层下应选用透水性粒料填筑。

4.6 路面排水

4.6.1 行车道路面应设置双向或单向横坡,坡度为1%~2%。路肩铺面的横向坡度值宜比行车道路面的横坡值大1%~2%。

4.6.2 行车道路面结构设置排水基层或垫层时,应在排水基层或垫层外侧边缘设置纵向集水沟和带孔集水管,并间隔50~100m设置横向排水管。

4.6.3 排水基层的纵向边缘集水沟,路肩采用水泥混凝土面层时,可设在路肩下或路肩外侧边缘内;路肩采用沥青面层时,可设在路肩内侧边缘内。排水垫层的纵向边缘集水沟设在路床边缘。

4.6.4 带孔集水管的孔径通常采用100~150mm。集水沟的宽度通常采用300mm。集水沟的深度应能保证集水管管顶低于排水层底面,并有足够厚度的回填料使集水管不被施工机械压裂。沟内回填料宜采用与排水基层或垫层相同的透水性材料,或者不含细料的碎石或砾石粒料。回填料与沟壁间应铺设无纺反滤织物。横向排水管不带孔,基管径与集水管相同。

4.6.5 集水沟和集水管的纵坡宜与路线纵坡相同,但不得小于0.25%。横向排水管的坡度不宜小于5%。

4.6.6 横向排水管出口端应设端墙。端头用镀锌铁丝网或格栅罩住,出水口应进行冲刷防护。在横向排水管上方的路肩边缘处应设置标志,标明出水口位置。

2 原 材 料

2.1 粉 煤 灰

2.1.1 修筑道路基层使用的粉煤灰(硅铝灰)化学成分中的 $SiO_2+Al_2O_3$ 总量宜大于70%;在温度为700℃的烧失量宜小于或等于10%。当烧失量大于10%时,应做试验,当其混合料强度符合要求时方可采用。

2.1.2 $SiO_2+Al_2O_3$ 总量和烧失量符合要求的新排放或陈年堆积的粗颗粒和细颗粒粉煤灰,均可采用。

2.2 石 灰

2.2.1 钙石灰和镁石灰均可使用。在有条件时可优先采用磨细的生石灰。

2.2.2 生石灰的 CaO + MgO 含量宜大于60%,消石灰的 CaO + MgO 含量宜大于50%。当石灰的 CaO + MgO 含量在30%~50%时,应通过试验选用较高石灰剂量,但剂量不宜超过30%。石灰的 CaO + MgO 含量小于30%时,不得采用。

石灰的 CaO 含量或 CaO + MgO 含量的测定,应符合本规程附录 A 或附录 B 的规定。

2.2.3 消石灰应充分消解,不得含有未消解颗粒。磨细生石灰应完全粉磨,不得含有杂质。

2.2.4 当采用石灰类工业废料(如电石渣等)和石灰下脚料时,其适用条件可按本规程第2.2.2条执行。严禁采用含有有害物质的石灰类下脚料。

2.3 土

2.3.1 土的塑性指数(用100g平衡锥测定)宜为11~25,并不得小于6或大于30。当土的塑性指数小于6或大于30时,应采取压实混合料或粉碎土团粒的措施。

2.3.2 当温度为700℃时,土中有机质含量应小于8%。硫酸盐含量宜小于0.8%。

注:有机质和硫酸盐含量分别指其与土的重量比。

2.4 集 料

2.4.1 集料系指碎石、砾石、砂砾、高炉矿渣、碎砖和稳定的钢渣等材料。集料的压碎值、抗压强度与适用范围,应符合表2.4.1的规定。

集料压碎值的试验方法应符合本规程附录 C 的规定。

集料压碎值、抗压强度与其适用范围　表2.4.1

压碎值(%)		抗压强度(MPa)	适用范围
悬浮密实型混合料	骨架密实型混合料	悬浮密实型混合料	
≤35	≤30	—	快速路和主干路的基层
≤40	≤35	—	次干路、支路的基层和快速路、主干路的底基层
—	—	≥7.5	

注:碎石、砾石、砂砾、高炉矿渣和钢渣用压碎值,碎砖用抗压强度。

2.4.2 悬浮密实型混合料中集料的最大粒径不应大于50mm,并应小于混合料每层压实厚度的1/3。骨架密实型混合料中集料的最大粒径不应大于40mm,并应小于混合料每层压实厚度的1/3,集料应有级配。

2.4.3 集料的表面应清洁,不得粘附泥土。

2.5 水

2.5.1 消解石灰、拌制混合料和混合料基层养生应采用清洁的地面水、地下水、自来水及pH值大于6的水。

3 混 合 料

3.1 组成类型与应用

3.1.1 粉煤灰石灰类混合料的组成设计应符合下列规定:

3.1.1.1 混合料的结构组成应具有良好压实性;

3.1.1.2 混合料的配合比组成应能使压实混合料的加固很快达到设计强度。

3.1.2 混合料的结构组成具有良好压实性的三种类型,应符合下列规定:

3.1.2.1 悬浮密实型混合料:混合料中细料的压实体积应大于集料在疏松状态时的空隙体积,即集料在压实混合料中处于“悬浮状态”。

3.1.2.2 骨架密实型混合料:混合料中细料的压实体积应“临界”于级配集料在压密状态下的空隙体积,集料在压实混合料中有一定“骨架作用”。

3.1.2.3 密实型混合料:由结合料与几种细料组成的任何配合比的混合料应具有良好压实性。

3.1.3 悬浮密实型混合料中的集料用量应控制在50%左右,最大粒径较大,颗粒强度可较低,不要求有级配,适用于各等级道路的基层和底基层。骨架密实型混合料中的集料用量应控制在75%以上,最大粒径较小,应有级配,宜用于铺筑快速路和主干路的基层。密实型混合料能获得较好的经济效益,可根据具体条件和要求选用。

①

3.2 “悬浮状态”检验公式

3.2.1 悬浮密实型混合料中的集料在压实混合料中的“悬浮状态”可采用下式检验。

$$\frac{m+n}{\rho} > k \cdot p \cdot \left(\frac{1}{W} - \frac{1}{G}\right) \quad (3.2.1)$$

式中：W——集料干松密度(kg/m^3)；

G——集料毛体积密度(kg/m^3)；

m——粉煤灰在混合料中占总干重的百分数；

n——石灰在混合料中占总干重的百分数；

p——集料在混合料中占总干重的百分数；

ρ——混合料中粉煤灰石灰的最大干密度(kg/m^3)；

k——为“悬浮系数”，当 $p = 30\%$ 时，$k = 1$；当 $p = 70\%$ 时，$k = 2$；当 p 为其他值时，采用直线插入法取 k 值。

3.3 配合比

3.3.1 粉煤灰石灰集料混合料中粉煤灰与石灰的比例宜为2:1(当集料用量为70%以上时)至5:1(当集料用量为50%左右时)。当混合料中无集料时，粉煤灰(或粉煤灰土)与石灰的比例宜为3:1至10:1。

3.3.2 粉煤灰石灰类混合料的最佳配合比应通过试验决定。当受条件限制做试验有困难时，可按表3.3.2选用。

粉煤灰石灰类混合料配合比　表3.3.2

混合料		配合比
类型	种类	(质量比，总干重百分数，%)
密实型	粉煤灰石灰	75:25～85:15
	粉煤灰石灰土	35:9:56；40:12:48
	石灰土	10:90～12:88
悬浮密实型	粉煤灰石灰碎(砾)石	33:7:60；50:10:40
	粉煤灰石灰高炉矿渣	45:10:45
	粉煤灰石灰砂砾	38:12:50
	粉煤灰石灰钢渣	33:7:60；46:9:45
	粉煤灰石灰碎砖	50:10:40
骨架密实型	粉煤灰石灰集料(集料含碎石、砾石、矿渣、砂砾和钢渣)	10:5:85；20:7:73

3.3.3 当混合料中集料用量在75%以上时，可用1%～3%水泥取代部分石灰，这种混合料宜用于铺筑快速路和主干路的基层。

3.4 最佳含水量和最大干密度

3.4.1 粉煤灰石灰类混合料的最佳含水量和最大干密度应用重型击实仪通过试验确定。并应采用本规程附录D的方法测定。

3.4.2 悬浮密实型粉煤灰石灰集料混合料的最大干密度和最佳含水量，当不使用现有的试验仪器和试验方法准确测定时，可按下列公式计算：

$$\rho_0 = \frac{G \cdot \rho}{(m+n) \cdot G + p \cdot \rho} \cdot \beta \quad (3.4.2\text{-}1)$$

$$\omega_0 = \frac{W_1 + W_2}{W_c} \times 100\% \quad (3.4.2\text{-}2)$$

式中：ρ_0——粉煤灰石灰集料混合料最大干密度(kg/m^3)；

β——折减系数，一般用0.98；

ω_0——粉煤灰石灰集料混合料最佳含水量(%)；

W_c——粉煤灰石灰集料混合料总干质量(g)；

W_1——粉煤灰石灰混合料最佳含水重(g)；

W_2——集料面干饱和含水重(g)。

3.5 抗压强度与应用

3.5.1 粉煤灰石灰类混合料7d龄期抗压强度应符合表3.5.1的规定。

抗压强度的试验方法应符合本规程附录E的规定。

混合料7d龄期抗压强度(MPa)　表3.5.1

应用层位 \ 道路种类	快速路和主干路	次干路	支路
基层	≥0.70	≥0.55	≥0.50
底基层	≥0.50	≥0.45	—

注：试件在温度20±1℃和湿度大于90%条件下湿治养生后的饱水抗压强度。

3.5.2 粉煤灰石灰类混合料28d龄期抗压强度，要求快速路、主干路的基层抗压强度不得小于1.75MPa；次干路基层抗压强度不得小于1.38MPa。

3.6 抗压回弹模量设计参数与路面结构组合

3.6.1 粉煤灰石灰类混合料抗压回弹模量设计参数值应符合表3.6.1的规定。

抗压回弹模量设计参数值(E_c)　表3.6.1

混合料	E_c(MPa)	使用要求
粉煤灰石灰集料	600～750	当集料为碎石、砾石、高炉矿渣或钢渣时，取高值；当集料为砂砾或碎砖时，取低值
集料石灰土	450～600	
粉煤灰石灰	400～600	当石灰和粉煤灰用量较大时，取高值；反之，取低值
粉煤灰石灰土	350～500	
石灰土	200～300	石灰剂量：12%时，取高值；8%时，取低值
配料条件	表中各种类混合料的配合比，应符合本规程第3.1.1条的混合料组成设计规定	
养生条件与龄期	在温度20±1℃和温度大于90%下，养生90d龄期	

3.6.2 粉煤灰石灰类混合料基层的沥青路面结构组合典型模式及其适用范围可按表3.6.2选用。

沥青路面结构组合典型模式及其适用范围　表3.6.2

城市道路		沥青路面			
等级	种类	沥青面层厚度(cm)	石灰加固类基层厚度(cm)		
			基层	底基层	垫层
Ⅰ	快速路和主干路	12~15	15~20 (A)	15 (B、C、D)	h (E)
Ⅱ	次干路	8~11	15 (A、B、C)	15 (D、E)	h (E)
Ⅲ	支路	4~7	15 (A、B、C、D、E)	—	h (E)

注:1.括号内代号为适用范围;
A—粉煤灰石灰集料;B—粉煤灰石灰;C—集料石灰土;D—粉煤灰石灰土;E—石灰土;h—厚度;
2.凡能用于基层的混合料,均能用于底基层或垫层;凡能用于底基层的混合料,均能用于垫层。

3.6.3　粉煤灰石灰类混合料基层的沥青路面厚度应按现行行业标准《城市道路设计规范》(CJJ 37)的有关规定进行计算。

3.6.4　粉煤灰石灰类混合料基层的水泥混凝土路面结构组合模式及其适用范围可按表3.6.4选用。

水泥混凝土路面结构组合模式及其适用范围　表3.6.4

城市道路		水泥混凝土路面	
等级	种类	水泥混凝土面层厚度(cm)	石灰加固类基层厚度(cm)
Ⅰ	快速路主干路	根据设计计算	15~20 (A、C、D)
Ⅱ	次干路		10~15 (B、D、E)
Ⅲ	支路		

注:凡能用于快速路和主干路基层的混合料,均能用于次干路和支路的基层。

附录F　几种常用计算公式

F.0.1　配料时各种原材料用量计算公式

F.0.1.1　质量法计算公式

$$A = Q \cdot p \cdot (1+\omega) \qquad (F.0.1.1)$$

式中:A——原材料湿重(kg);

Q——一次拌和混合料计算干重(kg);

p——原材料干重与混合料总干重之比(%);

ω——原材料含水量(%)。

F.0.1.2　体积法计算公式

$$\frac{P_1 \cdot (1+\omega_1)}{\rho_1} : \frac{P_2 \cdot (1+\omega_2)}{\rho_2} : \frac{P_3 \cdot (1+\omega_3)}{\rho_3} \qquad (F.0.1.2)$$

式中:P_1、P_2、P_3——各种原材料干质量与混合料总干质量之比(%);

ω_1、ω_2、ω_3——各种原材料含水量(%);

ρ_1、ρ_2、ρ_3——各种原材料湿松密度(kg/m³)。

F.0.1.3　层铺法计算公式

$$H = \frac{\rho_0 \cdot P \cdot h \cdot (1+\omega)}{\rho} \cdot K \qquad (F.0.1.3)$$

式中:H——原材料松铺厚度(cm);

ρ_0——混合料最大干密度(kg/m³);

P——原材料干质量与混合料总干质量之比(%);

ω——原材料含水量(%);

ρ——原材料湿松密度(kg/m³);

h——混合料基层每层压实厚度(cm);

K——混合料基层压实度(%)。

F.0.2　加(或减)水量计算公式

$$B = \frac{Q}{1+\omega}(\omega_0 - \omega) \qquad (F.0.2)$$

式中:B——加(或减)水量,"+"号为加水质量,"−"号为减水质量(t);

Q——混合料湿重(t);

ω_0——混合料最佳含水量(%);

ω——混合料实际含水量(%);

$$Q = q_1 + q_2 + \cdots\cdots$$

$$\omega = \frac{Q}{\left(\frac{q_1}{1+\omega_1} + \frac{q_2}{1+\omega_2} + \cdots\cdots\right)} - 1$$

式中:q_1、q_2……——各种原材料湿质量(t);

ω_1、ω_2……——各种原材料含水量(%)。

F.0.3　混合料松铺厚度计算公式

$$H = h \cdot K \qquad (F.0.3)$$

式中:H——混合料松铺厚度(cm);

h——混合料基层每层压实厚度(cm);

K——压实系数,$K = \rho_c/\rho_d$;

ρ_c——混合料压实干密度(t/m³);

ρ_d——某种方式摊铺下,混合料干松密度(t/m³)。

2 固化类混合料原材料的选择与技术要求

2.1 土壤固化剂

2.1.1 土壤固化剂可分为液粉土壤固化剂和粉状土壤固化剂两类。

2.1.2 土壤固化剂的技术性能指标应符合现行行业标准《土壤固化剂》(CJ/T 3073)的规定。

2.1.3 液粉土壤固化剂中溶液的固体含量不得大于3%,不得有沉淀或絮状现象,粉状土壤固化剂的细度在0.074mm标准筛上筛余量不得超过15%。

2.2 水泥、石灰

2.2.1 普通硅酸盐水泥、矿渣硅酸盐水泥、火山灰质硅酸盐水泥,均可用于固化路面基层和底基层。但水泥标号不得低于325号,且应选用终凝时间等于或大于6h的水泥。

2.2.2 固化路面基层和底基层,不得使用快硬水泥、早强水泥及受潮变质过期的水泥。

2.2.3 石灰应采用消石灰或生石灰粉;消石灰中不得含有未消解的生石灰颗粒。

2.2.4 石灰等级应符合现行行业标准《建筑生石灰》(JC 479)的规定。

2.3 土

2.3.1 凡能被粉碎的或原来松散的土,都可用作固化类混合料的基料。

2.3.2 土中石料的最大粒径:基层,不应大于30mm;底基层,不应大于40mm。

2.3.3 基层和底基层用土,土中石料的压碎值不得大于40%。

2.3.4 土中有机质含量(重量比)不宜超过10%。

2.3.5 土的检测方法应符合现行国家标准《土工试验方法标准》(GBJ 123)的规定。

2.4 水

2.4.1 凡人或牲畜的饮用水均可使用。基层和底基层用水应采用pH值大于或等于6的水。

3 固化类混合料的组成与配合比设计

3.1 一般规定

3.1.1 应根据土的种类和性质,确定所选用的土壤固化剂的类型,再通过配合比设计试验,选用最适宜的胶结材料和用量。

3.1.2 固化类混合料的配合比应采用重量比。

3.1.3 固化类混合料配合比设计,应根据固化类混合料强度标准确定。

3.1.4 固化类混合料中的各集料的试验方法可按现行行业标准《公路工程无机结合料稳定材料试验规程》(JTJ 057)进行。

3.2 原材料的试验

3.2.1 对于固化类混合料用土,应取代表性的试样,进行下列试验:

1.颗粒分析;

2.液限和塑性指数;

3.有机质含量;

4.含水率;

5.pH值;

6.压碎值试验。

3.2.2 对于水泥,应测定其标号,初、终凝时间和安定性。

3.2.3 对于石灰,宜测定有效钙和氧化镁的含量。

3.3 固化类混合料的配合比设计

3.3.1 固化类混合料宜按下列比例进行配制。

1.路面基层

1)使用液粉土壤固化剂时

a.当混合料为水泥混合时,水泥占干土重量为3%~6%;液粉土壤固化剂水溶液占干土重量为0.3%~1.0%;

b.当混合料为石灰混合时,石灰占干土重量为6%~10%;液粉土壤固化剂水溶液占干土重量为0.3%~1.0%;

c.当混合料为水泥和石灰混合时,水泥占干土重量为2%~4%;石灰占干土重量为4%~6%;液粉土壤固化剂水溶液占干土重量为0.3%~1.0%;

2)使用粉状土壤固化剂时

粉状土壤固化剂占干土重量为5%~10%。

2.路面底基层

1)使用液粉土壤固化剂时

a.当混合料为水泥混合时,水泥占干土重量为2%~3%;液粉土壤固化剂水溶液占干土重量为0.3%~0.5%;

b.当混合料为石灰混合时,石灰占干土重量为4%~5%;液粉土壤固化剂水溶液占干土重量为0.3%~0.5%;

c.当混合料为水泥和石灰混合时,水泥占干土重量为1%~3%,石灰占干土重量为3%~5%,液粉土壤固化剂水溶液占干土重量为0.3%~0.5%。

2)采用粉状土壤固化剂时

粉状土壤固化剂占干土重量为5%~8%。

3.3.2 确定固化类混合料的最佳含水量和最大干密度,应通过击实实验。

3.3.3 不同交通类别的道路,固化类混合材料7d的抗压强度应符合表3.3.3的规定。

固化类混合料的强度标准(MPa) 表3.3.3

层位	固化剂类别		道路等级	
			城市快速路和城市主干路	城市次干路和支路
基层	液粉	水泥类	3~4	2~3
		石灰类	—	≥0.8
		水泥石灰类	3~4	2~3
		石灰粉煤灰类	≥0.8	≥0.6
	粉状固化剂		3~4	2~3
底基层	液粉	水泥类	≥1.5	≥1.5
		石灰类	≥0.8	0.5~0.7
		水泥石灰类	≥1.5	≥1.5
		石灰粉煤灰类	≥0.5	≥0.5
	粉状固化剂		≥1.5	≥1.5

注:对于水泥石灰类混合料的强度标准,当以水泥为主时,其强度标准与水泥类混合料的强度标准相同;当以石灰为主时,其强度标准与石灰类混合料的强度标准相同;当石灰与水泥用量相近时,取水泥类和石灰类的平均值。

3.3.4 抗压强度的测试试件应在20±2℃的条件下保湿养护6d,再浸水1d,取出进行无侧限抗压强度试验,并取不少于6个试件的平均值。固化类混合料的无侧限抗压强度试验方法应符合本规程附录A的规定。

3.3.5 施工现场实际采用的水泥用量、石灰用量或土壤固化剂用量应高于室内试验确定用量:使用液粉土壤固化剂时,水泥应增加干土重量的0.5%~1%;石灰应增加干土重量的1%~2%,液粉土壤固化剂水溶液应增加干土重量的0.1%~0.2%;使用粉状土壤固化剂时,粉状土壤固化剂应增加干土重量的1%~2%,其中厂拌法采用低值,路拌法采用高值。

4 固化类路面基层和底基层结构设计

4.0.1 固化类路面基层和底基层结构的设计应符合现行行业标准《城市道路设计规范》(CJJ 37)的有关规定。

4.0.2 采用固化类路面基层和底基层时,应进行技术经济比较,以确定选用的路面结构方案。

4.0.3 固化类路面基层和底基层应符合下列要求:

1.应满足强度和稳定性的要求;

2.固化类混合料强度应均匀一致;

3.固化类混合料的配合比设计,应符合表3.3.3的强度要求。

4.0.4 固化类路面基层和底基层材料的回弹模量、弯拉强度等设计参数应结合各地实际情况进行测定。柔性路面测试方法可按现行行业标准《柔性路面设计参数测定方法标准》(CJJ/T 59)进行;刚性路面测试方法可按柔性路面测试方法进行。

4.0.5 固化类路面基层和底基层结构具有半刚性的特性,其厚度不宜小于15cm。

4.0.6 各结构层的材料回弹模量宜自上而下递减。

4.0.7 沥青面层与固化类路面基层和底基层层间结合应紧密牢固,并应喷撒透层沥青,其用量宜为0.8~1.0kg/m^2。

4.0.8 城市快速路、主干路的基层应采用砂砾或碎石类粗粒土,不应采用水泥、石灰类土壤固化剂稳定细粒土混合料,但可用于底基层。

4.0.9 对交通量较大的道路,应在面层与固化类混合料基层之间加铺连接层。

4.0.10 常用固化类路面基层和底基层结构组合宜符合附录B的规定,并应经论证后使用。

3 基　层

3.0.1 公路改性沥青路面基层的材料、施工工艺应符合现行《公路路面基层施工技术规范》(JTJ 034—93)的规定;在沥青面层施工前应对基层材料和施工质量进行检查、验收,只有在基层质量符合要求时才能进行改性沥青路面的施工。

3.0.2 改性沥青路面基层可采用水泥、石灰、工业废渣等无机结合料稳定粒料或细粒土的半刚性基层、级配碎石(或砾石)基层、沥青贯入式、沥青碎石基层以及碾压式水泥混凝土基层等。

3.0.3 用于改性沥青路面基层的材料应按照现行部颁有关试验规程的规定进行试验。

3.0.4 用旧沥青路面作为基层时,原路面应经过必要的补强、修补及整平,应符合设计规定的公路等级、线形、几何尺寸以及强度和平整度的要求。

3.0.5 用旧水泥混凝土路面作为基层时,应检查水泥混凝土板并进行必要的处理或修整,接缝处宜采取防止反射裂缝的措施。

4 材　料

4.1 一般规定

4.1.1 采购材料时应向材料供应商提出材料规格、质量、技术要求、供货时间要求等,并签订相关合同。

4.1.2 材料出厂应有质量检验单,材料到场后应进行检测验收,不合要求的不得使用。

4.1.3 材料到场后,应按规定进行贮存与管理。

4.2 基质沥青

4.2.1 本规范规定的基质沥青应采用道路石油沥青。

4.2.2 高速公路、一级公路或某些特殊重要工程的沥青面层,当采用改性沥青时,其基质沥青应采用符合现行规范《重交通道路石油沥青技术要求》规定的石油沥青。

4.2.3 选择基质沥青的标号时,宜在根据当地气候条件、交通情况等确定的道路石油沥青标号的基础上,采用稠度相当或稠度降低一个等级的沥青。

4.3 集料与填料

4.3.1 用于改性沥青混合料面层的粗集料宜采用碎石或破碎砾石,其粒径规格和质量要求应符合《公路沥青路面施工技术规范》(JTJ 032—94)的规定。

1　粗集料应洁净、干燥、无风化、无有害杂质,且具有一定的硬度和强度。

2　粗集料应具有良好的颗粒形状。破碎砾石用于高速公路、一级公路时,应采用较大颗粒的砾石破碎,并至少应有两个以上破碎面。

3　酸性石料用于铺筑公路路面时,应按《公路工程沥青及沥青混合料试验规程》(JTJ 052—93)规定的方法检验其与改性沥青的粘附性,不符合要求时应采取必要的抗剥离措施。

4.3.2 用于改性沥青混合料面层的细集料可采用天然砂、机制砂和石屑。细集料应洁净、干燥、无风化、无有害杂质,有适当的颗粒组成,并与改性沥青有良好的粘附性。细集料的粒径规格与质量要求应符合《公路沥青路面施工技术规范》(JTJ 032—94)的规定。

4.3.3 用于改性沥青混合料面层的填料应洁净、干燥,其质量应符合《公路沥青路面施工技术规范》(JTJ 032—94)规定的技术要求。

1　改性沥青混合料的填料必须采用石灰岩或岩浆岩中的强基性岩石等憎水性石料经磨细得到的矿粉,矿粉中不应含有泥土等杂质。

2　采用水泥、消石灰粉做填料时,其用量不宜超过矿料总量的2%。

3　采用沥青混合料拌和厂的回收粉尘做填料时,回收粉尘必须洁净、无杂质,塑性指数应小于4,其用量不得超过填料总量的50%。

4.4 改性剂

4.4.1 改性剂的选择应遵循如下原则:

1　根据拟改善的路面性能,可对改性剂作如下初步选择:

(1)为提高抗永久变形能力,宜使用热塑性橡胶类或热塑性树脂类等改性剂。

(2)为提高抗低温开裂能力,宜使用热塑性橡胶类或橡胶类改性剂。

(3)为提高抗疲劳开裂能力,宜使用热塑性橡胶类、橡胶类或热塑性树脂类改性剂。

(4)为提高抗水损害能力,宜使用各类抗剥落剂等外掺剂。

2　应考虑改性剂处理与贮存条件、生产与施工方法的难易程度、对基质沥青与集料的要求等。

3　应考虑改性剂与基质沥青的相容性,在热贮存或使用温度下的离析程度应符合本规范的规定。

4　应考虑改性剂及其辅助材料、专用设备的价格,改性沥青混合料生产及其路面施工成本。

4.4.2 改性剂生产者或供应商应提供产品的名称、代号、标号与质量检验单,以及运输、贮存、使用方法和涉及健康、环保、安全等有关的资料。

4.4.3 适用于本规范的改性剂有如下种类:

1 热塑性橡胶类,代表性品种有苯乙烯-丁二烯-苯乙烯嵌段共聚物(SBS)。

2 橡胶类,代表性品种有丁苯橡胶(SBR)及其乳液。

3 热塑性树脂类,代表性品种有乙烯-醋酸乙烯共聚物(EVA)、低密度聚乙烯(LDPE)、聚烯烃等。也可使用回收废旧塑料制造的再生聚乙烯产品。当使用废旧塑料薄膜做改性剂时,应经过清洗、干燥、切碎处理,并应特别注意不混入低密度聚乙烯以外的塑料制品,如聚氯乙烯薄膜等。

4.4.4 根据需要,在改性沥青中还可加入稳定剂类、分散剂类等辅助外掺剂。

4.4.5 各类改性剂及辅助外掺剂应符合有关行业标准的技术与质量要求。

4.4.6 制备改性沥青可采用一种改性剂,根据需要也可同时采用几种不同的改性剂进行复合改性。

4.4.7 应根据不同的基质沥青与使用要求确定适宜的改性剂剂量。

4.5 成品改性沥青

4.5.1 成品改性沥青应附产品说明书,注明产品名称、代号、标号、运输与存放条件、使用方法、生产工艺、安全须知等。

4.5.2 外购的成品改性沥青,在使用前应取样融化检验是否有离析现象,确认无明显的分离、凝聚等现象,且各项性能指标均符合本规范的要求时,方可使用。

4.6 贮 存

4.6.1 沥青应按《公路沥青路面施工技术规范》(JTJ 032—94)的规定贮存,使用前应进行质量检验,不符合要求的不得使用。

4.6.2 集料应堆放在坚实、平整、具有铺面的场地上,集料堆场应具有良好的排水设施。

4.6.3 粗集料应按粒径规格及材质类别堆放,贮存过程中应保持集料洁净,防止污染。

4.6.4 细集料贮存时宜采取防雨措施。

4.6.5 填料应在室内贮存,贮存过程中应保持干燥、洁净,防止污染,受潮结块的填料不得使用。

4.6.6 改性剂应按产品所规定的条件贮存在室内,保持干燥,注意通风和防火,并按进库顺序使用,不应超过保质期。

4.6.7 胶乳贮存时应密闭存放,并注意防冻,其贮存期以不破乳为度。

4.6.8 改性沥青成品的贮存应符合规定的要求,贮存时间不得超过保质期。经检验确认已经发生离析的改性沥青不得使用。

5 改性沥青

5.1 一般规定

5.1.1 当确定采用改性沥青铺筑路面时,首先应根据工程所在地的气候、交通及其他特殊使用要求选定设计的改性沥青技术要求,然后选择适宜的基质沥青、改性剂类型,根据已有经验初步确定改性剂剂量,并制备改性沥青进行试验,再根据试验结果确定改性沥青的相应等级,如该相应等级改性沥青的技术指标符合设计要求,则接受选定的基质沥青、改性剂及其剂量。当该技术指标不满足设计要求时,应重新选择基质沥青、改性剂类型或调整改性剂剂量,直到符合设计要求为止。

5.1.2 制备改性沥青时,应采用适宜的生产条件和方法进行,通过试验确定合理的改性剂剂量和适宜的加工温度,制订详细的生产工艺和操作规程。改性剂在基质沥青中应分散均匀并达到一定的细度。

5.1.3 在现场制造的改性沥青宜随配随用;需作短时间保存时,应保持适宜的温度,并进行不间断的搅拌或泵送循环,以保证改性沥青具有足够的稳定性和使用质量。

5.1.4 工厂生产改性沥青作为成品出厂时,在使用改性剂的同时还必须使用合适的分散剂、稳定剂,以防止改性沥青在使用前发生分离。

5.2 改性沥青技术要求

5.2.1 聚合物改性沥青的技术要求应符合表5.2.1的规定。各项指标的试验应按现行《公路工程沥青及沥青混合料试验规程》(JTJ 052—93)规定的方法执行。

聚合物改性沥青的技术要求

表5.2.1

技术指标		SBS(Ⅰ)				SBR(Ⅱ)			EVA、PE(Ⅲ)			
		Ⅰ—A	Ⅰ—B	Ⅰ—C	Ⅰ—D	Ⅱ—A	Ⅱ—B	Ⅱ—C	Ⅲ—A	Ⅲ—B	Ⅲ—C	Ⅲ—D
针入度 25℃,100g,5s(0.1mm)	最小	100	80	60	40	100	80	60	80	60	40	30
针入度指数 PI	最小①	-1.0	-0.6	-0.2	+0.2	-1.0	-0.8	-0.6	-1.0	-0.8	-0.6	-0.4
延度 5℃,5cm/min(cm)	最小	50	40	30	20	60	50	40	—			
软化点 $T_{R\&B}$(℃)	最小	45	50	55	60	45	48	50	48	52	56	60
动运粘度 135℃(Pa·s)	最大②	3										

续上表

技术指标		SBS(Ⅰ)				SBR(Ⅱ)			EVA、PE(Ⅲ)			
		Ⅰ—A	Ⅰ—B	Ⅰ—C	Ⅰ—D	Ⅱ—A	Ⅱ—B	Ⅱ—C	Ⅲ—A	Ⅲ—B	Ⅲ—C	Ⅲ—D
闪点(℃)	最小	230				230			230			
溶解度(%)	最小	99				99			—			
离析,软化点差(℃)	最大③	2.5				—			无改性剂明显析出、凝聚			
弹性恢复25℃(%)	最小	55	60	65	70	—			—			
粘韧性(N·m)	最小	—				5			—			
韧性(N·m)	最小	—				2.5			—			
RTFOT后残留物④												
质量损失(%)	最大	1.0										
针入度比25℃(%)	最小⑤	50	55	60	65	50	55	60	50	55	58	60
延度5℃(cm)	最小	30	25	20	15	30	20	10	—			

注:①针入度指数PI由15℃、25℃、30℃等三个以上不同温度的针入度,按式 $\lg P = AT + k$ 进行线性回归,在计算获得参数 A 后由下式求得,但直线回归的相关系数 R 不得低于0.997;

$$PI = \frac{20 - 500A}{1 + 50A}$$

②表中135℃运动粘度可采用《公路工程沥青及沥青混合料试验规程》(JTJ 052—93)中的"沥青粘度测定方法(勃洛克菲尔德粘度计法)"进行测定。若在不改变改性沥青物理力学性质并符合条件的温度下易于泵送和拌和,或经试验证明适当提高泵送和拌和温度时能保证改性沥青的质量,容易施工,可不要求测定。有条件时应测定改性沥青在60℃时的动力粘度,用毛细管法测定;

③改性沥青在现场制作后立即使用或贮存期间进行不间断的搅拌或泵送循环时,对离析试验指标可不作要求;

④老化试验以采用旋转薄膜烘箱试验(RTFOT)方法为准,允许采用薄膜加热试验(TFOT)代替,但必须在报告中注明,且不得作为仲裁结果;

⑤对采用几种不同类型改性剂制备的复合改性沥青,根据不同改性剂的类型和剂量比例,按照工程上改性的目的和要求,参照表中指标综合确定应该达到的技术要求。

5.2.2 当采用复合改性沥青时,应根据所用改性剂的类型、比例、剂量等,参考表5.2.1确定各项技术指标。

5.2.3 按《公路工程沥青及沥青混合料试验规程》(JTJ 052—93)规定的方法测定的改性沥青与石料的粘附性不满足设计要求时,应添加抗剥离剂。

5.2.4 本规范未作规定的其他改性剂或改性沥青,可参照国内、外使用经验并经试验研究确定相应的技术要求。

5.3 改性沥青制备

5.3.1 制备改性沥青可以采用一次掺配法,也可以采用二次掺配法。搅拌法、混融法、胶乳法适用于采用一次掺配法制备改性沥青,母体法适用于采用二次掺配法制备改性沥青。

5.3.2 搅拌法

1 本法适用于各种可通过搅拌工艺直接与沥青均匀混合的改性剂。

2 搅拌法是将改性剂直接掺入热沥青中,通过机械强力搅拌,使改性剂颗粒与沥青在高温下混合制备成具有所需改性剂含量的改性沥青。成品改性沥青可直接用于生产改性沥青混合料。

3 采用搅拌法生产改性沥青时的拌和时间、温度、搅拌速度等应通过试验研究确定。

5.3.3 混融法

1 当采用一般的机械搅拌法不能生产出混合均匀的改性沥青,或机械搅拌所需时间过长时,宜采用本法。

2 混融法宜采用高速剪切设备或胶体磨。

3 采用混融法生产改性沥青的混融时间、温度、遍数等参数应根据不同基质沥青、改性剂及设备能力来设定,生产前应制订详细的生产工艺、操作步骤及产品质量控制与检验方法。

4 改性沥青宜在施工现场随产随用;需要短时间贮存时,应转入贮存罐并进行不间断的搅拌或泵送循环,在贮存期间改性沥青不得降低使用效果。

5.3.4 胶乳法

1 本法主要适用于橡胶类胶乳改性剂。

2 使用时根据胶乳中改性剂固体物的含量,按要求的比例进行掺配。可预先将胶乳与沥青混合制备成改性沥青后使用,也可在生产现场直接将胶乳喷入拌和机中生产改性沥青混合料。

3 胶乳应按照产品生产厂或销售商的要求妥善

运输、装卸与存放,严禁长时间曝晒或冷冻,存放时间不得超过保质期;胶乳在使用前应取样进行质量检验。

4　使用前应按有关规定检测胶乳中改性剂固体物的含量,胶乳中改性剂固体物的含量不宜小于45%。

5.3.5　母体法

1　本法适用于各类可生产改性剂含量高的改性沥青母体的改性剂。

2　改性沥青母体中改性剂的含量应适当。用溶剂法生产SBR改性沥青母体时,残留溶剂含量不应超过5%,且母体中的改性剂不得离析。

3　掺配时应根据改性沥青母体中改性剂的含量,按比例与基质沥青混合,制备成具有所需改性剂含量的改性沥青。

4　改性沥青母体与基质沥青掺配时,应充分拌和均匀,掺配温度应适当;宜随配随用,需要短时间贮存时,应继续保温并进行不间断的搅拌或泵送循环。

6　改性沥青混合料

6.1　一 般 规 定

6.1.1　根据各种不同的使用目的,改性沥青混合料应有适宜的矿料级配,可以采用密级配沥青混合料或SMA、OGFC等间断级配沥青混合料。

6.1.2　在进行改性沥青混合料配合比设计与施工时,宜通过改性沥青的粘温关系,确定改性沥青混合料拌和与压实的等粘温度和操作条件。

6.2　改性沥青混合料设计

6.2.1　改性沥青混合料的配合比设计,应遵循《公路沥青路面施工技术规范》(JTJ 032—94)中关于热拌沥青混合料配合比设计的目标配合比、生产配合比及试拌试铺验证的三个阶段,确定矿料级配及最佳改性沥青用量。

6.2.2　改性沥青混合料应进行马歇尔试验,以确定合适的改性沥青用量及矿料级配;马歇尔试验结果应符合《公路沥青路面施工技术规范》(JTJ 032—94)的有关技术要求,但试验温度应相应提高10~20℃。对于橡胶类及热塑性橡胶类改性沥青混合料,其流值可放宽到2~5mm。必要时,经试验研究,可以对马歇尔试验技术要求进行调整。

6.2.3　沥青玛蹄脂碎石混合料(SMA)使用的粗集料应采用破碎石料,细集料宜采用破碎人工砂,填料不应含有机物质,稳定剂可采用木质素纤维、矿物纤维或聚合物纤维。采用马歇尔试验法进行设计的马歇尔稳定度宜大于6kN,流值宜为2~5mm,空隙率应为2%~4%,矿料间隙率不应小于17%。经马歇尔试验确定的结合料用量宜采用《公路工程沥青及沥青混合料试验规程》(JTJ 052)中的"谢伦堡沥青析漏试验"及"肯塔堡沥青混合料飞散试验"方法进行检验;如检验不合格,应调整结合料用量或重新进行混合料设计。

6.2.4　开级配沥青表层(OGFC)混合料应使用高质量、耐磨光、能提供和保持良好抗滑性能的粗集料,不宜使用破碎砾石;细集料宜采用破碎人工砂;结合料宜采用高粘度的改性沥青。应严格控制结合料、细集料用量和拌和温度,集料与结合料拌和后应进行析漏试验。

6.3　改性沥青混合料技术要求

6.3.1　用于高速公路、一级公路沥青面层的改性沥青混合料,应按本规范的要求进行高温稳定性能、低温抗裂性能和水稳定性能等试验,其技术指标应符合本规范及有关公路沥青路面设计、施工规范的规定。必要时,应进行耐久性能、抗老化性能等方面的试验。

6.3.2　用于高速公路及一级公路或特重交通路段,以提高高温抗车辙能力为主要目的的新拌改性沥青混合料,按"沥青混合料车辙试验 "方法测定的动稳定度应符合表6.3.2的要求。同时,经改性的沥青混合料的低温性能不得低于未改性的基质沥青混合料的指标,其按"沥青混合料弯曲试验"方法测定的低温弯曲试验的破坏应变不宜低于1200$\mu\varepsilon$。

改性沥青混合料高温稳定性技术要求　表6.3.2

气候条件与技术指标	气候分区及相应的技术要求								
七月平均最高气温(℃)	>30℃(夏炎热区)				30℃~20℃(夏热区)				<20℃(夏凉区)
气候分区	1—1	1—2	1—3	1—4	2—1	2—2	2—3	2—4	3—2
车辙试验动稳定度(次/mm),不小于(60℃,0.7MPa)	1500	2000	2500	3000	1000	1400	1700	2000	800

注:表中的"气候分区"采用七月份平均最高气温作为高温气候分区指标,将全国分为>30℃、30℃~20℃、<20℃三个区。对于交通量特别大,超载车辆特别多的运煤专线、厂矿道路,可以通过提高气候区等级来提高对动稳定度的要求。

6.3.3　用于高速公路及一级公路,以提高低温抗裂性能为主要目的的改性沥青混合料,按"沥青混合料弯曲试验"方法测定的低温弯曲试验的破坏应变应符合表6.3.3的要求。同时,经改性的沥青混合料的高温性能不得低于未改性的基质沥青混合料的指标,其按“沥青混合料车辙试验”方法测定的动稳定度不应低于800次/mm。

改性沥青混合料低温抗裂性技术要求　　表6.3.3

气候条件与技术指标	气候分区及相应的技术要求								
年极端最低气温(℃)	< -37.0℃(冬严寒区)		-21.5℃ ~ -37.0℃(冬寒区)			-9.0℃ ~ -21.5℃(冬冷区)		> -9.0℃(冬温区)	
气候分区	1—1	2—1	1—2	2—2	3—2	1—3	2—3	1—4	2—4
弯曲试验破坏应变($\mu\varepsilon$),不小于(-10℃,50mm/min)	3000	3500	2500	3000	3500	2000	2500	1500	2000

注:表中的气候分区采用年极端最低气温为低温气候分区指标,将全国分为 > -9.0℃、-9.0℃ ~ -21.5℃、-21.5℃ ~ -37.0℃、< -37.0℃四个区。

6.3.4　改性沥青混合料的水稳定性应符合以下两个指标要求,达不到要求时应采取抗剥落措施:

1　采用“沥青混合料马歇尔稳定度试验”方法测定的48h浸水马歇尔稳定度试验残留稳定度不应小于80%。

2　采用“沥青混合料冻融劈裂试验”方法测定的劈裂强度比不应小于80%。

第二章　材　料

第一节　钢　纤　维

第 2.1.1 条　配制钢纤维混凝土所用的钢纤维应符合本规程附录 1 规定的技术要求。

第 2.1.2 条　钢纤维混凝土结构对钢纤维几何参数的要求宜符合表 2.1.2 的规定。

钢纤维几何参数采用范围　表 2.1.2

钢纤维混凝土结构类别	长度(mm)	直径(等效直径)(mm)	长径比
一般浇筑成型的结构	25~50	0.3~0.8	40~100
抗震框架节点	40~50	0.4~0.8	50~100
铁路轨枕	20~30	0.3~0.6	50~70
喷射钢纤维混凝土	20~25	0.3~0.5	40~60

注:①钢纤维的等效直径是指非圆形截面按面积相等的原则换算成圆形截面的直径;

②钢纤维的长径比是指长度对直径(或等效直径)的比值,计算精确到个位数。

第二节　钢纤维混凝土

第 2.2.1 条　钢纤维混凝土的强度等级应按立方体抗压强度标准值确定。立方体抗压强度标准值按现行有关的混凝土结构设计规范的规定采用。

注:①当按现行行业标准《港口工程技术规范:混凝土和钢筋混凝土设计》、《水工钢筋混凝土结构设计规范》和《公路钢筋混凝土及预应力混凝土桥涵设计规范》设计时,可按规范的规定确定钢纤维混凝土的标号;

②钢纤维混凝土强度等级和标号间的换算关系可按现行国家标准《混凝土结构设计规范》附录一的规定采用。

第 2.2.2 条　钢纤维混凝土的强度等级不宜低于 CF20,并应满足结构设计对强度等级与抗拉强度的要求或对强度等级与抗折强度的要求。

钢纤维混凝土采用的粗骨料粒径不宜大于 20mm 和钢纤维长度的 2/3。

钢纤维混凝土的钢纤维体积率不应小于 0.5%,且宜符合表 2.2.2 的规定。

钢纤维体积率采用范围　表 2.2.2

钢纤维混凝土结构类别	钢纤维体积率(%)
一般浇筑成型的结构	0.5~2.0
局部受压构件、桥面、预制桩桩顶桩尖	1.0~1.5
铁路轨枕、刚性防水屋面	0.8~1.2
喷射钢纤维混凝土	1.0~1.5

注:钢纤维体积率系指 $1m^3$ 钢纤维混凝土中钢纤维所占体积百分数。

第 2.2.3 条　钢纤维混凝土强度标准值与设计值可按下列规定采用:

一、钢纤维混凝土轴心抗压强度和弯曲抗压强度的标准值与设计值,可根据钢纤维混凝土强度等级(或标号)按现行有关的混凝土结构设计规范的规定采用。

二、钢纤维混凝土抗拉强度的标准值和设计值可分别按下列公式确定:

$$f_{ftk} = f_{tk}(1 + \alpha_t \lambda_f) \qquad (2.2.3\text{-}1)$$

$$f_{ft} = f_t(1 + \alpha_t \lambda_f) \qquad (2.2.3\text{-}2)$$

$$\lambda_f = \rho_f l_f / d_f \qquad (2.2.3\text{-}3)$$

式中:f_{ftk}、f_{ft}——钢纤维混凝土抗拉强度标准值、设计值;

f_{tk}、f_t——根据钢纤维混凝土强度等级(或标号)按现行有关混凝土结构设计规范确定的抗拉强度标准值、设计值;

λ_f——钢纤维含量特征参数;

ρ_f——钢纤维体积率;

l_f——钢纤维长度;

d_f——钢纤维直径(或等效直径);

α_t——钢纤维对抗拉强度的影响系数,宜通过试验确定,当钢纤维混凝土强度等级为 CF20~CF40 时,可按表 2.2.3 采用。

三、钢纤维混凝土抗折强度设计值可按下式确定:

$$f_{ftm} = f_{tm}(1 + \alpha_{tm} \lambda_f) \qquad (2.2.3\text{-}4)$$

式中:f_{ftm}——钢纤维混凝土抗折强度设计值;

f_{tm}——同强度等级素混凝土抗折强度设计值,按现行有关水泥混凝土路面或机场道面设计规范的规定采用;

α_{tm}——钢纤维对抗折强度的影响系数,宜通过试验确定,当 $f_{tm} < 6.0N/mm^2$ 时,可按表 2.2.3 采用。

钢纤维对抗拉强度、抗折强度的影响系数　表 2.2.3

钢纤维品种规格	熔抽型(l_f<35mm)、圆直型	熔抽型(l_f≥35mm)、剪切型
α_t	0.36	0.47
α_{tm}	0.52	0.73

注:①同强度等级素混凝土抗折强度系指与钢纤维混凝土具有相同的配合材料、水灰比和相近稠度(单位用水量和砂率可适当调整)的素混凝土的抗折强度;

②两端弯钩、波形或其他异形剪切型钢纤维,其强度影响系数将大于表中数值,宜通过试验确定。

第 2.2.4 条　钢纤维混凝土抗折疲劳强度设计值

可按下式确定:

$$f_{ftm}^{f} = f_{ftm}(0.944 - 0.077\lg N_e + 0.12\lambda_f) \quad (2.2.4)$$

式中:f_{ftm}^{f}——钢纤维混凝土抗折疲劳强度设计值;

f_{ftm}——钢纤维混凝土抗折强度设计值,按2.2.3条确定;

N_e——设计使用年限内,路面或机场道面所经受的设计疲劳荷载循环次数,应按现行有关规范的规定确定。

第2.2.5条　钢纤维混凝土的受压和受拉弹性模量以及剪变模量应根据钢纤维混凝土的强度等级(或标号)按现行有关混凝土结构设计规范的规定采用。

钢纤维混凝土的抗折弹性模量,可根据同强度等级素混凝土抗折强度设计值按现行有关水泥混凝土路面或道面设计规范的规定采用。

钢纤维混凝土的泊松比和线膨胀系数可取与普通混凝土相同值,按现行有关混凝土结构设计规范的规定采用。

第2.2.6条　在特殊环境条件下对钢纤维混凝土抗冻标号、抗渗标号、耐冲刷性、耐腐蚀性等的要求可按现行有关的混凝土结构设计规范的规定采用。

钢纤维混凝土抗冻标号、抗渗标号、耐冲刷性和耐腐蚀性等项性能应通过专门试验或技术论证确定。

第三节　钢　筋

第2.3.1条　钢筋钢纤维混凝土结构所用钢筋应符合现行有关混凝土结构设计规范的规定。

第三章　基本设计规定

第3.0.1条　钢纤维混凝土结构的设计方法、可靠度和极限状态表达方式,应依据结构所属工程类别分别符合现行各有关混凝土结构设计规范的规定。

第3.0.2条　结构构件承载力极限状态和正常使用极限状态的计算和验算要求,安全系数,变形、裂缝宽度和应力的规定限值,以及裂缝控制等级均应符合现行有关混凝土结构设计规范的规定。

第3.0.3条　结构构件的承载力设计应采用下列极限状态设计表达式:

$$\gamma_0 S \leqslant R \quad (3.0.3\text{-}1)$$

式中:γ_0——结构重要性系数;

S——内力组合设计值;

R——承载力设计值。

$\gamma_0 S$应按现行有关混凝土结构设计规范的规定采用;本规程只规定承载力设计值R的计算方法。依据不同的工程应用条件,结构承载力设计值R应分别采用下列设计表达式:

一、对于公路路面机场道面,工业建筑地面和其他无筋钢纤维混凝土构件正截面承载力计算:

$$R = R(f_f, \alpha_k \cdots\cdots) \quad (3.0.3\text{-}2)$$

式中:$R(\cdot)$——构件承载力函数,按现行有关混凝土结构设计规范的规定采用;

f_f——钢纤维混凝土的强度设计值,按第2.2.3条和第2.2.4条采用;

α_k——几何参数标准值。

二、对于第一款以外的其他构件各项承载力计算:

$$R = R_f(f_c, f_s, \alpha_k, \beta_f, \lambda_f \cdots\cdots) \quad (3.0.3\text{-}3)$$

式中:$R_f(\cdot)$——以现行有关混凝土结构设计规范的规定为基础,并考虑钢纤维影响的钢纤维混凝土构件承载力函数;

f_c——根据钢纤维混凝土强度等级(或标号)按现行有关混凝土结构设计规范确定的混凝土强度设计值;

f_s——钢筋强度设计值,按现行有关混凝土结构规范的规定采用;

β_f——钢纤维对构件承载力的影响系数。

注:①采用现行国家标准《混凝土结构设计规范》时,依据不同受力情况,内力设计值可表示为N、M、V等,并为已乘γ_0后的值;

②采用现行行业标准《港口工程技术规范:混凝土和钢筋混凝土设计》和《水工钢筋混凝土结构设计规范》时,$\gamma_0 S$依据不同受力情况可表示为KN、KM、KQ等;

③采用现行行业标准《公路钢筋混凝土及预应力混凝土桥涵设计规范》时,$\gamma_0 S$依据不同受力情况可表示为N_j、M_j、Q_j等;

④本规程中承载力设计值R依据不同受力情况分别表示为N_{fu}、M_{fu}、V_{fu}等。

第3.0.4条　钢筋钢纤维混凝土结构构件正常使用极限状态下的抗裂、裂缝宽度、变形和叠合式受弯构件钢筋应力的计算,应依据钢纤维混凝土的强度等级采用现行有关混凝土结构的规定,按普通钢筋混凝土构件计算,并引入考虑钢纤维影响的修正系数。

第六章　钢筋钢纤维混凝土结构的构造规定

第6.0.1条　钢筋钢纤维混凝土结构的一般构造要求和梁、板、柱、预埋件、预制构件接头及吊环等的构造要求除按第6.0.2条的规定执行外,其他均应符合现行有关混凝土结构设计规范的规定。

第6.0.2条　当按现行国家标准《混凝土结构设计规范》进行结构设计时,钢筋在钢纤维混凝土中的锚固长度、延伸长度和非焊接搭接长度要求应符合下列规定：

一、当计算中充分利用纵向受拉钢筋强度时，受拉钢筋的锚固长度：

对于Ⅰ级钢筋和冷拔低碳钢丝可取为：

$$l_{fa} = l_a \tag{6.0.2-1}$$

对于月牙纹Ⅱ级和Ⅲ级钢筋可取为：

$$l_{fa} = l_a(1 - 0.25\lambda_f) \tag{6.0.2-2}$$

当 $\lambda_f > 1.0$ 时，取 $\lambda_f = 1.0$。

式中：l_{fa}——钢筋在钢纤维混凝土中的锚固长度；

l_a——钢筋在混凝土中的锚固长度，根据钢纤维混凝土的强度等级，按现行国家标准《混凝土结构设计规范》的规定采用。

二、纵向受拉钢筋和受压钢筋在跨中截断时，其延伸长度应按现行国家标准《混凝土结构设计规范》的规定采用，其中 l_a 可用 l_{fa} 代替。

三、非预应力受拉和受压钢筋允许的非焊接搭接条件和搭接长度应按现行国家标准《混凝土结构设计规范》的规定采用，其中 l_a 可用 l_{fa} 代替。

注：当采用现行有关水工、港工和公路桥涵混凝土结构设计规范进行结构设计时，钢筋在钢纤维混凝土中的锚固长度、延伸长度和非焊接搭接长度仍按相应规范的规定确定。

第七章　钢纤维混凝土的配制、浇筑及检验

第一节　一般规定

第 7.1.1 条　浇筑钢纤维混凝土结构工程施工除应符合本章规定外，尚应符合现行国家标准《混凝土结构工程施工及验收规范》或其他有关行业的混凝土工程施工及验收规范的规定。

第 7.1.2 条　在进行配合比设计和质量检验时，钢纤维混凝土性能的测试方法应符合现行中国工程建设标准化协会标准《钢纤维混凝土试验方法》的规定。

第二节　原材料

第 7.2.1 条　钢纤维混凝土所用钢纤维的质量应符合附录一的规定，钢纤维的几何参数应按第 2.1.2 条采用。

第 7.2.2 条　拌制钢纤维混凝土不得采用海水、海砂，严禁掺加氯盐。

钢纤维混凝土采用的粗骨料的粒径应符合第 2.2.2 条的规定。

钢纤维混凝土所用水泥、水、骨料、外加剂、混合材料、钢筋以及其他材料，除应符合上述规定外，尚应符合现行有关规范中关于混凝土和钢筋混凝土所用原材料的规定。

第 7.2.3 条　拌制钢纤维混凝土宜选用优质减水剂，对抗冻性有要求的钢纤维混凝土宜选用引气型减水剂。外加剂的性能应符合现行标准《混凝土外加剂应用规程》的规定，并经试验验证后方可采用。

第 7.2.4 条　采用硅酸盐水泥拌制的钢纤维混凝土，可掺用混合材料。混合材料性能应符合现行标准《用于水泥和混凝土中的粉煤灰》和《用于水泥中的火山灰质混合材料》的规定，其掺量应通过试验确定。

第三节　配合比设计

第 7.3.1 条　钢纤维混凝土的配合比设计，应满足结构设计要求的抗压强度与抗拉强度或抗压强度与抗折强度，以及施工要求的和易性，在某些条件下还应满足对抗冻性，抗渗性，耐冲刷性或耐腐蚀性等项的要求。

第 7.3.2 条　本节只对钢纤维混凝土配合比设计的专门要求做出规定，本节未做具体规定的事项应按现行标准《普通混凝土配合比设计技术规程》及其他有关专业规范的规定执行。

第 7.3.3 条　钢纤维混凝土配合比设计应采用试验—计算法，并应按下述步骤进行：

一、根据强度标准值或设计值以及施工配制强度提高系数，确定试配抗压强度与抗拉强度或试配抗压强度与抗折强度。

二、根据试配抗压强度计算水灰比。

三、根据试配抗拉强度或抗折强度，按第二章的规定计算或通过已有资料确定钢纤维体积率。

四、根据施工要求的稠度通过试验或已有资料确定单位体积用水量，如掺用外加剂时应考虑外加剂的影响。

五、通过试验或有关资料确定合理砂率。

六、按绝对体积法或假定质量密度法计算材料用量，确定试配配合比。

七、按试配配合比进行拌和物性能试验，调整单位体积用水量和砂率，确定强度试验用基准配合比。

八、根据强度试验结果调整水灰比和钢纤维体积率，确定施工配合比。

第 7.3.4 条　钢纤维混凝土的施工配制抗压强度应按现行国家标准《混凝土强度检验评定标准》及其他现行有关规范关于普通混凝土施工配制强度的规定采用，抗拉强度或抗折强度的施工配制强度提高系数，可取用抗压强度施工配制强度提高系数。

第 7.3.5 条　钢纤维混凝土的水灰比宜选用 0.45

~0.50,对于以耐久性为主要要求的钢纤维混凝土,不得大于0.50。

钢纤维混凝土每立方米的水泥用量宜为360~400kg;当钢纤维体积率较大时,水泥用量可适当增加,但不应大于500kg。

第7.3.6条　钢纤维混凝土的钢纤维体积率可根据抗拉强度或抗折强度的配制要求,按第2.2.3条计算,或根据已有资料并通过试配强度试验确定。

第7.3.7条　钢纤维混凝土单位体积用水量,可通过试验或根据已有经验确定,也可根据材料品种规格、钢纤维体积率、水灰比和稠度参照表7.3.7-1或表7.3.7-2选用。

半干硬性钢纤维混凝土单位体积用水量选用表　表7.3.7-1

拌合料条件	维勃稠度(S)	单位体积用水量(kg)
$\rho_f=1.0\%$ 碎石最大粒径10~15mm $W/C=0.4\sim0.5$ 中砂	10	195
	15	182
	20	175
	25	170
	30	166

注:①碎石最大粒径为20mm时,单位体积用水量相应减少5kg;
②粗骨料为卵石时,单位体积用水量相应减少10kg;
③钢纤维体积率每增减0.5%,单位体积用水量相应增减8kg。

塑性钢纤维混凝土单位体积用水量选用表　表7.3.7-2

拌合料条件	骨料品种	骨料最大粒径(mm)	单位体积用水量(kg)
$l_f/d_f=50$ $\rho_f=0.5\%$ 塌落度=20mm $W/C=0.50\sim0.60$ 中砂	碎石	10~15	235
		20	220
	卵石	10~15	225
		20	205

注:①塌落度变化范围为10~50mm时,每增减10mm,单位用水量相应增减7kg;
②钢纤维体积率每增减0.5%,单位体积用水量相应增减8kg;
③钢纤维长径比每增减10,单位体积用水量相应增减10kg。

当掺用外加剂或混合材料时,其掺量或单位用水量应通过试验确定。

第7.3.8条　钢纤维混凝土的砂率可通过试验或根据已有经验确定,也可根据钢纤维混凝土所用材料的品种规格、钢纤维体积率、水灰比等,参照表7.3.8选用。

钢纤维混凝土砂率选用值(%)　表7.3.8

拌合料条件	最大粒径20mm的碎石	最大粒径20mm的卵石
$l_f/d_f=50$ $\rho_f=1.0\%$ $W/C=0.50$ 砂细度模数=3.0	50	45
l_f/d_f增减10 ρ_f增减0.5% W/C增减0.1 砂细度模数增减0.1	±5 ±3 ±2 ±1	±3 ±3 ±2 ±1

第7.3.9条　钢纤维混凝土的稠度可参照同类工程对普通混凝土所要求的稠度确定,其坍落度值可比相应普通混凝土要求值小20mm,其维勃稠度值与相应普通混凝土要求值相同。

钢纤维混凝土试配配合比确定后,应进行拌和物性能试验,检查其稠度、粘聚性、保水性是否满足施工要求,若不满足则应在保持水灰比和钢纤维体积率不变的条件下,调整单位体积用水量或砂率直到满足要求为止,并据此确定用于强度试验的基准配合比。

第7.3.10条　钢纤维混凝土配合比的强度试验,应根据工程要求分别进行抗压强度与抗拉强度或抗压强度与抗折强度试验。

每种强度试验至少应采用三种不同配合比:其中一种为基准配合比,当进行抗压强度试验时,另外两种配合比的水灰比应比基准配合比分别减少和增加0.05;当进行抗拉强度或抗折强度试验时,另外两种配合比的钢纤维体积率应比基准配合比分别减少和增加0.2%。改变水灰比或钢纤维体积率时,单位体积用水量应保持不变,可通过调整砂率来保持拌和物的稠度不变。

制作钢纤维混凝土试块时,尚应测定其拌和物的稠度、粘聚性、保水性和质量密度。

根据测得水灰比与抗压强度的关系,可求出试配抗压强度对应的水灰比;根据钢纤维体积率与抗拉强度或抗折强度的关系,可求出试配抗拉强度或抗折强度对应的钢纤维体积率。据此可参照现行标准《普通混凝土配合比技术规程》确定施工配合比。

第八章　钢纤维混凝土结构工程的设计与施工

第一节　公路路面和机场道面

第8.1.1条　钢纤维混凝土公路路面和机场道面的设计与施工除应遵守本节规定外,尚应符合现行有关规范关于水泥混凝土路面和道面设计与施工的规定。

第 8.1.2 条 各级交通量下的钢纤维混凝土路面板和各级机场钢纤维混凝土道面板的初估厚度，可分别按现行有关规范规定的水泥混凝土路面板和道面板初估厚度的 50% ~ 60% 选用。

钢纤维混凝土路面板和道面板的厚度不宜小于 100mm。

第 8.1.3 条 路面和道面设计采用的钢纤维混凝土抗折强度和抗折疲劳强度设计值应按本规程第二章的规定确定。设计疲劳循环次数应根据设计使用年限内的汽车标准轴载或设计飞机的累计重复作用次数确定。

第 8.1.4 条 钢纤维混凝土路面板和道面板厚度应按设计荷载作用下的疲劳应力不超过设计使用年限内钢纤维混凝土的疲劳强度设计值的要求确定，其允许误差分别不得超过 ±5% 和 ±2%。

第 8.1.5 条 按影响图法设计机场道面板时，道面板的厚度应按荷载应力不超过钢纤维混凝土抗折容许应力值确定，其允许误差不得超过 ±5%。

钢纤维混凝土抗折容许应力值应按下式确定：

$$[\sigma_{ftm}] = f_{ftm}/K_a \tag{8.1.5}$$

式中：$[\sigma_{ftm}]$——钢纤维混凝土抗折容许应力值；

f_{ftm}——钢纤维混凝土抗折强度设计值，按 2.2.3条采用；

K_a——安全系数，对停机坪、滑行道和跑道端部，$K_a = 1.5 \sim 1.8$；对跑道中部和高速出口滑行道，$K_a = 1.3 \sim 1.5$。

第 8.1.6 条 钢纤维混凝土路面板和道面板的横向缩缝间距(即板长)应根据当地气候条件、板厚、钢纤维体积率按经验和已有资料确定，宜在 5 ~ 15m 间选取，最大不宜超过 20m。

第 8.1.7 条 在原有水泥混凝土路面和道面上铺筑钢纤维混凝土加厚层，宜采用隔离式或直接式，其厚度可按下式确定：

$$h_{of} = K_0\sqrt[n]{h_{df}^n - c\left(\frac{h_{df}}{h_{dc}}h_e\right)^n} \tag{8.1.7}$$

式中：h_{of}——钢纤维混凝土加厚层厚度；

h_{df}——假定在原路面或道面的地基(土基连同基层)上，修筑等效的素混凝土单层板所需厚度，其抗折强度用加厚层钢纤维混凝土的抗折强度；

h_{dc}——假定在原路面或道面的地基(土基连同基层)上，修筑等效素混凝土单层板所需厚度，其抗折强度用原有路面或道面混凝土的抗折强度；

h_e——原有水泥混凝土路面板或道面板厚度；

c ——原有路面或道面状况系数，当原路面或道面基本完好时，$c = 1$，有少量损坏时，$c = 0.75$，破坏严重时，$c = 0.35$；

n ——指数，当采用隔离式，$n = 2$，采用直接式，$n = 1.4$；

K_0——折减系数，对于机场道面，$K_0 = 0.75$，对于公路路面，$K_0 = h_f/h_{dc}$；这里 h_f 为假定在原有路面的地基(土基连同基层)上，修筑等效的单层钢纤维混凝土板所需厚度。

第 8.1.8 条 直接式钢纤维混凝土路面或道面加厚层的接缝应与原路面或道面的接缝相重合。若原有横向缩缝间距小于 4.5m 时，则加厚层内可间隔取消一条横向缩缝。原有的纵向缩缝可被加厚层覆盖。纵向工作缝应与原有的纵向工作缝相对应。

隔离式加厚层路面或道面的接缝可不必与原有路面或道面的接缝相对应。

第二节 公路和城市道路桥面

第 8.2.1 条 对于简支、连续体系结构和轻型拱式结构的公路桥面和城市道路桥面，当采用钢纤维混凝土时可按本节规定设计；对于重型拱式桥梁，其钢纤维混凝土桥面铺装在填充料上，宜按本章第一节公路路面的规定设计。

第 8.2.2 条 桥面用钢纤维混凝土除应满足第二章和第七章的有关规定外，尚应满足下列要求：

一、强度等级不低于 CF30；

二、采用硅酸盐水泥或普通硅酸盐水泥，其标号不低于 425；

三、水泥用量不少于 360kg/m^3。

第 8.2.3 条 钢纤维混凝土桥面铺装层厚度应根据当地气候条件、桥面的使用条件、桥梁结构对桥面的要求和钢纤维混凝土的性能并参考已有工程资料或当地经验确定，宜在 80 ~ 90mm 间选取。有特殊需要时可适当减薄，但不宜小于 60mm。

第 8.2.4 条 钢纤维混凝土桥面层内配制的钢筋网应较相应普通混凝土桥面层内配置的钢筋网数量减少，宜采用直径 8mm，间距 200mm 的钢筋网，保护层厚度宜取 35mm。

对于小跨径的桥面或当地确有工程经验时，可取消钢纤维混凝土桥面层内的钢筋网。

第 8.2.5 条 桥面层分缝应符合以下规定：

一、采用矩形分块，纵缝和横缝应为垂直相交，纵缝两侧的横缝不得互相错位。

二、纵缝的间距由桥面宽度确定,但不应大于15m。单向坡三车道或小于三车道的桥面可不设纵缝。

三、横缝分为缩缝和胀缝。横向缩缝间距应依据当地气候条件、钢纤维的性能和体积率、桥面长度等因素确定,宜在10~15m间选取,最长不得超过20m。胀缝间距可取缩缝间距的2倍,胀缝宽度宜取5~8mm。

第8.2.6条　钢纤维混凝土桥面施工应符合第七章以及其他现行有关规范的规定。

第九章　喷射钢纤维混凝土结构工程的设计与施工

第一节　一般规定

第9.1.1条　本章规定适用于矿山井巷、交通隧道、军事工程、地下硐室等工程的喷射钢纤维混凝土支护,以及采用喷射钢纤维混凝土对地面建筑和桥涵工程修补、加固的设计与施工。

第9.1.2条　本章未做具体规定的事项,应按现行国家标准《锚杆喷射混凝土支护技术规范》的规定执行。

第二节　喷射钢纤维混凝土支护设计

第9.2.1条　隧道、斜井、竖井及硐室采用喷射钢纤维混凝土支护时,除支护类型和参数应按《锚杆喷射混凝土支护技术规范》的规定采用外,尚应根据喷射钢纤维混凝土特点进行下列修改:

一、喷射钢纤维混凝土支护厚度可取普通喷射混凝土设计支护厚度的70%~75%。但不宜小于50mm;

二、按普通喷射混凝土支护设计需设计钢筋网,在改用喷射钢纤维混凝土支护时,其钢筋网数量可酌情减少,但网格最大间距不宜超过500mm。当小跨径支护或确有工程经验时,也可取消钢筋网。

第9.2.2条　当围岩变形压力大,需要采用二次支护时,其初期支护宜采用喷射钢纤维混凝土。

第9.2.3条　喷射钢纤维混凝土的强度等级不应低于CF20,其强度设计值应按第二章的规定采用。钢纤维的规格质量应符合第二章的规定。

附录一　钢纤维混凝土用钢纤维的技术要求

(一)钢纤维的类型可按附表1的规定划分。

钢纤维类型　　附表1

类型号	类型名称	截面形状	长度方向形状
Ⅰ	圆直型	圆形	直
Ⅱ	熔抽型	月牙形	直
Ⅲ	剪切型	矩形	直、扭曲或两端带钩

(二)钢纤维的形状尺寸及其偏差应满足下列规定:

1.钢纤维长度可分为20、25、30、35、40、45、50mm各种不同规格。

2.钢纤维截面的直径或等效直径应在0.3到0.8mm范围内。

3.钢纤维长度偏差不应超过长度公称值的±5%。每3t产品随机取样100根,长度偏差按下式计算:

$$\delta_1 = \frac{\sum_{i=1}^{100} l_i}{100} - l_f \qquad (附1.2\text{-}1)$$

式中:δ_1——钢纤维长度偏差值;

l_i——每根受检钢纤维的实测长度;

l_f——钢纤维长度公称值。

4.钢纤维的重量偏差不应超过按尺寸公称值计算重量的±15%。每3t产品随机取样100根,钢纤维重量偏差按下式计算:

$$\delta_w = W^o - W^c \qquad (附1.2\text{-}2)$$

式中:δ_w——钢纤维重量偏差值;

W^o——100根钢纤维实测重量;

W^c——按钢纤维形状尺寸公称值计算的100根钢纤维理论重量。

(三)钢纤维的抗拉强度不应低于380N/mm²,其抗拉强度按下式计算:

$$f_{sft} = \frac{F_{max}}{A_{sf}} \qquad (附1.3)$$

式中:f_{sft}——钢纤维抗拉强度;

F_{max}——一根钢纤维抗拉试验的最大拉伸荷载;

A_{sf}——钢纤维截面公称面积。

(四)钢纤维表面不得粘有油污和其他妨碍钢纤维与水泥浆粘结的杂质。钢纤维内含有的因加工不良造成的粘连片、表面锈蚀纤维、铁屑及杂质的总重量不应超过钢纤维重量的1%。每3t随机取样5kg,用人工挑拣粘连片,锈蚀纤维、铁屑及杂质并称重计算。

3 材料的选择和技术要求

3.1 乳化沥青

3.1.1 乳化沥青应符合国家现行标准《乳化沥青路面施工及验收规程》的有关规定。

3.1.2 宜选用阳离子慢裂型乳化沥青。

3.1.3 乳化沥青的标准粘度 C_{25}^{3} 宜为 12～40s，恩氏粘度 E_{25} 宜为 3～15。

3.1.4 乳化沥青中的沥青含量不应小于 55。

3.2 矿料

3.2.1 矿料应采用碎石、轧制砾石、石屑、砂等。矿料的质量应符合现行国家标准《沥青路面施工及验收规范》的有关规定。

3.2.2 矿料混合料在添加填料之前，其砂当量不得小于 45。

3.2.3 矿料的级配应符合表 3.2.3 的规定。

矿料的级配　表 3.2.3

筛孔 (mm)		质量通过百分率(%)		
方孔筛	圆孔筛	细封层	中封层	粗封层
9.5	10	100	100	100
4.75	5	100	90～100	70～90
2.36	2.5	90～100	65～90	45～70
1.18	1.2	65～90	45～70	28～50
0.6		40～60	30～50	19～34
0.3		25～42	18～30	12～25
0.15		15～30	10～21	7～18
0.075		10～20	5～15	5～15

3.3 填料

3.3.1 水泥、熟石灰、硫酸铵、粉煤灰均不得含泥土杂质，并应干燥、疏松，没有聚团和结块，且小于 0.075mm 的颗粒含量不应小于 80%。矿粉的质量应符合现行国家标准《沥青路面施工及验收规范》的有关规定。

3.3.2 在选择水泥、熟石灰和硫酸铵等具有化学活性的填料时，应便于稀浆混合料的拌和、摊铺和成型，保证封层的整体强度。

3.4 水

3.4.1 稀浆封层用水可采用饮用水。

3.5 添加剂

3.5.1 添加剂可采用液体或固体的材料，并应与矿料等拌和均匀。

3.5.2 采用添加剂不得损失沥青和混合料的整体强度。

4 稀浆混合料的配合比设计

4.1 一般规定

4.1.1 稀浆封层的种类按矿料最大标称粒径的不同，可分为细封层(Ⅰ型)、中封层(Ⅱ型)和粗封层(Ⅲ型)。

稀浆封层按初凝和开放交通时间的不同，还可分为：慢凝慢开放交通型(SS/ST 型)、快凝慢开放交通型(QS/ST 型)和快凝快开放交通型(QS/QT 型)。

4.1.2 细封层，宜用于填封裂缝、填充空隙和轻交通量道路的表面封层。

中封层，宜用于预防性的养护，以修补沥青面层的松散、开裂和老化，改善中等交通量道路和重交通量道路的抗滑能力，并可用于沥青路面或水泥混凝土路面的磨耗层或者稳定类基层的封层。

粗封层，宜用于多层式封层的底层，并可用于面层，提高重交通量道路抗滑能力。

4.1.3 细封层、中封层和粗封层，可进行单层铺筑和组合多层铺筑。

4.1.4 不同封层固化成型后最大厚度和材料用量可按表 4.1.4 选用。

最大厚度和材料用量　表 4.1.4

项目	细封层	中封层	粗封层
固化成型后封层最大厚度(mm)	3.2	6.4～8	9.5～11
干矿料用量(kg/m²)	3.2～5.4	5.4～8.1	8.1～13.6
沥青用量(干矿料质量百分比)(%)	10～16	7.5～13.5	6.5～12
填料用量(干矿料质量百分比)(%)	0～3		
总含水量(干矿料质量百分比)(%)	12～20		
加水量(干矿料质量百分比)(%)	6～11		

4.1.5 稀浆混合料的室内试验技术指标应符合表 4.1.5 的规定。

稀浆混合料技术指标　表 4.1.5

项目	单位	类别	指标
可拌和时间 T_m	s	高性能稀浆封层摊铺机	>60
		人工拌和或普通稀浆封层摊铺机	>120
稠度值 CV	cm	机械拌和摊铺	2～3
		人工拌和摊铺	3～5

续上表

项　目	单位	类　　别	指　标
磨耗量 WTAT	g/m^2		<800
粘附砂量 LWT	g/m^2		<600
粘结力 CT	N·cm	初凝	120
		开放交通	200

注:高性能稀浆封层摊铺机是指具有自动计量并带双轴搅拌器和双向布料器的稀浆封层摊铺机。

4.2　配合比设计程序和要求

4.2.1　矿料配合比设计程序应按下列步骤和要求进行:

(1)根据选择的封层类型,确定矿料的级配曲线;

(2)选择符合规定质量要求的各种矿料;

(3)对各种矿料分别进行筛分试验;

(4)测定各种矿料的相对密度;

(5)根据各种矿料的颗粒组成,确定符合级配曲线要求的各种矿料的配合比例。

4.2.2　混合料的稠度及加水量的确定应按下列步骤和要求进行:

(1)选取级配合格的矿料并测定其含水量;

(2)按一定比例称取级配矿料、乳化沥青、填料、水和添加剂,进行拌和,其稠度试验应符合本规程附录A.1的规定;

(3)当混合料的稠度值符合本规程表4.1.5的要求时,其稠度和加水量应为适宜。

4.2.3　混合料的破乳时间的确定应按下列步骤和要求进行:

(1)按符合稠度要求的混合料配比备料;

(2)进行混合料拌和;

(3)按本规程附录A.2试验方法进行破乳时间测定,测定的破乳时间不得小于15min,并不得大于12h;

(4)破乳时间可通过添加水泥、熟石灰和硫酸铵等具有化学活性的填料或其他化学试剂进行调整。

4.2.4　混合料的初凝时间和开放交通时间的确定应按下列步骤和要求进行:

(1)按符合稠度和破乳时间要求的混合料配合比备料,进行拌和;

(2)按本规程附录A.3试验方法进行粘结力测定;

(3)当粘结力达到120N·cm的时间,应确定为混合料的初凝时间;

(4)当粘结力达到200N·cm的时间,应确定为混合料的开放交通时间。

4.2.5　最佳沥青含量的确定应按下列步骤和要求进行:

(1)当选取稠度、破乳时间、初凝时间和开放交通时间均符合要求的混合料配合比时,应取不同的沥青含量进行拌和;

(2)按本规程附录A.4试验方法进行湿轮磨耗试验,根据试验结果绘出沥青用量与磨耗量关系曲线,并根据表4.1.5中磨耗量的要求,确定沥青用量最小值;

(3)按本规程附录A.5试验方法进行负荷轮试验,根据试验结果绘出沥青用量与粘附砂量关系曲线,并根据表4.1.5中粘附砂量的要求,确定沥青用量最大值;

(4)根据(2)、(3)款的最小值和最大值,确定沥青用量范围,并以最大值为准,以三个百分点的范围定为容许范围;

(5)可按图4.2.5所示的图解法确定沥青用量范围、容许范围和容许范围中值。

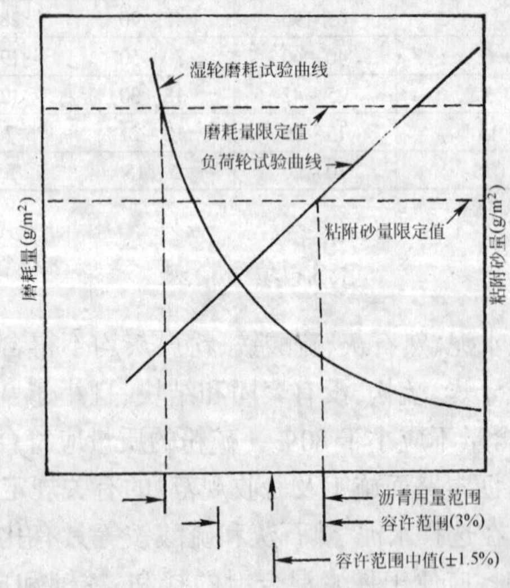

图4.2.5　图解法确定最佳沥青用量

第二部分

路 面 概 要

A 路面断面组成

路面断面组成　　表 2-1

项目		内容	
结构断面	图式	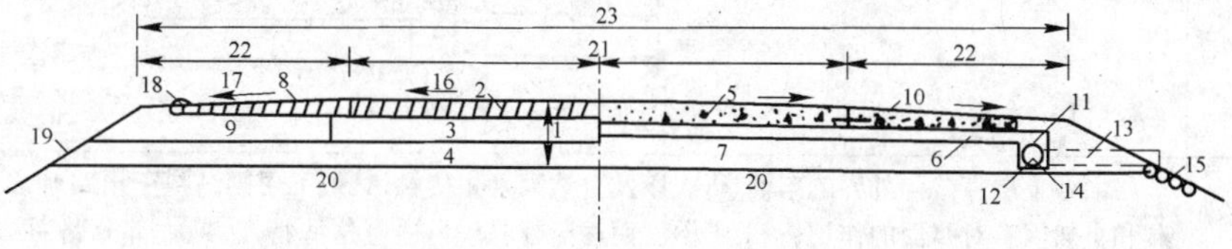 1－路面结构;2－行车道沥青面层;3－基层;4－垫层;5－行车道水泥混凝土面层;6－排水基层;7－不透水垫层;8－路肩沥青面层;9－路肩基层;10－路肩水泥混凝土面层;11－集水沟;12－纵向排水管;13－横向出水管;14－反滤织物;15－坡面冲刷防护;16－行车道横坡;17－路肩横坡;18－拦水带;19－路基边坡;20－路基;21－行车道宽度;22－路肩宽度;23－路基宽度	
路面横断面形式		槽式断面	全铺式断面
	图式	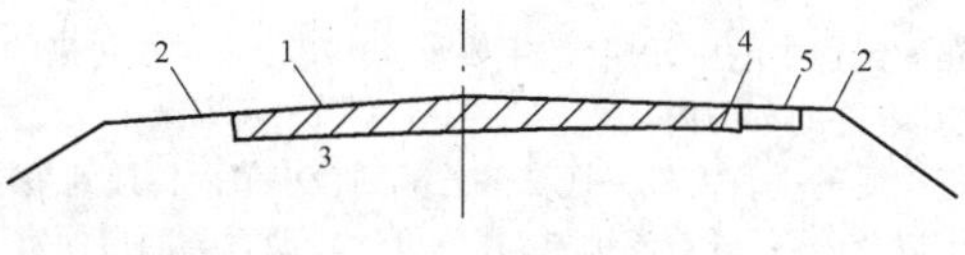	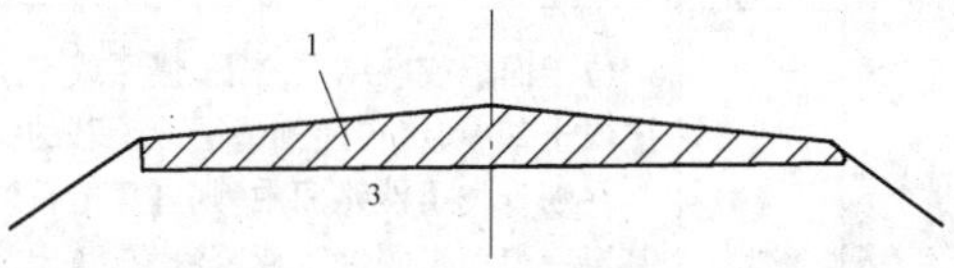
		1－路面;2－土路肩;3－路基;4－路缘石(侧石);5－加固路肩	
	说明	在路基上按路面行车道及硬路肩设计宽度开挖路槽,保留土路肩,形成浅槽,在槽内铺筑路面。也可采用培槽方法,在路基两侧培槽,或半填半挖的方法培槽	在路基全部宽度内都铺筑路面。在高等级公路建设中,有时为了将路面结构内部的水分迅速排出,在全宽范围内铺筑基层材料,保证水分由横向排入边沟。有时考虑到道路交通的迅速增长,为适应扩建的需要,将硬路肩及土路肩的位置全部按行车道标准铺筑路面。在盛产石料的山区或较窄的路基上,全宽铺筑中、低级路面
路肩铺面断面形式	图式	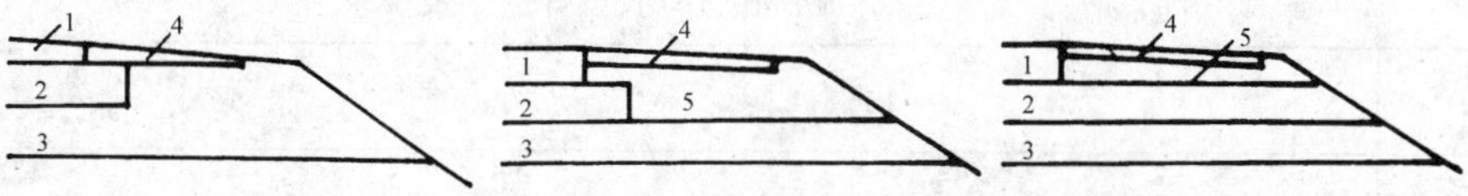 1－面层;2－基层;3－垫层;4－路肩面层;5－路肩基层(透水性粒料)	

B 路面结构及层次划分

路面结构及层次划分表　　表 2-2

项目		内容、要求和注意事项
路面结构的组成	图式	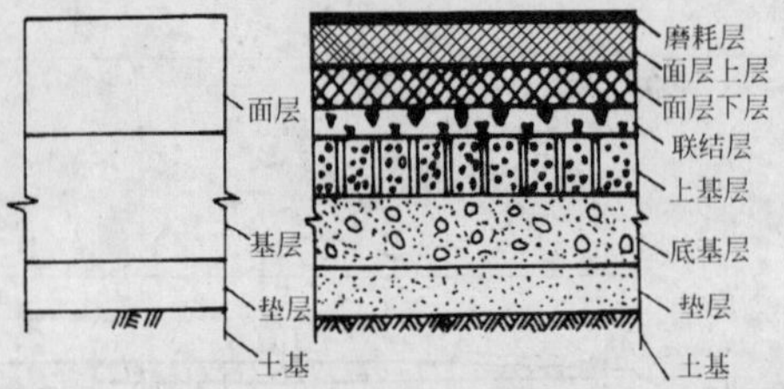 面层 基层 垫层 土基；磨耗层 面层上层 面层下层 联结层 上基层 底基层 垫层 土基
	说明	路面最上层直接与外界的车辆、行人以及自然因素相接触，其最下层则铺垫于土路基之上，受土基的影响最大；此外，行车荷载和自然因素对路面的作用，一般随深度而逐渐减弱。为适应这些特点，绝大部分路面结构是多层次的，按使用要求、受力情况、土基状况以及自然因素影响程度的不同，划分不同的结构层次，选用不同的材料进行铺筑 路面结构层一般由面层、基层、垫层组成。沥青混凝土路面还可按需要，将面层再区分磨耗层、面层上层、面层下层、联结层。如基层厚度大时，也可再区分为上基层、底基层。低等级的碎(砾)石路面，则常将面层、基层合二为一，用碎(砾)石铺筑
层次划分	面层	位于整个路面结构的最上层，直接同交通荷载和大气接触，它承受行车荷载的垂直力、水平力、冲击力以及轮胎真空抽吸力的作用，并且还受到降水和温度变化的影响，是最直接地反映路面使用品质和路容的层次。因此，同路面结构的其他层次相比，面层应具有较高的结构强度、刚度和稳定性、耐久性，并且应耐磨，不透水，其表面还应具有良好的抗滑性和平整度等。此外，还须适应道路所在地区的环境要求。 面层可由一层或数层组成。水泥混凝土面层通常为单一层次组成，但有时也可以考虑由上下两层不同性能的水泥混凝土组成复合面层。沥青混凝土面层常由数层组成。高等级道路的沥青混凝土面层为加强面层与基层的共同作用或为减少基层的反射裂缝，而在基层顶面设置厂拌沥青碎石或沥青贯入式碎石联结层(也可以采用沥青橡胶应力吸收薄膜或土工织物夹层防裂)
	基层	位于面层或联结层之下，垫层或土基之上，是路面结构中的中间层次，主要承受由其上面层次传来的垂直力，并把它扩散到垫层或土基中，使传递到垫层或土基的应力限制在其容许的范围内。 在沥青类柔性路面中，则宜建造较厚的基层，把承受的垂直力极大地扩散并减到较小值而传递到垫层或土基之中。这是因为基层一般由半刚性工业废渣、石灰土、水泥稳定土以及碎石、砾石等铺筑，其单价远较沥青类面层便宜，而其扩散垂直荷载的能力则相差不多。所以，在沥青类柔性路面结构中，常有人将它称做承重层，即在路面结构中起主要承担垂直力作用的层次。这是一个很有工程技术经济眼光的因层制宜的见解。基层受自然因素的作用虽不如面层强烈，但也要经受由面层渗入的降水以及地表水和地下水的可能侵入，所以基层应坚实稳定有一定的强度、刚度和足够的水稳定性。 基层有时可分两层铺筑，其上层仍称基层或上基层，下层则称为底基层，对于底基层的材料质量要求可以低一些，并可充分利用当地材料
	垫层	垫层是介于基层和土基之间的层次。主要用于潮湿土基和北方地区的冻胀土基，用以改善土基的湿度和温度状况，即起隔水(地下水、毛细水)、排水(其上面层次下渗的水分)、隔温(防冻胀、翻浆)以及传递荷载和扩散荷载的作用，此外，对于碎石基层，铺设垫层还可以防止路基土挤入基层而影响碎石基层结构的性能，即起隔土作用。 垫层材料，强度要求不一定高，但水稳定性要好，此外还应根据该垫层在路面结构中的具体作用，有针对地选择隔温、隔水、排水和隔土性能好的材料

C 设计要求及内容

a 路面的作用、设计原则及要求

路面的作用、设计原则及要求　　表 2-3

项目	内容
路面的作用	路面是道路的上部结构，常由各种坚硬材料分层地铺筑于路基之上构筑而成。路面应能承受交通荷载和大气自然因素的作用，并且还要与周围环境衬托、协调

续上表

项目			内容
设计原则	水泥混凝土路面		水泥混凝土路面设计应根据公路交通量及公路的使用任务、性质，并结合当地气候、水文、土质、材料、实践经验以及施工和养护条件等，通过技术经济比较，做出符合要求并与环境条件相适应的经济合理的路面设计
	沥青路面		(1)路面设计应根据使用要求及气候、水文、土质等自然条件，密切结合当地实践经验，进行路基路面综合设计。 (2)在满足交通量和使用要求的前提下，应遵循因地制宜、合理选材、方便施工、利于养护、节约投资的原则，进行路面设计方案的技术经济比较，选择技术先进、经济合理、安全可靠、有利于机械化、工厂化施工的路面结构方案。 (3)结合当地条件，积极推广成熟的科研成果，对行之有效的新材料、新工艺、新技术应在路面设计方案中积极、慎重地加以运用。 (4)路面设计方案应注意环境保护和施工人员的健康和安全。 (5)为提高路面工程质量，应推行机械化施工。对高速公路、一级公路，应采用大型、高效的成套机械设备施工，以确保工程质量。 (6)高速公路、一级公路的路面不宜分期修建。 对软土地区或高填方路基等可能产生较大沉降的路段，宜按"分期修建"或"一次设计分期实施"的原则进行设计。设计时，应按远景交通量设计路面结构与厚度，铺筑时可减薄沥青面层，待路基趋于稳定后，视路面实际情况再加铺沥青路面
路面设计要求	基本要求		公路路面应根据交通量及其组成情况和公路等级、使用任务、功能、当地材料及自然条件，结合路基进行综合设计。 路面应具有良好的稳定性和足够的强度，其表面应满足平整、抗滑和排水的要求。 各级公路的行车道、路缘带、匝道、变速车道、爬坡车道、硬路肩和应急停车带等均应铺筑路面。 各级公路路面可根据交通量发展需要，一次建成或分期修建
	结构性能要求	强度、刚度	路面应具有足够的强度和刚度，使路面不裂、不碎、不沉、耐磨，无轮辙和推移、拥包等不容许的变形
		稳定性	路面应具有足够的稳定性，使路面能承受冷热、干湿、冻融和荷载的长期反复作用。特别是对温度敏感的沥青类路面要高温不软化、低温不脆裂；弹性模量大、变形能力小的水泥混凝土路面要有足够的限制和抵抗温度应力的能力；对干、湿敏感的砂石路面要雨天不泥泞、晴天少扬尘
		耐久性	路面应具有足够的耐久性，使路面在荷载、气候因素的长期综合多次作用下耐疲劳、耐老化和没有不容许的塑性变形积累
		平整度	路面应具有足够的平整度，使车辆平稳行驶，不产生不容许的颠簸振动和过大的行驶阻力。道路等级愈高，设计车速愈大，对路面平整度的要求也愈高
		粗糙度	路面应具有足够的粗糙度，使车轮与路面之间有足够的附着力或摩阻力。雨天高速行车，或紧急制动，或突然起动，或爬坡、转弯时，路面粗糙度(抗滑性)不好，车轮容易产生空转或打滑，甚至导致交通事故。道路等级愈高，设计车速愈大，对路面粗糙度的要求也愈高
	功能性要求	环境谐调性	路面应与周围环境谐调，一般应洁净少尘，有时根据道路所在地区的环境要求，还有低振动、低噪声要求以及质地、亮度和色彩等要求
		舒适性	车辆在路面上行驶的舒适性与路面表面的不平整程度、车辆悬挂系统的振动特性以及乘客对振动的反应和接受能力三方面因素有关。从路面的角度看，影响行驶舒适性的主要是路面的平整度。 路面使用初期的平整度与施工技术水平(工艺和设备)、施工质量控制、面层构造(如接缝)和材料(如粗集料粒径)等因素有关。而在使用期间，随着车辆荷载的反复作用、周围环境周期变化的影响以及路面龄期的增加，路面的平整度会随各种路面病害的出现而逐渐下降，当平整度(也即行驶舒适性)下降到某一预定的限值时，路面便不能满足基本功能的要求，而需采取适当的改建措施以恢复其功能。行驶舒适性的限值标准，在很大程度上依据道路等级、交通量和资金条件等确定
		安全性	路面在行车安全的功能性能包括抗滑(摩阻和漂滑)、溅水和喷雾、夜间亮度或反光性等。 车辆低速行驶(30~50km/h)时，路表面的细构造为轮胎胎面提供粘着力。高速行驶时，胎面下的路表面水来不及排除，而在胎面与路表面间形成水膜，使轮胎在水面上漂滑。因而，对于高速行驶的路表面需设置粗构造以迅速排除路表水，使胎面与路表面的细构造相接触而提供足够的抗滑能力。车辙的出现，不利于路表水的排除。在车辙深度超过10~13mm时，也会使高速行驶的车辆出现漂滑。 路表面的细构造和粗构造，可以采用不同的仪器进行测定，以摩阻系数(滑移数 *SN* 或侧向力系数 *SFC*)和平均构造深度等指标表征。随着行驶车轮的不断磨耗作用，路表面细构造和粗构造的抗滑能力会逐渐下降。当抗滑能力指标下降到危及行车安全的水平时，便需采取措施以恢复其抗滑功能。 路面表面水在高速行驶车轮的滚压下，会向两侧和后方喷溅，影响后随车辆的视线，并可能危及行车安全。路表面的粗构造可加速路表水的排除，也可相应减轻溅水和喷雾现象，从而保障行车安全
		经济性	车辆在路上行驶的运行费用主要包括燃油、轮胎、车辆维修配件和工时等消耗。道路线形(平面、纵断面和横断面)和交通状况对于车辆的运行费用有较大的影响，而路面的表面状况，如粗构造和不平整等，也影响到车辆的运行费用。因而，车辆运行的经济性与路面平整度有关

b 路面设计内容及程序

路面设计内容及程序 表 2-4

<table>
<tr><th>项目</th><th>内　容　及　程　序</th></tr>
<tr><td>路面设计内容</td><td>(1)路面结构类型选择
根据公路交通、当地环境和设计任务的要求,论证选择路面结构类型。
(2)路面结构组合设计
根据使用要求、交通特性和当地环境、路基支承条件、材料供应、施工养护以及资金筹措等情况,通过论证、比选,选择各结构层的种类,确定各结构层的层位。
(3)路面结构设计验算
根据设计规范规定的方法与程序,验算路面结构在交通、环境条件下,承载能力、疲劳耐久性能是否满足规范规定的允许条件指标及达到规范规定的最基本要求,确定路面板以及各结构层的厚度。
(4)路面结构排水设计
根据当地环境条件和路面结构特点,精心布置地面排水和结构内部排水系统和排水设施,通过分析和验算,论证路面结构排水的通畅程度。
(5)结构层材料组成设计与试验验证
针对每一个结构层所承担的不同功能,精心选择胶结材料、粗细集料,精心设计各层材料的混合料级配组成。通过试验室对所在原材料和配制的混合料进行系统的性能试验,验证材料设计的正确性,是否满足规范规定的基本要求。对于配筋的水泥混凝土路面,还包括钢筋材料用量计算和各项性能试验验证。
(6)细部设计
包括路面接缝、路面与构造物的连接、路面与路缘石、硬路肩、交叉口细部等方面的设计</td></tr>
<tr><td>路面设计流程图</td><td>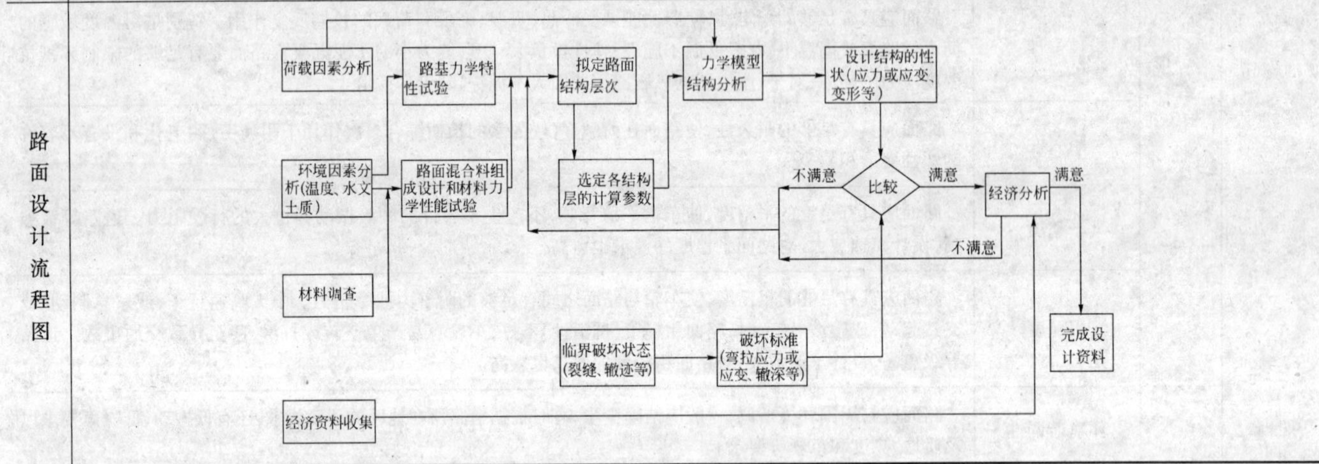
</td></tr>
</table>

A 路面等级、适用类型与道路等级

路面等级、适用类型与道路等级　　表 2-5

路面等级	面层类型	设计年限(年)	公路等级	城市道路等级
高级路面	沥青混凝土	15	高速公路、一级公路	城市快速路、主干路
	水泥混凝土	20~30		
高级路面	沥青混凝土	12	二级公路	
次高级路面	热拌沥青碎石混合料、沥青贯入式	10		城市主干路、次干路
次高级路面	乳化沥青碎石混合料、沥青表面处治	8	三级公路	

续上表

路面等级	面层类型	设计年限(年)	公路等级	城市道路等级
中级路面	水结碎石、泥结碎石、级配碎(砾)石、半整齐石块路面	5	四级公路	城市支路
低级路面	粒料改善土	5		

B 路面分类表

路面分类表　　表 2-6

项目	内容
路面分类体系框图	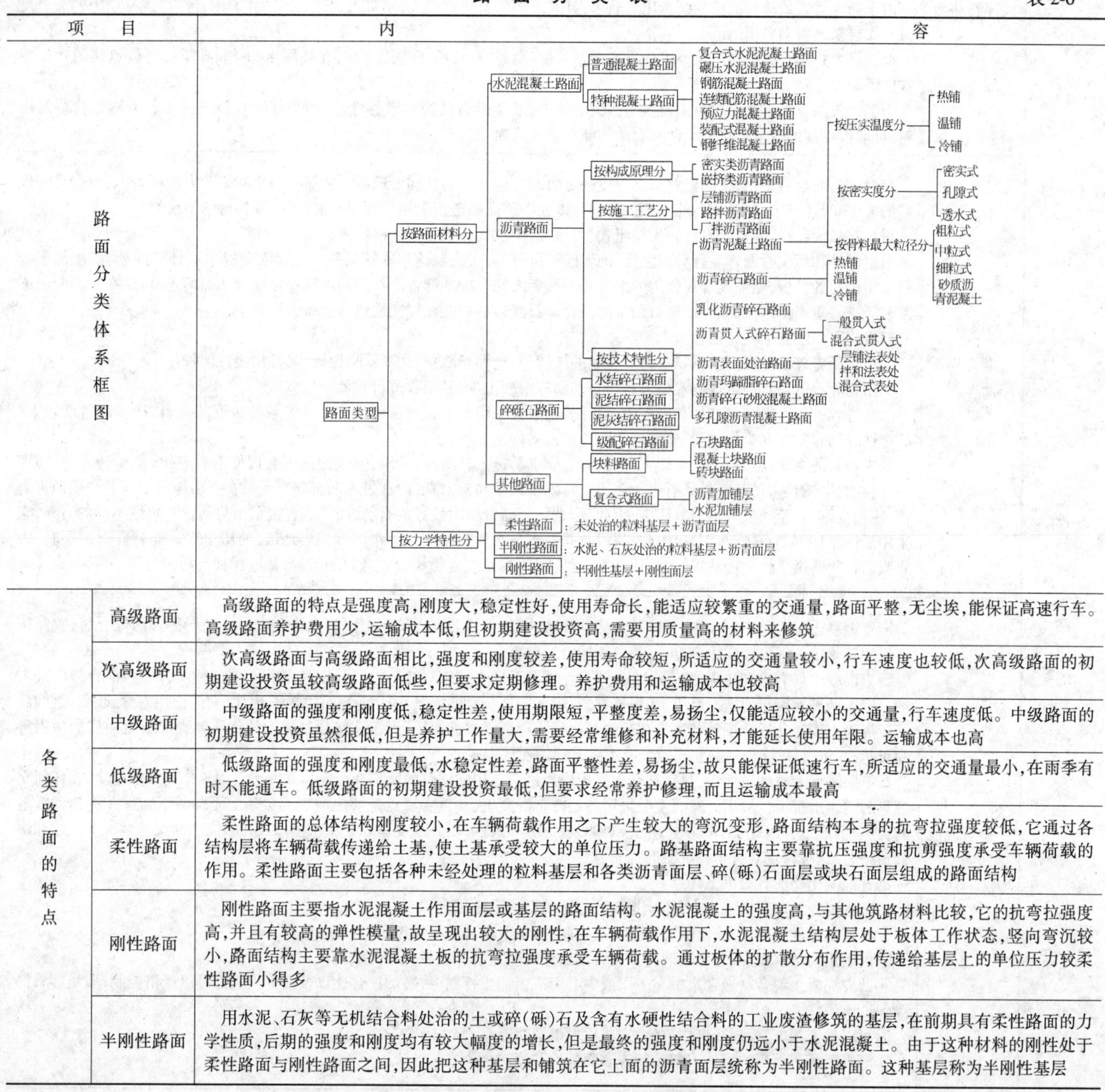

项目		内容
各类路面的特点	高级路面	高级路面的特点是强度高,刚度大,稳定性好,使用寿命长,能适应较繁重的交通量,路面平整,无尘埃,能保证高速行车。高级路面养护费用少,运输成本低,但初期建设投资高,需要用质量高的材料来修筑
	次高级路面	次高级路面与高级路面相比,强度和刚度较差,使用寿命较短,所适应的交通量较小,行车速度也较低,次高级路面的初期建设投资虽较高级路面低些,但要求定期修理。养护费用和运输成本也较高
	中级路面	中级路面的强度和刚度低,稳定性差,使用期限短,平整度差,易扬尘,仅能适应较小的交通量,行车速度低。中级路面的初期建设投资虽然很低,但是养护工作量大,需要经常维修和补充材料,才能延长使用年限。运输成本也高
	低级路面	低级路面的强度和刚度最低,水稳定性差,路面平整性差,易扬尘,故只能保证低速行车,所适应的交通量最小,在雨季有时不能通车。低级路面的初期建设投资最低,但要求经常养护修理,而且运输成本最高
	柔性路面	柔性路面的总体结构刚度较小,在车辆荷载作用之下产生较大的弯沉变形,路面结构本身的抗弯拉强度较低,它通过各结构层将车辆荷载传递给土基,使土基承受较大的单位压力。路基路面结构主要靠抗压强度和抗剪强度承受车辆荷载的作用。柔性路面主要包括各种未经处理的粒料基层和各类沥青面层、碎(砾)石面层或块石面层组成的路面结构
	刚性路面	刚性路面主要指水泥混凝土作用面层或基层的路面结构。水泥混凝土的强度高,与其他筑路材料比较,它的抗弯拉强度高,并且有较高的弹性模量,故呈现出较大的刚性,在车辆荷载作用下,水泥混凝土结构层处于板体工作状态,竖向弯沉较小,路面结构主要靠水泥混凝土板的抗弯拉强度承受车辆荷载。通过板体的扩散分布作用,传递给基层上的单位压力较柔性路面小得多
	半刚性路面	用水泥、石灰等无机结合料处治的土或碎(砾)石及含有水硬性结合料的工业废渣修筑的基层,在前期具有柔性路面的力学性质,后期的强度和刚度均有较大幅度的增长,但是最终的强度和刚度仍远小于水泥混凝土。由于这种材料的刚性处于柔性路面与刚性路面之间,因此把这种基层和铺筑在它上面的沥青面层统称为半刚性路面。这种基层称为半刚性基层

续上表

<table>
<tr><th colspan="2">项　目</th><th>内　　容</th></tr>
<tr><td rowspan="2">各种沥青路面的特点</td><td>沥青表面处治路面</td><td>沥青表面处治是用沥青和集料按层铺法或拌和法施工的厚度不大于3cm的一种薄层面层，通常有两种施工方法，即层铺法和拌和法。层铺法又称喷撒法，在国外广泛使用，这种表面处治除在轻交通道路上用作沥青面层以外，还可在旧沥青面层或水泥混凝土路面上用作封层，以封闭旧面层的裂缝和改善旧面层抗滑性等表面性能，其突出的特点是摩擦系数和表面构造深度大，有利于行车安全，此外，它还具有良好的抗温度裂缝性能。
拌和法表面处治的优点是集料不易散失，但其摩擦系统和表面构造深度都比喷撒法表面处治小，其抗温度裂缝性能也不如喷撒法表面处治。
为了克服喷撒法表面处治集料容易散失的缺点，也可采用混合式表面处治。混合式表面处治通常是双层式，下层采用喷撒法施工，上层采用预拌沥青混合料或沥青乳液砂浆</td></tr>
<tr><td>沥青贯入式碎石路面</td><td>沥青贯入式碎石是在初步压实的碎石或碎砾石上分层浇洒沥青，撒布嵌缝料，或在上部铺筑热拌沥青混合料封层，经压实而形成的沥青面层。它是靠矿料颗粒间的锁结作用以及沥青的粘结作用获得所需的强度和稳定性，沥青既是粘结剂又是防水剂。沥青贯入式面层具有较高的强度和较大的荷载分布能力。
沥青贯入式碎石是一种多空隙结构，特别是下部粗碎石之间的空隙很大。因此，作为面层，沥青贯入式碎石必须有封面料以密闭其表面空隙，减少表面水透入路面结构层，并提高贯入式面层本身的耐用性。贯入式面层的最上一层应该做成封层，它类似于沥青表面处治。
由于沥青贯入式碎石面层的沥青用量较多，且其下部的石料粒径大，用贯入式碎石来防止旧沥青路面或基层上的裂缝反射到面层来是特别有用的。
沥青贯入式碎石结构层施工要求的机械设备较少，也较简单，施工进度较快，在我国20世纪80年代一般道路的建设中被广泛采用。
为了克服沥青贯入式面层封面料容易散失的缺点，以及提高其防水渗透性能，用预拌混合料或沥青乳液砂浆代替封面料，可取得良好的效果。这是一种混合式的沥青贯入式面层</td></tr>
<tr><td rowspan="2">各种沥青路面的特点</td><td>沥青碎石路面</td><td>沥青碎石混合料是用粗、细集料与沥青按一定的配合比例均匀拌和形成的。它是一种空隙率较大的沥青混合料，具有较高的强度和稳定性，是高级沥青面层之一，它可以在中等交通道路上用做面层或底面层（即面层的下层）。
根据其最大粒径，沥青碎石可分为特粗式、粗粒式、中粒式和细料式4种规格。
根据铺筑和压实时沥青混合料的温度，沥青碎石可分为热铺、温铺和冷铺三种。热铺混合料采用较稠的沥青，冷铺混合料采用较稀的沥青，温铺混合料所用的沥青介于两者之间。冷铺沥青碎石的强度和稳定性较热铺的差，可以在中等交通道路和轻交通道路上用做面层，用砾石制备的沥青碎石混合料只能在轻交通道路上做面层。
沥青碎石面层有下列特点：
①由于沥青碎石的强度主要靠石料颗粒间的嵌锁力，受沥青软化影响较小，因此，其热稳定性能较好。
②沥青碎石的沥青用量较沥青贯入式碎石和沥青混凝土少，其工程造价较低。
③沥青碎石混合料可以在拌和厂内集中拌制，质量容易得到保证。由于采用了具有较好级配的碎石，压实后密度较大，稳定性较沥青贯入式为好，但其施工期比沥青贯入式面层长。
沥青碎石的主要缺点是空隙率较大，空气和表面水易透入其结构内部。空气的进入会促使沥青老化；水易透入，对沥青与矿料的粘结有害，使沥青易从石料上剥离。特别在夏季高温时期，雨水进入沥青碎石层后在重车作用下容易产生沥青剥落、路面变形，甚至松散和坑洞等病害，因此，应选用与沥青粘附性好的石料，而不宜直接采用与沥青粘附性不好的石料，应采用活性添加剂如石灰、水泥、聚酰胺等，以改善沥青与石料的粘结力。在潮湿多雨地区，使用单层式沥青碎石面层时，为克服沥青碎石透水性大的缺点，宜采用最大粒径20～25mm且空隙率接近低限的矿料，并应在其上加做封层</td></tr>
<tr><td>沥青混凝土路面</td><td>沥青混凝土是采用不同粒级的碎石、天然砂或破碎砂、矿粉和沥青按一定比例在拌和机中拌和所得到的混合料，它经压实后达到规定的强度和空隙率，可作为路面的面层材料。
沥青混凝土具有很高的强度和密实度，并且在常温下具有一定塑性。它的强度和密实度是各种沥青矿料混合料中最高的。密实沥青混凝土的透水性小、水稳性好，有较大的抵抗自然因素和行车作用的能力，因此，它的使用寿命长、耐久性好。沥青混凝土面层是适合现代高速汽车行驶的一种优质高级柔性面层，铺筑在坚强基层上的优质沥青混凝土面层的使用寿命可达20年，是重交通道路和高速公路主要采用的面层形式。
在道路路面和机场道面中，热铺沥青混凝土应用最广。用它铺筑的面层在行车荷载和大气因素作用下最稳定，在任何交通量的道路上都可以应用。我国主要采用热铺沥青混凝土，其重要特点是形成期短。实际上面层碾压结束并冷却到常温时，它就形成了。因此，沥青混凝土混合料铺筑后几小时就可以开放交通。在城市里以及在不能中断交通情况下改建和维修道路时，这个特点具有十分重要的意义。
沥青混凝土路面具有以下优点：
①沥青混凝土路面的强度高，能承担各种繁重的交通运输任务。
②具有良好的平整度，表面坚实、无接缝，因此，行车平稳、舒适、噪声小，且经久耐用。
③由于它的透水性小，它比其他各种沥青面层更能防止表面水渗入路面结构层。
④沥青混凝土混合料通常集中在工厂或中心用机械加工拌制，石料的配合比以及沥青用量都可以严格控制，质量容易得到保证。
⑤可以大面积施工，现场操作方便，完成后可以及时通车。
⑥沥青混凝土面层的可施工期较沥青表面处治和沥青贯入式长</td></tr>
</table>

续上表

项目		内容
各种水泥混凝土路面的特点	普通混凝土路面	或称有接缝的素混凝土路面，是指除接缝处或一些局部范围（如角隅、边缘或孔口周围）外，面层板内不配置钢筋的水泥混凝土面层，这是目前应用最为广泛的一种面层类型。道路路面的混凝土面层通常采用等厚断面，其厚度变动于18～30cm范围内，视轴载大小和作用次数以及混凝土强度而定
	碾压混凝土路面	采用沥青摊铺机等机械摊铺干硬性混凝土混合料，并使用振动压路机、轮胎压路机辗压密实的水泥混凝土。这类面层具有不需普通混凝土专用铺面机械施工，不必用模板，施工速度快，能较早地开放交通（如7d或14d）以及可以通过粉煤灰掺代水泥而降低造价等优点。然而，其表面的平整度较差，接缝处难以设置拉杆或传力杆
	钢筋混凝土路面	为防止混凝土面层板产生的裂缝缝隙张开而在板内配置纵向和横向钢筋的混凝土面层。路面整体性好，抗拉强度大，但用钢筋量较大，造价昂贵。只限局部路段使用
	连续配筋混凝土路面	除了在邻近构造物处或与其他路面交接处设置胀缝，以及视施工需要设置施工缝外，在路段长度内不设横缝，而配置纵向连续钢筋和横向钢筋的混凝土面层。路面整体性好，无接缝，行车顺适，但用钢筋量较大，造价昂贵
	钢纤维混凝土路面	在混凝土中掺拌钢纤维，以提高混凝土的韧度和强度，减少其收缩量。钢纤维可以采用不同方式制造，如钢丝截断法、薄钢板剪切法、熔抽法和钢胚铣削法，相应地得到不同形状和横截面的纤维。由于钢纤维混凝土的弯拉强度高于普通混凝土，所需的面层厚度薄于普通混凝土面层，但钢纤维混凝土的造价高

C 各类路面适用条件及层位表

各类路面适用条件及层位表　　表2-7

路面类型		适用条件及层位
沥青路面	沥青混凝土	沥青混凝土适用于做各级公路的沥青路面面层。对高速公路、一级公路的表面层、中面层、下面层应采用沥青混凝土；二级公路的表面层宜用沥青混凝土。城市快速路、主干路及次干路采用较多
	热拌沥青碎石	热拌沥青碎石适用于做二级及二级以下公路的面层、柔性路面的上基层以及调平层
	乳化沥青碎石	乳化沥青碎石混合料适用于做三级、四级公路的沥青面层，二级公路养护罩面以及各级公路的调平层
	沥青贯入式碎石	沥青贯入式碎石（含上拌下贯式）适用于做二级及二级以下公路的沥青面层。若沥青贯入碎石设在沥青混凝土层与半刚性基层、粒料基层之间时，沥青贯入式碎石应不撒封层料，也不做上封层
	沥青表面处治	沥青表面处治适用于三级、四级公路的面层、旧沥青面层上加铺罩面或抗滑层、磨耗层等
水泥混凝土路面	普通混凝土路面	广泛用于高速公路、一级公路，城市快速路、主干路、次干路的面层
	钢筋混凝土路面	适用于面板尺寸较大（一般为6～8m以上）或形状不规则、土质不均匀或板下埋有地下设施等以及路基、基层有可能产生不均匀沉陷的混凝土路面
	碾压混凝土路面	适用于二级及以下等级的公路，或者做普通混凝土路面的下面层
	钢纤维混凝土路面	一般适用于标高受限制地段的路面、旧混凝土路面加铺层、公共汽车站、收费站和桥面铺装等
	连续配筋混凝土路面	适用于高速公路和一级公路或交通繁重的道路，或者用于加铺已损坏的旧混凝土路面

D 各类路面适宜技术因素综合表

各类路面适宜技术因素综合表　　表 2-8

主要技术参数 \ 路面类型		柔性路面			半刚性路面		刚性路面	说明
		未处治粒料	底基层:未处治粒料;基层:沥青结合料处置粒料	全为沥青结合料处治粒料	底基层:未处治砂砾基层;水硬性结合料处治粒料(二灰碎石)	全为水硬性结合料处治粒料	水泥混凝土(大交通常要处治底基层)	
交通(辆/天/方向):装载超过 50kN 的重车数(初期)	< 100	+ +	-	- -	+	-	+	使用水硬性结合料的路面,对厚度设计时没有考虑到超载很敏感; 相反,如果超载是预料之中的,只要增加一点厚度便可解决问题; 初始交通量小,增长率高(> 10%),对分期修建、使用非处治粒料是有利的因素
	100 ~ 300	+	+	- -	-	+	-	
	300 ~ 2 000	-	-	+	- -	+ +	-	
	> 2 000		- -	+ +	- -	-	+ +	
路基承载力	很大($CBR > 20$ 或 $E_0 > 150$MPa)	+ +	+ +	-	+	+	+	高质量的土基对铺筑沥青混凝土路面和刚性路面是有利的; 一般不主张在可压缩的土上铺筑刚性路面
	一般($6 < CBR < 20$ 或 $50 < E_0 < 150$MPa)	-	+	+	-	+	+	
	小($CBR < 6$ 或 $E_0 < 50$MPa)	- -	-	-	- -	+ +	+ +	
	预料到的不均匀沉降	+ +	+	-	-	- -	- -	
气候	气温很高(可能出现车辙)	-	- -	- -	+ +	+ +	+ +	出现车辙的风险在上坡道加大。分布荷载好的路面对融冻期承载力的损失不敏感; 路面由于冰雪消融出现了水,对沥青面层性能是有害的
	严霜、冰冻	- -	-	+	+	+	+ +	
	雨水多	-	+	+ +	+	+	+ +	

注:1. +、+ + 表示有利;-、- - 表示不利(不是不能用);

2. 法定轴载为 100kN。

E 各类路面及结构层次定义表

各类路面及结构层次定义表　　表 2-9

名词术语		定义
(一)路面类型及等级	路面	用各种筑路材料铺筑的道路路基上直接承受车辆荷载的层状构造物
	刚性路面	刚度较大、抗弯拉强度较高的路面。一般指水泥混凝土路面
	半刚性路面	在半刚性基层上,铺筑沥青路面所构成的路面
	柔性路面	刚度较小、抗弯拉强度较低,主要靠抗压、抗剪强度来承受车辆荷载作用的路面
	高级路面	用水泥混凝土、沥青混凝土、热拌沥青碎石或整齐石块做面层的路面
	次高级路面	用沥青贯入碎(砾)石、冷拌沥青碎(砾)石、半整齐石块、沥青表面处治等做面层的路面
	中级路面	用水结碎石、泥结碎石、级配碎(砾)石、不整齐石块等做面层的路面
	低级路面	用各种材料改善土的路面

续上表

名词术语		定义
(二)路面各类层次	路槽	为铺筑路面,在路基上按照设计要求修筑的浅槽。分挖槽、培槽、半挖半培槽三种形式
	路床	路槽底部一定深度的部分称路床。土质路床又称土基
	路面结构层	构成路面的各铺砌层,按其所处的层位和作用,主要有面层、基层和垫层
	面层	直接承受车辆荷载及自然因素的影响,并将荷载传递到基层的路面结构层
	磨耗层	面层顶部用坚硬的细粒料和结合料铺筑的薄结构层。其作用是改善行车条件,防止行车对路面的磨损,延长路面的使用周期
	联结层	为加强面层与基层的共同作用或减少基层裂缝对面层的影响,设在基层上的结构层,为面层的组成部分
	基层	设在面层以下的结构层。主要承受由面层传递的车辆荷载,并将荷载分布到垫层或土基上。当基层分为多层时,其最下面的一层称底基层
	垫层	设于基层以下的结构层。其主要作用是隔水、排水、防冻以改善基层和土基的工作条件
	隔水层	为隔断侵入路面基层的毛细水,在基层与土基之间用透水性良好的或不透水的材料铺筑的垫层
	隔温层	为防止或减轻土基的冻害,在基层和土基之间用导温性低的材料铺筑的垫层
	整平层	旧路面加铺补强层之前,先铺一层垫平原有路面的结构层
	补强层	当原有路面的强度不适应交通要求时,在其上加铺的结构层
	封层	为封闭表面空隙,防止水分侵入面层或基层,在面层或基层上铺的沥青封面
	透层	为使沥青层与无沥青材料的基层结合良好,在基层上浇洒的液体沥青层
	粘层	为使新铺沥青面层与下层粘结良好而浇洒的沥青层
	稀浆封层	用适当级配的石屑或砂、填料(水泥、石灰、粉煤灰、石粉等)与乳化沥青、外加剂和水,按一定比例拌和而成的流动状态的沥青混合料,将其均匀地摊铺在路面上形成的沥青封层
	抗滑表层	为汽车交通提供较好的抗滑能力,由抗滑表层混合料(以 AK 表示,采用圆孔筛时以 LK 表示)铺筑的符合规定的宏观粗糙度、微观粗糙度及摩擦系数要求的沥青面层的上面层,也称抗滑磨耗层
	铺面	用各种建筑材料铺筑在土基上,直接承受流动机械荷载和堆货荷载的层状建筑物
	联锁块铺面	指以预制高强混凝土小块或加工高强天然条石做面层的铺面。该铺面主要靠块体之间的嵌锁作用来承受和传递荷载。块体尺寸较小,一般长边小于 25cm
	独立块铺面	指以预制混凝土块体(六角块、四角块等形式)或粗加工料石做面层的铺面。该铺面不考虑块与块之间的荷载传递。块体尺寸较联锁块大
	混凝土路面加铺层	指为提高原有水泥混凝土路面的承载能力和改善表面功能,在其上加铺的水泥混凝土面层
	结合式加铺层	指在经过凿毛并彻底清理的原有水泥混凝土路面上涂水泥浆、水泥砂浆或环氧树脂等粘结料,再摊铺的新面层
	分离式加铺层	指在原有水泥混凝土路面上铺沥青类材料或其他材料的隔离层,再摊铺的新面层
	直接式加铺层	也称部分结构式加铺层,指在经过清理的原有水泥混凝土路面上直接摊铺的新面层
	沥青面层	由沥青材料、矿料及其他外掺剂按要求比例混合、铺筑而成的单层或多层式结构层。三层铺筑的沥青面层自上而下称为上面层(也称表面层)、中面层、下面层(也称底面层)
	防冻层	路面垫层的一种。设于基层(或底基层)与土基之间。冰冻地区路面结构所必须,用以保温、吸水、防止土基不均匀冻胀等
	刚性基层	用低强度等级水泥混凝土铺筑的路面基层
	半刚性基层	用无机结合料稳定土铺筑的能结成板体并具有一定抗弯强度的基层
	柔性基层	用有机结合料或有一定塑性细粒土稳定各种集料的基层、沥青贯入碎石基层、热拌沥青碎石或乳化沥青碎石混合料、不加任何结合料的各种集料基层和泥灰结碎石等结构均称为柔性基层

续上表

名词术语		定义
(三)路面各类基层	石灰工业废渣稳定土	一定数量的石灰和粉煤灰或石灰和煤渣与其他集料相配合，加入适量的水(通常为最佳含水量)，经拌和、压实及养生后得到的混合料，当其抗压强度符合规定的要求时，称为石灰工业废渣稳定土(简称为石灰工业废渣)
	二灰	一定数量的石粉或粉煤灰，一定数量的石灰、粉煤灰和土以及一定数量的石灰、粉煤灰和砂相配合，加入适量的水(通常为最佳含水量)，经拌和、压实及养生后得到的混合料，当其抗压强度符合规定的要求时，分别简称为二灰、二灰土、二灰砂
	二灰级配碎石	用石灰和粉煤灰稳定级配碎石或级配砾石得到的混合料，当其强度符合要求时，分别称为石灰、粉煤灰级配碎石和石灰、粉煤灰级配砾石。这两种混合料又统称为石灰、粉煤灰级配集料，或分别简称二灰级配碎石、二灰级配砾石、二灰级配集料
	石灰煤渣土	用石灰、煤渣和土以及石灰、煤渣和集料得到的强度符合要求的混合料，分别称为石灰煤渣土和石灰煤渣集料
	级配碎石	粗、中、小碎石集料和石屑各占一定比例的混合料，当其颗粒组成符合规定的密实级配要求时，称做级配碎石
	级配砾石	粗、中、小砾石和砂各占一定比例的混合料，当其颗粒组成符合规定的密实级配要求且塑性指数和承载比均符合规定要求时，称为级配砾石
	未筛分碎石	轧石机轧出来的粒径大小不一的碎石混合料，仅用一个筛孔尺寸与规定最大粒径相符的筛筛去超尺寸颗粒后得到的碎石混合料，称做未筛分碎石。它的理论颗粒组成为0～D(D为最大粒径)，并具有较好的级配
	填隙碎石	用单一尺寸的粗碎石做主骨料，形成嵌锁结构，起承受和传递车辆荷载的作用，用石屑做填隙料，填满碎石间的孔隙，增加密实度和稳定性，这种材料称做填隙碎石
	稳定土基层	用石灰、水泥、粉煤灰等结合料与土、砂砾或其他集料，经拌和、摊铺、压实而成的路面基层
	工业废渣基层	用适合于路用的工业废渣修筑的路面基层
	块石基层	用一定规格的锥形块石经手工铺砌、碎石嵌缝并压实而成的路面基层
	水泥稳定土	用水泥做结合料所得混合料的一个广义的名称，它既包括用水泥稳定各种细粒土，也包括用水泥稳定各种中粒土和粗粒土。在经过粉碎的或原来松散的土中，掺入足量的水泥和水，经拌和得到的混合料在压实和养生后，当其抗压强度符合规定的要求时，称为水泥稳定土
	水泥土	用水泥稳定细粒土得到的强度符合要求的混合料，视所用的土类而定，可简称为水泥土、水泥砂和水泥石屑等
	水泥碎石	用水泥稳定中粒土和粗粒土得到的强度符合要求的混合料，视所用原材料而定，可简称为水泥碎石、水泥砂砾等
	综合稳定土	同时用水泥和石灰稳定某种土得到的强度符合要求的混合料，简称为综合稳定土
	水泥改善土	仅使用少量水泥改善级配砾石的塑性指数或提高级配砾石的强度，使其能适合做轻交通道路上沥青面层的基层，而达不到规定的强度要求时，这种材料称做水泥改善土
	石灰稳定土	在粉碎的或原来松散的土(包括各种粗、中、细粒土)中，掺入足量的石灰和水，经拌和、压实及养生后得到的混合料，当其抗压强度符合规定的要求时，称为石灰稳定土
	石灰土	用石灰稳定细粒土得到的强度符合要求的混合料，称为石灰土
	石灰碎石土	用石灰稳定中粒土和粗粒土得到的强度符合要求的混合料，视所用原材料而定，原材料为天然砂砾土或级配砂砾时，称为石灰砂砾土；原材料为碎石土或级配碎石时，称为石灰碎石土
	石灰改善土	仅使用少量石灰改善级配砾石的塑性指数或提高级配砾石的强度，使其能适应做轻交通道路上沥青面层的基层，但达不到规定的强度要求时，这种材料称做石灰改善土

续上表

名词术语		定义
(四)各类沥青路面	沥青路面	在柔性基层、半刚性基层上,铺筑一定厚度的沥青混合料面层的路面结构均称为沥青路面
	沥青表面处治路面	用沥青和集料按层铺或拌和法施工,其厚度不大于3cm的一种薄层面层
	层铺法沥青表面处治路面	分层浇洒沥青、撒布集料、碾压成型的沥青表面处治路面
	单层式沥青表面处治路面	浇洒一次沥青,撒布一次集料铺筑而成的厚度为1~1.5cm(乳化沥青表面处治为0.5cm)的层铺法沥青表面处治路面
	双层式沥青表面处治路面	浇洒两次沥青,撒布两次集料铺筑而成的厚度为1.5~2.5cm(乳化沥青表面处治为1cm)的层铺法沥青表面处治路面
	三层式沥青表面处治路面	浇洒三次沥青,撒布三次集料铺筑而成的厚度为2.5~3cm(乳化沥青表面处治为3cm)的层铺法沥青表面处治路面
	沥青贯入式路面	在初步压实的碎石(或破碎砾石)上,分层浇洒沥青、撒布嵌缝料,或再在上部铺筑热拌沥青混合料封层,经压实而成的沥青面层
	热拌沥青混合料路面	沥青与矿料在热态下拌和、热态下铺筑施工成型的沥青路面
	常温沥青混合料路面	采用乳化沥青或稀释沥青与矿料在常温状态下拌和、铺筑的沥青路面
	沥青混凝土路面	面层用沥青混凝土混合料铺筑的路面
	沥青碎石路面	沥青面层各层均用沥青碎石混合料铺筑的路面
	半刚性基层沥青路面	在半刚性基层上铺筑一定厚度沥青混合料面层的结构称为半刚性基层沥青路面
	改性沥青路面	沥青面层中任一层采用改性沥青为结合料铺筑的路面
	再生沥青路面	用再生沥青混合料作面层的路面
	全厚式沥青混凝土路面	沥青混凝土面层以下各结构层(垫层除外)均采用沥青混合料铺筑的路面
	上拌下贯式沥青路面	下部用贯入式、上部用沥青混合料作面层的路面
	渣油路面	用道路渣油作结合料铺筑面层的各种路面的统称。包括渣油表面处治、渣油贯入式、渣油碎石混合料路面等。道路渣油是我们石油工业副产品,是多蜡原油经提炼燃料油和润滑油后的液体残渣,属慢凝液体沥青范畴,含蜡量高,粘结力低,热稳定性差。施工前常需氧化提高稠度,或与其他粘稠沥青掺配使用
	片地沥青路面	细粒式薄层沥青路面的一种。其厚度多在3cm以下,故名。1854年法国马娄氏(L.Malo)首创。系将岩沥青碎成细粒,加热后摊铺碾压而得,小于0.074mm颗粒达40%,为最早的热铺式沥青路面,只适用轻交通
(五)各类水泥混凝土路面	水泥混凝土路面	指以水泥混凝土面板和基(垫)层所组成的路面,亦称刚性路面。它包括普通混凝土、钢筋混凝土、碾压混凝土、钢纤维混凝土、连续配筋混凝土等
	普通混凝土路面	亦称无筋混凝土或素混凝土,指除接缝区和局部范围外均不配筋的水泥混凝土路面
	钢筋混凝土路面	指为防止可能产生的裂缝缝隙张开,板内配置纵、横向钢筋或钢筋网的水泥混凝土路面
	碾压混凝土路面	指水泥和水的用量较普通混凝土显著减少的水泥混凝土混合料经摊铺、碾压成型的水泥混凝土路面
	钢纤维混凝土路面	指在混凝土中掺入钢纤维的水泥混凝土路面
	连续配筋混凝土路面	指沿纵向配置连续的钢筋,除了在与其他路面交接处或邻近构造物处设置胀缝以及视施工需要设置施工缝外,不设横向缩缝的水泥混凝土路面
	复合式混凝土路面	指由两层或两层以上不同强度或不同类型的混凝土复合而成的水泥混凝土路面

续上表

名词术语		定　义
(六)其他类型路面	泥结碎石路面	以碎石为骨料,经碾压后灌泥浆,依靠碎石的嵌锁和粘土的粘结作用形成的路面
	水泥碎石路面	石灰岩类碎石层经洒水碾压,依靠碎石的嵌锁和石粉的粘结作用形成的路面
	级配路面	按密实级配原理选配的集料和适量粘性土,经拌和、摊铺、压实而成的路面
	块料路面	用石块、水泥混凝土块等铺砌而成的路面之统称
	联锁型路面砖路面	采用特定铺筑方法铺筑的联锁型路面砖,在受力的状态下能相互联锁成整体并有一定拱壳作用的路面
	弹石路面	用拳石做面层的路面。在平整的基层或路基上,经人工铺砌拳石而成。我国始建于上海,“弹石”两字系上海地区对拳石的称呼,故名。属中级路面。具有耐磨,便于维修、施工简易等优点。但平整度较差,不利于高速行车,仅适用于交通量较小的公路或城市小街、小巷。拳石是一种粗打石料,形状近于棱柱体或截锥体,侧面有四边或多边,顶面大于底面,按高度分为 12~14cm、16~18cm、20~22cm、22~25cm 数种。铺砌时要求拳石间相互挤紧,顶面齐平,并用炉渣或粗砂等填缝
	过水路面	容许水流漫过的路面。通常为漫水桥桥面。路面采用水稳性良好,不易被冲刷的材料铺筑,如水泥混凝土、浆砌块石等。设于通过浅水河、溪的路段。漫水时路面水深一般不超过 0.3~0.5m,两旁竖立标志,以指示行车方向,便于车辆能涉水行驶
	防滑路面	在潮湿状态下表面具有高摩擦系数值的路面。有助于车辆高速安全行驶和急刹车。具有表面糙度大、耐磨、平整、透水性小等特性。对沥青路面面层,需采用粘结力、热稳性和延性好的沥青材料以及耐磨、表面糙度大、颗粒形状近立方体的矿料,经合理配比后铺筑。对水泥混凝土路面,亦需采用耐磨水泥和耐磨石料,路面成型前需将表面拉毛或沿路面横断面方向筑成沟条状
	透水性路面	特种路面之一。人行道采用具有透水系数约 0.01cm/s 的沥青混合料铺筑。该混合料以粒径单一的骨料为主,几乎不含砂,空隙率在 12%以上,用直馏沥青或改性沥青拌制。施工时注意控制温度,不使混合料过热。基层不设透层沥青,以利路面透水。降雨时路面排除的雨水暂留于路体或还原到地下,以保护行道树成长
	着色路面	特种路面之一。将路面着色为红、绿、黄等色。其方法有:(1)在沥青混合料中按重量掺 5%~7%的氧化铁、氧化钛等无机颜料;(2)使用着色骨料的沥青混合料;(3)使用着色结合料,在石油树脂、环氧树脂等合成树脂中加掺加料、可塑剂与不同色颜料;(4)在半刚性路面中以着色水泥膏浆灌入;(5)用着色颜料涂布路面。用于提高道路机能,明示车道或道路的分叉点、路肩、汽车站等;作为安全措施,明示人行横道、多事故地点、隧道内等;从美观上考虑,明示人行道、桥面等
	明色路面	特种路面之一。指沥青路面面层用光线反射率大的白色骨料而提高路面亮度的路面。施工方法有两种:(1)将沥青混合料中全部或一部分改用明色骨料的混合料法;(2)铺设沥青面层后立即在表面撒布明色骨料进行碾压的撒布法。具有亮度大、夜间易于识别、照明效果好、夏季路温不易上升等特点。常用于道路分叉口、路肩和路缘处以显示车道和作为安全措施设于隧道内、桥面、交叉口等处

F　道路路拱横坡表

道路路拱横坡表　　表 2-10

道路性质	路面类型	路拱横坡(%)
公路	沥青混凝土、水泥混凝土	1~2
	其他沥青路面	1.5~2.5
	半整齐石块	2~3
	碎、砾石等粒料路面	2.5~3.5
	低级路面	3~4

续上表

道路性质	路面类型	路拱横坡(%)
城市道路	水泥混凝土 沥青混凝土 沥青碎石	1.0~2.0
	沥青贯入式碎(砾)石 沥青表面处治	1.5~2.0
	碎(砾)石等粒料路面	2.0~3.0

注:1.快速路路拱设计坡度宜采用大值;
2.纵坡度大时取小值,纵坡度小时取大值;
3.严寒积雪地区路拱设计坡度宜采用小值

第三部分

设 计 参 数

A 车辆类型及参数

a 汽车及挂车分类表

汽车及挂车分类表 表 3-1

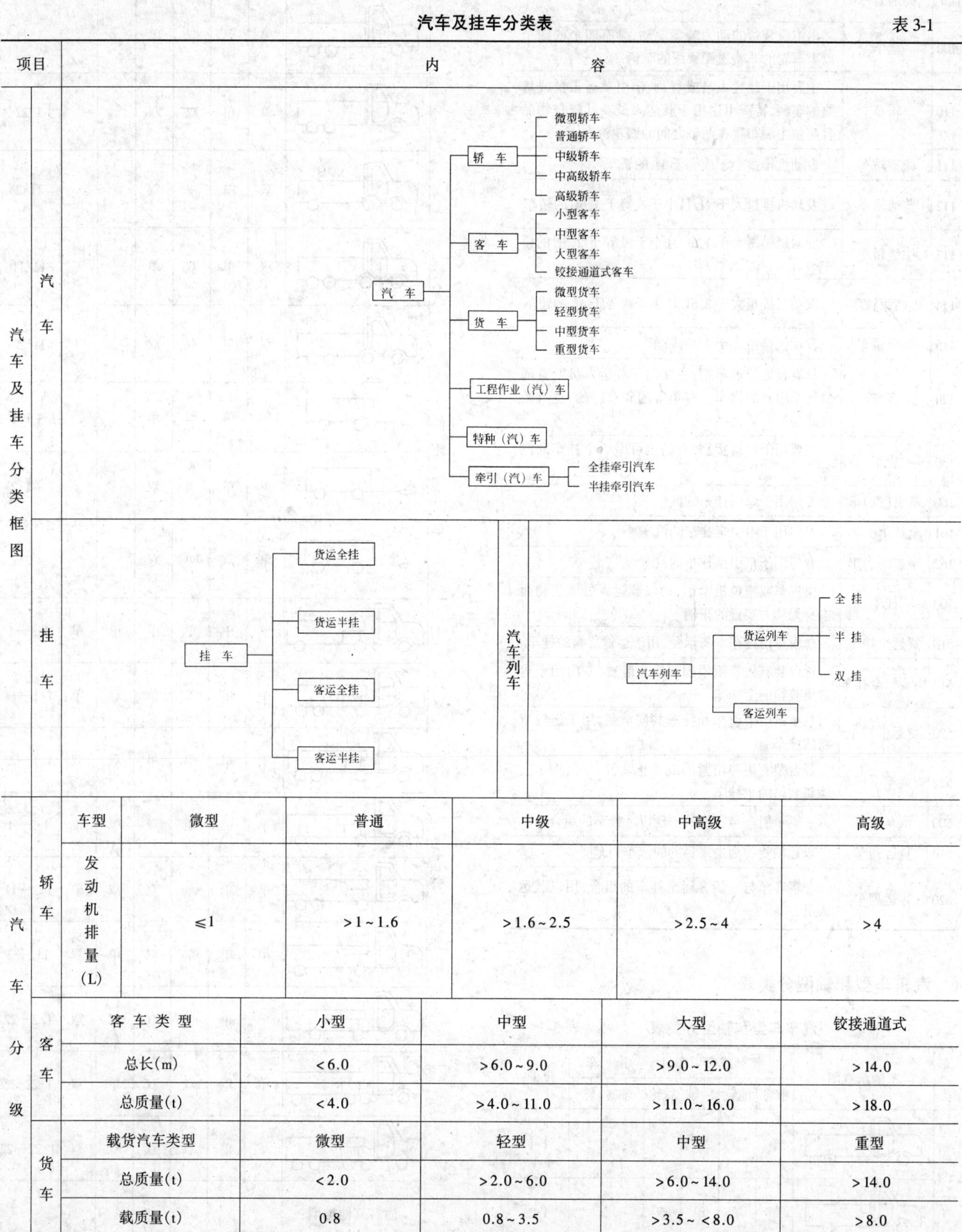

汽车分级						
轿车	车型	微型	普通	中级	中高级	高级
轿车	发动机排量(L)	≤1	>1~1.6	>1.6~2.5	>2.5~4	>4
客车	客车类型	小型	中型	大型	铰接通道式	
客车	总长(m)	<6.0	>6.0~9.0	>9.0~12.0	>14.0	
客车	总质量(t)	<4.0	>4.0~11.0	>11.0~16.0	>18.0	
货车	载货汽车类型	微型	轻型	中型	重型	
货车	总质量(t)	<2.0	>2.0~6.0	>6.0~14.0	>14.0	
货车	载质量(t)	0.8	0.8~3.5	>3.5~<8.0	>8.0	

b　各类汽车的特征

各类汽车的特征　表3-2

代码	类别名称	特征
100	汽车	由本身装备的动力装置驱动，具有四个或四个以上车轮的非轨道无架线的车辆
110	轿车	主要用于载运人员或货物、牵引载运人员或货物的车辆、特殊用途用于载运人员及其随身物品且座位主要布置在两轴之间的四轮汽车
111	微型轿车	发动机排量小于或等于1L的轿车
112	普通轿车	发动机排量大于1L且小于或等于1.6L的轿车
113	中级轿车	发动机排量大于1.6L且小于或等于2.5L的轿车
114	中高级轿车	发动机排量大于2.5L且小于或等于4L的轿车
115	高级轿车	发动机排量大于4L的轿车
120	客车	具有长方箱形车箱，主要用于载运人员及其随身行李物品的汽车。有单层的和双层的，也有铰接式的
130	货车	主要用于运输货物，有的也可牵引全挂车的汽车
160	牵引(汽)车	专门用于牵引挂车的汽车
161	全挂牵引车	专门用于牵引全挂车的汽车
162	半挂牵引车	专门用于牵引半挂车的汽车
500	挂车	由汽车或施拉机牵引，用以载运人员或货物而本身无动力装置的车辆
510	货运全挂车	总质量由挂车本身承受，用于运输货物的挂车
512	集装箱全挂车	货台装有集装箱紧固或锁止装置，专门用于运输集装箱的全挂车
520	货运半挂车	总质量由牵引车和挂车共同承受，用于运输货物的挂车
522	集装箱半挂车	货台装有集装箱紧固或锁止装置，专门用于运输集装箱的半挂车
600	汽车列车	一辆牵引车与一辆及一辆以上挂车的组合
610	货运列车	以运输货物为主要目的的汽车列车
620	客运列车	一辆客车与一辆客运全挂车的组合，用以载运人员

c　汽车车型和轴型分类表

汽车车型和轴型分类表　表3-3

车类	车辆示意图	整车或牵引车 前轴	前轮	后轴	后轮	拖车 轴	轮	代码
整车	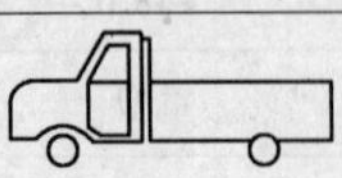	单	单	单	单			1·1
整车	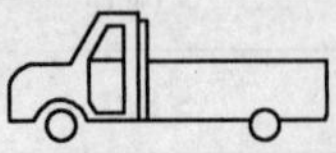	单	单	单	双			1·2

续上表

车类	车辆示意图	整车或牵引车 前轴	前轮	后轴	后轮	拖车 轴	轮	代码
整车		单	单	双	单			1·11
整车	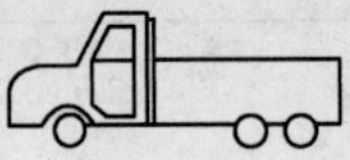	单	单	双	双			1·22
整车		双	单	单	双			11·2
整车		双	单	双	单			11·11
整车		双	单	双	双			11·22
挂车	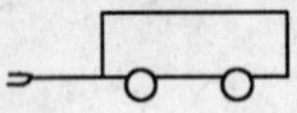	单	单	单	单			+1·1
挂车	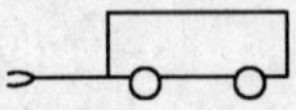	单	单	单	双			+1·2
挂车	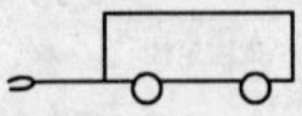	单	双	单	双			+2·2
牵引车及拖车	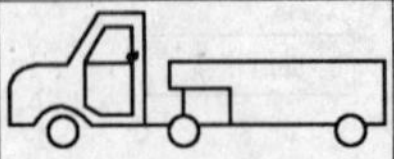	单	单	单	单	单	单	1·1—1
牵引车及拖车	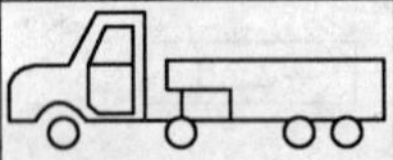	单	单	单	单	双	单	1·1—11
牵引车及拖车	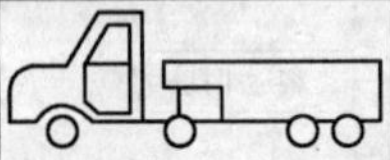	单	单	单	单	双	双	1·1—22
牵引车及拖车	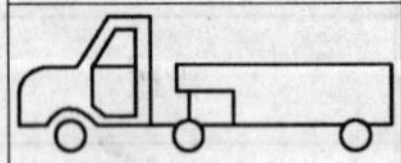	单	单	单	双	单	单	1·2—1
牵引车及拖车	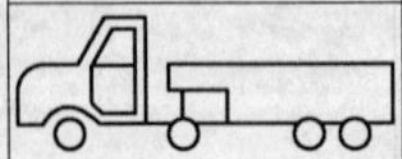	单	单	单	双	双	单	1·2—11
牵引车及拖车	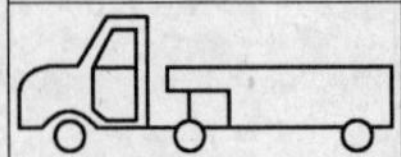	单	单	单	双	单	双	1·2—2
牵引车及拖车	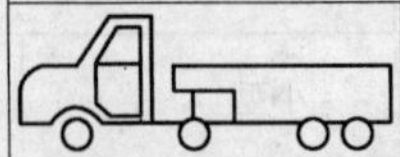	单	单	单	双	双	双	1·2—22
牵引车及拖车	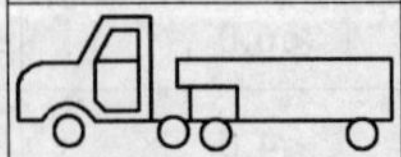	单	单	双	双	单	双	1·22—2
牵引车及拖车		单	单	双	双	双	双	1·22—22
	尚有其他类型							

d　不同类型客、货车示意图

不同类型客、货车示意图　　表 3-4

序号	简　图	典型车名
1	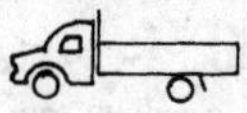	跃进
2	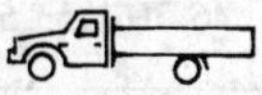	解放
3		黄河
4	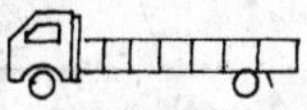	日野
5	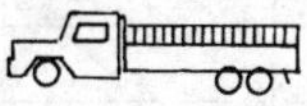	大拖拉
6	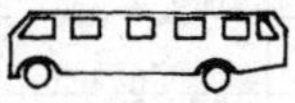	客车
7		大客车
8	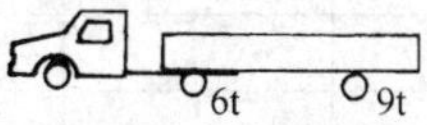 6t　9t	半挂
9	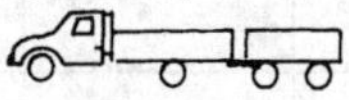	挂车
10	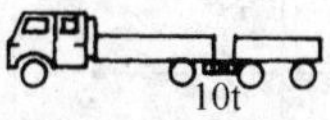 10t	黄河挂车
11	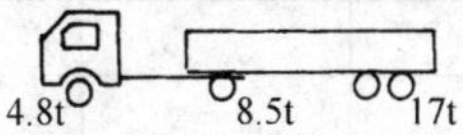 4.8t　8.5t　17t	五十铃
12	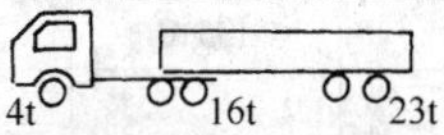 4t　16t　23t	半挂大于 20t
13	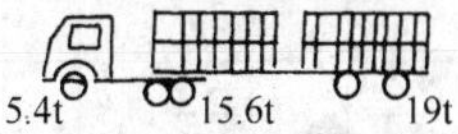 5.4t　15.6t　19t	集装箱小于 25t
14	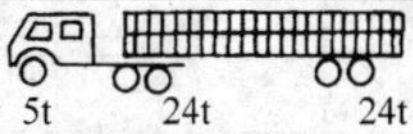 5t　24t　24t	集装箱大于 25t
15	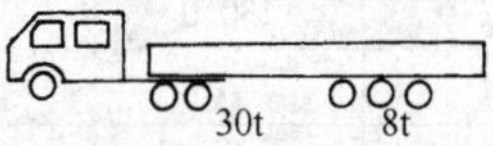 30t　8t	车轴数大于 6
16	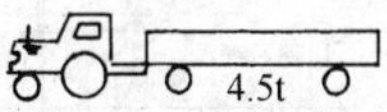 4.5t	大中型拖拉机

e　货车按轴型和轴数分类表

货车按轴型和轴数分类表　　表 3-5

单一车	两轴四轮	
	两轴六轮	

续上表

单一车	三　轴	
	四　轴	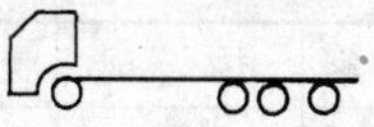
牵引式半拖车	三轴(2·s1)	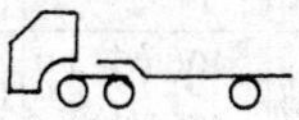
	四轴(2·s2)	
	四轴(3·s1)	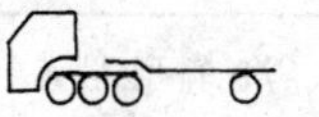
	五轴(3·s2)	
	六轴(3·s3)	
双半拖车	七轴(3·s2·s2)	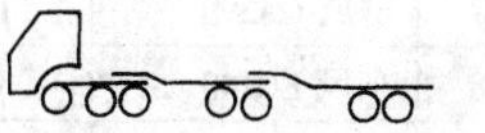
	八轴(3·s3·s2)	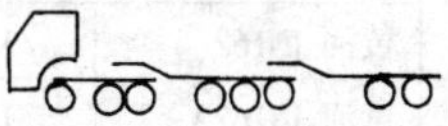
拖车	四轴(2·2)	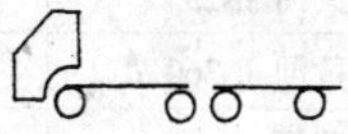
	五轴(3·2)	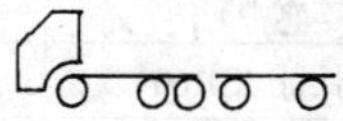
	六轴(2·2·2)	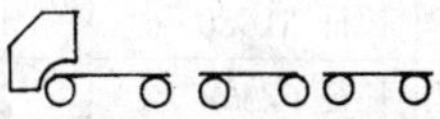
	七轴(3·2·2)	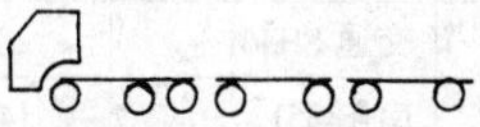
拖车	六轴(2·s2·2)	
	七轴(3·s2·2)	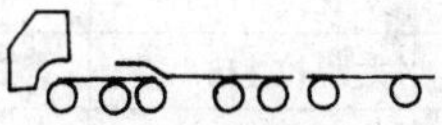
	八轴(3·s2·3)	
说　明		图中括号内:第一位数字表示牵引车或单车的轴数;·s——半拖车;·——拖车;后随数字表示半拖车或拖车的轴数

f 道路上行驶车辆的轴重和车辆总重最大允许值

道路上行驶车辆的轴重和车辆总重最大允许值 表 3-6

国家		中国	美国各州	加拿大	欧洲各国
轴重(t)	单轴	10	8.2～10.2	5.5(前轴),9.1	9～13
	双轴	10(单轮) 18(双轮)	14.5～18.1	17	16～22
	三轴	12(单轮) 22(双轮)	20	24	20～26
车辆总重(t)		40	33～74	23.7（三轴），31.6(4),39.5(5),46.5(6),53.5(7)	35～50

g 我国常用汽车路面设计参数

我国常用汽车路面设计参数 表 3-7

序号	汽车型号	总重(kN)	载重(kN)	前轴重(kN)	后轴重(kN)	后轴数	轮组数	轴距(cm)	出产国
1	解放 CA10B	80.25	40.00	19.40	68.85	1	双		中国
2	解放 CA15	91.35	50.00	20.97	70.38	1	双		中国
3	解放 CA30A*	99.90	46.50	26.50	2×36.70	2	双		中国
4	解放 CA30A	103.00	46.50	29.50	2×36.75	2	双		中国
5	解放 CA50	92.90	50.00	28.70	68.20	1	双		中国
6	解放 CA340	78.70	36.60	22.10	56.60	1	双		中国
7	解放 CA390	105.15	60.15	35.00	70.15	1	双		中国
8	东风 EQ140	92.90	50.00	23.70	69.20	1	双		中国
9	黄河 JN150	150.60	82.60	49.00	101.60	1	双		中国
10	黄河 JN162	174.50	100.00	59.50	115.00	1	双		中国
11	黄河 JN162A	178.50	100.00	62.28	116.22	1	双		中国
12	黄河 JN253	187.00	100.00	55.00	2×66.00	2	双		中国
13	黄河 JN360	270.00	150.00	50.00	2×110.0	2	双		中国
14	黄河 QD351	145.65	70.00	48.50	97.15	1	双		中国
15	延安 SX161	237.10	135.00	54.64	2×91.25	2	双	135.0	中国
16	长征 XD160	213.00	120.00	42.60	2×85.20	2	双		中国
17	长征 XD250	189.00	100.00	37.80	2×72.60	2	双		中国
18	长征 XD980	182.40	100.00	34.10	2×72.65	2	双	122.0	中国
19	长征 CZ361	229.00	120.00	47.60	2×90.70	2	双	132.0	中国
20	交通 SH141	80.65	43.25	25.55	55.10	1	双		中国
21	交通 SH361	280.00	150.00	60.00	2×110.0	2	双	130.0	中国
22	南阳 351	146.00	70.00	48.70	97.30	1	双		中国
23	齐齐哈尔 QQ560	177.00	100.00	56.00	121.00	1	双		中国
24	太脱拉 111	186.70	102.40	38.70	2×74.00	2	双	120.0	原捷克斯洛伐克
25	太脱拉 111R	188.40	102.40	37.40	2×75.50	2	双	122.0	原捷克斯洛伐克
26	太脱拉 111S	194.90	102.40	38.50	2×78.20	2	双	122.0	原捷克斯洛伐克
27	太脱拉 138	211.40	120.00	51.40	2×80.00	2	双	132.0	原捷克斯洛伐克
28	太脱拉 130S	218.40	120.00	50.60	2×88.90	2	双	132.0	原捷克斯洛伐克
29	太脱拉 138S	225.40	120.00	45.40	2×90.00	2	双	132.0	原捷克斯洛伐克
30	吉尔 130	85.25	40.00	25.75	59.50	1	双		前苏联
31	斯柯达 706R	140.0	73.0	50.00	90.00	1	双		原捷克斯洛伐克
32	斯柯达 706RTS	138.00	65.50	45.00	93.00	1	双		原捷克斯洛伐克
33	日野 KB222	154.50	80.00	50.20	104.30	1	双		日本
34	日野 KF300D	198.75	106.65	40.75	2×79.00	2	双	127.0	日本

续上表

序号	汽车型号	总重(kN)	载重(kN)	前轴重(kN)	后轴重(kN)	后轴数	轮组数	轴距(cm)	出产国
35	日野 ZM440	260.00	152.00	60.00	2×100.00	2	双	127.0	日本
36	尼桑 CK10G	115.25	66.65	39.25	76.00	1	双		日本
37	尼桑 CK20L	149.85	85.25	49.85	100.00	1	双		日本
38	尼桑 6TW(I)13SD	219.85	121.95	44.35	2×87.75	2	双		日本
39	尼桑 CW(L)40HD	237.60	141.75	50.00	2×93.80	2	双		日本
40	扶桑 FP101	154.00	94.10	54.00	100.00	1	双		日本
41	扶桑 FU102N	214.00	133.80	44.00	2×85.00	2	双		日本
42	扶桑 FV102N	254.00	164.95	54.00	2×100.00	2	双		日本
43	菲亚特 682N3	140.00	75.50	10.00	100.0	1	双		意大利
44	菲亚特 650E	105.00	67.00	33.00	72.00	1	双		意大利
45	依士兹 TD50D	142.95	76.65	46.55	96.40	1	双		日本
46	依士兹 TD50	132.20	76.65	42.20	80.00	1	双		日本
47	依发 H6	132.00	65.50	45.50	86.50	1	双		德国
48	布切奇 5BR2N	92.50	50.00	24.55	67.95	1	双		罗马尼亚
49	喀什布阡 131	68.25	35.00	18.00	50.25	1	双		罗马尼亚
50	切贝尔 D350	72.00	35.00	24.00	48.00	1	双		匈牙利
51	切贝尔 D420	83.00	45.00	28.20	54.80	1	双		匈牙利
52	切贝尔 D45.01	101.00	55.00	32.00	69.00	1	双		匈牙利
53	切贝尔 D750.0	160.00	93.60	60.00	180.00	1	双		匈牙利
54	沃尔沃 N8648	175.00	100.00	55.00	120.00	1	双		瑞典
55	斯堪尼亚 L760	180.00	100.00	70.00	120.00	1	双		瑞典
56	玛斯 200	137.00	72.00	36.00	101.00	1	双		前苏联

B 车辆对路面的压力和水平力

a 路面设计汽车对道路的静态压力

路面设计汽车对道路的静态压力 表 3-8

项 目	标准轴载	双轮组轮载为 50kN 的设计参数		
		轮胎接触路面强度	接触面积的当量圆直径	双轮的中心距
参 数	双轮组单轴荷载 100kN	0.7MPa	21.3cm	31.95cm(1.5 倍当量圆直径)

车轮荷载计算图式		公式及说明
单圆	P 路面 D P D	单圆 $D=\sqrt{\dfrac{8P}{\pi p}}$ 双圆 $d=\sqrt{\dfrac{4P}{\pi p}}$
双圆	P 路面 1.5d d P d	式中：P —— 作用在车轮上的荷载，kN，P = 100/4kN； p —— 轮胎接触压力，kPa，p = 700kPa； D、d —— 接触面当量圆半径，m

b 汽车对道路的水平力

汽车对道路的水平力 表 3-9

<table>
<tr><th>公式及说明</th><th colspan="5">f、φ 值表</th></tr>
<tr><td rowspan="13">$T_1 = fP$
$T_2 = \phi P$
式中：T_1、T_2——行驶中的车辆在车轮不制动和制动情况下作用在路面上的水平荷载；
f——滚动摩阻系数；
ϕ——滑动摩阻系数；
P——车辆的垂直荷载，kN</td><td colspan="5">系数 f 值表</td></tr>
<tr><td colspan="3">表面种类</td><td colspan="2">f</td></tr>
<tr><td colspan="3">平整的水泥混凝土和沥青混凝土</td><td colspan="2">0.01 ~ 0.02</td></tr>
<tr><td colspan="3">水泥混凝土路面有裂缝和垂直位移</td><td colspan="2">0.04 ~ 0.05</td></tr>
<tr><td colspan="3">沥青混凝土有车辙和裂缝</td><td colspan="2">0.04 ~ 0.05</td></tr>
<tr><td colspan="5">纵向滑移路面附着系数 φ</td></tr>
<tr><td rowspan="2">路面状况</td><td rowspan="2">路面类型</td><td colspan="3">车速 (km/h)</td></tr>
<tr><td>12</td><td>32</td><td>64</td></tr>
<tr><td rowspan="3">干燥</td><td>碎石</td><td>—</td><td>0.60</td><td>—</td></tr>
<tr><td>沥青混凝土</td><td>0.70 ~ 1.0</td><td>—</td><td>0.50 ~ 0.65</td></tr>
<tr><td>水泥混凝土</td><td>0.70 ~ 0.85</td><td>—</td><td>0.60 ~ 0.80</td></tr>
<tr><td rowspan="3">潮湿</td><td>碎石</td><td>—</td><td>0.40</td><td>—</td></tr>
<tr><td>沥青混凝土</td><td>0.40 ~ 0.65</td><td>—</td><td>0.10 ~ 0.50</td></tr>
<tr><td></td><td>水泥混凝土</td><td>0.60 ~ 0.70</td><td>—</td><td>0.35 ~ 0.55</td></tr>
</table>

C 轴载换算

a 轴载换算公式表

轴载换算公式表 表 3-10

<table>
<tr><th>道路类型</th><th>公式来源</th><th>换算条件</th><th>公式</th><th>说明</th></tr>
<tr><td rowspan="2">公路</td><td rowspan="2">我国现行《沥青路面设计规范》(JTJ 014—97)的换算方法</td><td>以设计弯沉值为指标及沥青层层底拉应力验算时
(P_1 < 25kN 者不计)</td><td>$N = \sum_{i=1}^{k} C_1 \cdot C_2 n_1 \left(\frac{P_1}{P}\right)^{4.35}$</td><td>$N$——标准轴载的当量轴次(次/日)；
n_1——被换算车型的各级轴载作用次数(次/日)；
P——标准轴载(kN)；
P_1——被换算车型的各级轴载(kN)；
C_1——轴数系数；
C_2——轮组系数，单轮组为 6.4，双轮组为 1，四轮组为 0.38；
当轴间距大于 3m 时，应按单独的一个轴载计算，此时轴数系数为 m；当轴间距小于 3m 时，按双轴或多轴计算，轴数系数按下式计算：
$C_1 = 1 + 1.2(m - 1)$
式中：m——轴数</td></tr>
<tr><td>当进行半刚性基层层底拉应力验算时
(P_1 < 50kN 者不计)</td><td>$N' = \sum_{i=1}^{k} C_1' \cdot C_2' n_1 \left(\frac{P_1}{P}\right)^{8}$</td><td>$C_1'$——轴数系数；
当轴间距小于 3m 时，双轴或多轴的 C_1' 按下式计算：
$C_1' = 1 + 2(m + 1)$
C_2'——轮组系数，单轮组为 18.5，双轮组为 1.0，四轮组为 0.09。
n_1——大于 50kN 的各级轴载 P_1 的作用次数。
其余符号同上</td></tr>
</table>

续上表

道路类型	公式来源	换算条件	公式	说明
公路	我国现行《水泥混凝土路面设计规范》(JTG D40—2002)的换算方法	单轴 $P_i<40$kN者不计; 双轴 $P_i<80$kN者不计	$N_s=\sum_{i=1}^{n}\delta_i N_i(\frac{P_i}{100})^{16}$	N_s——100kN的单轴-双轮组标准轴载的作用次数; P_i——单轴-单轮、单轴-双轮组、双轴-双轮组或三轴-双轮组轴型 i 级轴载的总重(kN); n——轴型和轴载级位数; N_i——各类轴型 i 级轴载的作用次数; δ_i——轴-轮型系数,单轴-双轮组时,$\delta_i=1$; 单轴-单轮时,$\delta_i=2.22\times10^3 P_i^{-0.43}$; 双轴-双轮组时,$\delta_i=1.07\times10^{-5}P_i^{-0.22}$; 三轴-双轮组时,$\delta_i=2.24\times10^{-8}P_i^{-0.22}$
城市道路	我国现行《城市道路设计规范》(CJJ 37—90)柔性路面的换算方法	1.标准轴载100kN(双轮组单轴); 2.轮载为25kN; 3.轮胎压强0.7MPa; 4.当量圆半径 $r=10.65$cm; 5.双轮中心距为 $3r$; 6.轴载小于20kN者不计	$N_{ci}=\sum_{i=1}^{n}\nu_a\left(\frac{p_i r_i^{1.5}}{p_t r^{1.5}}\right)^5 N_i$	N_{ci}——设计初期,机动车车行道上日交通量换算为日标准轴载的轴数(次/日); N_i——被换算各级轴载的轴数(次/日); p_t——标准轴载的轮胎压强(MPa); p_i——被换算各级轴载的轮胎压强(MPa); r——标准轴载的单轮轮迹当量圆半径(cm); r_i——被换算各级轴载的单轮轮迹当量圆半径(cm); ν_a——轮组数系数。双轮组为1;单轮组为0.25
	我国现行《城市道路设计规范》水泥混凝土路面的换算方法	1.标准轴载100kN; 2.双后轴轴距大于1.35m时,分别按单后轴计; 3.轴载小于40kN者不计	$N_{ci}=\sum_{i=1}^{n}\alpha_n N_i(p_i/p_K)^{16}$	N_{ci}——设计初期,机动车车行道上日交通量换算为日标准轴载的轴数(次/日); N_i——被换算各级轴载的轴数(次/日); P_K——标准轴载,为100kN; p_i——被换算各级轴载(kN); α_n——与汽车后轴轴数及其他因素有关的后轴数系数

后轴数系数 α_n

后轴数	设传力杆	不设传力杆		
		$E_c/E_s^c=375$	$E_c/E_s^c=187.5$	$E_c/E_s^c=125$
双后轴(轴距≤1.35m)	0.23	5.93	3.71	1.76
单后轴	1	1		

注:1. E_c 为水泥混凝土弯拉弹性模量(MPa);E_s^c 为基层顶面的计算回弹模量(MPa);

2. E_c/E_s^c 值在表列范围内而非表列数值时,可用插入法求 α_n

b 各种车辆标准轴次换算系数表(公路)

各种车辆标准轴次换算系数表(公路) 表3-11

序号	汽车型号	出产国家	载荷 (kN)	总载 (kN)	后轴载 (kN)	后轴数	轮组系数	轮胎压强 P (MPa)	单个轮迹当量圆直径 d (cm)	标准轴次换算系数 柔性路面 BZZ—100级	标准轴次换算系数 刚性路面 BZZ—100级
1	解放牌 CA10B	中国	40.0	80.25	60.0	1	1	0.50	19.5	0.101 59	0.000 28
2	解放牌 CA30A	中国	45.0	103.0	73.5	2	0.25	0.35	25.9	0.082 55	
3	东牌 EQ140	中国	50.0	92.0	69.3	1	1	0.50	21.0	0.175 74	0.002 77
4	黄河牌 JN—150	中国	80.0	150.6	101.6	1	1	0.70	21.5	1.305 53	1.289 15

续上表

序号	汽车型号	出产国家	载荷(kN)	总载(kN)	后轴载(kN)	后轴数	轮组系数	轮胎压强 P (MPa)	单个轮迹当量圆直径 d (cm)	标准轴次换算系数	
										柔性路面	刚性路面
										BZZ—100级	BZZ—100级
5	北京牌 BJ130	中国	20.0	40.75	27.2	1	1	0.42	14.4	0.004 13	
6	上海牌 SH130	中国	20.0	39.5	23.0	1	0.25	0.50	17.1	0.008 95	
7	跃进牌 NJ230	中国	15.0	48.5	30.3	1	0.25	0.40	22.0	0.019 41	
8	长征牌 XD980	中国	55.0	182.4	145.28	2	1	0.60	19.6	0.562 76	0.022 89
9	交通牌 SH141	中国	40.0	80.65	55.1	1	1	0.45	19.8	0.075 14	0.000 07
10	解放牌 CA340	中国	35.0	78.7	56.6	1	1	0.42	20.7	0.068 99	0.000 11
11	解放牌 CA50	中国	50.0	92.9	69.2	1	1	0.70	17.7	0.264 92	0.002 77
12	黄河牌 QD351	中国	70.0	145.65	97.2	1	1	0.70	21.0	1.123 85	0.634 84
13	黄河牌 JN253	中国	100.0	187.0	132.0	2	1	0.70	17.3	0.784 98	
14	跃进牌 NJ130	中国	25.0	53.6	38.3	1	1	0.40	17.5	0.013 96	
15	货运挂车	中国	30.0	47.0		2	0.25	0.58	16.1	0.023 93	
16	货运挂车	中国	40.0	61.0		2	0.25	0.50	19.7	0.051 76	
17	货运挂车	中国	60.0	90.0		2	1	0.58	22.2	1.065 32	
18	液罐挂车	中国	35.0	60.0		2	0.25	0.50	19.9	0.055 83	
19	液罐挂车	中国	50.0	88.0		2	1	0.58	22.2	1.065 32	
20	液罐挂车	中国	70.0	116.0		2	1	0.50	27.2	2.327 07	
21	解放牌 CA141	中国	50.0	93.1	68.6	1	1	0.62	18.8	0.228 91	0.002 41
22	依士兹 TZ30	日本	50.0	102.0	92.0	1	1	0.63	21.6	0.655 80	0.263 39
23	日野牌 KB211	日本	80.0	147.55	100.0	1	1	0.60	23.0	0.997 43	1.000 01
24	丰田牌 Ru15	日本	27.7	48.0	32.0	1	1	0.33	17.7	0.264 92	0.002 77
25	依士兹 TD50D	日本	76.65	142.95	96.4	1	1	0.60	22.6	0.879 26	0.556 20
26	依士兹 TD50	日本	76.7	132.2	90.0	1	1	0.60	21.9	0.681 49	0.185 30
27	日野牌 KF800D	日本	106.65	198.75	158.0	2	1	0.55	21.4	0.706 38	0.087 46
28	日野牌 ZM440	日本	152.0	260.0	200.0	2	1	0.60	23.0	2.054 11	3.800 28
29	丰田牌(老)	日本	40.0	67.3	41.6	1	1	0.45	17.2	0.034 21	
30	太脱拉 138	原捷克斯洛伐克	122.0	211.4	160.0	2	1	0.60	20.6	0.954 34	0.106 98
31	期柯达 706R	原捷克斯洛伐克	73.0	140.0	90.0	1	1	0.60	21.9	0.775 58	0.185 32
32	太脱拉 $138S_3$	原捷克斯洛伐克	120.0	225.4	180.0	2	1	0.60	21.9	1.282 13	0.233 50
33	菲亚特 650E	意大利	67.0	105.0	71.0	1	1	0.60	19.4	0.278 67	0.005 22
34	依发 H6	原民主德国	65.0	131.5	90.0	1	1	0.63	21.4	0.722 38	0.185 30
35	星牌 20	波兰	35.0	72.5	48.8	1	1	0.45	18.6	0.048 52	0.000 01
36	吉尔牌 130	前苏联	60.0	85.25	59.5	1	1	0.60	17.8	0.137 42	0.000 25
37	格斯牌 51	前苏联	25.0	53.5	37.5	1	1	0.35	18.5	0.010 86	

c 美国 AASHTO 的轴载当量换算系数($PSI = 2.5$)

美国 AASHTO 的轴载当量换算系数($PSI = 2.5$) 表 3-12

轴载 (10^3 lbf)	沥青路面			水泥混凝土路面			轴载 (10^3 lbf)	沥青路面			水泥混凝土路面		
	单轴	双轴	三轴	单轴	双轴	三轴		单轴	双轴	三轴	单轴	双轴	三轴
6	0.010	0.001	0.000 3	0.010	0.002	0.001	14	0.360	0.027	0.006	0.341	0.048	0.017
8	0.034	0.003	0.001	0.032	0.005	0.002	16	0.623	0.047	0.011	0.604	0.082	0.028
10	0.088	0.007	0.002	0.082	0.013	0.005	18	1.00	0.077	0.017	1.00	0.133	0.044
12	0.189	0.014	0.003	0.176	0.026	0.009	20	1.51	0.121	0.027	1.57	0.206	0.067

续上表

轴载 (10^3 lbf)	沥青路面			水泥混凝土路面			轴载 (10^3 lbf)	沥青路面			水泥混凝土路面		
	单轴	双轴	三轴	单轴	双轴	三轴		单轴	双轴	三轴	单轴	双轴	三轴
22	2.18	0.180	0.040	2.34	0.308	0.099	58		8.4	2.20		16.3	5.32
24	3.03	0.260	0.057	3.36	0.444	0.141	60		9.6	2.51		18.7	6.08
26	4.09	0.364	0.080	4.67	0.622	0.195	62		10.8	2.85		21.4	6.91
28	5.39	0.495	0.109	6.29	0.850	0.265	64		12.2	3.22		24.4	7.82
30	7.0	0.658	0.145	8.28	1.14	0.354	66		13.7	3.62		27.6	8.83
32	8.9	0.857	0.191	10.7	1.49	0.463	68		15.4	4.05		31.3	9.9
34	11.2	1.09	0.246	13.6	1.92	0.596	70		17.2	4.52		35.3	11.1
36	13.9	1.38	0.313	17.1	2.43	0.757	72		19.2	5.03		39.8	12.4
38	17.2	1.70	0.393	21.3	3.03	0.948	74		21.3	5.57		44.7	13.8
40	21.1	2.08	0.487	26.3	3.74	1.17	76		23.7	6.15		50.1	15.4
42	25.6	2.51	0.597	32.2	4.55	1.44	78		26.2	6.78		56.1	17.1
44	31.0	3.00	0.723	39.2	5.48	1.74	80		29.0	7.45		62.5	18.9
46	37.2	3.55	0.868	47.3	6.53	2.09	82		32.0	8.2		69.6	20.9
48	44.5	4.17	1.033	56.8	7.73	2.49	84		35.3	8.9		77.3	23.1
50	53.0	4.86	1.22	67.8	9.07	2.94	86		38.8	9.8		86	25.4
52		5.63	1.43		10.6	3.44	88		42.6	10.6		95	27.9
54		6.47	1.66		12.3	4.00	90		46.8	11.6		105	30.7
56		7.4	1.91		14.2	4.63							

注：1×10^3 lbf = 4.448kN。

d 美国沥青协会提出的各类货车的轴载系数代表值

美国沥青协会提出的各类货车的轴载系数代表值 表 3-13

货车类型	公路系统						城市道路系统		全部道路系统	
	州际公路		其他公路		所有公路		城市道路			
	平均	范围	平均	范围	平均	范围	平均	范围	平均	范围
两轴四轮	0.02	0.01~0.06	0.02	0.01~0.09	0.03	0.02~0.08	0.03	0.01~0.05	0.02	0.01~0.07
两轴六轮	0.19	0.13~0.30	0.21	0.14~0.34	0.20	0.14~0.31	0.26	0.18~0.42	0.21	0.15~0.32
三轴以上	0.56	0.09~1.55	0.73	0.31~1.57	0.67	0.23~1.53	1.03	0.52~1.99	0.73	0.29~1.59
所有单一货车	0.07	0.02~0.16	0.07	0.02~0.17	0.07	0.03~0.16	0.09	0.04~0.21	0.07	0.02~0.17
三轴半拖	0.51	0.30~0.86	0.47	0.29~0.82	0.48	0.31~0.80	0.47	0.24~1.02	0.48	0.33~0.78
四轴半拖	0.62	0.40~1.07	0.83	0.44~1.55	0.70	0.37~1.34	0.89	0.60~1.64	0.73	0.43~1.32
五轴以上半拖	0.94	0.67~1.15	0.98	0.58~1.70	0.95	0.58~1.64	1.02	0.69~1.69	0.95	0.63~1.53
所有组合货车	0.93	0.67~1.38	0.97	0.67~1.50	0.94	0.66~1.43	1.00	0.72~1.58	0.95	0.71~1.39
所有货车	0.49	0.34~0.77	0.31	0.20~0.52	0.42	0.29~0.67	0.30	0.15~0.59	0.40	0.27~0.63

e 当有称重资料时五轴和五轴以上车辆的当量轴载系数算例

当有称重资料时五轴和五轴以上车辆的当量轴载系数算例 表 3-14

轴载 (10^3 lbf)	轴载当量换算系数	轴数	标准轴载(80kN)当量作用次数
单轴： 3~6.99	0.005	× 1 =	0.005
7~7.99	0.032	× 6 =	0.192
8~11.99	0.870	× 144 =	12.528
12~15.99	0.360	× 16 =	5.760
26~29.99	5.389	× 1 =	5.389
双轴： 6~11.99	0.010	× 14 =	0.140
12~17.99	0.044	× 21 =	0.924
18~23.99	0.148	× 44 =	6.512

续上表

轴载 (10^3 lbf)	轴载当量换算系数	轴数	标准轴载(80kN)当量作用次数
24~29.99	0.426	× 42 =	17.892
30~32.00	0.753	× 44 =	33.132
32.01~32.50	0.885	× 21 =	18.585
32.51~33.99	1.002	× 101 =	101.202
34~35.99	1.230	× 43 =	52.890

标准轴载当量作用次数 = 255.151

称重货车数 = 165

5 轴和 5 轴以上车辆的当量轴载系数 = 255.151 ÷ 165 = 1.5464

D 轴载累计作用的计算

a 设计使用期内标准轴载累计作用次数的算例

设计使用期内标准轴载累计作用次数的算例　　表 3-15

车辆类型	初始交通量（辆/日）	交通量增长系数#	设计交通量（辆/日）	当量轴载系数	标准轴载累计作用次数
公共汽车	35	24.3	310 433	0.680 6	211 280
两轴六轮货车	372	24.3	3 299 454	0.189 0	623 597

续上表

车辆类型	初始交通量（辆/日）	交通量增长系数#	设计交通量（辆/日）	当量轴载系数	标准轴载累计作用次数
≥三轴货车	34	24.3	301 563	0.130 3	39 294
三轴半拖	19	29.78	206 524	0.864 6	178 561
四轴半拖	49	29.78	532 615	0.656 0	349 396
≥五轴半拖	1 880	29.78	20 435 036	2.371 9	48 469 861
全部车辆	9 452*	—	87 730 903*	—	49 871 989

注：* 包含小客车和两轴四轮以下货车，# 设计使用期 20 年；交通量年平均增长率为 2%（单一车辆）和 4%（组合货车）。

b 累计当量轴次的计算公式

累计当量轴次的计算公式　　表 3-16

公式来源及条件	计算公式	说明
公路沥青混凝土路面设计	$N_e = \frac{[(1+\gamma)^t - 1] \times 365}{\gamma} N_1 \eta$ 或 $N_e = \frac{[(1+\gamma)^t - 1] \times 365}{\gamma(1+\gamma)^{t-1}} N_t \eta$	N_e——设计年限内一个车道上的累计当量轴次(次)； t——设计年限(年)； N_1——路面竣工后第一年双向日平均当量轴次(次 / 日)； N_t——设计年限末年双向日平均当量轴次(次 / 日)； γ——设计年限内交通量的平均年增长率(%)，应根据实际情况调查，预测交通量增长，经分析确定； η——车道系数，应根据调查分析结果或参照表确定；公路无分隔时，路面窄宜选高值，路面宽宜选低值

车道系数 η

车道特征		车道系数
单车道		1.0
双车道	有分隔	0.5
双车道	无分隔	0.6 ~ 0.7
四车道		0.4 ~ 0.5
六车道		0.3 ~ 0.4

设计年限 t

公路等级	面层类型	设计年限(年)	N_e(万次 / 一车道)
高速、一	沥青混凝土	15	> 400
二	沥青混凝土	12	> 200
二	热拌沥青碎石混合料 沥青贯入式	10	100 ~ 200
三	乳化沥青碎石混合料 沥青表面处治	8	10 ~ 100
四	水结碎石、泥结碎石 级配碎、砾石 半整齐石块	5	≤ 10
四	粒料改善土	5	≤ 10

公式来源及条件	计算公式	说明
水泥混凝土路面设计 轴载当量换算系数法	$k_{p,ij} = \delta_{ij}\left(\frac{P_{ij}}{100}\right)^{16}$ $N_s = \frac{ADTT}{1\ 000}\sum_i n_i \sum_j (k_{p,ij} \times P_{ij})$	$k_{p,ij}$——各种轴型不同轴载级位的标准轴载当量换算系数； i——轴型； j——轴载级位； P_{ij}——i 种轴型 j 级轴载的轴重(kN)； δ_{ij}——i 种轴型 j 级轴载的轴 - 轮型系数： 单轴 - 双轮时　$\delta_{ij} = 1$ 单轴 - 单轮时　$\delta_{ij} = 2.22 \times 10^3 P_{ij}^{-0.43}$ 双轴 - 双轮时　$\delta_{ij} = 1.07 \times 10^{-5} P_{ij}^{-0.22}$ 三轴 - 双轮时　$\delta_{ij} = 2.24 \times 10^{-8} P_{ij}^{-0.22}$ N_s——设计车道使用初期的标准轴载日作用次数； n_i——每 1000 辆 2 轴 6 轮以上客、货车辆中 i 种轴型出现的次数； P_{ij}——i 种轴型 j 级轴载的频率(以分数计)

续上表

公式来源及条件			计算公式	说明
公路	水泥混凝土路面设计	车辆当量轴载系数法	$k_{p,k}=\sum_i\left(\sum_j(k_{p,ij}\times p_{ij})\right)$ $N_s=\text{ADTT}\times\sum_k(k_{p,k}\times p_k)$ $N_e=\dfrac{N_s\times[(1+g_r)^t-1]\times 365}{g_r}\eta$	$K_{p,k}$——车辆当量轴载系数； k——车辆类型； p_{ij}——i 种轴型 j 级轴载的频率(以分数计)； p_k——k 类车辆的组成比例(以分数计)； N_e——标准轴载累计作用次数； t——设计基准期； g_r——交通量年平均增长率； η——临界荷位处的车辆轮迹横向分布系数，按表选用； N_s——设计车道使用初期的标准轴载日作用次数

车辆轮迹横向分布系数

公路等级		纵缝边缘处
高速、一级公路、收费站		0.17 ~ 0.22
二级及二级以下公路	车道宽 ≥ 7m	0.34 ~ 0.39
	车道宽 ≥ 7m	0.54 ~ 0.62

注：车道宽或交通量较大时，取高值；反之，取低值

交通分级

交通等级	设计车道标准轴载累计作用次数 $N_e(10^4)$
特重	> 2000
重	100 ~ 2000
中等	3 ~ 100
轻	< 3

城市道路

$$N=\frac{365[(1+\gamma)^t-1]}{\gamma}\cdot\eta_n=N_{1i}\cdot\eta_n$$

γ——设计年限内交通量的年平均增长率(%)，各城市根据调查资料分析确定；
t——设计年限(年)，见表；
η_n——轴数分配系数见表

轴数分配系数 η_n

车道数	机动车车行道宽度(m)	轴数分配系数
单车道	≤ 5.5	1.0
双车道	6.0 ~ 7.0	0.6 ~ 0.7
	≥ 7.5	0.5
四车道	≥ 14.5	0.5
六车道	≥ 22.0	0.3 ~ 0.4

注：1.双车道宽度窄时用大值，宽时用小值，大于或等于7.5m时用0.5；
2.四车道指两条小型汽车车道与两条重车车道；
3.六车道指两条小型汽车车道与四条重车车道；当重车分配均匀时用小值，分配不均匀时，如铰接公共电、汽车在外侧车道行驶等用大值

设计年限 t

	路面类型		t（年）
柔性路面	沥青混凝土、沥青碎石、沥青贯入式		15
	支路沥青混凝土等高级路面		10
	沥青表面处治		8
	粒料路面		5
水泥混凝土路面	交通等级	日标准轴载系数 N_{1i}	t（年）
	特重	≥ 1 500	40
	重	1 500 > N_{1i} ≥ 500	30
	中等	500 > N_{1i} ≥ 200	30
	轻	< 200	20

A 公路及路面自然区划

a 一级区划的特征与指标表

一级区划的特征与指标表 表 3-17

代号	一级区名	平均温度(℃)	平均最大冻深(cm)	潮湿系数 K	地势阶梯	新构造特征	土质带
Ⅰ	北部多年冻土区	全年<0	>200	0.50~1.00	东部1 000m等高线两侧	大面积中等或微弱上升,差异运动不大	棕粘性土
Ⅱ	东部温润季冻区	1月<0	10~200	0.50~1.00	东部1 000m等高线以东	大面积下降,差异运动强弱不一	棕粘性土,黑粘性土,冲积土,软土
Ⅲ	黄土高原干湿过渡区	1月<0	20~140	0.25~1.00	东部1 000m等高线以西,西南3 000m等高线以东	大面积上升,幅度不大,夹有长条形中等沉降	黄土
Ⅳ	东南湿热区	1月>0,全年14~26	<10	1.00~2.25	东部1 000m等高线以东	大部分地区上升,局部地区下降差异运动微弱	下蜀土,黄棕粘性土,红粘性土,砖红粘土,软土
Ⅴ	西南潮暖区	1月>0,全年14~22	<20	1.00~2.00	东部1 000m等高线以西,西南3 000m等高线以东	大面积中等上升,差异运动强弱不一	紫粘土,红色石灰土,砖红粘性土
Ⅵ	西北干旱区	全年<10山区垂直分布	东部100~250,西部40~100	东部0.25~0.5,西部<0.25	东部1 000m等高线以西,西南3 000m等高线以北	大面积或长条形上升与盆地下降相间	粟粘性土,砂砾土,碎石土
Ⅶ	青藏高寒区	全年<10,1月<0	除南端外,40~250	0.25~1.50	西南3 000m等高线以西以南	大面积强烈上升,差异运动显著	砂砾土,软土

b 二级区划的名称与特征表(一)

二级区划的名称和特征表(一) 表 3-18

二级区名(包括副区)	水热状态					地下水埋深(m)	土质和岩性
	潮湿系数 K	年降水量(mm)	雨型	多年平均最大冻深(cm)	最高月平均地温(℃)		
I_1 连续多年冻土区	0.75~1.00	400~600	夏、秋雨	>300	<30	1~3	棕粘性土,砂性土,粗粒岩
I_2 岛状多年冻土区	0.5~1.00	400~600	夏、秋雨	230~300	<30	1~3	粘性土和砂性土为主,粗粒岩
II_1 东北东部山地润湿冻区	0.75~1.50	600~1200	夏雨	80~250	<30	一般大于3.0,洼地、谷地1~1.5	棕粘性土,砂性土,粗粒岩
II_{1a} 三江平原副区	0.75~1.00	600~800	夏雨	150~200	<30	<1	内陆软土
II_2 东北中部山前平原重冻区	0.25~1.25	400~600	夏雨	120~240	<30	一般大于3,谷地1~3	黑粘性土,内陆软土
II_{2a} 辽河平原冻融交替副区	0.75~1.25	600~800	夏雨	80~120	<30	一般1~2,海滨小于1	冲积土和沿海软土
II_3 东北西部润干冻区	0.50~0.75	200~600	夏雨	100~240	<30	一般1~3,山前大于3	粟粘性土、冲积土和砂砾土,粗粒花岗岩、流纹岩

续上表

二级区名（包括副区）	水热状态						土质和岩性
	潮湿系数 K	年降水量（mm）	雨型	多年平均最大冻深（cm）	最高月平均地温（℃）	地下水埋深（m）	
Ⅱ$_4$海滦中冻区	0.50~0.75	400~800	夏、秋雨	40~100	30~32.5	一般1~4，海滨小于1	冲积土和沿海软土
Ⅱ$_{4a}$冀北山地副区	0.75~1.00	600~800	夏、秋雨	100~120	<30	一般大于3，谷地2~4	冲积土，粗料岩和细粒岩
Ⅱ$_{4b}$旅大丘陵副区	0.75~1.00	600~800	夏、秋雨	60~80	<30	>3	棕粘性土，粗粒岩
Ⅱ$_5$鲁豫轻冻区	0.50~1.00	600~800	夏、秋雨	10~40	30~32.5	一般2~3，海滨小于	冲积土
Ⅱ$_{5a}$山东丘陵副区	0.75~1.25	600~1 000	夏、秋雨	30~50	<30	一般大于3，谷地、海滨小于3	棕粘性土和砂砾土，粗粒岩和可溶岩
Ⅲ$_1$山西山地、盆地中冻区	0.5~1.00	400~600	夏、秋雨	40~100	25~30	一般大于3，盆地1~3	黄土和黄土状土，粗粒岩、可溶岩
Ⅲ$_{1a}$雁北张宜副区	0.5~0.75	400~600	夏、秋雨	100~140	25~30	一般大于3，盆地1~3	黄土状土，粗粒岩、可溶岩
Ⅲ$_2$陕北典型黄土高原中冻区	0.5~1.00	400~600	夏、秋雨	40~100	25~30	河谷小于3，塬大于20	黄土和黄土状土
Ⅲ$_{2a}$榆林副区	0.50~0.75	400~600	夏、秋雨	100~120	25~30	河谷小于3，塬大于20	黄土和黄土状土，砂砾土
Ⅲ$_3$甘东黄土山地区	0.25~0.75	200~600	夏、秋雨	80~100	25~30	河谷小于3，塬大于20	黄土和黄土状土，山区为细粒岩
Ⅲ$_4$黄渭间山地、盆地轻冻区	0.50~1.00	600~800	夏、秋雨	15~40	30~32.5	一般大于3，河谷小于1.5	黄土状土和黄土粗粒岩

c　二级区划的名称和特征表（二）

二级区划的名称和特征表（二）　表3-19

二级区名（包括副区）	水热状态							土质和岩性
	潮湿系数 K	年降水量（mm）	雨型	最高月 K 值	最大月雨期长度（天数）	最高月平均地温（℃）	地下水埋深（m）	
Ⅳ$_1$长江下游平原润湿区	1.00~1.50	1 000~1 400	春雨 梅雨	2.0~3.0	2.5~3.5	30~35	一般为1~2，海滨湖滨小于1	沿海软土和内陆软土、冲积土
Ⅳ$_{1a}$盐城副区	1.00~1.40	930~1 150	夏秋雨	1.8~2.2	—	31.5~32.8	一般为1~2，海滨湖滨小于1	沿海软土和内陆软土、冲积土
Ⅳ$_2$江淮丘陵、山地润湿区	1.00~1.50	1 000~1 600	夏秋雨 梅雨	1.5~2.5	3.0~3.5	30~35	一般大于3，丘陵间盆地1.5~2.0	黄棕粘性土、下蜀土，粗粒岩
Ⅳ$_3$长江中游平原中湿区	1.25~1.75	1 200~1 800	春雨 梅雨	2.5~4.0	3.6~4.0	32.5~35	一般为1~2，湖滨小于1	种积土和内陆软土，局部为下蜀土
Ⅳ$_4$浙闽沿海山地中湿区	1.00~2.00	1 400~2 200	台风 暴雨	2.0~3.5	3.0~4.5	30~35	谷地1~3，山岭大于5	红粘性土，局部为沿海软土，粗粒岩

续上表

二级区名（包括副区）	水热状态							土质和岩性
	潮湿系数 K	年降水量（mm）	雨型	最高月 K 值	最大月雨期长度（天数）	最高月平均地温（℃）	地下水埋深（m）	
Ⅳ$_5$江南丘陵过湿区	1.5～2.25	1 400～2 000	梅雨、秋雨伏旱	3.5～5.0	4.0～4.5	≥35	谷地2～3	红粘性土，细粒岩
Ⅳ$_6$武夷南岭山地过湿区	1.5～2.25	1 400～2 000	春、夏雨	3.0～4.5	3.5～5.5	30～35	谷地2～3，山岭大于5	红粘性土，粗粒岩、细料岩，可溶岩
Ⅳ$_{6a}$武夷副区	1.75～2.25	1 800～2 600	梅雨夏雨	3.0～4.5	4.0～5.0	25～32.5	＞5	红性粘土，粗粒岩
Ⅳ$_7$华南沿海台风区	0.75～2.0	1 600～2 600	夏雨和台风暴雨	2.0～3.0	2.5～4.5	30～32.5	一般大于3，海滨小于1	砖红色粘性土、沿海软土，粗粒岩
Ⅳ$_{7a}$台湾山地副区	1.50～2.75	2 000～2 800	夏雨和台风暴雨	＞3.0	2.5～3.0	≤30	＞3	北部为红粘性土、南部为砖红粘性土，细粒岩、粗粒岩
Ⅳ$_{7b}$海南岛西部润干副区	0.50～0.75	800～1 600	台风雨	＜3.0	＜3.0	32.5～35	1～3	砖红粘性土
Ⅳ$_{7c}$南海诸岛副区		1 600～2 000	对流雨台风雨			32.5～35		砖红粘性土
Ⅴ$_1$秦山地润湿区	1.00～1.50	800～1 400	夏、秋雨	2.0～3.0	3.0～3.5	25～32.5	埋深不定	黄棕粘性土，粗粒岩为主
Ⅴ$_2$四川盆地中湿区	1.25～1.75	1 000～1 400	夏雨秋雨	2.0～3.0	3.5～4.5	＜30～32.5	丘陵大于2，谷地、成都平原1～2	紫粘性土，细粒岩为主
Ⅴ$_{2a}$雅安、乐山过湿副区	1.75～2.75	1 200～2 200	全年多雨秋雨量多	3.0～4.5	4.0～5.5	＜30	—	紫粘性土，细粒岩、粗粒岩
Ⅴ$_3$三西、贵州山地过湿区	1.50～2.00	1 000～1 400	全年多雨	2.5～4.0	4.0～5.0	20.0～32.5	埋深不定	红粘性土，红色石灰岩、可溶岩
Ⅴ$_{3a}$滇南、桂西润湿副区	1.0～1.5	1 000～1 600	夏雨秋雨	1.5～3.0	3.0～4.0	25～30	谷地2～4，山岭大于5	砖红粘性土，可溶岩
Ⅴ$_4$川滇黔高原干湿交替区	0.5～1.00	600～1 000	夏雨秋雨	1.5～2.5	4.5～5.0	25～30	—	红粘性土，粗粒岩
Ⅴ$_5$滇西横断山地区	1.00～2.00	1 200～1 600	夏雨	2.0～5.0	5.0～12.0	20～30	—	粗粒岩、细粒岩、可溶岩
Ⅴ$_{5a}$大理副区	1.00～1.50	800～1 800	夏雨	2.0～4.0	4.0～5.5	20～30	—	砖红粘性土，细粒岩、粗粒岩

d 二级区划的名称和特征表(三)

二级区划的名称和特征表(三) 表3-20

二级区名（包括副区）	水热状态						土质和岩性
	潮湿系数 K	年降水量（mm）	雨型	多年平均最大冻深（cm）	最高月平均地温（℃）	地下水埋深（m）	
Ⅵ$_1$内蒙草原中干区	0.25～0.50	150～400	夏雨	140～240	＜30	一般2～4，谷地洼地1～2	粟粘性土和砂砾土，粗粒岩
Ⅵ$_{1a}$河套副区	＜0.25	150～200	夏雨	100～140	＜30	＜1.5	粘性土和砂性土
Ⅵ$_2$绿州—荒漠区	＜0.25，其中塔里木至甘西小于0.05	＜150，其中塔里木至甘西不大于50	夏雨或“无雨”	＜100	30～40	绿州不大于3，荒漠不小于5	砂砾土为主，绿州为粘性土和砂砾土，粗粒岩、细粒岩
Ⅵ$_3$阿尔泰山地冻土区	0.25～0.50	200～400	夏雨	≥150	＜30	＞3	粗粒岩
Ⅵ$_4$天山—界山山地区	0.25～1.00	200～600	夏雨	100～150	≤30	≥5	砂砾土和粘性土为主，局部有黄土，粗粒岩为主

续上表

二级区名（包括副区）	水热状态						土质和岩性
	潮湿系数 K	年降水量（mm）	雨型	多年平均最大冻深（cm）	最高月平均地温（℃）	地下水埋深（m）	
Ⅵ$_{4a}$塔城副区	0.25~0.50	≤200	夏雨	≤100	<30	3~5	粘性土为主，砂性土和黄土状土为次，粗粒岩为主
Ⅵ$_{4b}$伊犁河谷副区	0.5~0.75	200~400	夏雨	50~100	>30	<3	粘性土和砂性土
Ⅶ$_1$祈连—昆仑山地区	0.25~0.50	100~400	夏雨	—	<30	山地大于5，山前洪积扇3~5	粗粒岩，细粒岩
Ⅶ$_2$柴达木荒漠区	<0.25	<50	夏雨或"无雨"	100~200	—	西部荒漠3~5，东部盐沼不大于3	砂砾土为主，局部为内陆软土，细粒岩
Ⅶ$_3$河源山原草甸区	0.5~1.5	200~600	夏秋雨	—	<30	一般不小于3，洼地小于1	以粉性土和变质岩为主
Ⅶ$_4$羌塘高原冻土区	<0.5	<200	夏秋雨	有多年冻土存在，北部呈连续分布，南部呈岛状分布(以安多为界)	<30，年平均温度低于-4	冻结层上水发育，在河谷平原一般小于1.0，最高仅0.2~0.3，呈片状连续分布	以细粒岩、可溶岩为主
Ⅶ$_5$川藏高山峡谷区	0.75~1.50	400~1 000	春雨 夏雨	—	<30	>3	以粉性土和变质岩为主
Ⅶ$_6$藏南高山台地区	<0.50	200~600	夏雨	—	<30	阶地3~5	粗粒岩和细粒岩，河谷为砂砾土
Ⅶ$_{6a}$拉萨副区	0.25~0.75	400左右	夏雨	—	<30	>3	粗粒岩和细粒岩，河谷为砂砾土

e 沥青路面施工气候分区

沥青路面施工气候分区 表3-21

气候分区	最低月平均气温（℃）	所属省区
寒区	<-10	黑龙江、吉林、辽宁(营口以北)、内蒙古(包头以北)、山西(大同以北)、河北(承德、张家口以北)、陕西(榆林以北)、甘肃、新疆、青海、宁夏、西藏等省区
温区	-10~0	辽宁(营口以南)、内蒙古(包头以南)、北京、天津、山西(大同以南)、河北(承德、张家口以南)、陕西(榆林以南、西安以北)、甘肃(天水一带)、山东、河南(南阳以北)、江苏(徐州、淮阴以北)、安徽(宿县、亳县以北)、四川(成都西北)等省区
热区	>0	河南(南阳以南)、江苏(徐州、淮阴以南)、上海、安徽(宿县、亳县以南)、陕西(西安以南)、广东、海南、广西、湖南、湖北、福建、浙江、江西、云南、贵州、重庆、台湾、四川(成都东南)等省区

f 沥青气候温度分区指标

沥青气候温度分区指标 表3-22

气候型	型号	七月平均最高气温（℃）	年极端最低气温（℃）
1—1	夏炎热冬严寒	>30	<-37.0
1—2	夏炎热冬寒	>30	-37.0~-21.5
1—3	夏炎热冬冷	>30	-21.5~-9.0
1—4	夏炎热冬温	>30	>-9.0

续上表

气候型	型号	七月平均最高气温（℃）	年极端最低气温（℃）
2—1	夏热冬严寒	20~30	<-37.0
2—2	夏热冬寒	20~30	-37.0~-21.5
2—3	夏热冬冷	20~30	-21.5~-9.0
2—4	夏热冬温	20~30	>-9.0
3—2	夏凉冬寒	<20	-37.0~-21.5

g 沥青及沥青混合料气候分区(一)

沥青及沥青混合料气候分区(一) 表3-23

高温指标分区			
气候区	1区（夏炎热区）	2区（夏热区）	3区（夏凉区）
年高温月平均最高气温（℃）	>30	30~20	<20

低温指标分区				
气候区	1区（冬严寒区）	2区（冬寒区）	3区（冬冷区）	4区（冬温区）
年最低气温（℃）	<-37	-21.5~-37	-9~-21.5	>-9

雨量指标分区				
气候区	1区（潮湿区）	2区（湿润区）	3区（半干区）	4区（干旱区）
年降雨量（mm）	>1 000	500~1 000	250~500	<250

3

3

h　沥青混合料气候分区(二)

沥青混合料气候分区(二)　　表 3-24

气候区名		温度(℃) 七月平均最高气温	年极端最低气温	雨量(mm) 年降雨量
1—1—4	夏炎热冬严寒干旱	>30	<-37.0	<250
1—2—2	夏炎热冬寒湿润	>30	-37.0~-21.5	500~1 000
1—2—3	夏炎热冬寒半干	>30	-37.0~-21.5	250~500
1—2—4	夏炎热冬寒干旱	>30	-37.0~-21.5	<250
1—3—1	夏炎热冬冷潮湿	>30	-21.5~-9.0	>1 000
1—3—2	夏炎热冬冷湿润	>30	-21.5~-9.0	500~1 000
1—3—3	夏炎热冬冷半干	>30	-21.5~-9.0	250~500
1—3—4	夏炎热冬冷干旱	>30	-21.5~-9.0	<250
1—4—1	夏炎热冬温潮湿	>30	>-9.0	>1 000
1—4—2	夏炎热冬温湿润	>30	>-9.0	500~1 000
2—1—2	夏热冬严寒湿润	20~30	<-37.0	500~1 000
2—1—3	夏热冬严寒半干	20~30	<-37.0	250~500
2—1—4	夏热冬严寒干旱	20~30	<-37.0	<250
2—2—1	夏热冬寒潮湿	20~30	-37.0~-21.5	>1 000
2—2—2	夏热冬寒湿润	20~30	-37.0~-21.5	500~1 000
2—2—3	夏热冬寒半干	20~30	-37.0~-21.5	250~500
2—2—4	夏热冬寒干旱	20~30	-37.0~-21.5	<250

续上表

气候区名		温度(℃) 七月平均最高气温	年极端最低气温	雨量(mm) 年降雨量
2—3—1	夏热冬冷潮湿	20~30	-21.5~-9.0	>1 000
2—3—2	夏热冬冷潮湿	20~30	-21.5~-9.0	500~1 000
2—3—3	夏热冬冷半干	20~30	-21.5~-9.0	250~500
2—3—4	夏热冬冷干旱	20~30	-21.5~-9.0	<250
2—4—1	夏热冬温湿润	20~30	>-9.0	>1 000
2—4—2	夏热冬温湿润	20~30	>-9.0	500~1 000
2—4—3	夏热冬温半干	20~30	>-9.0	250~500
3—2—1	夏凉冬寒潮湿	<20	-37.0~-21.0	>1 000
3—2—2	夏凉冬寒湿润	<20	-37.0~-21.0	500~1 000

i　公路自然区划二级区划的指标

公路自然区划二级区划的指标　　表 3-25

划分指标	二级区划以潮湿系数为主要分区标志，在7个一级自然区划内进一步分为33个二级区和19个副区(亚区)。潮湿系数 K 为年降水量(mm)和年蒸发量(mm)的比值。按区内的 K 值大小分为6个等级					
K 值	过湿区	中湿区	润湿区	润干区	中干区	过干区
	>2.00	2.00~1.50	1.50~1.00	1.00~0.50	0.50~0.25	<0.25

j　公路及沥青、沥青混合料区划图

公路及沥青、沥青混合料区划图　　表 3-26

名称	图式
中华人民共和国自然区划图	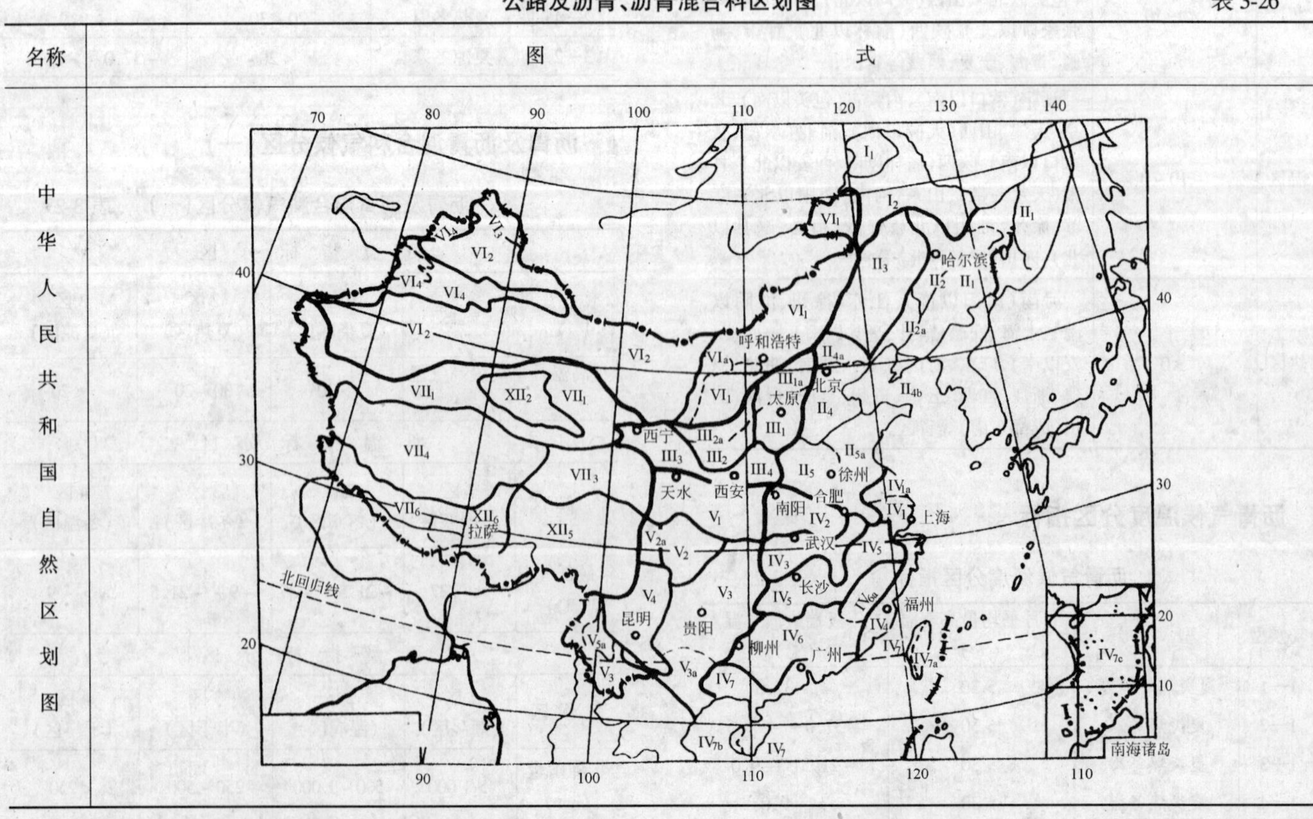

续上表

名称		图式
沥青与沥青混合料使用性能气候分区图	温度分区	
	雨量分区	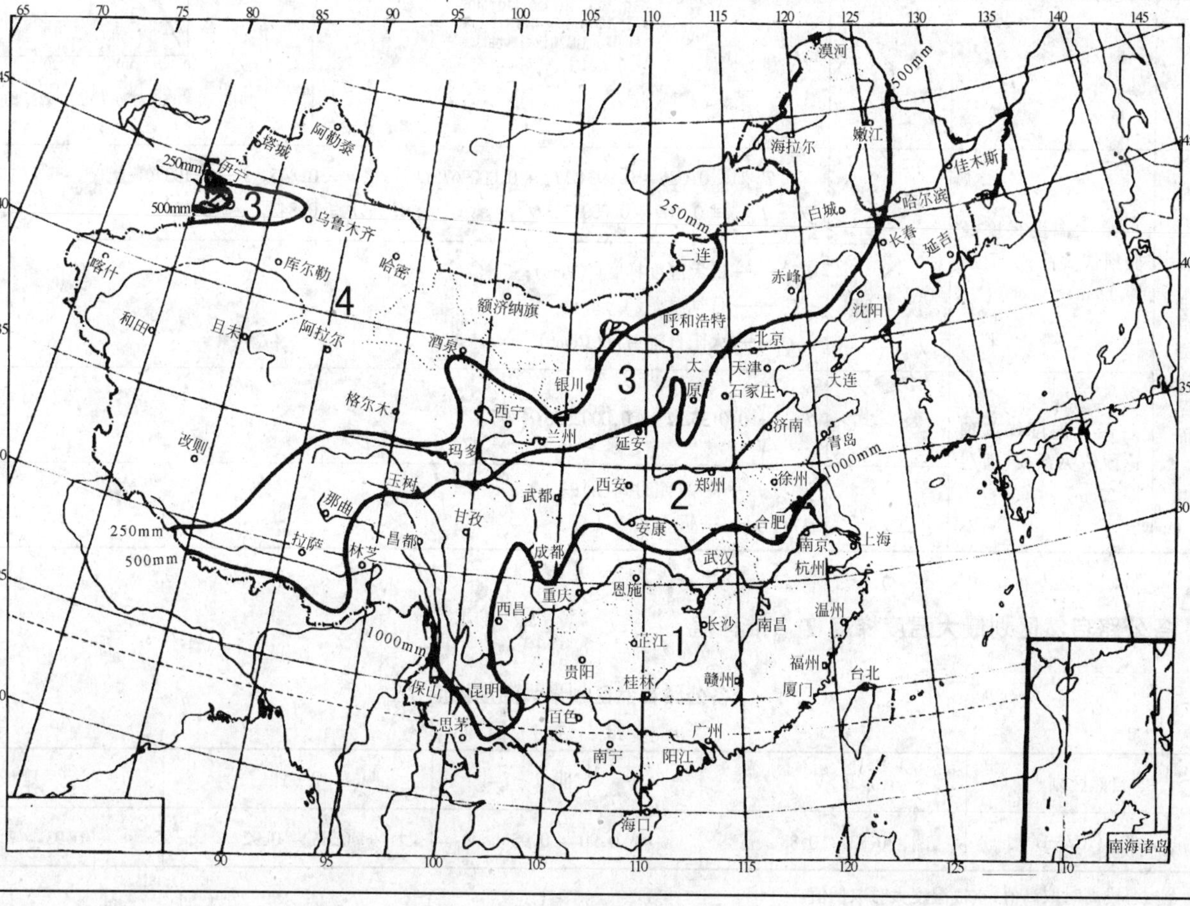

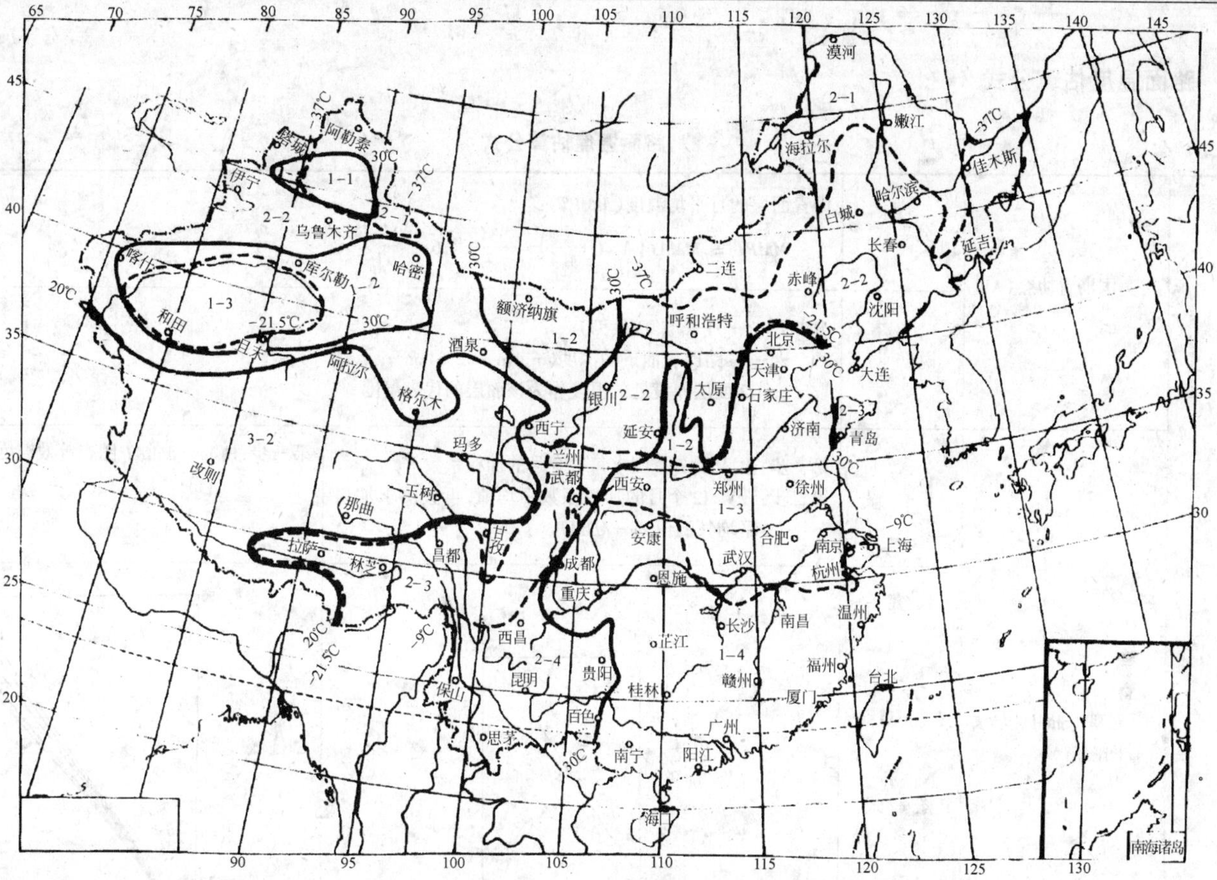

B 路面的温度状况

a 路面温度估算公式

路面温度估算公式　　表 3-27

<table>
<tr><td rowspan="6">沥青面层</td><td rowspan="2">美国沥青协会(AI)法</td><td>公　式</td><td colspan="2">沥青面层的月平均温度(MMPT):
$MMPT = MMAT\left(1+\frac{1}{z+4}\right)-\frac{34}{z+4}-6$</td></tr>
<tr><td>说　明</td><td colspan="2">$MMAT$ —— 月平均气温(℃);
z —— 路面表面下的深度(in,1in = 2.54cm);
取 z = 1/3 面层厚度处的温度作为该面层的代表温度</td></tr>
<tr><td rowspan="2">壳牌(Shell)方法(查图图解)</td><td>步　骤</td><td>第一步:由 $MMAT$ 查图求每一个月的加权系数
第二步:计算 12 个月的加权系数平均值,再查图求加权平均气温值 ω—$MMAT$</td><td>第三步:由 ω—$MMAT$ 图查等效温度值</td></tr>
<tr><td>图　式</td><td>月平均气温加权系数曲线</td><td>加权月平均气温与沥青面层等效温度的关系</td></tr>
<tr><td rowspan="4">水泥混凝土路面</td><td rowspan="2">最大温度梯度经验预估关系式(面层厚 22cm)</td><td>公　式</td><td colspan="2">$T_{g,m} = 0.086 + 0.9934\Delta T_a + 0.0002675Q$　($r = 0.845$, $s = 0.103$)
或 $T_{g,m} = 0.109 + 0.0002723Q$　($r = 0.843$, $s = 0.104$)</td></tr>
<tr><td>说　明</td><td colspan="2">$T_{g,m}$ —— 最大温度梯度(℃/cm);
ΔT_a —— 日气温差(℃);
Q —— 太阳日辐射量(J/cm²)</td></tr>
<tr><td rowspan="2">最大温度梯度理论预估关系式(面层厚 22cm)</td><td>公　式</td><td colspan="2">$T_{g,m} = 0.0135\Delta T_a + 0.0002556Q\left(\frac{12}{t_d}\right)$</td></tr>
<tr><td>说　明</td><td colspan="2">t_d —— 日照时间(h);
ΔT_a、Q —— 同上式</td></tr>
</table>

b 各公路自然区划最大温度梯度 $T_{g,m}$ 推荐值

各公路自然区划最大温度梯度 $T_{g,m}$ 推　荐　值　　表 3-28

自然区划	Ⅱ,Ⅴ	Ⅲ	Ⅳ,Ⅵ	Ⅶ
$T_{g,m}$(℃/cm)	0.83 ~ 0.88	0.90 ~ 0.95	0.86 ~ 0.92	0.93 ~ 0.98

注:海拔高时取高值,空气湿度大时取低值。

c 不同面层厚度水泥混凝土路面的最大温度梯度修正系数 α_h

不同面层厚度水泥混凝土路面的
最大湿度梯度修正系数 α_h 表 3-29

面层厚度（cm）	16	18	20	22	24	26	28	30	32	34	36	38	40
α_h	1.17	1.11	1.05	1.00	0.94	0.89	0.84	0.79	0.75	0.71	0.67	0.63	0.59

d 几种材料的热特性参数

几种材料的热特性参数 表 3-30

材料	辐射热吸收能力 b（%）	热传导率 k（W/m℃）	热容量 S（J/kg℃）
沥青混凝土	88 ~ 95	1.214 ~ 3.099	837 ~ 921
水泥混凝土	60 ~ 65	0.921 ~ 3.475	921 ~ 1 046

3

A 土基水温状况

a 土基干湿类型

土基干湿类型　　表 3-31

土基干湿类型	路床表面以下80cm深度内平均稠度 w_c 与分界稠度 w_{ci} 的关系	一般特征
干湿	$w_c \geqslant w_{c1}$	土基干燥稳定,路面强度和稳定性不受地下水和地表积水影响。路基高度 $H_0 > H_1$
中湿	$w_{c1} > w_c \geqslant w_{c2}$	土基上部土层处于地下水或地表积水影响的过渡带区内。路基高度 $H_2 < H_0 \leqslant H_1$
潮湿	$w_{c2} > w_c \geqslant w_{c3}$	土基上部土层处于地下水或地表积水毛细影响区内。路基高度 $H_3 < H_0 \leqslant H_2$
过湿	$w_c < w_{c3}$	路基极不稳定,冰冻区春融翻浆,非冰冻区软弹土基经处理后方可铺筑路面。路基高度 $H_0 \leqslant H_3$

注:1. H_0 为不利季节路床表面距地下或地表积水水位的高度;
2. 地表积水指不利季节积水 20d 以上。

b 土基干湿状态的稠度分界

土基干湿状态的稠度分界　　表 3-32

干湿类型	各干湿状态的稠度分界	特征
干燥	土质砂: $w_c \geqslant 1.20$ 粘质土: $w_c \geqslant 1.10$ 粉质土: $w_c \geqslant 1.05$	土基干燥稳定,路面不受地下水或地表积水的影响。 路床顶面距地下水位或地表积水水位的高度 H_0 大于路基临界高度 H_1
中湿	土质砂: $1.20 > w_c \geqslant 1.00$ 粘质土: $1.10 > w_c \geqslant 0.95$ 粉质土: $1.05 > w_c \geqslant 0.90$	土基上部土层处于地下水或地表积水影响的过渡区内。 路基高度: $H_2 < H_0 \leqslant H_1$
潮湿	土质砂: $1.00 > w_c \geqslant 0.85$ 粘质土: $0.95 > w_c \geqslant 0.80$ 粉质土: $0.90 > w_c \geqslant 0.75$	土基上部土层处于地下水或地表积水毛细影响区内。 路基高度: $H_3 < H_0 \leqslant H_2$
过湿	土质砂: $w_c < 0.85$ 粘质土: $w_c < 0.80$ 粉质土: $w_c < 0.75$	路基极不稳定,冰冻区春融翻浆,非冰冻区湿软土基需经处理后方可铺筑路面。 路基高度: $H_0 \leqslant H_3$

注: H_1、H_2 和 H_3 分别为干燥、中湿和潮湿状态的路基临界高度。

c 各自然区划土基干湿分界稠度

各自然区划土基干湿分界稠度　　表 3-33

分界稠度 / 土组 / 自然区划	土质砂				粘质土				粉质土				附注
	w_{c0}	w_{c1}	w_{c2}	w_{c3}	w_{c0}	w_{c1}	w_{c2}	w_{c3}	w_{c0}	w_{c1}	w_{c2}	w_{c3}	
$Ⅱ_{1,2,3}$	1.87	1.91	1.05	0.91	1.29	1.20	1.03	0.96	1.12	1.04	0.96	0.81	粘性土:分母适用于 $Ⅱ_{1,2}$ 区;粉性土:分母适用于 $Ⅱ_{2a}$ 区
					1.20	1.12	0.94	0.77		0.96	0.89	0.73	
$Ⅱ_4$、$Ⅱ_5$	1.87	1.05	0.91	0.78	1.29	1.20	1.03	0.86	1.12	1.04	0.89	0.73	
Ⅲ	2.00	1.19	0.97	0.79					1.20	1.12	0.96	0.81	分子适用于粉土地区;分母适用于粉质亚粘土地区
										1.04	0.89	0.73	
Ⅳ	1.73	2.32	1.05	0.91	1.20	1.03	0.94	0.77	1.04	0.96	0.89	0.73	
Ⅴ					1.20	1.08	0.86	0.77	1.04	0.96	0.81	0.73	
Ⅵ	2.00	1.19	0.97	0.78	1.29	1.12	0.98	0.86	1.20	1.04	0.89	0.73	
Ⅶ	2.00	1.32	1.10	0.91	1.29	1.12	0.98	0.86	1.20	1.04	0.89	0.73	

注: w_{c0}—— 干燥状态路基常见下限稠度;
w_{c1}、w_{c2}、w_{c3}—— 分别为干燥和中湿、中湿和潮湿、潮湿和过湿状态的分界稠度。

d 《公路沥青路面设计规范》(JTJ 014—97)对土基干湿状态的稠度建议值

《公路沥青路面设计规范》(JTJ 014—97)对土基干湿状态的稠度建议值 表 3-34

干湿状态 / 土组	干燥状态	中湿状态	潮湿状态	过湿状态
	$w_c \geqslant w_{c1}$	$w_{c1} > w_c \geqslant w_{c2}$	$w_{c2} > w_c \geqslant w_{c3}$	$w_c < w_{c3}$
土质砂	$w_c \geqslant 1.20$	$1.20 > w_c \geqslant 1.00$	$1.00 > w_c \geqslant 0.85$	$w_c < 0.85$
粘质土	$w_c \geqslant 1.10$	$1.10 > w_c \geqslant 0.95$	$0.95 > w_c \geqslant 0.80$	$w_c < 0.80$
粉质土	$w_c \geqslant 1.05$	$1.05 > w_c \geqslant 0.90$	$0.90 > w_c \geqslant 0.75$	$w_c < 0.75$

注：w_{c1}、w_{c2}、w_{c3} 分别为干燥和中湿、中湿和潮湿、潮湿和过湿状态路基的分界稠度，w_c 为路床表面以下 80cm 深度内的平均稠度。

e 路基临界高度参考值

路基临界高度参考值 表 3-35

自然区划 \ 土组 / 路床面至各水位临界高度(m)	砂性土								
	地下水			地表长期积水			地表临时积水		
	H_1	H_2	H_3	H_1	H_2	H_3	H_1	H_2	H_3
Ⅱ$_1$									
Ⅱ$_2$									
Ⅱ$_3$	1.9~2.2	1.3~1.6							
Ⅱ$_4$									
Ⅱ$_5$	1.1~1.5	0.7~1.1							
Ⅲ$_1$									
Ⅲ$_2$	1.3~1.6	1.1~1.3	0.9~1.1	1.1~1.3	0.9~1.1	0.6~0.9	0.9~1.1	0.6~0.9	0.4~0.6
Ⅲ$_3$	1.3~1.6	1.1~1.3	0.9~1.1	1.1~1.3	0.9~1.1	0.6~0.9	0.9~1.1	0.6~0.9	0.4~0.6
Ⅲ$_4$									
Ⅲ$_{1a}$									
Ⅲ$_{2a}$	1.4~1.7	1.0~1.3							
Ⅳ$_1$、Ⅳ$_{1a}$									
Ⅳ$_2$									
Ⅳ$_3$									
Ⅳ$_4$	1.0~1.1	0.7~0.8							
Ⅳ$_5$									
Ⅳ$_6$	1.0~1.1	0.7~0.8							
Ⅳ$_{6a}$									
Ⅳ$_7$				0.9~1.0	0.7~0.8	0.6~0.7			
Ⅴ$_1$	1.3~1.6	1.1~1.3	0.9~1.1	1.1~1.3	0.9~1.1	0.6~0.9	0.9~1.1	0.6~0.9	0.4~0.6
Ⅴ$_2$、Ⅴ$_{2a}$(紫色土)									
Ⅴ$_3$									
Ⅴ$_2$、Ⅴ$_{2a}$(黄壤土，现代冲击土)									
Ⅴ$_4$、Ⅴ$_5$、Ⅴ$_{5a}$									

续上表

自然区划 \ 路床面至各水位临界高度(m) \ 土组	砂			性			土		
	地下水			地表长期积水			地表临时积水		
	H_1	H_2	H_3	H_1	H_2	H_3	H_1	H_2	H_3
Ⅵ$_1$	(2.1)	(1.7)	(1.3)	(1.8)	(1.4)	(1.0)	0.7	0.3	
Ⅵ$_{1a}$	(2.0)	(1.6)	(1.2)	(1.7)	(1.3)	(1.0)	(1.0)	(0.5)	
Ⅵ$_2$	1.4~1.7	1.1~1.4	0.9~1.1	1.1~1.4	0.9~1.1	0.6~0.9	0.9~1.1	0.76~0.9	0.4~0.6
Ⅵ$_3$	(2.1)	(1.7)	(1.3)	(1.9)	(1.5)	(1.1)			
Ⅵ$_4$	(2.2)	(1.8)	(1.4)	(1.9)	(1.5)	(1.2)	0.8		
Ⅵ$_{4a}$	(1.9)	(1.5)	(1.1)	(1.6)	(1.2)	(0.9)	(0.5)		
Ⅵ$_{4b}$	(2.0)	(1.6)	(1.2)	(1.7)	(1.3)	(1.0)			
Ⅶ$_1$	(2.2)	(1.9)	(1.6)	(2.1)	(1.6)	(1.3)	(0.8)	(0.4)	
Ⅶ$_2$									
Ⅶ$_3$	1.5~1.8	1.2~1.5	0.9~1.2	1.2~1.5	0.9~1.2	0.6~0.9	0.9~1.2	0.7~0.9	0.4~0.6
Ⅶ$_4$	(2.1)	(1.6)	1.3	(1.8)	(1.4)	1.0	(0.9)		
Ⅶ$_5$	(3.0)	(2.4)	1.9	(2.4)	(2.0)	1.6	(1.5)	(1.1)	(0.5)
Ⅶ$_{6a}$									

自然区划 \ 路床面至各水位临界高度(m) \ 土组	粘			性			土		
	地下水			地表长期积水			地表临时积水		
	H_1	H_2	H_3	H_1	H_2	H_3	H_1	H_2	H_3
Ⅱ$_1$	2.9	2.2							
Ⅱ$_2$	2.7	2.0							
Ⅱ$_3$	2.5	1.8							
Ⅱ$_4$	2.4~2.6	1.9~2.1	1.2~1.4						
Ⅱ$_5$	2.1~2.5	1.6~2.0							
Ⅲ$_1$									
Ⅲ$_2$	2.2~2.75	1.7~2.2	1.3~1.7	1.75~2.2	1.3~1.7	0.9~1.3	1.3~1.75	0.9~1.3	0.45~0.9
Ⅲ$_3$	2.1~2.5	1.6~2.1	1.2~1.6	1.6~2.1	1.2~1.6	0.9~1.2	1.2~1.6	0.9~1.2	0.55~0.9
Ⅲ$_4$									
Ⅲ$_{1a}$									
Ⅲ$_{2a}$									
Ⅳ$_1$、Ⅳ$_{1a}$	1.7~1.9	1.2~1.3	0.8~0.9						
Ⅳ$_2$	0.6~1.7	1.1~1.2	0.8~0.9						
Ⅳ$_3$	1.5~1.7	1.1~1.2	0.8~0.9	0.8~0.9	0.5~0.6	0.3~0.4			
Ⅳ$_4$	1.7~1.8	1.0~1.2	0.8~1.0						
Ⅳ$_5$	1.7~1.9	1.3~1.4	0.9~1.0	1.0~1.1	0.6~0.7	0.3~0.3			
Ⅳ$_6$	1.8~2.0	1.3~1.5	1.0~1.2	0.9~1.0	0.5~0.6	0.3~0.4			
Ⅳ$_{6a}$	1.6~1.7	1.1~1.2	0.7~0.8						
Ⅳ$_7$	1.7~1.8	1.4~1.5	1.1~1.2	1.0~1.1	0.7~0.8	0.4~0.5			
Ⅴ$_1$	2.0~2.4	1.6~2.0	1.2~1.6	1.6~2.0	1.2~1.6	0.8~1.2	1.2~1.6	0.8~1.2	0.45~0.8
Ⅴ$_2$、Ⅴ$_{2a}$(紫色土)	2.0~2.2	0.9~1.1	0.4~0.6						

续上表

自然区划＼路床面至各水位临界高度(m)＼土组	粘性土								
	地下水			地表长期积水			地表临时积水		
	H_1	H_2	H_3	H_1	H_2	H_3	H_1	H_2	H_3
Ⅴ$_3$	1.7~1.9	0.8~1.0	0.4~0.6						
Ⅴ$_2$、Ⅴ$_{2a}$（黄壤土，现代冲击土）	1.7~1.9	0.7~0.9	0.3~0.5						
Ⅴ$_4$、Ⅴ$_5$、Ⅴ$_{5a}$	1.7~1.9	0.9~1.1	0.4~0.6						
Ⅵ$_1$	(2.3)	(1.9)	(1.6)	(2.1)	(1.7)	(1.3)	0.9	0.5	
Ⅵ$_{1a}$	(2.2)	(1.9)	(1.5)	(2.0)	(1.6)	(1.2)	(0.9)	(0.5)	
Ⅵ$_2$	2.2~2.75	1.65~2.2	1.2~1.65	1.65~2.2	1.2~1.65	0.75~1.2	1.2~1.65	0.75~1.2	0.45~0.75
Ⅵ$_3$	(2.4)	(2.0)	(1.6)	(2.1)	(1.7)	(1.4)	(0.8)	(0.6)	
Ⅵ$_4$	2.4	2.0	1.6	(2.2)	(1.7)	(1.3)	1.0	0.6	
Ⅵ$_{4a}$	(2.2)	(1.7)	(1.4)	(1.9)	(1.4)	(1.1)	0.7		
Ⅵ$_{4b}$	(2.3)	(1.8)	(1.4)	(2.0)	(1.6)	(1.2)	(0.8)		
Ⅶ$_1$	2.2	(1.9)	(1.5)	(2.1)	(1.6)	(1.2)	(0.9)	(0.5)	
Ⅶ$_2$	(2.3)	(1.9)	(1.6)	1.8	1.4	1.1	0.8	0.4	
Ⅶ$_3$	2.3~2.85	1.75~2.3	1.3~1.75	1.75~2.3	1.3~1.75	0.75~1.3	1.3~1.75	0.75~1.3	0.45~0.75
Ⅶ$_4$	(2.1)	(1.6)	(1.3)	(1.8)	(1.4)	(1.1)	(0.7)		
Ⅶ$_5$	(3.3)	(2.6)	(2.1)	(2.4)	(2.0)	(1.6)	(1.5)	(1.1)	(0.5)
Ⅶ$_{6a}$	(2.8)	2.4	1.9	2.5	2.0	1.6	1.4	(0.8)	

自然区划＼路床面至各水位临界高度(m)＼土组	粉性土								
	地下水			地表长期积水			地表临时积水		
	H_1	H_2	H_3	H_1	H_2	H_3	H_1	H_2	H_3
Ⅱ$_1$	3.8	3.0	2.2						
Ⅱ$_2$	3.4	2.6	1.9						
Ⅱ$_3$	3.0	2.2	1.6						
Ⅱ$_4$	2.6~2.8	2.1~2.3	1.4~1.6						
Ⅱ$_5$	2.4~2.9	1.8~2.3							
Ⅲ$_1$	2.4~3.0	1.7~2.4							
Ⅲ$_2$	2.4~2.85	1.9~2.4	1.4~1.9	1.9~2.4	1.0~1.9	1.0~1.4	1.4~1.9	1.0~1.4	0.5~1.0
Ⅲ$_3$	2.3~2.75	1.8~2.3	1.4~1.8	1.8~2.3	1.4~1.8	1.0~1.4	1.4~1.8	1.0~1.4	0.55~1.0
Ⅲ$_4$	2.4~3.0	1.7~2.4							
Ⅲ$_{1a}$	2.4~3.0	1.7~2.4							
Ⅲ$_{2a}$	2.4~3.0	1.7~2.4							
Ⅳ$_1$、Ⅳ$_{1a}$	1.9~2.1	1.3~1.4	0.9~1.0						
Ⅳ$_2$	1.7~1.9	1.2~1.3	0.8~0.9						
Ⅳ$_3$	1.7~1.9	1.2~1.3	0.8~0.9	0.9~1.0	0.6~0.7	0.3~0.4			
Ⅳ$_4$									
Ⅳ$_5$	1.79~2.4	1.3~1.5	0.9~1.1						
Ⅳ$_6$	2.0~2.2	1.5~1.6	1.0~1.1						
Ⅳ$_{6a}$	1.8~2.0	1.3~1.4	0.9~1.1						
Ⅳ$_7$									
Ⅴ$_1$	2.2~2.65	1.7~2.2	1.3~1.7	1.7~2.2	1.3~1.7	0.9~1.3	1.3~1.7	0.9~1.3	0.55~0.9
Ⅴ$_2$、Ⅴ$_{2a}$（紫色土）	2.3~2.5	1.4~1.6	0.5~0.7						

续上表

自然区划 \ 路床面至各水位临界高度(m) \ 土组	粉性土								
	地下水			地表长期积水			地表临时积水		
	H_1	H_2	H_3	H_1	H_2	H_3	H_1	H_2	H_3
V_3	1.9~2.1	1.3~1.5	0.5~0.7						
V_2、V_{2a}（黄壤土，现代冲击土）	2.3~2.5	1.4~1.6	0.5~0.7						
V_4、V_5、V_{5a}	2.5~2.5	1.4~1.6	0.5~0.7						
VI_1	(2.5)	(2.0)	(1.6)	(2.3)	(1.8)	(1.3)	(1.2)	0.7	0.4
VI_{1a}	(2.5)	(2.0)	(1.5)	(2.2)	(1.7)	(1.2)	0.6		
VI_2	2.3~2.15	1.85~2.3	1.4~1.85	1.85~2.3	1.4~1.85	0.9~1.4	1.4~1.85	0.9~1.4	0.5~0.9
VI_3	(2.6)	(2.1)	(1.6)	(2.4)	(1.8)	(1.4)	(1.3)	(0.7)	
VI_4	(2.6)	(2.2)	1.7	2.4	1.9	1.4	1.3	0.8	
VI_{4a}	(2.4)	(1.9)	1.4	2.1	1.6	1.1	1.0	0.5	
VI_{4b}	(2.5)	1.9	1.4	(2.2)	(1.7)	(1.2)	1.0	0.5	
VII_1	(2.5)	(2.0)	(1.5)	(2.4)	1.8	1.3	1.1	0.6	
VII_2	(2.5)	(2.1)	(1.6)	(2.2)	(1.6)	(1.1)	0.9	0.4	
VII_3	2.4~3.1	2.0~2.4	1.6~2.0	(2.0~2.4)	(1.6~2.0)	(1.0~1.6)	(1.6~2.0)	1.0~1.6	0.55~1.0
VII_4	(2.3)	(1.8)	(1.3)	(2.1)	(1.6)	(1.1)			
VII_5	(3.8)	(2.2)	(1.6)	(2.9)	(2.2)	(1.5)		(1.3)	(0.5)
VII_{6a}	(2.9)	(2.5)	1.8	(2.7)	2.1	1.5	1.6	1.1	

注：1. 表中 H_1、H_2、H_3——分别为路基干燥、中湿、潮湿状态的临界高度；路床面至地下水位高度小于 H_3 时为过湿路基，须经处治后方能铺筑路面；

2. Ⅵ、Ⅶ 区有横线者，表示实测资料较少，有括号者表示没有实测资料，根据规律推算的；

3. III_2、III_3、VI_1、VI_2、VII_3 资料系甘肃省 1984 年所提建议值，其他地区供参考；

4. 缺少资料的二级区可论证地参考相邻二级区数值，并应积极调研积累本地区的资料。

f　土基平均稠度的计算方法

土基平均稠度的计算方法　　表 3-36

项　目	内　　容
计算公式	$w_{ci}=(w_{Li}-w_i)/(w_{Li}-w_{Pi})$ $\overline{w_c}=\dfrac{\sum_{i=1}^{8}w_{ci}}{8}$
公式符号说明	w_i——路槽底面以下 80cm 内，每 10cm 为一层，第 i 层上的天然含水量； w_{Li}——同一层土的液限含水量(76g 平衡锥)； w_{Pi}——同一层土的塑限含水量； w_{ci}——第 i 层的稠度； $\overline{w_c}$——路槽以下 80cm 内土的算术平均稠度
现场取样说明	确定路基的干湿类型需要在现场进行勘查，对于原有公路，按不利季节路槽底面以下 80cm 深度内土的平均稠度确定。于路槽底面以下 80cm 内，每 10cm 取土样测定其天然含水量、塑限含水量和液限含水量

g　城市道路的土基干湿类型的确定

城市道路的土基干湿类型的确定　　表 3-37

项　目	内	容	
计算公式	$B_m = (W_L - W_m)/(W_L - W_P)$	式中：W_L—— 土的液限含水量(液塑限仪测定)(%)； W_P—— 土的塑限含水量(液塑限仪测定)(%)； W_m—— 土的平均含水量(%)	
说明	土基的干湿类型，根据不利季节路槽底以下 80cm 深度内土的平均稠度 B_m，按表确定。 土的平均稠度 B_m 按上式计算		
土基干湿类型表	干 湿 类 型	平均稠度　B_m	一　　般　　特　　征
	干燥	> 1.00	路基干燥、稳定、土基上部土层的强度不受地下水和地表积水的影响。$H > H_1$
	中湿	0.75 ~ 1.00	路基上部土层处于地下水或地表积水影响的过渡带内。$H_1 > H > H_2$
	潮湿	0.50 ~ 0.75	路基上部土层处于地下水或地表积水的毛细影响区内。$H_2 > H > H_3$
	过湿	< 0.50	路基极不稳定，冰冻区春融翻浆，非冰冻区雨季软弹。路基处理后方可铺筑路面。$H < H_3$
	注：1. H 为不利季节路槽最低点距地下水或地表积水水位高度(m)； 2. H_1、H_2、H_3 分别为土基干燥、中湿和潮湿状态的水位临界高度(m)		

h　城市道路土质路基临界高度表

城市道路土质路基临界高度表　　表 3-38

公路自然区划	粗粒土类								
	粘质土						粉质土		
	临界高度(m)								
	H_1	H_2	H_3	H_1	H_2	H_3	H_1	H_2	H_3
Ⅱ1,2,3	1.9 ~ 2.2	1.3 ~ 1.6		2.5 ~ 2.9	1.8 ~ 2.2		3.0 ~ 3.8	2.2 ~ 3.0	1.6 ~ 2.2
Ⅱ4,5	1.1 ~ 1.5	0.7 ~ 1.1		2.1 ~ 2.6	1.6 ~ 2.1	1.2 ~ 1.4	2.4 ~ 2.9	1.8 ~ 2.3	1.1 ~ 1.6
Ⅲ	1.4 ~ 1.7	1.0 ~ 1.3					2.4 ~ 3.0	1.7 ~ 2.4	
Ⅳ	0.9 ~ 1.1	0.7 ~ 0.8	0.6 ~ 0.7	1.5 ~ 2.0	1.0 ~ 1.5	0.8 ~ 1.0	1.7 ~ 2.2	1.2 ~ 1.6	0.8 ~ 1.1
Ⅴ				1.7 ~ 2.2	0.7 ~ 1.1	0.3 ~ 0.6	1.9 ~ 2.5	1.3 ~ 1.6	0.5 ~ 0.7
Ⅵ	1.6 ~ 2.2	1.2 ~ 1.6	0.9 ~ 1.2	1.9 ~ 2.4	1.4 ~ 2.0	1.1 ~ 1.4	2.2 ~ 2.6	1.6 ~ 2.2	1.1 ~ 1.4
Ⅶ	1.8 ~ 2.3	1.4 ~ 1.8	1.0 ~ 1.4	1.8 ~ 2.5	1.4 ~ 1.8	1.1 ~ 1.4	2.1 ~ 2.9	1.8 ~ 2.5	1.1 ~ 1.5

注：1. 距地下水位的临界高度取高值，距地表水长期积水水位的临界高度取低值；
2. 公路自然区划按《公路自然区划标准》执行。

B　土基强度的设计参数

a　土基压实标准

土 基 压 实 标 准　　表 3-39

	填 挖 类 型		路床表面以下深度(cm)	高速及一级公路		其他等级公路	
				重型击实标准	轻型击实标准	重型击实标准	轻型击实标准
公　路	填方路基	上路床	0 ~ 30	≥95	—	≥93	≥95
		下路床	30 ~ 80	≥95	≥90	≥93	≥95
		上路堤	80 ~ 150	≥93	≥95	≥90	≥90
		下路堤	150 以下	≥90	≥90	≥90	≥90
	零填及路堑路床		0 ~ 30	≥95	—	≥93	≥95

续上表

	填挖类型	深度范围(cm)	压实度(%)		
			快速路及主干路	次干路	支路
城市道路	填方	0~80	95/98	93/95	90/92
		>80	93/95	90/92	87/89
	挖方	0~30	95/98	93/95	90/92
	注:1.表中数字,分子为重型击实标准,分母为轻型击实标准。两者均以相应的击实试验法求得的最大干密度为100%。 2.表列深度范围均由路槽底算起。 3.填方高度小于80cm及不填不挖路段,原地面以下0~30cm范围内土的压实度不应低于表列挖方要求				

b　土基回弹模量测定及设计值的确定

土基回弹模量测定及设计值的确定　　表 3-40

方法	计算公式	图式
用直径30cm刚性承载板测定	$E_0 = \frac{\pi D(1-\mu_0^2)}{4}\frac{\sum p_i}{\sum l_i}$ 式中:D——承载板直径(30cm); μ_0——路基土泊松比,可近似取为0.35; p_i——回弹弯沉小于0.5mm(土基软弱时为1mm)时的各级荷载(MPa); l_i——相应于各级加载p_i的回弹弯沉值(cm)	P　D=2a　a　a　r　l(r)　p(r)　r
用柔性承载板测定	$E_0 = \frac{2p\delta(1-\mu_0^2)}{l_0}\cdot\alpha_0$ 式中:p,δ——测定车轮轮胎接触地面的压强(MPa)和当量圆的半径(cm); l_0——轮隙中心处的回弹弯沉值(cm); α_0——弹性半空间体表面双轮荷载作用下的表面弯沉系数,可近似取为0.712; μ_0——路基土泊松比,可近似取为0.35; $E_0 = 2430 l_0^{-0.7}$　(经验公式) 式中:l_0——轮隙中心处的回弹弯沉值(0.01mm)	P　a　a　r　l(r)　p(r)　r
土基回弹模量设计值	$E_{0S} = \frac{(\overline{E_0} - Z_a S)}{K_1}$ 式中:E_{0S}——某路段土基回弹模量设计值; $\overline{E_0}$、S——分别为该路段实测土基回弹模量平均值与标准差; Z_a——保证率系数,高速公路、一级公路为2,二、三级公路为1.648,四级公路为1.5; K_1——不利季节影响系数	

c　各自然区划不同土类的土基回弹模量参考值(MPa)

各自然区划不同土类的土基回弹模量参考值(MPa)　　表 3-41

区划	土组 \ 稠度w_c	0.80	0.90	1.00	1.05	1.10	1.15	1.20	1.30	1.40	1.70	2.00
$Ⅱ_1$	粘质土	19.0	22.0	25.0	26.5	28.0	29.5	21.0				
	粉质土	18.5	22.5	27.0	29.0	31.5	33.5					
$Ⅱ_2$	粘质土	19.5	22.5	26.0	28.0	29.5	31.5	33.5				
	粉质土	20.0	24.5	29.0	31.5	34.0	36.5					
$Ⅱ_{2a}$	粉质土	19.0	22.5	26.0	27.5	29.5	31.0					
$Ⅱ_3$	土质砂	21.0	23.5	26.0	27.5	29.0	30.0	31.5	34.5	37.0	45.5	
	粘质土	23.5	27.5	32.0	34.5	36.5	39.0	41.5				
	粉质土	22.5	27.0	32.0	34.5	37.0	40.0					

续上表

区　划	稠度 w_c / 土　组	0.80	0.90	1.00	1.05	1.10	1.15	1.20	1.30	1.40	1.70	2.00
Ⅱ$_4$	粘质土	23.5	30.0	35.5	39.0	42.0	45.5	50.5	57.0	65.0		
	粉质土	24.5	31.5	39.0	43.0	47.0	51.5	56.0	66.0			
Ⅱ$_5$	土质砂	29.0	32.5	36.0	37.5	39.0	41.0	42.5	46.0	49.5	59.0	69.0
	粘质土	26.5	32.0	38.5	41.5	45.0	48.5	52.0				
	粉质土	27.0	34.5	42.5	46.5	51.0	56.0					
Ⅱ$_{5a}$	粉质土	33.5	37.5	42.5	44.5	46.5	49.0					
Ⅲ$_1$	粉质土	27.0	36.5	48.0	54.0	61.0	68.5	76.5				
Ⅲ$_2$	土质砂	35.0	38.0	41.5	43.0	44.5	46.0	47.5	50.5	53.5	62.0	70.0
	粘质土	27.0	31.5	36.5	39.0	41.5	44.0	46.5	52.0	57.5		
	粉质土	27.0	32.5	38.5	42.0	45.0	48.5	51.5	59.0			
Ⅲ$_{2a}$	土质砂	37.0	40.0	43.0	44.5	46.0	47.5	49.0	52.0	54.5	62.5	70.0
Ⅲ$_3$	土质砂	36.0	39.0	42.5	44.0	45.5	47.0	48.5	51.5	54.5	63.0	71.0
	粘质土	26.0	30.0	34.5	36.5	38.5	41.0	46.0	47.5	52.0		
	粉质土	26.5	32.0	37.0	40.0	43.0	46.0	49.0	55.0			
Ⅲ$_4$	粉质土	25.0	34.0	45.0	51.5	58.5	66.0	74.0				
Ⅳ$_1$	粘质土	21.5	25.5	30.0	32.5	35.0	37.5	40.5				
Ⅳ$_{1a}$	粉质土	22.0	26.5	32.0	35.0	37.5	40.5					
Ⅳ$_2$	粘质土	19.5	23.0	27.0	29.0	31.0	33.0	35.0				
	粉质土	31.0	36.5	42.5	45.5	48.5	51.5					
Ⅲ$_3$	粘质土	24.0	28.0	32.5	35.0	37.5	39.5	42.0				
	粉质土	24.0	29.5	36.0	39.0	42.5	46.0					
Ⅳ$_4$	土质砂	28.0	30.5	33.5	35.0	36.5	38.0	39.5	42.0	45.0	53.0	61.0
	粘质土	25.0	29.5	34.0	36.5	38.5	41.0	43.5				
	粉质土	23.0	28.0	33.5	36.0	39.0	42.0					
Ⅳ$_5$	土质砂	24.0	26.0	28.0	29.0	30.0	30.5	31.5	33.5	35.0	40.0	44.5
	粘质土	22.0	27.0	32.5	33.5	38.5	41.5	44.5				皖、浙、赣
	粘质土	28.5	34.0	39.5	42.5	45.5	48.5	51.5				
	粉质土	26.5	31.0	36.5	39.0	42.0	45.0					
Ⅳ$_6$	土质砂	33.5	37.0	41.0	43.0	44.5	46.5	48.5	52.0	55.0	66.5	77.0
	粘质土	27.5	33.0	38.0	41.0	44.0	46.5	50.5				
	粉质土	26.5	31.5	36.5	39.0	42.0	45.0					
Ⅳ$_{6a}$	土质砂	31.5	35.0	38.5	40.0	42.0	43.5	45.0	48.5	52.0	62.0	72.0
	粘质土	26.0	31.0	35.5	38.0	40.5	43.5	46.0				
	粉质土	28.0	34.5	41.0	44.5	48.5	52.0					
Ⅳ$_7$	土质砂	35.0	39.0	43.0	45.0	47.0	49.0	51.0	55.0	59.0	70.5	82.0
	粘质土	24.5	29.5	34.5	37.0	40.0	42.5	44.5				
	粉质土	27.5	33.5	40.0	43.5	47.5	51.0					
Ⅴ$_7$	土质砂	27.5	31.5	35.5	37.5	39.5	41.5	43.5	58.0	52.0	65.0	78.5
	粘质土	27.0	32.0	37.0	39.0	42.5	45.5	48.0	54.0	60.0		
	粉质土	28.5	34.0	40.0	43.0	46.0	49.5	52.5	59.5			
Ⅴ$_1$	紫色粘质土	22.5	26.0	30.0	32.0	34.0	36.0	38.0				
Ⅴ$_2$	紫色粉质土	22.5	27.5	33.5	36.5	40.0	43.0					
Ⅴ$_{2a}$	黄壤粘质土	25.0	29.0	33.0	35.5	37.5	40.0	42.0				
	黄壤粉质土	24.5	30.5	37.5	41.0	45.0	49.0					
Ⅴ$_3$	粘质土	25.0	29.0	33.0	35.5	37.5	39.5	42.0				
	粉质土	24.5	30.5	37.5	41.0	45.0	48.5					
Ⅴ$_4$(四川)	红壤粘质土	27.0	32.0	38.0	41.0	44.0	47.0	50.5				
	红壤粉质土	22.0	27.0	32.5	35.5	38.5	41.5					
Ⅵ	土质砂	51.0	54.0	57.0	58.5	60.0	61.0	62.0	64.5	67.0	73.5	80.0
	粘质土	33.5	37.0	41.0	42.5	44.0	45.5	47.2	50.5			
	粉质土	34.0	38.0	42.0	44.4	46.0	48.0	50.0				

续上表

区划	稠度 w_c / 土组	0.80	0.90	1.00	1.05	1.10	1.15	1.20	1.30	1.40	1.70	2.00
Ⅵ$_{1a}$	土质砂	52.5	55.0	58.0	59.0	60.5	61.5	62.5	65.0	67.0	73.0	79.0
	粘质土	27.0	31.0	34.5	36.0	38.0	40.0	42.0	45.5			
	粉质土	31.5	36.5	41.5	44.0	46.5	49.0	51.5				
Ⅵ$_2$	土质砂	42.0	45.5	49.0	50.5	52.0	53.5	55.5	58.5	61.5	69.0	78.0
	粘质土	27.0	30.5	33.5	35.0	37.0	38.0	40.0	43.0	46.5		
	粉质土	25.5	30.5	35.5	38.0	41.0	43.5	46.0	52.0			
Ⅵ$_3$	土质砂	46.0	50.0	53.5	55.5	56.5	58.5	60.0	63.0	66.0	75.0	83.0
	粘质土	29.5	33.5	37.5	39.5	44.0	44.0	46.8	50.0			
	粉质土	29.5	35.0	41.0	43.5	49.5	49.5	52.5				
Ⅵ$_4$	土质砂	51.0	53.5	56.5	57.5	59.0	60.0	61.0	63.5	65.5	72.0	77.5
	粘质土	28.5	32.0	36.0	37.5	39.5	41.5	43.5	47.5			
	粉质土	30.5	34.5	39.0	41.0	43.5	45.5	48.0				
Ⅵ$_{4a}$	土质砂	45.5	49.0	52.5	54.0	56.0	57.5	59.0	62.0	65.0	73.5	81.5
	粘质土	31.0	34.5	38.0	40.0	42.0	44.0	45.5	49.5			
	粉质土	33.0	38.5	44.0	47.0	50.0	52.0	56.0				
Ⅵ$_{4b}$	土质砂	49.5	52.5	55.5	57.0	58.5	59.5	61.0	63.5	65.5	72.5	78.5
	粘质土	30.0	33.0	36.5	38.0	39.5	41.0	42.5	45.5			
	粉质土	31.0	35.5	40.5	43.0	45.5	48.5	51.0				
Ⅶ$_1$	土质砂	52.0	55.0	58.0	59.5	61.0	62.0	63.5	66.0	69.0	76.0	82.5
	粘质土	26.5	31.5	36.5	39.5	42.0	45.0	48.0	54.0			
	粉质土	30.5	37.0	44.0	47.5	51.5	55.0	59.0				
Ⅶ$_2$	土质砂	48.0	51.0	54.0	55.0	56.5	58.0	59.0	61.5	64.0	71.0	77.0
	粘质土	25.5	29.5	33.0	35.0	37.0	39.0	41.5	45.5			
	粉质土	28.0	33.5	39.0	42.0	45.0	48.5	51.5				
Ⅶ$_3$	土质砂	42.5	45.5	49.0	50.5	52.5	53.5	55.0	58.0	60.5	68.5	76.5
	粘质土	20.5	24.5	28.5	30.5	32.5	35.0	37.0	41.5			
	粉质土	23.5	28.0	33.0	36.0	38.5	41.0	44.0				
Ⅶ$_4$	土质砂	47.0	50.0	53.0	54.5	56.0	57.0	58.5	61.0	63.5	70.5	77.0
Ⅶ$_{6a}$	粘质土	22.0	25.5	29.0	30.5	32.5	34.5	36.0	40.0			
	粉质土	27.5	32.5	37.5	40.5	43.0	46.0	49.0				
Ⅶ$_5$	土质砂	45.5	49.0	52.0	53.0	54.5	56.0	57.5	60.0	62.5	70.0	76.5
	粘质土	30.0	33.0	37.5	39.5	41.5	43.5	45.0	49.0			
	粉质土	32.5	38.0	43.5	46.0	49.0	51.5	54.5				

注：表中值以轻型击实标准为依据编制，当采用重型击实标准要求土基时，土基回弹模量值较表列数值提高15%～30%。

d　地基反应模量与加州承载比

地基反应模量与加州承载比　　表3-42

项目	计算公式	说明
地基反应模量	$K=\frac{p}{l}$ $K_{76}=0.4K_{30}$ $K_r=1.77K$	p——地基的单位压力，测定时可取70kN/m^2； l——弯沉值，测定时可取1.27mm； K——地基反应模量MN/m^{3}或MPa/m； K_{76}、K_{30}——承载板直径分别为76cm和30cm的K值； K_r——回弹反映模量

续上表

项目	计算公式	说明
加州承载比（CBR）	$CBR=\frac{p}{p_0}100\%$ $CBR_m=\left(\frac{h_1 CBR_1^{\frac{1}{3}}+h_2 CBR_2^{\frac{1}{3}}+h_n CBR_n^{\frac{1}{3}}}{100}\right)^3$ $CBR_s=CBR_p-\frac{CBR_{max}-CBR_{min}}{C}$	p——试件材料在一定贯入值情况下的单位压力，MPa； p_0——标准碎石在相同贯入值情况下的单位压力，MPa； CBR_m——所求点 CBR 的加权平均值； CBR_1、$CBR_2\cdots CBR_n$——分别为各层土的 CBR 值； h_1、$h_2\cdots h_n$——分别为各层土的厚度，cm；$h_1+h_2+\cdots+h_n=100$cm。 通常，把层厚不足20cm的土层，合并到上下别的层次里再计算 CBR 的平均值。当发现中间某层的 CBR 值较低时，说明土基内部有软弱夹层，采用上述 CBR 平均值是偏于不安全的，因为土基中的软弱夹层对路面结构会产生较大的影响。为安全计，应选用软弱层的 CBR 值，或者采取工程措施，如稳定处理、换土等。 CBR_s——路段或场区的设计 CBR 值； CBR_p——路段或场区内各点的 CBR 值的算术平均值； C——系数，与试样个数有关，见 C 值表

计算用及取值表										
P 标准碎石承载力	贯入值	0.254		0.508		0.762		1.016		1.270
	标准压力(MPa)	7.03		10.55		13.26		16.17		18.23
C 值表	个数	2	3	4	5	6	7	8	9	≥10
	C	1.41	1.91	2.24	2.48	2.67	2.83	2.96	3.08	3.18

计算用及取值表	土类	K (MN/m³)	CBR(%)
K 和 CBR 值	级配良好砾石，砾石—砂混合料(GW)	≥81.4	60～80
	级配不良砾石，砾石—砂混合料(GP)		35～60
	均匀颗粒的砾石或砾石质砂，粉质砾石，砾石—砂—粉土混合料(GM)		40～80
	粘土质砾石，砾石—砂—粘土混合料(GC)；级配良好砂，砾石质砂(SW)；粉质砂，砂—粉土混合料(SM)	55.3～81.4	20～40
	级配不良砂，砂石质砂(SP)		15～25
	粘土质砂，砂粘土混合料(SC)		10～20
	粉土，砂质粉土，砾石质粉土(ML)；贫粘土，砂质粘土，砾石质粘土，粉质粘土(CL)	27.1～55.3	5～15
	无机质粉土，贫有机质粘土，云母质粘土或硅藻土(MH)		4～8
	有机质粉土(OH)；肥粘土(CH)；有机质粘土(Pt)	13.6～27.1	3～5

e　土基各强度指标间的关系

土基各强度指标间的关系　表 3-43

名称	公式	说明
回弹模量 E 与反应模量 K 的关系	$K=0.91\sqrt[3]{\frac{E_0(1-\mu^2)}{E_c(1-\mu_0^2)}}\cdot\frac{E_0}{(1-\mu_0^2)h}$ $E_0=(1-\mu_0^2)\sqrt[4]{\frac{4Eh^3K^3}{3(1-\mu^2)}}$	K——文克勒地基的地基反应模量，MN/m； E_0——弹性半空间地基的回弹模量 MPa； E_c——水泥混凝土板的弹性模量，MPa； h——水泥混凝土板的厚度，m； μ——水泥混凝土板的泊松比，通常 $\mu=0.15$； μ_0——弹性半空间地基的泊松比

续上表

名称	公式	说明
回弹模量 E 与 CBR 的关系	$E_0=nCBR$　(国外) $E_0=8.9CBR^{0.85}$　(国内)	E_0——弹性半空间地基的回弹模量，MPa； n 为常数，一般在 2～11 之间
反应模量 K 与 CBR 的关系	$K_{75}=\frac{1}{4}CBR+1$	日本名古屋大学教授植下的公式

我国路面设计符号表　　表 3-44

符号来源	符号	名称及含义
公路路面设计（公路沥青路面设计规范 JTJ 014—97）	P	标准轴载(kN)
	BZZ—100	表示单后轴载为 100kN 的标准轴载
	N	以弯沉值为设计指标时，各种轴载换算为 BZZ—100 标准轴载的当量轴次(次/日)
	p	标准轴载的轮胎接地压强(MPa)
	d	标准轴载单轮传压面当量圆直径(cm)
	δ	标准轴载单轮传压面当量圆的半径(cm)
	P_1	被换算车型的各级轴载(kN)
	C_1	以弯沉值为设计指标时，被换算车型的各级轴载轴数系数
	C_2	以弯沉值为设计指标时，被换算车型的各级轴载的轮组系数
	N'	以拉应力为验算指标时，标准轴载当量轴次(次/日)
	C'_1	以拉应力为验算指标时，被换算车型的各级轴载的轴数系数
	C'_2	以拉应力为验算指标时，被换算车型的各级轴载的轮组系数
	N_e	设计年限内一个车道上的累计当量轴次(次)
	N_1	路面竣工后第一年的双向日平均当量轴次(次/日)
	N_t	设计年限末年的双向日平均当量轴次(次/日)
	γ	设计年限内交通量平均增长率(%)
	t	设计年限(年)
	η	车道系数
	l	标准轴载作用下轮隙中心处的路表弯沉值(0.01mm)
	l_d	路面设计弯沉值(0.01mm)
	A_c	公路等级系数
	A_s	面层类型系数
	A_a	沥青混凝土级配类型系数
	A_b	基层类型系数
	σ_m	结构层底面某计算点的拉应力(MPa)
	σ_{sp}	沥青混凝土或半刚性基层材料的极限劈裂强度(MPa)
	K_s	抗拉强度结构系数
	w_c	路床 80cm 深度内的平均稠度
	w	路床 80cm 深度内的平均含水量(%)
	w_L	100g 平衡锥所测土样液限含水量(%)
	w_P	100g 平衡锥所测土样塑限含水量(%)
	I_P	用 100g 平衡锥测定而求得的塑性指数
	H_1、H_2、H_3	分别为干燥、中湿、潮湿状态的路基临界高度
	E_0（或 E_n）	土基回弹模量(MPa)

续上表

符号来源	符号	名称及含义
公路沥青路面设计规范 JTJ 014—97	E_i	结构层材料回弹模量(MPa)
	h_i	结构层厚度(cm)
	α_L	理论弯沉系数
	F	弯沉综合修正系数
	$\bar{\sigma}_m$	理论层底拉应力系数
	l_γ	某路段的代表弯沉值(0.01mm)
	$\bar{l}$	某路段内的平均弯沉值(0.01mm)
	S	某路段内弯沉值的标准差(0.01mm)
	Z_a	保证率系数
	K_1	季节影响系数
	K_2	湿度影响系数
	K_3	温度修正系数
公路路面设计（公路水泥混凝土路面设计规范 JTG D40—2002）	(1)	作用及作用效应符号
	N_e	设计基准期内标准轴载累计作用次数
	N_s	标准轴载的作用次数
	P	轴载
	P_s	标准轴载
	w	弯沉
	ε_{sh}	干缩应变
	σ_{pr}	荷载疲劳应力
	σ_{ps}	标准轴载的应力
	σ_s	钢筋应力
	σ_{tm}	最大温度梯度时的温度翘曲应力
	σ_{tr}	温度梯度疲劳应力
	(2)	设计参数和计算系数符号
	B_x	温度应力系数
	c_v	变异系数
	C_x	温度翘曲应力系数
	g_r	交通量年平均增长率
	k_c	综合影响系数
	k_f	荷载疲劳应力系数
	k_j	接缝传荷系数
	k_p	轴载当量换算系数
	k_r	接缝传荷能力的应力折减系数
	k_s	粘结刚度系数
	k_t	温度疲劳应力系数
	k_u	层间结合系数
	P	概率或频率
	T_g	混凝土面层最大温度梯度
	α_c	混凝土线膨胀系数
	α_s	钢筋线膨胀系数

续上表

符号来源		符 号	名 称 及 含 义
公路路面设计	公路水泥混凝土路面设计规范JTG D40—2002	γ_r	可靠度系数
		δ_i	轴-轮型系数
		η	车辆轮迹横向分布系数
		λ_c	混凝土温缩应力系数
		λ_{st}	钢筋温度应力系数
		λ_b	裂缝宽度系数
		μ	面层与基层之间的摩阻系数
		ρ	配筋率
		ρ_f	钢纤维体积率
		φ	钢筋刚度贡献率
		(3)	几何参数符号
		A_s	钢筋面积
		b_j	裂缝缝隙宽度
		d_f	钢纤维直径
		d_s	钢筋直径
		h	结构层厚度
		l_f	钢纤维长度
		l	面层板长度
		L_d	裂缝间距
		(4)	材料性能和混凝土板抗力符号
		D	面层的弯曲刚度
		D_g	双层混凝土面层的总弯曲刚度
		E	土基或基、垫层材料回弹模量
		E_c	水泥混凝土的弯拉弹性模量
		E_s	钢筋的弹性模量
		E_t	基层顶面当量回弹模量
		f_r	混凝土弯拉强度
		f_m	混凝土配合比设计强度
		f_{sp}	混凝土劈裂强度
		f_{sy}	钢筋屈服强度
		f_t	混凝土抗拉强度
		r	混凝土面层的相对刚度半径
城市道路设计规范CJJ 37—90	柔性路面	c	材料的粘结力(MPa)
		c_d	材料的动载粘结力(MPa)
		E_a	沥青混凝土面层材料模量值(MPa)
		E_n	土基回弹模量(MPa)
		E_1	三层体系上层材料的回弹模量(MPa)
		E_2	三层体系中层材料的回弹模量(MPa)
		F	设计年限内路面摆式仪使用值
		F_0	路面摆式仪验收测定值
		f_{am}	沥青混凝土面层材料弯拉强度(MPa)

续上表

符号来源		符 号	名 称 及 含 义
城市道路设计规范CJJ 37—90	柔性路面	f_{rm}	半刚性基层材料弯拉强度(MPa)
		f_v	沥青混合料面层材料的剪切强度(MPa)
		H	三层体系柔性路面中层当量层厚度(cm)或不利季节路槽底最低点距地下水位(或地表积水)高度(m)
		h	三层体系柔性路面上层当量层厚度(cm)
		h_a	相当沥青混凝土补强层的当量厚度(cm)
		K_{am}	沥青混凝土弯拉结构强度系数
		K_{rm}	半刚性基层弯拉结构强度系数
		K_v	沥青混合料面层剪切结构强度系数
		$[l]$	路表容许回弹弯沉值(cm)
		l_a	在标准承载板的测点用标准轴载汽车测定的弯沉值(cm)
		l_1	旧路面各测点的实测弯沉值(cm)
		l_k	用标准承载板测定弯沉值(cm)
		l_m	路段内旧路面的平均弯沉值(cm)
		l_r	旧路段路表计算弯沉值的代表值(cm)
		l_g	路表实际回弹弯沉值或三层体系表面计算点A处的弯沉值(cm)
		N	设计年限内设计车道上标准轴载累计数
		N_c	停车站或交叉口设计年限内同一位置停车的标准轴载累计数(n)
		N_{ci}	设计初期,机动车车行道上日交通量换算为日标准轴载的轴数(n/d)
		N_{ct}	设计年限内机动车车行道上各种轴载换算为标准轴载的累计数
		N_1	被换算各级轴载的轴数(n/d)
		N_{1i}	设计初期,设计车道上日标准轴载的轴数(n/d)
		n	旧路面结构作为一层与加铺路面层数之和
		n_1	每个路段弯沉值测点数
		p_1	被换算各级轴载的轮胎压强(MPa)
		p_{ki}	用标准承载板测定的第 i 级压强(MPa)
		p_t	标准轴载的轮胎压强(MPa和Pa)
		r	标准轴载的单轮轮迹当量圆半径(cm)
		r_i	被换算各级轴载的单轮轮迹当量圆半径(cm)
		T_m	沥青路面面层平均温度(℃)
		T_5	测定时路面表面温度与前五个小时平均气温之和(℃)
		t	设计年限(a)
		σ	材料的实际弯拉应力(MPa)
		$[\sigma]$	材料的容许弯拉应力(MPa)
		σ_a	沥青混凝土面层底面弯拉应力(MPa)
		$[\sigma_a]$	沥青混凝土面层材料容许弯拉应力(MPa)
		σ_{cp}	计算点最大主应力(MPa)

3

续上表

符号来源		符号	名称及含义
城市道路设计规范CJJ 37—90	柔性路面	σ_r	半刚性基层底面弯拉应力(MPa)
		$[\sigma_r]$	半刚性基层材料容许弯拉应力(MPa)
		σ_a	破裂面上的有效法向应力(MPa)
		$[\tau]$	沥青混合料面层材料的容许剪应力(MPa)
		τ_{max}	计算点最大剪应力(MPa)
		τ_a	面层破裂面上的实际剪应力(MPa)
		α_r	道路分类系数
		α_s	路面类型系数
		γ	设计年限内交通量的年平均增长率(%)
		γ_a	轮组数系数
		η_n	轴数分配系数
		λ	计算点最大主压应力系数
		λ_a	旧路当量回弹模量增大系数
		λ_s	季节影响系数
		λ_τ	计算点最大剪应力系数
		μ_1	将 l_a 值换算为 l_k 值的系数
		ϕ	材料的内摩阻角(°)
		ϕ_1	路表回弹弯沉综合修正系数
		ψ_T	沥青路面温度修正系数
	水泥混凝土路面	A_t	每块混凝土板纵缝处拉杆钢筋面积(cm^2)
		A_{tl}	每延米混凝土板所需钢筋面积(cm^2)
		b_c	混凝土板宽度(m)
		d	混凝土路面传力杆钢筋直径(cm)
		d_c	计算纵向钢筋时，为横缝间距；计算横向钢筋时，为不设拉杆的纵缝间距(m)
		d_t	混凝土路面拉杆钢筋直径(cm)
		E_c	水泥混凝土弯拉弹性模量(MPa)
		E_s	水泥混凝土路面基层顶面的当量回弹模量或旧路路表的当量回弹模量(MPa)
		E_s^c	水泥混凝土路基层顶面的计算回弹模量或旧路加铺，其路表的计算回弹模量(MPa)
		F_t	每块混凝土板纵缝拉杆钢筋所受的拉力(N)
		F_{cm}	水泥混凝土弯拉强度(MPa)
		h_c	混凝土板厚度(cm)
		h_e	混凝土板加厚板边的厚度(cm)
		l_c	混凝土板长度(cm)
		l_d	传力杆长度(cm)
		l_t	拉杆长度(m)
		n_d	混凝土板横缝或纵缝 $1.8r_c$ 范围内传力杆或拉杆根数
		n_t	混凝土板纵缝处拉杆根数

续上表

符号来源		符号	名称及含义
城市道路设计规范CJJ 37—90	水泥混凝土路面	P_c	水泥混凝土在承压状态下单根传力杆的传荷能力(N)
		P_d	横缝或纵缝处单根传力杆的传荷能力(N)
		P_l	被换算各级轴载(kN)
		P_m	单根传力杆在弯曲状态下的传荷能力(N)
		P_k	标准轴载(kN 或 N)
		Q	接缝处一组传力杆传递的荷载(N)
		Q_c	不设传力杆时混凝土板在接缝处承担的荷载(N)
		γ_c	混凝土板的相对刚度半径(cm)
		γ_T	计算温度翘曲应力时混凝土板的相对刚度半径(cm)
		s_d	横缝或纵缝处传力杆或拉杆间距(cm)
		s_t	混凝土板纵缝处拉杆间距(cm)
		T_h	混凝土板的温度梯度(℃/cm)
		w_j	混凝土路面接缝宽度(cm)
		ρ_c	水泥混凝土的质量密度(kg/m^3)
		σ_c	混凝土路面的综合应力(MPa)
		$[\sigma_c]$	水泥混凝土的容许承压应力(MPa)
		σ^c	标准轴载作用下的计算荷载应力(MPa)
		σ_1^c	一次最大行车荷载作用下的计算荷载应力(MPa)
		σ_f	水泥混凝土的弯拉疲劳强度(MPa)
		σ_{max}	标准轴载作用下的最大应力(MPa)
		σ_T	混凝土板的温度翘曲应力(MPa)
		σ_{Tl}	混凝土板纵边中点 x 方向温度翘曲应力(MPa)
		σ_{Tx}	混凝土板中点 x 方向(板长)温度翘曲应力(MPa)
		σ_{Ty}	混凝土板中点 y 方向(板宽)温度翘曲应力(MPa)
		$[\sigma_t]$	网筋的容许应力(MPa)
		σ_1	一次最大行车荷载作用下的最大应力(MPa)
		$[\tau_t]$	拉杆钢筋与水泥混凝土间的容许粘结力(MPa)
		α_1	水泥混凝土的线膨胀系数($℃^{-1}$)
		α_n	与汽车后轴轴数及其他因素有关的后轴数系数
		β_c	混凝土路面综合系数
		β_d	混凝土路面动荷系数
		γ_x	混凝土路面 x 方向(板长)温度应力系数
		γ_y	混凝土路面 y 方向(板宽)温度应力系数
		η	计算荷位系数
		λ_d	计算 λ_E 时按照是否设置传力杆而采用的系数
		λ_E	混凝土路面基层当量回弹模量的增大系数
		μ_c	混凝土板底面与基层间的摩擦系数
		ν	水泥混凝土的泊松比
		ν_c	混凝土路面基层与土基的泊松比综合值

第四部分

路面材料

A 材料性质及密度

a 材料要求的性质及分类

材料要求的性质及分类　　表4-1

项目	内容							
各类材料要求的性质	性质	力学的	物理的	耐久性的	化学的	防火、耐火性的	感觉的	生产性的
	技术指标	强度、变形、弹性模量、徐变、延性、疲劳、磨损、冲击等	密度、硬度、光滑度、收缩、热、光、声、水分透过率、反射、防射线等	氧化、变质、风化、抗冻、虫蛀、抗霉、腐朽、空蚀、老化等	耐酸、耐碱、由于化学物质作用而变质、腐蚀、溶解等	可燃性、起燃点、熔点、发烟、燃烧后产生有毒物等	色彩、透明度、亮度、视觉的舒适、质感、耐污染性等	资源的使用、加工难易、产生公害、可施工性、再利用等
	结构材料	强度、刚度、耐疲劳	不收缩性	抗冻、防变质、耐腐蚀	防腐蚀、碳化			可加工性、可施工性
	绝缘材料		热、声、光、水的隔离性	老化	化学物质作用变质	不发烟性、不产生有毒物		
	装修材料		热、声、光的透过和反射性	抗冻、防变质、耐腐蚀	防腐蚀、碳化		色彩、触觉、艺术风格	
	防火耐火材料	高温下强度、高温下变形	高融点		化学稳定性	不燃性		
路面材料的分类	（见下图）							

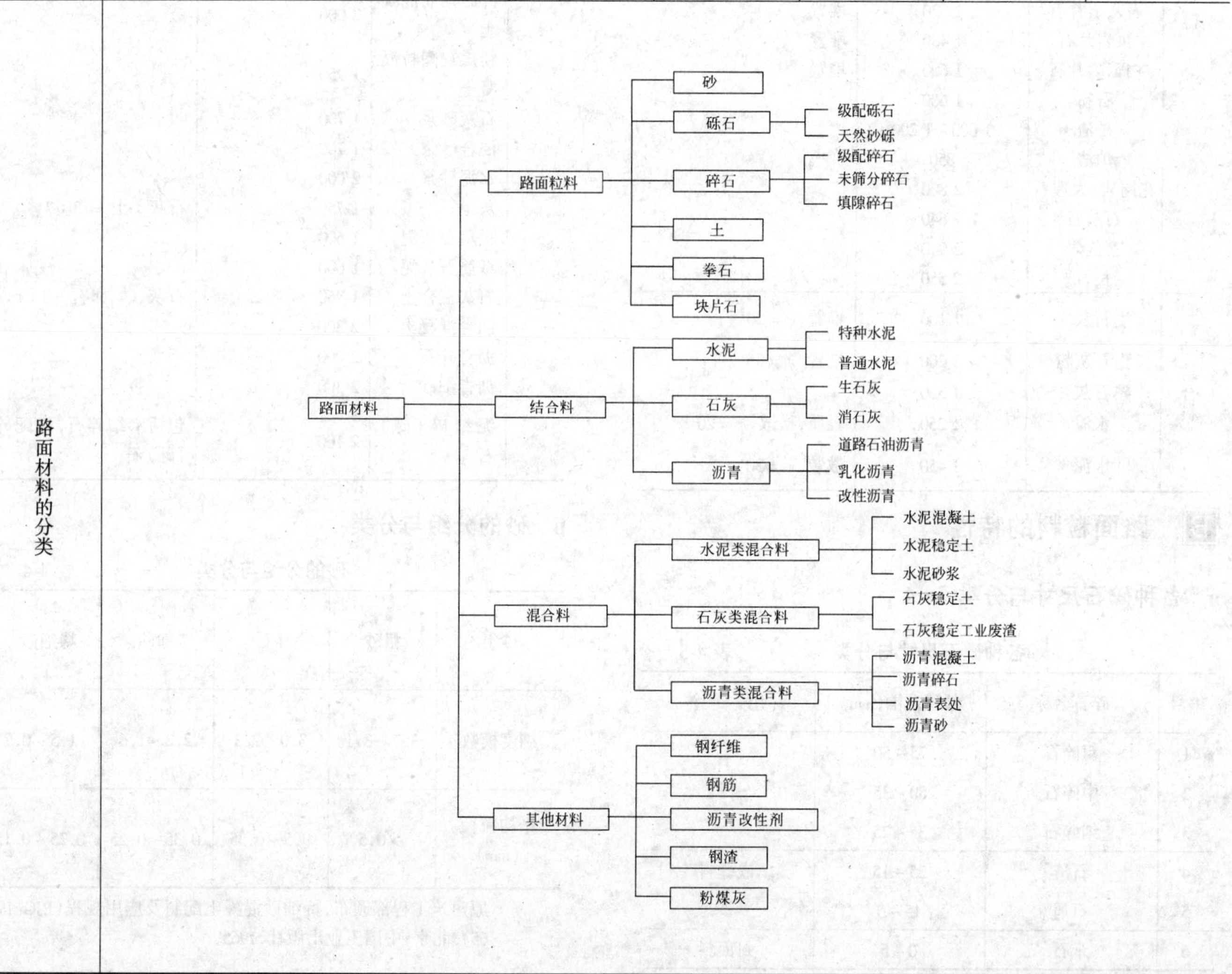

4

b　常用路面材料密度

常用路面材料密度　　表 4-2

类型	名　称	密度(kg/m³)	说　明
粒料	粘土	1 350	干,松,$e=1.0$
	粘土	1 600	干,$\varphi=40°$,压实
	粘土	1 800	湿,$\varphi=35°$,压实
	粘土	2 000	很湿,$\varphi=20°$,压实
	砂土	1 220	干,松
	砂土	1 600	干,$\varphi=35°$,压实
	砂土	1 800	湿,$\varphi=35°$,压实
	砂土	2 000	很湿,$\varphi=25°$,压实
	黄土	1 250	
	粘土夹卵石	1 700 ~ 1 800	干,松
	砂夹卵石	1 500 ~ 1 700	干,松
	砂夹卵石	1 600 ~ 1 920	干,压实
	砂夹卵石	1 890 ~ 1 920	湿
	砂子	1 400	干,细砂
	砂子	1 700	干,粗砂
	卵石	1 600 ~ 1 800	干
	碎石	1 400 ~ 1 500	堆置
	石屑	1 600	
	花岗岩片石	1 540	堆置
	石灰岩片石	1 520	堆置
	页岩片石	1 480	堆置
	白云岩片石	1 600	堆置
	石粉	1 600	
	矿渣	1 000 ~ 1 200	
	炉渣	850	
	花岗岩、大理石	2 800	
	石灰石	2 640	
	玄武岩	2 940	
	长石	2 550	
结合料	生石灰块	1 100	堆置,$\varphi=30°$
	生石灰粉	1 200	堆置,$\varphi=35°$
	熟石灰膏	1 350	
	水泥	1 250	轻质,松散,$\varphi=20°$
	水泥	1 450	散装,$\varphi=30°$

续上表

类型	名　称	密度(kg/m³)	说　明
混合料	水泥	1 600	袋装压实,$\varphi=40°$
	矿渣水泥	1 450	
	普通硅酸盐水泥	1 200 ~ 1 300	松散
	火山灰质水泥	850 ~ 1 150	
	石油沥青	1 000 ~ 1 100	
	煤沥青	1 200 ~ 1 340	
	乳化沥青	980 ~ 1 050	
	煤焦油	1 000	桶装
	泥炭	320 ~ 420	堆放
	煤灰	800	压实
	原石油	880	
	素混凝土	2 300	不振捣
	素混凝土	2 400	振捣
	陶粒混凝土	400 ~ 1 800	
	碎砖混凝土	1 850	
	加气混凝土	550 ~ 750	
	泡沫混凝土	400 ~ 600	
	矿渣混凝土	2 000	
	钢筋混凝土	2 500 ~ 2 600	
	碎砖钢筋混凝土	2 000	
	粉煤灰陶粒混凝土	1 950	
	石灰砂浆	1 700	
	混合砂浆	1 700	
	水泥砂浆	2 000	
	灰土	1 750	石灰：土 = 3:7
	稻草石灰泥	1 600	
	纸筋石灰泥	1 600	
	石灰三合土	1 750	石灰、砂、卵石　1:1:4
	沥青混凝土	2 300	
	沥青碎石	2 200	
	沥青细砂	2 300	
	泥结碎（砾）石	2 100	包括水结碎石,级配碎（砾）石

B　路面粒料的特性

a　各种碎石尺寸与分类

各种碎石尺寸与分类　　表 4-3

编号	碎石名称	粒径范围(mm)	用　途
1	粗碎石	75 ~ 50	
2	中碎石	50 ~ 35	骨料
3	细碎石	35 ~ 25	
4	石渣	25 ~ 15	嵌缝料
5	石屑	15 ~ 5	
6	米石	0 ~ 5	封面料

b　砂的分组与分类

砂的分组与分类　　表 4-4

砂组	粗砂	中砂	细砂	特细砂*
细度模数	3.7 ~ 3.1	3.0 ~ 2.3	2.2 ~ 1.6	1.5 ~ 0.7
平均粒径（mm）	>0.5	0.5 ~ 0.35	0.35 ~ 0.25	0.25 ~ 0.15

* 原建筑工程部颁布.特细砂混凝土配制及应用规程(BJG 19—65).北京:中国工业出版社,1965.

c　粒料回弹模量参考值

粒料回弹模量参考值　　表 4-5

名　称	规格要求	回弹模量(MPa)	名　称	规格要求	回弹模量(MPa)
级配碎石	符合级配要求	300~350(土基层),250~300(基层),200~250(底基层)	未筛分碎石	具有一定级配	180~220(底基层)
			天然砂砾	符合级配要求	150~200(底基层)
填隙碎石	填隙密实	200~280(底基层)	中、粗砂		80~100(垫层)

d　部分国家采用的粒料回弹模量代表值(MPa)

部分国家采用的粒料回弹模量代表值(MPa)　　表 4-6

国　家	比　利　时		原捷克斯洛伐克	意大利	美　国　AASHTO		南　非			
材料	基层	垫层	垫层	粒料	基层	垫层	优质碎石	碎石/天然砾石基层	砾石垫层	低质砾石垫层
模量值	500	200	150	250	200(春季) 275(其他)	100(春季) 140(其他)	200 (170~800)	200 (100~450)	200 (75~400)	145 (48~303)

注:括号内数值为取值范围。

C　路面结合料的特性

a　沥青材料

a-1　沥青的组成

沥 青 的 组 成　　表 4-7

	沥 青 名 称	C%	H%	C/H(原子比)	平均分子式
元素组成	阿拉伯轻质原油沥青	84.0	10.3	0.68	$C_{68.5}H_{104.2}O_{1.1}S_{0.1}$
	伊朗重质原油沥青	83.6	10.2	0.68	$C_{71.8}H_{105}S_{1.8}$
	科威特沥青	83.9	10.3	0.68	$C_{69.9}H_{103}S_{1.8}$
	大庆丙脱沥青	86.1	11.0	0.66	$C_{68.5}H_{104.2}O_{1.1}S_{0.1}$
	胜利氧化沥青	84.5	10.6	0.67	$C_{71.8}H_{107.3}O_{1.1}S_{0.8}$

	沥青品种和标号		沥青质	树脂	芳香烃	饱和烃	蜡
化学组成	欢喜岭稠油沥青	AH—90	18.43	13.45	26.15	36.97	2.80
		AH—120	5.10	16.60	44.60	27.20	3.02
	克拉码依稠油沥青	AH—70	0.60	41.00	33.40	25.00	1.70
		AH—90	0.47	39.30	33.90	26.30	1.90
		AH—110	0.33	22.74	25.24	46.88	3.10
	单家寺稠油沥青	AH—70	7.80	28.91	31.74	27.48	4.11(1987年)
		AH—90	4.61	29.21	25.59	35.69	2.32(1985年)
		AH—90	3.34	42.85	29.13	24.68	3.67(1988年)
	茂名丙脱	A—60	4.41	57.05	29.72		6.31
	东炼	A—60	0.07	70.83	29.65		10.45
	胜利	A—100	13.13	40.87	38.14		7.86
	胜华	A—100	9.59	39.15	41.22		10.04
	锦西	A—100	0.90	77.03	22.37		16.71

a-2 沥青分类表

沥青分类表 表4-8

分类	类型	定义及说明
按沥青来源分类	天然沥青	地壳中的石油在各种因素作用下，其轻质油分蒸发，经浓缩、氧化作用形成天然的沥青，称为“天然沥青”。人们熟知的“湖沥青”就是天然沥青
	岩沥青	存在于岩石缝隙的天然沥青，称为岩沥青。岩沥青中含有许多砂和岩石，经过水熬制，可以得到纯净的沥青
	石油沥青	地壳中的原油，经开采加工所得的沥青称为石油沥青。这是沥青材料的来源，应用最为广泛
	焦油沥青	煤、木材、页岩等有机物质经炭化作用或在真空中分馏得到的粘性液体，称为焦油沥青。由煤加工所得的焦油称为煤焦油。由木材蒸馏而得到的焦油，称为木焦油，松节油就是典型的木焦油。页岩经过蒸馏得到的焦油，称为页岩沥青
按石油加工的方法分类	蒸馏沥青	直接蒸馏原油，将不同沸点的馏分取出后，在常压塔底获得的残渣称为蒸馏沥青。蒸馏法制取石油沥青是最简单、最经济的方法。 由于直馏沥青中含有许多不稳定的烃，其温度稳定性和耐久性差。但如果所用的原油合适（为环烷基或中间基原油），则往往延伸性好
	氧化沥青	将低标号的沥青或渣油在240～290℃的高温下吹入空气，使其软化点提高、针入度降低，提高沥青的稠度，这种方法所得的沥青称为氧化沥青，也称为吹制沥青。在比较低的温度下氧化较短的时间所得沥青称为半氧化沥青
	溶剂沥青	石蜡基原油的残渣富含高沸点石蜡烃，蒸馏法很难将它完全蒸出。这些组分留在沥青中使沥青的稠度达不到要求，且软化点和延度都低。由于这种沥青中的饱和烃几乎不能被氧化，而芳烃和胶质则大量被氧化成沥青质和炭青质，这样得到的沥青不但脆，而且也没有弹性。采用溶剂法处理石蜡基原油则能得到质量优良的溶剂沥青
	调和沥青	用调和法生产沥青是按照沥青质量要求，将几种沥青调和，调整沥青组分之间的比例以获得所要求的产品。 优质沥青的组分大致比例为：饱和分13%～31%，芳香分32%～60%，胶质19%～39%，沥青质6%～15%，蜡含量小于3%。然而，调和沥青的性质与各组分的比例不是简单的加合，而是和形成的胶体结构类型有关。调和法生产沥青通常先生产出软、硬两种沥青组分，然后根据需要调和出符合要求的沥青。调和的关键在于配合比正确并混合均匀
按原油的性质分类	石蜡基沥青	石蜡基沥青其蜡的含量一般都大于5%，大庆原油所炼制的沥青是典型的石蜡基沥青，其含蜡量甚至达20%左右。 由于在常温下蜡常常以结晶析出存在于沥青的表面，使沥青失去黑色光泽。石蜡基沥青粘结性差，软化点虽高，但热稳性较差，温度稍高粘度就会很快降低
	环烷基沥青	由环烷基石油加工所炼制的沥青为环烷基沥青。这种沥青含有较多的脂烷烃，蜡含量少（一般低于3%），这种沥青粘性好，优质的重交通道路沥青大多是环烷基沥青
	中间基沥青	采用中间基原油炼制的沥青，其蜡的含量约为3%～5%，普通道路沥青大多属于这种沥青
按沥青的形态分类	粘稠沥青	在常温下沥青呈膏体状或固体状，故称之为膏体沥青，这是粘滞度比较高的沥青，所以，一般称为粘稠沥青。这种沥青的标号通常用针入度表示，故有时又称针入度级沥青
	液体沥青	这种沥青在常温下是液体或半流动状态的沥青。用溶剂将粘稠沥青加以稀释所得到的液体沥青，称为稀释沥青，也称为回配沥青。根据沥青凝固的速度，液体沥青又分为快凝、中凝和慢凝三种。将沥青材料加以乳化成为乳化沥青，乳化沥青是另一种形式的液体沥青。按照乳化沥青破乳速度的快慢又分为快裂、中裂和慢裂三种。乳化沥青按其所用乳化剂的种类可分为阳离子乳化沥青、阴离子乳化沥青和非离子乳化沥青
按沥青的用途分类	道路沥青	用于铺筑道路路面的沥青为道路沥青。适用于在重交通道路的沥青为重交通道路沥青，只适用于一般中、轻交通的道路上使用的沥青为中、轻交通道路沥青，即普通道路沥青。沥青的主要用途用于修路，所以，道路沥青几乎要占整个沥青产量的50%
	建筑沥青	建筑工业用的石油沥青主要用于防水、防潮，也用于制造防水材料，如油毛毡、沥青油膏等。一般要求沥青具有良好的粘结性和防水性，在高温下不流淌，低温下不脆裂，并要求有良好的耐久性。建筑沥青标号较高，针入度在5～40(0.1mm)范围内
	机场沥青	适用于铺筑机场跑道道面的沥青材料称为机场沥青。由于机场道面承受飞机荷载，要求沥青有良好的粘结性和耐久性。机场道面沥青的名称已经在我国《民用机场沥青混凝土道面设计规范》中提出
	其他沥青	沥青在许多领域有着广泛的应用。根据用途的不同，沥青又有很多种类。例如，在水利工程中应用的沥青，称之为水工沥青。根据有关方面的统计，全世界有200多个大型水工结构物应用沥青。沥青还用于动力电缆和通讯电缆的防潮和防腐，这种沥青称之为电缆沥青。用于输油、输气、供水等金属管线以防止锈蚀的沥青，称为防腐沥青。用于加工油漆和烘漆的称为油漆沥青等

续上表

分类	类型		定义及说明
乳化沥青的分类	贯入洒布用	PC—1 PA—1	表面处治及贯入式洒布用
		PC—2 PA—2	透层油用
		PC—3 PA—3	粘层油用
	拌和用	BC－1 BA－1	拌制粗粒式沥青混合料用
		BC—2 BA—2	拌制中粒式及细粒式沥青混合料用
		BC—3 BA—3	拌制砂粒式沥青混合料及稀浆封层用

注：PC、PA、BC、BA分别表示洒布型阳离子、洒布型阴离子、拌和型阳离子、拌和型阴离子乳化沥青。

a-3 几种沥青的组成和针入度指数

几种沥青的组成和针入度指数 表4-9

沥青	NC 直馏沥青	MB 直馏沥青	MK 溶剂沥青	PM 直馏沥青	MER 直馏沥青	MB 氧化沥青	MB 半氧化沥青
饱和分(%)	19.2	21.0	5.0	59.2	11.4	27.5	26.8
芳香分(%)	38.8	43.2	56.5	25.3	44.0	25.7	27.6
胶　质(%)	33.5	23.7	30.2	16.7	22.4	14.2	11.8
沥青质(%)	8.5	12.1	8.8	5.1	22.2	32.6	33.8
针入度 *PI*	－1.8	－1.1	－0.7	－0.4	0.2	3.5	6.5

a-4 沥青在不同温度下的针入度指数

沥青在不同温度下的针入度指数 表4-10

沥青产地	沥青品种	下列温度时的针入度 40	25	15	5	0	$T_{R\cdot B}$ (℃)	*A* 回归法	*PI* 用*A*
单家寺沥青	单—90	370	79	26	9.8	5.8	48.8	0.0452	－0.80
欢喜岭沥青	欢—90	312	75	32	13.9	8.3	49.5	0.0389	＋0.19
克拉玛依沥青	克—90	—	84	31	10.0	—	48.2	0.0462	－0.94
壳牌沥青	壳—90	375	88	33	12.2	5.5	47.2	0.0448	－0.74
英国沥青	英—90	418	100	34	14.1	8.0	45.2	0.0428	－0.45
日本沥青	日—90	420	85	28	7.5	5.1	47.0	0.0489	－1.29
单家寺沥青	单—70	328	63	22	8.1	5.2	50.5	0.0451	－0.78
克拉玛依沥青	克—70	—	69	25	7.0	—	51.2	0.0497	－1.39
阿尔巴尼亚沥青	阿—70	300	61	21	8.8	5.0	52.5	0.0441	－0.64

注：*A*——针入度—温度感应性系数；

$T_{R\cdot B}$—试验温度。

a-5 几种沥青的相溶性

几种沥青的相溶性 表4-11

沥青材料	沥青组合	溶解度参数 δ (kJ/m³)^1/2	溶解度参数差 δ (kJ/m³)^1/2	相溶性评价
阿尔巴尼亚沥青60号	软沥青质(M) 沥青质(At)	17.8675 18.6878	0.8570	好
胜利氧化沥青	软沥青质(M) 沥青质(At)	17.8272 19.7482	1.9211	较差

续上表

沥青材料	沥青组合	溶解度参数 δ (kJ/m³)^1/2	溶解度参数差 δ (kJ/m³)^1/2	相溶性评价
胜利半氧化沥青	软沥青质(M) 沥青质(At)	17.8675 19.3563	1.4888	较好
胜利渣油	软沥青质(M) 沥青质(At)	17.9653 19.4767	1.5114	较好
大庆氧化渣油	软沥青质(M) 沥青质(At)	17.1109 19.2272	2.1161	较差
旧路面回收沥青	软沥青质(M) 沥青质(At)	16.4628 19.4265	2.9637	差

a-6 沥青的表面张力

沥青的表面张力 表4-12

沥青种类	针入度 (0.1mm)	软化点 (℃)	表面张力(10^{-3}N/m) 100℃	120℃	150℃
委内瑞拉渣油	200	39	28.8	27.7	26.0
墨西哥直馏沥青	50	58	29.4	28.1	26.2
墨西哥渣油	190	42	28.7	27.4	25.5
墨西哥氧化沥青	34	85	—	26.1	24.8

4

a-7　多种沥青不同温度时的粘度

多种沥青不同温度时的粘度　　表 4-13

沥青品种 / 下列温度时的粘度(Pa·s)	AH—90						AH—70		
	单—90 (87)	欢—90 (83)	克—90 (84)	英国 (106)	日本 (87)	壳牌 (87)	单—70 (65)	克—70 (69)	阿—70 (69)
20,(×10⁵)	3.83	4.34	—	4.10	11.90	4.09	11.10	—	11.40
30,(×10⁴)	4.98	5.48	—	4.98	17.50	4.76	10.30	—	11.00
40,(×10³)	7.08	7.12	—	7.12	21.60	5.06	10.60	—	16.40
60,(×10²)	2.29	3.52	4.05	3.54	1.11	1.11	2.69	6.48	3.54
80,(×10)	2.12	3.62	3.81	2.85	1.42	2.01	2.31	6.30	4.42
100	3.79	4.46	6.26	4.34	2.91	3.54	4.10	8.97	7.26
120	1.00	1.06	1.66	1.01	0.73	0.96	1.16	2.14	1.59
140,(×10⁻¹)	3.49	3.76	5.56	3.22	2.40	2.90	4.09	6.84	4.87
160,(×10⁻¹)	1.43	1.33	2.20	1.30	0	1.16	1.51	2.65	1.84
135	0.40	0.41	0.70	0.41	0.35	0.35	0.45	0.89	0.60
PVN	-0.38	-0.40	+0.40	-0.11	+0.58	-0.58	-0.53	+0.52	-0.05

注:沥青品种栏中括号内数值系25℃针入度。

a-8　几种沥青样品的脆点

几种沥青样品的脆点　　表 4-14

试验项目 / 沥青	克—沥青	欢—沥青	辽河—沥青	兰炼—沥青	茂名—沥青	单—沥青	胜利—沥青
25℃针入度	89	92	138	82	81	97	96
弗拉斯脆点 F_r(℃)	-15.0	-19.0	-16.8	-16.8	-13.0	-14.8	-16.8
当量脆点 $T_{1,2}$(℃)	-23.0	-20.0	-15.3	-16.5	-14.6	-14.7	-11.0
$T_{1,2-F_r}$(℃)	-8.0	-1.0	1.5	0.3	-1.6	0.1	5.8
含蜡量(%)	1.28	1.55	3.85	3.38	4.08	4.19	5.55

a-9　沥青及其混合料的温缩系数

沥青及其混合料的温缩系数　　表 4-15

材料名称	温缩系数(×10⁻⁶/℃)
沥青(从0℃降温到-30℃,降温速度3~13℃/h)	160~200
集料	0.5~8.9
石灰岩	0.5~68

续上表

材料名称	温缩系数(×10⁻⁶/℃)
花岗岩	1.0~6.6
砂岩	2.4~7.4
大理岩	0.6~8.9
沥青混凝土	20~45

a-10　不同温度和不同拉伸速度时的延度(cm)

不同温度和不同拉伸速度时的延度(cm)　　表 4-16

拉伸速度(cm/min)	温度(℃)	AH—90沥青						AH—70沥青		
		单家寺	欢喜岭	克拉玛依	英国	日本	壳牌	单家寺	克拉玛依	阿尔巴尼亚
5	25	>150	>150	>150	>150	>150	>150	>150	>150	>150
	15	>150	>108	>150	>150	>150	>150	>150	>150	>150
	5	12	7.7	—	18	7.0	7.7	4.5	—	7.0
1	5	65	10.7	—	—	14	64	7.7	—	18
	0	8.2	6.5	—	27.3	4.9	6.3	3.6	—	6.2

a-11　不同温度下的延度值(cm)

不同温度下的延度值(cm)　　表4-17

试验温度(℃)	沥青品种						
	克拉玛依	欢喜岭	辽河	茂名	单家寺	兰炼	胜利
0		1.5	1.5		0.5		0.5
3	6.0	5.0	3.5	3.3	2.7	2.5	0.7
5	11.5	7.5	6.6	4.2	4.0	3.5	3.0
7	21.5	19.8	11.8	4.8	4.5	4.0	4.0
10	82.7	69.7	51.4	16.3	10.0	9.3	5.5
15	>150	>150	111	>150	55.3	52.2	22.0
含蜡量(%)	1.28	1.55	3.85	4.08	4.19	3.38	5.55

a-12　几种沥青的低温指标

几种沥青的低温指标　　表4-18

沥青类型	含蜡量(%)	15℃延度(cm)	脆点(℃)	-20℃时流变指数	温度应力(10^5Pa)
阿—60	0.1	97.0	-4.0	30.4	10.0
茂名—60甲	—	—	—	33.8	14.0
胜利—140	—	(72)	-16.9	50.3	13.7
胜利半氧化—60	5.9	12.6	—	57.1	23.5
锦西丙脱—60	12.6	28.0	-14.0	77.6	40.1
氧化渣油—100	(>20)	—	—	86.5	35.1
单—90	3.0	>100	-16.5	33.3	12.0
克—90	1.9	>100	-17.0	28.5	8.0
欢—90	2.8	>100	-20.0	9.6	4.0
胜利—100	7.9	—	—	43.1	22.0

a-13　不同稠度的沥青与矿料的粘附力

不同稠度的沥青与矿料的粘附力　　表4-19

大庆氧化沥青针入度(0.1mm)	矿料	剥离度(%)	大庆氧化沥青针入度(0.1mm)	矿料	剥离度(%)
240	花岗石	36.32	70	花岗石	11.22
108		27.55	55		6.68
85		25.69	47		5.44

a-14　各种沥青与矿料粘附性(剥落,%)

各种沥青与矿料粘附性(剥落,%)　　表4-20

沥青＼岩石	花岗岩	片麻岩	玄武岩	安山岩	砂岩	石英岩	石灰岩
克拉玛依	50	15	20	15	25	80	5
欢喜岭	55	20	30	10	30	70	5
辽河	65	20	25	15	10	55	5
兰炼	65	45	20	15	50	70	10
茂名	55	35	20	10	30	55	15
单家寺	60	20	15	15	10	60	5
胜利	70	70	35	20	35	80	15

注:石灰岩与各种沥青的粘附性都好,粘附性等级为4级和5级;其次为安山岩,它与各种沥青(仅指试验所用沥青)的粘附性都属于4级;玄武岩与表中沥青的粘附性可属4级和3级;与沥青的粘附性最差的是石英岩和花岗岩。

a-15　不同沥青的酸值

不同沥青的酸值　　表4-21

沥青	克拉玛依 AH—90	单家寺 AH—100	欢喜岭 AH—90	辽河 A—100	胜利 A—100	兰炼 A—100	茂名 A—70
酸值	2.510	1.789	1.651	1.256	0.564	0.526	0.273

a-16　几种国产沥青的劲度模量

几种国产沥青的劲度模量　　表4-22

沥青品种	针入度(0.1mm)	软化点(℃)	延度(25℃)(cm)	劲度模量(MPa)
大庆60号半氧化沥青	65	51.3	12	6
大庆100号半氧化沥青	96	48.7	18	2
华北60号甲调和沥青	76	46.4	69	150
华北100号调和沥青	71	50.3	85	60
胜利60号氧化沥青	45	51.0	69.5	250
胜利100号氧化沥青	91	45.1	100+	50
大港60号氧化沥青	65	50.0	57	60
大港100号氧化沥青	75	48.0	71	60
外油60号氧化沥青	43	51.3	100+	300

a-17　各种改性沥青的性质

各种改性沥青的性质　　表4-23

技术指标	24%废橡胶粉	EVA		SBS等级60		SBS粉10.5%		对比用沥青	
		原沥青	RTFO	原沥青	RTFO	原沥青	RTFO	原沥青	RTFO
60℃弹性恢复(%)	44	17	19	96	98	23	25	小	小
60℃粘度	8 550	600	1 460	8 400	8 700	1 300	2 830	200	400
45℃弹性恢复	63	90	85	96	—	26	31	9	8
45℃粘度	44 500	26 000	41 000	20 000	—	11 600	30 700	2 200	7 000
25℃扭转恢复	40	78	72	63	—	40	25	2	3
60℃流动值(mm)	1	>230	15	0	—	60	48	>230	>230
软化点(℃)	78	57	60	103	—	64	65	48	52.5
25℃回弹	36	40	—	18	—	16	—	—	—
25℃针入度(0.1mm)	15	43	32	55	44	53	37	75	47
135℃粘度	30	2.26	—	3.06	—	1.5	—	0.39	1.02
4℃延度(mm)	80	230	—	480	—	—	—	75	40

a-18 SBR 胶乳改性胜利沥青的主要性质

SBR 胶乳改性胜利沥青的主要性质 表 4-24

技术指标		胜利沥青100甲	改性沥青的 SBR 含量(%)						
			1	2	3	4	5	6	7
延度(cm)	0℃	0	2.1	4.3	7.5				
	5℃	0.2	5	117	125				
	15℃	69	>150	>150	>150				
	25℃	110	43	40	58				
软化点(℃)		47.4	48	48.9	50				
相对密度		0.992	0.992	0.992	0.990	0.990	0.991	0.992	0.992
粘韧性(25℃,kg·cm)		36.4	41.7	45.2	49.8	57.4	64.0	67.2	74.2
韧性(25℃,kg·cm)		6.9	9.5	12	15.6	19.5	23.0	27.4	30.2
动力粘度(60℃,Pa·s)		88.2	122.7	128.6	158.4	192.6	245.4	302.1	429.2
运动粘度	(135℃,mm²/s)	429.6	504.7	569.4	669.4	777.9	878.0	1049.0	1429.4
薄膜烘箱试验后(163℃,5h)	质量损失(%)	0.146	0.102	0.123	0.128	0.111	0.106	0.104	0.105
	针入度比(%)	52.5	64.5	68.7	74.0	72.4	77.6	87.1	90.0
	延度(25℃,cm)	88	60	60	68	53	50	73	64
	(15℃,cm)	13	84	73	71	86	121	90	104

a-19 几种国产渣油的主要性质

几种国产渣油的主要性质 表 4-25

项目/品类	沥青质(%)	树脂(%)	油分(%)	蜡(%)	延度 25℃(cm)	软化点(℃)	粘滞度 C_{60}^{5}(s)
大庆渣油	12.48	23.21			3.6		42
胜利渣油					7.5	46	313.2

续上表

项目/品类	沥青质(%)	树脂(%)	油分(%)	蜡(%)	延度 25℃(cm)	软化点(℃)	粘滞度 C_{60}^{5}(s)
孤岛渣油	23.58	26.69	46.65	5.45	39.6	38	86.5
南炼渣油	15.30	28.10	47.70	8.14	5.2		53

a-20 各种热塑性聚合物沥青改性剂的特性

各种热塑性聚合物沥青改性剂的特性 表 4-26

制造商	商品名	改性剂类型	推荐剂量(%)	拌和时间(min)	拌和温度(℃)	特性
Advanced Asphalt Technologies	Generic SBS modifild AC and co-blends	SBS 和 SBS/LDPE	4~7	20	163~171	符合 PG76—22 和 82—22,高温抗车辙、抗开裂、水稳性
	NOVOPHALT	LDPE	4~7	标准	149~163	符合 PG76—22 和 82—22,改善路面强度、水稳性、高温抗车辙、其他
BASF 公司	Butonal NS 175、120、198、NX1106、1116、1118	SBR 聚合物悬浮液	2~5	标准	变化	改善抗车辙、温度开裂,改善温度稳定性和老化
DJL 建设公司	Evatech G3	EVA	3~5	预拌	160~171	符合 PG 64—34,改善抗车辙、开裂、疲劳、水稳性
	Evatech LA、LB	EBA	7~10	预拌	177~191	用于 HMA 和防水材料
	Elastoplast	SBS	6~8	预拌	171~182	用于 HMA 和抗裂
	Polytech	EVA	3~5	预拌	160~171	符合 PG 64—34

续上表

制　造　商	商　品　名	改性剂类型	推荐剂量（%）	拌和时间（min）	拌和温度（℃）	特　　性
Dexco 聚合物	Vector	SB	2～6	标准	171～182	改善 HMA 的高温抗车辙、抗裂、粘韧性、抗松散
E.I.DuPont	Elvaloy AM	再生聚乙烯	0.7～3	变化	171～204	化学活化剂，HMA 能长时间贮存和远距离运输，冷却后不改变热混合料性质，改善抗车辙、抗裂、剥离
Eastman Chemical	Eastman EE—2	改性聚烯烃	2～5	30	121～136	易拌和，极好的相容性和稳定性
ECOPave	ECOPave TP	废轮胎活化橡胶	变化	标准或预拌	变化	增粘、提高软化点，改善相容性和贮存稳定性，改善抗老化
EniChem Elastomers Americas	Europrene SOL T	SBS	3～8ib/t 混合料	标准	136～190 变化	降低温度敏感性、增加低温柔性，增加高温劲度、改善抗松散
Ergon 公司	Sealoflex	SBS 加各种活化剂	3～7	变化	163～191	改善疲劳和温度开裂，抗车辙，不需要特殊设备
Exxon 公学公司	POLYBILT	聚烯烃	2～6	变化	160～183	抗车辙
FINA 石化公司	Finaprene	SBS	2～6	标准	171～183	抗车辙、抗疲劳和温缩开裂，改善粘附性、抗松散
Firestone 聚合物	Stereton	SBS SVS	5～10	标准	165～193	易拌和、极好的稳定性
HULS	Vestoplast	聚烯烃	5～7	标准	标准	抗车辙、增加高温劲度、增加疲劳寿命
Koch 材料公司	Stylink	活化 SB	变化	预拌均匀	相同或略高	改善抗车辙、温度开裂、疲劳，不需特殊设备，符合 SHRP 要求
Momentum 技术公司	Calprene 1205	SB	2～10	变化	163～204	增加软化点、改善低温性能，符合 SHRP 要求
	Calprene 1015	SB	2～10	变化	163～204	可粉碎成碎片，增加粘度、软化点，可掺入 1205 中，符合 SHRP 要求
	Calprene401、411、412、416、419、501	SBS4－星型 5－线型	2～6	变化	163～204	改善高温、低温性能，增加耐久性，符合 SHRP 要求
	Calprene H6110 H6120	SBS	2～6	变化	163～204	改善高温、低温性能，增加耐久性，符合 SHRP 要求
Rouse Rubber Industries	Builder 系列	硫化处理	2～15	15～60	149～176	改善温度和疲劳开裂，增强粘附性，相容性好，符合 SHRP 规格
Royston 实验室部	Rosphalt 50	SBS 橡胶	45ib/t	增加 90s	211～221	防水冷却，适用范围－37～116℃
Rub-R-Road 公司	Rub-R-Road R－504、R－504 HS	SBR 胶乳	3～5	变化	变化	增粘，提高软化点、粘韧性、韧性、延度、粘附性
Shell Chemical 公司	Kraton D	SBS	2～6	标准	149～194	减少永久变形、疲劳和温度开裂，提高 SHRP 的高温和低温等级
Ultrapave/Goodyear	Ultrapave SBR 胶乳	聚合物悬浮液	2～5	标准	163～177	增加高温劲度，减小低温劲度，减小疲劳和温度开裂

b　水泥、石灰

b-1　通用水泥的强度等级、组成和特性

通用水泥的强度等级、组成和特性　　表 4-27

名　称	强度等级	定　义　和　组　成	特点	
			优　点	缺　点
硅酸盐水泥	42.5 42.5R 52.5 52.5R 62.5 62.5R	以适当成分的生料，烧至部分熔融，所得以硅酸钙为主要成分的硅酸盐水泥熟料，加入适量石膏磨细制成的水硬性胶凝材料	1.标高号； 2.快硬、早强； 3.抗冻性好，耐磨性和不透水性强	1.水化热高； 2.抗水性差； 3.耐蚀性差
普通硅酸盐水泥（普通水泥）	32.5 32.5R 42.5 42.5R 52.5 52.5R	由硅酸盐水泥熟料，少量混合材料和适量石膏磨细后制成的水硬性胶凝材料（按水泥成品质量，掺活性混合材料时不得超过 15%，掺非活性混合材料时不得超过 10%）	与硅酸盐水泥相比，性能基本相同，仅有如下改变： 1.抗冻、耐磨性稍有下降； 2.早期强度增进率略有减少； 3.抗硫酸盐侵蚀能力有所增强	
矿渣硅酸盐水泥（矿渣水泥）	32.5 32.5R 42.5 42.5R 52.5 52.5R	在硅酸盐水泥熟料中，按水泥成品质量加入 20%～70%的粒化高炉矿渣和适量石膏，磨细后制成的水硬性胶凝材料	1.水化热低； 2.抗硫酸盐侵蚀性好； 3.蒸汽养护有较好效果； 4.耐热性较好	1.早期强度低，后期强度增进率大； 2.保水性差； 3.抗冻性差
火山灰质硅酸盐水泥（火山灰水泥）	32.5 32.5R 42.5 42.5R 52.5 52.5R	在硅酸盐水泥熟料中，按水泥成品质量加入 20%～50%火山灰质混合材料和适量石膏，磨细后制成的水硬性胶凝材料	1.保水性好； 2.水化热低； 3.抗硫酸盐侵蚀性好	1.需水性、干缩性大； 2.早期强度低，后期强度增进率大； 3.抗冻性差
粉煤灰硅酸盐水泥（粉煤灰水泥）	32.5 32.5R 42.5 42.5R 52.5 52.5R	在硅酸盐水泥熟料中，按水泥成品质量加入 20%～40%的粉煤灰和适量石膏，磨细后制成的水硬性胶凝材料	1.水化热低； 2.抗硫酸盐侵蚀性好； 3.能改善砂浆和混凝土的和易性	1.早期强度低而后期强度增进率大； 2.抗冻性差

说明：通用水泥是指用于一般土建工程最常用的水泥

b-2　硅酸盐水泥和粉煤灰的化学成分

硅酸盐水泥和粉煤灰的化学成分　　表 4-28

化学组分含量	硅酸盐水泥	粉　煤　灰
SiO_2(%)	21～23	40～60
Al_2O_3(%)	5～7	15～40
CaO(%)	64～68	2～5

b-3　常用水泥品种及适用范围

常用水泥品种及适用范围　　表 4-29

水 泥 品 种	适　用　范　围
硅酸盐水泥 （GB 175—1999）	适用于先张预应力混凝土结构、悬臂浇筑施工的预应力桥、地下工程喷射衬砌、工厂预制的结构杆件

续上表

水泥品种	适　用　范　围
普通水泥 （GB 175—1999）	适用于混凝土、钢筋混凝土地上、地下和水中结构，其中包括受反复冰冻作用的结构
矿渣水泥 （GB 1344—1999）	适用于混凝土、钢筋混凝土和预应力混凝土的地上、地下和水中结构
火山灰质水泥 （GB 1344—1999）	适用于混凝土、钢筋混凝土的地下和水中结构。处于高温条件下的及钢筋混凝土地上结构，不能用于受反复的冻融循环及温度变化作用的结构、干燥环境中的结构
粉煤灰水泥 （GB 1344—1999）	适用于大体积混凝土及地下工程

b-4 钙质和镁质石灰的分类

钙质和镁质石灰的分类 表 4-30

品 种	氧化镁含量（%）	
	钙质石灰	镁质石灰
生石灰	≤5	>5
生石灰粉	≤5	>5
消石灰粉	<4	4～<24

注：白云石消石灰粉氧化镁含量为24%～<30%。

b-5 石灰体积质量换算

石灰体积质量换算 表 4-31

生石灰组成块:粉	密实状态下密度（kg/m^3）	每立方米消石灰需用生石灰数量（kg）	每立方米石灰膏需用生石灰数量（kg）	每吨生石灰消解后的体积（m^3）
10:0	1 470	355.4		2.814
9:1	1 453	369.6		2.706
8:2	1 439	382.7	571	2.613
7:3	1 426	399.2	602	2.505
6:4	1 412	417.3	636	2.396
5:5	1 395	434.0	674	2.304
4:6	1 379	455.6	716	2.195
3:7	1 367	475.5	736	2.103
2:8	1 354	501.5	820	1.994
1:9	1 335	526.0		1.902
0:10	1 320	557.7		1.793

注：生石灰的单位质量和制作消石灰或石灰膏的生石灰用量等，因各地生石灰质量不一，表列数据供参考。

D 路面混合料的特性

a 沥青混合料

a-1 沥青混合料的种类

沥青混合料的种类 表 4-32

分类方式	混合料名称	定义与说明	
	沥青混合料	沥青混合料是用具有一定粘度和适当用量的沥青材料与一定级配的矿质集料，经过充分拌和而形成的混合物。将这种混合物加以摊铺、碾压成型，成为各种类型的沥青路面	
按拌和与摊铺温度分类	热拌热铺沥青混合料	通常将沥青加热至150～170℃，矿质集料加热至160～180℃，在热态下拌成沥青混合料，并在热态下摊铺、压实成路面。由于在高温下拌和，沥青与矿质集料能形成良好的粘结，因而具有较高的强度。高等级公路和城市干道多采用这种沥青混合料	
	冷拌冷铺沥青混合料	采用乳化沥青、稀释回配沥青或者低粘度的沥青材料，在常温下与集料直接拌和成混合料，在常温下摊铺、碾压成路面。这种沥青混合料由于沥青与集料裹覆性差，粘结不良，路面成型慢，强度低，一般只适用于低交通道路，或者路面局部维修	
	热拌冷铺沥青混合料	用粘度较低的沥青与集料在热态下拌和成混合料，在常温下储存起来，使用时在常温下直接在路面上摊铺压实。这种混合料一般用作为沥青路面的养护材料	
按集料的最大粒径分类	沥青混合料类型	方孔筛最大粒径（mm）	对应的圆孔筛最大粒径（mm）
	特粗式沥青混合料	37.5	45
	粗粒式沥青混合料	26.5～31.5	30～40
	中粒式沥青混合料	16～19	20～25
	细粒式沥青混合料	9.5～13.2	10～15
	砂粒式沥青混合料	4.75	5
按压实后混合料密实度分类	密实式混合料	集料颗粒成连续级配，与沥青拌和经摊铺压实后其剩余空隙率小于10%为密实式沥青混合料，其中剩余空隙3%～6%为Ⅰ型密实式沥青混合料，剩余空隙率4%～10%为Ⅱ型密实式沥青混合料	
	半开式混合料	压实后剩余空隙率为10%～15%的混合料属半开式沥青混合料。通常沥青碎石就为半开式沥青混合料	
	开式混合料	混合料主要由粗集料组成，细集料很少。压实后剩余空隙率大于15%为开式沥青混合料，由于空隙率大，常又称为多孔性沥青混合料 无论密实式还是开式沥青混合料，又都有粗粒式、中粒式和细粒式之分	

续上表

分类方式	混合料名称	定义与说明
按沥青混合料用途分类	路用沥青混合料	在道路工程中采用的沥青混合料
	机场道面沥青混合料	用于机场道面的沥青混合料
	桥面铺装沥青混合料	用于大桥桥面铺装的沥青混合料
按混合料的特性分类	防滑式沥青混合料	用于高等级公路和城市干道路面的表面层，粗集料较多，以提高沥青路面的抗滑性能
	排水性沥青混合料	为加快路面在雨天排水功能，以减少高速行车而产生喷雾、溅水，增强路面的抗滑性，拌制成多孔性沥青混合料，使雨水从路面内部排走。因为这种沥青混合料透水，所以又称为透水性沥青混合料
	浇筑式沥青混合料	由高沥青含量、高矿粉含量和高细集料含量，在高温下经过较长时间拌和，成为一种流态的沥青混合料，摊铺后不用碾压即可成型。由于其在高温下操作，又称为高温摊铺式沥青混合料
	改性沥青混合料	用改性沥青与集料拌和而成的沥青混合料，以提高其路用性能。根据改性沥青品种的不同而有各种不同性能的改性沥青混合料
	高强沥青混合料	在沥青中添加热固性树脂材料和固化剂，拌制成混合料，压实固化即形成具有很高强度的混合料，用于需要高强、耐久、耐油等场所
	沥青玛蹄脂碎石	由高含量的粗碎石和少量细集料形成骨架，用沥青、矿粉、纤维组成的玛蹄脂填充骨架的空隙，形成密实结构，以提高沥青混合料的路用性能
	再生沥青混合料	将旧沥青混合料经过破碎、筛分、再添加再生剂、新集料和沥青，重新加热拌和成混合料，使其恢复性能再用于铺筑路面，这种混合料称为再生沥青混合料
	彩色沥青混合料	采用浅色胶结料、集料(或有色集料)、颜料拌和而成的混合料，用于铺筑彩色路面。由于浅色胶结料具有与沥青一样的性能，故也将它归类为沥青混合料
	储存式沥青混合料	将集料与沥青拌和而成的混合料储存起来，随时需要随时在常温下摊铺压实。这种混合料多用于路面维修
	稀浆封层混合料	在常温条件下，将乳化沥青、级配良好的矿料、填料、水和添加剂等按一定比例配合而成的混合物

a-2 沥青混合料的抗弯拉强度和模量(MPa)

沥青混合料的抗弯拉强度和模量(MPa) 表4-33

沥青混合料类型	试验温度(℃)／沥青品种	15			0		
		强度	模量	应变 ($\times10^{-6}$)	强度	模量	应变 ($\times10^{-6}$)
中粒式沥青混凝土	单—90	3.83～3.50	835～3 080	4 587～1 136	6.87～8.22	3 951～8 372	1 739～982
	单—70	3.12～3.52	1 928～3 453	1 618～1 019	7.82～8.33	4 910～8 626	1 593～966
	阿—70	2.30～4.13	1 040～3 872	2 212～1 067	6.90～8.00	5 343～10 898	1 291～734
	欢—90	2.79	1 269	2 199	8.15	3 977	2 049
	壳—90	2.64	1 730	1 526	8.61	5 956	1 446
沥青碎石	单—90	1.12～2.26	520～1 854	2 154～1 219	3.03～4.68	2 482～3 868	1 221～1 210
	阿—70	1.10～1.55	480～2 498	2 292～620			

a-3　沥青混凝土强度与温度的关系

沥青混凝土强度与温度的关系　　表 4-34

温　度　(℃)	50	20	0	-10	-35
抗压强度(MPa)	1~2	2.5~5	8~13	10~17	18~30

a-4　弯曲和劈裂试验沥青混合料低温力学性质

弯曲和劈裂试验沥青混合料低温力学性质　　表 4-35

加载速率(mm/min)		50(5)*				
混合料沥青品种		单—90	欢—90	壳—90	单—70	阿—70
脆化点温度 T_B(℃)	弯曲	7(-1)	0(-8)	8(1)	10(3)	8(0)
	劈裂	-4(-12)	-6(-16)	0(-12)	0(-10)	0(-10)
与 T_B 相应的破坏应变 $\varepsilon_B(\times 10^{-6})$	弯曲	4 500 (4 500)	3 400 (3 400)	5 000 (5 000)	5 000 (5 000)	4 000 (4 000)
	劈裂	3 100 (3 100)	3 100 (3 100)	3 000 (3 000)	3 100 (3 100)	3 200 (3 215)
模量 S(MPa)	劈裂	3 500 (3 310)	3 300 (3 000)	3 600 (3 300)	3 500 (3 100)	3 300 (3 800)
与 T_B 相应的强度(约数,MPa)	弯曲	11.8 (11.3)	11.9 (11.8)	10.4 (9.8)	11.6 (11.2)	10.4 (9.8)
	劈裂	6.0 (6.0)	5.5 (6.0)	5.8 (5.7)	5.8 (6.0)	6.0 (6.0)
-20℃时的破坏拉应变($\times 10^{-6}$)	弯曲	1 790 (1 520)	1 500 (1 910)	1 330 (1 380)	1 280 (1 800)	1 430 (1 460)
	劈裂	2 108 (2 421)	2 255 (2 658)	2 083 (2 136)	2 047 (2 184)	(1 869) (2 136)
-20℃时的劲度模量(MPa)	弯曲	4 200 ~ 5 500 (4 900 ~ 5 900)(约数)				
	劈裂	5 073 (3 936)	4 760 (3 425)	4 870 (4 479)	5 030 (4 673)	5 156 (4 800)
低温极限应变($\times 10^{-6}$)	弯曲 劈裂	1 200 ~ 1 800 1 800 ~ 2 700				
低温极限劲度(MPa)	弯曲 劈裂	5 000 ~ 6 000 4 000 ~ 6 000				

* 劈裂试验括号内的加载速度为 2mm/min;5mm/min 仅指弯曲试验。

a-5　沥青混合料不同温度下的劲度模量

沥青混合料不同温度下的劲度模量　表 4-36

沥青混合料类型	荷载作用时间(s)	蠕变劲度模量(MPa)			
		20℃	35℃	50℃	60℃
开级配细粒式	0.02	648	493	127	101
密级配中粒式	0.02	834	600	164	164
开级配细粒式	3 600	112	66	44	43
密级配中粒式	31 600	117	72	49	49

a-6　不同温度下混合料的极限抗拉强度(MPa)

不同温度下混合料的极限抗拉强度(MPa)　　表 4-37

温　度　(℃)		5	0	-5	-10	-15
结合料	胜利—100 沥青	1.27	2.60	2.91	3.38	3.51
	掺 5%SBS 改性沥青	1.30	2.08	2.65	1.86	3.38

a-7　沥青混合料的收缩系数(10^{-4}/℃)

沥青混合料的收缩系数(10^{-4}/℃)　　表 4-38

沥　　青	10~20℃	0~20℃	-10~20℃	-20~20℃	-30~20℃
单家寺—90	0.67	0.62	0.53	0.49	0.47
单家寺—70	0.59	0.57	0.49	0.46	0.43
欢喜岭—90	0.59	0.56	0.46	0.45	0.42
阿尔巴尼亚—70	0.80	0.64	0.55	0.51	0.46
新加坡—90	0.65	0.59	0.52	0.47	0.45

a-8　沥青混合料的抗裂性

沥青混合料的抗裂性　　表 4-39

混合料类型	沥青材料	沥青延度(5℃)(cm)	矿料集中系数 Cr	抗裂性能
沥青混凝土	兰炼—200	3.8	0.85	一般
	新加坡—100	12.0	0.83	最好
沥青碎石	兰炼—200	3.8	0.871	差
	新加坡—100	12.0	0.865	较好

a-9　沥青混合料低温弯曲蠕变速率

沥青混合料低温弯曲蠕变速率　　表 4-40

沥青种类	克拉玛依	欢喜岭	辽河	兰炼	茂名	单家寺	胜利
AC—13 I 混合料蠕变速率 1/(s·MPa)	1.22×10^{-5}	1.10×10^{-5}	6.1×10^{-6}	1.29×10^{-6}	7.2×10^{-7}	1.27×10^{-6}	2.58×10^{-7}

a-10 影响沥青混合料疲劳寿命的因素

影响沥青混合料疲劳寿命的因素 表4-41

因素	因素变化	因素变化的影响			因素	因素变化	因素变化的影响		
		对劲度	对应力控制疲劳寿命	对应变控制疲劳寿命			对劲度	对应力控制疲劳寿命	对应变控制疲劳寿命
沥青针入度	降低	增加	增加	减少	集料级配	开级配到密级配	增加	增加	减少
沥青含量	增高	增加	增加	增加	空隙率	降低	增加	增加	增加
集料类型	增加棱角和粗糙度	增加	增加	减少	温度	降低	增加	增加	减少

a-11 改性沥青混凝土的技术性质

改性沥青混凝土的技术性质 表4-42

技术指标		胜利沥青甲100	2%SBR改性沥青	4%SBR改性沥青	6%SBR改性沥青
高温稳定性	马歇尔试验				
	稳定度(kN)	11.16	13.39	10.37	11.32
	流值(0.1mm)	29.2	30.2	34.7	25.4
	轮辙试验				
	动稳定度(次/mm)	1 086	909	1 331	1 500
		927	1 454	1 295	1 182
		1 370	1 350	1 112	—
	平均	1 128	1 238	1 245	1 491
低温抗裂性	劈裂试验(-10℃,50mm/min)				
	破坏强度(MPa)	4.18	4.48	5.05	4.46
	破坏应变	2.95×10^{-8}	31.1×10^{-8}	33.7×10^{-8}	36.4×10^{-8}
	破坏劲度(MPa)	2 244	2 477	2 578	2 224
	弯曲试验(-10℃,1mm/min)				
	破坏强度(MPa)	10.07	10.14	12.12	8.81
	破坏应变	2.61×10^{-3}	3.00×10^{-3}	3.72×10^{-3}	3.14×10^{-3}
	破坏劲度(MPa)	3 461	3 461	3 280	2 820
	弯曲蠕变试验(0℃,1MPa)形变增长率	0.85×10^{-7}	1.67×10^{-7}	1.36×10^{-7}	1.31×10^{-7}
水稳定性	马歇尔试验(kN)	10.62/11.16	10.44/13.39	9.64/10.37	9.18/11.32
	残留稳定度(%)	95.2	78.0	93.0	81.10
	冻融前后劈裂强度(击实50次)	0.76/0.94	0.82/0.85	0.82/0.85	0.82/0.84
	比值(%)	80.9	96.5	96.5	97.6

a-12 沥青材料与沥青路面性能的关系

沥青材料与沥青路面性能的关系 表4-43

沥青路面		沥青结合料	矿料	沥青混合料	备注
高温抗车辙性能		★★	★★★	★★★	
低温抗裂性能		★★★	★	★★★	
耐久性	抗疲劳性能	★★★	★★	★★★	
	水稳定性	★	★★	★★★	
	抗老化性能	★★★	☆	★★★	与空隙率关系级大

续上表

沥青路面	沥青结合料	矿　料	沥青混合料	备　注
表面服务功能	★	★★★	★★★	
路面透水性	★★	★★★	★★★	与空隙率关系极大
行车舒适性能	☆	★	★	取决于施工水平及结构
施工性能	★★	★★	★★	

注：表中★★★表示特别重要，★★表示比较重要，★表示有影响，☆表示几乎无关。

a-13　沥青混凝土的蠕变劲度和回弹模量与温度的关系

沥青混凝土的蠕变劲度和回弹模量与温度的关系　　　表 4-44

温度(℃)	50	45	40	35	30	25	20
S (MPa)	75	109	142	176	232	288	344
E (MPa)	223	361	516	683	790	895	999

b　水泥混凝土

b-1　混凝土强度与龄期关系

混凝土强度与龄期关系　　　表 4-45

<table>
<tr><td>项　目</td><td colspan="9">龄　期　与　强　度</td></tr>
<tr><td rowspan="2">不同龄期的混凝土强度</td><td>混凝土龄期</td><td>7d</td><td>28d</td><td>90d</td><td>180d</td><td>1 年</td><td>2 年</td><td>3～5 年</td><td>20 年</td></tr>
<tr><td>相对极限抗压强度</td><td>0.6～0.75</td><td>1</td><td>1.25</td><td>1.50</td><td>1.75</td><td>2</td><td>2.25</td><td>3</td></tr>
<tr><td rowspan="7">混凝土达到 2.5MPa 所需天数(d)</td><td rowspan="2">水　泥　品　种</td><td rowspan="2">水泥强度等级</td><td rowspan="2">混凝土强度等级 (MPa)</td><td colspan="6">混凝土平均硬化温度(℃)</td></tr>
<tr><td>5℃</td><td>10℃</td><td>15℃</td><td>20℃</td><td>25℃</td><td>30℃</td></tr>
<tr><td>硅酸盐水泥</td><td>≥22.5</td><td>10</td><td>5.0</td><td>4.0</td><td>3.0</td><td>2.0</td><td>1.5</td><td>1.0</td></tr>
<tr><td></td><td>≥27.5</td><td>15</td><td>4.5</td><td>3.0</td><td>2.5</td><td>2.0</td><td>1.5</td><td>1.0</td></tr>
<tr><td>(普通水泥)</td><td>≥32.5</td><td>≥20</td><td>3</td><td>2.5</td><td>2.0</td><td>1.5</td><td>1.0</td><td>1.0</td></tr>
<tr><td rowspan="2">矿渣水泥及火山灰质水泥</td><td rowspan="2">≥22.5</td><td>≤10</td><td>8.0</td><td>6.0</td><td>4.5</td><td>3.5</td><td>2.5</td><td>2.0</td></tr>
<tr><td>≤15</td><td>6.0</td><td>4.5</td><td>3.5</td><td>2.5</td><td>2.0</td><td>1.5</td></tr>
<tr><td rowspan="4">混凝土达到 1.2MPa 所需时间(h)(混凝土强度等级≥C15)</td><td colspan="5" rowspan="2">水　泥　品　种</td><td colspan="4">外　界　平　均　温　度</td></tr>
<tr><td>5℃以下</td><td>10℃以下</td><td>15℃以下</td><td>5℃以上</td></tr>
<tr><td colspan="5">≥32.5 级普通水泥</td><td>60</td><td>48</td><td>36</td><td>24</td></tr>
<tr><td colspan="5">矿渣水泥、火山灰质水泥和低于 32.5 级的普通水泥</td><td>90</td><td>72</td><td>48</td><td>36</td></tr>
<tr><td rowspan="4">混凝土达到 0.5MPa 所需时间(h)</td><td colspan="3" rowspan="2">混凝土强度等级　(MPa)</td><td colspan="6">日　平　均　气　温　(℃)</td></tr>
<tr><td colspan="2">5～15</td><td colspan="2">16～20</td><td colspan="2">21～30</td></tr>
<tr><td colspan="3">15～20</td><td colspan="2">11</td><td colspan="2">8</td><td colspan="2">5</td></tr>
<tr><td colspan="3">30</td><td colspan="2">10</td><td colspan="2">7</td><td colspan="2">4</td></tr>
</table>

b-2　混凝土强度等级与密度关系

混凝土强度等级与密度关系　　　表 4-46

混凝土强度等级(MPa)	5～10	15～30	40～60	>60
密　度　(kg/m^3)	2 360	2 400	2 450	2 480

b-3 混凝土抗压弹性模量 E_c 与圆柱体抗压强度 f_c' 和混凝土容重 γ 的经验关系式

混凝土抗压弹性模量 E_c 与圆柱体抗压强度 f_c' 和混凝土容重 γ 的经验关系式 表 4-47

提出者	经验关系式	适用范围
美国混凝土学会ACI—318	$E_c = 44\gamma^{1.5}f_c'^{0.5}$	f_c' 为 2.76MPa ~ 40MPa 的普通混凝土
Carrasquillo 等	$E_c = 3321.4f_c'^{0.5} + 6895$	中、高强混凝土
Ahmad 等	$E_c = 3.55\gamma^{2.5}f_c'^{0.325}$	低、中、高强混凝土
Oluokun 等	$E_c = 42.38\gamma^{1.5}f_c'^{0.5}$	低龄期混凝土

注：E_c 和 f_c' 的单位为 MPa，γ 的单位为 kN/m^3。

b-4 混凝土弯拉弹性模量 E_r(GPa)与弯拉强度 f_r(MPa)的经验关系式

混凝土弯拉弹性模量 E_r(GPa) 与弯拉强度 f_r(MPa) 的经验关系式 表 4-48

提出者	关系式	备注
交通部第二公路勘察设计院等	$E_r = \frac{10f_r}{0.596 + 0.127f_r}$	挠度法
空军工程设计研究局	$E_r = \frac{10f_r}{0.96 + 0.0915f_r}$	旧道面锯切小梁，应变法
江苏省公路管理局等	$E_r = 14.37f_r^{0.46}$	挠度法，碎、砾石混凝土
	$E_r = 17.4 + 2.6f_r$	

b-5 混凝土弯拉强度 f_r 与劈裂强度 f_{sp}' 的经验关系式

混凝土弯拉强度 f_r 与劈裂强度 f_{sp}' 的经验关系式 表 4-49

编号	提出者	关系式	备注
1	Walker 等	$f_r = 0.993f_{sp}'^{1.22}$	不同集料最大粒径
2	Narrow 等	$f_r = 1.639 + 1.028f_{sp}'$	两种集料
3	Nevillle	$f_r = 1.58 + 1.04f_{sp}'$	碎石和卵石混凝土
4	江苏省公路管理局和民航机场设计研究所等单位	$f_r = 1.868f_{sp}'^{0.871}$	石灰岩、花岗岩碎石混凝土
		$f_r = 3.037f_{sp}'^{0.423}$	玄武岩碎石混凝土
5	空军工程设计研究局	$f_r = 2.64 + 0.621f_{sp}'$	机场相道面碎石混凝土和卵石混凝土试件

b-6 水泥混凝土线膨胀系数(10^{-6}/℃)

水泥混凝土线膨胀系数(10^{-6}/℃) 表 4-50

粗集料类型	水泥混凝土线膨胀系数
石英岩	1.188
砂岩	1.170
砂石	1.080
花岗岩	0.954
玄武岩	0.864
石灰岩	0.684

b-7 水泥混凝土板底摩阻系数

水泥混凝土板底摩阻系数 表 4-51

板下材料类型	摩阻系数
表面处治	2.2
石灰稳定，水泥稳定和沥青稳定	1.8
砾石和碎石	1.5
砂岩	1.2
天然路基	0.9

b-8 混凝土减水剂种类及特性

混凝土减水剂种类及特性 表 4-52

用途	主要用于改善混凝土和水泥砂浆的和易性，降低水灰比，以节约水泥而提高强度						
各种减水剂的特性	种类	掺量(占水泥重的%)	减水率(%)	提高强度(%)	坍落度增大	节约水泥(%)	研制单位或生产厂
	MF 减水剂(聚次甲基磺酸钠)	0.3 ~ 0.7 一般取 0.5 左右	10 ~ 30	10 ~ 30	2 ~ 3 倍	10 ~ 25	建材研究院江苏江都染料厂
	NNO 减水剂(精萘)	0.5 ~ 0.75	10 ~ 25	20 ~ 25	2 ~ 3 倍	10 ~ 20	江苏江都染料厂、大连红卫化工厂
	木质素磺酸钠(纸浆废液)	0.2 ~ 0.3	10 ~ 15	10 ~ 20	10 ~ 20cm	10 ~ 15	吉林开山屯化学纤维浆厂、广州造纸厂

续上表

用途	主要用于改善混凝土和水泥砂浆的和易性，降低水灰比，以节约水泥而提高强度						
各种减水剂的特性	N系减水剂(工业萘)	0.5～0.8	10～17	10		8～12	南京水利科学研究所
	NF减水剂(精萘)	1.5	20			5～25	武汉化学制剂厂
	UNF减水剂(油萘)	0.5～1.5	15～20	15～30	10～15cm	10～15	天津建筑科研所
	JN减水剂(萘残油)	0.5	15～27	30～50	8～11cm	10～17	镇江焦化厂
	FDN减水剂(工业萘)	0.5～0.75	16～25	20～50		20	广州湛江外加剂厂
	SN-Ⅱ减水剂(萘)	0.5～1.0	14～25	15～40	15～20cm	15～20	上海建筑科学研究所、五四助剂厂
	磺化焦油减水剂(煤焦油)	0.5～0.75	10	35～57		5～10	宁夏回族自治区
	HM减水剂(纸浆废液)	0.2	5～10	≥10		5～8	华丰造纸厂
	SM减水剂(密胶树脂)	0.2～0.5	10～27	30～50			山西万荣县荣和化工总厂
	建1减水剂	0.5～0.7	10～30			10～25	北京焦化厂
说明	掺用减水剂的技术效果均指相对而论，其条件是：在水泥用量、坍落度保持不变时，可减少水量和提高强度；在水灰比和强度保持不变时，可增大坍落度；在强度和坍落度保持不变时，可节约水泥用量						

b-9　混凝土早强剂种类及特性

混凝土早强剂种类及特性　　表4-53

用途	用于提高混凝土和水泥砂浆的早强硬化速度		
	种　类	掺　量(占水泥重的%)	早　强　效　果
各种早强剂的特性	氯化钙	1～2	2d强度提高40%～65%(50%～100%) 3d强度提高30%～50%(40%～70%)
	硫酸钠	1～2	2d强度提高75%～112%(25%～117%) 7d强度提高8%～23%(36%～51%)
	硫酸钾	0.6～2	相当于氯化钙
	三乙醇胺	0.05	2d强度提高60%左右
	氯化钠	0.5	3d强度提高30%～50%
	三异丙醇胺 硫酸亚铁	0.05 0.3	7d强度提高20%～30% 28d强度提高40%～50%
	三氯化铁	1左右	能提高混凝土早期和后期强度
	FDN减水剂	0.25	3d强度可提高30%～80%
	SM高效减水剂	0.2～0.5	1d强度可提高30%～100%

注：表内括号中数字系用矿渣水泥拌制的混凝土强度增长情况。

b-10　混凝土促凝剂(速凝剂)种类及特性

混凝土促凝剂(速凝剂)种类及特性　表4-54

用途	主要用于喷射桥梁基坑的混凝土护壁、喷锚隧道混凝土支护等混凝土工程		
	种　类	掺　量(占水泥重的%)	促　凝　效　果
各种促凝剂特性	红星一型	3%左右	1～5min初凝，2～10min终凝。1d的强度为不掺入者的2～6倍，28d的强度为不掺入者的60%～90%
	711型	3%～5%	5min初凝，10min终凝。1:3水泥砂浆28d的强度为不掺入者的80%。掺入混凝土中，可使其凝结快、早强，抗渗性得到改善
	铝酸钠型	其中氧化钙、氧化锌掺入量为4%左右	5min初凝，10min终凝。早期的强度低于红星一型，但后期强度较之为高

b-11　混凝土缓凝剂种类及特性

混凝土缓凝剂种类及特性　　表 4-55

	种　　类	掺　　量（占水泥重的%）	水泥初凝时间延长(h)
用途	适用于水下的底层混凝土、夏季过于炎热时施工的混凝土或用于某些新工艺施工的混凝土，以及减缓大体积混凝土浇灌速度，有利于水化热的散发等之用		
各种缓凝剂特性	木质碳酸钙或木质硫酸钠	0.25	3～5
	亚硫酸盐纸浆废液	0.2	2～3
	NNO（亚甲基二萘硫酸钠）	1	3
	糖蜜（已糖二酸钙）	0.2～0.3	2～4
	甲基硅酸钠	1～3	4～6
	柠檬酸	0.05～0.1	2～4
	磷酸	0.1～1	1～1.5
	磷酸钠	0.5～1	1～1.5
说明	纸浆废液用酸法生产的，掺量以有效物质计；磷酸以无水磷酸计，对混凝土强度比不掺的稍有降低，在混凝土中要增加一定的水泥用量		

b-12　混凝土加气剂种类及特性

混凝土加气剂种类及特性　　表 4-56

	种　　类	掺量（占水泥重的%）
用途	可改善混凝土的和易性，提高抗冻、抗渗和抗侵蚀性能，但强度有所下降。一般每增加 1% 的空气含量，强度约下降 5%。混凝土含气量以 3%～5% 为宜	
各种加气剂的特性	1.松香热聚物	0.75～1.50/10 000
	2.松脂皂	0.75～1.50/10 000
	3.烷基苯磺酸钠	1～1.50/10 000
	4.石油磺酸（水溶性）	1～1.50/10 000
	5.烷基磺酸钠	1～1.50/10 000
说明	上述 3、4、5 项加气剂可掺入三乙醇胺渣 0.03%～0.05% 及氯化钠 0.15%～0.3% 配成复合剂，可产生减水作用，避免强度降低	

c　水泥、石灰、粉煤灰混合料

c-1　水泥稳定碎石力学参数与龄期的关系

水泥稳定碎石力学参数与龄期的关系　表 4-57

力学参数(MPa)	28d	90d	180d	28d/180d	90d/180d
R	4.49	5.57	6.33	0.71	0.88
E_p	2 093	3 097	3 872	0.54	0.80
σ_{sp}	0.413	0.634	0.813	0.51	0.78
E_{sp}	533	926	1 287	0.41	0.72

注：R—— 抗压强度；E_p—— 抗压回弹模量；σ_{sp}—— 劈裂强度；E_{sp}—— 劈裂模量。

c-2　半刚性路面基层材料的平均抗压强度(MPa)

半刚性路面基层材料的平均抗拉强度(MPa)　表 4-58

龄期(d) / 混合料	28 R_d	28 R_i	90 R_d	90 R_i
6%水泥砂砾	0.84	0.46～0.76	—	—
6%水泥碎石土	0.90	0.42	—	—
10%水泥土	0.40	0.16～0.21	0.63	0.19～0.21
14%石灰土	0.24	0.12	0.31～0.50	0.19～0.34
6:24:70 石灰粉煤灰矿渣	—	0.58	1.50～2.00	0.60～0.70
5:15:80 石灰粉煤灰砂砾	—	—	0.81～0.96	0.36～0.45
10:30:60 石灰粉煤灰碎石	0.44	0.32	—	0.73
10:40:50 石灰粉煤灰土	0.38～0.46	0.20	0.79～1.22	0.37

c-3　半刚性材料的干缩系数和温缩系数

半刚性材料的干缩系数和温缩系数　表 4-59

材料名称	干缩系数(×10⁻⁶)/(%) 1/2 最大失水量	干缩系数 最大失水量	温缩系数(×10⁻⁶)/(℃) －5℃	温缩系数 －15℃
石灰土	680～930	420～484	25.6～35.7	63.5～78.7
二灰土	19～104	84～172	7.3～15.4	29.5～50.6
水泥土	386～545	304～384	7.9～17.9	31.2～36.4
石灰土粒料	—	104～122	—	16.7
二灰粒料（悬浮式）	23	109	7.7	16
二灰粒料（密实式）	13.5～15.5	55～65	4.2	12
水泥粒料	5.3～8	41～83	7.0～12	10～16

c-4　半刚性材料龄期与平均干缩系数的关系

半刚性材料龄期与平均干缩系数的关系　表 4-60

龄期(d)	平均干缩系数 灰土砂砾	二灰砂砾	水泥砂砾
1	264.3	99.07	
7	124.32	49.25	34.1
28	110.30	41.13	29.4
90	95.26	35.70	27.0
180	90.01	32.20	34.5

c-5　半刚性材料的强度、模量折减系数

半刚性材料的强度、模量折减系数　表 4-61

材料名称	参数类型	强度(MPa)	模量(MPa)
二灰碎石	抗压	0.72	0.34
	劈裂	0.23	0.35
二灰砂砾	抗压	0.72	0.34
	劈裂	0.28	0.35
水泥碎石	抗压	0.96	0.39
	劈裂	0.82	0.85
水泥砂砾	抗压	0.96	0.39
	劈裂	0.82	0.86
石灰土二灰土	抗压	0.60	0.60
	劈裂	0.50	0.50
水泥粉煤灰碎石	抗压	0.72	0.34
	劈裂	0.28	0.35

c-6　石灰粉煤灰稳定碎石力学参数与龄期的关系

石灰粉煤灰稳定碎石力学参数与龄期的关系　表 4-62

力学参数(MPa)	28d	90d	180d	28d/180d	90d/180d
R	3.10	5.75	8.36	0.37	0.69
E_p	1 086	1 993	2 859	0.38	0.70
σ_{sp}	0.219	0.536	0.913	0.41	0.59
E_{sp}	359	960	1 720	0.37	0.56

注：R—— 抗压强度；E_p—— 抗压回弹模量；σ_{sp}—— 劈裂强度；E_{sp}—— 劈裂模量。

c-7　各类路面材料的泊松比

各类路面材料的泊松比　表 4-63

材　料	一般范围	说　明	代表值
水泥混凝土	0.10～0.20		0.15
沥青混凝土 沥青处治基层	0.15～0.45	随温度而变；低温时(小于0℃)用低值(0.15)，高温时(50℃以上)用高值(0.45)	0.35
水泥稳定基层	0.15～0.30	无裂缝时用 0.15，随开裂程度增加而提高到 0.30	0.20
粒料基层和垫层	0.30～0.40	碎石用低值，砾石用高值	0.35
路基	0.30～0.50	随土类而异，砂性土接近于 0.30，高塑性粘土接近于 0.50	0.40

4

A 路面粒料技术要求

a 水泥稳定土技术要求

高速公路和一级公路用水泥稳定土做基层时的颗粒组成范围　　表 4-64

项目		编号 1	2	3
筛孔尺寸(m)	37.5	100	100	
	31.5		90~100	100
	26.5			90~100
	19		67~90	72~89
	9.5		45~68	47~67
	4.75	50~100	29~50	29~49
	2.36		18~38	17~35
	0.6	17~100	8~22	8~22
	0.075	0~30	0~7*	0~7*
液限(%)				<28
塑性指数				<9

（表头斜线：通过质量百分率(%) / 编号 / 项目）

* 集料中 0.5mm 以下细粒土有塑性指数时，小于 0.075mm 的颗粒含量不应超过 5%；细粒土无塑性指数时，小于 0.075mm 的颗粒含量不应超过 7%。

二、三、四级公路用水泥稳定土做基层时的颗粒组成范围　　表 4-65

筛孔尺寸(mm)	通过质量百分率(%)	筛孔尺寸(mm)	通过质量百分率(%)
37.5	90~100	2.36	20~70
26.5	66~100	1.18	14~57
19	54~100	0.6	8~47
9.5	39~100	0.075	0~30
4.75	28~84		

二、三、四级公路用水泥稳定土做底基层时的颗粒组成范围　　表 4-66

筛孔尺寸(mm)	53	4.75	0.6	0.075	0.002
通过质量百分率(%)	100	50~100	17~100	0~50	0~30

注：表中所列用筛均为方孔筛。在无相应尺寸方孔筛的情况下，可先将颗粒组成在半对数坐标纸上画出两根级配曲线，然后在对数坐标上查找所需筛孔的位置或点，从此点引一垂直线向上与两根曲线相交。从此两交点画水平线与垂直坐标相交，即可得到所需颗粒尺寸的通过百分率。

高速公路和一级公路用水泥稳定土做底基层的粒料要求　　表 4-67

单个最大粒径	土的均匀系数	细粒土液限	细粒土塑性指标
≯37.5mm	>5 适宜值>10	≯40%	≯17 适宜值<12

水泥稳定土基层粒料的其他要求　　表 4-68

项目或指标			技术要求
碎石(砾石)压碎值	基层	高速、一级公路	≯30%
		二、三、四级公路	≯35%
	底基层	高速、一级公路	≯30%
		二、三、四级公路	≯40%
土的有机质含量			≯2%
土的硫酸盐含量			≯0.25%
适宜的水泥强度等级和种类			32.5 或 42.5 级的普通硅酸盐水泥、矿渣硅酸盐水泥和火山灰硅酸盐水泥
石灰			消石灰粉或生石灰料

对细粒土的技术要求　　表 4-69

材料类型	塑性指数	有机质含量	硫酸盐含量
水泥稳定类	≤17	≤2%	≤0.25%
石灰稳定类	12~18	≤10%	≤0.8%
石灰粉煤灰稳定类	12~18	≤10%	≤0.8%

水泥稳定类材料集料的级配范围　　表 4-70

层位	40	31.5	19	9.5	4.75	2.36	0.6	0.075	液限	塑指
基层	—	100	88~99	57~77	29~49	17~35	8~22	0~7	<28	<9
底基层	100	93~98	74~89	49~69	29~52	18~38	8~22	0~7	<28	<9

（表头斜线：通过质量百分率(%) / 方筛孔尺寸(mm) / 层位）

注：集料中含有塑性指数的土时，小于 0.075mm 的颗粒含量不应超过 5%。

底基层用土的物理指标参数表　　表4-71

土号	土名	液限(%)	塑限(%)	塑性指数	颗粒组成(%) 2~0.05	0.05~0.002	<0.002	相对密度
8	低液限粉土	29.0	18.0	11.0	30.0	49.7	20.3	2.70
12	低液限粉土	33.2	18.0	15.2	18.7	70.1	11.2	2.73
13	低液限粘土	38.2	18.7	19.5	18.4	70.9	10.7	2.78
17	低液限粉土	30.0	18.0	12.0	29.2	58.3	12.5	2.71

b　二灰稳定土技术要求

二灰稳定土做基层时二灰级配砂砾中集料的颗粒组成范围　　表4-72

项目 \ 通过质量百分率(%) \ 编号		1	2
筛孔尺寸(mm)	37.5	100	
	31.5	85~100	100
	19.0	65~85	85~100
	9.50	50~70	55~75
	4.75	35~55	39~59
	2.36	25~45	27~47
	1.18	17~35	17~35
	0.60	10~27	10~25
	0.075	0~15	0~10

二灰稳定土做基层时二灰级配碎石中集料的颗粒组成范围　　表4-73

项目 \ 通过质量百分率(%) \ 编号		1	2
筛孔尺寸(mm)	37.5	100	
	31.5	90~100	100
	19.0	72~90	81~98
	9.50	48~68	52~70
	4.75	30~50	30~50
	2.36	18~38	18~38
	1.18	10~27	10~27
	0.60	6~20	6~20
	0.075	0~7	0~7

二灰稳定土粒料压碎值要求　　表4-74

项目或指标			技术要求
碎砾石压碎值	基层	高速、一级公路	≯30%
		二、三、四级公路	≯35%
	底基层	高速、一级公路	≯30%
		二、三、四级公路	≯40%

二灰碎石基层混合料中碎石的级配范围　　表4-75

层位	通过下列方筛孔(mm)的质量百分率(%) 40	31.5	19.0	9.50	4.75	2.36	1.18	0.6	0.075
基层	—	100	81~98	52~70	30~50	18~38	10~27	6~20	0~7
底基层	100	90~100	72~90	48~68	30~50	18~38	10~27	6~20	0~7

二灰砂砾混合料中砂砾的级配范围　　表4-76

层位	通过下列方筛孔(mm)的质量百分率(%) 40	31.5	19.0	9.50	4.75	2.36	1.18	0.6	0.075
基层	—	100	83~98	55~75	39~59	29~49	20~40	12~32	0~15
底基层	100	89~100	69~89	52~72	39~59	29~49	20~40	12~32	0~15

c　碎、砾石技术要求

级配砾石基层的颗粒组成范围　　表4-77

项目 \ 通过质量百分率(%) \ 编号		1	2	3
筛孔尺寸(mm)	53	100		
	37.5	90~100	100	
	31.5	81~94	90~100	100
	19.0	63~81	73~88	85~100
	9.5	45~66	49~69	52~74
	4.75	27~51	29~54	29~54
	2.36	16~35	17~37	17~37
	0.6	8~20	8~20	8~20
	0.075	0~7①	0~7②	0~7②
液限(%)		<28	<28	<28
塑性指数		<6(或9①)	<6(或9①)	<6(或9①)

注:①潮湿多雨地区塑性指数宜小于6,其他地区塑性指数宜小于9;
②对于无塑性的混合料,小于0.075mm的颗粒含量应接近高限。

砂砾底基层的级配范围　　表4-78

筛孔尺寸(mm)	53	37.5	9.5	4.75	0.6	0.075
通过质量百分率(%)	100	80~100	40~100	25~85	8~45	0~15

级配砾石基层压碎值要求　　　　表 4-79

项目或指标			技术要求	项目或指标			技术要求
砾石压碎值	基层	二级公路	≯30%	砾石压碎值	底基层	高速、一级公路	≯30%
		三、四级公路	≯35%			二、三、四级公路	≯35%(二级)、≯40%(三、四级)

级配砾石面层、基层材料的级配组成　　　　表 4-80

层位	编号	通过下列筛孔(mm)的质量百分率(%)										
		50	40	30	20	10	5	2	0.5	0.075	液限	塑指
面层	1	100	90~100		650~85	45~70	30~55	20~37	15~25	7~12	<43	12~21①
	2		100	85~100	70~90	50~70	40~60	25~40	20~32	8~15	<43	12~21①
	3		100		85~100	60~80	45~65	30~50	20~32	8~15	<43	12~18①
基层	1	100	90~100		65~85	45~70	30~55	15~35	10~20	4~10	<28	<9②
	2		100	90~100	75~90	50~70	30~55	15~35	10~20	4~10	<28	<9②
	3			100	85~100	60~80	30~50	15~30	10~20	2~8	<28	<9②

注:①面层上可不设磨耗层,若加铺磨耗层,0.5mm以下细料含量和塑性指数宜用低限;用圆孔筛时,采用1~3号级配;用方孔筛时,只用2、3号级配;
②潮湿多雨地区的基层塑性指数不大于6。

碎石路面磨耗层厚度与级配组成　　　　表 4-81

编号	通过下列筛孔(mm)的质量百分率(%)						<0.5mm塑指	厚度(cm)	适用地区
	30	20	10	5	2	0.5			
1	100	80~100	55~75	40~60	25~50	18~30	15~21	3~4	南方潮湿地区
2		100	75~90	50~70	38~56	18~35	15~21	2~3	南方潮湿地区
3		100	75~90	50~75	38~56	25~40	15~21	2~3	北方半干旱地区
4		100	70~85	55~70	45~55	30~45	>12	3~4	西北干旱地区
5			100	75~100	45~75	20~45	15~21	1~2	南方潮湿地区
6			100	80~95	60~80	35~50	15~21	2~3	北方半干旱地区
7				90~100	60~80	35~55	15~18	1~2	北方半干旱地区

泥结碎石材料规格表　　　　表 4-82

编号	通过下列筛孔(mm)的质量百分率(%)						层位	编号	通过下列筛孔(mm)的质量百分率(%)						层位
	75	50	40	20	10	5			75	50	40	20	10	5	
1	100		0~15	0~5			下层或基层	4				85~100		0~5	上层或面层
2		100		0~15	0~5			5					85~100	0~5	嵌缝
3			100	0~15	0~5		上层或面层								

级配碎石面层、基层的矿料级配组成　　　　表 4-83

层位		通过下列筛孔(mm)的质量百分率(%)									液限(%)	塑指(%)
		50	40	30	20	10	5	2	0.5	0.075		
面层	1	100	90~100		68~85	45~70	30~55	20~37	15~25	7~12	<43	12~21①
	2		100	85~100	70~90	50~70	40~60	25~40	20~32	8~15	<43	12~18②
上基层③				100	85~100	60~80	30~50	15~30	10~20	2~8	<28	<9②

续上表

层　位	通过下列筛孔(mm)的质量百分率(%)									液限(%)	塑指(%)
	50	40	30	20	10	5	2	0.5	0.075		
基层		100	90~100	75~90	50~70	30~55	15~35	10~20	4~10	<28	<9②
底基层	100	85~100	65~85	42~67	20~40	10~27	8~20	5~18	0~15	<28	<9②
		100	80~100	56~87	30~60	18~46	10~33	5~20	0~15	<28	<9②

注:①面层上可不设磨耗层,若加铺磨耗层,0.5mm 以下细料含量和塑性指数宜用低限;用圆孔筛时,采用 1~2 号级配;用方孔筛时,只用 2 号级配;

②潮湿多雨地区的基层塑性指数不大于 6;

③上基层是指沥青面层下与半刚性基层之间设置级配碎石时,该层的级配宜符合此规定。

碎、砾石土的设计参数　　表 4-84

碎石含量(%)	路基干湿状况	回弹模量值(MPa)	密　度(t/m^3)	含水量 w(%)	备　注
>70	干燥	90~100	2.05~2.25	7	含水量 w 系指碎、砾石土和风化砂砾等材料的绝对含水量值,以下同
	中湿	70~80	2.00~2.20	8	
	潮湿	55~65	1.95~2.15	11	
50~70	干燥	75~85	2.00~2.20	7	
	中湿	55~65	1.95~2.15	8	
	潮湿	45~55	1.90~2.10	11	
30~50	干燥	47~57	1.90~2.10	<10	
	中湿	30~40	1.85~1.95	10~15	
	潮湿	20~30	1.75~1.85	>15	
<30	干燥	30~40	1.80~1.90	<10	
	中湿	15~25	1.70~1.80	10~15	
	潮湿	15	1.60~1.70	>15	

注:本表适用于Ⅰ、Ⅱ区的林区,其他情况参考使用。

未筛分碎石底基层颗粒组成范围　　表 4-85

项目 \ 通过质量百分率(%) \ 编号		1	2
筛孔尺寸(mm)	53	100	
	37.5	85~100	100
	31.5	69~88	83~100
	19.0	40~65	54~84
	9.5	19~43	29~59
	4.75	10~30	17~45
	2.36	8~25	11~35
	0.6	6~18	6~21
	0.075	0~10	0~10
液限　(%)		<28	<28
塑性指数		<6(或9*)	<6(或9*)

* 在潮湿多雨地区,塑性指数宜小于 6,其他地区塑性指数宜小于 9。

级配碎石(或碎砾石)基层粒料压碎值要求　　表 4-86

项目或指标			技术要求
碎石(碎砾石)压碎值	基层	高速、一级公路	≯26%
		二、三、四级公路	≯30%(二级)、≯35%(三、四级)
	底基层	高速、一级公路	≯30%
		二、三、四级公路	≯35%(二级)、≯40%(三、四级)

城市道路路面基层集料压碎值、抗压强度与其适用范围　　表 4-87

压碎值(%)		抗压强度(MPa)	适　用　范　围
悬浮密实型混合料	骨架密实型混合料	悬浮密实型混合料	
≤35	≤30	—	快速路和主干路的基层
≤40	≤35	—	次干路、支路的基层和快速路、主干路的底基层
—	—	≥7.5	

注:碎石、砾石、砂砾、高炉矿渣和钢渣用压碎值,碎砖用抗压强度。

d　填隙碎石技术要求

填隙碎石、粗碎石的颗粒组成　　表 4-88

编号	通过质量百分率(%) / 标称尺寸(mm)	63	53	37.5	31.5	26.5	19	16	9.5
1	30~60	100	25~60		0~15		0~15		
2	25~50		100		25~50	0~15		0~5	
3	20~40			100	35~70		0~15		0~5

注:表头"筛孔尺寸(mm)"跨 63~9.5 各列。

填隙料的颗粒组成　　表 4-89

筛孔尺寸(mm)	9.5	4.75	2.36	0.6	0.075	塑性指数
通过质量百分率(%)	100	85~100	50~70	30~50	0~10	<6

水泥混凝土路面材料组成要求(JTG D40—2002) 表 4-90

路面层位	材 料 组 成 要 求
垫层	(1)防冻垫层所用砂、砂砾材料中通过0.075mm筛孔的细粒含量不宜大于5%。 (2)排水垫层材料的级配应满足下述渗滤标准: ①垫层材料通过率为15%时的粒径 D_{15} 不小于路床土通过率为15%时的粒径 d_{15} 的5倍($D_{15} \geqslant 5d_{15}$); ②垫层材料通过率为15%时的粒径 D_{15} 不大于路床土通过率为85%时的粒径 d_{85} 的5倍($D_{15} \leqslant 5d_{85}$); ③垫层材料通过率为50%时的粒径 D_{50} 不大于路床土通过率为50%时的粒径 d_{50} 的25倍($D_{50} \leqslant 25d_{50}$); ④垫层材料的均匀系数($D_{60}/D_{10}$)不大于20
基层	(1)贫混凝土集料公称量大粒径不宜大于31.5mm,水泥用量不得少于170kg/m³,28d弯拉强度标准值宜控制在1.0~1.8MPa范围内。碾压混凝土集料公称量大粒径不宜大于26.5mm (2)沥青混凝土其层宜采用集料公称量大粒径为19.0mm或26.5mm的混合料。沥青碎石基层宜采用集料公称最大粒径为26.5mm或31.5mm的混合料。 (3)水泥稳定粒料、级配碎石或砾石的集料公称量大粒宜为26.5mm或19.0mm。小于0.075mm的细粒含量不得大于5%,小于4.75mm的颗粒含量不宜大于50%,细粒土的液限应小于25%,塑性指数应小于6。承受重交通时,水泥剂量宜为5%;中等和轻交通时,水泥剂量宜为4%。 (4)石灰粉煤灰稳定粒料的集料公称最大粒径宜为26.5mm。小于0.075mm的细粒含量不得大于7%;小于4.75mm的颗粒含量不宜大于50%。石灰与粉煤灰的配比宜为1:2~1:4;粒料与石灰粉煤灰的配比宜为85:15~80:20。 (5)多孔隙水泥稳定碎石的集料公称最大粒径宜为31.5mm或26.5mm。小于0.075mm的细粒含量不得大于2%;小于2.36mm的颗粒含量不宜大于5%;小于4.75mm的颗粒含量不宜大于10%。水泥剂量一般为9.5%~11%,水灰比一般为0.39~0.43。 (6)多孔隙沥青稳定碎石的集料公称最大粒径宜为26.5mm或19.0mm。小于0.075mm的细粒含量不得大于2%;小于0.6mm的颗粒含量不宜大于5%;小于2.36mm的颗粒含量不宜大于15%;小于4.75mm的颗粒含量不宜大于20%。沥青标号应选用AH—50或AH—70,沥青用量一般为2.5%~3.5%
面层	(1)水泥混凝土的集料公称最大粒径不应大于31.5mm(碎石)或19.0mm(卵石)。砂的细度模数不宜小于2.5;高速公路面层的用砂,其硅质砂或石英砂的含量不宜低于25%。 (2)水泥用量不得小于300kg/m³(非冰冻地区)或320kg/m³(冰冻地区)。冰冻地区的混凝土中必须掺加引气剂。 (3)厚度大于280mm的普通混凝土面层,分上下两层连续铺筑时,上层一般为总厚度的1/3,可采用高强、耐磨的混凝土材料,碎石集料公称最大粒径为19mm。 (4)钢纤维混凝土的集料最大粒径宜为钢纤维长度的1/2~2/3,并不宜大于26.5mm(铣削型钢纤维)或19mm(剪切型或熔抽型钢纤维)。钢纤维的抗拉强度标准值不宜小于600级(600~1000MPa),以体积率计的钢纤维掺量一般为0.6%~1.0%。水泥用量不得低于360kg/m³(非冰冻地区)或380kg/m³(冰冻地区)。 (5)碾压混凝土面层混凝土的集料公称最大粒径不宜大于19.0mm,水泥用量不得少于280kg/m³(非冰冻地区)或310kg/m³(冰冻地区)。 (6)混凝土预制块的抗压强度不宜低于50MPa(非冰冻地区)或60MPa(冰冻地区)。其外观质量、尺寸偏差和物理性能应符合优等品或一等品的规定。稳平层垫砂宜选用细度模数为2.3~3.0的天然砂,4.75mm筛孔的累计筛余量不应大于5%,含泥量不应大于5%

e 水泥混凝土路面粒料及其他材料技术要求

水泥混凝土路面砾石的技术要求 表 4-91

项 目	技 术 要 求
颗粒级配	见表4-93
空隙率(%)	≤45
石料强度等级	≥3级
压碎值(%)	14~16
软弱颗粒含量(%)	≤5
针、片状颗粒含量(%)	≤15
硫化物及硫酸盐含量(折算为 SO_3)(%)	≤1
含泥量(%)	≤1
有机物含量(%)	颜色不深于标准溶液的颜色

水泥混凝土路面碎石的技术要求 表 4-92

项 目		技 术 要 求
颗粒级配		见表4-93
石料强度等级		≥3级
压碎值(%)	水成岩	13~16
	变质岩或深成的火成岩	16~20
	浅成的或喷出的火成岩	21~30
针片状颗粒含量(%)		≤15
硫化物及硫酸盐含量(折算为 SO_3)(%)		≤1
含泥量(%)		≤1

水泥混凝土路面粗集料的标准级配范围　　表4-93

级配类型	粒径（mm）	筛孔尺寸（圆孔）（mm）							
		40	30	25	20	15	10	5	2.5
		通过百分率（以质量计）（%）							
连续	5~40	95~100	55~69	39~54	25~40	14~27	5~15	0~5	
	5~30		95~100	67~77	44~59	25~40	11~24	3~11	0~5
	5~20				95~100	55~69	25~40	5~15	0~5
间断	5~40	95~100	55~69	39~54	25~40	14~27	14~27	0~5	
	5~30		95~100	67~77	44~59	25~40	25~40	3~11	0~5
	5~20				95~100	25~40	25~40	5~15	0~5

水泥混凝土路面细集料的技术要求　　表4-94

项目	技术要求	项目	技术要求
颗粒级配	见表4-95	含泥量（%）	≤3
硫化物及硫酸盐含量（折算为SO_3）（%）	≤1	有机物含量（%）	颜色不深于标准溶液的颜色

水泥混凝土路面细集料的标准级配范围　　表4-95

级配分区	筛孔尺寸（圆孔）（mm）						
	圆孔			方孔			
	10	5	2.5	1.25	0.60	0.30	0.15
	通过百分率（以质量计）（%）						
Ⅰ区	100	90~100	65~95	35~65	15~29	5~20	0~10
Ⅱ区	100	90~100	75~100	50~90	30~59	8~30	0~10
Ⅲ区	100	90~100	85~100	75~90	60~84	15~45	0~10

注：Ⅰ区，基本属于粗砂；Ⅱ区，属于中砂或部分偏粗的细砂；Ⅲ区，属于细砂或部分偏细的中砂。

碾压混凝土路面抗滑表层用粗集料技术要求　　表4-96

道路＼项目	磨光值	磨耗值	冲击值	道路＼项目	磨光值	磨耗值	冲击值
高速公路、一级公路	≥42	≤14	≤28	其他公路	≥35	≤16	≤30

碾压混凝土集料级配范围建议值　　表4-97

最大粒径（mm）	筛孔尺寸（mm）								
	圆孔					方孔			
	40	25	20	10	5	2.5	0.6	0.3	0.15
	通过百分率（以质量计）（%）								
20			90~100	50~65	30~45	21~35	10~20	7~15	5~10
40	90~100	65~77		35~50	25~40	19~32	10~20	7~15	5~10

碾压混凝土路面砂率(%)选择范围参考表 表4-98

水灰比	碎石最大粒径(mm)		水灰比	碎石最大粒径(mm)	
	20	40		20	40
0.35	30~34	28~33	0.45	34~38	32~36
0.40	32~36	30~34	0.50	36~40	34~38

钢纤维混凝土砂率选用值(%) 表4-99

拌和料条件	最大粒径20mm的碎石	最大粒径20mm的卵石
$l_f/d_f=50$ $\rho_f=1.0\%$ $W/C=0.50$ 砂细度模数=3.0	50	45
l_f/d_f增减10 ρ_f增减0.5% W/C增减0.1 砂细度模数增减0.1	±5 ±3 ±2 ±1	±3 ±3 ±2 ±1

混凝土用粗集料的坚固性指标 表4-100

混凝土所处的环境条件	循环后的质量损失(%)
在严寒及寒冷地区室外使用,并经常处于潮湿或干湿交替状态下的混凝土	≤8
在其他条件下使用的混凝土	≤12

混凝土粗集料用碎石和卵石压碎指标值 表4-101

岩石品种		混凝土强度等级	碎石压碎指标值(%)不大于
碎石	1.沉积岩	C55~C40	10
		≤C35	16
	2.变质岩或深成岩浆岩	C55~C40	12
		≤C35	20
	3.喷出岩浆岩	C55~C40	13
		≤C35	30
4.卵石		C55~C40	12
		≤C30	16

混凝土拌和用水质量要求 表4-102

项目	素混凝土	钢筋混凝土	预应力混凝土	项目	素混凝土	钢筋混凝土	预应力混凝土
pH值,不小于	4	4	4	氯化物(以Cl^-计)(mg/L)不大于	3 500	1 200	500*
不溶物(mg/L)不大于	5 000	2 000	2 000	硫酸盐(以SO_4^{2-})(mg/L)不大于	2 700	2 700	600
可溶物(mg/L)不大于	10 000	5 000	2 000	硫化物(以S^{2-}计)(mg/L)不大于	—	—	100

*使用钢丝或热处理预应力混凝土中氯化物含量不得超过350mg/L。

混凝土路面材料参数经验参考值(JTG D40—2002) 表4-103

层位	参数名称	参考值范围					
		土组	公路自然区划				
			Ⅱ	Ⅲ	Ⅳ	Ⅴ	Ⅵ
中湿土基	中湿路基路床顶面回弹模量(MPa)	土质砂	26~42	40~50	39~50	35~60	50~60
		粘质土	25~45	30~40	25~45	30~45	30~45
		粉质土	22~46	32~54	30~50	27~43	30~45

层位	参数名称	材料类型	回弹模量(MPa)	材料类型	回弹模量(MPa)
垫层和基层	回弹模量参考值	中、粗砂	80~100	石灰粉煤灰稳定粒料	1300~1700
		天然砂砾	150~200	水泥稳定粒料	1300~1700
		未筛分碎石	180~220	沥青碎石(粗粒式,20℃)	600~800
		级配碎砾石(垫层)	200~250	沥青混凝土(粗粒式,20℃)	800~1200
		级配碎砾石(基层)	250~350	沥青混凝土(中粒式,20℃)	1000~1400
		石土	200~700	多孔隙水泥碎石(水泥剂量9.5%~11%)	1300~1700
		石灰粉煤灰土	600~900	多孔隙沥青碎石(20℃,沥青含量2.5%~3.5%)	600~800

续上表

层 位	参数名称	参考值范围					
水泥混凝土路面面层	弯拉弹性模量	弯拉强度(MPa)	1.0	1.5	2.0	2.5	3.0
		抗压强度(MPa)	5.0	7.7	11.0	14.9	19.3
		弯拉弹性模量(GPa)	10	15	18	21	23
		弯拉强度(MPa)	3.5	4.0	4.5	5.0	5.5
		抗压强度(MPa)	24.2	29.7	35.8	41.8	48.4
		弯拉弹性模量(GPa)	25	27	29	31	33
钢筋混凝土路面面层	钢筋的弹性模量	钢筋种类	钢筋直径 d (mm)	屈服强度 f_{sy}(MPa)	弹性模量 E_s(MPa)		
		R235(Q235)	8～20	235	2.1×10^5		
		HRB335	6～50	335	2.0×10^5		
		HRB400	6～50	400	2.0×10^5		
		KL400	8～40	400	2.0×10^5		
	纵向配筋率计算参数	混凝土强度等级	C30	C35	C40		
		混凝土抗拉强度标准值 f_t(MPa)	3.0	3.2	3.5		
		粘结强度系数 R_s(MPa/mm)	30	32	34		
		连续配筋混凝土干缩应变 ε_{sh}	0.000 45	0.000 3	0.000 2		

f　沥青路面粒料技术要求

沥青面层用粗集料质量要求　　　　表 4-104

指　　标		高速公路、一级公路城市快速路、主干路	其他等级公路与城市道路
石料压碎值	不大于　(%)	28	30
洛杉矶磨耗损失	不大于　(%)	30	40
视密度	不小于(t/m^3)	2.50	2.45
吸水率	不大于　(%)	2.0	3.0
对沥青的粘附性	不小于	4级	3级
坚固性	不大于　(%)	12	—
细长扁平颗粒含量	不大于　(%)	15	20
水洗法<0.075mm颗粒含量	不大于　(%)	1	1
软石含量	不大于　(%)	5	5
石料磨光值	不小于(BPN)	42	实测
石料冲击值	不大于　(%)	28	实测
破碎砾石的破碎面积	不大于　(%)		
拌和的沥青混合料路面表面层		90	40
中下面层		50	40
贯入式路面		—	40

注:1.坚固性试验可根据需要进行;

2.当粗集料用于高速公路、一级公路和城市快速路、主干路时,多孔玄武岩的视密度可放宽至$2.45t/m^3$,吸水率可放宽至3%,并应得到主管部门的批准;

3.石料磨光值是为高速公路、一级公路和城市快速路、主干路的表层抗滑需要而试验的指标,石料冲击值可根据需要进行。其他公路与城市道路如需要时,可提出相应的指标值;

4.钢渣的游离氧化钙的含量不应大于3%,浸水后的膨胀率不应大于2%。

沥青面层用天然砂规格　　表 4-105

方孔筛 (mm)	圆孔筛 (mm)	通过各筛孔的质量			方孔筛 (mm)	圆孔筛 (mm)	通过各筛孔的质量		
		粗 砂	中 砂	细 砂			粗 砂	中 砂	细 砂
9.5	10	100	100	100	0.6	0.6	15~29	30~59	60~84
4.75	5	90~100	90~100	90~100	0.3	0.3	5~20	8~30	15~45
2.36	2.5	65~95	75~100	85~100	0.15	0.15	0~10	0~10	0~10
1.18	1.2	35~65	50~90	75~100	0.075	0.075	0~5	0~5	0~5
细度模数 M_x		3.7~3.1	3.0~2.3	2.2~1.6					

沥青混凝土混合料 AC—13 Ⅰ 的集料级配　　表 4-106

通过率(%) / 级配	筛孔尺寸 (mm)									
	16	13.2	9.5	4.75	2.36	1.18	0.6	0.3	0.15	0.075
范围	100	95~100	70~88	48~68	36~53	24~41	18~30	12~22	8~126	4~8
中值	100	98	79	37	45	33	24	17	12	6

沥青面层用细集料质量要求　　表 4-107

指标		高速公路、一级公路 城市快速路、主干路	其他等级公路 与城市道路
视密度	不小于(t/m^3)	2.50	2.45
坚固性(>0.3mm 部分)	不大于 (%)	12	—
砂当量	不小于 (%)	60	50

注:1.坚固性试验可根据需要进行;

2.当进行砂当量试验有困难时,也可用水洗法测定小于 0.075mm 部分的含量(仅适用于天然砂),对高速公路、一级公路和城市快速路、主干路要求该含量不大于 3%,对其他公路与城市道路要求该含量不大于 5%。

沥青面层用石屑规格　　表 4-108

规格	公称粒径 (mm)	通过下列筛孔质量百分率(%)					
		方孔筛(mm)	9.5	4.75	2.36	0.6	0.075
		圆孔筛(mm)	10	5	2.5		
S15	0~5		100	85~100	40~70	—	0~15
S16	0~3			100	85~100	20~50	0~15

公路与城市道路沥青面层用矿粉质量要求　　表 4-109

指标		高速公路、一级公路 城市快速路、主干路	其他等级公路 与城市道路
视密度	不小于(t/m^3)	2.50	2.45
含水量	不大于(%)	1	1
粒度范围	<0.6mm (%)	100	100
	<0.15mm (%)	90~100	90~100
	<0.075mm (%)	75~100	70~100
外观		无团粒结块	
亲水系数		<1	

乳化沥青稀浆封层的矿料级配及沥青用量范围　　表 4-110

	筛孔 (mm)		级配类型		
	方孔筛	圆孔筛	ES—1	ES—2	ES—3
通过筛孔的质量百分率(%)	9.5	10		100	100
	4.75	5	100	90~100	70~90
	2.36	2.5	90~100	65~90	45~70
	1.18	1.2	65~90	45~70	28~50
	0.6	0.6	40~65	30~50	19~34
	0.3	0.3	25~42	18~30	12~25
	0.15	0.15	15~30	10~21	7~18
	0.075	0.075	10~20	5~15	5~15
沥青用量(油石比)		(%)	10~16	7.5~13.5	6.5~12
适宜的稀浆封层平均厚度(mm)			2~3	3~5	4~6
稀浆混合料用量		(kg/m^2)	3~5.5	5.5~8	>8

注:1.表中沥青用量指乳化沥青中水分蒸发后的沥青数量,乳化沥青用量可按其浓度计算;

2.ES—1 型适用于较大裂缝的封缝或中、轻交通道路的薄层罩面处理;ES—2 型是铺筑中等粗糙度磨耗层最常用的级配,也可适用于旧路修复罩面;

3.ES—3 型适用于高速公路、一级公路的表面抗滑处理,铺筑高粗糙度的磨耗层。

沥青混凝土混合料的矿料间隙率(VMA)要求　　表4-111

集料最大粒径(mm)	方孔筛	37.5	31.5	26.5	19.0	16.0	13.2	9.5	4.75
	圆孔筛	50	35或40	30	25	20	15	10	5
VMA　不小于(%)		12	12.5	13	14	14.5	15	16	18

SMA混合料粗集料技术标准　　表4-112

试验项目	试验方法	规定最大值	规定最小值
洛杉矶磨耗损失(%)	AASHTO—T96	30	—
扁平状颗粒含量(%)	ASTM D4791		
3:1		20	—
5:1		5	

续上表

试验项目	试验方法	规定最大值	规定最小值
坚固性试验(循环5次)	AASHTO—T104		
硫酸钠		15%	
硫酸镁		20%	
4.75mm通过量	*		
一个破碎面			100
两个破碎面			90

*许多州都有自己的试验方法,如果缺少方法,宾夕法尼亚州试验方法可以参考。

SMA混合料细集料试验方法和技术指标　　表4-113

试验项目	试验方法	最大值	最小值	试验项目	试验方法	最大值	最小值
坚固性试验(5个循环)	AASHTO—T104			棱角指数(%)(Angularity,%)	AASHTO—TP33	—	45
硫酸钠		15					
硫酸镁		20		液限 (%)	AASHTO—T89		无塑性

石棉纤维的技术标准　　表4-114

种类＼项目	密度(g/cm³)	色泽	状态	纤维长(mm)	柔顺性	刚性	耐酸性	使用温度(℃)	抗拉强度(MPa)
温石棉	2.2~2.4	白色有光泽	松散无团块	>5	柔软	强	弱	400	>30
青石棉	3.2~3.3	深青色光泽小	松散无团块	>5	柔软	稍弱	强	200	>330

我国沥青玛蹄脂碎石混合料(SMA)矿料级配建议范围　　表4-115

筛孔(mm)	规格(按公称最大粒径分)		
	SMA—16	SMA—13	SMA—10
19	100		
16	90~100	100	
13.2	65~85	90~100	100
9.5	45~65	50~75	90~100
4.75	20~32	20~32	22~36
2.36	15~24	15~26	18~28
1.18	14~22	14~24	14~26
0.6	12~18	12~20	12~22
0.3	10~15	10~16	10~18
0.15	7~14	8~15	8~16
0.075	7~12	8~12	8~12
适用的层厚(mm)	32~45	27~40	20~30

SMA表面层用粗集料质量技术要求(建议)　　表4-116

指标		单位	技术要求	试验方法
石料压碎值	不大于	%	25	T0316
洛杉矶磨耗损失	不大于	%	30	T0317
视密度	不小于	t/m³	2.60	T0304
吸水率	不大于	%	2.0	T0304
与沥青的粘附性	不小于	级	4	T0616
坚固性	不大于	%	12	T0314
针片状颗粒含量	不大于	%	15*	T0312
水洗法<0.075mm颗粒含量	不大于	%	1	T0310
软石含量	不大于	%	1	T0320
石料磨光值	不小于	BPN	42	T0321
具有一定破碎面积的破碎砾石的含量	不小于	%	一个面:100 两个面:90	T0327

*针片状颗粒含量最好小于10%,绝对不得超过15%。

SMA 香港规范建议稿的级配范围(1997 年)　　表 4-117

规格(mm) \ 通过率(%) \ 筛孔(mm)	28	20	14	10	5	2.36	1.18	0.6	0.3	0.15	0.075	纤维(%)
最大粒径 10	100	94~100	87~96	70~78	20~30	16~24	—	12~16	12~15	—	8~10	0.3

改性沥青路面 SMA 混合料级配目标值范围（质量百分比，AASHTO T27 和 T11）　　表 4-118

筛子尺寸(mm)	通过百分率(%)	筛子尺寸(mm)	通过百分率(%)
19.0	100	0.6	12~16
12.5	85~95	0.3	12~15
9.5	75(最大)	0.075	8~10
4.75	20~28	0.02	<3*
2.36	16~24		

*根据代表性料堆集料和矿物填料样品结合控制。

改性沥青路面纤维素纤维性质　　表 4-119

纤维素纤维	性质指标
筛分	
方法 A	
喷气筛分析①	
纤维长度	6mm(最大)
通过 0.15mm 筛	70%(±10%)
方法 B	
网眼筛分析②	
纤维长度	6mm(最大)
通过 0.85mm 筛	85%(±10%)
通过 0.425mm 筛	65%(±10%)
通过 0.106mm 筛	30%(±10%)
灰分③	18%(±5%)无挥发
pH 值④	7.5(±1.0)
吸油率⑤	5.0(±1.0)(纤维自重的倍数)
含水量⑥	<5%(质量百分比)

注：①方法 A——Alpine 喷气筛分析。该试验使用 Alpine 喷气筛(200LS 型类)，5g 有代表性的试样在 75kPa 真空条件下筛 14min，称留在筛上的质量；

②方法 B——网眼筛分析。该试验用 0.850mm、0.425mm、0.250mm、0.180mm、0.150mm、0.106mm 标准筛，尼龙刷加摇筛机进行，有代表性的试样 10g，每个筛两个尼龙刷，称留在各个筛子上的纤维质量，计算通过百分率。这个方法的重复性是值得怀疑的，需要验证；

③灰分。取代表性样品 2~3g，放在一个称了皮重的坩锅内加热到 595~650℃，不少于 2h，埚锅和灰在干燥器中冷却后重新称质量；

④pH 值试验。5g 纤维加入 100ml 蒸馏水中，搅拌并让它静止 30min，pH 值用标定过的 pH 探头测定；

⑤吸油试验。精确称量 5g 纤维，让它悬浮在过量的矿物油中不少于 5min 以充分吸油，然后放在网眼筛上滴漏（网孔尺寸约为 0.5mm^2），在摇筛机上摇 10min(240 次/min，位移 31.5mm)，将摇筛机摇过后的质量转移到一个称过皮重的容器中称重，报告纤维吸油量为自重的倍数；

⑥含水量。10g 纤维称重放置在 121℃的通风干燥烘箱内 2h，然后在取出烘箱后立刻称重。

改性沥青混凝土路面矿物纤维性质　表 4-120

矿物纤维①	性质指标
尺寸分析	
纤维长度②	6mm 最大平均试验值
厚度③	5μm 最大平均试验值
杂质含量④	250μm 筛 95%通过，最小
	63μm65%通过，最小

注：①欧洲的经验和上述标准制定是建立在玄武岩矿物纤维基础上的；

②纤维长度根据 Bauer McNett 分组法测定；

③纤维直径是根据至少 200 根纤维在相差衬显微镜中测定的结果；

④杂质含量是一种非纤维化物质的测量，杂质含量由振筛机上测定，通常用 0.250mm 和 0.063mm 两个筛子。

SMA 路面腈纶纤维与木质素纤维特性的比较　表 4-121

性质		木质素纤维	腈纶纤维	在 SMA 中的效果
截面形状		锯齿形	花生果形或圆形	木质素纤维易缠结，而腈纶纤维很容易均匀混入 SMA 中
纵向结构		圆柱形	平行圆柱形	
聚合度		550~600	50 000~80 000	
大分子取向度		较低	高	
强度(克/旦)	干	1.5~2.8	2.0~3.6	腈纶纤维比木质素纤维更能提高 SMA 路面强度和使用寿命，腈纶纤维比木质素纤维更能防止路面变形开裂
	湿	0.7~1.6	1.6~3.0	
断裂延伸度(%)	干	15~30	20~50	
	湿	20~35	25~60	
回潮率(%)		12~15	<2	木质素纤维易受自然和人为因素侵害而粉化，腈纶纤维则很稳定，更能延长 SMA 路面寿命，且不污染环境
溶胀性		高	极低	
耐碱性		低	高	
耐日光性		一般	在所有天然及化学纤维中居第一位	
防霉、耐菌能力		低	高	
环境友好性		较好	好	

SMA路面木质素纤维质量标准　　表4-122

试　　验	指　　标
筛分析：	
方法A：冲气筛分析　纤维长度	<6mm
通过0.15mm筛	(70±10)%
方法B：普通筛分析　纤维长度	<6mm
通过0.85mm筛	(85±10)%
通过0.425mm筛	(65±10)%
通过0.106mm筛	(30±10)%
灰分含量	(18±5)%，无挥发物
pH值	7.5±1.0
吸油率	纤维质量的(5.0±1.0)倍
含水率	<5%(以质量计)

SMA路面矿物纤维质量标准　　表4-123

试　　验	指　　标
筛分析：	
纤维长度	<6mm
纤维厚度	<0.005mm
球状颗粒含量：通过0.25mm筛	(90±5)%
通过0.063mm筛	(70±10)%

注：纤维长度是由Bauer McNett分离器测定的。

SMA混合料石棉纤维技术标准　　表4-124

性　　质	标　　准
筛分试验　方法A	
紫外线(Alpine)筛分析	
纤维长度	<6mm
0.150mm通过量	(70±10)%
筛分试验　方法B	
筛网筛分	
纤维长度	<6mm
0.850mm通过量	(85±10)%
0.425mm通过量	(65±10)%
0.106mm通过量	(30±10)%
含量	(18±5)%，无挥发性
pH值	7.5±1.0
吸油量(纤维质量的倍数)	5.0±1.0
含水量(占纤维质量)	<5%

京昌高速公路及首都机场东跑道采用的矿料级配　　表4-125

级配类型	通过下列筛孔(mm)的质量百分率									
	16	13.2	9.5	4.75	2.36	1.18	0.6	0.3	0.15	0.075
SMA—16级配	97.5	82	63	32.5	24	20	16	12.5	11	9
级配范围	95~100	72~92	54~72	25~40	17~31	14~26	10~22	8~17	8~15	8~11

阳离子乳化沥青混凝土混合料级配表(CJJ 42—91)　　表4-126

类　型	通过下列筛孔(mm)的质量百分率(%)												乳化沥青用量(%)
	30	25	20	15	10	5	2.5	1.2	0.6	0.3	0.15	0.074	
粗粒式(RLH—30)	95~100	75~95	—	55~80	40~60	23~46	15~32	—	5~18	4~13	2~10	2~4	6.5~8.0
中粒式(RLH—20)			95~100	—	50~70	35~55	20~35	13~25	8~20	5~12	2~10	2~5	7.5~9.0
细粒式(RLH—15)				95~100	—	50~70	35~50	25~40	19~30	13~21	8~15	4~8	8.5~10.0

注：1.字母RLH代表乳化沥青混凝土混合料，后面的数字代表矿料的最大粒径(mm)；
2.表中乳化沥青的沥青含量是按60%计算的，不足或超过时应换算后增减用量。

城市道路砖块路面接缝用砂级配　表4-127

筛孔尺寸(mm)	累计筛余量(%)
5.0	0
2.50	5~0
1.25	20~0
0.630	75~15
0.315	90~60
0.160	100~90

城市道路砖块路面垫砂层用砂级配　　表4-128

筛孔尺寸(mm)	累计筛余量(%)
10.0	0
5.0	5~0
2.5	15~0
1.25	50~15
0.630	75~40
0.315	90~70
0.160	100~90

g　钢纤维、钢渣技术要求

钢纤维混凝土钢纤维类型　　表 4-129

类型号	类型名称	截面形状	长度方向形状
Ⅰ	圆直型	圆形	直
Ⅱ	熔抽型	月牙形	直
Ⅲ	剪切型	矩形	直、扭曲或两端带钩

钢纤维混凝土钢纤维体积率采用范围　　表 4-130

钢纤维混凝土结构类型	钢纤维体积率(%)
一般浇筑成型的结构	0.5~2.0
局部受压构件、桥面、预制桩桩顶桩尖	1.0~1.5
铁路轨枕、刚性防水屋面	0.8~1.2
喷射钢纤维混凝土	1.0~1.5

注:钢纤维体积率系指 $1m^3$ 钢纤维混凝土中钢纤维所占体积百分数。

钢纤维混凝土钢纤维几何参数采用范围　表 4-131

钢纤维混凝土结构类型	长度(mm)	直径(等效直径)(mm)	长径比
一般浇筑成型的结构	25~50	0.3~0.8	40~100
抗震框架节点	40~50	0.4~0.8	50~100
铁路轨枕	20~30	0.3~0.6	50~70
喷射钢纤维混凝土	20~25	0.3~0.5	40~60

注:1.钢纤维的等效直径是指非圆形截面按面积相等的原则换算成圆形截面的直径;

2.钢纤维的长径比是指长度对直径(或等效直径)的比值,计算精确到个位数。

钢纤维混凝土的钢纤维技术要求　表 4-132

项目	技　术　要　求
钢纤维形状尺寸的要求	(1)钢纤维长度可分为 20、25、30、35、40、45、50mm 各种不同规格。 (2)钢纤维截面的直径或等效直径应在 0.3~0.8mm 的范围内。 (3)钢纤维长度偏差不应超过长度公称值的 ±5%。每 3t 产品随机取样 100 根,长度偏差按下式计算: $\delta_1 = \frac{\sum_{i=1}^{100} l_i}{100} - l_f$ 式中:δ_1 —— 钢纤维长度偏差值; l_i —— 每根受检钢纤维的实测长度; l_f —— 钢纤维长度公称值。 (4)钢纤维的重量偏差不应超过按尺寸公称值计算重量的 ±15%。每 3t 的产品随机取样 100 根,钢纤维重量偏差按下式计算: $\delta_W = W^0 - W^C$ 式中:δ_W —— 钢纤维重量偏差值; W^0 ——100 根钢纤维实测重量; W^C —— 按钢纤维形状尺寸公称值计算的 100 根钢纤维理论重量
抗拉强度要求	钢纤维的抗拉强度不应低于 $380N/mm^2$,其抗拉强度按下式计算: $f_{sft} = \frac{F_{max}}{A_{sf}}$ 式中:f_{sft} —— 钢纤维抗拉强度; F_{max} —— 一根钢纤维抗拉试验的最大拉伸荷载; A_{sf} —— 钢纤维截面公称面积
其他要求	钢纤维表面不得粘有油污和其他妨碍钢纤维与水泥浆粘结的杂质。钢纤维内含有的因加工不良造成的粘连片、表面锈蚀纤维、铁屑及杂质的总量不应超过钢纤维重量的 1%。每 3t 随机取样 5kg,用人工挑拣粘连片,锈蚀纤维、铁屑及杂质并称重计算

钢渣的化学成分　　表 4-133

单位	类别	渣期	化学元素成分(%)								
			SiO_2	CaO	MgO	Al_2O_3	MnO	FeO	Fe_2O_3	P_2O_5	S
北京	转炉	陈—2	37.38	39.10	8.80	7.93			0.95		
		粉—2	18.38	34.07	8.87				22.34		
武汉	平炉	前期	20~24	20~30	7~10		2~3.5	30~35		1~3	
		后期	16~18	40~50	9~12		0.5~1.0	8~14		0.5~1.5	
		粉末	16~19	45~48	11~12	8~10	2~4	7~9	1~2	0.8~1.4	0.2~0.3
长沙	转炉	渣块	5.69~9.24	39.40~58.40	1.45~3.27	1.38~3.45	1.16~2.58	12.70~16.50		3.72~4.78	
鞍山	平炉	渣块	24.19	34.80	14.88	8.91	0.46		14.24		
湘潭	平炉	前期	20~24	12~16	4~9	1~2		35~54			
		后期	18~24	23~37	7~12	6~10		11~15			
天津	平炉	前期	20~30	28~33	5~10	3~10	2~10	15~25	1~5	0.5~5	~0.1
		后期	13~20	40~50	10~20	4~10	1~10	10~15	1~7	1~4	~0.2
	转炉	前期	25~30	35~45	5~15	2~6	0~7	5~15		1~2	~0.05
		后期	10~15	25~40	5~15	2~6	0~3	20~40		1~2	~0.2

续上表

单位	类别	渣期	化学元素成分（%）								
			SiO_2	CaO	MgO	Al_2O_3	MnO	FeO	Fe_2O_3	P_2O_5	S
成都		新渣	9.91	42.77	20.33	5.42	2.83		16.93	4.21	
		陈渣	16.96	40.13	14.59	9.33	5.65		8.64	1.19	
安阳		后期		41.44	7.52	11.02		0.57	0.96		0.91

钢渣石灰类基层钢渣的物理力学性能　　表 4-134

单　位	类　别	渣　期	松散密度（kg/m^3）	比　重	吸水率（%）	块体抗压强度（KPa）
北京	转炉	新—2			1.59	
	转炉	陈—2		2.99	3.16	
	转炉	混合渣				
武汉	平炉	后期渣	3.9	3.98	1.62	49 000 ~ 39 200
	平炉	混合渣	1 600 ~ 1 800			
鞍山	平炉	混合渣	1 500	3.1	1.2	121 520
湘潭	平炉	混合渣	1 620	3.28		
长沙	转炉	后期渣	1 525			
天津	平炉	混合渣	1 500 ~ 1 800	3.3 ~ 3.5	1.28 ~ 3.42	88 200 ~ 274 400
	转炉	混合渣	1 500 ~ 1 800	3.3 ~ 3.5	0.54 ~ 2.29	88 200 ~ 274 400

B　路面结合料技术要求

a　无机结合料及掺剂技术要求

硅酸盐及普通硅酸盐水泥技术要求（GB 175—1999）　　表 4-135

项　目	技术要求及指标
不溶物	Ⅰ型硅酸盐水泥中不溶物不得超过 0.75%。 Ⅱ型硅酸盐水泥中不溶物不得超过 1.50%
氧化镁含量	水泥中氧化镁的含量不得超过 5.0%。如果水泥经压蒸安定性试验合格，则水泥中氧化镁含量允许放宽到 6.0%
三氧化硫含量	水泥中三氧化硫的含量不超过 3.5%
烧失量	Ⅰ型硅酸盐水泥中烧失量不得大于 3.0%，Ⅱ型硅酸盐水泥中烧失量不得大于 3.5%。普通水泥中烧失量不得大于 5.0%
细度	硅酸盐水泥比表面积大于 $300m^2/kg$，普通水泥 80μm 方孔筛筛余不得超过 10.0%
凝结时间	硅酸盐水泥初凝不得早于 45min，终凝不得迟于 390min。普通水泥初凝不得早于 45min，终凝不得迟于 10h
安定性	用沸煮法检验必须合格
碱含量	水泥中碱含量按 $Na_2O + 0.658K_2O$ 计算值来表示，若使用活性骨料，用户要求提供低碱水泥时，水泥中碱含量不得大于 0.60% 或由供需双方商定

续上表

项目	技术要求及指标					
	品种	强度等级	抗压强度		抗折强度	
			3d	28d	3d	28d
强度指标(MPa)	硅酸盐水泥	42.5	17.0	42.5	3.5	6.5
		42.5R	22.0	42.5	4.0	6.5
		52.5	23.0	52.5	4.0	7.0
		52.5R	27.0	52.5	5.0	7.0
		62.5	28.0	62.5	5.0	8.0
		62.5R	32.0	62.5	5.5	8.0
	普通水泥	32.5	11.0	32.5	2.5	5.5
		32.5R	16.0	32.5	3.5	5.5
		42.5	16.0	42.5	3.5	6.5
		42.5R	21.0	42.5	4.0	6.5
		52.5	22.0	52.5	4.0	7.0
		52.5R	26.0	52.5	5.0	7.0

水泥材料胶砂强度技术指标　　表 4-136

品种	强度等级	抗压强度(MPa)		抗折强度(MPa)	
		3d	28d	3d	28d
硅酸盐水泥	42.5	17.0	42.5	3.5	6.5
	42.5R	22.0	42.5	4.0	6.5
	52.5	23.0	52.5	4.0	7.0
	52.5R	27.0	52.5	5.0	7.0
	62.5	28.0	62.5	5.0	8.0
	62.5R	32.0	62.5	5.5	8.0
普通水泥	32.5	11.0	32.5	2.5	5.5
	32.5R	16.0	32.5	3.5	5.5
	42.5	16.0	42.5	3.5	6.5
	42.5R	21.0	42.5	4.0	6.5
	52.5	22.0	52.5	4.0	7.0
	52.5R	26.0	52.5	5.0	7.0
矿渣水泥 火山灰水泥 粉煤灰水泥	32.5	10.0	32.5	2.5	5.5
	32.5R	15.0	32.5	3.5	5.5
	42.5	15.0	42.5	3.5	6.5
	42.5R	19.0	42.5	4.0	6.5
	52.5	21.0	52.5	4.0	7.0
	52.5R	23.0	52.5	4.5	7.0

水泥材料质量测试项目和技术指标　　表 4-137

项目名称	试验技术参数(单位)	技术指标	
		普通	其他
细度	80μm 方孔筛筛余量(%)	≤10.0	≤10.0
安定性	沸煮法检验	合格	合格
凝结时间	初凝/终凝(min)	≥4.5/≤390	≥45/≤600
氧化镁	水泥(熟料)中 MgO 含量(%)	≤5.0	≤(5.0)
烧失量	水泥中烧失量(%)	≤(3.0~5.0)	—
不溶物	水泥中不溶物含量(%)	≤(0.75~1.50)	—
碱	$(Na_2O+0.658K_2O)$ 水泥中碱含量(%)	≤0.6	自定
三氧化硫	水泥中 SO_3 含量(%)	≤3.5	≤3.5~4.0
胶砂强度	各龄期抗压/抗折强度(详见表 4-136)	满足表 4-136 要求	
备注	在表中技术指标栏中,普通包括普通水泥和硅酸盐水泥二种;其他包括矿渣、火山灰和粉煤灰水泥三种		

水泥稳定土混合料水泥剂量配制　　表 4-138

层位	用土情况	不同水泥剂量配制范围
用于基层	中粒土和粗粒土	3%,4%,5%,6%,7%
	塑性指数小于 12 的土	5%,7%,8%,9%,11%
	其他细粒土	8%,10%,12%,14%,16%
用于底基层	中粒土和粗粒土	3%,4%,5%,6%,7%
	塑性指数小于 12 的土	4%,5%,6%,7%,9%
	其他细粒土	6%,8%,9%,10%,12%

注:1. 在制备同一种土样,不同水泥剂量的水泥稳定土混合料时,一般情况按表列剂量配制;

2. 在能估计合适剂量的情况下,可将五个不同剂量缩减到三或四个。

水泥混凝土各等级交通路面用水泥强度等级　　表 4-139

交通等级	水泥强度等级
特重	52.5
重、中等、轻	42.5

各龄期水泥弯拉强度　　表 4-140

水泥强度等级	弯拉强度(MPa)		
	3d	7d	28d
42.5	4.3	5.5	7.1
52.5	5.1	6.3	7.8
62.5	5.5	7.7	8.5

水泥稳定土水泥的最小剂量　　表 4-141

拌和方法 / 土类	路拌法	集中厂拌法
中粒土和粗粒土	4%	3%
细粒土	5%	4%

膨胀混凝土(砂浆)水泥用量　　表 4-142

膨胀混凝土(砂浆)种类	最小水泥用量 (kg/m^3)	最大水泥用量 (kg/m^3)
补偿收缩混凝土	300	—
补偿收缩砂浆	—	900
填充用膨胀混凝土	300	700
填充用膨胀砂浆	—	900
自应力混凝土	500	—
自应力砂浆	—	900

石灰的技术指标(一)　　表 4-143

项目 / 指标 / 类别		钙质生石灰			镁质生石灰			钙质消石灰			镁质消石灰		
		等级											
		Ⅰ	Ⅱ	Ⅲ	Ⅰ	Ⅱ	Ⅲ	Ⅰ	Ⅱ	Ⅲ	Ⅰ	Ⅱ	Ⅲ
有效钙加氧化镁含量(%)		≥85	≥80	≥70	≥80	≥75	≥65	≥65	≥60	≥55	≥60	≥55	≥50
未消化残渣含量(5mm 圆孔筛的筛余,%)		≤7	≤11	≤17	≤10	≤14	≤20						
含水量(%)								≤4	≤4	≤4	≤4	≤4	≤4
细度	0.71mm 方孔筛的筛余(%)							0	≤1	≤1	0	≤1	≤1
	0.125mm 方孔筛的累计筛余(%)							≤13	≤20	—	≤13	≤20	—
钙镁石灰的分类界限,氧化镁含量(%)		≤5			>5			≤4			>4		

注:硅、铝、镁氧化物含量之和大于 5% 的生石灰,有效钙加氧化镁含量指标,Ⅰ等≥75%,Ⅱ等≥70%,Ⅲ等≥60%;未消化残渣含量指标与镁质生石灰指标相同。

石灰的技术指标(二)　　表 4-144

品种	项目		钙质			镁质			白云石消石灰		
			优等品	一等品	合格品	优等品	一等品	合格品	优等品	一等品	合格品
生石灰	CaO + MgO 含量(%)不小于		90	85	80	85	80	75	—	—	—
	未消化残渣含量(5mm 圆孔筛余)(%)	不大小	5	10	15	5	10	15	—	—	—
	CO_2(%)		5	7	9	6	8	10	—	—	—
	产浆量(L/kg)不小于		2.8	2.3	2.0	2.8	2.3	2.0	—	—	—

4

建筑生石灰粉技术指标　　表 4-145

项目		钙质生石灰粉			镁质生石灰粉		
		优等品	一等品	合格品	优等品	一等品	合格品
CaO + MgO 含量(%)不小于		85	80	75	80	75	70
CO_2 含量(%)不大于		7	9	11	8	10	12
细度	0.90mm 筛的筛余(%)不大于	0.2	0.5	1.5	0.2	0.5	1.5
	0.125mm 筛的筛余(%)不大于	7.0	12.0	18.0	7.0	12.0	18.0

建筑消石灰粉技术要求　　表 4-146

项目		钙质消石灰粉			镁质消石灰粉			白云石消石灰粉		
		优等品	一等品	合格品	优等品	一等品	合格品	优等品	一等品	合格品
(CaO + MgO)含量(%)不小于		70	65	60	65	60	55	65	60	55
游离水(%)		0.4~2	0.4~2	0.4~2	0.4~2	0.4~2	0.4~2	0.4~2	0.4~2	0.4~2
体积安定性		合格	合格	—	合格	合格	—	合格	合格	—
细度	0.9mm 筛筛余(%)　不大于	0	0	0.5	0	0	0.5	0	0	0.5
	0.125mm 筛筛余(%)　不大于	3	10	15	3	10	15	3	10	15

粉煤灰品质指标和分类　　表 4-147

序号	指标	粉煤灰级别		
		Ⅰ	Ⅱ	Ⅲ
1	细度(0.080mm 方孔筛的筛余%)不大于	5	8	25
2	烧失量(%)不大于	5	8	15
3	需水量比(%)不大于	95	105	115
4	三氧化硫(%)不大于	3	3	3
5	含水率(%)不大于	1	1	不规定

注:代替细骨料或用以改善和易性的粉煤灰不受此规定的限制。

粉煤灰的化学成分和含量实例(%)　　表 4-148

来源 \ 主要成分	SiO_2	Al_2O_3	Fe_2O_3	CaO	MgO	SO_3	烧失量
美国典型粉煤灰	28~52	15~34	3~26	1~10	0~2	0~4	1~30
我国一些电厂的粉煤灰	31~61	12~39	1.4~37	0.7~10	0.1~2	0~2	1~27
河北省粉煤灰	42~57	22~36	4~15	2~7	0.4~1.2	<0.8	3~19

石灰稳定土混合料石灰剂量　　表 4-149

层位	土料情况	不同石灰剂量配剂
用于基层	砂砾土和碎石土	3%,4%,5%,6%,7%
	塑性指数小于 12 的粘性土	10%,12%,13%,14%,16%
	塑性指数大于 12 的粘性土	5%,7%,9%,11%,13%
用于底基层	塑性指数小于 12 的粘性土	8%,10%,11%,12%,14%
	塑性指数大于 12 的粘性土	5%,7%,8%,9%,11%

注:制备同一种土样、不同石灰剂量的石灰土混合料,一般情况可按表列剂量配制。

石灰工业废渣稳定土的材料要求　　表 4-150

材料(项目)名称		材　料　要　求
石灰		质量应符合 GB 1594—79 石灰技术指标规定的Ⅲ级消石灰或Ⅲ级生石灰技术指标 有效钙含量在 20%以上的等外石灰、贝壳石灰、珊瑚石灰、电石渣等的应用,应经试验;其混合料强度符合强度标准亦可采用
粉煤灰		粉煤灰中 SiO_2、Al_2O_3 和 Fe_2O_3 的总含量应大于 70%,粉煤灰的烧失量不应超过 20%;粉煤灰的比面积宜大于 2 500cm²/g 干、湿粉煤灰均可应用,湿者含水量不宜超过 35%
煤渣		煤渣松干密度在 700~1 100kg/m³ 之间,煤渣的最大粒径不应大于 30mm,颗粒组成宜有一定级配,且不宜含杂质
土	细粒土	宜采用塑性指数 12~20 的粘性土(亚粘土)、土中土块的最大尺寸不应大于 15mm 有机质含量超过 10%的土不宜选用
	中粒土和粗粒土	用作二灰混合料的集料应少含或不含有塑性指数的土
用于二级及二级以下公路的二灰稳定土		二灰集料混合料用底基层时,集料的最大粒径不应超过 50mm 二灰级配混合料用作基层时,集料的最大粒径不应超过 40mm;集料重量宜占 80%以上,并具有下列要求的级配

石灰工业废渣稳定土混合料的组成　　表 4-151

采用材料	用于层位	材料配合比例
石灰粉煤灰	基层或底基层	石灰:粉煤灰=1:2~1:9
石灰粉煤灰土	基层或底基层	石灰:粉煤灰=1:2~1:4(对于粉土以 1:2 为宜)石英粉煤灰:细粒土=30:70~90:10
石灰粉煤灰集料	基　层	石灰:粉煤灰=1:2~1:4,石灰粉煤灰:级配集料(中粒土粗粒土)=20:80~15:85
石灰煤渣	基层或底基层	石灰:煤渣=20:80~15:85
石灰煤渣土	基层或底基层	石灰:煤渣=1:1~1:4,石灰煤渣:细粒土=1:1~1:4,混合料中石灰不应少于 10%,或由试验选取强度较高的配合比
石灰煤渣集料	基层或底基层	石灰:煤渣:粒料=(7~9):(26~33):(67~58)

注:为提高石灰工业废渣的早期强度,可外加 1%~2%的水泥。

掺外加剂混凝土性能指标(GB 8076—1997)　　表 4-152

试验项目		普通减水剂		高效减水剂		早强减水剂		缓凝高效减水剂		缓凝减水剂		引气减水剂		早强剂		缓凝剂		引气剂	
		一等品	合格品	一等品	合格品	一等品	合格品	一等品	合格品	一等品	合格品	一等品	合格品	一等品	合格品	一等品	合格品	一等品	合格品
减水率(%)不小于		8	5	12	10	8	5	12	10	8	5	10	10	—	—	—	—	6	6
泌水率比(%)不大于		95	100	90	95	95	100	100		100		70	80	100		100	110	70	80
含气量(%)		≤3.0	≤4.0	≤3.0	≤4.0	≤3.0	≤4.0	<4.5		<5.5		>3.0		—		—		>3.0	
凝结时间之差 min	初凝	−90~+120		−90~+120		−90~+90		>+90		>+90		−90~+120		−90~+90		>+90		−90~+120	
	终凝							—		—						—			
抗压强度比(%)不小于	1d	—	—	140	130	140	130	—		—		—		135	125	—		—	
	3d	115	110	130	120	130	120	125	120	100		115	110	130	120	100	90	95	80
	7d	115	110	125	115	115	110	125	115	110		110		110	105	100	90	95	80
	28d	110	105	120	110	105	100	120	110	110	105	100		100	95	100	90	90	80
收缩率比(%)不大于	28d	135		135		135		135		135		135		135		135		135	
相对耐久性指标(%)200 次,不小于		—		—		—		—		—		80	60	—		—		80	60
对钢筋锈蚀作用		应说明对钢筋有无锈蚀危害																	

注:1.除含气量外,表中所列数据为掺外加剂混凝土与基准混凝土的差值或比值;

2.凝结时间指标,"−"号表示提前,"+"号表示延缓;

3.相对耐久性指标一栏中,"200 次≥80 和 60"表示将 28d 龄期的掺外加剂混凝土试件冻融循环 200 次后,动弹性模量保留值≥80%或≥60%;

4.对于可以用高频振捣排除的,由外加剂所引入的气泡的产品,允许用高频振捣,达到某类型性能指标要求的外加剂,可按本表进行命名和分类,但须在产品说明书和包装上注明"用于高频振捣的××剂"。

缓凝剂及缓凝减水剂常用掺量　　表4-153

类　　别	掺量(水泥重量%)
醣类	0.1~0.3
木质素磺酸盐类	0.2~0.3
羟基羧酸盐类	0.03~0.1
无机盐类	0.1~0.2

早强剂掺量　　表4-154

混凝土种类及使用条件		早强剂品种	掺　量(水泥重量%)
预应力混凝土		1.硫酸钠 2.三乙醇胺	1 0.05
钢筋混凝土	干燥环境	1.氯盐 2.硫酸钠 3.硫酸钠与缓凝减水剂复合使用 4.三乙醇胺	1 2 3 0.05
钢筋混凝土	潮湿环境	1.硫酸钠 2.三乙醇胺	1.5 0.05
有饰面要求的混凝土		硫酸钠	1
无筋混凝土		氯盐	3

注:1.在预应力混凝土中,由其他原材料带入的氯盐总量,不应大于水泥重量的0.1%;在潮湿环境下的钢筋混凝土中,不应大于水泥重量的0.25%;

2.表中氯盐含量,以无水氯化钙计。

防冻组份掺量　　表4-155

防冻剂类别	防冻组份掺量
氯盐类	氯盐掺量不得大于拌合水重量的7%
氯盐阻锈类	总量不得大于拌合水重量的15%; 当氯盐掺量为水泥重量的0.5%~1.5%时,亚硝酸钠与氯盐之比应大于1; 当氯盐掺量为水泥重量的1.5%~3%时,亚硝酸钠与氯盐之比应大于1.3
无氯盐类	总量不得大于拌合水重量的20%,其中亚硝酸钠、亚硝酸钙、硝酸钠、硝酸钙均不得大于水泥重量的8%,尿素不得大于水泥重量的4%,碳酸钾不得大于水泥重量的10%

膨胀剂的常用掺量　　表4-156

膨胀混凝土(砂浆)种类	膨胀剂名称	掺　量(水泥重量%)
补偿收缩混凝土(砂浆)	明矾石膨胀剂 硫铝酸钙膨胀剂 氧化钙膨胀剂 氧化钙—硫铝酸钙复合膨胀剂	13~17 8~10 3~5 8~12

续上表

膨胀混凝土(砂浆)种类	膨胀剂名称	掺　量(水泥重量%)
填充用膨胀混凝土(砂浆)	明矾石膨胀剂 硫铝酸钙膨胀剂 氧化钙膨胀剂 氧化钙—硫铝酸钙复合膨胀剂 铁屑膨胀剂	10~13 8~10 3~5 8~10 30~35
自应力混凝土(砂浆)	硫铝酸钙膨胀剂 氧化钙—硫铝酸钙复合膨胀剂	15~25 15~25

注:内掺法指实际水泥用量(C')与膨胀剂用量(P)之和为计算水泥用量(C),即:$C=C'+P$。

水泥混凝土外掺剂名词解释　　表4-157

名　词	解　　释
混凝土外加剂	在混凝土拌合过程中掺入的,并能按要求改善混凝土性能的材料,一般情况掺量不超过水泥重量的5%
普通减水剂	在保持混凝土稠度不变的条件下,具有一般减水增强作用的外加剂
高效减水剂	在保持混凝土稠度不变的条件下,具有大幅度减水增强作用的外加剂
引气剂	在搅拌过程中,能引入大量分布均匀的微小气泡,以减少混凝土拌合物泌水离析、改善和易性,并能显著提高硬化混凝土抗冻融耐久性的外加剂
引气减水剂	兼有引气和减水作用的外加剂
缓凝剂	能延缓混凝土凝结时间,并对混凝土后期强度发展无不利影响的外加剂
缓凝减水剂	兼有缓凝和减水作用的外加剂
早强剂	能提高混凝土早期强度,并对后期强度无显著影响的外加剂
早强减水剂	兼有早强和减水作用的外加剂
防冻剂	在规定温度下,能显著降低混凝土的冰点,使混凝土液相不冻结或仅部分冻结,以保证水泥的水化作用,并在一定的时间内获得预期强度的外加剂
膨胀剂	能使混凝土(砂浆)在水化过程中产生一定的体积膨胀,并在有约束条件下产生适宜自应力的外加剂
膨胀混凝土(砂浆)	用膨胀剂配制的混凝土(砂浆)
补偿收缩混凝土(砂浆)	在有约束条件下,由于膨胀剂的作用能产生0.2~0.7N/mm² 自应力的混凝土(砂浆)
填充用膨胀混凝土(砂浆)	由于膨胀剂的作用,使竖向变形始终保持正值的混凝土(砂浆)
自应力混凝土(砂浆)	在有限制约束条件下,由于膨胀剂的作用能产生2.0~8.0N/mm² 自应力的混凝土(砂浆)

b 有机结合料及改性剂技术要求

道路用液体石油沥青技术要求　表 4-158

试验项目		快凝		中凝						慢凝					
		AL(R)-1	AL(R)-2	AL(M)-1	AL(M)-2	AL(M)-3	AL(M)-4	AL(M)-5	AL(M)-6	AL(S)-1	AL(S)-2	AL(S)-3	AL(S)-4	AL(S)-5	AL(S)-6
粘度(s)	$C_{25.5}$	<20		<20						<20					
	$C_{60.5}$		5~15		5~15	16~25	26~40	41~100	101~200		5~15	16~25	26~40	41~100	101~200
蒸馏体积(%)	225℃前	>20	>15	<10	<7	<3	<2	0	0						
	315℃前	>35	>30	<35	<25	<17	<14	<8	<5						
	360℃前	>45	>35	<50	<35	<30	<25	<20	<15	<40	<35	<25	<20	<15	<5
蒸馏后残留物	针入度(25℃,100g,5s)(0.1mm)	60~200	60~200	100~300	100~300	100~300	100~300	100~300	100~300						
	延度(25℃ 5cm/min(cm)	>60	>60	>60	>60	>60	>60	>60	>60						
	浮漂度(50℃)(s)									<20	>20	>30	>40	>45	>50
闪点(TOC法)(℃)		>30	>30	>65	>65	>65	>65	>65	>65	>70	>70	>100	>100	>120	>120
含水量 不大于(%)		0.2		0.2						2.0					

注:粘度使用道路沥青粘度计测定,C脚标第1个数字代表温度(℃),第2个数字代表孔径(mm)。

中、轻交通道路石油沥青技术要求　表 4-159

试验项目		标号	A—200	A—180	A—140	A—100甲	A—100乙	A—60甲	A—60乙
针入度(25℃,100g,5s)		(0.1mm)	200~300	160~200	120~160	90~120	80~120	50~80	40~80
延度(25℃,5cm/min) 不小于		(cm)	—	100	100	90	60	70	40
软化点(环球法)		(℃)	30~45	35~45	38~48	42~52	42~52	45~55	45~55
溶解度(三氯乙稀) 不小于		(%)	99.0	99.0	99.0	99.0	99.0	99.0	99.0
蒸发损失试验 163℃5h	质量损失 不大于	(%)	1	1	1	1	1	1	1
	针入度比 不小于	(%)	50	60	60	65	65	70	70
闪点(COC法) 不小于		(℃)	180	200	230	230	230	230	230

注:当25℃延度达不到100cm时,如15℃延度不小于100cm,也认为是合格的。

重交通道路石油沥青技术要求　表 4-160

试验项目		AH—130	AH—110	AH—90	AH—70	AH—50
针入度(25℃,100g,5s)	(0.1mm)	120~140	100~120	80~100	60~80	40~60
延度(5cm/min15℃)不小于	(cm)	100	100	100	100	80
软化点(环球法)	(℃)	40~50	41~51	42~52	44~54	45~55
闪点(COC法)	不小于(℃)	230				
含蜡量(蒸馏法)	不大于(%)	3				
密度(15℃)	(g/cm^3)	实测记录				
溶解度(三氯乙烯)	不小于(%)	99.0				

续上表

试验项目			AH—130	AH—110	AH—90	AH—70	AH—50
薄膜加热试验163℃ 5h	质量损失	不大于(%)	1.3	1.2	1.0	0.8	0.6
	针入度比	不小于(%)	45	48	50	55	58
	延度(25℃)	不小于(cm)	75	75	75	50	40
	延度(15℃)	(cm)	实测记录				

注:1.有条件时,应测定沥青60℃温度的动力粘度(P_{as})及135℃温度的运动粘度(mm^2/s),并在检验报告中注明;

2.对高速公路、一级公路的沥青路面,如有需要,用户可对薄膜加热后的15℃延度、粘度等指标向供方提出要求。

各类沥青路面选用的沥青标号 表4-161

气候分区	沥青种类	沥青表面处治	沥青贯入式及上拌下贯式	沥青碎石	沥青混凝土
寒区	石油沥青	A—140 A—180 A—200	A—140 A—180 A—200	AH—90 AH—110 AH—130 A—100 A—140	AH—90 AH—110 AH—130 A—100 A—140
	煤沥青	T—5 T—6	T—6 T—7	T—6 T—7	T—7 T—8
温区	石油沥青	A—100 A—140 A—180	A—100 A—140 A—180	AH—90 AH—110 A—100 A—140	AH—70 AH—90 A—60 A—100
	煤沥青	T—6 T—7	T—6 T—7	T—7 T—8	T—7 T—8
热区	石油沥青	A—60 A—100 A—140	A—60 A—100 A—140	AH—50 AH—70 AH—90 A—100 A—60	AH—50 AH—70 A—60 A—100
	煤沥青	T—6 T—7	T—7	T—7 T—8	T—7 T—8 T—9

高等级道路石油沥青的技术要求(GB/T 15180—94) 表4-162

项目		质量指标 AH—130	AH—110	AH—9-	AH—70	AH—50	试验方法
针入度(25℃,100g,5s)(0.1mm)		121~140	101~120	81~100	61~80	41~60	GB/T 4509
延度(25℃,5cm/min)(cm)不小于		100	100	100	100	100	GB/T 4508
软化点(环球法)(℃)		38~48	40~50	42~52	44~54	45~55	GB/T 4507
溶解度(三氯乙烯)(%)不小于		99	99	99	99	99	GB/T 11148
薄膜烘箱试验	质量变化(%)不大于	1.3	1.2	1.0	0.8	0.6	GB/T 5304
	针入度比(%)不小于	45	48	50	55	58	GB/T 4509
	延度(25℃,5cm/min)(cm)不小于	75	75	75	50	40	GB/T 4508
	延度(15℃,5cm/min)(cm)	报告					GB/T 4508
闪点(开口)(℃)不低于		230					GB/T 267
密度(25℃)(g/cm³)		报告					GB/T 8928

代表性沥青样品的主要性质 表4-163

沥青品种	克拉玛依 KLM	欢喜岭 HXL	辽河 LHE	兰炼 LAL	茂名 MMN	单家寺 SJS	胜利 SLI
25℃针入度	89	92	138	82	81	97	96
软化点(℃)	49.5	48.5	46.0	50.0	50.0	50.5	49.0
15℃延度(cm)	>150	>150	>150	38	>100	58	22
溶解度(%)	99.10	99.21	99.53	99.85	99.91	99.08	99.78
密度(g/cm³)	0.981 5	1.012 0	1.005 0	0.996 5	1.013 0	0.997 8	1.001 0

沥青路面封层适用的沥青材料　　表 4-164

沥青种类	上封层	下封层
道路石油沥青	AH—90、AH—110、AH—130	AH—110、AH—130
	A—100、A—140、A—180	A—100、A—140、A—180
乳化沥青	PC—3、PA—3、BC—3、BA—3	PC—2、PA—2、BC—2、BA—2
煤沥青	T—5、T—6、T—7	T—4、T—5
液体石油沥青		AL(M)—5、AL(M)—6、AL(S)—5、AL(S)—6

道路用乳化石油沥青技术要求　　表 4-165

项目 \ 种类		PC—1 PA—1	PC—2 PA—2	PC—3 PA—3	BC—1 BA—1	BC—2 BA—2	BC—3 BA—3
筛上剩余量	不大于(%)	0.3					
电荷		阳离子带正电(+)、阴离子带负电(-)					
破乳速度试验		快裂	慢裂	快裂	中或慢裂		慢裂
粘度 沥青标准粘度计 $C_{25.3}$	(s)	12~45	8~20		12~100		40~100
粘度 恩格拉度 E_{25}		3~15	1~6		3~40		15~40
蒸发残留物含量	不小于(%)	60	50		55		60
蒸发残留物性质 针入度(100g,25℃,5s)	(0.1mm)	80~200	80~300	60~160	60~200	60~300	80~200
蒸发残留物性质 残留延度比(25℃)	不小于(%)	80					
蒸发残留物性质 溶解度(三氯乙烯)	不小于(%)	97.5					
贮存稳定性 5d 不大于(%)		5					
贮存稳定性 1d 不大于(%)		1					
与矿料的粘附性,裹覆面积不小于		2/3					
粗粒式集料拌和试验					均匀		
细粒式集料拌和试验						均匀	
水泥拌和试验,1.18mm 筛上剩余量	不大于(%)					5	
低温贮存稳定度(-5℃)		无粗颗粒或结块					
用途		表面处治及贯入式洒布用	透层油用	粘层油用	拌制粗粒式沥青混合料	拌制中粒式及细粒式沥青混合料	拌制砂粒式沥青混合料及稀浆封层

注:1.乳液粘度可选沥青标准粘度计或恩格拉粘度计的一种测定,$C_{25.3}$表示测试温度 25℃、粘度计孔径 3mm,E_{25}表示在 25℃时测定;

2.贮存稳定性一般用 5d 的,如时间紧迫也可用 1d 的稳定性;

3.PC、PA、BC、BA 分别表示洒布型阳离子、洒布型阴离子、拌和型阳离子、拌和型阴离子乳化沥青;

4.用于稀浆封层的阴离子乳化沥青 BA—3 型的蒸发残留物含量可放宽至 55%。

乳化沥青分类表　　表 4-166

类别	种类	用途	类别	种类	用途
贯入洒布用	PC—1 PA—1	表面处治及贯入式洒布用	拌和用	BC—1 BA—1	拌制粗粒式沥青混合料用
	PC—2 PA—2	透层油用		BC—2 BA—2	拌制中粒式及细粒式沥青混合料用
	PC—3 PA—3	粘层油用		BC—3 BA—3	拌制砂粒式沥青混合料及稀浆封层用

注:PC、PA、BC、BA 分别表示洒布型阳离子、洒布型阴离子、拌和型阳离子、拌和型阴离子乳化沥青。

阳离子沥青乳液分类　　表 4-167

类别	代　号	用　途	类别	代　号	用　途
喷洒贯入用	PC—1	层铺贯入式路面及表面处治用	拌和用	BC—1	拌制粗粒式沥青混凝土及黑色碎石用
	PC—2	透层油及稳定用表面养护用		BC—2	拌制中粒式沥青混凝土及砂石混合料用
	PC—3	结合层油层油用		BC—3	拌制稳定土及稀浆封层用

注:P 代表喷洒;B 代表拌和;C 代表阳离子乳化沥青。

乳化剂产品目录　　表 4-168

产品型号	类　型	有效含量	用量(‰)	生产厂家
SF—Z	阳离子中裂	50% ±1%	2.8 ~ 3	
SF—M	阳离子慢裂	30%	4	山东省章丘市公路局乳化沥青厂
SF—MK	阳离子慢裂快凝	>98%	8 ~ 12	
RH—C01	阳离子慢裂	28% ~ 30%		
MRZ—01	阳离子中裂	55% ~ 60%		河南省孟州市公路段乳化剂厂
MK—01	阳离子慢裂快凝	90% ~ 95%		
JL—C01	阳离子中裂	55% ±5%	6 ~ 10	
JL—C02	阳离子慢裂	28% ~ 30%	12 ~ 18	河南省郾城县龙逸化工有限公司
JL—C06	阳离子快裂		3 ~ 5	
XLY2000	阳离子慢裂快凝		10 ~ 18	
RH—C02	阳离子慢裂	28%	4 ~ 6(折纯)	宁夏回族自治区公路管理局吴忠公路段
CRS—1	阳离子慢裂快凝	95% ±5%	8 ~ 12	
CRS—2	阳离子慢裂快凝	95% ±5%	8 ~ 12	河南省新乡市公路科技研究所
XK—1	阳离子普通中裂	90% ±5%	9 ~ 14	
QX—1	阳离子慢裂		10 ~ 17	
QX—2	阳离子中裂		5 ~ 9	江苏省江阴市七星助剂有限公司
QX—3	阳离子慢裂快凝Ⅰ~Ⅱ		14 ~ 24	
DF—Ⅱ	阳离子中裂	55% ±1%		江苏省大丰市沥青乳化剂厂
DF—Ⅲ	阳离子慢裂	28% ±1%		
JY—2	阳离子中裂	55% ±2%		江苏省扬中市江阳实业总公司乳化剂厂
JY—3	阳离子慢裂	28% ±2%		
FLR—Z2	阳离子中裂	55%		福建省公路管理局邵武乳化剂厂
FLR—M	阳离子慢裂	28%		
TOT—3B	季铵盐(使用时不加酸)	>40%		河北省昌黎县交通局公路管理站

阳离子乳化沥青检验项目及标准　　表 4-169

项目 \ 分类		PC—1	PC—2	PC—3	BC—1	BC—2	BC—3
筛上剩余量(%)1.2mm 筛孔		<0.3					
沥青微粒离子电荷		(+)					
破乳速度试验		快裂	慢裂	快裂	中或慢裂	慢裂	慢裂
粘度	沥青标准粘度 $C_{25.3}$(s)	12 ~ 45	8 ~ 20		12 ~ 100	12 ~ 100	40 ~ 100
	恩格拉粘度 E_{25}	3 ~ 15	1 ~ 6		3 ~ 40	3 ~ 40	15 ~ 40
蒸发残留物含量(%)不小于		60	50	50	55	55	60

续上表

项目		分类 PC—1	PC—2	PC—3	BC—1	BC—2	BC—3
蒸发残留物性质	针入度(0.25℃ 100g 5s 0.1mm)	100～200	100～300	60～160	60～200	60～300	80～200
	残留延度比(25℃)不小于(%)	80					
	溶解度(三氯乙烯)不小于(%)	97.5					
贮存稳定性	5d不大于(%)	5					
	1d不大于(%)	1					
粘附性(骨料裹覆面积)不小于		2/3					
粗粒式集料拌和试验					均匀		
细粒式集料拌和试验						均匀	
水泥拌和试验过1.2mm筛孔剩余量						5	
低温贮存稳定性(-5℃)		无粗颗粒或结块					

聚合物改性乳化沥青检验项目标准　　表4-170

项目			分类 PKR—T 1	2
粘度	恩格拉粘度 E_{25}		1～10	
	标准粘度 $C_{25.3}$		8～30	
筛上剩余量(1.2mm)小于%			0.3	
粘附性(骨料裹覆面积不小于)			2/3	
沥青微粒离子电荷			+	
蒸发残留物含量不小于(%)			50	
蒸发残留物性质	针入度	(25℃)(1/10)mm	60～100	100～150
	延伸度	(7℃) cm	大于100	—
		(5℃) cm	—	大于100
	软化点 ℃		大于48	大于42
	粘韧性	(25℃)N·m	大于3.0	—
		(15℃)N·m	—	大于4.0
	韧性	(25℃)N·m	大于1.5	—
		(15℃)N·m	—	大于2.0
	灰分%	小于1		
贮存稳定性(1d)小于(%)			1	
低温贮存稳定性(-5℃)			无粗颗粒与结块	

改性乳化沥青(微表处用)技术要求(建议)　　表4-171

项目		单位	技术要求		试验方法
筛上剩余量(1.2mm)		%	≤0.1		T0652
储存稳定性	24h	%	≤1		T0655
粘度	道路标准粘度 $C_{25.3}$	s	180～75		T0621
	恩格拉粘度(25℃)		5～28		T0622
	赛波特粘度(25℃)	s	20～100		T0623
残留物含量*		%	≥62		STMD244
蒸馏残留物性质	针入度(25℃,100g,5s)	0.1mm	40～90	60～110	T0604
	延度(15℃,5cm/min)	cm	≥40		T0605
	软化点	℃	≥60	≥57	T0606
	溶解度	%	≥97.5		T0607
	60℃动力粘度	Pa·s	≥8000		T0620
使用地区			南方	北方	

* 蒸馏温度:第一部177℃,第二步204℃;有条件的单位,可以测定残留物的动态剪切模量和测力延度。

乳化剂及沥青的配方用量　　表4-172

乳化剂 名称	代号	浓度(%)	生产厂	沥青型号	配合比例 沥青:水:乳化剂	添加剂 名称	用量(%)	乳液类型	备注
$C_{16\sim19}$烷基三甲基氯化铵	NOT	35	大连油脂化工厂	胜利100号	60:40:0.5			中裂	用作贯入洒布或贮存时间要求不长的乳液,乳化剂用量可以低于0.5%;用作拌和或贮存时间长的乳液,乳化剂用量可适当增加
				胜利200号	60:40:0.5			中裂	
				胜利渣油	60:40:0.5			中裂	
				高升100号	60:40:0.5			中偏慢	
				高升200号	60:40:0.4			慢裂	
				茂名100号	60:40:0.5	聚乙烯醇	0.1～0.3	中裂	
				北大港180号	60:40:0.5	或氯化铵			
				兰炼100号30%～35%、渣油67%～70% 掺配	60:40:0.4	聚乙烯醇	0.1～0.3	快裂	

续上表

乳化剂				沥青型号	配合比例	添加剂		乳液类型	备注
名称	代号	浓度(%)	生产厂		沥青:水:乳化剂	名称	用量(%)		
烷基酰胺基多胺	JSA—1 JSA—2 JSA—2 JSA—2 JSA—3	80 80 80 80 80	吉林省交通科学研究所	胜利 100 号 胜利 100 号 高升 100 号 大庆丙烷脱蜡 胜利 100 号	60:40:0.5 60:40:0.5 60:40:0.5 60:40:0.5 60:40:0.5	HCl 或 $FeCl_3$	0.5～1	慢裂 中裂 中裂 中裂 快裂	
十六烷基二甲基羟乙基氯化铵	162	45～50	天津轻化工研究所	胜利 100 号 周李庄 200 号 大港 200 号	60:40:0.5 60:40:0.4 60:40:0.4			快裂 快裂 快裂	

注:1.表中乳化剂配合比例指浓度为100%时的比例,实际用量需进行换算,换算方法为:

$$乳化剂实际用量 = \frac{乳液总量 \times 乳化剂配合比例}{乳化剂浓度\%}$$

2.添加剂用量为占乳液总量的百分数。

改性沥青路面聚合物改性沥青的技术要求　　表 4-173

技术指标		SBS(Ⅰ)				SBR(Ⅱ)			EVA、PE(Ⅲ)			
		Ⅰ—A	Ⅰ—B	Ⅰ—C	Ⅰ—D	Ⅱ—A	Ⅱ—B	Ⅱ—C	Ⅲ—A	Ⅲ—B	Ⅲ—C	Ⅲ—D
针入度 25℃,100g,5s(0.1mm)	最小	100	80	60	40	100	80	60	80	60	40	30
针入度指数 PI	最小①	-1.0	-0.6	-0.2	+0.2	-1.0	-0.8	-0.6	-1.0	-0.8	-0.6	-0.4
延度 5℃,5cm/min(cm)	最小	50	40	30	20	60	50	40	—			
软化点 $T_{R\&B}$(℃)	最小	45	50	55	60	45	48	50	48	52	56	60
运动粘度 135℃(Pa·s)	最大②	3										
闪点(℃)	最小	230				230			230			
溶解度(%)	最小	99				99			—			
离析,软化点差(℃)	最大③	2.5				—			无改性剂明显析出、凝聚			
弹性恢复 25℃(%)	最小	55	60	65	70	—			—			
粘韧性(N·m)	最小	—				5			—			
韧性(N·m)	最小	—				2.5			—			
RTFOT 后残留物④												
质量损失(%)	最大	1.0										
针入度比 25℃(%)	最小⑤	50	55	60	65	50	55	60	50	55	58	60
延度 5℃(cm)	最小	30	25	20	15	30	20	10	—			

注:①针入度指数 PI 由 15℃、25℃、30℃等三个以上不同温度的针入度,按式 $\lg P = AT + k$ 进行线性回归,在计算获得参数 A 后由下式求得,但直线回归的相关系数 R 不得低于 0.997;

$$\mathrm{PI} = \frac{20 - 500A}{1 + 50A}$$

② 表中 135℃ 运动粘度可采用《公路工程沥青及沥青混合料试验规程》(JTJ 052—93)中的"沥青粘度测定方法(勃洛克菲尔德粘度计法)"进行测定。若在不改变改性沥青物理力学性质并符合安全条件的温度下易于泵送和拌和,或经试验证明适当提高泵送和拌和温度时能保证改性沥青的质量,容易施工,可不要求测定。有条件时应测定改性沥青在 60℃ 时的动力粘度,用毛细管法测定;

③ 改性沥青在现场制作后立即使用或贮存期间进行不间断的搅拌或泵送循环时,对离析试验指标可不作要求;

④ 老化试验以采用旋转薄膜烘箱试验(RTFOT)方法为准,允许采用薄膜加热试验(TFOT)代替,但必须在报告中注明,且不得作为仲裁结果;

⑤ 对采用几种不同类型改性剂制备的复合改性沥青,根据不同改性剂的类型和剂量比例,按照工程上改性的目的和要求,参照表中指标综合确定应该达到的技术要求。

沥青路面透层及粘层材料的规格与用量　　表 4-174

用途		乳化沥青 规格	乳化沥青 用量 (L/m³)	液体石油沥青 规格	液体石油沥青 用量 (L/m³)	煤沥青 规格	煤沥青 用量 (L/m³)
透层	粒料基层	PC—2 PA—2	1.1 ~ 1.6	AL(M)—1 或 2 AL(S)—1 或 2	0.9 ~ 1.2	T—1 T—2	1.0 ~ 1.3
	半刚性基层	PC—2 PA—2	0.7 ~ 1.1	AL(M)—1 或 2 AL(S)—1 或 2	0.6 ~ 1.0	T—1 T—2	0.7 ~ 1.0
粘层	沥青层	PC—3 PA—3	0.3 ~ 0.6	AL(R)—1 或 2 AL(M)—1 或 2	0.3 ~ 0.5	T—3、T—4 T—5	0.3 ~ 0.6
	水泥混凝土	PC—3 PA—3	0.3 ~ 0.5	AL(R)—1 或 2 AL(M)—1 或 2	0.2 ~ 0.4	T—3、T—4 T—5	0.3 ~ 0.5

改性沥青路面 I 型聚合物改性沥青性能要求　　表 4-175

名称		I—A		I—B		I—C		I—D	
		Min	Max	Min	Max	Min	Max	Min	Max
针入度 25℃,100g,5s	(0.1mm)	100	150	75	100	50	75	40	75
粘度 60℃,1/s	(p)	1250		2500		5000		5000	
粘度 135℃	(cst)		2000		2000		2000		5000
闪点 COC	(℃)	232		232		232		232	
溶解度,三氯乙烯	(%)	99		99		99		99	
离析,软化点差	(℃)		2.2		2.2		2.2		2.2
RTFOT 残留物试验									
弹性恢复 25℃,拉伸 10cm	(%)	60		60		60		60	
针入度 4℃,200g,60s	(0.1mm)	20		15		13		10	

改性沥青路面 II 型聚合物改性沥青性能要求　　表 4-176

名称		II—A		II—B		II—C		II—D	
		Min	Max	Min	Max	Min	Max	Min	Max
针入度 25℃,100g,5s	(0.1mm)	100		70		85		80	
粘度 60℃,1/s	(p)	800		1 600		800		1 600	
粘度 135℃	(cst)	300		300		300		300	
延度 4℃,5cm/min	(cm)	50		50		25		25	
闪点 COC	(℃)	232		232		232		232	
粘韧性 25℃,50cm/min	(in·lb)	75		110		75		110	
韧性 25℃,50cm/min	(in·lb)	50		75		50		75	
TFOT 或 RTFOT 残留物试验									
延度 4℃,5cm/min	(cm)	25		25		10		10	
粘度 60℃,1/s	(p)		4 000		8 000		4 000		8 000
粘韧性 25℃,50cm/min	(in·lb)					75		100	
韧性 25℃,50cm/min	(in·lb)					50		75	

改性沥青路面 III 型聚合物改性沥青性能要求　　表 4-177

名称		III—A		III—B		III—C		III—D		III—E	
		Min	Max	Min	Max	Min	Max	Min	Max	Min	Max
针入度 4℃,200g,60s	(0.1mm)	48		35		28		22		18	
针入度 25℃,100g,5s	(0.1mm)	30	150	30	150	30	150	30	150	30	150
粘度 135℃	(cst)	150	1 500	150	1 500	150	1 500	150	1 500	150	1 500
闪点 COC	(℃)	218		218		218		218		218	

续上表

名称		III—A Min	III—A Max	III—B Min	III—B Max	III—C Min	III—C Max	III—D Min	III—D Max	III—E Min	III—E Max
软化点 R&B	(℃)	51.7		54.4		57.5		60.0		62.8	
离析 135℃,18h		报告									
溶解度 TCE	(%)	99		99		99		99		99	
RTFOT 残留物											
针入度 4℃,200g,60s	(0.1mm)	24		18		14		11		9	
损失	(%)		1		1		1		1		1

改性沥青路面 IV 型聚合物改性沥青性能要求 表 4-178

名称			IV—A	IV—B	IV—C	IV—D	IV—E	IV—F
针入度 25℃,100g,5s	(0.1mm)	Min	90	75	65	50	50	35
粘度 60℃,1/s	(p)	Min	1 250	4 000	2 500	6 000	4 500	8 000
粘度 135℃	(cst)	Max	3 000	3 000	3 000	3 000	3 000	3 000
闪点 COC	(℃)	Min	232	232	232	232	232	232
溶解度,三氯乙烯	(%)	Min	99.0	99.0	99.0	99.0	99.0	99.0
离析,软化点差	(℃)		报告	报告	报告	报告	报告	报告
RTFOT 残留物试验								
弹性恢复 25℃,10cm	(%)	Min	60	70	60	70	60	70
针入度 4℃,200g,60s	(0.1mm)	Min	20	20	15	15	10	10

常用聚合物改性沥青一览表 表 4-179

分类		改性材料
橡胶类	橡胶沥青	天然橡胶(NR)、丁苯橡胶(SBR)、聚氯丁三烯(CR)、丙烯腈丁二烯共聚物(ABR)、异丁烯异戊二烯共聚物(HR)、聚丁二烯(BR)、聚异戊二烯(IR)、苯乙烯异茂二烯共聚物(SIR)
橡胶树脂类	热塑性弹性体改性沥青	苯乙烯—丁二烯—苯乙烯共聚物(SBS)、苯乙烯—异戊二烯—苯乙烯共聚物(SIS)、聚脂弹性体、聚烯烃弹性体、聚脲烷弹性体等
树脂类	热塑性树脂改性沥青	乙烯醋酸乙烯共聚物(EVA)、聚乙烯(PE)、聚苯乙烯(EPS)、聚丙烯(PP)、乙烯己基丙烯酸共聚物(EEA)、无规聚丙烯(APP)、聚氯乙烯、聚酰胺、聚醋酸乙烯
	热固性树脂改性沥青	环氧树脂(EP)、酚醛树脂、尿醛树脂、蜜胺树脂、不饱和树脂

我国阳离子乳化剂商品的性能 表 4-180

商品名	乳化剂名称	乳化剂用量	pH 值	乳化剂颜色	筛上物含量	沥青含量	贮存稳定度	破乳速度
ASF100	牛脂丙烯二胺	0.80	4~5	茶褐色	合格	63	合格	快裂
ASF101	硬化牛脂丙烯二胺	0.70	4~5	茶褐色	合格	62	合格	快裂
ASF103	特殊脂烷基丙烯二胺	0.30	2~3	茶褐色	合格	64	合格	快裂
辽 ASF	基烷基丙烯二胺	0.40	4~5	茶褐色	合格	62	合格	中裂
JSA—1	硬脂酸酰胺多胺	0.5	3	茶褐色	合格	65	合格	慢裂
JSA—2	牛脂脂肪族酰胺基多胺	0.5	3	茶褐色	合格	62	合格	中裂
JSA—3	羟烷基酰胺基多胺	0.5	3	茶褐色	合格	62	合格	快裂
NOT	十六~十九烷基三甲基氯化胺	0.5	6.5	茶褐色	合格	60	合格	中裂
1621	十四~十八烷基二甲基羟乙基氯化胺	0.5	6~7	茶褐色	合格	61	合格	快裂

各地采用拌制乳化沥青混合料的乳液配方　　表 4-181

编号	沥青材料	乳化剂		稳定剂		沥青乳液试验结果						
		品种	用量(%)	品名	用量(%)	颗粒直径(μm)	筛上剩余量	pH	粘度(C_{25}^{3},s)	贮存稳定度	粘附试验	拌和试验
1	胜利油—100	NOT	0.5			3~5	0.15%	6	14	合格	合格	中偏慢
2	胜利油—140	NOT	0.4			3~5	合格	6	15	合格	合格	中裂
3	盘锦油—100	NOT	0.4	$CaCl_2$	0.15		合格	7	14	合格	合格	慢裂
4	高升油—180	丙撑二胺	0.5	$CaCl_2$	0.15	<5	合格	3	17.3	2.4%	合格	中裂
5	茂名油—60	NOT	0.5			3~5		6	12.2	合格	合格	中偏慢
6	胜利油—60+渣油	天津 OT	0.5	聚乙烯醇	0.25	3	0.01%	6.7	18.8	合格	合格	慢裂
7	胜利+茂名沥青	NOT	0.5	HCl		3	0.14%	3	20.8	合格	合格	中偏慢
8	茂名油—60	NOT	0.4	NH_4Cl	0.1	3	合格			合格	合格	中裂
9	茂名油—60	NOT	0.5	NH_4Cl MF	0.1	2	合格			合格	合格	中偏慢
10	茂名油—200	NOT	0.4	NH_4Cl MF	0.1		合格			合格	合格	中偏慢

大连市政乳化沥青生产配方　　表 4-182

材料名称		质量	用量(%)
乳化剂水溶液 40%	水	自来水	39.284
	肥皂	水含量 18%~20%	0.24

续上表

材料名称		质量	用量(%)
乳化剂水溶液 40%	火碱	96%	0.156
	水玻璃	51%~52%	0.32
油 60%	沥青		60

北京地区使用改性沥青 SMA 工程结构概况　　表 4-183

工程	层次	结构	厚度	粗集料	沥青标号	改性剂	纤维	备注
道路机场高速公路	表面层	SMA—16 沥青玛蹄脂碎石混合料	4cm	玄武岩	盘锦 AH—90	4%PE+2%SBS	矿物纤维 0.4%	
	中面层	LH—30Ⅰ型沥青混凝土	6cm	石灰岩	同上	5%PE		
	底面层	LH—35Ⅱ型沥青混凝土	8cm	石灰岩	同上	无		
八达岭高速公路京昌段	表面层	SMA—16 沥青玛蹄脂碎石混合料	4cm	辉绿岩 玄武岩	辽河、大港等 A—100、盘锦 AH—90	4%PE+2%SBS 5%PE+1%SBS	矿物纤维 0.4%	改性剂用量以沥青的百分数计；纤维稳定剂用量以沥青混合料的百分数计
	中面层	AC—25Ⅰ型沥青混凝土	6cm	石灰岩	同上	无		
	底面层	AC—25Ⅱ型沥青混凝土	8cm	石灰岩	同上	无		
道路机场东跑道	表面层	SMA—16 沥青玛蹄脂碎石混合料	6cm	玄武岩	日本 AH—100	3-3.5% PE+3%SBS	木质素纤维 0.3%	
	中面层	AC—25Ⅰ型沥青混凝土	7cm	石灰岩	日本 AH—110	3%PE+3%SBS	无	
	底面层	AC—25Ⅱ型沥青混凝土	8cm	石灰岩	日本 AH—90	无	无	
长安街	表面层整修	SMA—10 沥青玛蹄脂碎石混合料	3cm	石灰岩	韩国 AH—90	5%SBS	矿物纤维 0.4%	

首都机场东跑道使用的 SBS 的性能规格(岳化 1401)　　表 4-184

指　标	单　位	批			号		
		-60	-62	-63	-67	-68	-69
拉伸强度	MPa	31.1	23.3	25.2	28.7	23.7	24.1
300%定伸应力	MPa	4.72	3.85	6.68	5.26	5.38	5.55
断裂伸长率	%	780	735	700	1 000	1 000	910
永久变形	%	44	36	37	38	37	36
硬度(邵氏 A)		92	92	96	92	92	92
溶体流动速率	g/10min	0.9	1.08	1.02	0.73	0.72	1.08
总灰分	%	0.05	0.05	0.05	0.05	0.05	0.05
挥发分	%	0.86	0.81	0.88	56.0	0.86	1.54

北京市长安街使用的 SBS 的性能规格(燕山 4303)　　表 4-185

指　标	单 位	批				号			
		961123	970505 -3	970505 -4	970506	970521 -2	970522 -1	970522 -2	970525 -4
结构		星型	星型	星型	星型	星型	星型	星型	星型
嵌段比 S/B		30/70	30/70	30/70	30/70	30/70	30/70	30/70	30/70
充油率	%	0	0	0	0	0	0	0	0
拉伸强度	MPa	19.30	14.6	15.6	13.4	12.2	16.4	13.9	13.8
300%定伸应力	MPa	3.0	3.5	3.0	3.7	3.3	3.4	3.2	3.5
断裂伸长率	%	704	650	680	620	600	652	612	612
永久变形	%	10	8	8	8	8	8	8	8
硬度(邵氏 A)		85	85	85	85	82	84	82	83
防老剂			0.36	0.28					
溶体流动速率	g/10min	0	0	0	0	0	0	0	0
总灰分	%	0.02	0.02	0.02	0.02	0.02	0.02	0.02	0.02
挥发分	%	1.04	0.35	0.48	0.42	0.45	0.38	0.42	0.44

燕山石化公司合成橡胶厂 SBS 产品质量企业标准(1997 年 1 月)(改性沥青)　　表 4-186

项　目		SBS 1401 (YH—792)	SBS 4303 (YH—801)	SBS 4402 (YH—802)
结构		线型	星型	星型
嵌段比 S/B		40/60	30/70	40/60
挥发分	Max(%)	2.0	2.0	2.0
灰分	Max(%)	0.2	0.2	0.2
300%定伸应力	Min(MPa)	2.50	2.50	3.00
拉伸强度	Min(MPa)	18.0	18.0	20.0
扯断伸长率	Min(%)	600	550	550
扯断永久变形	Max(%)	65	60	60
硬度(邵氏 A)	Min	80	75	80
撕裂强度	Min(kN/m)	35.0	35.0	35.0
熔体流动速率	(g/10min)	0.10~3.0	0.10~0.5	0.10~3.0

湖南丘阳化工厂巴陵牌 SBS 主要产品质量企业标准(改性沥青)　　表 4-187

项　目	单 位	SBS 1301—1 (YH—791)	SBS 1401—1 (YH—792)	SBS 4303 (YH—801)	SBS 4402 (YH—802)
结构		线型	星型	星型	星型
嵌段比 S/B		30/70	40/60	30/70	40/60
充油率	%	0	0	0	0
拉伸强度	MPa	≥18.0	≥22.0	≥15.0	≥24.0
300%定伸应力	MPa	≥2.5	≥3.4	≥2.5	≥4.0

续上表

项目	单位	SBS 1301—1 (YH—791)	SBS 1401—1 (YH—792)	SBS 4303 (YH—801)	SBS 4402 (YH—802)
断裂伸长率	%	≥815	≥750	≥700	≥600
永久变形	%	≤20	≤50	≤20	≤50
硬度(邵氏 A)		75±7	90±5	82±7	91±5
防老剂		非污染	非污染	非污染	非污染
溶体流动速率	g/10min	0.5~5.00	0.10~5.00	0~1.00	0.1~3.0
总灰分	%	≤0.2	≤0.2	≤0.2	≤0.2
挥发分	%	≤0.50	≤0.50	≤0.50	≤0.50
类似的国外牌号		Kraton 1101	Tufprene A	Solprene 411 SolT161	Solprene 414

中国石化总公司热塑性丁苯橡胶(SBS)技术要求(SH/T 1610—95) 表 4-188

项目		SBS 1401			SBS 4402			SBS 4452		
		优等品	一等品	合格品	优等品	一等品	合格品	优等品	一等品	合格品
挥发分	Max(%)	1.00	1.50	2.00	1.00	1.50	2.00	1.40	2.00	2.50
灰分	Max(%)	0.20	0.20	0.20	0.20	0.20	0.20	0.20	0.20	0.20
300%定伸应力	Min(MPa)	3.4	2.8	2.5	4.0	3.5	3.0	1.3	1.1	1.0
拉伸强度	Min(MPa)	22.0	20.0	18.0	24.0	22.0	20.0	15.7	13.7	11.7
扯断伸长率	Min(%)	750	700	600	600	550	550	950	900	850
扯断永久变形	Max(%)	50	55	65	50	55	65	42	50	55
硬度(邵氏 A)	Min	85	82	80	87	83	80	60	58	55
撕裂强度	Min(kN/m)	45.0	40.0	35.0	45.0	40.0	35.0	28.0	22.0	20.0
熔体流动速率	(g/10min)	0.10~3.00	0.10~5.00	0.05~7.00	0.10~3.50	0.10~3.50	0.10~3.50	0.50~5.00	0.50~7.00	0.50~7.00

中国石油化工集团公司重交通道路石油沥青企业标准 表 4-189

牌号		1号(Q/SHR 003—2000)				2号(Q/SHR 004—2000)				试验方法
		AH—110	AH—90	AH—70	AH—50	AH—110	AH—90	AH—70	AH—50	
针入度(25℃,100g,5s)	(0.1mm)	100~120	80~100	60~80	40~60	100~120	80~100	60~80	40~60	GB/T 4509
延度(25℃,5cm/min)	不小于(cm)	150				100				GB/T 4508
软化点(环球法)	(℃)	42~50	44~52	46~54	47~55	40~50	42~52	44~54	45~55	GB/T 4507
溶解度(三氯乙烯)	不小于(%)	99.5				99.0				GB/T 11148
闪点(开口)	不低于(℃)	230				230				GB/T 267
密度(25℃)	(g/cm^3)	1.01~1.05				报告				GB/T 8928
蜡含量	不大于(%)	2				3				SH/T 0425
薄膜加热试验(163℃,5h)										GB/T 5304
质量变化	不大于(%)	0.8	0.5	0.5	0.5	1.2	1.0	0.8	0.6	GB/T 5304
针入度比	不小于(%)	50	50	68	68	50	50	55	58	GB/T 4509
延度(25℃,5cm/min)	不小于(cm)	—	—	—	100	100	100	75	—	GB/T 4508
延度(15℃,5cm/min)	不小于(cm)	100	100	100	报告	报告	报告	报告	报告	GB/T 4508

中国石油天然气集团公司重交通道路石油沥青企业标准(CNPC试行) 表4-190

项目			AH—130 A	AH—130 B	AH—110 A	AH—110 B	AH—90 A	AH—90 B	AH—70 A	AH—70 B	AH—50 A	AH—50 B
针入度(25℃,100g,5s)		(0.1mm)	120~140		100~120		80~100		60~80		45~60	
延度(5cm/min,15℃)		不小于(cm)	150		150		150		150		100	
软化点(环球法)		(℃)	40~48		42~50		44~52		46~54		47~55	
闪点(开口)		不小于(℃)	230									
密度(15℃)		(g/cm³)	报告									
溶解度(三氯乙烯)		不小于(%)	99.0									
含蜡量(蒸馏法)		不大于(%)	2.0	3.0	2.0	3.0	2.0	3.0	2.0	3.0	2.0	3.0
薄膜加热试验(163℃,5h)	质量损失	不大于(%)	1.0		0.8		0.8		0.6		0.6	
	针入度比	不小于(%)	55	50	55	50	60	55	60	55	65	60
	延度(15℃)	不小于(cm)	100	80	100	80	100	80	100	80	50	30

国内几项重要工程所采用的各类改性剂剂量情况汇总表 表4-191

工程名称		改性剂剂量(%) SBS	SBR	EVA、PE
首都机场路	(中面层)	2.0		5.5(PE)
	(表面层)			4.0(PE)
首都机场东跑道	(中面层)	3.0		3.0(PE)
	(表面层)	3.0		3.0~3.5(PE)
京石高速公路	(底面层)		2.0(胶乳)	
	(表面层)		3.0(胶乳)	
北京八达岭高速公路	(中面层)	1.0~2.0		5.5(PE)
	(表面层)			4.0~5.0(PE)

续上表

工程名称	改性剂剂量(%) SBS	SBR	EVA、PE
北京长安街	5.0		
南京环城高速公路(中、下面层)		1.0(胶乳)	
南京环城高速公路(表面层)		3.0(胶乳)	
桂林机场道面			6.0(PE)
广佛高速公路			5.0~6.0(PE)
广深一级公路(新安—黄田段)		2.0	
青藏公路	2.0		
北京白颐路			5.0(EVA)

常用几种抗剥离剂 表4-192

商品种类	剂量(与沥青用量比)	用途效果	掺入方法	生产厂家	工程应用
PA—1	0.4%	沥青与酸性石料的粘附性由1~2级提高到4~5级,马歇尔残留稳定度达85%以上	加入热熔沥青中	西安公路研究所	
AST	0.3%	使沥青与各种酸性石料粘附性提高到4级以上	加入热熔沥青中	西安公路交通大学海威化学技术公司	成渝、杭甬、开洛、深汕、吐乌大、夏漳等高速公路
BA3	0.4%	沥青与酸性石料粘附性,由1~2级提高到4~5级	加入热熔沥青中	西安奥利新材料有限责任公司	广珠深、沪宁、福泉、泉厦等高速公路

几种再生剂的技术指标 表4-193

指标 / 类别	粘度(25℃Pa·s)	流变指数(25℃)	芳香分含量(%)	表面张力25℃(10^{-3}N/m)	薄膜烘箱试验粘度比 $\eta_{前}/\eta_{后}$
减五线抽出油	17.3	1.048	46.6	49	<3
润滑油	0.248	1.044	10.2	35	<3
机油	0.037	1.10	7.5	32	<3
玉米油	0.030	1.092	3.2	34	<3

丁苯胶乳主要质量标准　　表 4-194

检验项目	质量标准
固体物含量(%)	45～50
pH 值	>9
粘度 25℃·MPa·5	<250
粒径($\times 10^{-10}$m)	<600

稀浆封层乳化沥青的技术要求　　表 4-195

检测内容		单位	技术要求	试验规程
筛上剩余量(1.18mm 筛)		%	<0.3	T0652
颗料电荷			+，-	T0653
破乳速度试验			慢裂	T0658
标准粘度 $C_{25.3}$		s	12～100	T0621
蒸发残留物含量		%	>60	T0651
贮存稳定度	1d	%	<1	T0655
	5d	%	<5	
粘附性试验			>2/3	T0654
蒸发残留物性质	针入度$_{25,100,5}$	0.1mm	40～200	T0651　T0604
	延度$_{25}$	mm	>40	T0651　T0605
	溶解度(三氯乙烯)	%	>97.5	T0651　T0607

环氧树脂质量指标　　表 4-196

技术指标	E—51 (618)	E—44 (6101)	E—42 (634)	E—35 (637)
外观	黄色至琥珀色高粘度透明液体			
色泽 HCB 2002—59 小于	2	6	8	8
软化点(环球法)/℃	—	12～20	21～27	—
环氧值(盐酸吡啶法)/(当量/100g)小于	0.48～0.56	0.41～0.47	0.38～0.45	0.26～0.40
有机氯值(银量法)/(当量/100g)小于	2×10^{-4}	2×10^{-4}	2×10^{-4}	2×10^{-4}
无机氯值(银量法)/(当量/100g)小于	1×10^{-3}	1×10^{-3}	1×10^{-3}	1×10^{-3}
挥发物(110℃,3h)% 小于	2.0	1.0	1.0	1.0

8310 环氧粘结剂配合比(质量比)　　表 4-197

编号	粘结剂配比(质量比%)				抗折强度(MPa)			抗拉强度(MPa)			抗剪强度(MPa)		
	环氧树脂	8310	水泥	水	7d	14d	28d	7d	14d	28d	7d	14d	28d
1	100	50			6	6.2	7.0	2.2	2.2	2.5	3.6	3.1	3.1
2	100	50	50	适量	5.3	7.4	8.1	2.6	3.0	3.3	3.6	3.5	4.4
3	100	50	100	50		5.3	6.1		3.3	3.3		2.9	3.7

注：1.水泥为 42.5MPa 普通硅酸盐水泥；

2.表中强度指标系粘结性能指标；

3.2 号配方用水量按气温、操作条件掺配。

C　国外路面材料技术指标及要求参考资料

a　各国路面材料技术指标及要求

现行道路沥青标准指标　　表 4-198

指标	中国	阿根廷	澳大利亚	澳地利	比利时	加拿大	丹麦	芬兰	法国	德国	英国	意大利	马来西亚	日本	荷兰	新西兰	挪威	南非	西班牙	瑞典	瑞士	泰国	美国1	美国2	前苏联
针入度	√	√	√	√	√	√	√	√	√	√	√	√	√	√	√	√	√	√	√	√	√	√	√	√	√
软化点	√			√	√		√	√	√	√	√	√	√	√		√		√		√	√				√
延度	√	√		√		√	√		√	√		√	√	√		√		√	√		√	√	√		√
粘度(60℃/135℃)			√	√	√	√		√								√	√			√	√			√	
弗拉斯脆点				√			√			√		√							√		√				√
针入度指数(PI)		√													√						√				√
密度(比重)	√	√		√	√			√	√	√		√	√	√	√					√	√				
闪点	√	√	√			√		√	√	√			√	√	√	√	√			√		√	√	√	√
溶解度	√	√	√	√	√	√	√	√	√	√	√	√	√	√	√	√	√	√	√	√	√	√	√	√	√
介电常数											√														
蒸发损失试验	√	√		√					√		√	√	√							√		√			
TFOT 或 RTFOT	√		√			√	√	√						√	√	√	√	√	√		√		√	√	√
旋转烧瓶试验										√															
灰分										√															
蜡含量	√						√		√	√		√													
沥青质含量																									
滴点试验		√				√												√					√	√	
耐久性试验			√																						

续上表

指标	中国	阿根廷	澳大利亚	澳地利	比利时	加拿大	丹麦	芬兰	法国	德国	英国	意大利	马来西亚	日本	荷兰	新西兰	挪威	南非	西班牙	瑞典	瑞士	泰国	美国1	美国2	前苏联
老化试验后																									
针入比	√	√		√		√	√		√	√	√	√	√	√	√	√		√	√		√	√	√	√	
软化点升高							√			√		√													√
延度	√	√	√				√	√		√						√	√	√		√			√	√	
粘度比			√			√		√									√			√				√	
质量损失	√		√		√	√	√		√	√	√	√	√			√	√	√	√	√	√	√	√	√	
弗拉斯脆点							√	√		√							√			√					
针入度指数															√										√
与集料粘结力																									√

注:1.美国1为针入度级标准,美国2为粘度级标准;

2.√表示采用该指标。

欧洲共同体改性沥青结合料规范指标　　　　表4-199

指标	推荐规范	规范草案						
	英国	法国	德国	西班牙	奥地利	瑞典	比利时	芬兰
针入度	√	√	√	√	√	√	√	√
软化点	√	√	√	√	√	√	√	√
粘度(60℃/135℃)	√						√	√
弗拉斯脆点			√	√	√	√	√	
延度			√	√	√		√	
测力延度		√	√	√	√			
弹性恢复	√	√	√	√	√	√	√	√
板冲击法粘结力		√	√	√	√			
粘附性	√				√			
RTFOT	√		√	√				
针入度差	√		√	√				
软化点差	√		√	√	√			
贮存稳定性			√	√	√	√		√
针放度差			√	√	√	√		
软化点差			√	√	√	√		√
质量损失	√		√			√		
闪点	√		√	√	√			√
密度			√	√	√		√	
漂浮试验				√				
含水量				√				

各国采用的结合料　　　　表4-200

国家	采用的结合料	外加剂
比利时	针入度100沥青	掺加再生胶、纤维素或10%环氧树脂
原捷克	70/100沥青	
丹麦	针入度100沥青	
法国	80/100、60/70、40/50沥青	沥青中掺加15%~20%轮胎粉
德国	B65、聚合物改性沥青	
英国	针入度200、100沥青,环氧沥青,聚合物改性沥青	掺加纤维素、EVA、橡胶、SBS等
意大利	80/100沥青	掺加SBS、纤维
日本	80/100沥青,橡胶沥青	专门配制高粘度沥青、彩色硬化沥青
荷兰	180/200、80/100、45/60沥青	改性沥青
南非	40/50沥青	
西班牙	60/70沥青	60/70沥青,掺加EVA
瑞典	针入度80沥青	
瑞士	60/70改性沥青	
美国	40/60、80/100沥青,或掺加氯丁橡胶	80/100沥青中加入硅化橡胶

一些国家多孔隙沥青混合料矿料级配　　表 4-201

国　家	通过下列筛孔(mm)的质量百分率(%)											
	28	20	14	12.5	10	6.3	5.0	3.35	2.36	0.6	0.3	0.075
英国 1982 1983 1984			100		72 ~ 82	27 ~ 37		14 ~ 20				1.5 ~ 3.5
	100	90 ~ 100	50 ~ 80			20 ~ 30		5 ~ 15				3 ~ 6
	100	95 ~ 100	55 ~ 75			20 ~ 30		7 ~ 13				3 ~ 6
	100	95 ~ 100	50 ~ 70			15 ~ 25		5 ~ 15				3 ~ 6
马来西亚				100	87		31.8		13.1	4.6	3.0	1.4
法国				100	88	26	21	15		7	5	3.2
西班牙					100		30		10			4

各国 OGFC 路面采用的沥青结合料　　表 4-202

国　家	使用的沥青结合料	
	初　期	近　期
比利时	针入度 100 沥青	掺加再生胶,纤维或 10%环氧树脂
原捷克斯洛伐克	70/100 沥青	
丹麦	针入度 100 沥青	
法国	80/100,60/70,40/50 沥青	沥青中掺加 15% ~ 20%轮胎粉
德国	B65,B85	B65,B85 或特殊沥青
英国	针入度 200,100 沥青,环氧沥青	掺加纤维,EVA,橡胶,SBS 等
意大利	80/100 沥青	掺加 SBS,纤维
日本	80/100 沥青,橡胶沥青	配制高粘度沥青,彩色硬化沥青
荷兰	180/200,80/100,45/60 沥青	改性沥青
南非	40/50 沥青	
西班牙、瑞士	60/70	
美国	40/60,80/100,或掺加氯丁橡胶	80/100 沥青中掺加硅化橡胶

各国细料控制范围　　表 4-203

国　家	筛孔 (mm)	通过率范围 (%)	实际控制范围 (%)	要求空隙率 (%)
英国	3.35	7 ~ 13	—	20
德国	2.00	10 ~ 25	13 ~ 17	20
日本	2.36	8 ~ 25	14 ~ 18	20
美国	2.36	5 ~ 15	10 ~ 12	15
比利时	2.00	—	17	22

热拌再生混合料再生剂规范(太平洋会议)　　表 4-204

技 术 指 标	ASTM 试验方法	RA5	RA25	RA75	RA250	RA500
粘度 140°F(Pa·s)	D2170 或 D2171	0.2 ~ 0.8	1.0 ~ 4.0	5.0 ~ 10.0	15.0 ~ 35.0	40.0 ~ 60.0
闪点(°F)	D92	>400	>425	>450	>450	>450
饱和分(%)		<30	<30	<30	<30	<30
回转薄膜烘箱残渣 粘度比(%) 质量变化(%)	D2872	 <3 <4	 <3 <4	 <3 <4	 <3 <4	 <3 <4
相对密度	D70 或 D1298	报告	报告	报告	报告	报告

国外 JSE 胶结料的技术性能 表 4-205

技术指标	技术性能	
	JSE—1	JSE—2
针入度 25℃(0.1mm)	110~120	75~85
软化点(℃)	47~48	50~51
延度 15℃(cm)	80~100	80~100
闪点(℃)	230	230
密度(g/cm³)	1.02	1.02
薄膜烘箱试验		
质量损失(%)	2.5	2.1
针入度比(%)	55	55
延度 15℃(cm)	80~100	80~100

国外浇注式沥青混凝土用沥青结合料性能 表 4-206

指标	道路沥青与建筑沥青质量比			
	80:20	65:35	50:50	35:65
针入度(0.1mm)				
25℃	45	33	28	18
0℃	17.5	15.5	12.5	10.5
软化点(℃)	55	60	66	70

国外微表处 ISSA 推荐级配(%) 表 4-207

筛孔 (mm)	II	III
9.5	100	100
4.75	90~100	70~90
2.36	65~90	45~70
1.18	45~70	28~50
0.6	30~50	19~34

国外稀浆混合料技术要求 表 4-208

试验项目		技术标准
稠度(mm)		89+(20~30)
初凝时间(h)	小于	3
固化时间(h)	小于	4
湿轮磨耗值(g/m²)	小于	800
负荷车轮磨耗(g/ft²)		
轻交通量<300 辆/d		70
中交通量 250~1 500 辆/d		60
重交通量 1 500~3 000 辆/d		55
特重交通量>3 000 辆/d		50

b　美国路面材料技术指标及要求

美国 SHRP 沥青路用性能规范(AASHTO MP1,1995)　　表 4-209

沥青使用性能等级	PG46			PG52							PG58					PG64					
	-34	-40	-46	-10	-16	-22	-28	-34	-40	-46	-16	-22	-28	-34	-40	-10	-16	-22	-28	-34	-40
平均 7d 最高路面设计温度① (℃)	<46			<52							<58					<64					
最低路面设计温度① (℃)	>-34	>-40	>-46	>-10	>-16	>-22	>-28	>-34	>-40	>-46	>-16	>-22	>-28	>-34	>-40	>-10	>-16	>-22	>-28	>-34	>-40
原样沥青																					
闪点(COC,ASTM D92),min (℃)	230																				
粘度 ASTM4402②,max,2Pa·s 试验温度 (℃)	135																				
动态剪切,(SHRP B—003)③ $G^*/\sin\delta$,min,1.0kPa 试验温度 @10rad/s (℃)	46			52							58					64					
RTFOT(ASTM D2872) 残留沥青																					
质量损失,max (%)	1.00																				
动态剪切,(SHRP B—003) $G^*/\sin\delta$,min,2.0kPa 试验温度 @10rad/s (℃)	46			52							52					64					
PAV 残留沥青 (SHRP B-005)																					
PAV 老化温度④ (℃)	90			100							100					100					
动态剪切,(SHRP B—003) $G^*/\sin\delta$,min,30kPa 试验温度 @10rad/s (℃)	10	7	5	25	22	19	16	13	10	7	25	22	19	16	13	31	28	25	22	19	16
物理老化⑤	实测记录																				
蠕变劲度,(SHRP B—002)⑥ S,max,200MPa m 值,min,0.35 试验温度 @60rad/s (℃)	-24	-30	-36	0	-6	-12	-18	-24	-30	-36	-6	-12	-18	-24	-30	0	-6	-12	-18	-24	-30
直接拉伸,(SHRP B—006)⑥ 破坏应变,min,1.0% 试验温度@1.0mm/min (℃)	-24	-30	-36	0	-6	-12	-18	-24	-30	-36	-6	-12	-18	-24	-30	0	-6	-12	-18	-24	-30

平均 7d 最高路面设计温度① (℃)	<70						<70					<82					
最低路面设计温度① (℃)	>-10	>-16	>-22	>-28	>-34	>-40	>-10	>-16	>-22	>-28	>-34	>-10	>-16	>-22	>-28	>-34	

续上表

沥青使用性能等级	PG70						PG76					PG82				
	−10	−16	−22	−28	−34	−40	−10	−16	−22	−28	−34	−10	−16	−22	−28	−34
	原样沥青															
闪点(COC, ASTM D92), min (℃)	230															
粘度 ASTM4402[②], max, 2Pa·s 试验温度 (℃)	135															
动态剪切,(SHRP B—003)[③] $G^*/\sin\delta$, min, 1.0kPa 试验温度 @10rad/s (℃)	70						76					82				
	RTFOT(ASTM D2872) 残留沥青															
质量损失, max (%)	1.00															
动态剪切,(SHRP B—003) $G^*/\sin\delta$, min, 2.0kPa 试验温度 @10rad/s (℃)	70						76					82				
	PVA 残留沥青 SHRT B－005															
PAV 老化温度[④] (℃)	100(110)						100(110)					100(110)				
动态剪切,(SHRP B—003) $G^*/\sin\delta$, max, 30MPa 试验温度 @10rad/s (℃)	34	31	28	25	22	19	37	34	31	28	25	40	37	34	31	28
物理老化[⑤]	实测记录															
蠕变劲度,(SHRP B—002)[⑥] S, max, 200MPa m 值, min, 0.35 试验温度 @60rad/s (℃)	0	−6	−12	−18	−24	−30	0	−6	−12	−18	−24	0	−6	−12	−18	−24
直接拉伸,(SHRP B—006)[⑥] 破坏应变, min, 1.0% 试验温度@1.0mm/min (℃)	0	−6	−12	−18	−24	−30	0	−6	−12	−18	−24	0	−6	−12	−18	−24

注:①路面温度由大气温度按 SUPERPAVE 程序中的方法计算,也可由指定的机构提供;

②如果供应商能保证所有认为安全的温度下,沥青结合料都能很好地泵送或拌和,此要求可由指定的机构确定放弃;

③为控制非改性沥青结合料产品的质量,在试验温度下测定原样沥青结合料粘度,可以取代测定动态剪切的 $G^*/\sin\delta$。在此温度下,沥青多处于牛顿流体状态,任何测定粘度的标准试验方法均可使用。包括毛细管粘度计或旋转粘度计(AASHTO T201 或 T202);

④PAV 老化温度为模拟气候条件温度,从 90℃、100℃、110℃中选择一个温度,高于 PG64 时为 100℃,在沙漠条件下为 110℃;

⑤物理老化:按照 TP1 规定的 BBR 试验 13.1 节进行,试验条件中的时间为最低路面设计温度以上 10℃延续 24h ± 10min,报告 24h 劲度模量和 m 值(仅供参考);

⑥如果蠕变劲度小于 300MPa,直接拉伸试验可不要求,如果蠕变劲度在 300～600MPa 之间,直接拉伸试验的破坏应变要求可代替蠕变劲度的要求,m 值在两种情况下都应满足。

美国沥青混合料公称粒径 37.5mm 和 25mm 的集料级配　　表 4-210

筛孔尺寸(mm)	公称粒径 37.5mm				公称粒径 25mm			
	控制点通过率(%)		限制区通过率(%)		控制点通过率(%)		限制区通过率(%)	
	最小	最大	最小	最大	最小	最大	最小	最大
50	100							
37.5	90	100			100			
25		90			90	100		
19						90		
12.5								
9.5								
4.75			34.7	34.7			39.5	39.5
2.36	15	41	23.3	27.3	19	45	36.8	30.8
1.18			15.5	21.5			18.1	24.1
0.600			11.7	15.7			13.6	17.6
0.300			10	10			11.4	11.4
0.150								
0.075	0	6			1	7		

美国沥青混合料公称粒径 19mm 和 12.5mm 的集料级配　　表 4-211

筛孔尺寸(mm)	公称粒径 19mm				公称粒径 12.5mm			
	控制点通过率(%)		限制区通过率(%)		控制点通过率(%)		限制区通过率(%)	
	最小	最大	最小	最大	最小	最大	最小	最大
25	100							
19	90	100			100			
12.5		90			90	100		
9.5						90		
4.75								
2.36	23	49	34.6	34.6	28	58	39.1	39.1
1.18			22.3	28.3			25.6	31.6
0.600			16.7	20.7			19.1	23.1
0.300			13.7	13.7			15.5	15.5
0.150								
0.075	2	8			2	10		

美国沥青混合料公称粒径 9.5mm 的集料级配　　表 4-212

筛孔尺寸(mm)	控制点通过率(%)		限制区通过率(%)	
	最小	最大	最小	最大
12.5	100			
9.5	90	100		
4.75		90		
2.36	32	67	47.2	47.2
1.18			31.6	37.6
0.600			23.5	27.5
0.300			18.7	18.7
0.150				
0.075	2	10		

美国对破碎砾石破碎面的要求　　表 4-213

交通量(ESAL/s)(/10^6)	所处的层位(距路表下深度)(mm)	
	<100	>100
<0.3	55/－	－/－
<1.0	65/－	－/－
<3.0	75/－	50/－
<10.0	85/80	60/－
<30.0	95/90	60/－
<100.0	100/100	95/90
>100.0	100/100	100/100

注：表中数据"/"符号两边分别为一个和两个破碎面的百分率要求。

美国 FHWA 建议的多孔沥青混凝土集料级配　　表 4-214

美国标准筛尺寸(mm)	12.8	9.5	4.75	2.36	0.075
通过率(质量%)	100	95～100	30～50	5～15	2～5

干线公路最小滑移数 SN 建议值(美国部分州)　　表 4-215

行驶速度(km/h)	48	64	80	96	102
在行驶速度时量测	36	33	32	31	31
在 60km/h 时量测	31	33	37	41	46

美国 SMA 沥青结合料粘度级标准
(AASHTO M226 表 2,1986)

表 4-216

性质		单位	AC—2.5	AC—5	AC—10	AC—20	AC—40
粘度(60℃)		Pa	250±50	500±100	1 000±200	2 000±400	4 000±800
粘度(135℃)	min	cs	80	110	150	210	300
针入度(25℃,100g,5s)	min	0.1mm	200	120	70	40	20
闪点(COC)	min	℃	163	177	219	232	232
溶解度(三氯乙烯)	min	%	99.0	99.0	99.0	99.0	99.0
TFOT 后残留粘度(60℃)	max	Pa	1 000	2 000	4 000	8 000	16 000

续上表

性　　质		单位	AC—2.5	AC—5	AC—10	AC—20	AC—40
TFOT后残留延度(25℃)	min	cm	100①	100	50	20	10
斑点试验(需要时可规定溶剂)②			对所有等级都是否定的(Negative)				
标准石脑油溶剂							
石脑油—二甲苯—溶剂		%					
庚烷—二甲苯—溶剂		%					

注:①如果25℃时延度小于100cm,而15℃时延度大于100cm也作为合格;

②斑点试验是可选择的,按工程师的规定,选择标准石脑油溶剂或石脑油—二甲苯—溶剂或庚烷—二甲苯—溶剂进行,有时也采用二甲苯溶剂,以二甲苯的百分数表示。

美国SMA路面粗集料质量要求 表4-217

试验指标	单位	方　法	规范规定值	试验指标	单位	方　法	规范规定值
洛杉矶磨耗值	%	AASHTO T96	<30	坚固性损失(5个循环) 硫酸钠	%	AASHTO T104	<15
				硫酸镁	%		<20
针片状颗粒含量 1:3标准	%	ASTM D4791	<20	破碎颗粒含量 1个破碎面	%	ASTM D5821	>100
1:5标准	%		<5	2个破碎面	%		>90
吸水率	%	AASHTO T85	<2				

注:AASHTO规范说明中指出LA>50的粗集料在SMA工程中有成功的应用,且LA>30时在实验室和现场都有压碎现象发生。

美国SMA混合料技术要求建议 表4-218

指　标	单位	NAPA建议 马歇尔击实试件	NAPA建议 按SUPERPAVE用SGC成型的试件	1998年6月AASHTO建议 马歇尔击实试件	1998年6月AASHTO建议 按SUPERPAVE用SGC成型的试件
沥青用量	%	>6*	>6*		
空隙率	%	3.5~4	3~4	3~4	3~4
VMA	%	>17	>17	>17	>17
VCA_{mix}	%	$<VCA_{DRC}$	$<VCA_{DRC}$	$<VCA_{DRC}$	$<VCA_{DRC}$
稳定度	kN	>6.2		>6.2	
流值	mm	2~4			
TSR	%	>70	>70	>70	>70
渗析试验(在拌和温度时)	%	<0.30	<0.30	<0.30	<0.30

* 在NAPA的建议中规定:当集料的毛体积相对密度大于2.75时容许低于此值。AASHTO的规范建议稿中按集料毛体积相对密度规定了不同的沥青用量最小值。

美国冷铺沥青混合料用沥青材料 表4-219

沥青混合料的堆放与使用条件	沥青种类	粘度 (60℃)/cst	粘度 赛氏/s
在热或温和天气下立即使用,或短期存放后使用	MC—250	250~500	125~250(60℃)
短期存放后使用	MC—800	800~1 600	100~200(82.2℃)
在干燥气候条件下长期存放	SC—250	250~500	
长期存放	SC—800	800~1 600	
短期存放后使用	CMS—2*		50~450(50℃)
短期存放后使用	CMS—2h*		50~450(50℃)

* 为乳化沥青。

美国冷铺料集料级配　　　　表 4-220

筛孔（mm）	通过率（%）	
	级配 No.1	级配 No.2
19	—	100
12.5	100	90~100
9.5	90~100	—
4.75	60~80	45~70
2.36	35~65	25~55
0.3	6~25	5~20
0.075	2~10	2~9

美国 AASHTO—AGC—ARTBA 改性沥青建议标准（1995 年版）　　　　表 4-221

指标		SBS类（Ⅰ类）				SBR类（Ⅱ类）			PE、EVA类（Ⅲ类）				
		Ⅰ—A	Ⅰ—B	Ⅰ—C	Ⅰ—D	Ⅱ—A	Ⅱ—B	Ⅱ—C	Ⅲ—A	Ⅲ—B	Ⅲ—C	Ⅲ—D	Ⅲ—E
针入度（25℃，100g，5s）	min（0.1mm） max（0.1mm）	100 150	75 100	50 75	40 75	100	70	80			30 130		
针入度（4℃，200g，60s）	min（0.1mm）	40	30	25	25				48	35	26	18	12
延度（4℃，5cm/min）	min（cm）						50						
粘度（60℃）	min（Pa·s）			100	250	500	500	800	160	160			
粘度（135℃）	min（mm²/s） max（mm²/s）		— 2 000				— 2 000				150 1 500		
软化点 $T_{R\&B}$	min（%）	43	49	54	60				52	54	57	60	—
闪点	min（℃）	218		232			232				218		
溶解度	min（%）		99.0				99						
分离，软化点差	max（℃）		2.2										
粘韧性	（N·m）					8.5	12.4						
韧性	（N·m）					5.7	8.5						
RTFOT 或 TFOT 后残留物													
质量损失	max（%）										1.0		
弹性恢复（25℃）	min（%）		45		50								
针入度（4℃，200g，60s）	min（0.1mm）	20	15	13	13				34	18	13	9	6
粘度（60℃）	max（Pa·s）					4 000	8 000						
延度（4℃）	min（cm）					25		8					
粘韧性	（N·m）							110					
韧性	（N·m）							75					

美国非交联 SBS 类改性沥青标准（ASTM D5892—96a）　　　　表 4-222

指标		Ⅳ—A		Ⅳ—B		Ⅳ—C		Ⅳ—D		Ⅳ—E		Ⅳ—F	
		min	max	min	max	min	max	min	max	min	max	min	max
针入度（25℃，100g，5s）	（0.1mm）	90		75		65		50		50		35	
粘度（60℃，$1s^{-1}$）	（Pa·s）	125		400		250		600		450		800	
粘度（135℃）	（mm²/s）		3 000		3 000		3 000		3 000		3 000		3 000
闪点	（℃）	232		232		232		232		232		232	
溶解度（三氯乙烯）	（%）	99.0		99.0		99.0		99.0		99.0		99.0	
分离，软化点差	（℃）	记录		记录		记录		记录		记录		记录	

续上表

指　　标		Ⅳ—A min max	Ⅳ—B min max	Ⅳ—C min max	Ⅳ—D min max	Ⅳ—E min max	Ⅳ—F min max
RTFOT 后 残 留 物							
弹性恢复(25℃,10cm)	(%)	60	70	60	70	60	70
针入度(4℃,200g,60s)	(0.1mm)	20	20	15	15	10	10

注:TFOT 也可使用,但 RTFOT 是标准试验方法。

美国 SMA 建议级配　　表 4-223

筛　孔 (mm)		25	19	12.5	9.5	4.75	2.36	0.6	0.3	0.075	沥青用量(%)
美国 FHWA 等			100	85~95	<75	20~28	16~24	12~16	12~15	8~10	不少于 6
乔治亚理工学院	细式		100	85~100	60~80	25~32	18~24	—	10~20	8~12	5.9~7.1
	粗式	100	100~90	45~70	25~40	22~30	18~22	—	10~20	8~12	5.7~6.5

美国 FHWA 磨细橡胶粉改性沥青标准(FHWA—SA—92—022,1992)　表 4-224

使　用　地　区		热　区	温　区	寒　区
等级		ARB—1	ARB—2	ARB—3
最高月平均温度	(℃)	>38	26~38	<26
最低月平均温度	(℃)	>0	-12~0	<-12
175℃视粘度	(Pa·s)	100~400	100~400	100~400
ASTM D2994 3 号管,12r/min				
针入度(25℃,100g,5s)	(0.1mm)	25~75	50~100	75~150
(4℃,200g,60s)	(0.1mm)	>15	>25	>40
软化点	(℃)	>54	>49	>43
回弹变形 ASTM D3407	(%)	>20	>10	>0
延度(4℃,1cm/min)	cm	>5	>10	>20
TFOT 后				
针入度比 4℃	(%)	>75	>75	>75
延度(4℃,1cm/min)	(%)	>50	>50	>50

美国 SBR 胶乳或 CR 胶乳类改性沥青标准(ASTM D5840—95)　表 4-225

指　　标		Ⅱ—A min max	Ⅱ—B min max	Ⅱ—C min max	Ⅱ—D min max
针入度(25℃,100g,5s)	(0.1mm)	100	70	85	80
粘度($60℃,1s^{-1}$)	(Pa·s)	80	160	80	160
粘度(135℃)	(mm^2/s)	300	300	300	300
延度(4℃,5cm/min)	(cm)	50	50	25	25
闪点	(℃)	232	232	232	232
粘韧性(25℃,50mm/min)	(N·m)	8.5	12.4	8.5	12.4
韧性(25℃,50mm/min)	(N·m)	5.7	8.5	5.7	8.5
RTFOT 或 TFOT 后 残 留 物					
延度(4℃)	(cm)	25.	25	10	10
粘度(60℃)	(Pa·s)	4 000	8 000	4 000	8 000
粘韧性(25℃,50mm/min)	(N·m)			8.5	11.3
韧性(25℃,50mm/min)	(N·m)			5.7	8.5

美国 EVA 类改性沥青标准(ASTM D5841—95)　表 4-226

指　　标		Ⅲ—A min	Ⅲ—A max	Ⅲ—B min	Ⅲ—B max	Ⅲ—C min	Ⅲ—C max	Ⅲ—D min	Ⅲ—D max	Ⅲ—E min	Ⅲ—E max
针入度(4℃,200g,60s)	(0.1mm)	48		35		28		22		18	
针入度(25℃,100g,5s)	(0.1mm)	30	150	30	150	30	150	30	150	30	150
粘度(135℃)	(mm^2/s)	150	1 500	150	1 500	150	1 500	150	1 500	150	1 500
闪点	(℃)	218		218		218		218		218	
软化点 $T_{R\&B}$	(℃)	51.7		54.4		57.2		60.0		62.8	
分离,软化点差	(℃)	记录		记录		记录		记录		记录	
溶解度(三氯乙烯)	(%)	99		99		99		99		99	
RTFOT 或 TFOT 后 残 留 物											
针入度(4℃,200g,60s)	(0.1mm)		24		18		14		11		9
质量损失	(%)		1		1		1		1		1

美国 SB 或 SBS 类改性沥青标准(ASTM D5876—96) 表 4-227

指标		Ⅰ—A		Ⅰ—B		Ⅰ—C		Ⅰ—D	
		min	max	min	max	min	max	min	max
针入度(25℃,100g,5s)	(0.1mm)	100	150	75	100	50	75	40	75
粘度(60℃,$1s^{-1}$)	(Pa·s)	125		250		500		500	
粘度(135℃)	(mm^2/s)		2 000		2 000		2 000		5 000
闪点	(℃)	232		232		232		232	
溶解度(三氯乙烯)	(%)	99		99		99		99	
分离,软化点差	(℃)		2.2		2.2		2.2		2.2
RTFOT 或 TFOT 后残留物									
弹性恢复(25℃,10cm)	(%)	60		60		60		60	
针入度(4℃,200g,60s)	(0.1mm)	20		15		13		10	

美国特立尼达湖沥青改性沥青标准(ASTM D5710—95) 表 4-228

指标		针入度等级							
		min	max	min	max	min	max	min	max
针入度(25℃,100g,5s)	(0.1mm)	40	55	60	75	80	100	120	150
粘度(135℃)	(mm^2/s)	385	—	275	—	215	—	175	—
延度(25℃,5mm/min)	(cm)	100	—	100	—	100	—	100	—
闪点	(℃)	232	—	232	—	232	—	232	—
溶解度(三氯乙烯)	(%)	77	90	77	90	77	90	77	90
TFOT 后残留物									
针入度(25℃,100g,5s)	(0.1mm)	55	—	52	—	47	—	42	—
延度(25℃,5mm/min)	cm	50	—	50	—	75	—	100	—
无机质(灰分)	(%)	7.5	19.5	7.5	19.5	7.5	19.5	7.5	19.5

注:1.如原样沥青 25℃延度小于 100cm,则应采用抽提的无机质灰分不多于 5%的改性沥青重新试验;
2.如原样沥青 25℃延度小于 100cm,15℃延度大于 100cm 也予通过;
3.溶解度要求由用户按照混合的 TLA 比例在此范围内提出。

美国马歇尔试验配合比设计技术要求 表 4-229

项目	轻交通($EAL<10^4$)表层或基层	中交通($10^4<EAL<10^6$)表层或基层	重交通($EAL>10^6$)表层或基层
击实次数	双面各 35 次	双面各 50 次	双面各 75 次
稳定度,不小于 (N)	3 336(2 300[a]) (2 224[b])	5 338(2 300[a]) (3 336[b])	8 006(3 400[a]) (6 675[b])
流值(mm)	2~4(2~5)	2~4(2~4)	2~3.5(2~4)
空隙率(%) (基层)	3~5(3~5) (3~8)	3~5(3~5) (3~8)	3~5(3~5) (3~8)

美国热塑性聚合物沥青改性剂(道路与桥梁杂志 1985 年 5 月号) 表 4-230

制造商	商品名	改性剂类型	推荐剂量	拌和时间	拌和温度	特性
ZAdvanced Asphalt Technologles	Generic SBS modifild AC and co-blends	SBS 和 SBS/LDPE	4%~7%	20min	163~171℃	符合 PG76—22 和 82—22,高温抗车辙、抗开裂、水稳性
	NOVOPHALT	LDPE	4%~7%	标准	149~163℃	符合 PG76—22 和 82—22,改善路面强度、水稳性、高温抗车辙、其他

续上表

制造商	商品名	改性剂类型	推荐剂量	拌和时间	拌和温度	特性
BASF 公司	Butonal NS 175、120、198 NX1106、1116、1118	SBR 聚合物悬浮液	2%~5%	标准	变化	改善抗车辙、温度开裂,改善温度稳定性和老化
DJL 建设公司	Evatech G3	EVA	3%~5%	预拌	160~171℃	符合 PG 64—34,改善抗车辙、开裂、疲劳、水稳性
	Evatech LA、LB	EBA	7%~10%	预拌	177~191℃	用于 HMA 和防水材料
	Elastoplast	SBS	6%~8%	预拌	171~182℃	用于 HMA 和抗裂
	Polytech	EVA	3%~5%	预拌	160~171℃	符合 PG 64—34
Dexco 聚合物	Vector	SB	2%~6%	标准	171~182℃	改善 HMA 的高温抗车辙、抗裂、粘韧性、抗松散
E. I. Du-Pont	Elvaloy AM	再生聚乙烯	0.7%~3%	变化	171~204℃	化学活化剂,HMA 能长时间贮存和远距离运输,冷却后不改变热混合料性质,改善抗车辙、抗裂、剥离
Eastman Chemical	Eastman EE—2	改性聚烯烃	2%~5%	30	121~136℃	易拌和,极好的相容性和稳定性
ECOPave	ECOPave TP	废轮胎活化橡胶	变化	标准或预拌	变化	增粘、提高软化点,改善相容性和贮存稳定性,改善抗老化
EniChem Elastomers Americas	Europrene SOL T	SBS	3~8ib/t 混合料	标准	136~190℃ 变化	降低温度敏感性、增加低温柔性,增加高温劲度、改善抗松散
Ergon 公司	Sealoflex	SBS 加各种活化剂	3%~7%	变化	163~191℃	改善疲劳和温度开裂,抗车辙,不需要特殊设备
Exxon 公学公司	polybilt	聚烯轻	2%~6%	变化	160~183℃	抗车辙
FINA 石化公司	Finaprene	SBS	2%~6%	标准	171~183℃	抗车辙、抗疲劳和温缩开裂,改善粘附性、抗松散
Firestone 聚合物	Stereton	SBS SVS	5%~10%	标准	165~193℃	易拌和、极好的稳定性
HULS	Vestoplast	聚烯轻	5%~7%	标准	标准	抗车辙、增加高温劲度、增加疲劳寿命
Koch 材料公司	Stylink	活化 SB	变化	预拌均匀	相同或略高	改善抗车辙、温度开裂、疲劳,不需特殊设备,符合 SHRP 要求
Momentum 技术公司	Calprene 1205	SB	2%~10%	变化	163~204℃	增加软化点、改善低温性能,符合 SHRP 要求
	Calprene 1015	SB	2%~10%	变化	163~204℃	可粉碎成碎片,增加粘度、软化点,可掺入 1205 中,符合 SHRP 要求
	Calprene401、411、412、416、419、501	SBS4—星型 5—线型	2%~6%	变化	163~204℃	改善高温,低温性能,增加耐久性,符合 SHRP 要求
	Calprene H6110 H6120	SBS	2%~6%	变化	163~204℃	改善高温、低温性能,增加耐久性,符合 SHRP 要求
Rouse Rubber Industries	Builder 系列	硫化处理	2%~15%	15~60min	149~176℃	改善温度和疲劳开裂,增强粘附性,相容性好,符合 SHRP 规格

续上表

制造商	商品名	改性剂类型	推荐剂量	拌和时间	拌和温度	特性
Royston 实验室部	Rosphalt 50	SBS 橡胶	45ib/t	增加 90s	211～221℃	防水冷却，适用范围－37℃～116℃
Rub-R-Road 公司	Rub-R-Road R-504、R-504 HS	SBR 胶乳	3%～5%	变化	变化	增粘，提高软化点、粘韧性、韧性、延度、粘附性
Shell Chemical 公司	Kraton D	SBS	2%～6%	标准	149～194℃	减少永久变形、疲劳和温度开裂，提高 SHRP 的高温和低温等级
Ultrapave /Goodyear	Ultrapave SBR 胶乳	聚合物　悬浮液	2%～5%	标准	163～177℃	增加高温劲度，减小低温劲度，减小疲劳和温度开裂

美国沥青填充剂、加强剂和延伸剂　　表 4-231

改性剂类型	品名	用量（占拌和料）	拌和时间	拌和温度	作用
加强剂	天然沥青 HMA 改性剂	3.6～4.5kg/t	标准拌和时间另加 15s	标准温度	提高稳定性，减小车辙和拥包，改善沥青与骨料粘结状况
碳黑	Microfi18	10%～15%（以沥青计）	标准时间	常温	改善耐久性，提高车辙和变形能力，提高沥青拌和料在交变负荷下的抗裂纹能力
硫化处理	硫磺	1%～3%	标准时间	130～149℃	降低沥青含量，提高稳定性，减少裂纹、车辙和拥包，改善耐久性
加强纤维	福达 AR ES—6	0.45kg/t	标准时间另加 10s 干拌	标准温度	改善开裂性能，提高耐久性，减小车辙，拥包及反射裂纹
	Perroflex	1.36～2.72kg/t	干拌 10～15s　湿拌 30～45s	标准温度	使拌和料补强，可使用纤维检测设备
	铺筑纤维	2.72kg/t	标准时间	138～152℃	使纤维易于扩散，可防止裂纹、车辙、拥包及剥落
	Boni 纤维	根据车流量 1.1～3.4kg/t	干拌 30s　湿拌 30s	无特殊要求	抗反射裂纹、热裂纹、车辙、拥包及坑洼形成
	Fibercon	9.1kg/t	标准时间	135～149℃	提高拌和料的稳定性、弹性及传热性，减少车辙和拥包
	石油纤维	1.36～2.72kg/t	标准时间	135～149℃	阻止反射裂纹及热裂纹，提高抗车辙、拥包能力，延长疲劳寿命

美国沥青改性剂抗老化剂　　表 4-232

改性剂类型	品名	用量（占拌和剂）	拌和时间	拌和温度	作用
沥青质胶溶剂	Redicote AP	0.2%～1.0%	未注明	121～177℃	增进沥青质的胶溶改善沥青和乳液的性能特征
抗氧化	Ductilad D_{1000}	0.3%～4%	预先加入沥青	标准温度	延缓沥青的氧化，减轻聚合物改性沥青的硬化过程
石灰	Lime	1%～1.5%	可变	可变	减缓硬化过程

美国沥青改性剂固性聚合物

表 4-233

改性剂类型	品名	用量(占拌和剂)	拌和时间	拌和温度	作用
苯乙烯丁二烯橡胶乳	Butonalvs 175,198,120,117,134	1.6%~3%	5~10s	163℃	抗车辙和裂纹
聚氯丁烯	氯丁橡胶	1.5%~3%	标准时间	93~149℃	提高拌和料路面的弹性、刚度、韧性、拓宽耐温范围
苯乙烯丁二烯橡胶乳	R-504R-550	3%~5%	5~10s	146℃以上	提高抗车辙能力
	Ulterapare 70,65,65 K-VC	2%~5%	标准时间	可变	降低沥青的温度敏感性,减轻车辙和拥包,防止裂纹,减缓老化

美国沥青改性剂热塑性聚合物

表 4-234

改性剂类型	品名	用量(占拌和剂)	拌和时间	拌和温度	作用
乙烯—醋酸(乙烯共聚物)(EVA)	Elvax	2%~4%	可变	135~149℃	提高耐久性,刚度和韧性,抗裂纹
苯乙烯丁二烯·(高温硫化)粘结剂	Styeil	代替沥青	未注明	未注明	现场备用,无需混合设备
聚乙烯基醋酸脂(EVA)	Polybilt	2%~5%	可变	138~177℃	提高抵抗永久变形能力,降低使用状态下的温度敏感性
聚乙烯改性沥青粘结剂	Novophalt	沥青的4.5%~6%	标准时间	149~163℃	提高道路强度、耐久性、抗水害能力,减少路面变形及其他病害,对热拌料的生产、摊铺和压实要求不变
热塑性聚合物	Rosphalt 50	20kg/t	60~90s	218℃	增大防水层密度,扩大耐湿范围,提高抗滑性
苯乙烯嵌段聚合物	Kraton D Kraton G	6%~9%	15min 或更长	D 160~193℃ G 160~275℃	减小永久变形以及温度、疲劳裂纹,对拌和料的设计、摊铺、压实无特殊要求

美国液态、热塑性聚合物改性剂

表 4-235

改性剂类型	品名	用量(占拌和剂)	拌和时间	拌和温度	作用
苯乙烯基聚合物	Ductilad D1002	3%	标准时间	标准温度或稍低	改善老化前后的延伸性能,改善低温柔韧性
石油聚合物	Ductilad D1004	3%	标准时间	标准温度	改善老化前后的延伸性及低温柔韧性

美国有机表面活性剂

表 4-236

改性剂类型	品名	用量(占拌和剂)	拌和时间	拌和温度	作用
有机聚胺	Pave Bond	0.25%~1.0%	预先混合于沥青中	未注明	提高路面耐久性
	Kling-Beta LV(HM)	沥青的0.25%~1.0%	预先混合于沥青中	标准温度	提高路面耐久性,使骨料去湿
聚胺混合物	Perma-Tac	沥青的0.5%~1.0%	预先混合于沥青中	标准温度	对于不同的沥青、骨料配合比有三种产品可供选择
	Kling-Beta-Ky Kling-Peta-XX	沥青的0.25%~1.0%	预先混合于沥青中	标准温度	专用于石灰石、砂砾石拌和料,降低对水分的敏感性,减小水害

美国再生剂质量标准(威特科公司)

表 4-237

技术指标	目的	试验方法	L^*	M^*	H^*
粘度 60℃(Pa·s)	调节再生混合料中沥青的粘度	ASTMD2174-071	0.08~0.5	1~4	5~10
闪点(℃)	操作时注意	ASTMD92-72	>177	>177	>177

续上表

技术指标	目的	试验方法	L*	M*	H*
挥发性	防止由于挥发而引起硬化和污染空气	ASTMD160-61			
初期沸点(℃)			>149	>149	>149
2%			>191	>191	>191
5%			>210	>210	>210
粘附性(N/P)	防止离析	ASTMD2006-70	>0.5	>0.5	>0.5
化学组成$(N+A_1)/(P+A_2)$	再生沥青的耐久性	ASTMD2006-70	0.2~1.2	0.2~1.2	0.2~1.2
密度	用于计算	ASTMD70-72	报告	报告	报告

注：*适宜的抽吸温度：$L=46℃, M=88℃, H=93℃$。

美国 UINTAITE 岩沥青添加剂技术指标　　表 4-238

试验项目	指标值
软化点(℃)	168
含水量(%)	0.5
灰分(%)	0.5
相对密度 25℃	1.05
毛体积密度(kg/m³)	641
针入度 25℃ (0.1mm)	0
针入度 60℃ (0.1mm)	2
硬度(莫氏)	2
闪点 COC 法(℃)	315 以上
粘度 260℃(MPa·s)	500
比热 150℃(J/kg)	2 180
热值(J/kg)	41.8
电阻率(Ω·m)	1.9×10
酸值	2
碘值	0
挥发率(%) 5h,165℃	2 以下
挥发率(%) 5h,205℃	4 以下
挥发率(%) 5h,260℃	6 以下

美国与日本 OGFC 推荐级配　　表 4-239

筛孔/mm	美国 AASHTO	日本沥青路面纲要	马来西亚
19	—	100	—
16	—	—	—
13.2	—	90~100	—
12.5	100	—	100
9.5(10)	95~100	—	87
4.75(5)	30~50	11~35	31.5
2.36	5~15	8~25	13.1
1.18	—	—	—
0.6	—	5~17	4.6
0.3	—	4~14	3.0
0.10	—	3~10	—
0.075	2~5	2~7	1.4

注：OGFC 开级配抗滑磨耗层。

c　日本路面材料技术指标及要求

日本沥青混合料矿料级配标准　　表 4-240

级配类型			通过下列筛孔(mm)的百分率(%)									沥青用量(%)
			26.5	19	13.2	4.75	2.36	0.6	0.3	0.15	0.075	
粗粒式	4~6	20	100	95~100	70~90	35~55	20~35	11~23	5~16	4~12	2~7	4.5~6
密级配	4~6	20	100	95~100	75~90	45~65	35~50	18~30	10~21	6~16	4~8	5~7
密级配	3~5	13		100	95~100	55~70	35~50	18~30	10~21	6~16	4~8	5~7
细粒式	3~5	13		100	95~100	65~80	50~65	25~40	12~27	8~20	4~10	6~8
间断级配	3~5	13		100	95~100	35~55	30~45	20~40	15~30	5~15	4~10	4.5~6.5
密级配	4~6	20	100	95~100	75~95	52~72	40~60	25~45	16~33	8~21	6~11	6~8
密级配	3~5	13		100	95~100	52~72	40~60	25~45	16~33	8~21	6~11	6~8
间断级配	3~5	13		100	95~100	60~80	45~65	40~60	20~45	10~25	8~13	6~8
细粒式	3~4	13		100	95~100	75~90	65~80	40~65	20~45	15~30	8~15	7.5~9.5

续上表

级配类型			通过下列筛孔(mm)的百分率(%)									沥青用量(%)
			26.5	19	13.2	4.75	2.36	0.6	0.3	0.15	0.075	
间断级配	3~5	13		100	95~100	45~65	30~45	25~40	20~40	10~25	8~12	5.5~7.5
开级配	3~4	13		100	95~100	23~45	15~30	8~20	4~15	4~10	2~7	3.5~5.5

级配类型		26.5	19	13.2	9.5	4.75	2.36	0.6	0.3	0.15	0.075	沥青用量(%)
日本道路公团设计要素	13		100	95~100	75~90	55~75	38~58	21~36	13~25	6~16	4~8	
	13		100	95~100	75~95	52~72	40~60	25~45	16~33	8~21	5~12	
	20	100	95~100	75~95	68~88	52~72	40~60	25~45	16~33	8~21	5~12	
	20	100	95~100	70~90	60~88	42~67	30~53	15~30	9~22	4~14	3~7	

日本多孔沥青混凝土集料级配　　表4-241

粒　径(mm)	19	13.2	9.5	4.75	2.36	1.18	0.6	0.3	0.15	0.075	沥青用量(%)
通过率　(%)	100	90~100		11~35	8~25		5~17	4~14	3~10	2~7	4~6

日本透水性沥青混合料级配(沥青用量4%~6%)　　表4-242

孔　径(mm)	19	13.2	4.75	2.36	0.6	0.3	0.15	0.075
通过率(%)	100	90~100	11~35	8~25	5~17	4~14	3~10	2~7

日本高速公路设计要领规定的动稳定度要求　　表4-243

交通量等级	一方向大型车交通量	一般地区	准磨耗地区	磨耗地区
轻交通量	1 500辆/日以下	800次/mm	500次/mm	—
中交通量	1 500~3 000辆/日	1 000次/mm	800次/mm	—
重交通量	3 000~15 000辆/日	1 200次/mm	1 000次/mm	—
超重交通量	15 000辆/日以上	3 000~5 000次/mm		—

日本沥青路面铺装纲要马歇尔设计标准　　表4-244

级配类型		粗粒式20	密级配20/13	细粒式间断级配13	密级配间断级配13	密级配20/13F	细粒式间断级配13F	细粒式13F	密级配间断级配13F	开级配13
击实次数	C交通以上	75				50				75
	B交通以下	50								50
空隙率(%)		3~7	3~6		3~7	3~5		2~5	3~5	—
饱和度(%)		65~85	70~85		65~85	75~85		75~90	75~85	—
稳定度(kg)		>500	>500 >750	>500				>350	>500	>350
流值0.1mm		20~40						20~80	20~40	

注:1.(大于750kg)是C交通以上击实75次的标准值;

2.有水损害的地区,要求残留稳定度大于75%。

日本的几种改性沥青标准　　表 4-245

指标		日本改性沥青协会标准					本四联络桥公团桥面铺装标准(草案)
		改性Ⅰ型(橡胶类)	改性Ⅱ型(树脂、橡胶树脂类)	高粘度改性沥青	高粘附性改性沥青	超重交通改性沥青	改性Ⅰ型(橡胶类)
针入度(25℃)	(0.1mm)	>50	>40	>40	>40	>40	60~100
软化点	(℃)	50~60	56~70	>80	>68	>75	80~110
延度 7℃	(cm)	>30	—	—	—	—	—
10℃	(cm)	—	—	—	—	—	>50
15℃	(cm)	—	>30	>50	>30	>50	—
闪点	(℃)	>260	>260	>260	>260	>260	>280
TFOT 试验后质量损失	(%)	—	—	<0.6	<0.6	<0.6	—
残留针入度	(%)	>55	>65	>65	>65	>65	>65
TFOT180℃,2.5h 蒸发量	(%)	—	—	—	—	—	<0.3
残留针入度	(%)	—	—	—	—	—	>65
软化点	(℃)	—	—	—	—	—	85~100
弗拉斯脆点	(℃)	—	—	—	<-12	—	<-12
粘韧性	(N·m)	>4.9	>7.8	>20	>16	>20	>11.8
韧性	(N·m)	>2.5	>3.9	>15	>8	>15	>9.8
密度(15℃)	(g/cm^3)	报告	报告	报告	报告	报告	>1.000
60℃粘度	(×10^{4}Pa·s)	—	—	>2.00	>0.15	>0.30	>0.04
160℃粘度(赛波特)	(s)	—	—	—	—	—	<500
200℃粘度(赛波特)	(s)	—	—	—	—	—	<200
最佳拌和温度	(℃)	报告	报告	报告	报告	报告	—
最佳碾压温度	(℃)	报告	报告	报告	报告	报告	—
粗集料剥离率	(%)	—	—	—	<5	—	—

日本 MS 改性乳化沥青技术要求　　表 4-246

试验项目		标准
恩格拉粘度 25℃		3~60
筛上剩余 1.18mm(%)	不大于	0.3
电荷		阳性(+)
蒸发残留物含量(%)	不小于	60
蒸发残留物		
针入度 25℃(0.1mm)	大于	40
软化点(℃)	大于	50
延度 15℃(cm)	大于	30
粘韧性 25℃(N·m)	大于	3.0
韧性 25℃(N·m)	大于	2.5
储存稳定性 24h(%)	不大于	1.0

日本高温摊铺沥青混凝土级配标准　表 4-247

筛孔(mm)	13	5	2.5	0.6	0.3	0.15	0.074	沥青用量/%
通过率(%)	100	65~85	45~62	35~50	28~42	25~34	20~27	7~10

日本掺聚合物改性沥青乳液标准(JEAAS)　　表 4-248

指标			单位	PKR—T型 1	PKR—T型 2
恩格拉度 25℃				1—10	
筛上残留物含量 1.18mm			%	0.3 以下	
粘附性				2/3 以上	
电荷				阳(+)	
蒸发残留物含量			%	50 以上	
蒸发残留物	针入度 25℃		0.1mm	50~100	100~150
	延度	7℃	cm	100 以上	—
		5℃	cm	—	100 以上
	软化点		℃	48 以上	42 以上
	粘韧性	25℃	N·m	3 以上	
		15℃	N·m	—	4 以上
	韧性	25℃	N·m	1.5 以上	
		15℃	N·m	—	2 以上
	灰分		%	1 以下	
贮存稳定性(24h)			%	1 以下	
冰冻稳定性(-5℃)				—	

日本再生剂质量标准　表 4-249

项　目	试验方法	质　量
粘度(s)	JIS K 2283	80~1 000
闪点(℃)	JIS K 2265	230 以上
薄膜烘箱试验后粘度比 60℃	JIS K 2283	2 以下
薄膜烘箱试验后(%)	JIS K 2207	±3 以内
相对密度	JIS K 2249	报告
组分分析		报告

日本再生沥青混合料马歇尔技术标准　表 4-250

混合料类型		沥青稳定处治	粗级配沥青混凝土(20mm)	密级配沥青混凝土(20mm)	密级配沥青混凝土(13mm)
锤击次数	C 级交通以上	50	75	75	75
	B 级交通以上	50	50	50	50
空隙率(%)		3~12	3~7	3~6	3~6
饱和度(%)		—	—	—	—
稳定度(kN)　大于		3.5	5.0	5.0[7.5]	5.0[7.5]
流值(0.1mm)		10~50	20~45	20~45	20~45

注:1.方括号内数值为 C 级交通以上,捶击次数 75 次;
2.按轮荷载 5t 每天单方向作用次数:B 级交通为 250~1 000;C 级交通为 1 000~3 000。

d　英国、德国、前苏联路面技术指标及要求

TRL 提出的英国 SMA 级配及沥青用量　表 4-251

BS 标准筛(mm)	14mm　SMA	10mm　SMA
20	100	—
14	90~100	100
10	35~60	90~100
6.3	23~35	30~50
2.36	18~30	22~32
0.075	8~13	8~13
沥青用量(%)	6.5~7.5	6.5~7.0

英国沥青路面设计指南碾压沥青基层技术要求　表 4-252

混合料名称	RB_2	RB_3
BS 试验筛孔(mm)	通过试验筛孔量占集料总质量百分比	
50	—	100
37.5	100	90~100
28	90~100	70~100
20	50~80	45~75
14	30~60	30~65
2.36	30~40	30~44
0.6	10~44	10~44
0.212	3~25	3~25
0.075	3~7	3~7
沥青含量(占混合料总质量的百分比)	5.7±0.6	
厚度(mm)	60~120	75~150
填料—结合料比	0.6~1.2	
沥青标号(针入度)	40/50 或 60~70	

英国沥青路面设计指南沥青碎石基层技术要求　表 4-253

混合料名称	RB1	混合料名称	RB1
BS 试验筛孔(mm)	通过试验筛孔量占集料总质量百分比	BS 试验筛孔(mm)	通过试验筛孔量占集料总质量百分比
50	100	0.3	7~21
37.5	95~100	0.075	2~8①
28	70~94	沥青含量(占混合料总质量的百分比)	4.0②±0.5
14	56~76	厚度(mm)	65~125
6.3	44~60	孔隙(%)	4~8
3.35	32~46	沥青标号(针入度)	60/70 或 80/100

注:①在采用非石灰岩的砾石时,可往材料内掺入 2%通过 0.075mm 筛孔的硅酸盐水泥和熟石灰,以改进混合料的抗剥落性能;
②对于砾石集料,需增加 1%以内的沥青含量。

英国沥青路面设计指南沥青碎石面层技术要求　表 4-254

混合料名称	WC3	WC4	BC2
	磨耗层		底面层
BS 试验筛孔(mm)	通过试验筛孔量占集料总质量百分比		
28	—	—	100
20	100	—	95~100
14	95~100	100	65~85
10	70~90	95~100	52~72
6.3	45~65	55~75	39~55
3.35	30~45	30~45	32~46
1.18	15~30	15~30	—

英国沥青路面设计指南沥青混合料用的粗集料　表 4-255

性　能	试　验	规　定
洁净性	沉积法或倾析法①,②	通过 0.075mm 筛孔<5%
颗粒外形	扁平指数③	<45% <25%,对于较软集料
强度	集料压碎值(ACV)④	采用 10% 细料值试验(TFV)
	集料冲击值(AIV)④	<25
	洛杉矶磨耗值(LAA)⑤	<30(磨耗层) <35(其他)
磨耗	集料磨耗值(AAV)④	<15 <12(特重交通)
磨光(仅磨耗层用)	石料磨光值④	不小于 50~75,视所处地点而定
耐久性	坚固性:⑥	
	钠试验	<12%
	镁试验	<18%
吸水性	吸水性⑦	<2%

续上表

性　能	试　　验	规　　定
沥青亲和性	浸盘试验[8] 水对压实混合料粘结的影响	残留稳定性指数 > 75%

注：①英国标准 BS812，第 103 章(1985)；
②J C Bullas 及 G West(1991)；
③英国标准 BS 812，第 105 章(1990)；
④英国标准 BS 812，第 3 章(1985)；
⑤ASTM C131 及 C535；
⑥英国标准 BS 812，第 121 章(1989)；
⑦英国标准 BS 812，第 2 章(1975)；
⑧壳牌沥青手册，D Whiteoak(1990)。

英国沥青路面设计指南沥青混合料细集料　　表 4-256

特性	试　验	规　范
洁净度	沉积法或倾析法[①,②]	通过 0.075mm 筛孔的百分比 磨耗层： < 8%　对于细砂料 < 17%　对于碎石细料 其他各层：< 22%
耐久性	砂当量试验（通过 4.75mm 筛孔的料） 塑性指数（通过 0.425mm 筛孔的料） 坚固性试验[⑥]（5 次循环）	交通　磨耗层　底面层 轻量(< T3)　> 35%　> 45% 中等量/繁重　> 40%　> 50% < 4 镁：< 20% 钠：< 15%

注：表注见表 4-255 注。

英国沥青路面设计指南机械稳定的天然砾石和风化石料(GB3)道路基层的推荐粒径比例　表 4-257

BS 试验筛孔(mm)	试验筛孔通过量占集料总质量百分比(%) 最大标称粒径		
	37.5mm	20mm	10mm
50	100	—	—
37.5	80 ~ 100	100	—
20	60 ~ 80	80 ~ 100	100
10	45 ~ 65	58 ~ 80	80 ~ 100
5	30 ~ 50	40 ~ 60	50 ~ 70
2.36	20 ~ 40	30 ~ 50	35 ~ 50
0.425	10 ~ 25	12 ~ 27	12 ~ 30
0.075	5 ~ 15	5 ~ 15	5 ~ 15

英国沥青路面设计指南干结碎石(GB2，A)及水结碎石(GB2，B)的典型粗集料级配　表 4-258

BS 试验筛孔(mm)	试验筛孔通过量占集料总质量百分比(%)			
	M1	M2[①]	M3	M4[②]
75	100	100	100	—
50	85 ~ 100	85 ~ 100	85 ~ 100	100
37.5	35 ~ 70	0 ~ 30	0 ~ 50	85 ~ 100
28	0 ~ 15	0 ~ 5	0 ~ 10	0 ~ 40
20	0 ~ 10	—	—	0 ~ 5

注：①符合 50mm 的单一标称尺寸路用碎石；
②符合 37.5mm 的单一标称尺寸路用碎石，为便于细料嵌入，最好采用所列级配的粗限。

英国沥青路面设计指南沥青稀浆技术规范　表 4-259

BS 试验筛孔(mm)	通过试验筛孔量占集料总质量百分比		
	细集料	一般集料	粗集料
10	—	100	100
5	100	90 ~ 100	70 ~ 90
2.36	90 ~ 100	65 ~ 90	45 ~ 70
1.18	65 ~ 90	45 ~ 70	28 ~ 50
0.6	40 ~ 60	30 ~ 50	19 ~ 34
0.3	25 ~ 42	18 ~ 30	12 ~ 25
0.15	15 ~ 30	10 ~ 21	7 ~ 18
0.075	10 ~ 20	5 ~ 15	5 ~ 15
沥青含量(占干集料质量百分比)	10 ~ 16	7.5 ~ 13.5	6.5 ~ 12.0

注：应采用美国材料和试验学会标准 ASTM D3910—84(1990)的规定，确定集料、填料、水和沥青乳液等的优化组合。

德国浇注式沥青混合料集料级配　表 4-260

浇注式沥青混合料类型	下列筛孔尺寸的集料质量百分率(%)				
	< 0.09mm	> 2.0mm	> 5.0mm	> 8.0mm	> 11.2mm
0/11	20 ~ 30	45 ~ 55	—	≥15	≤10
0/8	22 ~ 32	40 ~ 50	≥15	≤10	
0/5	24 ~ 34	35 ~ 45	≤10		

德国与英国 OGFC 混合料级配　表 4-261

筛孔(mm)	德国			英国
	0/8	0/11	0/16	
16	—	—	90	—
12.5(11.2)	—	90	25 ~ 50	100
9.5(8.0)	90	25 ~ 50	20 ~ 30	90 ~ 100
4.75(5.0)	25 ~ 50	20 ~ 30	15 ~ 25	30 ~ 40
2.36(2.0)	10 ~ 20	10 ~ 20	10 ~ 20	17 ~ 23

续上表

筛孔(mm)	德国			英国
	0/8	0/11	0/16	
1.18	—	—	—	—
0.6	—	—	—	—
0.3	—	—	—	—
0.15	—	—	—	—
0.075(0.09)	2~6	2~6	2~6	3~5

注:OGFC——开级配抗滑磨耗层。

德国 SAM 规范规定的级配　　表 4-262

类别	以下筛孔(mm)通过率(%)					沥青用量(%)	厚度(cm)
	11.2	8	5	2	0.09		
德国 0/11S	>90	≤60	30~40	20~25	9~13	6.5~7.5	3.5~4.0
0/8S	—	>90	<45	20~25	10~13	7.0~7.5	3.0~4.0
0/8	—	>90	30~45	20~35	10~13	7.0~7.5	2.5~3.5
0/5	—	—	>90	30~40	10~13	7.2~8.0	1.5~2.5

德国 ZTV Asphalt-StB 1998 规范的 SMA 技术指标(1996 年 FGSV 确认)　　表 4-263

SMA	0/11S*	0/8S*	0/8	0/5
矿料通过下列筛孔(mm)的百分率(%)	碎石,机制砂,机制矿粉		碎石,机制砂和天然砂,机制矿粉	
11.2	>90	—	—	—
8	≤60	>90	>90	—
5	30~40	30~45	30~55	>90
2	20~25	20~25	20~30	30~40
0.09	9~13	10~13	8~13	8~13
沥青结合料	B 65(PmB 45)	B 65(PmB 45)	B 80	B 80(B 200)
沥青结合料用量(油石比)(%)	≥6.5(6.95)	≥7.0(7.53)	≥7.0(7.53)	≥7.2(7.76)
马歇尔试验配合比设计空隙率(%)	3.0~4.0		2.0~4.0	
铺筑层层厚(cm)	3.5~4.0	3.0~4.0	2.0~4.0	1.5~3.0

*S 表示重交通路面,机制砂与天然砂的比例为 1:0。

德国聚合物改性沥青供货技术条件(BMV ARS 17/91 TL—PMB)　　表 4-264

指标	单位	PMB A类			PMB B类			PMB C类	
		80A	65A	45A	80B	65B	45B	65C	45C
针入度(25℃,100g,5s) min	0.1mm	120	50	20	120	50	20	50	20
软化点 $T_{R\&B}$	℃	40.0~48.0	48.0~55.0	55.0~63.0	40.0~48.0	48.0~55.0	55.0~63.0	48.0~55.0	55.0~63.0
弗拉斯脆点 max	℃	-20	-15	-10	-20	-15	-10	-15	-10
延度 7℃ min	cm	100	—	—	50	—	—	—	—
13℃ min	cm	—	100	—	—	30	—	15	—
25℃ min	cm	—	—	40	—	—	20	—	10
密度 25℃	g/cm³	1.000~1.100							
闪点 min	℃	200							
弹性恢复 min	%	50							
热存放均匀性,软化点差 max	℃	2.0							
旋转烧瓶加热试验后残留物									
质量损失 max	%	1.00							
软化点变化 上升 max	℃	6.5							
下降 max	℃	2.0							
针入度变化下降 max	%	40							
上升 max	%	10							
延度 7℃ min	cm	50	—	—	40	—	—	—	—
13℃ min	cm	—	50	—	—	20	—	8	—
25℃ min	cm	—	—	20	—	—	20	—	5
弹性恢复 min	%	50						—	—

德国道路沥青标准(DIN 1995 Teil 1)　　表 4-265

沥　青　等　级			试验方法	B25	B45	B65	B80	B200
针入度(25℃,100g,5s)		0.1mm	DIN 52010	20~30	35~50	50~70	70~100	160~210
软化点(环球法)		℃	DIN 52011	59~67	54~59	49~54	44~49	37~44
脆点(Fr)	max	℃	DIN 52012	-2	-6	-8	-10	-15
灰分	max	℃	DIN 52005	0.5				
溶解度	min	%	DIN 52014	99				
除去灰分的环己烷不溶物	max	℃	DIN 52014 DIN 52005	0.5				
延度 7℃	min	cm	DIN 52013	—	—	—	5	—
13℃	min	cm	DIN 52013	—	—	8	—	—
25℃	min	cm	DIN 52013	15	40	—	—	—
含蜡量	max	%	DIN 52015	2.0				
密度(25℃)	min	g/cm³	DIN 52004	1.0				
RFT 老化后残留物的性质								
质量变化	max	%	DIN 52016	0.8	0.8	0.8	1.0	1.5
老化后软化点升高	min	℃	DIN 52016 DIN 52011	6.5	6.5	6.5	6.5	8.0
老化后残留针入度比	min	%	DIN 52016 DIN 52010	40	40	40	40	50
残留延度 7℃	min	cm		—	—	—	2	—
13℃	min	cm	DIN 52016	—	—	2	—	—
25℃	min	cm	DIN 52013	5	15	—	—	—

前苏联冷铺料的集料级配　　表 4-266

混合料类型	以下各筛孔(mm)通过率(%)									油石比(%)
	15	10	5	2	1.0	0.5	0.25	0.15	0.074	
砂粒式(D_{max}=5mm)			95~100	65~80	45~65	35~55	25~45	20~35	20~30	5.5~7.0
细料式(D_{max}=10mm)		95~100	75~85	50~70	35~60	25~45	20~40	18~30	15~30	5.0~6.5
细粒式(D_{max}=15mm)	95~100		65~80	40~65	30~50	20~45	15~35	15~30	13~25	5.0~6.50

前苏联再生剂质量标准　　表 4-267

技　术　指　标	单位	蒸馏萃取物	残留萃取物
化学成分:			
链烃—环烷烃	%	7~10	12~17
芳香烃	%	85~90	75~85
树脂	%	5~7	5~8
粘度($C_{5,60}$)	S	5	13
加热损失(160℃,5h)	%	0.13	0.44
闪点	℃	>190	>200

欧洲共同体 CEN PRFEN 13108—6 SMA 的标准建议稿　　表 4-268

SMA 类型 / 筛孔径(mm)	D4	D6(1)	D6(2)	D8	D10	D11	D14	D16	D20	D22
31.5									100	100
22.4								100		90~100
20.0							100		90~100	
16.0						100		90~100		60~80

续上表

SMA 类型 / 筛孔径(mm)	D4	D6(1)	D6(2)	D8	D10	D11	D14	D16	D20	D22
14.0					100		90~100		60~80	
11.2				100		90~100		45~75		35~60
10.0			100		90~100		50~75		35~60	
8.0		100		90~100		45~75		25~40		20~40
6.3			90~100		30~50		25~35		20~35	
5.6	100	90~100				25~40				
4.0	90~100			25~45				20~35		20~35
2.0	30~40	30~40	25~35	20~30	20~30	20~30	15~30	15~30	15~30	15~30
0.063	8~12									
沥青用量　(%)	7.0~8.0	6.5~7.5	6.5~7.5	6.0~7.0	6.0~7.0	6.0~7.0	5.8~6.8	5.8~6.8	5.7~7.2	5.7~7.2
稳定剂　(%)	0.3~1.5									
层厚　(mm)	12~25	15~30	15~30	20~40	25~50	25~50	30~55	30~55	40~70	40~70

注：D6(1)，D8，D16，D22 使用 EN 933—2 的 1 号系列筛，D6(2)，D10，D14，D20 使用 EN 933—2 的 2 号系列筛。

奥地利喜来利公司聚合物改性沥青标准　　　　表 4-269

指　　标 (符合奥地利 ONORM B 3613 规格)		单　位	PMB　120 90~140	PMB　50—90S 50~90S	PMB　65 60~90	MB　45 30~50	HS 15~35
针入度(25℃,100g,5s)	min	0.1mm	90~140	50~90	60~90	30~50	15~35
软化点 $T_{R\&B}$	min	℃	42	65	50	55	60
弗拉斯脆点	max	℃	-18	-19	-15	-10	-8
延度　13℃	min	cm	55	—	40	—	—
25℃	min	cm	—	50	—	30	15
弹性恢复	min	%	70	80	65	50	30
贮存稳定性，软化点差	max	℃	2	2	2	2	2
闪点	min	℃	240	250	250	250	250
与标准石料的粘附性	min	%	95	95	95	95	95
RTFOT 残留物							
质量损失	max	%	0.5	0.5	0.5	0.5	0.5
针入度减小	max	%	50	40	40	40	40
弹性恢复	min	%	70	80	65	50	30
适用范围							
薄层罩面			√		√		
密级配沥青混凝土			√	√			
浇注式沥青混凝土(嵌压式沥青混凝土)						√	√
沥青玛蹄脂碎石混合料(SMA)				√	√		
透水性沥青碎石(OGFC)			√	√	√		
基层				√	√	√	
基层一高稳定性				√	√	√	√
桥面铺装			√	√	√		

奥地利 1994 年热塑性弹性体 SBS 改性沥青标准　　表 4-270

指　　标		单　位	沥　青　类　型　(PMB)					
			130~230	90~140	60~90	50~90s	30~50	15~35
针入度(25℃)		0.1mm	130~230	90~140	60~90	50~90	30~50	15~35
软化点	min	℃	40	42	50	65	55	60
弗拉斯脆点	max	℃	-20	-18	-15	-19	-10	-8
延度(13℃)	min	cm	90	55	40	—	—	—
延度(25℃)	min	cm	—	—	—	50	30	15
弹性恢复(25℃)	min	%	70	70	65	80	50	30
热存放均匀性,软化点差	max	℃	2					
RTFOT								
质量损失	max	%	1	0.5	0.5	0.5	0.5	0.5
针入度比降低	max	%	50	50	40	40	40	40
弹性恢复(25℃)	min	%	70	70	65	80	50	30
与标准石料的粘附性	min	%	95					
闪点	min	℃	230	240	250	250	250	250

芬兰沥青碎石玛蹄脂(SMA)用集料级配　　表 4-271

粒　径　(mm)	20	16	12	8	4	2	0.5	0.074	0.063
SMA16 通过率(%)	—	80~100	43~70	25~42	—	14~24	11~19	8~13	7~12
SMA20 通过率(%)	80~100	55~80	35~57	22~38	16~27	—	10~18	7~12	6~11

芬兰多孔沥青混凝土级配(PA16)　表 4-272

粒 径 (mm)	16	12	8	2	0.5	0.074	0.063
通过率 (%)	60~100	42~68	27~43	9~19	4~10	2~5	2~4

意大利 SMA 技术要求　　表 4-273

标准筛通过率(%) 规格 / 筛孔径(mm)	SMA 0/10	SMA 0/15
15	100	80~100
10	80~100	46~66
5	47~64	30~44
2	30~45	20~36
0.42	12~20	10~17
0.18	10~16	9~15
0.075	9~14	8~13
沥青结合料类型	聚合物改性沥青 P_mB50	
油石比(沥青用量)(%)	5.5~7.0(5.2~6.55)	5.5~7.0(5.2~6.55)
空隙率(%)	1.0~4.0	1.0~4.0
铺装层厚度(mm)	20~30	40~50

意大利对使用于 SMA 的沥青结合料的技术要求　　表 4-274

指　　标	原样改性沥青	TFOT 后
针入度,25℃　(0.1mm)	45~55	≥30
$T_{R\&B}$　(℃)	75~85	$\Delta T_{R\&B}\leqslant 10$

续上表

指　　标	原样改性沥青	TFOT 后
针入度指数	+1/+5	
80℃动力粘度,使用 Brookfild 粘度计测定,SPDL0.7,RPM0.5 (Pa·s)	800~2 000	≥2 000
离析管试验　(℃)	$\Delta T\leqslant 3.0$	

挪威 SMA 级配和技术要求　　表 4-275

规　格 / 筛孔径(mm)	SKA11	SKA16
22.4	—	100
16.0	100	80~100
11.2	80~100	46~66
8.0	47~64	30~44
4.0	30~45	20~36
2.0	20~32	15~30
1.0	16~27	12~24
0.5	14~24	11~21
0.25	12~20	10~17
0.125	10~16	9~15
0.075	9~14	8~13
沥青用量　(%)	6.3	6.0
马歇尔试验配合比设计要求		

4

续上表

筛孔径(mm) 规格 指标	SKA11 ADT<15 000		SKA16 ADT≥15 000
击实次数	2×75		2×75
稳定度 (N)	≥4 500		≥6 000
流值 (mm)	1.5~4.6		1.5~4.0
劲度 (N/mm)	≥1 600		≥2 300
空隙率 (%)	1~5		2~5
沥青饱和度 (%)	70~90		70~85
SMA 对材料的要求			
指标	ADT 3 000	ADT 5 000	ADT 15 000
石料等级	1~2	1~2	1
针片状指数>11.2mm	≤1.45	≤1.45	≤1.45
磨耗值	≤0.55	≤0.55	≤0.55
磨耗值×$\sqrt{c}$(c为冲击值)	≤3.0	≤3.0	≤3.0
大于4mm的破碎颗粒 (%)	≥80	≥100	≥100
沥青等级	B80~B180	B60~B85 PmB	B40~B85 PmB
稳定剂(占沥青质量的百分比)(%)	4~10		

挪威SMA施工要求　表4-276

	沥青等级	B40	B60	B85	B180
施工温度(℃)	间隙式拌和机				
	拌和温度	180~205	170~190	160~175	150~160
	摊铺温度	≥165	≥155	≥145	≥135
压实要求	沥青层厚 ≥80kg/m²	相对于下列试样数的空隙率(%)			压实度(%)
		1	5	10	
	磨耗层	2~5	2~5	2~5	≥98
	中下层	2~7	2~7	2~7	≥98
配合比偏差(质量%)	样品数 n	1	2	5	10
	≥2mm	±6.0	±5.0	±4.0	±3.0
	1	±4.0	±3.5	±3.0	±2.5
	0.5	±4.0	±3.5	±3.0	±2.5
	0.25	±4.0	±3.5	±3.0	±2.5
	0.125	±3.0	±2.5	±2.0	±1.7
	0.075	±2.0	±1.7	±1.4	±1.2

4

SMA澳大利亚AUSTROADS混合料设计手册的级配范围(1995)　表4-277

通过率(%) 筛孔(mm) 规格	13	9.5	6.7	4.75	2.36	1.18	0.6	0.3	0.15	0.075	层厚(mm)
最大粒径10mm	100	90~100	45~65	30~50	21~31	16~25	14~22	12~20	10~17	8~12	25~35
最大粒径14mm	90~100	54~70	32~44	26~39	21~30	17~25	14~22	12~19	9~15	8~12	35~50

澳大利亚沥青混合料矿料级配标准　表4-278

筛孔(mm)		通过下列筛孔的百分率(%)													沥青用量(%)
		37.5	26.5	19.0	13.2	9.5	6.7	4.75	2.36	1.18	0.6	0.3	0.15	0.075	
密级配	5						100	85~100	55~75	38~57	26~43	15~38	8~18	4~11	5.0~7.5
	7					100	80~100	70~90	45~60	35~50	22~35	14~25	8~16	5~8	5.0~7.5
	10				100	90~100	70~90	58~70	40~53	27~44	17~35	11~24	7~16	4~7	4.7~7.0
	14			100	85~100	70~85	65~75	53~70	35~52	24~40	15~30	10~24	7~16	4~7	4.5~6.5
	20		100	95~100	80~90	65~80	52~65	45~55	30~43	20~35	14~27	9~21	7~15	3~6	4.0~6.5
	28	100	95~100	82~97	70~80	56~71	45~60	38~50	25~40	17~33	12~26	8~20	6~14	3~6	3.5~6.0
	40	90~100	80~95	65~85		44~60		38~45	18~35	13~30	10~25	7~18	5~12	2~5	3.5~6.0
开级配	10				100	90~100	40~70	30~50	10~30	5~20	0~15	0~10	0~7	0~4	4.0~6.0
	14			100	90~100	70~90	35~65	20~40	5~20	0~15	0~12	0~9	0~5	0~3	4.0~6.0
间断级配	7					100	95~100	80~90	65~75	52~62	37~47	25~35	10~15	5~7	3.0~7.5
	14			100	75~100	70~80		62~72		60~70	55~65	50~60	4~28	5~12	6.5~9.0

新加坡排水性沥青路面结合料性能　表4-279

技术指标	埃索FLEXXIPAVE
针入度25℃ (0.1mm)	55
软化点 (℃)	62
粘度135℃ (cst)	1 000
150℃ (cst)	500
粘稠性25℃ (J)	2.7
粘韧性25℃ (J)	8.0

西班牙多孔性路面结合料性质　表4-280

技术指标	B60/70	聚合物改性沥青
针入度25℃ (0.1mm)	65	70
软化点 (℃)	50	68
针入度指数	-0.5	1.9
脆点 (℃)	-8	-13
塑性温度范围 (℃)	58	81
粘稠性25℃ (kg·cm)	4	157
粘韧性25℃ (kg·cm)	75	229

西班牙稀浆封层集料级配及材料用量　　表 4-281

筛孔尺寸 (mm)	通过百分率 (%)					筛孔尺寸 (mm)	通过百分率 (%)				
	AL—1	AL—2	AL—3	AL—4	AL—5		AL—1	AL—2	AL—3	AL—4	AL—5
12.5	100	—	—	—	—						
10	85~100	100	100	—	—	0.16	7~18	7~18	10~20	15~30	20~35
5	60~85	70~90	85~100	100	100	0.08	4~8	5~15	5~15	10~20	15~25
2.5	40~60	45~70	65~90	95~100	95~100	封层厚度 (mm)	2	3	4	5	9
1.25	28~45	28~50	45~70	65~90	85~98	稀浆平均用量 (kg/m²)	2~4	2~6	7~12	10~15	15~25
0.63	19~34	19~34	30~50	40~60	55~90	油石比 (%)	12~20	10~16	7.5~13.5	6.5~12	5.5~7.5
0.32	12~25	12~25	18~30	24~42	35~55	用水量 (%)	15~40	10~30	10~20	10~20	10~20

比利时 Fina Chemicals 公司 Finaprene 道路沥青改性剂(SBS 改性沥青)　　表 4-282

指标	401	416	409	411	411X	435	502	1205
类别	SBS	SBS	SBS	SBS	SBS	SBS	SBS	SB
结构	星型	星型	星型	星型	星型	星型	线型	线型
外观	碎粒状	碎粒状	碎粒状	碎粒状	碎粒状	碎粒状	碎粒状	块状
典型指标								
嵌段比 S/B	22/78	29/71	31/69	31/69	31/69	31/69	31/69	25/75
充油率 (%)	—	—	5	—	5	—	—	—
甲苯溶液粘度 (mm²/s)	18.5	11	19.5	28.5	25	14	11	8.2
硬度(邵氏 A)	—	72	78	—	80	80	76	—
(邵氏 B)	—	—	—	—	—	—	—	—
溶融流动值(5kg,190℃) (g/10min)	—	<0.5	<0.5	—	<0.5	<0.5	<0.5	—
断裂伸长率	—	700	850	—	700	800	850	—
密度(23℃) (g/cm³)	—	0.94	0.94	—	0.94	0.94	0.94	—
加工工艺								
低剪切混炼	•	•				•	•	•
高剪切混炼	•	•	•		•	•	•	
应用								
热拌热铺混合料	•	•	•	•	•	•	•	•*
填补裂缝/稀浆封层	•	•	•	•	•	•	•	•*
乳化沥青	•	•	•	•	•	•	•	•
应力缓冲层/吸收层	•	•	•*	•*	•*	•	•	•*
B180/200 沥青 + 5% Finaprene ® 后性能的改善								
环球法软化点 (℃)	>75	>50	>80	>85	>85	>50	>55	—
脆点 (℃)	<-18	<-18	<-20	<-20	<-20	<-20	<-20	—
弹性恢复率 (%)	>90	>45	>90	>90	>90	>80	>55	—
粘度(135℃) (Pa·s)	>1.0	>0.8	>0.9	>1.1	>1.1	0.9	0.8	—
针入度(25℃) (0.1mm)	>100	>110	>110	>110	>110	>100	>100	—

* 表示建议与其他级别混用。

加拿大 TCG 材料公司冷铺料集料级配　　表 4-283

筛孔 (mm)	9.5	4.75	2.36	1.18	0.3	0.075
通过率 (%)	100	50~90	5~30	0~10	0~5	0~2

捷克 SMA 技术要求　　表 4-284

通过率(%) / SMA的类型 / 筛孔径(mm)	AKMS(SMA 0/11)	AKMS(SMA 0/8)
11.0	90~100	100
8.0	45~60	90~100
4.0	26~38	28~42

续上表

筛孔径(mm) \ 通过率(%) \ SMA的类型	AKMS(SMA 0/11)	AKMS(SMA 0/8)
2.0	22~30	22~30
0.009	10~13	10~13
沥青结合料	AP—65 PmB45,(PmB65)	AP—65 PmB45,(PmB65)
油石比(沥青用量)(%)	6.5~7.0(7.0~7.5)	6.8~7.2(7.3~7.8)
马歇尔稳定度 (kN)	≥6.0	≥6.0
空隙率双面50次(%)	3.0~4.5	3.0~4.5
双面100次(%)	2.5	2.5
铺装层层厚 (mm)	34~45	(25)30~40
压实度 (%)	≥97	≥97
空隙率 (%)	3.0~6.0(7.0)	3.0~6.0(7.0)

丹麦 SMA 规格和施工要求　　表 4-285

筛孔径(mm) \ 通过率(%) \ 类型		SMA8	SMA11	SMA16
16		—	—	>90
11.2		—	>90	<90
8		>90	<90	—
5.6		<90	30~50	24~45
2		21~35	18~30	14~25
0.074		>4	>4	>4
施工铺装层厚度(mm)		20~30	30~40	40~50
施工空隙率(%)	平均值	<6.0	<6.0	<6.0
	容许波动①	<8.0	<7.0	<7.0
施工压实度(%)	平均值	>97.0	>97.0	>97.0
	容许波动②	>95.0	>95.0	>95.0

注:①波动范围 $=A+ts\sqrt{n}$;

②波动范围 $=A-ts\sqrt{n}$;

两式中 A 为平均值,s 为标准差,n 为样品数,t 为数理统计参数,当 n 为 6、9、12 时,t 为 1.48、1.40、1.36。

匈牙利 SMA 技术要求　　表 4-286

筛孔径(mm) \ 通过率(%) \ SMA的类型	ZMA—8	ZMA—12
16.0	—	100
12.5	100	90~100
8.0	90~100	50~70
5.0	30~50	30~53
2.0	20~30	20~30
0.63	14~24	14~24
0.2	11~18	11~18
0.09	8~13	8~13
沥青结合料	B—50,B—65,PmB—80A,PmB—80B	
油石比(沥青用量)(%)	6.5~7.5(6.1~7.0)	6.0~7.5(5.66~7.0)
矿粉用量 (%)	8	8
空隙率 (%)	2.5~4.5	3.0~4.5
LCPC 方法车辙试验最大变形,ε (%)	15	15(10)
动态蠕变,N_k/ε_k 最小	4 000	4 000
层厚 (mm)	25~30	30~50

荷兰 RAW 国家标准 SMA 规格　　表 4-287

筛孔径(mm) \ 通过率(%) \ SMA的类型	0/11 2型	0/11 1型	0/8	0/6
11.2	94	94	—	—
8.0	45~60	50~65	94	—
5.6	25~40	30~45	40~60	94
2.0	17.5~27.5	20~30	22.5~32.5	27.5~37.5
0.063	6~10	7~11	8~12	9.5~13.5
沥青结合料类型	B80	B80	B80	B80
油石比(沥青用量)(%)	7.0(6.54)	7.0(6.54)	7.4(6.89)	8.0(7.41)
空隙率要求(马歇尔试件)(%)	5.0	4.0	4.0	4.0
层厚(mm)	35	30~40	20~30	15~20

SMA 法国 BBM 的级配和沥青用量　表 4-288

筛孔径(mm) \ 通过率(%) \ 类型	BBM 0/10			BBM 0/6
	a	b	c	
10	97	97	97	—
6.3	35	53	53	97
4	—	53	53	53
2	35	38	38	38
0.08	8	11	8	8
沥青用量(%)	>5.3			

SMA 法国 BBM 0/10 设计技术要求　表 4-289

指　标	型号 a1	型号 a2	型号 a3
浸水抗压强度比	>0.8		
车辙	—	≤15%(3 000 循环)	≤15%(10 000 循环)
复数模量	—	≥5 400MPa	
疲劳	—	$\geq 100\times10^6$	

法国 ARB 结合料的性能　　表 4-290

技术指标		ARB	PMA	沥青 60/70
密度 25℃(g/cm³)		1.030	1.010	1.030
针入度(0.1mm)	10℃	22	18	15
	15℃	32.5	—	—
	20℃	46	52	—
	25℃	68	97	61
	30℃	205	135	96
软化点(℃)		63.2	83	50.2
脆点(℃)		—	-19	-12

注:ARB 橡胶沥青结合料。

瑞典 VAG 国家标准 SMA 规格　　表 4-291

筛孔径(mm) \ 通过率(%) \ SMA的类型	ABS22	ABS16	ABS11	ABS8
45	100			
31.5	98~100	100		
22.4	85~99	98~100	100	

续上表

筛孔径(mm) \ 通过率(%) \ SMA的类型	ABS22	ABS16	ABS11	ABS8
16.0	50~80	85~99	98~100	100
11.2	35~65	34~70	85~99	98~100
8.0	27~50	27~50	35~60	85~99
4.0	20~33	20~32	24~35	28~49
2.0	16~29	16~29	19~30	20~30
0.075	8~13	8~13	8~13	8~13
结合料类型	B85,B120,B180或改性沥青			
沥青结合料用量(%)	5.5~7.2	5.5~7.2	5.7~7.4	5.9~7.6
空隙率(%)	2.0~4.2	2.2~4.4	2.7~4.9	3.2~5.4
层厚(mm)	48~88	36~64	24~44	18~32

葡萄牙SMA技术要求　　表4-292

筛孔径(mm) \ 通过率(%) \ SMA的类型	0/12.5	0/9.5
12.5	80~90	—
9.5	60~75	80~90
4.75	32~42	30~42
2.0	22~30	22~32
0.075	6~10	7~12
沥青结合料	仅使用改性沥青(SBS或EVA)	
油石比(%)	≥5.0	
空隙率(%)	3~5(通常为4.0)	3~6(通常为4.5)
层厚(mm)	15~20	20~30

第五部分

路面基层

A 路面基层类型

a 路面基层类型

路面基层类型表　　表 5-1

类型	材料组成
整体型	1. 水泥稳定类 水泥稳定砂砾、砂砾土、碎石土、未筛分碎石、石屑、石渣、高炉矿渣、土等。 2. 石灰稳定类 石灰稳定土(石灰土)、天然砂砾土(石灰砂砾土)、天然碎石土(石灰碎石土)以及用石灰稳定级配砂砾和级配碎石等。 3. 石灰工业废渣类 ①石灰粉煤灰类:石灰粉煤灰(二灰)、石灰粉煤灰土(二灰土)、石灰粉煤灰砂(二灰砂)、石灰粉煤灰砂砾(二灰砂砾)、石灰粉煤灰碎石(二灰碎石)、石灰粉煤灰矿渣(二灰矿渣)等; ②石灰煤渣类:石灰煤渣、石灰煤渣土、石灰煤渣碎石、石灰煤渣砂砾、石灰煤渣矿渣、石灰煤渣碎石土等
嵌锁型	泥结碎石、泥灰结碎石、填隙碎石、沥青贯入式等
级配型	级配碎石、级配砾石、符合级配的天然砂砾、部分砾石经轧制掺配而成的级配砾、碎石、沥青碎石、沥青混凝土等

b 常用路面基层的种类及其适用范围

常用路面基层的种类及其适用范围　　表 5-2

基层类别	适用范围
水泥稳定土	可适用于各种交通类别的道路基层和底基层,但水泥土(即用水泥稳定砂性土和粘性土得到的混合料)不应用作高等级沥青路面的基层,只能用作底基层。 在高速、一级公路水泥混凝土面板下边不应用作基层
石灰稳定土	适用于各级公路路面的底基层,可用作二级和二级以下公路的基层,但石灰土(用石灰稳定细粒土得到的混合料)不应用作高级路面的基层
石灰工业废渣稳定土	适用于各级公路的基层和底基层。但二灰土(石灰、粉煤灰稳定细粒土)不应用作高级沥青路面的基层,而只用作底基层。 在高速和一级公路上的水泥混凝土面板下,二灰土也不应用作基层
级配碎石	可用作各级公路的基层和底基层;亦可用作较薄沥青面层与半刚性基层之间的中间层
级配砾石	可适用于二级轻交通和二级以下公路的基层以及各等级公路的底基层
填隙碎石	可适用于各等级公路的底基层和二级以下公路的基层

续上表

基层类别	适用范围
路面基层选择要点	1. 高速公路、一级、二级公路的高级路面,应选用水泥或石灰、粉煤灰稳定粒料类半刚性基层,以增强基层的强度和稳定性,减少低温收缩裂缝。条件允许时,底基层也可采用水泥或石灰、粉煤灰或石灰稳定各类集料、细粒土等半刚性材料。水泥或石灰、粉煤灰类稳定细粒土不能做高级路面的基层。若当地石料丰富,可选用级配碎石、填隙碎石、天然砂砾等粒料做底基层。由于这类材料的模量值小,增大路面刚度或承载力的作用不太明显,因此,粒料底基层不宜太厚。 2. 石灰稳定粒料或细粒土不能作为高速公路、一级公路和高级路面的基层,只能用于二级、三级、四级公路的基层,以及各级公路的底基层。 3. 当采用半刚性基层有困难时,可选用热拌或冷拌沥青碎石料或沥青贯入碎石、级配碎石等柔性基层。 基层或底基层的厚度,应根据交通量大小、材料力学性能和扩散应力的效果,发挥压实机具的功能以及有利于施工等因素选择。若因某种原因,不能满足结构层的适宜厚度时,应满足施工最小厚度的要求

B 路面基层设计的一般规定

a 路面基层设计的一般规定

路面基层设计的一般规定　　表 5-3

项目	一般规定
沥青路面基层、底基层设计规定	1. 基层、底基层应具有足够的强度和稳定性,在冰冻地区还应具有一定的抗冻性。 2. 高级路面下的半刚性基层应具有较小的收缩(温缩及干缩)变形和较强的抗冲刷能力。 3. 基层、底基层结构设计应贯彻就地取材的原则,认真做好当地材料的调查,根据不同公 路等级、交通量对基层、底基层的技术要求,选择技术可靠、经济合理的基层、底基层结构。 4. 半刚性材料基层、底基层的配合比设计,应根据重型击实标准制件,混合料 7d 龄期的无侧限抗压强度试验确定。 5. 一般公路的基层宽度宜比面层宽出 25cm,底基层每侧宜比基层宽 15cm。在多雨地区,透水性好的粒料底基层,宜铺至路基全宽,以利于排水。高速公路、一级公路的基层宽度应按照有关硬路肩边缘构造确定。 6. 基层和底基层的压实度、强度标准及其施工应合符有关规范规定
水泥混凝土路面基层、底基层设计规定	1. 基层应具有足够的刚度和稳定性,且断面正确、表面平整。基层材料应根据交通等级、当地条件和经济性等因素选用贫混凝土、沥青混凝土、水泥稳定土、石灰稳定工业废渣、级配碎石、级配砾石、填隙碎石、石灰稳定土等。其技术要求应符合现行《公路路面基层施工技术规范》(JTJ 034—93)的规定。 2. 基层的宽度应比混凝土面板每侧宽出 25~35cm(采用小型机具或轨模式摊铺机施工)或 50~60cm(采用滑模式摊铺机施工),或与路基同宽。 3. 新建公路的混凝土路面基层的最小厚度一般为 15cm。 基层顶面的当量回弹模量 E_t 不应低于下表的规定。

续上表

项目	一般规定				
	基层顶面的当量回弹模量 E_t				
	交通瞪级	特重	重	中等	轻
	当量回弹模量 E_t（MPa）	120	100	80	60
	4. 岩石路基上铺筑混凝土面板时，应根据需要设置整平层。整平层的厚度一般为 6～10cm。 5. 填石路基上铺筑混凝土面板时，填石路基必须稳定、密实，表面平整，并满足混凝土面板对基层强度的要求。 6. 原有柔性路面作基层 原有公路上铺筑混凝土面板时，原有柔性路面应平整密实，符合路拱要求，其顶面的当量回弹模量 E_t 与新建公路基层顶面的当量回弹模量 E_t 的规定相同。 当原有公路柔性路面的当量回弹模量值小于本表的规定或不符合路拱等要求时，应设置补强层或整平层。补强层的厚度可按当量回弹模量 E_t 计算确定，但不得小于下表补强层最小厚度的规定。				
	补强层名称	最小厚度(cm)			
	级配碎、砾石	8.0			
	填隙碎石	8.0			
	石灰稳定土	10.0			
	石灰稳定工业废渣	10.0			
	水泥稳定土	10.0			

b 路面各类基层结构最小厚度

路面各类基层结构最小厚度表　　表 5-4

结构层类型		施工最小厚度(cm)	结构层适宜厚度(cm)
沥青混凝土 热拌沥青碎石	粗粒式	5.0	5～8
	中粒式	4.0	4～6
	细粒式	2.5	2.5～4
沥青石屑		1.5	1.5～2.5
沥青砂		1.0	1～1.5
沥青贯入式		4.0	4～8
沥青上拌下贯式		6.0	6～10
沥青表面处治		1.0	层铺 1～3，拌和 2～4
水泥稳定类		15.0	16～20
石灰稳定类		15.0	16～20
石灰工业废渣类		15.0	16～20
级配碎、砾石		8	10～15
泥结碎石		8	10～15
填隙碎石		10	10～12

A 特点及一般规定

水泥稳定土的特点及一般规定　　表 5-5

项目	内容
主要优点	1. 强度高，稳定性好。水泥稳定土具有足够高的强度，能适应重交通量和高速公路路面基层以及机场道面基层的需要。水泥稳定土的强度一般是比较稳定的，它受水分变化的影响不大，而且它的强度越高，稳定性也越好。 2. 强度可以调整，以适应不同交通量的需要。水泥稳定土的强度可以从适应轻交通量的最低要求，例如7d龄期的抗压强度小于1.0MPa（底基层），调整到适应重交通量的要求，例如美国加利福尼亚州要求7d的抗压强度为5.4MPa，一些国家的贫混凝土强度大于10MPa。 3. 在缺乏优质粒料的地区，采用水泥稳定土做路面的基层或底基层，经常是比较经济的。 4. 几乎各种土都可以用水泥进行适当的稳定。 5. 设计正确、施工质量好的水泥稳定土基层或底基层的使用效果经常是好的。 6. 水泥稳定土既可以在路上就地拌和，又可以用固定的拌和机械进行集中拌和后运到路上直接摊铺，也可以利用移动式拌和机械沿线进行拌和。它便于机械化施工，特别在后两种拌和方法的情况下，质量容易得到保证
主要缺点	1. 水泥稳定土，特别是水泥土在施工过程中容易产生收缩裂缝，而且稳定粒料时，水泥用量超过一定比例，混合料的收缩性很大，也就容易产生严重的收缩裂缝。当水泥稳定土层上为薄沥青面层时，即使在使用过程中，水泥稳定层也容易收缩开裂。水泥稳定土基层的裂缝经常会引起其上薄沥青面层也产生相对应的反射裂缝。 2. 由于水泥的水化和结硬作用进行得比较快，因此对施工要求比较严格。要求在较短的时间内（例如一些国家规定在2h内）完成从加水拌和到碾压成型的几个主要工序。 3. 水泥稳定土不适宜在雨季施工，或在雨季施工比较困难。 4. 水泥稳定土的施工用水和养生用水比较多，因此，在干旱地区或缺水路段，使用水泥稳定土困难较大。 5. 水泥稳定土不能直接经受汽车车轮的磨耗作用，因此，只能将它用作路面或机场道面的基层或底基层，而不能用作面层
一般规定	1. 水泥稳定土可适用于各级公路的基层和底基层，但水泥土不得用做二级和二级以上公路高级路面的基层。 2. 水泥稳定中粒土和粗粒土用做基层时，水泥剂量不宜超过6%。必要时，应首先改善集料的级配，然后用水泥稳定。 在只能使用水泥稳定细粒土做基层时或水泥稳定集料的强度要求明显大于规定时，水泥剂量不受此限制。 3. 水泥稳定土结构层宜在春末和气温较高季节组织施工。施工期的日最低气温应在5℃以上，在有冰冻的地区，并应在第1次重冰冻（-5～-3℃）到来之前半个月到一个月完成。 4. 在雨季施工水泥稳定土，特别是水泥土结构层时，应特别注意气候变化，勿使水泥和混合料遭雨淋。降雨时应停止施工，但已经摊铺的水泥混合料应尽快碾压密实。路拌法施工时，应采取措施排除下承层表面的水，勿使运到路上的集料过分潮湿

5

B 组成设计

水泥稳定土组成设计　　表 5-6

项目	内容
组成设计框图	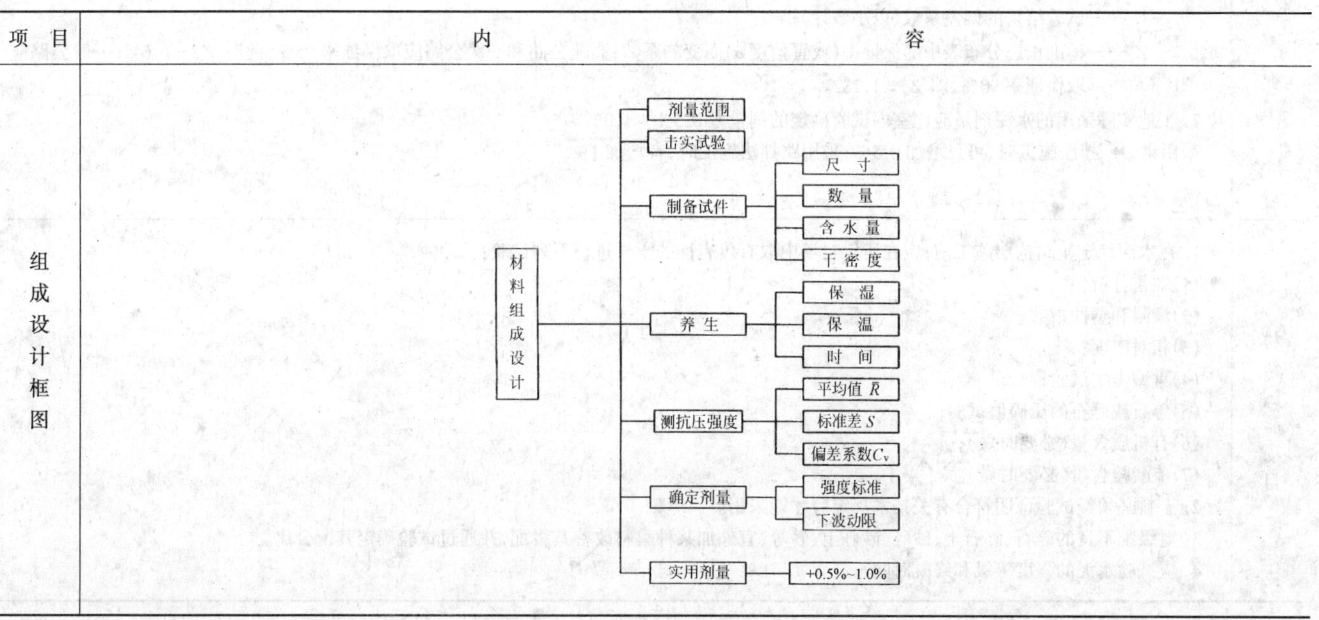

续上表

<table>
<tr><th>项 目</th><th>内 容</th></tr>
<tr><td>材料配合比设计步骤</td><td>1. 制备同一种土样,不同水泥剂量的水泥稳定土混合料一般情况按下列水泥剂量配制:
(1)做基层用
中粒土和粗粒土:3%、4%、5%、6%、7%;
塑性指数小于12的土:5%、7%、8%、9%、11%;
其他细粒土:8%、10%、12%、14%、16%。
(2)做底基层用
中粒土和粗粒土:3%、4%、5%、6%、7%;
塑性指数小于12的土:4%、5%、6%、7%、9%;
其他细粒土:6%、8%、9%、10%、12%。
在能估计合适剂量的情况下,可以将5个不同剂量缩减到3或4个。
2. 确定各种混合料的最佳含水量和最大干密度,至少应做3个不同水泥剂量混合料的击实试验,即最小剂量、中间剂量和最大剂量。其他两个剂量混合料的最佳含水量和最大干密度用内插法确定。
3. 按工地预定达到的压实度,分别计算不同水泥剂量的试件应有的干密度。
4. 按最佳含水量和计算得的干密度制备试件进行强度试验时,作为平行试验的试件数量应符合下表的规定。如试验结果的偏差系数大于表中规定的值,则应重做试验,并找出原因,加以解决。如不能降低偏差系数,则应增加试验数量。

最少的试验数量表
<table><tr><th rowspan="2">稳定土类型</th><th colspan="3">下列偏差系数时的试验数量</th></tr><tr><th>小于10%</th><th>10%~15%</th><th>小于20%</th></tr><tr><td>细粒土</td><td>6</td><td>9</td><td>—</td></tr><tr><td>中粒土</td><td>6</td><td>9</td><td>13</td></tr><tr><td>粗粒土</td><td>—</td><td>9</td><td>13</td></tr></table>
5. 试件在规定温度下保湿养生6d,浸水1d后,进行无侧限抗压强度试验,并计算抗压强度试验结果的平均值和偏差系数。
试件养生规定的温度为:
冰冻地区 20±2℃; 非冰冻地区 25±2℃
6. 根据强度标准,选定合适的水泥剂量。此剂量试件室内试验结果的平均抗压强度($\bar{R}$)应符合下式的要求:
$$\bar{R} \geq R_d/(1 - Z_\alpha C_v)$$
式中:R_d——设计抗压强度;
C_v——试验结果的偏差系数(以小数计);
Z_α——标准正态分布表中随保证率(或置信度α)而变的系数:高速公路和一级公路应取保证率95%,此时 $Z_\alpha = 1.645$;一般公路应取保证率90%,即 $Z_\alpha = 1.282$。
7. 工地实际采用的水泥剂量应比室内试验确定的剂量多0.5%~1.0%。
采用集中厂拌法施工时,可只增加0.5%;采用路拌法施工时,宜增加1%</td></tr>
<tr><td>材料试验项目</td><td>1. 在水泥稳定土结构层施工前,应在所定料场中取有代表性的土样进行下列试验:
(1)颗粒分析;
(2)液限和塑性指数;
(3)相对密度;
(4)重型击实试验;
(5)碎石或砾石的压碎值试验;
(6)有机质含量(必要时做);
(7)硫酸盐含量(必要时做)。
2. 土料必须经试验证明符合有关技术规定后才能采用。
3. 对级配不良的碎石、碎石土、砂砾、砂砾土、砂等,宜外加某种集料改善其级配,并通过试验确定其配合比。
4. 应试验水泥的强度等级和终凝时间</td></tr>
</table>

C 设计参数及参考资料

a 水泥稳定土的抗压强度标准

水泥稳定土的抗压强度标准　　表 5-7

层位 \ 公路等级	二级和二级以下公路	高速公路和一级公路
基　层（MPa）	2.5～3②	3～5①
底基层（MPa）	1.5～2.0②	1.5～2.5①

注：①设计累计标准轴次小于 12×10^6 的公路可采用低限值；设计累计标准轴次超过 12×10^6 的公路可用中值；主要行驶重载车辆的公路应用高限值。某一具体公路应采用一个值，而不用某一范围。
②二级以下公路可取低限值；行驶重载车辆的公路，应取较高的值；二级路可取中值；行驶重载车辆的二级公路应取高限值。某一具体公路应采用一个值，而不用某一范围。

b 水泥稳定类基层、底基层的压实度及 7d 抗压强度

水泥稳定类基层、底基层的压实度及 7d 抗压强度　　表 5-8

层位	土类	高速公路、一级公路		二级和二级以下公路	
		压实度（%）	抗压强度（MPa）	压实度（%）	抗压强度（MPa）
基层	粗粒土 中粒土	≥98	3～4①	≥97	2～3②
	细粒土	—		≥95	
底基层	粗粒土 中粒土	≥96	≥2.0	≥95	≥1.5
	细粒土	≥95		≥93	

注：①交通量大，重车多时取高值，一般情况下取中低值；
②三、四级公路，压实机具有困难时，压实度可减少 2%。

c 水泥稳定粒料（土）的回弹模量值

水泥稳定粒料（土）的回弹模量值　　表 5-9

抗压强度 R_7（MPa）	1.5	2.0	2.5	3.0	4.0
28d 回弹模量 E（MPa）	620	826	1 032	1 239	1 652
90d 回弹模量 E（MPa）	760～840	1 020～1 120	1 270～1 400	1 530～1 680	2 040～2 240

d 水泥稳定基层水泥最小剂量

水泥稳定基层水泥最小剂量　　表 5-10

土类 \ 拌和方法	路拌法	集中厂拌法
中、粗粒土	4%	3%
细粒土	5%	4%

e 7%水泥混合料的干缩特性

7%水泥混合料的干缩特性　　表 5-11

特性 \ 混合料类型	水泥土	水泥砂砾土		
	7:100	7:70:30	7:85:15	7:100:0
最大干缩应变 $S_{d\cdot m}$（$\times10^{-6}$）	2 780	1 444	708	344
平均干缩系数 $\bar{\alpha}_d$（$\times10^{-6}$）	309	370	253	191
最大失水量（%）	9	3.9	2.8	1.8

f 水泥稳定土的平均抗拉强度（MPa）

水泥稳定土的平均抗拉强度（MPa）　　表 5-12

混合料 \ 龄期（d）	28		90		180	
	R_b	R_i	R_b	R_i	R_b	R_i
3%水泥砂砾		0.24				
4.2%水泥砂砾	0.80	0.39	1.05	0.45	1.23	0.59
5%水泥砂砾		0.30～0.40				
6%水泥砂砾	0.84	0.46～0.76				
6%水泥中碎石土	0.90	0.42				
8%水泥土	0.29	0.09～0.12	0.52	0.15		
10%水泥土	0.40	0.16～0.21	0.63	0.19～0.21		
12%水泥土	0.60	0.20～0.21				
7:63:30 石灰土碎石			0.55			
11%石灰土			0.30	0.17	0.63	0.23

续上表

龄期(d) 混合料	28		90		180	
	R_b	R_i	R_b	R_i	R_b	R_i
14%石灰土	0.24	0.12	0.31~0.5	0.19~0.34		
4:16:80~3:12:85石灰粉煤灰矿渣	—	0.64	1.50~1.72	0.53~0.74		
6:24:70石灰粉煤灰矿渣	—	0.58	2.00	0.70		
4:8:88石灰粉煤灰砂砾		0.19	0.89	0.45		0.56
5:15:80石灰粉煤灰砂砾			0.81~0.96	0.36~0.45	1.08~1.17	0.62~0.68
10:30:60石灰粉煤灰碎石	0.44	0.32	—	0.73		
11:22:67石灰粉煤灰土	0.21	0.12	—	0.25		
1:4:5石灰粉煤灰土	0.38~0.46	0.20	0.79~1.22	0.37	1.24	0.67

g 水泥稳定土基层的特性

水泥稳定土基层的特性 表5-13

路段编号	混合料中水泥和水的数量			干密度	28d的抗压强度	耐冻性	
	水泥		水			冻融次数	冻融后的抗压强度(MPa)
	原标号	数量(%)	(%)	(g/cm^3)	(MPa)		
4	400	10	10.5	1.78	3.40	15	3.07
4a	400	10	13.6	1.70	2.25	15	1.96
5	400	10	8.5	1.56	2.20	15	1.83
6	400	8	11.2	1.65	1.90	15	2.12
7a	300	10	11.7	1.64	3.85	15	3.80
Ⅻ	500	10	8.0	1.77	2.05	5	1.67
Ⅹ	400	10	14.0	1.91	3.95	5	1.69
1	500	12	10.2	1.91	4.60	10	4.50
1a	400	10	14.0	1.84	4.20	10	3.94
2	400	10	15.6	1.87	3.20	10	3.00
7	400	12	15.2	1.96	4.05	10	3.68
9	500	10	—	—	4.84	—	—
Ⅰ	500	10	14.0	1.84	2.58	—	—
ⅩⅤ	500	8	11.0	1.90	2.43	—	—
Ⅱa	400	8	18.0	1.57	1.04	—	—
Ⅱσ	500	12	14.0	1.97	4.31	10	4.11
ⅡB	500	12	14.0	1.92	4.23	10	4.04
3	400	10	14.3	1.90	8.03	8	7.24
8	400	10	—	—	—	—	—

注:2号路段上,水泥稳定土中加了0.5%聚合物;3号路段上,水泥稳定土中加了0.05%吡啶残渣;6号路段上,水泥稳定土中加了1%石油;7a号路段上,加了1.5%石油。

h 国内一些地区水泥土的回弹模量值(MPa)

国内一些地区水泥土的回弹模量值(MPa) 表5-14

序号	地区	样本数	模量均值	标准差	变异系数
1	新疆	11	714	110	0.154
2	湖北	5	700	66	0.094
3			381		0.193
4			761		0.338
5	湖南		571		0.162
6			368		0.105
7			205		0.29
8	同济大学		926		0.226
9		6	1295	239	0.185
10		6	546	89	0.163
11			643	236	0.367
12			542	139	0.256
13	京津塘		624	187	0.300
14			528	56	0.106
15			617	168	0.272
16			515	121	0.235

i　国内一些地区水泥级配集料的回弹模量值(MPa)

国内一些地区水泥级配集料的回弹模量值(MPa)　　表 5-15

序号	地　区	样本数	模量均值	标准差	变异系数
1	山西	7	3 207	364	0.114
2		10	3 199	568	0.178
3	京津塘高速公路	12	1 920	458	0.234
4	西安试验路	3	1 538	294	0.191
5		6	943	91	0.097
6		3	1 112	181	0.163
7		6	1 270	326	0.257
8	新疆	6	796	97.5	0.122
9	长农试验路		912	187	0.205
10		2	757		
11	湖北	6	570	82	0.144
12	广西		903	237	0.262
13	江西		895	253	0.283
14			907	245	0.27
15	济青高速潍坊段	23	1 364	536	0.393
16		36	1 099	380	0.346
17	正定试验路	4	899	34	0.045
18	京津塘高速公路	8	1 267	206	0.195
19		6	1 602	202	0.151
20		3	1 282	116	0.109
21		3	1 408	140	0.119
22		3	2 292	370	0.194
23		6	1 146	137	0.143
24		6	1 556	213	0.164
25		11	1 469	320	0.261
26		11	1 355	363	0.322
27		10	1 972	536	0.326
28		12	1 444	407	0.338
	平均		1 334		0.221

j　各国对水泥稳定土强度的最低要求

各国对水泥稳定土强度的最低要求　　表 5-16

国名及地区名	龄期(d)	抗压强度(MPa)	承载比(%)	说　　明
美国加利福尼亚州	7	5.2①		圆柱体试件,高:直径=1:1;水泥剂量 3.5%~6%;湿气养生
美国华盛顿州	7	5.8		
日本	7	3.0~4.0		用击实试验筒,试件湿养 6d 后浸水 1d;用于高级沥青面层的基层
	7	2.5		用击实试验筒,试件湿养 6d 后浸水 1d;用于次高级沥青面层的基层
	7	1.5~2.0		用击实试验筒,试件湿养 6d 后浸水 1d;用于低级沥青面层的基层
	7	0.7~1.3②	60~100	用击实试验筒,试件湿养 6d 后浸水 1d;用于底基层;承载比试件 3d 湿养后浸水 1d
原联邦德国		3.0~10.0		20cm 的立方体试件;3 个一组试件的平均值 50~80。
新西兰	7	1.72③		
加拿大	7	2.1		饱水试件
法国	7	4.0~5.0④		圆柱形试件,高:直径=1:1,用作基层
		1.5		圆柱形试件,高:直径=1:1,用于底基层
前苏联⑦	28	7.5		7cm 的立方体试件,饱水;用于高级面层的基层(Ⅰ级)
		6.0		
		4.0		7cm 的立方体试件,饱水;用作次高级面层的基层(Ⅱ级)
		2.0		7cm 的立方体试件,饱水;用作底基层(Ⅲ级)
热带和亚热带地区	7	1.72	180~240	英国道路指示 31 号
赞比亚	7	3.5		立方体试件;5 个试件一批的平均强度;连续 5 批试件的偏差系数的均方差不超过 25%;此为水泥稳定粒料基层(单纯湿养)
	7	1.8	150	轻交通道路的基层,高:直径=2:1 的圆柱体试件
			80	用于底基层
热带地区	7	0.5~1.0②	70~100	法国⑤,用于底基层
加纳③	7	1.5~2.0	160~200	法国⑤,用于基层

续上表

国名及地区名	龄期(d)	抗压强度(MPa)	承载比(%)	说明
英国[⑥]		1.72		
CBM1	7	4.5		立方体试件,压实度95%
CBM2	7	7.0		
CBM3	7	10.0		
CBM4	7	15.0		
西班牙	7	6.0		用作基层
	7	2.5		用作底基层
原捷克斯洛伐克	7	1.8~3.5		
	28	2.1		冰冻后
奥地利	7	5.0		
葡萄牙	7	2.0		
	28	3.0		
澳大利亚	7	3.0		

注:① 加利福尼亚州将水泥处治基层分为 A、B 两个等级。此为 A 级的要求,用于交通量较大的州级公路上。B 级的强度指标为抗力值 R,要求 R = 80;典型的水泥剂量为 2% ~ 3%。它实际上是水泥改善土,广泛用于交通量较小的县级公路上;

② 实际上为水泥改善土;

③ 此为 20 世纪 60 年代的资料;

④ 用于温和气候地区及中等交通的道路;

⑤ 此为法国房建和公共工程调查研究试验所的《热带地区路面设计手册》中的要求;

⑥ 表列数值为 5 个试件的平均值,同时要求分别为:$R_7 \nless 2.5$MPa(CBM1),$R_7 \nless 4.5$MPa(CBM2),$R_7 \nless 6.5$MPa(CBM3),$R_7 \nless 10$MPa(CBM4);

⑦ 相应的标号为 75、60、40 和 20,7d 抗压强度要求分别为 4.5、3.5、2.5 和 1.2MPa,28d 龄期弯拉强度要求为 1.5、1.2、0.8 和 0.4MPa。同时规定耐冻性要求:对于标号 40 ~ 75 的稳定材料,其冻稳性为 0.75,对于标号 20 的材料为 0.70。

k 前苏联水泥稳定土 E,R_b 的建议值

前苏联水泥稳定土 E,R_b 的建议值　　表 5-17

材料	弹性模量 E (MPa)	抗弯拉强度 R_b (MPa)
水泥加固经选配的碎石和砾石,水泥剂量为: 6% ~ 7%	500 ~ 700	0.3 ~ 0.4
4% ~ 5%	400 ~ 600	0.2 ~ 0.3
水泥加固当地的软质石料或混合料中有亚砂土和砂的石场废料	300 ~ 400	0.2 ~ 0.3
水泥加固轻亚粘土和不同粒径的砂	200 ~ 400	0.2 ~ 0.3
水泥加固亚粘土和粉质亚砂土	150 ~ 250	0.15 ~ 0.2

l 法国 R_7,E 的建议值

法国 R_7,E 的建议值　　表 5-18

水泥土(砂)								
R_7(MPa) 抗压强度	0.5	1	1.5	2	3	4	5	10
E(MPa) 回弹模量	200	650	1 000	1 350	2 100	3 000	3 800	10 000
水泥砂砾(包括碎石)								
R_7(MPa) 抗压强度	1	2	3	4	5	10	20	30
E(MPa) 回弹模量	4 600	6 500	8 000	9 500	10 500	15 500	19 500	21 500

m 一些非洲国家稳定土的实践

一些非洲国家稳定土的实践　　表 5-19

国家	里程 (km)	技术要求	常用剂量 (%)	破坏比例	破坏类型
阿尔及利亚	100	法国规范	5~7		
安哥拉	1 500	耐久性,抗压强度,级配	3~8	极少	
冈比亚	165	密实度	3	极少	
加纳	135	7d 抗压强度 1.7MPa,承载比 200	4~5	极少	
肯尼亚	1 290	抗压强度 1.8MPa 塑性指数<6	4~6	20% ~ 40%	裂缝、剥落、形变
莫桑比克	896	耐久性,抗压强度 1.7MPa	6~9	0.5%	裂缝、剥落、形变
尼日利亚	720	承载比 160 ~ 180,工地 80~100	4~7	15%	裂缝、剥落、形变
坦桑尼亚	640	抗压强度 1.7MPa	5	10% ~ 12%	裂缝,形变
赞比亚	1 000	承载比 180,级配,塑指	3~4	很少	

n　英国9条有水泥稳定土基层的道路的使用情况

英国9条有水泥稳定土基层的道路的使用情况　　表5-20

编号	水泥稳定土基层				交通量(商用车/16h)		使用情况
	材料组成	干密度(g/cm³)	含水量(%)	R_7(MPa)	1961年	1965年	
1	60%砂砾+40%10~38mm碎石,小于5mm的颗粒占46%~90%,4.5%水泥	2.03 (1.92)①	7.0	2.03② (C_v38%)③	3 000	3 700	总的满意,有过一些修补,在测量形变的43处中有11处从1964年开始裂缝(主要是纵裂)增加
2	60%砂砾+40%10~38mm碎石,小于5mm的颗粒占30%~90%,5.5%水泥	2.06 (2.03)	8.4	3.22 (C_v32%)	3 000	3 700	低碎石含量(30%)沥青面层的路段使用满意。高碎石含量(45%)沥青面层的路段有少量修补(裂缝面积),该段1963年铺表面处治
3	砂砾加部分5~38mm碎石改善级配。小于5mm的颗粒占30%~90%,5.5%~6.5%水泥	2.00 (1.98~2.10)	8.0	1.96~4.69 (C_v31%~40%)	3 300	4 300	低碎石含量(30%)沥青面层的路段使用满意。高碎石含量(55%)沥青面层的路段有少量修补(裂缝面积),该段1963年铺表面处治
4	级配石灰岩碎石,小于5mm的颗粒占20%~35%,4%水泥	2.11 (2.03)	4~5	3.85 (C_v47%)	3 400	4 100	高碎石含量沥青面层,1963年铺表面处治,1965年冬季后大量修补。1966年加铺2cm细粒冷铺沥青混凝土
5	原状砂砾,小于5mm的颗粒占30%~90%,6%水泥	2.05 (2.05)	8.0	3.99 (C_v34%)	2 200	4 500	挖方段有大量变形,有大量修补。由于排水不好,砾石沥青混凝土联结层的剥离加剧了变形
6	原状石英质砂砾,小于5mm的颗粒占25%~70%,6%水泥	2.19 (2.18)	5.7	4.83 (C_v43%)	2 900	4 500	道路状况很好,使用很满意
7	级配石灰岩碎石(湿拌),小于5mm的颗粒占20%~40%,2%水泥	2.24 (2.24)	4.0	5.95	2 400	3 000	道路状况很好,使用很满意。没有进行什么特别的养护
8	2/3碎石与1/3砂的混合料,小于5mm的颗粒占45%~95%,9%水泥	2.13 (2.06)	8.5	6.86	2 600	4 700	道路状况很好,使用很满意。没有进行什么特别的养护
9	砂砾料,小于5mm的颗粒含量43%,4%水泥	2.18 (2.16)	4.8	7.49	3 200	4 000	总的看,道路状况很好,使用很满意。有少量修补

注:①括号内的数值指试件(做抗压强度试验)的干密度,无括号的数值指基层的干密度,均为平均值;
②系15×15×15cm的立方体试件,龄期7d的无侧限抗压强度;
③C_v指抗压强度的偏差系数。

D　质量检验标准

a　水泥土基层和底基层质量检验标准

水泥土基层和底基层质量检验标准　　表5-21

项目	内容
基本要求	1.土的性能应符合设计要求,土块要经粉碎。 2.水泥用量按设计要求控制准确。 3.路拌深度要达到层底。 4.混合料处于最佳含水量状况下,用重型压路机碾压至要求的压实度。 5.碾压检查合格后立即覆盖或洒水养生,养生期要符合规范要求

续上表

<table>
<tr><th>项目</th><th colspan="10">内容</th></tr>
<tr><td rowspan="12">检验实测项目</td><td rowspan="3">项次</td><td rowspan="3" colspan="2">检查项目</td><td colspan="4">规定值或允许偏差</td><td rowspan="3">检查方法和频率</td><td rowspan="3">规定分</td></tr>
<tr><td colspan="2">基层</td><td colspan="2">底基层</td></tr>
<tr><td>高速一级公路</td><td>其他公路</td><td>高速一级公路</td><td>其他公路</td></tr>
<tr><td rowspan="2">1</td><td rowspan="2">压实度(%)</td><td>代表值</td><td></td><td>95</td><td>95</td><td>93</td><td rowspan="2">每200m四处</td><td rowspan="2">30</td></tr>
<tr><td>极值</td><td></td><td>91</td><td>91</td><td>89</td></tr>
<tr><td>2</td><td colspan="2">平整度(mm)</td><td></td><td>15</td><td>15</td><td>20</td><td>3m直尺:每200m二处×10尺</td><td>15</td></tr>
<tr><td>3</td><td colspan="2">纵断高程(mm)</td><td></td><td>+5,-15</td><td>+5,-15</td><td>+5,-20</td><td>水准仪:每200m四点</td><td>5</td></tr>
<tr><td>4</td><td colspan="2">宽度(mm)</td><td colspan="2">不小于设计值</td><td colspan="2">不小于设计值</td><td>尺量:每200m四处</td><td>5</td></tr>
<tr><td rowspan="2">5</td><td rowspan="2">厚度(mm)</td><td>代表值</td><td></td><td>-12</td><td>-12</td><td>-15</td><td rowspan="2">每200m每车道1点</td><td rowspan="2">20</td></tr>
<tr><td>极值</td><td></td><td>-25</td><td>-25</td><td>-30</td></tr>
<tr><td>6</td><td colspan="2">横坡(%)</td><td></td><td>±0.5</td><td>±0.3</td><td>±0.5</td><td>水准仪:每200m4断面</td><td>5</td></tr>
<tr><td>7</td><td colspan="2">强度(MPa)</td><td></td><td>2.0~3.0</td><td>≥1.5</td><td>≥1.5</td><td></td><td>20</td></tr>
<tr><td>外观鉴定</td><td colspan="9">1.表面平整密实、无坑洼。不符合要求时,每处减1~2分
2.施工接茬平整、稳定。不符合要求时,每处减1~2分</td></tr>
</table>

b 水泥稳定粒料基层和底基层质量检验标准

水泥稳定粒料基层和底基层质量检验标准 表5-22

<table>
<tr><th>项目</th><th colspan="10">内容</th></tr>
<tr><td>基本要求</td><td colspan="9">1.粒料应符合设计和施工规范要求,并应根据当地料源选择质坚干净的粒料,矿渣应分解稳定,发现未分解渣块应予剔除。
2.水泥用量按设计要求控制准确。
3.路拌深度要达到层底。
4.混合料处于最佳含水量状况下,用重型压路机碾压至要求的压实度。
5.碾压检查合格后立即覆盖或洒水养生,养生期要符合规范要求</td></tr>
<tr><td rowspan="12">检验实测项目</td><td rowspan="3">项次</td><td rowspan="3" colspan="2">检查项目</td><td colspan="4">规定值或允许偏差</td><td rowspan="3">检查方法和频率</td><td rowspan="3">规定分</td></tr>
<tr><td colspan="2">基层</td><td colspan="2">底基层</td></tr>
<tr><td>高速一级公路</td><td>其他公路</td><td>高速一级公路</td><td>其他公路</td></tr>
<tr><td rowspan="2">1</td><td rowspan="2">压实度(%)</td><td>代表值</td><td>98</td><td>97</td><td>96</td><td>95</td><td rowspan="2">每200m四处</td><td rowspan="2">30</td></tr>
<tr><td>极值</td><td>94</td><td>93</td><td>92</td><td>91</td></tr>
<tr><td>2</td><td colspan="2">平整度(mm)</td><td>10</td><td>15</td><td>15</td><td>20</td><td>3m直尺:每200m二处×10尺</td><td>15</td></tr>
<tr><td>3</td><td colspan="2">纵断高程(mm)</td><td>+5,-10</td><td>+5,-10</td><td>+5,-15</td><td>+5,-20</td><td>水准仪:每200m四点</td><td>5</td></tr>
<tr><td>4</td><td colspan="2">宽度(mm)</td><td colspan="2">不小于设计值</td><td colspan="2">不小于设计值</td><td>尺量:每200m四处</td><td>5</td></tr>
<tr><td rowspan="2">5</td><td rowspan="2">厚度(mm)</td><td>代表值</td><td>-10</td><td>-12</td><td>-12</td><td>-15</td><td rowspan="2">每200m每车道一点</td><td rowspan="2">20</td></tr>
<tr><td>极值</td><td>-20</td><td>-25</td><td>-25</td><td>-30</td></tr>
<tr><td>6</td><td colspan="2">横坡(%)</td><td>±0.3</td><td>±0.5</td><td>±0.3</td><td>±0.5</td><td>水准仪:每200m四断面</td><td>5</td></tr>
<tr><td>7</td><td colspan="2">强度(MPa)</td><td>3.0~4.0</td><td>2.0~3.0</td><td>1.5</td><td>1.5</td><td></td><td>20</td></tr>
<tr><td>外观鉴定</td><td colspan="9">1.表面平整密实、无坑洼。不符合要求时,每处减1~2分
2.施工接茬平整、稳定。不符合要求时,每处减1~2分</td></tr>
</table>

A 特点及一般规定

石灰稳定土的特点、一般规定及要求　　表 5-23

项　目	内　　容
主要优点	(1)石灰稳定土具有较高的抗压强度和一定的抗拉强度。强度形成得好的石灰稳定土是一种整体性材料,具有板体作用。石灰稳定土具有较好的水稳性和一定的冰冻稳定性。 (2)多数土都可以用石灰进行稳定。石灰特别可以用来稳定不适宜用其他结合料稳定的塑性指数高的粘性土。 (3)由于石灰稳定土是一种缓凝慢硬材料,从加水拌和到完成压实的延迟时间(甚至达 2~3d)对其压实度和强度没有明显影响。因此,石灰稳定土便于施工,既可以用就地拌和法施工,又可以用集中拌和法施工,甚至用人工拌和。 (4)在缺乏优质粒料的地区,采用石灰稳定土做路面的基层(高速和一级公路除外)和底基层,通常是比较经济的。 (5)设计正确、施工质量好的石灰稳定土基层或底基层的使用效果通常是好的
主要缺点	(1)就一般的土而言,石灰稳定土的强度有一定限制,强度的可调节范围不大,特别是它的抗拉强度较低。因此,将用它做重交通高等级道路路面的基层就不大适宜。 (2)塑性指数小的土,即使用 12%以上的石灰进行稳定,也达不到较高的强度。 (3)石灰稳定土的收缩系数常大于另两类半刚性材料的收缩系数,在相同条件下,石灰稳定土基层的收缩裂缝比较严重。 (4)石灰土基层的表层较水泥土基层和石灰粉煤灰土基层的表层更容易因水浸入而软化,在裂缝处的冲刷唧浆现象也更严重。 (5)石灰稳定土的早期强度低,在温度较低时,其强度随龄期增长缓慢,需要在第一次重冰冻到来之前 1~1.5 月就停止施工。因此,石灰稳定土的施工期短于水泥稳定土的施工期。 (6)石灰稳定土的水稳定性较水泥稳定土和石灰工业废渣稳定土差
一般规定	(1)按照土中单个颗粒的粒径大小和组成,将土分为细粒土、中粒土和粗粒土三种。 (2)石灰剂量以石灰质量占全部粗细土颗粒干质量的百分率表示,即石灰剂量 = 石灰质量/干土质量。 (3)石灰稳定土适用于各级公路的底基层,以及二级和二级以下公路的基层,但石灰土不得用做二级公路的基层和二级以下公路高级路面的基层。 (4)在冰冻地区的潮湿路段以及其他地区的过分潮湿路段,不宜采用石灰土做基层。当只能采用石灰土时,应采取措施防止水分浸入石灰土层。 (5)石灰稳定土层应在春末和夏季组织施工。施工期的日最低气温应在 5℃以上,并应在第一次重冰冻(-5~-3℃)到来之前一个月到一个半月完成。稳定土层宜经历半月以上温暖和热的气候养生。多雨地区,应避免在雨季进行石灰土结构层的施工。 (6)在雨季施工石灰稳定中粒土和粗粒土时,应采用排除表面水的措施,防止运到路上的集料过分潮湿,并应采取措施保护石灰免遭雨淋
一般要求	(1)石灰稳定类材料用于沥青路面的基层时,除层铺法表面处治外,应在基层上做下封层。 (2)石灰稳定类材料用于基层时,最大粒径不应超过 40mm;用于底基层时,最大粒径不应超过 50mm。 (3)不含粘性土的砂砾、级配碎石和未筛分碎石,应采用石灰土稳定,石灰土与集料的质量比宜为 1:4,集料应具有良好的级配。 (4)石灰稳定类材料的压实度(按重型击实标准)及 7d(在非冰冻区 25℃、冰冻区 20℃条件下湿养 6d、浸水 1d)龄期在无侧限抗压强度应满足要求。 (5)过湿路段和冰冻地区的潮湿路段不应直接铺筑石灰土底基层,应在其下设置隔水垫层。 (6)综合稳定的要求如下: ①采用水泥稳定碎石土、砾石土或含泥量大的砂、砂砾时,宜掺入一定剂量石灰进行综合稳定,当水泥用量占结合料总质量的 30%以上时,应按水泥稳定类进行设计,否则按石灰稳定类设计。 ②水泥稳定粒径较均匀、且不含或含细料很少的砂砾、碎石以及不含土的砂时,宜在集料中添加 20%~40%的粉煤灰,或添加剂量为 10%~12%的石灰土进行综合稳定

B 组成设计

石灰稳定土组成设计　　表 5-24

项　目	内　　容
一般规定	1. 石灰稳定土混合料的组成设计包括:根据强度标准,通过试验选取最适宜于稳定的土,确定必需的或最佳的石灰剂量和混合料的最佳含水量,在需要改善混合料的物理力学性质时,还应包括确定掺加料的比例。 2. 采用水泥和石灰综合稳定土时,如水泥用量占结合料总量的 30%以下,则按本章的技术要求进行组成设计。 3. 石灰稳定土的各项试验,应按《公路工程无机结合料稳定材料试验规程》(JTJ 057—94)进行

续上表

项　目	内　　容
材料配合比设计步骤	见下

材料配合比设计步骤

1.制备同一种土样、不同石灰剂量的石灰土混合料。一般情况建议按下列石灰剂量配制：

(1)做基层用

砂砾土和碎石土:3%,4%,5%,6%,7%。

塑性指数小于12的粘性土:10%,12%,13%,14%,16%。

塑性指数大于12的粘性土:5%,7%,9%,11%,13%。

(2)做底基层用

塑性指数小于12的粘性土:8%,10%,11%,12%,14%。

塑性指数大于12的粘性土:5%,7%,8%,9%,11%。

2.确定混合料的最佳含水量和最大干(压实)密度,至少应做三个不同石灰剂量混合料的击实试验,即最小剂量、中间剂量和最大剂量,其余两个混合料的最佳含水量和最大干密度用内插法确定。

3.按工地预定达到的压实度,分别计算不同石灰剂量和试件应有的干密度。

4.按最佳含水量和计算得的干密度制备试件。进行强度试验时,作为平行试验的试件数量应符合下表中的规定。如试验结果的偏差系数大于表中规定的值,则应重做试验,并找出原因,加以解决。如不能降低偏差系数,则应增加试验数量。

最少的试验数量

稳定土类型	下列偏差系数时的试验数量		
	小于10%	10%~15%	小于20%
细粒土	6	9	—
中粒土	6	9	13
粗粒土	—	9	13

5.试件在规定温度下保湿养生6d,浸水1d后,进行无侧限抗压强度试验。

规定的温度为:

冰冻地区20±2℃,非冰冻地区25±2℃。

6.计算试验结果的平均值和偏差系数。

7.不同交通类别道路上,石灰稳定土的7d浸水抗压强度(MPa)应符合强度标准规定。

8.根据强度标准,选定合适的石灰剂量。此剂量试件室内试验结果的平均抗压强度$\bar{R}$,应符合下式的要求。

$$\bar{R} \geqslant R_d/(1 - Z_\alpha C_v) \quad 或 \quad \bar{R}(1 - Z_\alpha C_v) \geqslant R_d$$

式中:R_d——设计抗压强度;

C_v——试验结果的偏差系数(以小数计);

Z_α——标准正态分布表中随保证率(或置信度α)而变的系数,高速公路和一级公路上应取保证率95%,此时$Z_\alpha = 1.645$;其他公路应取保证率90%,即$Z_\alpha = 1.282$。

9.工地实际采用的石灰剂量应比室内试验确定的剂量多0.5%~1.0%。

采用集中厂拌法施工时,可只增加0.5%;采用路拌法施工时,宜增加1%。

10.石灰稳定不含粘性土的级配碎石、未筛分碎石和级配砂砾用做高级沥青路面的基层时,碎石和砂砾的颗粒组成应符合《公路路面基层施工技术规范》(JTJ 034—2000)级配碎石或未筛分碎石或级配砾石的级配范围,并应添加粘性土。石灰和所加土的合重与碎石或砂砾质量比宜为1:4。对于这类材料的组成可表示为(质量比)石灰:土:碎石(或砂砾)

材料试验项目

1.在石灰稳定土层施工前,应取所定料场中有代表性的土样进行下列试验:

(1)颗粒分析;

(2)液限和塑性指数;

(3)重型击实试验;

(4)碎石或砾石的压碎值试验;

(5)有机质含量(必要时做);

(6)硫酸盐含量(必要时做)。

2.如碎石、碎石土、砂砾、砂砾土等的级配不好,应外加某种集料改善其级配,其配合比应通过试验确定。

3.应试验石灰的有效氧化钙和氧化镁含量

C 设计参数及参考资料

a 石灰稳定类基层、底基层的压实度及 7d 抗压强度

石灰稳定类基层、底基层的压实度及 7d 抗压强度　表 5-25

层位	土类	高速、一级公路		二级和二级以下公路	
		压实度(%)	抗压强度(MPa)	压实度(%)	抗压强度(MPa)
基层	粗粒土 中粒土	—	—	≥97	≥0.8①
	细粒土	—		≥95②	
底基层	粗粒土 中粒土	≥96	≥0.8	≥95	0.5~0.7③
	细粒土	≥95		≥93	

注：①在低塑性土(塑性指数小于 7)地区，石灰稳定砂砾土和碎石土的 7d 抗压强度应大于 0.5MPa；

②三、四级公路，压实机具有困难时，压实度可减少 2%；

③低限用于塑性指数小于 7 的土，高限用于塑性指数大于 7 的土。

b 石灰土砂砾的干缩性

石灰土砂砾的干缩性　表 5-26

混合料名	龄期(d)	砂砾含量(%)	含水量(%)	平均干缩系数($\times10^{-6}$)	最大干缩系数($\times10^{-6}$)
10%石灰土	28	0	21.70	163	350
石灰土砂砾	28	20	17.45	152	330
	28	35	14.81	146	300
	28	55	10.10	110	235
	28	75	9.01	107	240

c 不同石灰土三个月龄期时的静抗压弹性模量

不同石灰土三个月龄期时的静抗压弹性模量　表 5-27

抗压强度(MPa)	1.5	2.0	2.5	3.0	3.5	4.0
抗压弹性模量(MPa)	255	317	379	441	503	565

d 石灰砂砾和石灰土砂砾的回弹模量值

石灰砂砾和石灰土砂砾的回弹模量值 表 5-28

材料名称	1 月龄期	10 月龄期	材料名称	1 月龄期	10 月龄期
石灰砂砾	1 480MPa	3 640MPa	石灰土砂砾	2 860MPa	7 400MPa

e 化学添加剂对石灰土强度的影响*

化学添加剂对石灰土强度的影响*　表 5-29

添加剂量(%) \ 添加剂名称	NaOH	Na_2CO_3	添加剂量(%) \ 添加剂名称	NaOH	Na_2CO_3
0	0.87MPa	0.85MPa	1.00	2.26MPa	1.71MPa
0.25	1.09MPa	0.98MPa	1.50	1.83MPa	1.75MPa
0.50	1.76MPa	1.28MPa	2.00	1.68MPa	1.79MPa
0.75	1.81MPa	1.60MPa	3.00	1.74MPa	1.65MPa

* 指 10%消石灰稳定西安黄土，试件在 40C 湿气中养生 7d 后的饱水抗压强度。

f 不同添加剂对石灰土强度的影响

不同添加剂对石灰土强度的影响　表 5-30

序号	混合料成分	抗压强度(MPa)					饱水试件的模量(MPa)	
		饱水后	冻融循环下列次数后					
			10	15	25	50	弹性模量	形变模量
1	12%石灰土*	3.84	3.00	2.40	0.90	0.40	430	240
2	(8%石灰+4%液体沥青)土	3.69	3.50	2.86	2.73	1.51	420	190
3	(8%石灰+4%水玻璃)土	4.15	3.99	2.80	2.66	1.38	820	500
4	(8%石灰+0.5%$CaCl_2$)土	4.00	3.70	3.34	2.14	1.21	1 000	750
5	(8%石灰+0.5%CaOH)土	4.95	4.30	4.00	2.78	1.51	590	450

* 土为粉质轻亚粘土。

g 国内一些地区石灰土的回弹模量值(MPa)

国内一些地区石灰土的回弹模量值(MPa)　表 5-31

序号	地　区	样本数	模量均值	标准差	变异系数
1	江苏		1 411	226	0.160
2			1 543	204	0.132
3			1 588	226	0.142
4	山西	12	1 319	91.4	0.069
5	长农试验路		465	50.6	0.109
6		4	826	336	0.407
7	湖北		430	51	0.119
8			622	70	0.113
9	湖南		153	66	0.436
10			317	141	0.445
11			175	21	0.121
12			242	23	0.096
13			230	105	0.458
14	京石(河北)	118	880	317	0.360
15		64	1 160	368	0.317

续上表

序号	地　区	样本数	模量均值	标准差	变异系数
16	京石保定段	148	708		0.494
17		72	782		0.363
18		97	776	290	0.374
19		101	646	278	0.430
20	京石徐水段	53	1 094	339	0.310
21		54	768	241	0.314
22		29	1 270	298	0.235
23		49	840	327	0.389
24		20	839	330	0.393
25		18	999	422	0.422
26			930		0.210
27			550		0.290
28			400		
29			926	210	0.227
30			574	204	0.355
31			805	249	0.309
32			504	149	0.296
33			1 506	668	0.444
34			786	175	0.223
35			656	77	0.117
36			415	87	0.210
37			657	65	0.099
38			597	168	0.281
39	京石(北京)	30	108	29	0.269
40		71	108		0.269

续上表

序号	地　区	样本数	模量均值	标准差	变异系数
41	济青高速潍坊段	17	766	211	0.276
42		75	718		0.221
43	312 国道	41	848	308	0.363
44		40	587		0.334
45	西安试验路		476	38	0.080
46	京津塘	6	630	70	0.111
47		6	980	199	0.203
48	正定试验路	5	293	67	0.229
49		4	293	48	0.164
50		4	372		

h　一些国家对石灰土的强度要求

一些国家对石灰土的强度要求　　表 5-32

国　家		日本	波兰	赞比亚	莫桑比克	尼日利亚	前苏联	英国 31 号指示
基层	承载比（指 7d）			180①	>80（PI<6）	160~180		（28d）180~240
	抗压强度（MPa）	R_{10} 0.7	R_7 >0.5				R_{90} 1.5~2.5	R_{28} 1.75
底基层,抗压强度（MPa）							R_{90}② 0.7~1.0	

注：①在赞比亚同时规定，稳定土混合料的塑性指数应小于 6。如小于 0.075mm 颗粒的含量不大于 15%，同时承载比明显大于 180 时，混合料的塑性指数可以增大到 8。如原材料的承载比小于 50 或塑性指数大于 25，则不再做其他试验，认为这种材料不能用石灰稳定后用作路面基层；

②R_{90} = 0.7 ~ 1.0MPa 仅适用于Ⅳ气候区；在Ⅱ和Ⅲ气候区，要求 R_{90} = 1.0 ~ 1.5MPa。

D　质量检验标准

a　石灰稳定土基层和底基层质量检验标准

石灰稳定土基层和底基层质量检验标准　　表 5-33

项目	内　容
基本要求	1. 土的性质应符合设计要求，土块要经粉碎。 2. 石灰质量应符合设计要求，块灰须经充分消解才能使用。 3. 石灰和土的用量按设计要求控制准确，未消解生石灰块必须剔除。 4. 路拌深度要达到层底。 5. 混合料处于最佳含水量状况下，用重型压路机碾压至要求的压实度。 6. 保湿养生，养生期要符合规范要求

项目	项次	检 查 项 目		规定值或允许偏差 基层 高级一级公路	基层 其他公路	底基层 高级一级公路	底基层 其他公路	检查方法和频率	规定分
检验实测项目	1	压实度（%）	代表值		95	95	93	每 200m 四处	30
			极　值		91	91	89		

续上表

项目	项次	检查项目		基层 高级公路一级公路	基层 其他公路	底基层 高级公路一级公路	底基层 其他公路	检查方法和频率	规定分
检验实测项目	2	平整度(mm)			15	15	20	3m直尺:每200m二处×10尺	15
	3	纵断高程(mm)			+5,-15	+5,-15	+5,-20	水准仪:每200m四处	5
	4	宽度(mm)		不小于设计值		不小于设计值		尺量:每200m四处	5
	5	厚度(mm)	代表值		-12	-12	-15	每200m每车道一点	20
			极　值		-25	-25	-30		
	6	横坡(%)			±0.5	±0.3	±0.5	水准仪:每200m四断面	5
	7	强度(MPa)			0.8	0.8	0.5, 0.7*		20
	注:*——塑性指数小于12的土用低限,塑性指数大于12的土用高限								
外观鉴定	1.表面平整密实、无坑洼。不符合要求时,每处减1~2分 2.施工接茬平整、稳定。不符合要求时,每处减1~2分								

b　石灰稳定粒料基层和底基层质量检验标准

石灰稳定粒料基层和底基层质量检验标准　　表5-34

项目	内容								
基本要求	1.粒料应符合设计和施工规范要求,矿渣应分解稳定后才能使用。 2.石灰质量应符合设计要求,块灰须经充分消解才能使用。 3.石灰的用量按设计要求控制准确,未消解生石灰块必须剔除。 4.路拌深度要达到层底。 5.混合料处于最佳含水量状况下,用重型压路机碾压至要求的压实度。 6.保湿养生,养生期要符合规范要求								
	项次	检查项目		规定值或允许偏差 基层 高级公路一级公路	基层 其他公路	底基层 高级公路一级公路	底基层 其他公路	检查方法和频率	规定分
检验实测项目	1	压实度(%)	代表值		97	96	95	每200m四处	30
			极　值		93	92	91		
	2	平整度(mm)			15	15	20	3m直尺:每200m二处×10尺	15
	3	纵断高程(mm)			+5,-15	+5,-15	+5,-20	水准仪:每200m四处	5
	4	宽度(mm)		不小于设计值		不小于设计值		尺量:每200m四处	5
	5	厚度(mm)	代表值		-12	-12	-15	每200m每车道一点	20
			极　值		-25	-25	-30		
	6	横坡(%)			±0.5	±0.3	±0.5	水准仪:每200m四断面	5
	7	强度(MPa)			0.8	0.8	0.5, 0.7*		20
	注:*——塑性指数小于12的土用低限,塑性指数大于12的土用高限								
外观鉴定	1.表面平整密实、无坑洼。不符合要求时,每处减1~2分 2.施工接茬平整、稳定。不符合要求时,每处减1~2分								

5

A 类型及一般规定

石灰工业废渣稳定土种类及一般规定 表5-35

项目		内容
主要种类	石灰粉煤灰类	石灰粉煤灰稳定土是石灰工业废渣稳定土中的一个最常用的类别。一定数量的石灰和粉煤灰与土(包括各种细粒土、中粒土和粗料土)或矿渣相配合,加入适量的水,经拌和、压实及养生硬化后得到材料,称为石灰粉煤灰稳定土。 视被稳定的土的具体种类,石灰粉煤灰(简称二灰)稳定土分为: 二灰土:石灰粉煤灰稳定砂性土、粉性土或粘性土; 二灰砂:石灰粉煤灰稳定天然砂或人工砂; 二灰砂砾:石灰粉煤灰稳定天然或人工级配砂砾; 二灰碎石:石灰粉煤灰稳定碎石; 二灰矿渣:石灰粉煤灰稳定煤矸石、煤渣等工业矿渣; 二灰:石灰稳定粉煤灰
	石灰其他废渣类	包括:石灰稳定高炉矿渣;石灰稳定煤渣;石灰稳定钢渣;石灰稳定煤矸石;石灰稳定其他冶金矿渣等
一般规定		1.石灰工业废渣稳定土所用材料应符合有关技术规范要求。 2.石灰工业废渣稳定土混合料的压实度及7d抗压强度应满足设计规范规定的强度要求。 3.为提高石灰粉煤灰稳定类材料的早期强度,宜在混合料中掺入1%~2%的水泥。 4.石灰工业废渣稳定土可适用于各级公路的基层和底基层,但二灰、二灰土和二灰砂不应用做二级和二级以上公路高级路面的基层。 5.石灰工业废渣混合料采用质量配合比计算,以石灰:粉煤灰:集料(或土)的质量比表示。 6.石灰工业废渣稳定土宜在春末或夏季组织施工。施工期的日最低气温应在5℃以上,并应在第一次重冰冻(-5~-3℃)到来之前一个月到一个半月完成

B 组成设计

石灰工业废渣稳定土组成设计 表5-36

项目	内容
一般规定	1.石灰工业废渣混合料的组成设计包括:根据混合料的强度标准,通过试验选取最适宜于稳定的土,确定石灰与粉煤灰或石灰与煤渣的比例,确定石灰粉煤灰或石灰煤渣与土或各种集料的比例(均指质量比),确定混合料的最佳含水量。 2.对于硅铝粉煤灰,采用石灰粉煤灰做基层或底基层时,石灰与粉煤灰的比可以是1:2~1:9;对于高钙粉煤灰往往石灰用量较少。 3.采用石灰粉煤灰土做基层或底基层时,石灰与粉煤灰的比例常用1:2~1:4(对于粉土,以1:2为合适),石灰粉煤灰与细粒土的比例可以是30:70~90:10。采用30:70的比例时,石灰与粉煤灰之比宜为1:2~1:3。 4.采用石灰粉煤灰集料做基层时,石灰与粉煤灰的比例常用1:2~1:4,石灰粉煤灰与级配集料(中粒土和粗粒土)的比应是20:80~15:85。 5.采用石灰煤渣做基层或底基层时,石灰与煤渣的比可以是20:80~15:85。 6.采用石灰煤渣土做基层或底基层时,石灰与煤渣的比可用1:1~1:4,石灰煤渣与细粒土的比例可以是1:1~1:4。混合料中石灰不应少于10%,或通过试验选取强度较高的配合比。 7.采用石灰煤渣集料做基层或底基层时,石灰:煤渣:粒料可以是(7~9):(26~33):(67~58)。 8.为提高石灰工业废渣的早期强度,可外加1%~2%的水泥。 9.各种混合料的各项试验,应按《公路工程无机结合料稳定材料试验规程》(JTJ 057—94)进行

5

续上表

项 目	内 容
组成设计程序框图	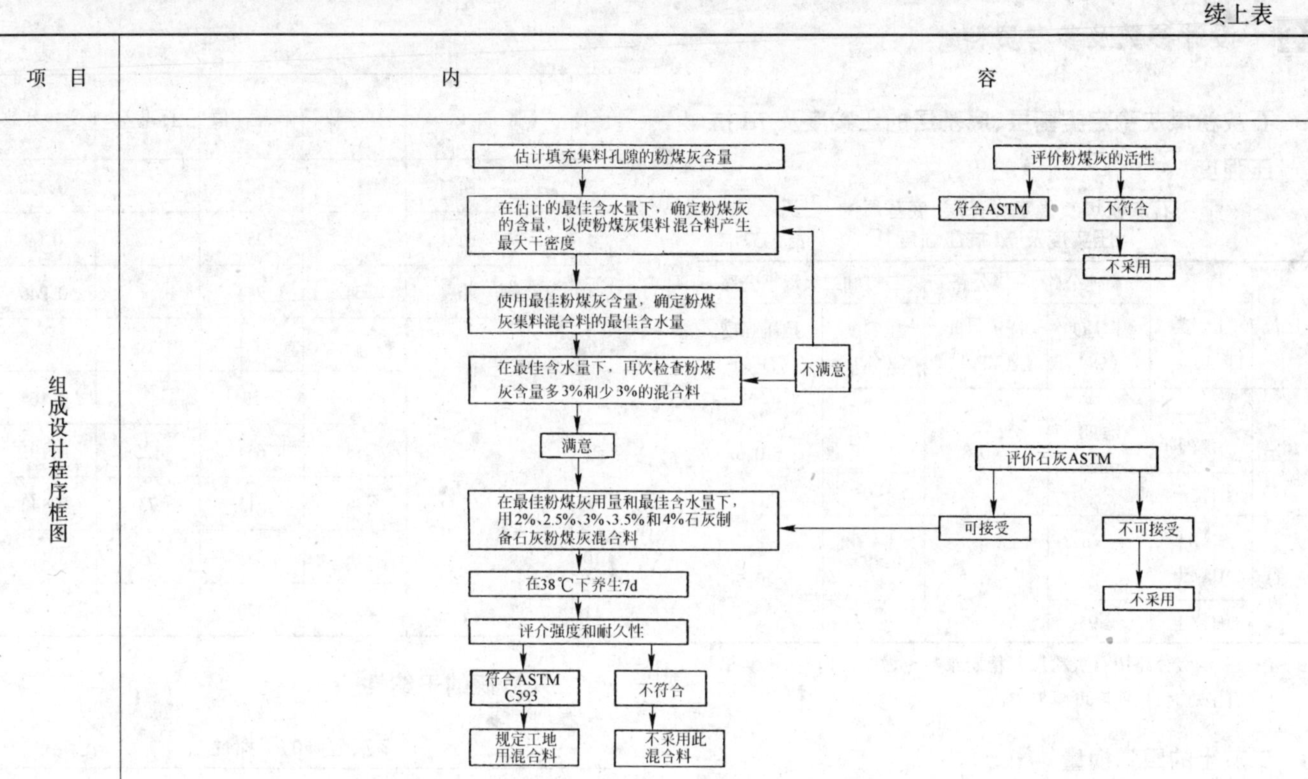
材料配合比设计步骤	1.制备同一种土样的4~5种不同配合比的二灰土或二灰集料混合料。其配合比宜位于有关技术规范所列范围内。 2.确定各种二灰土或二灰集料混合料的最佳含水量和最大干密度(用重型击实试验法)。 3.按工地预定达到的压实度,分别计算不同配合比时二灰土、二灰集料试件应有的干密度。 4.按最佳含水量和计算得的干密度制备试件。进行强度试验时,作为平行试验的试件数量应符合下表中的规定。如试验结果的偏差系数大于表中规定值,则应重做试验,并找出原因,加以解决。如不能降低偏差系数,则应增加试验数量。 **最 少 的 试 验 数 量** （见下表） 5.试件在规定温度下保温养生6d,浸水1d后,进行无侧限抗压强度试验。 规定的温度为:冰冻地区20±2℃; 非冰冻地区25±2℃。 计算试验结果的平均值和偏差系数。 6.二灰混合料的7d浸水抗压强度(MPa)应符合强度标准的规定。 7.根据强度标准,选定混合料的配合比。在此配合比下试件室内试验结果的平均抗压强度 $\bar{R}$ 应符合下式的要求: $\bar{R} \geqslant R_d/(1-Z_\alpha C_v)$ 或 $\bar{R}(1-Z_\alpha C_v) \geqslant R_d$ 式中:R_d——设计抗压强度; C_v——试验结果的偏差系数(以小数计); Z_α——标准正态分布表中随保证率(或置信度 α)而变的系数,高速公路和一级公路上应取保证率95%,此时 $Z_\alpha=1.645$;一般公路应取保证率90%,即 $Z_\alpha=1.282$
材料试验项目	1.在石灰工业废渣施工前,应取有代表性的样品进行下列试验: (1)细粒土、中粒土、粗粒土或煤渣的颗粒分析; (2)液限和塑性指数; (3)粒料的压碎值试验; (4)有机质含量(必要时做)。 2.应试验石灰的有效钙和氧化镁含量。 3.应收集或试验粉煤灰的化学成分、细度和烧失量

最 少 的 试 验 数 量

稳定土类型	下列偏差系数时的试验数量		
	小于10%	10%~15%	小于20%
细粒土	6	9	—
中粒土	6	9	13
粗粒土	—	9	13

C 设计参数及参考资料

a 石灰粉煤灰稳定类基层、底基层的压实度及7d抗压强度

石灰粉煤灰稳定类基层、底基层的压实度及7d抗压强度　　表5-37

层位	土类	高速公路、一级公路		二级和二级以下公路	
		压实度（%）	抗压强度（MPa）	压实度（%）	抗压强度（MPa）
基层	粗粒土 中粒土	≥98	≥0.8	≥97	≥0.6
	细粒土	—		≥95	
底基层	粗粒土 中粒土	≥96	≥0.5	≥95	≥0.5
	细粒土	≥95		≥93	

注：三、四级公路用石灰粉煤灰稳定细粒土做基层时，如压实机具有困难时，压实度可减少2%。

b 二灰土的回弹模量

二灰土的回弹模量（MPa）　　表5-38

序号	地　区	样本数	模量均值	标准差	变异系数
1	长农试验路		834	146	0.175
2		3	863	148	0.171

续上表

序号	地　区	样本数	模量均值	标准差	变异系数
3	广　西		624		0.252
4	湖　南	15	257		0.09
5	湖　北	34	244		0.246
6	同济大学		504		0.3
7			1291		0.164
8		18	654	125	0.191
9		18	515	73	0.142
10		18	555	63	0.114
11			370		

c 二灰砂砾的干缩性

二灰砂砾的干缩性　　表5-39

砂砾含量（重量%）	0	20	35	60	75
最大失水量（%）	23.2	19.0	15.8	10.5	7.3
最大干缩应变（$\times 10^{-6}$）	1 265	1 193	754	412	252

d 石灰粉煤灰粒料的力学性质

石灰粉煤灰粒料的力学性质（MPa）　　表5-40

混合料配合比（质量比）	龄期（d）	抗弯拉强度		劈裂强度		抗压强度		抗压回弹模量	抗弯拉回弹模量
		$\bar{S}$	S_r	$\bar{S}_i$	S_{ir}	$\bar{R}$	R_r	$\bar{E}/E_f$	$\bar{E}/E_f$
石灰粉煤灰矿渣	28	—	—	0.42	0.36	5.04	4.80	1 047/898	—
3:12:85	90	1.72	0.92	0.53	0.49	6.30	5.26	1 224/948	11 300/9 900
石灰粉煤灰矿渣	28	—	—	0.66	0.63	6.92	5.83	—	—
4:16:80	90	1.50	1.25	—	—	—	—	—	10 280/9 580
石灰粉煤灰砂砾	28	—	—	0.58	0.45	6.53	5.63	—	—
6:24:70	90	2.00	1.68	0.70	0.60	8.33	6.98	—	9 246/8 720
石灰粉煤灰砂砾	28	—	—	0.14	0.11	2.08	1.87	948/892	—
4:8:88	90	0.87	0.67	0.31	0.30	4.29	3.10	744/603	7 360/6 720
石灰粉煤灰砂砾	28	—	—	0.20	0.17	3.41	3.14	—	—
4:8:88	90	0.89	0.67	0.44	0.38	5.58	4.21	1 242/919	9 940/9 360
石灰粉煤灰砂砾	28	—	—	0.280	0.21	3.74	3.68	—	—
5:15:80	90	0.96	0.83	0.45	0.40	5.56	4.14	1 557/1 050	8 690/8 050
石灰粉煤灰碎石土	28	—	—	0.39	0.23	3.78	3.65	—	—
6:24:70	90	1.06	0.60	0.47	0.40	5.83	4.92	1 048/720	6 230/5 580
石灰粉煤灰碎石土	28	—	—	0.27	0.18	3.73	3.00	968/703	—
4:8:88	90	1.32	1.17	0.48	0.37	5.28	4.52	1 107/980	12 510/12 000

注：1.字母上有一横者表示平均值，有下角标r者表示95%概率的值，但对于回弹模量则为84%的概率的值；
2.试件的压实度96%，其余均为98%。

e　国内一些地区二灰级配集料的回弹模量值

国内一些地区二灰级配集料的回弹模量值(MPa)　表 5-41

序号	地　区	样本数	模量均值	标准差	变异系数
1	东南大学	3	1 957	29	0.015
2		4	1 545	176	0.114
3		3	1 891	28	0.015
4		4	1 650	156	0.094
5		5	1 726	347	0.201
6		6	1 597	281	0.176
7	山西	9	3 617	634	0.175
8		7	3 053	301	0.099
9	长农试验路		932	123	0.132
10			904	158	0.175
11			779	117	0.150
12			628		
13	湖北	6	2 948	418	0.142
14		6	1 117	525	0.470
15	京石高速	13	522	65	0.124
16		13	988	235	0.238
17		12	987	354	0.359
18		12	349	99	0.284
19		11	485	126	0.260
20		13	394	119	0.302
21		13	414	80	0.193
22		12	535	64	0.120
23	浙江		617		0.213
24			873		0.263
25	广西		974		0.298
26	京石(河北)	85	1 015		0.390
27		91	1 046		0.536

续上表

序号	地　区	样本数	模量均值	标准差	变异系数
28	312 国道	65	1 034		0.340
29		90	586		0.310
30	西安试验路		1 687	405	0.240
31	京石保定段	48	1 053	337	0.320
32		38	969	475	0.490
33	京石徐水段	36	989	386	0.390
34		34	1 246	548	0.440
35			1 113		0.220
36			607		0.250
37	京石徐水段		1 780		
38			1 665		
39			1 774		
40			1 914		
41			1 956		
42	京津塘		1 889	460	0.244
43			1 767	508	0.288
44			1 413	296	0.210
45			1 411	323	0.229
46			1 373	333	0.242
47			1 342	62	0.046
48			1 306	288	0.220
49			1 256	130	0.104
50			1 191	327	0.275
51			1 169	226	0.193
52			1 110	195	0.176
53			845	141	0.167
54	门头沟试验路		1 400		
55	西安		1 627		
56			1 268		

D　质量检验标准

a　石灰粉煤灰土基层和底基层质量检验标准

石灰粉煤灰土基层和底基层质量检验标准　表 5-42

项目	内　容
基本要求	1.土的性质应符合设计要求,土块要经粉碎。 2.石灰和粉煤灰质量应符合设计要求,石灰应经充分消解后才能使用。 3.混合料配合比应准确,不得含有灰团和生石灰块。 4.碾压时应先用轻型压路机稳定,后用重型压路机碾压至要求的压实度

续上表

项目	项次	检查项目		规定值或允许偏差				检查方法和频率	规定分
				基层		底基层			
				高级一级公路	其他公路	高级一级公路	其他公路		
检验实测项目	1	压实度(%)	代表值		95	95	93	每200m四处	30
			极值		91	91	89		
	2	平整度(mm)			15	15	20	3m直尺:每200m二处×10尺	15
	3	纵断高程(mm)			+5,-15	+5,-15	+5,-20	水准仪:每200m四点	5
	4	宽度(mm)		不小于设计值		不小于设计值		尺量:每200m四处	5
	5	厚度(mm)	代表值		-12	-12	-15	每200m每车道一点	20
			极值		-25	-25	-30		
	6	横坡(%)			±0.5	±0.3	±0.5	水准仪:每200m四断面	5
	7	强度(MPa)			0.6	0.5	0.5		20
外观鉴定	1.表面平整密实、无坑洼。不符合要求时,每处减1~2分 2.施工接茬平整、稳定。不符合要求时,每处减1~2分								

5

b 石灰粉煤灰稳定粒料基层和底基层质量检验标准

石灰粉煤灰稳定粒料基层和底基层质量检验标准　　表5-43

项目	内容
基本要求	1.粒料应符合设计和施工规范要求,并应根据当地料原选择质坚干净的粒料。矿渣应分解稳定,发现未分解渣块应予剔除。 2.石灰和粉煤灰质量应符合设计要求,石灰应经充分消解后才能使用。 3.混合料配合比应准确,不得含有灰团和生石灰块。 4.碾压时应先用轻型压路机稳压,后用重型压路机碾压至要求的压实度。 5.保持一定湿度养生,养生期要符合规范要求

项目	项次	检查项目		规定值或允许偏差				检查方法和频率	规定分
				基层		底基层			
				高级一级公路	其他公路	高级一级公路	其他公路		
检验实测项目	1	压实度(%)	代表值	98	97	96	95	每200m四处	30
			极值	94	93	92	91		
	2	平整度(mm)		10	15	15	20	3m直尺:每200m二处×10尺	15
	3	纵断高程(mm)		+15,-10	+5,-15	+5,-15	+5,-20	水准仪:每200m四点	5
	4	宽度(mm)		不小于设计值		不小于设计值		尺量:每200m四处	5
	5	厚度(mm)	代表值	-10	-12	-12	-15	每200m每车道一点	20
			极值	-20	-25	-25	-30		
	6	横坡(%)		±0.3	±0.5	±0.3	±0.5	水准仪:每200m四断面	5
	7	强度(MPa)		0.8	0.6	0.5	0.5		20
外观鉴定	1.表面平整密实、无坑洼。不符合要求时,每处减1~2分 2.施工接茬平整、稳定。不符合要求时,每处减1~2分								

A　一般规定及要求

碎(砾)石、填隙碎石基层一般规定及要求　　表 5-44

基层种类	一　般　规　定　及　要　求
级配碎石	1.用于二级和二级以上公路基层和底基层的级配碎石应用预先筛分成几组不同粒径的碎石(如 37.5～19mm,19～9.5mm,9.5～4.75mm 的碎石)及 4.75mm 以下的石屑组配而成。 2.在其他等级公路上,级配碎石可用未筛分碎石和石屑组配而成。 3.缺乏石屑时,可以添加细砂砾或粗砂。也可以用颗粒组成合适的含细集料较多的砂砾与未筛分碎石组配成级配碎砾石。 4.级配碎石可用于各级公路的基层和底基层。 5.级配碎石可用做较薄沥青层与半刚性基层之间的中间层。 6.当级配碎石用做二级和二级以下公路的基层时,其最大粒径应控制在 37.5mm 以内;当级配碎石用做高速公路和一级公路的基层以及半刚性路面的中间层时,其最大粒径宜控制在 31.5mm 以下。 7.级配碎石宜用几种粒径不同的碎石和石屑掺配拌制而成,其粒料的级配组成应符合要求,且级配应接近圆滑曲线。用于底基层的未筛分碎石的级配,宜符合相应要求。 8.级配碎石用做基层时,其压实度不应小于 98%;用做底基层时,其压实度不应小于 96%
级配砾石	1.天然砂砾符合规定的级配要求,而且塑性指数在 6 或 9 以下时,可以直接用做基层。 2.塑性指数偏大的砂砾,可加少量石灰降低其塑性指数,也可以用无塑性的砂或石屑进行掺配,使其塑性指数降低到符合要求,或塑性指数与细土(粒径小于 0.5mm 的颗粒)含量的乘积符合要求。 3.可在天然砂砾中掺加部分碎石或轧碎砾石,以提高混合料的强度和稳定性。天然砂砾掺加部分未筛分碎石组成混合料的强度和稳定性介于级配碎石和级配砾石之间。 4.级配砾石可适用于轻交通的二级和二级以下公路的基层以及各级公路的底基层。 5.级配砾石或天然砂砾用做基层或底基层时,其颗粒组成应符合要求,且级配宜接近圆滑曲线。 6.级配砾石或天然砂砾用做基层时,其重型击实标准的压实度不应小于 98%,CBR 值不应小于 160%;用做底基层时,其重型击实标准的压实度不应小于 96%,CBR 值对轻交通道路不应小于 40%,对中等交通道路不应小于 60%
填隙碎石	1.用单一粒径的粗碎石和石屑组成的填隙碎石可用干法施工,也可用湿法施工。干法施工的填隙碎石特别适宜于干旱缺水地区。 2.填隙碎石的一层压实厚度,可取碎石最大粒径的 1.5～2.0 倍。 3.缺乏石屑时,可以添加细砾砂或粗砂等细集料,但其技术性能不如石屑。 4.填隙碎石可用于各等级公路的底基层和二级以下公路的基层。 5.填隙碎石的单层铺筑厚度宜为 10～12cm,最大粒径宜为厚度的 0.5～0.7 倍。用做基层时,最大粒径不应超过 60mm;用做底基层时,最大粒径不应超过 80mm。填隙料可用石屑或最大粒径小于 10mm 的砂砾料或粗砂,主骨料和填隙料的颗粒组成可参照有关规范的规定。 6.填隙碎石的压实度以固体体积率表示,用做底基层时,不应小于 83%;用做基层时,不应小于 85%

B　设计参数及参考资料

a　碎、砾石土的设计参数

碎、砾石土的设计参数　　表 5-45

碎石含量(%)	路基干湿状况	回弹模量值(MPa)	密　度(t/m^3)	含水量 w(%)	备　注
大于 70	干燥	90～100	2.05～2.25	7	含水量 w 系指碎、砾石土和风化砂砾等材料的绝对含水量值,以下同
	中湿	70～80	2.00～2.20	8	
	潮湿	55～65	1.95～2.15	11	
50～70	干燥	75～85	2.00～2.20	7	
	中湿	55～65	1.95～2.15	8	
	潮湿	45～55	1.90～2.10	11	
30～50	干燥	47～57	1.90～2.10	<10	
	中湿	30～40	1.85～1.95	10～15	
	潮湿	20～30	1.75～1.85	>15	
小于 30	干燥	30～40	1.80～1.90	<10	
	中湿	15～25	1.70～1.80	10～15	
	潮湿	15	1.60～1.70	>15	

注:本表适用于Ⅰ、Ⅱ区的林区,其他情况参考使用。

b　级配砾石或天然砂砾压实度及 CBR 值要求

级配砾石或天然砂砾压实度及 CBR 值要求　　表 5-46

区　分	压实度(重型击实标准)	CBR　值
用于基层时	不应小于 98%	不应小于 160%
用做底基层时	不应小于 96%	对轻交通道路不应小于 40%,对中等交通道路不应小于 60%

c　级配碎石、填隙碎石压实度及体积率要求

级配碎石、填隙碎石压实度及体积率要求　　表 5-47

基层类型	级配碎石压实度(%)	填隙碎石固体体积率(%)
基层	≮98	≮85
底基层	≮96	≮83
中间层	≮100	

C　质量检验标准

a　级配碎(砾)石基层和底基层质量检验标准

级配碎(砾)石基层和底基层质量检验标准　　表 5-48

项目	内容
基本要求	1.选用质量坚韧、无杂质碎石、砂砾、石屑或砂,颗粒级配应符合要求。 2.配料必须准确,塑性指数必须符合规定。 3.混合料拌和均匀,无粗细颗粒离析现象。 4.碾压应遵循先轻后重、先慢后快的原则,洒水碾压至要求的密实度

检验实测项目

项次	检查项目		规定值或允许偏差 基层 高级一级公路	基层 其他公路	底基层 高级一级公路	底基层 其他公路	检查方法和频率	规定分
1	压实度(%)	代表值	98	99	96	96	每 200m 四处	30
		极　值	93	93	91	91		
2	弯沉值(0.01mm)		≤设计计算值		≤设计计算值			20
3	平整度(mm)		10	15	15	20	3m 直尺:每 200m 二处×10 尺	15
4	纵断高程(mm)		+5,-10	+5,-15	+5,-15	+5,-20	水准仪:每 200m 四点	5
5	宽度(mm)		不小于设计值		不小于设计值		尺量:每 200m 四处	5
6	厚度(mm)	代表值	-10	-12	-12	-15	每 200m 每车道一点	20
		极　值	-20	-25	-25	-30		
7	横坡(%)		±0.3	±0.5	±0.3	±0.5	水准仪:每 200m 四断面	5

外观鉴定	表面平整密实、边线整齐,无松散现象。不符合要求时,每处减 1~2 分

b　填隙碎石(矿渣)基层和底基层质量检验标准

填隙碎石(矿渣)基层和底基层质量检验标准　　表 5-49

项目	内容
基本要求	1.粗粒料应为质坚、无杂质的轧制石料或分解稳定的轧制矿渣,填缝料为 5mm 以下的干燥筛余料或粗砂。 2.应用振动压路机碾压,使填缝料填满粗粒料孔隙

检验实测项目

项次	检查项目		规定值或允许偏差 基层 高级一级公路	基层 其他公路	底基层 高级一级公路	底基层 其他公路	检查方法和频率	规定分
1	固体体积率(%)	代表值		85	83	83	灌砂法:每 200m 四处	30
		极　值		82	80	80		
2	弯沉值(0.01mm)		≤设计计算值		≤设计计算值			20
3	平整度(mm)			15	15	20	3m 直尺:每 200m 二处×10 尺	15
4	纵断高程(mm)			+5,-15	+5,-15	+5,-20	水准仪:每 200m 四点	5

续上表

项目	内							容	
检验实测项目	5	宽度(mm)		不小于设计值		不小于设计值		尺量:每 200m 四处	5
	6	厚度(mm)	代表值		-12	-12	-15	每 200m 每车道一点	20
			极　值		-25	-25	-30		
	7	横坡(%)			±0.5	±0.3	±0.5	水准仪:每 200m 四断面	5
外观鉴定	表面平整密实、边线整齐,无松散现象。不符合要求时,每处减 1~2 分								

A 垫层设计要点

垫层设计要点 表 5-50

项目	内容
垫层作用	1.排除路面、路基中滞留的自由水,确保路面结构处于干燥或中湿状态。 2.改善土基的湿度和温度状况,以保证面层和基层的强度稳定性和抗冻胀能力。 3.扩散由基层传来的荷载应力,以减小土基所产生的变形
设置条件	1.地下水位高,排水不良,路基经常处于潮湿、过湿状态的路段。 2.排水不良的土质路堑,有裂隙水、泉眼等水文不良的岩石挖方路段。 3.季节性冰冻地区的中湿、潮湿路段,可能产生冻胀需设置防冻垫层的路段。 4.基层或底基层可能受污染以及路基软弱的路段
基本要求	1.在水温状况不良路段的路基与基层之间宜设置垫层。垫层应具有一定的强度和较好的水稳性,在冰冻地区尚需具有较好的抗冻性。 2.垫层材料以就地取材为原则,一般采用颗粒材料(砂、砂砾、炉渣等)。当采用砂和砂砾时,通过0.075mm筛孔的颗粒含量不宜大于5%;当采用炉渣时,小于2mm的颗粒含量不宜大于20%。 3.垫层的最小厚度为15cm,其宽度应比基层每侧至少宽出25cm,或与路基同宽
垫层材料	粗砂、砂砾、碎石、煤渣、矿渣以及水泥或石灰稳定粗粒土、石灰粉煤灰粗粒土等

B 防冻深度及最小防冻厚度

防冻深度及最小防冻厚度 表 5-51

项目		内容
道路冻深计算	公式	$h_d = a \cdot b \cdot c\sqrt{f}$
	说明	式中:h_d——从路表面至道路冻结线的深度(cm); a——路面结构层的材料热物性系数,由表查得; b——路面横断面(填、挖)系数,由表查得; c——路基潮湿类型系数,由表查得; f——最近10年冻结指数平均值,即冬季负温度的累积值(℃·d),根据气象部门观测资料计算确定

a 值表

隔温材料层厚度(m) / 地区	0~0.10	0.10~0.20	0.20~0.30	0.30~0.40	大于0.40
东北	2.20	2.20~2.10	2.10~2.00	2.00~1.90	1.90~1.80
华北	2.15	2.15~2.05	2.05~1.95	1.95~1.85	1.85~1.75
西北	2.10	2.10~2.00	2.00~1.90	1.90~1.80	1.80~1.70

注:1.隔温材料层厚度系指由煤渣、矿渣及粉煤灰等工业废料类组成的路面结构层。
2.隔温性能好的材料取低值,隔温性能不好的材料取高值

c 值表

路基潮湿类型 / 地区	过湿	潮湿	中湿
东北	1.00~1.05	1.05~1.07	1.07~1.10
华北	1.01~1.06	1.06~1.08	1.08~1.10
西北	1.02~1.07	1.07~1.09	1.09~1.11

注:路基湿度偏低时取大值

b 值表

填挖高度(m) / 地区	填方			挖方		
	0~0.50	0.50~2.0	大于2.0	0~0.50	0.50~2.0	大于2.0
东北	1.80~2.00	2.00~2.20	2.25	1.80~1.70	1.70~1.55	1.50
华北	1.85~2.05	2.05~2.25	2.30	1.85~1.75	1.75~1.60	1.55
西北	1.90~2.10	2.10~2.30	2.35	1.90~1.80	1.80~1.65	1.60

注:填方高度取大值,挖方深者取小值

续上表

项目		路基类	土质 / 道路冻深（cm）	粘性土、细亚粘土 砂石类	粘性土、细亚粘土 稳定土类	粘性土、细亚粘土 工业废渣类	粉性土 砂石类	粉性土 稳定土类	粉性土 工业废渣类
最小防冻厚度	各类基层	中湿	50～100	40～45	35～40	30～35	45～50	40～45	30～40
			100～150	45～50	40～45	35～40	50～60	45～50	40～45
			150～200	50～60	45～55	40～50	60～70	50～60	45～50
			＞200	60～70	55～65	50～55	70～75	60～70	50～65
		潮湿	60～100	45～55	40～50	35～45	50～60	45～55	40～50
			100～150	55～60	50～55	45～50	60～70	55～65	50～60
			150～200	60～70	55～65	50～55	70～80	65～70	60～65
			＞200	70～80	65～75	55～70	80～100	70～90	65～80

注：1. 对潮湿系数小于0.5的干旱地区的防冻厚度应比表中值减少15%～20%；
2. 对Ⅱ区砂性土路基防冻厚度应相应减少5%～10%

项目		路基干湿类型	路基土质	设计年限内当地最大冻深（cm） 50～100	100～150	150～200	＞200
最小防冻厚度	水泥混凝土路面	中湿路段	粘性土　细亚砂土	30～50	40～60	50～70	60～95
			粉性土	40～60	50～70	60～85	70～110
		潮湿路段	粘性土　细亚砂土	40～60	50～70	60～90	75～120
			粉性土	45～70	55～80	70～100	80～130

注：1. 冻深小或填方路段，或基、垫层为隔温性能良好的材料，可采用低值；冻深大或挖方及地下水位高的路段，或基、垫层为隔温性能稍差的材料，应采用高值；
2. 冻深小于50cm的地区，一般不考虑防冻厚度；
3. 在季节性冰冻地区，当路面结构总厚度小于规定的最小厚度时，应通过设置垫层补足

5

A 城市道路路面基层设计参数

a 城市道路路面各类混合料回弹模量建议值

城市道路路面各类混合料回弹模量建议值　　表 5-52

资料来源	混合料名称	设计参数建议值 kPa
原《公路柔性路面设计规范》	石灰土	313 600 ~ 490 000
	煤渣石灰土	392 000 ~ 509 600
	碎(砾)石石灰土	294 000 ~ 440 000
天津市市政工程研究所	石灰土	245 000 ~ 343 000
	粉煤灰石灰土	362 600 ~ 490 000
	钢渣石灰土	343 000 ~ 392 000
	钢渣石灰粉煤灰	392 000 ~ 490 000

b 城市道路固化类混合料的强度标准

城市道路固化类混合料的强度标准(MPa) 表 5-53

层位	固化剂类别		道路等级	
			城市快速路和城市主干路	城市次干路和支路
基层	液粉	水泥类	3 ~ 4	2 ~ 3
		石灰类	—	≥0.8
		水泥石灰类	3 ~ 4	2 ~ 3
		石灰粉煤灰类	≥0.8	≥0.6
	粉状固化剂		3 ~ 4	2 ~ 3
底基层	液粉	水泥类	≥1.5	≥1.5
		石灰类	≥0.8	0.5 ~ 0.7
		水泥石灰类	≥1.5	≥1.5
		石灰粉煤灰类	≥0.5	≥0.5
	粉状固化剂		≥1.5	≥1.5

注：对于水泥石灰类混合料的强度标准，当以水泥为主时，其强度标准与水泥类混合料的强度标准相同；当以石灰为主时，其强度标准与石灰类混合料的强度标准相同；当石灰与水泥用量相近时，取水泥类和石灰类的平均值。

c 城市道路石灰工业废渣稳定土混合料强度等级及适用范围

城市道路石灰工业废渣稳定土混合料强度等级及适用范围　　表 5-54

项目内容	强度等级		
	Ⅰ	Ⅱ	Ⅲ
养生 28d(20℃)浸水 2.5h 无侧限抗压强度(MPa)	≥2.0	1.5 ~ 2.0	1.0 ~ 1.5
适用范围	主干路基层	主干路底基层 次干路基层	次干路底基层 支路及其以下道路基层
标准轴次/d	≥625	250 ~ 625	60 ~ 250

B 路面基层设计参数参考资料

a 基层材料设计参数

基层材料设计参数　　表 5-55

材料名称	配合比或规格要求	抗压模量 E (MPa)	劈裂强度 σ (MPa)	备注
二灰砂砾	7:13:80	1 300 ~ 1 700	0.6 ~ 0.8	
二灰碎石	8:17:75	1 300 ~ 1 700	0.5 ~ 0.8	
水泥砂砾	5% ~ 6%	1 300 ~ 1 700	0.4 ~ 0.6	
水泥碎石	5% ~ 6%	1 300 ~ 1 700	0.4 ~ 0.6	
石灰水泥粉煤灰砂砾	6:3:16:75	1 200 ~ 1 600	0.4 ~ 0.6	
石灰水泥碎石	5:3:92	1 000 ~ 1 400	0.35 ~ 0.5	
石灰土碎石	粒料占 60%以上	700 ~ 1 100	0.3 ~ 0.4	
碎石灰土	粒料占 40% ~ 50%	600 ~ 900	0.25 ~ 0.35	
水泥石灰砂砾土	4:3:25:68	800 ~ 1 200	0.3 ~ 0.4	
二灰土	10:30:60	600 ~ 900	0.2 ~ 0.3	
石灰土	8% ~ 12%	400 ~ 700	0.2 ~ 0.25	
石灰土	4% ~ 7%	200 ~ 350	—	处理路基用时
级配碎石	符合级配要求	300 ~ 350 250 ~ 300 200 ~ 250	—	做上基层用 做基层用做底基层用
填隙碎石	填隙密实	200 ~ 280	—	做底基层用
未筛分碎石天然砂砾	具有一定级配 符合规范要求	180 ~ 220 150 ~ 200	—	做底基层用
中、粗砂		80 ~ 100	—	做垫层用

b 稳定类材料抗压回弹模量试验和建议参考值

稳定类材料抗压回弹模量试验和建议参考值 表 5-56

材料名称	配合比或规格要求	抗压回弹模量(MPa)			
		试验均值	变异系数	代表值	规范建议值
石灰—粉煤灰砂砾	7:13:80	3 617	0.175	2 983	1 300 ~ 1 700
石灰—粉煤灰碎石	8:17:75	2 980	0.100	2 338	1 300 ~ 1 700
水泥砂砾*	水泥 5% ~ 6%	2 531	0.11	1 407	1 300 ~ 1 700
水泥碎石*	水泥 5% ~ 6%	3 225	0.15	2 232	1 300 ~ 1 700
石灰—水泥—粉煤灰砂砾	6:3:16:75	2 770	0.173	2 291	1 200 ~ 1 600
石灰—水泥碎石	5:3:92	3 071	0.07	2 235	1 000 ~ 1 400
石灰土碎石	粒料占 60% 以上	—	—	—	700 ~ 1 100
碎石灰土	粒料占 40% ~ 50% 以上	—	—	—	600 ~ 900
水泥—石灰砂砾土	4:3:25:68	1 490	0.249	1 387	800 ~ 1 200
石灰—粉煤灰土	10:30:60	2 091	0.329	688	600 ~ 900
石灰土	石灰 8% ~ 12%	1 207	0.193	759	400 ~ 700

* 者为 90d 龄期,其余为 180d 龄期。

c 不同半刚性基层材料的强度均值

不同半刚性基层材料的强度均值 表 5-57

材料名称	抗压强度 R_7 (MPa)	劈裂强度 R_i (MPa)	抗弯拉强度 R_b (MPa)
水泥砂砾	2.28	0.45	1.05
	4.81	0.78	0.63
	4.09	0.76	
	3.21	0.78	
	4.83	0.87	1.02
	3.38	0.65	
水泥碎石	2.73	0.46	1.10
	5.36	0.48	
	3.66	0.60	
	4.08	0.63	
	2.40	0.48	
		0.41	1.05
	3.77	0.48	
二灰碎石 二灰碎石土	1.60	0.80	1.91
	0.63	0.20	0.42
		0.27	
		0.33	
	0.64	0.88	
二灰矿渣	1.9	0.88	2.87
		1.23	2.50
	3.5	1.17	2.90
二灰砂砾	0.62	0.62	1.17
	1.12	0.52	1.26
		0.78	1.54
		0.75	1.39
	2.0	0.73	1.29
	0.70	1.16	

d 稳定类材料抗压强度及劈裂强度试验和建议参考值

稳定类材料抗压强度及劈裂强度试验和建议参考值 表 5-58

材料名称	抗压强度(MPa)			劈裂强度(MPa)			
	均值	变异系数	代表值	均值	变异系数	代表值	规范建议值
石灰—粉煤灰砂砾	8.47	0.053	8.13	1.06	0.112	0.94	0.6 ~ 0.8
石灰—粉煤灰碎石	7.09	0.079	6.16	0.84	0.089	0.75	0.5 ~ 0.8
水泥砂砾*	4.38	0.110	3.44	0.64	0.087	0.47	0.4 ~ 0.6
水泥碎石*	5.79	0.082	5.09	0.65	0.112	0.48	0.4 ~ 0.6
石灰—水泥—粉煤灰砂砾	7.19	0.101	5.47	0.65	0.143	0.56	0.4 ~ 0.6
石灰—水泥碎石	5.53	0.047	5.27	0.48	0.104	0.48	0.35 ~ 0.5
石灰土碎石	—	—	—	—	—	—	0.3 ~ 0.4
碎石灰土	—	—	—	—	—	—	0.25 ~ 0.35
水泥—石灰砂砾土	5.35	0.082	4.91	0.91	0.129	0.79	0.3 ~ 0.4
石灰—粉煤灰土	6.30	0.183	5.15	0.70	0.222	0.55	0.2 ~ 0.3
石灰土	2.29	0.103	1.01	0.24	0.115	0.11	0.2 ~ 0.25

* 者为 90d 龄期,其余为 180d 龄期。

5

e　路面结构层回弹模量设计值

路面结构层回弹模量设计值　　表 5-59

材料名称	范围(MPa)	备　注
石灰土	400~500	$R_7 \geq 1.3 \times 0.8$MPa 时取高限,否则取低限
二灰土	550~650	$R_7 \geq 1.3 \times 0.5$MPa时取高限,否则取低限
水泥土	500~600	$R_7 \geq 1.3 \times 1.5$MPa时取高限,否则取低限
水泥级配集料	900~1 100	$R_7 = 4.0$MPa 时取高限,$R_7 = 3.0$MPa 时取低限
二灰级配集料	900~1 100	$R_7 > 1.1$MPa 时取高限,$R_7 > 0.8$MPa 时取低限
沥青混凝土	900~1 200	重冰冻地区取高限值,轻冰冻地区取接近高限值,非冰冻地区取接近低限或低限值
细粒式密级配沥青混凝土 中粒式密级配沥青混凝土 中粒式开级配沥青混凝土 粗粒式密级配沥青混凝土 沥青碎石混合料	1 200~1 600 1 000~1 400 800~1 200 800~1 200 600~800	沥青均应符合重交通沥青技术要求,沥青针入度不大于90,试验温度为20℃
石灰土 二灰土 水泥稳定集料 二灰稳定集料	400~700 550~900 900~1 700 900~1 700	

f　抗拉强度设计值

抗拉强度设计值　　表 5-60

材料名称	劈裂强度(MPa)	抗弯拉强度(MPa)
石灰土	0.25	0.50
二灰土	0.35	0.70
水泥土	0.40	0.80
水泥级配集料	0.50	1.00
二灰级配集料	0.50	1.00
沥青混凝土	0.55* (15℃) 1.50* (15℃)	1.90 (15℃) 4.00 (10℃)

续上表

*由于资料少,仅作参考。

g　无机结合料稳定土的饱水抗压强度(R_7)[①] 标准值

无机结合料稳定土的饱水抗压强度(R_7)[①] 标准值　　表 5-61

结合料类型	层数 \ 公路等级	二级和二级以下公路	一级和高速公路
石灰[②]	基层	≥0.8MPa	—
	底基层	0.5~0.7MPa[①]	≥0.8MPa
水泥[③]	基层	2~3MPa	3~4MPa
	底基层	≥1.5MPa	≥1.5MPa
石灰粉煤灰(1:2~1:4)	基层	≥0.6MPa	≥0.8MPa
	底基层	0.5MPa	≥0.5MPa

注:①指直径:高为1:1的圆柱体试件,经过6d湿养(保湿、保温)、1d浸水的抗压强度(MPa)。对于结合料稳定细粒土,规定采用φ50×50mm的小试件。对于结合料稳定中粒土,规定采用φ100×100mm的中试件。对于结合料稳定粗粒土,规定采用φ150×150mm的大试件,也可以筛除25mm以上粗料后用中试件;

②包括石灰+少量(占总剂量的30%以下)水泥的综合稳定土。强度标准指石灰稳定细粒土;

③包括石灰+部分(占总剂量的31%以上)水泥的综合稳定土。

h　几种半刚性材料的温缩特性

几种半刚性材料的温缩特性　　表 5-62

材料名称	最佳含水量(%)	含水量变化范围(%)	总收缩($\times10^{-6}$)	混合收缩系数($\times10^{-6}$)(平均)	相应干缩系数($\times10^{-6}$)	干缩应变($\times10^{-6}$)	温缩应变($\times10^{-6}$)	平均温缩系数($\times10^{-6}$)	最大混合收缩系数($\times10^{-6}$)	封闭最大温缩系数($\times10^{-6}$)
石灰土										35.50
石灰粉煤灰	31.5	33.1~24.7	1 840	26.29	19	159.6	1 680.4	24.01	31.05	17.20
二灰砂砾	15.2	15.4~10.9	1 620	23.14	25	112.0	1 508.0	21.54	27.70	14.83
石灰土砂砾	10.5	8.1~4.9	2 351	33.59	29.3	92.9	2 258.1	32.26	34.70	19.98
水泥砂砾	6.3	6.6~3.7	1 468	20.97	19.7	56.5	1 411.5	20.16	23.32	16.89

注:最佳含水量下的试验结果。

i　稳定细粒土的温缩特性

稳定细粒土的温缩特性　　表 5-63

混合料名和配合比	起始温度(℃)	下列温度时的温缩特性(×10⁻⁶)							
		-5℃		-10℃		-20℃		-30℃	
		ε_t	$\bar{\alpha}_t$	ε_t	$\bar{\alpha}_t$	ε_t	$\bar{\alpha}_t$	ε_t	$\bar{\alpha}_t$
石灰粉煤灰土 7:14:79	21	400	15.4	1 100	35.5	1 690	41.3	2 020	39.6
石灰粉煤灰土 11:22:67	21	314	12.1	770	24.8	1 585	38.7	1 680	36.5
水泥土 7:100	20	448	17.9	760	25.3	1 490	37.2	2 040	40.8
水泥土 11:100	20	222	8.9	950	31.7	1 645	41.1	2 170	43.4
水泥石灰土 2:5:100	20.5	368	14.4	546	17.9	1 426	35.2	1 930	38.2
水泥石灰土 4:7:100	20.5	358	14.0	980	32.1	2 175	53.7	2 650	52.5

j　各地抗压强度变异性及概率分布汇总表(标准件)

各地抗压强度变异性及概率分布汇总表(标准件)　　表 5-64

项　目	材料组成	龄期	道路名称	容　量	均　值	变异系数	分布类型	
							正　态	对数正态
底基层	石灰土 10%	6月	京石高速路(河北段)	117 64	1.61	0.298	√	√
	石灰土 12%	6月			1.93	0.264	√	√
	石灰土 12%	6月	312 国道	44	3.3	0.238	√	√
				266(12)		0.069～0.273	√	√
	石灰土 12%	6月	济青高速路(潍坊西段)	17	2.64	0.140	√	
基层	二灰碎石	6月	京石高速路(河北段)	85	3.56	0.386	√	
	二灰碎石	6月	312 国道	90	2.60	0.198	√	√
				173(9)		0.151～0.355	√	√
	水泥碎石	3月	广深高速公路	6	3.65	0.067	√	√
沥青面层	上面层		京石高速路(河北段)	39	5.83	0.195	√	√
	下面层			28	5.66	0.185	√	√
	面层		312 国道	89(10)		0.074～0.207	√	√
	沥青碎石		济青合同段	9	4.15	0.081	√	√
	粗沥青混凝土			9	4.43	0.077	√	√

k 沪宁高速公路基层半刚性材料弹性模量值

沪宁高速公路基层半刚性材料弹性模量值　　表 5-65

材料名称＼弹性模量＼龄期	抗压弹性模量（MPa）		劈裂弹性模量（MPa）	
	90(d)	180(d)	90(d)	180(d)
水泥稳定碎石(水泥用量 4%)	1 898	2 059	672	784
水泥稳定碎石(水泥用量 5%)	2 228	2 348	968	1 628
石灰粉煤灰碎石(石灰:粉煤:碎石＝5:15:80)	1 198	1 909	1 305	1 397
石灰粉煤灰碎石(石灰:粉煤:碎石＝4:16:80)	1 168	1 255	1 090	1 267
石灰粉煤灰碎石(石灰:粉煤:碎石＝3:12:85)	1 095	1 394	783	1 267

l 京塘高速公路用几种半刚性材料的抗压回弹模量和弯拉回弹模量

京塘高速公路用几种半刚性材料的抗压回弹模量和弯拉回弹模量　　表 5-66

混合料名称	抗压试验结果					弯拉试验结果				
	n	$\bar{R}_{90}$	$\bar{E}_c$	s	$\bar{E}_{c-s}$	n	$\bar{R}_{b\cdot 90}$	$\bar{E}_b$	s	$\bar{E}_{b-s}$
8%水泥土	6	2.79	3 443	547	2 896	4	0.38	2 788	245	2 543
(3＋3)%消石灰水泥土	6	2.42	5 015	1 391	3 624	4	0.22	2 775	198	2 577
10%石灰土	6	1.50	1 673	282	1 391	4	0.13	1 623	571	1 052

m 西安试验路路面结构和代表弯沉值

西安试验路路面结构和代表弯沉值　　表 5-67

段号	面层	基层(厚度和材料)	底基层	二灰土垫层	不同时期代表弯沉值		
					竣工后一月 1989 年 7 月	冻前雨后 1989 年 10～11 月	春融 1990 年 3 月
1	4＋5	20 水泥砂砾	26 二灰土	18	8	6	6(15)
2	4＋5	20 二灰砂砾	26 二灰土	18	8	7	9(17)
3	4＋5	10 级配碎石 20 水泥砂砾	20 二灰土	18	10	20	14(22)
4	4＋5	10 级配碎石＋ 20 水泥砂砾	20 二灰土	18	7	7	6(14)
5	5＋7	20 二灰砂砾	20 二灰土	18	6	5	5(13)
6	5＋7	20 二灰砂砾	30 二灰土	18	8	5	5(13)
7	5＋7	20 水泥砂砾	30 二灰土	18	5	4	4(11)
8	4＋5＋6	20 水泥砂砾	20 石灰土	18	12	8	6(15)
9	4＋5＋6	20 二灰砂砾	20 石灰土	18	12	9	10(19)
10	5＋7	20 二灰砂砾	20 二灰土		9	7	8(16)
11	5＋7	20 水泥砂砾	20 石灰土		8	7	7(15)
12	4＋5	20 水泥砂砾	20 石灰土		8	8	7(15)
13	4＋5	20 二灰砂砾	20 二灰土		8	7	7(18)
14	5＋7	20 级配碎石	26 二灰砂砾	18	23	20	17(25)
15	5＋7(阿)	20 级配碎石	26 二灰砂砾	18	21	19	16(24)
16	5＋7(阿)	26 二灰砂砾	20 二灰土	18	6	7	5(13)
17	5＋7	26 二灰砂砾	20 二灰土	18	5	6	6(14)
18	3＋4＋5	18 二灰砂砾	30 二灰土	18	11	9	9(14)
19	3＋9	18 二灰砾石	30 二灰土	18	13	17	9(17)
20	3＋9	18 二灰砾石	30 二灰土	18	7	10	8(16)

注：表中厚度单位为 cm，变沉值系概率为 97.7% 的代表弯沉值。

n　钢渣混合料最佳含水量和最大干密度

钢渣混合料最佳含水量和最大干密度　　表 5-68

资料来源	钢渣石灰粉煤灰		钢渣石灰土		钢渣石灰	
	最佳含水量(%)	最大干密度(kg/m³)	最佳含水量(%)	最大干密度(kg/m³)	最佳含水量(%)	最大干密度(kg/m³)
北京	15.50	1 700			9.20	1 920
天津	18.80	1 760	15.00	2 050		
武汉	15.60	1 835			9.28	2 141
长沙					9.60	2 096
湘潭	31.50	1 589	18.30	2 045	8.80	2 420
安阳	22.96	1 420				

o　路基顶面弯沉及概率分布

路基顶面弯沉及概率分布　　表 5-69

道路名称	容量	均值(0.01mm)	变异系数	概率分布类型	
				正态	对数正态
京石路河北段	130	147.2	0.238	√	√
	127	191.6	0.372	√	√
	85	221.9	0.314	√	√
	112	205	0.455	×	√
	82	188	0.248	√	√
	100	191	0.411	√	√
	94	254	0.369	×	√
	60	383	0.459	√	×
济青路潍坊段	332	156	0.154		√
	368	92	0.194		√
京石路北京四期	242	194	0.255	×	√
	174	206	0.223	√	×
	159	177	0.520	×	×
312 国道		150	0.14~0.53	√	√
广深高速路	144	145	0.242	√	×
	99	133	0.298	×	×
三铜线	138	166	0.319	√	√

p　基层顶面弯沉及概率分布

基层顶面弯沉及概率分布　　表 5-70

道路名称	容量	均值(0.01mm)	变异系数	概率分布类型	
				正态	对数正态
京石路河北段	135	13	0.223	√	×
	44	12	0.237	√	√
	121	11	0.190	×	×
	90	18	0.437	×	√
	120	16	0.363	√	√
	83	23	0.359	√	√
	89	29	0.177	√	√
	91	27	0.257	√	√
	99	52	0.206	√	√
	106	40	0.262	√	√
济青路	74	22.8	0.252	√	√
	166	14.8	0.372	√	×
	134	14.2	0.327	√	√

续上表

道路名称	容量	均值(0.01mm)	变异系数	概率分布类型	
				正态	对数正态
京石路北京四期	870	26.4	0.253	√	√
	236	32.3	0.314	×	×
	264	45.9	0.213	×	√
	267	21.9	0.348	√	×
312 国道			0.14~0.53		
广深高速路	190	20~38	0.358~0.394	√	×

q　路面底基层顶面弯沉变异性及概率分布

路面底基层顶面弯沉变异性及概率分布　　表 5-71

道路名称	容量	均值(0.01mm)	变异系数	概率分布类型	
				正态	对数正态
京石路河北段(底基层下层)	137	82	0.196	√	√
	43	104	0.165	√	√
	119	86	0.178	√	√
	98	82	0.291	×	√
	123	80	0.288	√	√
	86	92	0.264	√	√
京石路河北段(底基层中层)	135	60	0.190	√	√
	40	52	0.132	√	√
	123	53	0.148	×	√
	99	57	0.248	√	√
	123	54	0.191	√	√
	90	77	0.227	√	√
	60	99	0.365	√	√
京石路河北段(底基层上层)	137	36	0.228	×	√
	39	35	0.274	√	√
	118	39	0.203	√	√
	98	32	0.175	√	√
	131	33	0.221	√	√
	92	31	0.249	√	√
	91	59	0.174	√	√
	102	67	0.189	√	√
京石公路北京四朝	329	117	0.224	×	×
	295	96	0.200	×	×
	260	124	0.268	√	×
	255	133	0.252	×	√
广深高速路	259(3)	80~127	0.151~0.171	√	×
312 国道		30~70	0.15~0.53	√	√

C 路面基层混合料参考配合比

a 石灰粉煤灰基层混合料配合比

石灰粉煤灰基层混合料配合比 表 5-72

混合料		配合比（质量比，总干重百分数，%）
类型	种类	
密实型	粉煤灰石灰	75:25～85:15
	粉煤灰石灰土	35:9:56；40:12:48
	石灰土	10:90～12:88

续上表

混合料		配合比（质量比，总干重百分数，%）
类型	种类	
悬浮密实型	粉煤灰石灰碎（砾）石	33:7:60；50:10:40
	粉煤灰石灰高炉矿渣	45:10:45
	粉煤灰石灰砂砾	38:12:50
	粉煤灰石灰钢渣	33:7:60；46:9:45
	粉煤灰石灰碎砖	50:10:40
骨架密实型	粉煤灰石灰集料（集料含碎石、砾石、矿渣、砂砾和钢渣）	10:5:85；20:7:73

b JTJ 034—2000 推荐的石灰工业废渣稳定土混合料参考配合比

JTJ 034—2000 推荐的石灰工业废渣稳定土混合料参考配合比 表 5-73

混合料种类	配合比范围（质量比，%）	说明
石灰粉煤灰（二灰）	石灰:粉煤灰＝1:2～1:9	如用高钙粉煤灰，石灰量常较少
石灰粉煤灰土（二灰土）	石灰:粉煤灰＝1:2～1:4 二灰:细粒土＝30:70～90:10	对于粉土1:2为宜。采用30:70时，石灰:粉煤灰宜为1:2～1:3
石灰粉煤灰集料	石灰:粉煤灰＝1:2～1:4 二灰:级配集料＝20:80～15:85	级配集料为中粒土、粗粒土。二灰:级配集料＝20:80～15:85时，在混合料中粒料形成骨架，石灰粉煤灰起填充孔隙和胶结作用，属密实式二灰粒料（粒料指级配碎石和级配砾石等）。当二灰与粒料之比为50:50左右时，在混合料中粒料不能形成骨架，而是悬浮在二灰中，属悬浮式二灰粒料。悬浮式二灰粒料的收缩性大（例如其最大干缩约为密实式的3倍），抗冲刷性也次于密实式。在缺乏砂石料地区为减少远运粒料可以采用悬浮式二灰粒料
石灰煤渣	石灰:煤渣＝20:80～15:85	混合料中石灰不少于10%，或通过试验选取强度较高的配合比
石灰煤渣土	石灰:煤渣＝1:1～1:4 石灰煤渣:细粒土＝1:1～1:4	
石灰煤渣集料	石灰:煤渣:集料＝(7～9):(26～33):(67～58)	

注：为提高石灰工业废渣的早期强度可外加1%～2%的水泥。

c CJJ 35—90 钢渣石灰类混合料常用配合比

CJJ 35—90 钢渣石灰类混合料常用配合比 表 5-74

混合料种类	配合比范围（质量比，%）	说明
钢渣石灰粉煤灰	钢渣:石灰:粉煤灰＝(60～70):(10～7):(30～23)	各类钢渣混合料，其配合比必须满足结合料的压实体积大于钢渣的孔隙体积，以保证压实紧密，表面密实
钢渣石灰土	钢渣:石灰:土＝(50～60):(10～8):(40～32)	
钢渣石灰	钢渣:石灰＝(90～95):(10～5)	

d CJJ 4—97 粉煤灰石灰类混合料常用配合比

CJJ 4—97 粉煤灰石灰类混合料配合比 表 5-75

混合料种类		配合比（质量比，%）
类型	种类	
密实型	粉煤灰:石灰	75:25;85:15
	粉煤灰:石灰:土	35:9:56;40:12:48
	石灰:土	10:90;12:88

续上表

混合料种类		配合比(质量比,%)
类型	种类	
悬浮密实型	粉煤灰:石灰:碎(砾)石	33:7:60;50:10:40
	粉煤灰:石灰:高炉矿渣	45:10:45
	粉煤灰:石灰:砂砾	38:12:50
	粉煤灰:石灰:钢渣	33:7:60;46:9:45
	粉煤灰:石灰:碎砖	50:10:40
骨架密类型	粉煤灰:石灰:集料(集料含碎石、砾石、矿渣、砂砾和钢渣)	10:5:85;20:7:73

e CJJ 5—83 煤渣石灰类混合料常用配合比

CJJ 5—83 煤渣石灰类混合料常用配合比 表 5-76

混合料种类	配合比范围(质量比,%)	说明
煤渣石灰	煤渣:石灰=(80~85):(20~15)	含灰量可根据材料粗细确定,细者取上限,粗者取下限。 级配粒料的含灰量可选用较大值
煤渣石灰土	煤渣:石灰:土=(65~70):(9~15):25 48:12:40	
煤渣石灰粒料	煤渣:石灰:粒料=(26~33):(7~9):(58~67)	
煤渣石灰粒料土	煤渣:石灰:粒料:土=(31~49):(6~7):(30~54):(28)	

f 上海市《市政工程施工及验收技术规程》的配合比

上海市《市政工程施工及验收技术规程》的配合比 表 5-77

混合料种类	配合范围(体积比,松方)	说明
粉煤灰三渣	消石灰:粉煤灰:碎石=1:2:3	属悬浮式结构
水淬渣三渣	消石灰:木淬渣:碎石=1:2:3	
二灰土—Ⅰ	消石灰:粉煤灰:土=1:2:1	土源少时选
二灰土—Ⅱ	消石灰:粉煤灰:土=1:2:2	土源多时选用

g 钢渣混合料常用配合比汇总

钢渣混合料常用配合比汇总 表 5-78

资料来源	钢渣石灰粉煤灰			钢渣石灰土			钢渣石灰	
	钢渣	石灰	粉煤灰	钢渣	石灰	土	钢渣	石灰
北京	70	7.5	22.5				93	7
天津	60	7	33	50	8	42		
武汉	63	7	30				95	5
长沙							95	5
成都	65	7	28				93	7
湘潭	70	10	20	75	10	15	90	10
安阳	63	7	30					

第六部分

沥 青 路 面

A 设计原则及流程图

新建沥青路面设计原则及程序框图　　表 6-1

<table>
<tr><td>设计原则</td><td>1.路面设计应根据道路等级与使用要求及气候、水文、土质等自然条件,密切结合当地实践经验进行路基路面综合设计。
2.应遵循因地制宜、合理选材、方便施工、利于养护的原则,比选路面结构设计方案。
3.柔性路面结构应按土基和垫层稳定、基层有足够强度、面层有较高抗疲劳、抗变形和抗滑磨能力等要求进行设计。
4.面层材料应具有足够的强度和温度稳定性;上基层应采用强度高、稳定性好的材料;底基层可就地取材;垫层材料要求水稳定性好。
5.分期修建的路面工程应合理选择路面结构组合,确定设计厚度,使前期工程在后期能充分利用。
6.公路与城市道路柔性路面设计方法均以弹性层状体系理论为基础。在确定计算荷载图式时,公路规范采用双圆均布垂直荷载,在城市道路规范中,尚计及水平荷载</td></tr>
<tr><td>设计程序框图</td><td>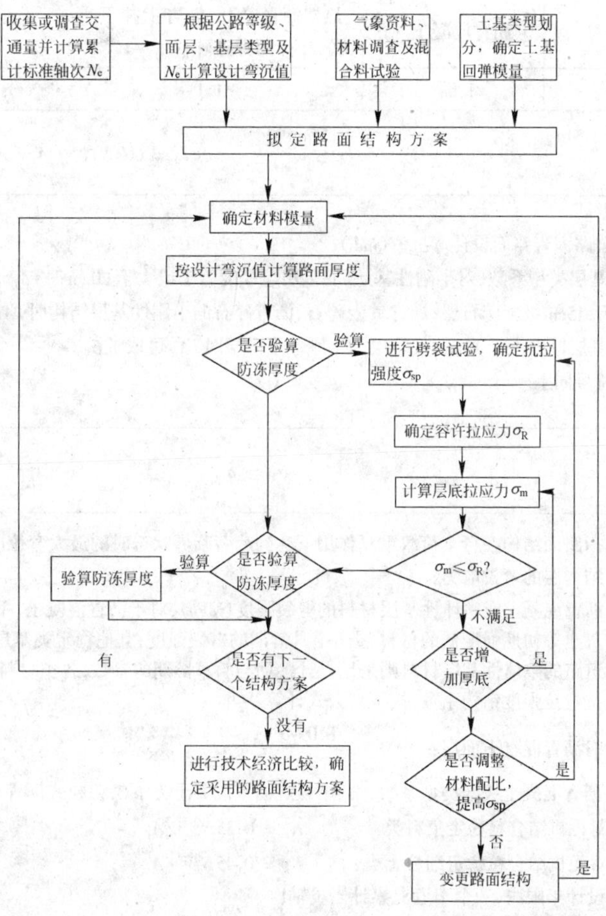</td></tr>
</table>

B 设计指标

a 沥青路面设计指标

沥青路面设计指标 表 6-2

指标	项目	设计指标计算公式及系数
城市道路路面容许弯沉	公式	$l_R \geqslant l_s$ $l_R = \frac{11.0}{N_e^{0.2}} \cdot A_c \cdot A_s$
	说明	l_R—— 路面在设计使用年限末期,最不利季节,在标准轴载作用下容许出现的最大回弹弯沉值(mm)(路面温度为20℃); l_s—— 路面实际的回弹弯沉值(mm); A_c—— 公路等级或道路分类系数,其值见表; A_s—— 面层类型系数,见表

系数 A_c:

公路等级	高速公路	一级公路	二级公路	三、四级公路
分类系数	1.0	1.0	1.1	1.2
城市类型 \ 城市道路等级	快速路	主干路	次干路	支路
大城市	0.85	1.0	1.1	1.2
中、小城市	0.85	1.1	1.2	1.2

系数 A_s:

面层类型	沥青混凝土	热拌沥青碎石、沥青上拌下贯式、沥青贯入式、冷拌沥青碎砾石	沥青表面处治	粒料类
A_s	1.0	1.1	1.2	1.3

指标	项目	设计指标计算公式及系数
公路路面设计弯沉值	公式	$l_d \geqslant l_s$ $l_d = 600 N_e^{-0.2} \cdot A_c \cdot A_s \cdot A_b$
	说明	l_d—— 公路沥青路面设计弯沉值(mm); A_b—— 基层类型系数,对半刚性基层、底基层总厚度等于或大于20cm时,$A_b = 1.0$;若面层与半刚性基层间设置等于或小于15cm级配碎石层、沥青贯入碎石、沥青碎石的半刚性基层结构时,A_b可取1.0;柔性基层、底基层 $A_b = 1.6$,当柔性基层厚度大于15cm、底基层为半刚性下卧层时,A_b可取1.6。 其余符号同上
允许弯拉应力	公式	$\sigma_R \geqslant \sigma_m$ $\sigma_R = \frac{S}{K_s}$
	说明	σ_R—— 指路面结构在行车荷载重复作用下达到疲劳临界状态时的最大弯拉应力; σ_m—— 结构层的弯拉应力; S —— 沥青混凝土或整体性基层材料的劈裂强度(MPa),对于沥青混凝土,系指15℃时的劈裂强度;对于石灰土、二灰、二灰土等初期强度低的材料,指6个月龄期的劈裂强度;其他稳定类基层材料,均指3个月龄期的劈裂强度;对于城市道路的整体性基层材料则采用设计龄期与验算龄期的参数,各类材料的龄期规定如下; K_s—— 抗弯拉强度结构系数,按下列公式计算: 对沥青混凝土面层: $K_s = \frac{0.09A_a}{A_c} N_e^{0.2}$ A_a—— 沥青混凝土级配类型系数,细、中粒式沥青混凝土为1.0,粗粒式沥青混凝土为1.1; 对无机结合料稳定集料类: $K_s = 0.35 N_e^{0.11} / A_c$ 对无机结合粒稳定细粒土类: $K_s = 0.45 N_e^{0.11} / A_c$ N_e—— 设计年限内,一个车道上累计当量轴次

系数 S:

项目	材料类型:水泥类稳定材料	材料类型:石灰类稳定材料	材料类型:工业废渣混合料
设计龄期(d)	90		180
验算龄期(d)	30		60

续上表

指标	项目	设计指标计算公式及系数
容许剪应力	公式	$[\tau] \geqslant \tau_a$　　$[\tau] = f_v/K_v$
	说明	$[\tau]$——沥青混合料面层材料的容许剪应力； τ_a——沥青面层表面的剪应力； f_v——沥青混合料面层材料的剪切强度(MPa)； $f_v = C + \sigma_a \cdot \mathrm{tg}\varphi$ 紧急制动时，按下式计算： $f_v = C_d + \sigma_a \cdot \mathrm{tg}\varphi = 2C + \sigma_a \cdot \mathrm{tg}\varphi$ C,φ——材料的粘结力(MPa)和内摩阻角(℃)，由试验得出； C_d——材料的动载粘结力(MPa)，根据试验结果 $C_d = 2C$； σ_a——破裂面上有效法向应力(MPa)； $\sigma_{a(f)} = \sigma_{cp(f)} - \tau_{max(f)}(1 + \sin\varphi)$ $\sigma_{cp(f)}$——水平力系数为 f 时的计算点最大主压应力(MPa)； $\sigma_{cp(f)} = p\lambda_f$ λ_f——水平力系数为 f 时的计算点最大主压应力系数； $\lambda_f = \lambda_{0.3} + 0.46(f - 0.3)$ $\lambda_{0.3}$——水平力系数 $f = 0.3$ 时的主压应力系数； $\lambda_{0.3} = \lambda'_{0.3}\rho_1\rho_2$ $\lambda'_{0.3}$、ρ_1、ρ_2——分别由表 6-3 第一图查得的系数； $\tau_{max(f)}$——水平力系数为 f 时的计算点最大剪应力(MPa)； $\tau_{max(f)} = p\lambda_{\tau(f)}$ $\lambda_{\tau(f)}$——水平力系数为 f 时的计算点最大剪应力系数； $\lambda_{\tau(f)} = \lambda_{\tau(0.3)} + 1.3(f - 0.3)$ $\lambda_{\tau(0.3)}$——水平力系数为 $f = 0.3$ 时的剪应力系数； $\lambda_{\tau(0.3)} = \lambda'_{\tau(0.3)} r_1 r_2$ $\lambda'_{\tau(0.3)}$、r_1、r_2——分别由表 6-3 第二图查得的系数； K_v——沥青混合料面层剪切结构强度系数；对于停车站、交叉口等缓慢制动地点 f 值为 0.2；对于突然紧急制动 f 值为 0.5： $f = 0.2$ 时　　$K_v = 0.33N_c^{0.15}/A_c$ $f = 0.5$ 时　　$K_v = 1.2/A_c$ N_c——停车站或交叉口设计年限内同一位置停车的标准轴载累计数

b　容许剪应力计算系数用图

容许剪应力计算系数用图　　表 6-3

系数	计算用诺谟图
$\lambda'_{0.3}$、ρ_1、ρ_2 系数	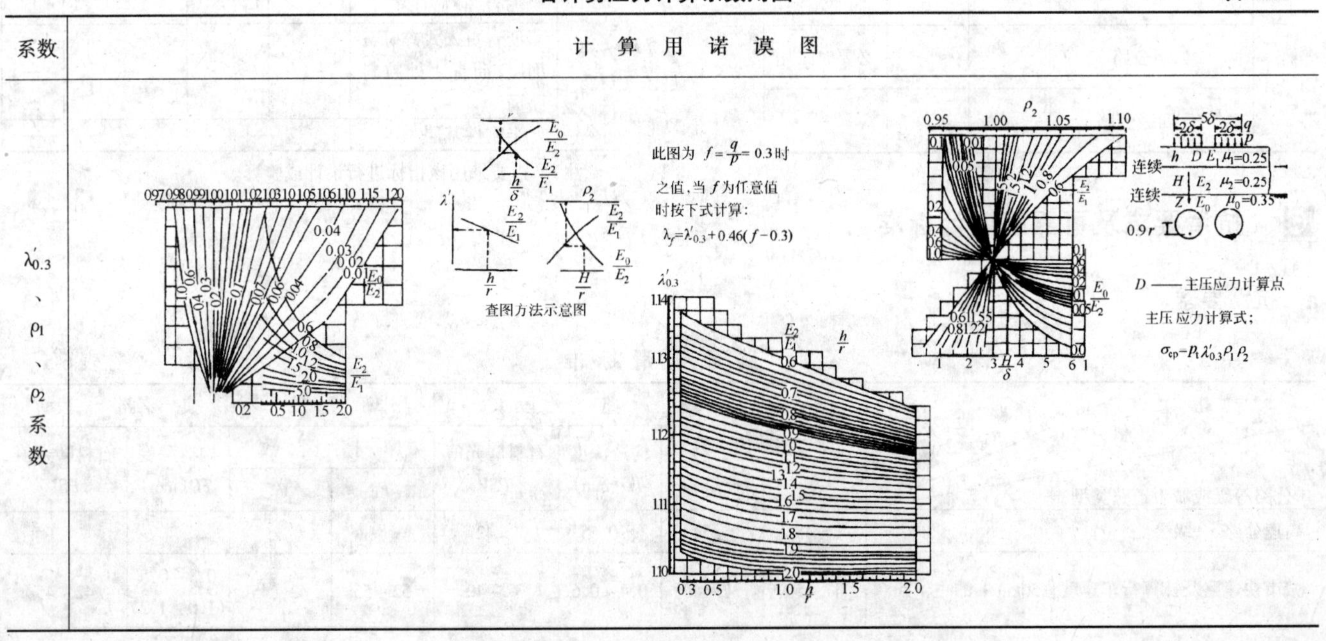

续上表

系数	计算用诺谟图
$\lambda'_{\tau(0.3)}$、r_1、r_2系数	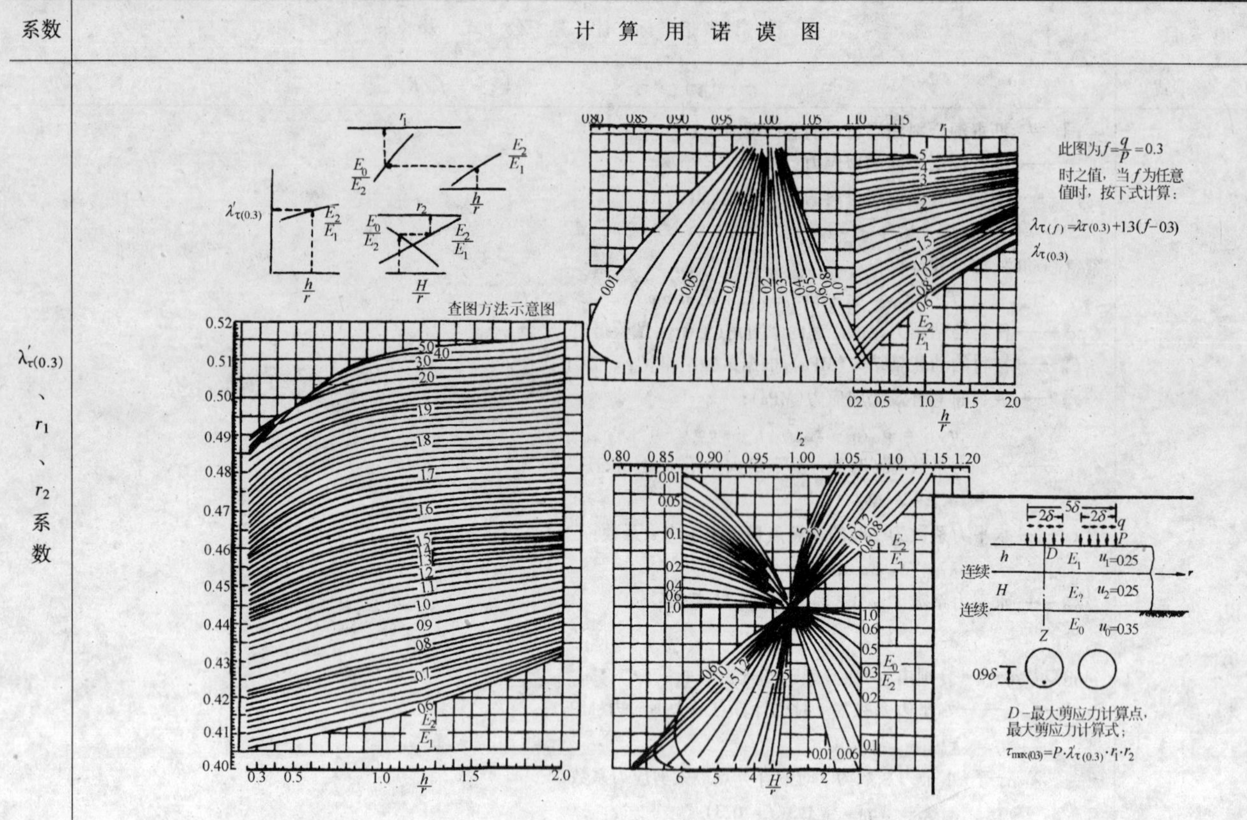

c　设计指标的适用范围

设计指标的适用范围　　表6-4

道路类型	公路等级或面层类型	设计弯沉	容许弯沉	容许弯拉应力	容许剪应力
公路	高速公路	√		√	
	一级公路	√		√	—
	二级公路	√		必要时采用	
	三、四级公路	√		—	

续上表

道路类型	公路等级或面层类型	设计弯沉	容许弯沉	容许弯拉应力	容许剪应力
城市道路	沥青混凝土面层		√	√	√
	交通量小的支路上的沥青混凝土面层		√	—	—
	沥青碎石面层		√	—	√
	沥青贯入式碎砾石面层，沥青表处粒料路面		√	—	—
	半刚性基层		—	√	—

注：√指要采用该指标进行设计或验算。

C　抗滑要求及可靠度设计标准

a　抗滑要求

路面抗滑标准　　表6-5

公路等级或城市道路类型	一般路段 摩擦因数 F_0	一般路段 摩擦因数 $F(SFC)$	一般路段 构造深度 TD(mm)	一般路段 石料磨光值 PSV	环境不良路段 摩擦因数 F_0	环境不良路段 摩擦因数 F	环境不良路段 构造深度 TD(mm)	环境不良路段 石料磨光值 PSV
高速公路、一级公路	≥45	(≥54)	≥0.55	>42				
城市快速路及计算行车速度≥50km/h的主干路	47~50	37~40	0.4~0.6	37~40	52~55	42~45	0.3~0.5 (1.0~1.2)	42~45

续上表

指标值＼路段分类 公路等级或城市道路类型	一般路段				环境不良路段			
	摩擦因数		构造深度	石料磨光值	摩擦因数		构造深度	石料磨光值
	F_0	$F(SFC)$	TD(mm)	PSV	F_0	F	TD(mm)	PSV
计算行车速度＜50km/h的城市主干路及各级次干路	≥45	≥35	0.2~0.4	≥35	≥50	≥40	0.2~0.4 (1.0~1.2)	≥40

注：1.摩擦因数是摆式仪测定值，F_0为路面竣工验收值，F为路面设计年限内之值。公路用SFC横向力系数；

2.环境不良路段，对城市快速路指接近立体交叉或变速车道。对其他各类道路指急弯、陡坡、交叉路口或集镇附近；

3.表列数值对年降雨量≤500mm的地区可用低值，反之用高值；年降雨量≤100mm的干旱地区可不考虑抗滑要求；

4.括号内的数值用于湿度大，易于形成薄冰的路段。

沥青路面在不同交通量情况下达到要求抗滑能力所需的集料磨光值 PSV 和磨耗值 AAV 表6-6

要求的夏季平均侧向力系数 SFC_{50}		在下述货车交通量(辆/车道/日)时的集料要求磨光值 PSV					
		≤250	1 000	1 750	2 500	3 250	4 000
0.30		30	35	40	45	50	55
0.35		35	40	45	50	55	60
0.40		40	45	50	55	60	65
0.45		45	50	55	60	65	70
0.50		50	55	60	65	70	75
0.55		55	60	65	70	75	
0.60		60	65	70	75		

续上表

要求的夏季平均侧向力系数 SFC_{50}		在下述货车交通量(辆/车道/日)时的集料要求磨光值 PSV					
		≤250	1 000	1 750	2 500	3 250	4 000
0.65		65	70	75			
0.70		70	75				
0.75		75					
麻料磨耗值 AAV	石屑面层	≤14	≤12		≤10		
	碎石面层	≤16		≤14		≤12	

我国的抗滑表层级配范围 表6-7

级　配	19	16	13.2	9.5	4.75	2.36	1.18	0.6	0.3	0.15	0.075
施工规范　AK—13A型		100	90~100	60~80	30~53	20~40	15~30	10~23	7~18	5~12	4~8
施工规范　AK—13B型		100	85~100	50~70	18~40	10~30	8~22	5~15	3~12	3~9	2~6
施工规范　AK—16A型	100	90~100	70~90	50~70	30~50	22~37	16~28	12~23	8~18	6~13	4~9
设计规范　AK—16B型	100	90~100	60~82	45~70	25~45	15~35	10~25	8~16	6~13	4~10	3~7
沪宁路　AC—16B型	100	90~100	70~90	50~70	30~50	22~37	16~28	12~23	8~18	6~13	4~8
长四路　AC—13V型		100	95~100	53~65	30~40	28~38	20~30	14~24	10~11	6~12	4~7
沙庆林　SLH多碎石	95~100	—	—	55~70	35~47	22~33	13~25	10~20	8~16	5~13	4~9
沙庆林　SAC多碎石	100	95~100	75~90	55~70	30~40	22~31	16~24	12~20	10~18	8~15	6~10
建议　SMA—16	100	90~100	65~85	45~65	20~30	15~24	14~22	12~18	10~15	7~14	7~12

路面表面纵向凸凹或起伏不平的分类 表6-8

类　别	波长范围	测定方法	形成原因	对功能性能的影响
细构造	0~0.5mm	抗滑测试设备	水泥砂浆或沥青胶浆和集料表面的构造	安全(路面抗滑性能) 经济(轮胎磨损)
粗构造	0.5~50mm	砂容量法、激光传感器、透水能力测定仪	混合料组成(集料粒径、形状、孔隙和排列) 表面处理(嵌压、裸露、表面处治、刻槽等)	安全(中速—高速时的抗滑性能、溅水和喷雾、雨天夜间能见度) 环境(高频和低频轮胎—路面噪声)经济(滚动阻力)
宏构造	5~50cm	断面类或反应类平整度设备	施工(铺筑和压实方法的规律性) 病害(波浪、车辙、松、散、坑槽、错台等)	环境(低频轮胎—路面噪声) 经济(滚动阻力、轮胎和车辆损伤)

续上表

类　别	波长范围	测定方法	形成原因	对功能性能的影响
平整度	短波:0.5~5m 中波:5~15m 长波:15~50m	断面类或反应类平整度设备	施工(摊铺和压实) 病害(沉降、冻胀等)	舒适(高频或低频震动) 经济(燃料消耗)

机场道面的抗滑能力国际标准(ICAO)　表 6-9

测定方法	速度(km/h)	设计时	修补时	最小时
偏转轮拖车法	65	0.72	0.52	0.42
	90	0.66	0.38	0.26
前轮驱动拖车法		0.82	0.60	0.50
	90	0.74	0.47	0.34

注:道面水膜厚 1mm 时测定;前轮驱动拖车法是机场道面采用的抗滑能力测试方法。

b　可靠度设计标准

可靠度设计统一标准规定的目标可靠度　表 6-10

安全等级	一级	二级	三级
公路等级	高速	一级	二级
目标可靠度 P_s(%)	95	90	85
目标可靠指标 β	1.645	1.282	1.036

6

A 沥青路面混合料组成设计

a 组成设计要求及孔隙率计算

沥青混合料组成设计要求 表 6-11

项目	具体要求
高温稳定性	提高路面的高温稳定性，可采用提高沥青混合料的粘结力和内摩阻力的方法。在沥青混合料配合比设计中，增加粗骨料含量，使粗矿料形成空间骨架结构，从而提高沥青混合料的内摩阻力。适当地提高沥青材料的粘度，控制沥青与矿料比值，严格控制沥青用量，均能改善沥青混合料的粘结力。除此之外，结构效应对热稳性也有一定影响，如沥青层厚度和相对于厚度的矿料尺寸等。由于轮胎的约束效应和基、面层之间的摩阻力，薄层沥青路面显现出较好的热稳性能
低温抗裂性	构成沥青路面的沥青混合料随温度下降，劲度增大，变形能力降低，过早的外界荷载作用使得一部分温度应力来不及松驰而累积下来，这些累积应力在超过抗拉强度时即发生开裂，从而导致路面破坏。所以沥青路面在低温时应具有较低劲度和较大的抗变形能力。因此在混合料组成设计中，应选用稠度较低、温度敏感性低、抗老化能力强的沥青
耐老化性	在自然因素的长期作用下，耐久性差的沥青混合料常会引起路面过早出现裂缝、沥青膜剥落、松散等病害。因此要保证沥青路面具有较长的使用年限，必须具备好的耐久性。就沥青混合料组成结构而言其耐久性与空隙率大小与矿料级配、沥青用量及压实度有关。沥青混合料空隙率越大，沥青用量越少，均会使沥青路面耐久性降低
抗滑性	高等级公路的发展，对沥青路面的抗滑性提出了更高的要求。沥青路面的抗滑性与矿料的微表面性质、混合料级配组成以及沥青混合料用量等因素有关。为提高路面抗滑性，配料时应特别注意矿料的耐磨光性，应选择硬质有棱角矿料。沥青用量对抗滑性影响也非常敏感，沥青用量超过最佳用量 0.5%，即可使抗滑系数明显降低
抗疲劳性	抗疲劳性是沥青路面抵抗荷载重复使用的能力，沥青路面的抗疲劳性能差，在车辆荷载反复作用下路面易产生开裂等破坏。因此从组成设计方面考虑，应慎重选择沥青用量。最佳的疲劳寿命存在一个最佳沥青用量，这一含量不仅与矿料级配有关，还与矿料种类有关，通常它要比马歇尔稳定度所确定的最佳沥青用量稍大。沥青路面的疲劳寿命随混合料空隙率降低而显著增长。密级配混合料比开级配混合料有较长的疲劳寿命
施工和易性	施工和易性是指沥青混合料摊铺和碾压工作的难易程度。和易性良好的混合料容易进行摊铺和碾压。从混合料组成而言，影响和易性的关键是混合料级配情况，如粗细颗粒大小相距过大，缺乏中间尺寸，混合料容易分层。如细矿料太少，沥青层就不容易均匀地分布在粗颗粒表面，细矿料太多，则使拌和困难。此外，当沥青用量过少，矿粉过多时，混合料不易压实；反之沥青用量过多，或矿粉质量差，则易使混合料粘结成团，不易摊铺。因此，为使修筑的沥青路面具有合乎使用要求的优良技术性能，就必须根据路面所处的地理、气候情况，选择沥青混合料的组成材料，并进行合理的组成设计

6

沥青混合料剩余空隙率 表 6-12

类型		压实后剩余空隙率
间断级配混合料		15% ~ 20%
连续级配混合料	Ⅰ型密实式沥青混合料	3% ~ 6%
	Ⅱ型半密实式沥青混合料	4% ~ 10%
	半开式沥青混合料	10% ~ 15%
	开式沥青混合料	> 15%
	大孔隙开式沥青混合料	15% ~ 20%

混合料几种典型的球体排列与填充的空隙率状况及计算公式 表 6-13

编号	排列方式	状况说明	计算式	空隙率(%)
1		平排，球心连线成正方形，单层或多层，多层者上球在下球顶上	$n = 1 - \frac{\frac{\pi}{6}D^3}{D_3}$ 式中：n——空隙率； D——球的直径	48
2		错排，球心连线成等边三角形，上一层球心在下一层球的间隙处	$n = 1 - \frac{\frac{\pi}{6}D^3}{\frac{\sqrt{2}}{2}D^3}$	26

续上表

编号	排列方式	状况说明	计算式	空隙率(%)
3		同"1"排列，但在8个球中填一个与各球相切的小球，$d=0.732D$	$n=1-\dfrac{\frac{\pi}{6}D^3+\frac{\pi}{6}(0.732D)^3}{D^3}$	27
4		同"2"排列，球的间隙中填小球，每8个球中填2个与4个球相切的小球，$d_1=0.225D$，填1个与6个球相切的小球，$d_2=0.414D$	$n=1-\dfrac{\frac{\pi}{6}D^3+2\times\frac{\pi}{6}(0.225D)^3+\frac{\pi}{6}(0.414D)^3}{\frac{\sqrt{2}}{2}D^3}$	19
5		同"1"排列，空隙填很小的球，也按"1"排列	$n=0.48\times0.48$	23
6		同"2"排列，空隙中按"1"排很小的球	$n=0.26\times0.48$	12.5
7		同"2"排列，空隙中填很小的球，并按"2"排列	$n=0.26\times0.26$	6.75

b　混合料组成设计步骤及框图

沥青混合料设计步骤　　表6-14

主要步骤	设计内容		
(一)实验室配合比设计	矿料混合料的配合比设计		1.确定混合料类型
			2.确定矿料最大粒径
			3.确定级配范围
			4.进行矿料混合料配合比计算
	确定沥青混合料的最佳沥青用料		1.制备试样
			2.测定物理、力学指标
		3.马歇尔试验结果分析	①绘制沥青用量与物理、力学指标关系图
			②确定最佳沥青用量的初始值
			③确定合符沥青混合料技术标准的沥青用量范围
			④综合确定最佳沥青用料
			⑤进行水稳定性检验
			⑥进行抗车辙能力检验
(二)生产配合比设计	1.按实验室配合比试拌		
	2.进行马歇尔试验		
	3.确定生产用最佳油石比		
(三)进行生产配合比验证，最后确定施工配合比			

沥青混合料设计程序框图　　表6-15

设计项目	程序框图
初始沥青用量设计	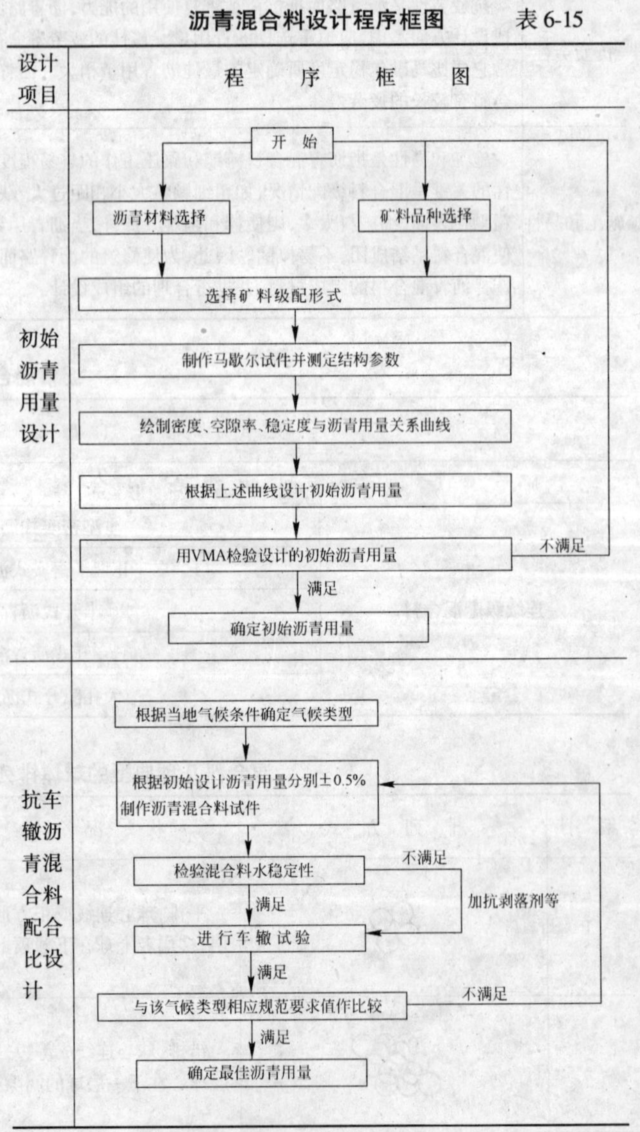
抗车辙沥青混合料配合比设计	

续上表

设计项目	程　序　框　图
抗低温开裂沥青混合料配合比设计	根据当地气候条件确定气候类型 ↓ 根据初始设计沥青用量分别±0.5%制作沥青混合料试件 ↓ 检验混合料水稳定性 —不满足→ 加抗剥落剂等 ↓满足 进行低温蠕变试验 ↓ 与该气候类型相应规范要求值作比较 —不满足→（返回制作试件） ↓满足 确定最佳沥青用量
考虑路用性能沥青混合料设计	选定不同级配类型 ↓ 确定初始沥青用量 ↓ 制作不同级配类型的路用性能试件并测试 ↓ 绘制残留稳定度，蠕变速率、动稳定度与空隙率关系曲线 ↓ 使用规范要求值求出空隙率的限制值 —不满足→（返回选定不同级配类型） ↓满足 确定满足路用性能级配类型
不同气候区沥青混合料级配确定	根据气候特点确定气候类型 ↓ 根据初始设计的沥青用量分别±0.5%制作不同的沥青混合料试件 ↓ 进行沥青混合料路用性能试验 ↓ 绘制残留稳定度、蠕变速率、动稳定度与沥青用量关系曲线 ↓ 使用规范要求值来求出沥青用量范围 —不满足→（返回制作试件） ↓满足 确定最佳沥青用量

SHRP 沥青混合料设计方法与程序框图　　表 6-16

项目	内　容
方法概述	SHRP 沥青研究项目提供的混合料设计与分析软件，其使用对象是沥青研究项目的最终用户，即混合料设计人员。该软件为混合料设计人员利用新 SHRP 沥青胶结料规范、混合料规范和新的混合料设计与分析体系进行设计提供了所有工具。 SHRP 混合料设计与分析体系包括三种竖向组合的混合料设计等级。Ⅰ级设计称为混合料体积设计，与此相应设计交通量是换算为 80kN 的标准累计轴载次数小于 10^6，集料特性和混合料体积性质，如空隙率、矿质集料骨架孔隙率（VMA）是选择沥青等级和用量的基础。Ⅱ级设计是中等路面性能水平的混合料设计，与此相应设计交通量是累计标准轴载（80kN）次数小于等于 10^7，包括体积设计和主要路面性能试验，并能预测路面性能。Ⅲ级设计是最高路面性能水平的混合料设计，与此相应设计交通量是累计标准轴载（80kN）次数大于 10^7，包括体积设计和更广泛的路面性能试验，从而对路面性能的预测更为严格
Ⅰ级设计——混合料体积设计	Ⅰ级设计——混合料体积设计建立在经验的且与集料和混合料性质有关的基础上，包括集料破碎面与级配、空隙率和矿物集料骨架空隙率等。该法适用于低交通量道路，也是以后各级设计的基础。 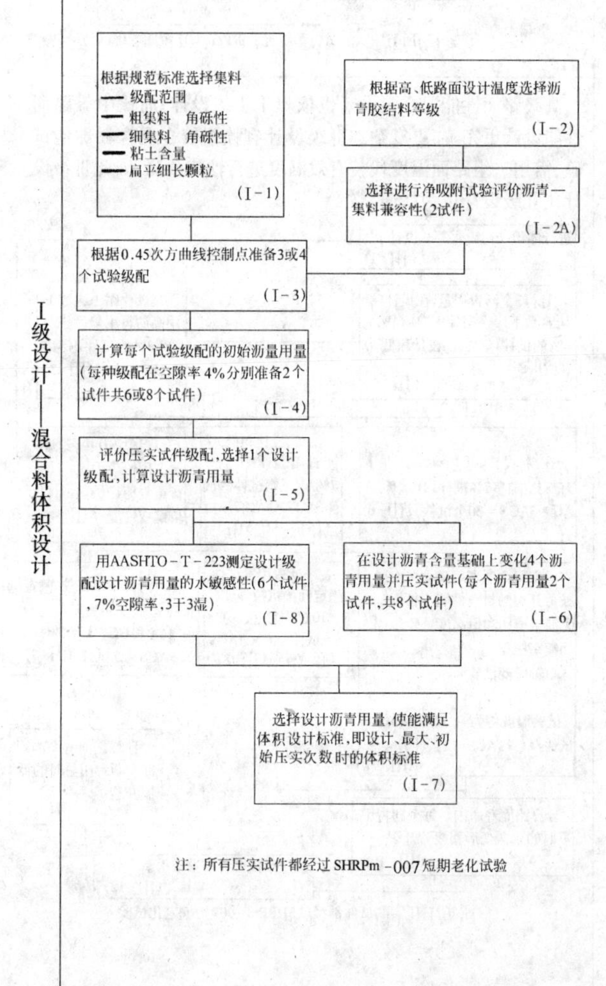 注：所有压实试件都经过 SHRPm-007 短期老化试验

续上表

项目	内　　容
Ⅱ级设计——中等路面性能的混合料设计	Ⅱ级设计依赖于Ⅰ级混合料体积设计，同时第一次包括了SHRP性能试验的研究成果。Ⅱ级设计尽可能不要太复杂，以便于常规设计。Ⅱ级设计是大多数公路应用的最主要的设计类型，可以预测路面随时间而产生的永久变形、疲劳开裂和低温开裂的程度。 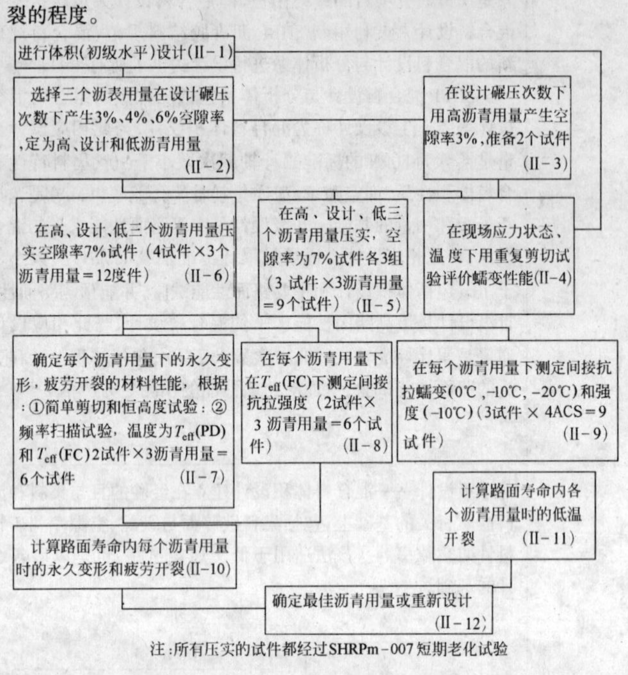 注：所有压实的试件都经过SHRPm-007短期老化试验
Ⅲ级设计——高级路面性能的混合料设计	高级路面性能混合料设计也依赖于Ⅰ级设计，而比中等路面性能设计更完善、更复杂。Ⅲ级设计有赖于较多混合料性能试验，需用一组路面温度代替有效温度进行性能预测，因此Ⅲ级设计比Ⅱ级设计更为严谨。 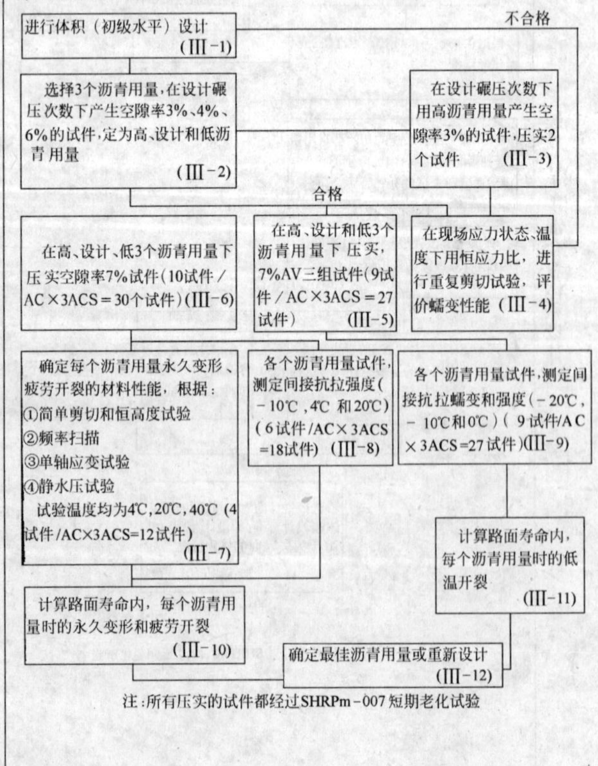 注：所有压实的试件都经过SHRPm-007短期老化试验

c　沥青混合料技术指标及参数

c-1　沥青混合料技术指标

沥青玛蹄脂技术指标　　　　表6-17

性　　质	标　　准
老化前DSR；$G^*/\sin\delta$(kPa)	≥5
RTFO老化后，$G^*/\sin\delta$(kPa)	≥11
PAV老化后BBR，劲度(MPa)	≤1 500

我国SMA马歇尔试验配合比设计技术要求（建议）　　　　表6-18

试 验 项 目		技 术 要 求	
		非改性沥青	改性沥青
马歇尔试件击实次数		两面击实50次	
空隙率 VV①		3%～4%	
粗集料骨架间隙率 VCA_{max}		不大于 VCA_{DRC}	
矿料间隙率 VMA		不小于16.5%	
沥青饱和度 VFA		75%～85%	
最小油石比②，合成集料毛体积相对密度	2.9	不小于5.5%	不小于5.7%
	2.8	不小于5.8%	不小于6.0%
	2.7	不小于6.1%	不小于6.3%
稳定度③		不宜小于5.5kN	不宜小于6.0kN
流值		2～4mm	2～5mm
谢伦堡沥青析漏试验④的结合料损失		不大于0.2%	不大于0.1%
肯塔堡飞散试验的混合料损失(20℃)		不大于25%	不大于20%

注：①对高温稳定性要求较高的重交通路段或炎热地区，空隙率可放宽到4.5%；

②最小油石比与集料的毛体积相对密度有关；

③马歇尔稳定度不能作为配合比设计通过或否定的惟一条件使用；

④谢伦堡沥青析漏试验在施工最高温度下进行，没有明确规定时，非改性沥青混合料的试验温度为170℃，改性沥青混合料的试验温度为185℃。

SMA马氏技术标准　　　　表6-19

性　质	指标要求	性　质	指标要求
沥青含量	≥6*	稳定度(N)	≥6 200
空隙率(%)	3.5～4.0	流值(0.25mm)	8～16
VMA(%)	≥17	TSR(%)	≥70
VCA(%)	≤VCA_{DRC}	厂拌温度下的滴落值(%)	≤0.30

*如果松装密度大于2.75g/cm³，含量可再略低一些。

改性沥青混合料高温稳定性技术要求　　表 6-20

气候条件与技术指标	气候分区及相应的技术要求								
七月平均最高气温(℃)	>30℃(夏炎热区)				30～20℃(夏热区)				<20℃(夏凉区)
气候分区	1—1	1—2	1—3	1—4	2—1	2—2	2—3	2—4	3—2
车辙试验动稳定度(次/mm),不小于(60℃,0.7MPa)	1 500	2 000	2 500	3 000	1 000	1 400	1 700	2 000	800

注:表中的"气候分区"采用七月份平均最高气温作为高温气候分区指标,将全国分为>30℃、30～20℃、<20℃三个区。对于交通量特别大,超载车辆特别多的运煤专线、厂矿道路,可以通过提高气候区等级来提高对动稳定度的要求。

热拌沥青混合料马歇尔试验技术标准　　表 6-21

试验项目	沥青混合料类型	高速公路、一级公路	其他等级公路	行人道路
击实次数(次)	沥青混凝土 沥青碎石、抗滑表层	两面各 75 两面各 50	两面各 50 两面各 50	两面各 35 两面各 35
稳定度(kN)	Ⅰ型沥青混凝土 Ⅱ型沥青混凝土、抗滑表层	>7.5 >5.0	>5.0 >4.0	>3.0
流值(0.1mm)	Ⅰ型沥青混凝土 Ⅱ型沥青混凝土、抗滑表层	20～40 20～40	20～45 20～45	20～50
空隙率(%)	Ⅰ型沥青混凝土 Ⅱ型沥青混凝土、抗滑表层沥青碎石	3～6 4～10 >10	3～6 4～10 >10	2～5
沥青饱和度(%)	Ⅰ型沥青混凝土 Ⅱ型沥青混凝土、抗滑表层沥青碎石	70～85 60～75 40～60	70～85 60～75 40～60	75～90
残留稳定度(%)	Ⅰ型沥青混凝土 Ⅱ型沥青混凝土、抗滑表层	>75 >70	>75 >70	>75

注:1.粗粒式沥青混凝土稳定度可降低 1kN;

2.Ⅰ型细粒式及砂粒式沥青混凝土的空隙率为 2%～6%;

3.沥青混凝土混合料的矿料间隙率(VMA)宜符合下表要求:

最大集料粒径(mm)	方孔筛	37.5	31.5	26.5	19.0	16.0	13.2	9.5	4.75
	圆孔筛	50	35 或 40	30	25	20	15	10	5
VMA　不小于(%)		12	12.5	13	14	14.5	15	16	18

4.当沥青碎石混合料试件在 60℃水浴中浸泡即发生松散时,可不进行马歇尔试验,但应测定密度、空隙率、沥青饱和度等;

5.残留稳定度可根据需要采用浸水马歇尔试验或真空饱水后浸水马歇尔试验。

沥青混合料水稳性指标的规定　　表 6-22

年降雨量　(mm)	>1 000	500～1 000	250～500	<250
沥青与石料的粘附性,级,不低于	4 级	4 级	3 级	3 级
浸水马歇尔试验(48h)残留稳定度,%,不低于	75	70	65	60

续上表

年降雨量　(mm)	>1 000	500～1 000	250～500	<250
冻融劈裂试验残留强度,%,不低于	70	70	65	

建议的乳化沥青混凝土混合料的技术指标　　表 6-23

项　目	单位	密级配		粗级配	
		含水试件	干试件	含水试件	干试件
击实次数	次	50	50	50	50
稳定度	kN	2.0	4.0	2.5	3.5
流值	0.1mm	20～45	20～40	20～45	20～40
空隙率	%		5～8		6～10
饱和度	%		60～75		50～70
密度(湿)	g/cm³	2.20		2.15	
密度(干)	g/cm³		2.25	2.20	

注:含水试件即室内常温养生试件,在 20±1℃条件下试压;干试件即烘箱高温养生试件,在 60±1℃条件下试压。

微表处混合料技术性能要求　　表 6-24

性能		指标
可拌和时间		>60s
内聚粘结力	30min	>1.2N·m
	60min	>2.0N·m
湿磨耗量	1d	<860g/m²
	6d	<527g/m²
负荷车辙深度变化		<10%
水敏感性等级分		>9

冷铺混合料技术指标建议值　　表 6-25

技术指标		建议值	性能控制
磨耗损失率(%)		5～20	疏松性与压实性
初始稳定度(N)	大于	2.0	初始强度
残留稳定度(%)	大于	70	抗水性
成形稳定度(N)	大于	4.0	路面成型后的基本强度

改性沥青路面 SMA 混合料技术要求　　表 6-26

马歇尔设计参数①	技术要求
(1)空隙率②(%)	3～4
(2)沥青用量③(%)	最小 6.0
(3)矿料间隙率④	最小 17
(4)稳定度(N)	建议最小 6200
(5)流值(0.1mm)	20～40
(6)击实次数,双面各	50
(7)析漏⑤(%)	最大 0.3(1h 读数)

注:①马歇尔方法见 AASHTO T245;

②空隙率测定根据 AASHTO T166、T209 和 T269,最大密度测定根据 T209;

③总沥青混合料质量比;

④VMA 根据沥青协会 MS—2 手册确定;

⑤NCAT SMA 沥青析漏试验。

改性沥青混合料低温抗裂性能技术要求　表 6-27

年极端最低气温(℃)	<-37.0(冬严寒区)		-21.5~-37.0(冬寒区)			-9.0~-21.5(冬冷区)		<20(冬温区)	
气候分区	1—1	2—1	1—2	2—2	3—2	1—3	2—3	1—4	2—4
弯曲试验破坏应变(-10℃,50mm/min)(Min)(με)	3 000	3 500	2 500	3 000	3 500	2 000	2 500	1 500	2 000

多孔性沥青混合料技术指标　表 6-28

技术指标		推荐标准
锤击次数		两面各 50 次
稳定度(N)	大于	5 000
流值(0.1mm)		20~40
空隙率(%)		
抗滑	大于	15
排水		15~20
降噪	大于	20
肯塔堡磨耗损失(15℃)(%)	小于	20
残留稳定度(%)	大于	80
渗水率(排水、降噪)(cm/s)	大于	0.04
动稳定度(次/mm)	大于	
沥青		1 500
改性沥青		3 000
劈裂强度比(%)	大于	70

稀浆混合料技术指标　表 6-29

项目	单位	类别	指标
可拌和时间 T_m	s	高性能稀浆封层摊铺机	>60
		人工拌和或普通稀浆封层摊铺机	>120
稠度值 *CV*	cm	机械拌和摊铺	2~3
		人工拌和摊铺	3~5
磨耗量 *WTAT*	g/m²		<800
粘附砂量 *LWT*	g/m²		<600
粘结力 *CT*	N·cm	初凝	120
		开放交通	200

注:高性能稀浆封层摊铺机是指具有自动计量并带双轴搅拌器和双向布料器的稀浆封层摊铺机。

前苏联再生沥青混合料技术标准　表 6-30

技术指标		适用于路面上层不同标号标准 Ⅱ	Ⅲ	Ⅳ
剩余空隙率(%)		2.5~4.5	2.5~4.5	2.5~4.5
饱水率(%)	A	2.0~4.5	—	
	Б,Г	1.5~3.5	1.5~3.5	1.5~3.5
	В,Д	1.5~3.0	1.5~3.0	1.5~3.0

续上表

技术指标			适用于路面上层不同标号标准 Ⅱ	Ⅲ	Ⅳ
膨胀率(%)		不大于	1.0	1.0	1.5
极限抗压强度(MPa)	20℃	各种型号沥青混凝土大于	2.2	2.0	1.6
	50℃	A	0.8	—	—
		Б,В	0.9	0.9	0.8
		Г	1.2	1.0	0.8
		Д	1.2	1.0	0.8
	0℃	各种型号沥青混凝土小于	12.0	12.0	12.0
水稳性系数		大于	0.85	0.80	0.70
长期饱水的水稳性系数		大于	0.75	0.70	0.60

注:1.字母 A,Б,В,Г,Д 为沥青混凝土的型号;
2.过分潮湿的地区,饱水率和剩余空隙率应取低限;
3.属于Ⅳ,Ⅴ道路气候区的地区 50℃的强度指标提高 20%;
4.属于Ⅰ,Ⅱ气候区的地区,0℃强度指标不应超过 9.0MPa。

c-2　沥青混合料设计参数及矿料组成

沥青混合料设计参数　表 6-31

材料名称	沥青针入度	抗压模量 E_1(MPa) 20℃	15℃	劈裂强度 15℃(MPa)	马歇尔稳定度(kN)
细粒式密级配沥青混凝土	≤90	1 200~1 600	1 800~2 200	1.2~1.6	>7.5
中粒式密级配沥青混凝土	≤90	1 000~1 400	1 600~2 000	0.8~1.2	>7.5
中粒式开级配沥青混凝土	≤90	800~1 200	1 200~1 600	0.6~1.0	>5.0
粗粒式密级配沥青混凝土	≤90	800~1 200	1 200~1 600	0.6~1.0	>7.5
沥青碎石混合料	—	600~800	—	—	—
沥青贯入式	—	400~600	400~600	—	—

注:1.沥青碎石混合料不验算层底拉应力;
2.细粒式和粗粒式的开级配沥青混凝土,选用同类密级配的低值;
3.符合重交通沥青技术要求时,可用较高值,沥青针入度大于 100 时,或符合轻交通沥青技术要求时,采用低值。

沥青路面结构和材料参数变异范围建议值　表 6-32

参数		变异水平 高	中	低
土基模量		0.36~0.45	0.25~0.35	0.15~0.24
抗压模量	底基层	0.38~0.47	0.29~0.37	0.19~0.28
	基层	0.43~0.54	0.32~0.42	0.21~0.31
	面层	0.29~0.40	0.18~0.28	0.07~0.17
抗压强度	底基层	0.28~0.37	0.19~0.27	0.10~0.18
	基层	0.33~0.42	0.24~0.32	0.14~0.23
	面层	0.18~0.23	0.13~0.17	0.07~0.12

续上表

劈裂强度	底基层	0.34~0.44	0.25~0.33	0.14~0.24
	基层	0.33~0.38	0.26~0.32	0.20~0.25
	面层	0.30~0.40	0.19~0.29	0.08~0.18
底基层厚度		0.11~0.14	0.07~0.10	0.04~0.06
基层厚度		0.10~0.12	0.07~0.09	0.04~0.06
面层厚度（平地机摊铺基层）	5~8cm	0.19~0.23	0.14~0.18	0.10~0.13
	9~15cm	0.14~0.16	0.11~0.13	0.07~0.10
	16~20cm	0.09~0.10	0.06~0.08	0.04~0.05
面层厚度（摊铺机摊铺基层）	5~8cm	0.16~0.20	0.11~0.15	0.05~0.10
	9~15cm	0.11~0.13	0.08~0.10	0.04~0.07
	16~20cm	0.07~0.08	0.04~0.06	0.02~0.03

材料和结构参数变异范围建议值　　表 6-33

参数	变异系数（%）		
	低	中	高
1.路基材料			
路基反应模量	10~20	20~35	35~50+
回弹模量	10~20	20~35	35~50+
CBR	15~22	23~31	32~40+

续上表

参数	变异系数（%）		
	低	中	高
2.水泥稳定材料			
厚度	6~10	11~15	16~19+
弹性模量	53~63	63~73	73~83
3.沥青混凝土材料			
厚度	1~5	5~10	10~15
动态模量			
温度:4.4℃	8~10	11~13	14~16+
21.1℃	10~12	13~15	16~19+
37.8℃	13~20	21~22	23~24+
基层弹性模量	25~35	35~45	45~55+
弯拉劲度			
温度:4.4℃	15~20	20~25	25~28+
20.0℃	20~23	24~26	27~30+
泊松比	35~48	49~62	63~75
4.水泥混凝土材料			
厚度	1~3	4~6	7~9+
弹性模量	20~30	30~40	40~50+
泊松比	8~12	13~16	17~20+
弯拉强度	10~13	14~17	18~20+

沥青表面处治材料规格和用量(圆孔筛)　　表 6-34

沥青种类	类型	厚度(cm)	集料(m^3/1 000m^2)						沥青或乳液用量(kg/m^2)			
			第一层		第二层		第三层		第一次	第二次	第三次	合计用量
			粒径规格	用量	粒径规格	用量	粒径规格	用量				
石油沥青	单层	1.0	S12	7~9					1.0~1.2			1.0~1.2
		1.5	S11	12~14					1.4~1.6			1.4~1.6
	双层	1.5	S11	12~14	S12	7~8			1.4~1.6	1.0~1.2		2.4~2.8
		2.0	S10	16~18	S12	7~8			1.6~1.8	1.0~1.2		2.6~3.0
		2.5	S9	18~20	S12	7~8			1.8~2.0	1.0~1.2		2.8~3.2
	三层	2.5	S9	18~20	S11	12~14	S13(S14)	7~8	1.6~1.8	1.2~1.4	1.0~1.2	3.8~4.4
		3.0	S8	20~22	S11	12~14	S13(S14)	7~8	1.8~2.0	1.2~1.4	1.0~1.2	4.0~4.6
乳化沥青	单层	0.5	S14	7~9					0.9~1.0			0.9~1.0
	双层	1.0	S12	9~11	S14	4~6			1.8~2.0	1.0~1.2		2.8~3.2
	三层	3.0	S8	20~22	S10	9~11	S12	4~6	2.0~2.2	1.8~2.0	1.0~1.2	4.8~5.4
			(S9)		(S11)		S14	3.5~4.5				

注:1.煤沥青表面处治的沥青用量可较石油沥青用量增加 15%~20%;

2.表中乳化沥青的乳液用量适用于乳液中沥青用量约为 60%的情况;

3.在高寒地区及干旱、风砂大的地区,可超出高限,再增加 5%~10%。

沥青表面处治面层材料规格用量(方孔筛)　　表 6-35

沥青种类	类型	厚度(cm)	集料(m^3/1 000m^2) 第一层 粒径规格	用量	第二层 粒径规格	用量	第三层 粒径规格	用量	沥青或乳液用量(kg/m^2) 第一次	第二次	第三次	合计用量
石油沥青	单层	1.0	S12	7~9					1.0~1.2			1.0~1.2
		1.5	S10	12~14					1.4~1.6			1.4~1.6
	双层	1.5	S10	12~14	S12	7~8			1.4~1.6	1.0~1.2		2.4~2.8
		2.0	S9	16~18	S12	7~8			1.6~1.8	1.0~1.2		2.6~3.0
		2.5	S8	18~20	S12	7~8			1.8~2.0	1.0~1.2		2.8~3.2
	三层	2.5	S8	18~20	S10	12~14	S12	7~8	1.6~1.8	1.2~1.4	1.0~1.2	3.8~4.4
		3.0	S6	20~22	S10	12~14	S12	7~8	1.8~2.0	1.2~1.4	1.0~1.2	4.0~4.6
乳化沥青	单层	0.5	S14	7~9					0.9~1.0			0.9~1.0
	双层	1.0	S12	9~11	S14	4~6			1.8~2.0	1.0~1.2		2.8~3.2
	三层	3.0	S6	20~22	S10	9~11	S12	4~6	2.0~2.2	1.8~2.0	1.0~1.2	4.8~5.4
							S14	3.5~4.5				

注:1.煤沥青表面处治的沥青用量可较石油沥青用量增加15%~20%;

2.表中乳化沥青的乳液用量适用于乳液中沥青用量约为60%的情况;

3.在高寒地区及干旱、风砂大的地区,可超出高限,再增加5%~10%。

沥青贯入式面层材料规格和用量(方孔筛)

(用量单位:集料:m^3/1 000m^2,沥青及沥青乳液:kg/m^2)　　表 6-36

沥青品种	石油沥青					
厚度(cm)	4		5		6	
规格和用量	规格	用量	规格	用量	规格	用量
封层料	S14	3~5	S14	3~5	S13(S14)	4~6
第三遍沥青		1.0~1.2		1.0~1.2		1.0~1.2
第二遍嵌缝料	S12	6~7	S11(S10)	10~12	S11(S10)	10~12
第二遍沥青		1.6~1.8		1.8~2.0		2.0~2.2
第一遍嵌缝料	S10(S9)	12~14	S8	16~18	S8(S6)	16~18
第一遍沥青		1.8~2.1		2.4~2.6		2.8~3.0
主层石料	S5	45~50	S4	55~60	S3(S2)	66~76
沥青总用量		4.4~5.1		5.2~5.8		5.8~6.4

封层料	S13(S14)	4~6	S13(S14)	4~6	S14	4~6	S14	4~6
第五遍沥青								0.8~1.0
第四遍嵌缝料							S14	5~6
第四遍沥青						0.8~1.0		1.2~1.4
第三遍嵌缝料					S14	5~6	S12	7~9
第三遍沥青		1.0~1.2		1.0~1.2		1.4~1.6		1.5~1.7
第二遍嵌缝料	S10(S11)	11~13	S10(S11)	11~13	S12	7~8	S10	9~11
第二遍沥青		2.4~2.6		2.6~2.8		1.6~1.8		1.6~1.8
第一遍嵌缝料	S6(S8)	18~20	S6(S8)	20~22	S9	12~14	S8	10~12
第一遍沥青		3.3~3.5		4.0~4.2		2.2~2.4		2.6~2.8
主层石料	S3	80~90	S1(S2)	95~100	S5	40~45	S4	50~55
沥青总用量		6.7~7.3		7.6~8.2		6.0~6.8		7.5~8.5

注:1.煤沥青贯入式的沥青用量可较石油沥青用量增加15%~20%;

2.表中乳化沥青用量是指乳液的用量,并适用于乳液浓度约为60%的情况;

3.在高寒地区及干旱、风砂大的地区,可超出高限,再增加5%~10%。

沥青混合料矿料级配及沥青用量(方孔筛) 表6-37

级配类型			通过下列筛孔(方孔筛,mm)的质量百分率(%)															沥青用量(%)
			40.0	37.5	31.5	26.5	19.0	16.0	13.2	9.5	4.75	2.36	1.18	0.6	0.3	0.15	0.075	
沥青混凝土	粗粒	AC—30 Ⅰ		100	90~100	79~92	66~82	59~77	52~72	43~63	32~52	25~42	18~32	13~25	8~18	5~13	3~7	4.0~6.0
		Ⅱ		100	90~100	65~85	52~70	45~65	38~58	30~50	18~38	12~28	8~20	4~14	3~11	2~7	1~5	3.0~5.0
		AC—25 Ⅰ			100	95~100	75~90	62~80	53~73	43~63	32~52	25~42	18~32	13~25	8~18	5~13	3~7	4.0~6.0
		Ⅱ			100	90~100	65~85	52~70	42~62	32~52	20~40	13~30	9~23	6~16	4~12	3~8	2~5	3.0~5.0
	中粒	AC—20 Ⅰ				100	95~100	75~90	62~80	52~72	38~58	28~46	20~34	15~27	10~20	6~14	4~8	4.0~6.0
		Ⅱ				100	90~100	65~85	52~70	40~60	26~45	16~33	11~25	7~18	4~13	3~9	2~5	3.5~5.5
		AC—16 Ⅰ					100	95~100	75~90	58~78	42~63	32~50	22~37	16~28	11~21	7~15	4~8	4.0~6.0
		Ⅱ					100	90~100	65~85	50~70	30~50	18~35	12~26	7~19	4~14	3~9	2~5	3.5~5.5
	细粒	AC—13 Ⅰ						100	95~100	70~88	48~68	36~53	24~41	18~30	12~22	8~16	4~8	4.5~6.5
		Ⅱ						100	90~100	60~80	34~52	22~38	14~28	8~20	5~14	3~10	2~6	4.0~6.0
		AC—10 Ⅰ							100	95~100	55~75	38~58	26~43	17~33	10~24	6~16	4~9	5.0~7.0
		Ⅱ							100	90~100	40~60	24~42	15~30	9~22	6~15	4~10	2~6	4.5~6.5
	砂粒	AC—5 Ⅰ								100	95~100	55~75	35~55	20~40	12~28	7~18	5~10	6.0~8.0
沥青碎石	特粗	AM—40	100	90~100	50~80	40~65	30~54	25~30	20~45	13~38	5~25	2~15	0~10	0~8	0~6	0~5	0~4	2.5~4.0
	粗粒	AM—30		100	90~100	50~80	38~65	32~57	25~50	17~42	8~30	2~20	0~15	0~10	0~9	0~5	0~4	2.5~4.0
		AM—25			100	90~100	50~80	43~73	38~65	25~55	10~32	2~20	0~14	0~10	0~8	0~6	0~5	3.0~4.5
	中粒	AM—20				100	90~100	60~85	50~75	40~65	15~40	5~22	2~16	1~12	0~10	0~8	0~5	3.0~4.5
		AM—16					100	90~100	60~85	45~68	18~42	6~25	3~18	1~14	1~10	0~8	0~5	3.0~4.5
	细粒	AM—13						100	95~100	50~80	30~45	8~28	4~20	2~16	0~10	0~8	0~6	3.0~4.5
		AM—10							100	85~100	35~65	10~35	5~22	2~16	0~12	0~9	0~6	3.0~4.5
抗滑表层		AK—13A						100	90~100	60~80	30~53	20~40	15~30	10~23	7~18	5~12	4~8	3.5~5.5
		AK—13B						100	85~100	50~70	18~40	10~30	8~22	5~15	3~12	3~9	2~6	3.5~5.5
		AK—16A						90~100	70~90	50~70	30~50	22~37	16~28	12~23	8~18	6~13	4~9	4.0~6.0
		AK—16B					100	90~100	60~82	45~70	25~45	15~35	10~25	8~18	6~13	4~10	3~7	3.5~5.5

防滑沥青表处混合料组成 表6-38

种类	混合料组成
预拌石屑防滑沥青表处	可用6mm左右不易磨损的洁净石屑同2.5%的针入度为60的沥青预拌,然后趁热摊铺压平成一薄层即可
摊铺式混合料防滑沥青表处	将下列组成的混合料加热拌和摊铺压平成一薄层: 石屑(22mm) 45.0%(以重量计) 石灰石矿粉 25.0% 沥青(针入度=40) 7.5% 天然砂(0.12mm) 22.5% 这种混合料空隙率小于1%,防水性好,表面抗滑,稳定性也较好,可用于高等级公路
粗糙面混合料防滑沥青表处	这种混合料的级配组成如下: 碎石(15~25mm) 80% 石屑(3~7mm) 6% 细砂(0~3mm) 10% 矿粉 4% 沥青(外加) 4%
不同抗磨性混合矿料防滑沥青表处	用抗磨性不同的矿料组成的混合料铺成防滑沥青表处,可以提高表面的抗滑性能,可采用如下级配: 火成岩碎石(7~15mm) 35% 火成岩石屑(0.3mm) 30% 石灰岩石屑(3~7mm) 15% 砂 10% 石灰石矿粉 10% 沥青(外加) 5.2%
骨架式混合料防滑沥青表处	这种混合料组成如下: 火成岩碎石(7~15mm) 51% 火成岩石屑(3~7mm) 5% 石灰岩石屑(0~3mm) 30% 砂 8% 矿粉 6% 沥青(外加) 5.25%

B　沥青路面结构组合设计

a　沥青路面结构组合设计的原则、要求及程序

沥青路面结构组合设计的原则、要求及程序　　表 6-39

项目	内容
基本原则	1.面层、基层的结构类型及厚度应与交通量相适应。交通量大、轴载重时，应采用高等级面层与强度较高的结合料稳定类材料基层。 2.层间结合必须紧密稳定，以保证结构的整体性和应力传布的连续性。面层与基层之间宜按基层类型和施工情况适当洒布透层沥青、粘层沥青或采用沥青封层。 3.各结构层的材料回弹模量应自上而下递减，基层材料与面层材料的回弹模量比应大于或等于 0.3；土基回弹模量与基层(或底基层)的回弹模量比宜为 0.08～0.4。 4.层数不宜过多。 5.在半刚性基层上铺筑面层时，对等级较高的道路应适当加厚面层或采取其他措施以减轻反射裂缝
一般要求	1.面层的类型和厚度应与道路等级相适应。 2.满足对各结构层(面层、基层和垫层)的相关功能要求。 3.应适应各结构层的荷载应力分布特性。 4.要顾及各结构层本身的结构特性。 5.应考虑当地水文状况的不利影响。 6.选择适当的结构层数和层厚，以便利施工。 7.协调行车道与路肩部分的铺面结构，考虑表面水和结构内部自由水的疏导和排放。 8.顾及当地的使用经验、已有习惯和施工技术水平
程序框图	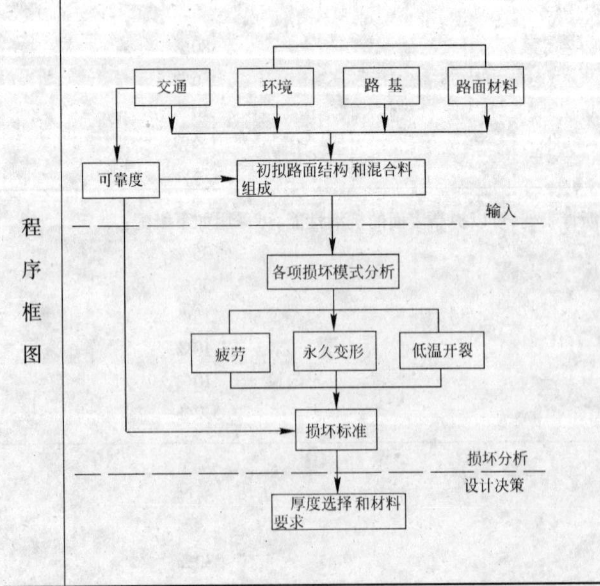

b　沥青面层结构类型及选择

各类沥青面层的特点及适用范围　　表 6-40

面层类型	特点及适用范围
沥青表面处治路面	沥青表处可以用作磨耗层、防滑层、防水层、有色层等，还可以起到更新旧路，加强老路(须有一定厚度)的作用。在良好的基层上，如果对材料的选用和施工符合要求，这种路面的使用寿命也相当长，一般可达 5～10 年，甚至可达 15 年。沥青表处的厚度一般不大于 3cm。施工方法可分为层铺法、拌和法及混合法三种，目前用得最多的是层铺法。层铺法可分为单层式、双层式、三层式及四层式数种。可视现有路面的基层和面层情况，表处层的作用和交通量大小确定采用的层次。单层式沥青表处是浇洒一次沥青，撒铺一次矿料，厚度为 1～1.5cm。双层式是浇洒两次沥青，撒铺两次矿料，厚度为 1.5～2.5cm。三层式是浇洒三次沥青，撒铺三次矿料，厚度为 2.5～3.0cm。拌和法沥青表处是用具有一定比例的不同粒径的矿料与沥青共同拌和铺成，分为冷拌和热拌两种，其施工方法与沥青碎石路面基本相同。混合法沥青表处是下层用层铺法，上层用拌和法铺筑而成，具有我国沥青表处结构和施工的特色。在使用沥青表处来改善或恢复已老化的旧沥青路面时，如果旧路面磨损较轻或老化不严重，一般可采用单层表处，如路面磨损或老化较严重，并有较多坑洞时，可采用双层或三层式表处
沥青贯入式路面	沥青贯入式路面是属于一种嵌锁型的路面结构，它是利用尺寸较大的碎石的相互嵌锁作用和沥青材料的粘结作用经充分碾压成型的路面。这种路面的厚度一般为 4～8cm，其强度和稳定性都较高，可用作次高级路面的面层，也可用作高级路面的联结层或基层。由于这种路面属多孔结构，容易渗水，故用作面层时，表面封层甚为重要，如用作联结层或基层，可以不作封层
沥青上拌下贯式路面	沥青上拌下贯式路面是在下部采用沥青贯入式、上部封层采用拌和的沥青混合料铺成的路面结构，它既具有一般沥青贯入式结构的较高强度和稳定性的特点，而封层又有成型较快、平整度与密实度较好和施工质量较易控制的优点，厚度一般为 5～8cm。但在现场须同时备有喷洒沥青和拌和混合料两套设备以利于施工。这种路面适用于交通量较大的道路
沥青碎石路面	沥青碎石路面是用具有一定级配的碎石作骨料，用沥青材料作结合料，经拌和铺压成型的路面。它有较高的强度，热稳性好，不易产生推移和拥包等病害，适用于交通量较大的高级路面或次高级路面，亦可用作沥青路面的联结层或基层。这种路面结构空隙大，容易渗水，用作面层时，通常须在其上铺筑沥青砂或细粒式沥青混凝土以防渗水，并提高其平整度
沥青混凝土路面	沥青混凝土路面是用具有适当级配的矿料(包括粗料、细料和矿粉)及沥青材料组成的混合料经拌和铺压而成。它的强度高，整体性好，具有较强的抵抗自然因素破坏作用的能力，路面的使用寿命较长，可用作高等级路面面层，或其联结层与基层。这种沥青混合料的强度和稳定性不仅依赖骨料的嵌锁作用，而且在很大程度上决定于结合料(包括矿粉)的胶结作用，因此对于矿粉品种的选择和用量十分重要。 沥青混凝土混合料按其矿料最大粒径的大小分为粗粒式(最大粒径为 30～35mm)、中粒式(最大粒径为 20～25mm)、细粒式(最大粒径为 10～15mm)和沥青砂(最大粒径为 5mm)四种，分为 LH—35、LH—30、LH—25、LH—20、LH—15、LH—10、LH—5 七类。在交通繁重的道路上采用双层式面层结构时，下层可采用 LH—35 或 LH—30，上层采用 LH—15 或 LH—10 或 LH—5。用作基层或联结层时，可用 LH—35、LH—30 或 LH—25、LH—20 等。 根据混合料压实后的剩余空隙率可分为Ⅰ型(剩余空隙率为 3%～6%)和Ⅱ型(剩余空隙率为 6%～10%)两类

续上表

面层类型		特点及适用范围
其他沥青层位	透层	沥青路面的级配砂砾、级配碎石基层及水泥、石灰、粉煤灰等无机结合料稳定土或粒料的半刚性基层上必须浇洒透层沥青
	粘层	属以下情况者应浇洒粘层沥青 1. 双层式或三层式热拌热铺沥青混合料路面在铺筑上层前,其下面的沥青层已被污染; 2. 旧沥青路面上加铺沥青面层; 3. 水泥混凝土路面上加铺沥青面层; 4. 与新铺沥青混合料接触的路缘石、雨水进水口、检查井等的侧面
	封层	1. 属下述情况者应在沥青面层上铺筑上封层。 (1)沥青面层的空隙较大,透水严重; (2)有裂缝或已修补的旧沥青路; (3)需加铺磨耗层改善抗滑性能的旧沥青路面; (4)需铺筑磨耗层或保护层的新建沥青路面。 2. 属下述情况者应在沥青面层下铺筑下封层。 (1)位于多雨地区且沥青面层空隙较大,渗水严重; (2)在铺筑基层后,不能及时铺筑沥青面层,且须开放交通

热拌沥青混合料种类　　表 6-41

混合料类别	方孔筛系列			对应的圆孔筛系列		
	沥青混凝土	沥青碎石	最大集料粒径(mm)	沥青混凝土	沥青碎石	最大集料粒径(mm)
特粗式	—	AM—40	37.5	—	LS—50	50
粗粒式	AC—30	AM—30	31.5	LH—40 或 LH-35	LS—40 LS—35	40 35
	AC—25	AM—25	26.5	LH—30	LS—30	30
中粒式	AC—20	AM—20	19.0	LH—25	LS—25	25
	AC—16	AM—16	16.0	LH—20	LS—20	20
细粒式	AC—13	AM—13	13.2	LH—15	LS—15	15
	AC—10	AM—10	9.5	LH—10	LS—10	10
砂粒式	AC—5	AM—5	4.75	LH—5	LS—5	5
抗滑表层	AK—13	—	13.2	LK—15	—	15
	AK—16	—	16.0	LK—20	—	20

公路沥青混合料类型的选择(方孔筛)　表 6-42

层位	沥青层厚度(cm)	混合料类别	高速公路、一级公路		二级及二级公路以下
			三层式	双层式	
表面层	2.5~4 4~5	细粒式 中粒式	AC—13 AC—16	AC—13 AC—16	AC—13 AM—13 AC—16
中面层	4~6 5~6	中粒式 粗粒式	AC—20 AC—25	—	—
下面层	4~5 5~6 6~8	中粒式 粗粒式 粗粒式	 AC—25 AC—30	AC—20 AC—25 AC—30	AC—20 AM—25 AC—25 AC—30 AM—30
上基层 调平层	5~6 6~8 8~10	粗粒式 粗粒式 特粗粒式	AM—25 AM—30 AM—40	AM—25 AM—30 AM—40	AM—25 AM—30
抗滑表层	2.5~4	细粒式 中粒式	AK—13A AK—13B AK—16A AK—16B	AK—13A AK—13B AK—16A AK—16B	AK—13A AK—16A

注:AC 为沥青混凝土;AM 为沥青碎石;AK 为抗滑面层。

沥青路面各层的沥青混合料类型及选择　表 6-43

筛孔系列	结构层次	高速公路、一级公路城市快速路、主干路		其他等级公路		一般城市道路及其他道路工程	
		三层式沥青混凝土路面	两层式沥青混凝土路面	沥青混凝土路面	沥青碎石路面	沥青混凝土路面	沥青碎石路面
方孔筛系列	上面层	AC—13 AC—16 AC—20	AC—13 AC—16	AC—13 AC—16	AM—13	AC—5 AC—10 AC—13	AM—5 AM—10
	中面层	AC—20 AC—25					
	下面层	AC—25 AC—30	AC—20 AC—25 AC—30	AC—20 AC—25 AC—30 AM—25 AM—30	AM—25 AM—30	AC—20 AC—25 AM—25 AM—30	AM—25 AM—30 AM—40
圆孔筛系列	上面层	LH—15 LH—20 LH—25	LH—15 LH—20	LH—15 LH—20	LS—15	LH—5 LH—10 LH—15	LS—5 LS—10
	中面层	LH—25 LH—30					
	下面层	LH—30 LH—35 LH—40	LH—30 LH—35 LH—40	LH—25 LH—30 LH—35 AM—30 AM—35	LS—30 LS—35 LS—40	LH—25 LH—30 LS—30 LS—35 LS—40	LS—30 LS—35 LS—40 LS—50

注:当铺筑抗滑表层时,可采用 AK—13 或 AK—16 型热拌沥青混合料,也可在 AC—10(LH—15)型细粒式沥青混凝土上嵌压沥青预拌单粒径碎石 S—10 铺筑而成。

柔性路面适应的累计当量轴次　表 6-44

道路等级和分类	路面等级	面层类型	设计年限(年)	设计年限内累计标准轴次(万次/车道)
高速公路;一级公路;城市快速路、主干路	高级路面	沥青混凝土	15	>400

续上表

道路等级和分类	路面等级	面层类型	设计年限(年)	设计年限内累计标准轴次(万次/车道)
二级公路；城市主干路	高级路面	沥青混凝土	12	>200
	次高级路面	热拌沥青碎石混合料，沥青贯入式	10	100~200
三级公路；次干路，城市道路支路	次高级路面	乳化沥青碎石混合料，沥青表面处治	8	10~100
四级公路	中级路面	水结碎石、泥结碎石，级配碎(砾)石，半整齐石块路面	5	≤10
	低级路面	粒料改善土	5	

SMA 适用的道路　　表 6-45

道路类型	主要行驶车辆	适用表面层 SMA 类型	适用中面层 SMA 类型
城市街道、高架道路	小汽车、轻型货车	SMA—13 SMA—10	—
城市干道、高等级公路	公交车辆、载重汽车、混合车辆	SMA—16 SMA—13	SMA—19 SMA—25
高速公路、重交通道路	重型载重货车	SMA—16	SMA—19 SMA—25

公路路面类型的选择　　表 6-46

公路等级	路面等级	面层类型	设计年限(年)	设计年限内设计车道的累计标准轴次($\times 10^4$)
高速公路一级公路	高级路面	沥青混凝土	15	>400
二级公路	高级路面	沥青混凝土	12	>200
	次高级路面	热拌沥青碎石混合料、沥青贯入式	10	100~200
三级公路	次高级路面	乳化沥青碎石混合料、沥青表面处治	8	10~100
四级公路	中级路面	水结碎石、泥结碎石、级配碎(砾)石、半整齐石块路面	5	≤10
	低级路面	粒料改善土	5	

城市道路设计车道标准轴载累计数要求的面层类型　　表 6-47

设计车道标准轴载累计数 N	面层类型
$>2\times10^6$	沥青混凝土、热拌热铺沥青碎石

续上表

设计车道标准轴载累计数 N	面层类型
$0.5\times10^6 \sim 2\times10^6$	热拌热铺或冷拌冷铺沥青碎石、沥青贯入式碎(砾)石
$<0.5\times10^6$	沥青表面处治、粒料路面

c　沥青面层结构最小厚度及推荐厚度

各类密级配沥青混凝土的适用范围、层次和厚度　　表 6-48

混合料类型	代号	最大集料粒径(mm)	高速公路、一级公路 三层式	高速公路、一级公路 两层式	二级及二级以下公路	适用层位	沥青层厚度(cm)
粗粒式	AC—30	31.5	AC—30	AC—30	AC—30	下面层	6~8
中粒式	AC—25	26.5	AC—25	AC—25	AC—25	下面层	5~6
	AC—25	26.5	AC—25			中面层	5~6
	AC—20	19.0		AC—20	AC—20	下面层	4~5
	AC—20	19.0	AC—20			中面层	4~6
细粒式	AC—16	16.0	AC—16	AC—16	AC—16	表面层	4~5
	AK—16	16.0	AK—16A	AK—16	AK—16A	抗滑表层	3~5
	AC—13	13.2	AC—13	AC—13	AC—13	表面层	2.5~4
	AK—13	13.2	AK—13A AK—13B	AK—13A AK—13B	AK—13A	抗滑表层	2.5~4

各类沥青碎石的适用范围、层次和厚度　　表 6-49

混合料类型	代号	集料最大粒径(mm)	高速公路、一级公路 三层式	高速公路、一级公路 两层式	二级及二级以下公路	适用层位	沥青层厚度(cm)
特粗粒式	AM—40	37.5	AM—40	AM—40		调平层	8~10
粗粒式	AM—30	31.5	AM—30	AM—30	AM—30	上基层	6~8
					AM—30	下面层	6~8
	AM—25	26.5	AM—25	AM—25		上基层	5~6
中粒式	AM—20	19.0			AM—20	下面层	4~5
	AM—16	16.0					
细粒式	AM—13	13.2			AM—13	表面层	2.5~4
	AM—10	9.5					

沥青混凝土面层常用厚度及适宜层位　　表 6-50

面层类型	骨料最大粒径(mm)	常用厚度(cm)	适宜层位
粗粒式沥青混凝土	30,35	6~8	双层式沥青混凝土面层的下层
中粒式沥青混凝土	20,25	4~6	①双层式沥青混凝土面层的上层； ②单层式沥青混凝土面层
细粒式沥青混凝土	13,15	2.5~4	双层式沥青混凝土面层的上层
	10	1.5~2	①沥青混凝土面层的磨耗层； ②沥青碎石等面层的封层和磨耗层； ③自行车
砂粒式沥青混凝土	5	1~2	

城市道路常用结构层最小厚度　　表 6-51

结构层名称		最小厚度(cm)
砂粒式沥青混凝土		1.0
细粒式沥青混凝土	d_{max}为 10mm	1.5
	d_{max}为 13、15mm	2.5
中粒式沥青混凝土或中粒式沥青碎石		4.0
粗粒式沥青混凝土或粗粒式沥青碎石		6.0
沥青贯入式碎(砾)石		4.0
沥青表面处治		1.5
碎(砾)石石灰土、泥灰结碎(砾)石		12.0
无机结合料稳定土类及工业废渣类混合料		12.0
碎石		8.0
粒料	面　层	8.0
	基　层	12.0

注：d_{max}为骨料最大粒径(mm)。

一般公路各类结构层的最小厚度　　表 6-52

结构层类型		施工最小厚度(cm)	结构层适宜厚度(cm)
沥青混凝土热拌沥青碎石	粗粒式	5.0	5~8
	中粒式	4.0	4~6
	细粒式	2.5	2.5~4
沥青石屑		1.5	1.5~2.5
沥青砂		1.0	1~1.5
沥青贯入式		4.0	4~8
沥青上拌下贯式		6.0	6~8
沥青表面处治		1.0	层铺 1~3,拌和 2~4
水泥稳定类		15.0	16~20
石灰稳定类		15.0	16~20
石灰工业废渣类		15.0	16~20
级配碎、砾石		8.0	10~15
泥结碎石		8.0	10~15
填隙碎石		10	10~12

沥青路面最小防冻厚度(cm)　　表 6-53

路基类型	土质	粘性土、细亚砂土			粉性土		
	基、垫层类型 / 道路冻深(cm)	砂石类	稳定土类	工业废料类	砂石类	稳定土类	工业废料类
中湿	50~100	40~45	35~40	30~35	45~50	40~45	30~40
	100~150	45~50	40~45	35~40	50~60	45~50	40~45
	150~200	50~60	45~55	40~50	60~70	50~60	45~50
	大于 200	60~70	55~65	50~55	70~75	60~70	50~65

续上表

路基类型	土质	粘性土、细亚砂土			粉性土		
	基、垫层类型 / 道路冻深(cm)	砂石类	稳定土类	工业废料类	砂石类	稳定土类	工业废料类
潮湿	60~100	45~55	40~50	35~45	50~60	45~55	40~50
	100~150	55~60	50~55	45~50	60~70	55~65	50~60
	150~200	60~70	55~65	50~55	70~80	65~70	60~65
	大于 200	70~80	65~75	55~70	80~100	70~90	65~80

注：1. 在《公路自然区划标准》(JTJ 003)中，对潮湿系数小于 0.5 的地区，Ⅱ、Ⅲ、Ⅳ等干旱地区防冻厚度应比表中值减少 15%~20%。

2. 对Ⅱ区砂性土路基防冻厚度应相应减少 5%~10%。

城市道路沥青混凝土面层常用厚度及适宜层位　　表 6-54

面层类型	骨料最大粒径(mm)	常用厚度(cm)	适宜层位
粗粒式沥青混凝土	30,35	6~8	双层式沥青混凝土面层的下层
中粒式沥青混凝土	20,25	4~6	①双层式沥青混凝土面层的上层 ②单层式沥青混凝土的面层
细粒式沥青混凝土	13,15	2.5~3	双层式沥青混凝土面层的上层
	10	1.5~2	①沥青混凝土面层的磨耗层 ②沥青碎石等面层的封层和磨耗层 ③自行车车行道与人行道的面层
砂粒式沥青混凝土	5	1~2	

半刚性基层上沥青面层的推荐厚度(cm)　　表 6-55

公路等级	面层类型	设计车道累计标准轴次($\times 10^4$)	推荐厚度	参考厚度
高速公路	沥青混凝土	≥1 200	12~18	15~18
		800~1 200		13~16
		400~800		12~14
一级公路	沥青混凝土	800~1 200	10~15	13~15
		400~800		10~13
二级公路	沥青混凝土	200~400	5~10	8~10
	热拌沥青碎石			
	沥青贯入式	100~200		6~8
三级公路	表面处治	50~100	2~4	2~3(层铺法) 4(拌和法)
		<50	1~2.5	2.5

6

C 沥青路面厚度计算

a 新建公路沥青路面厚度计算

新建沥青路面按双层体系厚度计算　　表 6-56

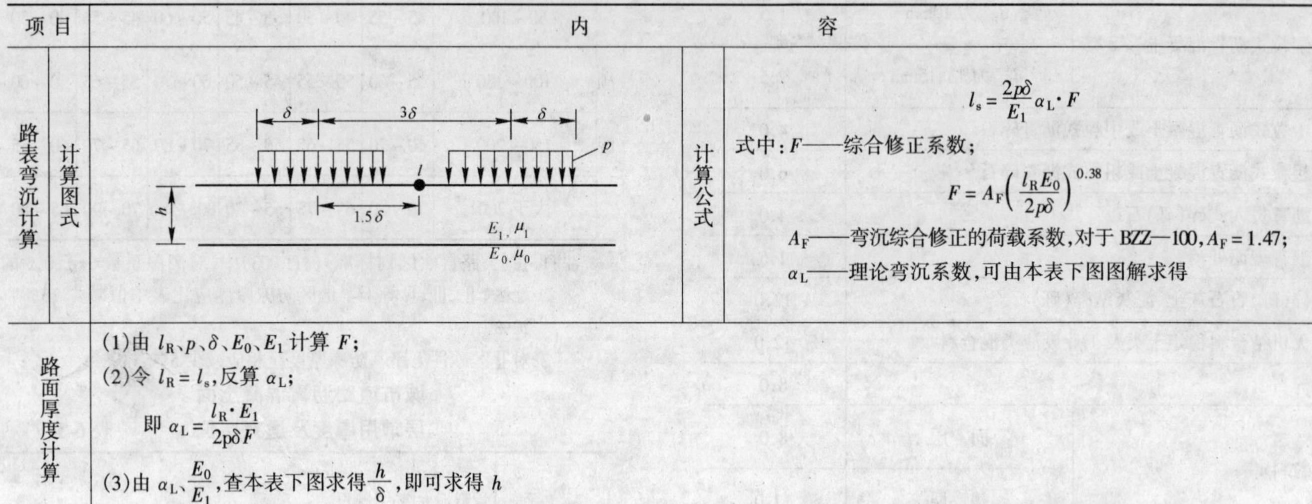

项目		内容		
路表弯沉计算	计算图式	δ　3δ　δ　p　l　h　1.5δ　E_1,μ_1　E_0,μ_0	计算公式	$l_s=\frac{2p\delta}{E_1}\alpha_L\cdot F$ 式中：F——综合修正系数； $F=A_F\left(\frac{l_R E_0}{2p\delta}\right)^{0.38}$ A_F——弯沉综合修正的荷载系数，对于 BZZ—100，$A_F=1.47$； α_L——理论弯沉系数，可由本表下图图解求得
路面厚度计算		(1)由 l_R、p、δ、E_0、E_1 计算 F； (2)令 $l_R=l_s$，反算 α_L； 即 $\alpha_L=\frac{l_R\cdot E_1}{2p\delta F}$ (3)由 α_L、$\frac{E_0}{E_1}$，查本表下图求得 $\frac{h}{\delta}$，即可求得 h		
计算用诺谟图		h/δ　0　1　2　3　4　5　0.1　0.2　0.3　0.4　0.5　0.6 α 0.001　0.002　0.005　0.01　0.02　0.05　0.1　0.2　0.3　0.4　0.5　0.6　0.7　0.8 双层体系表面垂直位移系数 α 诺谟图 曲线上数字 E_0/E_1		

新建沥青路面三层或多层体系厚度计算　　表 6-57

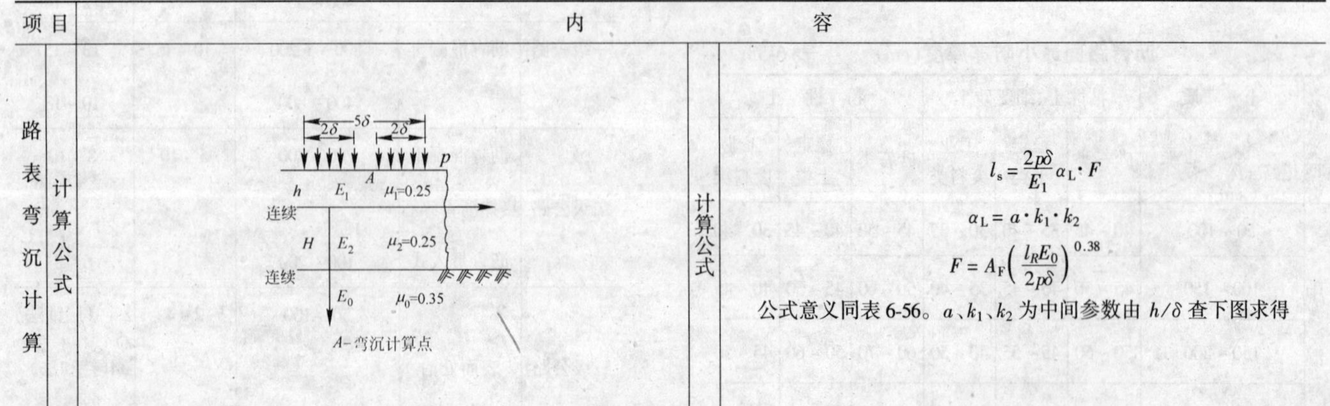

项目		内容		
路表弯沉计算	计算公式	2δ　5δ　2δ　p h　E_1　A　μ_1=0.25 连续 H　E_2　μ_2=0.25 连续 E_0　μ_0=0.35 A-弯沉计算点	计算公式	$l_s=\frac{2p\delta}{E_1}\alpha_L\cdot F$ $\alpha_L=a\cdot k_1\cdot k_2$ $F=A_F\left(\frac{l_R E_0}{2p\delta}\right)^{0.38}$ 公式意义同表 6-56。a、k_1、k_2 为中间参数由 h/δ 查下图求得

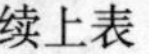

续上表

项目	内容
三层体系表面弯沉系数诺谟图	查图方法示意图

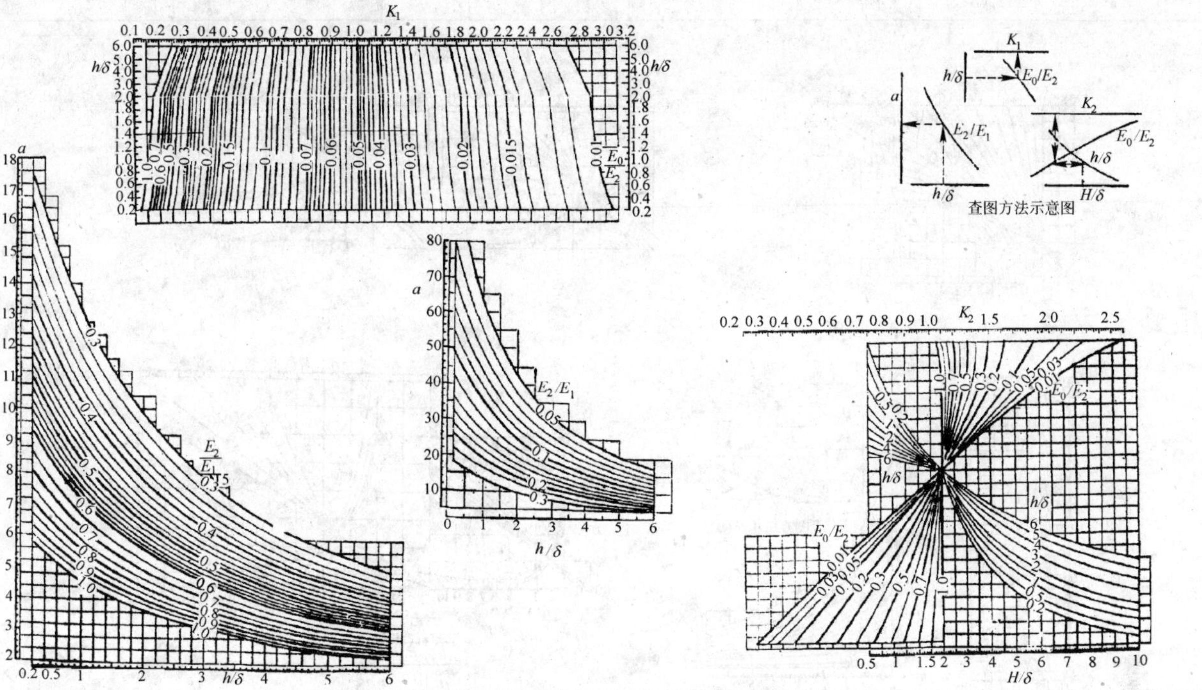

三层体系弯拉应力计算图 表6-58

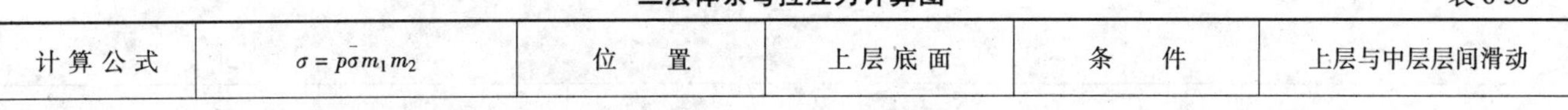

计算公式	$\sigma = p\bar{\sigma} m_1 m_2$	位置	上层底面	条件	上层与中层层间滑动

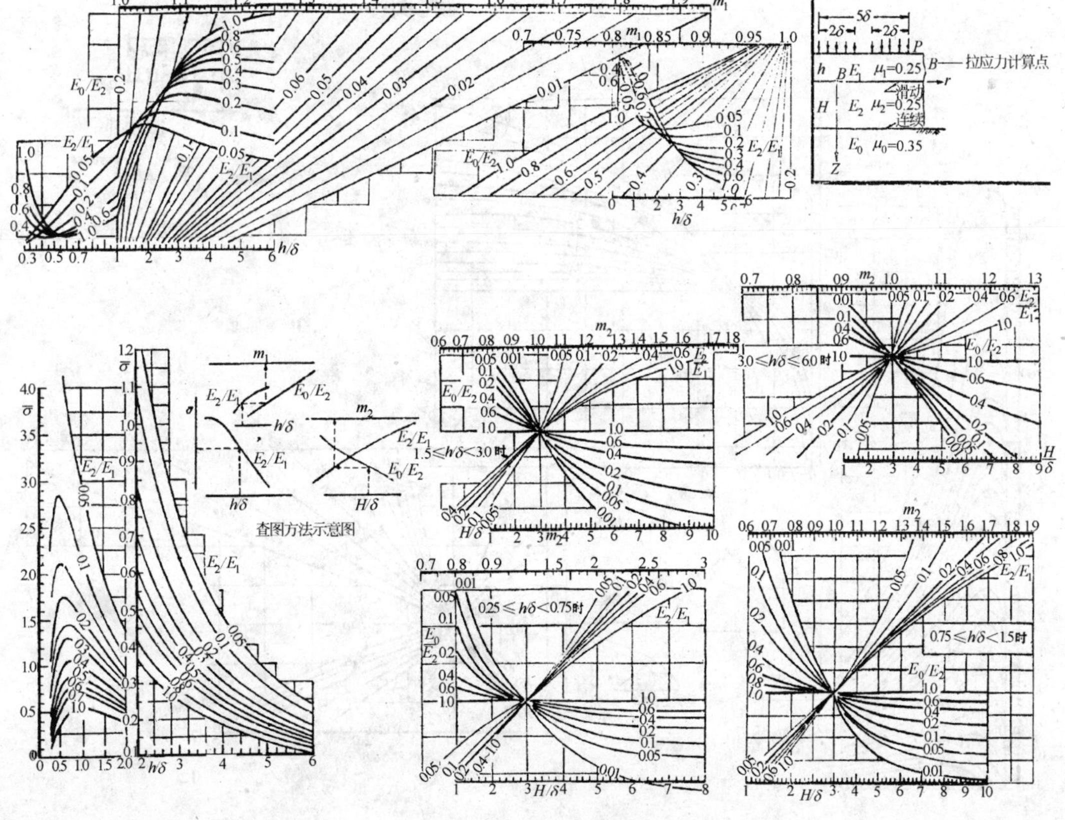

6

续上表

计算公式	$\sigma = p\bar{\sigma}m_1 m_2$	位 置	上层底面	条 件	上层与中层层间连续

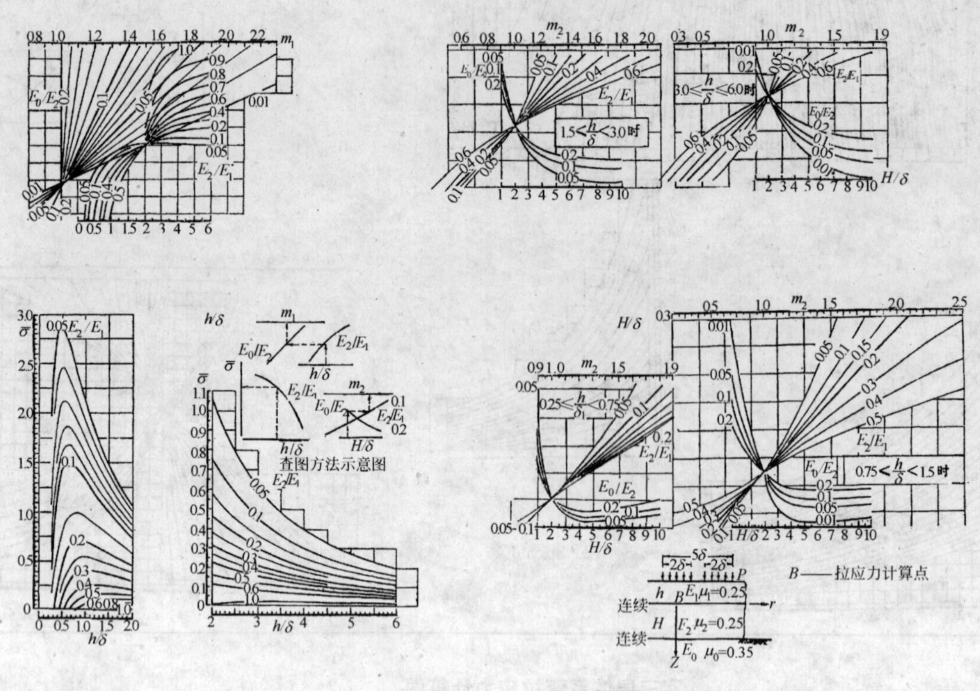

计算公式	$\sigma = p\bar{\sigma}n_1 n_2$	位 置	中层底面	条 件	上层与中层层间滑动

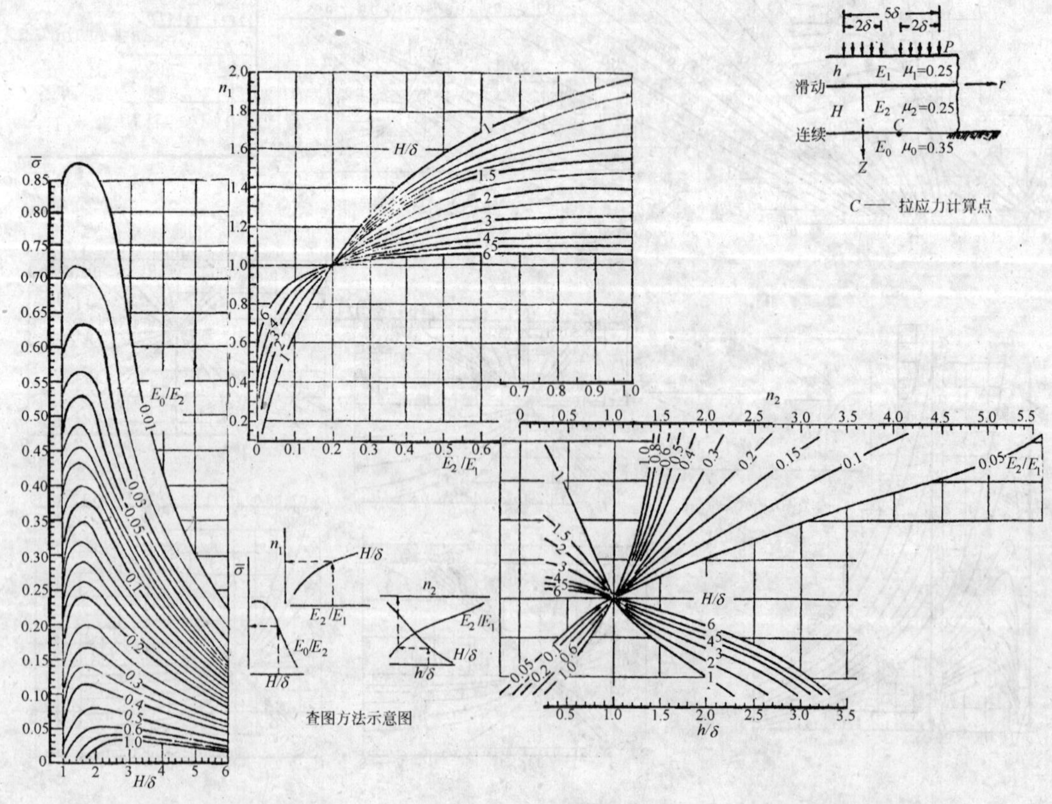

续上表

计算公式	$\sigma = p\bar{\sigma} n_1 n_2$	位　置	中层底面	条　件	上层与中层层间连续

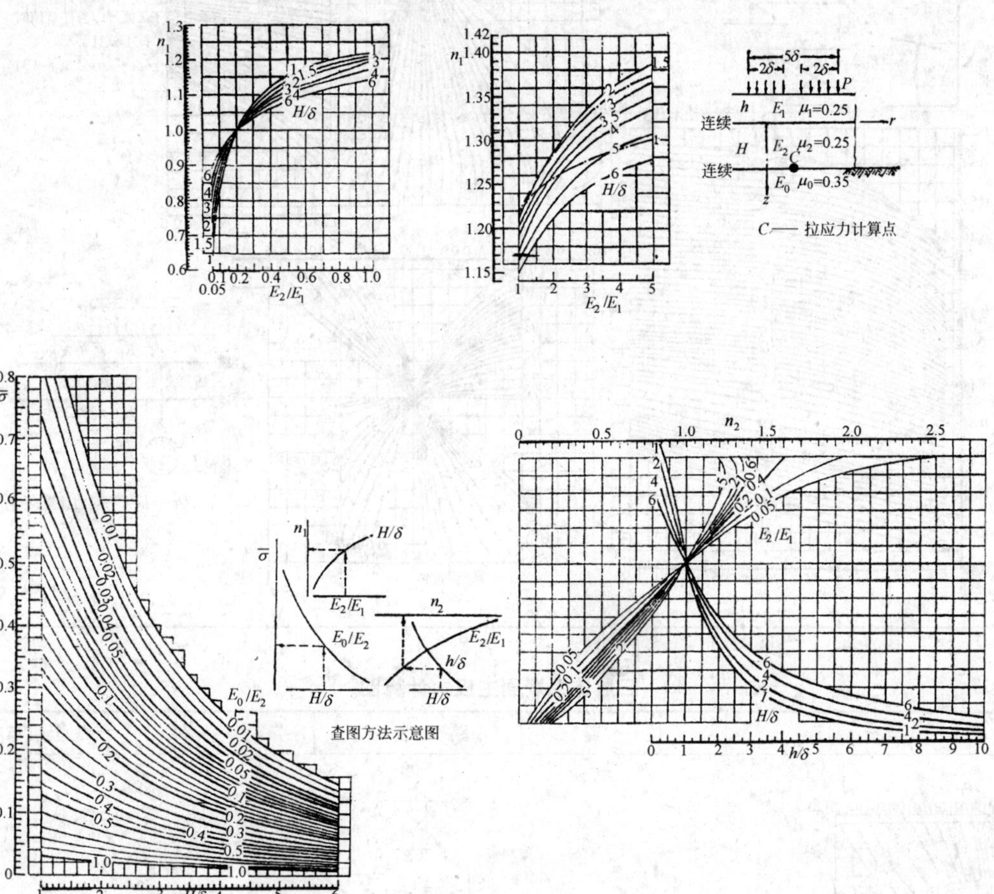

6

沥青路面层底弯拉应力验算　　表 6-59

项　目	要　　点
最大拉应力理论公式	$\sigma_m = p\bar{\sigma}_m$ 式中：$\bar{\sigma}_m$——理论最大弯拉应力系数； 对于上层：　$\bar{\sigma}_m = m_1 m_2 \bar{\sigma}$ 系数 m_1、m_2、$\bar{\sigma}$ 根据层间结合条件分别查表 6-58 图可得。 对于中层：　$\bar{\sigma}_m = n_1 n_2 \bar{\sigma}$ 系数 n_1、n_2、$\bar{\sigma}$ 查表 6-58 图可得
计算诺谟图的选用	计算沥青类面层底面弯拉应力时，用表 6-58 第一图。图面基层换算为三层体系的上层时，用表 6-58 第二图。计算半刚性基层底面弯拉应力时，用表 6-58 第四图。计算弯拉应力时，计算层以上的整体型材料层采用弯拉模量，计算层以下各层采用抗压回弹模量。材料模量则一律采用抗压回弹模量
验算的一般步骤	先求最大弯拉应力系数 $\bar{\sigma}_m$(包括上层或中层)；再计算层底的最大弯拉应力 σ_m(包括上层或中层)；最后验算是否满足 $\sigma_m \leqslant \sigma_R$，若满足则该路面结构已符合弯拉指标的要求，否则调整路面结构，重新验算使 $\sigma_m \leqslant \sigma_R$

三层体系表面最大剪应力计算图　　表 6-60

计算公式	$\tau_m = p\bar{\tau}_m \cdot \gamma_1 \cdot \gamma_2$	位　置	路面表面	条　件	上层与中层层间连续

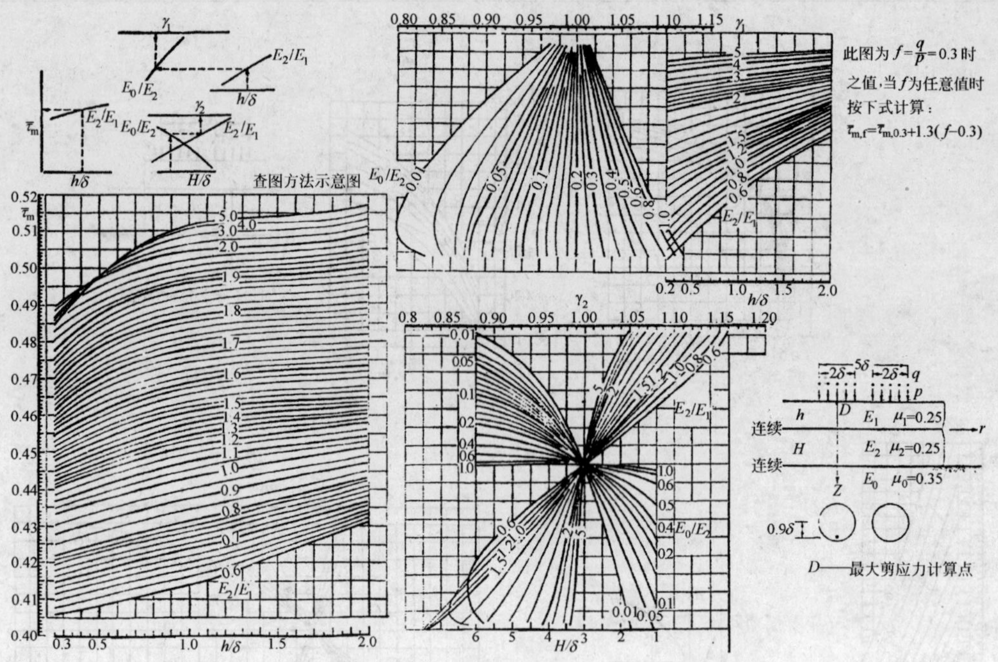

三层体系表面主应力计算图　　表 6-61

计算公式	$\sigma_1 = p\bar{\sigma}_1 \cdot \rho_1 \cdot \rho_2$	位　置	路面表面	条　件	上层与中层层间连续

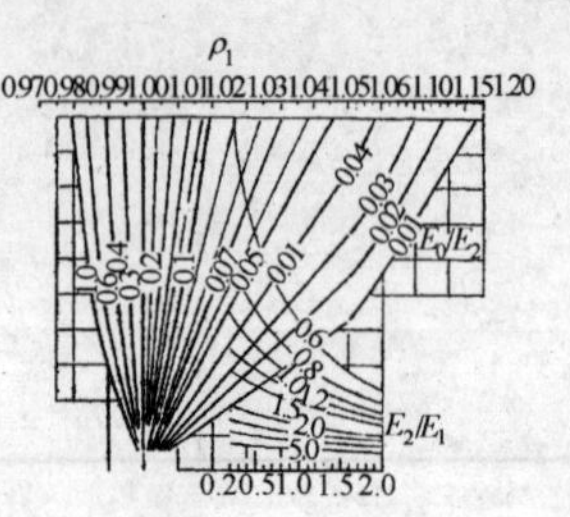

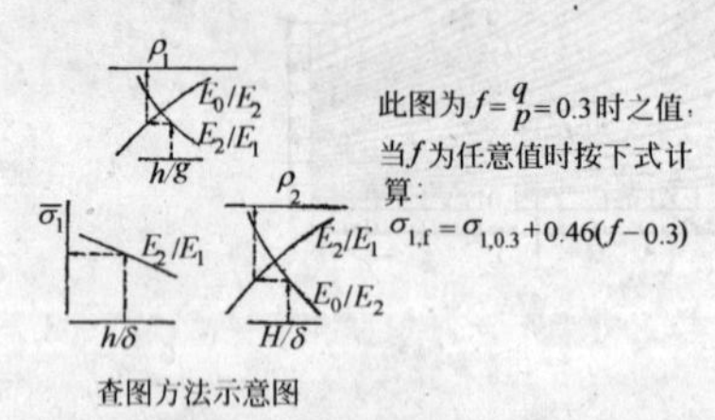

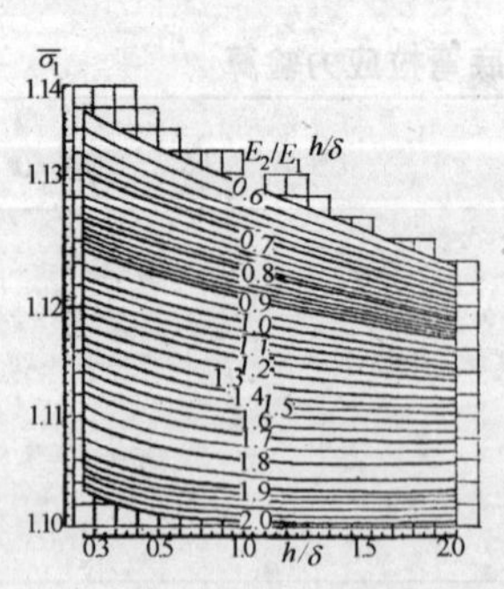

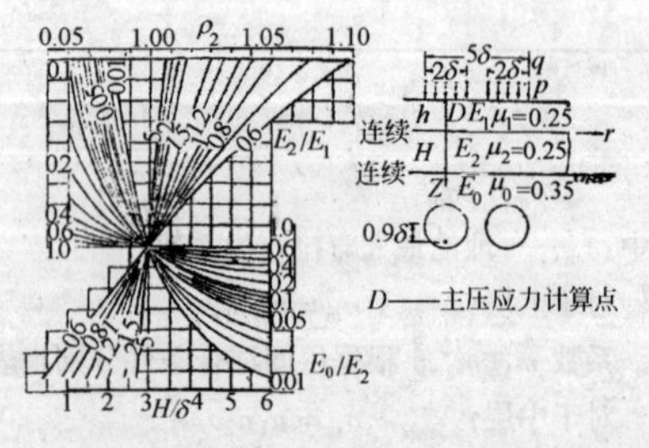

多层体系等效换算公式及图式　　表 6-62

方法	公式及图式			
弯沉等效换算法	公式	$H = h_2 + \sum_{k=3}^{n-1} h_k \sqrt[2.4]{\frac{E_k}{E_2}}$	图示	h_1, E_1；h_2, E_2；⋮ ⋮；h_{n-1}, E_{n-1}；E_n ⇨ h_1, E_1；H, E_2；E_n

续上表

方法			公式及图式		
弯拉应力等效换算法	上层不动换算中、下层	公式	当计算第 i 层底面的弯拉应力时,需将 i 层以上各层换算为模量 E_i、厚度 h 的一层即所谓上层,换算公式为: $h=\sum_{k=1}^{i}h_k\sqrt{\frac{E_k}{E_i}}$ 将 $i+1$ 层至 $n-1$ 层换算为模量 E_{i+1}、厚度为 H 的一层即中层,换算公式为: $H=\sum_{k=i+1}^{n-1}h_k\sqrt[0.9]{\frac{E_k}{E_{i+1}}}$	图式	
	下层不动换算上、中层	公式	此时即为计算路基之上的 $n-1$ 层的弯拉应力,就是中层为 $H=h_{n-1}$,而上层则为 $n-2$ 层以上各层换算为模量 E_{n-2} 的换算厚度,换算公式为: $h=\sum_{k=1}^{n-2}h_k\sqrt[4]{\frac{E_k}{E_{n-2}}}$	图式	

各种情况路面厚度设计计算流程图　　表 6-63

设计计算情况	流程图
弯沉设计	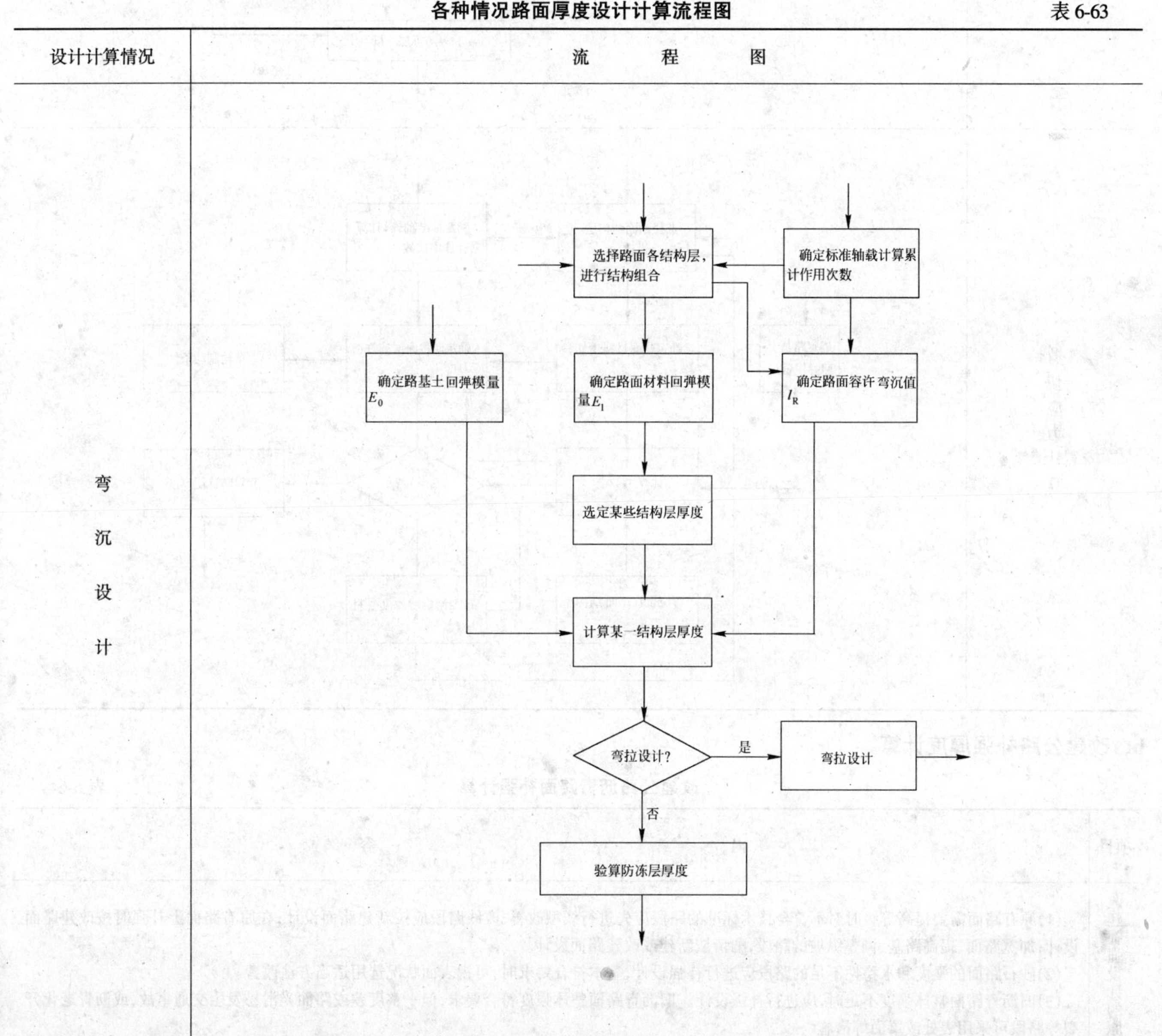

续上表

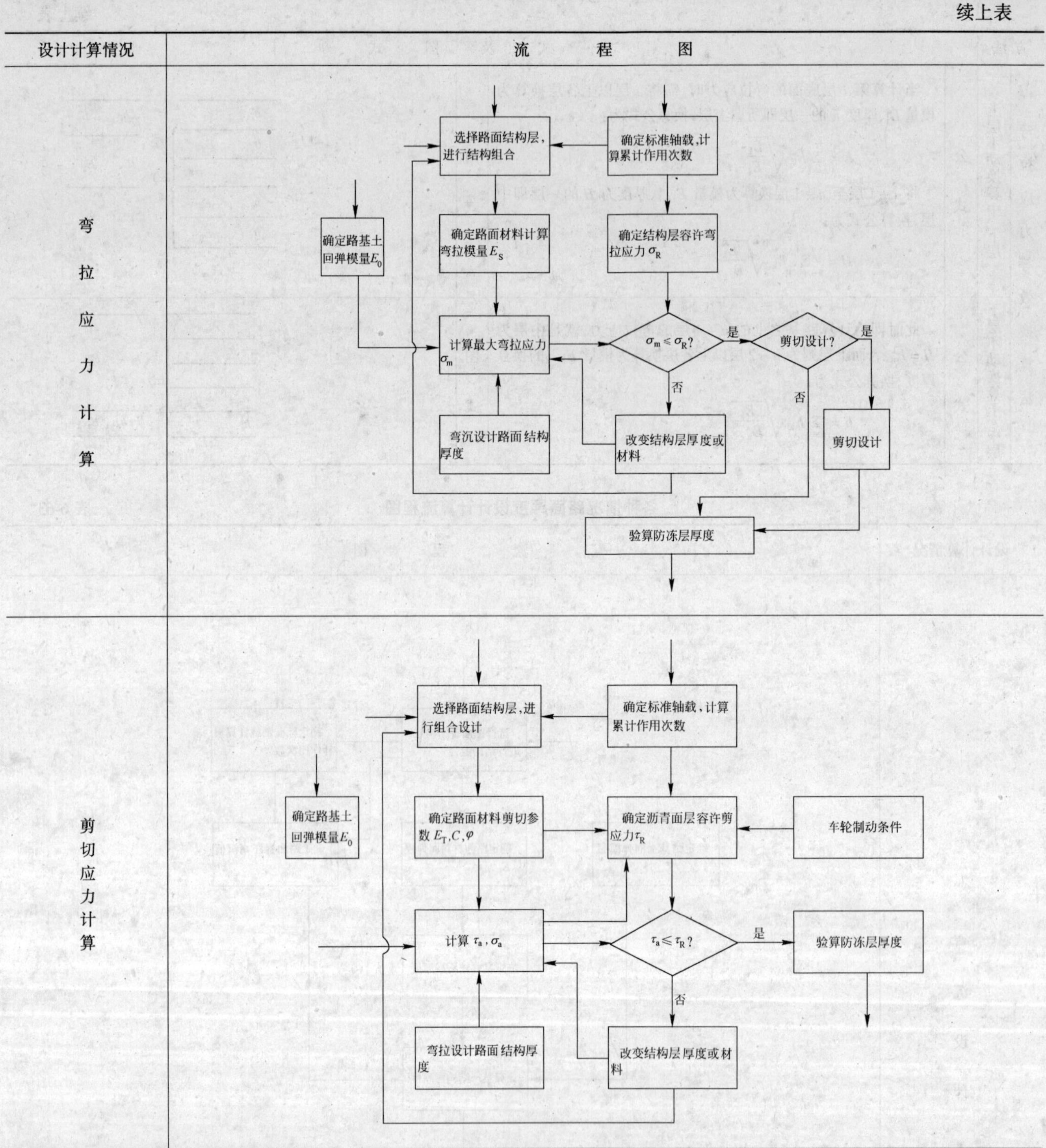

b　改建公路补强厚度计算

改建公路沥青路面补强计算　　　　表 6-64

项目	内　　容
改建补强设计的原则	(1)原有路面需要提高等级时对不符合技术标准的路段应先进行线型改善；改线路段应按新建路面设计；在原有路面上补强时按改建路面设计；加宽路面、提高路基、调整纵坡的路段，酌情按新建或改建路面设计。 (2)砂石路面的强度和水稳性不足的路段应进行补强设计，基本符合要求时，可视表面状况选用适当方法改善。 (3)旧沥青路面整体强度不足时，应进行补强设计。旧沥青路面整体强度符合要求，但平整度差或路面光滑易发生交通事故，或沥青老化开裂等路段可采用表处或罩面等措施

续上表

<table>
<tr><th>项目</th><th>内　　　　　　　　容</th></tr>
<tr><td>改建补强设计的步骤</td><td>(1)对原有道路进行技术调查,掌握设计资料。
①交通调查。对于当前的交通量和车型组成进行实地观测。通过调查分析预估交通量增长趋势,确定年平均增长率。
②路基状况调查。调查沿线路基土质、填挖高度、地面排水情况、地下水位,以确定路基土组和干湿类型。
③路面状况调查。调查路面结构类型、组合和各层厚度,为此需开挖试坑进行量测和取样试验。量测路基和路面宽度。详细记载路表状况及路拱大小。对路面的病害和破坏应详加记述并分析产生原因。
④路面修建和养护历史调查。
(2)确定各路段的计算弯沉值(l_0)或老路的综合模量 E_0。
(3)按设计任务书的要求,确定路面等级和类型,计算容许弯沉值 l_R 或设计弯沉值 l_d。
(4)拟定几种可能的结构组合方案并确定各补强层的参数 E_i 值及结构层的厚度。
(5)进行技术经济比较,确定采用的补强方案</td></tr>
<tr><td>确定原有路段及设计的弯沉值</td><td>(1)在确定各路段的弯沉值 l_0 时,应将全线进行分段。分段应考虑下列因素:
①土基干湿类型和土质应相同。
②在同一段落内,各测点的弯沉值比较接近,每段的弯沉值测点每车道应不少于 20 点。
③各段的最小长度应与施工方法相适应,一般不小于 500m,机械化施工不小于 1km,在不文、土质条件复杂或需要特殊处理的路段,可视具体情况确定。
(2)路段的计算弯沉值由下式确定:
$$l_0=(\bar{l}_0+\lambda\sigma)K_1\cdot K_2\cdot K_3$$
式中:l_0——路段的计算弯沉值(mm);
$\bar{l}_0$——路段内原有路面的平均弯沉值(mm);
σ——弯沉值的均方差(mm);
$$\sigma=\sqrt{\sum_{i=1}^{n}(l_i-\bar{l})^2/(n-1)}$$
λ——保证率系数,城市道路的快速路、主干路、二级公路为 2;次干路、三级公路为 1.5;支路和四级公路为 1.3;
K_1、K_2——分别为季节影响系数和湿度影响系数,可根据当地经验选用;
K_3——温度修正系数,若原有沥青路面厚度大于 3cm 时,所测得的弯沉值应进行温度修正。
弯沉值的温度修正系数 K_3 宜按当地经验确定。当无资料时可按下列步骤进行:
先计算测定时沥青面层平均温度 T_1:
$$T_1=a+bT_0$$
式中:a——系数,$a=-2.65+0.52h$;
b——系数,$b=0.62-0.008h$;
T_0——测定时路表温度与前 5h 平均气温之和(℃);
h——沥青面层厚度(cm)。
则沥青路面弯沉的温度修正系数 K_3 可按下式计算:
$$K_3=\frac{l_{20}}{l_{T_1}}$$
式中:l_{20}——换算为 20℃时的沥青面层的弯沉值(cm);
l_{T_1}——测定时沥青面层内平均温度为 T_1 时的弯沉值(cm)。
当 $T_1>20$℃时:
$$K_3=e^{h\left(\frac{1}{T_1}-\frac{1}{20}\right)}$$
当 $T_1<20$℃时:
$$K_3=e^{0.002h(20-T_1)}$$
式中:e——自然对数的底。
K_3 可由下表查取:</td></tr>
</table>

6

续上表

<table>
<tr><th>项目</th><th colspan="10">内　　容</th></tr>
<tr><td rowspan="9">确定原有路段及设计的弯沉值</td><td colspan="10">沥青路面弯沉的温度修正系数 K_3</td></tr>
<tr><td>T_1(℃) / h (cm)</td><td>5</td><td>10</td><td>15</td><td>20</td><td>25</td><td>30</td><td>35</td><td>40</td><td>50</td></tr>
<tr><td>3</td><td>1.09</td><td>1.06</td><td>1.03</td><td>1.0</td><td>0.97</td><td>0.95</td><td>0.94</td><td>0.93</td><td>0.91</td></tr>
<tr><td>5</td><td>1.16</td><td>1.11</td><td>1.05</td><td>1.0</td><td>0.95</td><td>0.92</td><td>0.90</td><td>0.88</td><td>0.86</td></tr>
<tr><td>10</td><td>1.35</td><td>1.22</td><td>1.11</td><td>1.0</td><td>0.90</td><td>0.85</td><td>0.81</td><td>0.78</td><td>0.74</td></tr>
<tr><td>15</td><td>1.57</td><td>1.35</td><td>1.16</td><td>1.0</td><td>0.86</td><td>0.78</td><td>0.73</td><td>0.69</td><td>0.64</td></tr>
<tr><td>20</td><td>1.82</td><td>1.49</td><td>1.22</td><td>1.0</td><td>0.82</td><td>0.72</td><td>0.65</td><td>0.61</td><td>0.55</td></tr>
<tr><td>25</td><td>2.12</td><td>1.65</td><td>1.28</td><td>1.0</td><td>0.78</td><td>0.66</td><td>0.59</td><td>0.54</td><td>0.47</td></tr>
<tr><td>30</td><td>2.46</td><td>1.82</td><td>1.35</td><td>1.0</td><td>0.74</td><td>0.61</td><td>0.53</td><td>0.47</td><td>0.41</td></tr>
<tr><td>计算旧路路表当量回弹模量 E_s</td><td colspan="10">在不利季节用承载板测定时：
$$E_s = 21.44\Sigma p_{ki}/\Sigma l_{ki}$$
式中：p_{ki}——第 i 级压强(MPa)；
l_{ki}——第 i 级压强的弯沉值(cm)。
在不利季节用汽车测定时：
$$E_s = 21.44\mu_1 p/l_a$$
式中：p——标准轴载汽车轮胎压强(MPa)；
l_a——在标准承载板的测点用标准轴载汽车测定的弯沉值(cm)；
μ_1——将 l_a 值换算为 l_k 值的系数，用汽车在道路全线测定弯沉值时，选择有代表性路段同时用标准承载板测定求得：
$$\mu_1 = l_a/l_k$$
l_k——用标准承载板测定的弯沉值(cm)。
考虑旧路加铺时，其顶面计算回弹模量 E_s^c 按下式计算：
$$E_s^c = \lambda_a E_s$$
式中：λ_a——旧路当量回弹模量增大系数，计算与旧路接触层层底弯拉应力时，λ_a 按下式计算；计算弯沉值、剪应力时，$\lambda_a = 1.0$。
$$\lambda_a = exp(0.028h_a)$$
h_a——相当沥青混凝土补强层的当量厚度(cm)，按下式计算：
$$h_a = \sum_{i=1}^{n-1} h_i \sqrt[4]{E_i/E_1}$$
式中：n——旧路面结构作为一层与加铺路面层数之和；
E_1——沥青混凝土面层材料模量值(MPa)</td></tr>
<tr><td>补强厚度计算</td><td colspan="10">柔性路面补强设计中，需设置两层或两层以上的补强层时，按新建路面的办法进行，将旧路顶面的计算回弹模量 E_s^c 作为三层体系的 E_n。如只设一层补强层，可把该层分为模量相同的两层，按三层体系计算</td></tr>
</table>

6

D 沥青路面设计

a　新建沥青路面设计算例

新建沥青路面设计算例　　表 6-65

<table>
<tr><th>条件及步骤</th><th colspan="7">设　计　计　算</th></tr>
<tr><td rowspan="9">已知条件</td><td colspan="7">甲乙两地之间计划修建一条四车道的一级公路，在使用期内交通量的年平均增长率为 10%。该路段处于Ⅳ₇区，为粉质土，稠度为 1.00，沿途有大量碎石集料，并有石灰供应。预测该路竣工后第一年的交通组成如下表所示，试进行路面结构设计</td></tr>
<tr><td colspan="7">预测交通组成表</td></tr>
<tr><td>车　型</td><td>前轴重(kN)</td><td>后轴重(kN)</td><td>后轴数</td><td>后轴轮组数</td><td>后轴距</td><td>交通量(次/日)</td></tr>
<tr><td>三菱 T653B</td><td>29.3</td><td>48.0</td><td>1</td><td>双轮组</td><td>—</td><td>300</td></tr>
<tr><td>黄河 JN163</td><td>58.6</td><td>114.0</td><td>1</td><td>双轮组</td><td>—</td><td>400</td></tr>
<tr><td>江淮 HF150</td><td>45.1</td><td>101.5</td><td>1</td><td>双轮组</td><td>—</td><td>400</td></tr>
<tr><td>解放 SP9200</td><td>31.3</td><td>78.0</td><td>3</td><td>双轮组</td><td>>3m</td><td>300</td></tr>
<tr><td>湘江 HQP40</td><td>23.1</td><td>73.2</td><td>2</td><td>双轮组</td><td>>3m</td><td>400</td></tr>
<tr><td>东风 EQ155</td><td>26.5</td><td>56.7</td><td>2</td><td>双轮组</td><td>3m</td><td>400</td></tr>
</table>

续上表

条件及步骤：解算步骤 — (1) 轴载分析 — 1) 以弯沉为指标轴载换算及计算累计当量轴次

设计计算：

路面设计以双轮组单轴载 100kN 为标准轴载。

①轴载换算

轴载换算采用如下的计算公式：

$$N=\sum_{i=1}^{k}C_1C_2n_i\left(\frac{P_i}{P}\right)^{4.35}$$

计算结果如下表：

车型		P_i (kN)	C_1	C_2	n_i（次/日）	$C_1C_2n_i\left(\frac{P_i}{P}\right)^{4.35}$（次/日）
三菱 T653B	前轴	29.3	1	1	300	1.4
	后轴	48.0	1	1	300	12.3
黄河 JN163	前轴	58.6	1	1	400	39.1
	后轴	114.0	1	1	400	707.3
江淮 HF150	前轴	45.1	1	1	400	12.5
	后轴	101.5	1	1	400	426.8
解放 SP9200	前轴	31.3	1	1	300	1.9
	后轴	78.0	3	1	300	305.4
湘江 HQP40	后轴	73.2	2	1	400	205.9
东风 EQ155	前轴	26.5	1	1	400	1.2
	后轴	56.7	2.2	1	400	74.6
$N=\sum_{i=1}^{k}C_1C_2n_i\left(\frac{P_i}{P}\right)^{4.35}$						1 788.4

注：轴载小于 25kN 的轴载作用不计

②累计当量轴次

根据设计规范，一级公路沥青路面的设计年限取 15 年，四车道的车道系数是 0.4～0.5，取 0.45。

累计当量轴次：

$$N_e=\frac{[(1+\gamma)^t-1]\times365}{\gamma}N_1\eta=\frac{[(1+0.1)^{15}-1]\times365\times1\,788.4\times0.45}{0.1}$$

$$=9\,332\,998\ 次$$

条件及步骤：2) 验算半刚性基层层底拉应力中的累计当量轴次

①轴载换算

验算半刚性基层层底拉应力的轴载换算公式为：$N'=\sum_{i=1}^{k}C_1'C_2'n_i\left(\frac{P_i}{P}\right)^8$，计算结果如下表：

轴载换算结果表(半刚性基层层底拉应力)

车型		P_i	C_1'	C_2'	n_i	$C_1'C_2'n_i\left(\frac{P_i}{P}\right)^8$
黄河 JN163	前轴	58.6	1	1	400	5.6
	后轴	114.0	1	1	400	1 141.0
江淮 HF150	后轴	101.5	1	1	400	450.6
解放 SP9200	后轴	78.0	3	1	300	123.3
湘江 HQP40	后轴	73.2	2	1	400	65.9
东内 EQ155	后轴	56.7	3	1	400	12.8
$N'=\sum_{i=1}^{k}C_1'C_2'n_i\left(\frac{P_i}{P}\right)^8$						1 799.2

注：轴载小于 50kN 的轴载作用不计

②累计当量轴次

参数取值同上，设计年限是 15 年，车道系数取 0.45。

累计当量轴次：

$$N_e=\frac{[(1+\gamma)^t-1]\times365}{\gamma}N_1\eta=\frac{[(1+0.1)^{15}-1]\times365\times1\,799.2\times0.45}{0.1}$$

$$=9\,389\,359\ 次$$

续上表

<table>
<tr><th colspan="3">条件及步骤</th><th>设　计　计　算</th></tr>
<tr><td rowspan="8">解
算
步
骤</td><td colspan="2">(2)
结构组合与材料选取</td><td>由上面的计算得到设计年限内一个行车道上的累计标准轴次约为900万次左右。根据规范推荐结构，并考虑到公路沿途有大量碎石且有石灰供应，路面结构面层采用沥青混凝土(15cm)，基层采用水泥碎石(取25cm)，底基层采用石灰土(厚度待定)。
规范规定高速公路、一级公路的面层由二层至三层组成。查规范采用三层式沥青面层，表面层采用细粒式密级配沥青混凝土(厚度4cm)，中面层采用中粒式密级配沥青混凝土(厚度5cm)，下面层采用粗粒式密级配沥青混凝土(厚度6cm)</td></tr>
<tr><td colspan="2">(3)
各层材料的抗压模量与劈裂强度确定</td><td>查表得到各层材料的抗压模量和劈裂强度。抗压模量取20℃的模量，各值均取规范给定范围的中值，因此得到20℃的抗压模量：细粒式密级配沥青混凝土为1 400MPa，中粒式密级配沥青混凝土为1 200MPa，粗粒式密级配沥青混凝土为1 000MPa，水泥碎石为1 500MPa，石灰土550MPa。各层材料的劈裂强度：细粒式密级配沥青混凝土为1.4MPa，中粒式密级配沥青混凝土为1.0MPa，粗粒式密级配沥青混凝土为0.8MPa，水泥碎石为0.5MPa，石灰土0.225MPa</td></tr>
<tr><td colspan="2">(4)
土基回弹模量的确定</td><td>该路段处于Ⅳ$_7$区，为粉质土，稠度为1.00，查表“二级自然区划各土组土基回弹模量参考值(MPa)”查得土基回弹模量为40MPa</td></tr>
<tr><td rowspan="2">(5)
设计指标的确定</td><td>①
设计弯沉值计算</td><td>对于一级公路，规范要求以设计弯沉值作为设计指标，并进行结构层底拉应力验算。
该公路为一级公路，公路等级系数取1.0，面层是沥青混凝土，面层类型系数取1.0，半刚性基层，底基层总厚度大于20cm，基层类型系数1.0。
设计弯沉值为：
$l_d = 600N_e^{-0.2}A_c\cdot A_s\cdot A_b = 600\times 9332998^{-0.2}\times 1.0\times 1.0\times 1.0$
$= 24.22(0.01mm)$</td></tr>
<tr><td>②
各层材料容许层底拉应力</td><td>$\sigma_R = \sigma_{sp}/K_s$
细粒式密级配沥青混凝土：
$K_s = 0.09A_a\cdot N_e^{0.22}/A_c = 0.09\times 1.0\times 9332998^{0.22}/1.0 = 3.07$
$\sigma_R = \sigma_{sp}/K_s = 1.4/3.07 = 0.456\ 0MPa$
中粒式密级配沥青混凝土：
$K_s = 0.09A_a\cdot N_e^{0.22}/A_c = 0.09\times 1.0\times 9332998^{0.22}/1.0 = 3.07$
$\sigma_R = \sigma_{sp}/K_s = 1.0/3.07 = 0.3257MPa$
粗粒式密级配沥青混凝土：
$K_s = 0.09A_a\cdot N_e^{0.22}/A_c = 0.09\times 1.1\times 9332998^{0.22}/1.0 = 3.38$
$\sigma_R = \sigma_{sp}/K_s = 0.8/3.38 = 0.2367MPa$
水泥碎石：
$K_s = 0.35N_e^{0.11}/A_c = 0.35\times 9389359^{0.11}/1.0 = 2.05$
$\sigma_R = \sigma_{sp}/K_s = 0.5/2.05 = 0.2439MPa$
石灰土：
$K_s = 0.45N_e^{0.11}/A_c = 0.45\times 9389359^{0.11}/1.0 = 2.63$
$\sigma_R = \sigma_{sp}/K_s = 0.225/2.63 = 0.0856MPa$</td></tr>
<tr><td colspan="2">(6)
设计资料汇总</td><td>设计弯沉值为24.22(0.01mm)，相关设计资料汇总如下表：
<table><tr><th>材料名称</th><th>h(cm)</th><th>20℃模量(MPa)</th><th>容许拉应力(MPa)</th></tr><tr><td>细粒式沥青混凝土</td><td>4</td><td>1 400</td><td>0.4560</td></tr><tr><td>中粒式沥青混凝土</td><td>5</td><td>1 200</td><td>0.3257</td></tr><tr><td>粗粒式沥青混凝土</td><td>6</td><td>1 000</td><td>0.2367</td></tr><tr><td>水泥碎石</td><td>25</td><td>1 500</td><td>0.2439</td></tr><tr><td>石灰土</td><td>?</td><td>550</td><td>0.0856</td></tr><tr><td>土基</td><td>—</td><td>40</td><td>—</td></tr></table></td></tr>
<tr><td colspan="2">(7)
确定石灰土厚度</td><td>通过计算机设计计算(或查诺谟图)得到，石灰土的厚度为24.5cm，实际路面结构的路表实测弯沉值为24.19(0.01mm)，沥青面层的层底均受压应力，水泥碎石层底的最大拉应力为0.122 3MPa，石灰土层底最大拉应力为0.075MPa。
上述设计结果满足设计要求</td></tr>
</table>

b　我国历年沥青路面设计方法简介

我国历年沥青路面设计方法简介　　表 6-66

方法	项目	内　容
1958年路面设计规范的设计方法	概况	1958 年的规范主要参考前苏联《柔性路面设计须知》(1954 年)的方法,包括体系、基本公式、设计标准、标准车型以及关于车辆换算方法等。在计算参数方面,根据我国的经验,对某些计算数据作了修改和补充;而规范中的道路气候分区图是以水分平衡系数为初步的划分,同时考虑到气温、地形等因素,将划分线加以调整,较以前的按等湿线分区的办法有所改进
	基本公式	$E=\frac{\pi}{2\sqrt{a}}\cdot\frac{p}{\lambda}=a\frac{p}{\lambda}$ 对于均匀的土基或单一路面材料整层,取应力分布系数 $a=2.5$,故 $E=\frac{\pi}{2\sqrt{2.5}}\cdot\frac{p}{\lambda}=\frac{p}{\lambda}=\frac{pD}{l_0}$ 对于路基路面的综合体,取 $a=1.0$,故其综合模量 E 为 $E_{\partial}=\frac{\pi p}{2\lambda}=\frac{\pi}{2}\frac{pD}{1}$ 对于双层体系的变形公式为 $l=l_1+l_0=\frac{\pi}{2}\frac{pD}{E_0}\left[1-\frac{2}{\pi}\left(1-\frac{E_0}{E_1 n}\right)\right]\arctan\frac{nh}{D}$　　$\frac{E_0}{E_{\partial}}=1-\frac{2}{\pi}\left(1-\frac{E_0}{E_1 n}\right)\arctan\frac{nh}{D}$ 式中:λ——相对变形值; p——达到相对变形值时的单位荷载; l、l_1、l_0——分别为路基路面综合变形值、路面材料变形值、土基变形值; D——把汽车双轮接地总面积作为单圆的当量直径; E_{∂}、E_1、E_0——分别为路基路面综合变形模量、路面材料变形模量、土基变形模量; n——双层体系换算为单一均匀体的换算系数,$n=\sqrt[2.5]{\frac{E_1}{E_0}}$
	主要特点	1958 年规范以相对变形值 λ_k 为设计指标,以变形模量 E 反映土基、路面材料的强度,以综合变形模量反映路基路面的综合强度,l_k 为极限变形值。并规定高级路面 λ_k 为 0.032,次高级路面为 0.04,中级路面为 0.05,低级路面为 0.06。以设计模量 $E_{Tp}\leqslant$ 综合模量 E_{∂} 为标准。在道路气候分区上,也沿用苏联以湿润系数为主的方法划分
1966年路面设计规范的设计方法	概况	1966 年规范主要纠正了前苏联设计方法中基本公式的错误,提出了双层和多层体系连续积分法的一套基本公式和参数,修订了道路气候分区图。但该规范基本公式的体系仍然是以均匀体弹性理论为基础,荷载是单圆图式,特别是设计指标容许相对变形值 λ 不切合实际,尚有待修订
	基本公式	(1)采用弹性理论近似公式,即土基或整层材料直接采用均匀半空间体弹性理论的公式,以均匀土体中的垂直应力分布公式 $\sigma_z=\frac{p}{1+a\left(\frac{z}{D}\right)^2}$ (2)双层体系的应力分布公式: 对路面: $\sigma_z=\frac{p}{1+a\left(\frac{mh}{D}\right)^2}$　　对土基: $\sigma_z=\frac{p}{1+a\left(\frac{mh+z_0}{D}\right)^2}$ 式中:z——从土基表面算起的深度; σ_z——深度为 z 处的竖向应力; p——圆形均布荷载的单位压力; D——圆形荷载的直径。 (3)考虑垂直应力的作用,通过 $l=\frac{1}{E}\int_0^{\infty}\sigma_z dz$ 的公式积分,求得均匀土体与双层体系表面上的变形 l。 对均匀体: $l=\frac{\pi pD}{2\sqrt{a}E_0}$ 或 $E=\frac{\pi p\cdot D}{2\sqrt{a}\cdot l}$ 对双层体系: $l=l_1+l_0=\frac{\pi pD}{2\sqrt{a}E_0}\left[1-\frac{2}{\pi}\left(1-\frac{E_0}{mE_1}\right)\arctan\frac{mh\sqrt{a}}{D}\right]$ $l=\frac{\pi pD}{2\sqrt{a}E_{\partial}}$ 或 $E_{\partial}=\frac{\pi pD}{2\sqrt{a}l}$ (4)E_{∂} 公式: $E_{\partial}=\frac{E_0}{1-\frac{2}{\pi}\left(1-\frac{E_0}{mE_1}\right)\arctan\frac{mh\sqrt{a}}{D}}$　　式中:$a\approx2.5$　　$m=\beta\sqrt[3]{\frac{E_1}{E_0}}$

续上表

方法	项目	内容
1966年路面设计规范的设计方法	基本公式	(5)β、m 值表（见下表）
	主要特点	见下文
1978年路面设计规范的设计方法	概况	见下文
	基本公式	见下文

方法：1966年路面设计规范的设计方法

项目：基本公式

(5)β、m 值表

E_1/E_0	1.0	1.25	1.50	1.75	2.0	3.0	4.0	5.0	10.0	20.0
β	1.0	0.97	0.95	0.935	0.92	0.885	0.87	0.86	0.84	0.83
m	1.0	1.045	1.088	1.127	1.159	1.276	1.381	1.471	1.809	2.253

项目：主要特点

1966年提出的设计方法，改进了前苏联的基本公式，提出了采用连续积分法的多层体系换算方法和比较适合我国当时实际情况的参数，修订了道路气候分区图。1966年的设计方法比原有的方法有显著的改进和提高，但是由于当时条件的限制仍存在下述主要问题：

(1)当时调查研究的主要资料大多数来自砂石路面，对沥青路面研究较少，特别是对路面结构设计和材料设计研究不够。对修建沥青面层后所引起的水温变化规律及其对计算参数值的影响的定量数据较少。

(2)在设计体系中采用了偏离实际的、过大的容许相对形变值的设计指标，试验测定形变模量时的相对形变与路面、路基的实际相对形变不符。试验设备笨重，为设计而作的试验工作不易普遍进行。

(3)设计方法的基本理论不能较好反映路面的受力状态

方法：1978年路面设计规范的设计方法

项目：概况

1978年柔性路面设计规范采用双圆垂直荷载双层弹性层状连续体系理论，对多层体系采用等效层法，设计标准直接以双轮间隙中心的弯沉 l_R 为准，并建立了以弯沉等效为基础的车辆换算方法。此外，由于过去道路气候分区局限于气候体系，根据我国的实际情况提出了中国公路自然区划图，建议了土基和路面各层材料模量值，1978年柔性路面设计规范初步建立了我国柔性路面设计的体系

项目：基本公式

(1)以双圆均布垂直荷载下双层弹性层状连续体系理论为基础，上、下层均以回弹模量为计算参数，面层泊松比用0.25、土基用0.35、以双轮间隙中心处路表容许弯沉值 l_R 为设计标准，基本公式为：

$$\frac{1.37}{N^{0.2}}\cdot A_1=l_R\geqslant l_s=\frac{2p\delta}{E_0}\cdot\alpha_0\cdot F$$

式中：l_s——路表双圆荷载间隙中心处实际弯沉值(cm)；

p——标准车的轮载接地压力(MPa)，以解放牌CA10B为标准时 $p=0.5$MPa，以黄河JN150为标准车时 $p=0.7$MPa；

δ——标准车轮迹相当的双圆之一的当量圆半径，以解放CA10B车为准时 $\delta=9.75$cm，以黄河JN150车为准时，$\delta=10.75$cm；

E_0——土基回弹量(MPa)；

α_0——以 E_0 为分母的双层体系的路表弯沉系数，为面层相对厚度 h/δ、面层材料模量 E_1 与土基模量 E_0 的比值 E_1/E_0 的函数，由弹性层状体系理论计算确定，可查诺谟图；

F——弯沉值综合修正系数；

A_1——路面类型系数，沥青混凝土1.0，沥青碎石或贯入1.1，沥青表处1.2，中级路面1.4；

N——设计年限内一个设计车道上换算为标准车的累计交通量。

(2)不同车型的换算公式

各种车型(p_i,δ_i)换算为标准车型(p,δ)的车辆换算公式：

$$F_i=\frac{n}{n_i}=C_1\cdot C_2\left(\frac{p_i\delta_i^{1.5}}{p\delta^{1.5}}\right)^{5.0}$$

式中：F_i——不同车辆的等效系数；

n_i——各种被换算车的天交通量；

n——换算成标准车的相当天交通量；

C_1——轮组系数，双轮组1.0，单轮0.25，四轮组(例如平板车)一般为4.0；

C_2——后轴数，单后轴为1、双后轴为2，三后轴为3。

(3)弯沉值综合修正系数公式

将实测弯沉值 l_s 与理论弯沉值 l_L 的比值定义为弯沉值综合修正系数 F，公式为

$$F=\frac{l_s}{l_L}=a\left(\frac{l_s\cdot E_0}{2P\delta}\right)^{0.38}$$

式中：a——系数，以解放CA10B为标准车时，$a=1.50$，以黄河JN150为标准车时，$a=1.47$。

(4)回弹模量计算公式

1978年规范统一了回弹模量测定法，规定面层材料以及标准轮压 p 时应力与应变间关系定值，以整层材料的弯沉测定值 l 为依据，按均匀体弹性理论公式计算回弹模量：

$$E_1=\frac{2p\delta}{l}(1-\mu_1)^2\times0.712$$

对于土基则统一直径 $D=28$cm大型承载板测定，并按回弹变形1mm前线性归纳方法所得模量为标准，以下式计算：

$$E_0=\frac{\pi D}{4}\frac{\sum p_i}{\sum l_i}$$

式中：p_i——回弹变形1mm前第 i 级单位压强；

l_i——相应于 p_i 的回弹变形

续上表

方法	项目	内容
1978年路面设计规范的设计方法	主要特点	(1)进一步明确了设计标准:1978年规范规定以不利季节(北方为春融季节、南方为春雨后期)的弯沉值作为衡量路面综合强度的标准,以解放CA10B为标准车,后轴轴载60kN;当路上重型车较多时,以黄河JN150为标准车,后轴轴载为101.6kN。以承受最重交通的一个车道为设计车道,以该车道的交通量为设计交通量。 (2)提出了不同车辆荷载换算的公式。 (3)提出弯沉综合修正系数的计算公式。 (4)提出了多层体系的换算方法:对于多层结构的计算,采用以双层体系为基础的等效层近似法。等效层法的基本原理是在维持被计算的坐标点弯沉不变的条件下将多层体系通过简化计算使其简化为双层体系。 (5)1978年柔性路面设计规范的公路自然区划综合考虑了气候、地势阶梯、新构造特征、土质等因素,综合公路自然特点与设计要求予以划分。 一级区划是根据地理、地貌、气候、土质等因素,将我国划分为7个大区,其主要界线是永冻土范围线,1000m、3000m等高线,秦岭淮河线、黄土界线。二级区划是以气候和地形为主导因素,以潮湿系数 K_w 为主要标志,潮湿系数 K_w 分为六级:过湿区 $K_w \geqslant 2.0$;中湿区,$2.0 > K_w \geqslant 1.5$;润湿区 $1.5 > K_w > 1.0$;润干区,$1.0 > K_w > 0.5$;中干区,$0.5 > K_w > 0.25$;过干区,$0.25 > K_w > 0$。三级区划由各省、市、自治区自行划定。 (6)1978年提出的设计方法较之过去有了改进,但尚存在下述问题: ①理论基础仍然是双层体系,而实际的路面结构属多层体系。 ②设计标准只有一项弯沉值指标。这项指标仅能表征路面抵抗垂直位移的能力,对于防止沉陷、变形是有效的,但无法对结构组合的合理性进行比较,不能反映路面各层所承受的各种应力状态。仅用一项设计指标难以防止路面上可能出现的多种破坏现象。 ③对结构组合、材料组成只提出原则性的要求,对设计还不能起指导作用。 ④路面材料性能和表征方法有待进一步深入研究
1986年路面设计规范的设计方法	基本原则	(1)理论体系 考虑到路面结构的实际情况和应用的可能性,采用三层弹性层状体系理论代替过去的双层体系,把结构组合、材料组成设计、厚度计算统一为一个整体,四层以上则采用新的当量厚度换算法。 (2)荷载图式 采用双圆的均布荷载,城市道路设计时可考虑垂直力与水平力的综合作用,即考虑汽车的行驶、停驻情况,又考虑制动、启动情况。 (3)层间接触条件 层间接触条件对产生的应力、应变值有显著影响,既要考虑连续状态又要考虑滑动状态,必要时还可考虑其中间状态。 (4)材料的性质 材料的黏塑性、流变性、非线性,各向异性等问题只在参数中适当考虑,并建立统一标准的参数测定方法。 (5)疲劳损坏与动载因素 行车反复作用造成的疲劳损坏,根据实际调查结果以路面结构强度系数反映。把反复荷载的疲劳规律联系起来,以动、静关系把静载测定为基础的参数转化为动载性质
	设计指标及计算公式	(1)容许弯沉值 l_R 为控制路基路面结构的总变形,防止沉陷、车辙、“弹簧”、网裂等整体强度不足的损坏,采用弯沉设计指标——路面表面允许回弹弯沉值 l_R,此值应大于该表面在垂直荷载作用下实际可能发生的回弹弯沉值 l_s,即 $$\frac{1.1}{N^{0.2}}AA_1 = l_R \geqslant l_s = \frac{2p\delta}{E_1}\alpha_i F$$ 式中:A——道路等级系数,高速公路及城市快速道为0.85,一级路或大城市主干道为1.0,二级路或大城市次干道、中小城市主干道为1.1,三级路或大城市支路、中小城市次干道、支路为1.2; A_1——路面类型系数,沥青混凝土类为1.0,沥青碎石或贯入为1.1,沥青表处为1.2,粒料路面为1.4; F——弯沉值综合修正系数; $$F = 1.47\left(\frac{l_s E_n}{2p\delta}\right)^{0.38}$$ N——设计轴载通过累计次数; $$N = \eta \cdot N_t = \eta \cdot \frac{[(1+r)^t - 1] \times 365}{r} n_1$$ η——车道轴数分配比,指重车最多的一个车道的轴数占全路轴数的百分比,以小数表示。根据全路面交通分析而定; N_t——根据交通分析,在设计期限末,全路面不同车型的交通量换算为标准轴载通过次数的累计数; n_1——路面初期全天交通量换算后的标准轴载通过次数; r——交通量平均年增长率,根据该路发展情况的交通分析而定; t——设计年限; l_s——双轮间中心路面弯沉

续上表

方法	项目	内容	容
1986年路面设计规范的设计方法	设计指标及计算公式	(2)轴载换算公式 1986 年路面设计方法统一以轴载 100kN 单轴双轮组为标准轴载(对于三、四级公路柔性路面的标准轴载可为 6kN),各轮轮载为 25kN,轮载接地压力 p 为 0.7MPa,各轮当量半径 δ 为 10.65cm,双轮间隙为 δ,中至中为 3δ。不同轴载换算为 $$n = C_i n_i\left(\frac{p_i\delta_i^{1.5}}{p\delta^{1.5}}\right)^{5.0}$$ 式中:p、p_i、δ、δ_i ——分别为标准轴载和被换算轴载的接地轮压及其当量半径; n_i、n ——分别为被换算的轴数和换算得的标准轴载通过次数; C_i ——轮组系数,双轮组为 1.0,单轮为 0.25,一轴八轮组一般为 4.0。 (3)容许拉应力 σ_R 为防止沥青面层和其他整体性结构层疲劳开裂而采用的指标,即沥青面层和整体性结构层底面的容许弯沉拉应力 σ_R。此值应大于该结构层在垂直荷载作用下实际可能产生的最大弯拉应力 σ_m,即 $$\frac{\sigma_t}{K_1} = \sigma_R \geqslant \sigma_m$$ 式中:σ_m ——由弹性层状体系理论计算求得; σ_R ——用材料弯拉强度 σ_t 除以路面结构强度系数 K_1 而得; σ_t ——由梁式延度法弯拉试验确定。 对沥青类路面材料 K_{1-A} $$K_{1-A} = \frac{0.12}{A}\cdot N^{0.2}$$ 对无机结合料基层材料 K_{1-B} $$K_{1-B} = \frac{0.12}{A}\cdot N^{0.1}$$ (4)容许剪应力 为防止沥青面层在高温情况下出现拥包、推挤及剪裂而采用的指标——面层容许剪应力 τ_R,此值应大于汽车垂直荷载和水平荷载综合作用下面层破裂面上可能发生的剪应力 τ_a,即 $$[\tau_R] \geqslant \tau_a = \tau_m\cos\varphi$$ 式中:τ_R ——根据室内试验和现场调查结果所得的经验公式计算; τ_a ——则由弹性层状体系理论计算求得; φ ——内摩阻角; τ_m ——表层最大剪应力。 (5)容许温度应力 τ_{TR} 为了防止面层或基层材料低温缩裂,应控制面层或基层的容许温度应力 τ_{TR},使它大于材料的收缩应力 τ_T,即 $$\tau_{TR} \geqslant \tau_T$$	
	计算点的确定	(1)路表综合弯沉 l_s 计算点为图 a)的 A 点; (2)最大上层层底拉应力 σ_m 为图 a)的 B 点; (3)最大中层层底拉应力 σ_m 为图 a)的 C 点; (4)表面最大剪应力 τ_m,在高温状况时,前进方向轮后的 D 点	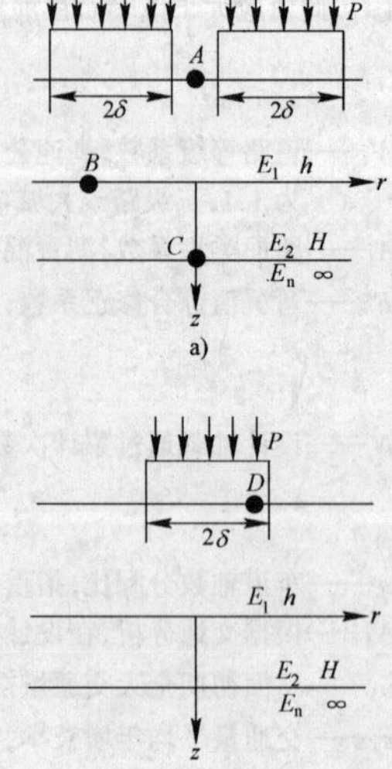 a) b)

续上表

方法	项目	内　　容
1986年路面设计规范的设计方法	多层体系换算公式	1986年规范以三层弹性层状体系理论为基础，设计程序和诺谟图也以此编制。当路面结构层达四层以上时，按当量厚度换算，将结构层换算为相当的三层体系。该法的基本原则是：不管计算哪一层的应力、应变，土基的回弹模量 E_n 不变，计算层与相邻层的厚度与回弹模量不变，而把其余各层化为相邻层或计算层回弹模量相当的厚度。不同情况的换算方法为： (1)路表的应力、应变 路表的应力、应变，例如路表弯沉值、最大剪应力、最大主应力等。土基 E_n 不变，E_1、h_1 不变，把其余各层化为与 E_2 相当层厚度加上 h_2 作为新的中间层 H，组成当量的三层体系，H 的换算公式是 $$H=h_2+h_3\left(\frac{E_3}{E_2}\right)^{5/12}+h_4\left(\frac{E_4}{E_2}\right)^{5/12}+\cdots+h_{n-1}\left(\frac{E_{n-1}}{E_2}\right)^{5/12}$$ (2)各层层底拉应力 计算层 x 层的模量 E_x、相邻层的模量 E_{x+1} 不动。把其余各层化为与计算层 E_x 相当的当量厚度加上计算层厚度 h_x，作为新的上层 h。把相邻层以下各层化为与相邻层 E_{x+1} 相当的当量厚度加上相邻层厚度 h_{x+1} 作为新的中层 H，组成当量的三层体系。换算公式是 $$h=h_1\left(\frac{E_1}{E_x}\right)^{0.25}+h_2\left(\frac{E_2}{E_x}\right)^{0.25}+\cdots+h_{x-1}\left(\frac{E_{x-1}}{E_x}\right)^{0.25}+h_x$$ $$H=h_{x+1}+h_{x+2}\left(\frac{E_{x+2}}{E_{x+1}}\right)^{1.11}+\cdots+h_{n-1}\left(\frac{E_{n-1}}{E_{x+1}}\right)^{1.11}$$
	设计参数的确定	(1)关于计算弯沉指标的参数 ①土基模量以大型承载板标准测定法为准，按下式计算： $$E_n=\frac{\pi}{4}\frac{pD}{l}(1-\mu^2)=\frac{\pi}{4}\frac{p}{\lambda}(1-\mu^2)$$ 式中：D——承载板直径(cm)，以直径30cm为标准板； p——相当回弹变形 $l=1$mm时（$\lambda=l/D=0.0033$）的单位压力(N)； μ——泊松比，对土基取0.35。 ②整体性材料，包括沥青类材料和无机结合料稳定类材料。可制成直径10cm、高20cm的圆柱体试件，按抗压模量标准测定求得 $$E_p=\frac{\sigma_p}{\varepsilon_p}$$ 式中：E_p——抗压模量(MPa)； σ_p——压应力(MPa)； ε_p——相应该压应力时的回弹应变。 ③非整体性材料，包括粒料材料等。以整层试块测定法为准，以汽车荷载测得的弯沉按双圆荷载均匀体公式计算： $$E_p=\frac{2p\delta}{l}(1-\mu^2)\times 0.712$$ 式中：μ——泊松比，一般取0.25； p、δ——汽车荷载的单位压力与双圆之一的当量半径； l——测得的弯沉值。 (2)关于弯拉指标的参数 用梁式试件在三分点简支受力下以延度法测弯拉强度 σ_t 和弯拉模量 E_t。当材料最大粒径为35mm时，用15cm×15cm×55cm的梁；当最大粒径为25mm时，用10cm×10cm×40cm的梁；当最大粒径为15cm时，用5cm×5cm×24cm的梁。 ①弯拉强度 σ_t，按下式计算： $$\sigma_t=p_{max}L/bh^2$$ 式中：p_{max}——破坏荷载； L——梁两支点间距离； b、h——梁的宽与高。 ②弯拉模量 E_t，按下式计算： $$E_{ti}=\sigma_{ti}/\varepsilon_{ti}$$ 式中：σ_{ti}、ε_{ti}——各加荷级的拉应力、拉应变； E_{ti}——相应的弯拉模量。 (3)关于剪切指标的参数 ①抗剪强度 C、φ 值 以闭式三轴仪测定，根据实测数据绘制垂直压力 σ_v 和侧压力 σ_L 的关系曲线。取其直线部分各点，以最小二乘法计算截距 I 和斜率 S，则 $$C=I/2\sqrt{S}$$ $$\varphi=2(\arctan\sqrt{S}-45°)$$ ②高温模量 $E(s)$ 可在开式三轴仪上，当侧压力为0.2MPa时，测得其垂直应力与相应的回弹应变，按其比值得到 $E(s)$

6

续上表

方法	项目	内容
1986年路面设计规范的设计方法	旧路补强设计	旧路补强，如能计算旧路的所谓综合模量值，则仍可采用前述方法检验各结构层的拉应力与剪应力。 (1)旧路综合模量的计算公式 由于旧路是多层体系，从弹性层状体系理论看是没有所谓综合模量概念。1986年规范用大型承载板测定勉强按下式计算所谓综合模量 E_s: $$E_s = \frac{2p\delta}{l_0}\cdot m_1\cdot n_1$$ 式中：p——相当于标准轴载的轮载接地压力，0.7MPa； D——承载板直径，以30cm为标准板，$D = 1.414\times 2\delta$； l_0——旧路弯沉计算值 l_0； $m_1 = l/l_p$ 可由现场选取几个不同程度的典型路段实测比较确定；当实测有困难时，m_1 值可取1.10； l_p——相当 p 时板的弯沉值； n_1——一般均用1.0，在计算与旧路接触层层底拉应力时，按下式计算： $$n_1 = 1.0038\sum_{i=1}^{n-1}\left(h_i\sqrt[4]{E_i}\right)$$ h_1——各层厚度； E_i——各层回弹模量
	设计参数的确定	(2)温度修正系数 旧的沥青路面，计算弯沉值 l_0 时，还要考虑温度修正系数。计算温度修正系数 f_a 公式为 当沥青层内温度 $T<20℃$ 时， $$f_a = l_{20}/l_T = e^{0.002h(20-T)}$$ 当沥青层内温度 $T>20℃$ 时， $$f_a = l_{20}/l_T = e^{h\left(\frac{1}{T}-\frac{1}{20}\right)}$$ 式中：T——测定时沥青层内平均温度(℃)； h——沥青类面层厚度(cm)
1997年沥青路面设计规范的主要特点		(1)取消BZZ—60轴载标准、修改轴载换算公式； (2)容许弯沉值改为设计弯沉值； (3)根据疲劳试验结果调整了沥青路面和半刚性基层材料的抗拉强度结构系数； (4)无论以设计弯沉值还是以容许拉应力计算，均采用多层弹性体系层间完全连续接触条件的解析解，并编制了相应的计算机设计程序； (5)材料回弹模量用圆柱体试件，按无侧限压缩试验测得抗压回弹模量，材料抗拉强度用劈裂试验测得抗拉强度； (6)在试验路资料的基础上，结合试算和现有公路的验证，调整了弯沉修正系数； (7)提出了按道路冻深和考虑路面材料热物性的抗冻厚度计算方法

第七部分

水泥混凝土路面

A 水泥混凝土路面特点、设计原则及内容

水泥混凝土路面特点、设计原则及内容 表 7-1

项目		内容
水泥混凝土路面的特点	优点	(1)强度高和耐久性好:混凝土路面具有较高的抗压、抗弯拉和抗磨耗的力学强度,因而耐久性好。一般可使用 30~50 年,且能通过包括履带式坦克在内的各种车辆。 (2)稳定性好:环境温度和湿度对混凝土路面的力学强度影响甚小,因而热稳定性、水稳定性和时间稳定性都较好,尤其是其强度随时间而逐渐增高,既不会像沥青路面那样出现"老化"现象,也不会象砂石路面那样出现"衰退"现象。抗油类侵蚀能力强,不会因受油类污染而损坏。抗洪能力也远比沥青路面强。 (3)平整度和粗糙度好:虽设有接缝,但是它的表面很少起伏变形。路面在潮湿时仍能保持足够的粗糙度,使车辆不打滑而能保持较高的安全行车速度。 (4)养护费用少,运输成本低:由于混凝土路面坚固耐久、经常性养护维修工作量小,故所需的养护费用很小。而且路面平整、行车阻力小,能提高车速,减少燃料消耗、降低运输成本。 (5)色泽鲜明,反光能力强,有利于夜间行车
	缺点	(1)有接缝:由于热胀冷缩的特性,混凝土路面必须设置许多接缝,而接缝是路面的薄弱点。接缝使施工和养护增加了复杂性,如处理不当,将导致混凝土路面板板边板角处破坏。接缝还容易引起行车跳动,影响行车舒适性。 (2)施工后不能立即开放交通:施工后要经过 15~20d 的湿治养生,才能开放交通。 (3)挖掘和修补困难:混凝土路面破坏后,挖掘和修补工作都很费事,且影响交通,修补后的路面质量不如原来的整体强度高。这对于有地下管线的城市道路,带来较大困难。 (4)阳光下反光太强,汽车驾驶员感觉不舒服。 (5)对水泥和水的需要量大:修筑厚 0.2m,宽 7m 的混凝土路面,每 1 000m 要耗费水泥约 400~500t、水约 200t,还未计入养生用水。 (6)施工前准备工作较多:如设模板、布置接缝及传力杆设施等
设计原则		水泥混凝土路面设计应根据公路交通量及公路的使用任务、性质,并结合当地气候、水文、土质、材料、实践经验以及施工和养护条件等,通过技术经济比较,做出符合使用要求并与环境条件相适应的经济合理的路面设计
设计内容		(1)行车道路面结构的组合设计 按当地环境条件、交通要求和材料供应情况,选择路面的结构层次,各结构层的类型和厚度,以组合成能提供均匀、稳定支承,减轻或扩止唧泥和错台病害,承受预期车辆荷载作用,满足使用性能要求的路面结构。 (2)面层接缝构造和配筋设计 确定面层板块的平面尺寸,选择和布设接缝的类型和位置,设计接缝的构造(传荷装置和填封),确定板内的配筋量和钢筋布置。 (3)路面排水设计 选择路面内部排水系统的布设方案,确定各项排水设施的构造尺寸和材料规格要求。 (4)路肩铺面结构层组合设计 选择路肩铺面的结构层次、各结构层的类型和厚度。 (5)面层厚度设计 确定为满足设计使用期内使用要求所需的混凝土面层厚度。 (6)各结构层材料组成设计 选择合适的组成材料,进行配合比设计,以提供满足各结构层性能要求的混合料。 (7)路面表面特性设计 提供满足抗滑、低噪音要求的路面表面的技术措施

B 水泥混凝土路面设计一般步骤

水泥混凝土路面设计一般步骤 表 7-2

步骤	内容
(1)收集交通资料	初始年日交通量、日货车交通量、方向分配系数、车道分配系数、设计使用期内交通量年平均增长率、各类货车的轴型和轴载组成等
(2)分析交通资料	计算设计车道的初始年日货车交通量和各级轴载作用次数。将各级轴载的作用次数换算为标准轴载的作用次数,计算设计车道初始年日标准轴载作用次数 N_s。按此 N_s 值确定设计道路的交通等级和设计使用期。依据公路等级和车道宽度,选定车轮轮迹的横向分布系数 η。然后,计算设计使用期内设计车道上的标准轴载累计作用次数 N_e

续上表

步　骤	内　　容
(3)初拟路面结构	按设计道路所在地的路基土质、水温状况、路面材料供应条件和性质、公路等级和交通繁重程度，进行结构层组合设计，初选各结构层的材料类型和厚度
(4)确定混凝土设计弯拉强度及弹性模量	按混凝土设计弯拉强度的最低要求，进行混凝土混合料组成设计。通过对设计混合料的强度测定，确定28d和90d的设计弯拉强度。通过试验或查表确定相应的混凝土弹性模量
(5)确定基层顶面计算回弹模量	对于新建道路，按初选路面结构，确定土基、垫层和基层的设计回弹模量值，并查图计算确定基层顶面的当量回弹模量值。对于改建道路，应用承载板或弯沉测定试验，确定旧面层顶面的当量回弹模量值。然后，确定分别供荷载应力和温度应力计算用的基层顶面计算回弹模量值 E_{tc}
(6)计算荷载疲劳应力	确定标准轴载产生的荷载应力。依据纵缝类型和基层情况，选取应力折减系数，依据交通等级，选取综合系数。由标准轴载累计作用次数，计算确定荷载疲劳应力系数。最后得到荷载疲劳应力
(7)计算温度疲劳应力	按道路所在地的公路自然区划，选取最大温度梯度；并应用图，查取温度应力系数，计算最大温度梯度时的温度应力。按公路自然区划和应力—强度比查表得到温度疲劳应力系数。最后温度疲劳应力
(8)应力验算	检验荷载疲劳应力与温度疲劳应力之和是否满足设计规定条件，如满足，则初拟路面结构和面层厚度可以作为设计结构。如不满足，则改变初拟结构，重复第(5)步以下的计算，直到上述条件满足为止。混凝土面层设计厚度取整至cm

C 水泥混凝土路面类型、特点及适用条件

水泥混凝土路面种类、特点及适用条件　表7-3

类　型	主要特点及适用条件
素混凝土路面(又叫普通混凝土路面)	素混凝土路面是在路面板中不设置钢筋或仅在板的边缘和角隅处配置少量钢筋，采用现场浇筑方法修建的路面。由于施工简便，造价较低，是使用得很广泛的路面结构。这种路面在纵向设有纵缝，横向设有胀缝和缩缝，分别用嵌缝条或填缝料填塞。在胀缝和缩缝处可设置传力杆，在纵缝处可设置拉杆。混凝土板多为等厚式，也可做成厚边式或梯形断面。如果路面板厚度较大，可以采用双层式结构，下层混凝土的强度可以稍低
钢筋混凝土路面	为了减轻混凝土路面板裂纹的产生和扩展，加大横向缩缝间距，可以在路面板中设置单层或双层钢筋网，配筋率较小，一般为0.1%～0.2%
连续配筋混凝土路面	这种路面是在混凝土板内配置较多的钢筋以减小路面板厚度，并可不设横向缩缝，其配筋率可达0.6%～1.0%，造价较高，施工复杂
预应力混凝土路面	对混凝土路面板施加预应力也可适当减小路面板厚度和加大缩缝间距。按施工方法分为无筋预应力、有筋预应力和自应力三种。无筋预应力施工方法是用千斤顶在加力缝内对混凝土板施加一定的压力后，取出千斤顶，再用混凝土填塞缝隙。有筋预应力的施工方法是在混凝土板孔内穿进钢丝束，张拉后将两端锚固，再在孔内注入水泥浆使钢丝束与混凝土凝结牢固。自应力混凝土路面是采用膨胀水泥铺筑混凝土路面板，利用配筋或在板的两端设置墩座，通过混凝土的膨胀而施加应力。这种路面施工工艺复杂，在使用上有一定的局限性
钢纤维混凝土路面	在混凝土中掺入一定数量的短小钢纤维可以提高混凝土路面的抗压和抗弯强度，增加韧性，防止开裂以及加强抗冲击、耐疲劳性能，延长路面使用寿命，且可减小路面板厚度和加大缩缝与纵缝间距，有较高的经济效益，使用的钢纤维体积率一般为1%～1.2%
混凝土预制块路面	将混凝土预制成尺寸较小的块体，其表面一般不大于300cm²，厚度一般为6～10cm，并制成各种形状，如矩形、折线形和曲线形等，或制成各种颜色。用这种块体铺成的路面平整美观，强度高，适用于工业区、港区道路及集装箱堆场等处；彩色预制块更适用公园、广场及街坊、住宅区等处道路。这种预制块抗压强度为60MPa，要求基层非常平整，并具有足够的强度。基层材料可用各种稳定土或粒料，在其上加铺3cm的砂垫层。预制块可作横向排列铺砌、人字形铺砌及各种嵌花式铺砌等。铺砌后须撒铺嵌缝砂，震压密实。 另有一种尺寸较大的混凝土预制板，一般做成正方形或矩形或六角形，厚为12～18cm，由预制厂运至工地铺装。这种路面的优点是施工迅速，铺装后即可通车，损坏后也易于更换修理，但因接缝多，平整度较差，在重要道路上很少采用
碾压混凝土路面	碾压混凝土(Roller Compacted Concrete，简称RCC)是一种含水率低，通过振动碾压施工工艺达到高密度、高强度的水泥混凝土。其特干硬性的材料特点和碾压成型的施工工艺特点，使碾压混凝土路面具有节约水泥、收缩小、施工速度快、强度高、开放交通早等技术经济上的优势。 碾压混凝土路面与普通水泥混凝土路面所用材料基本组成相同，均为水、水泥、砂、碎(砾)石及外掺剂；不同之处在碾压混凝土为用水量很少的特干硬性混凝土，比普通水泥混凝土节约水泥10%～30%左右。 碾压混凝土路面多适用于高等级公路，需要提早开放交通的情况

7

D 水泥混凝土路面设计参数

a 公路水泥混凝土路面弯拉强度和弹性模量

公路水泥混凝土路面弯拉强度和弹性模量　表 7-4

交通等级	特重	重	中等	轻
设计弯拉强度(MPa)	5.0	5.0	4.5	4.0
弯拉弹性模量(×10^3MPa)	30	30	28	27

b 公路自然区划最大温度梯度计算值 T_g

公路自然区划最大温度梯度计算值 T_g　表 7-5

公路自然区划	Ⅱ、Ⅴ	Ⅲ	Ⅳ、Ⅵ	Ⅶ
T_g(C/cm)	0.83~0.88	0.90~0.95	0.86~0.92	0.93~0.98

注:海拔高时,取高值;湿度大时,取低值。

c 城市道路水泥混凝土路面水泥混凝土弯拉弹性模量

城市道路水泥混凝土路面水泥混凝土弯拉弹性模量　表 7-6

设计强度 f_{cm}(MPa)	5	4.5	4
变拉弹性模量 E_c(MPa)	31 000	28 000	27 000

d 城市道路水泥混凝土路面水泥混凝土设计强度

城市道路水泥混凝土路面水泥混凝土设计强度 表 7-7

交通等级	特重	重	中等	轻
设计强度 f_{cm}(MPa)	5	4.5	4.5	4

e 城市道路水泥混凝土路面混凝土容许承压应力

城市道路水泥混凝土路面水泥混凝土容许承压应力　表 7-8

水泥混凝土设计强度(MPa)	5	4.5	4
水泥混凝土容许承压应力(MPa)	12	10.5	9

f 城市道路水泥混凝土路面基层顶面当量回弹模量

城市道路水泥混凝土路面基层顶面当量回弹模量　表 7-9

交通等级	特重	重	中等	轻
当量回弹模量 E_s(MPa)	120	100	80	80

g 水泥混凝土路面设计规范对路面构造深度(mm)的要求

水泥混凝土路面设计规范对路面构造深度(mm)的要求　表 7-10

公路等级	一般路段	环境不良路段
高速和一级公路	≥0.70	≥0.80
二、三、四级公路	≥0.50	≥0.60

注:1.环境不良路段,对高速和一级公路系指立交、平交、变速车道等处;对其他公路系指急弯、陡坡、交叉路口或集镇附近;

2.年降水量 500mm 以下地区,表列数值可适当降低。

h 混凝土标号与强度等级的换算

混凝土标号与强度等级的换算　表 7-11

混凝土标号(kgf/cm²)(MPa)	100 (10)	(15)	200 (20)	250 (25)	300 (30)	400 (40)	500 (50)	600 (60)
过渡性的混凝土强度等级(MPa)	C8	C13	C18	C23	C28	C38	C48	C58

i 水泥混凝土路面结构的材料参数变异范围建议值

水泥混凝土路面结构的材料参数变异范围建议值　表 7-12

参数	变异水平		
	高	中	低
混凝土面层厚度	0.06~0.08	0.04~0.06	0.02~0.04
弯拉强度和弹性模量	0.15~0.20	0.10~0.15	0.05~0.10
基层顶面回弹模量	0.35~0.55	0.25~0.35	0.15~0.25

j 美国各州混凝土路面设计的隐含可靠度和 AASHTO 的目标可靠度建议值 P_s(%)

美国各州混凝土路面设计的隐含可靠度和 AASHTO 的目标可靠度建议值 P_s(%)　表 7-13

道路等级		城市			乡村		
		范围	中间	建议值	范围	中间	建议值
州际公路		56~99	87~90	85~99.9	56~95	85~86	80~99.9
主干道		58~99	82.5~89	80~99	52~98	81~86	75~95
次要道路	集散道路	58~99	82~96	80~95	58~99	82~96	75~95
	地方道路			50~80			50~80

k 欧州各国对水泥混凝土路面构造深度的要求值

欧洲各国对水泥混凝土路面构造深度的要求值　表 7-14

国家	构造深度(MTD)(mm)	备注
英国	0.65~1.35	横向拉毛
法国	1.0	横向拉毛
德国	0.5~0.8	高速(v>80km/h)时取高限
西班牙	0.7~1.0	最小 MTD 为 0.5mm
荷兰	0.7	
原捷克	0.8	

注:路表构造深度采用砂容量法测定。

A 组合设计的要求及要点

组合设计的要求和要点　　表 7-15

<table>
<tr><th colspan="2">项目</th><th>内　　容</th></tr>
<tr><td rowspan="3">一般要求</td><td>满足交通荷载的要求</td><td>行车荷载的作用,使混凝土路面产生荷载应力。荷载应力大小与轴载重量、基层顶面支承情况等因素有关。随着交通繁重程度的增加,对水泥混凝土面层下基层和垫层的刚度要求应逐渐提高,以避免出现过量的塑性变形,引起板底脱空,导致混凝土板因应力过大而断裂。在公路、城市道路水泥混凝土路面设计规范中,按交通等级分别提出了基层顶面当量回弹模量的最低要求,因而,在选择基层和垫层的类型和确定其厚度时,应考虑满足基层顶面回弹模量的要求。而在原有路面上铺筑混凝土面层时,原路面顶面的当量回弹模量也需满足有关的规定,若不能满足,应在原有路面上设置补强层</td></tr>
<tr><td>在各种环境条件下稳定性好</td><td>保持混凝土路面的水稳性,是结构层选择与组合需要解决的重要问题。混凝土路面由于接缝的存在,雨水等极易沿板边下渗,因此要求基层材料具有良好的水稳性,如贫混凝土,水泥稳定土或粒料等。
在潮湿和某些中湿路段,由于地下水位较高,土质不良的路基易出现不均匀冻胀或体积变形,这对混凝土面层会产生不利影响,因此,在水温状况不好的路段上,应设置隔水性好的垫层,并选择水稳性好的材料作基层。石灰稳定细颗粒材料遇水(下渗水,毛细水等)强度会降低、特别在冻融循环作用下,其强度随时间明显衰减,因而在水温不良路段上,不宜采用石灰土作基层或垫层。
在季节性冰冻地区,中、潮湿路段上,为保证混凝土板不产生冻胀和错台等现象,路面结构组合设计中,应设置防止冻胀和翻浆的垫层。路面总厚度的确定,除满足强度要求外,还应满足防冻厚度的要求,以避免由于路基不均匀冻胀对混凝土路面的不良影响</td></tr>
<tr><td>考虑结构层特点</td><td>结构组合设计还应考虑各结构层的特点,满足各结构层的最小厚度的要求。
为适应交通荷载的作用,保证路面使用质量和寿命,根据国内、外经验,水泥混凝土板最小厚度为 18cm,基层、垫层厚度均不得小于 15cm,但也不宜太厚,特别是粒料基层,以避免本身的固结变形过大和不经济。
在开山路段,石质基层强度足够的情况下,或原有路面满足水泥混凝土板对基层刚度要求时,可不设基层,但需检查基层顶面平整度,若符合要求,可直接在其上浇筑混凝土板,若平整度达不到要求,可设置 6~10cm 的整平层</td></tr>
<tr><td>各结构层组合要求</td><td>混凝土面层</td><td>(1)水泥混凝土面层应具有足够的强度、耐久性,表面抗滑、耐磨、平整。
(2)面层一般采用设接缝的普通混凝土;面层板的平面尺寸较大或形状不规则,路面结构下埋有地下设施,高填方、软土地基、填挖交界段的路基等有可能产生不均匀沉降时,应采用设置接缝的钢筋混凝土面层。其他面层类型可根据适用条件按下表选用。
其他面层类型选择<table><tr><th>面层类型</th><th>适用条件</th></tr><tr><td>连续配筋混凝土面层</td><td>高速公路</td></tr><tr><td>沥青上面层与连续配筋混凝土或横缝设传力杆的普通混凝土下面层组成的复合式路面</td><td>特重交通的高速公路</td></tr><tr><td>碾压混凝土面层</td><td>二级及二级以下公路、服务区停车场</td></tr><tr><td>钢纤维混凝土面层</td><td>标高受限制路段、收费站、混凝土加铺层和桥面铺装</td></tr><tr><td>矩形或异形混凝土预制块面层</td><td>服务区停车场、二级及二级以下公路桥头引道沉降未稳定段</td></tr></table>(3)普通混凝土、钢筋混凝土、碾压混凝土或钢纤维混凝土面层板一般采用矩形。其纵向和横向接缝应垂直相交,纵缝两侧的横缝不得相互错位。
(4)纵向接缝的间距按路面宽度在 3.0~4.5m 范围内确定。碾压混凝土、钢纤维混凝土面层在全幅摊铺时,可不设纵向缩缝。
(5)横向接缝的间距按面层类型和厚度选定:
普通混凝土面层一般为 4~6m,面层板的长宽比不宜超过 1.30,平面尺寸不宜大于 25m²;
碾压混凝土或钢纤维混凝土面层一般为 6~10m;
钢筋混凝土面层一般为 6~15m。
(6)普通混凝土、钢筋混凝土、碾压混凝土或连续配筋混凝土面层所需的厚度,可参照下表所示参考范围并按有关规定计算确定</td></tr>
</table>

续上表

项　目	内　　容
各结构层组合要求 — 混凝土面层	（见下）

混凝土面层

水泥混凝土面层厚度的参考范围

交通等级	特　重				重			
公路等级	高速	一级		二级	高速	一级		二级
变异水平等级	低	中	低	中	低	中	低	中
面层厚度(mm)	≥260	≥250	≥240		270~240	260~230	250~220	

交通等级	中　等				轻	
公路等级	二级		三、四级	三、四级	三、四级	
变异水平等级	高	中	高	中	高	中
面层厚度(mm)	240~210	230~200		220~200	≤230	≤220

(7)钢纤维混凝土面层的厚度按钢纤维掺量确定，钢纤维体积率为0.6%~0.1%时，其厚度为普通混凝土面层厚度的0.65~0.75倍。特重或重交通时，其最小厚度为160mm；中等或轻交通时，其最小厚度为140mm。

(8)复合式路面的沥青上面层的厚度一般为25~80mm。

(9)除混凝土预制块面层外，各种混凝土面层和计算厚度应满足极限状态设计计算要求。路面厚度依计算厚度按10mm向上取整。

采用碾压混凝土或贫混凝土做基层时，宜将基层与混凝土面层视作分离式双层板进行应力分析。

(10)路面表面构造应采用刻槽、压槽、拉槽或拉毛等方法制作。构造深度在使用初期应满足下表的要求

各级公路水泥混凝土面层的表面构造深度(mm)要求

公路等级	高速公路、一级公路	二、三、四级公路
一般路段	0.70~1.10	0.50~0.90
特殊路段	0.80~1.20	0.60~1.00

注：1.特殊路段——对于高速公路和一级公路系指立交、平交或变速车道等处，对于其他等级公路系指急弯。陡坡、交叉口或集镇附近；

2.年降雨量600mm以下的地区，表列数值可适当降低。

(11)混凝土预制块可采用异形块或矩形块。预制块的长度为200~250mm，宽度为100~125mm，长宽比通常为2:1。预制块的厚度为100~120mm。预制块下稳平层的厚度为30~500mm

基层

(1)基层应具有足够的抗冲刷能力和一定的刚度。

(2)基层类型宜依照交通等级按下表选用。混凝土预制块面层应采用水泥稳定粒料基层。

适宜各交通等级的基层类型

交通等级	基层类型
特重交通	贫混凝土、碾压混凝土或沥青混凝土基层
重　交　通	水泥稳定粒料或沥青稳定碎石基层
中等或轻交通	水泥稳定粒料、石灰粉煤灰稳定粒料或级配粒料基层

(3)湿润和多雨地区，路基为低透水性细粒土的高速公路和一级公路或者承受特重或重交通的二级公路，宜采用排水基层。排水基层可选用多孔隙的开级配水泥稳定碎石、沥青稳定碎石或碎石，其孔隙率约为20%。

(4)基层的宽度应比混凝土面层每侧至少宽出30mm(采用小型机具施工时)或500mm(轨模式摊铺机施工时)或650mm(滑模式摊铺机施工时)。路肩采用混凝土面层，其厚度与行车道面层相同时，基层宽度宜与路基同宽。级配粒料基层的宽度也宜与路基同宽。

(5)各类基层厚度的适宜范围见下表：

各类基层厚度的适宜范围

基层类型	厚度适宜的范围(mm)
贫混凝土或碾压混凝土基层	120~200
水泥或石灰料煤灰稳定粒料基层	150~250
沥青混凝土基层	40~60
沥青稳定碎石基层	80~100
级配粒料基层	150~200
多孔隙水泥稳定碎石排水基层	100~140
沥青稳定碎石排水基层	80~100

(6)碾压混凝土基层应设置与混凝土面层相对应的接缝。贫混凝土基层在其弯拉强度超过1.8MPa时，应设置与混凝土面层相对应的横向缩缝；而一次摊铺宽度大于7.5m时，还应设置纵向缩缝。

(7)基层下未设垫层，上路床为细粒土、粘土质砂或级配不良砂(承受特重或重交通时)，或者为细粒土(承受中等交通时)，应在基层下设置底基层。底基层可采用级配粒料、水泥稳定粒料或石灰粉煤灰稳定粒料，厚度一般为200mm

续上表

<table>
<tr><th colspan="2">项　目</th><th>内　　　容</th></tr>
<tr><td rowspan="4">各结构层组合要求</td><td>基层</td><td>(8)排水基层下应设置由水泥稳定粒料或者密级配粒料组成的不透水底基层,厚度一般为200mm。底基层顶面宜铺设沥青封层或防水土工织物</td></tr>
<tr><td>垫层</td><td>(1)遇有下述情况时,需在基层下设置垫层:
①季节性冰冻地区,路面总厚度小于最小防冻厚度要求时,其差值应以垫层厚度补足;
②水文地质条件不良的土质路堑,路床土湿度较大时,宜设置排水垫层;
③路基可能产生不均匀沉降或不均匀变形时,可加设半刚性垫层。
(2)垫层的宽度应与路基同宽,其最小厚度为150mm。
(3)防冻垫层和排水垫层宜采用砂、砂砾等颗粒材料。半刚性垫层可采用低剂量无机结合料稳定粒料或土</td></tr>
<tr><td>路基</td><td>(1)路基应稳定、密实、均质,对路面结构提供均匀的支承。
(2)高液限粘土及含有机质细粒土,不能用做高速公路和一级公路的路床填料或二级和二级以下公路的上路床填料;高液限粉土及塑性指数大于16或膨胀率大于3%的低液限粘土,不能用做高速公路和一级公路的上路床填料。因条件限制而必须采用上述土做填料时,应掺加石灰或水泥等结合料进行改善。
(3)地下水位高时,宜提高路堤设计标高。在设计标高受限制,未能达到中湿状态的路基临界高度时,应选用粗粒土或低剂量石灰或水泥稳定细粒土做路床或上路床填料;未能达到潮湿状态的路基临界高度时,除采用上述填料措施外,还应采取在边沟下设置排水渗沟等降低地下水位的措施。
(4)路基压实度应符合《公路路基设计规范》(JTJ 013)的要求。多雨潮湿地区,对于高液限土及塑性指数大于16或膨胀率大于3%的低液限粘土,宜采用由轻型压实标准确定的压实度,并在含水量略大于其最佳含水量时压实。
(5)岩石或填石路床顶面应铺设整平层。整平层可采用未筛分碎石和石屑或低剂量水泥稳定粒料,其厚度视路床顶面不平整程度而定,一般为100~15mm</td></tr>
<tr><td>路肩结构层</td><td>(1)路肩铺面结构应具有一定的承载能力,其结构层组合和材料选用应与行车道路面相协调,并保证进入路面结构中的水的排除。
(2)路肩铺面可选用水泥混凝土面层或沥青面层。
(3)路肩水泥混凝土面层的厚度通常采用与行车道面层等厚,其基层宜与行车道基层相同。选用薄面层时,其厚度不宜小于150mm,基层应采有开级配粒料。
(4)路肩沥青面层宜选用密实型沥青混合料。其基层可选用无机结合料稳定粒料或级配粒料。行车道路面结构不设内部排水设施时,沥青面层和不透水基层的总厚度不宜超过行车道面层的厚度,基层下应选用透水性粒料填筑</td></tr>
</table>

B　材料组成设计

a　水泥混凝土组成材料的要求及选择

水泥混凝土组成材料的要求及选择　　表 7-16

<table>
<tr><th>材料名称</th><th>内　　　容</th></tr>
<tr><td>水泥</td><td>1.水泥混凝土路面用水泥强度等级与品种,应根据路面的交通等级所求的设计抗折强度确定,选择可参考下表:
<table>
<tr><th>交通等级</th><th>混凝土设计抗折强度 R_w (MPa)</th><th>水泥强度等级与品种</th><th>交通等级</th><th>混凝土设计抗折强度 R_w (MPa)</th><th>水泥强度等级与品种</th></tr>
<tr><td>特重</td><td>5.0</td><td>52.5P,52.5D</td><td>中等</td><td>4.5</td><td>42.5PO,42.5D,52.5PS</td></tr>
<tr><td>重</td><td>5.0</td><td>52.5P,52.5PO,52.5D,42.5D</td><td>轻</td><td>4.0</td><td>42.5PO,42.5PS</td></tr>
</table>
注:表中P、PO、D和PS分别代表硅酸盐水泥、普通硅酸盐水泥,道路硅酸盐水泥和矿渣硅酸盐水泥。
2.选用水泥的强度等级应与要求配制的混凝土强度等级相适应。如水泥强度等级选用过高,则混凝土中水泥用量过低,影响混凝土的和易性和耐久性。通常,配制一般混凝土时,水泥强度为混凝土抗压强度的1.5~2.0倍;配制高强度混凝土时,为混凝土抗压强度的0.9~1.5倍。但是,随着混凝土要求的强度等级不断提高,高强度混凝土并不受此比例的约束。
3.混凝土用水泥应合符材料技术指标的规定</td></tr>
<tr><td>砂及细集料</td><td>1.混凝土用细集料的级配要求应与一定的粗集料组成的矿质混合料一并考虑。
2.混凝土用砂的级配应合符《普通混凝土用砂质量标准和检验方法》(JGJ 52—92)规定的颗粒级配范围规定;
3.砂的细度模数,压碎值应符合标准规定;
4.砂中的有害杂质含量应合符质量规定,这些有害杂质主要有:泥块、云母、轻物质、硫酸盐和硫化物以及有机质等</td></tr>
</table>

续上表

材料名称	内　　容
粗集料	1.为保证混凝土的强度,要求碎石必须具有一定强度。生产碎石的岩石抗压强度和压碎值应合符质量要求的规定;一般岩石的抗压强度与混凝土强度等级之比不应小于1.5,且岩浆岩不低于80MPa、变质岩不低于60MPa,沉积岩不低于30MPa; 2.为保证混凝土的耐久性,用作混凝土的粗集料应具有足够的坚固性,以抵抗冻融和自然因素的风化作用。其坚固性指标应符合标准规定; 3.粗集料的级配应在标准规定的颗粒级配范围内; 4.粗集料最大粒径不得大于结构断面最小尺寸的1/4,同时不得大于钢筋最小净距的3/4;对于实心混凝土板,允许采用最大粒径为1/2板厚的颗粒,但最大粒径不超过50mm; 5.粗集料表面应粗糙且多棱角,粒形接近正方体为佳,不宜含较多针状、片状颗粒,其含量应在标准规定范围内; 6.粗集料中的含泥量、含泥块量、有害杂质含量等均应合符标准规定
水	混凝土拌和用水质量应符合《混凝土拌和用水标准》(JGJ 63—89)的规定。符合国家标准的生活用水,可直接使用,不需检验

b　水泥混凝土配合比设计要求及流程

水泥混凝土配合比设计要求及流程　　表7-17

项　目	内　　容
基本要求	1.满足结构物设计强度的要求 不论路面或桥梁混凝土,在设计时都会对不同的结构部位提出不同的"设计强度"要求。为了保证结构物的可靠性,在配制混凝土配合比时,必须要考虑到结构物的重要性、施工单位的施工水平等因素,采用一个比设计强度高的"配制强度",才能满足设计强度的要求。配制强度定得太低,结构物不安全;定得太高又浪费资金。 2.满足施工工作性的要求 按照结构物断面尺寸和形状、配筋的疏密以及施工方法和设备来确定工作性(坍落度或维勃稠度)。 3.满足环境耐久性的要求 根据结构物所处环境条件,如严寒地区的路面或桥梁、桥梁墩台在水位升降范围等,为保证结构的耐久性,在设计混凝土配合比时应考虑允许的"最大水灰比"和"最小水泥用量"。 4.满足经济的要求 在满足设计强度、工作性和耐久性的前提下,配合设计中尽量降低高价材料(水泥)的用量,并考虑应用就地材料和工业废料(如粉煤灰等),以配制成性能优越、价格便宜的混凝土
基本流程框图	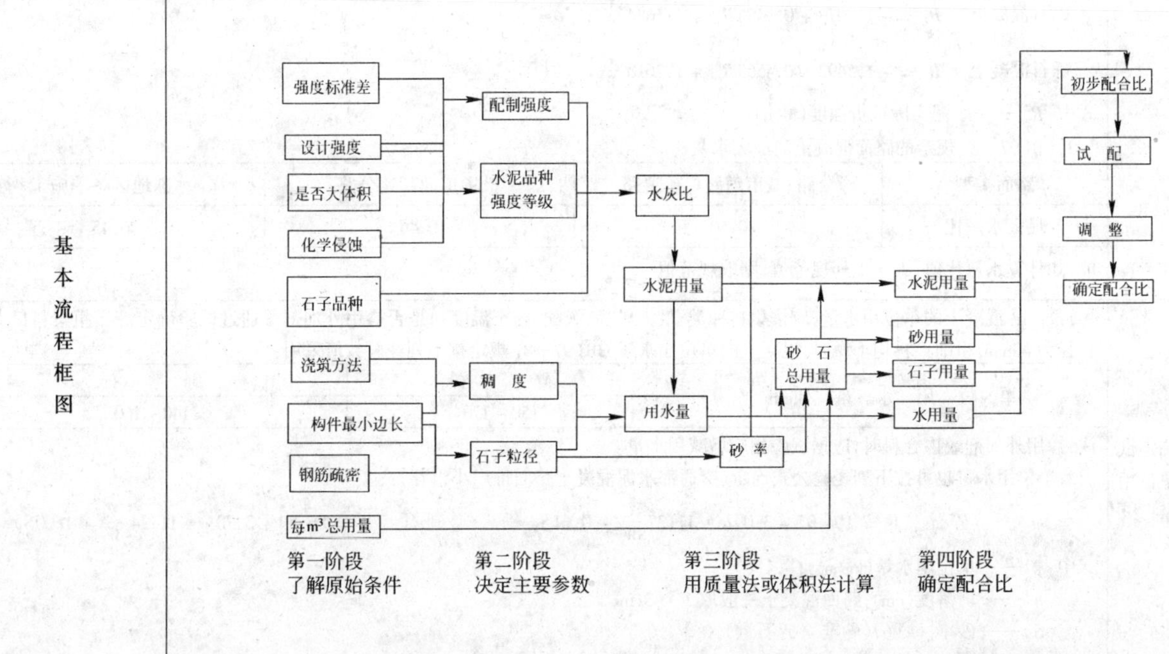

c 水泥混凝土配合比设计计算

水泥混凝土配合比设计计算 表 7-18

序号	步 骤	有 关 规 定 和 计 算 公 式

1 确定混凝土试配强度

1.混凝土结构的设计强度，通常以抗压强度表征。但是，混凝土路面结构强度，无论是《公路水泥混凝土路面设计规范》(JTG D40—2002)或《城市道路设计规范》(CJJ 37—90)，均以抗折强度为准，按此确定试配强度。

2.《水泥混凝土路面施工及验收规范》(GBJ 97—87)规定：混凝土试配强度 R 宜按设计强度 σ_S 提高 10% ~ 15%，即 $R=(1.10\sim1.15)\sigma_S$。

3.交通部水泥混凝土路面推广小组编《水泥混凝土路面设计、施工与养护》还建议按保证率确定试配强度，即：

$$R=\frac{\sigma_S}{1-tC_v}$$

式中：t—— 保证率系数；

保 证 率 %	50	80	85	90	95	98
t	0	0.84	1.04	1.28	1.64	2.05

C_v ——混凝土强度变异系数。

施工管理水平等级	优秀	良好	一般	差
C_v	<0.10	0.10~0.15	0.15~0.20	>0.20

2 计算确定试配水灰比

1.按水灰比与抗压强度关系试配混凝土。

(1)按下列经验对应关系把抗折强度换算为抗压强度。

抗折强度 (MPa)	4.0	4.5	5.0	5.5
抗压强度 (MPa)	25.0	30.0	35.0	40.0

(2)按试配抗压强度 R_c 和下列公式计算灰水比 $\frac{C}{W}$ (CBJ 97—87)：

碎石混凝土 $R_c=0.46R_{cc}\left(\frac{C}{W}-0.52\right)$

砾石混凝土 $R_c=0.48R_{cc}\left(\frac{C}{W}-0.61\right)$

式中：R_{cc}—— 水泥实际抗压强度(MPa)；

$\frac{C}{W}$—— 灰水比(即水灰比的倒数)。

2.按水灰比与抗折强度关系试配混凝土(交通部水泥混凝土路面推广小组荐)。

可按试配抗折强度 R_s 和下列公式计算灰水比 $\frac{C}{W}$：

碎石混凝土 $R_s=-1.0079+0.3485R_{sc}+1.5684\frac{C}{W}$；

砾石混凝土 $R_s=-1.5492+0.4565R_{sc}+1.2618\frac{C}{W}$。

式中：R_{sc}—— 水泥实际抗折强度(MPa)。

3.GBJ 97—87 规定的路面混凝土的最大水灰比。

路面类型	公路、城市道路厂矿道路	机场道面高速公路	冰冻地区冬季施工
最大水灰比	0.50	0.46	0.45

注：如计算水灰比值，大于上列规范值，则取规范值

3 确定试配单位用水量

1.每 m^3 混凝土的单位用水量，应按集料种类、最大粒径、级配、施工温度和是否掺用外加剂等通过试验确定。当粗集料最大粒径为 40mm，粗细集料均干燥时，混凝土的单位用水量 GBJ 97—87 规定按下列经验数值采用：

单 位 用 水 量 (kg/m^3)	碎 石	砾 石
	150~170	140~160

注：掺用外加剂或掺合料时，应据试验相应增减用水量。

2.单位用水量也可按下列经验公式确定(交通部水泥混凝土路面推广小组荐)：

碎石 $W=104.97+3.09h+11.27\frac{C}{W}+0.61S_P$ 砾石 $W=86.89+3.70h+11.24\frac{C}{W}+1.00S_P$

式中：W —— 单位用水量(kg/m^3)；

h —— 坍落度(cm)，路面混凝土一般取 1 ~ 3cm；

S_P—— 砂率[砂重 /(砂重 + 碎石重)，%]

续上表

<table>
<tr><th>序号</th><th>步 骤</th><th>有 关 规 定 和 计 算 公 式</th></tr>
<tr><td>4</td><td>确定试配单位水泥用量</td><td>1.由前已知 $\frac{W}{C}$ 和 W;
2.计算单位水泥用量 $C = W\left(\frac{C}{W}\right)$;
3.GBJ 97—87 规定:单位水泥用量应不小于 300kg/m³;(如计算值小于规范规定值,则取规范值)</td></tr>
<tr><td>5</td><td>确定试配砂率</td><td>1.GBJ 97—87 规定,按下列情况选用:
<table>
<tr><th rowspan="2">水灰比 $\left(\frac{W}{C}\right)$</th><th colspan="2">砂 率 %</th></tr>
<tr><th>碎石,最大粒径 40mm</th><th>砾石,最大粒径 40mm</th></tr>
<tr><td>0.40</td><td>27 ~ 32</td><td>24 ~ 30</td></tr>
<tr><td>0.50</td><td>30 ~ 35</td><td>28 ~ 33</td></tr>
</table>
2.理论法计算
$$S_P = K\frac{\rho_s V_g}{\rho_s V_s + \rho_g V_g}$$
式中:ρ_s —— 砂的松装密度(kg/m³);
ρ_g —— 碎(砾)石的松装密度(kg/m³);
V_s ——1m³ 的混凝土中砂的松装体积(m³);
V_g ——1m³ 混凝土中碎(砾)石的松装体积(m³);
K —— 拨开系数,在 1.0 ~ 1.2 范围内,一般可取 1.05(交通部水泥混凝土路面推广小组荐)</td></tr>
<tr><td>6</td><td>确定试配的粗、细集料用量</td><td>1.由前已知 W、C、S_P,未知 G(粗集料用量,kg/m³)、S(细集料用量,kg/m³)。
2.用绝对体积法计算
$$\left.\begin{aligned}&\frac{C}{\rho_c}+\frac{G}{\rho_g'}+\frac{S}{\rho_s'}+\frac{W}{\rho_w}=1000\\&\frac{S}{S+G}\times 100=S_P(\%)\end{aligned}\right\}$$
式中:C、G、S、W —— 相应为每 m³ 混凝土的水泥、粗集料、细集料和水的用量(kg/m³);
ρ_c —— 水泥的真实密度,一般约 2.9 ~ 3.1g/cm³;
ρ_g'、ρ_s' —— 相应为粗集料和细集料的表观密度,由试验测得(kg/m³);
ρ_w —— 水的密度,可取 1.0g/cm³。
3.用假定密度法计算
$$\left.\begin{aligned}&C+G+S+W=\rho_n\\&\frac{S}{S+G}\times 100=S_P(\%)\end{aligned}\right\}$$
式中:ρ_n —— 混凝土拌和物的假定密度,可根据以往的经验数据确定,一般为 2 400 ~ 2 450kg/m³</td></tr>
<tr><td>7</td><td>确定试拌配合比</td><td>混凝土重量配合比为:
$C:S:G:W$
或 $1:\frac{S}{C}:\frac{G}{C}:\frac{W}{C}$</td></tr>
<tr><td>8</td><td>试拌、检验和易性和调整配合比,提出和易性符合要求的基准配合比</td><td>1.按上述试拌配合比,称样试拌检验拌和物的和易性,如和易性不符合要求,可参考下列情况调整试拌配合比。
<table>
<tr><th>试拌的混凝土拌和物情况</th><th>调 整 途 径</th></tr>
<tr><td>拌和物稀导致坍落度过大</td><td>保持 $\frac{W}{C}$ 不变,减少水和水泥或保持砂率不变,增加砂石用量</td></tr>
<tr><td>拌和物稠导致坍落度过小</td><td>保持 $\frac{W}{C}$ 不变,增加水和水泥或保持砂率不变,减少砂石用量</td></tr>
<tr><td>砂浆过多导致振实后的混凝土表层浮浆过多和坍落度过大</td><td>降低砂率,减少水和水泥</td></tr>
<tr><td>砂浆过少拌和物干涩做面困难</td><td>加大砂率,增加水和水泥</td></tr>
</table>
注:每次调整幅度 1%左右,重复拌和时间不得超过 20min 直到符合要求为止。
2.按试拌调整合格后的实际材料用量,计算出 1m³ 混凝土中各种材料用量和配合比或称基准配合比</td></tr>
</table>

7

续上表

序号	步 骤	有 关 规 定 和 计 算 公 式
9	强度验核和配合比调整、优选	1. 按基准配合比,至少制作3组试件,1组按基准配合比;另2组或以上,按基准配合比分别增加或减小$\frac{W}{C}$(以0.05分档),其用水量则与基本配合比相同。每种配合比至少作1组试件,标准养护28d,测定强度。时间紧迫时,可蒸压3h快速测定强度后推算28d强度。推算公式如下: 抗折强度 $R_{f,28d} = 2.918 + 1.728R_{f,3h}$ 抗压强度 $R_{c,28d} = 14.591 + 1.826R_{c,3h}$ 式中:$R_{f,28d}$、$R_{c,28d}$——相应的为28d抗折、抗压强度; $R_{f,3h}$、$R_{c,3h}$——相应的为3h抗折、抗压强度。 2. 按总体要求,综合评比,优选确定配合比
10	容重调整确定试验室配合比	1. 用上述优选确定的配合比试件,实测混凝土的干容重 ρ_{hp},与计算干容重 ρ_{ht} 相比较,得出容重校正系数 K_j,即: $K_j = \frac{\rho_{hp}}{\rho_{ht}}$ 2. 各项材料计算用量乘以容重校正系数 K_j,即为试验室配合比
11	实测砂、石含水率确定施工配合比	1. 实测得砂的含水率(w_s)和碎(砾)石的含水率(w_g) 2. 由试验室配合比和砂、石含水率计算施工配合比: 水泥 $C' = C$ 砂 $S' = S(1 + w_s)$ 石子 $G' = G(1 + w_g)$ 水 $W' = W - (Sw_s + Gw_g)$

7

A 荷载应力计算

a 欧尔德早期的荷载应力计算公式

欧尔德早期的荷载应力计算公式　　表 7-19

项目	内容	
计算假设	路面破坏的主要形式为角隅断裂，主要应该验算角隅应力。并且认为角隅断裂主要是板下地基局部下沉，使得板角端部脱空所致。当然，除了地基局部下沉以外，路面板因温度的均匀或不均匀变化而产生板角向上翘曲，也会引起水泥混凝土路面板与地基的局部脱开。欧尔德根据材料力学原理，假定地基脱空，板是悬臂变截面梁，提出了早期的荷载应力计算公式	
荷载图式	a)荷载作用在外侧板角处	b)荷载作用在内侧板角处
	集中力P　B　横缝　A　a　纵缝	E　集中力P　横缝　D　C　纵缝

续上表

项目		内容
计算公式	a)荷载作用在外侧板角处	板因地基脱空而由集中荷载 P 引起的断裂线 AB 处的弯矩为： $M = Pa$ 应力公式为： $\sigma = \frac{3P}{h^2}$ 式中：P —— 车轮荷载，MN； σ —— 混凝土路面板顶产生的拉应力，MPa； h —— 混凝土路面板的厚度，m。 假定板中的应力应该满足 $\sigma \leqslant [\sigma]$，则板厚应该满足： $h \geqslant \sqrt{\frac{3P}{[\sigma]}}$
	b)荷载作用在内侧板角处	横缝有传力杆连接时的最大弯拉应力： $\sigma = \frac{1.5P}{h^2}$ 纵缝有传力杆连接时的最大弯拉应力： $\sigma = \frac{P}{h^2}$

b 威斯特卡德荷载应力计算公式

威斯特卡德荷载应力计算公式　　表 7-20

项目	内容
计算假定	水泥混凝土路面的应力分析一般以弹性地基上的薄板为基本的力学模型。弹性地基包括温克勒(Winkler)地基、弹性半空间地基与弹性层状体系地基。 威斯特卡德于 1925 年最先运用温克勒地基上无限大板或无限大弹性地基薄板模型，推导了由于荷载作用引起的混凝土荷载应力公式。之后，经过多次修正和理论上的不断完善，威斯特卡荷载应力公式在水泥混凝土路面设计中得到广泛的应用
荷载图式	P　P　h　R　b)　x_1　x　a_1　R　a)　R　c) a) 板角；b) 板中；c) 板边

续上表

项目		内	容
应力计算公式	荷载作用于板中	荷载应力公式为：$\sigma_i = 1.1(1+\mu_c)\left(\lg\frac{l}{b}+0.2673\right)\frac{P}{h^2}$ 相应的位移为：$w_i = \frac{Pl^2}{8D}$ 式中：$l = \sqrt[4]{\frac{E_c h^3}{12(1-\mu_c^2)K}}$	式中：μ_c —— 混凝土材料的泊松比； E_c —— 混凝土材料的弹性模量； P —— 车辆荷载； D —— 板的弯曲刚度： $D = \frac{Eh^3}{12(1-\mu^2)}$ h —— 板的厚度； l —— 板的相对刚度半径： $l = \sqrt[4]{\frac{D}{K}} = \sqrt[4]{\frac{E_c h^3}{12(1-\mu_c^2)K}}$ K —— 地基反应模量； b —— 当量计算半径
	荷载作用于板边	荷载应力公式为：$\sigma_e = 2.116(1+0.54\mu_c)\left(\lg\frac{l}{b}+0.08975\right)\frac{P}{h^2}$ 相应的位移为：$w_e = \frac{1}{\sqrt{6}}(1+0.4\mu)\frac{P}{Kl^2}$	
	荷载作用于板角	荷载应力公式为：$\sigma_c = 3\left[1-\left(\frac{\sqrt{2}R}{l}\right)^{0.6}\right]\frac{P}{h^2}$ 相应的位移为：$w_c = \left(1.1-0.88\frac{\sqrt{2}R}{l}\right)\frac{P}{Kl^2}$	
	荷载半径修正公式	当 $R < 1.724h$ 时，$b = \sqrt{1.6R^2+h^2}-0.675h$ 当 $R > 1.724h$ 时，$b = R$	式中：h —— 板厚； R —— 荷载半径； b —— 当量计算半径

c　阿灵顿等荷载应力修正公式

阿灵顿等荷载应力修正公式　　表 7-21

项目		内　容
计算假定		1930 年美国在阿灵顿（Arlington）进行了混凝土路面足尺试验，通过试验，对应力计算公式进行了修正
荷载图式		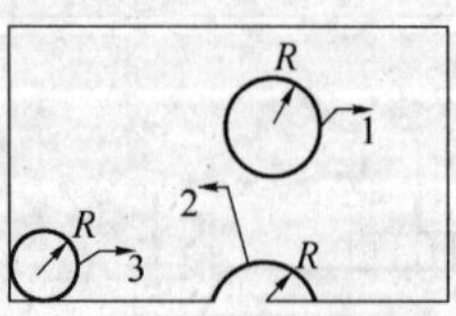
计算公式	荷载作用于板中	(1)威斯特卡德 1933 年修正公式： $\sigma_i = 0.275(1-\mu_c)\left[\lg\frac{Eh^3}{Kb^4}-54.54\left(\frac{l}{L}\right)^2 C\right]\frac{P}{h^2}$ 式中：L—— 地基反力重分布范围，假定 $L = 5l$； C—— 最大挠度减少的比值，变化范围为 0 ~ 0.39。 (2)当 $L = 5l$，$C = 0.20$，$\mu = 0.15$ 时，布拉德伯利提出了板中的板底最大应力修正公式。 $\sigma_i = 0.316\left(4\lg\frac{L}{b}+0.633\right)\frac{P}{h^2}$

续上表

项目		内　容
计算公式	荷载作用于板中	(3)凯利提出了当 $L = 0.75l$，$C = 0.05$，$\mu = 0.15$ 时，板中的板底最大应力修正公式： $\sigma_i = 0.316\left(4\lg\frac{L}{b}+0.178\right)\frac{P}{h^2}$
	荷载作用于板边	凯利提出的修正公式。当 $L = 5l$ 时： $\sigma_e = 0.572\left(4\lg\frac{L}{b}+\lg b\right)\frac{P}{h^2}$
	荷载作用于板角	(1)布拉德伯利修正公式 $\sigma_c = 3\left[1-\left(\frac{R}{l}\right)^{0.6}\right]\frac{P}{h^2}$ (2)凯利修正公式 $\sigma_c = 3\left[1-\left(\frac{\sqrt{2}R}{l}\right)^{1.2}\right]\frac{P}{h^2}$

d　弹性地基板的荷载应力计算公式

弹性地基板的荷载应力计算公式　　表 7-22

<table>
<tr><th colspan="2">项　目</th><th colspan="2">内　　容</th></tr>
<tr><td colspan="2">计算假设</td><td colspan="2">弹性半空间地基是以弹性模量和泊松比表征的弹性地基。它假设地基为一各向同性的弹性半无限体(故又称无限地基)。地基在荷载作用范围内及影响所及的以外部分均产生变形,其顶面上任一点的挠度不仅同该点的压力,也同其他各点的压力有关,即:
$q=(x,y)=f[W(x,y)]$</td></tr>
<tr><td colspan="2" rowspan="2">荷载图式</td><td>在无限大圆板上荷载作用于板中</td><td>轮载距计算点 r 距离</td></tr>
<tr><td>P　P　R</td><td>P　M_t　M_t　r</td></tr>
<tr><td rowspan="3">计算公式</td><td>当车轮荷载在板边时</td><td>最大弯曲应力公式为:
$\sigma_{max}=0.529(1+0.54\mu_c)\dfrac{P}{h^2}(\alpha_0-0.71)$
公式适用于 $h/T\geqslant0.5$ 时</td><td rowspan="2">式中:h —— 板厚;
$\alpha_0=1.91\dfrac{h}{R}\sqrt[3]{\dfrac{E_c(1-\mu_s^2)}{E_s(1-\mu_c^2)}}$
P—— 车辆荷载;
μ_c—— 混凝土材料的泊松比;
R—— 荷载半径</td></tr>
<tr><td>当车轮荷载在板角时</td><td>最大弯曲应力公式为:
$\sigma_{max}=\dfrac{3P}{h^2}\left[1-1.79\left(\dfrac{1-\mu_c^2}{10^{\alpha_0}}\right)^{0.15}\right]$
公式适用于 $h/R\geqslant0.5$ 时</td></tr>
<tr><td>板厚计算公式</td><td>$h_i=\sqrt{\dfrac{6M_i}{[\sigma]}}$ 与 $h_e=\sqrt{\dfrac{6M_e}{[\sigma]}}$
$h_e=\sqrt{\dfrac{6\times1.5M_i}{[\sigma]}}$
$=\sqrt{1.5}\sqrt{\dfrac{6M_i}{[\sigma]}}=1.23h_i$</td><td>式中:$h_e$、$h_i$ —— 分别为板边、板中的厚度;
M_e、M_i—— 分别为板边、板中的弯矩;
$[\sigma]$—— 混凝土的容许弯拉应力</td></tr>
</table>

7

B　水泥混凝土路面温度应力计算公式

水泥混凝土路面温度应力计算公式　　表 7-23

<table>
<tr><th>计算条件</th><th>项　目</th><th>计 算 公 式 及 计 算 用 图</th></tr>
<tr><td rowspan="2">胀缩应力</td><td>应变公式</td><td>$\varepsilon_x=\dfrac{1}{E}(\sigma_x-\mu\sigma_y)+\alpha\Delta t$　　$\varepsilon_y=\dfrac{1}{E}(\sigma_y-\mu\sigma_x)+\alpha\Delta t$
式中:ε_x、ε_y —— 分别为板纵向和横向应变;
σ_x、σ_y —— 分别为板纵向和横向的温度应力,MPa;
α —— 水泥混凝土的线膨胀系数,约为 1×10^{-5};
Δt —— 板温差,℃;
其余符号同前</td></tr>
<tr><td>应力公式</td><td>面板完全受阻时的温度应力:　$\sigma_x=\sigma_y=-\dfrac{E_\alpha\Delta t}{1-\mu}$
对于窄长板温度应力:　$\sigma_x=-E_c\alpha\Delta t$
板长的中央温度应力:　$\sigma_t=\gamma\cdot f\cdot L/2$</td></tr>
</table>

续上表

计算条件	项　　目		计　算　公　式　及　计　算　用　图	
胀缩应力	应变公式		式中:γ—— 混凝土容重,约为 0.024MN/m³; L—— 板长,m; f—— 板与基础之间的摩擦系数,同基础类型、板的位移量和位移反复情况等因素有关,一般为 1.0 ~ 2.0; (注:板划分为有限尺寸板块后,因收缩而产生的应力很小,可不予考虑。) 其余符号同前	
翘曲应力	假设条件		为了分析翘曲应力,威斯特卡德对文克勒地基板作了如下假设:温度沿板断面呈直线变化、板和地基始终保持接触,不计板自重,从而导出了板仅受地基约束时的翘曲应力计算公式	
	计算公式	板中应力	$\sigma_x = \frac{E_c\alpha\Delta t}{2} \cdot \frac{C_x + \mu_c C_y}{1 - \mu_c^2}$ $\sigma_y = \frac{E_c\alpha\Delta t}{2} \cdot \frac{C_y + \mu_c C_x}{1 - \mu_c^2}$	式中:Δt —— 板顶面与板底面的温度差,℃,$\Delta t = T_g \cdot h$; T_g —— 混凝土板的温度梯度(℃/cm),可查表求得; C_x、C_y —— 与 L/l 或 B/l 有关的系数,其数值可查图或按下式计算: C_x 或 $C_y = 1 - \frac{2\cos\lambda\cosh\lambda}{\sin2\lambda + \sinh2\lambda}(\tan\lambda + \text{th}\lambda)$ 式中,计算 C_x 时,$\lambda = \frac{L}{l\sqrt{8}}$,计算 C_y 时,$\lambda = \frac{B}{l\sqrt{8}}$ σ_x —— 混凝土板中点 x 方向(板长)温度翘曲应力(MPa); σ_y —— 混凝土板中点 y 方向(板宽)温度翘曲应力(MPa); D_x —— 温度应力系数,可查表确定 $C'_x = \frac{C_x + \mu_c C_y}{1 + \mu_c}$ l —— 刚性半径,此时可用下式计算 $l = h\sqrt[3]{\frac{E_c(1 - \mu_s^2)}{6E_{tc}(1 - \mu_c^2)}}$ E_c —— 弹性半空间地基的回弹模量
		板边缘中点应力	$\sigma_x = \frac{E_c\alpha\Delta t}{2} \cdot C_x$	
	考虑内应力的翘曲应力计算式	板中应力	$\sigma_x = \frac{E_c\alpha\Delta t}{2(1 - \mu_c^2)} \cdot D_x$ $D_x = 2.08 \cdot C'_x e^{-0.0448h} - 0.154(1 - C'_x)$	
		板边缘中点应力	$\sigma_x = \frac{E_c\alpha\Delta t}{2} \cdot D_x$ 其中:D_x 同板中应力公式,但其中的 $C'_x = C_x$	
	计算用图表	温度翘曲应力系数 C_x、C_y	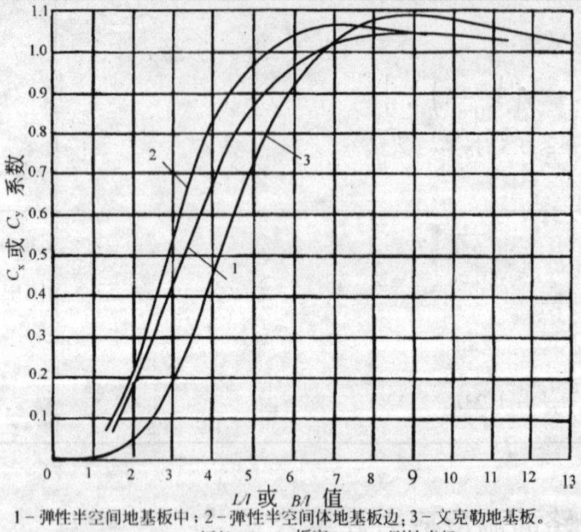 1 - 弹性半空间地基板中;2 - 弹性半空间体地基板边;3 - 文克勒地基板。 L—— 板长;B—— 板宽;l—— 刚性半径	
		计算温度应力系数 D_x、D_y	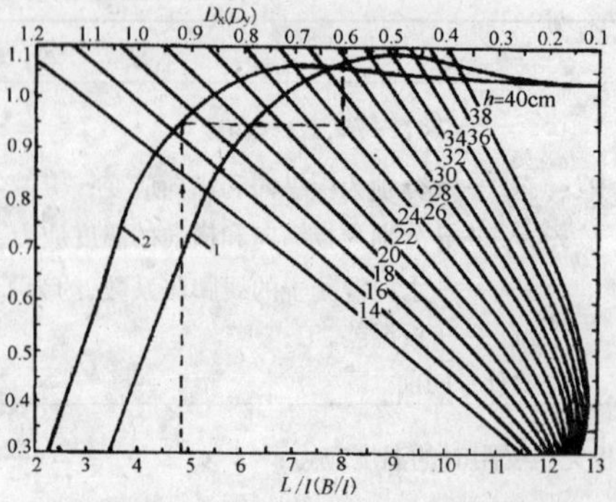 1 - Winkler 地基;2 - 半空间地基,板边缘中点 L—— 板长;l—— 刚性半径;B—— 板宽	

续上表

计算条件	项目	计算公式及计算用图								
翘曲应力	计算用图表	温度梯度 T_g 表(℃/cm)	混凝土板厚度(cm) 公路自然区划	18	20	22	24	26	28	30
			Ⅱ、Ⅴ	0.92~0.97	0.87~0.92	0.83~0.88	0.78~0.82	0.73~0.78	0.69~0.73	0.65~0.69
			Ⅲ	0.99~1.05	0.94~0.99	0.90~0.95	0.84~0.89	0.80~0.84	0.75~0.79	0.71~0.75
			Ⅳ、Ⅵ	0.95~1.02	0.90~0.96	0.86~0.92	0.80~0.86	0.76~0.81	0.72~0.77	0.67~0.72
			Ⅶ	1.03~1.08	0.97~1.02	0.93~0.98	0.87~0.92	0.82~0.87	0.78~0.82	0.73~0.77
			注:1.海拔高或湿度大时,取大值。 2.混凝土板厚度在表列范围而非表列数值时,可按插入法求值。 3.城市可按《公路自然区划标准》(JTJ 003)确定道路所在区划							

C 规范规定的荷载应力及温度应力计算方法

a 公路的计算方法

公路的计算方法　　表7-24

<table>
<tr><th colspan="2">项　目</th><th colspan="5">(一)单层混凝土板</th></tr>
<tr><td rowspan="5">荷载应力计算</td><td>基本公式</td><td colspan="5">选取混凝土板的纵向边缘中部作为产生最大荷载和温度梯度结合疲劳损坏的临界荷位。
标准轴载 P_s 在临界荷位处产生的荷载疲劳应力按下式确定。
$$\sigma_{pr} = k_r k_f k_c \sigma_{ps}$$
式中:σ_{pr} —— 标准轴载 P_s 在临界荷位处产生的荷载疲劳应力(MPa);
σ_{ps} —— 标准轴载 P_s 在四边自由板的临界荷位处产生的荷载应力(MPa),按以下公式计算确定;
k_r —— 考虑接缝传荷能力的应力折减系数,纵缝为设拉杆的平缝时,k_r = 0.87 ~ 0.92(刚性和半刚性基层取低值,柔性基层取高值);纵缝为不设拉杆的平缝或自由边时,k_r = 1.0;纵缝为设拉杆的企口缝时,k_r = 0.76 ~ 0.84;
k_f —— 考虑设计基准期内荷载应力累计疲劳作用的疲劳应力系数,按公式计算确定;
k_c —— 考虑偏载和动载等因素对路面疲劳损坏影响的综合系数,按公路等级查下表确定</td></tr>
<tr><td rowspan="2">综合系数 K_c</td><td>公路等级</td><td>高速公路</td><td>一级公路</td><td>二级公路</td><td>三、四级公路</td></tr>
<tr><td>k_c</td><td>1.30</td><td>1.25</td><td>1.20</td><td>1.10</td></tr>
<tr><td>荷载应力 σ_{ps} 计算公式</td><td colspan="5">$$\sigma_{ps} = 0.077 r^{0.60} h^{-2}$$
$$r = 0.537 h\left(\frac{E_c}{E_t}\right)^{1/3}$$
式中:σ_{ps} —— 标准轴载 P_s 在四边自由板临界荷位处产生的荷载应力(MPa);
r —— 混凝土板的相对刚度半径(m);
h —— 混凝土板的厚度(m);
E_c —— 水泥混凝土的弯拉弹性模量(MPa);
E_t —— 基层顶面当量回弹模量(MPa),公式计算</td></tr>
<tr><td>疲劳应力系数 k_f</td><td colspan="5">$$k_f = N_e^v$$
$$v = 0.053 - 0.017\rho_f \frac{l_f}{d_f}$$
式中:k_f —— 设计基准期内的荷载疲劳应力系数;
N_e —— 设计基准期内标准轴载累计作用次数;
v —— 与混合料性质有关的指数,普通混凝土、钢筋混凝土、连续配筋混凝土,v = 0.057;碾压混凝土和贫混凝土,v = 0.065;钢纤维混凝土,按公式计算确定。
ρ_f —— 钢纤维的体积率(%);
l_f —— 钢纤维的长度(mm);
d_f —— 钢纤维的直径(mm)</td></tr>
<tr><td></td><td>基层顶面当量回弹模量 E_t(MPa)</td><td colspan="5">新建公路的基层顶面当量回弹模量可按下式计算
$$E_t = a h_x^b E_0\left(\frac{E_x}{E_0}\right)^{1/3}$$
$$E_x = \frac{h_1^2 E_1 + h_2^2 E_2}{h_1^2 + h_2^2}$$
$$h_x = \left(\frac{12 D_x}{E_x}\right)^{1/3}$$</td></tr>
</table>

续上表

项　目		(一) 单层混凝土板
荷载应力计算	基层顶面当量回弹模量 E_t(MPa)	$$D_x=\frac{E_1h_1^3+E_2h_2^3}{12}+\frac{(h_1+h_2)^2}{4}\left(\frac{1}{E_1h_1}+\frac{1}{E_2h_2}\right)^{-1}$$ $$a=6.22\left[1-1.51\left(\frac{E_x}{E_0}\right)^{-0.45}\right]$$ $$b=1-1.44\left(\frac{E_x}{E_0}\right)^{-0.55}$$ 式中：E_t——基层顶面的当量回弹模量(MPa)； E_0——路床顶面的回弹模量(MPa)； E_x——基层和底基层或垫层的当量回弹模量(MPa)； E_1、E_2——基层和底基层或垫层的回弹模量(*MPa*)； h_x——基层和底基层或垫层的当量厚度(m)； D_x——基层和底基层或垫层的当量弯曲刚度(MN·m)； h_1、h_2——基层和底基层或垫层的厚度(m)； a、b——与 E_x/E_0 有关的回归系数； 底基层和垫层同时存在时，可先将底基层和垫层换算成具有当量回弹模量和当量厚度的单层，然后再与基层一起按上述各式计算基层顶面当量回弹模量。无底基层和垫层时，相应层的厚度和回弹模量分别以零值代入上述各式进行计算
温度应力计算	基本公式	在临界荷位处的温度疲劳应力 $$\sigma_{tr}=k_t\sigma_{tm}$$ 式中：σ_{tr}——临界荷位处的温度疲劳应力(MPa)； σ_{tm}——最大温度梯度时混凝土板的温度翘曲应力(MPa)，按下式计算； k_t——考虑温度应力累计疲劳作用的疲劳应力系数，按下式计算
	温度翘曲应力 σ_{tm}	最大温度梯度时混凝土板的温度翘曲应力 $$\sigma_{tm}=\frac{a_cE_chT_g}{2}B_x$$ 式中：σ_{tm}——最大温度梯度时混凝土板的温度翘曲应力(MPa)； a_c——混凝土的线膨胀系数(1/℃)，通常可取为 1×10^{-5}/℃； T_g——最大温度梯度，查表 3.0.8 取用； B_x——综合温度翘曲应力和内应力作用的温度应力系数，可按 l/r 和 h 查图确定； l——板长，即横缝间距(m)
	温度疲劳应力系数 k_t	$$k_t=\frac{f_r}{\sigma_{tm}}\left[a\left(\frac{\sigma_{tm}}{f_r}\right)-b\right]$$ 式中：a,b,c——回归系数，按所在地区的公路自然区划查下表确定
	回归系数 a,b,c 表	见下表
	温度应力系数 B_x 图	见下图

回归系数 a,b,c 表

系　数	公路自然区划 II	III	IV	V	VI	VII
a	0.828	0.855	0.841	0.871	0.837	0.834
b	0.041	0.041	0.058	0.071	0.038	0.052
c	1.323	1.355	1.323	1.287	1.382	1.270

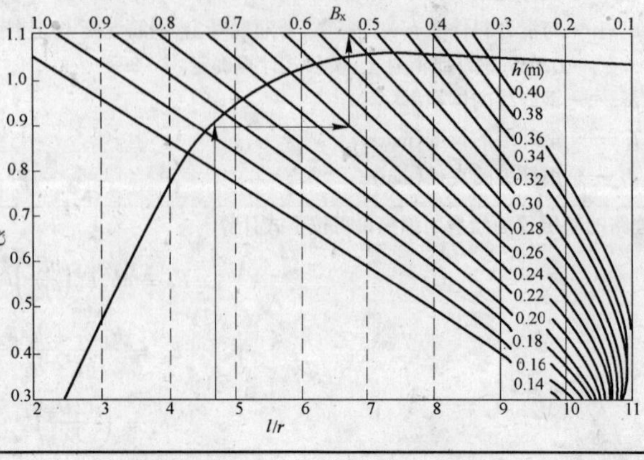

续上表

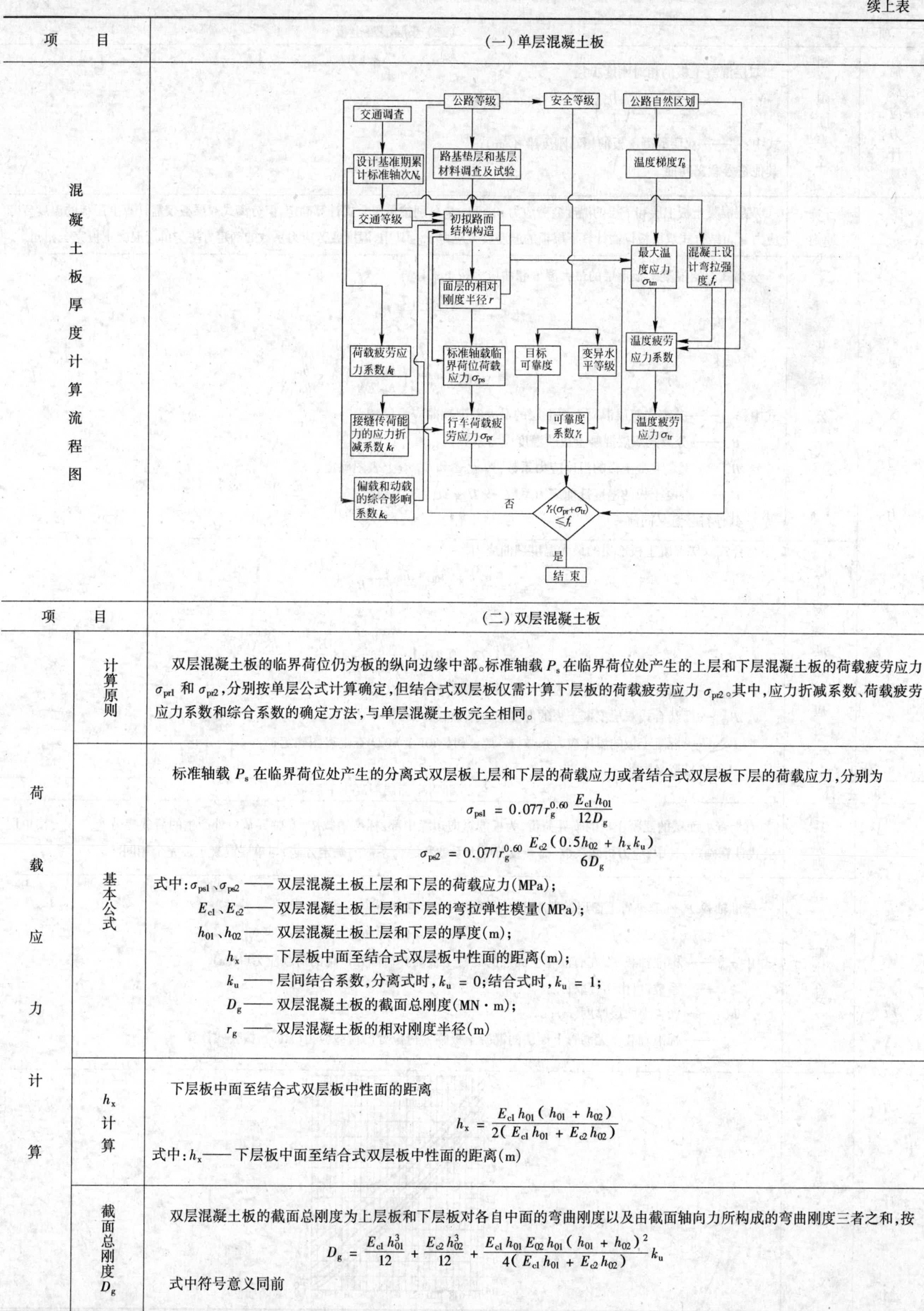

项目		(一)单层混凝土板
混凝土板厚度计算流程图		（见上图）
项目		(二)双层混凝土板
荷载应力计算	计算原则	双层混凝土板的临界荷位仍为板的纵向边缘中部。标准轴载 P_s 在临界荷位处产生的上层和下层混凝土板的荷载疲劳应力 σ_{pr1} 和 σ_{pr2}，分别按单层公式计算确定，但结合式双层板仅需计算下层板的荷载疲劳应力 σ_{pr2}。其中，应力折减系数、荷载疲劳应力系数和综合系数的确定方法，与单层混凝土板完全相同。
	基本公式	标准轴载 P_s 在临界荷位处产生的分离式双层板上层和下层的荷载应力或者结合式双层板下层的荷载应力，分别为 $$\sigma_{ps1}=0.077r_g^{0.60}\frac{E_{c1}h_{01}}{12D_g}$$ $$\sigma_{ps2}=0.077r_g^{0.60}\frac{E_{c2}(0.5h_{02}+h_xk_u)}{6D_g}$$ 式中：σ_{ps1}、σ_{ps2}——双层混凝土板上层和下层的荷载应力(MPa)； E_{c1}、E_{c2}——双层混凝土板上层和下层的弯拉弹性模量(MPa)； h_{01}、h_{02}——双层混凝土板上层和下层的厚度(m)； h_x——下层板中面至结合式双层板中性面的距离(m)； k_u——层间结合系数，分离式时，$k_u=0$；结合式时，$k_u=1$； D_g——双层混凝土板的截面总刚度(MN·m)； r_g——双层混凝土板的相对刚度半径(m)
	h_x 计算	下层板中面至结合式双层板中性面的距离 $$h_x=\frac{E_{c1}h_{01}(h_{01}+h_{02})}{2(E_{c1}h_{01}+E_{c2}h_{02})}$$ 式中：h_x——下层板中面至结合式双层板中性面的距离(m)
	截面总刚度 D_g	双层混凝土板的截面总刚度为上层板和下层板对各自中面的弯曲刚度以及由截面轴向力所构成的弯曲刚度三者之和，按 $$D_g=\frac{E_{c1}h_{01}^3}{12}+\frac{E_{c2}h_{02}^3}{12}+\frac{E_{c1}h_{01}E_{02}h_{01}(h_{01}+h_{02})^2}{4(E_{c1}h_{01}+E_{c2}h_{02})}k_u$$ 式中符号意义同前

续上表

项	目	（二）双层混凝土板
荷载应力计算	相对刚度半径 r_g	双层混凝土板的相对刚度半径 $$r_g = 1.23\left(\frac{D_g}{E_t}\right)^{1/3}$$ 式中：r_g—— 双层混凝土板的相对刚度半径(m)； 其他符号意义同前
温度应力计算	计算原则	双层混凝土板上层和下层的温度疲劳应力 σ_{tr1} 和 σ_{tr2} 分别按单层公式计算确定，但分离式双层板仅需计算上层板的温度疲劳应力 σ_{tr1}，结合式双层板仅需计算下层板的温度疲劳应力 σ_{tr2}。其中，温度疲劳应力系数的确定方法与单层混凝土板完全相同
	基本公式	分离式双层混凝土板上层的最大温度翘曲应力按下式计算。 $$\sigma_{tm1} = \frac{a_c E_{c1} h_{01} T_g}{2} B_{x1}$$ $$B_{x1} = \varepsilon_1 B_x$$ $$\varepsilon 1 = C_x^{0.30-0.811n}\left(\frac{h_{01} E_{c1}}{h_{02} E_{c2}} + 2.5\frac{h_{01}}{h_{0.2}}\right)$$ 式中：σ_{tm1}—— 分离式双层混凝土板上层的最大温度翘曲应力(*MPa*) B_{x1}—— 分离式双层混凝土板的温度应力系数； B_x—— 上层混凝土板的温度应力系数、按 l/rg 和 h_{01} 查上表图确定； C_x—— 混凝土板的温度翘曲应力系数，按 l/rg 查上表图确定； 其他符号意义同前
	层最大温度翘曲应力 σ_{tm2}	结合式双层混凝土板下层的最大温度翘曲应力 $$\sigma_{tm2} = \frac{\alpha_c E_{c2}(h_{01} + h_{02}) T_g}{2} B_{x2}$$ $$B_{x2} = \xi_2 B_x$$ $$\xi_2 = 1.77 - 0.27\ln\left(\frac{h_{01} E_{c1}}{h_{02} E_{c2}} + 18\frac{E_{c1}}{E_{c2}} - 2\frac{h_{01}}{h_{02}}\right)$$ 式中：σ_{tm2} —— 结合式双层混凝土板下层的最大温度翘曲应力(MPa)； B_{x2} —— 结合式双层混凝土板的温度应力系数； B_x —— 混凝土板的温度应力系数，按 l/rg 和（$h01 + h02$）查上表图确定； 其他符号意义同前
项	目	（三）沥青上面层混凝土下层板
荷载应力计算	计算原则	有沥青上面层的混凝土板的临界荷位，为板的纵向边缘中部。标准轴载 P_s 在临界荷位处产生的荷载疲劳应力 σ_{pr}，按单层公式计算确定。其中，应力折减系数、荷载疲劳应力系数和综合系数的确定方法，与单层混凝土板完全相同
	基本公式	标准轴载 P_s 在有沥青上面层的混凝土板临界荷位处产生的荷载应力 $$\sigma_{psa} = (1 - \xi h_a)\sigma_{ps}$$ 式中：σ_{psa} —— 标准轴载 P_s 在有沥青上面层的混凝土板临界荷位处产生的荷载应力(MPa)； ξ —— 系数，可由图查取； h_a —— 沥青上面层厚度(m)； σ_{ps} —— 标准轴载在无沥青上面层的混凝土板临界荷位处的荷载应力(MPa)，按公式计算
	系数 ξ 图	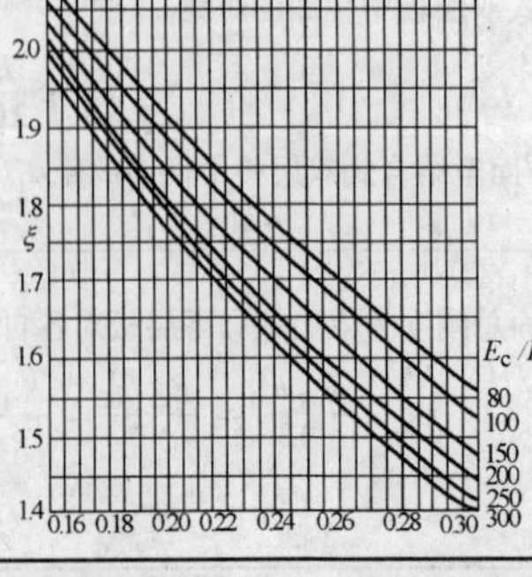 ξ 2.1 2.0 1.9 1.8 1.7 1.6 1.5 1.4 0.16 0.18 0.20 0.22 0.24 0.26 0.28 0.30 E_c/E_t 80 100 150 200 250 300

续上表

<table>
<tr><td colspan="2">项　目</td><td colspan="5">(三) 沥青上面层混凝土下层板</td></tr>
<tr><td rowspan="8">温度应力计算</td><td>基本公式</td><td colspan="5">有沥青上面层的混凝土板临界荷位处温度疲劳应力
$$\sigma_{tra} = (1+\xi' h_a)\sigma_{tr}$$
式中：σ_{tra} —— 有沥青上面层的混凝土板临界荷位处温度疲劳应力(MPa)；
ξ' —— 系数，可由图查取；
σ_{tr} —— 无沥青上面层时混凝土板在临界荷位处的温度疲劳应力(MPa)，按单层公式计算确定；其中，计算混凝土板最大温度翘曲应力 σ_{tm} 时，其最大温度梯度 T_g 值须考虑沥青上面层厚度的影响按下表取值</td></tr>
<tr><td rowspan="6">T_g</td><td colspan="5">有沥青上面层的混凝土板的最大温度梯度值 T_g(℃/m)</td></tr>
<tr><td rowspan="2">h_a(m)</td><td colspan="4">公路自然区划</td></tr>
<tr><td>II、V</td><td>III</td><td>IV、VI</td><td>VII</td></tr>
<tr><td>0.00</td><td>83 ~ 88</td><td>90 ~ 95</td><td>86 ~ 92</td><td>93 ~ 98</td></tr>
<tr><td>0.04</td><td>58 ~ 62</td><td>62 ~ 67</td><td>62 ~ 65</td><td>66 ~ 70</td></tr>
<tr><td>0.08</td><td>40 ~ 43</td><td>46 ~ 48</td><td>43 ~ 49</td><td>47 ~ 50</td></tr>
<tr><td></td><td>0.12</td><td>28 ~ 30</td><td>30 ~ 32</td><td>29 ~ 31</td><td>31 ~ 33</td></tr>
<tr><td>系数ξ图</td><td colspan="5"></td></tr>
</table>

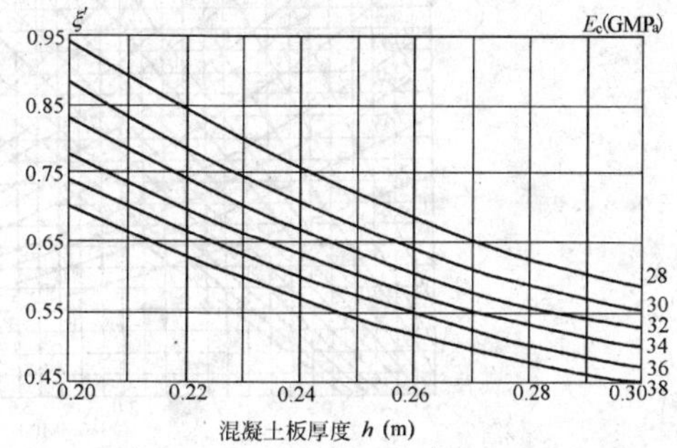

b　城市道路的计算方法

城市道路的计算方法　　表 7-25

<table>
<tr><td colspan="2">项　目</td><td>内　　容</td></tr>
<tr><td rowspan="2">荷载应力计算</td><td>计算公式</td><td>$$\sigma^c = \beta_d \beta_c \sigma_{max}$$
式中：σ^c —— 标准轴载作用下的计算荷载应力(MPa)；
σ_{max} —— 标准轴载作用下的最大应力(MPa)，查下图；
β_d —— 混凝土路面动荷系数，见下表；
β_c —— 混凝土路面综合系数，见下表</td></tr>
<tr><td>设传力杆混凝土板最大应力计算图 σ_{max}</td><td></td></tr>
</table>

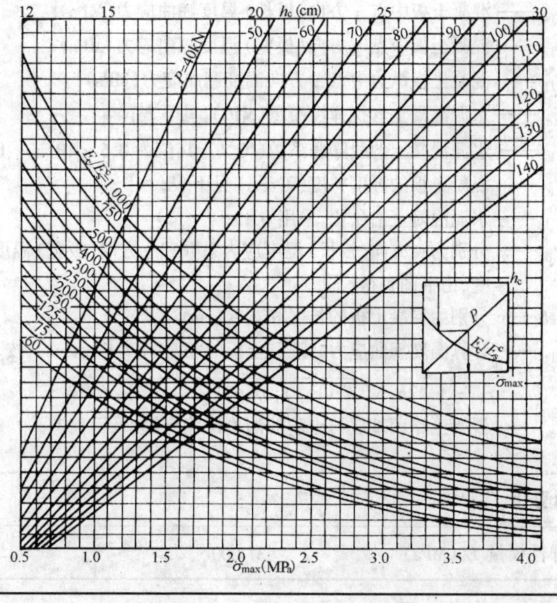

续上表

项 目		内 容
荷载应力计算	不设传力杆混凝土板最大应力计算图 σ_{max}	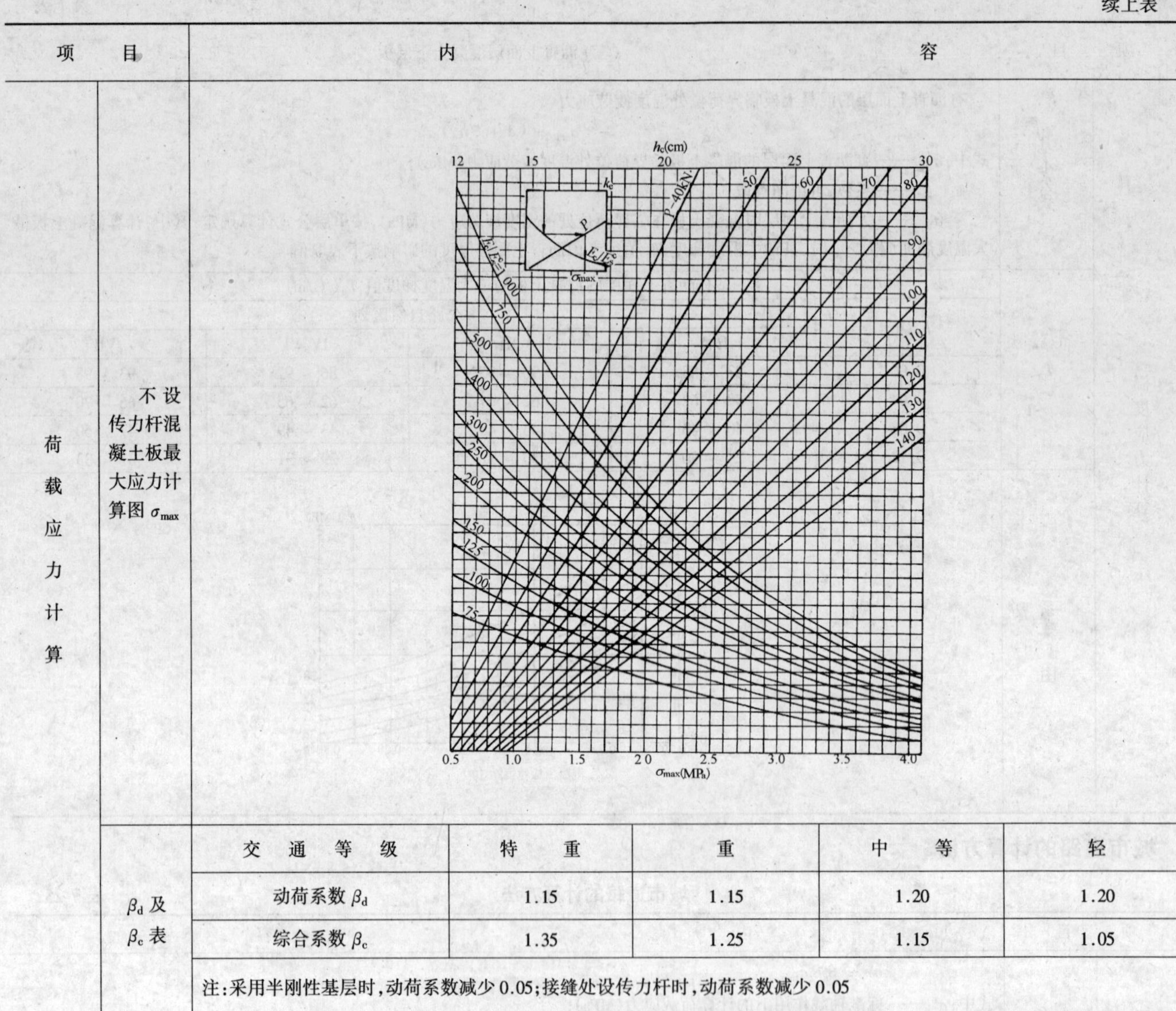

β_d 及 β_c 表

交 通 等 级	特 重	重	中 等	轻
动荷系数 β_d	1.15	1.15	1.20	1.20
综合系数 β_c	1.35	1.25	1.15	1.05

注:采用半刚性基层时,动荷系数减少 0.05;接缝处设传力杆时,动荷系数减少 0.05

温度应力计算 — 计算公式

板中点:$\sigma_{Tx} = E_c \alpha_1 T_h h_c(\gamma_x + \nu\gamma_y)/(2(1-\nu^2))$

$\sigma_{Ty} = E_c \alpha_1 T_h h_c(\gamma_y + \nu\gamma_x)/(2(1-\nu^2))$

板纵边中点:$\sigma_{Tl} = E_c \alpha_1 T_h h_c \gamma_x/2$

式中:σ_{Tx}——混凝土板中点 x 方向(板长)温度翘曲应力(MPa);

σ_{Tx}——混凝土板中点 y 方向(板宽)温度翘曲应力(MPa);

σ_{Tl}——混凝土板纵边中点 x 方向温度翘曲应力(MPa);

E_c——水泥混凝土弯拉弹性模量(MPa),见下表;

α_1——水泥混凝土的线膨胀系数(℃$^{-1}$),其值为 $0.6\times10^{-5}\sim1.3\times10^{-5}$℃$^{-1}$,可采用 1×10^{-5}℃$^{-1}$;

T_h——混凝土板的温度梯度(℃/cm)见下表;

ν——水泥混凝土泊松比,采用 0.15;

γ_x、γ_y——分别为 x 方向(板长)温度应力系数和 y 方向(板宽)温度应力系数,随板的相对长度 l_c/r_T 和相对宽度 b_c/r_T 而变,由下图查得;

l_c、b_c——分别为混凝土板的长度和宽度(cm);

r_T——计算温度翘曲应力时混凝土板的相对刚度半径(cm),按下式计算:

$$r_T = 1.42h_c\sqrt[3]{E_c(1-\nu_c^2)/(6E_s(1-\nu^2))}$$

ν_c——混凝土路面基层与土基的泊松比综合值,采用 0.3

混凝土弯拉弹性模量

设计强度 f_{cm}(MPa)	5	4.5	4
弯拉弹性模量 E_c(MPa)	31 000	28 000	27 000

续上表

项目		内容							
温度应力计算	混凝土板的温度梯度 T_h(℃/cm)	公路自然区划	混凝土板厚度(cm) 18	20	22	24	26	28	30	32
		Ⅱ、Ⅴ	0.92 ~ 0.97	0.87 ~ 0.92	0.83 ~ 0.88	0.78 ~ 0.82	0.73 ~ 0.78	0.69 ~ 0.73	0.65 ~ 0.69	0.62 ~ 0.66
		Ⅲ	0.99 ~ 1.05	0.94 ~ 0.99	0.90 ~ 0.95	0.84 ~ 0.89	0.80 ~ 0.84	0.75 ~ 0.79	0.71 ~ 0.75	0.67 ~ 0.71
		Ⅳ、Ⅵ	0.95 ~ 1.02	0.90 ~ 0.96	0.86 ~ 0.92	0.80 ~ 0.86	0.76 ~ 0.81	0.72 ~ 0.77	0.67 ~ 0.72	0.64 ~ 0.69
		Ⅶ	1.03 ~ 1.08	0.97 ~ 1.02	0.93 ~ 0.98	0.87 ~ 0.92	0.82 ~ 0.87	0.78 ~ 0.82	0.73 ~ 0.77	0.69 ~ 0.73
		注:1.海拔高时取大值;湿度大时取小值; 2.混凝土板厚度在表列范围内而非表列数值时,可按插入法求温度梯度; 3.各城市可按《公路自然区划标准》(JTJ 003)确定道路所在区划								
	混凝土板温度应力系数 γ_x、γ_y	板边中点 板中点 纵轴 $\gamma_x(\gamma_y)$ 0 ~ 1.2;横轴 $l_c/r_T(b_c/r_T)$ 0 ~ 13								

D 基层顶面回弹模量计算

a 公路基层顶面回弹模量计算

公路基层顶面回弹模量计算　　表 7-26

项目		内容	
基层顶面的当量回弹模量 E_t	新建公路查图确定	$E_1/E_0 \leqslant 10$	$E_1/E_0 > 10$

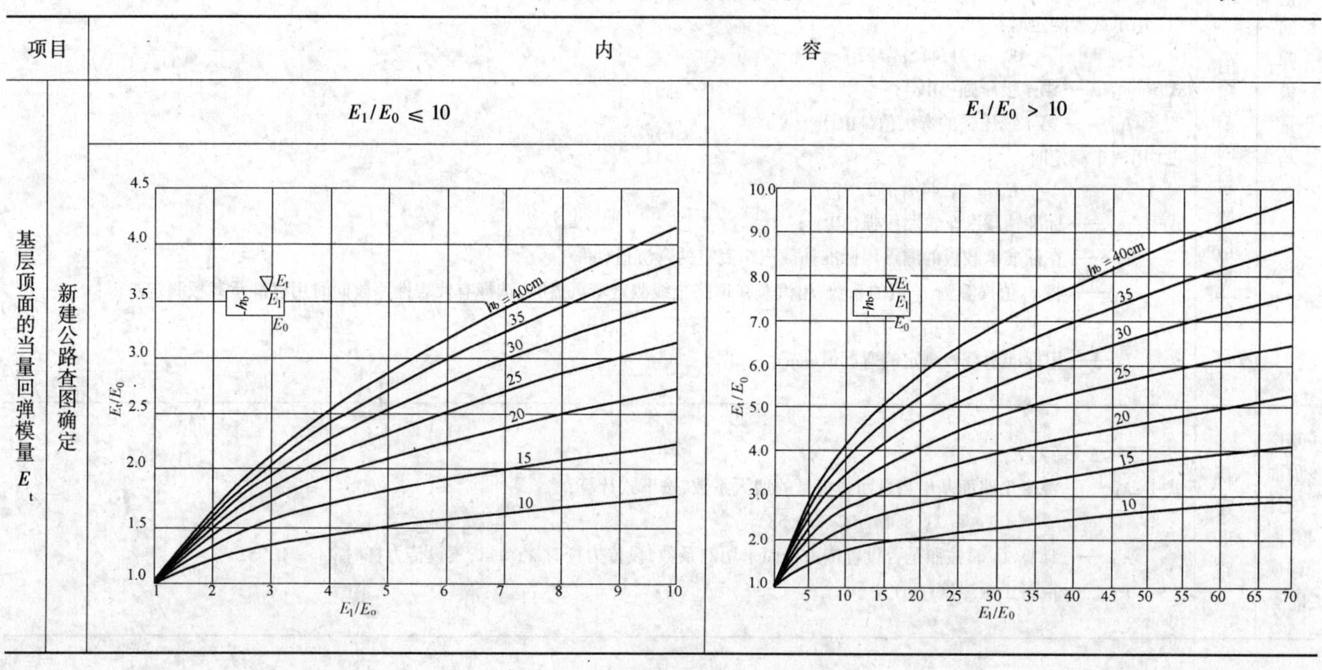

续上表

项目		内容
基层顶面的当量回弹模量 E_t	在原有柔性路面上铺筑时	$E_t = \frac{13\ 739}{l_0^{1.04}}$ 式中：l_0——以后轴重100kN的车辆测得的计算回弹弯沉值(0.01mm)
基层顶面的计算回弹模量 E_{tc}		$E_{tc} = nE_t$ 式中：n——模量修正系数。计算荷载应力时，按下式确定；计算温度应力时，$n = 0.35$。 $n = 1.718 \times 10^{-3}\left(\frac{hE_c}{E_t}\right)^{0.8}$ h——混凝土面板厚度(cm)； E_t——基层顶面的当量回弹模量(MPa)； E_c——混凝土弯拉弹性模量(MPa)

b 城市道路基层顶面回弹模量计算

城市道路基层顶面回弹模量计算 表7-27

项目		内容
基层顶面的当量回弹模量 E_s	新建道路查图确定	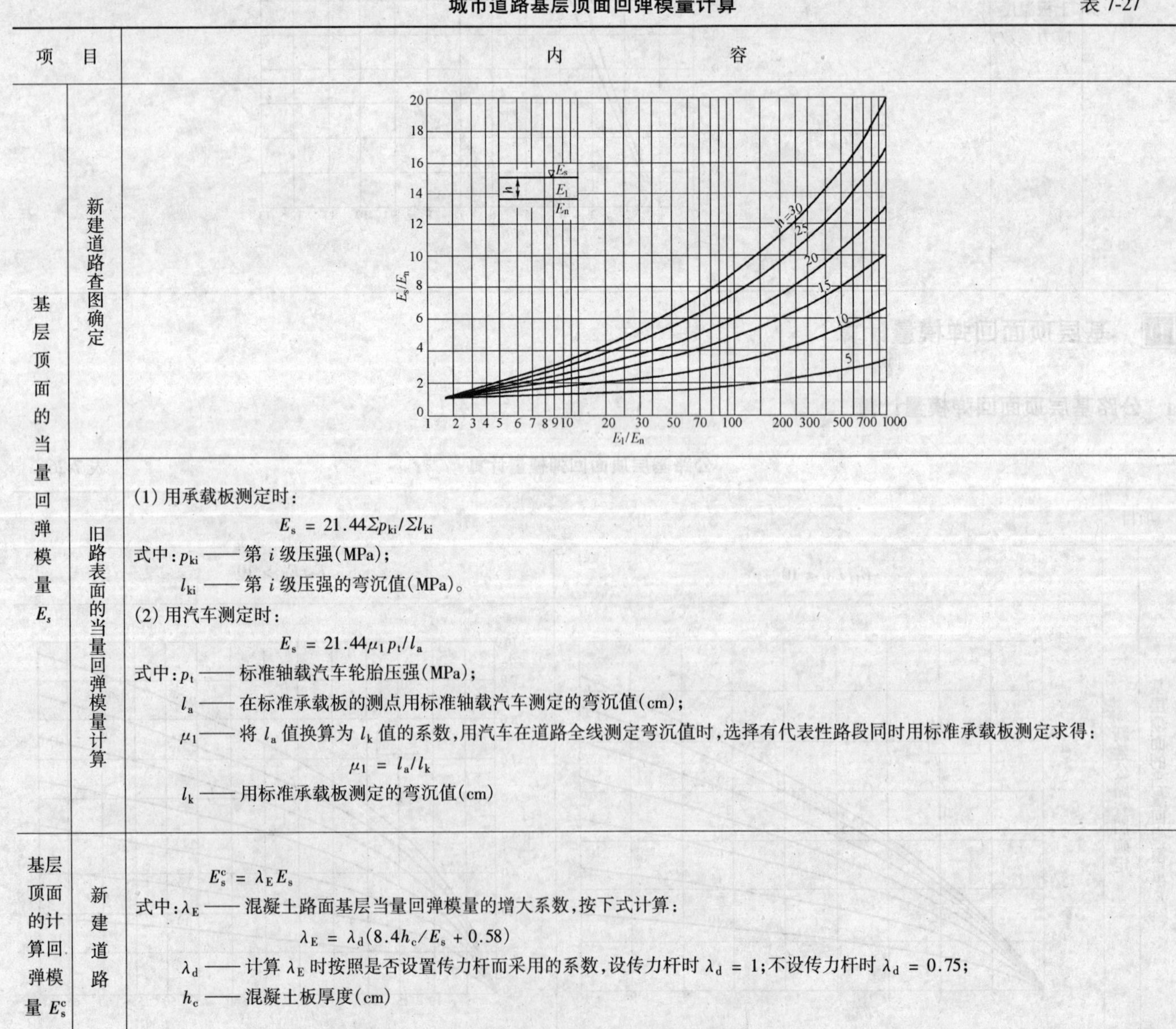
	旧路表面的当量回弹模量计算	(1)用承载板测定时： $E_s = 21.44\Sigma p_{ki}/\Sigma l_{ki}$ 式中：p_{ki}——第 i 级压强(MPa)； l_{ki}——第 i 级压强的弯沉值(MPa)。 (2)用汽车测定时： $E_s = 21.44\mu_1 p_t/l_a$ 式中：p_t——标准轴载汽车轮胎压强(MPa)； l_a——在标准承载板的测点用标准轴载汽车测定的弯沉值(cm)； μ_1——将 l_a 值换算为 l_k 值的系数，用汽车在道路全线测定弯沉值时，选择有代表性路段同时用标准承载板测定求得： $\mu_1 = l_a/l_k$ l_k——用标准承载板测定的弯沉值(cm)
基层顶面的计算回弹模量 E_s^c	新建道路	$E_s^c = \lambda_E E_s$ 式中：λ_E——混凝土路面基层当量回弹模量的增大系数，按下式计算： $\lambda_E = \lambda_d(8.4h_c/E_s + 0.58)$ λ_d——计算 λ_E 时按照是否设置传力杆而采用的系数，设传力杆时 $\lambda_d = 1$；不设传力杆时 $\lambda_d = 0.75$； h_c——混凝土板厚度(cm)

续上表

项　目		内　　　　容
基层顶面的计算回弹模量 E_s^c	旧路加铺	$E_s^c = \lambda_a E_s$ 式中：λ_a —— 旧路当量回弹模量增大系数，计算与旧路接触层层底弯拉应力时，λ_a 按下式计算；计算弯沉值、剪应力时，$\lambda_a = 1.0$。 $\lambda_a = \exp(0.028h_a)$ h_a —— 相当沥青混凝土补强层的当量厚度(cm)，按下式计算： $h_a = \sum_{i=1}^{n-1} h_i \sqrt[4]{E_i/E_1}$ n —— 旧路面结构作为一层与加铺路面层数之和； E_t —— 沥青混凝土面层材料模量值(MPa)

E　水泥混凝土路面厚度计算

a　水泥混凝土路面厚度设计步骤及程序框图

水泥混凝土路面厚度设计步骤及程序框图　　表 7-28

项　　目	步　骤　及　程　序　框　图
(1) 收集交通资料	包括：初始年日交通量、日货车交通量、方向分配系数、车道分配系数、设计使用期内交通量年平均增长率、各类货车的轴型和轴载组成等
(2) 分析交通资料	计算设计车道的初始年日货车交通量和各级轴载作用次数。应用公式，将各级轴载的作用次数换算为标准轴载的作用次数，计算设计车道初始年日标准轴载作用次数 N_s。按此 N_s 值查表确定设计道路的交通等级和设计使用期。依据公路等级和车道宽度，查表选定车轮轮迹的横向分布系数 η。然后，按公式计算设计使用期内设计车道上的标准轴载累计作用次数 N_e
(3) 初拟路面结构	按设计道路所在地的路基土质、水温状况、路面材料供应条件和性质、公路等级和交通繁重程度，进行结构层组合设计，初选各结构层的材料类型和厚度
(4) 混合料组成设计	按混凝土设计弯拉强度的最低要求，进行混凝土混合料组成设计。通过对设计混合料的强度测定，确定28d或90d的设计弯拉强度 f_r。通过试验或查表确定相应的混凝土弹性模量 E_c
(5) 确定基层顶面计算回弹模量	对于新建道路，按初选路面结构，参考查表确定土基、垫层和基层的设计回弹模量值，并利用查图，计算确定基层顶面的当量回弹模量 E_t。对于改建道路，应用承载板或弯沉测定试验，确定旧面层顶面的当量回弹模量值 E_t。然后，按公式确定分别供荷载应力和温度应力计算用的基层顶面计算回弹模量值 E_{tc}
(6) 计算荷载疲劳应力	先查图或用公式确定标准轴载产生的荷载应力 σ_{ps}。依据纵缝类型和基层情况，选取应力折减系数 k_j；依据交通等级，查表选取综合系数 k_c。由第 2 步中得到的设计使用期内设计车道上的标准轴载累计作用次数 N_e，按公式计算确定荷载疲劳应力系数。然后，按公式将上述各种计算值相乘后，即可得到荷载疲劳应力 σ_p
(7) 计算温度疲劳应力	按道路所在地的公路自然区划，查表选取最大温度梯度 T_g；并应用图和公式，查取温度应力系数 D_x，计算最大温度梯度时的温度应力 σ_{tm}。按公路自然区划和应力—强度比 σ_{tm}/f_r，查表得到温度疲劳应力系数 k_t。此系数 k_t 与最大梯度时的温度应力 σ_{tm} 相乘，即为温度疲劳应力 σ_t
(8) 检验应力并进行验算	检验荷载疲劳应力与温度疲劳应力($\sigma_p + \sigma_t$)之和是否满足下述条件： $0.95f_r \leqslant (\sigma_p + \sigma_t) \leqslant 1.03f_r$ 如满足，则初拟路面结构和面层厚度可以作为设计结构。如不满足，则改变初拟结构，重复第 5 步以下的计算，直到上述条件满足为止。混凝土面层设计厚度取整至 cm。 碾压混凝土面层的厚度，与普通混凝土面层设计厚度相同。连续配筋混凝土面层的厚度，对于高速公路，取普通混凝土面层的计算厚度；而对于一级公路，可取普通混凝土面层设计厚度的 0.9 倍

续上表

项 目	步 骤 及 程 序 框 图
程序框图	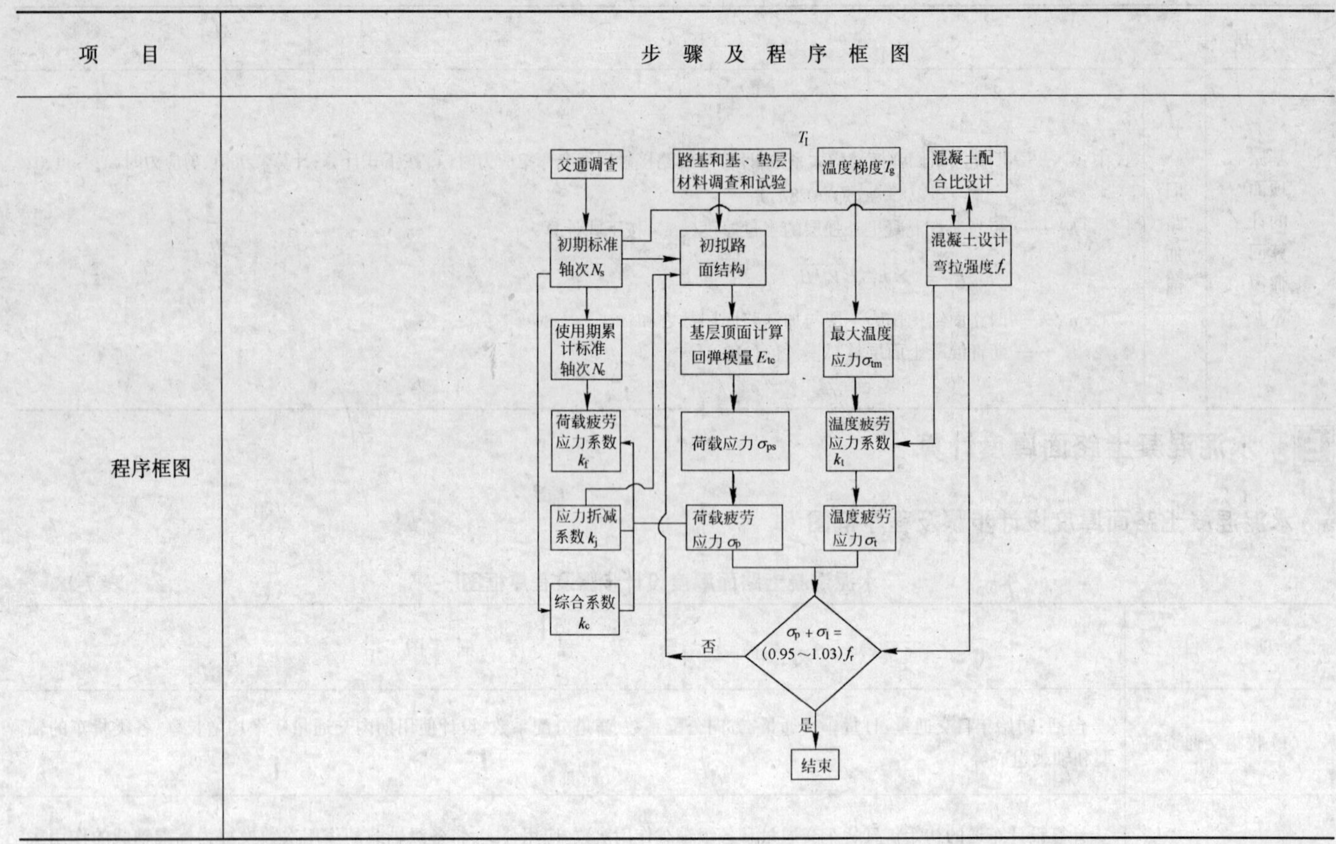

b 水泥混凝土路面厚度设计计算示例

水泥混凝土路面厚度设计计算示例 表 7-29

项 目	内 容
设计条件	重交通二级公路水泥路面厚度设计。 公路自然区划Ⅱ区拟新建一条二级公路，路基为粘质土，采用普通混凝土路面，路面宽9m。经交通调查得知，设计车道使用初期标准轴载日作用次数为2100。试设计该路面厚度
交通分析	由表查得二级公路的设计基准期为20年，安全等级为三级。由表查得临界荷位处的车辆轮迹横向分布系数取0.39。取交通量年平均增长率为5%。按式计算得到设计基准期内设计车道标准荷载累计作用次数为 $N_e=\frac{N_s[(1+g_r)^T-1]\times365}{g_r}\eta$ $=\frac{2100\times[(1+0.05)^{20}-1]\times365}{0.05}\times0.39$ $=9.885\times10^6$ 次 属重交通等级
初拟语面结构	由表查得相应于安全等级三级的变异水平等级为中级。根据二级公路、重交通等级和中级变异水平等级，查表得初拟普通混凝土面层厚度为0.22m。基层选用水泥稳定粒料(水泥用量5%)，厚0.18m。垫层为0.15低剂量无机结合料稳定土。普通混凝土板的平面尺寸为宽4.5m，长5.0m。纵缝为设拉杆平缝，横缝为不设传力杆的假缝
路面材料参数确定	按表取普通混凝土面层的弯拉强度标准值为5.0MPa，相应弯拉弹性模量标准值为31GPa。 查表路基回弹模量取30MPa。查表低剂量无机结合料稳定土垫层回弹模量取600MPa，水泥稳定粒基层料回弹模量取1300MPa。 按式计算基层顶面当量回弹模量如下： $E_s=\frac{h_1^2E_1+h_2^2E_2}{h_1^2+h_2^2}=\frac{1300\times0.18^2+600\times0.15^2}{0.18^2+0.15^2}$ $=1013(\text{MPa})$ $D_g=\frac{E_1h_1^3}{12}+\frac{E_2h_2^3}{12}+\frac{(h_1+h_2)^2}{4}\left(\frac{1}{E_1h_1}+\frac{1}{E_2h_2}\right)^{-1}$ $=\frac{1300\times0.18^3}{12}+\frac{600\times0.15^3}{12}+\frac{(0.18+0.15)^2}{4}\left(\frac{1}{1300\times0.18}+\frac{1}{600\times0.15}\right)^{-1}$ $=2.57\text{MN}\cdot\text{m}$

续上表

项　目	内　容
路面材料参数确定	$h_x = \sqrt[3]{12D_g/E_x} = \sqrt[3]{12\times 2.57/1013} = 0.312(m)$ $a = 6.22\left[1-1.51\left(\frac{E_x}{E_0}\right)^{0.45}\right] = 6.22\times\left[\left(1-1.51\times\left(\frac{1013}{30}\right)^{-0.45}\right)\right] = 4.293$ $b = 1-1.44\left(\frac{E_x}{E_0}\right)^{-0.55} = 1-1.44\times\left(\frac{1013}{30}\right)^{-0.55} = 0.792$ $E_1 = ah_x^bE_0\left(\frac{E_x}{E_0}\right)^{1/3} = 4.293\times 0.312^{0.792}\times 30\times\left(\frac{1013}{30}\right)^{1/3} = 165(\text{MPa})$
荷载疲劳应力	普通混凝土面层的刚度半径按式计算为 $r = 0.537h\sqrt[3]{E_c/E_t} = 0.537\times 0.22\times\sqrt[3]{31000/165} = 0.67(\text{m})$ 按式计算标准轴载在临界荷位处产生的荷载应力计算为 $\sigma_{ps} = 0.077r^{0.6}h^{-2} = 0.077\times 0.677^{0.6}\times 0.22^{-2} = 1.259(\text{MPa})$ 因纵缝为设拉杆平缝,接缝传荷能力的应力折减系数 $k_r=0.87$。考虑设计基准期内荷载应力累计疲劳作用的疲劳应力系数 $k_f = N_e^n = (9.885\times 10^6)^{0.057} = 2.504$。根据公路等级,由表查得考虑偏载和动载等因素对路面疲劳损坏影响的综合系数 $k_c = 1.20$
温度疲劳应力	按式计算荷载疲劳应力计算为 $\sigma_{pr} = k_rk_fk_c\sigma_{ps} = 0.87\times 2.504\times 1.20\times 1.259 = 3.29(\text{MPa})$ 由表查得Ⅱ区最大温度梯度取88(℃/m)。板长5m,$L/r=5/0.67=7.46$,由图可查普通混凝土板厚 $h=0.22\text{m}$,$B_x=0.71$。按式计算最大温度梯度时混凝土板的温度翘曲应力计算为 $\sigma_{tm} = \frac{a_cE_chT_g}{2}B_x = \frac{1\times 10^{-5}\times 31\,000\times 0.22\times 88}{2}\times 0.71 = 2.13(\text{MPa})$ 温度疲劳应力系数 k_t,按式计算为 $k_t = \frac{f_r}{\sigma_{tm}}\left[a\left(\frac{\sigma_{tm}}{f_r}\right)-\text{b}\right] = \frac{5.0}{2.13}\left(0.828\times\left(\frac{2.13^{1.323}}{5.0}\right)-0.041\right] = 0.532$ 再由式计算温度疲劳应力为 $\sigma_{tr} = k_t\sigma_{tm} = 0.532\times 2.13 = 1.13(\text{MPa})$ 查表得二级公路的安全等级为三级,相应于三级安全等级的变异水平等级为中级,目标可靠度为85%。再据查得的目标可靠度和变异水平等级,查表 确定可靠度系数 $\gamma_r = 1.13$。 按式 $\gamma_r(\sigma_{pr}+\sigma_{tr}) = 1.13\times(3.29+1.13) = 4.99\text{MPa}\leqslant f_r = 5.0\text{MPa}$ 因而,所选普通混凝土面层厚度(0.22m)可以承受设计基准期内荷载应力和温度应力的综合疲劳作用

A 水泥混凝土路面构造组成及要求

水泥混凝土路面构造组成及要求　　表 7-30

项目		内容和要求
路面构造的组成部分	竖向构造	由位于土基之上的水泥混凝土面层以及基层、垫层(底基层)等路面结构层构成。结构层各层的材料、厚度根据土基和垫层、基层、水泥混凝土路面板各层的功能、强度要求,以及当地自然条件、工程地质情况确定。 为便于施工,混凝土路面板一般采用等厚度横断面。混凝土路面横坡一般采用 1% ~ 2%,潮湿多雨地区宜取较大值;如横断面采用折线型,则中间取较小值,两边取较大值。机场水泥混凝土道面横坡一般采用 5‰ ~ 10‰
	平面构造	为限制因温度、湿度变化引起的混凝土路面板内应力,混凝土路面面层划分为一定尺寸的板块。为防止雨水的渗入和加强板块之间的联系,混凝土板块之间做成各种类型的接缝并进行封缝
	连接构造	为保证混凝土路面与其他结构物连接处结构可靠过渡平顺,在与沥青路面、桥梁、过路结构物以及交叉口的分块接缝布置,均需采用一定的连接构造措施
构造的要求	路面厚度	各结构层次的材料质量、尺寸均需符合设计和有关规范的规定,并且需同时满足按设计、使用经验规定的最小厚度值(例如水泥混凝土板最小厚度为 18cm),以及按选用的材料规格和施工工艺要求规定最小厚度值(例如上海市目前的砾石砂尺寸偏大垫层的最小厚度为 15cm)
	面层	面层水泥混凝土板应具有较高的强度,且耐磨、耐久,冰冻地区应耐冻。 混凝土面层应平整,并具有足够的粗糙度
	基层	基层应平整、坚实,保证混凝土面层有良好的继续支承(不脱空)。同时,基层还需为铺混凝土路面板时运料车、混凝土摊铺机具的行驶和作用以及模板的支设创造条件。如施工时有半幅施工半幅通车的需求时,应再按通车要求进行验算;通车后,混凝土面层浇筑前,基层需进行修复,使符合设计要求
	垫层	垫层应有一定的强度和水稳定性,冰冻地区应耐冻并使路面结构的总厚度满足防冻最小厚度要求。同时,垫层还需为基层的铺筑压实创造条件
	混凝土板块划分	混凝土板块的划分需尽可能避免轮子压着接缝或沿着板边紧靠接缝行驶;板块的大小宜接近 20m² 左右,不过大或过小,板长与板宽的尺寸宜较为接近,不得出现窄长板。 连接构造宜使不同类型结构物的沉降差异、刚度差异有一个平顺的过渡,且结构牢固
设计的要求	基本要求	混凝土面板的弯拉强度应满足设计要求,表面平整、耐磨、抗滑。板的横断面一般采用等厚式。其厚度和平面尺寸符合规范各类混凝土路面设计的规定
	平整度标准	混凝土路面的平整度以 3m 直尺量测为准,3m 直尺与路面表面之间的最大间隙,高速公路和一级公路不应大于 3mm;其他各级公路不应大于 5mm
	抗滑标准	混凝土路面的抗滑以构造深度(TD)为指标。其竣工验收值,对高速公路、一级公路不应低于 0.8mm,对其他各级公路不应低于 0.6mm。对年降雨量在 500mm 以下的地区,可适当降低

B 水泥混凝土路面横断面结构

水泥混凝土路面横断面结构　　表 7-31

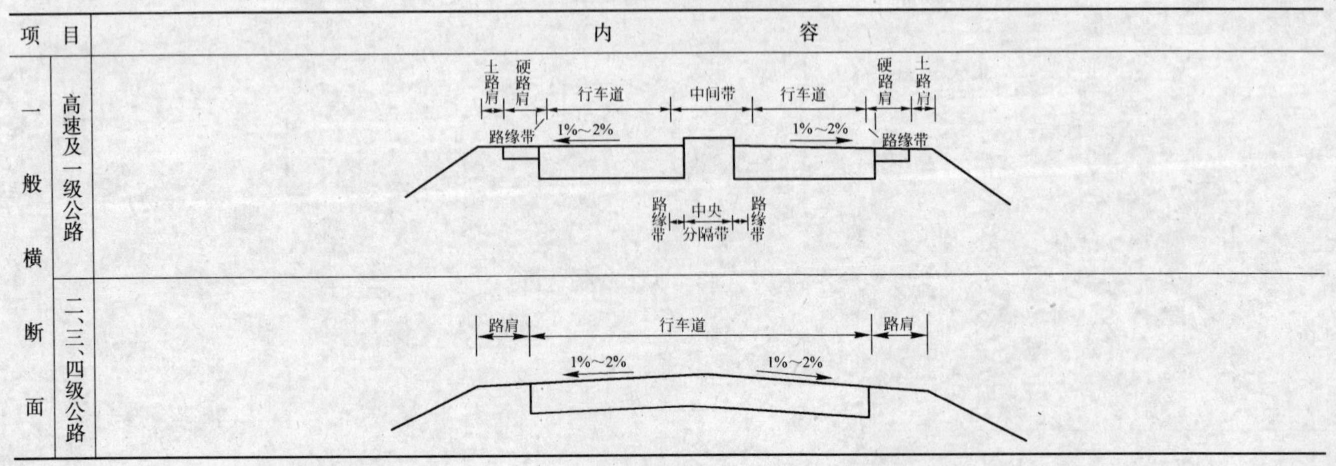

续上表

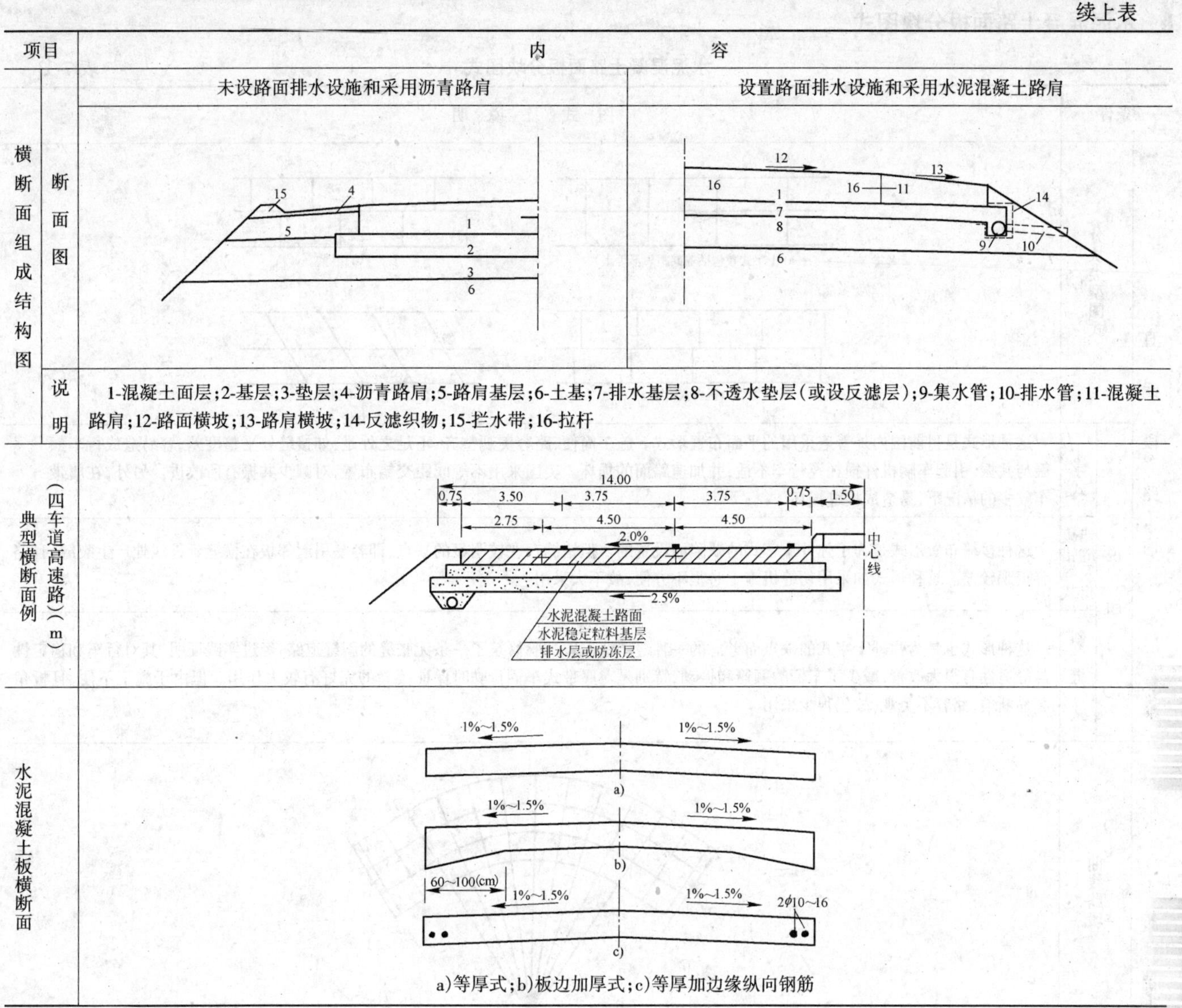

项目		内容
横断面组成结构图	断面图	未设路面排水设施和采用沥青路肩；设置路面排水设施和采用水泥混凝土路肩
	说明	1-混凝土面层;2-基层;3-垫层;4-沥青路肩;5-路肩基层;6-土基;7-排水基层;8-不透水垫层(或设反滤层);9-集水管;10-排水管;11-混凝土路肩;12-路面横坡;13-路肩横坡;14-反滤织物;15-拦水带;16-拉杆
典型横断面例(四车道高速路)(m)		
水泥混凝土板横断面		a)等厚式;b)板边加厚式;c)等厚加边缘纵向钢筋

C 水泥混凝土路面平面尺寸及分块

a 水泥混凝土路面平面尺寸

水泥混凝土路面平面尺寸　　表 7-32

项目		内容
平面尺寸	板宽	板宽系指沿路面宽度方向的尺寸,即纵缝间距。一般按一个车道线宽度来确定或按照道路路面全宽来划分确定板宽,一般采用3.00、3.50、3.75及4.00m。最大板宽不宜大于4.5m,以防止产生纵向裂缝
	板长	①板长一般采用4~5m,最大不超过6m; ②板长大约为板厚的25倍左右;板的长宽比不宜超过1.25; ③参考板长尺寸: [日]吉本彰调查使用13~20年老路裂缝的资料认为板长 L 与板厚 h 的关系在填方路段宜 $L(\mathrm{m}) \leqslant 0.26h(\mathrm{cm})$,在挖方路段宜 $L(\mathrm{m}) \leqslant 0.23h(\mathrm{cm})$

续上表

项目		内容
平面尺寸	板长	[美]罗伯特·霍隆杰夫资料认为板长 L 与板厚 h 的大致规律为 $L(\mathrm{ft}) \leqslant 2h(\mathrm{in})$,亦即 $L(\mathrm{m}) \leqslant 0.24h(\mathrm{cm})$。 ④碾压混凝土路面和钢筋混凝土路面一般板长不宜超过10~15m
板长的计算	假定	板长指横缝间的距离,其数值应根据计算确定。计算时假设两缩缝之间板的中点处不动,而板两端随着温度降低而向中点收缩,阻止板收缩的力是板与基层之间的摩擦力,当由于摩擦力作用而在板内产生的轴向拉应力超过混凝土的抗拉强度时,则板产生裂缝
	公式	$fw\dfrac{L}{2} = \sigma_t A$　　$L = \dfrac{2\sigma_t A}{fw}$
	说明	式中:L——板长,即缩缝间距(m); w——板的单位长度的重量(kg/m); σ_t——混凝土的早期抗拉强度(kg/cm²); A——板的断面积(cm²)。 在确定板长时,尚需验算荷载应力与温度翘曲应力共同作用时,其组合应力不得超过混凝土的极限抗弯拉应力的0.85~0.95倍来确定板的平面尺寸

b　水泥混凝土路面板分块图式

水泥混凝土路面板分块图式　　表 7-33

<table>
<tr><th colspan="3">条件</th><th>图 式 及 说 明</th></tr>
<tr><td rowspan="4">直线段路面</td><td colspan="2">分块类型图式</td><td> 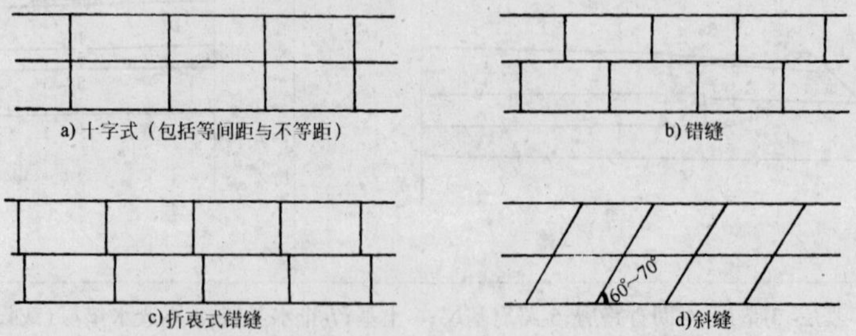a) 十字式（包括等间距与不等距）
b) 错缝
c) 折衷式错缝
d) 斜缝
60°~70°</td></tr>
<tr><td rowspan="3">说明</td><td>十字式</td><td>这种形式是目前国内外普遍采用的平面布置形式。施工简便、路容美观整齐，不足之处是：如接缝处平整度差，容易造成行车颠簸与共振，引起车辆机件损耗及行车不适，并加速路面的损坏。美国采用不等间距交错布置，对减少共振有所改进。另外，在履带车较多的情况下，易造成接缝损坏</td></tr>
<tr><td>错缝及折衷错缝式</td><td>这种接缝布置形式是为了弥补十字式的缺陷而设置的。但错缝存在较明显的缺点，即容易引起邻板在横缝延长线处产生裂缝，且路容美观较差。这种形式如采用切缝机施工时很不方便，故不大采用</td></tr>
<tr><td>斜缝式</td><td>这种形式也是为弥补十字式的缺点而考虑的一种缝。法国曾试验修筑了一条无胀缝的斜缝道路，经过实践证明，其对行车和稳定性与舒适性有很大改善，减少了车辆的颠簸和振动，特别是对履带式车辆行驶时保证接缝的完好有较大作用。但由于施工不便，且板角容易断裂，路容不美观，故仍很少采用</td></tr>
<tr><td rowspan="3">特殊路段路面</td><td colspan="2">曲线路段</td><td> 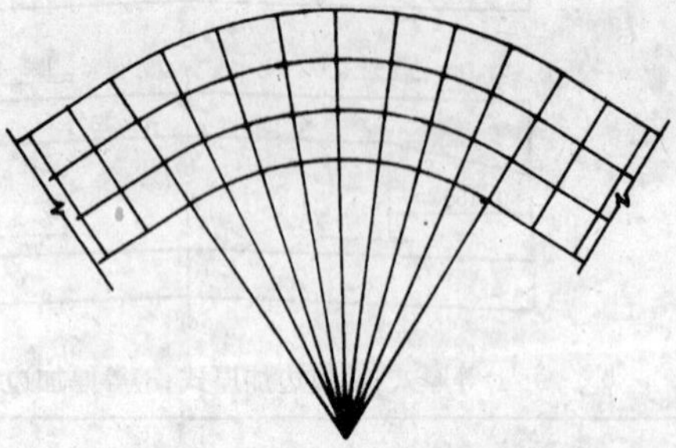</td></tr>
<tr><td colspan="2">T形交叉段</td><td> 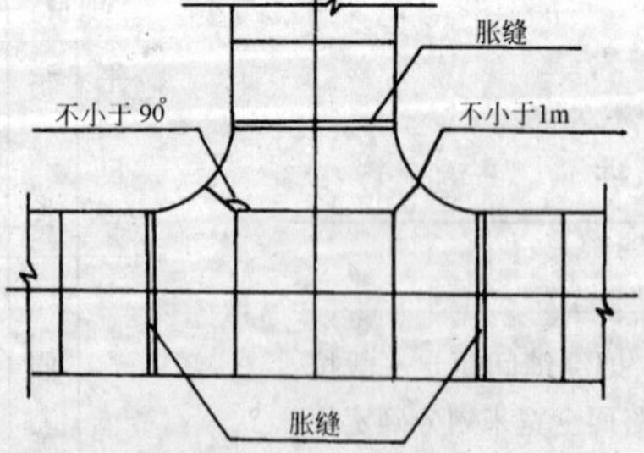胀缝
不小于90°
不小于1m
胀缝</td></tr>
<tr><td colspan="2">Y形交叉段</td><td> 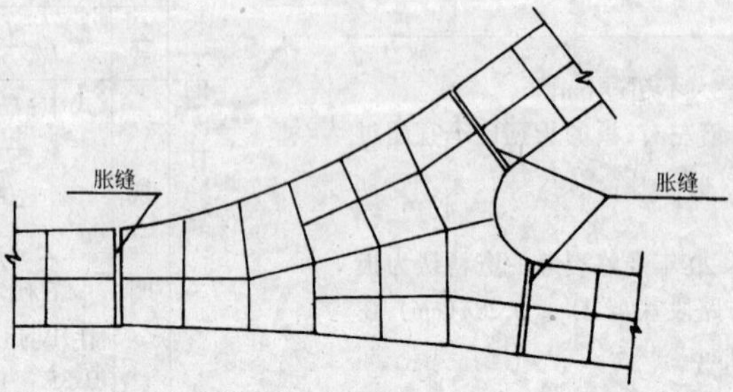胀缝
胀缝</td></tr>
</table>

续上表

条件		图 式 及 说 明
特殊路段路面	十字交叉段	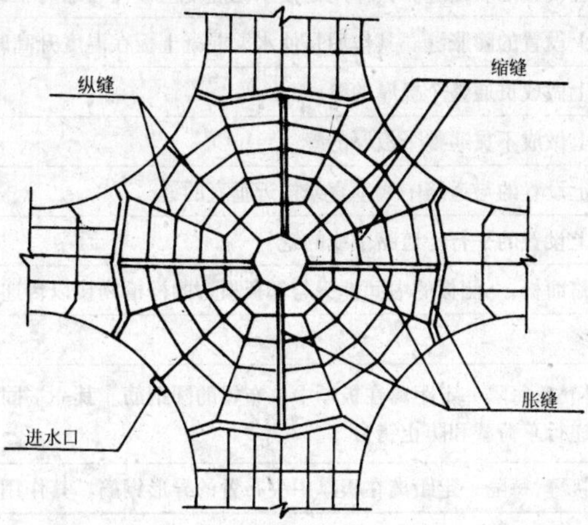 纵缝 缩缝 胀缝 进水口
	分块要求及注意问题	1. 与交通流向相适应,给驾驶顺适的感觉; 2. 考虑排水流畅,避免坡度剧变; 3. 整齐美观,施工方便; 4. 混凝土板角不宜小于90°,当不得已出现锐角时也应尽量接近90°,并使之处于非重要行车部位; 5. 混凝土板最短边长应大于1m; 6. 当接缝为曲线时,混凝土板边长不宜过长; 7. 基本板块面积宜接近20m²,板长与板宽尺寸宜较为接近,不出现窄长板; 8. 避免轮子压着接缝或紧靠接缝行驶; 9. 各接缝应相对应,一般不得出现错缝; 10. 受力方向复杂处,宜设置胀缝释能

D 水泥混凝土路面接缝构造

a 水泥混凝土路面接缝类型及名词术语

水泥混凝土路面接缝类型及名词术语　表7-34

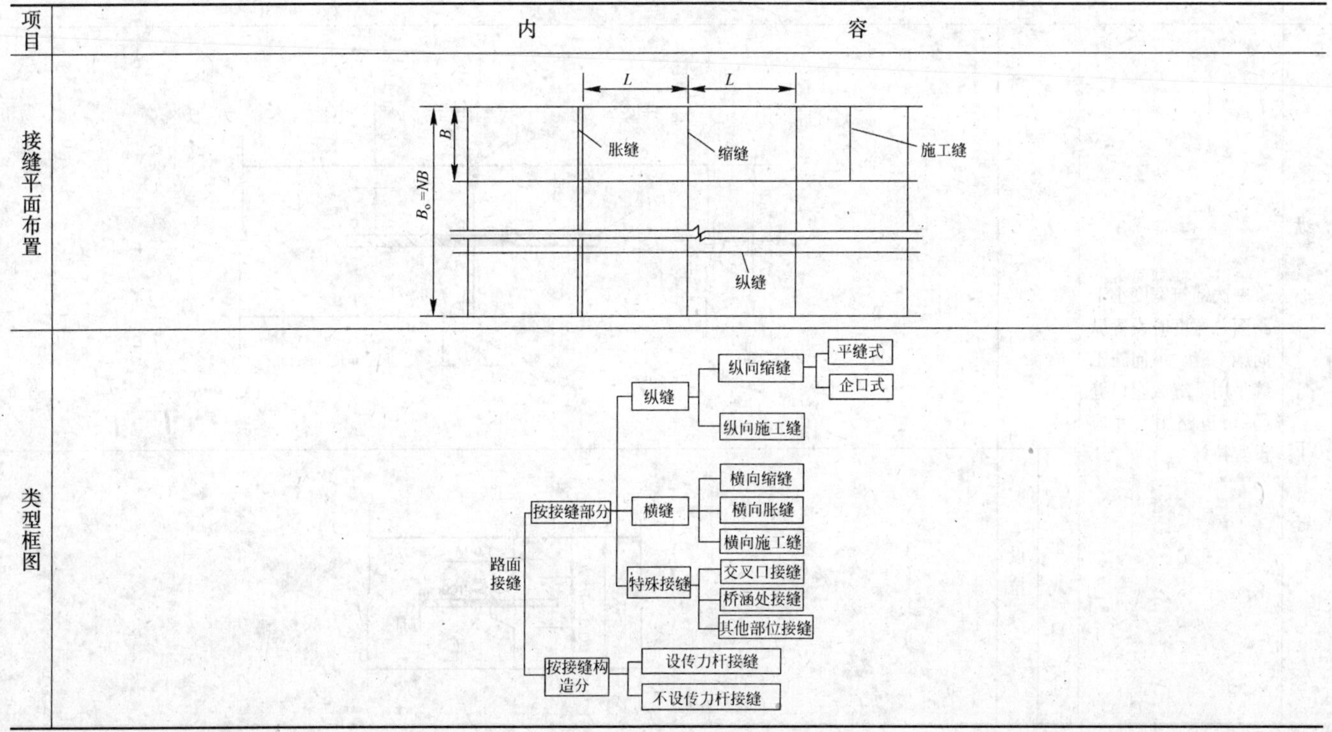

续上表

项目		内　容
名词术语	缩缝	在水泥混凝土路面板上设置的收缩缝。其作用是使水泥混凝土板在收缩时不致产生不规则的裂缝，一般采用假缝
	胀缝	在水泥混凝土路面板上设置的膨胀缝。其作用是使水泥混凝土板在温度升高时能自由伸展，应采用真缝
	真缝	在水泥混凝土路面板上做成贯通整个板厚的缝
	假缝	在水泥混凝土路面板上做成不贯通整个板厚的缝
	横缝	在水泥混凝土路面板上设置的与道路中线垂直或接近垂直的缝
	纵缝	在水泥混凝土路面板上设置的平行于道路中线的缝
	企口缝	相邻两块水泥混凝土路面板，一侧板的中间榫头与邻板板边的榫槽吻接以传递荷载的接缝
	施工缝	因施工需要设置的接缝
	传力杆	沿水泥混凝土路面板横缝，每隔一定距离在板厚中央布置的圆钢筋。其一端固定在一侧板内，另一端可以在邻侧板内滑动，其作用是在两块路面板之间传递行车荷载和防止错台
	拉杆	沿水泥混凝土路面板接缝，每隔一定距离在板厚中央布置的异形钢筋。其作用是防止路面板错动和纵缝间隙扩大

b　纵缝设置与构造

纵缝设置与构造　　表 7-35

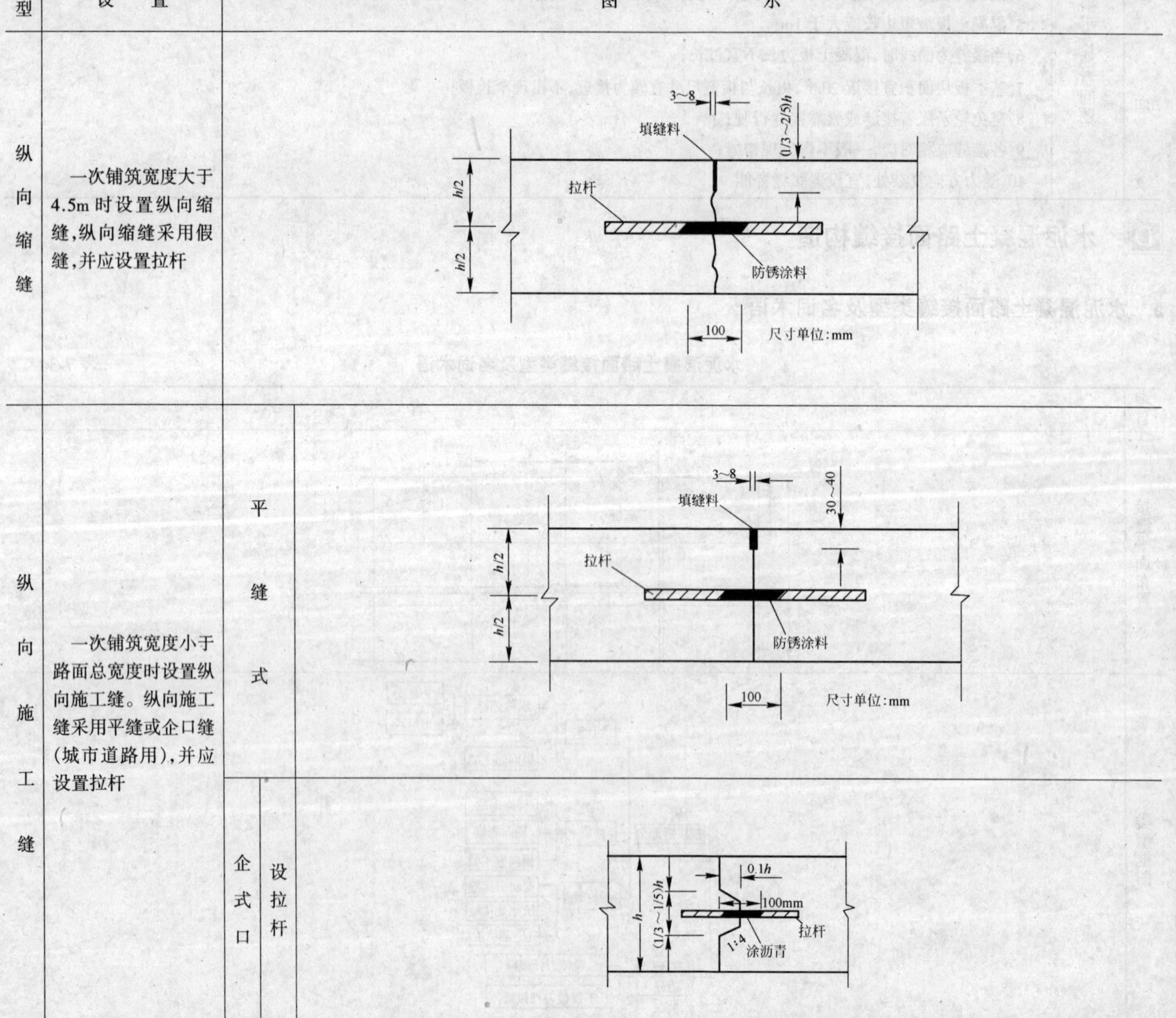

类型	设　置		图　示
纵向缩缝	一次铺筑宽度大于4.5m时设置纵向缩缝，纵向缩缝采用假缝，并应设置拉杆		
纵向施工缝	一次铺筑宽度小于路面总宽度时设置纵向施工缝。纵向施工缝采用平缝或企口缝（城市道路用），并应设置拉杆	平缝式	
		企口式 设拉杆	

续上表

类型	设　置	图　示		
纵向施工缝	一次铺筑宽度小于路面总宽度时设置纵向施工缝。纵向施工缝采用平缝或企口缝(城市道路用),并应设置拉杆	企式口	设扒锯	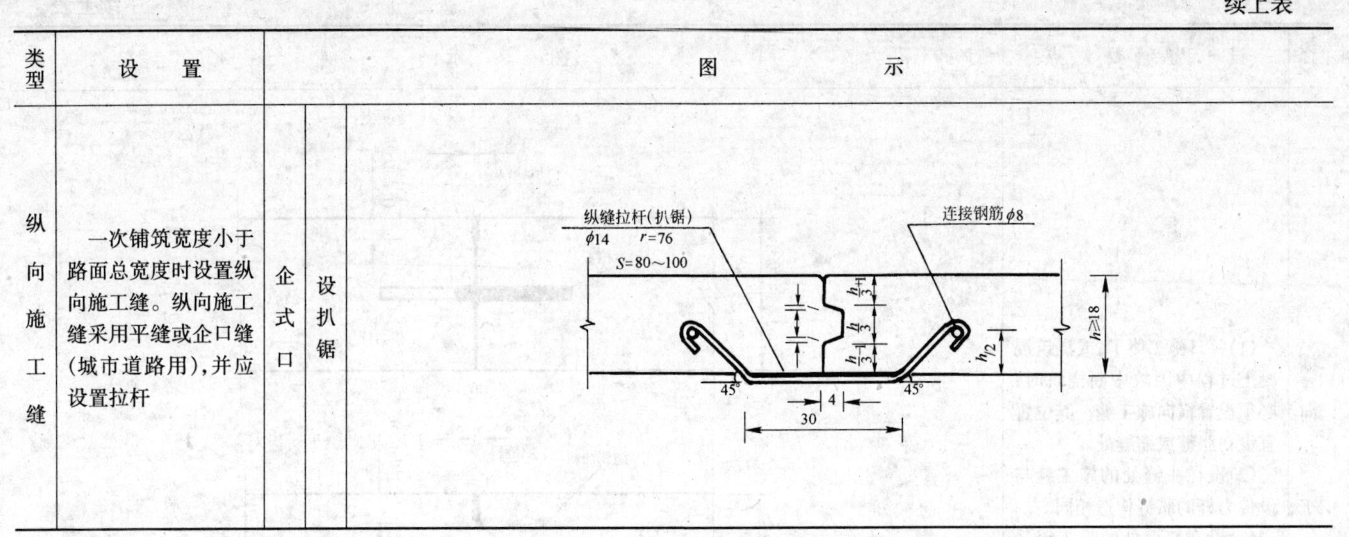

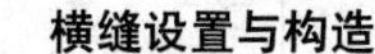

c　横缝设置与构造

横缝设置与构造　　表 7-36

类型	设置要点	图示	
横向胀缝	(1)在邻近桥梁或其他固定构筑物处、与柔性路面相接处、板厚改变处、隧道口、小半径平曲线和凹形竖曲线纵坡变换处,均应设置胀缝。在邻近构造物处的胀缝,应根据施工温度至少设置2条。 (2)胀缝应采用滑动传力杆,并设置支架或其他方法予以固定。与构筑物衔接处或与其他公路交叉的胀缩无法设传力杆时,可采用边缘钢筋型或厚边型	传力杆型	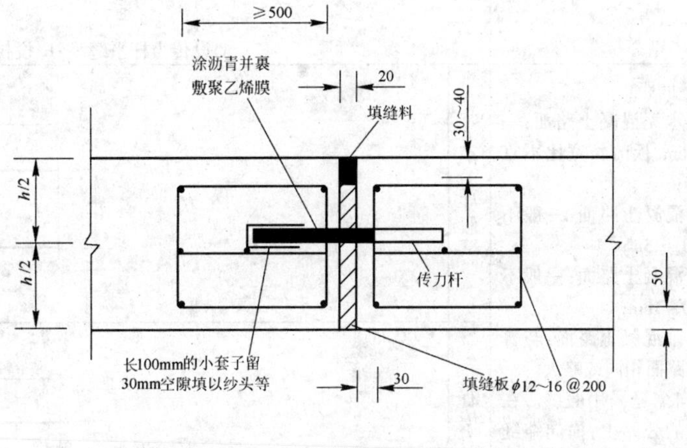 ≥500；涂沥青并裹敷聚乙烯膜；20；填缝料；30～40；h/2；h/2；传力杆；50；长100mm的小套子留30mm空隙填以纱头等；30；填缝板 ϕ12～16 @200 尺寸单位:mm
		边缘钢筋型	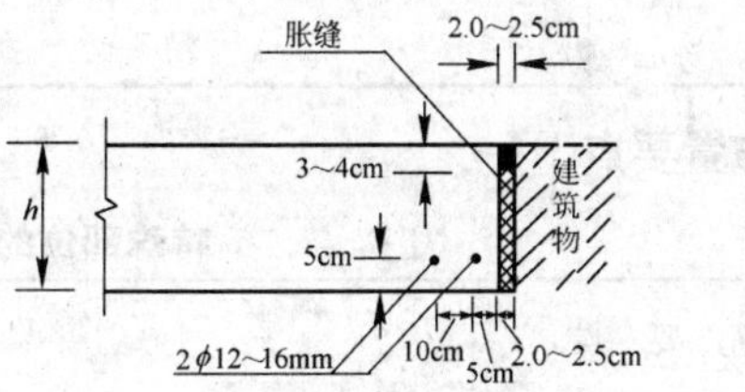 胀缝；2.0～2.5cm；3～4cm；h；建筑物；5cm；2ϕ12～16mm；10cm；5cm；2.0～2.5cm
		厚边型	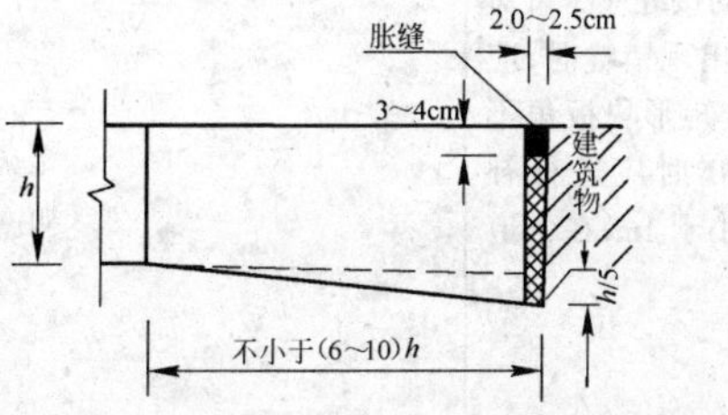 胀缝；2.0～2.5cm；3～4cm；h；建筑物；h/5；不小于(6～10)h

7

续上表

<table>
<tr><th>类型</th><th>设置要点</th><th colspan="2">图示</th></tr>
<tr><td>横向施工缝</td><td>(1)每日施工终了,或浇筑混凝土过程中因故中断浇筑时,必须设置横向施工缝。其位置宜设在胀缝或缩缝处。
(2)设在胀缝处的施工缝与设传力杆的胀缝构造相同。
(3)设在缩缝处的施工缝采用平缝传力杆如右图</td><td colspan="2">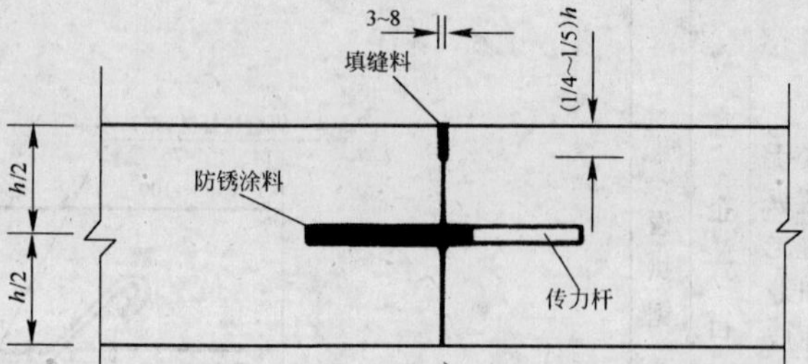
a)
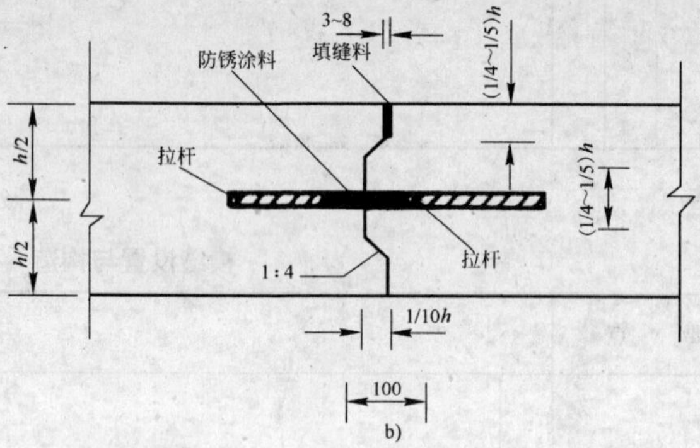
b)
a)设传力杆平缝型;b)设拉杆企口缝型(尺寸单位:mm)</td></tr>
<tr><td rowspan="2">横向缩缝</td><td rowspan="2">(1)缩缝间距:
①普通水泥混凝土路面:一般为4~6m,板的长宽比不宜大于1.25;
②钢筋混凝土路面:一般不宜超过10~15m;
③碾压混凝土路面:一般不宜超过10~15m;
④钢纤维混凝土路面:与普通混凝土路面相同或略大。
(2)横向缩缝采用假缝。在特重交通的公路上,横向缩缝宜加设传力杆;其他各级交通的公路上,在邻近胀缝或路面自由端部的3条缩缝内,均宜加设传力杆</td><td>无传力杆假缝</td><td>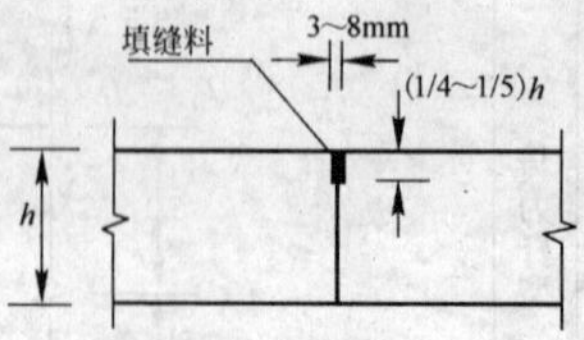</td></tr>
<tr><td>有传力杆假缝</td><td>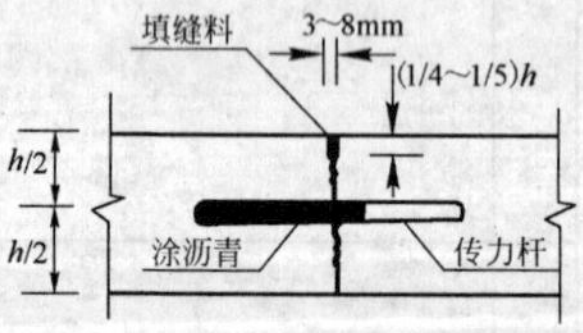</td></tr>
</table>

d 特殊部位的接缝布置要点

特殊部位的接缝布置要点 表7-37

部位	接缝布置要点	平面图式
交叉口	相交道路接合处的接缝应尽量对齐,避免出现错缝(出现错缝时,应加设防裂钢筋)。非矩形块板角不宜小于90°(小于90°时应进行补强),短边长度不宜小于1m,在弯道起终点应设置胀缝	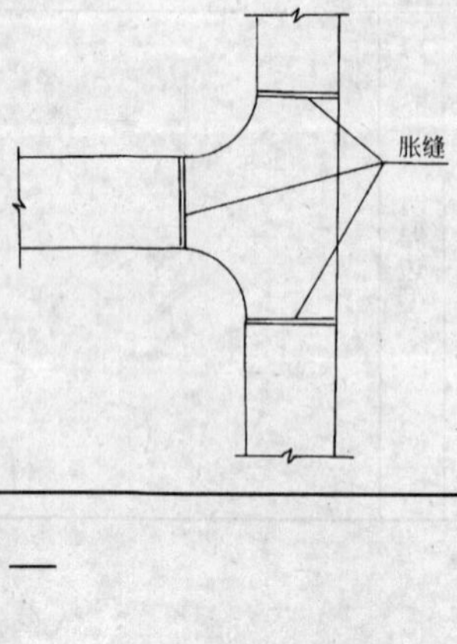

续上表

部位	接缝布置要点	平面图式
与桥梁衔接处	在混凝土面板与桥头搭板之间设置长度不小于5m的钢筋混凝土面板，搭板与钢筋混凝土之间的接缝，采用设拉杆的平缝。毗邻钢筋混凝土板的普通混凝土面板，其前后设置一条胀缝	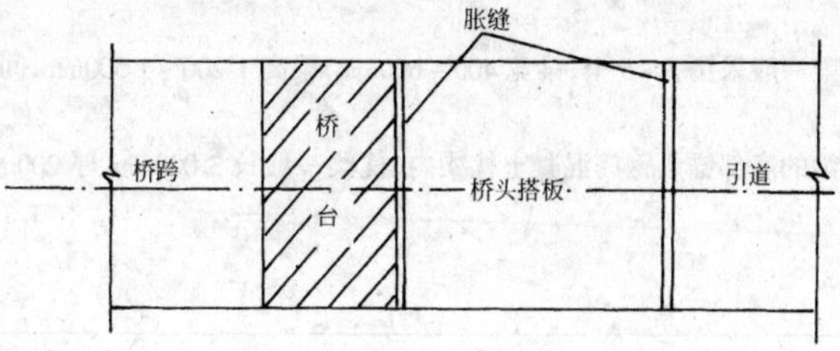 胀缝 桥跨 桥台 桥头搭板 引道
构造物横穿公路	在构造物的上方，采用钢筋混凝土面板，它与普通混凝土板之间的接缝采用设传力杆缩缝。或设厚边型或边缘钢筋型胀缝	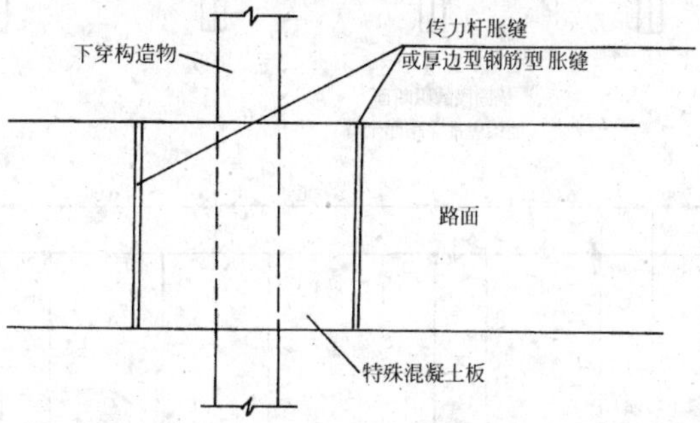 下穿构造物 传力杆胀缝 或厚边型钢筋型胀缝 路面 特殊混凝土板
混凝土路面与沥青路面相接　布设要点	混凝土路面与沥青路面相接时，其间应设置至少3m长的过渡段。过渡段的路面采用两种路面呈阶梯状叠合布置，其下面铺设的变厚度混凝土过渡板的厚度不得小于200mm。过渡板与混凝土面层相接处的接缝内设置直径25mm、长700mm、间距400mm的拉杆。混凝土面层毗邻该接缝的1~2条横向接缝应设置胀缝	
混凝土路面与沥青路面相接　图式	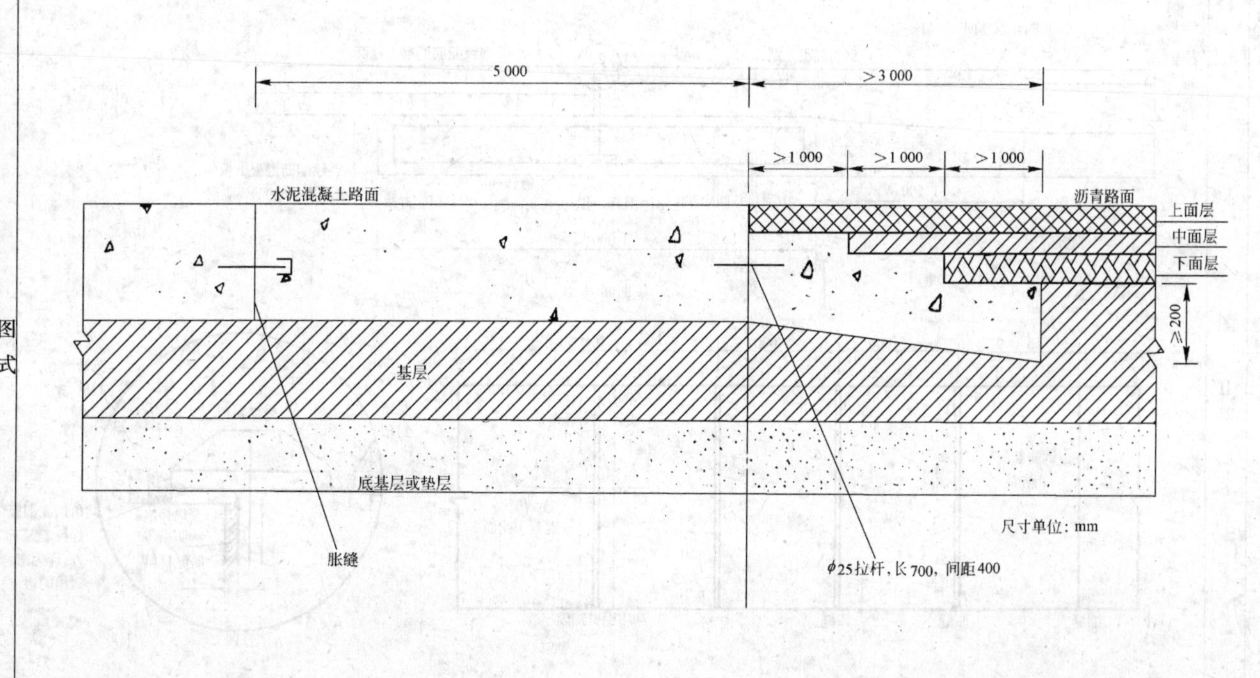	

续上表

布设要点

连续配筋混凝土面层与其他类型路面或构造物相连接的端部，应设置锚固结构。端部锚固结构可采用钢筋混凝土地梁或宽翼缘工字钢梁接缝等形式。

钢筋混凝土地梁一般采用3～5个，梁宽400～600mm，梁高1 200～1 500mm，间距5 000～6 000mm；地梁与连续配筋混凝土面层连成整体；其构造如图式Ⅰ所示。

宽翼缘工字钢梁的底部锚入钢筋混凝土枕梁内，枕梁一般长3 000mm、厚200mm；钢梁腹板与连续配筋混凝土面层端部间填入胀缝材料；其构造如图式Ⅱ所示

连续配筋混凝土面层与其他路面或构造物相连　图式

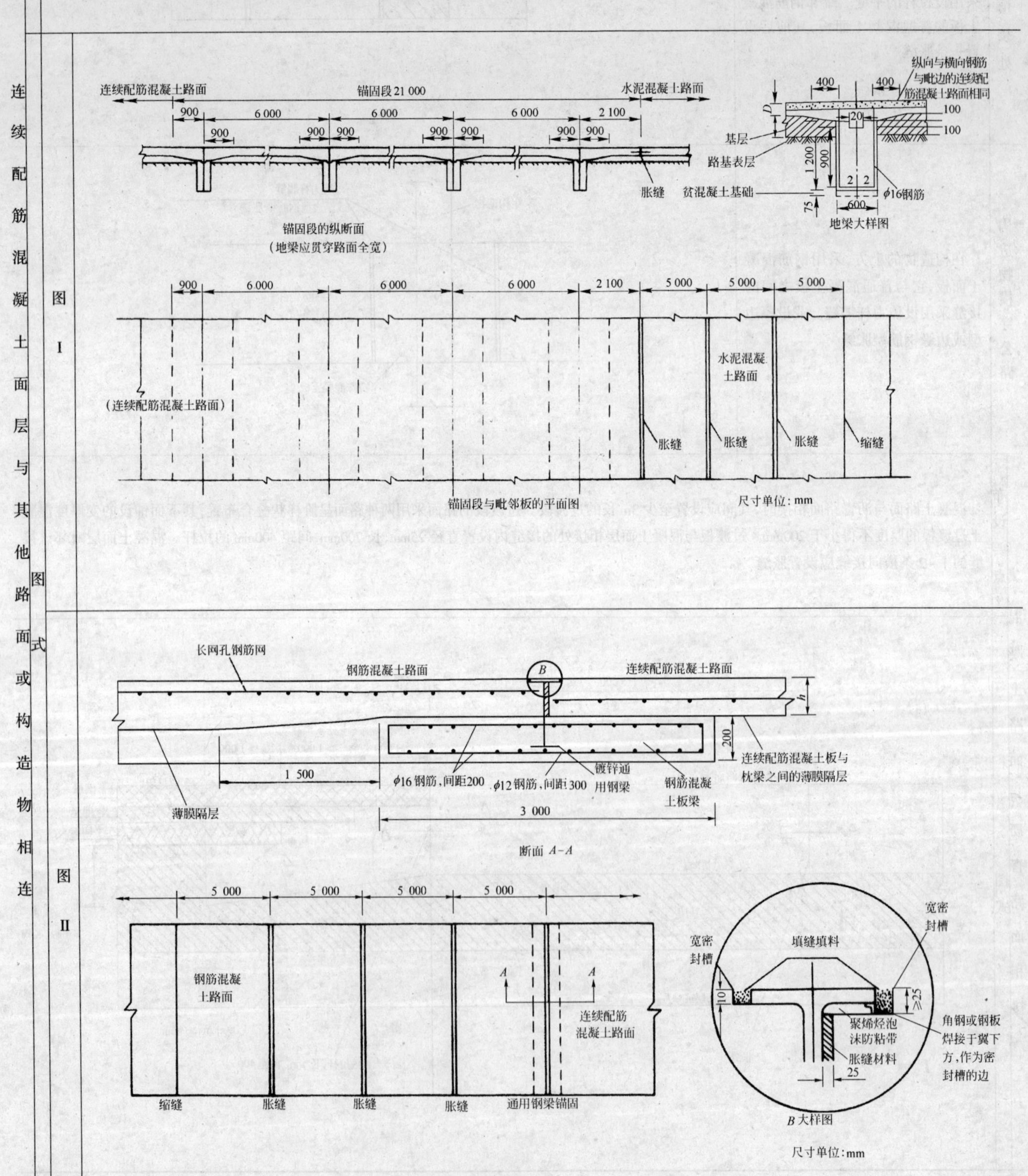

e　胀缝及缩缝宽度确定

胀缝及缩缝宽度确定　　　　表 7-38

缝的种类	宽　　度　　确　　定
胀缝宽度	(1)计算公式： 为保证板体膨胀，胀缝应留有一定的间隙。 胀缝缝宽的计算，应考虑板在伸长时受到板与基层间的摩擦力与填缝料本身的伸缩量的影响，一般可按下式计算。 $Z = \frac{K_0 \alpha \Delta t L_0}{\gamma_0}$ 式中：Z —— 胀缝宽度(cm)； α —— 混凝土的线胀系数，为 0.000 01； L_0 —— 胀缝间距(即板的总长，cm)； K_0 —— 由于板与基层的摩擦作用，妨碍板体自由膨胀的约束系数，一般为 0.6 ~ 0.8，常用 0.8； γ_0 —— 填缝料的伸缩比，如按填缝料压缩一半考虑，则 $\gamma_0 = 0.5$； Δt —— 当地最高气温与施工时温度(混凝土凝固成型时的温度)之差(℃)。 (2) 经验公式： 北京市通过修建试验路，经过观测研究，得出以下计算胀缝间隙的经验公式： $Z = A_T[K'\alpha L_0(\gamma_T t_1 - t_H - \Delta t') + \eta\beta]$ 式中：A_T —— 考虑可能出现的最高极端气温及混凝土的不均匀性对胀缝宽度的影响所采用的安全系数，一般可采用 1.2； K' —— 填缝料的压缩系数，即 $K' = \frac{1}{\gamma_0}$，如采用软质木板(如红白松、白杨与杉木)时，则 $K' = 2$； γ_T —— 板温系数。在气温较高时，因太阳辐射板面温度与气温的比值，据观测可采用 $\gamma_T = 1.3$； t_1 —— 当地平均最高气温(℃)； t_H —— 混凝土凝固成型时的温度。一般冬季施工(11 ~ 3 月间)可采用 5℃；夏季施工(4 ~ 10 月间)可用 15℃； $\Delta t'$ —— 板面下填缝板与填缝料相接处温度与板面温度之差，一般可近似取 3℃； η —— 两胀缝间的缩缝条数； β —— 缩缝开裂后不能闭合的宽度。据观测分析：对不设传力杆的混凝土板为 0.1cm；对设传力杆的为 0.08cm。 (3) 一般取值： 根据以上公式计算，胀缝缝宽一般均采用 2.0 ~ 2.5cm，常用 2.5cm。 为保证接缝质量，并防止杂物嵌入缝中，除改进填缝料的性能外，尚应控制接缝间隙不宜过宽。在加大胀缝间距的情况下，在胀缝处可根据需要连续集中设几道一般的胀缝(缝宽 2 ~ 2.5cm)或加大缝隙，但不大于 3.5 ~ 4cm
缩缝宽度及深度	缩缝一般均按假缝施做。其缝宽指的是假缝的上部用切缝做法预留的缝槽为加入填缝料所需的缝隙宽度，其尺寸随施工方法不同而异，应尽量做的窄些，缝宽一般为 6 ~ 8mm 和 8 ~ 10mm，前者为用切缝机切的缝口宽度，后者为一般安设缩缝模板后提缝的缝口宽度，缝口深可按 $\frac{1}{4} \sim \frac{1}{6}$ 板厚考虑，北京市一般均为 4cm

f　前苏联规定的胀缝间距

前苏联规定的胀缝间距　　　　表 7-39

	结构类型	板厚(cm)	浇面层混凝土期间的气温 5℃以下	5 ~ 15℃	10 ~ 25℃	25℃以上	缩缝间距(m)
			胀缝间距(m)				
普通气候条件胀缝间距	砂、砂砾石基层上的无筋混凝土面层	24	30	48	60	60 以上	6
		20 ~ 22	24	36	42	48	6
		18	20	25	30	40	5
	石灰土、水泥土、沥青土、碎石基层上的无筋混凝土面层	24	30	54	72	72 以上	6
		20 ~ 22	24	42	54	54 以上	6
		18	20	25	35	45	5
	砂、砂砾石基层上采用钢筋网的混凝土面层	24	40	60	80	80 以上	10
		20 ~ 22	30	40	60	60 以上	10
		18	24	36	36	42	6
	石灰土、水泥土、沥青土、碎石基层上采用钢筋网的混凝土面层	24	40	70	70 以上		10
		20 ~ 22	30	50	50 以上		10
		18	24	40	40	50	8

续上表

	结构类型	板厚(cm)	浇面层混凝土期间的气温					缩缝间距(m)
			5℃以下	5～20℃	10～20℃	15～30℃	20℃～50℃	
			胀缝间距(m)					
大陆性气候条件胀缝间距	不同基层上的无筋混凝土面层	24 20～22 18	24 20 16	42 30 24	54 40 32	60 45 36	60以上 60 44	6 5 4
	不同基层上采用钢筋网加强的混凝土面层	24 20～22 18	32 28 18	56 42 36	64 49 36	72 49 36	72以上 70 42	8 7 6
	注：表内所列气温范围可看成浇筑混凝土路面的季节。例如介于5～15℃的温度可看作在秋季或春季施工的；温度介于10～25℃时，可看作在夏季凉爽时间施工的；温度在25℃以上时则是在夏季的炎热时间施工的。同样，对于大陆性气候条件也可估算气温间隔时间对胀缝间距的影响							

g 日本胀缝间距的标准值

日本胀缝间距的标准值 表7-40

施工月份	《水泥混凝土路面纲要》规定胀缝间距(m)
4～11月	80～240
12～3月	40～80

E 传力杆及拉杆构造

a 传力杆传荷能力计算

传力杆传荷能力计算 表7-41

条件	公式及步骤	说明或图式
单根传力杆传荷能力	$P_m = 200d^3[\sigma_t]/(l_d + 7.8w_j)$ $P_c = 8d(l_d - w_j)^2[\sigma_c]/(l_d + 0.5w_j)$ 水泥混凝土容许承压应力$[\sigma_c]$ 水泥混凝土设计强度(MPa)：5、4.5、4 水泥混凝土容许承压应力(MPa)：12、10.5、9 计算后 P_m 与 P_c 取小值作为单根传力杆的计算传荷能力	P_m——单根传力杆在弯曲状态下的传荷能力(N)； P_c——水泥混凝土在承压状态下单根传力杆的传荷能力(N)； d——混凝土路面传力杆钢筋直径(cm)，胀缝采用2～2.4cm，缩缝采用1.4～1.8cm； w_j——混凝土路面接缝宽度(cm)，胀缝采用2～2.5cm，缩缝为0； l_d——传力杆长度(cm)，采用40～60cm； $[\sigma_t]$——钢筋的容许应力(MPa)，光面钢筋采用135MPa； $[\sigma_c]$——水泥混凝土的容许承压应力(MPa)，见表
一组传力杆的总传荷能力	(1) 计算混凝土板的相对刚度半径 $r_c = h_c\sqrt[3]{E_c(1-\nu_c^2)/[6E_c(1-\nu^2)]}$ (2) 以 $2\times18r_c$ 范围内的传力杆为一组，共同向邻板传递荷载。荷载中心处传力杆的传荷能力为100%；距荷载中心 $1.8r_c$ 处的传荷能力为0；位于上述两位置之间的传力杆的传荷能力按直线分配。 横缝传力杆的间距为30～50cm，最外侧一根传力杆到板的纵边的距离为10～15cm (3) 横缝处与纵缝处一组传力杆总传荷能力的计算荷载作用于一根传力杆之上，如图 $\Sigma P_{di} = P_d[1 + 2\sum_{i=1}^{n_d}(1 - is_d/(1.8r_c))]$ $n_d \leqslant 1.8r_c/s_d$ 荷载作用于两根传力杆中间，如图	r_c——混凝土相对刚度半径； ν_c——水泥混凝土路面基层与土基的泊松比综合值，一般采用0.3； ν——水泥混凝土泊松比，一般采用0.15； E_c——水泥混凝土的弯拉弹性模量(MPa)； E_s——水泥混凝土路基面层的当量回弹模量(MPa)； ΣP_i——横缝或纵缝处一组传力杆的总传荷能力(N)； P_d——横缝或纵缝处单根传力杆的传荷能力(N)； n_d——横缝或纵缝处 $1.8r_c$ 范围内传力杆或拉杆根数； s_d——横缝或纵缝处传力杆或拉杆间距(cm)，可采用30～50cm或50～90cm； r_c——混凝土板的相对刚度半径(cm)

续上表

条件	公式及步骤	说明或图式	
一组传力杆的总传荷能力	$\Sigma P_{di} = P_d[2\sum_{i=1}^{n_d}(1-(i-1/2)s_d/(1.8r_c))]$ $n_d \leqslant 1.8r_c/s_d + 1/2$ (4)一组传力杆的总传荷能力应大于或等于需传递的荷载 Q。在横缝或纵缝处用下式计算。 $\Sigma P_i \geqslant Q$ 当不符合上述要求时，可调整传力杆或拉杆的间距或直径，重新计算，直至符合要求。 (5) Q 按下式计算 $Q = 100\text{kN} - Q_c$ Q_c——不设传力杆的混凝土板荷载应力计算图(即表7-25第二图)中查得的轴载值	荷载作用于一根传力杆	$n_d\times s_d$；Q；s_d；s_d；k_4 k_3 k_2 k_1 k_0 k_1 k_2 k_3 k_4；$1.8r_c$；$1.8r_c$
		荷载作用于两传力杆中间	$n_d\times s_d$；Q；$s_d/2$；$s_d/2$；k_4 k_3 k_2 k_1 k_1 k_2 k_3 k_4；$1.8r_c$；$1.8r_c$

b　拉杆所需面积及尺寸计算

拉杆所需面积及尺寸计算　　表7-42

项　目	公　式	说　明
每延米接缝钢筋面积计算	$A_s = \dfrac{Bh\gamma f}{10f_s}$	A_s——每延米接缝的钢筋面积(cm^2)； B——设拉杆接缝到最近的未设拉杆接缝或自由边缘的距离(m)，为使收缩应力不至于过大而引起混凝土开裂，此距离不宜超过15m； h——混凝土面层厚度(cm)； γ——混凝土的容重(kN/m^3)，普通混凝土可取为23.56kN/m^3； f——板底与基层顶面间的摩阻系数，一般可采用1.5； f_s——螺纹钢筋的允许应力(MPa)，通常取为钢筋屈服强度的2/3
拉杆所需长度计算	$L_s = \dfrac{f_s d_s}{2f_{bs}} + t_s$	d_s——拉杆直径(cm)； f_{bs}——钢筋与混凝土的允许粘结力(MPa)，可取为混凝土抗压强度的1/10； t_s——考虑拉杆对中偏差所保留的长度(cm)，一般可取为5～8cm

c　拉杆尺寸及间距

拉杆尺寸及间距　　表7-43

项目	内容						
设置要求	拉杆应采用螺纹钢筋，设在板厚中央，并应对拉杆中部10cm范围内进行防锈处理。拉杆尺寸及间距可按表选用。其最外边的拉杆距接缝或自由边的距离一般为25～35cm						
尺寸及间距表	面层厚度(mm)	到自由边或未设拉杆纵缝的距离(m)					
		3.00	3.50	3.75	4.50	6.00	7.50
	200～250	14×700×900	14×700×800	14×700×700	14×700×600	14×700×500	14×700×400
	260～300	16×800×900	16×800×800	16×800×700	16×800×600	16×800×500	16×800×400

d　传力杆尺寸及间距

传力杆尺寸及间距　　表7-44

项目	内容			
设置要求	传力杆应采用光面钢筋，其长度的一半再加5cm，应涂以沥青或加塑料套。胀缝处的传力杆，尚应在涂沥青一端加一套子，内留3cm的空隙，填以纱头或泡沫塑料。套子端宜在相邻板中交错布置。传力杆尺寸及间距可按表选用。其最外边的传力杆距接缝或自由边的距离一般为15～25cm			
尺寸及间距表	面层厚度(mm)	传力杆直径	传力杆最小长度	传力杆最大间距
	220	28	400	300
	240	30	400	300
	260	32	450	300
	280	35	450	300
	300	38	500	300

e 波特兰水泥协会建议的传力杆尺寸

波特兰水泥协会建议的传力杆尺寸 表 7-45

面层板厚(cm)	传力杆直径(mm)	传力杆每侧埋入混凝土内深度(cm)	传力杆长度(cm)
12.5	16	12.5	30
15.0	19	15.0	35
17.5	22	15.0	35
20.0	25	15.0	35
22.5	28	17.5	40
25.0	31	18.8	45
27.5	35	20.0	45
30.0	38	22.5	50

注:1.传力杆间距——中到中 30cm;

2.传力杆长度已考虑接缝缝隙宽度和传力杆位置的偏差。

f 水泥混凝土路面传力杆及拉杆参考详图

水泥混凝土路面传力杆及拉杆参考详图 表 7-46

图名	参考详图
传力杆布置图（尺寸除钢筋为mm外余均为cm下同）	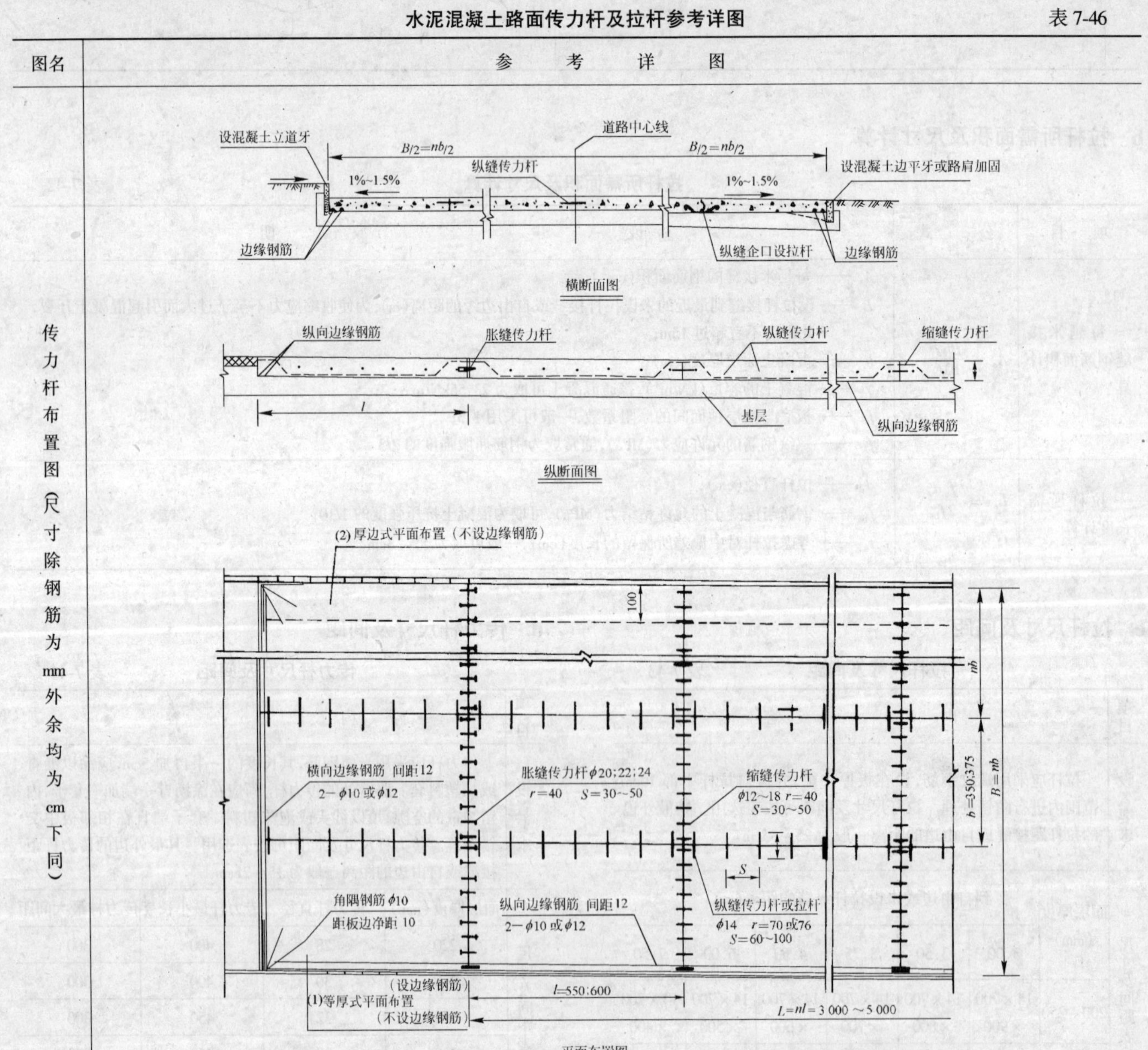

续上表

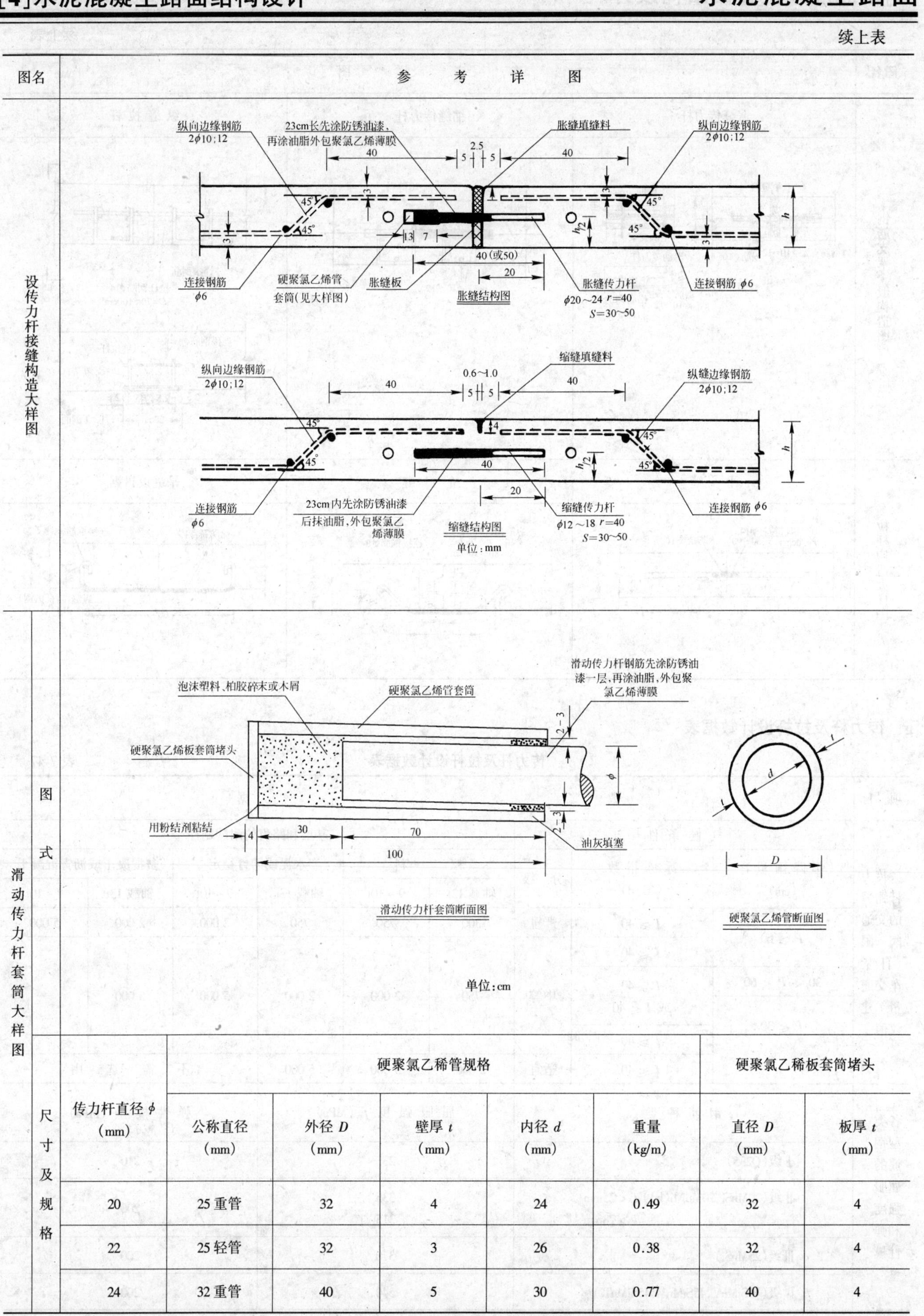

传力杆直径 ϕ (mm)	硬聚氯乙稀管规格					硬聚氯乙稀板套筒堵头	
	公称直径 (mm)	外径 D (mm)	壁厚 t (mm)	内径 d (mm)	重量 (kg/m)	直径 D (mm)	板厚 t (mm)
20	25 重管	32	4	24	0.49	32	4
22	25 轻管	32	3	26	0.38	32	4
24	32 重管	40	5	30	0.77	40	4

续上表

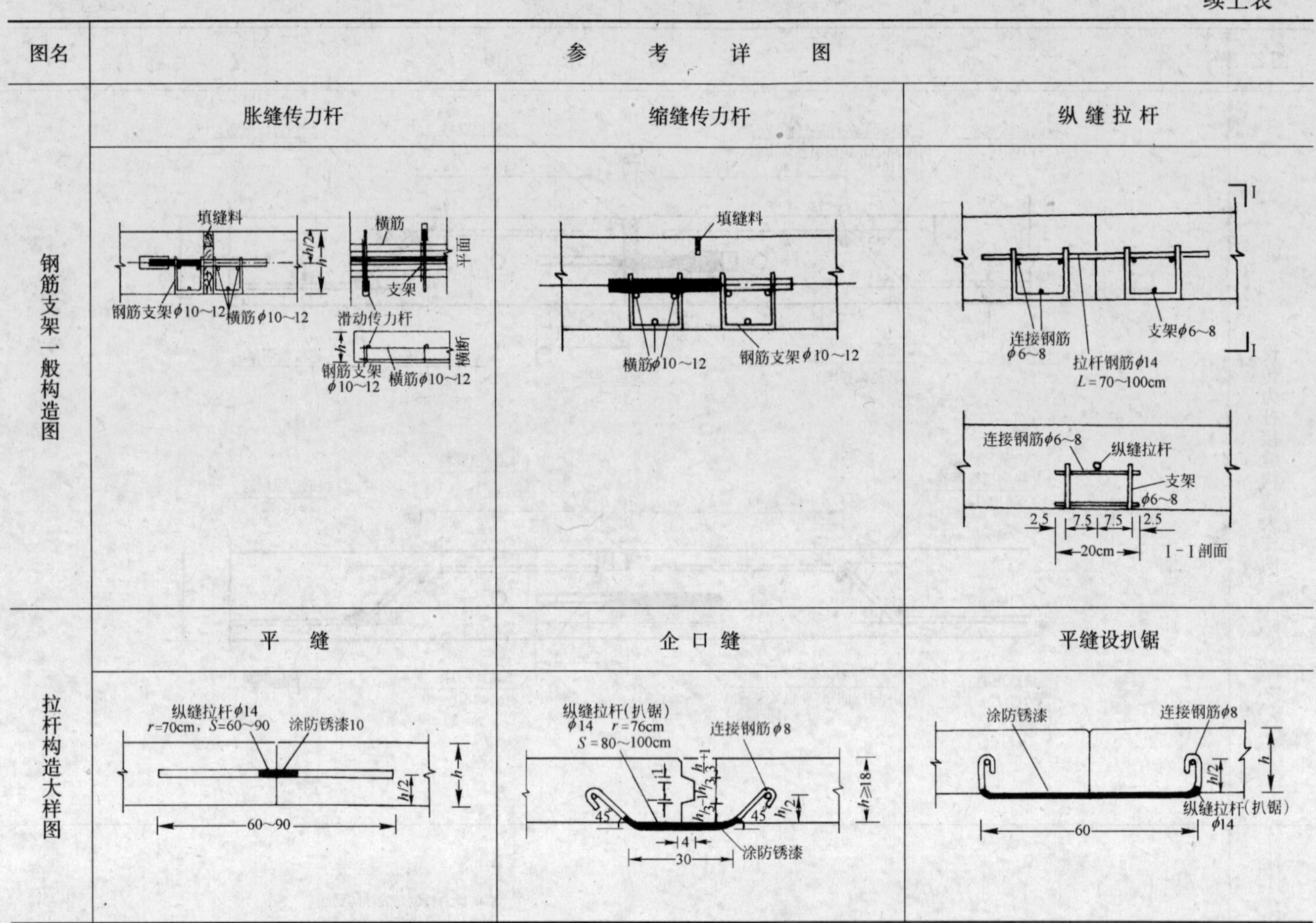

g　传力杆及拉杆设计数据表

传力杆及拉杆设计数据表　　　　表 7-47

项　目	数					据			
	气候条件			基层和路肩的耐冲刷性					
	年降雨量 P (cm)	冰冻指数 (℃·d)	分　级	粒　料		水泥或沥青稳定		贫混凝土或沥青混凝土	
				轴载 13t	9～10t	轴载 13t	9～10t	轴载 13t	9～10t
传力杆缩缝的交通阈限（日货车交通量）建议值	$P \geqslant 60$	$I \geqslant 40$	严重	300	750	750	2 000	2 000	5 000
		$I \leqslant 40$	中等	750	2 000	2 000	5 000	5 000	—
	$30 < P < 60$	$I \geqslant 40$ 或 $I \leqslant 40$							
	$P \leqslant 30$	$I \geqslant 40$							
		$I \leqslant 40$	适宜	2 000	5 000	5 000	不　需　选　用		

项　目	钢筋种类	屈服强度 f_{sy}(MPa)	弹性模量（MPa）
各类型钢筋的屈服强度和弹性模量	Ⅰ级(Q235)	235	210
	Ⅱ级(20MnSi、20MnNb(b)) $d < 25$mm $d > 28$mm	335 315	200
	Ⅲ级(25MnSi)	370	200
	Ⅳ级(40SiMnV、45SiMnV、45SiMnTi)	540	200

F 特殊部位混凝土路面的构造

a 板边、角隅及错缝部位

板边、角隅及错缝部位　　表 7-48

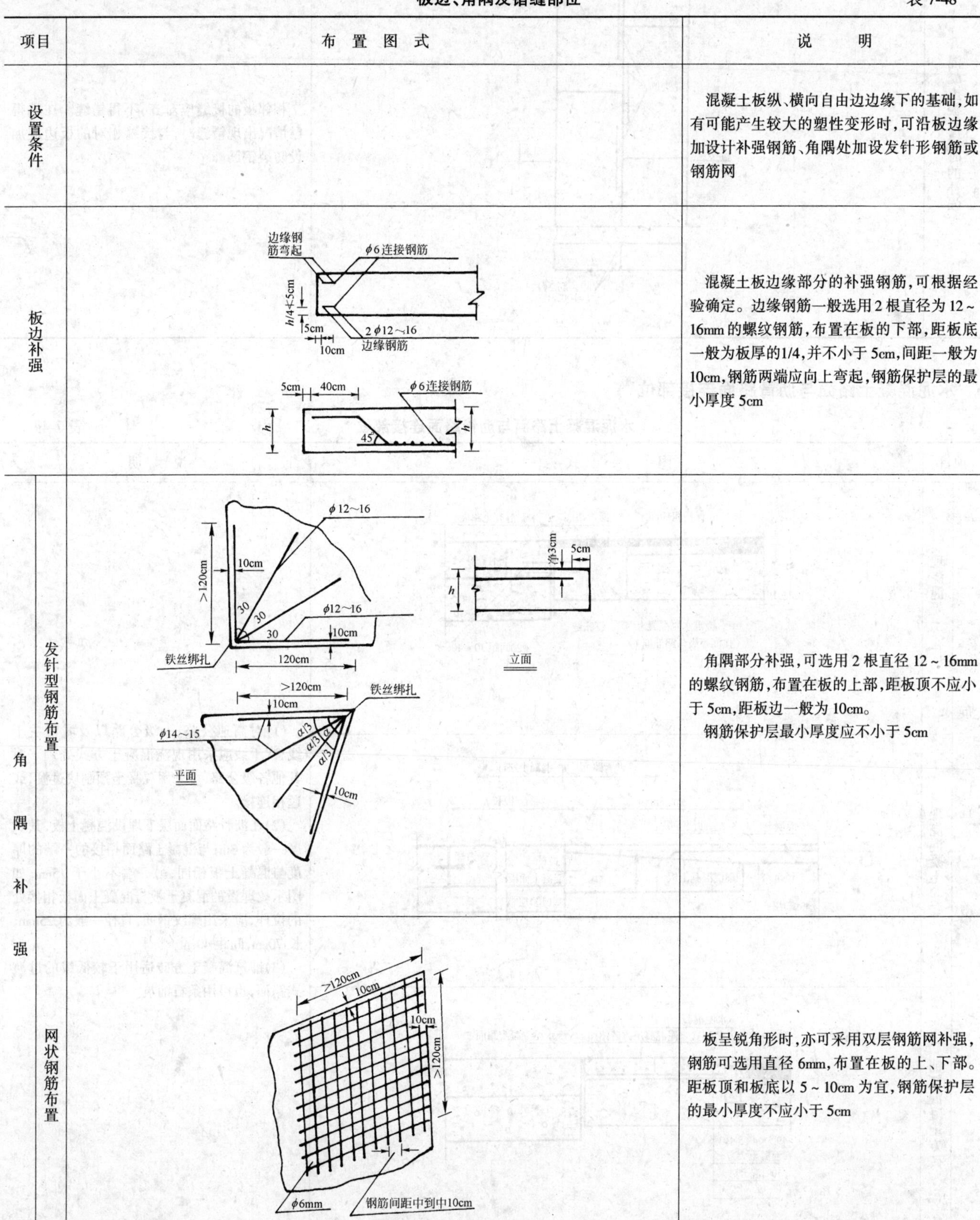

项目		布置图式	说明
设置条件			混凝土板纵、横向自由边边缘下的基础，如有可能产生较大的塑性变形时，可沿板边缘加设计补强钢筋、角隅处加设发针形钢筋或钢筋网
板边补强			混凝土板边缘部分的补强钢筋，可根据经验确定。边缘钢筋一般选用2根直径为12～16mm的螺纹钢筋，布置在板的下部，距板底一般为板厚的1/4，并不小于5cm，间距一般为10cm，钢筋两端应向上弯起，钢筋保护层的最小厚度5cm
角隅补强	发针型钢筋布置		角隅部分补强，可选用2根直径12～16mm的螺纹钢筋，布置在板的上部，距板顶不应小于5cm，距板边一般为10cm。 钢筋保护层最小厚度应不小于5cm
	网状钢筋布置		板呈锐角形时，亦可采用双层钢筋网补强，钢筋可选用直径6mm，布置在板的上、下部。距板顶和板底以5～10cm为宜，钢筋保护层的最小厚度不应小于5cm

续上表

项目	布置图式	说明
混凝土板错缝时的补强	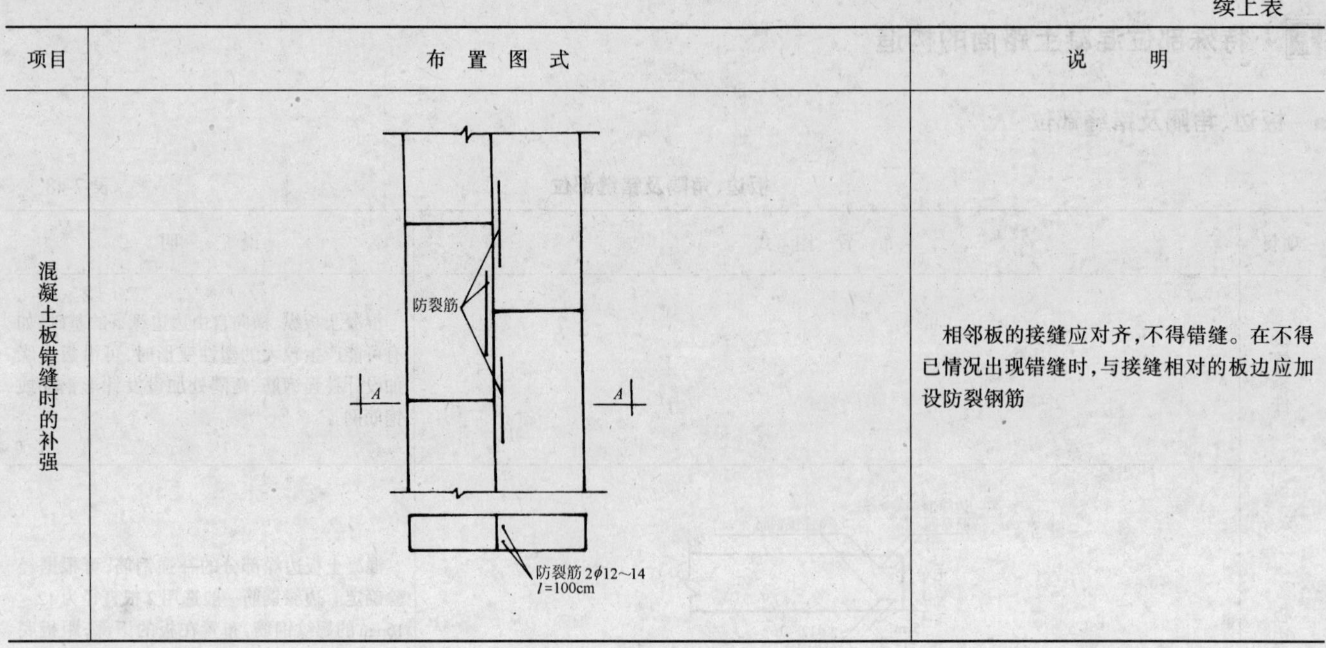	相邻板的接缝应对齐，不得错缝。在不得已情况出现错缝时，与接缝相对的板边应加设防裂钢筋

b　水泥混凝土路面与沥青路面连接部位

水泥混凝土路面与沥青路面连接部位　　表 7-49

项目		图式	说明
布置型式	现浇混凝土(一)	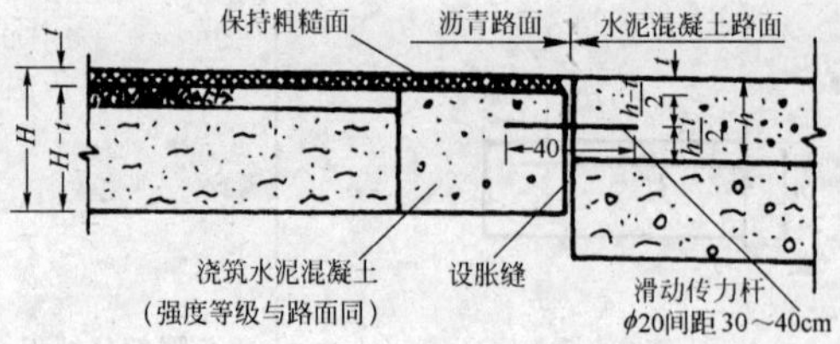 保持粗糙面；沥青路面；水泥混凝土路面；H；H−t；t；h/2；40；浇筑水泥混凝土（强度等级与路面同）；设胀缝；滑动传力杆 φ20间距30～40cm	(1)对高速公路、一级公路以及城市主干线、次干线应采用现浇混凝土方式处理。对其他各级公路，可采用混凝土预制块过渡，或迳相连接。 (2)在沥青路面面层下埋设混凝土板，其长度一般为3m；与混凝土路面相接的一端的厚度与混凝土板相同，另一端不小于15cm，如图示。埋设的混凝土板与混凝土面板相接处的拉杆，应采用螺纹钢筋，直径一般为25mm，长70cm，间距40cm。 (3)铺筑混凝土方砖适用于较低级的过渡式路面，也可用条石铺筑
	现浇混凝土(二)	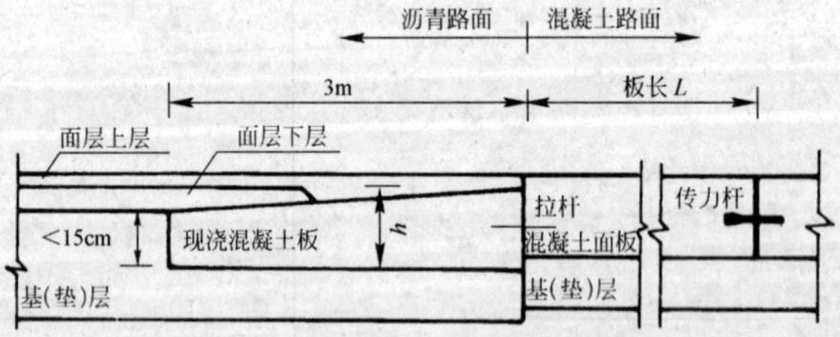 沥青路面；混凝土路面；3m；板长L；面层上层；面层下层；<15cm；现浇混凝土板；h；拉杆；混凝土面板；传力杆；基(垫)层；基(垫)层	
	铺筑混凝土方砖	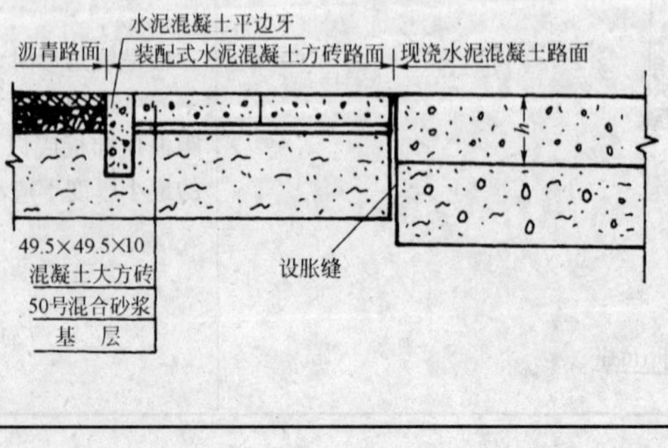 水泥混凝土平边牙；沥青路面；装配式水泥混凝土方砖路面；现浇水泥混凝土路面；h；49.5×49.5×10 混凝土大方砖；50号混合砂浆；基　层；设胀缝	

c 路桥连接部位

防桥头跳车的主要技术措施　　表 7-50

主要措施		处理要点及说明
地基处理	淤泥质地基	对于高等级公路工程的软基处理，通常采用砂袋砂井法、塑料排水板堆载预压法、换土法、深层搅拌法、高压喷射注浆法、振动碎石桩法等。但实践表明，以塑料排水板堆载预压法的效果最佳。根据经验推算，12m 厚的淤泥层，若不采取任何加固处理措施，在 5m 填土高度的条件下，其 100 年的沉降量才能达到 1.7m。若采用塑料排水板法时，欲达到同样的沉降量，当塑料排水板呈等边三角形布设，板间间距(板距)为 1.8m 时，只需 10 个月，当板距为 1.2m 时，仅需 4 个月
	含水量大的粘性土	对于含水量和孔隙比均较大、且含有有机物质的粘性土层可进行换土处理。换土深度视软层厚度而定。对于一般性粘土，可进行开挖翻晒。当填土高度不大于 4m 时，开挖深度取 0.6m；当填土高度较大时，开挖深度可大于 1m。土质晒到最佳含水量时，再回填密实。回填土的上层则留出 60cm 的厚度用石灰土填实。如遇雨季施工不能晒干时，则全部用石灰土。在路基底下有了这一层石灰土后，便形成一个渐变带，可以避免沉降的突变
路基处理	填料选择	首先应选择强度高、压实快、透水性好的材料，如卵砾土、碎石土、中粗砂以及强度较高的工业废渣等。为了改善填土的密实性，应设计好相应的级配。在通常情况下，透水性填料的填筑长度(沿纵向)在基底处不少于 2m，并按 1:1 设置斜坡或作成阶梯状，保证在顶面的填筑长度与搭板长度相对应
	设置横向排水管及盲沟	在基底上填筑横坡为 3% ~ 4% 的粘土土拱，并进行夯实，然后在土拱上挖一条双向放坡的地沟，如图所示。地沟断面尺寸一般可取(40 ~ 60) × (30 ~ 50)cm，然后在台背后全范围内满铺一层隔水材料，例如油毡或尼龙薄膜材料，再在地沟内四周铺设有小孔的硬塑料管，塑料管的直径不小于 10cm。其上的小孔孔径为 5mm，布成梅花形，间距约 10cm。塑料泄水管的出口应伸出路基或桥头锥坡以外。最后在塑料管四周填筑上述的透水性材料。若采用盲沟时，设置方法与此相同，仅取消其中的塑料管，而用大粒径的碎石填筑地沟，并用土工布包裹盲沟的出口和作必要的处理 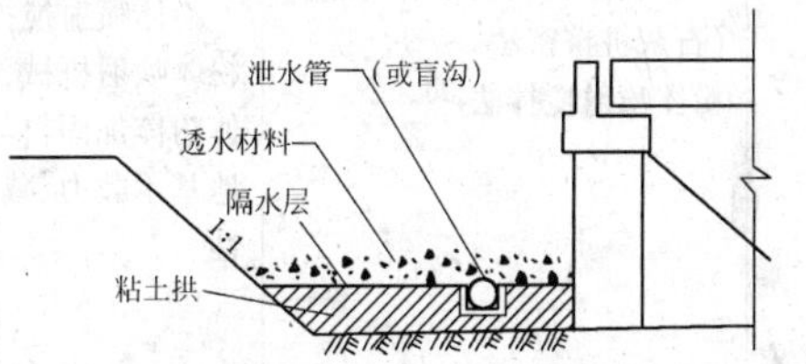
	强夯处理	对于台背不易被压路机碾压的“死角”，应采用强夯处理方法，保证填土的密实和加速压缩过程。强夯机宜采用重 100kN 的夯锤，其提升高度一般为 6 ~ 8m，即夯击能量为 600 ~ 800kN·m，夯锤面积为 $3.5m^2$，夯击影响深度约为 5 ~ 10m。对于台背和耳墙附近，夯锤提升高度取 2 ~ 3m，但锤击次数需要增多，并注意不要损坏桥台
	设桥头搭板及埋板	设置桥头搭板的目的是将台堤衔接处突弯的错台高差分散到搭板的两端，这样处理以后，对于原路面的纵坡只增加某个微小增量，从而可以改善桥头行车条件，因此是重要的技术措施之一
路面处理	设反向坡度	在台堤结合段预留反向坡度有点和设计桥梁预拱度的作法相类似。坡度的大小视台堤间的沉降差而定。有的地方在路面铺筑之前预加抛高 14 ~ 16cm，待路面铺完之后，其沉降量就能达到此抛高值的 50% 以上。由于精确预估比较困难，只能通过逐步积累资料，走向完善
	设置过渡段路面	当路基沉降规律难以掌握时，可在桥头一段长度的范围内铺设过渡性路面，待路堤沉降基本完成后再改铺原设计路面。常用的过渡性路面有预制水泥混凝土六棱块(边长 34.6cm，厚 20cm)和条石铺砌(尺寸为 25 × 25 × 40cm)等。这种处理方法的优点是发现局部沉陷时，翻修处理速度快，但不易铺砌平整，行车时有抖动感觉，并且雨水易通过砌缝渗入路基内
	桥面与路堤路面混凝土一次完成	这种方法可以解决路面与桥面混凝土连接的顺适性。但此时注意，在设计中应将台帽背墙的顶面标高降低，使搭板的一端直接搁置在背墙顶面上，使桥头从原来的两条接缝变化一条接缝，提高了行车的舒适性
	桥面与路面间接缝处理	对于水泥混凝土路面，在桥台与路面连接处，易产生横桥向裂缝。为防止雨水渗入路基导致路面破坏，可以采用如图所示的连接形式。填缝材料可用玻璃纤维类的物质，或麻织物等，然后再灌进较稀的沥青 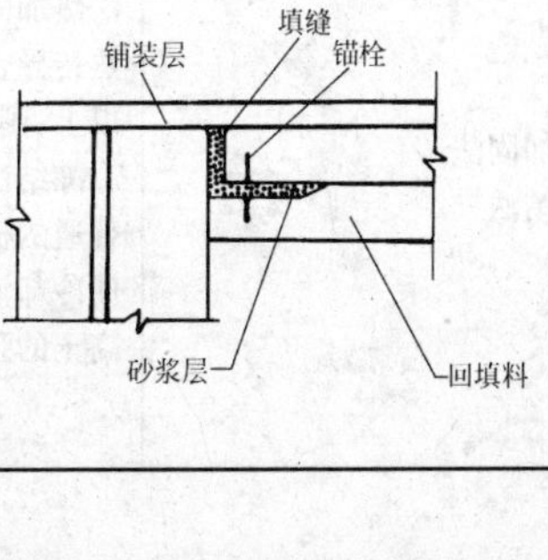

地基处理方法分类　　表 7-51

分类	处理方法	原理及作用	适用范围
换土垫层法	机械碾压法 重锤夯实法 平板振动法	挖除浅层软弱土，分层碾压或夯实来压实土，按回填的材料可分为砂垫层、碎石垫层、灰土垫层、二灰垫层和素土垫层等。它可提高持力层的承载力，减少沉降量、消除或部分消除土的湿陷性和胀缩性、防止土的冻胀作用、以及改善土的抗液化性	机械碾压法常适用于基坑面积宽大和开挖土方量较大的回填土方工程，一般适用于处理浅层软土地基、湿陷性黄土地基、膨胀土地基和季节性冻土地基。 重锤夯实法一般适用于地下水位以上稍湿的粘性土、砂土、湿陷性黄土、杂填土以及分层填土地基。 平板振动法适用于处理无粘性土或粘粒含量少和透水性好的杂填土地基
深层密实法	强夯法 挤密法 （砂桩挤密法） （振动水冲法） （灰土、二灰或土桩挤密法） （石灰桩挤密法） 粉体喷射搅拌法	强夯法系利用强大的夯击功，迫使深层土液化和动力固结而密实。 挤密法系通过挤密或振动使深层土密实。并在振动挤密过程中，回填砂、砾石、灰土、土或石灰等，形成砂桩、碎石桩、灰土桩、二灰桩、土桩或石灰桩，与桩间土一起组成复合地基，从而提高地基承载力、减少沉降量、消除或部分消除土的湿陷性，改善土的抗液化性。 粉体喷射搅拌法是以生石灰或水泥等粉体材料，利用粉体喷射机械，以雾状喷入地基深部，由钻头叶片旋转，使粉体加固料与原位软土搅拌均匀，使软土硬结，可提高地基承载力、减少沉降量、加快沉降速率和增加边坡稳定性	强夯法一般适用于碎石土、砂土、杂填土及粘性土、湿陷性黄土及人工填土，对淤泥质土经试验证明施工有效时方可使用。 砂桩挤密法和振动水冲法一般适用于杂填土和松散砂土，对软土地基经试验证明加固有效时方可使用。 灰土、二灰或土桩挤密法一般适用于地下水位以上，深度为 5 ~ 10m 的湿陷性黄土和人工填土。 粉体喷射搅拌法和石灰桩挤密法一般都适用于软土地基
排水固结法	堆载预压法 真空预压法 降水预压法 电渗排水法	通过布置垂直排水井，改善地基的排水条件，及采取加压、抽气、抽水和电渗等措施，以加速地基土的固结和强度增长，提高地基土的稳定性，并使沉降提前完成	适用于处理厚度较大的饱和软土和冲填土地基，但需要具有预压的荷载和时间的条件。对于厚的泥炭层则要慎重对待
化学加固法	灌浆法混合搅拌法 （高压喷射浆法） （深层搅拌法）	通过注入水泥或化学浆液，或将水泥等浆液进行喷射或机械拌和等措施，使土粒胶结，用以改善土的性质，提高地基承载力，增加稳定性，减少沉降，防止渗漏	适用于处理砂土、粘性土、湿陷性黄土及人工填土的地基。尤其适用于对已建成的由于地基问题而产生工程事故的托换技术
加筋法	土工织物 加筋土 树根桩 碎石桩 （包括砂桩）	在软弱土层建筑树根桩或碎石桩，或在人工填土的路堤或挡墙内铺设土工织物、钢带、钢条、尼龙绳或玻璃纤维等作为拉筋，使这种人工复合的土体，可承受抗拉、抗压、抗剪和抗弯作用，藉以提高地基承载力、增加地基稳定性和减少沉降	土工织物适用于砂土、粘性土和软土。 加筋土适用于人工填土的路堤和挡墙结构。 树根桩适用于各类土。 碎石桩（包括砂桩）适用于粘性土，对于软土，经试验证明施工有效时方可采用
热学法	热加固法 冻结法	热加固法是通过渗入压缩的热空气和燃烧物，并依靠热传导，而将细颗粒土加热到适当温度，如温度在 100℃以上，则土的强度就会增加，压缩性随之降低。 冻结法是采用液体氧、或二氧化碳膨胀的方法、或采用普通的机械致冷设备与一个封闭式液压系统相连接，而使冷却液在里面流动，从而使软而湿的土进行冻结，以提高土的强度和降低土的压缩性	热加固法适用于非饱和粘性土、粉土和湿陷性黄土。 冻结法适用于各类土。对于临时性支承和地下水控制；特别在软土地质条件，开挖深度大于 7 ~ 8m，以及低于地下水位的情况下，是一种普遍而有用的施工措施

桥头搭板的种类及适用条件　　表 7-52

类型		特 点 及 适 用 条 件
按搭头板的埋置深度分	地面式	这种型式的桥头搭板埋置于路面表层，并规定用于混凝土路面
	半埋式	这种型式的桥头搭板的埋置深度比路面式的较深些。其上面再浇筑一定厚度的铺装层，并规定用于沥青混凝土路面
	深埋式	这种型式的搭板埋置于路基内，其特点是搭板本身不易损坏，耐久性好，但是施工操作要求较高，一旦损坏后，其修理工作较困难
按搭头板的浇筑方式分	整体浇筑式	(1)整体浇筑式钢筋混凝土桥头搭板，这种搭板不论其埋深如何，施工时采用现浇混凝土形成整体式桥头搭板。 (2)整体式桥头搭板是国内目前用得较多的一种形式。它具有施工方便，就地现浇而成的钢筋混凝土搭板，整体性好。它可做成地面式的、也可做成半埋式的。整体式桥头搭板一端搁置于桥台上，在台背处设置予埋插筋，将搭板与桥台以铰接形式连接。 (3)根据整体式搭板的长度及另一端下面是否设置枕梁情况，整体式桥头搭板可分成 A 型、B 型二类
	装配式	装配式桥头搭板，它由预制的钢筋混凝土搭板拼装而成，预制搭板之间多数做成铰接，使路面宽度内的全部预制搭板连成一体。但也有各预制搭板间不设铰，拼装后直接在其上浇筑铺装层
	装配——整体式	装配——整体式搭板，这种结构形式的搭板，下部由宽度为 1m 左右的装配式钢筋混凝土预制板作为模板，各装配式搭板之间用置有螺旋钢筋的键缝相接，连成一体在其上面浇灌一定厚度的混凝土形成整体，称谓装配——整体式搭板。最后再铺上沥青混凝土面层
	分块式	分块式桥头搭板，当路面较宽时，有时将路面沿宽度方向分为二块、三块板或四块板。与此路面相应地将钢筋混凝土桥头搭板沿路宽方向设计成分块式的

桥头搭板构造图　　表 7-53

类型		构 造 图	说 明
整体式(A)型	连接构造图	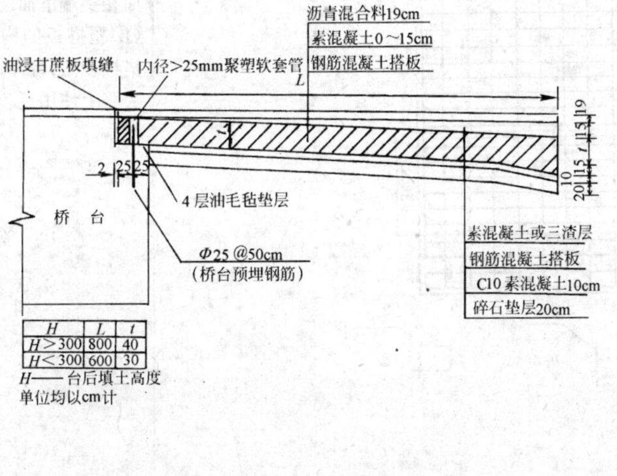 沥青混合料19cm 素混凝土0～15cm 钢筋混凝土搭板 油浸甘蔗板填缝 内径>25mm聚塑软套管 L 19　15　t　15　10　20 2　25　25 4 层油毛毡垫层 桥　台 $\Phi 25$ @50cm (桥台预埋钢筋) 素混凝土或三渣层 钢筋混凝土搭板 C10 素混凝土10cm 碎石垫层20cm H | L | t $H>300$ | 800 | 40 $H<300$ | 600 | 30 H—— 台后填土高度 单位均以cm计	整体式(A)型桥头搭板系长度为 6～8m 或 8m 以上，与路面相接端不设置枕梁的一种搭板。整体式(A)型搭板连接构造，如图所示。其宽度与车行道相同

续上表

<table>
<tr><th colspan="2">类型</th><th>构造图</th><th>说明</th></tr>
<tr><td rowspan="2">整体式(A)型</td><td>(A—1)型</td><td>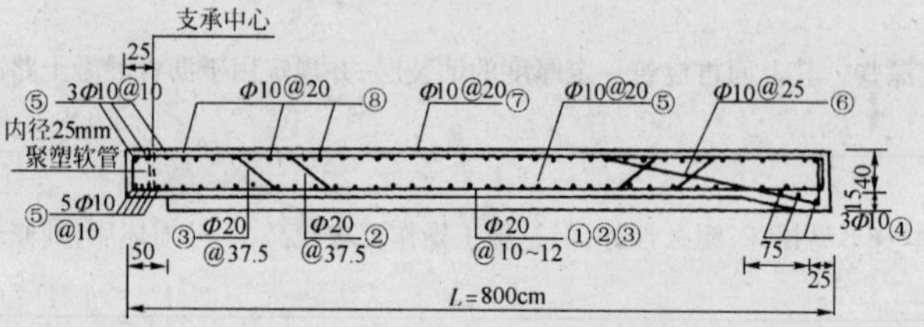
</td><td rowspan="2">根据台后填土高度(H),A型搭板又分为A—1型及A—2型二种,前者用于 $H>3m$,搭板长度(L)为8m,搭板厚度为40cm。后者用于 $H\leqslant 3m$,搭板长度 $L=6m$,搭板厚度为30cm。分别见图整体式(A—1)型和(A—2)型。整体式桥头搭板的宽度与桥面车行道宽度相等。图所示的搭板结构示图中,表示了搭板的纵向断面。搭板的横向边缘处,可以不设置加腋,也可设置与纵向尾端(与路面接接端)相同的加腋。图(A—1)型中①号筋为直线型主筋,②号、③号为弯起型主筋。图(A—2)型中①号筋为直线型主筋,②号筋为弯起型主筋。图中已表明了主筋及有关构造钢筋,当搭板为斜交时,设计者也可以参照斜交车行道板的加强构造筋的配置情况,很容易完成上述搭板的施工图。另设计者可参考日本式搭板设置灌浆孔的情况,在整体式桥头搭板上也设置灌浆孔,以利后期维修</td></tr>
<tr><td>(A—2)型</td><td>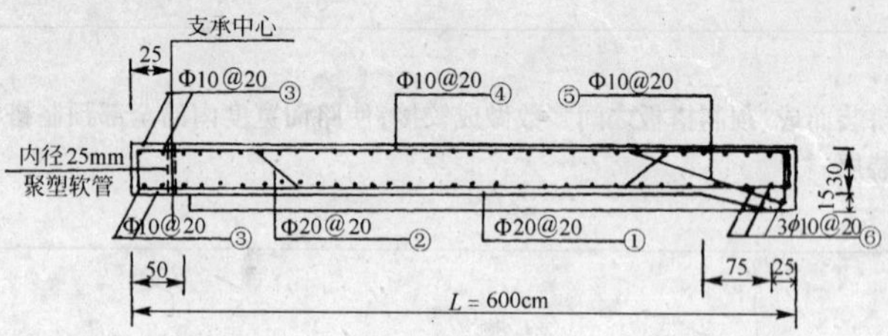
</td></tr>
<tr><td colspan="2">整体式(B)型</td><td>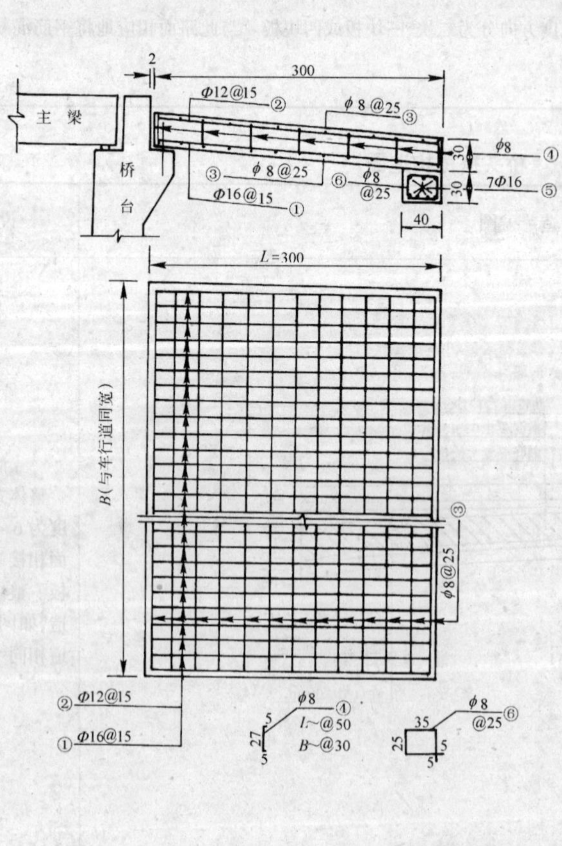
</td><td>整体式(B)型桥头搭板系长度为3m,与路面相接端下面设置枕梁的一种搭板。整体式(B)型搭板的构造图,如图所示。这种桥头搭板较短,曾在地质条件较好的京津塘高速公路上使用过</td></tr>
</table>

续上表

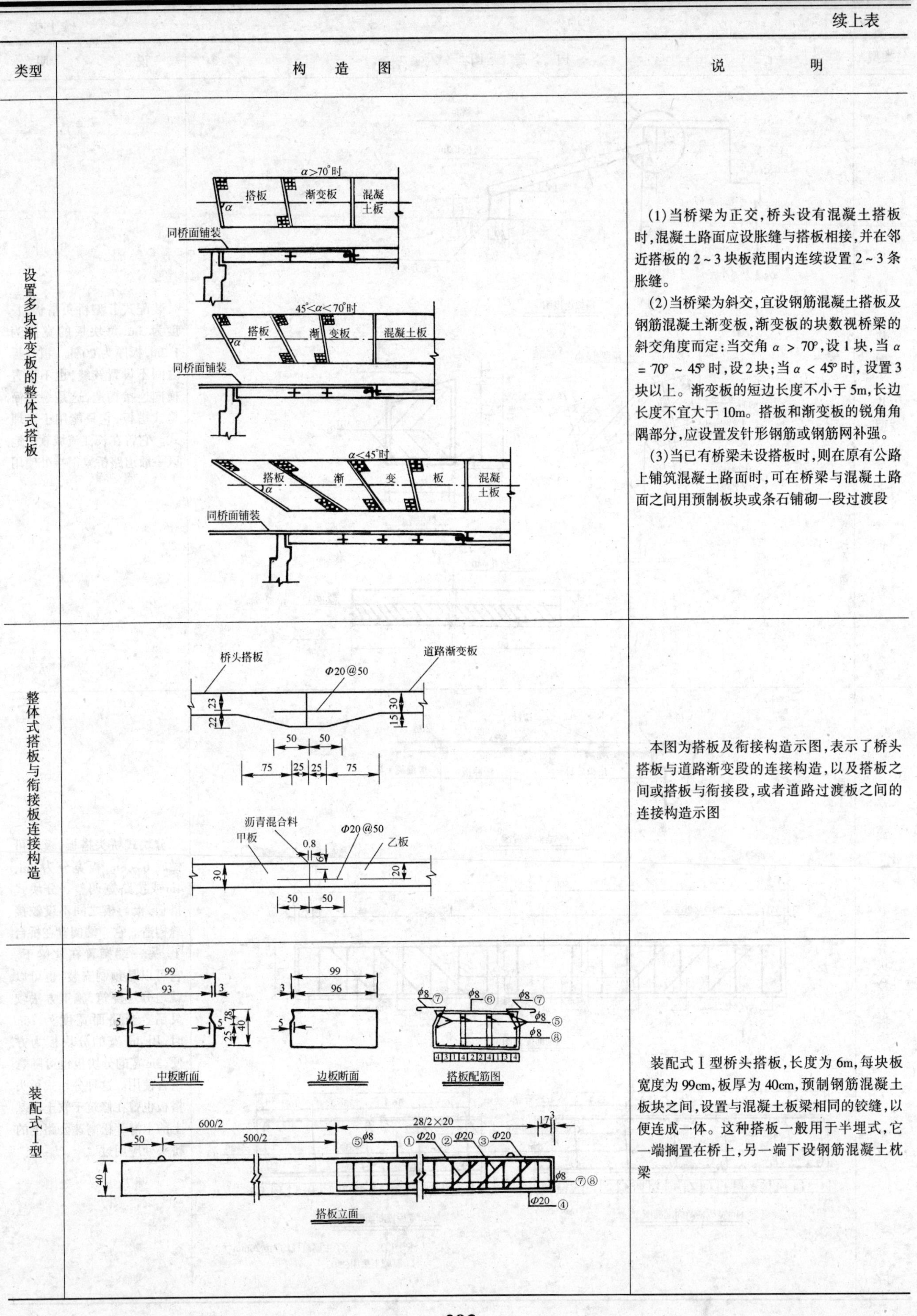

类型	构造图	说明
设置多块渐变板的整体式搭板		(1)当桥梁为正交,桥头设有混凝土搭板时,混凝土路面应设胀缝与搭板相接,并在邻近搭板的2~3块板范围内连续设置2~3条胀缝。 (2)当桥梁为斜交,宜设钢筋混凝土搭板及钢筋混凝土渐变板,渐变板的块数视桥梁的斜交角度而定:当交角 α > 70°,设1块,当 α = 70° ~ 45°时,设2块;当 α < 45°时,设置3块以上。渐变板的短边长度不小于5m,长边长度不宜大于10m。搭板和渐变板的锐角角隅部分,应设置发针形钢筋或钢筋网补强。 (3)当已有桥梁未设搭板时,则在原有公路上铺筑混凝土路面时,可在桥梁与混凝土路面之间用预制板块或条石铺砌一段过渡段
整体式搭板与衔接板连接构造		本图为搭板及衔接构造示图,表示了桥头搭板与道路渐变段的连接构造,以及搭板之间或搭板与衔接段,或者道路过渡板之间的连接构造示图
装配式Ⅰ型		装配式Ⅰ型桥头搭板,长度为6m,每块板宽度为99cm,板厚为40cm,预制钢筋混凝土板块之间,设置与混凝土板梁相同的铰缝,以便连成一体。这种搭板一般用于半埋式,它一端搁置在桥上,另一端下设钢筋混凝土枕梁

7

续上表

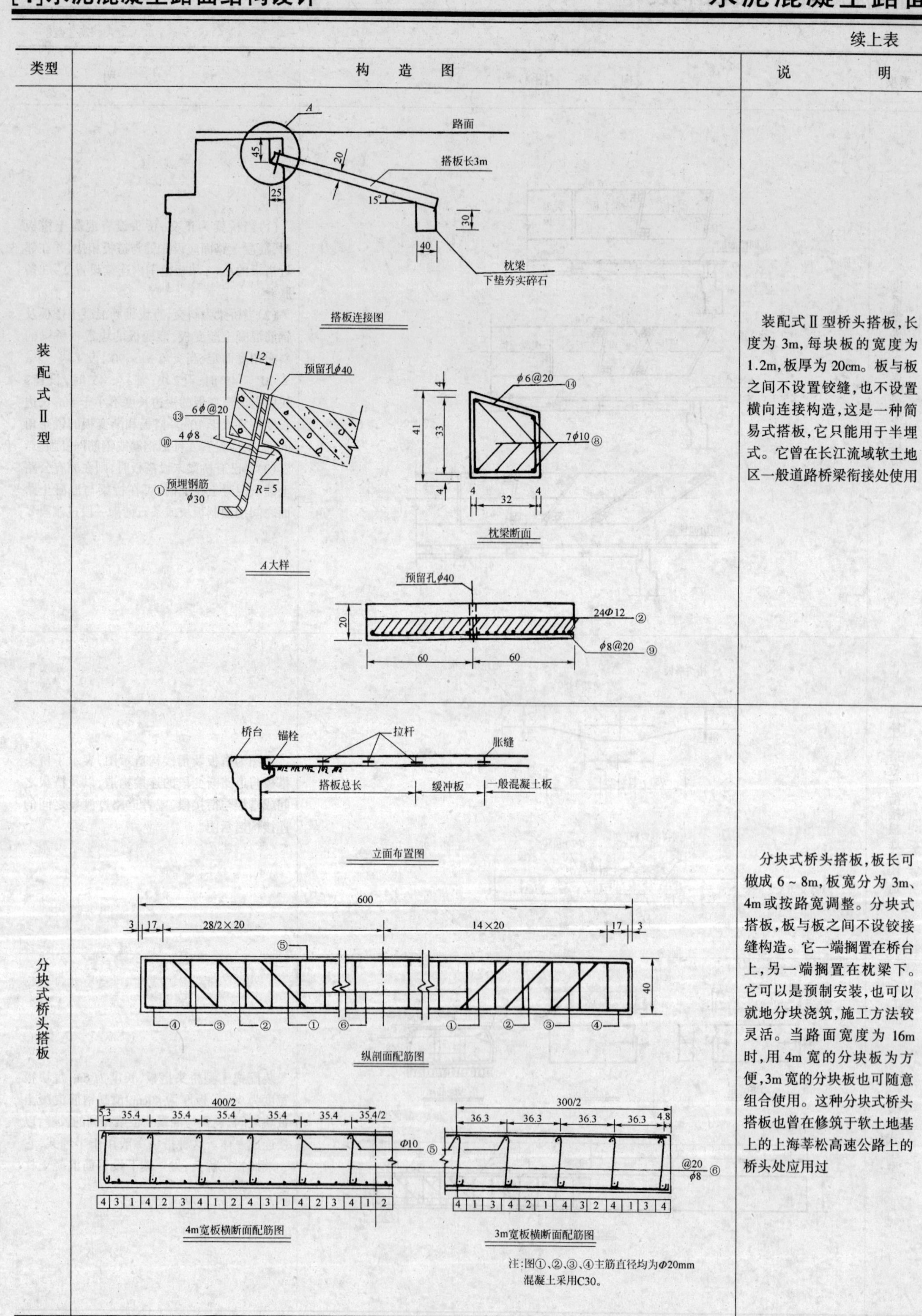

类型	构造图	说明
装配式Ⅱ型	搭板连接图；A大样；枕梁断面	装配式Ⅱ型桥头搭板，长度为3m，每块板的宽度为1.2m，板厚为20cm。板与板之间不设置铰缝，也不设置横向连接构造，这是一种简易式搭板，它只能用于半埋式。它曾在长江流域软土地区一般道路桥梁衔接处使用
分块式桥头搭板	立面布置图；纵剖面配筋图；4m宽板横断面配筋图；3m宽板横断面配筋图	分块式桥头搭板，板长可做成6~8m，板宽分为3m、4m或按路宽调整。分块式搭板，板与板之间不设铰接缝构造。它一端搁置在桥台上，另一端搁置在枕梁下。它可以是预制安装，也可以就地分块浇筑，施工方法较灵活。当路面宽度为16m时，用4m宽的分块板为方便，3m宽的分块板也可随意组合使用。这种分块式桥头搭板也曾在修筑于软土地基上的上海莘松高速公路上的桥头处应用过

桥头搭板主要尺寸计算　　　　表 7-54

<table>
<tr><th>主要尺寸</th><th colspan="6">计算公式或取值</th><th>说明</th></tr>
<tr><td rowspan="6">搭板长度 L_{as}</td><td>图示</td><td colspan="5"> 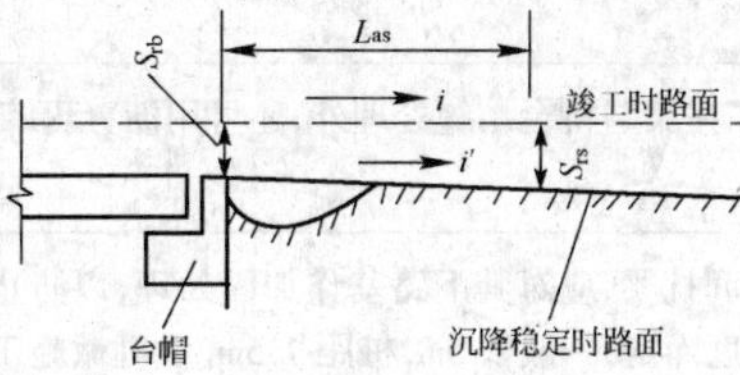L_{as}　i　竣工时路面　i'　台帽　沉降稳定时路面</td><td rowspan="6">(1)公式中：$[\Delta i]$——它是指道路竣工时路桥结合段的纵坡 i 与土体沉降趋于稳定时的纵坡 i' 二者之间的容许变化值，可用下式表达：
$$[\Delta i]=i'-i$$
根据国内一些高速公路上桥梁的调查分析资料，当汽车速度在100m/h以上(引道的设计纵坡低于3%)时，以道路竣工时的纵坡为准，纵坡的变化量若在4‰以内，就不会引起跳车感觉。因此，可以取此值作为确定搭板长度的依据。
S_{rb}——它表示桥台的预期工后沉降值。根据《公路桥涵地基与基础设计规范》(JTJ 023—85)可以算得桥台基础预期的总沉降值 S_{tb}；再根据工地试验资料或者参考类似地质的试验资料，可以预估出在施工期间桥台基础将完成的沉降值 S_{cb}，于是 S_{rb} 可表示为：
$$S_{rb}=S_{tb}-S_{cb}$$
或 $$S_{rb}=\alpha_1 S_{tb}$$
当缺乏直接试验的资料时，α_1 可以参考下列数据取用：
对于低压缩性饱和粘土，$\alpha_1=0.40$
对于中压缩性饱和粘土，$\alpha_1=0.70$
对于高压缩性饱和粘土，$\alpha_1=0.85$
其次，对于边跨为简支体系的钢筋混凝土梁桥，S_{tb} 还可表示为：
$$S_{tb}=\alpha_2 L$$
式中：L——桥梁边跨跨径；
α_2——考虑桥台基础形式的系数：对于桩基础，$\alpha_2=\frac{1}{500}$；对于扩大基础，$\alpha_2=\frac{1}{300}$。
(2)此外，搭板长度还应结合以下两个因素确定：a.搭板长度宜跨越破坏棱体的长度；b.搭板长度宜跨越填土前预留缺口的上口长度。但从受力角度考虑，一块搭板长度不宜超过8～10m，再长则可将搭板分为两段或三段</td></tr>
<tr><td>公式</td><td colspan="5">$$L_{as}=\frac{[S_{rs}]-S_{rb}}{[\Delta i]}$$</td></tr>
<tr><td rowspan="4">L_{as} 选用表</td><td>搭板长度L_{as}(m)
桥梁类别</td><td>3.0</td><td>6.0</td><td>8.0</td><td>10.0</td></tr>
<tr><td>大桥</td><td></td><td></td><td>*</td><td>*</td></tr>
<tr><td>中桥</td><td></td><td>*</td><td>*</td><td></td></tr>
<tr><td>小桥，明涵</td><td>*</td><td></td><td></td><td></td></tr>
<tr><td>搭板宽度</td><td colspan="7">搭板宽度一般取等于桥台两侧(翼)墙之间的净宽，但也有将搭板边缘伸入路缘石内约0.5m的作法</td></tr>
</table>

搭板厚度	长度 L_{as}(cm)	厚度 t_{as}(cm)	t_{as}/L_{as}	长度 L_{as}(cm)	厚度 t_{as}(cm)	t_{as}/L_{as}
	300～400	22～25	1/18～1/16	800	30～32	1/26～1/25
	500	25～28	1/20～1/18	1 000	32～35	1/31～1/28
	600	28～30	1/21～1/20	—	—	—

桥头搭板细部结构　　　　表 7-55

<table>
<tr><th colspan="2">项目</th><th colspan="2">要点及说明</th></tr>
<tr><td rowspan="2">搭板埋置方式</td><td>平置式</td><td colspan="2">搭板的近台端则搁置在台帽背墙的牛腿上或直接搁置在台帽背墙的顶面，远台端搁置在枕梁上，其坡度与路面的设计纵坡相同，这种方式适用于刚性路面的情况</td></tr>
<tr><td>斜置式</td><td colspan="2">搭板的近台端与上述搁置方式相同，远台端则将搭板置于路面基层以下或置于路面面层与基层之间，搭板的埋置纵坡一般不大于5%。这种埋置方式适用于柔性路面，有利于行车从刚性桥面到柔性路堤的过渡</td></tr>
<tr><td>搭板与桥台连接构造</td><td>锚栓</td><td>为防止搭板沿纵向滑移，造成桥头凹坑，通常在搭板与台背之间布设竖直锚栓和水平拉杆，一般采用φ22钢筋，间距75～80cm。前者有时易造成搭板或牛腿被拉裂而破坏，后者与限制位移的方向一致，效果较好</td><td> 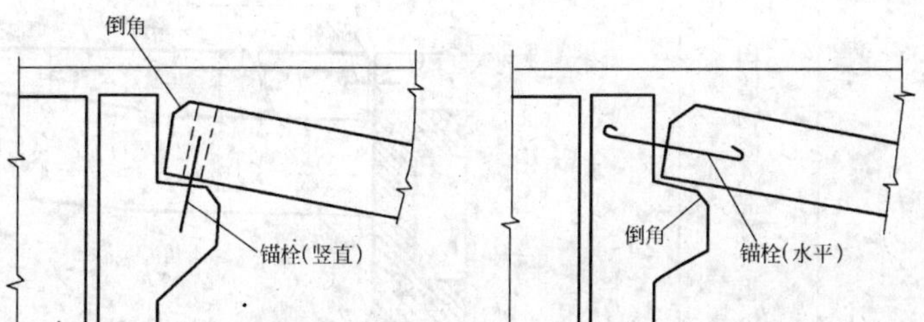倒角　锚栓(竖直)
a)竖直锚栓
倒角　锚栓(水平)
b)水平拉杆</td></tr>
</table>

续上表

项目		要点及说明
搭板与桥台连接构造	支座	搭板的近台端下面,一般铺设油毡垫层,厚度约为 1 ~ 2cm。若采用板式橡胶支座时,其规格可选用 150mm × 150mm × (21 ~ 38)mm,支座间距为 80cm 左右
	倒角	为了防止搭板因转动造成对路面或结构的损坏,在搭板的近台端上缘和牛腿的上边缘,宜设计成倒角,如上图所示
	填缝	为了防止雨水渗入路基中,在搭板与台背的接缝之间,除了按梁与桥台填缝处理外,还可用沥青玛蹄脂填料、沥青麻絮等填缝材料
枕梁设置	枕梁基础处理	枕梁下的路基是应力集中部位,尤其对于多段式搭板的中间枕梁,应对其下路基作加固处理,以防止沉陷。常用的方法有布置碎石桩或水泥石灰桩,桩径为 35cm 左右,桩长视填土高度而定,一般取 5m,桩距 1.5m,以机械施工的效果好。但应注意搭板尾端与路堤间的沉降差不宜过大,以避免出现二次跳车现象
	枕梁尺寸	为避免产生应力过大集中,枕梁截面的底宽宜设计稍宽一些,通常取 60cm 以上,并且要求枕梁下的地基土容许承载力不小于 250kPa,枕梁下的计算应力不应超过此实际容许值。枕梁的高度受枕梁的长度、地基系数及荷载大小等因素影响,按弹性地基上短梁计算

d 路面覆盖构造物部位

路面覆盖构造物部位 表 7-56

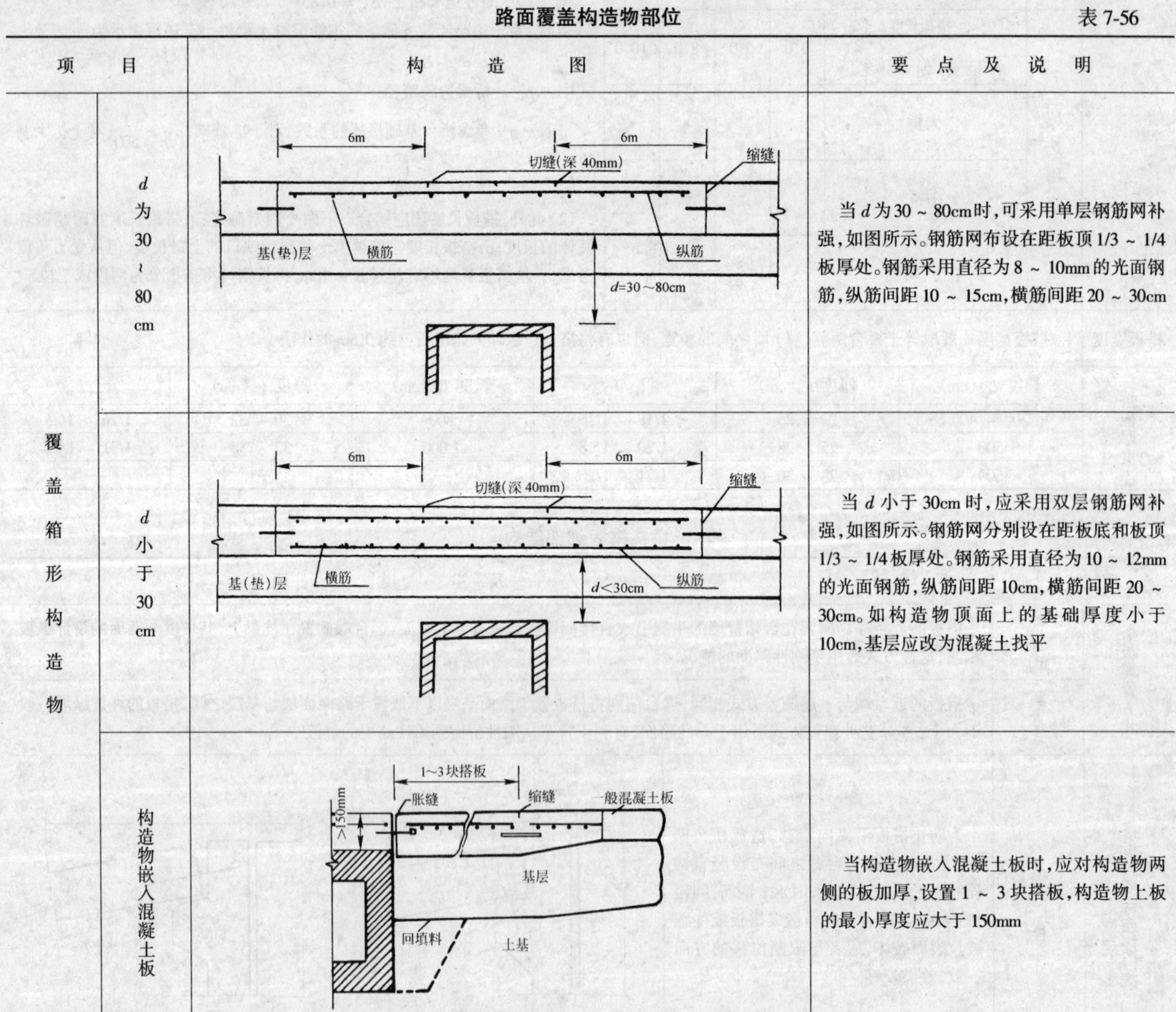

项目		构造图	要点及说明
覆盖箱形构造物	d 为 30 ~ 80 cm		当 d 为 30 ~ 80cm 时,可采用单层钢筋网补强,如图所示。钢筋网布设在距板顶 1/3 ~ 1/4 板厚处。钢筋采用直径为 8 ~ 10mm 的光面钢筋,纵筋间距 10 ~ 15cm,横筋间距 20 ~ 30cm
	d 小于 30 cm		当 d 小于 30cm 时,应采用双层钢筋网补强,如图所示。钢筋网分别设在距板底和板顶 1/3 ~ 1/4 板厚处。钢筋采用直径为 10 ~ 12mm 的光面钢筋,纵筋间距 10cm,横筋间距 20 ~ 30cm。如构造物顶面上的基础厚度小于 10cm,基层应改为混凝土找平
	构造物嵌入混凝土板		当构造物嵌入混凝土板时,应对构造物两侧的板加厚,设置 1 ~ 3 块搭板,构造物上板的最小厚度应大于 150mm

续上表

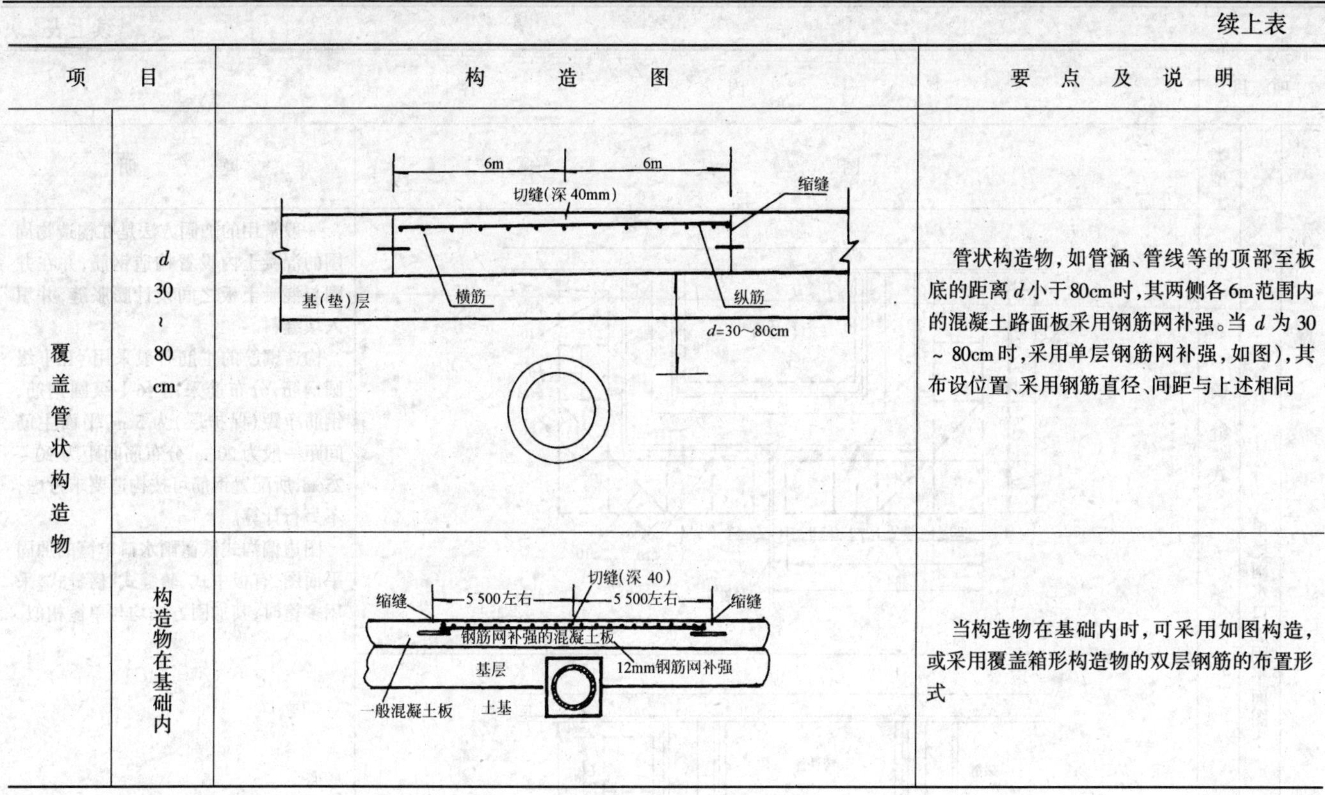

项　目		构　造　图	要点及说明
覆盖管状构造物	d 30 ~ 80 cm		管状构造物,如管涵、管线等的顶部至板底的距离 d 小于80cm时,其两侧各6m范围内的混凝土路面板采用钢筋网补强。当 d 为 30 ~ 80cm 时,采用单层钢筋网补强,如图),其布设位置、采用钢筋直径、间距与上述相同
	构造物在基础内		当构造物在基础内时,可采用如图构造,或采用覆盖箱形构造物的双层钢筋的布置形式

e　路面与雨水口及其他设施的连接部位

路面与雨水口连接部位构造　　表 7-57

项　目			内　容	
布置位置选择			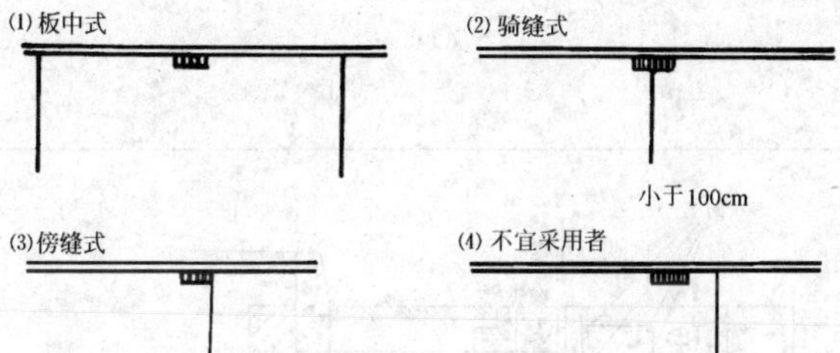 (1) 板中式 (2) 骑缝式 小于100cm (3) 傍缝式 (4) 不宜采用者	
加固构造图(单位除钢筋直径为mm外均为cm)		类型	图　式	说　明
	单篦雨水口加固平面图	板中式	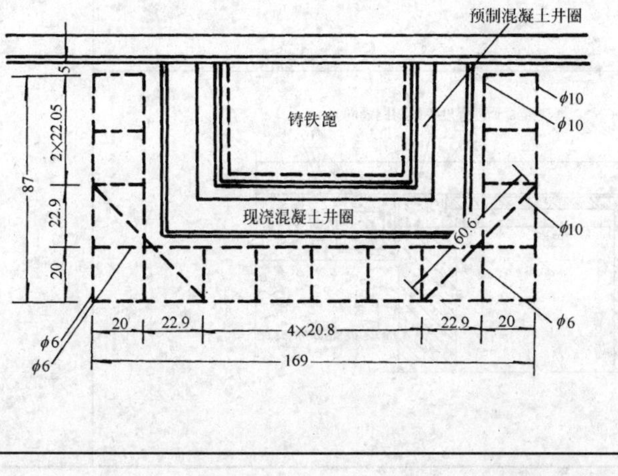 预制混凝土井圈 铸铁篦 现浇混凝土井圈 ϕ10 ϕ10 ϕ10 ϕ6 ϕ6 ϕ6 5 2×22.05 87 22.9 20 60.6 20　22.9　4×20.8　22.9　20 169	同续表说明

续上表

项目			内容	
		类型	图式	说明
加固构造图(单位除钢筋直径为mm外均为cm)	单篦雨水口加固平面图	骑缝式	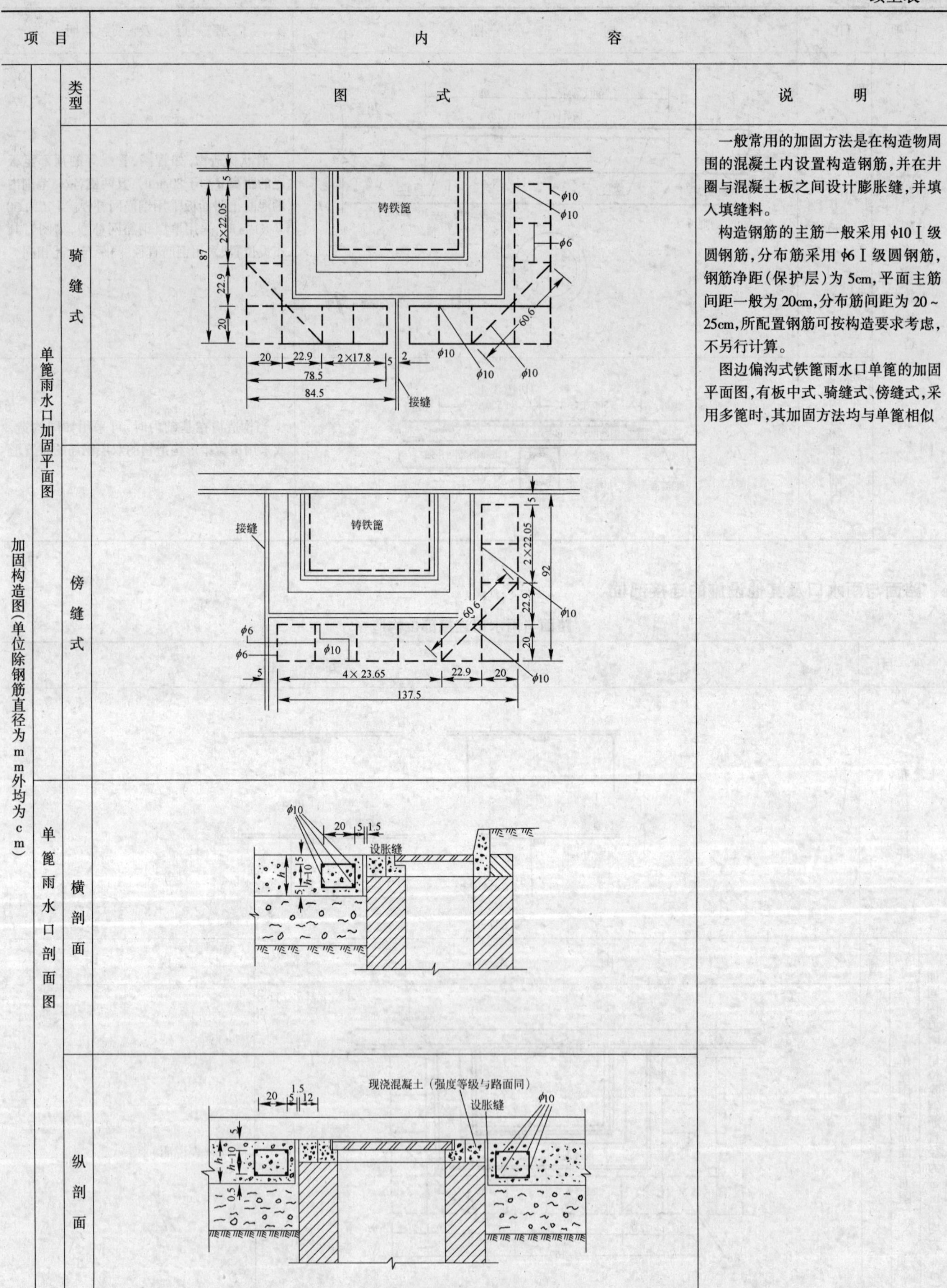	一般常用的加固方法是在构造物周围的混凝土内设置构造钢筋，并在井圈与混凝土板之间设计膨胀缝，并填入填缝料。 构造钢筋的主筋一般采用 ϕ10 Ⅰ级圆钢筋，分布筋采用 ϕ6 Ⅰ级圆钢筋，钢筋净距(保护层)为 5cm，平面主筋间距一般为 20cm，分布筋间距为 20～25cm，所配置钢筋可按构造要求考虑，不另行计算。 图边偏沟式铁篦雨水口单篦的加固平面图，有板中式、骑缝式、傍缝式，采用多篦时，其加固方法均与单篦相似
		傍缝式		
	单篦雨水口剖面图	横剖面		
		纵剖面		

路面与检查井及管线井连接构造　　表 7-58

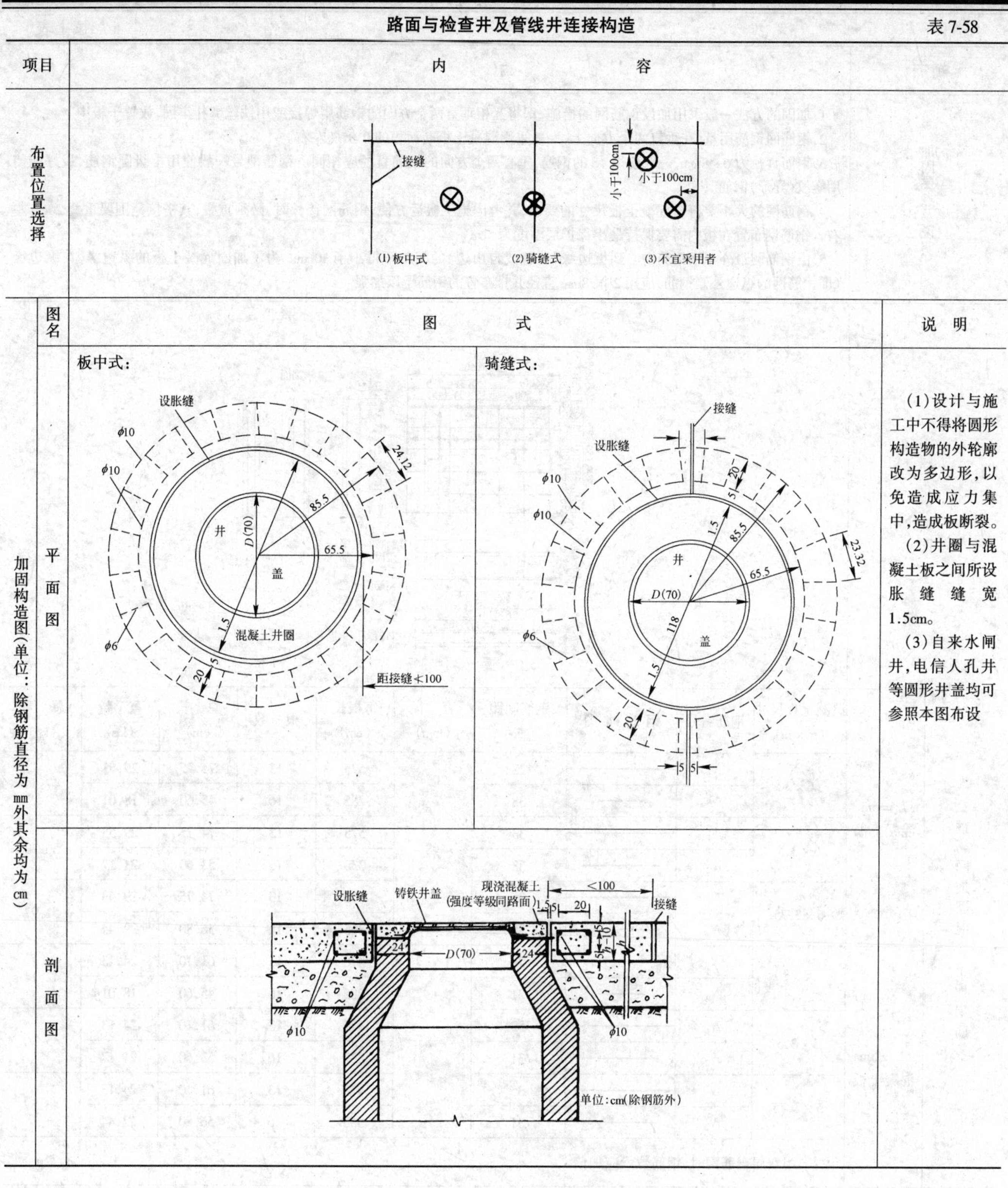

通过局部软弱地基处混凝土板的构造　　表 7-59

项目	内　　容
设置条件	1.土基处于经常潮湿地带,地下水位接近路床,土壤含水量接近液限,预计经过施工处理仍不能满足地基承载力要求的情况时; 2.路基处于管线开挖沟槽回填土地段;涵洞回填土及跨越天然沟渠、池塘、坑穴等地段; 3.路基处于较高填方,可能填土不实地段; 4.填方与挖方,新路与旧路交接处形成地基强度不均匀地段

续上表

项目	内容
加固要点及说明	1.加固的方法一般采用加设钢筋网的措施,即将互相垂直两个方向的钢筋用焊接或用铁丝绑扎牢固,放置于板中。 2.钢筋网钢筋用量,在垂直两个方向上,一般采用混凝土板断面积的0.05%左右。 3.钢筋直径为6~8mm,一般使用φ8的钢筋,垂直两个方向的钢筋直径应相同。钢筋型号一般使用Ⅰ级圆钢筋,最好能使用螺纹(异形)钢筋。 4.钢筋网的大小要符合混凝土板尺寸的要求,并考虑施工搬运方便,钢筋网接长时,必须重叠,其搭接范围要重叠20cm左右。钢筋网布置在板内需要保持最小保护层厚度为5cm。 5.由钢筋网最外一根钢筋中心到板边缘(接缝或自由边)的间距不得小于10cm。为了加固混凝土板的纵边缘,在纵边缘(即钢筋网的纵边外侧钢筋)应用2根8mm直径并排布置的钢筋予以加强
钢筋布置详图	平面　500或600　15(600)　15×38=570　17.5(500)　或15×31=465　@38 或31　φ8　@28 或33.35 横剖面　(1)　(2)　(3)　单位:cm 纵剖面　(1)钢筋网布置在板的下部　(2)钢筋网布置在板的上部　(3)布置双层钢筋网

钢筋网加固混凝土板钢筋表

	混凝土板尺寸(m×m)	钢筋编号	钢筋略图	钢筋间距(cm)	直径(mm)	每根长(cm)	根数	总长(m)	重量(kg)	总重(kg)
L = 6m 混凝土板	6×3	N_1	——	28	φ8	575	13	74.75	29.53	47.54
		N_2	——	38		285	16	45.60	18.01	
	6×3.5	N_1	——	33		575	13	74.75	29.53	50.70
		N_2	——	38		335	16	53.60	21.17	
	6×3.75	N_1	——	35		575	13	74.75	29.53	51.97
		N_2	——	38		355	16	56.80	22.44	
L = 5m 混凝土板	5×3	N_1	——	28	φ8	470	13	61.10	24.13	42.14
		N_2	——	31		285	16	45.60	18.01	
	5×3.5	N_1	——	33		470	13	61.10	24.13	45.30
		N_2	——	31		335	16	53.60	21.17	
	5×3.75	N_1	——	35		470	13	61.10	24.13	46.57
		N_2	——	31		355	16	56.80	22.44	

注:采用双层钢筋网时,钢筋数量应加倍

钢筋网布置位置图

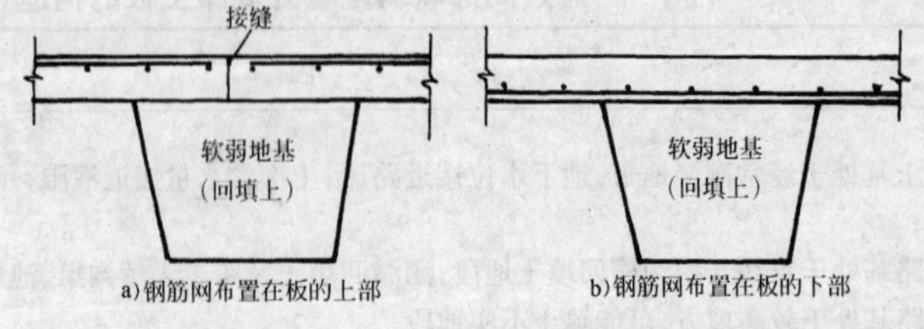

a)钢筋网布置在板的上部　　b)钢筋网布置在板的下部

城市道路新旧混凝土路面板的连接结构　　表 7-60

项目	内　　容
锐角板加宽构造图	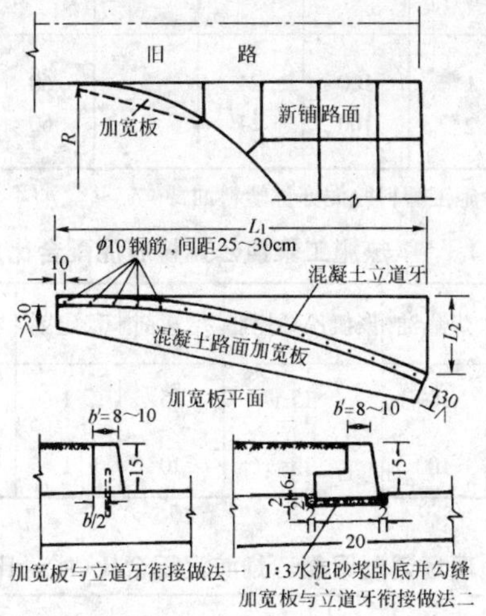 旧　路 加宽板　新铺路面　R L_1　ϕ10 钢筋，间距25~30cm　10　混凝土立道牙　≥30　L_2 混凝土路面加宽板　≥30 加宽板平面 b'=8~10　15　b'/2　　b'=8~10　15　2%　20 加宽板与立道牙衔接做法一　1:3水泥砂浆卧底并勾缝 加宽板与立道牙衔接做法二
要点及说明	当新修筑的水泥混凝土路面与现有旧路相交，在路口转角处新旧路面相接处即形成较小锐角，当路口范围的路面将来不再加宽时，可采用图示方法，适用于正交或斜交的路口处理，加宽板上的道牙断面应与道路所用的道牙露出部分一致，可根据具体情况选用图中做法一或做法二处理，图做法一中的钢筋于浇筑混凝土路面板时插入板内

G　水泥混凝土路面填缝及填缝材料

a　填料的作用、接缝料性能要求及种类

填料的作用、接缝料性能要求及种类　　表 7-61

项目	作 用 、材 料 性 能 、种 类
接缝填料的作用	(1)防止接缝渗水 由于接缝材料不能与混凝土板很好粘接，特别是气温较低时，其收缩后缝隙更大，使地面水渗入混凝土板下的基层中去，造成地基承载力降低及强度不均，特别是冬季加剧不均的冻胀，致使板断裂破坏。 (2)填平缝隙以确保路面平整，行车平顺舒适。 (3)防止杂质嵌入 如填缝料抗嵌入能力差，杂质极易嵌入缝中，则接缝即失去胀缩性能，致使板产生拱胀及断裂，尤其小粒径石块嵌入时，使接缝处板端压力集中，将造成接缝附近(特别是胀缝)混凝土板的挤碎
填料性能及要求	(1)要求具有回弹率高、抗嵌入能力及与混凝土粘结力强等特性，以保证接缝料有一定的弹性，使接缝保持胀缩作用；有一定的抗嵌入能力以防止杂质嵌入，保持填缝料。 (2)要有耐热、耐寒和耐老化的性能。在气温较高时不致流淌外溢，在气温较低时不缩裂，并经久耐用。 (3)要方便施工，原材料比较容易取得，价格便宜
填缝材料的种类	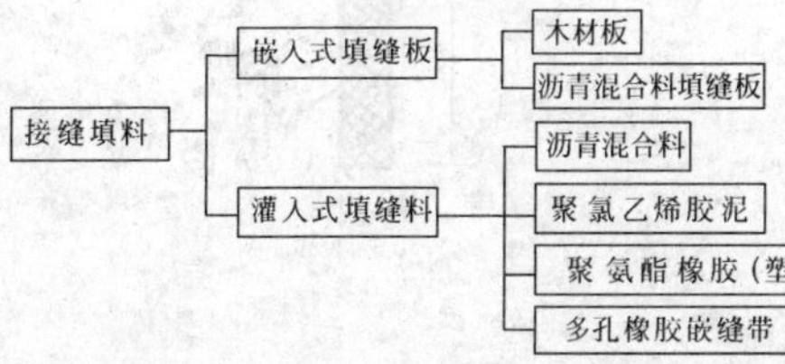 接缝填料 ├ 嵌入式填缝板：木材板；沥青混合料填缝板 └ 灌入式填缝料：沥青混合料；聚氯乙烯胶泥；聚氨酯橡胶(塑胶)；多孔橡胶嵌缝带

b　填缝料的技术要求

填缝料的技术要求　　表 7-62

(1)加热施工类填缝料的技术要求

试验项目	针入度(锥针法)(mm)	弹性(复原率)(%)	流动度(mm)	拉伸量(mm)
低弹性型	<5	>30	<5	>5
高弹性型	<9	>60	<2	>15

注：低弹性填缝料适用于低等级公路的接缝和高等级公路的缩缝；高弹性填缝料适用于高等级公路的胀缝和高速公路的接缝。

(2)常温施工类填缝料的技术要求

试验项目	灌入稠度(s)	失粘时间(h)	弹性(复原率)(%)	流动度(mm)	拉伸量(mm)
技术要求	<20	6~24	>75	0	>15

(3)预制接缝板的技术要求

试验项目	接缝板种类			试验项目	接缝板种类		
	木材类	塑料泡沫类	纤维类		木材类	塑料泡沫类	纤维类
压缩应力(MPa)	5.0~20.0	0.2~0.6	2.0~10.0	挤出量(mm)	<5.5	<5.0	<4.0
复原率(%)	>55	>90	>65	弯曲荷载(N)	100~400	0~50	5~40

注：吸水后不应小于不吸水的 90%。

(4)胶泥性能指标

性能名称	指　标	性能名称	指　标
抗拉强度(20±3℃)	>1kg/cm²	软化点	100℃
粘结强度(20±3℃)	>1kg/cm²	常温延伸(20±3℃)	>300%
耐热度	不小于 80℃	低温延伸(-25℃)	不小于 10%

c　各类填缝材料

塑料胶泥配合比(热施工)　　表 7-63

配方号	煤焦油	塑　料	滑石粉	增塑剂	主要性能指标	
					25℃延伸率(%)	粘结强度(kg/cm²)
1#	100	黑色塑料 24	15	0	1 060	2.4
2#	100	黄色塑料 24	15	0	435	2.6
3#	100	白色塑料 24	15	0	1 400	2.6
4#	100	白色垫圈 30	15	0	385	2.6
5#	100	白色垫圈 30	15	2	425	2.5

7

冷灌胶泥配合比(冷施工)　　表7-64

热	胶	泥			混合稀释剂	
煤焦油	聚氯乙烯树脂	增塑剂	稳定剂	滑石粉	二氯乙烷	甲苯
100	13	11	1	50	20	24
100					25	

注:冷施工胶泥亦称聚氯乙烯油膏。

冷嵌聚氯乙烯油膏的配方列入表7-65中。

冷嵌聚氯乙烯油膏配方(重量比)　　表7-65

配方号	煤焦油	聚氯乙稀树脂	增塑剂	稳定剂	滑石粉	石棉粉	二甲苯	糠醛	环乙酮
1#	100	12	12	1	80	0	30	0	10
2#	100	12	12	1	50	15	30	0	10
3#	100	12	12	1	50	15	30	10	0

塑料胶泥配合比(冷施工)　　表7-66

冷施工方法	配方号	煤焦油	塑料	增塑剂	滑石粉	二甲苯	糠醛
冷嵌	1#	100	24	0	100	30	10
	2#	100	24	5	100	30	10
	3#	100	20	0	100	30	10

续上表

冷施工方法	配方号	煤焦油	塑料	增塑剂	滑石粉	二甲苯	糠醛
冷灌	1#	100	24	3	60	12	4.5
	2#	100	24	3	60	12	4.5

注:冷施工塑料胶泥亦称塑料油膏。

热施工聚氯乙烯橡胶泥配合比　　表7-67

配方号	煤焦油	聚氯乙烯树脂	增塑剂	稳定剂	橡胶屑	橡胶粉
1#	100	15	15	1	40	—
2#	100	15	10	1	—	30

现场调制聚氯乙烯胶泥配合比(质量比)　　表7-68

材料名称	脱水煤焦油	聚氯乙烯树脂	增塑剂	粉煤灰	二盐或三盐(稳定剂)
配合比	100	9～11	15～25	30～50	0.5

各种沥青混合料配比(重量比,以%计)　　表7-69

名称	配方号	沥青掺配成分及规格	沥青	石棉屑(粉)	石粉	橡胶粉	木屑
沥青玛蹄脂	1#	油—100甲～油—60甲石油沥青	50～44	25～28	25～28	—	—
	2#	油—140或油—180石油沥青	50	30	20	—	—
沥青木屑混合料	1#	4#煤沥青或油—30石油沥青	65	15	—	—	20
	2#	4#煤沥青或油—30石油沥青	80	10	—	—	10
沥青橡胶混合料	1#	油—10沥青(85%～70%)+重(轻)柴油(15%～30%)	65～85	5	15～10	15～10	—
	2#	油—10沥青(82%～62%)+重(轻)柴油(18%～38%)	55～65	—	25～20	20～25	—
	3#	油—10沥青(80%)+重(轻)柴油(20%)	70～75	5	10	10～15	—
	4#	油55沥青(96%)+重(轻)柴油(4%)	65	5	15	15	—

注:表中沥青玛琋脂为上海市所用配方;沥青木屑混合料为北京市的所用配方。沥青橡胶混合料1#、2#与3#为上海市所用配方;4#为浙江台州地区所用配方。

7

胶泥填缝要求及构造　　表7-70

项目	内容	
要求	①胀缝　填缝料的底层用普通胶泥,面层厚1～2cm用聚氯乙烯橡胶泥封面,如图所示。 ②缩缝　填缝料用热胶泥填满,其封填高度应低于板面2mm,然后嵌入厚度为0.55mm或0.80mm的硬聚氯乙烯板条,板条宽度应比缝宽少2mm,如图所示。也可以在缩缝中全部用聚氯乙烯橡胶泥封缝	
	胀缝	缩缝
构造图	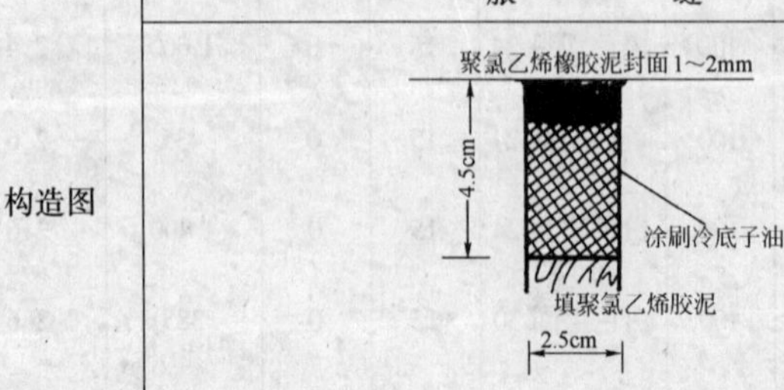	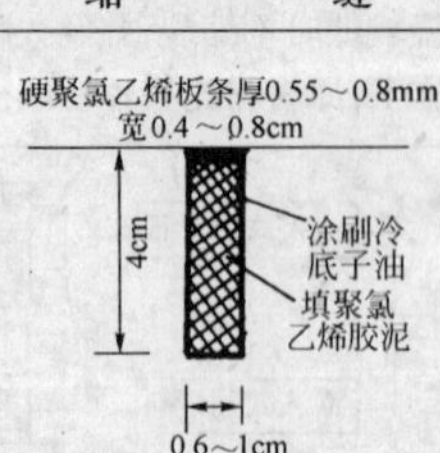

沥青橡胶配合比(质量比)　　表 7-71

材料名称	配合比	性能及适用部位
油—10 石油沥青 重柴油或轻柴油 橡胶粉 石棉粉或石棉短绒 石　粉	55~60 10~20 10~15 4~6 10~15	粘结强度较好,回弹率和低温延伸率较差,适用于温热带地区的缩缝

注:以重柴油较好,胀缝宜用石棉短绒。

沥青橡胶嵌缝条配合比(质量比)　　表 7-72

沥青掺配成份	掺配后沥青(%)	废橡胶粉(%)	石粉(%)	石棉粉短绒(%)	适用范围
油—10 石油沥青(80%)+重(轻)柴油(20%)	50	25	20	石棉粉 5	缩缝 纵缝
油—10 石油沥青(80%)+重(轻)柴油(20%)	50	20	20	石棉短绒 10	胀缝上半部

注:本表根据《城市道路养护技术规范》(GJJ 36—90)摘编。

一些填缝料的配比及使用要求　　表 7-73

(1)聚氯乙烯胶泥填缝料配合比及使用要求

材料名称	配合比(%)		使用要求
	一般地区	寒冷地区	
煤焦油	100	100	系由工厂配制好的单组份材料,外观呈黑色固体状,施工时加热至灌入温度(130~140℃)。为防止焦化变质,应采用间接加热法,即预热工作应在双层锅中进行,两层锅之间用石腊或高温机油等作传热介质,达到灌入温度后滤出杂物,采用填缝机进行灌缝,冷却后即可成型
聚氯乙烯树脂(固化剂)	9~12	12~14	
邻苯二甲酸二丁脂(增塑剂)	20	1	
已二酸(增塑剂)	1	25	
二盐基亚硫酸(稳定剂)	0.5	0.5	
滑石粉或粉煤灰(填充料)	25~35	20~25	

(2)ZJ 型填缝料配合比及使用要求

材料名称	配合比(%)	使用要求
橡胶沥青	50~80	系由工厂配制而成的单组份材料,外观呈黑色糊状,比重 1.3~1.35,成品可储存较长时间。施工时加热至 130℃,在此温度下至少保持 15min 并不断搅拌,此时流动性较好,借助漏斗类工具可填缝,冷却后即成型。但加热温度不得超过 160℃,否则材料呈蜂窝状(树脂碳化)而失效
聚氯乙烯树脂	3~10	
二丁脂	3~10	
三盐基硫酸铅	0.5~1.0	
表面活化剂	0.5~1.0	
沉降抑制剂	3~10	
硫磺	15~20	
填充料	8~25	

续上表

(3)沥青橡胶填缝的配合比及使用要求

材料名称	配合比(%)	使用要求
油—10 石油沥青	55~60	该填缝料粘结强度较好,回弹率和低温延伸率较差,适用于温热带地区的缩缝。使用时将油—10 沥青加热脱水,温度升到 180~220℃,加入柴油拌匀,再加入经预热的石粉和石棉粉的混合物,最后加入橡胶粉,边加边搅拌,慢火升温到 180~220℃,恒温 1~1.5h,使其具有较大流动性时,即可灌注
重柴油或轻柴油	10~20	
橡胶粉	10~15	
三棉粉或石棉短绒	4~6	
石粉	10~15	

(4)M880 建筑密封膏的配合比及使用要求

材料名称	甲组份(%)	乙组份(%)	使用要求
聚醚	80		该材料由甲、乙两种组份组成。甲组份由异氰酸酯与聚醚加聚合反应为预聚集,乙组份由煤焦油与固化剂、增量剂、助剂等组成为混合体。甲、乙两组份均为工厂生产,使用时按配比要求称量甲、乙组份,充分搅拌混合均匀后,即可采用挤压枪等工具填缝,固化成型时间较长
异氰酸脂	20		
磷酸	少量		
煤焦油		54.9	
甘油		3.9	
蓖麻油		6.5	
填料		26.3	
助剂		8.4	

聚氨脂橡胶(一步法)配合比(重量比)　　表 7-74

使用位置	色浆		醋酸乙脂	二异氰酸甲苯TDI	二月桂酸二丁基锡	橡胶屑
	面层	底层				
封缝罩面	100		15	10.65	1 滴	
填　缝		100	40	16.20		250

注:1. 表中色浆由以下原材料组成:乙二酸、已二酸、丙三醇、一缩乙二醇、白炭黑及三氯化二铁;

2. 原材料及成品由天津井岗山橡胶厂提供。

7

聚氨脂沥青弹性嵌缝胶配方(重量比)　　表 7-75

总配比

配方号	甲料	乙料	滑石粉
1#	100(1# 或 3#)	110~130(1#)	100~130
2#	100(2# 或 4#)	210~230(2#)	120~160

甲料(预聚体)配方

配方号	聚醚树脂			二异氰酸酯	
	聚丙三醇醚(N330)	聚丙二醇醚(N220)	聚丙二醇醚(N204)	甲苯二异氰酸脂(2/4TDI)	二苯甲烷二异氰酸酯(MDI)
1#	1	2		0.52	
2#	3	1		0.52	0.25
3#	15		1	3.5	
4#	15		1	2.63	1.25

注:1. 二异氰酸酯以纯度为 100% 计;

2. 聚醚树脂由南京塑料厂生产,二异氰酸酯由大连染料厂生产

乙料配方

配方号	甘油	蓖麻油	苯二甲酸二丁酯	煤焦油	有机锡
1#	33	80	24	962.7	0.1~0.3
2#	30	100	30	2 039	0.5~1.0

多孔橡胶嵌缝带类型、性能及构造　　表 7-76

项目		内容	
各种类型断面尺寸（单位：cm）		Ⅰ　型	Ⅱ　型
	二孔橡胶带	30；R=2；4；5；R=5；3；5；5；40；R=2	40；R=2；4；5；R=6.75；5；R=5；3；R=5；40；R=2
	三孔橡胶带	34；28；2；5；4；R_1；β；L_5；L_1；4；R_2；α；5；h；L_2	28；2；3；15；3；9；4；9；3；40；4；4；2
	五孔橡胶带	30；R=2；3；R=2；5；40；3；R=4；R=4	40；R=2；3；R=2；5；5；40；3；R=4；R=4
三孔Ⅰ型构造及尺寸	胀缝橡胶带构造图：25cm；胶带两侧用401胶与混凝土粘牢；L_1；L_5；L_4；4.5cm；Hcm；R_3；θ；L_3；填缝板	三孔Ⅰ型橡胶带嵌入前后的尺寸变化（单位：mm）	$\alpha = 67°$，$\beta = 46°$，$\theta = 80°24'$，$\gamma = 15°$；$R_1 = 40$，$R_2 = 15$，$R_3 = 12.5$；$L_1 = 32.11$，$L_2 = 17.51$，$L_3 = 17.54$，$L_4 = 2.09$，$L_5 = 20.48$；$h = 40.35$（取 40），$H = 42.52$

橡胶性能（胶种＼指标）	强力（kg/cm²）	伸长（%）	变形（%）	含胶	硬度（邵式）	老化系数
氯丁橡胶（生杂 109#）	130	500	30	50	70	0.8
天然橡胶（生杂 25#）	80	400	30 以下	30	64～68	0.7

H 水泥混凝土路面防滑要求及构造

水泥混凝土路面防滑要求及构造　　　　表 7-77

项目	内　　容
水泥混凝土路面防滑的必要性	(1)道路的交通组成中小汽车较多时,且交通量较大,车速较高的高速或快速道路,为了保证行车安全,应对路面表面的粗糙度有一定的要求; (2)保证水泥混凝土路面在落雨及降雪时的行车安全; (3)纵坡较大路段,为便于各种车辆上下坡的方便
防滑措施及要求	(1)水泥混凝土中的骨料应采用抗滑性能大、耐磨性好的骨料。在路面成活时,应将路面表面拉毛,形成糙面,而不应该将表面抹的很光滑,并应将表面多余的水泥浆去掉。 (2)设计时可采用不同磨耗性能的粗骨料及细骨料配制成混凝土,使路面经行车后,产生不同程度的磨耗,可以保持糙面。 抗滑性能好的路面有轮胎磨耗快、噪声大及路面反光不好等缺点。因此,路面的粗糙度应适当。太糙时,一开放交通就很容易被磨掉,不能维持长久。 (3)为了改善路面的防滑性和耐磨性,可采用硬质材料,如金刚砂与碳化硅等修筑。这种硅质石料是在路面成活后撒上去的,并将其表面层整平,其使用效果较好。 (4)在高速道路上和纵坡较大的路段(7%~10%时),作为水泥混凝土路面防滑措施,有时在路面上做成刻槽、与行车方向成45°的斜槽、斜格状槽或环状的肋条槽等,为防止汽车横向滑移还可采用刻纵槽的办法。刻槽的一般尺寸为:槽宽5~10mm,槽深3~6mm,间距20~50mm,最好采用不等距(指横槽、斜槽及环状肋条槽),以避免产生单调噪音。在一般情况下,刻槽能起到一定的防滑作用,但在落雨或冬季积雪结冰时,容易在槽内或肋条之间填满水、冰及尘土等物,降低防滑效果。由于施工比较繁琐、造价高、路面平整度差、交通噪声大及行车不适等缺点,目前在国内还较少采用 (5)采用表面处治的方法,同样可以起到一定的防滑作用。即在现有水泥混凝土路面上洒布沥青或树脂粘结剂后,在上面再加铺开级配厂拌沥青混合料面层。所有碎石必须用硬质优质碎石,其中5~10mm粒径多为60%,2.5mm以下的骨料不超过15%,沥青(针入度85~100左右)用量为6%~7%,施工厚度2.5~3.8cm。由于表面处治具有较大的粗糙度,故其抗滑性能较好,具有施工简便、造价省等优点。但表面处治存在交通噪音较大、罩面上的反射裂缝无法避免等问题,有待今后进一步研究解决。 (6)在纵坡特别大的路段(10%以上)仅仅采取糙面的措施还不够,尚应采取其他措施,如: ①采用礓磜路面,但这种路面对重型而交通量比较大及履带式车辆通行的路段不适用,容易造成锯齿的过早破坏。 ②采用齿槽形路面,齿槽间隔一般为5~20cm,齿槽宽5~10cm,槽深1cm左右。这种路面具有良好的抗滑性能,但施工比较麻烦,也存在噪音较大、行车不适及履带车不宜通行等缺点。 ③采用钢筋爬梯路面,钢筋采用直径20mm左右的圆钢筋,最好能用异形钢筋(螺纹钢筋)以增加其摩阻力与粘结力。爬梯位置可按轮迹位置布置,以车道划分,爬梯钢筋中至中的横向间距一般为1.8m左右。以通行大型车为主的道路,应按该型车的轮距考虑。钢筋水平段埋深为钢筋直径的一半,露出一半。 钢筋爬梯路面施工简便,防滑效果较好,适合于通行任何车辆,防滑齿不易损坏,但需要使用一部分钢材。 (7)此外,水泥混凝土路面由于行车的反复磨损,使路面表面变光滑时,可用路面加热、酸化处理或机械的手段修整的办法,使路面重新粗糙,以增加其抗滑能力。国外还有用合成树脂材料在路面表面粘结优质抗滑材料等方法,均取得一定的防滑作用

项目	国　家	构造深度 MTD(mm)	备　　注
路面构造深度要求值	英国	0.65~1.35	横向拉毛
	法国	1.0	横向拉毛
	德国	0.5~0.8	高速($V>80$km/h)时取高限
	西班牙	0.7~1.0	最小 MTD 为 0.5mm
	荷兰	0.7	
	原捷克	0.8	
	注:路表构造深度采用砂容量法测定		

刻槽及钢筋爬梯

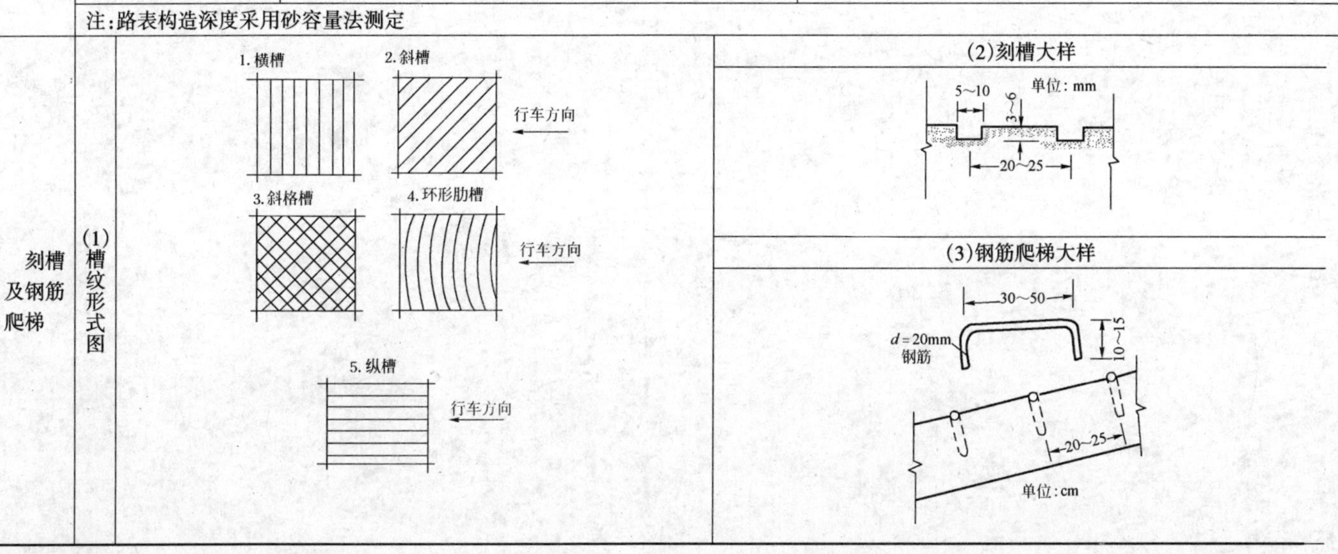

第八部分

新型路面及特种路面

A 沥青玛蹄脂路面概要

a 沥青玛蹄脂路面特点及混合料构成

沥青玛蹄脂路面特点及混合料构成　　表 8-1

<table>
<tr><th>项　目</th><th>内　　容</th></tr>
<tr><td>SMA 的基本含义</td><td>SMA 则是一种全新意义上的沥青混合料,它是由沥青玛蹄脂填充碎石骨架组成的骨架嵌挤型密实结构混合料,接近于我国的沥青碎石混合料的空隙中用丰富的沥青玛蹄脂填充的情况。SMA——沥青玛蹄脂碎石混合料,Stone Matrix Asphalt(或 Stone Mastic Asphalt)之略语</td></tr>
<tr><td>SMA 混合料主要特点</td><td>(1)SMA 是一种间断级配的沥青混合料。混合料中 4.75mm 以上的粗集料的比例高达 70%～80%,其中 9.5mm 以上的占一半,矿粉的用量达 8%～13%,0.075mm 筛的通过率一般高达 10%。由于是间断级配,很少使用细集料。SMA 的级配与其他混合料矿料对比如下表:
<table>
<tr><th rowspan="2">沥　青　混　合　料</th><th colspan="11">筛　　孔　　(mm)</th></tr>
<tr><th>19</th><th>16</th><th>13.2</th><th>9.5</th><th>4.75</th><th>2.36</th><th>1.18</th><th>0.6</th><th>0.3</th><th>0.15</th><th>0.075</th></tr>
<tr><td>AC—16Ⅰ型沥青混凝土</td><td>100</td><td>97.5</td><td>82.5</td><td>68</td><td>52.5</td><td>41</td><td>29.5</td><td>22</td><td>16</td><td>11</td><td>6</td></tr>
<tr><td>AC—16Ⅱ型沥青混凝土</td><td>100</td><td>95</td><td>75</td><td>60</td><td>40</td><td>26.5</td><td>19</td><td>13</td><td>9</td><td>6</td><td>3.5</td></tr>
<tr><td>AC—16 沥青碎石混合料</td><td>100</td><td>95</td><td>72.5</td><td>56.5</td><td>30</td><td>15.5</td><td>10.5</td><td>7.5</td><td>5</td><td>4</td><td>2.5</td></tr>
<tr><td>AK—16A 型抗滑表层混合料</td><td>100</td><td>97.5</td><td>80</td><td>60</td><td>40</td><td>29.5</td><td>22</td><td>17.5</td><td>13</td><td>9.5</td><td>6</td></tr>
<tr><td>AK—16B 型抗滑表层混合料</td><td>100</td><td>95</td><td>71</td><td>57.5</td><td>35</td><td>25</td><td>17.5</td><td>13</td><td>9.5</td><td>7</td><td>5</td></tr>
<tr><td>SMA—16 沥青玛蹄脂碎石混合料</td><td>100</td><td>95</td><td>75</td><td>55</td><td>25</td><td>19.5</td><td>18</td><td>15</td><td>12.5</td><td>10.5</td><td>9.5</td></tr>
</table>
注:表中为规范规定范围的中值。
(2)为加入较多的沥青,一方面增加矿粉用量,同时使用纤维作为稳定剂,通常采用木质素纤维,用量为沥青混合料的 0.3%,也可采用矿物纤维,用量为混合料的 0.4%。
(3)沥青结合料用量多,比普通混合料要高 1%以上,粘结性要求高,希望选用针入度小,软化点高,温度稳定性好的沥青。最好采用改性沥青,以改善高低温变形性能及与矿料的粘附性。
(4)SMA 的配合比不能完全依靠马歇尔配合比设计方法,主要由体积指标确定,马歇尔试件成型双面击实 50 次,目标空隙率 2%～4%,稳定度和流值不是主要指标,沥青用量还可参考高温析漏试验确定。车辙试验是重要的设计手段。
(5)SMA 的材料要求:粗集料必须特别坚硬、表面粗糙,针片状颗粒少,以便嵌挤良好;细集料一般不用天然砂,宜采用坚硬的人工砂;矿粉必须是磨细石灰石粉,最好不使用回收粉尘。
(6)SMA 的施工与普通沥青混凝土相比,拌和时间要适当延长,施工温度要提高,压实不得采用轮胎碾。
综合 SMA 混合料的特点,可以归纳为三多一少:粗集料多、矿粉多、沥青结合料多、细集料少,掺纤维增强剂,材料要求高,使用性能全面提高</td></tr>
<tr><td>SMA 沥青路面的主要功能特点</td><td>(1)抗滑能力(安全性)
除了集料品种外,SMA 的构造深度取决于粗集料尺寸和玛蹄脂的填充程度,集料尺寸越大,构造深度也越大,对 SMA16 这样的大粒径材料,构造深度可达 1.5～2.0mm,它可以满足高速交通和低速交通的需要。有的国家担心 SMA 在铺筑初期,由于 SMA 的沥青膜较厚,会影响抗滑性能,所以在表面撒一些 0～10mm 人工砂或 1～3mm 的预涂沥青的破碎砂(用量约 0.6～0.9kg/m^2),直至表面的沥青膜被磨掉。为了保证抗滑性能,要特别注意防止玛蹄脂过量和通车后逐步泛油使构造深度丧失。
(2)平整度
平整度分横向和纵向,横向平整度包括车辙。
SMA 的高温稳定性使路面稳定,具有好的平整度和行车舒适性(纵向平整度更与基层强度有关)。三轴试验表明非改性沥青的 SMA 的抗变形能力是普通沥青混凝土的 1.5～4 倍,英国的车辙试验表明 60℃的变形速率为 1mm/h,小于 5mm/h 的要求。
(3)噪音
SMA 的噪音减小幅度与对比物的材料结构有关,与采用开槽和拉毛提高抗滑性能后的热压式沥青混凝土(HRA)相比,SMA 的噪音要小得多;与构造深度小的沥青混凝土相比,噪音的减小有一定限度,如果表面撒砂,噪音还可能增大。
(4)表面耐久性
实践证明 SMA 耐久、耐磨损性非常好,不会发生松散,抵抗温度和交通裂缝性能好。SMA 的优异的耐久性源于沥青玛蹄脂的不透水性,玛蹄脂内部空隙小,沥青结合料的变形率小。
(5)能见度
SMA 减小车灯光反射,减小水雾,提高路面能见度。
归纳 SMA 的优点,首先是具有良好的表面功能,抗滑、车辙小、平整度高、噪音小、能见度好。其次是增加了路面抗变形能力,不透水,使用寿命长,维修养护工作量少。同时它可以减薄表面层厚度,易于施工和重建,维修重建对交通的影响小</td></tr>
</table>

8

续上表

项　目	内　　容
使用 SMA 应注意的问题	(1)SMA 的集料之间的接触力大,石料磨损快,必须使用高质量集料。碾压时要避免过碾压,防止振动压路机压碎石料。 (2)铺装层厚度要合适,在重载路段,层厚通常为集料最大公称粒径的 2.2 倍(如按此要求,我国 SMA16 的合理厚度宜为 35mm)。 (3)SMA 层与下面层之间必须有充分的摩擦,无光滑的滑动面(铺筑应力吸收膜 SAMI 可以防止滑动)。 (4)集料之间不能填充过满,最好使用高粘度的改性沥青或广域沥青。 (5)综合考虑施工性能和高温稳定度后选择细集料品种,确定破碎的人工砂的比例
SMA 混合料构成图	粗集料骨架 + 矿粉 + 砂 + 沥青 +纤维（沥青玛蹄脂） = 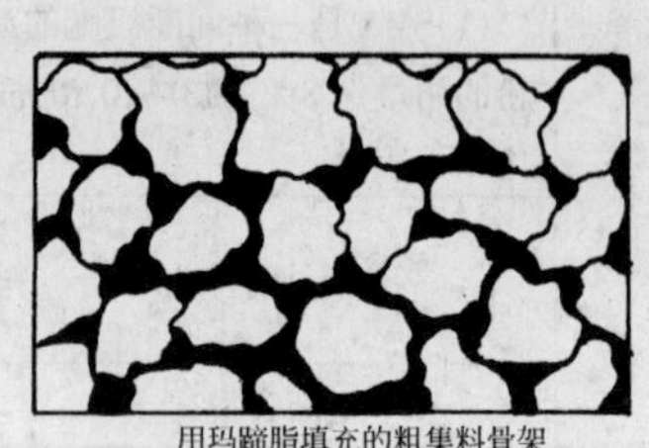 用玛蹄脂填充的粗集料骨架

b　改性沥青的有关名词术语

改性沥青的有关名词术语　　表 8-2

名　词	解　　释
沥青	黑色到暗褐色的固态或半固态粘稠状物质,由自然形成或人工制造而得,主要为高分子的烃类和非烃类所组成
基质沥青	用于生产改性沥青,掺加改性剂进行改性的基础沥青
改性剂	在沥青或沥青混合料中加入的天然或人工合成的有机或无机材料,可熔融或分散在沥青中,以改善或提高沥青的路用性能
改性剂剂量	改性剂在改性沥青(包括基质沥青与改性剂)中的质量百分数
改性沥青	基质沥青与一种或数种改性剂通过适宜的加工工艺形成的混合物
结合料	在沥青混合料中,把集料粘合在一起的胶结料,包括各类沥青和改性沥青
改性沥青混合料	由改性沥青(或由改性剂、基质沥青)与矿料按一定比例拌和而成的混合料的总称
改性沥青路面	沥青面层中任一层采用改性沥青为结合料铺筑的路面
沥青玛蹄脂碎石混合料	由沥青结合料、稳定剂、填料和少量细集料组成的玛蹄脂填充于较多粗集料间隙中的间断级配混合料
开级配沥青表层(OGFC)	具有抗滑、降噪等功能的开级配沥青路面表面层
橡胶	在很宽的温度范围内具有高弹性及伸缩性的高分子材料,包括天然橡胶与合成橡胶。代表性品种有 SBR、CR、EPDM 等

续上表

名　词		解　　释
热塑性橡胶(TPE)		又称热塑性弹性体,兼具橡胶和热塑性塑料特性,在常温下显示橡胶弹性,受热时呈可塑性的高分子材料。可按交联性质分成化学交联型和物理交联型,也可按结构特点分为嵌段共聚物和接枝共聚物等。代表性品种有 SBS、SB、SIS 等
热塑性树脂		树脂的一大类,可反复受热软化(或熔化)和冷却凝固的树脂,一般是线型高分子化合物。代表性品种有 EVA、PE 等
胶乳		聚合物微粒分散于在水介质中形成的相对稳定的胶体多相分散体系
稳定剂		能增加溶液、胶体、固体、混合物等稳定性能的添加剂。当用于改性沥青时,可以保持改性剂与基质沥青之间的化学平衡,降低表面张力,防止改性剂凝聚、离析,提高改性沥青的贮存稳定性
分散剂		吸附在液—固界面,从而显著降低液—固界面的自由能,使被分散的固体微粒能均匀地分散在液体中,并不再重新聚集的添加剂。当用于改性沥青时,能使改性剂微粒均匀地分散在基质沥青中
缩略语符号	CR	聚氯丁二烯(氯丁橡胶)、Polychloroprene 之略语
	EVA	乙烯—醋酸乙烯共聚物, Ethyl-Vinyl-Acetate 之略语
	LDPE	低密度聚乙烯, Low Density Polyethylene 之略语
	OGFC	开级配沥青表层, Open-graded Friction Courses 之略语
	SBR	苯乙烯—丁二烯橡胶(丁苯橡胶), Styrene-Butadiene-Rubber 之略语
	SBS	苯乙烯—丁二烯—苯乙烯嵌段共聚物, Syrene-Butadiene-Syrene Block Copolymer 之略语
	PE	聚乙烯, Polyethylene 之略语

8

B 改性沥青类型及改性剂

a 改性沥青的分类及技术性能

改性沥青的分类及技术性能　　表 8-3

项 目		内　　容
主要技术性能		改性沥青及混合料技术： 掺加改性剂： 　改善力学性能（高温稳定性、耐疲劳性、低温抗裂性）—聚合物： 　　橡胶类：SBR、CR、EPDM 　　热塑性橡胶类：SBS 　　热塑性树脂类：PE、EVA 　改善粘附性 —— 抗剥离剂：金属皂(有机锰等)、有机胺、消石灰等 　耐老化性 —— 抗老化剂：受阻酚、受阻胺等 物理改性： 　矿物填料：碳黑、硫磺、石棉、木质素纤维等 　玻璃纤维格栅、塑料格栅、土工布等 　废橡胶粉 调和沥青 —— 掺加天然沥青（湖沥青、岩石沥青、海底沥青） 沥青工艺 —— 半氧化沥青、泡沫沥青等
改性沥青类型	热塑性橡胶类	即热塑性弹性体，主要是苯乙烯类嵌段共聚物，如苯乙烯—丁二烯—苯乙烯(SBS)、苯乙烯—异戊二烯—苯乙烯(SIS)、苯乙烯—聚乙烯/丁基—聚乙烯(SE/BS)等嵌段共聚物，由于它兼具橡胶和树脂两类改性沥青的结构与性质，故也称为橡胶树脂类。属于热塑性橡胶类的还有聚酯弹性体、聚脲烷弹性体、聚乙烯丁基橡胶浆聚合物、聚烯烃弹性体等等。SBS 由于具有良好的弹性(变形的自恢复性及裂缝的自愈性)，故已成为目前世界上最为普遍使用的道路沥青改性剂

续上表

项 目		内　　容
改性沥青类型	橡胶类	如天然橡胶(NR)、丁苯橡胶(SBR)、氯丁橡胶(CR)、丁二烯橡胶(BR)、异戊二烯(IR)、乙丙橡胶(EPDM)、丙烯腈丁二烯共聚物(ABR)、异丁烯异戊二烯共聚物(IIR)、苯乙烯异戊二烯橡胶(SIR)等，还有硅橡胶(SR)、氟橡胶(FR)等等。其中 SBR 是世界上应用最广泛的改性剂之一，尤其是它胶乳形式的使用越来越广泛。氯丁橡胶(CR)具有极性，常掺入煤沥青中使用，已成为煤沥青的改性剂
	树脂类	热塑性树脂，如乙烯—乙酸乙烯酯共聚物(EVA)、聚乙烯(PE)、无规聚丙烯(APP)、聚氯乙烯(PVC)、聚苯乙烯(PS)、聚酰胺等，还包括乙烯乙基丙烯酸共聚物(EEA)、聚丙烯(PP)、丙烯腈丁二烯苯乙烯共聚物(NBR)等；热固性树脂也可作为改性剂使用，如环氧树脂(EP)等。EVA 由于其乙酸乙烯的含量及熔融指数 MI 的不同，分为许多牌号，不同品种的 EVA 改性沥青的性能有较大的差别。无规聚丙烯 APP 由于价格低廉，用于改性沥青油毡较多，其缺点是与石料的粘结力较小

b 热塑性聚合物沥青改性剂

热塑性聚合物沥青改性剂　　表 8-4

制 造 商	商 品 名	改性剂类型	推荐剂量(%)	拌和时间(min)	拌和温度(℃)	特　　性
Advanced Asphalt Technologles	Generic SBS modifild AC and co-blends	SBS 和 SBS/LDPE	4~7	20	163~171	符合 PG 76—22 和 82—22，高温抗车辙、抗开裂、水稳性
	NOVOPHALT	LDPE	4~7	标准	149~163	符合 PG 76—22 和 82—22，改善路面强度、水稳性、高温抗车辙、其他
BASF 公司	Butonal NS 175、120、198、NX1106、1116、1118	SBR 聚合物悬浮液	2~5	标准	变化	改善抗车辙、温度开裂，改善温度稳定性和老化
DJL 建设公司	Evatech G3	EVA	3~5	预拌	160~171	符合 PG 64—34，改善抗车辙、开裂、疲劳、水稳性
	Evatech LA、LB	EBA	7~10	预拌	177~191	用于 HMA 和防水材料
	Elastoplast	SBS	6~8	预拌	171~182	用于 HMA 和抗裂
	Polytech	EVA	3~5	预拌	160~171	符合 PG 64—34
Dexco 聚合物	Vector	SB	2~6	标准	171~182	改善 HMA 的高温抗车辙、抗裂、粘韧性、抗松散
E.I.DuPont	Elvaloy AM	再生聚乙烃	0.7~3	变化	171~204	化学活化剂，HMA 能长时间贮存和远距离运输，冷却后不改变热混合料性质，改善抗车辙、抗裂、剥离
Eastman Chemical	Eastman EE—2	改性聚烯烃	2~5	30	121~136	易拌和，极好的相容性和稳定性

续上表

制造商	商品名	改性剂类型	推荐剂量(%)	拌和时间(min)	拌和温度(℃)	特性
ECOPave	ECOPave TP	废轮胎活化橡胶	变化	标准或预拌	变化	增粘、提高软化点,改善相容性和贮存稳定性,改善抗老化
EniChem Elastomers Americas	Europrene SOL T	SBS	3~8ib/t混合料	标准	136~190变化	降低温度敏感性、增加低温柔性,增加高温劲度、改善抗松散
Ergon公司	Sealoflex	SBS加各种活化剂	3~7	变化	163~191	改善疲劳和温度开裂,抗车辙,不需要特殊设备
Exxon化学公司	POLYBILT	聚烯烃	2~6	变化	160~183	抗车辙
FINA石化公司	Finaprene	SBS	2~6	标准	171~183	抗车辙、抗疲劳和温缩开裂,改善粘附性、抗松散
Firestone聚合物	Stereton	SBS SVS	5~10	标准	165~193	易拌和、极好的稳定性
HULS	Vestoplast	聚烯烃	5~7	标准	标准	抗车辙、增加高温劲度、增强疲劳寿命
Koch材料公司	Stylink	活化SB	变化	预拌均匀	相同或略高	改善抗车辙、温度开裂、疲劳,不需特殊设备,符合SHRP要求
Momentum技术公司	Calprene 1205	SB	2~10	变化	163~204	增加软化点、改善低温性能,符合SHRP要求
	Calprene 1015	SB	2~10	变化	163~204	可粉碎成碎片,增加粘度、软化点,可掺入1205中,符合SHRP要求
	Calprene401、411、412、416、419、501	SBS 4—星型 5—线型	2~6	变化	163~204	改善高温,低温性能,增加耐久性,符合SHRP要求
	Calprene H 6110 H6120	SBS	2~6	变化	163~204	改善高温、低温性能,增加耐久性,符合SHRP要求
Rouse Rubber Industries	Builder系列	硫化处理	2~15	15~60	149~176	改善温度和疲劳开裂,增强粘附性,相容性好,符合SHRP规格
Royston实验室部	Rosphalt 50	SBS橡胶	45ib/t	增加90s	211~221	防水冷却,适用范围-37~+116℃
Rub-R-Road公司	Rub-R-Road R-504、R-504 HS	SBR胶乳	3~5	变化	变化	增粘,提高软化点、粘韧性、韧性、延度、粘附性
Shell Chemical公司	Kraton D	SBS	2~6	标准	149~194	减少永久变形、疲劳和温度开裂,提高SHRP的高温和低温等级
Ultrapave/Goodyear	Ultrapave SBR胶乳	聚合物悬浮液	2~5	标准	163~177	增加高温劲度,减小低温劲度,减小疲劳和温度开裂

C 沥青玛蹄脂混合料设计

a 沥青玛蹄脂 SMA 配合比设计步骤

沥青玛蹄脂 SMA 配合比设计步骤　　表 8-5

项　目		内　　容
SMA 配合比设计流程图		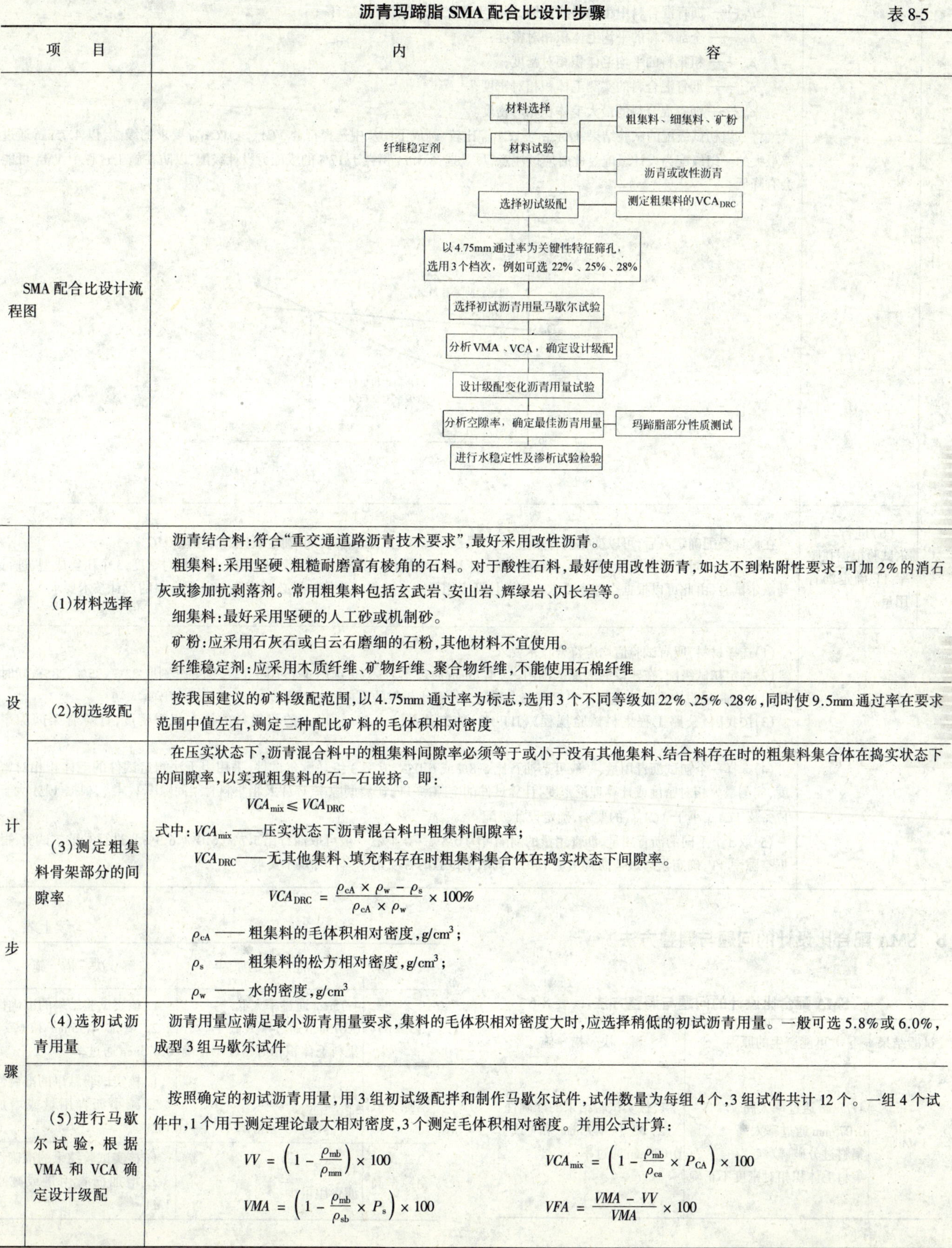
设计步骤	(1)材料选择	沥青结合料:符合"重交通道路沥青技术要求",最好采用改性沥青。 粗集料:采用坚硬、粗糙耐磨富有棱角的石料。对于酸性石料,最好使用改性沥青,如达不到粘附性要求,可加2%的消石灰或掺加抗剥落剂。常用粗集料包括玄武岩、安山岩、辉绿岩、闪长岩等。 细集料:最好采用坚硬的人工砂或机制砂。 矿粉:应采用石灰石或白云石磨细的石粉,其他材料不宜使用。 纤维稳定剂:应采用木质纤维、矿物纤维、聚合物纤维,不能使用石棉纤维
	(2)初选级配	按我国建议的矿料级配范围,以4.75mm通过率为标志,选用3个不同等级如22%、25%、28%,同时使9.5mm通过率在要求范围中值左右,测定三种配比矿料的毛体积相对密度
	(3)测定粗集料骨架部分的间隙率	在压实状态下,沥青混合料中的粗集料间隙率必须等于或小于没有其他集料、结合料存在时的粗集料集合体在捣实状态下的间隙率,以实现粗集料的石—石嵌挤。即: $VCA_{mix} \leqslant VCA_{DRC}$ 式中:VCA_{mix}——压实状态下沥青混合料中粗集料间隙率; VCA_{DRC}——无其他集料、填充料存在时粗集料集合体在捣实状态下间隙率。 $VCA_{DRC}=\frac{\rho_{cA}\times\rho_w-\rho_s}{\rho_{cA}\times\rho_w}\times 100\%$ ρ_{cA}——粗集料的毛体积相对密度,g/cm^3; ρ_s——粗集料的松方相对密度,g/cm^3; ρ_w——水的密度,g/cm^3
	(4)选初试沥青用量	沥青用量应满足最小沥青用量要求,集料的毛体积相对密度大时,应选择稍低的初试沥青用量。一般可选5.8%或6.0%,成型3组马歇尔试件
	(5)进行马歇尔试验,根据VMA和VCA确定设计级配	按照确定的初试沥青用量,用3组初试级配拌和制作马歇尔试件,试件数量为每组4个,3组试件共计12个。一组4个试件中,1个用于测定理论最大相对密度,3个测定毛体积相对密度。并用公式计算: $VV=\left(1-\frac{\rho_{mb}}{\rho_{mm}}\right)\times 100$　　$VCA_{mix}=\left(1-\frac{\rho_{mb}}{\rho_{ca}}\times P_{CA}\right)\times 100$ $VMA=\left(1-\frac{\rho_{mb}}{\rho_{sb}}\times P_s\right)\times 100$　　$VFA=\frac{VMA-VV}{VMA}\times 100$

续上表

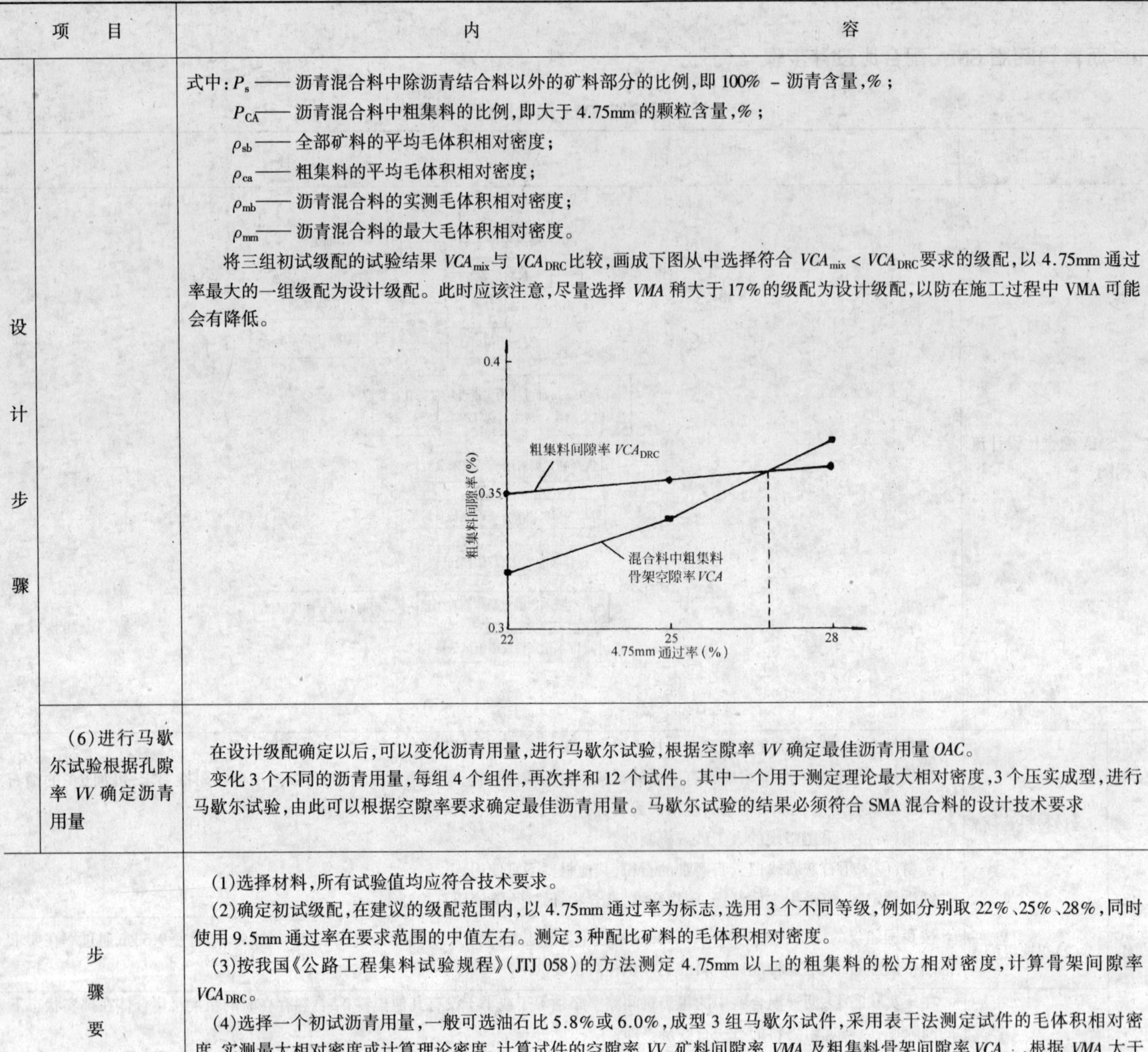

项　目		内　　容
设计步骤		式中：P_s——沥青混合料中除沥青结合料以外的矿料部分的比例，即 100% - 沥青含量，%； P_{CA}——沥青混合料中粗集料的比例，即大于 4.75mm 的颗粒含量，%； ρ_{sb}——全部矿料的平均毛体积相对密度； ρ_{ca}——粗集料的平均毛体积相对密度； ρ_{mb}——沥青混合料的实测毛体积相对密度； ρ_{mm}——沥青混合料的最大毛体积相对密度。 将三组初试级配的试验结果 VCA_{mix} 与 VCA_{DRC} 比较，画成下图从中选择符合 $VCA_{mix} < VCA_{DRC}$ 要求的级配，以 4.75mm 通过率最大的一组级配为设计级配。此时应该注意，尽量选择 VMA 稍大于 17% 的级配为设计级配，以防在施工过程中 VMA 可能会有降低。
	(6)进行马歇尔试验根据孔隙率 VV 确定沥青用量	在设计级配确定以后，可以变化沥青用量，进行马歇尔试验，根据空隙率 VV 确定最佳沥青用量 OAC。 变化 3 个不同的沥青用量，每组 4 个组件，再次拌和 12 个试件。其中一个用于测定理论最大相对密度，3 个压实成型，进行马歇尔试验，由此可以根据空隙率要求确定最佳沥青用量。马歇尔试验的结果必须符合 SMA 混合料的设计技术要求
步骤要点		(1)选择材料，所有试验值均应符合技术要求。 (2)确定初试级配，在建议的级配范围内，以 4.75mm 通过率为标志，选用 3 个不同等级，例如分别取 22%、25%、28%，同时使用 9.5mm 通过率在要求范围的中值左右。测定 3 种配比矿料的毛体积相对密度。 (3)按我国《公路工程集料试验规程》(JTJ 058)的方法测定 4.75mm 以上的粗集料的松方相对密度，计算骨架间隙率 VCA_{DRC}。 (4)选择一个初试沥青用量，一般可选油石比 5.8% 或 6.0%，成型 3 组马歇尔试件，采用表干法测定试件的毛体积相对密度，实测最大相对密度或计算理论密度，计算试件的空隙率 VV，矿料间隙率 VMA 及粗集料骨架间隙率 VCA_{mix}，根据 VMA 大于 17% 及 VCA_{mix} 小于 VCA_{DRA} 的要求，确定设计级配。 (5)取 3 个不同的沥青用量，沥青用量的间隔可为 0.3%～0.4%(一般可取油石比 5.7%、6.0%、6.3%)，进行马歇尔试验，根据空隙率 VV，确定设计最佳沥青用量 OAC。马歇尔试验的各项指标应符合技术要求

8

b　SMA 配合比设计的问题与调整方法

SMA 配合比设计的问题与调整方法　　表 8-6

试验结果	可能产生的原因	解决措施
VMA 低	4.75mm 通过率太高 0.075mm 通过率太高 集料过分破碎 集料毛体积相对密度不正确	1. 核实试验结果的准确性 2. 减小 4.75mm 和(或)0.075mm 通过率
VMA 高	4.75mm 通过率太低 0.075mm 通过率太低 集料毛体积相对密度不正确	1. 核实试验结果的准确性 2. 增加 4.75mm 和(或)0.075mm 通过率
空隙率低	VMA 低 沥青用量高	1. 核实试验结果的准确性 2. 减小沥青用量或增加 VMA
空隙率高	VMA 高 沥青用量少	1. 核实试验结果的准确性 2. 增加沥青用量或减小 VMA

续上表

试验结果	可能产生的原因	解决措施
VCA 高	4.75mm 通过率太高 集料毛体积相对密度不正确	1.核实试验结果的准确性 2.减小 4.75mm 通过率
沥青玛蹄脂的劲度高	沥青结合料劲度高 矿粉用量多 矿粉细	1.核实试验结果的准确性 2.减小矿粉用量 3.使用较粗的矿粉
沥青玛蹄脂的劲度低	沥青结合料劲度低 矿粉用量少 矿粉粗	1.核实试验结果的准确性 2.增加矿粉用量 3.使用较细的矿粉

续上表

试验结果	可能产生的原因	解决措施
析漏严重	施工温度高 矿粉用量少 稳定剂不足 粗集料比例高 混合料含有水分	1.核实试验结果的准确性 2.增加稳定剂用量 3.变换稳定剂品种类型 4.减少混合料水分 5.修改级配 6.降低温度
油斑	高析漏量 运输距离太长 贮存时间过长	1.追踪每一步骤,减少析漏 2.缩短贮存时间至最短
现场密度小	碾压不足 碾压没有跟上 天气冷或者风大 压实层厚	1.碾压层厚不大于公称最大粒径的 3 倍 2.仔细碾压 3.增加碾压吨位和遍数

c　SMA 配合比设计示例

SMA 配合比例的设计示例　表 8-7

项目及步骤		设计内容
设计任务		某高速公路工程地处华北地区交通干线,拟采用改性沥青 SMA 作为抗滑表层,按规范规定,首先铺筑长 500m 的 SMA 路面的试验段,试验路铺筑非常成功,为高速公路正式铺筑 SMA 路面创造了条件。 试验路铺筑在邻近的二级公路上,路面宽 14m,在旧路面上先铺筑了 AC—25 Ⅰ 型沥青混凝土整平层,然后铺筑 SMA—16 抗滑表层,设计厚度 4cm。试进行 SMA 表面抗滑层配合比设计
材料设计及试验	沥青结合料试验及选择	考虑到高速公路所在地夏天炎热,基质沥青的标号采用与沥青面层原设计相同的进口壳牌沥青 AH—70 号,沥青质量符合“重交通道路沥青技术要求”。改性剂采用国际上普遍使用的性能较好的 SBS, SBS 为北京燕化公司国创一号,星型,经过不同剂量改性效果的比较,选择剂量 5%,由北京市国创改性沥青有限公司的 LG—8 型炼磨式改性沥青制作设备在拌和厂现场加工制作,改性沥青经显微镜观察分散非常均匀,一般小于 $5\mu_0$ 试验结果改性沥青主要指标如下表:

指标		壳牌沥青原样	+5%SBS 改性后	技术要求(SBS 类 Ⅰ—D)型
针入度　25℃　(0.1mm)		65	第 1 天平均:40.7 第 2 天平均:45.0	>40
延度　15℃　(cm) 　　　5℃　(cm)		>100	— 39(取样后冷却再加热试验)	— >20
软化点　(℃)		50.7	第 1 天平均:67.4℃ 第 2 天平均:74.7℃	>60
含蜡量　(%)		1.21	—	—
密度　(g/cm³)		1.03	1.035	—
弹性恢复　25℃　(%)		—	88	>70
RTFOT 后	质量损失　(%)	0.6	0.6	<1
	针入度比　(%)	78	81	>65
	延度　5℃　(cm)	—	32	>15

由表可知,改性沥青技术指标符合要求,可以采用

续上表

项目及步骤		设计内容
材料设计及试验	矿料试验选择	试验路全部采用高速公路表面层实际使用的材料铺筑。粗集料采用玄武岩,质地坚硬,表面粗糙,质量指标如表(1)。细集料采用人工砂及天然砂,人工砂是玄武岩碎石厂加工的,规格3~5mm,3mm以下的粉尘已经被抽风机吸走,很干净。由于加工困难,成品率低,所以价格较贵,为碎石价格的两倍,所以使用量不宜太多。天然砂为河砂,含泥量几乎为零。矿粉为磨细石灰石粉,细度见配合比设计表,不过由于时处雨季,矿粉不够干燥,使矿粉添加有些困难,需经常由人工帮助敲打。各种材料的筛分结果见表(2),从表中筛分结果可见,材料非常洁净,规格筛孔以外的比例极小。

粗集料的主要指标表　　表(1)

指标	单位	试验结果		技术要求
石料品种及规格		玄武岩10~20mm	玄武岩5~10mm	
压碎值	%	13		<25
洛杉矶磨耗损失	%	12		<30
磨光值	BPN	47		>42
针片状颗粒含量	%	7.5	8.2	<15
表观相对密度		2.965	2.959	
毛体积相对密度		2.926	2.846	
吸水率	%	0.7		<2.0
与沥青结合料的粘附性	级	5		>4

矿料密度及筛分结果表　　表(2)

材料	毛体积相对密度	通过下列筛孔(mm)的百分率(%)										
		19	16	13.2	9.5	4.75	2.36	1.18	0.6	0.3	0.15	0.075
10~20mm	2.965	100	83.6	53.9	11.5	0.1	0					
5~10mm	2.959				100	11.6	0.4	0.3	0.3	0.2	0	
3~5mm人工砂	3.002				100	98.2	5.0	0.2	0.1	0.1	0	
天然砂	2.612			100	99	95.5	83.7	56.6	42.6	8.8	3.2	1.9
矿粉	2.676								100	99.8	99.6	75.2

项目及步骤		设计内容
材料设计及试验	纤维选择	使用从美国进口的Interfibe™公司生产的松散木质纤维,质量符合要求。为了提高纤维投放效率及分散效果,纤维由专用的纤维投放设备直接投入拌和机
目标配合比设计	确定矿料级配	按照SMA—16的标准级配建议,经过配合比设计计算确定3组冷料仓投料比例,使4.75mm的通过率大体上为22%、25%、28%,0.075mm的通过率为10%左右(相当于固定矿粉用量的13%),3组配合比的合成级配曲线如图,初步确定材料的配比如下: 甲:(10~20):(5~10):人工砂:天然砂:矿粉=52:28:4:3:13 乙:(10~20):(5~10):人工砂:天然砂:矿粉=49:29:5:4:13 丙:(10~20):(5~10):人工砂:天然砂:矿粉=45:31:6:5:13 分别按这3组级配测定4.75mm以上粗集料的毛体积相对密度及全部矿料的毛体积相对密度,如表(3)所列。

续上表

目标配合比设计 — 确定矿料级配

目标配合比设计矿料级配计算表　　表(3)

筛　孔 (mm)	级配甲 合成级配(%)	级配乙 合成级配(%)	级配丙 合成级配(%)	级配范围 中值(%)	SMA—16 级配范围 (%)
19.0	100	100	100	100	100
16.0	91.5	92.0	92.6	95.0	90~100
13.2	76.0	77.4	79.3	75.0	65~85
9.5	54.0	56.6	60.1	55.0	45~65
4.75	23.1	25.1	27.3	25.0	20~30
2.36	15.8	16.7	17.6	19.5	15~24
1.18	14.8	15.4	15.9	18.0	14~22
0.6	14.4	14.8	15.2	15.0	12~18
0.3	13.3	13.4	13.5	12.5	10~15
0.15	13.0	13.1	13.1	10.5	7~14
0.075	9.8	9.9	9.9	9.5	7~12
矿料的毛体积相对密度 ρ_{sb}	2.912	2.908	2.902		
4.75mm 以上粗集料毛体积相对密度 ρ_{CA}	2.962	2.962	2.962		
4.75mm 以上粗集料的松方相对密度 ρ_S	1.642	1.658	1.661		
4.75mm 以上粗集料 VCA_{DRC} (%)	43.6	42.9	42.7		

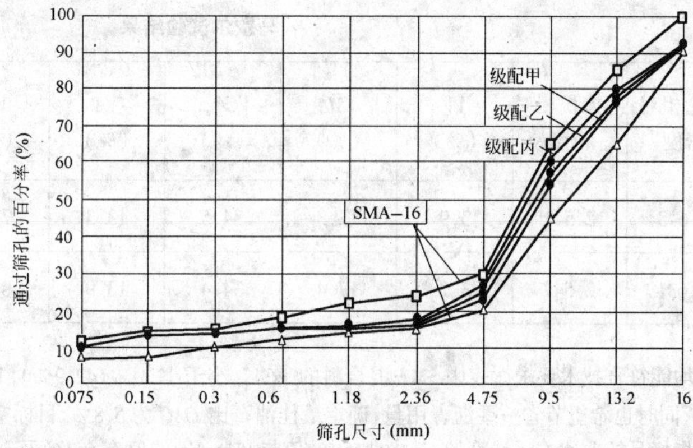

以级配乙为例，矿料的合成毛体积相对密度按下式求得：

$$\rho_{sb}=\frac{P_1+P_2+\cdots\cdots+P_n}{\dfrac{P_1}{\rho_1}+\dfrac{P_2}{\rho_2}+\cdots\cdots+\dfrac{P_n}{\rho_n}}=\frac{100}{\dfrac{49}{2.965}+\dfrac{29}{2.959}+\dfrac{5}{3.002}+\dfrac{4}{2.612}+\dfrac{13}{2.676}}=2.908$$

由于4.75mm以上粗集料都集中在10~20mm及5~10mm两种材料中，按3组矿料级配比例配合，然后筛去4.75mm以下部分，分别测定4.75mm以上粗集料的松方相对密度为1.642、1.658及1.661，并由此计算粗集料合成毛体积密度 ρ_{CA} 及骨架间隙率 VCA_{DRC}，见表(3)。其中级配乙计算如下：

$$\rho_{CA}=\frac{P_1+P_2}{\dfrac{P_1}{\rho_1}+\dfrac{P_2}{\rho_2}}=\frac{49+29}{\dfrac{49}{2.965}+\dfrac{29}{2.959}}=2.962$$

$$VCA_{DRC}(\%)=\frac{\rho_{cA}\times\rho_w-\rho_s}{\rho_{cA}\times\rho_w}\times100=\frac{2.962\times0.999-1.658}{2.962\times0.999}\times100=44.0\%$$

续上表

项目及步骤		设计内容

目标配合比设计 — 选择初试沥青用量测定 VMA、VCA_{mix}

本工程所用的集料毛体积相对密度大于2.9，按AASHTO规定的最小油石比为6.0%，根据我国已有铺筑SMA的经验，最佳油石比一般宜在5.7%～6.0%左右。首先按6.0%油石比制作马歇尔试件，测定 VMA、VCA_{mix} 如表(4)。表中毛体积密度由表干法测定。由于使用了改性沥青和纤维，实测最大相对密度有困难，采用计算的理论密度。

马歇尔试验结果　　表(4)

级　配	理论最大相对密度 ρ_{mm}	毛体积相对密度 ρ_{mb}	空隙率 VV(%)	VMA(%)	VCA_{mix}(%)
甲	2.637	2.540	3.68	17.71	32.8
乙	2.631	2.547	3.19	17.37	35.6
丙	2.629	2.554	2.85	16.97	35.9

以表中级配乙为例，4.75mm通过率为25.1%，则4.75mm以上的粗集料部分比例 $PA_{4.75}$ 为74.9%。沥青用量 P_a 为5.66%（油石比6%），则矿料总量百分率 P_s 为94.34%，计算如下：

$$P_{4.75} = P_s \times PA_{4.75} = 93.7 \times 0.75 = 70.3\%$$

$$VV = \left(1 - \frac{\rho_{mb}}{\rho_{mm}}\right) \times 100 = \left(1 - \frac{2.547}{2.631}\right) \times 100 = 3.19\%$$

$$VCA_{mix} = \left(1 - \frac{\rho_{mb}}{\rho_{ca}} \times P_{CA}\right) \times 100 = \left(1 - \frac{2.547}{2.962} \times 0.749\right) \times 100 = 35.6\%$$

$$VMA = \left(1 - \frac{\rho_{mb}}{\rho_{sb}} \times P_s\right) \times 100 = \left(1 - \frac{2.547}{2.908} \times 0.9434\right) \times 100 = 17.37\%$$

由表可见，3种级配中，VCA_{mix} 均能满足小于相对应的 VCA_{DRA} 的要求，说明这些级配都能实现粗集料的嵌挤，而且甲、乙两组初试级配的 VMA 达到了大于17%的要求，有足够的间隙可供玛蹄脂填充。故选择乙号级配为设计级配。此级配的空隙率 VV 为3.19%，虽能满足3%～4%的要求，但稍稍偏小了，宜进一步调整

目标配合比设计 — 变化油石比、测定空隙率、确定最佳油石比

乙号级配已经接近合理的油石比，为此减少0.3%，补充5.7%再进行马歇尔试验，结果见表(5)。

马歇尔试验结果　　表(5)

油石比(%)	理论相对密度	毛体积相对密度	VV(%)	VMA(%)	VCA_{mix}(%)	VA(%)	VFA(%)	稳定度(kN)	流　值(mm)	马歇尔模数(kN/mm)
5.7	2.643	2.541	3.9	17.3	34.5	13.3	77.3	7.65	3.07	2.49
6.0	2.631	2.547	3.2	17.4	34.4	13.9	81.2	8.36	2.39	3.5

表(5)的结果均能符合技术要求。表中SMA混合料的 VCA_{mix} 小于 VCA_{DRC}(42.9%)，VMA 均符合大于17%的要求。经商议，希望设计空隙率3.5%，同时也希望节省一些沥青用量，确定最佳油石比 OAC 为5.8%，目标空隙率3.5%。

在表中，各项指标是按前述方法计算的，其中 VMA 的值与 $VV + VA$ 的值有0.1%及0.3%的差异，这可能是试验误差（主要是各种材料的密度测定误差），也与计算方法有关。因此对SMA，希望统一按上述方法计算

目标配合比设计 — 目标配合比设计检验

对有关项目进行了检验，结果如下：

采用烧杯法进行沥青析漏试验，析漏损失为0.08%，符合要求；

肯塔堡飞散损失试验的飞散损失为11%，符合要求；

在60℃，0.7MPa条件下进行车辙试验，动稳定度5 078次/mm，符合要求；

浸水马歇尔试验残留稳定度91%，冻融劈裂试验的强度比为89%，均符合要求；

试件表面的构造深度为1.2mm，渗水试验的渗水系数几乎接近0，均符合要求；

由此确定目标配合比为(10～20):(5～10):人工砂:天然砂:矿粉 = 49:29:5:4:13，最佳油石比为5.8%

续上表

<table>
<tr><th>项目及步骤</th><th colspan="8">设　计　内　容</th></tr>
<tr><td rowspan="14">生产配合比设计</td><td colspan="8">生产配合比设计矿料级配如表(6)。
生产配合比设计矿料级配表　表(6)</td></tr>
<tr><td rowspan="2">筛　孔
(mm)</td><td colspan="4">热料仓筛分结果与配比(%)</td><td rowspan="2">合成级配
(%)</td><td rowspan="2">级配范围中值
(%)</td><td rowspan="2">SMA—16 级配范围
(%)</td></tr>
<tr><td>3号仓
30　:</td><td>2号仓
28　:</td><td>1号仓
29　:</td><td>矿粉
13</td></tr>
<tr><td>19.0</td><td>100</td><td></td><td></td><td></td><td>100</td><td>100</td><td>100</td></tr>
<tr><td>16.0</td><td>71.4</td><td>100</td><td></td><td></td><td>90.8</td><td>95.0</td><td>90 ~ 100</td></tr>
<tr><td>13.2</td><td>29.3</td><td>98.7</td><td></td><td></td><td>77.0</td><td>75.0</td><td>65 ~ 85</td></tr>
<tr><td>9.5</td><td>1.1</td><td>80.5</td><td>100</td><td></td><td>63.3</td><td>55.0</td><td>45 ~ 65</td></tr>
<tr><td>4.75</td><td>0.3</td><td>0.5</td><td>46.7</td><td></td><td>26.8</td><td>25.0</td><td>20 ~ 30</td></tr>
<tr><td>2.36</td><td>0</td><td>0.2</td><td>22.3</td><td></td><td>19.5</td><td>19.5</td><td>15 ~ 24</td></tr>
<tr><td>1.18</td><td></td><td>0.3</td><td>10.3</td><td></td><td>16.1</td><td>18.0</td><td>14 ~ 22</td></tr>
<tr><td>0.6</td><td></td><td>0.3</td><td>2.8</td><td></td><td>13.9</td><td>15.0</td><td>12 ~ 18</td></tr>
<tr><td>0.3</td><td></td><td>0.2</td><td>1.2</td><td>99.8</td><td>13.4</td><td>12.5</td><td>10 ~ 15</td></tr>
<tr><td>0.15</td><td></td><td></td><td>0.9</td><td>92.6</td><td>12.3</td><td>10.5</td><td>7 ~ 14</td></tr>
<tr><td>0.075</td><td></td><td></td><td>0.4</td><td>75.2</td><td>9.9</td><td>9.5</td><td>7 ~ 12</td></tr>
<tr><td>混合料试拌、试验段铺筑</td><td colspan="8">略</td></tr>
<tr><td>试铺混合料质量检验</td><td colspan="8">略</td></tr>
<tr><td>配合比设计结论</td><td colspan="8">略</td></tr>
</table>

A 多孔隙沥青混凝土特点及材料要求

a 沥青玛蹄脂路面特点及混合料构成

多孔隙沥青混凝土路面(OGFC)的特点及基本要求　　表 8-8

<table>
<tr><th colspan="2">项　目</th><th colspan="4">内　　容</th></tr>
<tr><td colspan="2">定　义</td><td colspan="4">是指用大空隙的沥青混合料铺筑、能迅速从内部排走路表雨水、具有防滑、抗车辙及降低噪声的路面。当对此种路面主要强调其降噪声功能时,则这种路面又称为低噪声路面。这种路面属骨架空隙结构型沥青混合料路面,它的孔隙率比普通沥青碎石要高,一般在20%左右。又叫透水性沥青路面</td></tr>
<tr><td rowspan="6">性能特点</td><td>排水和抗滑性能好</td><td colspan="4">这种路面混合料最大的特点就是大空隙率。由于空隙率大,使得混合料内部的空隙呈连通状态,从而在有坡降、遇雨水时,水可沿连通的空隙流动,最后排走。由于透水性混合料空隙率大,水在其中的渗流速度较快,所以,水在其中的流动是紊流。对层流渗透,根据达西定律,水在材料中渗透流速与水头梯度成正比。
同时,由于完全排除或减少雨天路表积水,可大大减少行驶车轮引起的水雾及溅水,使雨天行车的能见度提高,并且避免雨天夜间行车车灯造成眩光。因此,可以说透水性沥青路面可提高雨天行车的速度和安全性。
另外,透水性沥青路面在晴天所测得的较高摩擦系数,也表明在一般条件下的良好抗滑性能</td></tr>
<tr><td rowspan="3">降低噪声性能</td><td colspan="4">透水性沥青路面降低噪声的性能主要是由于大空隙的作用。车轮胎在路面上滚动产生的噪声在交通噪声中所占的比例越来越高,当车速超过50km/h时更为突出。
透水性路面的降噪声效果与路面厚度、空隙率大小有关,即透水路面越厚、空隙率越大,降噪声效果越好,一般如透水表层厚度为40mm,考虑耐久性及可能形成的空隙,空隙率一般可达20%~23%,则噪声降低4dB,司乘人员及沿线居民的感觉有明显改善。各种路面噪声水平比较如下表。</td></tr>
<tr><td>面层材料种类</td><td>噪声水平(dB)</td><td>面层材料种类</td><td>噪声水平(dB)</td></tr>
<tr><td>水泥混凝土
沥青混凝土</td><td>76~83
74.5~78.5</td><td>单层表处
透水性沥青面层</td><td>74.5~80.5
71~77</td></tr>
<tr><td>高温稳定性好</td><td colspan="4">透水性沥青路面高温稳定性的抗车辙能力比一般沥青混凝土高。例如用高粘度改性沥青配制的透水性沥青混合料得到的动稳定度达5 000次/mm,原因比较明确,主要是因为大颗粒间的相互直接接触而成的骨架结构承担了荷载的作用,所以,在高温下抵抗变形的能力大</td></tr>
<tr><td>耐久性较差及措施</td><td colspan="4">沥青路面的耐久性是指,在自然气候因素及频繁行车荷载作用下,路面自身特有使用性能保持时间长短的能力,保持时间长,耐久性高;反之,耐久性差。透水性沥青路面其耐久性比一般沥青混合料类路面要低,主要表现为,透水路面在使用一定时间后,空隙会由于灰尘、污物堵塞而减少,排水、吸音效果降低,产生老化、剥落的现象会较早。由于这些问题,使得透水性路面的使用品质下降。
这一缺点可在选料、设计、养护方面采取专门措施,在某种程度上,可消除或弥补这些不足。比如,聚合物改性沥青透水路面的耐久性比不改性的高,这是因为改性沥青可增加沥青薄膜的厚度,延缓沥青的老化,同时也可改善沥青与矿料间的粘结力;高压注水吸出法或双氧水发泡清洗污染等工艺可消除孔隙堵塞,保持路面排水、吸音等功能。这些措施都可以提高透水性路面的耐久性。实际上,透水路面在高等级公路上,由于快速通过的车轮对路表反复的泵吸作用也可起到清洁效果</td></tr>
<tr><td rowspan="3">多孔沥青混合料基本要求</td><td>保证混合料的高孔隙性</td><td colspan="4">路面的空隙率愈大,排水性能愈好,抗滑、降噪的效果也愈好,因此保证其高孔隙性是必要的。根据理论研究和实际使用经验,这种路面的空隙率必须大于15%,而为了防止孔隙被尘埃所堵塞,混合料的初始孔隙率应达到20%,甚至更大</td></tr>
<tr><td>保证混合料有足够的抗松散能力</td><td colspan="4">为透水而要求路面空隙率大,这与普通沥青路面要求防止渗水以求得耐久的使用寿命正好相反。路面透水和水长期滞留在路面内部,水对路面的侵蚀是十分严重的,这就容易造成路面剥落,进而使路面出现松散。因此,多孔性沥青混合料必须具备足够的水稳性,这在混合料设计时应予足够的重视</td></tr>
<tr><td>保证混合料具有一定的力学强度</td><td colspan="4">多孔性沥青混合料主要由粗集料组成,细集料少,粗颗粒之间是点接触,不能形成紧密的嵌锁,混合料的强度大为降低。空隙率愈大,强度愈低。然而,多孔性路面只有具备一定强度才能承受高速行车的作用</td></tr>
</table>

b　多孔隙沥青混凝土材料技术要求

多孔隙沥青混凝土材料技术要求　　表 8-9

材料名称	技　术　要　求
集料性质	开级配抗滑磨耗层所用粗集料的技术要求与 SMA 混合料基本相同,同样要求石质坚硬和良好的颗粒形状。但对于抗滑磨耗层,其粗集料的耐磨性,也即石料的磨光值 *PSV* 必须有更高的要求。在一般情况下,所谓适合于抗滑路面的碎石,应该是即使被磨,但却是磨而不光,能保证较粗糙表面结构的石料。有些石料虽然很坚硬,但表面过于光滑也是不理想的。具体指标如下: ①满足一般沥青混凝土集料要求; ②75%以上的粒料(质量比)有两个破碎面; ③磨光值 $PSV > 42$; ④最大粒径一般为 12.5mm,最大不超过 16mm
矿料	用作填料的矿粉应采用石灰石粉。许多国家如美国、德国等国家,为提高这种路面的抗水性,采用消石灰粉替代部分矿粉,一般用量约为 2%,也即矿粉总量的 40% ~ 50%。消石灰粉是先将石灰消解,然后烘干、磨细、过筛制备而成。目前在我国市场尚无现成产品供应,但可委托有关单位如水泥厂专门加工
结合料	①在有条件的情况下,铺筑开级配的抗滑磨耗层,最好采用改性沥青,而选择何种改性沥青则可以通过其软化点、磨耗损失以及马歇尔稳定度试验予以确定。 ②结合料应满足高温稳定性要求。排水性沥青必须有较高的粘度、粘稠性和较高的软化点,以便使混合料获得较高的温度稳定性。由于测试沥青的软化点比较方便,故结合料的高温性能可用软化点控制。软化点实际上是等粘度条件下以温度表示的粘度。软化点越高,表明沥青的粘度越大。国外多数国家要求的软化点大于 60℃。但软化点过高,有可能造成拌和时泵送负荷增加过多,影响机器的正常工作,从保证混合料高温稳定性出发,沥青结合料的软化点宜控制在 60 ~ 70℃范围内。 ③结合料应有较好的抗松散性。在沥青用量较少、集料颗粒表面沥青膜较薄的情况下,多孔性路面在车轮荷载作用下易出现粒料脱落现象,混合料必须有足够的抗松散能力。研究表明,混合料的抗松散性与沥青结合料的性质有密切关系,粘滞性好的沥青具有较好的抗松散性。一般可以 15℃温度下磨耗损失不超过 20%作为控制标准。 ④结合料应使混合料具有较好的力学性能。可以用马歇尔稳定度评价多孔性混合料的力学性能。多种多孔性沥青混合料的马歇尔试验结果表明,选择合适的沥青结合料,其马歇尔稳定度在 5 000N 以上为宜
添加剂	①为提高多孔性沥青混合料的抗松散能力,在混合料中添加纤维是有效的。纤维可采用木质素纤维或其他纤维。 ②应用磨细轮胎粉配置橡胶改性沥青,能有效地提高混合料抗松散性。 ③为提高混合料的水稳性,使用消石灰是一种措施。除此以外,还应考虑采用其他抗剥落措施,如通常在沥青中添加抗剥落剂

材料名称	筛　孔　(mm)	通　过　率　(%)	
		D_{max} = 16mm	D_{max} = 13mm
集料级配推荐表	19	100	—
	16	90 ~ 100	100
	13.2	65 ~ 75	90 ~ 100
	9.5	42 ~ 55	45 ~ 55
	4.75	20 ~ 30	20 ~ 30
	2.36	10 ~ 18	10 ~ 18
	1.18	7 ~ 13	7 ~ 13
	0.6	6 ~ 10	6 ~ 10
	0.3	5 ~ 7	5 ~ 7
	0.15	4 ~ 6	4 ~ 6
	0.075	3 ~ 5	3 ~ 5

B 多孔隙沥青混凝土混合料配比设计

多孔隙沥青混凝土混合料配比设计方法及步骤　　表 8-10

步骤		方法要点
进行材料试验	集料级配	对不同原材料进行组成设计,确定其符合规范的级配,并按级配组成设计结果配制出一些集料供试验
	确定材料相对密度	测定不同原材料粗、细部分材料相对密度和表观密度,按照所测得的密度重新校核调整级配组成,直至满足规定。根据组成配比和各原材料的密度计算主集料表观密度 SG_a
	确定沥青结合料粘度	测定沥青结合料的粘度,使其满足 AASHTO—M226 的规范要求
计算沥青含量	确定主集料表面积	按照 AASHTO—T270 所规定的试验方法确定主集料的表面积,其基本步骤如下: (1)称出 150g 主集料样品,在 230±9℉的烘箱内烘干至恒重,然后冷却至室温; (2)从 105g 样品中称取 100.0g(精确到 0.1g)置于一金属漏斗,漏斗有一片固定在管口上的筛网(No.10),建议漏斗的顶部直径为 88.9mm(3.5in),高 114.3mm,管口 12.7mm(0.5in); (3)在室温下,将样品全部浸于 S.A.E.NO.10 润滑油中,浸 5min(如果使用高沥青吸收性的集料,则浸 30min); (4)取出漏斗和样品,让油滴落 2min,然后将含有样品的漏斗置于温度为(140±5℉)的烘箱内,进一步滴落 15min; (5)将样品倒入一已知质量的盘内,冷却至室温,重新称取样品质量,精确至 0.1g; (6)用下式计算油吸收量 POR:　$POR = \frac{SG_a}{2.65} \cdot \frac{B-A}{A}$ 式中:SG_a —— 主集料表观密度; A —— 第 2 步称取的样品质量; B —— 第 5 步称取的样品质量。 (7) 如果使用高沥青吸收性的集料,确定 POR 后,将样品倒在一清洁、干燥的吸收性布上,达到饱和面干条件; (8) 将样品重新倒入一已知质量的盘内,重新称取样品质量,精确到 0.1g; (9) 用下式计算油吸收量 POA:　$POA = \frac{C-A}{A} \times 100$ 式中:A —— 第 2 步测得的样品干质量; C —— 第 8 步测得的饱和面干质量。 用下式计算油吸收量(POR_A):　$POR_A = POR - POA$ (10) 用下式计算主集料表面常数 K_C　$K_C = 0.1 + 0.4POR$ 如用高沥青吸收性集料,按下式计算:　$K_{CA} = 0.1 + 0.4POR_A$
	计算沥青用量	用下式计算沥青用量(下式计算得到的沥青用量未考虑沥青级和粘度的影响): $AC_{JMF} = (2K_C + 4.0) \times \frac{2.65}{SG_a}$ 如果使用高粘度的沥青,用下式计算沥青用量: $AC_{EFF} = (2K_{CA} + 4.0) \times \frac{2.65}{SG_a}$
确定粗集料空隙率	击实试验确定单位质量	用修订的 ASTM—D4253 方法击实试验确定单位质量,以下是简单的试验过程(详见 ASTM 手册)。 (1)主要设备 击实模:内径 152.4mm(6.0in),高 167.4mm(6.59in)。 振动击实仪:一个便携式电动振动槌(Rammer),振动频率 3 600 次/分钟;振动槌应安装一个振动板(tamper fort),振动板直径 149.2mm、厚 22.2mm。 木垫板:直径 381mm,厚 50.8mm;垫板应可牢固地与击实模安装在一起。 (2)试样 从粗集料称取样品约 2 270g(5lb);如果粗集料的松装密度(BULK)小于 2.0,只需样品约 1 589g(3.5lb),称量精确到 49.94g(0.1lb)。 (3)击实方法 将样品装入试膜,将振动板平放在试样顶面,开动振动仪,振动 15s。振动时操作人员应施加足够的压力保持样品和振动板接触。取出振动仪和振动板,量取压实后的样品高度,精确至 0.25mm(0.1 英寸)。 (4)用下式计算单位质量 X: $X = \frac{6\,912W}{\pi d^2 t}$ 式中:W —— 粗集料质量(g); d —— 试模内径(cm); t —— 压实后试样高度(cm)

续上表

步骤		方法要点
确定粗集料空隙率	计算粗集料空隙率	用下式计算粗集料的空隙率: $$\mathrm{VCA}=\left(1-\frac{X}{U_C}\right)\times 100$$ 式中:X——粗集料单位质量(g/cm³); U_C——粗集料干燥状态的松装密度(g/cm³)
确定细集料最优含量	用公式计算初步用量	用下式确定最优细集料含量: $$Y=\frac{VCA-V-\frac{AC_{JMF}\cdot X}{U_a}}{\frac{VCA-V}{100}+\frac{X}{U_f}}$$ 式中:Y——细集料含量(占集料质量的百分比); VCA——粗集料空隙(%); V——设计空隙率(=15%); AC_{JMF}——沥青含量(与集料质量比,%);如果使用高沥青吸收性的集料,应为AC_{EFF}; X——粗集料单位质量(g/cm³); U_a——沥青单位质量(g/cm³); U_f——细集料干燥状态的松装单位质量(g/cm³)
	与规定含量对比确定	对比按上式确定的细集料含量与规定级配通过2.36mm筛的细集料含量,如果两者之差大于1%,用确定的最优细料含量修正沥青用量,然后再重新计算细集料含量直到两者无明显差别(<1%)。如果最优细集料含量与规定修订值无法达到一致,则必须重复以上步骤
确定最优拌和温度		准备好1 000g集料,加入所需要的沥青后拌和,拌和温度预定为沥青粘度800Centistokes时的温度(AASHTO—M226)。拌和均匀后,将混合料倒于内径约200mm的耐热玻璃盘中,轻轻摊开混合料,然后将玻璃盘与沥青混合料一起放入烘箱中,烘箱温度设置为上面的拌和温度,60min后取出。在集料与玻璃盘底间会有沥青结合料斑点。按照标准判别拌和温度是否适应,太高或太低应改变拌和温度重复本步试验;若确定的最优拌和温度太低(如225℉),应改用高粘度的沥青
进行水稳定性核验		按照AASHTO—T165和T167进行沥青混合料浸水压力试验。在最优拌和温度下拌制沥青混合料,制备试件时使用2 000psi成型压力而不是T165和T167规定的3 000psi。进行本试验时不用测试松装密度。 120℉下浸水4d后,除非另有规定,剩余强度比不应低于50%。剩余强度太低时可通过掺加外加剂改善沥青石料间的粘结力
油膜厚度计算及检验		当沥青结合料用量确定后,可以下述方法计算集料颗粒表面的油膜厚度,适宜的沥青膜厚度为8~11μm。 美国加利福尼亚州的油膜厚度计算经验公式如下: $$沥青膜厚度(\mu m)=\frac{油石比(\%)\times 48.74}{2+0.02a+0.04b+0.08c+0.14d+0.3e+0.6f+1.6g}$$ 式中:a,b,c,d,e,f,g分别为4.75、2.36、1.18、0.6、0.3、0.15、0.075mm筛孔通过百分率

A 多碎石沥青混凝土混合料技术要求

a 多碎石沥青混凝土定义及特点

多碎石沥青混凝土定义及特点　表 8-11

项　目	内　容
定义	4.75mm(方孔筛)或5mm(圆孔筛)以上碎石含量占主要部分的密级配沥青混凝土称多碎石沥青混凝土。 多碎石沥青混凝土是与传统密级配沥青混凝土相比较而言的。一般矿料级配范围的中值4.75mm以上颗粒，即碎石的含量为37.0%～47.5%
主要特点	(1)表面构造深度和空隙率。表面深度都在0.5mm左右，远远大于LH—20Ⅰ型沥青混凝土。空隙率在5%左右，符合密实级配沥青混凝土的要求。 (2)抗变形能力。用相同沥青制成LH—20Ⅰ型密级配沥青混凝土(其中5mm以上碎石含量42.5%)和最大粒径相同的多碎石沥青混凝土(其中5mm以上的碎石含量59%)试件分别在50℃温度下进行单轴压缩蠕变试验，试验结果表明多碎石沥青混凝土(SAC—20)压缩应变明显小于密级配LH—20Ⅰ型沥青混凝土

b SAC沥青混凝土粗集料质量技术要求

SAC沥青混凝土粗集料质量技术要求　表 8-12

指　标		高速和一级公路	其他等级公路
集料压碎值(%)	不大于	20①	23
洛杉矶磨耗值(%)②	不大于	30	40
视密度(g/cm^3)	不小于	2.50	2.45
吸水率(%)	不大于	2.0③	3.0
对沥青的粘附性(粘结力)(级)④	不小于	表面层5、其他层4	4
坚固性(%)	不大于	12	—
扁平细长颗粒含量(%)	不大于	15	20
粒径<0.075mm颗粒含量(水洗法)(%)	不大于	1	1

续上表

指　标		高速和一级公路	其他等级公路
软石含量(%)	不大于	5	5
石料磨光值(PSV)	不小于	42⑤	—
破碎砾石的破碎面积(%)	不小于		
表面层、中面层		90	40
底面层		50	40

注：①花岗石碎石不大于28%；
②无条件时可以不做；
③对于多孔隙玄武岩碎石，吸水率>3%也可以用；
④达不到要求时，应添加水泥或消石灰，此时只做混合料的水稳性试验，确定其是否符合要求；
⑤仅对抗滑表层。

c SAC沥青混凝土的级配

SAC沥青混凝土的级配　表 8-13

级配类型	通过下列方筛孔的质量百分率(%)												
	31.5	26.5	19	16	13.2	9.5	4.75	2.36	1.18	0.6	0.3	0.15	0.075
SAC—9.5					100	95～100	30～40	22～31	16～24	12～20	10～17	8～15	6～10
SAC—13				100	95～100	60～75	30～40	22～31	16～24	12～20	10～17	8～15	6～10
SAC—16			100	95～100	75～90	55～70	30～40	22～31	16～24	12～20	10～17	8～15	6～10
SAC—19.5		100	95～100	78～94	66～83	51～66	30～40	22～31	16～24	12～20	10～17	8～15	6～10
SAC—26.5	100	95～100	60～78	52～70	45～61	38～52	30～40	22～31	16～24	12～20	10～17	8～15	6～10

d SAC 沥青混合料其他材料要求

SAC 沥青混合料其他材料要求　表 8-14

材料名称	材　料　要　求
细集料	可以用质量(颗粒形状)较好的石屑,机制砂。必要时可以掺加部分天然砂,但天然砂在全部矿料中的含量宜控制在 7%以内
填料或矿粉	可选用破碎集料和石屑中的石粉、石灰、硅酸盐水泥和粉煤灰、消石灰粉、水泥、石灰石矿粉或高钙粉煤灰
抗剥落剂	必要时采用。可选用的抗剥落剂包括消石灰(1% ~ 2%)、水泥(4% ~ 5%)、液体抗剥落剂等

B 多碎石沥青混凝土结合料选择及沥青用量确定

a SAC 混合料沥青结合料选择

SAC 混合料沥青结合料选择　表 8-15

地区	沥　　青
寒区	选用重交通道路石油沥青,必要时可用改性沥青 用做表面层,AH—90、AH—110、AH—130 用做中面层和(或)底面层,AH—70、AH—90、AH—110
温区	选用重交通沥青,必要时可选用改性沥青 用做表面层,AH—70、AH—90 用做中面层和(或)底面层,AH—50、AH—70
热区	选用重交通沥青,必要时可选用改性沥青 用做表面层,AH—50、AH—70 用做中面层和(或)底面层针入度接近下限的 AH—50、AH—70

b SAC 沥青混凝土沥青用量确定

SAC 沥青混凝土沥青用量确定　表 8-16

步　骤	内　　容
(一)成型马歇尔试件	初估沥青用量。从 3.5% ~ 6.0%每隔 0.5%一组,每组制作 3 ~ 5 个试件。为计算方便,可按油石比计算沥青用量,马歇尔试件均为两面各击实 75 次制成
(二)测定试件体积参数	(1)称量试件的质量时,准确到小数点后三位数。 (2)试件的体积均用蜡封法测定,准确到小数点后三位数。 (3)计算试件的毛体积密度 (P_{sb}) 时,准确到小数点后三位数。 (4) 矿料的毛体积密度和视密度都准确到小数点后三位数。 (5) 用各级矿料的毛体积密度与视密度的平均值(但矿粉和水泥等填料只能测定其视密度) 和沥青的密度计算混合料的最大理论密度(G_{mm}) 并准确到小数点后三位数。

续上表

步　骤	内　　容
(二) 测定试件体积参数	(6) 用矿料的毛体积密度(G_{sb}) 和混合料中矿料的质量(m_s) 计算矿料间隙率 VMA。 (7) 用矿料间隙率 VMA 和空气率 V_a 计算沥青的体积。 (8) 用矿料间隙率和沥青的体积计算饱和度
(三) 测定马歇尔稳定度和流值	通常情况下,试件浸水 20min 就能达到恒温状态,因此试验应在 30 ~ 40min 内完成。所用设备应用具有自动记录功能的稳定度仪
(四) 确定沥青用量	(1) 绘制沥青用量与物理力学指标关系图 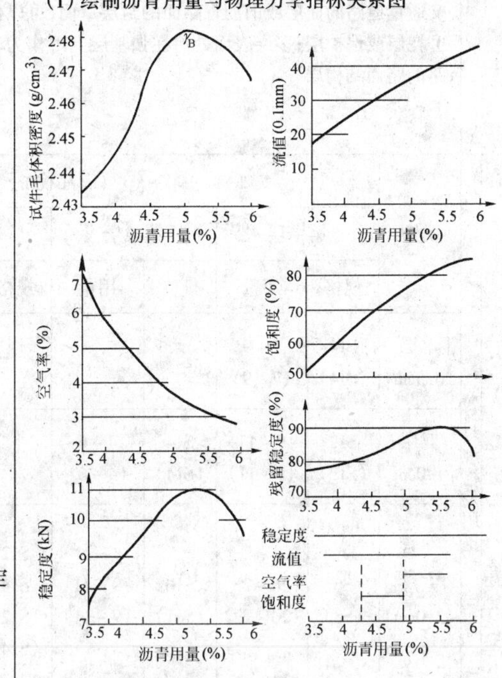 (2) 确定沥青初始用量 OAC_1 图中,取最大密度所对应的沥青用量 a_1,最大稳定度所对应的沥青用量 a_2,空隙率中值所对应的沥青用量为 a_3,沥青初始用量 OAC_1 取三者的平均值,即: $OAC_1 = (a_1 + a_2 + a_3)/3$ (3) 确定沥青初始用量 OAC_2 求出同时满足稳定度、流值、空隙率、饱和度四个指标的沥青用量的最小值 OAC_{min} 和最大值 OAC_{max},以其中值作为 OAC_2,则 $OAC_2 = \frac{1}{2}(OAC_{min} + OAC_{max})$ (4) 综合确定最佳沥青用量 首先检查 OAC_1 是否满足各项物理指标要求,若不满足,则应调整级配,重新试验,直到各项指标满足要求为止。若满足要求,取 OAC_1 和 OAC_2 的平均值作为最佳沥青用量

8

A 乳化沥青路面

a 乳化沥青表面处治路面适用条件及材料要求

乳化沥青表面处治路面适用条件及材料要求　表 8-17

项目	内　容
特点及适用条件	乳化沥青表面处治是铺筑厚度小于 3cm 的一种薄层路面,其厚度一般在 1.0~3.0cm。表面处治适用于三级及三级以下公路、各级公路施工便道以及在旧沥青面层上加铺罩面层或磨耗层。表面处治由于厚度较薄,在计算路面厚度时,其强度一般不计算在内。表面处治能改善行车条件,保护基层免受行车的直接磨损、破坏,防止地表水及其他自然因素的破坏作用。 乳化沥青表面处治路面可采用拌和法和层铺法施工。拌和法施工同乳化沥青碎石混合料路面施工,将在第四节详述。层铺法施工可分为单层、双层和多层,单层和双层表处可用于轻交通量道路的面层或旧沥青路面的封层罩面,可以作为路面的磨耗层或保护层;多层表面处治在强基层上可作为较重交通道路的路面结构层

层铺法乳化沥青表处材料要求——材料规格及用量:

类型	集料 (m^3/1 000m^2)					
	第一层		第二层		第三层	
	规格	用量	规格	用量	规格	用量
单层 0.5cm	S14 (S14)	7~9 (7~9)				
双层 1.0cm	S12 (S12)	9~11 (9~11)	S14 (S14)	4~6 (4~6)		
三层 (3.0cm)	S6 (S8)	20~22 (20~22)	S10 (S11)	9~11 (9~11)	S12 S14 (S12) (S14)	4~6 3.5~4.5 (4~6) (3.5~4.5)

注:表中不带括号的为方孔筛石料的规格和用量,括号内为圆孔筛石料的规格和用量

层铺法乳化沥青表处材料要求——层铺法乳液用量:

类型	乳液用量 (kg/m^2)			
	第一次	第二次	第三次	合计用量
单层	0.9~1.0			0.9~1.0
双层	1.8~2.0	1.0~1.2		2.8~3.2
三层	2.0~2.2	1.8~2.0	1.0~1.2	4.8~5.4

注:表中乳液用量适用于乳液中沥青含量为 60% 的情况,如乳液中沥青含量有变动,需根据实际含量变化乳液用量。在高寒地区及干旱、风砂大的地区,乳液用量可超出高限

b 乳化沥青贯入式路面适用条件及材料要求

乳化沥青贯入式路面适用条件及材料要求　表 8-18

项目	内　容
特点及适用条件	乳化沥青贯入式路面是在初步压实主集料上喷洒乳液后,再分层撒铺嵌封料、喷洒乳液,逐层压实的路面结构。这种路面适用于二级及二级以下的公路,也可作为沥青混凝土路面的联结层。 由于乳化沥青贯入式路面的空隙率比较大,地表水容易渗入基层,因此其最上层应撒布封层料或加铺拌和层。如铺筑在半刚性基层上时,应铺筑下封层。作为联结层使用时,可以不撒表面封层料。 乳化沥青贯入式路面最好选择在干燥和较热的季节施工,并应在雨季前及日最高气温低于 15℃以前半个月结束,这样能使贯入式结构层通过开放交通行车碾压,在不利季节到来之前完全成型
材料规格及要求——集料要求	乳化沥青贯入式路面的集料应选择有棱角、嵌挤性好的坚硬石料,当选用破碎砾石时,其破碎面要大于 40%。贯入层主集料中大于粒径范围中值的数量不得少于 50%。表面不加拌和层的乳化沥青贯入式路面,在施工结束后,每 1 000m^2 路面应另备 2~3m^3 与最后一层嵌缝料规格相同的石屑或粗砂等,以供初期养护使用
材料规格及要求——乳化沥青要求	乳化沥青贯入式路面所用的乳化沥青应符合 PC—1 及 PA—1 型乳化沥青的质量要求,乳化时所用沥青应符合道路石油沥青标准,按不同地区选用不同标号的沥青

材料规格及要求——材料规格及用量:

(用量单位:集料 m^3/1 000m^2,乳液 kg/m^2)

厚度 (cm)	4		5	
规格和用量	规格	用量	规格	用量
封层料	S14(S14)	4~6	S14(S14)	4~6
第五遍乳液				0.8~1.0
第四遍嵌缝料			S14(S14)	5~6
第四遍乳液		0.8~1.0		1.2~1.4
第三遍嵌缝料	S14(S14)	5~6	S12(S12)	7~9
第三遍乳液		1.4~1.6		1.5~1.7
第二遍嵌缝料	S12(S12)	7~8	S10(S10)	9~11
第二遍乳液		1.6~1.8		1.6~1.8
第一遍嵌缝料	S9(S9)	12~14	S8(S7)	10~12
第一遍乳液		2.2~2.4		2.6~2.8
主层集料	S5(S6)	40~45	S4(S5)	50~55
乳液总用量		6.0~6.8		7.5~8.5

注:1.表中乳液用量适用于沥青含量为 60% 的情况;
2.表中括号中的石料规格为圆孔筛规格

c　乳化沥青碎石路面适用条件及材料要求

乳化沥青碎石路面适用条件及材料要求　　表 8-19

项　目	内　容
特点及适用条件	乳化沥青碎石混合料路面适用于三级及三级以下公路的沥青面层，二级公路的罩面施工以及各级公路沥青路面的联结层或整平层。乳化沥青碎石混合料路面的沥青面层宜采用双层式：下层采用粗粒式乳化沥青碎石混合料，上层采用中粒式或细粒式乳化沥青碎石混合料。单层式只适用于少雨干燥地区或半刚性基层上使用。在多雨潮湿地区必须做上封层或下封层
材料规格及要求 — 乳化沥青	乳化沥青碎石混合料路面采用的乳化沥青的类型为 BC—1 BA—1、BC—2 BA—2 或 BC—3 BA—3。

材料规格及要求 — 矿料级配及沥青用量 — 方孔筛

筛孔（mm）	特　粗	粗	粒	中	粒	细	粒
	AM—40	AM—30	AM—25	AM—20	AM—16	AM—13	AM—10
通过筛孔的质量百分率（%）							
53.0	100						
37.5	90～100	100					
31.5	50～80	90～100	100				
26.5	40～65	50～80	90～100	100			
19.0	30～54	38～65	50～80	90～100	100		
16.0	25～30	32～57	43～73	60～85	90～100	100	
13.2	20～45	25～50	38～65	50～75	60～85	90～100	100
9.5	13～38	17～42	25～55	40～65	45～68	50～80	85～100
4.75	5～25	8～30	10～32	15～40	18～42	20～45	35～65
2.36	2～45	2～20	2～20	5～22	6～25	8～28	10～35
1.18	0～10	0～15	0～14	2～16	3～18	4～20	5～22
0.6	0～8	0～10	0～10	1～12	1～14	2～16	2～16
0.3	0～6	0～8	0～8	0～10	0～10	0～10	0～12
0.15	0～5	0～5	0～6	0～8	0～8	0～8	0～9
0.075	0～4	0～4	0～5	0～5	0～5	0～6	0～6
沥青用量	2.5～4.0	2.5～4.0	3～4.5	3～4.5	3～4.5	3～4.5	3～4.5

注：表中为沥青用量，使用时应根据乳液的实际沥青含量折算为乳液用量

材料规格及要求 — 矿料级配及沥青用量 — 圆孔筛

筛孔（mm）	特　粗	粗		粒	中	粒	细	粒
	LS—50	LS—40	LS—35	LS—30	LS—25	LS—20	LS—15	LS—10
通过筛孔的质量百分率（%）								
50	90～100	100						
40	50～80	90～100	100					
35	45～73	70～88	90～100	100				
30	39～65	50～78	70～90	90～100	100			
25	31～59	40～70	48～75	55～80	90～100	100		
20	25～50	40～70	38～65	45～69	55～85	90～100	100	
15	18～40	32～60	28～51	35～55	40～70	55～80	90～100	100
10	13～32	20～48	20～42	25～45	28～55	36～62	40～65	85～100
5	5～23	15～40	8～31	10～32	12～36	18～42	20～45	40～65
2.5	2～16	7～30	2～20	2～20	5～22	6～26	8～28	10～35
1.2	0～12	0～14	0～14	0～14	2～16	3～18	4～20	5～22
0.6	0～8	0～10	0～10	0～10	1～12	1～14	2～15	2～16
0.3	0～6	0～8	0～8	0～8	0～10	0～10	0～10	0～12
0.15	0～5	0～5	0～6	0～6	0～8	0～8	0～8	0～9
0.074	0～4	0～4	0～4	0～5	0～5	0～5	0～6	0～6
沥青用量	2.5～4.0	2.5～4.0	2.5～4.5	3.0～4.5	3.0～4.5	3.0～4.5	3.0～4.5	3.0～4.5

注：表中为沥青用量，使用时应根据乳液的实际沥青含量折算为乳液用量

d 乳化沥青混凝土路面适用条件及配合比设计

乳化沥青混凝土路面适用条件及配合比设计　　表 8-20

项　目	内　　容
特点及适用条件	乳化沥青混凝土路面可用于高等级公路的路面或下面层，也可以在城市道路上应用。在我国这种路面应用范围不很广，还缺乏足够的经验和实践，因此在规范中没有列入
材料要求	乳化沥青混凝土混合料的矿料质量和级配可参照热沥青混凝土的规范要求，其中填料用量可适当减量。 乳化沥青可用 BC—2 BA—2 型或 BC—3 BA—3 型

乳化沥青混凝土混合料技术指标

项　目	单　位	密级配 含水试件	密级配 干试件	相级配 含水试件	相级配 干试件
击实次数	次	50	50	50	50
稳定度	kN	2.0	4.0	2.5	3.5
流值	0.1mm	20～45	20～40	20～45	20～40
空隙率	%		5～8		6～10
饱和度	%		60～75		50～70
密度(湿)	g/cm³	2.20		2.15	
密度(干)	g/cm³		2.25	2.20	

注：含水试件即室内常温养生试件，在 20±1℃条件下试压；干试件即烘箱高温养生试件，在 60±1℃条件下试压

配合比设计示例——已知条件及材料情况

(1)基本要求

某省地方道路欲采用阳离子乳化沥青铺筑 2km 沥青砂路面，厚度 1.5cm。试设计乳液混合料材料的配合比。

(2)道路情况

线路通过地形为微丘，日交通量为 800 辆，路基状况良好，路基宽 8m，路面宽 6m，原路面结构为泥灰结碎石。为铺筑沥青面层，按旧路弯沉方法设计，基层加铺 15cm 厚的灰土碎石。

(3)沥青乳液技术性质

沥青乳液为阳离子乳化沥青，检验结果如表

项　目		试验结果	备　注
筛上余(%)		合格	工地送样
粘度($C_{2.5}^{5}$)(s)		15～16	
乳液沥青含量(%)		58	
附着度		合格	
贮存稳定度(CH_5)		合格	
拌和稳定度		中裂	
残留物性质	针入度(25℃，0.1mm，100g)	112	
	延伸度(25℃，cm)	54	
	软化点(℃)	47	

(4)砂石材料检验结果

以工地提供的 3 种砂石材料掺配使用，试验结果如表

项　目		细砾石	石灰岩石屑	碎石粉料
通过各筛孔(mm)的百分率	10	100	100	
	5	33.8	30.4	
	2.5	8.2	3.6	100
	1.2	—	2.3	95.2
	0.6	—	1.0	64.1
	0.3	—	0.9	34.0
	0.15	—	0.8	23.0
	0.074	—	—	14.6
含水量(%)		—	—	0.5
相对密度(比重)		1.67	1.17	1.7

续上表

项　目		内　　容
配合比设计示例	混合料配合比组成设计	见下

(1)用标准级配图解法计算矿料组成得3种材料级配如表

通过百分率(%) 筛孔(mm) / 项目	5.0	2.5	1.2	0.6	0.3	0.15	0.074
细砾石30%	10.14	2.46	—	—	—	—	—
石屑34%	10.34	1.22	0.8	0.3	0.3	0.3	—
消石灰36%	36.0	36.0	34.3	23.1	12.2	8.3	5.3
合成级配	56.5	39.7	35.1	23.4	12.5	8.6	5.3
标准级配	50~70	35~50	18~40	14~26	8~18	3~11	0~5

(2)乳液混合料试件配制

按下式计算初步的乳液用量：

$$P = 0.06A + 0.12B + 0.2C$$

式中：P——试用乳液占矿粉干质量的百分率(%)；

A——大于2.5mm矿料占全部矿料总量的百分率(%)；

B——粒径为2.5~0.074mm矿料占全部矿料总量的百分率(%)；

C——小于0.074mm矿料占全部矿料总量的百分率(%)。

$$P = 0.06 \times 60.3 + 0.12 \times 34.3 + 0.2 \times 5.3 = 8.8\%（取9\%）$$

根据矿料合成配比称取1 130g试料两份，分别与9%乳液(用量102g)和2%的拌和用$CaCl_2$水溶液(浓度3%)在小锅内用人工拌和，用马歇尔击实仪制作试件。其中一个试件于室内静置24h。然后，作第二次击实后，分别测量试件高度。室内静置试件高度为63.0mm，说明试样数量偏少，可适当增加矿料用量，经计算为1 148g，取用1 150g。根据试验要求，按常温试件用矿料1 130g和烘干试件用矿料1 150g，分别称取3组各9份试样，以8%、9%、10%3个不同乳液用量及相应拌和水量制作试件并养生。

测定试件物理力学性质测试结果汇总于表。

编号	乳液用量(%)	养护温度(%)	密度(g/cm³)	试验结果			
				空隙率(%)	饱和度(%)	稳定度(kN)	流值(0.1mm)
1	8	常温	2.07	—	—	2.30	24
		110	2.16	9	55	3.82	17
2	9	常温	2.10	—	—	2.37	23
		110	2.19	7	64	4.15	20
3	10	常温	2.04	—	—	3.15	22
		110	2.16	7	66	3.55	26

综合考虑上述结果，取用9%的乳液用量是符合乳化沥青混合料技术要求的

e　乳化沥青材料

普通沥青乳液材料分类　表8-21

类别	代　号	用　途	类别	代　号	用　途
喷洒贯入用	PC—1　PA—1	层铺贯人式路面及表面处治用	拌和用	BC—1　BA—1	拌制粗粒式沥青混凝土及黑色碎石用
	PC—2　PA—2	透层油及稳定用表面养护用		BC—2　BA—2	拌制中粒式沥青混凝土及砂石混合料用
	PC—3　PA—3	结合层油层油用		BC—3　BA—3	拌制稳定土及稀浆封层用

注：P代表喷洒，B代表拌和，C代表阳离子乳化沥青，A代表阴离子乳化沥青。

8

道路乳化沥青材料检验项目及技术标准　　表 8-22

项目		分类	PC—1 PA—1	PC—2 PA—2	PC—3 PA—3	BC—1 BA—1	BC—2 BA—2	BC—3 BA—3
筛上剩余量(%)1.2mm 筛孔			<0.3					
沥青微粒离子电荷			阳(+)；阴(-)					
破孔速度试验			快 裂	慢 裂	快 裂	中或慢裂	慢 裂	慢 裂
粘度	沥青标准粘度 $C_{25.3}$(s)		12~45	8~20		12~100	12~100	40~100
	恩格拉粘度 E_{25}		3~15	1~6		3~40	3~40	15~40
蒸发残留物含量(%)不小于			60	50	50	55	55	60
蒸发残留物性质	针入度	(0.25℃,100g) (5s,0.1mm)	100~200	100~300	60~160	60~200	60~300	80~200
	残留延度比(25℃)	不小于(%)	80					
	溶解度(三氯乙烯)	不小于(%)	97.5					
贮存稳定性	5d	不大于(%)	5					
	1d	不大于(%)	1					
粘附性(骨料裹覆面积)不小于			2/3					
粗粒式集料拌和试验			—			均匀	—	
细粒式集料拌和试验			—				均匀	
水泥拌和试验过 1.2mm 筛孔剩余量			—				5	
低温贮存稳定性(-5℃)			无粗颗粒或结块					

注:本表选自《公路沥青路面施工技术规范》(JTJ 032—94)附录 C。

聚合物改性乳化沥青材料检验项目及技术标准　表 8-23

项目		PKR—T 1	PKR—T 2
粘度	恩格拉粘度 E_{25}	1~10	
	标准粘度 $C_{25.3}$	8~30	
筛上剩余量(1.2mm)小于%		0.3	
粘附性(骨料裹覆面积不小于)		2/3	
沥青微粒离子电荷		+	
蒸发残留物含量不小于(%)		50	

续上表

项目			PKR—T 1	PKR—T 2
蒸发残留物性质	针入度	(25℃) (0.1mm)	60~100	100~150
	延伸度	7℃(cm)	大于 100	—
		5℃(cm)	—	大于 100
	软化点(℃)		大于 48	大于 42
	粘韧性	25℃(N·m)	大于 3.0	—
		(15℃)N·m	—	大于 4.0
	韧性	25℃(N·m)	大于 1.5	—
		15℃(N·m)	—	大于 2.0
	灰分	小于(%)	1	
贮存稳定性(1d)小于(%)			1	
低温贮存稳定性(-5℃)			无粗颗粒与结块	

B 稀浆封层路面

a 稀浆封层的作用、应用范围、分类及用途

稀浆封层的作用、应用范围、分类及用途　表 8-24

项目		内容
定义		稀浆封层是由连续级配集料、填料、乳化沥青、水拌匀后摊铺在路面上的一层封层
主要作用	防水作用	稀浆混合料的集料粒径较细，并且具有一定的级配，乳化沥青稀浆混合料在路面铺筑成型后，它能与路面牢固地粘附在一起，形成一层密实的表层，可防止雨水和雪水渗入基层，保持基层和土基的稳定
	防滑作用	由于乳化沥青稀浆混合料摊铺厚度薄，并且其级配中的粗料分布均匀，沥青用量适当，不会产生路面泛油的现象，路面具有良好的粗糙面，摩擦系数明显增加，抗滑性能显著提高
	耐磨耗作用	由于阳离子乳化沥青对酸、碱性矿料都具有良好的粘附性，因此稀浆混合料可选用坚硬耐磨的优质矿料，因而可得到很好的耐磨性能，延长路面的使用寿命
	填充作用	乳化沥青稀浆混合料中有较多的水分，拌和后呈稀浆状态，具有良好的流动性。这种稀浆有填充和调平作用，对路面上的细小裂缝和路面松散脱落造成的路面不平，可用稀浆封闭裂缝和填平浅坑来改善路面的平整度
应用范围	旧沥青路面的维修养护	路面经过一段时期的使用后，会出现疲劳，路面会呈现开裂、松散、老化和磨损等现象。如不及时维修处理，破损路面受地表水的侵蚀，将使基层软弹，路面的整体强度下降，导致路面的破坏。乳化沥青稀浆封层，将会使旧路面焕然一新，并使维修后的路面具有防水、抗滑、耐磨等特点，是一种优良的保护层，起到了延长路面使用寿命的作用
	作新铺沥青路面的封层	在新铺双层表处路面第二层嵌缝料撒铺碾压完毕后，其最后一层封层料可用乳化沥青稀浆封层代替。由于稀浆流动性好，可以很好地渗入嵌缝料的空隙中去，因此它能与嵌缝料牢固地结合。又因为稀浆封层集料的级配与细粒式沥青混凝土相似，摊铺成型后，路面外观类似细粒式沥青混凝土路面，它具有外观和平整度好的特点，并且有良好的防水耐磨性能。 在新铺筑的粗粒式沥青混凝土路面上，为了增加路面的防水和磨耗性能，可在该路面上加铺一层乳化沥青稀浆封层保护层。其厚度为 5mm，仅为热沥青砂厚度的一半，可以节省资金，并具有施工简便和工效高的特点。 在新铺筑的沥青贯入式或沥青碎石路面上，加铺乳化沥青稀浆封层，可使路面更加密实，防水性能更好
	砂石路面上的磨耗层	在平整压实后的砂石路面上铺筑乳化沥青稀浆封层，可使砂石路面的外观具有沥青路面的特征，提高砂石路面的抗磨耗性能，防止扬尘，改善行车条件
	水泥混凝土路面和桥面维修养护	乳化沥青稀浆封层对水泥混凝土具有良好的附着性，当水泥混凝土路面因多年行车后，路面产生裂缝、麻面或轻微不平时，采用乳化沥青稀浆封层后，可改善路面的外观，提高路面的平整度，延长水泥混凝土路面的使用寿命。在桥梁的行车面层采用乳化沥青稀浆封层处治可起到罩面作用，并且很少增加桥面的自重
分类	按粒料尺寸分类	乳化沥青稀浆封层混合料按矿料级配尺寸可分为粗、中、细三种，这三种稀浆混合料分别适用于不同的路面养护
	按凝结时间分类	乳化沥青稀浆封层混合料拌和摊铺后，稀浆破乳或凝固的快慢和开放交通所需的养护时间分为不同的类型。它们的特性和实验室评价已由国际稀浆封层协会(ISSA)的 Benedict 方法判别，并综合归纳为三种类型：慢凝/慢开放交通型(SS/ST)，快凝/慢开放交通型(QS/ST)和快凝/快开放交通型
	按乳化沥青特性分类	在混合料中加高分子聚合物的称为改性的乳化沥青稀浆封层(微表处)，可用于高等级公路和特殊路段的养护；不加高分子聚合物的则为普通的乳化沥青稀浆封层
用途及用量	ES—1 细粒式稀浆封层	这种类型的乳化沥青稀浆封层，由于其矿料级配非常细，其最大用处是填补裂缝。拌制这种混合料时，沥青用量要多些，以增强它们的粘结力。 这种稀浆封层混合料可用于裂缝路面的第一层封层，以填补裂缝然后再铺第二层中粒式稀浆封层，或在中粒式稀浆封层上作为第二层磨耗层。这种稀浆封层还可用于粒料基层的上封层，这样可以在通行施工车时保护基层，同时还是一层很好的隔水层，这对于有交替冻融特点的地区是非常有利的。 这类乳化沥青稀浆封层混合料的摊铺量为 3.2～5.4kg/m²
	ES—2 中粒式稀浆封层	这是一种应用最普通的稀浆封层，该混合料中有足够的细料可以填补裂缝，同时又有较粗的集料可承担交通量，因此有相当宽的应用范围。它可以在粗粒式封层上作上封层，但是这种封层不能用于主要干线公路上的单层表处，若用于开级配的沥青碎石上封层是相当成功的。 这类乳化沥青稀浆封层混合料的摊铺量为 5.4～8.1kg/m²
	ES—3 粗粒式稀浆封层	这类封层一般可用于重交通道路的上封层，它适用于温度变化大的地区。也可用于粒料基层上的多层封层，一般在多层封层中用于下面的一层，也可用于乡村道路及公园小径等的表层。 这类乳化沥青稀浆封层混合料的摊铺量为 8.1kg/m² 以上

b　乳化沥青稀浆封层混合料及材料技术要求

乳化沥青稀浆封层混合料及材料技术要求　　表 8-25

项目	项目	单位	类别	指标
主要技术指标	可拌和时间 T_m	s	高性能稀浆封层摊铺机	>60
			人工拌和或普通稀浆封层摊铺机	>120
	稠度值 *CV*	cm	机械拌和摊铺	2~3
			人工拌和摊铺	3~5
	磨耗量 *WTAT*	g/m²		<800
	粘附砂量 *LWT*	g/m²		<600
	粘结力 *CT*	N·cm	初凝	120
			开放交通	200
	注:高性能稀浆封层摊铺机是指具有自动计量并带双轴搅拌器和双向布料器的稀浆封层摊铺机			

项目	项目	ES—1 细封层	ES—2 中封层	ES—3 粗封层
最大厚度及材料用量	固化成型后封层最大厚度(mm)	3.2	6.4~8	9.5~11
	干矿料用量(kg/m²)	3.2~5.4	5.4~8.1	8.1~13.6
	沥青用量(干矿料质量百分比)(%)	10~16	7.5~13.5	6.5~12
	填料用量(干矿料质量百分比)(%)	0~3		
	总含水量(干矿料质量百分比)(%)	12~30		
	加水量(干矿料质量百分比)(%)	6~11		

项目		孔径(mm)	通过百分率 细封层	通过百分率 中封层	通过百分率 粗封层
材料的要求	级配要求	9.5	100	100	100
		4.75	100	90~100	70~90
		2.36	90~100	65~90	45~70
		1.18	65~90	45~70	28~50
		0.6	40~60	30~50	19~34
		0.3	25~42	18~30	12~25
		0.15	15~30	10~21	7~18
		0.075	10~20	5~15	5~15

材料的要求——材质要求:

(1)坚硬耐磨

稀浆封层一般是铺在路的表面,直接与车轮接触,为提高乳化沥青稀浆封层的抗滑耐磨性能,延长封层使用寿命,最好选择强度高、硬度大、耐磨性好的石料作集料。

(2)干净

必须清除集料中一切泥土杂物。当土含量过高时,将产生下列不利因素:

纯沥青需要量增加,而无任何相对利益;养护时发生过分的收缩;抵抗磨耗的能力降低;对慢裂快凝稀浆封层而言,将会产生极为不利的影响,有可能在拌和时就破乳,而形成不了一个相对稳定的稀浆。

(3)粗糙

矿料应用棱角较多、石质表面粗糙的轧制石屑,这样可以提高稀浆封层抗滑及抗磨耗性能。而使用天然砂,由于砂子表面光滑,就要降低稀浆封层的抗滑性能,沥青也容易剥落。因此,在交通量大、行驶车速高的路段应选用石质表面粗糙的集料,尽量少用或不用天然砂。

(4)超规格粒径的颗粒要彻底消除

矿料中含有粒径超过封层厚度的大颗粒,在稀浆混合料摊铺时,由于受稀浆封层摊铺机橡胶刮板的阻挡,将大颗粒积聚在摊铺箱橡胶刮板的前方,这样大颗粒随摊铺箱前进时,就会将铺好的稀浆封层混合料划成纵向条痕。同时,一旦摊铺箱从积聚的大颗粒上越过,则由于抬高了摊铺箱,就会增加该处的封层厚度。因此,必须彻底清除集料中超规格粒径的大颗粒

续上表

项目		内容
材料的要求	砂及碎石的要求	(1)矿料的砂当量技术指标应满足:普通慢裂慢凝稀浆封层大于45%,慢裂快凝稀浆封层和改性稀浆封层大于65%。 砂当量的试验方法:将通过四号筛(筛孔为4.75mm)的样品,装入带有刻度的塑料量筒容器之中,加少量絮凝剂搅动,使试样中覆盖在矿料表面上的泥土颗粒脱落下来,而后灌注一定数量的絮凝剂,再经过一定时间的沉淀后,即可从量筒中读出泥土的高度与砂的高度。两者高度的比值乘以100即为砂当量(SE): $SE = (\text{砂高度读数} / \text{泥土高度读数}) \times 100$ (2)表面光滑的砂(水吸收率小于1.25%),不应超过矿料总质量的50%。对于重交通的路面,要使用100%的轧碎石料
	乳化沥青的要求	(1)稀浆封层混合料中起粘结作用的是所用乳化沥青中的沥青材料,因此,乳化沥青中的沥青应符合道路石油沥青标准。对于高等级公路,应采用合乎标准的优质沥青,如重交通道路沥青;对于高速公路或城市快速干道,应采用高分子聚合物改性的乳化沥青。 (2)施工用的乳化沥青必须进行质量检测,检测的内容及标准必须符合《公路沥青路面施工技术规范》(JTJ 032—94)中BC—2、BA—2、BC—3、BA—3型乳化沥青的技术要求和《公路工程沥青及沥青混合料试验规程》(JTJ 052—2000)中有关乳化沥青的试验规程。 (3)技术指标如下表:

检测内容		单位	技术要求	试验规程
筛上剩余量(1.18mm筛)		%	<0.3	T0652
颗料电荷			+,–	T0653
破乳速度试验			慢裂	T0658
标准粘度　$C_{25.3}$		S	12~100	T0621
蒸发残留物含量		%	>60	T0651
贮存稳定度　1d		%	<1	T0655
5d		%	<5	
粘附性试验			>2/3	T0654
蒸发残留物性质	针入度$_{25,100.5}$	0.1mm	40~200	T0651　T0604
	延度$_{25}$	mm	>40	T0651　T0605
	溶解度(三氯乙烯)	%	>97.5	T0651　T0607

项目		内容
材料的要求	水的要求	(1)矿料中的水:一般矿料的含水量相当于矿料质量的3%~5%。矿料中的含水量对于混合料中的用水量是次要的。矿料含水量过大主要影响矿料的容重,而且容易在矿料斗里产生架桥现象,影响矿料的传递,因此矿料输出量应随其含水量不同而作相应调整。矿料的含水量还将影响封层的成型,含水量饱和的矿料,其成型开放交通时间需要更长。 (2)乳液中的水:沥青乳液中含有35%~45%的水。 (3)拌和时的外加水:典型的外加水质量比范围是干矿料质量的6%~11%。外加水量低于6%的稀浆混合料太稠太干,不便于摊铺;而外加水量高于11%时,稀浆混合料太稀,发生离析、流淌,变得不稳定,而且可能产生集料下沉沥青上浮现象,成型后表面一层油膜而下面都是花白的松散集料,与原路面粘接不牢,容易成片起皮脱落,因此慎重控制总外加水量对于保证稀浆封层质量至关重要。对于机械摊铺,9%的外加水量是值得推荐的,但要根据集料与机械的情况作适当的调整,外加水量超过11%的机械操作应该避免。 因此总含水量(包括外加水、乳液中含水和矿料中含水)应控制为矿料质量的12%~20%
	填料的要求	填料可分为具有化学活性的填料和不具有化学活性的填料。不具有化学活性的填料一般指矿粉等,具有化学活性的填料包括水泥、石灰粉、硫酸铵粉、粉煤灰等。在添加具有化学活性的填料时,应充分考虑填料与矿料、乳化沥青的反应及相容性,应有利于稀浆混合料的拌和、摊铺和成型,保证封层的整体强度。 最常用的矿物填料是水泥,其次是石灰。矿粉的质量应符合《公路沥青路面施工技术规范》(JTJ 032—94)的有关规定
	添加剂的要求	乳化沥青稀浆封层混合料中的添加剂视需要而定。添加剂可分为促凝剂和缓凝剂,其作用主要是加快或减缓乳化沥青在稀浆混合料中的破乳速度,满足拌和摊铺和开放交通的需要。 添加剂的类型应在室内试验时确定,或由乳化剂生产厂配套指定。它可以是有机酸、碱、无机盐,也可以是其他高分子聚合物、表面活性剂等,如盐酸、氨水、硫酸铵、氯化铵、氯化钙、硫酸铝、OP10、OP40或其他乳化剂以及一些水乳性的高分子乳胶。另外,如抗剥落剂、改性剂等也可以通过添加剂的方式添加到稀浆混合料中

c　乳化沥青稀浆封层混合料配合比设计程序及步骤

乳化沥青稀浆封层混合料配合比设计程序及步骤　　表 8-26

项　目	内　　容
程序框图	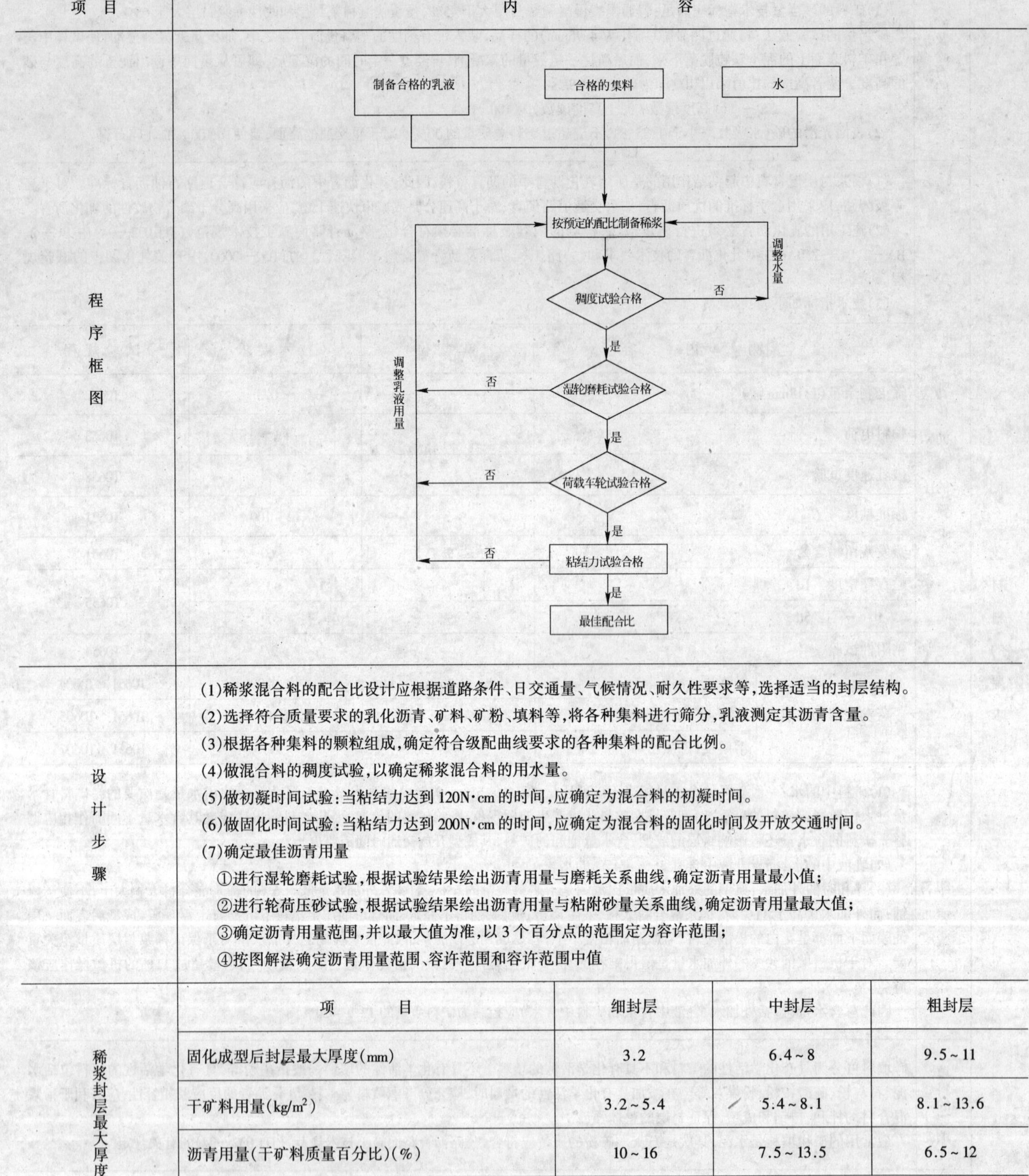

设计步骤

(1)稀浆混合料的配合比设计应根据道路条件、日交通量、气候情况、耐久性要求等,选择适当的封层结构。

(2)选择符合质量要求的乳化沥青、矿料、矿粉、填料等,将各种集料进行筛分,乳液测定其沥青含量。

(3)根据各种集料的颗粒组成,确定符合级配曲线要求的各种集料的配合比例。

(4)做混合料的稠度试验,以确定稀浆混合料的用水量。

(5)做初凝时间试验:当粘结力达到 120N·cm 的时间,应确定为混合料的初凝时间。

(6)做固化时间试验:当粘结力达到 200N·cm 的时间,应确定为混合料的固化时间及开放交通时间。

(7)确定最佳沥青用量

①进行湿轮磨耗试验,根据试验结果绘出沥青用量与磨耗关系曲线,确定沥青用量最小值;

②进行轮荷压砂试验,根据试验结果绘出沥青用量与粘附砂量关系曲线,确定沥青用量最大值;

③确定沥青用量范围,并以最大值为准,以 3 个百分点的范围定为容许范围;

④按图解法确定沥青用量范围、容许范围和容许范围中值

稀浆封层最大厚度及材料用量

项　目	细封层	中封层	粗封层
固化成型后封层最大厚度(mm)	3.2	6.4~8	9.5~11
干矿料用量(kg/m²)	3.2~5.4	5.4~8.1	8.1~13.6
沥青用量(干矿料质量百分比)(%)	10~16	7.5~13.5	6.5~12
填料用量(干矿料质量百分比)(%)	0~3		
总含水量(干矿料质量百分比)(%)	12~20		
加水量(干矿料质量百分比)(%)	6~11		

8

C 塑料格栅沥青路面

塑料格栅沥青路面的作用及设置要点 表 8-27

项目	内容
定义	塑料格栅就是在沥青结构层中或沥青结构层底部加铺塑料格栅形成的一种新型路面
加铺格栅后的效果	加铺塑料格栅的沥青路面比不加铺的沥青路面可以推迟疲劳裂缝产生时间达 1～9 倍,可以减少车辙 50%。日刊《道路建设》(90.9)认为,由于塑料格栅对沥青混合料中矿料颗粒具有约束作用,从而减少了累积塑性变形,起到了抗车辙作用。美国的研究认为,加铺格栅后可改变路面结构的应力分布,减少沥青层厚度,称为厚度效应。还有许多试验表明,从减少反射裂缝和车辙的角度看,加铺塑料格栅可以使路面结构的使用寿命提高 3 倍以上;而就疲劳开裂而言,可延长使用寿命 10 倍
格栅路面的主要作用	(1)提高疲劳寿命 路面在行车荷载的作用下,当荷载应力或应变超过路面的疲劳极限时,即产生疲劳破坏。疲劳的出现是在荷载作用下材料内部所存在的局部缺陷或不均质产生应力集中,从而出现微裂缝。荷载应力的重复作用使这些裂缝逐步扩展,从而不断减少有效的应力面积,最终在荷载作用一定次数后,路面彻底开裂而破坏。疲劳寿命就是在某一定荷载作用下,路面发生开裂破坏时所能承受该荷载的最大作用次数。 塑料格栅的使用,使沥青混合料内颗粒位移受到均匀的限制,极大地减小了混合料内部荷载作用下的应力集中程度,阻止了裂缝的发展,使抗疲劳性提高,这可以从实验得到证实。 (2)提高抗车辙能力 影响沥青混合料高温稳定性的因素比较多,而现代高等级公路中反映高温稳定性好坏的具体表现之一就是车辙大小。车辙是车辆渠化交通作用下车辆轮迹带上所形成的累积变形,这种变形往往都是在夏季高温季节形成的。此变形过大,则会使道路的服务能力显著降低,即形成车辙破坏。在交通量增加、轴载加大、交通渠化的现代公路上,车辙问题愈显得突出。在底层铺设格栅的沥青混合料板,车辙发展速度较慢,且平缓,原因就在于加铺格栅的网络对颗粒的嵌锁、摩阻,限制了混合料内粒团的位移,弥补了沥青粘结力的不足,抑制了塑性变形累积。 (3)减薄沥青层厚度——厚度效应 路面结构加铺塑料格栅后,改变了结构的应力分布,在荷载作用下,由于格栅的共同作用,沥青混合料内的拉应力降低,因而提高了沥青层的抗疲劳特性,延迟了裂缝的发展,推迟了结构的破坏,延长了路面的使用寿命。反过来讲,如仍采用不铺格栅路面的设计寿命,则加铺格栅后可减薄结构厚度,这就是所谓的厚度效应。设计寿命愈长,厚度效应愈好,这是因为较长的设计寿命将使格栅的嵌锁、加筋作用得到了更充分的发挥。 (4)延缓反射裂缝的出现 试验表明,未加格栅的试板施加 10 万次荷载时,反射裂缝已过中性轴;当格栅设置在板底时,试板施加 25 万次荷载还没有出现反射裂缝,反射裂缝的扩展速度随格栅埋设的深度而变慢
设置要点	(1)塑料格栅一般设置在沥青层底部。 (2)设置格栅前,首先将基层表面整平,若为旧水泥混凝土路面,则要视板的破坏情况分别采取措施整治。如板底脱空,则采取压浆措施等,并填灌接缝和裂缝;若为旧开裂沥青路面,也要填灌裂缝,整平可在表面上铺一整平层以满足平整要求。在平整的表面上铺设格栅时,应注意使其网络平直、端部固定。 (3)格栅间在纵横向都应有重叠搭接,两格栅沿路线纵向衔接的搭接宽度 15cm 左右,横向搭接 25cm 左右,且按摊铺方向使下段格栅放在本段格栅下面。 (4)喷洒粘层沥青时要注意此粘层沥青的作用既要使格栅和将铺筑的沥青混合料与基层粘结,又要使格栅与沥青混合料粘为一体。也有先洒粘层沥青,再铺塑料格栅的施工工艺。选择哪一种顺序,应根据施工设备、气温条件、格栅性能等决定

8

D 再生沥青路面

a 再生沥青的类型及一般要求

再生沥青的类型及一般要求　表 8-28

项　目	内　容
定义	再生沥青路面就是利用已破坏的旧沥青路面材料，通过添加再生剂、新沥青和新集料，合理设计配合比，重新铺筑的沥青路面
类型	再生沥青混合料有表处型再生混合料、再生沥青碎石以及再生沥青混凝土三种形式，按集料最大粒径的尺寸，可以分成粗粒式、中粒式和细粒式三种。按施工温度分成热拌再生混合料和冷拌再生混合料二种，热拌由于在热态下拌和，旧油和新沥青处于熔融状态，经过机械搅拌，能够充分地混和，再生效果较好，而冷拌再生沥青混合料再生效果较差，成型期较长，通常限于低交通量的道路上
再生剂的作用	①调节旧油的粘度，使旧油过高的粘度降低，使过于脆硬的旧沥青混合料软化，以便于机械拌和，并同新的沥青、新的集料均匀混合。 ②使老化的旧油中凝聚的沥青质重新分解，调节沥青的胶体结构，从而达到改善沥青流变性质的目的
沥青再生原则	①沥青中饱和分的含量必须保持在适当范围内（根据沥青性质而异，通常约为 10%～18%最佳）； ②沥青的组成参数在适当的范围内（通常在 0.4～1.2 之间，高粘度沥青比值可达 1.5）； ③沥青的胶溶剂与胶凝剂的比值通常最小应在 1.5 以上； ④沥青质的含量与软沥青质的含量应保持一定的比值
再生剂的一般要求	①具有亲和及渗透能力，通常其粘度约在 0.01～20Pa·s 范围内为好； ②具有良好的流变性质； ③必须具有溶解和分散沥青质能力。旧油中沥青含量越高，再生剂具有溶解和分散能力越高。再生剂中芳香分含量的多少是衡量再生剂品质的重要技术指标之一； ④必须具有一定耐热性和耐侯性，一般用薄膜烘箱试验后粘度比指标控制

b 再生剂质量技术标准

再生剂技术指标建议值　表 8-29

技术指标	粘度(25℃)(Pa·s)	流变指数 25℃	芳香分含量(%)	表面张力(10^{-3}N/m)	薄膜烘箱试验粘度比($\eta_{后}/\eta_{前}$)
建议值	0.01～20	≥0.90	≥30	≥36	<3

c 再生沥青混合料配合比及技术标准

8

再生沥青混合料配合比设计　表 8-30

项目	步　骤　及　方　法
设计任务	①确定旧路面材料掺配比例； ②选择再生剂和新沥青材料并确定其用量； ③选择砂石集料，确定新旧集料的配合比例； ④检验再生沥青品质，并确定再生混合料最佳油石比； ⑤根据路用要求，检验再生混合料的物理力学性质
技术经济要求	①再生沥青混合料必须具有足够的强度和热稳定性； ②再生沥青混合料具有良好的低温抗裂性，低温下表现为较低的线收缩系数，较高的抗弯强度和较低的弯拉模量； ③再生沥青路面有足够的抗滑性和防渗性； ④再生沥青路面具有良好的耐久性； ⑤尽可能地使用旧路面材料，最大限度节约沥青和砂石材料

续上表

项目	步　骤　及　方　法
旧料掺配率确定	旧料掺配率是旧料占整个再生混合料的质量百分率： $P=\frac{G_0}{G_R}\times 100\%$ 式中：P—— 旧料掺配率(%)； G_0—— 再生沥青混合料旧料的质量； G_R—— 再生混合料质量。 再生沥青混合料用于交通量较大的路面面层时，应取低掺配率(30% ～ 40%)；交通量不大时，可以选高掺配率(50% ～ 80%)；旧油品质很差时，宜选低值；旧集料是风化软质石料，或集料过粗，细料过多，宜取低掺配率；采用机械拌和再生混合料，宜采用低掺配率

续上表

项目	步　骤　及　方　法
再生剂选择与用量确定	老化脆硬产生的旧路面材料,宜采用小于0.5Pa·s的油料作再生剂;其他情况可采用0.5~20Pa·s的油料作为再生剂,再生剂用量可以用下式确定。 $\log\eta_k = X^a\log\eta_b + (1-X)^a\log\eta_0$ 式中:X——再生剂用量; η_0——旧油粘度; η_b——再生剂粘度; η_k——调配后粘度。 或也可以由再生沥青混合料设计附图中旧油掺加再生剂的粘度关系图确定(见表8-31)
新沥青材料用量确定	添加新沥青材料补充混合料所需的结合料,在某种程度上调节旧油的稠度,改善旧油的性质。新沥青的针入度可以由下式计算。 $\log P_b = \frac{1}{X^a}[\log P_k - (1-X)^a(\log P_0 - A) - A] + A$ 式中:P_b——新沥青材料针入度,0.1mm; P_k——再生沥青的针入度,0.1mm; P_0——旧油的针入度,0.1mm; X——新沥青掺配比例,以小数计; A——常数,$A = 4.6569$。 新沥青材料的掺配比例 X 由下式确定 $X = \frac{i_R - i_0 P}{i_R}$ 式中:X——新沥青的掺配比例; i_R——再生沥青混合料含油率(%); i_0——旧料含油率; P——旧料掺配率(%)。 或者新沥青用量由再生沥青混合料设计附图中,再生剂沥青稠度关系图确定(见表8-31)
集料配合比确定	再生沥青混合料集料技术要求均可采用现行规范,无其他特殊要求。配合比设计时,应将旧集料的颗粒级配对照设计级配范围进行比较,以便知道粗料或细料的多少;从而确定各种新集料的掺量
最佳含油率确定	目前,仍采用马歇尔试验方法确定再生沥青混合料的最佳含油率。再生沥青混合料马歇尔试验与普通沥青混凝土试验有所不同,简述如下: ① 试件配料 a.试件密度预估 $P_R = \frac{P_m(1-V)}{1+i_R(P_m-1)}$

续上表

项目	步　骤　及　方　法
最佳含油率确定	式中:P_R——再生混合料密度,g/cm³; P_m——再生混合料集料平均密度,g/cm³; i_R——再生混合料含油率,%; V——再生混合料压实后设计要求残留的空隙率,%。 b.马歇尔试件重 $G_k = P_k V$ 式中:G_k——再生混合料马氏试件重,g; P_k——再生混合料预估密度,g/cm³; V——试模体积,cm³。 c.旧料质量 $G_0 = G_R \cdot P\left(\frac{1-i_R}{1-i_0}\right)$ 式中:G_0——旧料重,g; P——旧料掺配率,%。 d.各档新集料质量 设旧料与新料配合比为 $a:b:c\cdots$,其中 a 为旧集料配合比,$b:c\cdots$ 依次为各档新集料配合比。 $g_b = G_k(1-i_R)b$ $g_c = G_k(1-i_R)c$ e.计算新沥青用量 $G_b = G_R\left[i_R - Pi_0\cdot\left(\frac{1-i_R}{1-i_0}\right)\right]$ 式中:G_b——每只试件新沥青用量。 每只试件再生剂所需质量 g_r 为: $g_r = G_0\cdot i_0\cdot\left(\frac{X}{1-X}\right)$ 式中:X——再生剂的配合比,由粘度调配求得。 ② 马歇尔特征值 马歇尔特征值计算与普通沥青混凝土马歇尔特征值计算没有区别。 ③ 再生混合料技术指标,与普通沥青混凝土没有区别。 ④ 最佳沥青用量计算 最佳沥青用量与普通沥青混凝土相同,不过由试验确定再生率混合料最佳含油率后,按下式计算新沥青的掺加量: $i_b = i_R - P\cdot i_0\cdot\left(\frac{1-i_R}{1-i_0}\right)$ 式中:i_b——新沥青占再生混合料的质量百分率,%; i_R——再生混合料设计含油率,由试验或经验公式计算确定,%; P——旧料掺配率,%; i_0——旧料含油率,%

再生沥青混合料设计附图　　表 8-31

图名	粘度(Pa·s)	计　算　用　图
旧油掺加再生剂的粘度关系图	0.01 ~ 0.1	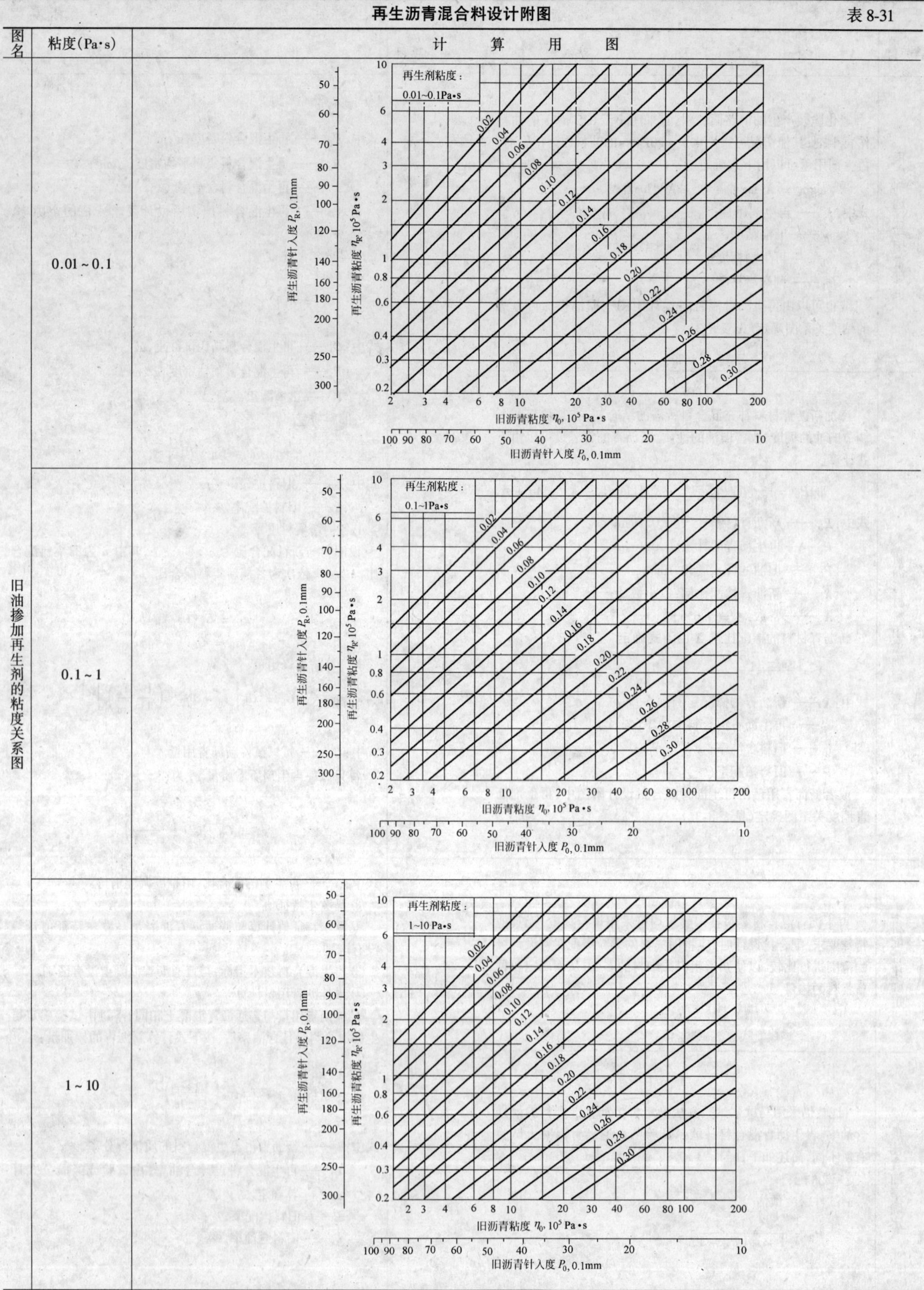
	0.1 ~ 1	
	1 ~ 10	

续上表

图名	粘度(Pa·s)	计　算　用　图
旧油掺加再生剂的粘度关系图	10~20	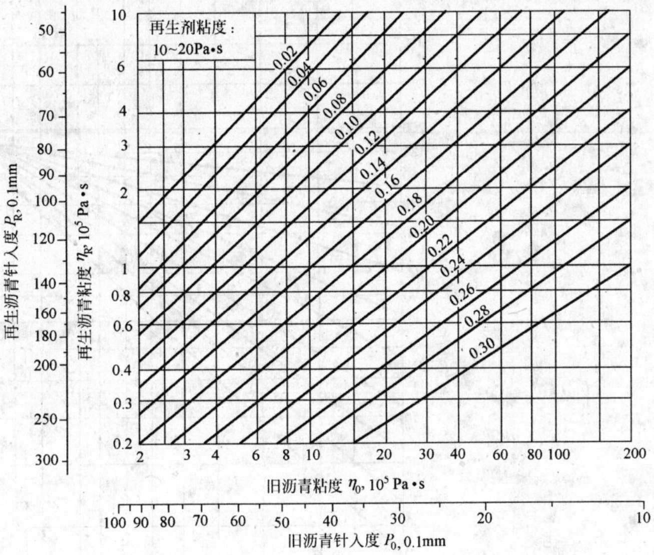 再生剂粘度：10~20Pa·s 再生沥青针入度 P_R, 0.1mm 再生沥青粘度 η_R, 10^5 Pa·s 旧沥青粘度 η_0, 10^5 Pa·s 旧沥青针入度 P_0, 0.1mm 0.02　0.04　0.06　0.08　0.10　0.12　0.14　0.16　0.18　0.20　0.22　0.24　0.26　0.28　0.30
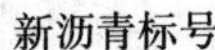	新沥青标号	
再生剂沥青稠度关系图	油—200	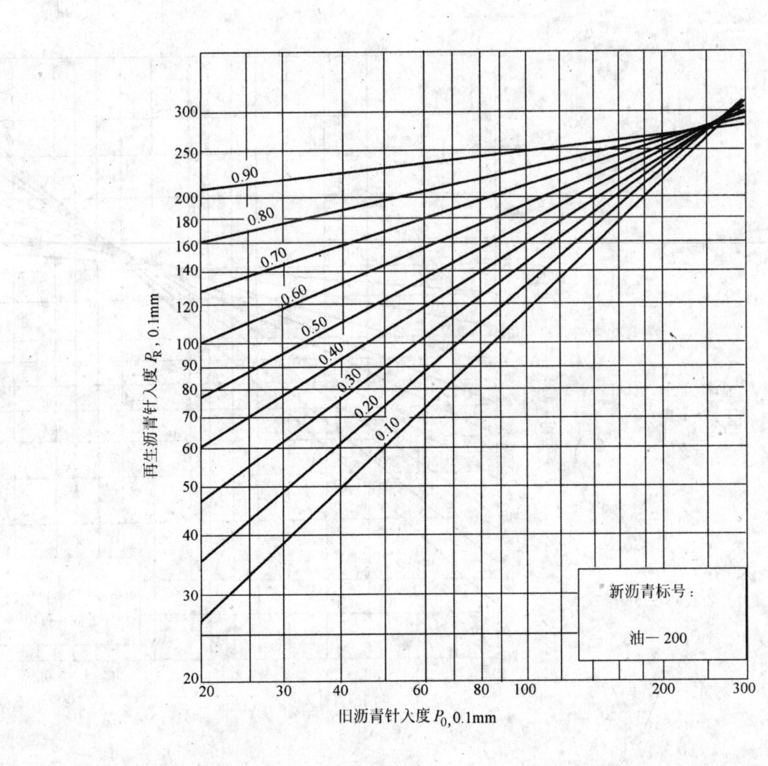

续上表

图名	粘度(Pa·s)	计　算　用　图
再生剂沥青稠度关系图	油—180	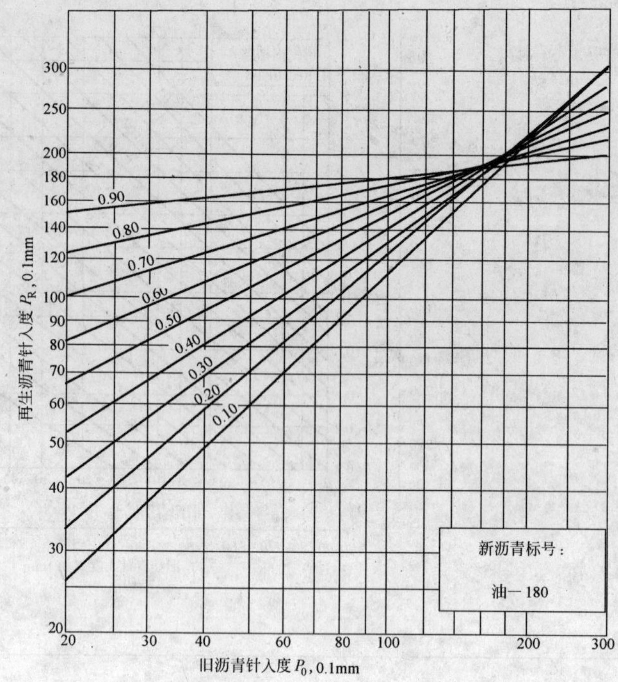
	油—140	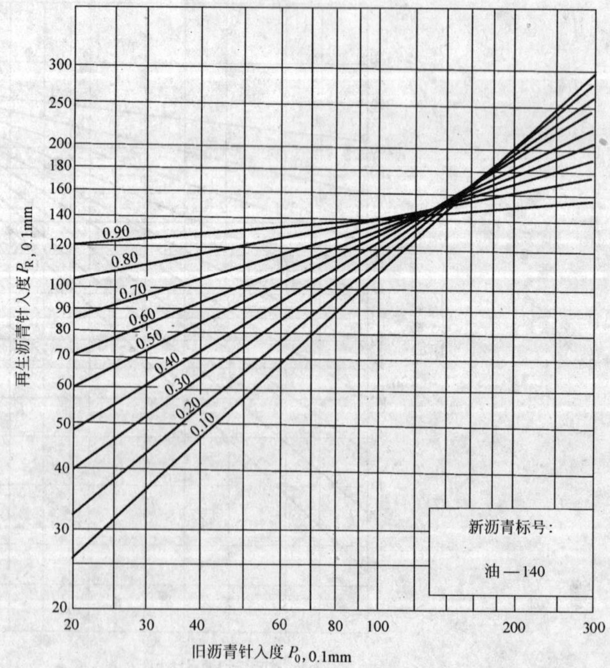

续上表

图名	粘度(Pa·s)	计算用图
再生剂沥青稠度关系图	油—100	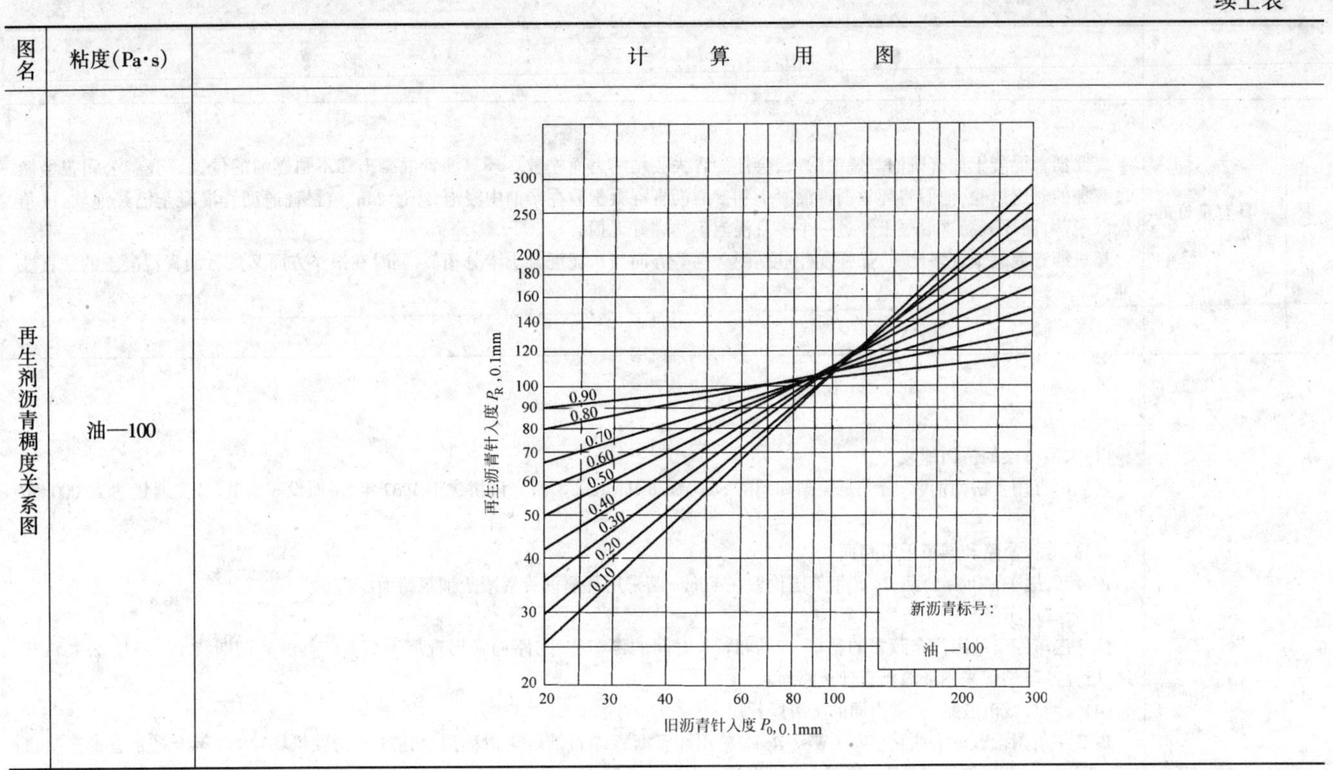

日本再生沥青混合料马歇尔技术标准　　表 8-32

混合料类型		沥青稳定处治	粗级配沥青混凝土(20mm)	密级配沥青混凝土(20mm)	密级配沥青混凝土(13mm)
锤击次数	C 级交通以上	50	75	75	75
	B 级交通以上	50	50	50	50
空隙率(%)		3~12	3~7	3~6	3~6
饱和度(%)		—	—	—	—
稳定度(kN)大于		3.5	5.0	5.0[7.5]	5.0[7.5]
流值(0.1mm)		10~50	20~45	20~45	20~45

注:1.方括弧内数值为 C 级交通以上,锤击次数 75 次;
2.按轮荷载 5t 每天单方向作用次数:B 级交通为 250~1 000;C 级交通为 1 000~3 000。

E 高强沥青混凝土路面

a 高强沥青混凝土路面特性及用途

高强沥青混凝土路面特性及用途　　表 8-33

项目		内容
定义		高强沥青混凝土是采用环氧沥青配制而成的热固性沥青混凝土材料。由于环氧沥青经过固化后根本改变了沥青的热塑性性质,用环氧沥青所拌制的沥青混凝土与普通沥青混凝土相比较,有许多优良的特性
主要特性	强度高、刚度大	环氧沥青混凝土强度高、变形小、刚度大。如壳牌石油公司所配制的环氧沥青混凝土,其马歇尔稳定度超过 45 000N,而普通沥青混凝土的稳定度仅为 8 000~12 000N,相差达 4~5 倍。虽然马歇尔稳定度并不是标准的力学指标,但反映出环氧沥青混凝土高强是无疑的。在 20℃常温下,环氧沥青混凝土的弯拉劲度模量高达 12 000MPa,而普通沥青混凝土仅为 3 000MPa,也相差 4 倍
	具有优良的疲劳性能	环氧沥青混凝土由于强度高,在同样的应力水平下,表现出极其优良的耐疲劳性能,几乎是普通沥青混凝土疲劳寿命的 10~30 倍。澳大利亚西门大桥(West Gate Bridge)管理局所做的疲劳试验表明,环氧沥青混凝土的疲劳寿命为 5×10^6 次,而普通沥青混凝土仅为 0.29×10^6 次,两者相差 17 倍

续上表

项	目	内 容
主要特性	具有良好的耐久性	普通沥青混凝土如有柴油等燃油渗入,会使沥青失去粘结力而松散。环氧沥青混凝土却不怕燃油的侵蚀。壳牌公司曾经做过有趣的对比试验,他们将环氧沥青混凝土和普通沥青混凝土放在柴油中浸泡,经过 24h,结果普通沥青混凝土已经泡软,棱角松散脱落,而环氧沥青混凝土经过一个多月浸泡仍然完好无损。 环氧沥青混凝土许多性质,如强度、刚度、耐久性等方面与水泥混凝土十分相似,同时在很多方面又具有沥青混凝土的优良性能
主要用途		(1)大型桥梁的桥面铺装 环氧沥青用于桥面铺装,首先是美国加州的 San Mateo-Hayward 大桥。该桥建于 1967 年,桥面设 6 车道,日交通量达 20 000 辆/d。 (2)高等级公路和城市干道路面 1974 年法国在 Blois 公路,1975 年英国伦敦在 Filmer 路采用环氧沥青混凝土铺筑路面。 (3)公共汽车停车站 公共汽车停车站因汽车频繁的刹车、启动和较长时间的停车作用,路面常出现严重车辙。英国曼彻斯特 Piccadilly 公共汽车站、巴克停车站曾采用环氧沥青铺筑路面。 (4)公路与城市道路、机场道面的防滑磨耗层 1973 年英国伦敦的大西路(Great West Road)曾用环氧沥青碎石铺筑防滑面层。1973 年伦敦机场、1980 年卡塔尔首都多哈机场,在道面上加铺过环氧沥青防滑面层,以保证足够的抗滑能力。采用环氧沥青铺筑排水性路面,能减少剥落等病害。 (5)广场铺面 在一些广场,尤其在装运燃油的集装箱转运站、汽车库等场地,采用环氧沥青做铺面,能使铺面经久耐用,对燃油的腐蚀有很好的抵抗能力。1977 年,英国在 Roysl Seaforth Dock 集装箱转运站、Tilbury 转运站等处曾采用环氧沥青混凝土铺筑过铺面地坪

b 高强沥青混凝土混合料的特殊材料

高强沥青混凝土混合料的特殊材料　　表 8-34

项	目	内 容
环氧树脂	种类	环氧树脂是含有两个以上环氧基聚合度不高的化合物,是一种胶粘材料。环氧树脂有几种类型,各有不同的特性,如双酚 A 型环氧树脂、酚醛环氧树脂、脂环族环氧树脂、脂肪族环氧树脂以及其他类型的环氧树脂。但我国目前大规模工业生产的主要是双酚 A 型环氧树脂,约占总产量的 90%
	主要特性	(1)双酚 A 型环氧树脂由环氧氯丙烷缩聚而成,为淡黄色至棕色的透明粘性液体或固体,平均分子量在 350 ~ 7 000 范围内。分子量越大,粘度越大,其环氧值却越小,颜色也越深;分子量越小,颜色越淡,流动性越好。双酚 A 型环氧树脂性能稳定,即使加热到 200℃也不会发生变化。 (2)环氧树脂本身是热塑性的低分子线性聚合物,必须加入固化剂将环氧树脂中的环氧基打开,发生交联反应,形成网状立体结构的大分子,才能成为不溶于水、不能再溶化的固化物。在固化过程中,树脂内部产生一定的内聚力,才对被胶结物产生较强的粘结力,从而将胶结物联结成整体,形成结构强度。 (3)就固化物的性能而言,分子量低的环氧树脂,其固化物的强度比分子量大的环氧树脂高。但是另一方面,分子量大的环氧树脂强度虽然要低一些,但由于分子量大,缠联性能好,故固化物的韧性较好。 (4)就成本而言,低分子量的环氧树脂强度高,价格也比较高,而高分子量的环氧树脂纯度低,透明度差,其价格也低。 (5)低分子量的环氧树脂,在常温下成流动状态,加工使用方便;而高分子量的环氧树脂,在常温下流动性差,使用时必须加热或用溶剂加以稀释,施工使用不便

续上表

项目		技术指标		E—51(618)	E—44(6101)	E—42(634)	E—35(637)
环氧树脂	质量指标	外观		黄色至琥珀色高粘度透明液体			
		色泽 HCB 2002—59	小于	2	6	8	8
		软化点(环球法)(℃)		—	12～20	21～27	—
		环氧值(盐酸吡啶法)(当量/100g)	小于	0.48～0.56	0.41～0.47	0.38～0.45	0.26～0.40
		有机氯值(银量法)(当量/100g)	小于	2×10^{-4}	2×10^{-4}	2×10^{-4}	2×10^{-4}
		无机氯值(银量法)(当量/100g)	小于	1×10^{-3}	1×10^{-3}	1×10^{-3}	1×10^{-3}
		挥发物(110℃,3h)(%)	小于	2.0	1.0	1.0	1.0

固化剂 — 固化剂类型

环氧树脂是线性低分子热塑性聚合物,必须依靠固化剂将环氧树脂中的环氧基打开,发生交联反应,才能形成粘结强度。固化剂的性质不同,对环氧树脂固化物的粘结强度和物理性质有很大的影响。

(1)按分子结构分类

固化剂按分子结构分为三类:①碱性固化剂,如多元胺、改性脂肪胺、胺类加成物;②酸性固化剂,如酸酐;③合成树脂类,如含活性基团的聚酰胺、聚酯树脂、酚醛树脂等。上述不同固化剂固化反应的机理是不同的。

(2)按固化反应时需要的温度分类

固化剂按固化反应的温度分为:①低温固化剂;②常温固化剂;③中温固化剂;④高温固化剂

固化剂 — 固化剂选择

选择固化剂应考虑下列因素:

①固化剂与环氧树脂发生化学反应后,能够满足力学强度的要求;

②固化剂反应条件能够适应沥青混合料拌和、摊铺、碾压工艺过程;

③固化剂来源广泛,采购方便;

④固化剂应无毒或基本无毒,不影响操作人员的健康。

配制冷拌环氧沥青混凝土材料,需要采用常温固化剂。乙二胺、三乙烯四胺、低分子聚酰胺、间苯二甲胺等都是胶结技术中常用的固化剂

固化剂 — 固化剂用量

胺类固化剂的用量与环氧树脂的环氧值有关,也与胺类固化剂的品种有关,可按下式计算:

$$胺类固化剂用量(\%)=\frac{胺分子量}{胺分子中活泼氢原子数}\times 环氧值$$

固化剂的用量还与固化反应时的温度有关。例如,在常温下就能与环氧树脂发生反应的常温固化剂,在夏天与冬天使用时,其剂量就应有所差别。气温高时,固化剂用量可略少一些

固化剂 — 常用固化剂用量及特性

类别	化学名称	简称	用量(g/100g 环氧树脂)	使用期(min/25℃)	特性
胺类常温固化剂	乙二胺	EDA	6～8	—	20℃蒸汽压 1470Pa
	乙二烯三胺	DETA	10～11	25	20℃蒸汽压 13.3Pa
	三乙烯四胺	TETA	11～12	26	20℃蒸汽压 1.33Pa
	四乙烯五胺	TEPA	12～13	27	20℃蒸汽压 <1.33Pa
	多乙烯多胺	TEPA	14～15	—	—
	己二胺	HDA	15	—	固体粉末,韧性好
	二乙基氨基丙胺	DEAPA	5～8	120	使用期长,放热小
	间苯二甲胺	HZDA	18～22	50	粘度低,毒性小

类别	化学名称	简称	用量(g/100g 环氧树脂)	使用期(min/25℃)	特性
中温固化剂	三乙醇胺	TEA	14	80/4	使用时间 4h
	六氢吡啶	—	15	60/4	使用时间 8h,有气味
	2—甲基咪唑	—	4～8	60～80/6～8	熔点 136℃
	2—乙基咪唑	—	2～5	60～80/6～8	熔点 61～66℃
	2—乙基 4—甲基咪唑	EM124	2～10	60～80/6～8	黄色粘稠液体
	2—甲基咪唑与丁基缩水甘油醚反应物	704	10	60～80/6～8	棕黑色粘稠液体
	2—甲基咪唑与异辛缩水甘油醚反应物	705	15	60～80/6～8	棕黑色粘稠液体

续上表

项目			内容					
固化剂	常用固化剂用量及特性	高温固化剂	化学名称	简称	熔点(℃)	用量(g/100g 环氧树脂)	固化条件(℃/h)	热变形温度(℃)
			间苯二胺	MPDA	63	14~16	80/2+150/4	150
			改性间苯二胺	MPDA—M	65	15~20	80/2+150/4	—
			4—4′二氢基二苯基甲烷	DDM	85	30	80/2+150/4	155
			邻苯二甲酸酐	PA	128	30~45	130/5+150/4	150
			顺丁烯二酸酐	MA	53	30~35	160/4	—
			六氢邻苯二甲酸酐	HHPA	35	78~85	90/2+130/4	143
			甲基内次甲基四氢苯二甲酸酐	MNA	12	90	120/3+150/4	144

c 高强沥青混凝土配制要点

高强沥青混凝土配制要点 表 8-35

方法	要点							
冷拌高强沥青混凝土配制	(1)配制冷拌环氧沥青混凝土,与拌制乳化沥青混合料十分相似,集料无须加热。在常温下集料与预先配制好的环氧沥青拌和,经摊铺、压实,环氧沥青慢慢固化而形成强度。由于在常温下操作,随用随拌,比较方便。 (2)在拌制前,先将沥青、介质、环氧树脂以及固化剂分别先配制成甲料和乙料。甲料由沥青、介质、环氧树脂以及溶剂配合而成。环氧树脂的用量与其他改性沥青一样,也以占沥青重量的百分比计,具体用量应通过试验确定。环氧树脂的用量至少要10%以上,甚至达到20%,这也是环氧沥青成本高的重要原因。甲料在常温下呈黑色稀浆状,具有流动性;乙料由固化剂和溶剂组成,呈黄色或棕黄色液体。甲料与乙料的配合比例,根据环氧树脂与固化剂匹配比例(通常在有关技术书和手册中查到)计算而定。选择溶剂要考虑价格、性能以及有无毒性等因素,比例通过试验确定。使用时,先按比例将乙料加入甲料中,并搅拌均匀,随后即可用于拌制沥青混凝土混合料。 (3)环氧沥青混凝土的集料级配一般采用连续的细密级配。结合料用量不是用马歇尔试验方法确定的,而主要是根据拌和时的和易性并结合经验确定的,大体上与热拌沥青混凝土的用油量相当。虽然增加环氧沥青的用量能改善和易性,又不用担心出现泛油,但由于环氧沥青价格较高,故有一个适当结合料用量的问题							
热拌高强沥青混凝土配制	(1)热拌环氧沥青混凝土的配制与普通热拌沥青混合料相似,但由于增加了介质、环氧树脂和固化剂,增加了配制工艺的复杂性。在配制之前,一般先将介质加入沥青中,并搅拌均匀。由于介质的粘度较低,故沥青中加入约30%的介质后,其粘度大大降低,针入度降低为200~300(0.1mm),在90~100℃时已成为液状。这样有利在较低的温度下拌和混合料。在混合料拌和之前,将环氧树脂与固化剂进行混合,但不宜过早,一般提前20min,加入混合料中一起拌和均匀即可出料。 (2)热拌的温度对固化时间有明显的影响。固化物在反应过程中,初凝时间是以沥青组合料粘性开始丧失为标准,如在拌和时丧失粘性,则混合料失效报废。为保证施工工艺过程所需的时间,应尽量降低拌和温度。 (3)在室内是将环氧沥青混合料按常规方法成型马歇尔试件,按照固化物反应所需温度和时间(固化条件),将试件放入烘箱中养护,取出后进行马歇尔试验,测定其稳定度							
参考配合比(美国Denning)	环氧沥青编号	A	B	C	D	E	F	G
	沥青 (%)	23	35	78	75	73	32	32
	介质 (%)	77	65	22	25	27	68	68
	环氧树脂剂量 (%)	48	48	14.8	10.7	7.5	7.4	5.8

F 微表处路面

a 微表处沥青路面特点

微表处沥青路面特点 表 8-36

项目	内容
定义	微表处是一种用聚合物改性乳化沥青作为稀浆封层的薄型路面,又是一种采用高分子聚合物使乳化沥青改性的铺筑技术
主要特点	(1)施工速度快。连续式稀浆封层机1天之内能摊铺500t微表处混合料,折合为一条10.6km长的标准车道,摊铺厚度最小可达9.5mm,施工后1h即可通车,适用于大交通量的高等级公路及城市干道。 (2)微表处可提高路面的防滑能力,增加路面色彩对比度,改善路面性能,延长路面使用寿命。 (3)成型快,工期短,施工季节长,可以夜间作业的优点尤其适于交通繁忙的公路、街道和机场道路。 (4)常温条件下作业,降低能耗,不释放有毒物质,符合环保要求。 (5)在面层不发生塑性变形的条件下,可修复深达38mm的车辙而无需碾压。 (6)因为微表处层很薄,所以在城市主干道和立交桥上应用不会影响排水,用于桥面也不会增加多少重量。 (7)在机场,密级配的微表处能作防滑面层而不会产生破坏飞机发动机的散石。 (8)由于它能填补厚达38mm的车辙,而且十分稳定,也不产生塑性变形,所以它是不用铣刨解决车辙问题的独特方法。 微表处填补了普通稀浆封层和热拌沥青混凝土摊铺各自存在的缺陷,确切地说,微表处是一种完善的道路养护方法

b 微表处材料技术要求

微表处材料技术要求 表 8-37

材料		技术要求		
级配要求	ISSA推荐级配	筛孔(mm)	Ⅱ	Ⅲ
		9.5	100	100
		4.75	90~100	70~90
		2.36	65~90	45~70
		1.18	45~70	28~50
		0.6	30~50	19~34
		0.3	18~30	12~25
		0.15	10~21	7~18
		0.075	5~15	5~15

材料		筛孔尺寸(mm)	通过率(%) Ⅰ	Ⅱ	Ⅲ
级配要求	西班牙推荐级配	12.5			100
		10	100		85~100
		6.3	100	80~100	70~90
		5	85~100	70~90	69~85
		2.5	65~90	45~70	40~60
		1.25	45~70	28~50	28~45
		0.63	30~50	18~33	18~33
		0.32	18~35	12~25	11~25
		0.16	10~25	7~17	6~15
		0.08	7~15	5~10	4~8

续上表

材料		技术要求	0/11	0/8	0/5	0/3
级配要求	德国推荐级配	<0.09mm	6~12	6~12	6~14	6~16
		>2mm	45~75	45~65	40~65	20~50
		>5mm	—	≥15	≤10	≤10
		>8mm	≥15	≤10	—	—
		>11mm	≤10	—	—	—

材料	项目	指标
集料技术要求	石料压碎值	<28%
	洛杉矶磨耗值	<30%
	视密度	>2.5
	细长扁平整粒含量	<10%
	石料磨光值	>42
	破碎面	100
	软石含量	<5%

续上表

材料	技术要求							
微表处乳化沥青技术要求（美国微表处用改性乳化沥青技术标准）	州　名	阿拉巴马	伊利诺斯	里萨斯	俄克拉荷马	宾西法尼亚	维吉尼亚	怀俄明
	筛上剩余量(%)	<0.01	<0.10	0.5	0.1	0.1		0.1
	贮存稳定性(%) 24h / 5d	<0.1	<0.1	<1 <5	1	1		1
	赛波特粘度(s)	20~15	15~100	10~60	20~100	<100	20~100	20~100
	固含量(%)	>60	>62	>57	>62	>62	>62	>62
	蒸馏方法		177℃/15min	177℃/20min	204℃/15min	177℃/15min		
	蒸馏物延度(cm)	>40	>50	>80	>70	>40(15.5℃)	>40	>40
	溶解度(%)	>97.5	>97.5	>97.5	>97	>96	>97.5	>97.5
	针入度(0.1mm)	60~110	40~80	50~100	40~90	40~90	40~90	40~90
	软化点(℃)		>60		>57	>60	>60	>57
	聚合物用量			>3%				
	60℃动力粘度(Pa·s)		>800		>800	>800		
	测力延度比率						0.5	

材料	指标			单位	PKR—T型 1	PKR—T型 2
微表处乳化沥青技术要求（日本掺聚合物改性沥青乳液标准(JEAAS)）	恩格拉度(25℃)				1.10	
	筛上残留物含量(1.18mm)			%	0.3mm以下	
	粘附性				2/3以上	
	电荷				阳(+)	
	蒸发残留物含量			%	50以上	
	蒸发残留物	针入度(25℃)		0.1mm	50~100	100~150
		延度	7℃	cm	100以上	—
			5℃	cm	—	100以上
		软化点		℃	48以上	42以上
		粘韧性	25℃	N·m	3以上	
			15℃	N·m	—	4以上
		韧性	25℃	N·m	1.5以上	
			15℃	N·m	—	2以上
		灰分		%	1以下	
	贮存稳定性(24h)			%	1以下	
	冰冻稳定性(-5℃)				—	

续上表

材料	项　目		单位	技术要求		试验方法
微表处乳化沥青技术要求（国内推荐的改性沥青(微表处甲)技术要求）	筛上剩余量(1.2mm)		%	≤0.1		T0652
	储存稳定性	24h	%	≤1		T0655
	粘度	道路标准粘度 $C_{25.3}$	s	18~75		T0621
		恩格拉粘度(25℃)		5~28		T0622
		赛波特粘度(25℃)	s	20~100		T0623
	蒸馏残留物性质	残留物含量*	%	≥62		STMD244
		针入度(25℃,100g,5s)	0.1mm	40~90	60~110	T0604
		延度(15℃,5cm/min)	cm	≥40		T0605
		软化点	℃	≥60	≥57	T0606
		溶解度	%	≥97.5		T0607
		60℃动力粘度	Pa·s	≥8 000		T0620
	使用地区			南方	北方	

*蒸馏温度：第一步177℃，第二步204℃；有条件的单位，可以测定残留物的动态剪切模量和测力延度

材料	性　能		指　标
推荐的微表处混合料技术性能要求	可拌和时间		>60s
	内聚粘结力	30min	>1.2N·m
		60min	>2.0N·m
	湿磨耗量	1d	<806g/m²
		6d	<527g/m²
	负荷车辙深度变化		<10%
	水敏感性等级分		>9

A 碾压混凝土的特点及比较

碾压混凝土(RCC)的特点及比较 表 8-38

项　目	内　　容
主要特点	碾压混凝土是一种含水率低、通过振动碾压达到高密度、高强度的水泥混凝土。 (1)强度高,需要通过合理的混合料配合比设计、适宜的施工工艺、严格的施工组织管理和质量控制以保证面板抗折、抗压强度达到设计要求。避免由于行车荷载和温度应力的反复作用而产生早期裂缝、断板等疲劳破坏。 (2)平整度好,平整度是指实际施工的路表面与设计路表面的偏离程度,是高等级公路路面的关键指标。达到较高平整度指标不仅可以满足汽车高速行驶的要求,而且还可以减少汽车燃料消耗和轮胎磨耗,降低噪声,减少运输成本和环境污染,并可避免由于路面不平整使汽车产生的冲击力对路面的破坏作用。 (3)抗滑性能好,即表面应有良好的微观粗糙度和宏观粗糙度,以提高路面的抗滑能力,减少雨天交通事故。 (4)耐久性,应具有高于一般路面的强度和稳定性,经久耐用,使用年限达到 30 ~ 50 年

碾压混凝土与其他路面比较 — 特点比较

与沥青混凝土路面的比较	与普通水泥混凝土路面比较
1.车辙少; 2.抗磨耗性好; 3.耐油性好; 4.平整性差; 5.使用寿命长,维修费用少; 6.重交通或某些厚层结构,初期投资费用有可能较省	1.可用沥青路面摊铺机械进行施工; 2.施工简单、快速,可不用模板,能缩短工期; 3.经济性优越,估计初期投资费用约节省 15% ~ 40%; 4.单位用水量和水泥用量少,一般节省水泥 10% ~ 30%,干缩率小,可以扩大接缝间距,有利于行车舒适性; 5.初期强度高,养护期短,可早期开放交通,一般养护时间为 5 ~ 7d

碾压混凝土与其他路面比较 — 路面碾压混凝土及普通混凝土的配合比及稠度

混凝土品种	粗集料粒径(mm)	粉煤灰掺量(%)	材料用量(kg/m³) 水	水泥	粉煤灰	河砂	碎石	石子填充体积(砂率)(%)	混凝土稠度	
碾压混凝土	5 ~ 20	0	100	270	0	868	1 323	80(39.6)	改进 VC 值	44s
		20	95	216	80	842	1 323	80(38.9)		41s
普通混凝土	5 ~ 40	0	140	300	0	755	1 310	75(36.6)	塌落度	3.4cm
		20	130	240	90	718	1 310	75(35.4)		4.2cm

碾压混凝土与其他路面比较 — 典型特征比较

混凝土路面类型	板厚(cm)	配筋率(%)	横向缩缝间距(m)	开裂情况
素混凝土路面	22 ~ 26	0.0	3.5 ~ 7.5	开裂
配筋混凝土路面	20 ~ 26	0.4	12 ~ 30	开裂
连续配筋混凝土路面	20	0.5 ~ 0.6	100 ~ 120	微小裂纹
预应力混凝土路面	15 ~ 20	0.2 ~ 0.3	90 ~ 120	无开裂
钢纤维混凝土路面	16 ~ 22	0.5 ~ 2.0	15 ~ 30	微小裂纹

B 碾压混凝土材料及技术要求

a 碾压混凝土抗滑表层用粗集料技术要求

碾压混凝土抗滑表层用粗集料技术要求 表 8-39

技术指标 / 公路等级	磨光值	磨耗值	冲击值	最大粒径
高速、一级公路	≥42	≤14	≤28	以 20mm 为宜。当分两层摊铺时下层集料粒径可采用 40mm
其他公路	≥35	≤16	≤30	

b 碾压混凝土碎石技术要求

碾压混凝土碎石技术要求 表 8-40

项	目	技术要求
石料强度等级		≥3 级
压碎指标值(%)	水成岩	13~16
	变质岩或深成的火成岩	16~20
	浅成的或喷出的火成岩	21~30
针、片状颗粒含量(%)		≤15
硫化物及硫酸盐含量(折算为 SO_3)(%)		≤1
含泥量(冲洗法)(%)		≤1

注:压碎指标中,接近低值者适用于设计弯拉强度较高的混凝土;接近高值者适用于设计弯拉强度较低的混凝土。

c 碾压混凝土砾石技术要求

碾压混凝土砾石技术要求 表 8-41

项 目	技术要求
空隙率(%)	≤45
石料强度等级	≥3 级
压碎指标值(%)	14~16
软弱颗粒含量(%)	≤5
针、片状颗粒含量(%)	≤15
硫化物及硫酸盐含量(折算为 SO_3)(%)	≤1
含泥量(冲洗法)(%)	≤1
有机物含量(比色法)	颜色不深于标准溶液的颜色

d 粗集料标准级配范围

粗集料标准级配范围 表 8-42

筛孔尺寸 (mm)	20	10	5	2.5
通过重量百分比(%)	95~100	25~40	5~15	0~5

e 碾压混凝土集料级配范围建议值

碾压混凝土集料级配范围建议值 表 8-43

最大粒径 (mm)	筛孔尺寸(mm) 圆孔						方孔		
	40	25	20	10	5	2.5	0.6	0.3	0.15
	通过百分率(以质量计)(%)								
20			90~100	50~65	30~45	21~35	10~20	7~15	5~10
40	90~100	65~77		35~50	25~40	19~32	10~20	7~15	5~10

f 美国陆军工兵部队 RCC 路面骨料的级配要求

美国陆军工兵部队 RCC 路面骨料的级配要求 表 8-44

筛孔尺寸	累计通过百分率(以质量计)(%)	筛孔尺寸	累计通过百分率(以质量计)(%)
24.5mm(1in)	100	1.19mm(No.16)	28~46
19.1mm(3/4in)	83~100	0.59mm(No.30)	18~36
12.7mm(1/2in)	72~93	0.297mm(No.50)	11~27
9.32mm(3/8in)	66~85	0.149mm(No.100)	8~20
4.76mm(No.4)	51~69	0.074mm(No.200)	2~8
2.38mm(No.8)	38~56		

总校注:表中以 mm 计的筛孔系总校所加。

g 粉煤灰技术要求

粉煤灰技术要求 表 8-45

用于掺和料的粉煤灰					用于活性混合料的粉煤灰			
序号	指标	级别 Ⅰ	Ⅱ	Ⅲ	序号	指标	级别 Ⅰ	Ⅱ
1	细度(0.045mm 方孔筛筛余),% 不大于	12	20	45	1	烧失量,% 不大于	5	8
2	需水量比,% 不大于	95	105	115	2	含水量,% 不大于	1	1
3	烧失量,% 不大于	5	8	15	3	SO_3,% 不大于	3	3

续上表

用于掺和料的粉煤灰					用于活性混合料的粉煤灰			
序号	指　　标	级别 Ⅰ	级别 Ⅱ	级别 Ⅲ	序号	指　　标	级别 Ⅰ	级别 Ⅱ
4	含水量,%　不大于	1	1	不规定	4	48d 抗压强度比,%　不大于	75	62
5	SO_3,%　不大于	3	3	3				

h　细集料技术要求

细集料技术要求　表 8-46

项　　目		技　术　要　求					
含泥量(冲洗法)(%)		≤3					
硫化物及硫酸盐含量(折算为 SO_3)(%)		≤1					
有机物含量(比色法)		颜色不深于标准溶液的颜色					
颗粒级配	筛孔尺寸(mm)	5.00	2.5	1.25	0.63	0.315	0.16
	通过质量百分比(%)	90～100	75～100	50～90	30～60	10～30	0～10

i　木质素磺酸钙技术要求

木质素磺酸钙技术要求　表 8-47

项　目　名　称	指　　标
木质素磺酸钙含量(%)大于	55
还原物质含量(含糖量)(%)小于	12
水不溶物质含量(%)小于	2.5
水分含量(%)小于	9
pH 值	4～6
砂浆含气量(%)小于	15
砂浆流动度(mm)	185±5
掺入剂量(一般值)(以占水泥＋粉煤灰干重计)	0.25～0.30%

C　碾压混凝土配合比设计

a　碾压混凝土配合比设计(一)(经验公式法)

碾压混凝土配合比设计(一)(经验公式法)　表 8-48

步骤	方 法 要 点 及 主 要 公 式
试配弯拉强度计算	$f_r = k_1 f_m$ 式中：k_1——提高系数，其值一般在 1.15～1.25 间，可根据施工技术水平及工程重要性确定； f_m——碾压式水泥混凝土设计弯拉强度(MPa)； f_r——弯拉强度。 交通部一些单位建立的碾压式水泥混凝土弯拉强度与水灰比的关系如下式： $f_m = 0.4383 R_{rw}(C/W)^{0.3937}$ 式中：f_m——碾压水泥混凝土的弯拉强度； R_{rw}——水泥胶砂弯拉强度
计算水灰比($\frac{W}{C}$)	已知试配弯拉强度时，可按下式计算水灰比： $\frac{W}{C} = (\frac{0.4383 R_{rw}}{f_r})^{2.5081}$ 式中符号同上
确定砂率	参照下表选用砂率(%)： S_p 砂率(%)选择范围参考表(见下表)
用水量确定	$V_c = -70.82 + 47.24(C/W) - 0.48W - 50S_p$　(D_{max} = 20mm) $V_c = -123.48 + 47.24(C/W) + 0.48W - 50S_p$　(D_{max} = 40mm) 式中：V_c——碾压混凝土稠度，以 40±5s 为宜； W/C——水灰比； S_p——砂率； W——用水量
水量泥计用算	$C = W \cdot (C/W)$ 如掺加粉煤灰，可按等量取代法(一般不超过 20%)或超量取代表(不超过 40%)计算
砂、碎石用量计算	不掺粉煤灰的碾压式水泥混凝土可按绝对体积计算砂、碎石用量(见普通水泥混凝土配比设计)；掺粉煤灰的碾压式水泥混凝土可按以下步骤计算： (1)计算基准混凝土(不掺粉煤灰的碾压式水泥混凝土)的材料用量； (2)选取粉煤灰超量系数 δ_c； (3)计算粉煤灰用量 每 m³ 粉煤灰用量 F 为： $F = \delta_c(C_0 - C)$ 式中：C_0——基准碾压式水泥混凝土的水泥用量； C——掺粉煤灰碾压式水泥混凝土的水泥用量。 (4)按体积法计算砂用量 $S = S_0 - (C/\rho_C + F/\rho_F + C_0/\rho_C)\rho_S$ 式中：S_0——基准碾压式水泥混凝土的砂用量； ρ_C——水泥的密度； ρ_F——粉煤灰的密度； ρ_S——砂的密度
试验验证配合比	按上述方法确定的配合比进行室内实验，检查配合比是否满足强度和稠度的要求，进行适当调整

S_p 砂率(%)选择范围参考表

水灰比	碎石最大粒径(mm) 20	碎石最大粒径(mm) 40	水灰比	碎石最大粒径(mm) 20	碎石最大粒径(mm) 40
0.35	30～34	28～33	0.45	34～38	32～36
0.40	32～36	30～34	0.50	36～40	34～38

8

b　碾压混凝土配合比设计(二)(正交试验法)

碾压混凝土配合比设计(二)
(正交试验法)　表 8-49

步　骤	方法要点及公式
1. 确定试验考察的因素和水平,按正交表安排试验	分别按掺与不掺粉煤灰的情况,列出试验因素与水平表供参考采用,如表 **因素与水平(无粉煤灰)** 水平 / 因素: A 用水量(kg/m³); B 水泥用量(kg/m³); C 石子填充体积(%) 1: 105; 250; 75 2: 110; 290; 70 3: 100; 330; 80 **因素与水平(掺粉煤灰)** 水平 / 因素: A 用水量(kg/m³); B 基准胶凝材量(kg/m³); C 粉煤灰掺量(%); D 石子填充体积(%) 1: 100; 240; 10; 75 2: 120; 280; 15; 70 3: 110; 320; 20; 80 上列因素与水平表,主要适用于采用强度等级不低于42.5级的水泥及品质不低于Ⅱ级的粉煤灰,粉煤灰掺量按超量取代法计算;"用水量"按粗、细集料饱和面干状态计,并采用缓凝引气减水剂。确定因素水平的原则是,使混凝土稠度及抗折强度设计值包含在正交试验结果范围中,如有特殊情况可根据原材料具体条件按上述原则适当调整"水平"范围
2. 根据 L9(3^4)正交试验方案,进行各个混凝土理论配合比设计	普通碾压混凝土采用"绝对体积法"(假设空隙率为零)进行配合比材料用量计算:掺粉煤灰的碾压混凝土参考《粉煤灰混凝土应用技术规范》(GBJ 146—90)提供的配合比计算方法进行材料用量计算(空隙率也假设为零)
3. 进行各配合比混凝土试验	按照试验方案及确定的考核指标进行各个配合比的混凝土试验。 一般情况下,应进行拌和料改进 VC 值、表面出浆状况评分和混凝土抗折强度试验,也可根据需要增加其他试验项目
4. 进行直观分析及方差分析	进行各项考核指标试验结果的直观分析及方差分析。考察各个因素对考核指标的影响程度及其规律(注:如果无重复试验数据或进行方差分析有一定困难,可只进行直观分析)
5. 建议稠度及强度的推定经验式	进行试验数据的回归分析,建立稠度及强度的推定经验式。 对普通碾压混凝土,用水量(W)是影响稠度(改进 VC 值)的主要因素;灰水比(C/W)是影响强度(F_{28})的主要因素,石子填充体积(V_g)对强度也有一定影响。因此,建立下列经验式: $W = a + b \times \ln VC$ $F_{28} = a + b \times (C/W) + c \times V_g$

续上表

步　骤	方法要点及公式
同上	对掺粉煤灰的混凝土,用水量和粉煤灰掺量是影响稠度的第一、第二位重要因素;基准胶凝材用量($C+F_1$)和粉煤灰掺量(f)均是影响强度的重要因素,石子填充体积(V_g)对强度也有一定影响。因此,建立下列经验式: $W = a + b \times \ln VC + c \times f$ $F_{28} = a + b \times (C + F_1) + c \times V_g$ 式中:W——用水量(kg); C——用灰量(kg); VC——稠度值(s); V_g——石子填充体积(%); f——粉煤灰掺量(%); F_1——粉煤灰用量(kg); a、b、c——常数
6. 确定初步配合比	根据配合比稠度设计指标及强度指标,并综合考虑抗分离性及易修整性的要求,确定初步的配合比。 (1)根据直观分析结构确定石子填充体积和粉煤灰掺量; (2)根据建立的稠度及强度推定式,确定用水量、水泥用量和基准胶凝材用量; (3)按绝对体积法确定砂子用量
7. 配合比验证	进行初步配合比的验证试验,在确认其性能(主要是稠度和强度)满足设计要求后,提供现场试拌。 根据试拌效果对初步配合比进行适当调整,最后确定标准配合比

c　粉煤灰混凝土配合比计算方法

粉煤灰混凝土配合比计算方法(GBJ 146—90)　表 8-50

项目		方法要点及公式
基准混凝土配合比设计方法	根据混凝土结构设计要求的强度和标准差的计算方法	(1)混凝土的试配强度,应按下列公式计算: $R_h = R_0 + \sigma_0$ 式中:R_h——混凝土的试配强度; R_0——混凝土设计要求的强度; σ_0——混凝土标准差。 当施工单位具有30组以上混凝土试配强度的历史资料时,σ_0 可按下式求得: $\sigma_0 = \sqrt{\dfrac{\sum_{i=1}^{n} R_i^2 - nR_n^2}{n-1}}$ 式中:R_i——第 R_i 组的试块强度; R_n——n 组试块强度的平均值。 当施工单位无历史统计资料时,σ_0 可按下表取值。 **混凝土强度标准差** R_0 (MPa): 10~20; 25~40; 50~60 σ_0 (MPa): 4.0; 5.0; 6.0 (2)根据试配强度 R_h,应按下式计算水灰比值: $R_h = A \cdot R_c \cdot \left(\dfrac{C}{W} - B\right)$

续上表

项目	方 法 要 点 及 公 式

基准混凝土配合比设计方法 — 根据混凝土结构设计计算要求的强度和标准差的计算方法

式中：Rh——水泥的实际强度(MPa)；

$\frac{C}{W}$——混凝土的灰水比；

A、B——试验系数。当缺乏 AB、试验系数时，可按下式数值取用。采用碎石时，$A=0.46$，$B=0.52$；采用卵石时，$A=0.48$，$B=0.61$(仅适用于骨料为干燥状态)。

(3)根据骨料最大粒径及混凝土坍落度选用用水量(W_0)，可按下表选用。

混凝土用水量

粗骨料最大粒径(mm)	20	40	80	150
混凝土用水量(kg/m^3)	165~185	145~165	125~145	105~125

(4)根据水灰比、粗骨料最大粒径及砂细度模数选用砂率，可按下表选用。

混凝土砂率

粗骨料最大粒径(mm)	20	40	80	150
砂率(%)	38~42	32~36	24~28	19~23

(5)水泥的用量(C_0)，应按下式计算：

$$C_0=\frac{C_0}{W_0}W_0$$

(6)水泥浆的体积(V_p)，应按下式计算：

$$V_p=\frac{C_0}{\gamma_c}+W_0$$

式中：γ_c——水泥比重。

(7)砂和石料的总体积(V_A)，应按下式计算：

$$V_A=1\,000(1-a)-V_p$$

式中：a——混凝土含气量(%)，不掺外加剂的混凝土，当骨料最大粒径为20mm时，可取2%；40mm时可取1%；80mm和150mm时忽略不计。

(8)砂料的重量(S_0)，应按下式计算：

$$S_0=V_A\cdot Q_S\cdot\gamma_S$$

式中：γ_S——砂料比重；

Q_S——砂率(%)。

(9)石料的重量(G_0)，应按下式计算：

$$G_0=V_A\cdot(1-Q_S)\cdot\gamma_g$$

式中：γ_g——石料比重

基准混凝土配合比设计方法 — 根据混凝土强度(R_0)和强度保证率(C_V)的计算方法

(1)计算出要求的试配强度。

混凝土试配强度应等于设计强度(R_0)，乘以系数K，K值与混凝土强度保证率和离差系数有关。可按下表查得。

***K* 值 表**

C_V	P (%) 95	90	85	80	75
0.10	1.18	1.15	1.12	1.09	1.08
0.13	1.26	1.20	1.15	1.12	1.10
0.15	1.32	1.24	1.19	1.15	1.12
0.18	1.40	1.30	1.22	1.18	1.14
0.20	1.49	1.35	1.26	1.20	1.16
0.25	1.68	1.47	1.35	1.27	1.21

续上表

项目	方 法 要 点 及 公 式

基准混凝土配合比设计方法 — 根据混凝土强度(R_0)和强度保证率(C_V)的计算方法（续）

表中 P 值根据结构物类型和重要性，由设计单位规定。

C_V 值由混凝土施工质量水平决定，可预先选用。当混凝土强度在20MPa及以上时可选用0.15；在20MPa以下时可选用0.20。以后根据施工资料调整。C_V 值应按下列方法计算：

①计算平均强度 R_m——总体强度的特征值，指同一强度等级的混凝土若干组试件抗压强度的算术平均值，应按下列公式计算：

$$R_m=\frac{\sum_{i=1}^{n}R_i}{n}$$

式中：R_i——每组试件的平均极限抗压强度；

n——试件的组数。

②混凝土强度的标准差 σ_0，应按下列公式计算：

$$\sigma_0=\sqrt{\frac{1}{n-1}\sum_{i=1}^{n}(R_i-R_m)^2}$$

③混凝土强度的离差系数 C_V，应按下列公式计算：

$$C_V=\frac{\sigma_0}{R_m}$$

(2)水灰比、用水量、砂率、水泥用量及砂料石料重量的计算或选用方法与前相同。

(3)基准混凝土配合比各种材料用量为：C_0、W_0、S_0、G_0

等量取代配合比计算方法

(1)选定与基准混凝土相同或稍低的水灰比。

(2)根据确定的粉煤灰等量取代水泥量(f%)和基准混凝土水泥用量(C_0)，应按下式计算粉煤灰用量(F)和粉煤灰混凝土中的水泥量(C)：

$$F=C_0\cdot f(\%)$$

$$C=C_0-F$$

(3)粉煤灰混凝土的用水量(W)，应按下式计算：

$$W=\frac{W}{C_0}(C+F)$$

(4)水泥和粉煤灰的浆体体积(V_p)，应按下式计算：

$$V_p=\frac{C}{\gamma_c}+\frac{F}{\gamma_f}+W$$

式中：γ_f——粉煤灰比重。

(5)砂料和石料的总体积(V_A)，应按下式计算：

$$V_A=1000(1-a)-V_p$$

(6)选用与基准混凝土相同或稍低的砂率(Q_S)、砂料(S)和石料(G)的重量，应按下式计算：

$$S=V_A\times Q_S\cdot\gamma_S$$

$$G=V_A\cdot(1-Q_S)\cdot\gamma_g$$

(7)等量取代法粉煤灰混凝土配合比各种材料用量为：C、F、W、S、G

超量取代配合比计算方法

(1)根据基准混凝土计算出的各种材料用量(C_0、W_0、S_0、G_0)，选取粉煤灰取代水泥率(f%)和超量系数(K)，对各种材料进行计算调整。

(2)粉煤灰取代水泥量(F)、总掺量(F_t)及超量部分重量(F_e)，应按下式计算：

$$F=C_0\cdot f(\%)$$

$$F_t=K\cdot F$$

$$F_e=(K-1)\cdot F$$

(3)水泥的重量(C)，应按下式计算：

$$C=C_0-F$$

(4)粉煤灰超量部分的体积应按下式计算，即在砂料中扣除同体积的砂重，求出调整后的砂重(S_e)：

$$S_e=S_0-\frac{F_e}{\gamma_f}\cdot\gamma_g$$

(5)超量取代粉煤灰混凝土的各种材料用量为：C、F_t、S_e、W_e、G_0

续上表

项目	方法要点及公式
外加法配合比计算方法	(1)根据基准混凝土计算出的各种材料用量(C_0、W_0、S_0、G_u),选定外加粉煤灰掺入率(f_m%),对各种材料进行计算调整。 (2)外加粉煤灰的重量(F_m),应按下式计算: $F_m = C_0 \cdot f_m(\%)$

续上表

项目	方法要点及公式
外加法配合比计算方法	(3)外加粉煤灰的体积,应按下式计算,即在砂料中扣除同体积的砂重,求出调整后的砂重(S_m): $S_m = S_0 - \frac{F_m}{\gamma_f} \cdot \gamma_S$ (4)外加粉煤灰混凝土的各种材料用量为:C_0、F_m、S_m、W_0、G_0。

D 碾压混凝土路面设计

a 碾压混凝土路面设计参数及有关计算

碾压混凝土路面设计参数及有关计算　　表 8-51

项目		参数、规定及有关计算
设计参数	设计弯拉强度	各级交通量要求的碾压混凝土设计弯拉强度不得低于对普通混凝土的规定要求;碾压混凝土弯拉弹性模量应以试验实测确定。如无条件时,可按混凝土设计弯拉强度参照下表选用
设计参数	疲劳应力系数	碾压混凝土的荷载疲劳应力系数 k_{rf} 按下式确定: $k_{rf} = N_e^{0.0648}$ 式中:N_e——设计使用年限内标准轴载累计作用次数(n)

设计弯拉强度 f_m(MPa)	碾压混凝土弯拉弹性模量 5.0		4.5		4.0	
弯拉弹性模量 E_c($\times 10^3$MPa)	RCC	FRCC	RCC	FRCC	RCC	FRCC
	35	33	33	31	31	29

注:RCC——碾压混凝土;FRCC——掺粉煤灰的碾压混凝土

初估厚度及计算参数:

交通等级	使用年限	交通量年平均增长率(%)	基层顶面回弹模量(MPa)	混凝土弹性模量(MPa)	混凝土弯拉强度(MPa)	轮迹横向分布系数	综合系数	混凝土面板厚度(cm)
特重	30	3	120	35 000	5.0	0.17~0.22	1.45	≥26
重	30	4	100	35 000	5.0	0.17~0.22	1.35	24~26
中等	20	5	80	33 000	4.5	0.34~0.39	1.20	22~24
轻	20	7	60	33 000	4.5	0.54~0.62	1.10	<22

注:面板最小厚度为 18cm

项目	参数、规定及有关计算
荷载应力计算	碾压混凝土路面产生最大疲劳损坏的临界荷位与普通混凝土相同。 标准轴载 P_s 在临界荷位处产生的荷载疲劳应力 σ_p,由下式确定: $\sigma_p = k_{rf} k_c \sigma_{ps}$ 式中:σ_{ps}——标准轴载 P_s 在临界荷位处产生的未考虑接缝传荷能力的荷载应力(MPa),可按初估板厚 h_i 和碾压混凝土弹性模量与基层顶面计算回弹模量的比值 E_c/E_{tc},查普通混凝土路面计算图确定。 k_c——考虑超载和动载等因素对路面疲劳损坏的综合影响系数,按交通等级确定,方法同普通混凝土路面。 k_{rf}——考虑设计使用年限内荷载应力累计疲劳作用的疲劳应力系数
板厚的确定	按交通等级由上列初估面板厚度 h_i,求疲劳应力 σ_p。当其不大于碾压混凝土的设计弯拉强度 f_m 的 103% 和不低于 f_m 的 95% 时,则初估厚度可作为设计板厚 h。否则须重新计算至满足要求
接缝设置	碾压混凝土路面接缝的设置与普通混凝土路面相同。但全幅摊铺时,可不设纵缝:横缝间距可延长至 10~15m。接缝一般可不设拉杆或传力杆
路面上铺筑的沥青磨耗层	碾压混凝土路面上的沥青磨耗层可采用沥青表面处治或细粒式沥青混凝土,厚度为一般 2~3cm。在铺筑沥青磨耗层之前,应喷洒粘层沥青(0.4~0.6kg/m²),并在粘层沥青上撒少量矿粉,用量为沥青用量的 30%~40%。 沥青表面处治和细粒式沥青混凝土的材料规格和技术要求应符合现行《沥青路面施工及验收规范》(GB 50092—96)的有关规定

b　碾压混凝土路面设计示例

碾压混凝土路面设计示例　表 8-52

步骤	设　计　内　容
已知资料	$Ⅱ_2$ 区某地拟新建一条二级公路,双车道、路面宽 9m,机动车、慢行车和非机动车混合行驶。拟采用碾压混凝土路面。预计该路建成使用初期每日双向行驶黄河 JN—150 汽车 430 辆。根据调查,交通量平均增长率 6%。试设计该路面。 有关资料:路线设计标高要求路基填土高度为 0.60m,采用粘土填筑,冻前地下水位距地面 1.30m,多年平均最大冻深为 1.25m
换算轴载并确定交通等级	黄河 JN—150 汽车后轴 $P = 101.6$kN,按公式换算为设计车道标准轴载作用次数: $N_s = 1 \times 215\left(\frac{101.6}{100}\right)^{16} = 277(\text{n/d})$ 根据规定,属重交通
设计参数确定	(1)设计使用年限 t 根据规范 3.0.3 条规定,设计使用年限采用 30 年。 (2)轮迹横向分布系数 η 根据规范 3.0.3 条规定,取 $\eta = 0.36$。 (3)混凝土的设计弯拉强度 f_m 根据规范 3.0.5 条规定,取 $f_m = 5.0$MPa。 (4)混凝土的弯拉弹性模量 根据规范 7.3.4 条规定,取 $E_c = 35\ 000$MPa。 (5)基层顶面的当量回弹模量 ①拟定路面结构 根据当地材料来源,拟定下列路面结构与厚度 $h = ?$　混凝土板　$E_c = 35\ 000$MPa $h_2 = 20$cm　石灰粉煤灰砾石　$E_2 = 500$MPa $h_1 = 18$cm　石灰砾石土　$E_1 = 320$MPa $E_0 = 21$MPa ②确定 E_0、E_1、E_2 值 路肩边缘离地下水位高度 $H = 1.3 + 0.6 = 1.9m$。查表得 $H_2 = 2.0$m,即 $H < H_2$。据此可知该路段属潮湿路段,相应的土基平均稠度 B_m 在 0.5~0.75 之间,取 0.7,再查表得 $Ⅱ_2$ 区粘性土 $E_0 = 21$MPa。又从表查得 $Ⅱ_2$ 区石灰粉煤灰砾石的 $E_2 = 500$MPa,石灰砾石土 $E_1 = 320$MPa。 ③确定基层顶面的当量回弹模量 E_t 由垫层和路基的模量比 $E_1/E_0 = 320/21 = 15.24$,垫层厚度 18cm,查图可得垫层顶面的当量模量为 $E_t'/E_0 = 2.9$,$E_t' = 21 \times 29 = 61$MPa,由基层模量 E_2 和 E_t' 之比 500/61 = 8.2,基层厚度 20cm,查图可得基层顶面的当量模量 $E_t/E_t' = 2.5$,$E_t = 2.5 \times 61 = 152$MPa

续上表

步骤	设　计　内　容
设计参数确定	基层顶面的当量回弹模量 E_t 满足规范 4.3.2 条规定。 (6)荷载对路面损坏的综合影响系数 k_c 根据规范 5.1.4 条的规定,$k_c = 1.35$
计算使用年限内标准轴载的累计作用次数 N_e	$N_e = \frac{N_s[(1+r)^t - 1] \times 365}{r} \cdot \eta$ $= 227 \times \frac{[(1+0.06)^{30} - 1]}{0.06} \times 0.36$ $= 2\ 877\ 544$(次)
计算混凝土的荷载疲劳应力系数 k_{rf}	$k_{rf} = N_e^{0.0648} = 2\ 877\ 544^{0.0648} = 2.62$
初估板厚	参考规范 7.3.5 条,取 $h = 25$cm
计算基层顶面的计算回弹模量 E_{tc}	$E_{tc} = nE_t = 1.718 \times 10^{-3} \times \left(\frac{hE_c}{E_t}\right)^{0.8} E_t$ $\doteq 1.718 \times 10^{-3} \times \left(\frac{25 \times 35\ 000}{152}\right)^{0.8} \times 152$ $= 266$MPa
计算荷载疲劳应力 σ_p	由 $E_c/E_{tc} = 35\ 000/266 = 131.5$,$h = 25$cm　查规范图 5.1.4 可得 $\sigma_{ps} = 1.40$MPa,则 $\sigma_p = k_{rf} \cdot k_c \cdot \sigma_{ps}$ $= 2.62 \times 1.35 \times 1.40 = 4.95$MPa
确定板厚 h	根据规范 7.3.7 条规定,按计算荷载疲劳应力 σ_p 不大于混凝土的设计弯拉强度 f_m 的 103% 和不低于 f_m 的 95% 来确定,即 $0.95f_m \leqslant \sigma_p \leqslant 1.03f_m$ $4.75 \leqslant 4.95 \leqslant 5.15$ 由上面计算可知,初拟的混凝土面板厚度可以作为设计板厚。 路面的总厚度为 25 + 20 + 18 = 63cm,满足规范第 4.2.2 条规定路面防冻最小厚度 60cm 的要求

A 钢纤维混凝土路面适用条件及设计一般要求

钢纤维混凝土路面适用条件及设计一般要求　表 8-53

<table>
<tr><th>项目</th><th colspan="4">内　容</th></tr>
<tr><td>适用范围</td><td colspan="4">钢纤维混凝土一般适用于标高受限制地段的路面、由混凝土路面的加铺层、公共汽车站、收费站和桥面铺装等</td></tr>
<tr><td>材料要求</td><td colspan="4">(1)钢纤维可选用剪切型钢纤维或熔抽型钢纤维。其抗拉强度不应低于550MPa。钢纤维直径一般为0.4~0.7mm,长度与直径之比宜为50~70。
(2)集料最大粒径一般为钢纤维长度的1/2,但不得大于20mm。对钢纤维混凝土混合料中其他材料的要求与普通混凝土路面相同</td></tr>
<tr><td>设计标准</td><td colspan="4">路用水泥混凝土的设计弯拉强度以龄期28d的抗折强度为标准,应根据设计年限的交通量确定。
钢纤维混凝土的试配设计强度按下式计算:
$$f_r = K_i f_{rm}$$
式中:f_{rm}——钢纤维混凝土设计弯拉强度;
K_i——提高系数,取值为1.10~1.15,取决于施工技术水平和工程重要程度</td></tr>
<tr><td rowspan="3">钢纤维混凝土弯拉强度与率拉弹性模量</td><td>钢纤维混凝土钢纤维掺量(kg/m³)</td><td>30~34</td><td>35~39</td><td>40~45</td></tr>
<tr><td>设计弯拉强度(MPa)</td><td>5.5</td><td>6.0</td><td>6.5</td></tr>
<tr><td>弯拉弹性模量 E_c(MPa, ×10⁴)</td><td>3.0</td><td>3.3</td><td>3.5</td></tr>
<tr><td>配合比设计一般要求</td><td colspan="4">钢纤维混凝土配合比设计方法与普通混凝土路面相同。钢纤维用量按占混凝土的体积百分率计,一般采用1.0%~1.2%。集料宜选用连续级配,砂率应根据钢纤维用量选择,一般采用45%~55%,钢纤维用量多的取高值</td></tr>
<tr><td>厚度要求</td><td colspan="4">钢纤维混凝土路面的厚度,可先按普通混凝土路面厚度设计的各项设计参数及规定计算普通混凝土路面基(垫)层和面板的厚度,然后其基(垫)层厚度取普通混凝土路面的基(垫)层厚度;其面板厚度则根据钢纤维用量取普通混凝土路面面板厚度的0.55~0.65倍,但其最小厚度不得小于10cm</td></tr>
<tr><td>接缝设置要求</td><td colspan="4">纵缝的设置可根据施工条件及实际需要确定。全幅摊铺的路面可不设纵缝。
横向纵缝间距应根据当地气候条件、板厚和钢纤维率确定,一般为15~20m。
纵、横向施工缝及胀缝的设置原则与普通混凝土路面相同</td></tr>
</table>

B 钢纤维混凝土配合比设计

钢纤维混凝土配合比设计　表 8-54

<table>
<tr><th>项目</th><th colspan="3">内　容</th></tr>
<tr><td>配合比设计一般步骤</td><td colspan="3">钢纤维混凝土配合比设计应采用试验—计算法,并应按下述步骤进行:
(1)根据强度标准值或设计值以及施工配制强度提高系数,确定试配抗压强度与抗拉强度或试配抗压强度与抗折强度。
(2)根据试配抗压强度计算水灰比。
(3)根据试配抗拉强度或抗折强度,计算或通过已有资料确定钢纤维体积率。
(4)根据施工要求的稠度通过试验或已有资料确定单位体积用水量,如掺用外加剂时应考虑外加剂的影响。
(5)通过试验或有关资料确定合理砂率。
(6)按绝对体积法或假定质量密度法计算材料用量,确定试配配合比。
(7)按试配配合比进行拌合物性能试验,调整单位体积用水量和砂率,确定强度试验用基准配合比</td></tr>
<tr><td>确定钢纤维容积率</td><td colspan="3">钢纤维容量按混凝土的体积百分率计,一般采用1.0%~1.2%,交通量繁重的取高限</td></tr>
<tr><td>确定水灰比</td><td colspan="3">钢纤维混凝土弯拉强度与水灰比关系如下:
(1)熔抽型纤维($L/d_f = 50 \sim 60$)
$$\sigma_{sf} = 0.1288\exp(0.2887V_F) \times C_e^0(1 - 0.45W/C)$$
(2)切削纤维
$$\sigma_{sf} = 0.08C_e^0(C/W + V_F L/d_f - 1)$$
式中:W/C——水灰比;
V_F——钢纤维用量(占混凝土体积的百分率,%);
C_e^0——水泥实际抗压强度(MPa);
L/d_f——纤维长径比;
σ_{sf}——钢纤维混凝土弯拉强度。
由于钢纤维混凝土弯拉强度与钢纤维用量、水灰比均有关,可先根据经验确定纤维用量,再确定水灰比。钢纤维混凝土的水灰比宜为0.45~0.50;对于以耐久性为主要要求的钢纤维混凝土,不得大于0.50</td></tr>
<tr><td rowspan="8">确定单位用水量</td><td colspan="3">钢纤维混凝土单位体积用水量,可通过试验或根据已有经验确定;也可根据材料品种规格、钢纤维体积率、水灰比和稠度参照下表选用。
半干硬性钢纤维混凝土单位体积用水量选用表</td></tr>
<tr><td>拌和料条件</td><td>维勃稠度(S)</td><td>单位体积用水量(kg)</td></tr>
<tr><td rowspan="5">$\rho_f = 1.0\%$
碎石最大粒径10~15mm
$W/C = 0.40 \sim 0.50$
中砂</td><td>10</td><td>195</td></tr>
<tr><td>15</td><td>182</td></tr>
<tr><td>20</td><td>175</td></tr>
<tr><td>25</td><td>170</td></tr>
<tr><td>30</td><td>166</td></tr>
</table>

8

续上表

<table>
<tr><th>项目</th><th colspan="4">内　　容</th></tr>
<tr><td rowspan="10">确定单位用水量</td><td colspan="4">注：1.碎石最大粒径为20mm时，单位体积用水量相应减少5kg；
2.粗骨料为卵石时，单位体积用水量相应减少10kg；
3.钢纤维体积率每增减0.5%，单位体积用水量相应增减8kg</td></tr>
<tr><td colspan="4">塑性钢纤维混凝土单位体积用水量选用表</td></tr>
<tr><td>拌和料条件</td><td>骨料品种</td><td>骨料最大粒径(mm)</td><td>单位体积用水量(kg)</td></tr>
<tr><td rowspan="4">$L/d_f = 50$
$\rho_r = 0.5\%$
坍落度 = 20mm
$W/C = 0.50 \sim 0.60$
中砂</td><td rowspan="2">碎石</td><td>10 ~ 15</td><td>235</td></tr>
<tr><td>20</td><td>220</td></tr>
<tr><td rowspan="2">卵石</td><td>10 ~ 15</td><td>225</td></tr>
<tr><td>20</td><td>205</td></tr>
<tr><td colspan="4">注：1.坍落度变化范围为10mm ~ 50mm，每增减10mm，单位用水量相应增减7kg；
2.钢纤维体积率每增减0.5%，单位体积用水量相应增减8kg；
3.钢纤维长径比每增减10，单位体积用水量相应增减10kg。
当掺用外加剂或混合材料时，其掺量或单位用水量应通过试验确定</td></tr>
<tr><td>确定单位用灰量(C_0)</td><td colspan="4">根据已确定的水灰比(W/C)和单位用水量(W_0)，可按下式计算单位用灰量：
$C_0 = W_0/(W/C)$
钢纤维混凝土每m^3的水泥用量宜为360 ~ 400kg；当钢纤维体积率较大时，水泥用量可适当增加，但不应大于500kg</td></tr>
<tr><td rowspan="8">确定砂率(S_P)</td><td colspan="4">由于掺配钢纤维，和易性下降。与普通混凝土相比，砂率约增加$0.1V_F$，用水量约增加$20V_F$，水泥(包括掺加料)用量增加约$0.1V_F$。
钢纤维混凝土的砂率一般采用45% ~ 55%，或按下式估算：
$S_{fP} = S_P + 10V_F$
式中：S_{fP} —— 钢纤维混凝土的砂率(%)；
S_P —— 普通混凝土的砂率(%)；
V_F —— 钢纤维体积率(%)。
或参照下表选用。</td></tr>
<tr><td colspan="4">钢纤维混凝土砂率选用值(%)</td></tr>
<tr><td colspan="2">拌和料条件</td><td>最大粒径20mm的碎石</td><td>最大粒径20mm的卵石</td></tr>
<tr><td colspan="2">钢纤维长径比 $L_f/d_f = 50$
钢纤维体积率 $\rho_f = 1.0\%$
$W/C = 0.50$
砂细度模数 = 3.0</td><td>50</td><td>45</td></tr>
<tr><td colspan="2">L_f/d_f 增减10</td><td>± 5</td><td>± 3</td></tr>
<tr><td colspan="2">ρ_f 增减0.5%</td><td>± 3</td><td>± 3</td></tr>
<tr><td colspan="2">W/C 增减0.1</td><td>± 2</td><td>± 2</td></tr>
<tr><td colspan="2">砂细度模数增减0.1</td><td>± 1</td><td>± 1</td></tr>
<tr><td>确定粗细集料用量</td><td colspan="4">按体积法或密度法确定粗细集料用量，与普通混凝土方法相同
见普通水泥混凝土配比设计</td></tr>
<tr><td>强度试验</td><td colspan="4">应根据工程要求进行抗压强度、弯拉强度及施工和易性等试验</td></tr>
</table>

C　钢纤维混凝土路面设计

a　钢纤维混凝土路面设计一般规定

钢纤维混凝土路面设计一般规定　　表8-55

<table>
<tr><th>项目</th><th colspan="2">一　般　规　定</th></tr>
<tr><td>钢纤维混凝土立方体抗压强度规定</td><td colspan="2">(1)钢纤维混凝土的强度等级应按立方体抗压强度标准值确定。立方体抗压强度标准值按现行有关的混凝土结构设计规范的规定采用。
(2)当按现行行业标准《港口工程技术规范：混凝土和钢筋混凝土设计》、《水工钢筋混凝土结构设计规范》和《公路钢筋混凝土及预应力混凝土桥涵设计规范》设计时，可按规范的规定确定钢纤维混凝土的强度等级。
(3)钢纤维混凝土强度等级和标号间的换算关系可按现行国家标准《混凝土结构设计规范》附录一的规定采用</td></tr>
<tr><td rowspan="7">钢纤维混凝土强度等级及材料的规定</td><td colspan="2">(1)钢纤维混凝土的强度等级不宜低于CF20，并应满足结构设计对强度等级与抗拉强度的要求或对强度等级与抗折强度的要求。
(2)钢纤维混凝土采用的粗骨料粒径不宜大于20mm和钢纤维长度的2/3。
(3)钢纤维混凝土的钢纤维体积率不应小于0.5%，且宜符合下表的规定。</td></tr>
<tr><td>钢纤维混凝土结构类型</td><td>钢纤维体积率(%)</td></tr>
<tr><td>一般浇筑成型的结构</td><td>0.5 ~ 2.0</td></tr>
<tr><td>局部受压构件、桥面、预制桩桩顶桩尖</td><td>1.0 ~ 1.5</td></tr>
<tr><td>铁路轨枕、刚性防水屋面</td><td>0.8 ~ 1.2</td></tr>
<tr><td>喷射钢纤维混凝土</td><td>1.0 ~ 1.5</td></tr>
<tr><td colspan="2">注：钢纤维体积率系指$1m^3$钢纤维混凝土中钢纤维所占体积百分数</td></tr>
<tr><td>钢纤维混凝土强度标准值与设计值的规定</td><td colspan="2">(1)钢纤维混凝土轴心抗压强度和弯曲抗压强度的标准值与设计值，可根据钢纤维混凝土强度等级(或标号)按现行有关的混凝土结构设计规范的规定采用。
(2)钢纤维混凝土抗拉强度的标准值和设计值可分别按下列公式确定：
$f_{ftk} = f_{tk}(1 + \alpha_t\lambda_f)$
$f_{ft} = f_t(1 + \alpha_t\lambda_f)$
$\lambda_f = \rho_f l_f/d_f$
式中：f_{ftk}、f_{ft} —— 钢纤维混凝土抗拉强度标准值、设计值；
f_{tk}、f_t —— 根据钢纤维混凝土强度等级(或标号)按现行有关混凝土结构设计规范确定的抗拉强度标准值、设计值；
λ_f —— 钢纤维含量特征参数；
ρ_f —— 钢纤维体积率；
l_f —— 钢纤维长度；
d_f —— 钢纤维直径(或等效直径)；
α_t —— 钢纤维对抗拉强度的影响系数，宜通过试验确定，当钢纤维混凝土强度等级为CF20 ~ CF40时，可按下表采用</td></tr>
</table>

8

续上表

项目	一　般　规　定
钢纤维混凝土立方体抗压强度规定	钢纤维对抗拉强度、抗折强度的影响系数（见下表）；注、式 (3) 见下文

钢纤维对抗拉强度、抗折强度的影响系数

钢纤维品种规格	熔抽型(l_f < 35mm)、圆直型	熔抽型(l_f < 35mm)、剪切型
α_t	0.36	0.47
α_{tm}	0.52	0.73

注：1. 同强度等级素混凝土抗折强度系指与钢纤维混凝土具有相同的配合材料、水灰比和相近稠度（单位用水量和砂率可适当调整）的素混凝土的抗折强度；

2. 两端弯钩、波形或其他异形的剪切型钢纤维，其强度影响系数将大于表中数值，宜通过试验确定。

(3) 钢纤维混凝土抗折强度设计可按下式确定：

$$f_{ftm} = f_{tm}(1 + \alpha_{tm}\lambda_f)$$

式中：f_{ftm}——钢纤维混凝土抗折强度设计值；

f_{tm}——同强度等级素混凝土抗折强度设计值，按现行有关水泥混凝土路面或机场道面设计规范的规定采用；

α_{tm}——钢纤维对抗折强度的影响系数，宜通过试验确定，当 f_{tm} < 6.0M/mm² 时，可按表采用

续上表

项目	一　般　规　定
钢纤维混凝土抗折疲劳强度设计值	钢纤维混凝土抗折疲劳强度设计值可按下式确定： $f_{ftm}^{f} = f_{ftm}(0.944 - 0.077\lg N_e + 0.12\lambda_f)$ 式中：f_{ftm}^{f}——钢纤维混凝土抗折疲劳强度设计值； f_{ftm}——钢纤维混凝土抗折强度设计值； N_e——设计使用年限内，路面或机场道面所经受的设计疲劳荷载循环次数，应按现行有关规范的规定确定
有关力学参数的确定	(1) 钢纤维混凝土的受压和受拉弹性模量以及剪变模量应根据钢纤维混凝土的强度等级（或标号）按现行有关混凝土结构设计规范的规定采用。 (2) 钢纤维混凝土的抗折弹性模量，可根据同强度等级素混凝土抗折强度设计值按现行有关水泥混凝土路面或道面设计规范的规定采用。 (3) 钢纤维混凝土的泊松比和线膨胀系数可取与普通混凝土相同值，按现行有关混凝土结构设计规范的规定采用
其他参数的确定	在特殊环境条件下对钢纤维混凝土抗冻标号、抗渗标号、耐冲刷性、耐腐蚀性等的要求可按现行有关的混凝土结构设计规范的规定采用。 钢纤维混凝土抗冻标号、抗渗标号、耐冲刷性和耐腐蚀性等项性能应通过专门试验或技术论证确定

b　钢纤维混凝土路面设计技术要求

钢纤维混凝土路面设计技术要求　　表 8-56

项　目		技　术　要　求
路面最小厚度		各级交通量下的钢纤维混凝土路面板的初估厚度，可分别按现行有关规范规定的水泥混凝土路面板和道面板初估厚度的 50%～60% 选用。 钢纤维混凝土路面板和道面板的厚度不宜小于 100mm
设计指标要求		钢纤维混凝土路面板厚度应按设计荷载作用下的疲劳应力不超过设计使用年限内钢纤维混凝土的疲劳强度设计值的要求确定，其允许误差分别不得超过 ±5% 和 ±2%
接缝要求		钢纤维混凝土路面的横向缩缝间距（即板长）应根据当地气候条件、板厚、钢纤维体积率按经验和已有资料确定，宜在 5～15m 间选取，最大不宜超过 20m
钢纤维混凝土路面加铺层	原水泥混凝土路面加钢纤维混凝土面层厚度确定	在原有水泥混凝土路面上铺筑钢纤维混凝土加厚层，宜采用隔离式或直接式，其厚度可按下式确定： $h_{of} = K_0\sqrt[n]{h_{df}^{n} - c\left(\frac{h_{df}}{h_{dc}}h_e\right)^{n}}$ 式中：h_{of}——钢纤维混凝土加厚层厚度； h_{df}——假定在原路面的地基（土基连同基层）上，修筑等效的素混凝土单层板所需厚度，其抗折强度用加厚层钢纤维混凝土的抗折强度； h_{dc}——假定在原路面的地基（土基连同基层）上，修筑等效素混凝土单层板所需厚度，其抗折强度用原有路面或道面混凝土的抗折强度； h_e——原有水泥混凝土路面板厚度； c——原有路面状况系数，当原路面或道面基本完好时，c = 1，有少量损坏时，c = 0.75，破坏严重时，c = 0.35； n——指数，当采用隔离式，n = 2，采用直接式，n = 1.4； K_0——折减系数，对于公路路面，$K_0 = h_f/h_{dc}$；这里 h_f 为假定的原有路面的地基（土基连同基层）上，修筑等效的单层钢纤维混凝土所需厚度。 直接式钢纤维混凝土路面加厚层的接缝应与原路面或道面的接缝相重合。若原有横向缩缝间距小于 4.5m 时，则加厚层内可间隔取消一条横向缩缝。原有的纵向缩缝可被加厚层覆盖。纵向工作缝应与原有的纵向工作缝相对应。 隔离式加厚层路面或道面的接缝可不必与原有路面或道面的接缝相对应

续上表

项目		技术要求
桥面钢纤维混凝土路面	强度、水泥强度等级及水泥用量要求	(1)强度等级不低于 CF30; (2)采用硅酸盐水泥或普通硅酸盐水泥,其强度等级不低于 42.5 级; (3)水泥用量不少于 360kg/m^3
	一般厚度及最小厚度	钢纤维混凝土桥面铺装层厚度应根据当地气候条件、桥面的使用条件、桥梁结构对桥面的要求和钢纤维混凝土的性能并参考已有工程资料或当地经验确定,宜在 80~90mm 间选取。有特殊需要时可适当减薄,但不宜小于 60mm
	钢筋网布设要求	(1)钢纤维混凝土桥面层内配制的钢筋网应较相应普通混凝土桥面层内配置的钢筋网数量减少,宜采用直径 8mm,间距 200mm 的钢筋网,保护层厚度宜取 35mm。 (2)对于小跨径的桥面或当地确有工程经验时,可取消钢纤维混凝土桥面层内的钢筋网
	桥面接缝要求	桥面层分缝应符合以下规定: (1)采用矩形分块,纵缝和横缝应为垂直相交,纵缝两侧的横缝不得互相错位。 (2)纵缝的间距由桥面宽度确定,但不应大于 15m。单向坡三车道或小于三车道的桥面可不设纵缝。 (3)横缝分为缩缝和胀缝。横向缩缝间距应依据当地气候条件、钢纤维的性能和体积率、桥面长度等因素确定,宜在 10~15m 间选取,最长不得超过 20m。胀缝间距可取缩缝间距的 2 倍,胀缝宽度宜取 3~8mm。

c　普通混凝土与钢纤维混凝土路面厚度对照表(参考值)

普通混凝土与钢纤维混凝土路面厚度对照表(参考值)　　表 8-57

交通分级	普通混凝土厚度(cm)	钢纤维混凝土厚度(cm)		
		30~34* kg/m^3	35~39* kg/m^3	40~45* kg/m^3
轻交通	18	15	—	—
	20	16	15	—
中交通	22	18	17	16
重交通	24	19	18	17
特重交通	26	21	20	18

* 钢纤维掺量以质量计。

8

A 钢筋混凝土路面

钢筋混凝土路面适用范围及设计要点　表 8-58

项目		设计要点
适用场合		面板的平面尺寸较大或形状不规则、土质不均匀或板下埋有地下设施等，预计路基和基(垫)层有可能产生不均匀沉陷时，宜采用钢筋混凝土路面
厚度设计		钢筋混凝土路面的厚度，可按普通混凝土路面厚度设计的各项规定进行设计。其基(垫)层和面板厚度分别取普通混凝土路面基(垫)层和面板的厚度
钢筋设计	钢筋量计算	钢筋量计算：$A_s = \dfrac{16L_s h\mu}{f_{sy}}$ 式中：A_s—— 每延米混凝土面层宽(或长)所需的钢筋面积(mm^2)； L_s—— 纵向钢筋时，为横缝间距(m)；横向钢筋时，为无拉杆的纵缝或自由边之间的距离(m)； h—— 面层厚度(mm)； μ—— 面层与基层之间的摩阻系数，基层为水泥、石灰或沥青稳定粒料时，可取 1.8；基层为无结合料的粒料时，可取 1.5； f_{sy}—— 钢筋的屈服强度(MPa)
钢筋设计	钢筋布置	钢筋布置要求： (1)纵向钢筋设在面层顶面下 1/3～1/2 厚度范围内，横向钢筋位于纵向钢筋之下； (2)纵向钢筋的搭接长度一般不小于 35 倍钢筋直径，搭接位置应错开，各搭接端连线与纵向钢筋的夹角应小于 60°； (3)边缘钢筋至纵缝或自由边的距离一般为 100～150mm； (4)纵向和横向钢筋宜采用相同或相近的直径，其直径差不应大于 4mm。钢筋的最小直径和最大间距应符合下表的规定。钢筋的最小间距为集料最大粒径的 2 倍

钢筋设计—钢和筋最大间距最小直径：

钢筋类型	最小直径	纵向最大间距	横向最大间距
光面钢筋(mm)	8	150	300
螺纹钢筋(mm)	12	350	750

项目	设计要点
接缝设置	横向缩缝间应根据当地具体条件论证确定。其间距一般为 10～20cm，最大不得超过 30cm，并应设置传力杆。纵缝、胀缝和施工缝的设置及构造与普通混凝土路面相同
板长计算公式	$L = 2.19\sqrt[3]{h(5.6pf_{sy})^2}$ 式中：L —— 钢筋混凝土板长(m)； h —— 钢筋混凝土板厚(cm)； p —— 纵向钢筋面积与混凝土断面积之比； f_{sy}—— 钢筋的屈服应力(MPa)

B 连续配筋混凝土路面

a 连续配筋混凝土路面适用范围及设计要点

连续配筋混凝土路面适用范围及设计要点　表 8-59

项目		设计要点
主要特点	优点	连续配筋混凝土路面(简称 CRCP)是道路工程师为了克服接缝水泥混凝土路面(jointed concrete pavement，简称 JCP)的各种病害及改善路用性能而采用的一种混凝土路面结构形式，CRCP 在路面纵向配有足够数量的钢筋，以控制混凝土路面板纵向收缩产生的开裂，因此，CRCP 在施工时完全不设胀、缩缝(除施工缝及构造所需的胀缝处)，形成一条完整而平坦的行车表面，改善了汽车行驶的平稳性，同时也增加了路面板的整体强度
主要特点	缺点	连续配筋混凝土路面的主要缺点是所用钢筋的数量较多，对施工工序有比较严格的要求，此外，对于连续配筋混凝土路面的端部，与桥梁及其他结构物连接的部位，需进行特殊处理
适用范围		连续配筋混凝土路面适用于高速公路和一级公路
设计标准规定及要求	厚度设计	连续配筋混凝土路面的厚度，可按普通混凝土路面厚度设计的各项设计参数及规定进行设计。其基(垫)层取普通混凝土路面基(垫)层的厚度。面板厚度，对于高速公路，取普通混凝土路面的面板厚度；对于一级公路取普通混凝土路面面板厚度的 0.9 倍
设计标准规定及要求	设计标准	(1)混凝土面层横向裂缝的平均间距为 1.0～2.5m； (2)裂缝缝隙的最大宽度为 1mm； (3)钢筋拉应力不超过钢筋屈服强度
设计标准规定及要求	设计规定和要求	(1)连续配筋混凝土面层的纵向配筋率按允许的裂缝间距(1.0～2.5m)、缝隙宽度(＜1mm)和钢筋屈服强度确定，通常为 0.6%～0.8%。最小纵向配筋率，冰冻地区为 0.7%，一般地区为 0.6%。横向钢筋的用量，按计算确定。 (2)连续配筋混凝土面层的纵向和横向钢筋均应采用螺纹钢筋，其直径为 12～20mm。 (3)钢筋布置应符合下列要求： ①纵向钢筋设在面层表面下 1/2～1/3 厚度范围内，横向钢筋位于纵向钢筋之下； ②纵向钢筋的间距不大于 250mm，不小于 100mm 或集料最大粒径的 2.5 倍；横向钢筋的间距不大于 800mm； ③纵向钢筋的焊接长度一般不小于 10 倍(单面焊)或 5 倍(双面焊)钢筋直径，焊接位置应错开，各焊接端连线与纵向钢筋的夹角应小于 60°； ④边缘钢筋至纵缝或自由边的距离一般为 100～150mm
裂缝计算	横向裂缝平均间距计算	横向裂缝平均间距 $L_d = \dfrac{2b}{\sqrt{\dfrac{4k_s}{d_s E_s}(1+\varphi)}}$ $\varphi = \rho\dfrac{E_s}{E_c}$ $\lambda_c = \dfrac{f_t}{E_c(\alpha_c \Delta T + \varepsilon_{sh})}$

8

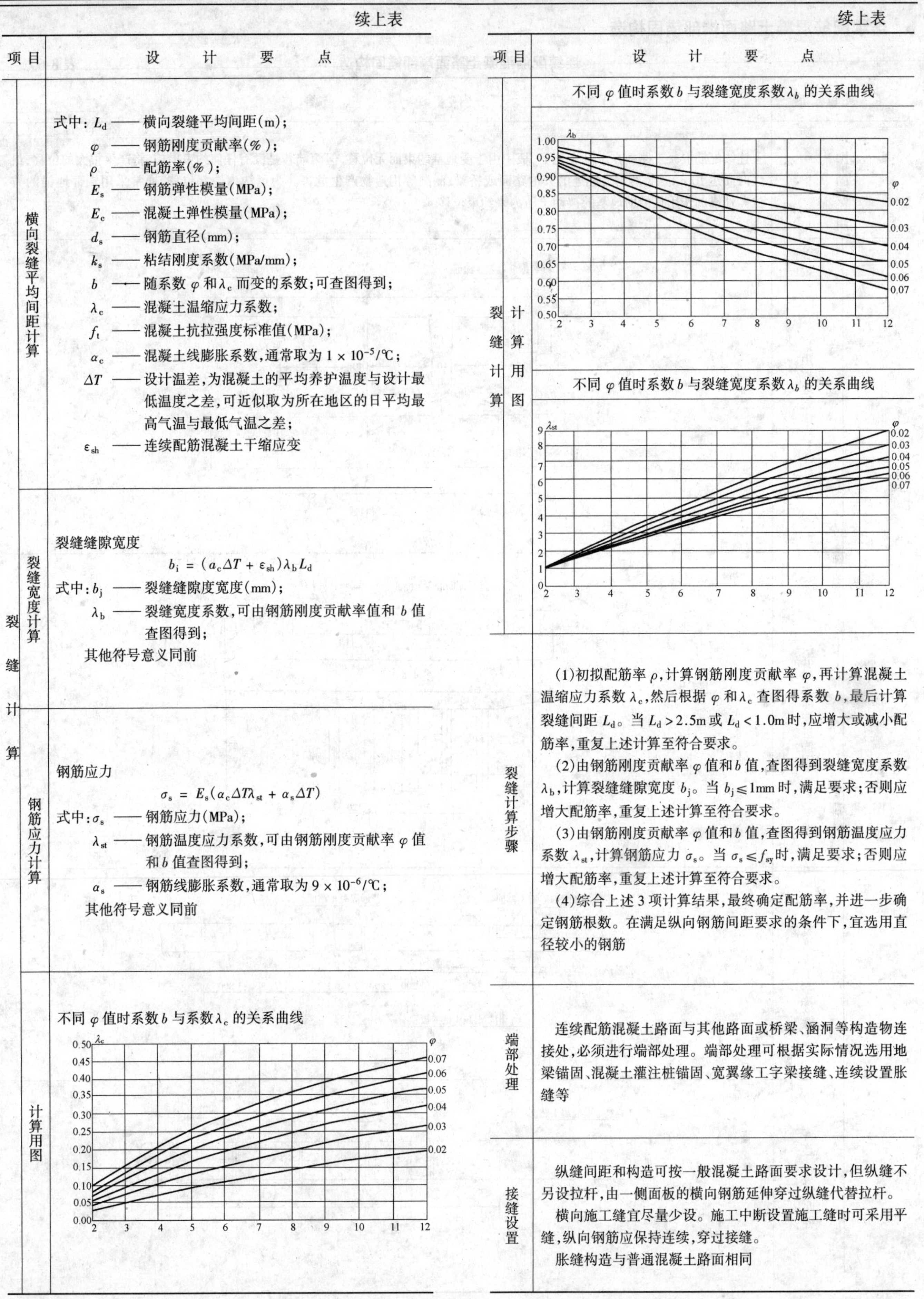

续上表

项目		设　计　要　点
裂缝计算	横向裂缝平均间距计算	式中：L_d —— 横向裂缝平均间距(m)； φ —— 钢筋刚度贡献率(%)； ρ —— 配筋率(%)； E_s —— 钢筋弹性模量(MPa)； E_c —— 混凝土弹性模量(MPa)； d_s —— 钢筋直径(mm)； k_s —— 粘结刚度系数(MPa/mm)； b —— 随系数 φ 和 λ_c 而变的系数；可查图得到； λ_c —— 混凝土温缩应力系数； f_t —— 混凝土抗拉强度标准值(MPa)； α_c —— 混凝土线膨胀系数，通常取为 1×10^{-5}/℃； ΔT —— 设计温差，为混凝土的平均养护温度与设计最低温度之差，可近似取为所在地区的日平均最高气温与最低气温之差； ε_{sh} —— 连续配筋混凝土干缩应变
	裂缝宽度计算	裂缝缝隙宽度 $$b_i = (\alpha_c\Delta T + \varepsilon_{sh})\lambda_b L_d$$ 式中：b_j —— 裂缝缝隙度宽度(mm)； λ_b —— 裂缝宽度系数，可由钢筋刚度贡献率值和 b 值查图得到； 其他符号意义同前
	钢筋应力计算	钢筋应力 $$\sigma_s = E_s(\alpha_c\Delta T\lambda_{st} + \alpha_s\Delta T)$$ 式中：σ_s —— 钢筋应力(MPa)； λ_{st} —— 钢筋温度应力系数，可由钢筋刚度贡献率 φ 值和 b 值查图得到； α_s —— 钢筋线膨胀系数，通常取为 9×10^{-6}/℃； 其他符号意义同前
	计算用图	不同 φ 值时系数 b 与系数 λ_c 的关系曲线

续上表

项目		设　计　要　点
裂缝计算	计算用图	不同 φ 值时系数 b 与裂缝宽度系数 λ_b 的关系曲线 不同 φ 值时系数 b 与裂缝宽度系数 λ_b 的关系曲线
裂缝计算步骤		(1)初拟配筋率 ρ，计算钢筋刚度贡献率 φ，再计算混凝土温缩应力系数 λ_c，然后根据 φ 和 λ_c 查图得系数 b，最后计算裂缝间距 L_d。当 $L_d>2.5$m 或 $L_d<1.0$m 时，应增大或减小配筋率，重复上述计算至符合要求。 (2)由钢筋刚度贡献率 φ 值和 b 值，查图得到裂缝宽度系数 λ_b，计算裂缝缝隙宽度 b_j。当 $b_j\leqslant1$mm 时，满足要求；否则应增大配筋率，重复上述计算至符合要求。 (3)由钢筋刚度贡献率 φ 值和 b 值，查图得到钢筋温度应力系数 λ_{st}，计算钢筋应力 σ_s。当 $\sigma_s\leqslant f_{sy}$ 时，满足要求；否则应增大配筋率，重复上述计算至符合要求。 (4)综合上述 3 项计算结果，最终确定配筋率，并进一步确定钢筋根数。在满足纵向钢筋间距要求的条件下，宜选用直径较小的钢筋
端部处理		连续配筋混凝土路面与其他路面或桥梁、涵洞等构造物连接处，必须进行端部处理。端部处理可根据实际情况选用地梁锚固、混凝土灌注桩锚固、宽翼缘工字梁接缝、连续设置胀缝等
接缝设置		纵缝间距和构造可按一般混凝土路面要求设计，但纵缝不另设拉杆，由一侧面板的横向钢筋延伸穿过纵缝代替拉杆。 横向施工缝宜尽量少设。施工中断设置施工缝时可采用平缝，纵向钢筋应保持连续，穿过接缝。 胀缝构造与普通混凝土路面相同

b　连续配筋混凝土路面端部锚固构造

连续配筋混凝土路面端部锚固构造　　表 8-60

项目		内容
端部锚固的作用		连续配筋混凝土路面在温度变化下，板中由于受地基约束而无位移，但两端若是没有任何约束措施，将产生很大的位移，最大时高达 10cm，这将对与之相连的其他路面或桥梁、涵洞等构造物产生危害。为了约束端部位移，通常采用端部地锚的方法。地锚的作用是借助地基的被动土压力来约束位移
锚固端构造图（cm）	矩形地梁锚固	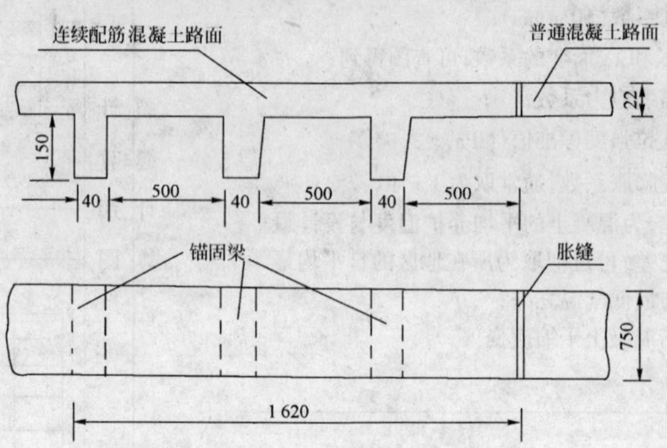 连续配筋混凝土路面；普通混凝土路面；22；150；40；500；40；500；40；500；锚固梁；胀缝；750；1 620
	混凝土灌注桩锚固	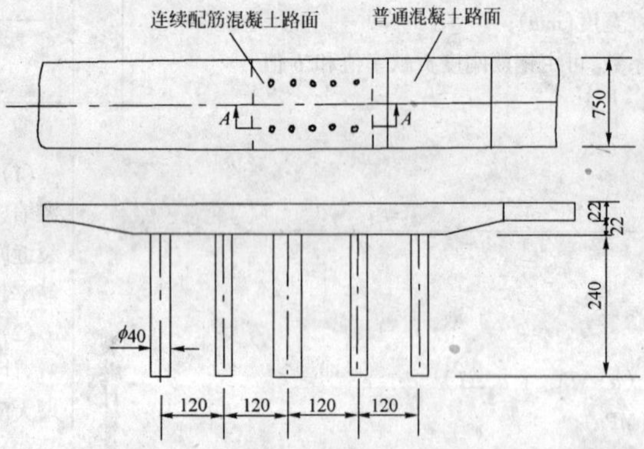 连续配筋混凝土路面；普通混凝土路面；A；A；750；22；22；240；φ40；120；120；120；120
	宽翼缘工字接缝	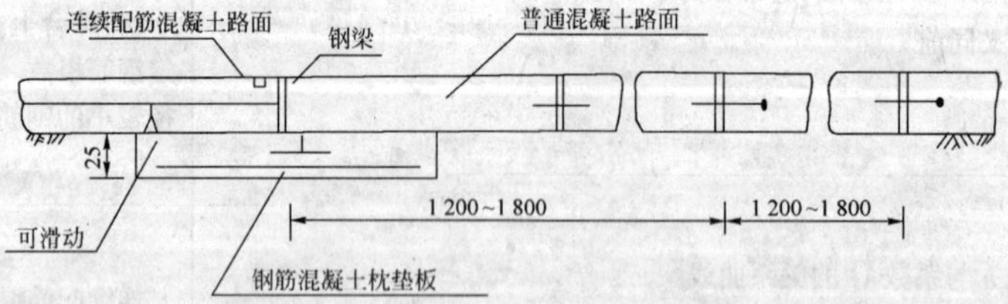 连续配筋混凝土路面；钢梁；普通混凝土路面；25；可滑动；钢筋混凝土枕垫板；1 200～1 800；1 200～1 800
	连续设置胀缝	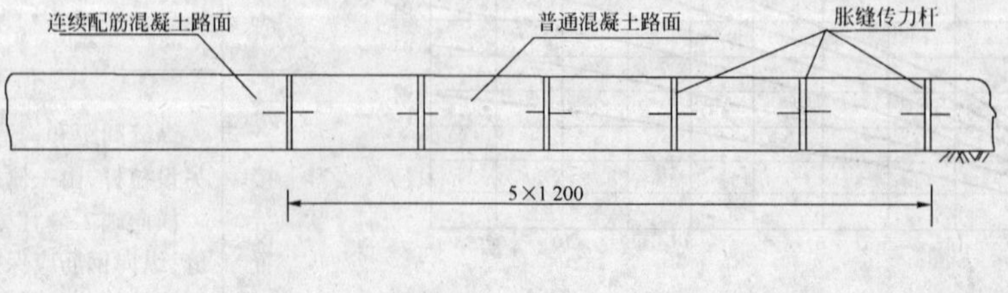 连续配筋混凝土路面；普通混凝土路面；胀缝传力杆；5×1 200

c 连续配筋混凝土面层纵向配筋计算示例

连续配筋混凝土面层纵向配筋计算示例　表 8-61

项目	内容
设计条件	某地区一条新建公路，拟采用连续配筋混凝土路面。已知混凝土面层厚度 0.24m，水泥混凝土弯拉弹性模量 30GPa，混凝土强度等级为 C40。该地区最高日平均气温，与最低日平均气温之差为 $\Delta T=35℃$。试进行连续配筋混凝土面层纵向配筋计算。
设计参数	混凝土强度等级为 C40，查表得混凝土抗拉强度标准植 $f_t=3.5$(MPa)，粘结刚度系数 $k_s=34$(MPa/mm)，连续配筋混凝土干缩应变 $\varepsilon_{sh}=0.0002$。 选用 HRB335 螺纹钢筋，直径 $d_s=16$mm，查表得到弹性模量 $E_s=200$GPa、屈服强度 $f_{sy}=335$MPa
横向裂缝间距计算	按式计算混凝土温缩应力系数 $\lambda_c=\dfrac{f_t}{E_c(\alpha_c\Delta T+\varepsilon_{sh})}=\dfrac{3.5}{30\,000\times(1\times10^{-5}\times35+0.000\,2)}=0.212$ 初拟配筋率 $\rho_w=0.7\%$，按式计算钢筋贡献率为 $\varphi=\rho\dfrac{E_s}{E_c}=0.007\times\dfrac{200\times10^3}{30\,000}=0.046\,7$ 由 $\lambda_c=0.212$ 和 $\varphi=0.046\,7$，查图得 $b=6.0$ $L_d=\dfrac{2b}{\sqrt{\dfrac{4k_s}{d_sE_s}(1+\varphi)}}=\dfrac{2\times6.0}{\sqrt{\dfrac{4\times34}{16\times200\times10^3}(1+0.046\,7)}}=1\,799\text{mm}\doteq1.80\text{m}$ $L_d=1.80$m 满足横向裂缝间距 1.0~2.5m 的要求。
裂缝宽度计算	根据钢筋贡献率为 $\varphi=0.046\,7$ 和 $b=6.0$，查图得裂缝宽度系数 $\lambda_b=0.83$ 按公式计算裂缝宽度为 $b_j=(\alpha_c\Delta T+\varepsilon_{sh})\lambda_bL_d=(1\times10^{-5}\times35+0.000\,2)\times0.83\times1.80\times10^3=0.82\text{mm}<1\text{mm}$

8

续上表

项目	内容
钢筋应力计算	根据钢筋贡献率 $\varphi=0.0467$ 和 $b=6.0$ 查图得钢筋温度应力系数 $\lambda_{st}=3.8$,按式计算钢筋应力为 $\alpha_s=E_s(\alpha_c\Delta T\lambda_{st}t\alpha_s\Delta T)$ $=200\times10^3\times(1\times10^{-5}\times35\times3.8+9\times10^{-6}\times35)$ $=329\text{MPa}<f_{sy}=335\text{MPa}$
钢筋间距或根数计算	上述计算均满足要求,则初拟的纵向钢筋配筋率是合适的。 钢筋间距为 $\dfrac{\pi d_s^2}{4\rho h}=\dfrac{\pi\times0.016^2}{4\times0.007\times0.24}=120\text{mm}$ 或每延米纵向钢筋根数为 $1000/120=8.3\approx9$ 根

C 预应力混凝土路面

a 预应力混凝土路面种类及特点

预应力混凝土路面种类及特点　表 8-62

项目		内容
种类	配筋预应力混凝土路面	配筋预应力混凝土路面,又称"单独型"路面,由间隔较长的膨胀缝相隔离的路面板组成,在路面板的抗压区分别配制一定数量的预应力钢筋。按施加预应力的先后次序又可分为先张法和后张法两种,这与房屋、桥梁上的做法相同。先张法是在混凝土浇筑之前,将钢筋加力至规定的程度,然后浇筑混凝土,待混凝土硬化并达到规定强度时,将钢筋切断,后张法是在混凝土浇筑之前,先留有套管及预应力钢筋,待混凝土浇筑并达到规定强度后,用千斤顶对钢筋施加预应力,从而对混凝土路面加压,并达到规定的程度
	无筋预应力混凝土路面	无筋预应力混凝土路面,又称"连续型"路面,因无膨胀缝而得名,这种路面不配钢筋可做得很长。按照施加预应力的方法可分为千斤顶加力和自加应力。千斤顶加力一般在两个固定的墩座间浇筑混凝土,并留有空隙放置加力千斤顶,待混凝土硬化达到规定强度后,用千斤顶从两端加力,达到规定压力时,将两端空隙封闭。自应力路面不用千斤顶加力,而是选用膨胀水泥,混凝土硬化时,体积增大,由于两端受有约束而使混凝土自动产生内压应力
主要特点	优点	(1)路面板厚度只需传统混凝土路面板厚的 40%~60%,就能提供很高的承载力和较高的抗变形能力,这一点对减薄机场道面的厚度非常可观。 (2)预应力混凝土路面由于板较长,接缝数量可大大减少,改善了行车的平稳性,减少了接缝问题。 (3)预应力的存在使路面板体性较强,边角软弱部分得以改善,大大减少了横向开裂的可能性,提高了路面的耐久性。 (4)预应力混凝土路面的用筋量少于除素混凝土路面以外的其他路面。据国外研究指出,用于正常预应力设计所需的钢筋量约为 2.7125kg/m^2,这远少于连续配筋路面所需的钢筋量。 (5)从国外已建路面的使用状况来看,预应力混凝土路面几乎 30 年不需大修,养护需求也较少,较长使用年限引起的主要问题就是来自胎纹的磨耗,预应力混凝土路面比传统混凝土路面的磨耗小。就其费用与传统混凝土路面的比较来看,初期投资稍高,但养护费用几乎为零,并且减少了由于养护所延误的时间,所以,总的费用有可能比传统路面低,或几乎相差不多
	缺点	(1)从经济观点来看虽减薄了路面板的厚度,但配筋预应力路面需大量的预应力筋,施工工艺较复杂,手工操作的工作量大,难以实现机械化、自动化施工。 (2)虽然预应力混凝土路面板可以做得较长,但随着长度的增加,由于路基约束所引起的预应力损失也随之增大,另外,板的位移量也会增大,因而对横向接缝的设计要求很严,同时要求路基摩擦约束尽可能得小。 (3)对施工人员素质要求较高,并需进行严格的质量控制

b　预应力混凝土路面材料、路基及设计要求

预应力混凝土路面材料、路基及设计要求　　表 8-63

<table>
<tr><th colspan="2">项　目</th><th>有　关　规　定　和　要　求</th></tr>
<tr><td colspan="2">材料要求</td><td>预应力混凝土路面需要高质量的混凝土(高强度、低收缩和低徐变)。水灰比应尽可能小,以避免由于收缩和徐变引起过大的预应力损失。28d 的混凝土抗压强度要达到 21 ~ 56MPa,弯折模量要达到 3 ~ 5.25MPa。
国外一些实例中使用了矾土水泥,它的明显优势是加速了混凝土的硬化。现有记载除了早期的一些室内试验外,很少使用促凝剂或增加混凝土和易性的外加剂</td></tr>
<tr><td colspan="2">路基摩擦系数</td><td>有些部门建议摩擦系数为 0.25 ~ 0.5,但在试图减小摩擦的砂或石屑所组成的滑动层中发现其值高达 1.25 ~ 2.0。大多数室内试验所确定的摩擦系数都比现场的小,这是由于室内不能真实反映现场的实际条件所致。
为了减小摩擦,通常采用砂和防水纸、砂和油毛毡、砂和聚乙烯薄膜或沥青材料作滑动层。在减小摩擦方面作了很多尝试,许多研究表明采用一薄层的同一粒径的球形颗粒(砂、石屑等)对于减小摩擦效果很好,其作用如同滚珠轴承</td></tr>
<tr><td colspan="2">设计验算公式</td><td>$$f_t + f_P \geqslant f_{\Delta T} + f_F + f_L$$
式中:f_P —— 由预应力引起的混凝土中的压应力;
f_t —— 混凝土的允许弯曲应力(= 混凝土弯折模量 / 安全系数);
$f_{\Delta T}$ —— 由温度差引起的温度应力;
f_F —— 由路基摩阻引起的应力;
f_L —— 由荷载引起的荷载应力。
若假设温度梯度线性变化,则温度应力为
$$f_{\Delta T} = \frac{E_c \alpha_c \Delta T}{2(1 - v_c)}$$
式中:E_c、α_c、v_c 分别为混凝土的弹性模量、温度膨胀系数和泊松比。
路基摩阻引起的应力为
$$f_F = f \times \rho \times \chi$$
式中:f —— 路基摩阻系数;
ρ —— 混凝土的密度;
χ —— 距千斤顶的距离。
当 $\chi = L/2$(L 为板长),f_F 达到最大。在确定预应力大小时,取 $f_F = \mu \times \rho \times L/2$。
在预应力路面设计中,板厚一般是根据预应力筋或套管所必要的覆盖层厚度来确定,而非根据承载计算设计</td></tr>
<tr><td rowspan="2">预应力</td><td>影响因素</td><td>一般认为,路面中所施加的预应力大小主要由以下三个因素所决定:
(1)交通荷载;
(2)由温度和温度所引起的翘曲约束;
(3)板收缩期间的板底摩阻约束</td></tr>
<tr><td>取值</td><td>常用的预应力数值如下:公路上仅使用纵向预应力钢筋或纵横向都配预应力筋时,一般在 0.63 ~ 2.87MPa;机场上平均值可达 3.15MPa;当采用斜向钢筋来产生纵向预应力时,平均值约为 1.93MPa。横向预应力还未被广泛采用,一般为 0 ~ 1.4MPa,当板宽不超过 7.2m 时,可不设横向预应力</td></tr>
<tr><td rowspan="4">设计参数</td><td>基层顶面当量回弹模量 E_t</td><td>在浇筑混凝土面板之前在基层顶面用刚性承载板(直径为 30cm)进行实测,可得基层顶面的当量回弹模量 E_t</td></tr>
<tr><td>地基反应系数 K</td><td>K 值按下式计算:　　$E_t = 95K$
式中 E_t 的单位为 MPa,K 的单位为 MPa/cm</td></tr>
<tr><td>基层顶面摩擦系数 μ</td><td>一般采用实测方法求得</td></tr>
<tr><td>其他设计参数</td><td><table>
<tr><th>交通等级</th><th>使用初期设计车道标准轴载作用次数 N_s(n/d)</th><th>设计使用年限 t</th><th>车轮轮迹横向分布系数 η</th><th>混凝土设计弯拉强度 f_{cm}(MPa)</th><th>综合影响系数 k_c</th></tr>
<tr><td>特重</td><td>> 1 500</td><td>30</td><td>0.17 ~ 0.22</td><td>5.0</td><td>1.45</td></tr>
<tr><td>重</td><td>200 ~ 1 500</td><td>30</td><td>0.17 ~ 0.22</td><td>5.0</td><td>1.35</td></tr>
<tr><td>中等</td><td>5 ~ 200</td><td>20</td><td>0.34 ~ 0.39</td><td>4.5</td><td>1.20</td></tr>
<tr><td>轻</td><td>≤5</td><td>20</td><td>0.54 ~ 0.62</td><td>4.0</td><td>1.05</td></tr>
</table></td></tr>
</table>

续上表

项目		有关规定和要求								
		公路自然区划	不同板厚的最大温度梯度 T_g(℃/cm)							
			10cm	12cm	14cm	16cm	18cm	20cm	22cm	24cm
设计参数	最大温度梯度计算值	Ⅱ、Ⅳ	1.12 ~ 1.19	1.07 ~ 1.14	1.02 ~ 1.08	0.97 ~ 1.03	0.92 ~ 0.98	0.87 ~ 0.92	0.83 ~ 0.88	0.78 ~ 0.83
		Ⅲ	1.22 ~ 1.28	1.16 ~ 1.23	1.11 ~ 1.17	1.05 ~ 1.11	1.00 ~ 1.05	0.95 ~ 1.00	0.90 ~ 0.95	0.85 ~ 0.89
		Ⅳ、Ⅵ	1.16 ~ 1.24	1.11 ~ 1.19	1.06 ~ 1.13	1.01 ~ 1.08	0.95 ~ 1.02	0.90 ~ 1.97	0.86 ~ 0.92	0.81 ~ 0.86
		Ⅶ	1.26 ~ 1.32	1.20 ~ 1.26	1.14 ~ 1.21	1.09 ~ 1.15	1.03 ~ 1.09	0.98 ~ 1.03	0.93 ~ 0.98	0.87 ~ 0.92
		注:海拔高时,取高值;湿度大时,取低值								

c　预应力混凝土路面板厚设计要点

预应力混凝土路面板厚设计要点　　表 8-64

项目	设计要点
板的尺寸选择	预应力路面板一般采用矩形,最合适的板长一般为 90 ~ 210m,板宽建议不超过 7.2m,板厚一般为 12 ~ 23cm。另外,板厚须给预应力筋提供最小的保护层,以防开裂和锈蚀
临界荷位选择	产生最大综合损坏的临界荷位,应选用板的纵缝边缘中部
板厚设计步骤	(1)收集交通资料,根据设计参数的确定方法,计算设计车道使用年限内的标准轴载累计作用次数 N_e,确定基层顶面的综合回弹模量 E_t、地基反应模量 K 及基层顶面的摩擦系数 μ,确定混凝土的设计强度 f_{cm} 和混凝土面板的最大温度梯度计算值 T_g。 (2)结合路面的交通量和预应力筋所需的最小保护层,假定一个初始板厚。预应力路面板厚应略大于相应素混凝土路面的 0.65 倍;作为机场而言,应是 0.6 倍。我国公路而言,考虑运输繁忙和超载现象严重,加之施工及施工管理水平尚待提高,建议预应力路面的板厚取相应素混凝土路面板厚的 0.7 ~ 0.75 倍。 (3)根据当地的环境状况,选择适当的板长。气候干燥炎热的地方,建议取小值。 (4)进行计算确定所需的预应力值 f_p: $$f_p \geqslant f_{\Delta T} + f_F + f_L - f_{cm}$$ 式中符号意义同前。 从预应力筋的实际间距和经济使用方面考虑,如果求得的预应力值 $f_p > 4.5\text{MPa}$,则需增大路面板厚,重新计算。 (5)预应力筋的布置可按下式进行确定。 $$Y_t = \frac{f_s \times A_s}{f_p \times h}$$ 式中:Y_t —— 预应力筋间距(cm); f_s —— 预应力筋中的容许张拉应力(扣除预应力损失)(MPa); A_s —— 预应力筋截面积(cm²); h —— 所选路面板厚(cm); f_p —— 由步骤(4)确定的预应力值(MPa)。 (6)根据步骤(5)的计算结果,结合所推荐的临界荷位,采用有限元法编制的 CPSAP 程序进行验算,验算标准为控制由荷载应力和温度应力综合疲劳作用所产生的疲劳断裂,即 $\sigma_L + \sigma_t \leqslant \sigma_s$($\sigma_L$ 为标准轴载产生的最大纵向荷载应力;σ_t 为等效温度梯度所产生的最大横向温度翘曲应力;σ_s 为混凝土的等价抗弯拉疲劳强度,$\sigma_s = f_{cm} + f_p - f_F$,式中 f_{cm}、f_F、f_p 含义同前)。板厚计算采用试算法进行。因而,不可能简捷地得到准确满足上述要求的板厚。通常设定一个容许范围,只要符合此范围内要求的板厚即可获通过。由于混凝土是脆性材料,对超载很敏感;同时,增加板厚可使使用寿命有较大的增长。因而,规定如下范围: $$0.95\sigma_s \leqslant \sigma_L + \sigma_t \leqslant 1.03\sigma_s$$ 如果满足上式,该板厚及预应力配置即获通过;否则,增大板厚,转向步骤(4),重新进行。 (7)对于横向预应力的确定,根据步骤(6)的计算所得的最大横向应力与混凝土的容许弯拉强度(建议取 0.8 倍的抗弯拉强度)的比较而定。如果不需施加横向预应力,则需配置横向钢筋

d　预应力混凝土路面接缝及端部区设计

预应力混凝土路面接缝及端部区设计　　表 8-65

项　目			设　计　要　点
接缝设计			预应力混凝土路面的接缝设计应遵循以下原则： (1)接缝必须能容许板端发生位移，能够不被压坏； (2)交通荷载不会使接缝产生过大的挠度和应力； (3)接缝材料必须耐磨、抗疲劳和防腐； (4)接缝应密封防止水和不可压缩的杂物的进入； (5)损坏部分的修补应当方便易行； (6)接缝的施工程序应与预应力的张拉方法相协调； (7)接缝的建造费用应尽量低。 一般在板端接缝下设置钢筋混凝土枕梁，以提供接缝处较强的地基和路面的连续性。因预应力路面对接缝的要求较高，接缝的形式选择可参照桥梁中的伸缩缝
板端部锚固区设计	端部多压截面尺寸验算	验算公式	为了满足构件端部局部受压区的抗裂要求，防止该区段混凝土由于施加预应力而出现沿构件长度方向的裂缝，对配置间接钢筋的混凝土结构构件，其局部受压区的截面尺寸应符合下列要求： $F_l \leqslant 1.5\beta f_c A_{ln}$ 式中：F_l —— 局部受压面上作用的局部荷载或局部压力设计值，对于后张混凝土路面的锚头局压区，$F_l = 1.2\sigma_{con} A_p$。此处，$\sigma_{con}$ 为张拉控制应力值，建议取下表值；A_p 为预应力筋的截面积。当不能满足公式要求时应加大端部锚固区，截面尺寸，调整锚具位置，或提高混凝土强度等级； A_{ln} —— 混凝土局部受压净面积，对后张法路面应在混凝土局部受压面积中扣除管道、凹槽部分的面积； f_c —— 张拉时混凝土的轴心抗压强度设计值； β —— 混凝土局部受压承载力的提高系数，按下式确定： $\beta = \sqrt{\frac{A_b}{A_l}}$ A_l —— 扣除管道面积后锚具下混凝土的局部受压面积；当有垫板时可考虑预压力沿锚具垫圈边缘在垫板中按 45° 扩散后传至混凝土的受压面积，见图； A_b —— 局部受压时的计算底面积，可根据局部受压面积与计算底面积同心、对称的原则确定，一般情况可按下图取用
		计算图式	有垫板时混凝土受压面积 A_l（图：锚具，45°，δ，锚具面积，A_l） 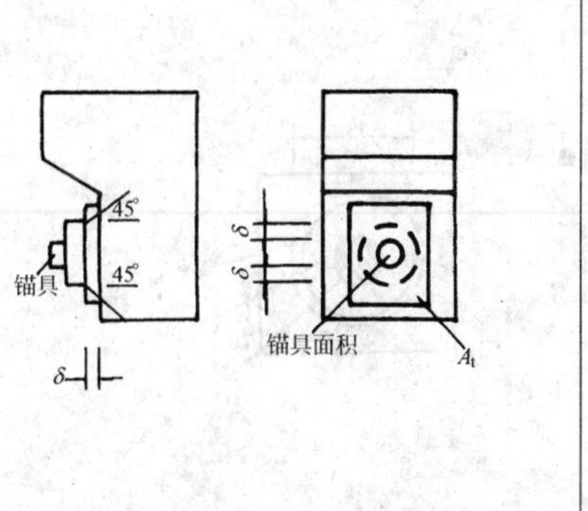 局部受压的计算底面积 A_b（图：b，a，$(a>b)$，A_l，A_b，$A_l=A_b$） 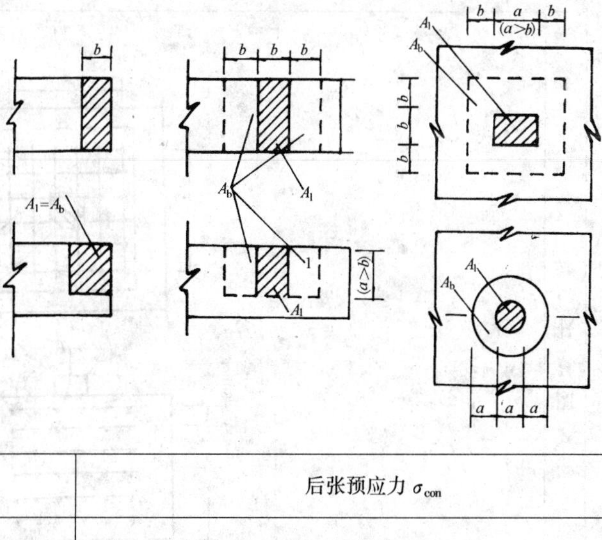
	张拉控制应力容许值 σ_{con}		见下表

钢　筋　种　类	后张预应力 σ_{con}
碳素钢丝、刻痕钢丝、钢绞线	$0.75f_{ptk}$
冷拔低碳钢丝、热处理钢筋	$0.7f_{ptk}$
冷拉钢筋	$0.9f_{pyk}$

注：表中 f_{pyk} 及 f_{ptk} 表示预应力钢筋的强度标准值

续上表

<table>
<tr><th colspan="3">项　目</th><th>设　计　要　点</th></tr>
<tr><td rowspan="2">板端部锚固区设计</td><td rowspan="2">局部受压承载力计算</td><td>计算公式</td><td>锚固区段配置间接钢筋(焊接钢筋网或螺旋式钢筋)可以有效地提高锚固区段的局部受压强度,防止局部受压破坏。当配置方格网式或螺旋式间接钢筋,且其核芯面积 $A_{cor} \geqslant A_l$ 时,局部受压承载力应按下列公式计算:
$$F_l \leqslant (\beta f_c + 2\rho_v \beta_{cor} f_y) A_{ln}$$
式中:F_l、β、f_c、A_{ln} 同本表上式;
β_{cor}—— 配置间接钢筋的局部受压承载力提高系数;按下式确定:
$$\beta_{cor} = \sqrt{\frac{A_{cor}}{A_t}}$$
A_{cor}—— 配置方格网或螺旋式间接钢筋范围以内混凝土核心面积(不扣除管道面积),不应大于 A_b,且其重心应与 A_1 的重心相重合;
f_y—— 间接钢筋的抗拉强度设计值;
ρ_v—— 间接钢筋的体积配筋率(核芯面积 A_{cor} 范围内的单位混凝土体积所含间接钢筋体积),且要求 $\rho_v \geqslant 0.5\%$。
当为方格网配筋时(见下图):
$$\rho_v = \frac{n_1 A_{s1} L_1 + n_2 A_{s2} L_2}{A_{cor} s}$$
此时,在钢筋两个方向的单位长度内,其钢筋面面积相差不应大于1.5倍。
当为螺旋式配筋时(见下图)
$$\rho_v = \frac{4A_{ss1}}{d_{cor} s}$$
式中:n_1、A_{s1} —— 方格网沿 l_1 方向的钢筋根数、单根钢筋的截面面积;
n_2、A_{s2} —— 方格网沿 l_2 方向的钢筋根数、单根钢筋的截面面积;
A_{ss1} —— 螺旋式单根间接钢筋的截面面积;
d_{cor} —— 配置螺旋式间接钢筋范围以内的混凝土直径;
s —— 方格网或螺旋式间接钢筋的间距。
计算的间接钢筋应配置在下图所规定的 h 范围内,方格钢筋不应少于4片,螺旋式钢筋不应少于4圈。
如验算不能满足时,对于方格钢筋网,应增加钢筋根数,加大钢筋直径,减小钢筋网的间距;对于螺旋钢筋,应加大直径,减小螺距</td></tr>
<tr><td>计算图式</td><td> 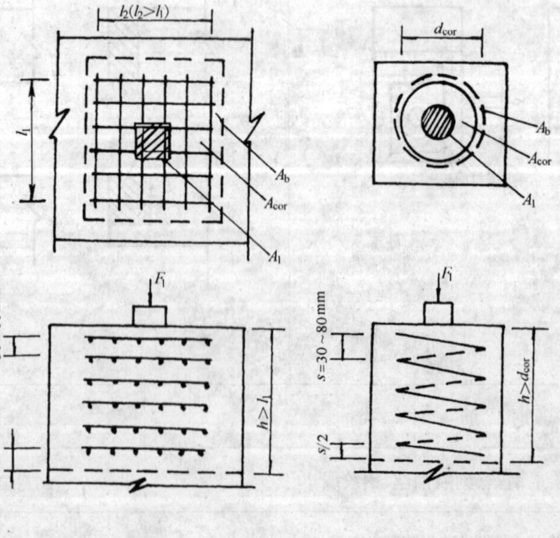$l_2(l_2>h)$ l_1 A_b A_{cor} A_l d_{cor} A_b A_{cor} A_l
F_l $s=30\sim80$mm $h>l_1$ s F_l $s=30\sim80$mm $h>d_{cor}$ $s/2$</td></tr>
</table>

e　预应力混凝土路面设计示例(参考)

预应力混凝土路面设计示例(参考)　表 8-66

项目	设　计　示　例
已知条件	南京机场高速公路的预应力混凝土试验路，该路段如果按照普通混凝土路面设计，板厚需 24cm。为了安全考虑(若板很薄，在使用期间会产生过大的挠度，在施加预应力时可能会产生过大反拱，并且不利于施工)，板厚取保守值 20cm，板长 100m。 在板厚确定的情况下，设计的主要问题就是确定施加预应力的大小
设计参数	单轴荷载　$P = 100kN$ 混凝土弯拉强度　$f_{cm} = 5.0MPa$ 混凝土弯拉弹性模量　$E_c = 3 \times 10^4 MPa$ 轮胎压力　$p = 0.7MPa$ 路面板长　$L = 100m$ 路面板厚　$h = 20cm$ 地基反应模量　$K = 2.21MPa$ 摩擦系数　$\mu = 0.8$(有细砂层) 根据《规范》知，板内最大温度梯度 $T_g = 0.9℃/cm$[南京属于公路自然区划Ⅱ，$T_g = 0.83 \sim 0.88℃/cm$(板厚为22cm)，取0.86，经修正后所得结果] 混凝土的容重　$\rho = 0.002\,4kg/cm^3$ 混凝土的线膨胀系数　$\alpha_c = 1 \times 10^{-5}/℃$ 混凝土的泊松比　$v = 0.15$ 预应力筋(采用 $U\phi^j15$) 标准强度　$R_y^b = 1\,860MPa$ 公称截面面积　$A_p = 140mm^2$
纵向预应力筋设计	根据以上设计原理，对该路段所需最小的预应力计算如下： ① 取强度安全系数为 1.2，则混凝土的容许弯拉力 $f_t = 5/1.2 = 4.17MPa$ ② 温度应力 $f_{\Delta T} = (3 \times 10^4 \times 0.9 \times 20 \times 10^5)/(2 \times (1 - 0.5)) = 3.18(MPa)$ ③ 路基摩擦阻力引起的应力 $f_F = (0.8 \times 0.002\,4 \times 10\,000)/(2 \times 10) = 0.96(MPa)$ ④ 荷载应力 $\because a = \sqrt{\frac{P}{p\pi}} = \sqrt{\frac{100 \times 10}{0.7 \times \pi}} = 21.32(cm) < 1.724h = 34.48cm$ $\therefore b = \sqrt{1.6 \times 21.32^2 + 20^2} - 0.675 \times 20 = 20.07(cm)$ $f_L = \frac{0.275 \times 100}{20^2}(1 + 0.15) \cdot \left[\lg\left(\frac{3 \times 10^4 \times 20^3}{2.21 \times 20.07^4}\right) - 0.44\right] \times 10 = 1.89(MPa)$ ⑤ 混凝土所需最小预压应力 $f_p = f_{\Delta T} + f_F + f_L - f_t = 3.18 + 0.96 + 1.89 - 4.17 = 1.86(MPa)$ ⑥ 预应力筋的配置 对在一般气候环境下使用的预应力混凝土结构采用后张法预应力总损失为 20%。 张拉的控制应力为 $\sigma_{con} = 0.75 \times R_y^b = 1\,395MPa$ 考虑混凝土板内部的预应力损失后，有效预应力为 $\sigma_{pe} = 0.8 \times 1\,395 = 1\,116MPa$。 $1.86 \leqslant \frac{\sigma_{pe} \times A_e}{h \times dis} = \frac{1116 \times 140}{200 \times dis} \Rightarrow dis \leqslant 420mm$ 实际取间距 dis = 285mm，纵向共需配置 25 根无粘结预应力钢铰线 $U\phi^j15(28.5 \times 24 + 2 \times 18) = 720cm$

续上表

项目	设　计　示　例
横向配筋设计	对于横向预应力各国意见不统一，据国外资料介绍，认为当板宽不超过 7.2m 时，可不设横向预应力，但为了安全起见，要求在横向配置一定数量的防止开裂并起到固定、支撑纵向预应力钢筋的构造钢筋。在该试验段中，不设横向预应力，仅配置足够的横向钢筋，其配筋设计参考连续配筋混凝土路面的配筋设计。 我国连续配筋混凝土路面的配筋设计，横向钢筋应采用螺纹钢筋，其最小配筋率为纵向配筋率 β 的 1/8。并且布置应符合：① 横向钢筋间距不大于 80cm；② 横向钢筋位于纵向钢筋之下。 $\beta = \frac{E_c f_{cm}}{2E_c F_{sy} - 2E_s f_{cm}}(1.3 - 0.2\mu) \times 100$ 式中：E_c—— 混凝土弯拉弹性模量(MPa)，在此为 30 000MPa； f_{cm}—— 混凝土设计弯拉强度(MPa)，在此为 5.0MPa； E_s—— 钢筋弹性模量(MPa)，在此为 200 000MPa； F_{sy}—— 钢筋屈服强度(MPa)，在此为 335MPa； μ—— 面板与基层之间的摩阻系数，在此取 0.8。 采用 $\phi12$ 的 Ⅱ 级螺纹钢筋为横向钢筋，$E_s = 200\,000MPa$，$f_{sy} = 335MPa$，则有 $\beta = 30\,000 \times 5.0 \times (1.3 - 0.2 \times 0.8)/(2 \times 30\,000 \times 335 - 200000 \times 5.0) = 0.008\,95$，于是横向钢筋数量最少应为 $10\,000 \times 20 \times (0.008\,95/8)/(3.141\,592\,6 \times 1.2 \times 1.2/4) = 198$ 根，在此取 200 根，间距为 50cm($(200 - 1) \times 50 + 2 \times 25 = 10\,000cm$)
板的端部设计	① 为防止板在端部发生局部承压破坏，因此，在板端设置由间距 20cm 的 $\phi10$ 钢筋组成的 6m × 7m 的双层双向钢筋网。另外，在板端(包括伸缩缝)处设置有 2m × 7.2m 的钢筋混凝土枕梁，以加固基层，防止板端和接缝处发生破坏。 ② 对于 100m 长的预应力混凝土路面，伸缩缝的设计就显得非常重要。由于板底设置了滑动层，其摩擦系数较小($f = 0.8$)，又因面板很长，所以季节性温度变化将引起板端较大的位移。假定预应力对温度引起的位移影响可忽略，按照素混凝土板较小初步计算，在年温差最大(与路面合拢温度 $T = 20℃$ 相比)$\Delta T = 40℃$ 时，板端位移可计算如下：滑动区长度 $L = \frac{\alpha E_c T_n}{\rho f} = 0.000\,01 \times 30\,000 \times 10^6 \times 40/(10 \times 2.4 \times 10^3 \times 0.8) = 625(m) > 100/2.0(m)$ 取 $L = 50m$，则板端位移 $\Delta = 0.000\,01 \times 40 \times 50 - (2.4 \times 10^3 \times 0.8 \times 50^2 \times 10)/(2 \times 30\,000 \times 10^6) = 19.2(mm)$ 经综合比较，采用 GQF—C—80 型伸缩缝(伸缩范围为 14 ~ 94mm)足以满足要求。 ③ 预应力混凝土路面与普通混凝土路面之间设置 4m × 7.2m 的后浇带(包括后浇混凝土封锚、伸缩缝的预留位置、后浇混凝土路面)，以便有充分的空间放置预应力筋的张拉设备。预应力混凝土路面与伸缩缝、伸缩缝与后浇混凝土路面之间均应设置连接钢筋，从而使伸缩缝能正常工作

续上表

项目		设　计　示　例
材料设计	材料要求	预应力混凝土路面所用的混凝土，需满足下列要求： ① 强度高 因为采用高强度混凝土配合高强度的钢筋可以有效地减小路面截面尺寸和自重。同时，高强度混凝土在抗拉、抗剪以及粘结和承压等方面也有较高的抗力，不易发生收缩裂缝。 ② 收缩、徐变小 这样可减少收缩和徐变引起的预应力损失。 ③ 快硬、早强 这样可以尽早施加预应力，加快施工进度，提高设备和模板等的利用率
	材料技术要求	基于以上要求，并从减少预应力损失角度考虑，采用以下材料： ① 水泥 强度等级为C40，要求采用52.5级普通硅酸盐水泥。 混凝土 ② 细集料 采用细度模数 $M_x = 2.6$ 的中砂，砂的含泥量 $< 3\%$，不得混有石灰、煤渣、草根等杂物。 ③ 粗集料 粗集料的最大粒径不得超过40mm，范围为5 ~ 31.5mm，石料强度 $\geqslant 3$ 级，针片状含量 $\leqslant 10\%$，含泥量 $\leqslant 1\%$。采用连续集配，集配范围符合有关规范规定。 ④ 减水剂 掺加缓凝型高效减水剂BC—1，掺量为0.3%，减水率为37%，以降低水灰比、增加施工和易性并保证混凝土拌和物摊铺振捣时间。 ⑤ 路用混凝土 由于工程较大，工期较紧，采用泵送商品混凝土，水灰比

续上表

项目		设　计　示　例
材料设计	材料技术要求	为0.46，水、水泥、砂与碎石的配合比为 $W:C:S:G = 220:478:630:1\,072$，并掺加减水剂。经测试，强度可达到48.6MPa，初始塌落度为180 ~ 200mm，满足设计与施工要求。 ⑥ 钢材 考虑到试验路路面板厚度较薄，且在正常使用阶段，路面板要承受各种恶劣的条件，经研究决定，由江阴华新钢缆有限公司专门加工约3t的无粘结预应力筋 $U\phi^j15$，屈服强度为1 740MPa，抗拉强度为1 860MPa，伸长率为4.3%，满足要求。采用低压高密度聚乙烯（HPE）塑料套管，套管的壁厚确保 $\geqslant$ 1mm。运输过程中尽量减少倒运，轻吊轻放；铺放时尽可能保证塑料套管不发性破损，一旦发现破损要求立即用塑料胶带重叠封裹。 无粘结预应力筋下料采用砂轮切割机下料，下料长度为 $L = 10\,000 + 40 + 40 = 10\,080$(cm) 横向钢筋采用 $\phi12$ 的Ⅱ级螺纹钢筋，屈服强度 $f_{sy} = 335$MPa。要求钢筋应顺直，不得有裂缝、断伤、表面油污及锈蚀。板端的钢筋网采用 $\phi10$ 的Ⅰ级光圆钢筋。 ⑦ 锚具 结合本工程的要求，无粘结筋承受长期的振动荷载及疲劳荷载，所以必须采用Ⅰ类锚具。经综合对比，采用南京铁路锚具厂生产的TBM—1型夹片锚具，该锚具经北京铁科院疲劳试验及华东预应力中心静荷载组装件试验，均满足Ⅰ类锚具要求。锚夹具进场时应分批进行外观检查，不得有裂纹、伤痕、锈蚀，尺寸不得超过允许偏差。 ⑧ 为减少路基摩阻引起的预应力损失，基层铺设了CEF—200型土工布。 ⑨ 伸缩缝 经计算和综合比较，采用GQF—C—80型

8

A 礓礤路面适用条件及设计要点

礓礤路面适用条件及设计要点　　表 8-67

项目		内　　容
适用条件		(1)修筑水泥混凝土路，当局部路段纵坡度在 15%以上时，则应设置礓礤路面防滑，以保行车安全。此种路面不适于通行履带式车辆。 (2)当道路纵坡度在 10%～15%范围内，可根据具体要求修筑礓礤路面或表面较粗糙的一般混凝土板路面。在考虑修筑一般混凝土板路面时，应尽量采用其他防滑措施
设计要点及要求	纵形面状	礓礤路面系指路面的纵断面做成锯齿形，适用于水泥混凝土路面，可现场浇筑或预制装配
	人行道连与接车	不设人行道的礓礤路面，一般情况下人行道与车行道应尽可能分开
	横坡	礓礤路面必需设横坡度，一般采用 1%，可做成一面坡或两面坡，以利排水。弯道处的礓礤路面，如需设置超高时，其超高横坡度不宜大于 2%
	侧沟	礓礤路面在一般情况下均应设浅侧沟，以利清除积水、淤冰及杂物。横坡为一面坡时，亦应两则均设侧沟。 侧沟的断面形式，随是否设置立道牙与人行道而有所不同。 (1)不设人行道时，分别按以下情况考虑； ①设置立道牙时，侧沟沟底与礓礤齿底平。 ②设置平道牙时，侧沟沟底应低于礓礤齿底，一般不大于 8cm。 (2)车行道与人行道分开时，则按： ①与礓礤路面衔接路段的立道牙如不降低时，礓礤路段应设立道牙，其道牙顶高应与步道礓礤齿底平；而侧沟沟底则应与车道礓礤齿底平或低于礓礤齿底，但不大于 8cm。 ②与礓礤路面衔接路段的立道牙如降平或衔接路段为平边时，则礓礤路段侧沟底高可低于礓礤齿底 6cm；如衔接路段的立道牙降至高 6cm 时，其侧沟沟底应与车道礓礤齿底平。 ③衔接路段立道牙如需要降低时，一般应在 3m 长度范围内逐渐降平或高出路面边缘 6cm
	其他要求	(1)当次要道路不设立道牙，且路肩横坡度较大可向外侧排水时，也可不设侧沟，但平道牙顶高度需要与礓礤齿底相平，以利路面排水。 (2)车道较窄或单车道时，与礓礤路段衔接的路面应于 5～10m 范围内逐渐每侧加宽，加宽的宽度应等于侧沟宽度，以使礓礤部分实际车道宽相等。 (3)礓礤路面应按一般水泥混凝土路面的要求设置接缝。 (4)礓礤路面因纵坡度大，其工程数量计算应以实际斜长计算
	线形	礓礤路面的线形(包括两端衔接段)，由于纵坡大，为保证行车安全，原则上应尽量采用直线。不得已情况下，才可设置平曲线，其半径不得小于 50m，并按规定设置超高及加宽。应严格禁止在礓礤路面两衔接端设小半径急转弯
	宽度	礓礤路面的车道宽（B），一般应采用双车道线，其宽度不得小于 6.5m。在车辆非常少的情况下或受其他条件限制，也可以按单车道线考虑，其宽度为 4m。不设人行道的礓礤路面应按双车道线考虑

续上表

项目		内　　容	
设计要点及要求	纵断指标	(1)礓礤路面的最大纵坡为 20%。不同纵坡的坡长限制如下表。 (2)礓礤路面的两端衔接应设置圆形竖曲线，竖曲线的最小半径为 300m。	
	坡长限制表	纵　坡　(%)	坡长限制(m)
		10～14	120～150
		14～17	100～120
		17～20	80～100
		注：表中坡长限制栏内低限数字为主要通行载重汽车者；高限数字为主要通行小汽车者	

B 礓礤路面布置

礓礤路面平、纵、横布置图　　表 8-68

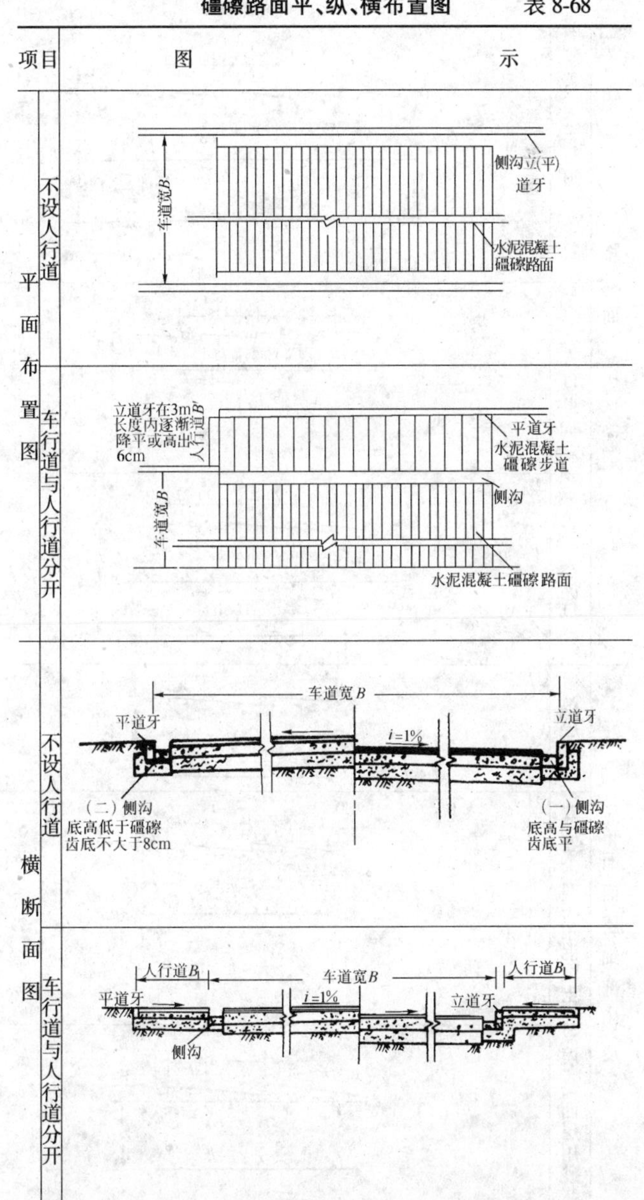

续上表

项目		图示
纵断面图	侧沟底与齿底平（设立道牙）	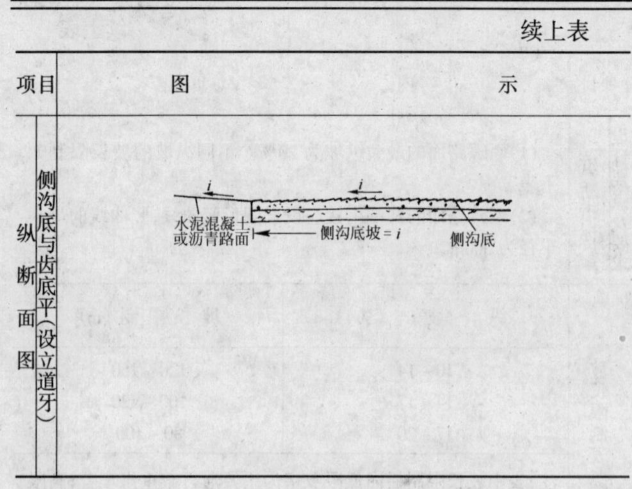

续上表

项目		图示
纵断面图	侧沟底低于齿底（设平道牙）	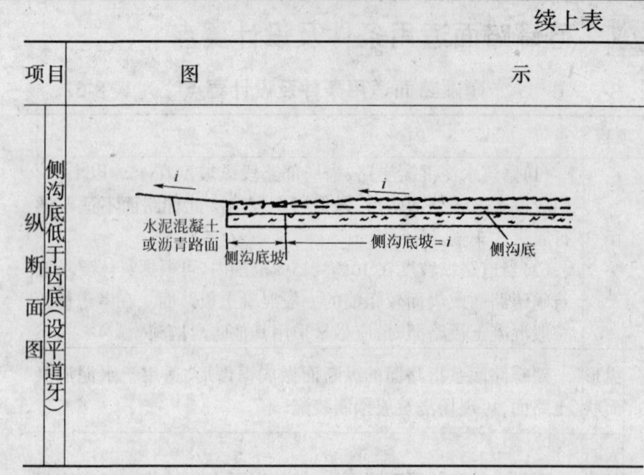

C 现浇式混凝土礓礤路面

现浇混凝土礓礤路面及细部构造　　表 8-69

项目		图式	说明
路面构造	车行道	12～15　12～15　1.5～2　15　h 现浇4.5/30混凝土 基层（石灰土）	当行人极少或不把人行及车辆分开时，采用车行道礓礤路面结构
	人行道	25　25　1.5　10　h 现浇4.0/25混凝土 基层（石灰土）	只用于行人通行时，应用人行道路面结构
	车、人混行	20～22　20～22　1.5～2　15　h 现浇4.5/30混凝土 基层（石灰土）	行人较多，路面不分车行、人行时，应用混行的礓礤路面结构 注：1. 单位：cm。 2. 混凝土前分数的分子为极限抗弯强度，分母为极限抗压强度（上同）
路面面层细部构造	① 单层式	b　h　d 水泥混凝土	①为单层式一次成型； ②为双层式，面层用豆石混凝土做成礓礤； ③为双层式，面层用12号水泥砂浆抹成礓礤
	② 双层式（面层用混凝土）	豆石混凝土　b　h　3cm　d 水泥混凝土	
	③ 双层式（面层用砂浆）	12号水泥砂浆　b　1.0cm　h　d 水泥混凝土	

礓礤的各部尺寸

礓礤构造类型	锯齿宽 b（cm）	锯齿深 h（cm）
车行道	12 ~ 15	1.5 ~ 2*
混行道	20 ~ 22	1.5 ~ 2
人行道	25	1.5

* 小半径及大坡度（17% ～ 20%）路段，锯齿深最好采用 2.5cm

8

续上表

项目		图式	说明
面层要求	混凝土强度等级要求	对于车行道及混行道:应采用不低于300(抗压)或45(抗弯拉)的混凝土; 对于人行道:可采用不低于250(抗压)或40(抗弯拉)的混凝土	
	板厚	车行道及混行道的板厚一般均采用15cm,适用于通行以小汽车为主及轻型载重交通的路段。如用于厂矿内部道路及仓库内重车较多的路段,板厚应按设计荷载设计另定	
基层要求		礓礤路面的基层以修筑半刚性基层为宜,如石灰土、水泥土及石灰焦渣等,其最小厚度为15cm。水文土质情况不良地段及寒冷地区为防止冻胀及保持路基稳定,可根据具体情况适当加厚或采取换土处理等措施	
其他细部构造	接缝	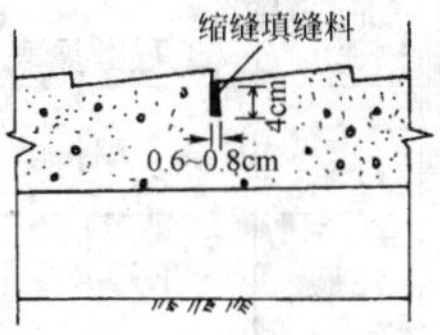 缩缝填缝料 0.6~0.8cm	礓礤路面只设置缩缝、工作缝及纵缝。一般情况下均不设胀缝。 缩缝按假缝形式设置,如图。其间距为5~6m左右。缩缝位置应设在锯齿的最低点处,不得设于齿面上。 工作缝与纵缝的设置原则和构造与一般水泥混凝土路面相同
	防滑齿	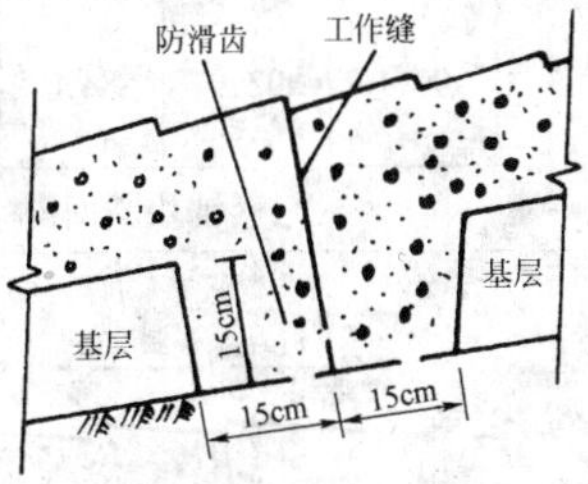 防滑齿　工作缝　基层　15cm　15cm　15cm　基层	当礓礤路面纵坡比较大时,为减少板的位移,并避免板块拥起,隔一定间距可设置防滑齿,其设置位置最好与工作缝结合在一起,使其同时兼加强接缝处板边的作用。防滑齿深及宽均为15cm。如图所示。 礓礤路面的起终点端(即板的自由端),一般均应设防滑齿

D 装配式混凝土礓礤路面

装配式混凝土礓礤路面构造　　表8-70

项目	图式或说明
构造要点	1.装配式混凝土礓礤块以C30(车道)及C25(人行)混凝土(抗压)预制。根据其使用要求不同,分为车道、混行及人行道三种,其断面形式如下图所示。 2.车道礓礤及混行礓礤安装时,采用错缝形式,可采用甲、乙两种预制块,乙种为甲种的一半,甲种预制块一般长69cm,乙种长34cm。车道礓礤预制块的平面如下图(图中按Ⅱ型绘制)预制礓礤块的平面铺装如下图。预制块的安装断面如下图。 3.步道礓礤预制块为正方形,尺寸49cm见方,每块混凝土体积为0.018 6m^3,重44.66kg。安装时一般均按对缝铺装,如采用错缝时,应准备半块的预制块。 4.如在工地现场预制时,可根据实际需要确定礓礤预制块各部尺寸,进行适当调整。弯道部分预制块各部尺寸应另定。 5.铺装的起终点处,为了防止预制块的位移,应栽一条或二条平道牙作防滑齿用。 6.装配式礓礤路面一般不设置膨胀缝。 7.基层应采用半刚性材料,如石灰土、水泥稳定土壤、石灰焦渣土、二渣及三渣等。石灰土石灰含量为10~12%,水泥稳定土壤水泥含量为4%~6%。厚度一般均为15cm。 8.侧沟 礓礤路面为解决路面排水,一般应设置侧沟

续上表

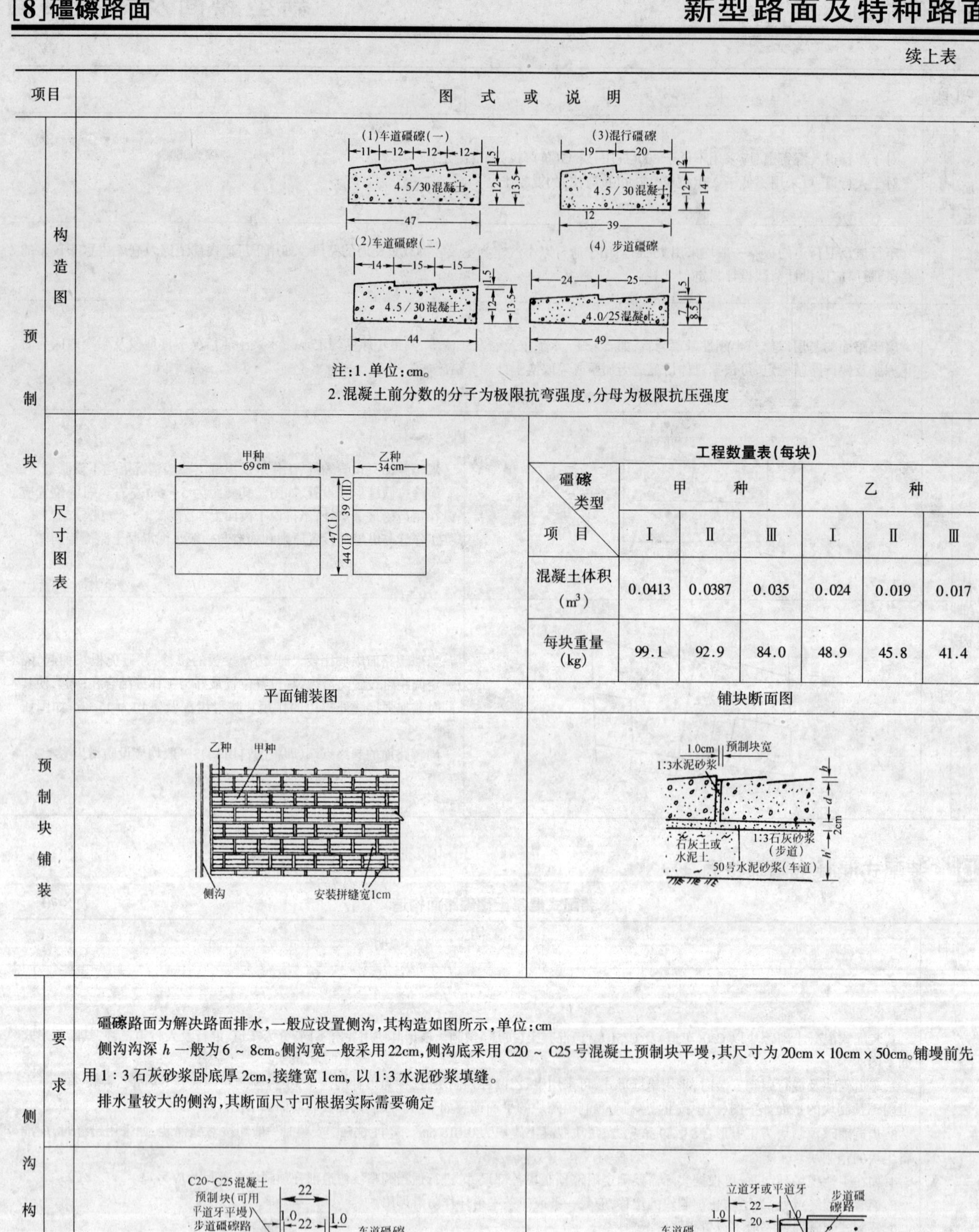

注:1.单位:cm。

2.混凝土前分数的分子为极限抗弯强度,分母为极限抗压强度

工程数量表(每块)

礓礤类型 项目	甲种			乙种		
	Ⅰ	Ⅱ	Ⅲ	Ⅰ	Ⅱ	Ⅲ
混凝土体积(m^3)	0.0413	0.0387	0.035	0.024	0.019	0.017
每块重量(kg)	99.1	92.9	84.0	48.9	45.8	41.4

礓礤路面为解决路面排水,一般应设置侧沟,其构造如图所示,单位:cm

侧沟沟深 h 一般为6~8cm。侧沟宽一般采用22cm,侧沟底采用C20~C25号混凝土预制块平墁,其尺寸为20cm×10cm×50cm。铺墁前先用1:3石灰砂浆卧底厚2cm,接缝宽1cm,以1:3水泥砂浆填缝。

排水量较大的侧沟,其断面尺寸可根据实际需要确定

E 简易礓礤路面

简易礓礤路面适用条件及构造图式　表 8-71

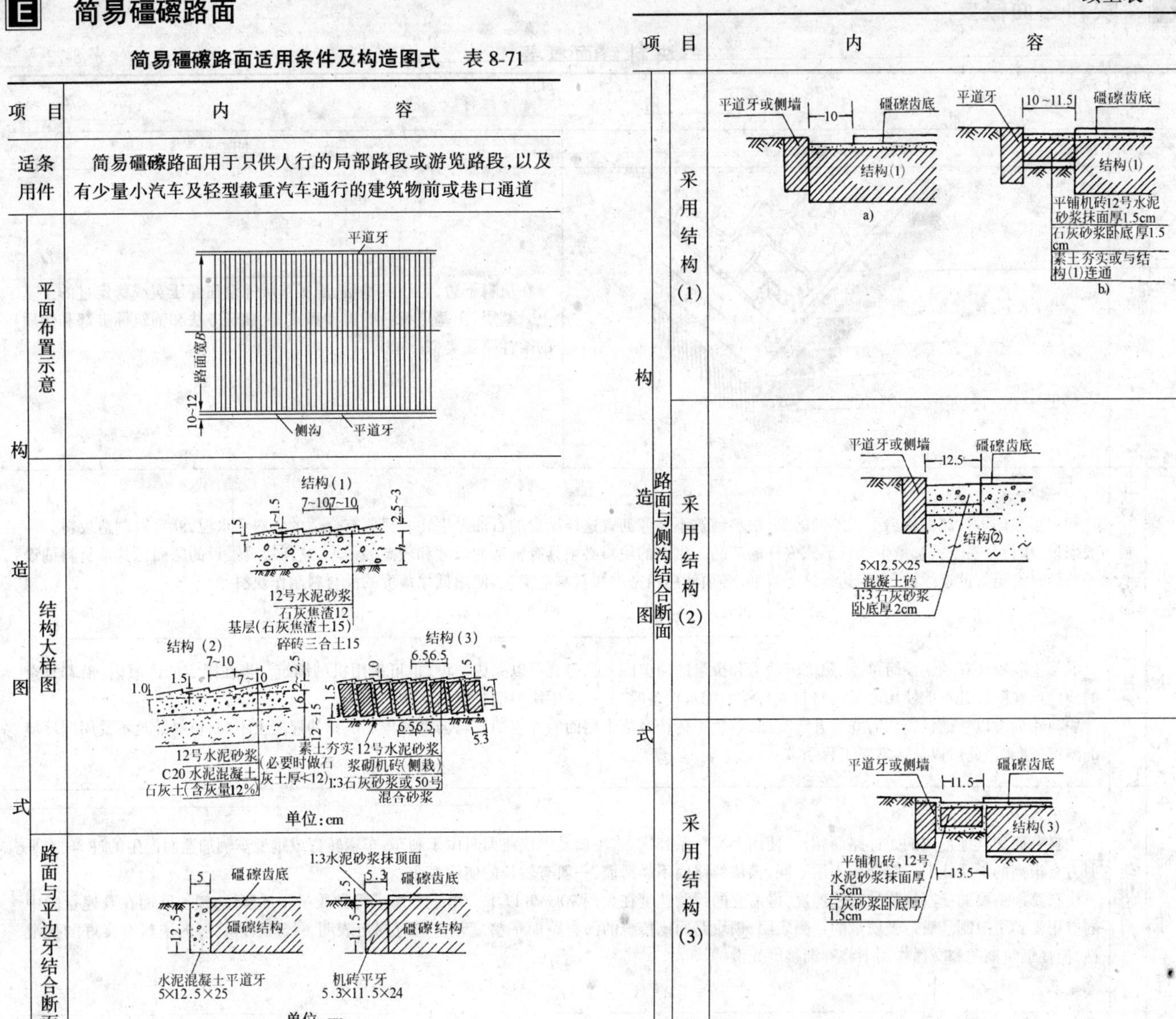

项　目	内　　容
适用条件	简易礓礤路面用于只供人行的局部路段或游览路段，以及有少量小汽车及轻型载重汽车通行的建筑物前或巷口通道
构造图式：平面布置示意	（图）
构造图式：结构大样图	（图）单位：cm
构造图式：路面与平边牙结合断面	（图）单位：cm

续上表

项　目	内　　容
构造图式：采用结构(1)	（图）a)　b)
构造图式：路面与侧沟结合断面：采用结构(2)	（图）
构造图式：路面与侧沟结合断面：采用结构(3)	（图）

A 块料路面概要

块料路面概要　　表 8-72

<table>
<tr><th colspan="2">项目</th><th colspan="2">内容</th></tr>
<tr><td colspan="2" rowspan="2">块料路面组成</td><td>组成图式</td><td>说明</td></tr>
<tr><td> 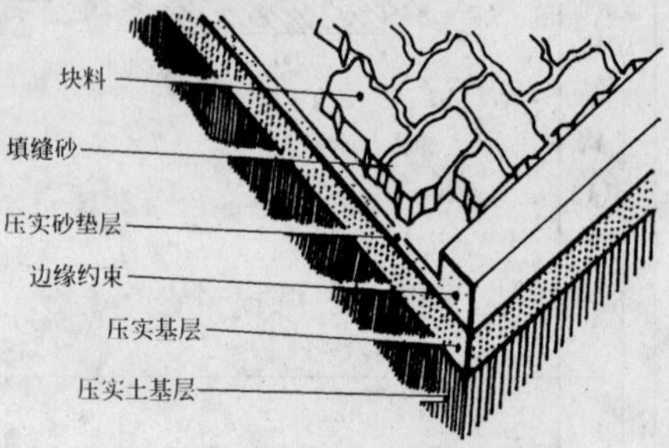块料
填缝砂
压实砂垫层
边缘约束
压实基层
压实土基层</td><td>在块料下边，是压实基层，压实基层铺设在经压实或稳定过的土基上。基层、土基层材料的类型和质量、铺筑方法和铺筑标准都和优质的柔性路面类似</td></tr>
<tr><td rowspan="5">块料路面的特点</td><td>块料的制造方面</td><td colspan="2">和大多数的柔性路面构造形式不同的是，块料铺筑不需像沥青这样昂贵的石油派生物。只要有合适的集料和水泥，就可以制造块料。一般来说，块料是易于大批量生产且形式多样的产品。生产的块料必须具有精确的尺寸和较高的强度，这样块料铺设的路面比其他材料铺设的路面具有更好的连续性，为了达到这个目标，必须使用精密的块料制造工艺，使用低塌落度的混合料制作块料</td></tr>
<tr><td>铺砌方面</td><td colspan="2">混凝土联锁块料的铺设简单，不熟练劳动力和少量的简单施工设备就可以完成铺设，也可采用机械铺筑。当在限定的区域内，沿着复杂的线向或在陡坡处不能使用通常的材料或日常的铺筑设备时，都可采用块料铺筑形式。
块料路面可以在铺设完成后立即开放交通，避免了传统混凝土路面的养生期。与沥青和现场浇铸的混凝土不同，块料铺筑不受周围环境的温度影响，因此可以灵活掌握工程季节</td></tr>
<tr><td>使用方面</td><td colspan="2">块料路面和其他形式的柔性路面相比，使用上有一系列优点，主要是锁块路面对由于刹车、车辆转弯或重型车辆加速而产生的冲力、水平剪力有很高的承受能力。与沥青面层不同，锁块路面不易滑溜，一般有较长的使用寿命。
块料路面主要的使用缺陷是行驶速度，最适宜的行驶速度在大约 70km/h 以下。由于考虑了行驶质量和抗滑性，锁块路面在高速行驶中的应用受到了限制。对行驶质量的评测表明，锁块路面比传统的沥青路面平整度差。通过测定表明，处于原始状态的块料有良好的抗滑性，但在铺筑期间和交通作用下将逐渐被磨光滑</td></tr>
<tr><td>养护方面</td><td colspan="2">块料路面有较长的寿命，它的寿命主要由基层和土基的性能来决定，与块料本身的变化和损坏无关。据报道锁块路面寿命可超过 20 年，由于路面任何损坏的地方都可以得到重铺，所以养护费用比较低。
嵌锁式块料可以被重复挖起和重铺，这方便了路面下设施建设，比起传统的路面，开槽和修复相对的容易，也比较美观。开挖时不需要使用锤击式挖岩机，大大地减少了城市道路建设时的噪音</td></tr>
<tr><td>美学方面</td><td colspan="2">由于块料有很多的颜色和尺寸可供选择，所以块料路面比其他类型的路面具有独特的美学效果。通过使用各种颜色的块料，可以在路面上修成永久的线条和交通管制线，节省了道路的养护费用</td></tr>
<tr><td colspan="2">块料路面适用条件</td><td colspan="2">(1)居民街道。锁块路面能随土地使用或道路线型变化而变化，以及其较高的美学价值和低廉的养护费用，使得锁块路面成为居民街道建设中非常合适的路面形式。
(2)农村道路。在北欧和中美州，不论是在平原还是山丘地区，混凝土锁块路面已被广泛地应用于农村道路中。
(3)城市道路。混凝土锁块路面易于地下设施施工，能承受重型慢速运行车辆、养护费用较低以及美学上的优点，使得它成为城市道路路面的重要路面形式。
(4)公共汽车终点站。块料能抵抗泛油病害，且能承受重车刹车及加速荷载，因此，锁块路面适用于公共汽车停车站。
(5)工业停机坪。最能发挥块料路面经济效益的一般是在工业区的应用，块料路面承受集中重荷载和承受像叉车，跨越式装载机这类重型车轮的能力，使得混凝土锁块路面成为许多工业用道路尤其是集装箱堆场的第一选择</td></tr>
</table>

续上表

项目	内　容
块料路面种类	(1)按使用材料分为： ①天然石块(圆石、拳石、条石、方块石)； ②人造块料路面(炼砖、水泥混凝土块)。 (2)按块料形状分为： ①条石或块石； ②板状石料； ③拳石或圆石等。 (3)按路面表面的平整度和使用性能分为： ①高级块料路面——用形状规则的条石或块石铺砌,其平整度及抗磨强度均符合要求； ②过渡式路面——圆石或拳石铺砌,强度较低,而平整度较差,可用作高级路面的基层。 (4)按砌块间是否嵌挤分为： ①锁块路面； ②砌块路面

B　块石路面

a　块石路面的种类、特点及铺设要求

块石路面的种类、特点及铺设要求　表 8-73

种　类	特　点	铺设要求	适用情况
整齐块石和条石路面	路面平整度好具有足够的强度,使用寿命长。施工要求较高,成本高	要求有足够强度的基层和垫层。基层一般可采用 C20 水泥混凝土铺筑,垫层用 10 号水泥砂浆	用于高级路面,或具有较高要求的广场
半整齐块石路面(条石、方石路面)	坚固耐久,清洁少尘,养护修理较方便。但用手工铺砌,耗工多,施工进度较慢,成本较高	铺砌在水泥混凝土、级配碎石或水泥(或石灰)稳定粒料等基层上。基层与砌路面之间应铺设一砂垫层	适用于汽车、履带车混合行驶的道路或一般城镇道路
不整齐块石路面(拳石、片弹街石路面)	石料只需经过粗加工,故用工相对较少,成本较低	铺设在级配碎石、水泥(或石灰)稳定土基层上,用砂充作垫层及填缝料	适用于汽车、履带车混合行驶的道路或城镇道路

b　块石路面的参考尺寸

块石路面的参考尺寸　表 8-74

项目	主要参考尺寸			
一般厚度	块石路面种类	石料一般厚度(cm)	垫层厚度(cm)	
	整齐块石和条石路面	25	5	
	半整齐块石路面	8~16	2~3	
	不整齐块石路面	10~25	5~20	
各种半整齐块石参考尺寸	类别名称	高度(cm)	长度(cm)	宽度(cm)
	矮条石	9~10	15~30	12~15
	中条石	11~13	15~30	12~15
	高条石	14~16	15~30	12~15
	矮方石	8~9	7~10	7~10
	高方石	9~10	8~11	8~11
	方头弹街石	10~13 或 11~13	8~10 或 9.5~10.5	6~8 或 9.5~10.5

续上表

项目	主要参考尺寸			
各种半整齐块石参考尺寸	注：1.表内方头弹街石系上海市通用尺寸； 2.半整齐石块的底面积不能太小,一般应不小于顶面面积的 40%~75%； 3.条石又称长方石,方石即小方石			
不整齐块石参考尺寸	类别名称	高度(cm)	顶部直径(cm)	
	矮的	12~14	10~16	
	中的	15~16	12~18	
	高的	20~22	12~20	
	特高的	22~25	15~25	
	弹街石	10~13	10~13(长)×5~8(宽)	
整齐块石	类别名称	高度(cm)	长度(cm)	宽度(cm)
	大型花岗岩块石	25	100	50
	大方石块	12~15	30	30
	小方(条石)	25(12)	12(25)	12

c　块石路面铺砌形式及结构图

块石路面铺砌形式及结构图　　表 8-75

	形式	简　图	形式	简　图
条石铺砌形式	横向排列铺砌	 路肩	纵向人字形铺砌	 路肩
	横向人字形铺砌	 路肩	成45°角铺砌	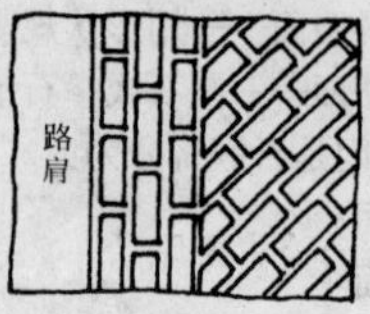 路肩
	形式	简　图	形式	简　图
小方石铺砌形式	嵌花式圆弧铺砌法	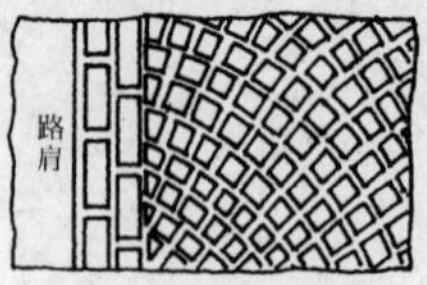 路肩	横向排列铺砌法	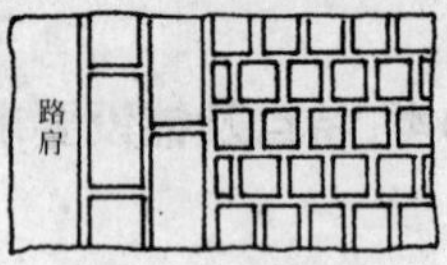 路肩
	嵌花式扇形铺砌法	 路肩	铺砌小方石路面，除横向排砌外，尚有弧形或扇形嵌花式铺砌法。此法因较费工费时，故仅用于铺砌具有较高艺术要求的道路或广场，以及较大坡度的桥头引道上	
结构简图	碎石基层	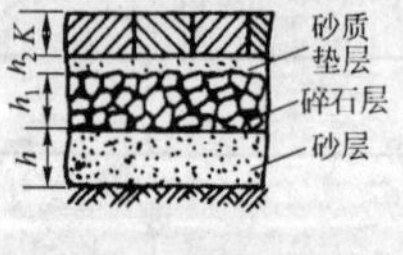 h_2 K 砂质垫层 h_1 碎石层 h 砂层	砂质基层	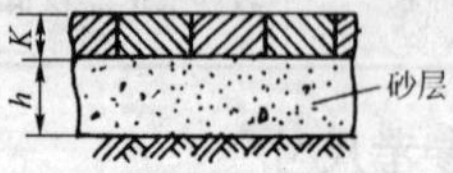 K h 砂层
	水泥混凝土基层	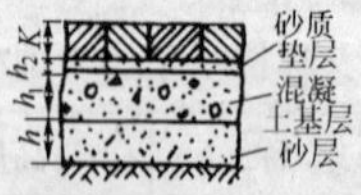 K h_2 h_1 h 砂质垫层 混凝土基层 砂层	灌缝位置	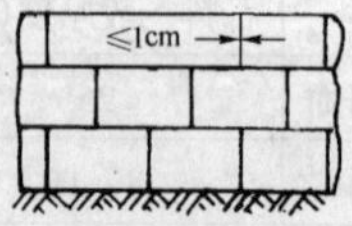 ≤1cm
	石块基层	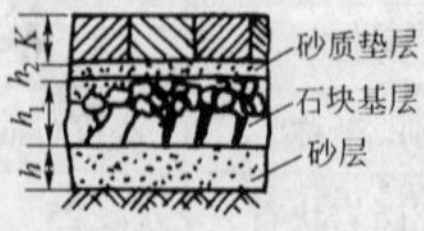 K h_2 h_1 h 砂质垫层 石块基层 砂层	石块嵌缝	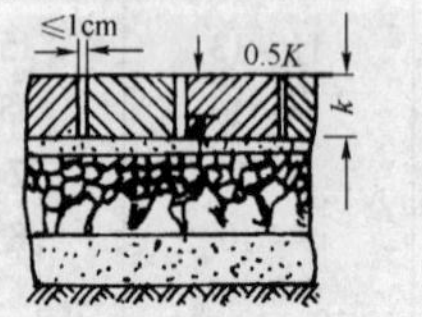 ≤1cm 0.5K k

C 混凝土砌块路面

a 混凝土砌块路面常用结构图式

混凝土砌块路面常用结构图式 表8-76

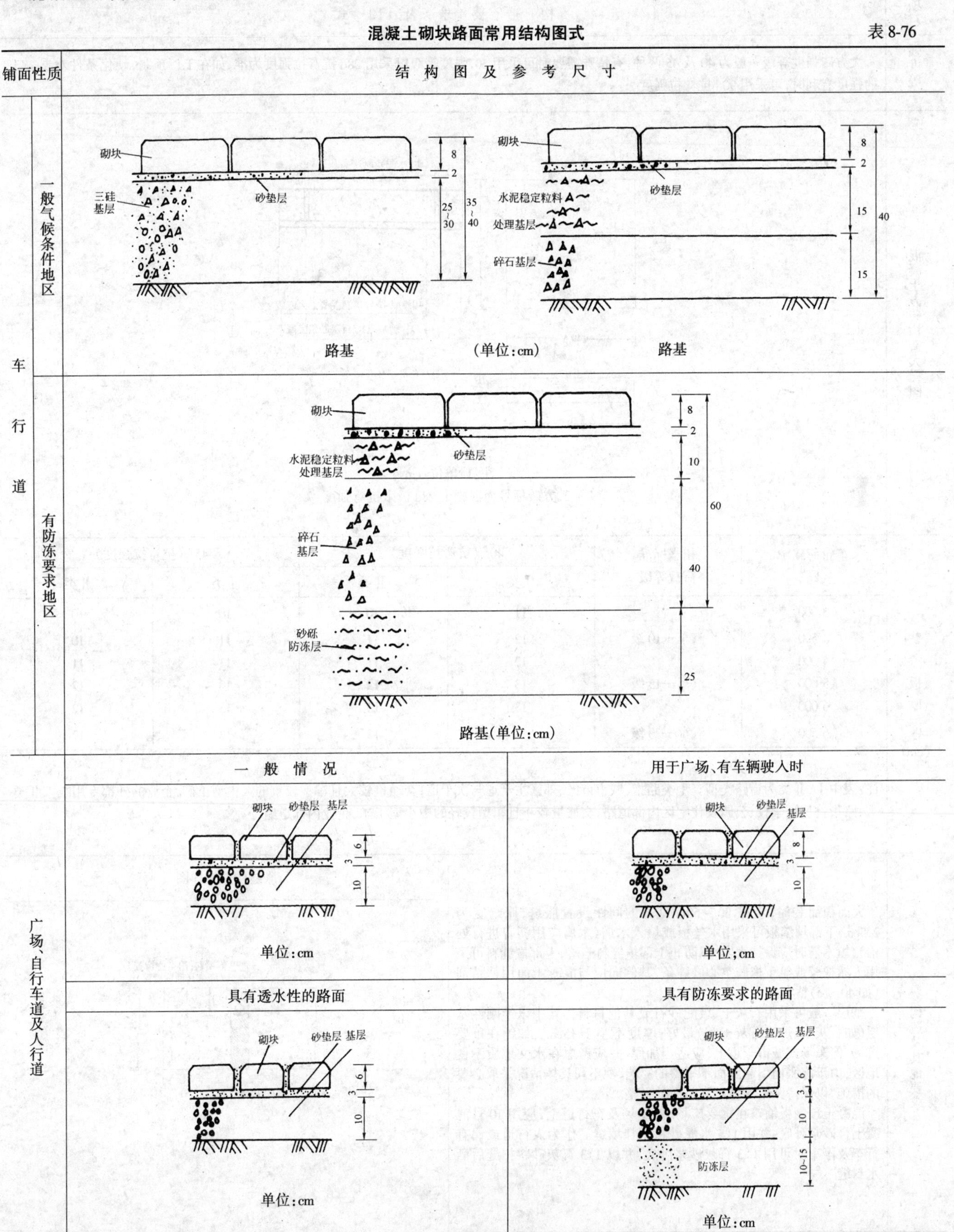

b　49.5cm×49.5cm 混凝土大方砖铺面构造

49.5cm×49.5cm 混凝土大方砖铺砌面构造　　表 8-77

项目	构造要求及图式
强度等率	大方砖强度等级一般为 40 及 45 两种，有特殊需要时可采用 50，强度等级以采用 28d 抗弯拉强度为准，如在工厂预制，硬化条件对混凝土的强度有利时，可采用 90d 抗弯拉强度
混凝土方砖构造大样图	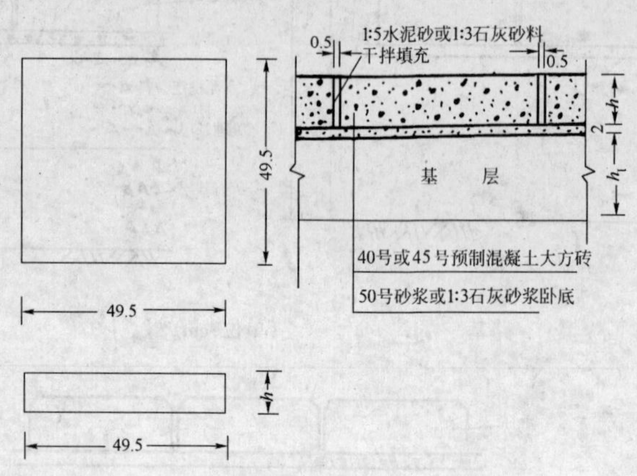 注：1. 单位：cm。 2. 方砖标号为混凝土 28d 极限抗弯强度

参考板厚度(cm)

车轮荷载 P (kg)	相当标准荷载等级	40#（抗弯拉强度）		45#（抗弯拉强度）	
		Ⅰ类	Ⅱ类	Ⅰ类	Ⅱ类
3 000		11	10	10	10
3 500	汽车—10 级	12	11	11	10
4 000		12	11	11	11
5 000	汽车—15 级	13	12	12	12
6 000		13	13	13	12
6 500	汽车—20 级	13	13	13	12

注：表中Ⅰ、Ⅱ类为道路类型。Ⅰ类路指：城市市区、郊区主干道与次干道；交通量较大且车型较重的大中型工矿、企业的外部专用线。Ⅱ类路指：机关、学校、公园及住宅区内部道路；交通量较小且车型较轻的中小型工矿、企业内部道路

项目	构造要求	胀缝构造大样图
接缝构造及其他要求	大面积铺装时，应按 30～50m 见方的间距设置胀缝，胀缝宽为 2.5cm，下部填缝板可采用木丝板或填入木屑（木屑应用沥青进行处治），填木屑时应保持密实，以防止上部填缝料陷落，上部嵌缝料可采用天然橡胶或氯丁橡胶空心嵌缝条，其侧向应与混凝土面用粘结剂（如 401 胶）粘牢。 基层一般可采用石灰土、级配砂石或其他材料。其中以半刚性基层（如石灰土、炉渣石灰土等）最好，厚度不小于 15cm。如铺在重要广场，停车场或城市干道上，应适当加厚，并应考虑在水文地质不良地区，由于冻胀而引起路面不平整的影响，视不同具体情况采取必要的措施，以保持路基的稳定和路面的平整。 混凝土预制板铺筑在重要广场、停车场及车行道上，应用 10 号混凝土合砂浆卧底，并用 1:5 水泥砂料干拌填缝。作为人行道或偶有行车及停车时可用 1:3 石灰砂浆卧底，并以 1:3 石灰砂料扫缝后洒水封缝	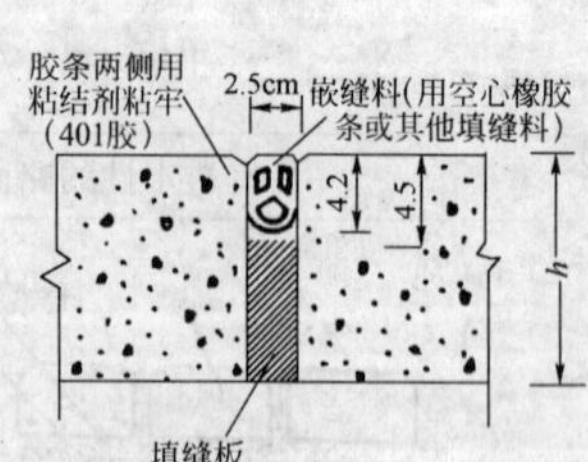

D 锁块路面

a 锁块路面设计的一般规定

锁块路面设计的一般规定　　表 8-78

项目	内容
名词术语	(1)联锁型路面砖　interlocking block 路面砖的边呈齿形或曲线形，在铺筑后能相互咬合的路面砖。 (2)双向联锁型路面砖　double side interlocking block 路面砖的四周都呈齿形或曲线形，铺筑后在两个方向上都能起联锁作用的路面砖。 (3)单向联锁型路面砖　single side interlocking block 路面砖有一对边呈齿形或曲线形，铺筑后只有在一个方向上能起联锁作用的路面砖。 (4)联锁型路面砖路面　interlocking block pavement 采用特定铺筑方法铺筑的联锁型路面砖，在受力的状态下能相互联锁成整体并有一定拱壳作用的路面。 (5)垫砂层　sand mat 在路面基层与路面砖之间，能吸收和缓冲路面冲击荷载并将荷载传递给基层的厚度为 25～35mm 的砂层
一般规定——面层结构	(1)面层应由联锁型路面砖、接缝砂和垫砂层组成的结构层。面层中，两块相邻路面砖间的接缝宽度为 3±1mm；垫砂层厚度应为 30±5mm。 (2)路面砖的强度、最小厚度、块形及铺筑形式应符合表列规定（见下表）
一般规定——基层结构	(1)基层可分上基层和底基层。在交通量较小的情况下，基层可采用一层。 (2)在路基水温状态较差的情况下，宜采用垫层，并应符合现行行业标准《城市道路设计规范》(CJJ 37)中第 9.3.4 条的规定
一般规定——排水横坡	见下表
其他	可选择不同色彩、不同块形、不同功能的路面砖，其花纹图案宜与周围环境相协调，使之达到美化的效果

路面砖强度、最小厚度、块形及铺筑形式

道路分类	抗压强度(MPa) 平均	抗压强度(MPa) 单块	最小厚度(mm)	块形	铺筑形式
主干路	60	50	100	双向联锁	人字
次干路	60	50	80	双向联锁	人字
支路	50	42	80	双向联锁	—
街道	35	30	80	—	—
居住区道路	30	25	60	—	—

注：重型停车场、重型堆场可按次干路考虑；中型停车场、中型堆场可按支路考虑；一般停车场、一般堆场可按街道考虑；人行道、自行车道可按居住区道路考虑

排水横坡

类别	坡度(%)
车行道	1.5～3.0
公园道路、人行道	1.5～2.0
自行车道	0.5～1.0
停车场	0.5～1.0
堆放场	0.5～1.0

注：车行道、停车场、堆放场应有排水设施，其他无特殊要求

b 锁块路面材料要求

锁块路面材料要求　　表 8-79

材料名称	内容
面砖——质量要求	路面砖的质量应符合下列要求： (1)路面砖的抗压强度、块形应符合规程规定。其尺寸允许偏差、外观质量、耐磨性、吸水率、抗冻性除应符合现行行业标准《混凝土路面砖》(JC 446)中的要求外，每批路面砖的尺寸偏差不应大于 2mm； (2)路面砖顶面四周应有 5×45°的倒角； (3)路面砖表面宜有一定粗糙度； (4)路面砖的彩色面层厚度不宜小于 8mm，且宜采用耐候性好、不易褪色的颜料
面砖——强度、尺寸、外观要求	见下表

抗压强度 平均值不小于	抗压强度 单块最小值不小于	尺寸允许偏差 厚度(mm)	尺寸允许偏差 边长(mm)	外观质量 垂直度差(mm)	外观质量 裂纹(mm)
60.0	50.0	±2	2	1	不允许
50.0	42.0	±3	±3	2	不允许
35.0	30.0	±5	±4	3	不小于 20 非贯穿
30.0	25.0	±2	±2	1	不允许

外观质量 分层	外观质量 表面粘皮(cm^2)	外观质量 掉角(mm)	耐磨性 磨坑长度(mm)	吸水率(%)	抗冻性
不允许	不允许	不允许	28	5.0	强度损失不大于 25% 外观质量符合要求
不允许	不允许	小于 5	32	7.0	
不允许	不大于 5	小于 10	35	8.0	
不允许	不允许	不允许	32	8.0	

注：相应的试验方法按《混凝土路面砖》(JC 446)中有关规定进行

材料名称	内容
砂——接缝用砂	接缝用砂的质量应符合下列要求： (1)通过 2.5mm 筛孔的累计筛余量不应大于 5%； (2)砂的级配应符合下表规定； (3)含泥量应小于 3%；泥块含量应小于 1%； (4)含水率宜小于 3%

砂的级配

筛孔尺寸(mm)	累计筛余量(%)
5.0	0
2.50	5～0
1.25	20～0
0.630	75～15
0.315	90～60
0.160	100～90

材料名称	内容
砂——垫层用砂	垫砂层用砂的质量符合下列要求： (1)通过 5mm 筛孔的累计筛余量不应大于 5%； (2)砂的级配应符合下表的规定； (3)含泥量应小于 5%；泥块含量应小于 2%； (4)含水率宜小于 3%

砂的级配

筛孔尺寸(mm)	累计筛余量(%)
10.0	0
5.0	5～0
2.50	15～0
1.25	50～15
0.630	75～40
0.315	90～70
0.160	100～90

c　锁块面砖参考图形

锁块面砖参考图形　表 8-80

型式	序号	形状与尺寸简图（单位：mm）	块/m²
长方形	1	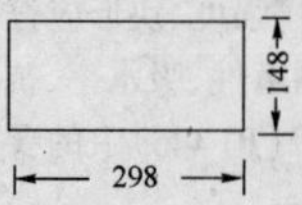 298 × 148	23.0
长方形	2	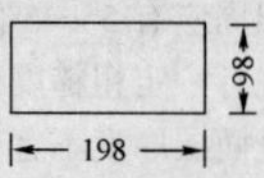 198 × 98	50.0
长方形	3	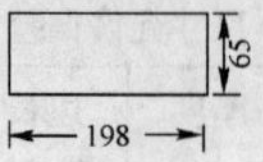 198 × 65	75.0
正方形	4	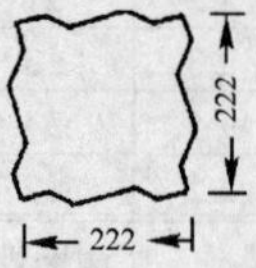 222 × 222	19.5
正方形	5	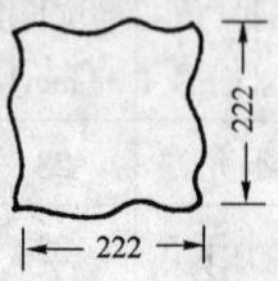 222 × 222	19.5
正方形	6	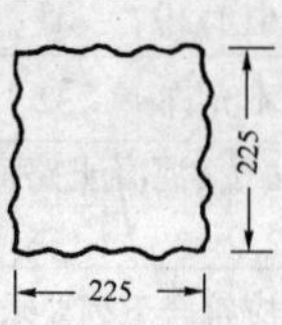 225 × 225	19.2
正方形	7	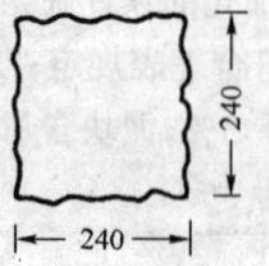 240 × 240	18.0
小正方形	8	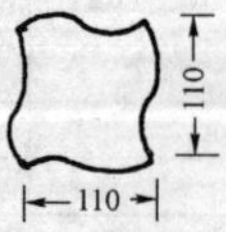 110 × 110	79.0
小正方形	9	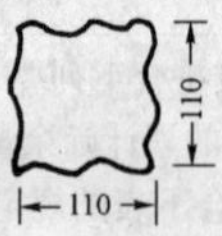 110 × 110	79.0
小正方形	10	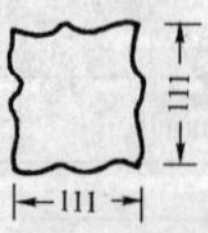 111 × 111	77.0
小正方形	11	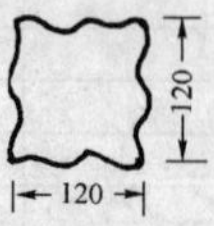 120 × 120	70.0

续上表

型式	序号	形状与尺寸简图（单位：mm）	块/m²
小正方形	12	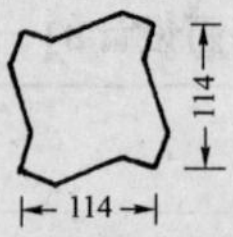 114 × 114	73.0
小正方形	13	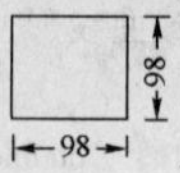 98 × 98	100.0
小正方形	14	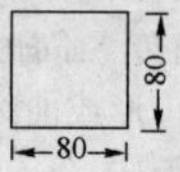 80 × 80	145.0
六角形	15	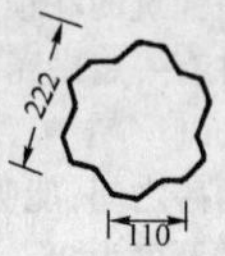 222；110	30.5
六角形	16	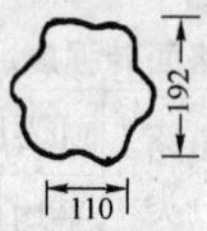 192；110	30.5
六角形	17	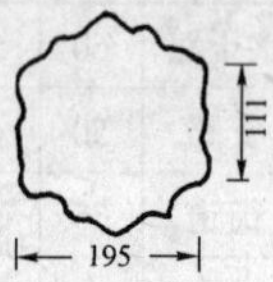 195；111	29.6
六角形	18	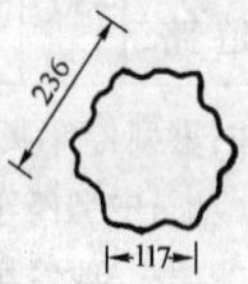 236；117	27.0
六角形	19	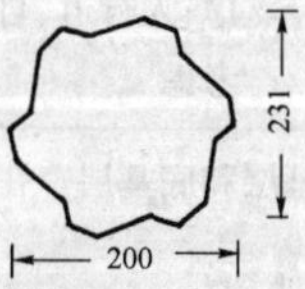 200；231	28.0
六角形	20	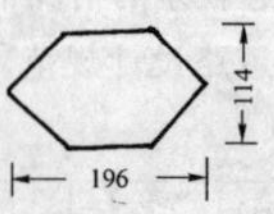 196；114	60.0
八角形	21	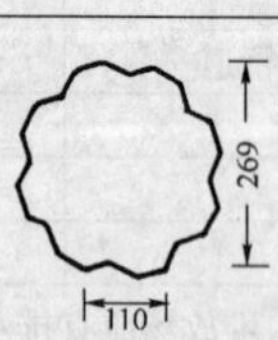 269；110	17.1

续上表

型式	序号	形状与尺寸简图 (单位:mm)	块/m²
八角形	22	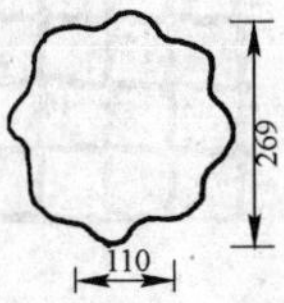 269; 110	17.1
	23	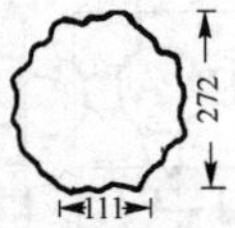 272; 111	15.9
	24	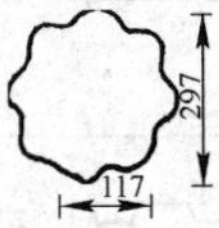 297; 117	12.0
	25	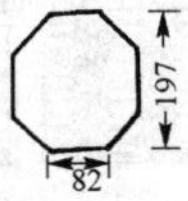 197; 82	25.0
	26	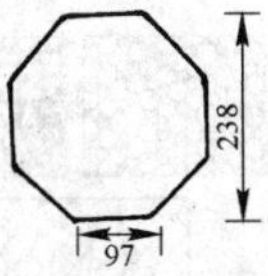 238; 97	17.0
多角形	27	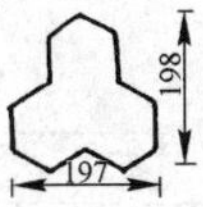 198; 197	39.0
	28	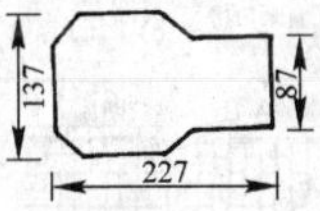 137; 87; 227	37.8
	29	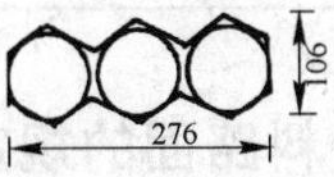 106; 276	42.0
	30	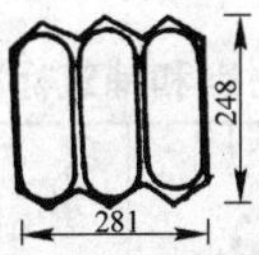 248; 281	15.0
	31	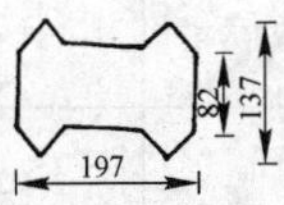 82; 137; 197	50.0

续上表

型式	序号	形状与尺寸简图 (单位:mm)	块/m²
多角形	32	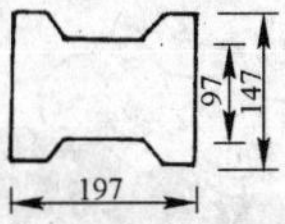 97; 147; 197	40.0
	33	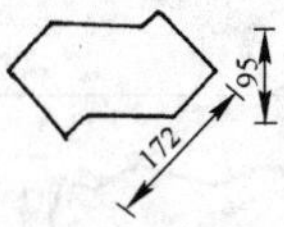 95; 172	50.0
其他形状	34	 175; 185	41.0
	35	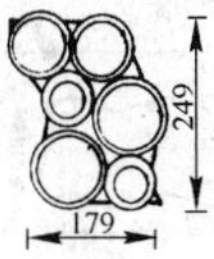 249; 179	22.0
	36	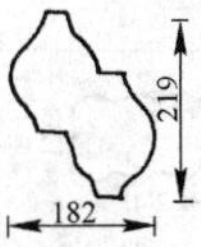 219; 182	46.0
种植草皮或其他植物砌块	37	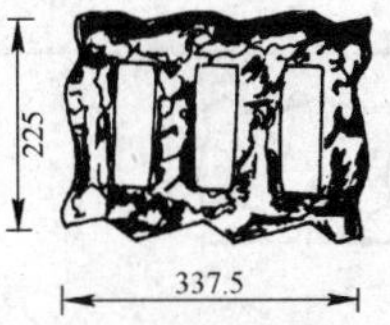 225; 337.5	13.0
	38	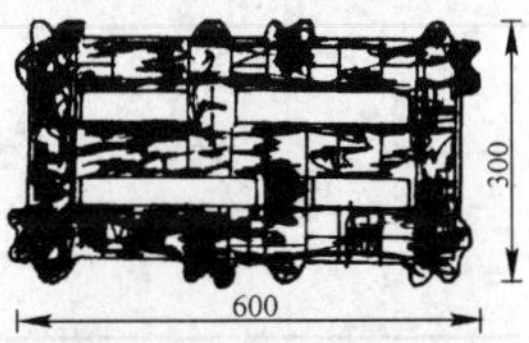 300; 600	5.5
	39	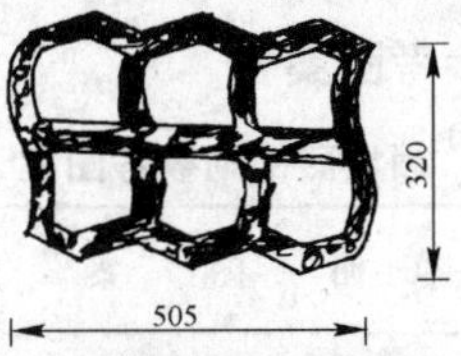 320; 505	
	40	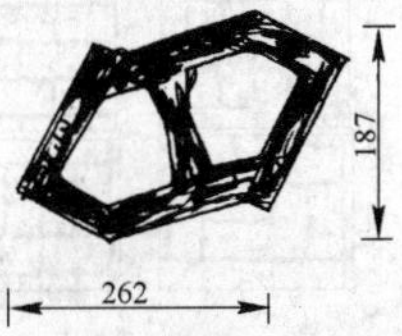 187; 262	

8

续上表

型式	序号	形状与尺寸简图（单位：mm）	块/m^2
折边长方形	41	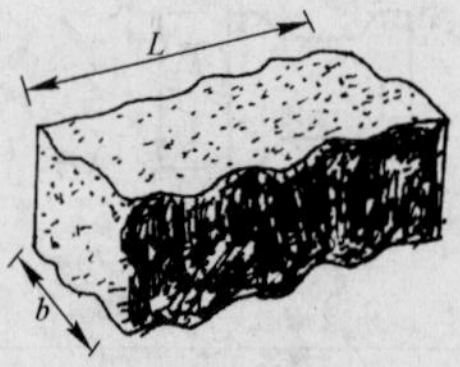 L　b　h	L——长度；b——宽度；h——高
	42	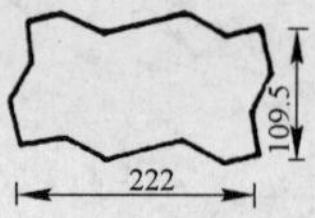 222　109.5	39.5
	43	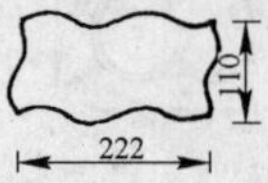 222　110	38.5
	44	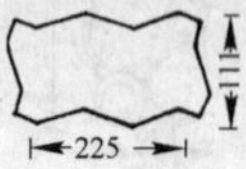 225　111	36.5
	45	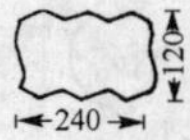 240　120	39.5
	46	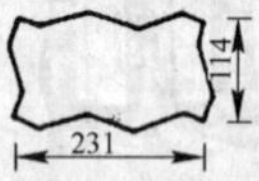 231　114	35.0
	47	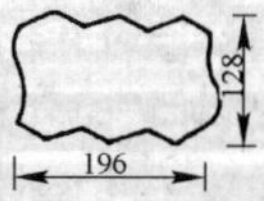 196　128	44.0

d　锁块砖铺砌参考图案

锁块砖铺砌参考图案　　表 8-81

砌块类型	平面图案形式
长方形砌块	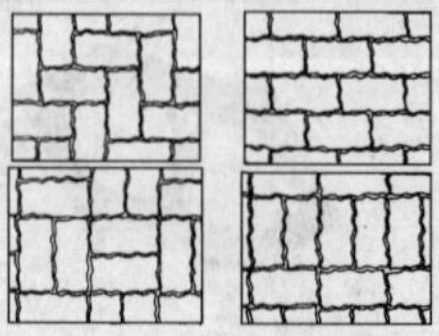

续上表

砌块类型	平面图案形式
正方形砌块	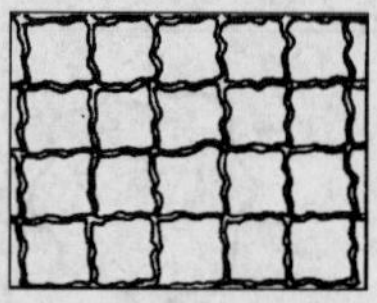
长方形与正方形组合砌块	
六角形及多角形	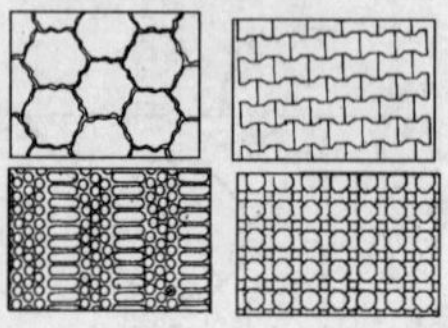
其他砌块	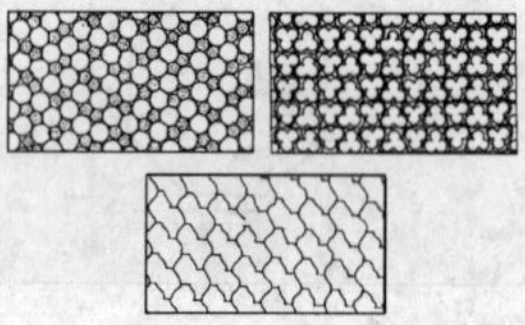
用建筑砖铺砌	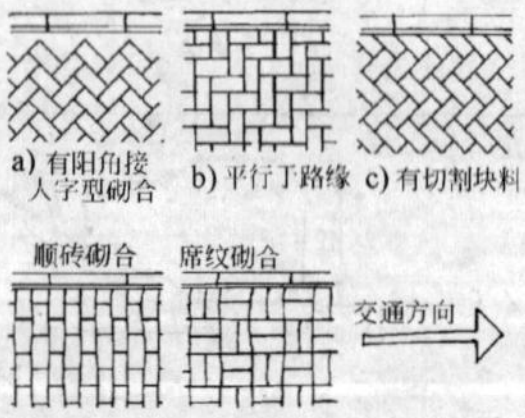 a) 有附角接人字型砌合　b) 平行于路缘　c) 有切割块料 顺砖砌合　席纹砌合　交通方向

E　国外有关块料路面的规定

a　混凝土锁块路面材料和铺筑标准的推荐值

混凝土锁块路面材料和铺筑标准的推荐值　表 8-82

性　　质	垫层砂	粒料基层	水泥处理基　层
到基层顶部的最小深度	—	—	—
颗粒尺寸分布			

续上表

性质		垫层砂	粒料基层	水泥处理基层
通过百分比	53.0mm	—	700	—
	37.5mm	—	85~100	100
	26.5mm	—	—	84~94
	19.0mm	—	60~90	71~84
	13.2mm	—	—	59~75
	9.52mm	0	—	—
	4.75mm	95~100	70~65	36~53
	2.36mm	80~100	—	—
	2.00mm	—	20~50	23~40
	1.18mm	50~95	16~43	—
	600μm	25~60	—	—
	425μm	—	10~30	11~24
	300μm	10~30	7~27	—
	170μm	5~15	—	—
	75μm	0~10	5~15	4~12
塑性				
液限(max)%		—	25	—
塑性指数(max)%		无塑性	6	6
线收缩(max)%		—	3	—
强度				
无侧限抗压强度(n/mm)		N/a	—	1.5(min) 3.0(max)
10%FACIP(min)		n/a	60kN	110kN
ACV(min)		n/a	—	20%
95%从DD的浸水CBR值		n/a	80%	—
100%从DD的最大膨胀		n/a	0.5%	—
压实				
AADSHPO MDD的最小百分比		n/a	98%	97%
尺寸容差				
水平偏差(mm)		—	+0	+0
		—	-10	-10
高2m直尺的距离(mm)		5	10	10

b 典型的块料规范

典型的块料规范 表8-83

性质	推荐值
尺寸	
—形状比	1.5~2.3
—最小厚度	60mm
—最小宽度	80mm
—最大宽度	115mm
—最小磨耗面积	设计面积的70%
尺寸容差	
—设计尺寸	±7mm
—厚度	±3mm
强度	
—最小平均抗压强度	55N/mm² 霜冻地区
	30N/mm² 温暖地区
—最小抗弯强度	3.5N/mm²
耐久性	
—最大平均收水率	5%
—冻融耐久性(最大失重量)	1%ASTM(67~73)

c 8cm厚锁块路面的容许弯沉值(0.01mm)

8cm厚锁块路面的容许弯沉值(0.01mm) 表8-84

砂垫层厚(mm)	接缝宽(mm) 3	5	7	平均
3	218	170	181	190
5	194	181	223	199
7	192	182	221	198
平均	201	178	208	196

d 轻交通公路的基层厚度

轻交通公路的基层厚度 表8-85

路面类型	设计寿命(年)	对应土基类型的基层厚度(mm) 重粘土	粉砂土	粉砂粘土	砂粘土	级配均匀的砂或砂质砾石
袋形路或其他居民小道	40	400(550)	400 (550)	190 (300)	140 (230)	80 (80)
公交线路,每日单向运行25辆公交车	40	450 (600)	450 (600)	220 (340)	170 (260)	150 (150)
公交线路,每日单向运行25~59辆公交车	20	440 (590)	440 (590)	210 (340)	160 (260)	150 (150)

8

A 复合式路面概要

a 复合式路面定义及种类

复合式路面定义及种类　　表 8-86

项目	说　明　及　种　类
定义	路面通常由垫层、基层和面层三部分组成。面层为水泥混凝土复合板或水泥混凝土板(CC)及板上沥青混凝土层(AC)所组成的路面结构称为复合式路面。水泥混凝土包括:普通水泥混凝土(PCC)、碾压水泥混凝土(RCC)、钢筋混凝土(JRC)及连续配筋混凝土(CRC)等
各类复合式混凝土路面的特点	(1)所谓 PCC—PCC 复合式路面,系指上下两层(或两层以上)不同强度的混凝土复合而成的整体式结构。一般下层采用经济混凝土(Econocrete),即用不完全符合规范要求的地方材料铺筑;上层采用高强、耐磨、抗滑的规格混凝土,即用符合规范要求的材料铺筑。欧美把用贫混凝土作为基层的结构也称为 PCC—PCC(或 EPCC—PCC)复合式混凝土路面。 (2)PCC—PCC 复合式路面结构中,下层可充分利用当地自然资源或工业废料(如粉煤灰、炉渣等),但这种路面仍存在着施工麻烦、接缝多、行车舒适性差、维修难度大、汽车油耗、轮耗及货损较沥青路面要大、道路穿越或靠近人口居住区时噪声污染也较严重的问题。 (3)在水泥混凝土路面上加铺沥青层,即修筑水泥混凝土与沥青混凝土(PCC—AC)复合式路面结构,不仅可减少沥青用量(与柔性路面相比),又可弥补刚性路面的不足。这样刚柔相济,大大改善了路面的使用性能。 (4)RCC 路面平整度差,难以形成粗糙面,在汽车高速行驶时抗滑性能下降较快。由于平整、抗滑、耐磨三方面的不足,使其难以在高等级公路上使用。为了保证路表平整、密实,RCC 路面分上下两层采用不同的材料级配修筑(即 RCC—RCC 复合式路面),两次摊铺,一次碾压成型;也可采用下层为碾压混凝土,上层为普通水泥混凝土的结构形式(即 RCC—PCC 复合式),这种双层水泥混凝土复合式路面结构仅适用于一般等级的公路。 (5)随着路面结构研究的不断深入,修筑碾压水泥混凝土与沥青混凝土(RCC—AC)复合式路面,能有效地解决 RCC 抗滑、耐磨、平整的三大难题,从而使性质截然不同的两种类型(RCC 与 AC)路面以复合的形式达到了高度统一与和谐。 RCC—AC 复合式路面结构层中,沥青混凝土层在一定厚度范围内可改善行车的舒适性。因此,随着沥青混凝土厚度的增加,下层 RCC 板的平整度可适当放宽,这样便于不同类型 RCC 路面的施工。不仅如此,这种新路面结构对下层的 RCC 材料要求也可适当放宽,如可掺加适量粉煤灰或用低标号水泥、地方非规格集料等材料,并可不考虑抗滑、耐磨性能,使造价得以降低。 (6)水泥混凝土(CC,包括 PCC、RCC、EPCC、ERCC 等)与沥青混凝土(AC)的复合式路面结构,刚中有柔,以刚为主,沥青层可大大缓和行车对路面板的冲击,因而在设计上可使板厚减薄,而且只要在结构设计上处理好接缝问题,则能减少以往路面板接缝处板下冲蚀、唧泥、脱空、断板、错台等病害
复合式路面种类框图	复合式路面 — 水泥混凝土复合式(CC—CC):PCC—PCC;EPCC—PCC;ERCC—PCC;RCC—PCC — 水泥混凝土与沥青混凝土复合式(CC—AC):PCC—AC;EPCC—AC;RCC—AC;ERCC—AC;CRC—AC

续上表

项目	说　明　及　种　类
复合式路面种类框图符号	PCC——普通水泥混凝土 EPCC——经济普通水泥混凝土 ERCC——经济碾压水泥混凝土 RCC——碾压水泥混凝土 AC——沥青混凝土 CRC——连续配筋水泥混凝土 经济混凝土——用不完全符合规范要求的地方材料生产的混凝土

b 复合式路面结构组合参考数据

复合式路面结构组合参考数据　　表 8-87

项目		参　考　数　据	数据来源
一般要求		RCC—AC 复合式路面的各结构层应有合理的组合与厚度,对路基、垫层、底基层、基层的要求应符合水泥混凝土路面设计规范	
RCC最小厚度		$h_{min} \not< 20cm$	国内建议值
AC厚度		(1) 高速公路、一级公路 $h_{min} \not< 7cm$ (2) 二级公路　$h_{min} \not< 5cm$	国内建议值
结构层厚度	国外参考	采用 15cm 水泥稳定粒料基层,5cmAC 层,23cmRCC 板;另一高速公路采用 20cm 水泥稳定基层,25cmRCC 板,6cmAC 联结层和 4cmAC 面层	西班牙某高速公路
		在 C(单车道 1 000 ~ 3 000 次/日)、D(单车道 3 000 次/日以上)级交通量的公路上,RCC 板(抗弯拉强度 4.5MPa)可取 22 ~ 23cm,在其上铺 10cmAC 层;或 C 级交通公路上,在 25cmRCC 板上铺 5cm 厚 AC 层。日本山阳高速公路河内一西条 IC 间复合式路面试验路全长 9km,11 种路面类型,水泥稳定类基层厚度 15cm 或 20cm,面层下层 RCC 板厚 20 ~ 25cm,或 CRC 板 15 ~ 25cm,上层 AC 层厚 5cm(单层式)或 10cm(双层式)	日本《碾压混凝土路面技术指南草案》
		AC 层的最小厚度,考虑了施工、AC 混合料中最大集料尺寸、压实所需时间、交通量、交通类型及投资等多种因素。美国联邦公路局的调查结论表明,考虑到交通量及集料最大粒径等因素,AC 层最小厚度为 3.8 ~ 7.6cm(1.6 ~ 3in)	美国资料
		在日本,为提高车辆行驶性能和抗滑并考虑集料最大粒径,AC 层最小厚度为 4cm,个别地区有 3cm。德国 AC 层最小厚度为 3.5cm	日本及德国资料
板的平面尺寸		日本《碾压混凝土路面技术指南(草案)》认为,当 RCC 板厚 > 25cm 时,接缝间距为 10 ~ 15m。国外另有报道:RCC 板的自由裂缝间距为 6 ~ 12m,锯缝间距为 15 ~ 21m。日本的中丸根本等人研究后认为,RCC 的干缩率比普通水泥混凝土减少 20% ~ 30%,板的缩缝间距约在 7 ~ 30m 之间,故主张间距 15 ~ 20m	日本资料

续上表

项目	参考数据	数据来源
板的平面尺寸	RCC 板的缩缝间距与施工技术水平、施工季节及所用材料等有密切关系，为了研究适合我国国情的板长，在试验路修筑 RCC 板时，缩缝间距分别为 10m、15m、20m、25m、30m，还有一段 300m 长不锯缝，以观察板的断裂情况。在横向一般取一个车道宽度设纵缝，即板宽为一个车道宽度	国内建议值

B　RCC—AC 复合式路面

a　RCC—AC 复合式路面设计方法及特点

RCC—AC 复合式路面设计方法及特点

表 8-88

主要步骤		方法及要点
荷载疲劳应力计算	计算公式	$\sigma_p = K_r K_f K_c \sigma_{ps}$ 式中：σ_{ps}——标准轴载在临界荷位处产生的荷载应力； K_r——考虑接缝传荷能力的应力折减系数； K_f——考虑荷载疲劳累计作用的疲劳应力系数； K_c——考虑超载和动载对路面疲劳损坏的综合影响系数
	参数取值	对 RCC—AC 复合式路面，σ_{ps} 可先按一般混凝土路面确定，再计及 AC 层的影响。关于接缝传递荷载，因目前施工中暂不设置拉杆，取 $K_r = 1$。荷载疲劳作用的影响，取 $K_f = N_e^{0.0648}$，N_e 为累计标准轴次。 **RCC—AC 复合式路面综合系数 K_c**（见下表）

交通分级	特重	重	中	轻
综合系数 K_c	1.35	1.25	1.15	1.05

主要步骤		方法及要点
温度疲劳应力计算	计算公式	温度影响在路面使用期内是反复出现的，温度应力对混凝土板也是重复施加的。所以应计算温度应力的疲劳作用，并与荷载疲劳作用相叠加，温度疲劳应力为： $\sigma_t = K_t \sigma_{tm}$ 式中：σ_{tm}——最大温度梯度时的温度应力； K_t——考虑温度应力累计疲劳作用的疲劳应力系数，它与当地气候条件及混凝土板的最大温度应力与设计弯拉强度之比有关
	参数的确定	$\sigma_{tm} = 10^5 \sigma_x T_{gs} \alpha_{cs}$ 式中：T_{gs}——实际路面结构的温度梯度； α_{cs}——实际路面结构的线胀系数。 $\sigma_x = (1 + B' h_a)\sigma_{ox}$ 式中：σ_x——RCC—AC 复合式路面 RCC 板底温度应力； B'——h_a 的影响系数； σ_{ox}——$h_a = 0$ 时的 RCC 板底温度应力。

续上表

主要步骤：温度疲劳应力计算——参数的确定

RCC 弯拉强度与弹性模量

设计弯拉强度 f_{cm} (MPa)	5.0 ~ 5.5		4.5 ~ 5.0		4.0 ~ 4.5	
弹性模量 E_c	RCC	FRCC	RCC	FRCC	RCC	FRCC
($\times 10^3$ MPa)	35	33	33	31	31	29

注：表中 FRCC 为掺粉煤灰的 RCC

温度应力疲劳作用系数 K_t

σ_{tm}/f_{cm}	公路自然区划 Ⅱ	Ⅲ	Ⅳ	Ⅴ	Ⅵ	Ⅶ
0.20	0.350	0.358	0.287	0.273	0.338	0.354
0.25	0.427	0.439	0.378	0.374	0.415	0.436
0.30	0.485	0.502	0.447	0.449	0.476	0.497
0.35	0.533	0.554	0.502	0.508	0.527	0.546
0.40	0.574	0.598	0.548	0.556	0.570	0.587
0.45	0.609	0.637	0.588	0.598	0.608	0.621
0.50	0.641	0.672	0.622	0.634	0.643	0.652
0.55	0.669	0.703	0.654	0.665	0.674	0.679
0.60	0.695	0.732	0.682	0.694	0.704	0.703
0.65	0.719	0.758	0.708	0.720	0.731	0.726
0.70	0.741	0.783	0.732	0.744	0.756	0.746

主要步骤		方法及要点
温度疲劳应力计算	有关参数计算时参考取值	E_c = 30 000 ~ 38 000(MPa)；(混凝土弹性模量) h_c = 20,22,24,26,28,30(cm)；(初拟板厚) μ_c = 0.15；(水泥混凝土泊松比) T_g = 1℃/cm；(温度梯度) $\alpha_c = 1 \times 10^{-5}$℃$^{-1}$；(线胀系数) E_a = 1200MPa；(沥青混凝土弹性模量) h_a = 0,4,8,12(cm)；(沥青混凝土厚度) μ_a = 0.25；(沥青混凝土泊松比) $\alpha_a = 2 \times 10^{-5}$℃$^{-1}$；(沥青混凝土线长系数) E_s = 200MPa；(基层弹性模量) μ_s = 0.3(基层泊松比)
板厚估算	一般混凝土路面板厚	见下表

交通分级	特重	重	中	轻
初估厚度(cm)	> 25	23 ~ 25	21 ~ 23	< 21

主要步骤		方法及要点
板厚估算	板厚的修正	上表适用于 AC 层厚 $h_a = 0$ 的情形。对 RCC—AC 复合式路面，由于有 AC 层，RCC 板厚可酌情减薄，当 $h_a \leq$ 3cm 取表值；当 h_a 为 4 ~ 6cm 时表值减 1cm；$h_a >$ 7cm 时减 2cm。再分别求得荷载疲劳应力 σ_p 和温度疲劳应力 σ_t。当两者之和不大于 RCC 设计弯拉强度 f_{cm} 的 103% 和不低于 f_{cm} 的 95% 时，则初估板厚可作为设计板厚；否则应改选初估板厚，重新计算，直到满足上述要求为止
其他计算		RCC—AC 复合式路面设计中，标准轴载、轴载换算、交通分级、地基计算回弹模量同 PCC 路面设计

b　RCC—AC 复合式路面设计示例

RCC—AC 复合式路面设计示例　　表 8-89

<table>
<tr><th colspan="2">步　骤</th><th>设　计　计　算</th></tr>
<tr><td colspan="2">已知条件及设计目标</td><td>某公路地处Ⅱ区，使用初期设计车道标准轴载 N_s = 530 次/d，年增长率 5%，已确定路面结构，RCC 的设计弯拉强度 f_m = 5.0MPa。试分析所设计路面结构的合理性

初拟路面结构
<table>
<tr><td>5cm</td><td>AC</td><td>E_a</td></tr>
<tr><td>22cm</td><td>RCC</td><td>E_c</td></tr>
<tr><td>15cm</td><td>CTM</td><td>E_2</td></tr>
<tr><td>15cm</td><td>LS</td><td>E_1</td></tr>
<tr><td></td><td></td><td>E_0</td></tr>
</table></td></tr>
<tr><td colspan="2">设计参数计算</td><td>各结构层的弹性模量为：
AC 层　E_a = 1 500MPa　　石灰土(LS)　E_1 = 500MPa
RCC 板　E_c = 35 000MPa　　土基　E_0 = 34MPa
水泥稳定碎石(CTM)　E_2 = 1 400MPa
计算累计轴载次数：　$N_e = \frac{N_s[(1+\gamma)^t - 1]\times 365}{\gamma}\eta$
路面设计使用年限为 30 年，取车轮荷载分布系数 η 为 0.20，则　$N_e = \frac{530[(1+0.05)^{30} - 1]\times 365}{0.05}\times 0.02$ = 2 570 519 次</td></tr>
<tr><td colspan="2">设计基层顶面当量回弹模量</td><td>计算公式为：$E_s = nE_t$　　式中：$n = 1.178\times 10^{-3}\left(\frac{h_c E_c}{E_t}\right)^{0.8}$
由弹性层状体系理论或图解求得(同普通混凝土路面)　E_t = 229.8MPa
此时　$n = 1.178\times 10^{-3}\left(\frac{h_c E_c}{E_t}\right)^{0.8} = 1.178\times 10^{-3}\left(\frac{22\times 35\,000}{229.8}\right)^{0.8} = 1.135$
从而　$E_s = 1.135\times 229.8 = 260$MPa</td></tr>
<tr><td colspan="2">计算荷载疲劳应力</td><td>计算公式为：$\sigma_p = k_r k_f k_c \sigma_{ps}$；由使用初期 N_s = 530 知其交通分级应属重交通。
(1) 层间连续
E_c/E_s = 35 000/260 = 134，h_c = 22，查图得 σ_0 = 1.40，查图得 B = 0.017 6(同普通混凝土路面)，则
$\sigma_{ps} = (1 - Bh_a)\sigma_0 = (1 - 0.0176\times 5)\times 1.40 = 1.27$MPa
又知　$k_r = 1$，$k_c = 1.25$
及　$k_f = N_e^{0.0648} = 2\,570\,519^{0.0648} = 2.60$
则　$\sigma_p = k_r k_f k_c \sigma_{ps} = 1\times 2.60\times 1.25\times 1.27 = 4.13$MPa
(2) 层间光滑
查图得：σ_0 = 1.66MPa(同普通混凝土路面)
$\sigma_{ps} = (1 - 0.0176\times 5)\times 1.66 = 1.51$MPa　　$\sigma_p = 1\times 2.60\times 1.25\times 1.51 = 4.91$MPa</td></tr>
<tr><td colspan="2">计算温度疲劳应力</td><td>由 E_c = 35 000，h_c = 22，查下图得，σ_{ox} = 4.15MPa
查下图得 B' = 0.006 9，查下表得 T_{gs} = 0.58，取 $\alpha_{cs} = 0.70\times 10^{-5}$℃$^{-1}$
$\sigma_x = (1 + B'h_a)\sigma_{ox} = (1 + 0.069\times 5)\times 4.15 = 4.29$MPa　　$\sigma_{tm} = 10^5\sigma_x\cdot T_{gx}\cdot\alpha_{cs} = 4.29\times 0.58\times 0.70 = 1.74$MPa
由公式得：$k_t = a + b\ln\left(\frac{\sigma_{tm}}{f_{cm}}\right) = 0.854 + 0.309\ln\left(\frac{1.74}{5.0}\right) = 0.528$(式中 a、b 值可查 PCC—AC 例的表)
$\sigma_t = k_t\sigma_{tm} = 0.528\times 1.74 = 0.92$(MPa)</td></tr>
<tr><td colspan="2">分析结论</td><td>当层间完全连续接触时，满足规范规定，即 $0.95f_m = 4.75 < \sigma_p + \sigma_t = 4.13 + 0.92 = 5.05 < 1.03f_m = 5.15$。当层间绝对光滑接触时，先不考虑温度应力，则 $\sigma_p = 4.91 < f_m = 5.0$；但考虑温度应力，则有 $\sigma_p + \sigma_t = 4.91 + 0.92 = 5.83 > 1.03f_m$。不过如前所述，层间绝对光滑的情况在实际中是不可以发生的，因此可认为该路面结构能满足使用要求</td></tr>
<tr><td>附录</td><td>计用算图</td><td>RCC 板温度翘曲应力计算图(σ_{ox})
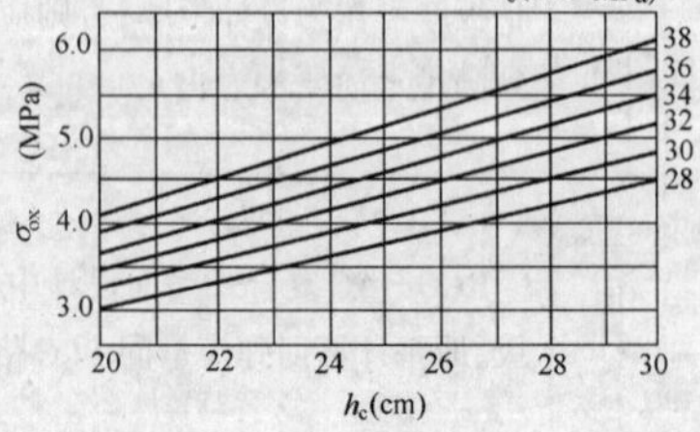

AC 对 RCC 板温度应力影响系数 B' 计算图
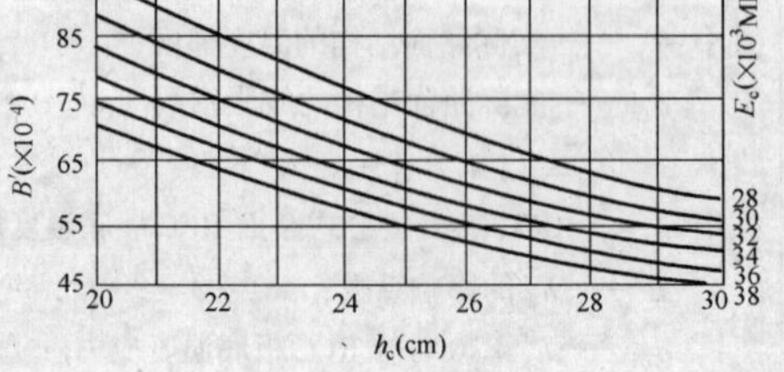
</td></tr>
</table>

续上表

<table>
<tr><th colspan="2">步　骤</th><th colspan="7">设　计　计　算</th></tr>
<tr><td rowspan="6">附录</td><td rowspan="6">计用算表(T_g)</td><td colspan="7">各自然区划最大温度梯度推荐值(T_g)</td></tr>
<tr><td>自然区划 / AC层厚(cm)</td><td>Ⅱ</td><td>Ⅲ</td><td>Ⅳ</td><td>Ⅴ</td><td>Ⅵ</td><td>Ⅶ</td></tr>
<tr><td>0</td><td>0.88 ~ 0.94</td><td>0.95 ~ 1.00</td><td>0.93 ~ 0.98</td><td>0.90 ~ 0.96</td><td>0.92 ~ 0.97</td><td>0.98 ~ 1.04</td></tr>
<tr><td>4</td><td>0.62 ~ 0.66</td><td>0.65 ~ 0.71</td><td>0.64 ~ 0.70</td><td>0.63 ~ 0.68</td><td>0.64 ~ 0.69</td><td>0.69 ~ 0.74</td></tr>
<tr><td>8</td><td>0.43 ~ 0.46</td><td>0.48 ~ 0.51</td><td>0.46 ~ 0.50</td><td>0.44 ~ 0.47</td><td>0.45 ~ 0.49</td><td>0.50 ~ 0.53</td></tr>
<tr><td>12</td><td>0.30 ~ 0.32</td><td>0.32 ~ 0.34</td><td>0.31 ~ 0.33</td><td>0.30 ~ 0.32</td><td>0.30 ~ 0.33</td><td>0.33 ~ 0.35</td></tr>
</table>

c　PCC—AC复合式路面设计示例

PCC—AC复合式路面设计示例　　表8-90

<table>
<tr><th>步骤</th><th>设　计　计　算</th></tr>
<tr><td>设计条件</td><td>PCC的设计弯拉强度 $f_{cm}=4.5$MPa,其余条件及结构图式同RCC—AC示例。按PCC—AC路面进行设计</td></tr>
<tr><td>确定计算参数</td><td>PCC板的弯拉模量 $E_c=30\,000$MPa,初拟板厚23cm,累计轴载次数 $N_e=257\,051$次,其余参数同前例</td></tr>
<tr><td>计算基层顶面回弹模量</td><td>$n=1.718\times10^{-3}\left(\frac{h_cE_c}{E_t}\right)^{0.8}$
$=1.718\times10^{-3}\left(\frac{23\times30\,000}{229.8}\right)^{0.8}=1.04$
$E_s=1.04\times229.8=239$MPa
计算温度应力时 $n=0.35$, $E_s=0.35\times229.8=80$MPa</td></tr>
<tr><td>计算荷载应力</td><td>由　$h_c=23$cm, $E_c/E_s=\frac{30\,000}{239}=126$,查图得(同普通混凝土路面)
$\sigma_0=1.56$MPa
由　$E_c/E_s=126$, $h_c=23$cm,查下图得:
$B=17.2\times10^{-3}$(假定层间完全光滑接触)
根据公式有:
$\sigma_{ps}=(1-Bh_a)\sigma_0=(1-0.0172\times5)\times1.56=1.43$MPa
又　$k_r=1$, $k_c=1.25$
及　$k_f=N_e^{0.0516}=2\,570\,519^{0.0516}=2.14$
则　$\sigma_p=k_rk_fk_c\sigma_{ps}=1\times2.14\times1.25\times1.43=3.83$MPa</td></tr>
<tr><td>计算疲劳温度应力</td><td>由上例的计算用表查得最大温度梯度 $T_g=0.5$℃/cm,由公式可知混凝土结构的相对刚度半径为:
$l=0.537h_c(E_c/E_s)^{1/3}$
$=0.537\times23\left(\frac{30\,000}{80}\right)^{1/3}=89.1$cm
取板长500cm, $L/l=5.612$, $h_c=23$cm,查下图得 $k_x=0.75$
由式求得:
$\sigma_{tm}=\frac{\alpha_cE_ch_cT_g}{2}\times k_x$
$=\frac{1\times10^{-5}\times30\,000\times23\times0.58}{2}\times0.75=1.50$MPa
由式及下表得:
$k_t=a+b\ln\left(\frac{\sigma_{tm}}{f_{cm}}\right)=0.854+0.309\ln\left(\frac{1.50}{4.50}\right)=0.515$
则　$\sigma_t=k_t\sigma_{tm}=0.515\times1.50=0.77$MPa</td></tr>
</table>

续上表

步骤	设　计　计　算
板检厚验	$\sigma_p+\sigma_t=3.83+0.77=4.60\text{MPa}$ $0.95f_{cm}=4.28<\sigma_p+\sigma_t=4.60<1.03f_{cm}=4.64$ 即初拟板厚23cm可作为设计厚度
附录	计算 σ_{ps} 时系数 B 值图；温度应力系数 k_x 图

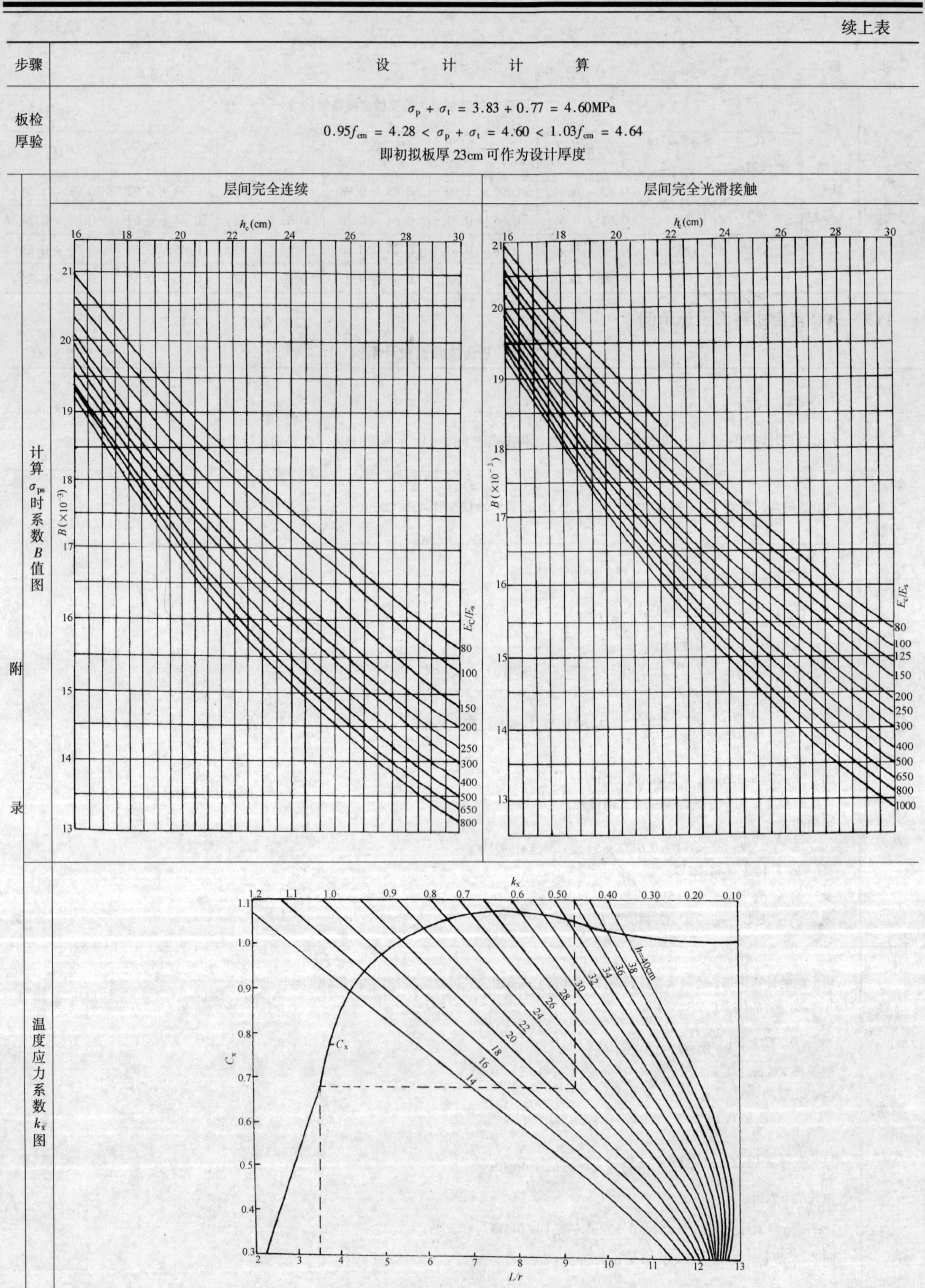

续上表

步骤		设计计算						
附录	计算 k_t 时 a、b 系数表	公路自然区划	Ⅰ	Ⅱ	Ⅲ	Ⅳ	Ⅴ	Ⅵ
		a	0.854	0.905	0.863	0.886	0.874	0.863
		b	0.309	0.337	0.351	0.370	0.332	0.309

C 水泥混凝土复合式路面

a 水泥混凝土复合式路面设计方法及要点

水泥混凝土复合式路面设计方法及要点 表 8-91

主要步骤	方法及要点
说明方法	水泥混凝土复合式路面设计中,荷载应力及复合板结构厚度计算与普通水泥混凝土路面有所不同,其余如标准轴载、轴载换算、交通分级、平面尺寸等均相同
荷载应力计算	不同层间结合方式的双层板和单层板其弯矩微分方程有相同的表达式,即: $$\left.\begin{aligned} M_x &= -D_n\left(\frac{\partial^2 w}{\partial x^2}+\mu\frac{\partial^2 w}{\partial y^2}\right)\\ M_y &= -D_n\left(\frac{\partial^2 w}{\partial y^2}+\mu\frac{\partial^2 w}{\partial x^2}\right)\\ M_{xy} &= -D_n(1-\mu)\frac{\partial^2 w}{\partial x\partial y}\end{aligned}\right\}$$ 复合板换算图 单层板 $D_n = D = \dfrac{Eh^3}{12(1-\mu)}$; 结合式双层板 $$D_n = D_j = \frac{E_1[(h_1+h_2-h_0)^3-(h_2-h_0)^3]+E_2[(h_2-h_0)^3+h_0^3]}{3(1-\mu^2)}$$ 式中:h_0—— 中性面的位置,其表达式为: $$h_0 = \frac{E_1h_1^2+2E_1h_1h_2+E_2h_2^2}{2(E_1h_1+E_2h_2)}$$ 分离式双层板 $$D_n = D_f = \frac{E_1h_1^3+E_2h_2^3}{12(1-\mu^2)}$$ 按照弯曲刚度表达式可求得复合板相当单层板的厚度,其相当复合板的上层板(E_2)的单层板厚度为: $$h_d = \sqrt[3]{\frac{12(1-\mu)D_n}{E_2}}$$ 由此求得相当单层板的弯曲应力后,可按下式计算复合板中上下层板的弯曲应力: $$\left.\begin{aligned}\sigma_{x1} &= \frac{2z}{h_d}\frac{E_1}{E_2}\sigma_x; \quad \sigma_{x2} = \frac{2z}{h_d}\sigma_x\\ \sigma_{y1} &= \frac{2z}{h_d}\frac{E_1}{E_2}\sigma_y; \quad \sigma_{y2} = \frac{2z}{h_d}\sigma_y\end{aligned}\right\}$$ 式中:σ_x、σ_y—— 相当于厚 h_d 的单层板的板底最大荷载应力; σ_{x1}、σ_{y1}—— 下层板荷载应力; σ_{x2}、σ_{y2}—— 上层板荷载应力。 弹性地基上结合式双层板时,计算下层板底面应力取 $z = h_1 + h_2 - h_0$;计算上层板底面应力取 $z = h_2 - h_0$。 分离式双层时,计算上下板底应力时分别取 $z = \dfrac{h_2}{2}$ 和 $z = \dfrac{h_1}{2}$。需注意的是,当换算为下层板时,上述应力公式需相应变换。 一般在计算复合板的荷载应力时,可根据等刚度原则将复合板换算为单层板,查单层板的计算图表即可

续上表

<table>
<tr><td>主要步骤</td><td colspan="9">方　法　及　要　点</td></tr>
<tr><td rowspan="6">温度应力计算</td><td colspan="9">按等刚度原则的温度翘曲应力计算方法，对于弹性模量 E_2、厚度为 h_d(或弹性模量为 E_1 及其相应的当量厚度）的混凝土路面，其温度梯度为 T_g 如 T_g 表所示；当 h_1+h_2 不是20cm时，需按 α_h 表进行修正。

最大温度梯度计算值 T_g</td></tr>
<tr><td colspan="2">区　划</td><td colspan="2">Ⅱ、Ⅴ</td><td colspan="2">Ⅲ</td><td colspan="2">Ⅳ、Ⅵ</td><td>Ⅶ</td></tr>
<tr><td colspan="2">T_g (℃/cm)</td><td colspan="2">0.83 ~ 0.88</td><td colspan="2">0.90 ~ 0.95</td><td colspan="2">0.86 ~ 0.92</td><td>0.93 ~ 0.98</td></tr>
<tr><td colspan="9">不同板厚的 T_g 修正系数 α_h</td></tr>
<tr><td>h</td><td>18</td><td>20</td><td>22</td><td>24</td><td>26</td><td>28</td><td>30</td><td>32</td><td>34</td></tr>
<tr><td>α_h</td><td>1.1</td><td>1.05</td><td>1.00</td><td>0.94</td><td>0.89</td><td>0.84</td><td>0.79</td><td>0.75</td><td>0.71</td></tr>
</table>

b　复合式混凝土双层板厚度计算示例

复合式混凝土双层板厚度计算示例　　表 8-92

<table>
<tr><th>项　目</th><th>内　容</th></tr>
<tr><td>设条计件</td><td>特重交通高速公路水泥混凝土面层与碾压混凝土基层组成复合式路面厚度设计。公路自然区划 III 区拟新建一条高速公路，路基土为黄土，采用普通混凝土面层与碾压混凝土基层组成的复合式路面，单幅路面宽 11.75m。经交通调查分析得知，设计车道使用初期标准轴载日作用次数为 3 800。试设计该路面厚度</td></tr>
<tr><td>交分通析</td><td>由表查得高速公路的设计基准期为30年，安全等级为一级。由表查得临界荷位处的车辆轮迹横向分布系数取0.22。取交通量年平均增长率为5%。按式计算得到设计基准期内设计车道标准荷载累计作用次数为
$$N_e=\frac{N_s[(1+\gamma)^T-1]\times 365}{\gamma}\eta=\frac{3\,800\times[(1+0.05)^{30}-1]\times 365}{0.05}\times 0.22=2.03\times 10^7 \text{ 次}$$ 属特重交通</td></tr>
<tr><td>初面拟结路构</td><td>由表查得相应于安全等级一级的变异水平等级为低级。根据高速公路、特重交通等级和低变异水平等级，查表得初拟普通混凝土面层厚度为0.24m，碾压混凝土基层0.16m，底基层选用水泥稳定粒料（水泥用量5%），厚0.18m，垫层为0.15m低剂量无机结合料稳定土。水泥混凝土上面层板的平面尺寸长为4.0m、宽从中央分隔带至路肩依次为4m、4m、3.75m；纵缝为设拉杆平缝，横缝为设传力杆的假缝。碾压混凝土不设纵缝，横缝设假缝，间距（板长）6m</td></tr>
<tr><td>路参面数材确料定</td><td>按表查取可取普通混凝土面层的变拉强度标准值为5.0MPa，相应弯拉弹性模量标准值为31GPa；碾压混凝土弯拉强度标准值为4.0MPa，相应弯拉弹性模量标准值为27GPa。
查表得路基土回弹模量取40MPa。查表得低剂量无机结合料稳定土垫层回弹模量取600MPa，水泥稳定粒基层料回弹模量取1 300MPa。
按式计算基层顶面当量回弹模量如下：
$$E_x=\frac{h_1^2E_1+h_2^2E_2}{h_1^2+h_2^2}=\frac{1\,300\times 0.18^2+600\times 0.15^2}{0.18^2+0.15^2}=1\,013(\text{MPa})$$
$$D_g=\frac{E_1h_1^3}{12}+\frac{E_2h_2^3}{12}+\frac{(h_1+h_2)^2}{4}\left(\frac{1}{E_1h_1}+\frac{1}{E_2h_2}\right)^{-1}$$
$$=\frac{1\,300\times 0.18^3}{12}+\frac{600\times 0.15^3}{12}+\frac{(0.18+0.15)^2}{4}\left(\frac{1}{1\,300\times 0.18}+\frac{1}{600\times 0.15}\right)^{-1}$$
$$=2.57(\text{MN}\cdot\text{m})$$
$$h_x=\sqrt[3]{12D_g/E_x}=\sqrt[3]{12\times 2.57/1\,013}=0.312(\text{m})$$
$$a=6.22\left[1-1.51\left(\frac{E_x}{E_0}\right)^{0.45}\right]=6.22\times\left[\left(1-1.51\times\left(\frac{1\,013}{30}\right)^{-0.45}\right)\right]=4.293$$
$$b=1-1.44\left(\frac{E_x}{E_0}\right)^{-0.55}=1-1.44\times\left(\frac{1\,013}{30}\right)^{-0.55}=0.792$$
$$E_t=ah_x^bE_0\left(\frac{E_x}{E_0}\right)^{1/3}=4.293\times 0.312^{0.792}\times 30\times\left(\frac{1\,013}{30}\right)^{1/3}=165(\text{MPa})$$</td></tr>
</table>

续上表

项目	内容
荷劳载应疲力	普通混凝土面层与碾压混凝土基层组成分离式复合式面层。此时 $k_u=0, h_x=0$。复合式混凝土面层的截面总刚度,按式计算为 $D_g=D_1+D_2+D_3=\frac{E_{c1}h_{01}^3}{12}+\frac{E_{c2}h_{02}^3}{12}+\frac{E_{c1}h_{01}E_{c2}h_{02}(h_{01}+h_{02})^2}{4(E_{c1}h_{01}+E_{c2}h_{02})}k_u$ $=\frac{31\,000\times(0.24)^3}{12}+\frac{27\,000\times(0.16)^3}{12}+\frac{31\,000\times0.24\times27\,000\times0.16\times(0.24+0.16)^2}{4\times(31\,000\times0.24+27\,000\times0.16)}\times0$ $=44.928(\mathrm{MN\cdot m})$ 复合式混凝土面层的刚度半径,按式计算为 $r_g=1.23\sqrt[3]{D_g/E_t}=1.23\times\sqrt[3]{44.928/165}=0.797(\mathrm{m})$ 按式计算标准轴载在普通混凝土面层临界荷位处产生的荷载应力为 $\sigma_{ps1}=0.077r_g^{0.6}\frac{E_{c1}h_{01}}{12D_g}=0.077\times0.797^{0.6}\times\frac{31\,000\times0.24}{12\times44.928}=0.927(\mathrm{MPa})$ $\sigma_{ps2}=0.077r_g^{0.6}\frac{E_{c2}(0.5h_{0.2}+h_xk_u)}{6D_g}=0.077\times0.797^{0.6}\times\frac{27\,000\times(0.5\times0.16\times0\times0)}{6\times44.928}=0.538(\mathrm{MPa})$ 普通混凝土面层,因纵缝为设拉杆平缝,接缝传荷能力的应力折减系数 $k_r=0.87$;碾压混凝土基层不设纵缝,不考虑接缝传荷能力的应力折减系数 k_r。水泥混凝土面层,考虑设计基准期内荷载应力累计疲劳作用的疲劳应力系数 $k_f=N_e^n=(2.03\times10^7)^{0.057}=2.609$;碾压混凝土基层,考虑设计基准期内荷载应力累计疲劳作用的疲劳应力系数 $k_f=N_e^n=(2.03\times10^7)^{0.065}=2.985$。根据公路等级,由表查得考虑偏载和动载等因素对路面疲劳损坏影响的综合系数 $k_c=1.30$。按式计算普通混凝土面层的荷载疲劳应力计算为 $\sigma_{pr}=k_rk_fk_c\sigma_{ps}=0.87\times2.609\times1.30\times0.927=2.735(\mathrm{MPa})$ 碾压混凝土基层的荷载疲劳应力计算为 $\sigma_{pr}=k_fk_c\sigma_{ps}=2.985\times1.30\times0.538=2.09(\mathrm{MPa})$
温劳度应疲力	由表查得Ⅲ区最大温度梯度取90(℃/m)。普通混凝土面层板长4m,$L/r_g=4/0.776=5.15$,由普通混凝土面层 $h_{01}=0.24\mathrm{m}$,查表得 $B_x=0.56, C_x=0.94$。 按式计算,最大温度梯度时普通混凝土上面层的温度翘曲应力为 $\zeta_1=C_x^{0.32-0.81\ln\left(\frac{h_{01}E_{c1}}{h_{02}E_{c2}}+2.5\frac{h_{01}}{h_{02}}\right)}=0.94^{0.32-0.81\ln\left(\frac{0.24}{0.16}\times\frac{31\,000}{27\,000}+2.5\frac{0.24}{0.16}\right)}=1.07$ $B_{x1}=\zeta_1B_x=1.07\times0.56=0.60$ $\sigma_{tm1}=\frac{\alpha_cE_{c1}h_{01}T_g}{2}B_{x1}=\frac{1\times10^{-5}\times31\,000\times0.24\times90}{2}\times0.60=2.0(\mathrm{MPa})$ 普通混凝土面层的温度疲劳应力系数 k_t,按式计算为 $k_t=\frac{f_r}{\sigma_{tm}}\left[\alpha\left(\frac{\sigma_{tm}}{f_r}\right)^c-b\right]=\frac{5.0}{2.0}\left[0.855\times\left(\frac{2.0}{5.0}\right]^{1.355}-0.041\right]=0.515$ 再由式计算温度疲劳应力为 $\sigma_{tr}=k_t\sigma_{tm}=0.515\times2.0=1.03\mathrm{MPa}$ 分离式复合式路面中碾压混凝土基层的温度翘曲应力无需计算。 查表查得高速公路的安全等级为一级,目标可靠度为95%,相应的变异水平等级为低。再据此查表得可靠度系数 $\gamma_r=1.33$。 按式计算普通混凝土面层 $\gamma_r(\sigma_{pr}+\sigma_{tr})=1.33\times(2.735+1.03)=5.0\mathrm{MPa}\leqslant f_r=5.0\mathrm{MPa}$ 碾压混凝土基层 $\gamma_r(\sigma_{pr}+\sigma_{tr})=1.33\times(2.09+0)=2.78\mathrm{MPa}\leqslant f_r=4.0\mathrm{MPa}$ 因而,拟定的由厚度0.24m的普通混凝土上面层和厚度0.16m的碾压混凝土基层组成的分离式复合式路面,可以承受设计基准期内荷载应力和温度应力的综合疲劳作用

8

D RCC 路面材料要求

复合式路面 RCC 材料要求及选择 表 8-93

材料名称	技 术 要 求 及 选 择
水泥	硅酸盐水泥具有良好的路用性能(干缩率、水化热、耐磨性),是目前最宜选用的路面用水泥，普通硅酸盐水泥路用性能次之;中低热水泥干缩小,水化热和抗弯拉弹性模量低,强度较高,但其早期强度增长慢,不宜用于要求提高开放交通的 RCC 路面;矿渣水泥强度发展慢,干缩较大,综合路用性能差,不宜选用;目前道路水泥大多出自立窑小水泥厂,由于生产条件差,投产时间短且经验不足,虽然产品标准要求高,但实际路用性能不理想,故一般宜慎用或不采用。 水泥强度等级直接影响 RCC 强度,一般应采用 42.5 级和 52.5 级硅酸盐水泥或普通硅酸盐水泥,最好采用凝结时间稍长,强度增长快、干缩性小的水泥
细集料	RCC 属于特干硬性混凝土,粘聚力小,容易离析。细集料宜采用细度模数为 2.3～3.0 的中砂,应洁净、坚硬、耐久,细集料的技术要求及级配范围详见下表。

细集料

细集料技术要求及级配范围

项 目	技 术 要 求 及 级 配 范 围					
筛孔尺寸(mm)	圆 孔		方 孔			
	5.00	2.5	1.25	0.60	0.30	0.15
通过百分率(%)	90～100	75～100	50～90	30～59	8～30	0～10
含泥量(冲洗法)(%)	≤3					
泥块含量(%)	<1					
硫化物及硫酸盐含量(%)	≤1					
有机物含量(比色法)	颜色不深于标准溶液色					
云母含量(%)	≤2					
其他杂物	不得混有石灰、煤渣、草根等杂物					

粗集料

RCC 所用粗集料为机轧碎石或砾石,并采用连续级配。由于 RCC 用水量低,粒径较大的集料会引起离析而影响路面的平整度,集料的最大粒径宜控制在 30mm 以内,粗集料技术要求应符合下表规定。

粗集料技术要求

项 目	碎 石	砾 石	项 目	碎 石	砾 石
石料强度分级	≥3 级	≥3 级	泥块含量(%)	<0.5	<0.5
压碎值(%)	≤16	≤16	空隙率(%)		≤45
针片状含量(%)	≤15	≤15	软弱颗粒含量(%)		≤5
硫化物硫酸盐含量(%)	≤1	≤1	有机物质含量(比色法)		颜色不深于标准溶液颜色
含泥量(冲洗法)(%)	≤1	≤1			

砾石 RCC 的各项性能均不低于碎石 RCC,但前者在施工中较易离析,粗细集料的级配应符合下表范围

集料级配范围

项 目		级 配 范 围						
筛孔尺寸(mm)		40	25	20	10	5	0.6	0.15
通过百分率(%)	最大粒径 20mm	—	—	90～100	50～65	30～45	10～20	5～10
	最大粒径 40mm	90～100	65～77	—	35～50	25～40	10～20	5～10

续上表

材料名称	技术要求及选择

粉煤灰、外加剂及水

粉煤灰的品质对 RCC 的用水量、抗弯拉强度、干缩性均有影响,因此 RCC 宜采用Ⅰ、Ⅱ级干排粉煤灰。配合比设计时,粉煤灰可采用等量或超量取代水泥,Ⅰ级灰超量系数为 1.1 ~ 1.4,Ⅱ级灰为 1.3 ~ 1.7,粉煤灰质量指标及超量系数详见下表。

粉煤灰质量指标及超量系数

项目	等级		
	Ⅰ	Ⅱ	Ⅲ
细度(45μm)方孔筛筛余(%),不大于	12	20	45
烧失量(%),不大于	5	8	15
需水量比(%),不大于	95	105	115
三氧化硫(%),不大于	3	3	3
超量系数	1.1 ~ 1.4	1.3 ~ 1.7	1.5 ~ 2.0

RCC 拌和物和易性较差,为改善其工作性,使其达到要求的密实度,可加入缓凝减水剂。常用普通型缓凝减水剂有木钙和糖蜜等,而采用缓凝或低引气型等高效减水剂效果更好,高效减水剂的掺量为水泥与粉煤灰干重之和的 0.5% 左右。拌和与养护用水为洁净的可饮用水

A 路面加铺层类型

路面加铺层类型表　　表 8-94

下层路面类型	原路路面类型	加铺层类型	说　明
柔路性面	中、低级路面	沥青面层	
	沥青路面	沥青面层	
		水泥混凝土面层	
刚路性面	水泥混凝土路面	水泥混凝土面层	有结合式、直接式、分离式三种类型
	水泥混凝土路面	钢纤维混凝土面层	
	水泥混凝土路面	沥青面层	

B 旧柔性路面加铺层设计

a 旧路的处理措施及补强步骤

旧路的处理措施及补强步骤　　表 8-95

项目		内　　容
旧路的处理措施	旧路为中、低级沥青路面	(1)原路面的水稳性不良时,不宜直接加铺沥青面层,而应将原路面翻松,掺入石灰或增加粒料以改善其水稳性,并做好排水设计。 (2)原路面的强度和稳定性基本符合要求时,可视表面状况选用以下方法改善: ①路拱不符合要求或严重松散、坑槽和搓板的路段,可将原有路面翻松或加铺整平层,调整路拱。 ②路拱基本符合要求,路面局部有坑槽或松散的路段,可作局部修补。 ③原有路面的强度、稳定性、路拱、平整度均符合要求时,可直接铺筑沥青面层
	旧路为沥青路面	(1)沥青路面因整体强度不足需加铺补强层时,原有沥青面层除回收再生利用外,一般可不铲除,但应对局部的松散、坑槽进行修补,裂缝严重的路段应在采取防止反射裂缝产生的措施后,再进行补强。 (2)沥青路面的整体强度符合要求,但平整度差,或路面产生车辙,或沥青老化开裂等可进行沥青罩面;当路面光滑属交通事故多发路段,可通过加铺抗滑表层措施,恢复和改善路面的使用性能
补强设计步骤		(1)对原有公路进行技术调查,掌握设计资料,并划分路段,对路段进行弯沉测定。 (2)按设计任务书的要求或调查交通量的有关资料,确定公路等级、面层与基层类型,计算设计弯沉值与各弯沉值与各补强层的容许拉应力。 (3)按规定的方法确定改建路段中原路面的当量回弹模量。 (4)拟定几种可能的结构组合与设计层,并确定各补强层的材料参数。 (5)根据补强的设计方法计算设计层厚度。对季节性冰冻地区的潮湿、过湿路段还应验算防冻厚度。 (6)根据各方案的计算结果,进行技术经济比较,确定采用的补强方案和厚度

b 我国沥青补强层厚度计算

我国沥青补强层厚度计算　　表 8-96

步骤		计 算 公 式 及 说 明
弯沉值计算	不同轴载弯沉值换算	在对原有路面进行弯沉检测时,每一车道、每路段的测点数不少于 20 点,且应采用标准轴载汽车测定。如采用非标准轴载(轴载 60 ~ 130kN)的汽车测定时,则宜按下式将非标准轴载测得的弯沉值换算为标准轴载下的弯沉值。 $$\frac{l_{100}}{l_i}=\left(\frac{P_{100}}{P_i}\right)^{0.87}$$ 式中:P_{100}、l_{100}——100kN 标准轴载及相对应的弯沉值; P_i、l_i——非标准轴载及相对应的弯沉值
	各路段的弯沉值计算	各路段的计算弯沉值 l_0 应按下式计算: $$l_0=(\bar{l}_0+Z_aS)K_1K_2K_3$$ 式中:l_0——路段的计算弯沉值(0.01mm); $\bar{l}_0$——路段内原路面上实测弯沉的平均值(0.01mm); S——路段内原路面上实测弯沉的标准差(0.01mm); Z_a——保证率系数,补强二级及二级以上的公路路面时,Z_a 取 1.5,补强三、四级公路时取 1.3; K_1、K_2——季节影响系数和湿度影响系数; K_3——温度修正系数。 当弯沉在非不利季节测定时,应根据当地经验考虑季节影响系数的修正。对冰冻地区的潮湿或过湿的路基,宜考虑路面强度逐渐衰减的影响,乘以温度影响系数。 路面弯沉值是以 20℃ 为测定沥青路面弯沉值的标准状态,当沥青面层厚度小于或等于 5cm 时,不需温度修正;当路面温度在 20 ± 2℃,也不进行温度修正;其他情况下测定弯沉值均应进行温度修正
原路面当量回弹模量(E_t)计算	E_t 计算公式	(1)确定原路面的当量回弹模量时,应根据路段的划分,分别计算各路段的当量回弹模量值。 (2)各路段的当量回弹模量应根据各路段的计算弯沉值,按下式计算: $$E_t=1000\frac{2p\delta}{l_0}m_1m_2$$ 式中:E_t——原路面的当量回弹模量(MPa); δ——标准轴载单轮传压面当量圆半径(cm); l_0——原路面的计算弯沉(0.01mm); p——标准轴载车型轮胎接地压强(MPa); m_1——用标准轴载的汽车在原路面上测得的弯沉值与用承载板在相同压强条件下所测得的回弹变形值之比,即轮板对比值; m_2——原路面当量回弹模量扩大系数
	m_1 取值	比值 m_1 应根据各地的对比试验结果论证地确定,在没有对比试验资料的情况下,可取 $m_1=1.1$ 进行计算
	m_2 计算	计算与原有路面接触的补强层层底拉应力时,m_2 按下式计算;计算其他补强层层底拉应力及弯沉值时,$m_2=1.0$。 $$m_2=e^{0.037\frac{h'}{\delta}\left(\frac{E_{n-1}}{p}\right)^{0.25}}$$ 式中:E_{n-1}——与原路面接触层材料的抗压模量(MPa); h'——各补强层等效为与原路面接触层 E_{n-1} 相当的等效总厚度(cm)

8

续上表

步骤		计算公式及说明
原回路弹面模当量量(E_t)计算	等效厚度h'	等效总厚度 h' 按下式计算： $$h' = \sum_{i=1}^{n-1} h_i (E_i/E_{n-1})^{0.25}$$ 式中：E_i —— 第 i 层补强层材料的抗压回弹模量(MPa)； h_i —— 第 i 层补强的厚度(m)； $n-1$ —— 补强层层数
补强厚度计算		(1)补强设计时，首先按规定的方法计算原有路面的当量回弹模量，若补强单层时，以双层弹性体系为设计计算的力学模型，补强 $n-1$ 层时以 n 层弹性体系为力学模型计算。 (2)补强设计时，仍以设计弯沉值作为路面整体刚度的控制指标；对于二级和二级以上的公路，还应验算补强层层底拉应力。设计弯沉值、各补强层层底拉应力和容许应力的计算方法、弯沉综合修正系数及补强层材料参数的确定与新建路面设计时的各项规定相同。 (3)设计层的厚度采用弹性层状体系理论编制的专用设计程序进行计算

c　美国沥青协会(AI)沥青加铺层设计方法

美国沥青协会(AI)沥青加铺层设计方法　　表 8-97

项目		方法及步骤
确定各路段的计算(或代表)弯沉设值		(1)旧路面结构和损坏状况调查，据此划分设计路段(分析路段)； (2)对各个设计路段进行弯沉测定； (3)计算各设计路段的代表回弹弯沉值 l_{rr}。 计算方法见后路况调查设计弯沉值计算
确定设计使用期内标准轴载的累计作用次数 N_{80}		进行交通分析，确定设计使用期内标准轴载的累计作用次数 N_{80}，其步骤为： (1)确定初始年设计车道各类货车的平均日交通量； (2)为各类货车选取相应的轴载系数； (3)选定交通量年平均增长率(可为每一类货车分别选取，或为全部货车选取一个值)； (4)各类货车交通量乘以设计使用期内的交通增长系数和相应的轴载系数，可得到各类货车的标准轴载累计作用次数；总和各类货车的轴数，即为设计使用期内标准轴载作用次数 N_{80}
确定沥青加铺层厚度	方法	由路段代表回弹弯沉值 l_{rr} 和设计使用期标准轴载作用次数 N_{80}，查下图确定所需的沥青加铺层厚度
	计算用图	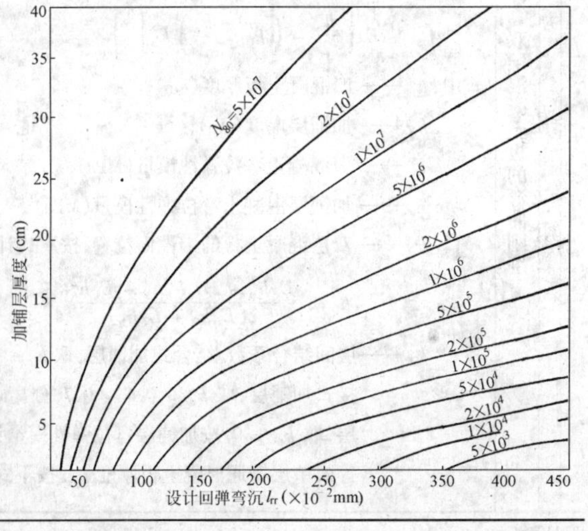 加铺层厚度(cm)：0～40；设计回弹弯沉 l_{rr}(×10⁻²mm)：50～450 曲线：N_{80}=5×10⁷、2×10⁷、1×10⁷、5×10⁶、2×10⁶、1×10⁶、5×10⁵、2×10⁵、1×10⁵、5×10⁴、2×10⁴、1×10⁴、5×10³

d　旧路为柔性路面加铺水泥混凝土面层的设计方法

旧路为柔性路面加铺水泥混凝土面层的设计方法　　表 8-98

设计要点	一般步骤	在现有柔性路面上铺设水泥混凝土加铺层时，把旧柔性路面看作新建水泥混凝土路面的地基。其主要设计步骤为：①确定旧路面顶面的当量回弹模量 E_t；② 按新建水泥混凝土路面的设计方法确定适应未来交通需求所需的水泥混凝土加铺层厚度。 旧路面顶面的当量回弹模量，采用弯沉测定方法确定设计路段的计算回弹弯沉值 l_{rr} 后，按下式计算确定
	E_t的计算公式	旧路面顶面的当量回弹模量 E_t 计算如下： $$E_t = \frac{13739}{l_0^{1.04}}$$ 式中：l_0——以后轴轴载为 100kN 的汽车测得的计算回弹弯沉值(10^{-2}mm)

C　旧水泥混凝土路面加铺水泥混凝土面层设计

a　水泥混凝土路面加铺层类型及一般规定

水泥混凝土面加铺层类型及一般规定　表 8-99

项目		内容
类型及选择	结合式	当旧路面的状况分级为"优"，且路面的结构性损坏已经修复、路拱坡度基本符合要求、板的平面尺寸及接缝布置合理时，可采用结合式加铺层。加铺层铺筑前应对旧混凝土表面凿毛并仔细清洗，清除旧混凝土表面的油污、剥落碎块及接缝中的杂物，重新封缝，并在洁净的旧混凝土路面上涂以水泥浆或水泥砂浆或环氧树脂等
	直接式	当旧路面的状况分级为"良"、"中"，且路面的结构性损坏已经修复、路拱坡度基本符合要求、板的平面尺寸和接缝布置合理时，宜采用直接式加铺层。加铺层铺筑前应对旧混凝土表面仔细清洗、清除旧混凝土表面的油污、剥落碎块及接缝中的杂物，并重新封缝
	分离式	当旧路面的状况分级为"可"、"差"，或新旧混凝土板的平面尺寸不同、接缝位置不完全一致，或新、旧路面的路拱坡度不一致时，均应采用分离式加铺层。加铺层铺装前应对旧路面中严重破碎、脱空、裂缝继续发展的板，击碎压实或予以清除，用混凝土补平。隔离层材料宜采用油毡、沥青砂、细粒式沥青混凝土等稳定性较好的材料，不宜采用砂等松散粒状材料
类型特点		(1)从施工难易程度来看，直接式最简单，分离式次之，结合式最繁、最难； (2)从适用性分析，结合式加铺层的受力特性最好，因此加铺层较薄。 (3)由于结合式加铺层要求旧混凝土板基本完好，新、旧路面的接缝对齐，且路拱坡度基本一致，往往使这种加铺结构形式的采用受到限制； (4)分离式加铺层的受力特性较差，要求加铺层较厚。由于加铺层与旧混凝土路面之间设置了隔离层，加铺层的接缝布置与路拱块度不受限制，且对旧路面的状况要求不高，为公路部门所经常采用

续上表

项目		内　　容
结构最小厚度	普通混凝土面层	采用普通混凝土加铺层时，结合式加铺层厚度不宜小于10cm；直接式加铺层厚度不应小于14cm；分离式加铺层厚度不应小于18cm
	钢纤维混凝土面层	采用钢纤维混凝土加铺层时，结合式加铺层厚度不宜小于5cm；直接式加铺层厚度不应小于8cm；分离式加铺层厚度不应小于10cm
接缝设置	普通混凝土面层	结合式或直接式加铺层的接缝应与旧混凝土板的接缝对齐，结合式加铺层不设拉杆或传力杆；分离式加铺层接缝设置，与普通混凝土路面相同
	钢纤维混凝土面层	结合式或直接式加铺层的接缝宜与旧混凝土的接缝对齐，不设拉杆或传力杆；分离式加铺层的接缝设置，与钢纤维混凝土路面相同

b　加铺混凝土层厚度计算

加铺混凝土面层厚度计算表　　表 8-100

项　目			计 算 公 式 及 说 明
加铺普通水泥混凝土面层	设计参数确定	旧弯混拉凝强土度	旧混凝土弯拉强度可采用钻孔取出的圆柱体试件进行劈裂试验，按下式确定： $f_{em}=0.612f_{sp}+2.64$ 式中：f_{em}—— 旧混凝土的弯拉强度(MPa)； f_{sp}—— 旧混凝土的劈裂强度(MPa)
		旧拉混弹凝性土模弯量	旧混凝土弯拉弹性模量按下式计算： $E_e=\dfrac{1\times10^4}{0.0915+\dfrac{0.9634}{f_{em}}}$ 式中：E_e—— 旧混凝土的弯拉弹性模量(MPa)； f_{em}—— 旧混凝土的弯拉强度(MPa)
		旧面混面凝板土厚路度	旧混凝土路面面板厚度 h_e 应根据板边、钻孔取样得到的圆柱形试件量取的高度，按下式计算： $h_e=\bar{h}_e-s$ 式中：$\bar{h}_e$—— 旧混凝土路面面板厚度的平均值(cm)； s —— 旧混凝土路面面板厚度量测值的标准差(cm)
		原路面板下基层顶面当量回弹模量 E_t	旧混凝土路面板下基层顶面的当量回弹模量 E_t 应先通过承载板试验按下式确定旧混凝土路面面板下基层顶面的计算回弹模量 E'_{tc} 后，再按下式计算确定。 $E'_{tc}=\dfrac{\pi D^2p\alpha(1-\nu_0^2)}{4\cdot l(d)}\overline{l(d)}$ 式中：E'_{tc}—— 旧混凝土路面板下基层顶面的计算回弹模量(MPa)； p—— 承载板压力(MPa)； α—— 混凝土路面的弹性特征系数(1/cm) $\alpha=\dfrac{1}{h_e}\left[\dfrac{6E'_{tc}(1-\nu_c^2)}{E_e(1-\nu_0^2)}\right]^{1/3}$ h_e—— 旧混凝土路面面板厚度(cm)； ν_c—— 混凝土的泊松比，取0.15； ν_0—— 基层与土基综合的泊松比，取0.30； E_e—— 旧混凝土的弯拉弹性模量(MPa)； D—— 承载板的直径(cm)； $l(d)$—— 距离承载板中心 d 的实测回弹弯沉值(cm)； $\overline{l(d)}$—— 根据 $\alpha\cdot d$ 决定的弯沉系数，可由图查得。 $E_t=\left(\dfrac{E'_{tc}}{0.001718h_e^{0.8}E_e^{0.8}}\right)^5$ 式中符号意义同前

续上表

项　目			计 算 公 式 及 说 明
加铺普通水泥混凝土面层	设计参数确定	$\overline{l(d)}$ 弯沉系数图	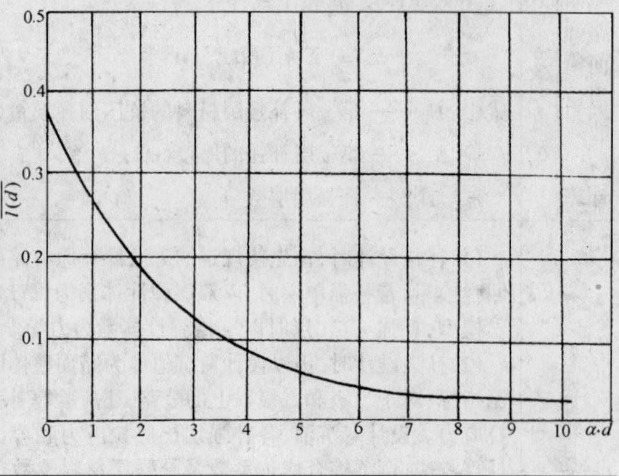 纵轴 $\overline{l(d)}$：0、0.1、0.2、0.3、0.4、0.5；横轴 $\alpha\cdot d$：0、1、2、3、4、5、6、7、8、9、10
		铺加铺层后基顶的计算回弹模量 E_{tc}	(1) 对结合式加铺层可按其等效单层混凝土板的厚度及相应的弯拉弹性模量公式计算； (2) 直接式加铺层由公式计算之后，乘以 0.8 的修正系数； (3) 分离式加铺层由公式计算之后，根据加铺层厚度乘以下表相应的修正系数。 **分离式加铺层 E_{tc} 值修正系数** 加铺层厚度(cm)　修正系数 18　0.45 ~ 0.55 20　0.55 ~ 0.65 22　0.65 ~ 0.75
		其他参数	旧混凝土路面上加铺层的其他设计参数，均按普通混凝土路面的有关规定采用
	应力计算	一般法则	旧混凝土路面加铺层结构的应力可采用等刚度原则，按层间的结合条件将双层混凝土板换算为等效的单层混凝土板进行计算
		计算双层混凝土板的弯曲刚度	双层混凝土板的弯曲刚度为 $D_d=\dfrac{1}{3(1-\nu_c^2)}\left\{E_e\left[\dfrac{h_e}{2}-\left(\dfrac{h_e}{2}+h_a-h_0\right)k_u\right]^3+E_e\left[\dfrac{h_e}{2}+\left(\dfrac{h_e}{2}+h_a-h_0\right)k_u\right]^3+E_c\left[\dfrac{h_a}{2}+\left(h_0-\dfrac{h_a}{2}\right)k_u\right]^3+E_c\left[\dfrac{h_a}{2}-\left(h_0-\dfrac{h_a}{2}\right)k_u\right]^3\right\}$ 式中：h_e —— 旧混凝土板厚度(cm)； h_a —— 加铺层厚度(cm)； E_e—— 旧混凝土弯拉弹性模量(MPa)； E_c—— 加铺层混凝土弯拉弹性模量(MPa)； h_0 —— 双层混凝土板的中性面位置，按下式计算： $h_0=\dfrac{E_eh_e^2+2E_ch_eh_a+E_ch_a^2}{2(E_eh_e+E_ch_a)}$ k_u ——层间结合系数。结合式加铺层，取 $k_u=1.0$；直接式加铺层，取 $k_u=0.4\sim0.7$；分离式加铺层，取 $k_u=0$。按加铺层弯拉弹性模量计算的等效单层普通混凝土板厚度 h_{eq} 按下式计算

8

续上表

项目		计算公式及说明
加铺普通水泥混凝土面层	应力计算：计算双层混凝土板的弯曲刚度	$h_{eq}=\left[\dfrac{12(1-\nu_c^2)D_d}{E_c}\right]^{1/3}$ 式中：D_d —— 等效单层普通混凝土板的刚度($MPa\cdot cm^3$)； ν_c —— 混凝土泊松比； 其他符号意义同前
	应力计算：计算旧混凝土板底面与加铺层底面应力	等效单层普通混凝土板的疲劳荷载应力 σ_p 和温度疲劳应力 σ_t 分别同新建混凝土路面的方法计算，然后按下式分别计算旧混凝土板底面与加铺层底面的应力。 $\sigma_e=\dfrac{2d_e}{h_{eq}}\cdot\dfrac{E_e}{E_c}(\sigma_p+\sigma_t)$ $\sigma_a=\dfrac{2d_a}{h_{eq}}(\sigma_p+\sigma_t)$ 式中：σ_a—— 普通混凝土加铺层的应力(MPa)； σ_e—— 旧混凝土板的应力(MPa)； d_e—— 旧混凝土板底面至中性面的距离(cm) $d_e=\dfrac{h_e}{2}+\left(h_a+\dfrac{h_e}{2}-h_0\right)k_u$ d_a—— 加铺层底面至中性面的距离(cm) $d_a=\dfrac{h_a}{2}-\left(h_0-\dfrac{h_a}{2}\right)k_u$
	厚度确定	初估加铺层的厚度，采用等刚度原则，按层间的结合条件，将双层混凝土板换算成等效单层混凝土板，计算其荷载疲劳应力和温度疲劳应力，并按上式分别计算旧混凝土板和加铺层底面的应力。当旧混凝土板的应力不大于 f_{em} 的 103% 和不低于 f_{em} 的 95%，且加铺层的应力不大于 f_{am} 的 103% 时，则初估的加铺层厚度可以作为设计厚度。否则，应改变初估的加铺层厚度，重新计算，直到满足上述要求为止
加铺钢纤维混凝土面层		钢纤维混凝土加铺层的厚度按普通混凝土加铺层的规定计算普通混凝土加铺层的厚度，然后根据钢纤维体积率取普通混凝土加铺层厚度的 0.55 至 0.65 倍

c　旧混凝土路面上加铺普通混凝土层设计示例

旧混凝土路面上加铺普通混凝土层设计示例　表 8-101

步骤	设计计算方法
设计条件及要求	Ⅱ$_2$ 区某地二级公路，双车道，路面宽为 9m，机动车与慢行车及非机动车混合行驶。拟在旧混凝土路面上修筑普通混凝土加铺层。预计该路面加铺后使用初期每日双向行驶黄河 JN—150 汽车 620 辆 / 日，交通量年平均增长率 6% 。设计该路的加铺层
调查取得有关资料	由旧混凝土路面技术调查提供： (1)旧混凝土路面板厚度 h_e = 18cm； (2)旧混凝土弯拉强度 f_{em} = 4.5MPa； (3)旧混凝土弯拉弹性模量 E_e = 30 000MPa； (4)不利季节进行旧混凝土路面的承载板测定，承载板直径 D = 30cm。当承载板压力 p = 0.7MPa 时，距离承载板中心 15cm 处的计算回弹弯沉值为 18(0.01mm)。 (5) 旧混凝土路面状况调查表明该路面损坏严重，路况分级为差

续上表

步骤	设计计算方法
轴载换算及交通等级确定	黄河 JN—150 汽车后轴 p = 101.6KN，按公式换算为设计车道标准轴载作用次数： $N_s=1\times310\times\left(\dfrac{101.6}{100}\right)^{16}=400(n/d)$ 根据规范规定，属重交通
有关设计参数计算或取值	(1)设计使用年限 t 根据规范规定，设计使用年 t = 30 年。 (2)轮迹横向分布系数 η 根据规范规定，取 η = 0.36。 (3)加铺层混凝土的设计弯拉强度 f_{cm} 根据规范规定，取 f_{cm} = 5.0MPa。 (4)加铺层混凝土的弯拉弹性模量 根据规范规定，取 E_c = 30 000MPa。 (5)基层顶面的当量回弹模量 E_t ①确定旧混凝土路面板下基层顶面的计算回弹模量 E_{tc}' 根据旧混凝土路面承载板测定的结果，采用试算法进行。初估 E_{tc}' = 160MPa。计算旧混凝土路面的弹性特征系数 $\alpha=\dfrac{1}{h_e}\sqrt[3]{\dfrac{6E_{tc}(1-\nu_c^2)}{E_e(1-\nu_0^2)}}$ $=\dfrac{1}{18}\sqrt[3]{\dfrac{6\times160\times(1-0.15^2)}{30\,000\times(1-0.3^2)}}=0.018(1/cm)$ 计算旧混凝土路面基层顶面的计算回弹模量 根据 $\alpha\cdot d=0.018\times15=0.27$，查表 8-100 图可得到弯沉系数 $\overline{l(d)}=0.36$。 利用公式计算旧混凝土路面基层顶面计算回弹模量： $E_{tc}'=\dfrac{\pi D^2p\alpha(1-\nu_0^2)}{4l(d)}\overline{l(d)}$ $=\dfrac{3.14\times30^2\times0.7\times0.018\times(1-0.3^2)}{4\times0.018}\times0.36$ $=162MPa$ 初估 E_{tc}' 正确 ②确定基层顶面当量回弹模量 E_t 在确定了旧混凝土路面面板下基层顶面的计算回弹模量 E_{tc}' 后，利用公式反算 E_t，即 $E_t=\left(\dfrac{E_{tc}'}{1.718\times10^{-3}\cdot h_e^{0.8}\cdot E_e^{0.8}}\right)^5$ $=\left(\dfrac{160}{1.718\times10^{-3}\times18^{0.8}\times30\,000^{0.8}}\right)^5=82MPa$ (6)荷载对路面损坏的综合影响系数 k_c 根据规范规定，取 k_c = 1.35。 (7)使用年限内标准轴载的累计作用次数 N_e 根据规范可得： $N_e=\dfrac{N_s[(1+r)^t-1]\times365}{r}\eta$ $=\dfrac{400\times[(1+0.06)^{30}-1]\times365}{0.06}\times0.36$ = 4 155 298(次) (8)混凝土的荷载疲劳应力系数 k_f 根据规范可得： $k_f=N_e^{0.0516}=4\,155\,298^{0.0516}=2.20$

续上表

步骤	设计计算方法
有关设计参数计算或取值	(9)接缝传荷能力的应力折减系数 k_r 考虑到旧混凝土路面的拉杆已基本失去作用,仅加铺层的拉杆能起到传荷作用,按规范规定,$k_r = 0.9$。 (10)混凝土板内最大温度梯度 根据规范,Ⅱ区的最大温度梯度 $T_g = 0.85$
初拟加铺层结构厚度	根据旧混凝土路面状况调查可知,该路破坏严重,路况分级为差,因此,只能采用分离式加铺层,初估厚度为 19cm
等效单层板换算	将分离式双层混凝土板转换为等效的单层混凝土板 (1)双层混凝土板的弯曲刚度 $D_d = \frac{1}{3(1-\nu_c^2)}\left\{E_c\left[\frac{h_a}{2}+\left(h_0-\frac{h_a}{2}\right)k_u\right]^3 + E_c\left[\frac{h_a}{2}-\left(h_0-\frac{h_a}{2}\right)k_u\right]^3 + E_e\left[\frac{h_e}{2}-\left(\frac{h_e}{2}+h_a-h_0\right)k_u\right]^3 + E_e\left[\frac{h_e}{2}+\left(\frac{h_e}{2}+h_a-h_0\right)k_u\right]^3\right\}$ 分离式双层混凝土板层间结合系数 $k_u = 0$ 故:$D_d = \frac{E_c h_a^3 + E_e h_c^3}{12(1-\nu_c^2)}$ $= \frac{30\,000\times 19^3 + 30\,000\times 18^3}{12\times(1-0.15^2)} = 32\,457\,800$ (2)等效单层混凝土板厚度 根据规范可得: $h_{eq} = \sqrt[3]{\frac{12(1-\nu_c^2)D_d}{E_c}}$ $= \sqrt[3]{\frac{12\times(1-0.15^2)\times 32\,457\,800}{30\,000}} = 23.3\text{cm}$
计算加铺后基层顶面的计算回弹模量	计算修筑加铺层后基层顶面的计算回弹模量 E_{tc} 根据规范可得 计算荷载力时, $E_{tc} = nE_t = \left[1.718\times 10^{-3}\times\left(\frac{h_{eq}E_c}{E_t}\right)^{0.8}\right]\times R_t$ $= 1.718\times 10^{-3}\left(\frac{23.3\times 30\,000}{82}\right)^{0.8}\times 82 = 197\text{MPa}$ 按规范规定,分离式加铺层计算得到的 E_{tc},应根据加铺层的厚度乘以修正系数,当 $h_a = 19\text{cm}$,修正系数为 0.55,于是 $E_{tc} = 197\times 0.55 = 108\text{MPa}$ 计算温度应力时,$E_{tc} = 0.35\times 82 = 28.7\text{MPa}$

续上表

步骤	设计计算方法
计算荷载应力 σ_p	计算等效单层板混凝土板的荷载应力 σ_p 由 $E_c/E_{tc} = 30\,000/108 = 278$,得 $h_{eq} = 23.3\text{cm}$; 查规范图可得 $\sigma_{ps} = 1.88\text{MPa}$; 根据规范规定,荷载疲劳应力 $\sigma_p = k_r k_f k_c \sigma_{ps} = 0.9\times 2.2\times 1.35\times 1.88 = 5.02\text{MPa}$
计算温度应力	计算等效单层板混凝土板的温度应力 (1)相对刚度半径 $r = h_{eq}\sqrt[3]{\frac{E_c(1-\nu_c^2)}{6E_{tc}(1-\nu_c^2)}}$ $= 24\sqrt[3]{\frac{30\,000(1-0.3^2)}{6\times 28.7\times(1-0.15^2)}} = 127\text{cm}$ (2)计算最大温度梯度的温度应力 σ_{tm} 由 $L/r = 500/155 = 3.23$　$h_{eq} = 23.3\text{cm}$ 查图可得　$k_x = 0.58$ 根据图可得 $\sigma_{tm} = \frac{\alpha_c E_c h_{eq} T_g}{2}k_x$ $= \frac{10^{-5}\times 30\,000\times 23.3\times 0.85}{2}\times 0.58 = 1.72\text{MPa}$ (3)计算温度疲劳应力 由　$\sigma_{tm}/f_{cm} = 1.72/5 = 0.34$ 查规范可得　$k_t = 0.52$ 根据规范可得 $\sigma_t = k_t\sigma_{tm} = 0.52\times 1.72 = 0.89\text{MPa}$
计算旧混凝土板及加铺层的应力	根据规范可得旧混凝土板底面的应力 $\sigma_e = \frac{2d_e}{h_{eq}}\cdot\frac{E_e}{E_c}(\sigma_p+\sigma_t) = \frac{h_e}{h_{eq}}\cdot\frac{E_e}{E_c}(\sigma_p+\sigma_t)$ $= \frac{18}{23.3}\times\frac{30\,000}{30\,000}(5.02+0.89) = 4.57\text{MPa}$ 加铺层底面的应力 $\sigma_a = \frac{2d_a}{h_{eq}}\cdot(\sigma_p+\sigma_t) = \frac{h_a}{h_{eq}}\cdot(\sigma_p+\sigma_t)$ $= \frac{19}{23.3}(5.02+0.89) = 4.82\text{MPa}$
确定加铺层的厚度	根据规范的规定,当旧混凝土板的应力不大于 f_{cm} 的 103% 和不低于 f_{cm} 的 95% 且加铺层的应力不大于 f_{cm} 的 103% 时,初估加铺层厚度可以作为设计厚度 (1)$0.95f_{cm}\leqslant\sigma_c\leqslant 1.03f_{cm}$ (2)$\sigma_a\leqslant 1.03f_{cm}$ 比较情况如下: $0.95\times 4.5 = 4.28\leqslant\sigma_e = 4.57\leqslant 1.03\times 4.5 = 4.64$ $\sigma_a = 4.82\leqslant 1.03\times 5 = 5.15$ 由上述计算可知,初估的混凝土加铺层厚度可作为设计厚度

8

D 旧水泥混凝土路面加铺沥青层面层设计

a 旧水泥混凝土路面加铺沥青面层设计(美国沥青协会弯沉法)示例

旧水泥混凝土路面加铺沥青面层设计(弯沉法)美国沥青协会示例　　表 8-102

步骤	设计计算方法
已知条件及要求	旧水泥混凝土面层,接缝间距 12m,接缝两端的弯沉测定结果为 $w_L = 0.85$mm,$w_U = 0.63$mm,年平均日温差 $\Delta T = 44$℃。试确定沥青加铺层所需的厚度
厚加铺层方案	由板长 $L = 12$m,$\Delta T = 44$℃,查下表,得到沥青加铺层所需厚度超过 215mm,需采用其他措施。

水泥混凝土面层上沥青加铺层的选用厚度表(mm)

旧混凝土面层板长度(m)	年平均日温差 ΔT(℃) 17	22	28	33	39	44	旧混凝土面层板长度(m)	年平均日温差 ΔT(℃) 17	22	28	33	39	44
3	100	100	100	100	100	100	10.5	100	115	150	175	215	*
4.5	100	100	100	100	100	100	12	100	140	175	200	*	*
6	100	100	100	100	125	140	13.5	115	150	190	225	*	*
7.5	100	100	100	125	150	175	15	125	175	215	*	*	*
9	100	100	125	150	175	200							

* 需采用其他措施,如破碎和固定旧混凝土板或者带排水系统的裂缝缓解层

步骤	设计计算方法
减小板长方案	将板断裂成 6m 长。查上表,得到沥青加铺层所需厚度为 140mm。 检验加铺后混凝土板端的弯沉改善情况: (1)平均弯沉值 加铺前的平均弯沉值 $= (w_L + w_U)/2 = (0.85 + 0.63)/2 = 0.74$mm 加铺后可减小的弯沉量(每 cm 厚减小 2%)$= 140 \times 0.74 \times 0.002 = 0.21$mm 加铺后的平均弯沉量 $= 0.74 - 0.21 = 0.53$mm > 0.36mm(容许值)。 (2)弯沉差 加铺前的弯沉差 $= w_L - w_U = 0.85 - 0.63 = 0.22$mm 加铺后可减小的弯沉差 $= 140 \times 0.22 \times 0.002 = 0.06$mm 加铺后的弯沉差 $= 0.22 - 0.06 = 0.16$mm > 0.05mm(容许值)。 加铺后的平均弯沉量和弯沉差均超过容许值,因而,减小板长方案,除了加铺 140mm 沥青面层外,还需采取其他措施减小板端的弯沉量和弯沉差,例如,板下水泥灌浆封堵空隙等。然后重新测 w_L、w_U,再计算到满足为止

b 旧混凝土路面上加铺沥青混凝土层计算示例

旧混凝土路面上加铺沥青混凝土层计算示例　　表 8-103

步骤	内容
设计条件	旧混凝土路面上加铺沥青混凝土设计。 公路自然区划 Ⅳ 一条已建的一级公路,采用普通混凝土面层,厚度 0.23m,板长 4m,纵缝为设拉杆平缝,横缝采用未设传力杆假缝。经交通调查分析得知,设计车道目前标准轴载日作用次数为 7 000,已建成通车 10 年。经调查评定,路面损坏状况和接缝传荷能力的分级标准为优良,无板底脱空。旧混凝土路面结构参数调查结果:弯拉强度实测标准值为 4.5MPa,弯拉弹性模量标准值为 29GPa,基层顶面回弹模量标准值为 100 MPa。拟加铺沥青混凝土面层,以改善路面使用性能。试确定沥青混凝土加铺层厚度
交通分析	由表查得,一级公路的设计基准期为 30 年,安全等级为二级。由表查得,临界荷位处的车辆轮迹横向分布系数取 0.22。取交通量年平均增长率为 5%。按式计算,剩余设计基准期内设计车道标准荷载累计作用次数为 $N_e = \frac{N_s[(1+\gamma)^T - 1]\times 365}{\gamma}\eta = \frac{7\,000\times[(1+0.05)^{20} - 1]\times 365}{0.05}\times 0.22 = 1.859\times 10^7$(次)　属重交通等级

续上表

步　骤	内　容
初拟路面结构	根据规范的规定，初拟沥青混凝土面加铺层厚度为0.1m，分40mm细粒式沥青混凝土和60mm粗粒式沥青混凝土两层
旧混凝土路面刚复半径	旧混凝土板的刚度半径按式计算为 $r_g = 0.537h\sqrt[3]{E_c/E_t} = 0.537 \times 0.23 \times \sqrt[3]{29\,000/100} = 0.818(\mathrm{m})$
荷载疲劳应力计算	标准轴载在临界荷位处产生的荷载应力计算为 $\sigma_{ps} = 0.077r^{0.6}h^{-2} = 0.077 \times 0.818^{0.6} \times 0.23^{-2} = 1.29(\mathrm{MPa})$ 由 $h = 0.23\mathrm{m}, E_c/E_t = 290$ 查图得 $\zeta = 1.64$。 按式计算有沥青混凝土上面层的旧混凝土板在临界荷位处产生的荷载应力为 $\sigma_{psa} = (1 - \zeta h_a)\sigma_{ps} = (1 - 1.64 \times 0.1) \times 1.29 = 1.08(\mathrm{MPa})$ 因纵缝为设拉杆平缝，接缝传荷能力的应力折减系数 $k_r = 0.87$。考虑设计基准期内荷载应力累计疲劳作用的疲劳应力系数 $k_f = N_e^n = (1.859 \times 10^7)^{0.057} = 2.596$。根据公路等级，由表考虑偏载和动载等因素对路面疲劳损坏影响的综合系数 $k_c = 1.25$。 按式，荷载疲劳应力计算为 $\sigma_{pr} = k_r k_f k_c \sigma_{psa} = 0.87 \times 2.596 \times 1.25 \times 1.08 = 3.05(\mathrm{MPa})$
温度疲劳应力计算	由规范表D.2.1，Ⅳ区，$h = 0.23\mathrm{m}$，最大温度梯度取40(℃/m)。板长4m，$l/r = 4/0.818 = 4.89$，由图可查旧混凝土面层 $h = 0.23\mathrm{m}$，$B_x = 0.57$。按式计算，最大温度梯度时混凝土面层的温度翘曲应力计算为 $\sigma_{tm} = \dfrac{\alpha_c E_c h T_g}{2} B_x = \dfrac{1 \times 10^{-5} \times 29\,000 \times 0.23 \times 40}{2} \times 0.57 = 0.76(\mathrm{MPa})$ 温度疲劳应力系数 k_t，按式计算为 $k_t = \dfrac{f_r}{\sigma_{tm}}\left[a\left(\dfrac{\sigma_{tm}}{f_r}\right)^c - b\right] = \dfrac{4.5}{0.76}\left[0.841 \times \left(\dfrac{0.76}{4.5}\right)^{1.323} - 0.058\right] = 0.13$ 再由式计算温度疲劳应力为 $\sigma_{tr} = k_t \sigma_{tm} = 0.13 \times 0.76 = 0.10(\mathrm{MPa})$ 由 $h = 0.23, E_c = 29\,000\mathrm{MPa}$ 查图得 $\zeta' = 0.75$。 按式计算有沥青混凝土上面层的旧混凝土面层温度疲劳应力为 $\sigma_{tra} = (1 + \zeta' h_a)\sigma_{tr} = (1 + 0.75 \times 0.10) \times 0.10 = 0.11(\mathrm{MPa})$ 由表，一级公路的安全等级为二级，目标可靠度为90%。相应于安全等级二级的变异水平等级为低～中级。再据查得的目标可靠度和中级变异水平等级，查表，确定可靠度系数 $\gamma_r = 1.23$。 按式 $\gamma_r(\sigma_{pr} + \sigma_{tr}) = 1.23 \times (3.05 + 0.11) = 3.89(\mathrm{MPa}) \leqslant f_r = 4.5(\mathrm{MPa})$ 因而，所选沥青混凝土加铺层厚度(0.1m)，使得旧混凝土面层可以承受剩余设计基准期内荷载应力和温度应力的综合疲劳作用

8

c　美国有关加铺沥青层厚度计算公式

美国有关加铺沥青层厚度计算公式　　表8-104

公式名称	计　算　公　式
美国陆军工程师部队(COE)的补足厚度缺额法	所需的加铺层厚度 h_{ov} $h_{ov} = A(Fh_d - c_b h_{ex})$　　(cm) 式中：h_{ex} —— 旧水泥混凝土面层厚度(cm)； c_b —— 旧面层板的状况系数，含有细微的初始裂缝时，$c_b = 1$；含有多条裂缝或角隅断裂时，$c_b = 0.75$； F —— 控制旧面层板在加铺后裂缝进一步发展的程度的系数，随交通和路基强度变动于0.6～1.0； A —— 混凝土层厚与沥青层厚的当量转换系数，$A = 2.5$；而美国联邦航空局(FAA)在1988年的设计手册中将系数由2.5提高到3.0； h_d —— 按现有地基承载能力和未来交通要求，由新建混凝土路面设计方法确定的单层混凝土路面所需厚度(cm)
美国AASHTO经验法	美国AASHTO的路面设计指南也采用补足厚度缺额的概念确定沥青加铺层的厚度，但放弃了 F 修正系数的考虑，也即不考虑加铺后旧混凝土面层板的进一步开裂。其设计公式为： $h_{ov} = A(h_d - h_{ef})$ $h_{ef} = c_{bj} c_{bd} c_{bf} h_{ex}$

续上表

<table>
<tr><th>公式名称</th><th>计　算　公　式</th></tr>
<tr><td>美国AASHTO经验法</td><td>式中：c_{bj}——考虑损坏接缝和裂缝是否修复的系数，加铺前已进行全厚度修补时，$c_{bj}=1$；否则，按每公里未修复接缝和裂缝的数量在0.6～1.0范围内选取；
c_{bd}——考虑旧面层是否存在耐久性问题（耐久性裂缝或反应性集料病害）的系数，无耐久性问题时，$c_{bd}=1.0$；有耐久性裂缝但未碎裂时，$c_{bd}=0.96\sim0.99$；有少量碎裂时，$c_{bd}=0.88\sim0.95$；严重碎裂时，$c_{bd}=0.80\sim0.88$；
c_{bf}——考虑疲劳损坏程度的系数，少量横向裂缝板（<5%），$c_{bf}=0.97\sim1.0$；较多横向裂缝板（5%～15%），$c_{bf}=0.94\sim0.96$；大量横向裂缝板，$c_{bf}=0.90\sim0.93$；
A——混凝土层厚与沥青层厚的当量转换系数，它是混凝土厚度缺额的函数，由下式确定：
$A=2.2233+0.00153(h_d-h_{ef})^2-0.0604(h_d-h_{ef})$
h_d,h_{ex}——同上式</td></tr>
</table>

d　旧水泥混凝土路面加铺沥青层减缓反射裂缝措施

旧水泥混凝土路面加铺沥青层减缓反射裂缝措施　表8-105

<table>
<tr><th>措施</th><th>要　点</th></tr>
<tr><td>锯切模缝</td><td>在沥青加铺层上，对准旧混凝土面层的横缝位置锯切出新的横缝，并在开放交通前尽早在缝内填入封缝料，以保持接缝有效地密封，防止水或异物进入。预先锯缝，可以为释放加铺层内因温度收缩受阻而产生的拉应力提供预定的不连续断面位置，从而控制随意裂缝的出现。这种措施可以减少反射裂缝（接缝）处的边缘碎裂，但必须做好接缝的养护（有效密封）工作。同时，这种措施适用于旧路面结构状况良好（或者已对损坏板进行处理），接缝处板边弯沉量较小的混凝土路面</td></tr>
<tr><td>增厚铺层</td><td>增加加铺层厚度，一方面可以减少旧面层的温度变化，并降低加铺层底面的拉应力，另一方面可以增加路面结构的弯曲刚度，降低接缝处的弯沉量和弯沉差，减少加铺层的剪切应力。同时，对于较厚的加铺层来说，裂缝由加铺层底面扩展到顶面需要经历较长的距离（时间），也即可以延长其使用寿命</td></tr>
<tr><td>设缓解层</td><td>(1)在沥青加铺层和旧面层之间可以设置一层由开级配沥青碎石混合料组成的裂缝缓解层（厚约9cm）。混合料含有25%～35%的连通孔隙，因而可提供缓解作用，使旧面层板接缝（或裂缝）处的弯沉差难以影响到沥青加铺层的上层，从而减少反射裂缝产生的可能性。
(2)集料由坚硬、多棱角的碎石、轧制砾石或矿渣组成，美国沥青协会建议的3种集料级配范围列示于下表。沥青（针入度40～50）的含量为1.5%～3.0%。混合料的拌和温度为93～121℃，拌和时间不超过30s。采用4～10t的钢轮压路机，碾压1～3遍。

裂缝缓解层开级配沥青混合料级配建议范围
<table>
<tr><th rowspan="2">类别</th><th colspan="10">通过下列筛孔（mm）的百分率（%）</th></tr>
<tr><th>75</th><th>63</th><th>50</th><th>37.5</th><th>19.0</th><th>9.5</th><th>4.75</th><th>2.36</th><th>0.15</th><th>0.075</th></tr>
<tr><td>A</td><td>100</td><td>95～100</td><td>—</td><td>30～70</td><td>3～20</td><td>0～5</td><td>—</td><td>—</td><td>—</td><td>—</td></tr>
<tr><td>B</td><td>—</td><td>100</td><td>—</td><td>35～70</td><td>5～20</td><td>—</td><td>—</td><td>0～5</td><td>—</td><td>0～3</td></tr>
<tr><td>C</td><td>—</td><td>—</td><td>100</td><td>75～90</td><td>50～70</td><td>—</td><td>8～20</td><td>—</td><td>0～5</td><td>—</td></tr>
</table>

(3)旧混凝土面层的表面必须清理干净，裂缝和接缝缝隙应重新填封，破碎板块需修复。而后，在其表面进行洒粘层油处理，再铺筑开级配沥青碎石混合料。裂缝缓解层上面需铺筑密级配沥青混凝土平整层或粘结层（约50mm），然后再铺筑密级配沥青混凝土表面层（约40mm）。由于开级配沥青碎石混合料含有大量孔隙，需妥善处理表面渗入水的排除。可以采取设置路面边缘纵向排水系统的方案，汇集和排除渗入此层内的表面水，或者将裂缝缓解层做成全宽式，使表面渗入水横向流出路堤边坡外</td></tr>
<tr><td>破碎和固定旧面层</td><td>在旧混凝土面层的结构损坏较严重，断板率较高，对损坏板进行修复后再采取其他措施已不经济时，可以对旧面层板进行破坏和固定。应用混凝土破碎机，将面层板分解成尺寸为60～100cm左右的碎块，随后用重型轮胎路碾在碎块上碾压数遍，使之牢固地坐落在基层上，与基层顶面之间无空隙。由于板块尺寸减小，温度下降时的收缩位移大大降低，从而也降低了加铺层的拉应力。同时，接缝和裂缝两侧板块的弯沉量和弯沉差也随板块尺寸的减小而降低。然而，破碎大大降低了旧面层的结构刚度，使破碎混凝土层的性状处于柔性与半刚性之间。
旧面层破碎和固定后，须清除接缝和裂缝内的松散混凝土和杂物，然后摊铺沥青混合料整平层，填补所有裂缝、接缝和不平处，再在其上铺筑加铺层（粘结层和上面层）</td></tr>
</table>

续上表

措施	要　　　　点
设置夹层	在旧混凝土面层和加铺层之间设置夹层,可以使沥青加铺层底面的应力或应变因离开应力集中的接缝(或裂缝)端部而降低,同时也可改变加铺层结构(包括夹层在内)的抗拉和抗剪能力。迄今所采用的表层种类很多,它们可分为三大类:橡胶沥青应力吸收夹层、土工织物夹层和格栅。 (1)橡胶沥青应力吸收夹层——一种由橡胶沥青混合料组成的高弹低劲度软夹层,厚度为10~50mm,模量约为10~100MPa。其作用为降低旧面层与加铺层之间的粘附能力,使二者易于蠕动一滑移,从而减少温度下降引起的反射裂缝。同时,由于隔开了接缝(或裂缝)端部,它也可以降低加铺层底面的荷载应力。 (2)土工织物夹层——包括聚丙烯或聚脂织物和聚乙烯、聚丙烯或聚脂无纺织物。无纺织物的厚度约为0.4~4mm,模量约为10~160MPa,临界应力为5~20MPa,临界应变为40%~140%。而织物的厚度较薄些,约为0.4~0.7mm,模量则高些,约为400~1500MPa,临界应力和应变相应为40~140MPa和8%~15%。无纺织物夹层的主要作用与橡胶沥青应力吸附层相似。而织物由于模量稍高,可对加铺层起少量加筋作用。 (3)土工格栅——包括聚丙烯或聚脂土工格栅、玻璃格栅和金属格栅。土工格栅的厚度约为0.8~1.1mm,模量约为900~2 500MPa,临界应力和应变与织物相近。金属格栅的厚度约为2~4mm,其模量可达到8 000~10 000MPa。刚度大的夹层对于降低加铺层内因温度下降而引起的应力和应变的作用不如软夹层,但对于降低荷载产生的应力和应变的作用则远大于软夹层。采用复合式夹层(下层为应力吸收层,上层为金属格栅),虽然可以象软夹层那样减少温度引起的反射裂缝,但仍保留了软夹层不能降低加铺层荷载应力的缺点

E 旧路路况调查及鉴定

a 原路路况调查内容及路段划分

原路路况调查、内容及路段划分　　表8-106

项目		要求及方法
调查内容		(1)现有路面的结构和材料组成,材料性质试验,排水状况,养护历史; (2)路面损坏状况调查,以了解路面损坏的类型、轻重程度和范围; (3)路表面弯沉测定,以反算路面各结构层的模量参数,评定路面结构的承载能力(剩余寿命),评价水泥混凝土面层接缝的传荷能力,检查其板底脱空情况; (4)量测路面的平整度,评定其行车舒适性; (5)量测路表面的抗滑能力,评定其行车安全性; (6)交通荷载调查,以了解路面的受荷历史(已承受的标准轴载累计作用次数),并预估今后的趋势和要求; (7)环境(温度和湿度状况)影响分析
路段划分	分析段的含义	分析段也称均匀段,是指路基路面结构状况(路基填挖、干湿、土质类型、路面类型、结构层和材料组成)、使用性能和交通状况可近似看作相同的路段。划分路段的目的,是对每一个状况近似相同的路段给予一个平均的评定结果,选择一种适当的修复措施
路段划分	按历史资料和目测调查进行分段	影响路面使用性能和修复对策的因素主要有:路面类型、修建历史、路基类型、路面结构断面、交通状况等。如果有较完备的历史记录可以利用,则可在分析这些影响因素沿路线变化的基础上进行分段,如下表所示。部分记载遗漏或不准确时,可通过目测调查进行补充和验证

按影响因素划分分析路段

项目长度		A————B
影响因素	路面类型	刚性 | 柔性
	修建历史	重建 | 原路 | 加铺
	路面断面	P1 | P2 | P3 | P4
	路基类型	土类1 | 土类2
	交通等级	T1 | T2

续上表

<table>
<tr><th colspan="3">项目</th><th colspan="7">要　求　及　方　法</th></tr>
<tr><td rowspan="9">路
段
划
分</td><td rowspan="6">按历史资料和目测调查进行分段</td><td rowspan="6">路段划分</td><td>段号</td><td>1</td><td>2</td><td>3</td><td>4</td><td>5</td><td>6</td></tr>
<tr><td>路面类型</td><td>刚性</td><td>刚性</td><td>刚性</td><td>柔性</td><td>柔性</td><td>柔性</td></tr>
<tr><td>修建历史</td><td>重建</td><td>原路</td><td>原路</td><td>原路</td><td>加铺</td><td>加铺</td></tr>
<tr><td>路面断面</td><td>P1</td><td>P2</td><td>P2</td><td>P3</td><td>P4</td><td>P4</td></tr>
<tr><td>路基类型</td><td>土类1</td><td>土类1</td><td>土类2</td><td>土类2</td><td>土类2</td><td>土类2</td></tr>
<tr><td>交通等级</td><td>T1</td><td>T1</td><td>T1</td><td>T1</td><td>T1</td><td>T2</td></tr>
<tr><td>用统计分析方法划分分析路段</td><td colspan="8">

将某一使用性能参数的测定结果沿路线点绘成图，如下图所示的路表弯沉图。可以按照经验，通过目测判断进行初步分段，如图中分为2段。为了判别相邻路段是否有显著差别，以抉择其分开或合并，可以应用统计方法对它们进行显著性试验，其步骤如下：

(1)根据路段1的实测数据 l_{r1}，计算路段1的平均弯沉值：

$$\overline{l_{r1}} = \frac{\Sigma l_{r1}}{n_1}$$

式中：$l_{r1}, n_1, \overline{l_{r1}}$——路段1的实测弯沉值、测点数和平均弯沉值

(2)根据路段2的实测数据 l_{r2}，计算路段2的平均弯沉值：

$$\overline{l_{r2}} = \frac{\Sigma l_{r2}}{n_2}$$

式中：$l_{r2}, n_2, \overline{l_{r2}}$——路段2的实测弯沉值、测点数和平均弯沉值。

(3)构造一统计量

$$t = \frac{\overline{l_{r1}} - \overline{l_{r2}}}{s(\overline{l_{r1}} - \overline{l_{r2}})}$$

服从自由度为 $(n_1 + n_2 - 2)$ 的 t 分布，其中

$$s_{(\overline{l_{r1}} - \overline{l_{r2}})} = \sqrt{\frac{(n_1 - 1)s_1^2 + (n_2 + 1)s_2^2}{n_1 + n_2 - 2}} \cdot \sqrt{\frac{1}{n_1} + \frac{1}{n_2}}$$

式中：s_1^2, s_2^2——路段1和2的弯沉方差，

$$s_1^2 = \frac{1}{n_1 - 1}\sum_{i=1}^{n_1}(l_{r1i} - \overline{l_{r1}})$$

$$s_2^2 = \frac{1}{n_2 - 1}\sum_{i=1}^{n_2}(l_{r2i} - \overline{l_{r2}})$$

(4)从 t 分布表中查出一定概率水平下的 t 值 t_0，如果 $|t| > t_0$，则两段显著不均匀，应作两段处理；如果 $|t| < t_0$，则两段可合二而一

</td></tr>
<tr><td rowspan="2">调查资料汇总图</td><td colspan="4">路面各变量的沿线变化图</td><td colspan="4">路表弯沉测定结果和均匀段划分示意图</td></tr>
<tr><td colspan="4">

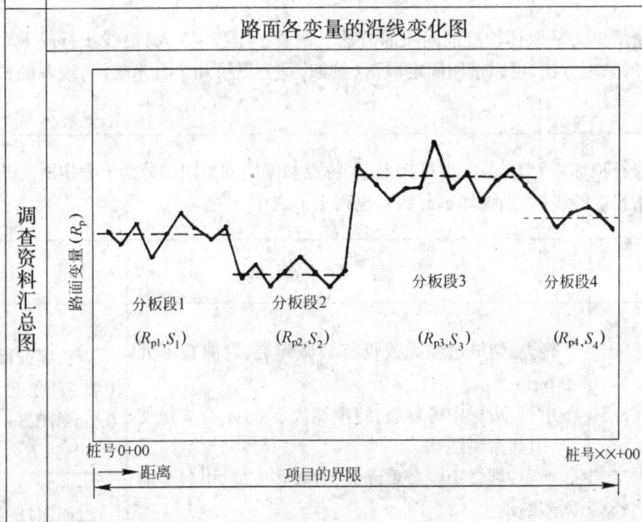

</td><td colspan="4">

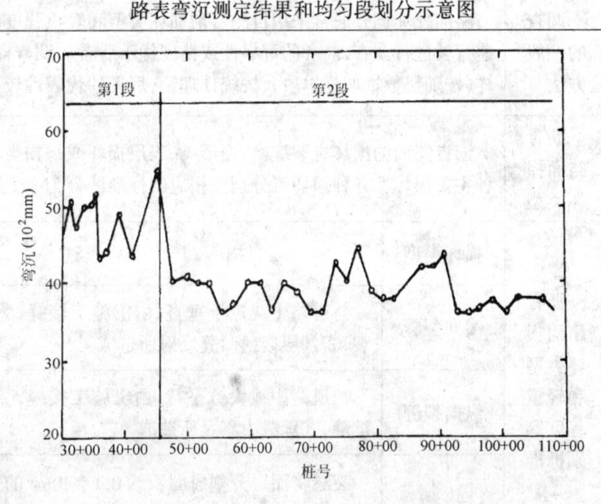

</td></tr>
</table>

续上表

项目		要求及方法
路段划分	路段划分时考虑的因素	确定原有柔性路面计算弯沉值时，应考虑下列因素将全线划分为段落。 (1)路基干湿类型和土质相同； (2)在一个段落内各测点的弯沉值比较接近，每段的弯沉测点不应小于10点； (3)段落的最小长度应与施工方法相适应，一般不小于500m；在水文、土质复杂或需要特殊处理的软弱路段可视实际情况而定
路段计算弯沉值的确定		路段的计算弯沉值由下式确定： $l_0 = (\overline{l_0} + \lambda\sigma) K_1 K_2 K_3$ 式中：l_0 —— 路段的计算弯沉值(mm)； $\overline{l_0}$ —— 路段的平均弯沉值(mm)； σ —— 弯沉值的均方差(mm)； λ —— 保证率系数。特重及重交通采用2.0；中等及轻交通，采用1.5； K_1、K_2—— 分别为季节影响系数和湿度影响系数，可根据本地区的经验选用； K_3—— 温度修正系数。若原有沥青路面厚度大于3cm时，所测得的弯沉值应按现行的《公路沥青路面设计规范》(JTJ 014—97)中关于温度修正系数的规定，予以修正

b　原有沥青路面状况评定

原有沥青路面状况评定　　表8-107

项目	破坏类型及评定标准
路面一般损坏类型	(1)五大类型 ①裂缝类——面层开裂，破坏了结构的完整性； ②变形类——面层结构虽完整，但表面形状发生变化； ③表层损坏或缺损类——面层表层或表面出现局部范围的材料磨损、散失或缺降等； ④接缝或裂缝损坏类——接缝或裂缝范围内出现碎裂、唧泥、错台、填缝料损坏等； ⑤其他类——如修补损坏，它反映维修历史及其现状。 (2)损坏的轻重程度 各种损坏均有一发生、发展和恶化的演化过程，每个发展阶段对路面使用性能带来不同程度的影响，需要采用不同的维修对策。为此，对每种损坏可将其发展过程区分为轻薄、中等和严重三个阶段或等级。 (3)损坏量或范围 各种损坏在调查路段范围内出现的数量，按损坏特征的不同，采用长度或面积计量。同时，也可按损坏密度表述，例如损坏面积占调查路段路面面积的百分率，或者损坏的板块数占调查路段路面的总板块数的百分率(水泥混凝土路面)等。每种损坏按其轻重程度等级分别统计损坏量或损坏密度
调查的一般方法	路面损坏调查通常采用目测鉴别损坏类型和轻重程度以及简单丈量损坏长度或面积的方法。调查小组(2～3人)沿线步行或乘车低速行驶进行调查，前者的可靠性或精度优于后者。调查样本的采集方法，可以选用固定段落(例如，每公里第几个百米桩距)或者随机抽样(按随机数抽取样本段)，按统计理论，后者的代表性较好
沥青路面损坏类型	沥青路面的损坏有裂缝类、变形类、表层损坏或缺损类和修补损坏4大类，各大类可按形态、特点和肇因的不同细分为下表中所列的14种主要损坏。各种损坏可分别按相应的标准区分为3个轻重程度等级(个别损坏不分级)，也列于下表中

项目	损坏类型	描述	轻重程度分级	计量方法
沥青路面损坏类型和轻重程度鉴别标准	横向裂缝	与道路中线近于垂直，由①施工接缝，②低温缩裂，③基层接(裂)缝反射所造成	轻微：裂缝边缘无或仅有轻微碎裂，缝隙宽不大于6mm 中等：边缘中等碎裂，缝隙宽大于6mm，有少量支缝，引起车辆跳动 严重：裂缝边缘严重碎裂，有较多支缝，引起车辆剧烈跳动	以长度或面积(裂缝宽度为0.2m或0.3m)计
	纵向裂缝	与道路中线大致平行，由①施工接缝，②下卧层沉降，③承载力不足所造成		
	块裂	裂缝将面层分割成面积约0.1～10m² 的矩形块，由混合料收缩和温度日变化所造成		以面积计

8

续上表

项目	破坏类型及评定标准			
	损坏类型	描述	轻重程度分级	计量方法
沥青路面损坏类型和轻重程度鉴别标准	龟裂	一系列相互交叉的裂缝将面层分割成锐角多边形小块，其最长边小于30cm，由荷载疲劳作用所引起	轻微：纵向不联贯的发裂，无碎裂 中等：发展成轻度龟裂，有轻度碎裂 严重：中等龟裂，较严重碎裂并松动	以龟裂区外接面积计
	车辙	路表面沿轮迹的凹陷变形，由行车荷载作用下路面结构层的永久变形 和(或)路基的塑性变形引起	轻微：车辙深6～13mm 中等：车辙深13～25mm 严重：车辙深大于25mm	以面积或者长度计
	波浪(搓板)	路表面有规律的纵向起伏变形，由于混合料热稳性不足所造成	轻微：车辆轻微震动，无大舒适感 中等：车辆有较大震动，略有不舒适感 严重：车辆震动很大，很不舒适	以面积计
	沉陷	路表面的局部凹陷，由地基沉降所引起		
	胀起	路表面的局部隆起，由冻胀所造成		
	泌水和唧泥	水从裂缝中缓慢渗出；水和细料在重车作用下从裂缝中泵吸出	轻微：出现泌水，重车驶经时有水泵出 中等：路表面裂缝处可观察到泵出材料 严重：路表面裂缝处有大量泵出材料	记录发生地点
	泛油	路表面形成一层有光泽的、玻璃状的沥青粘膜，因沥青含量过多或孔隙率太小	不分级	以面积计
	松散和老化	集料颗粒和沥青结合料散失	轻微：集料和结合料开始磨损 中等：出现中等粗糙的构造表面 严重：出现严重粗糙的构造表面	
	坑槽	面层混合料散失后出现的坑洞	轻微：深度不大于25mm 严重：深度大于25mm	以数量和面积计
	磨光	集料棱角磨圆或呈平滑状	不分级	以面积计
	修补损坏	原路面采用相同或其他材料进行修补后的状况	轻微：状况良好，性能满意 中等：略有轻微到中等程度的各种病害 严重：严重损坏，需重新修补	

c 原有水泥混凝土路面状况评定

原有混凝土路面状况评定　　表 8-108

项目	损坏类型、分级标准
水泥混凝土路面损坏类型	根据旧混凝土路面实际存在的结构性和非结构性损坏，归纳为4类16种损坏类型。除少数几种外，每一种损坏类型按损坏程度的轻重划分为轻、中等和严重三种。另外，每一种损坏类型的不同损坏程度，按它对路面承载力和车辆通行的影响程序，又归并为较小的损坏和较大的损坏两种

项目	序号	损坏类型	较小的损坏		较大的损坏	
			结构性	非结构性	结构性	非结构性
原有混凝土路面损坏划分	1	角隅断裂	轻		中、重	
	2	纵向、横向和斜向裂缝	轻		中、重	
	3	破碎板或交叉裂缝			轻、中、重	
	4	脱空、板块活动和唧泥(A)			A	
	5	传力杆失效	轻		中、重	
	6	胀裂		轻		中、重
	7	角隅剥落		轻		中、重

续上表

项目	序号	损坏类型	较小的损坏		较大的损坏	
			结构性	非结构性	结构性	非结构性
原有混凝土路面损坏划分	8	接缝剥落		轻		中、重
	9	错台		轻		中、重
	10	持久性裂缝和腐蚀		轻		中、重
	11	起皮和龟裂		轻		中、重
	12	坑洞(A)		A		
	13	补丁和开挖补块		轻		中、重
	14	收缩裂缝(A)		A		
	15	露石		轻、中		重
	16	填缝料损坏(A)				

注：1. A——无损坏程度区分；
2. 填缝料损坏不计入板块损坏的百分数内，在调查报告中另作说明

续上表

项目	损坏类型、分级标准					
状况分级标准	路面状况分级	优	良	中	可	差
	较大损坏的结构性损坏板百分数(%)	0~2	2~5	5~15	15~20	>20
状况分级定性的描述	路面状况分级定性描述如下： 优——路面结构完整性很好，完全符合使用要求； 良——路面结构完整性较好，符合使用要求； 中——路面质量状况一般，正常养护下可以使用； 可——路面质量状况不好，暴露出多种问题，只有加强养护才能维持使用； 差——路面质量状况恶化，不堪使用，需要大修或翻修					
损坏状况折减系数	按路面状况分级标准确定某段公路路面的状况分级时，应将较大损坏的非结构性损坏、较小损坏的结构性损坏和非结构性损坏等三种损坏的板块数，按不同的折算系数分别换算为较大损坏的结构性损坏的板块数，求得较大损坏的结构性损坏的板块数之和，进而计算其所占调查路段总板块数的百分数。据此可确定路面状况的分级。折算系数的建议值如下： 较大损坏的非结构性损坏为0.4； 较小损坏的结构性损坏为0.3； 较小损坏的非结构性损坏为0.2					
路面状况评定步骤	(1)收集路面设计、施工与养护的有关资料； (2)按照路面结构及厚度、路基干湿类型和土质、修筑年代及交通情况对路面进行分段； (3)用目测法检查，记录每一段的损坏类型、程度及数量； (4)按上表统计出4类损坏板的数量，并将其他3类损坏板折算为较大损坏的结构性损坏板数，再累计各段的较大损坏的结构性损坏板数量，计算出其占调查总板块数的百分数；然后按路面状况分级标准确定路面状况的等级； (5)编写路面状况评定报告					

d　水泥混凝土路面损坏鉴定方法

水泥混凝土路面损坏鉴定方法　　表 8-109

编号	损坏类型	损坏特征及程度	计量方法
1	角隅断裂	(1)损坏特征 从块角到裂缝两端的距离小于边长的一半，裂缝面竖直并贯穿整个板厚。 (2)损坏程度 轻——裂缝无剥落；未封缝的裂缝宽度小于3mm，大于3mm的裂缝封缝良好；角隅断块上无裂缝。 中等——未封缝的裂缝宽度为3~25mm；封缝的填缝料明显损坏；角隅断块上有轻微裂缝。 严重——未封缝的裂缝大于25mm；角隅断块上有严重裂缝	下列情况均按1块损坏板计： (1)板上只有一处角隅断裂；或虽有一处以上角隅断裂，但损坏程度相同； (2)两处或两处以上不同程度的角隅断裂，按高的损坏程度计

续上表

编号	损坏类型	损坏特征及程度	计量方法
2	纵向、横向和斜向裂缝	(1)损坏特征 这种裂缝通常将板分割成2~3块板。 (2)损坏程度 轻——裂缝无剥落或轻微剥落；未封缝的裂缝宽度小于3mm；已封缝的裂缝宽度不限，但封缝良好。 中等——裂缝处有中等程度剥落；未封缝的裂缝宽度为3~25mm；已封缝的裂缝无剥落或轻微剥落，但填缝料明显损坏；板被分割成3块，但均属轻的裂缝。 严重——裂缝处有严重剥落；未封缝的裂缝宽度大于25mm；板被分割成3块以上，但裂缝损坏在中等程度以上	按1块相应损坏程度的损坏板计
3	破碎板或交叉裂缝	(1)损坏特征 交叉裂缝通常将路面分割成4块以上，严重时即属破碎板。如果全部断块或裂缝发生在一个角隅内，应属角隅断裂。 (2)损坏程度 轻——路面板被分割成4~5块，裂缝按2划分为轻的损坏。 中等——路面板被分割成4~5块，裂缝按2划分为中等损坏；路面板被分割成6块以上，裂缝按2划分为轻的损坏。 严重——路面板被发割成4~5块，裂缝按2划分为严重损坏；路面板被分割成6块以上，裂缝按2划分为严重的损坏	按1块相应损坏程度的损坏板计
4	脱空、板块活动和唧泥	(1)损坏特征 脱空指面板与基础部分的脱空；板块活动指在车辆荷载作用下，完整的路面板产生明显的翘曲或下沉现象；唧泥指在车辆荷载作用下，基础中细粒材料从接缝和裂缝处与水一同喷出，致使板体与基础逐步脱空，并在接缝或裂缝附近常有污迹存在。 (2)损坏程度 不分等级	(1)脱空和板块活动应通过行车、敲击或其他方法检查。凡能见到松动现象和听到脱空声的板块应以1块损坏板计。非完整板即使有松动和空响现象均不予计入。 (2)在两块板之间的接缝唧泥按2块唧泥板计。若周围其余接缝也有唧泥，则每增加一条唧泥缝即增加1块唧泥板

8

续上表

编号	损坏类型	损坏特征及程度	计量方法
5	传力杆失效	(1)损坏特征 传力杆失效是指传力杆不能正常传递荷载而在接缝一侧板上产生裂缝或碎裂。 (2)损坏程度 轻——裂缝无剥落。 中等——裂缝处有剥落或碎裂。 严重——裂缝处有严重剥落或碎裂	同3.(2)
6	胀裂	(1)损坏特征 在炎热的夏季,路面板膨胀致使板边缘横向裂缝处向上拱起而破裂。 (2)损坏程度 轻——板拱起和破裂,产生轻微的不平整。 中等——板拱起和破裂,产生明显的不平整。 严重——板拱起和破裂严重,路面不能使用	在接缝处按2块损坏板计;在横向裂缝处按1块损坏板计
7	角隅剥落	(1)损坏特征 在板的角隅约50~60cm范围内出现断裂或碎裂,剥落面呈倾斜状而不贯穿整个板厚。 (2)损坏程度 轻——剥落块断裂成2块以内,裂缝按2划分为轻的损坏;剥落块周围有一条按2划分为中等损坏的裂缝。 中等——剥落块断裂成3块以上,裂缝按2划分为中等或轻的损坏;剥落块周围有一条按2划分为严重损坏的裂缝。 严重——剥落块断裂成3块以上,裂缝按2划分为严重的损坏;剥落块已碎裂	1块板有一个角或数个角出现不同程度的剥落时,按高的损坏程度计为1块
8	接缝剥落	(1)损坏特征 接缝剥落是指沿接缝约50cm宽度内板边碎裂,裂缝面与板面成一定的角度未贯通板厚。 (2)损坏程度 轻——剥落长度大于50cm,剥落块断裂成3块以下,裂缝按2划分为轻或中等损坏;剥落长度小于50cm,剥落块断裂成数块。 中等——剥落长度大于50cm,剥落块断裂成3块以上,裂缝按2划分为轻或中等损坏;剥落长度小于50cm,剥落块断裂成碎块和碎片。 严重——剥落长度大于50cm,剥落块断裂成3块以上,有一条以上按2划分为严重的裂缝	1块板有一边或多边出现不同程度的剥落时,按高的损坏程度计
9	错台	(1)损坏特征 在接缝或裂缝处,缝两边的路面形成了台阶。 (2)损坏程度 轻——接缝或裂缝两边路面形成的台阶高度小于10mm。 中等——接缝或裂缝两边路面形成的台阶高度在10~15mm之间。 严重——接缝或裂缝两边路面形成的台阶高度大于15mm	板内裂缝错台或板间一条接缝错台,均按1块错台板计;两条接缝错台按2块错台板计;余类推

续上表

编号	损坏类型	损坏特征及程度	计量方法
10	持久性裂缝和腐蚀	(1)损坏特征 持久性裂缝是在路面边缘、接缝或裂缝附近以平行或半圆形的发丝状裂缝,颜色较其他部位深暗,其范围不断扩大,最后可发展成这部分路面板碎裂。 腐蚀一般发生在路面建成数年之后,局部路面板的表面开始出现黄色水迹,其形状呈圆形或长条形等。在水迹范围内,雨后滞水很快渗透,晴天返潮并可看到有白色结晶生于表面,最后出现严重龟裂、表层酥松并剥落。 (2)损坏程度 轻——持久性裂缝很细微;腐蚀范围内有数条细小裂缝。 中等——持久性裂缝形成的小碎块已松动;腐蚀范围内形成较重的龟裂,用脚可将表层0.5~2cm厚蹭下。 严重——持久性裂缝已发展到板面的1/4以上;腐蚀范围内严重龟裂,表层酥松,剥落严重	1块板内有多处不同程度的持久性裂缝或腐蚀出现时,按高的损坏程度计为1块
11	起皮和龟裂	(1)损坏特征 路面表层产生网状、浅而细的发丝裂纹,损坏深度一般为5~10mm。 (2)损坏程度 轻——龟裂或细微裂纹在板表面大量存在,但无起皮,表面情况尚好。 中等——板表面起皮,其面积小于板面的5%; 严重——板表面严重起皮,其面积大于板面的5%	按1块相应损坏程度的损坏板计
12	坑洞	(1)损坏特征 坑洞是指分布于路面表面、直径约2~10cm、深约1~5cm的小坑。 (2)损坏程度 不分等级	任意抽选三处,每处$1m^2$,调查坑洞密度。当其平均密度超过每平方米3个时,才按1块坑洞板计
13	补丁和开挖补块	(1)损坏特征 补丁是指损坏的路面板用水泥混凝土或沥青混凝土进行局部的修补;开挖补块则是因设置地下管道、电缆等开挖路面板,而后进行局部的修补。 (2)损坏程度 轻——补丁或补块没有或稍有损坏,使用性能良好。 中等——补丁或补块出现损坏,其边缘有部分剥落碎块。 严重——补丁或补块已损坏,其周围严重剥落,补丁或补块内产生裂缝,必须重新修补	1块板内有一处或多处修补,均按1块损坏板计;损坏程度不同时,按程度严重的计

续上表

编号	损坏类型	损坏特征及程度	计量方法
14	收缩裂缝	(1)损坏特征 裂缝的走向、间距不规律,且长度在几十厘米之内,平面上裂缝不会延伸至全板,深度不会贯通板厚。 (2)损坏程度 不分等级	1块板上有1条或多条收缩裂缝,均按1块损坏板计
15	露石	(1)损坏特征 露石是指水泥砂浆磨损或剥落后露出石料。 (2)损坏程度 轻——车辆通过路面后产生尘埃,而水泥砂浆犹存,表面砂浆太薄,石料外露,但路面平整度尚好。	

续上表

编号	损坏类型	损坏特征及程度	计量方法
15	露石	中等——起尘严重,局部水泥砂浆磨耗严重,有石料外露,但没有剥落。 严重——水泥砂浆磨耗严重,石料外露,部分石料突出,在车辆作用下可能产生剥落	按1块相应损坏程度的损坏板计
16	填缝损坏	(1)损坏特征 因填缝料的剥落、挤出、老化碎裂等原因,接缝内逐渐被砂、石、土等填塞,阻碍了板的膨胀,从而引起板的压曲、破碎和接缝剥落等损坏。路面表面水流入基础,导致基础软化或冻胀。 (2)损坏程度 不分等级	不计入板块损坏的百分数内,但应在路面状况评定报告中说明

A 桥面铺装概要

桥面铺装作用、一般要求及类型　表 8-110

项　目		内　容
主要作用		桥面铺装是车轮直接作用的部分。功用有三:(1)是防止车辆轮胎或履带直接磨耗桥面板;(2)是保护主梁免受雨水侵蚀;(3)是分布车轮的集中荷载
一般要求		桥梁铺装要求:抗车辙、行车舒适、抗滑、不透水、(和桥面板一起作用时)刚度好等
结构类型	常用类型	桥面铺装可采用碎(砾)石、沥青表面处治、水泥混凝土和沥青混凝土等各种类型
	图式	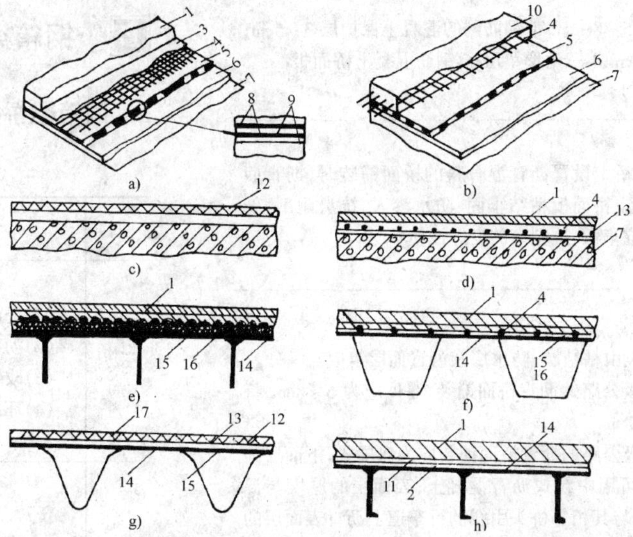 a) b) c) d) e) f) g) h) 1-沥青混凝土厚 5~8cm;2-氯丁橡胶防水层;3-混凝土保护层厚 3~5cm;4-钢筋网;5-防水层厚 1~2cm;6-混凝土整平层厚 2~3cm;7-钢筋混凝土桥面板;8-油毛毡或玻璃布层层厚 2mm;9-沥青胶泥层层厚 2mm;10-水泥混凝土厚 6~8cm;11-氯丁橡胶涂料;12-聚合物铺装厚 2cm;13-自应力水泥混凝土层;14-正交各向异性桥面板的顶板;15-防腐层;16-粘结层;17-碎石磨耗层

B 桥面水泥混凝土铺装

水泥混凝土桥面铺装结构与要点　表 8-111

项　目	内　容
结构示意图	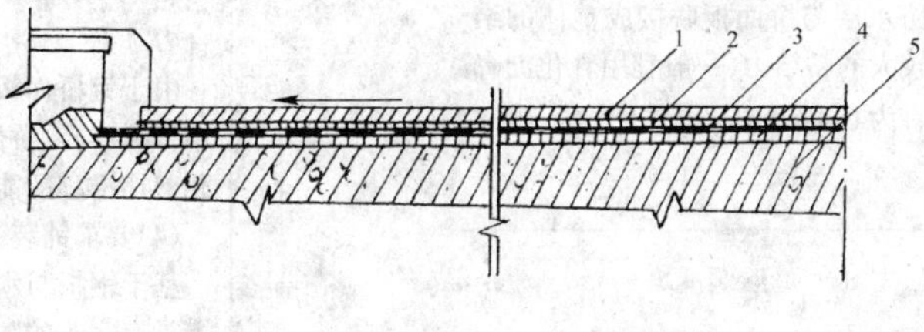 1-水泥混凝土厚 6~8cm;2-钢筋网;3-防水层总厚 1~2cm;4-三角形垫层;5-钢筋混凝土桥面板
铺装要点	(1)水泥混凝土桥面铺装是以水泥与水合成的水泥浆为结合料,碎(砾)石为集料,砂为细集料,经过拌和、摊铺、振捣和养生所修筑的桥面铺装。 (2)水泥混凝土桥面铺装直接铺设在防水层或桥面板之上,层厚为 6~8cm。其混凝土强度等级一般应尽量接近桥面板的强度等级,铺设桥面铺装时应避免二次成形。 (3)装配式桥梁的水泥混凝土铺装层内宜配置钢筋网,一般采用 ϕ6@20 双向钢筋网,桥面有超重车通过时,则采用 ϕ8@20 双向钢筋网。 (4)斜桥桥面铺装锐角之处要修圆或削角

C 桥面沥青铺装

沥青混凝土桥面铺装结构与要求　表 8-112

项目		内容
结构示意图		1-沥青混凝土 5～8cm；2-带钢筋网的混凝土保护层 3～5cm；3-防水层 1～2cm；4-三角形垫层；5-钢筋混凝土桥面板
一般要求		当水泥混凝土桥上设置沥青混合料的桥面铺装时，沥青面层应具有与混凝土桥面板粘结牢固、防水渗入、抗滑耐磨、低温抗开裂、高温抗车辙、抗剥离的良好性能
铺装层构造要求		(1)沥青铺装应由粘结层、防水层及沥青面层组成。 高速公路、一级公路的沥青桥面铺装，厚度应为 6～8cm，特殊情况可增至 10cm。 高速公路、一级公路的沥青桥面铺装应为双层式，下面层为 3～4cm 整平层，可用中粒式沥青混凝土；表面层的厚度与混合料级配类型宜与其相邻桥头引线的行车道上沥青表面层的厚度、混合料级配相同，以便与桥头引线部分一起施工，减少接缝。上面层与下面层之间应洒粘层沥青。 二级及二级以下公路的沥青桥面铺装，厚度宜为 5～8cm。可做成单层式或双层式。双层式的表面层厚度不宜小于 2.5cm。 (2)沥青材料应采用重交通沥青或改性沥青。 (3)沥青混合料的各种集料、级配及混合料的技术要求应符合规范的有关规定
其他层次及桥头衔接	粘结层	粘结层是使沥青下面层、防水层与桥面板联接成整体的结构层，粘结层用沥青应具有较大的粘结力，一般宜用乳化沥青或改性乳化沥青等，洒布量宜为 0.4～0.5kg/m²
其他层次及桥头衔接	防水层	(1)为提高桥面使用年限、减少维修养护，应在粘结层上设置防水层。为避免防水层在施工过程中被损坏，宜铺设厚度 1cm 的 AC—10 或 AC—5 沥青混凝土或单层表面处治。 (2)防水层有三种类型：①洒布薄层沥青或改性沥青，其上撒布一层砂，经碾压形成沥青涂胶下封层；②涂刷聚氨酯胶泥、环氧树脂、阳离子乳化沥青、氯丁胶乳等高分子聚合物涂胶；③铺装沥青或改性沥青防水卷材，以及浸渍沥青的无纺土工布等。 设计时应选用便于施工、坚固耐久、质量稳定的防水材料
其他层次及桥头衔接	桥头衔接	桥面铺装与桥头引道的路面应平稳、顺适地衔接，桥头宜采取换填稳定土、砂砾，或用土工格栅加固路基、设置搭板等技术措施，减少工后沉降，防止或减轻桥头跳车

续上表

D 钢箱梁桥桥面铺装

a 钢箱梁桥桥面铺装类型及要求

钢箱梁桥桥面铺装类型及要求　表 8-113

项目	内容
常用类型	(1)浇注式沥青混凝土； (2)沥青玛蹄脂混凝土； (3)改性沥青与 SMA 混凝土； (4)环氧树脂沥青混凝土
技术性能的要求	(1)要求铺装层有良好的热稳性 封闭式钢箱梁结构密不通风，夏季铺装层底部、钢板表面温度高达 62～65℃，铺装内部最高温度达 70℃左右。这要求铺装层具有良好的抗车辙、抗高温、抗流动性及抵抗荷载剪切推移能力。 (2)要求铺装层具有良好的抗疲劳开裂能力 钢桥面铺装在一些与正交异性桥面板结构有关的特定部位，如纵向腹板、横隔梁及 U 形加劲肋腹板顶面的铺装层表面，在行车荷载作用下，会产生较大纵向或横向拉应变，在荷载反复使用下易产生疲劳开裂。加之桥梁所处地区的环境气候，因此，要求铺装层必须具有良好的抵抗疲劳开裂能力。 (3)要求铺装层间及铺装层与钢桥面板间有良好的层间结合力 由于钢桥面板的挠曲变形及行车荷载的振动与剪切的作用，铺装与钢桥面板间需要有足够的结合力以抵抗脱层及荷载剪切推移的能力。 (4)要求铺装体系具有完善的防水、防锈系统 基于钢板与水及空气接触会锈蚀的原因，钢板面铺装体系需具有完善的防水、防锈系统。 (5)要求在低温下，铺装层对钢桥面板变形有良好的追从性。即要求铺装层在低温下具备一定的柔韧性。 (6)要求重量轻，铺装层应较薄以降低静荷载。 (7)要求平整性、抗滑耐磨性好，尽可能减小车辆行驶给钢桥面板造成的冲击力。 (8)桥面铺装除应具有一般铺装所要求的抗滑性，抗流动性，耐磨耗特性外，还要求具有优异的适应桥面变形的抗开裂性和保护钢板的防水性

b　国外钢箱梁桥桥面铺装典型结构

国外钢箱梁桥桥面铺装典型结构　　表 8-114

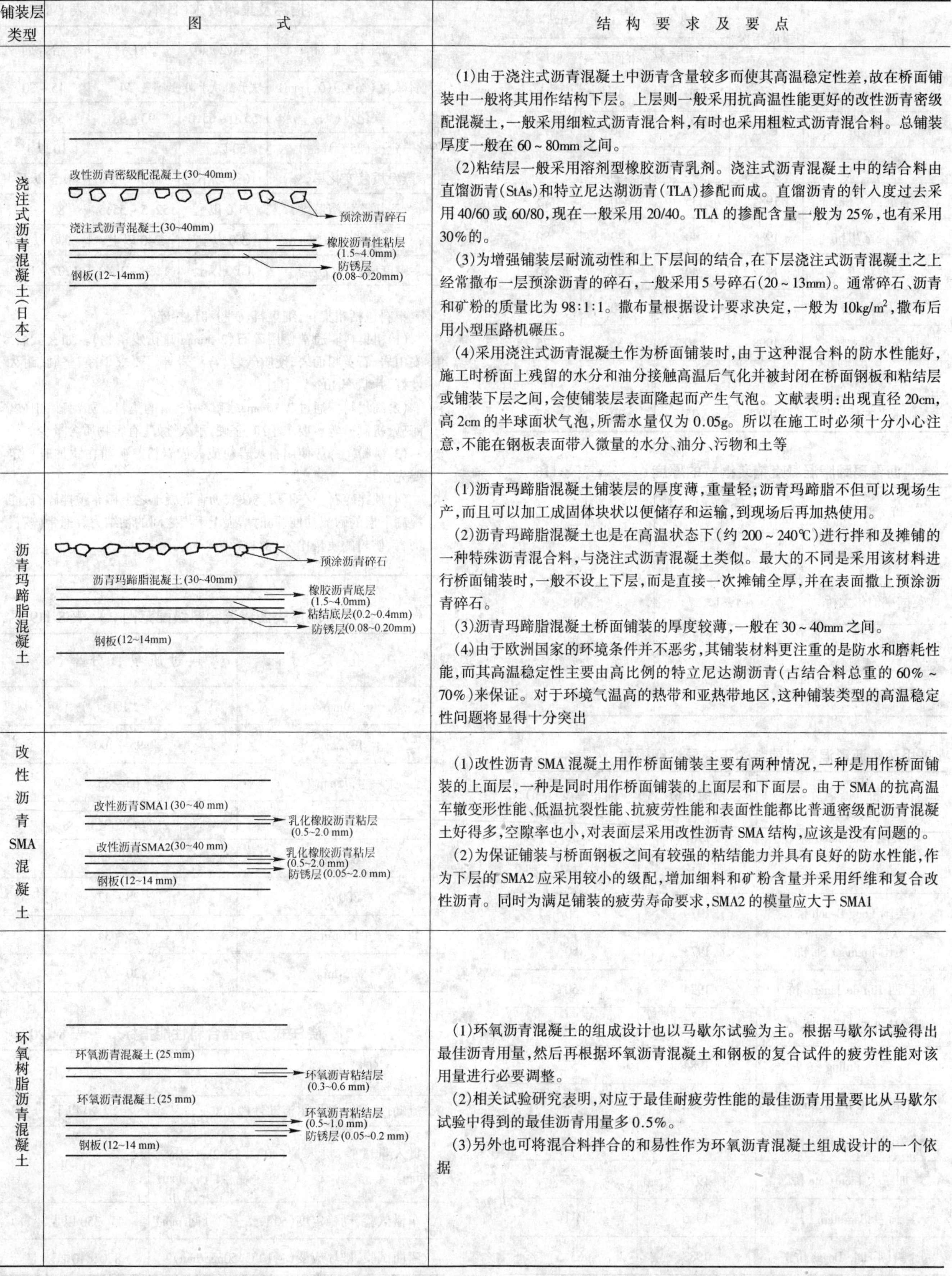

铺装层类型	图　式	结构要求及要点
浇注式沥青混凝土（日本）	改性沥青密级配混凝土(30~40mm) 预涂沥青碎石 浇注式沥青混凝土(30~40mm) 橡胶沥青性粘层(1.5~4.0mm) 防锈层(0.08~0.20mm) 钢板(12~14mm)	(1)由于浇注式沥青混凝土中沥青含量较多而使其高温稳定性差，故在桥面铺装中一般将其用作结构下层。上层则一般采用抗高温性能更好的改性沥青密级配混凝土，一般采用细粒式沥青混合料，有时也采用粗粒式沥青混合料。总铺装厚度一般在 60～80mm 之间。 (2)粘结层一般采用溶剂型橡胶沥青乳剂。浇注式沥青混凝土中的结合料由直馏沥青(StAs)和特立尼达湖沥青(TLA)掺配而成。直馏沥青的针入度过去采用 40/60 或 60/80，现在一般采用 20/40。TLA 的掺配含量一般为 25%，也有采用 30%的。 (3)为增强铺装层耐流动性和上下层间的结合，在下层浇注式沥青混凝土之上经常撒布一层预涂沥青的碎石，一般采用 5 号碎石(20～13mm)。通常碎石、沥青和矿粉的质量比为 98:1:1。撒布量根据设计要求决定，一般为 10kg/m²，撒布后用小型压路机碾压。 (4)采用浇注式沥青混凝土作为桥面铺装时，由于这种混合料的防水性能好，施工时桥面上残留的水分和油分接触高温后气化并被封闭在桥面钢板和粘结层或铺装下层之间，会使铺装层表面隆起而产生气泡。文献表明：出现直径 20cm，高 2cm 的半球面状气泡，所需水量仅为 0.05g。所以在施工时必须十分小心注意，不能在钢板表面带入微量的水分、油分、污物和土等
沥青玛蹄脂混凝土	预涂沥青碎石 沥青玛蹄脂混凝土(30~40mm) 橡胶沥青底层(1.5~4.0mm) 粘结底层(0.2~0.4mm) 防锈层(0.08~0.20mm) 钢板(12~14mm)	(1)沥青玛蹄脂混凝土铺装层的厚度薄，重量轻；沥青玛蹄脂不但可以现场生产，而且可以加工成固体块状以便储存和运输，到现场后再加热使用。 (2)沥青玛蹄脂混凝土也是在高温状态下(约 200～240℃)进行拌和及摊铺的一种特殊沥青混合料，与浇注式沥青混凝土类似。最大的不同是采用该材料进行桥面铺装时，一般不设上下层，而是直接一次摊铺全厚，并在表面撒上预涂沥青碎石。 (3)沥青玛蹄脂混凝土桥面铺装的厚度较薄，一般在 30～40mm 之间。 (4)由于欧洲国家的环境条件并不恶劣，其铺装材料更注重的是防水和磨耗性能，而其高温稳定性主要由高比例的特立尼达湖沥青(占结合料总重的 60%～70%)来保证。对于环境气温高的热带和亚热带地区，这种铺装类型的高温稳定性问题将显得十分突出
改性沥青 SMA 混凝土	改性沥青SMA1(30~40 mm) 乳化橡胶沥青粘层(0.5~2.0 mm) 改性沥青SMA2(30~40 mm) 乳化橡胶沥青粘层(0.5~2.0 mm) 防锈层(0.05~2.0 mm) 钢板(12~14 mm)	(1)改性沥青 SMA 混凝土用作桥面铺装主要有两种情况，一种是用作桥面铺装的上面层，一种是同时用作桥面铺装的上面层和下面层。由于 SMA 的抗高温车辙变形性能、低温抗裂性能、抗疲劳性能和表面性能都比普通密级配沥青混凝土好得多，空隙率也小，对表面层采用改性沥青 SMA 结构，应该是没有问题的。 (2)为保证铺装与桥面钢板之间有较强的粘结能力并具有良好的防水性能，作为下层的 SMA2 应采用较小的级配，增加细料和矿粉含量并采用纤维和复合改性沥青。同时为满足铺装的疲劳寿命要求，SMA2 的模量应大于 SMA1
环氧树脂沥青混凝土	环氧沥青混凝土(25 mm) 环氧沥青粘结层(0.3~0.6 mm) 环氧沥青混凝土(25 mm) 环氧沥青粘结层(0.5~1.0 mm) 防锈层(0.05~0.2 mm) 钢板(12~14 mm)	(1)环氧沥青混凝土的组成设计也以马歇尔试验为主。根据马歇尔试验得出最佳沥青用量，然后再根据环氧沥青混凝土和钢板的复合试件的疲劳性能对该用量进行必要调整。 (2)相关试验研究表明，对应于最佳耐疲劳性能的最佳沥青用量要比从马歇尔试验中得到的最佳沥青用量多 0.5%。 (3)另外也可将混合料拌合的和易性作为环氧沥青混凝土组成设计的一个依据

c　国外钢箱梁桥桥面铺装参考资料

日本几座钢桥的桥面铺装厚度　　表 8-115

桥　　名	建成年份	铺　装　厚　度　(mm)		
		上面层	下面层	总厚度
尾道大桥	1967	30	35	65
广岛大桥	1973	35	40	75
幌向川桥	1983	40	40	80
名港西大桥	1984	35	40	75
第二寝室川桥	1986	40	40	80
利根川桥	1987	40	40	80
横滨湾大桥	1989	40	40	80
明石海峡大桥	1998	40	35	75
多多罗大桥	1999	35	30	65
来岛大桥	1999	35	30	65

沥青玛蹄脂混凝土铺装钢桥的厚度　　表 8-116

桥　　名	建成年份	铺装厚度
英车塞文河一桥	1966	38
英国亨伯尔大桥	1981	38
香港青马大桥	1997	40
江阴长江公路大桥	1999	50

采用环氧沥青混凝土铺装的正交异性钢板桥　　表 8-117

桥　　名	摊铺年份	铺装厚度(mm)
美国 San Mateo 桥	1967	50
美国 San Diego 桥	1969	50
美国 Long Beach 桥	1970	50
美国 Fremont St. 桥	1973	50
巴西 Rio de Janerio 桥	1974	50
澳大利亚 West gate 桥	1976	50
美国 Luling 桥	1984	57
中国台北 Kuan Du 桥	1983	50
美国 Golden Gate 桥	1986	50
加拿大 Lion Gate 桥	1975	35
荷兰 Bagestein 桥	1980	不详
美国 Hale Boggs 桥	1983	63.5

d　钢桥桥面沥青混凝土桥面铺装材料要求参考资料

浇注式沥青混凝土硬质沥青指标及集料要求(日本)　　表 8-118

	试验项目	StAs(20/40)	TLA	结合剂
硬质沥青指标	针入度(25℃)(0.1mm)	大于20,大于40	1~4	15~30
	软化点(℃)	55.0~65.0	93~98	56~68
	延度(25℃)(cm)	50 以上	—	10 以上
	蒸发质量变化率(%)	0.3 以下	—	0.5 以下
	三氯乙烯溶解度	95.0 以上	52.5~55.5	86~91
	闪点(COC)(℃)	260 以上	240 以上	240 以上
	密度(15℃)(g/cm^3)	1.00 以上	1.38~1.42	1.07~1.13

集料要求：

集料包括粗集料、细集料、矿粉和预拌碎石。

(1)粗集料。通常使用碎石(2.36mm 筛孔残留物)。如玄武岩、安山岩、石英粗面岩、硬质砂岩、石灰岩等。要求干净、坚硬、耐久性好、片状率 10%以下。

(2)细集料。通过 2.36mm,残留在 75μm 的集料。如河砂、山砂、海砂、机制砂等。要求干净、坚硬、耐久性好、有害物质含量少。

(3)矿粉。一般使用石灰岩粉或火成岩粉。矿粉在添加时一定要先加热。

(4)预拌碎石。在下层浇注式沥青混凝土之上撒布预拌碎石,能提高下层的耐流动性,同时增强上下层之间的粘结力。通常碎石、沥青、矿粉的质量比为 98:1:1

浇注式沥青混合料级配范围　　表 8-119

筛　孔　尺　寸	通过质量百分率(%)
19mm	100
13.2mm	95~100
4.75mm	65~85
2.36mm	45~62
600μm	35~50
300μm	28~42
150μm	25~34
75μm	20~27

浇注式沥青混合料性能指标　　表 8-120

项　　目	指　　标
流动性试验;刘埃尔流动性(240℃)　(s)	20 以下
贯入量试验,贯入量(40℃,52.2kgf/5cm^2,30min)　(mm)	1~4
车辙试验,动稳定度(60℃)　(回/mm)	350 以上
弯曲试验,破坏应变(-10℃,50mm/min)	8.0×10^{-3}以上

各国桥面铺装改性沥青混合料骨料级配　　表 8-121

日本	筛孔尺寸(mm)	19	13.2	4.75	2.36	0.6	0.3	0.15	0.075		
	通过百分率	100	95~100	65~85	45~62	35~50	28~42	25~34	20~27		
美国	筛孔尺寸(mm)	9.5	6.35	4.75	2.36	1.18	0.3	0.15	0.075		
	通过百分率	100	72~94	60~80	36~54	14~31	10~25	9~17	8~14		
加拿大狮门大桥	筛孔尺寸 (mm)	16.0	12.5	9.5	4.75	2.36	0.6	0.075			
	通过百分率	100	95~100	80~95	58~75	43~60	20~35	7~14			
澳大利亚西门大桥	筛孔尺寸(mm)	13.2	9.5	6.7	4.75	2.36	1.18	0.61	0.3	0.15	0.074
	通过百分率	100	99	71	60	45	33	23	13	6	5

日本钢桥面铺装规范中改性沥青混合料技术要求　　表 8-122

试验方法	技术指标		技术要求
马歇尔试验	空隙率	(%)	3~5
	饱和度	(%)	75~85
	稳定度	(kN)	≥10
	流值	(0.1mm)	20~40
	残留稳定度	(%)	≥80
车辙试验	动稳定度(60℃)次	(mm)	≥1 500

国内建议的桥面铺装环氧沥青混合料技术要求　　表 8-123

马歇尔试验	空隙率	(%)	≤4%	
	饱和度	(%)	75~85	
	稳定度	(kN)	固化试件,60℃	≥40.4
			未固化试件	≥5.34
	流值	(mm)	≥2.0	
	残留稳定度	(%)	≥80	
摩擦力试验	新干摩擦因数	新湿摩擦因数	磨损后干摩擦因数	磨损后湿摩擦因数
	≥50	≥45	≥45	≥40
粘结强度	室　温	0℃	60℃	
	≥2.75MPa	≥2.75MPa	≥1.75MPa	

A 彩色路面的用途及胶结料要求

彩色路面的用途及胶结料要求　　表 8-124

项目		内容
主要用途	美化作用	在道路或广场铺筑彩色路面能够起到美化环境，给人良好心理感受的作用，因而彩色路面作为一种新型的铺面技术，已引起人们的兴趣和关注。 在风景区、疗养区或公园，铺设各种色彩的路面和广场，与周围绿色草地、树木、花卉相映成趣，使景色更为宜人
	交通组织与控制作用	在道路中铺筑不同色彩的路面在某种程度上比交通标志牌更好，它能够自然地给驾驶员以信号。例如，在事故多发地段铺筑红色或橙黄色路面，可直观地提醒驾驶员注意，谨慎驾驶。在通往中小学校区域的道路上，铺筑铁红色路面，能提醒驾驶员减缓车速，为中小学生的安全提供保证。 对于道路交通的管理，仅依靠色灯信号或人工指挥是不够的。专家研究认为，采取改变道路条件，能够引导驾驶员，使车辆行驶在应该行驶的位置。因此，将车道铺成不同颜色使之区分开来，汽车沿不同车道行驶，对车流起视线诱导作用，比划标线的作用更好

胶结料要求 — 国外浅色胶结料性质

技术指标	进化戊株式会社	壳牌 Mexphalte C	
	CS—SS	60/70	60/100
针入度(25℃)　(0.1mm)	80～120(150)	66	81
软化点　(℃)	40～50	45	46
延度　(cm)	>100(15℃)	50(13℃)	100(13℃)
粘度(60℃)　(Pa·s)	—	69	51
针入度指数	—	—	-1.1
费拉斯脆点　(℃)	<-5	-12	-11
闪点　(℃)	>240	275	275
密度　(g/cm³)	0.95	—	—
薄膜烘箱试验			
质量损失　(%)	<1.5	0.6	0.66
针入度比　(%)	>65	76	81
粘度比　(%)	—	1.4	1.3

胶结料要求 — JSE 胶结料的技术性能

技术指标	技术性能	
	JSE—1	JSE—2
针入度(25℃)　(0.1mm)	110～120	75～85
软化点　(℃)	47～48	50～51
延度(15℃)　(cm)	80～100	80～100
闪点　(℃)	230	230
密度　(g/cm³)	1.02	1.02
薄膜烘箱试验		
质量损失　(%)	2.5	2.1
针入度比　(%)	55	55
延度(15℃)　(cm)	80～100	80～100

B 彩色路面材料及用量

a 彩色路面材料及混合料要求

彩色路面材料及混合料要求　　表 8-125

项目		内容	
砂石料	材料要求	配制彩色混合料的碎石和石屑，其色泽最好与所配制的混合料色彩相近，这样，当碎石颗粒表面的沥青膜磨去以后，仍能显示出原来的色彩。某些岩石有特定的颜色，但有的岩石由于其矿物成分的差异，会显示出几种不同的色彩。 当采购彩色碎石料有困难时，应采用浅色或淡色的碎石和石屑，不能使用黑色或深灰色的碎石料，因为黑色或深灰色的碎石料会影响路面的色彩。 碎石料的质量要求与普通热拌沥青混合料一样，同样要求石质坚硬、耐磨、颗粒形状成立方形	
砂石料	一些岩石的颜色	岩石种类	色彩
		花岗岩	红色、粉红色、灰色
		安山岩	炎红色、浅绿色、黑色
		辉绿岩	淡暗绿色
		石灰岩	灰白色、粉红色、灰黑色
		大理石	白色
		铁质砂岩	暗黄色
结合料		用于车行道的彩色铺面，其结合料标号同当地所用的沥青标号；用于人行道的彩色铺面的结合料其标号可同当地用沥青路面标号，也可降低一级标号	
颜料及矿物		用于彩色路面的颜料对其使用效果关系极大，颜料应具有感光性，在长时间紫外线照射下不褪色；不溶于水，但可溶于油；同时还要求具有良好的耐热性，在混合料拌合过程中不因受热而变色。 道路路面或广场的颜色多采用铁红色、桔红色、绿色等。许多铁系颜料的价格较低，但色彩不如铬系颜料鲜艳，对此需要进行认真比较和选择。 矿粉仍采用磨细的石灰石粉。颜料可取代部分矿粉	
混合料配合比	集料级配	彩色混合料用于铺面表层，对于铺筑于车行道的彩色混合料，其级配可采用热拌沥青混合料中的 AC—10 或 AC—13；铺筑于人行道、广场，可采用 AC—5 或 AC—10	
	颜料用量	颜料的用量根据实验确定，以所拌制的混合料肉眼观察具有足够的光亮度和鲜明的色彩为度。无论进口的胶结料，还是国内自己研制的胶结料，都不含沥青质，因此只需要很少的颜料就可以获得很好的色彩。如在瑞典哥德堡的里斯伯格(Liseberg)公共游乐场所铺的红色铺面，其颜料的用量为 2% 氧化铁和 1% 白颜料；而所铺黄色铺面，其颜料的用量为 2% 黄色颜料和 2% 白色颜料。颜料用量过多，颜色太深，不但使混合料表面过暗而影响色彩，而且增加了混合料的成本。 不加颜料的混合料，呈现出砂石料本色，铺筑在地面上具有独特的铺装效果，可用于公园和家庭花园的小道。在日本，这种本色铺面称之为明色铺装	

续上表

项目		技术指标		车行道	人行道
混合料配合比	彩色混合料建议马歇尔技术标准	锤击次数(次)		两面各 50 次	两面各 35 次
		稳定度(kN)	大于	5.0	3.5
		流值(0.1mm)		20～45	20～50
		空隙率(%)		3～5	2～5
		饱和度(%)		70～85	70～90
		残留稳定度(%)	大于	75	75

项目		技术指标		单位	要求值
混合料配合比	前苏联彩色路面沥青混合料技术要求	50℃极限抗压强度	不小于	kg/cm²	8～10
		22℃极限抗压强度	不小于	kg/cm²	25
		0℃极限抗压强度	不小于	kg/cm²	50
		饱水率		%	0.5～1.5
		膨胀率	不大于	%	0.5

b 彩色水泥氧化铁颜料基本技术指标

彩色水泥氧化铁颜料基本技术指标　　表 8-126

指标 \ 种类	氧化铁红	氧化铁黄	氧化铁棕	氧化铁黑
标准号	HG1—237—65	HG1—236—65	1	沪 QHG14—020—64
组成	本品是用金属废铁在硝酸和硫酸混合介质中空气氧化方法所制成得的红色颜料	本品是由金属废铁在硫酸介质中的空气氧化所得的黄色颜料	本品是由氧化铁黄氧化铁和硝酸亚铁与碱的红加成方法所制得棕色颜料	本品是三氧化二铁和氧化亚铁加成而制得的黑色颜料
分子式	Fe_2O_3	$Fe_2O_3—H_2O$	Fe_2O_3FeO	
特性	略	略	略	略
(1)耐性	7 级	6 级	7 级	7 级
(2)耐热性	200℃	120℃	130℃	100℃
(3)耐酸性	仅溶于热的强酸中	仅溶于热的强酸中	仅溶于热的强酸中	仅溶于热的强酸中
(4)耐碱性	1 级	1 级	1 级	1 级
质量指标				
(1)外观	红棕色粉末	黄色粉末	棕色粉末	黑色粉末
(2)色差	相似	相似	相似	相似
(3)遮盖力	7g/m²	15g/m²		25g/m²
(4)含水量	≤1.0%	≤1.0%	≤1.0%	≤1.0%
(5)水盐	≤0.3%	≤0.5%	≤0.25%	≤0.5%
(6)吸量	≤25%	≤35%		≤20%

续上表

指标＼种类	氧化铁红	氧化铁黄	氧化铁棕	氧化铁黑
(7)细度(325目筛)	≤0.2%	≤0.5%	≤0.3%	≤1.2%
(8)三氧化二铁(干重计)	≥96%	≥35%	≥96%	≥96%
(9)盐酸	0.25%	≤0.5%		

c 52.5 普通硅酸盐彩色水泥净浆强度

52.5 普通硅酸盐彩色水泥净浆强度 表 8-127

编 号	颜 色	抗压强度(MPa)	相对强度百分比(%)
		蒸养 4h	蒸养 4h
2	原 色	51.2	100
3	红	46.7	91.21
4	红	42.9	91.86
5	红	32.8	64.06
6	黄	49.1	95.90
7	黄	32.1	60.94
8	黄	19.8	38.67
9	黑	46.6	91.02
10	黑	42.8	83.59
11	黑	36.1	70.51
12	棕	42.8	83.59
13	棕	42.5	83.01
14	棕	26.5	51.76

续上表

编 号	颜 色	抗压强度(MPa)	相对强度百分比(%)
		蒸养 4h	蒸养 4h
15	绿	51.9	101.37
16	绿	37.4	73.05
17	绿	21.5	41.99

d 32.5 白色硅酸盐水泥彩色净浆强度

32.5 白色硅酸盐水泥彩色净浆强度 表 8-128

编 号	颜 色	抗压强度(MPa)		相对强度百分比(%)	
		蒸养 4h	28d	蒸养 4h	28d
02	原 色	98.5	112.8	100	100
1	红色	77.7	104.1	78.09	92.29
2	红色	69.3	104.0	65.65	92.00
3	红色	56.8	94.8	57.08	84.04
4	黄色	58.8	97.4	59.10	86.35
5	黄色	60.6	103.0	60.90	91.31
6	黄色	64.8	105.7	65.12	93.70
7	黑色	75.1	94.5	75.48	83.78
8	黑色	95.1	90.5	95.58	80.23
9	黑色	73.0	82.4	73.37	73.05
10	棕色	80.8	112.1	81.21	99.38
11	棕色	71.4	102.2	71.76	90.60
12	棕色	63.4	91.7	63.72	81.29

e 颜料剂量的 10% 掺不同颜料对蒸气养护混凝土强度的影响

颜料剂量的 10% 掺不同颜料对蒸气养护混凝土强度的影响 表 8-129

编号	颜色	配 合 比	蒸养抗压强度(MPa)		蒸养抗压强度(MPa)	抗压相对强度百分比(%)		抗折相对强度百分比(%)
			$R1$	$R28$		$R1$	$R28$	
CB—11	原色	1:1.48:2.74	38.2	52.900	64.7	100/72	180	100
CB—12	红	1:1.48:2.74	43.2	56.644	67.6	113/76	187	194
CB—13	黄	1:1.48:2.74	30.0	40.082	57.8	78/75	76	89
CB—14	绿	1:1.48:2.74	32.0	44.002	58.8	84/73	83	91
CB—15	棕	1:1.48:2.74	37.0	46.746	69.6	97/79	88	108
CB—16	黑	1:1.48:2.74	36.5	49.098	68.60	95/74	93	106

f　外加剂及颜料用量对强度影响及参考用量

外加剂及颜料用量对强度的影响及参考用量　表 8-130

试验计划				试验结果	
因素 / 列号 / 试验号	红色掺量 (%)	外加剂 (%)	分散剂 (%)	7d 强度 MPa	28d 强度 MPa
1	0	0	0	70.2	88.1
2	0	0.5	0.5	76.6	111.5
3	0	1.0	1.0	71.9	89.8
4	5	0	0.5	76.4	114.3
5	5	0.5	1.0	72.3	97.5
6	5	1.0	0	68.8	93.2
7	10	0	1.0	68.1	87.1

续上表

试验计划				试验结果	
因素 / 列号 / 试验号	红色掺量 (%)	外加剂 (%)	分散剂 (%)	7d 强度 MPa	28d 强度 MPa
8	10	0.5	0	67.8	103.6
9	10	1.0	0.5	64.7	102.7
参考用量（以水泥重量%比计）	(1)颜料掺入量在 1%以内时，对强度影响不显著； (2)分散剂掺入量在 0.5%左右较为适应； (3)高效减水剂掺入量在 0.5%为宜； (4)通过适当调配，可以制成高强度色浆供应用或制成砂浆混凝土应用				

g　彩色混凝土人行道板力学性能表

彩色混凝土人行道板力学性能表　表 8-131

编号	颜色掺量	养护方法	水泥		配合比	坍落度 (cm)	抗压强度 (MPa)				抗折强度 (MPa)		耐磨	
			品种与强度等级	用量 (kg/m)	水泥:砂:石子		出池	7d	28d	半天	出池	28d	强度 (MPa)	磨耗度 (g/cm)
CB—3	423 黑 2	标养	52.5 普	410	1:1.48:2.74	—	—	29.4	44.8	46.1	—	6.0	—	0.088
CB—4	423 黑 2	蒸养	52.5 普	410	1:1.48:2.74	—	243 23 814	—	31.5	38.3	4.7	4.9	35.3	0.083
CB—5	423 黑 2	标养	42.5 矿	410	1:1.48:2.74	4.8	—	28.5	48.6	54.8	—	5.2	43.9	0.086
CB—6	423 黑 2	蒸养	42.5 矿	410	1:1.48:2.74	4.8	379 37 142	—	45.7	56.1	4.9	6.3	55.4	0.836
CB—7	423 黑 2	标养	42.5 矿	410	1:1.48:2.74	4.5	—	33.9	43.4	58.4	4.4	5.8	44.9	0.869
CB—8	423 黑 2	蒸养	42.5 矿	410	1:1.48:2.74	4.5	387 37 926	—	43.4	58.4	4.4	5.2	51.4	0.866
CB—17	黄 5 红 1	标养	42.5 矿	410	1:1.48:2.74	—	—	—	39.3	46.6	—	6.1	38.2	0.869
CB—18	黄 6 红 1	蒸养	42.5 矿	410	1:1.48:2.74	—	—	—	37.2	43.6	—	4.8	41.8	0.072
CB—22	绿 7 黑 5	标养	42.5 矿	520	1:1.20:1.84	4	—	—	36.7	—	—	—	—	—
CB—23	绿 7 黑 5	蒸养	42.5 矿	520	1:1.20:1.84	4	—	—	42.8	47.4	4.5	8.6	—	—

第九部分

路 面 排 水

A 路面排水系统类型

排水系统类型　　　表 9-1

类型			组成及要求
路面排水系统	表面排水	路面排水	路面做成中间高、两边低的路拱横坡，坡度一般采用1%~2%
		路肩排水	路肩与路面横坡应平滑相接、路肩横坡一般较路拱坡度大1%，干旱地区路肩横坡或加固路肩横坡可与路拱坡度相同
		中央分隔带排水	可在中央分隔带现浇薄层水泥混凝土或铺设预制水泥混凝土方砖封层
		拦水带	拦水带可由沥青混凝土现场浇筑，或者由水泥混凝土预制块铺砌而成，拦水带的顶面应略高于过水断面的设计水面高
		边沟	公路路面排水一般使路面径流经路肩横坡汇流至路基边沟排水
	内部排水	边缘排水系统	由透水性填料集水沟、带孔纵向排水管、横向出水管和反滤织物等组成
		排水基层、垫层	由直接设在面层下的透水性基层、边缘纵向集水沟和排水管、横向出水管及反滤织物等组成
		渗沟(盲沟)	为拦截含水层的地下水或降低地下水位，可设置管式渗沟，渗沟的埋置深度按地下水位的高程、地下水位需下降的深度以及含水层介质的渗透系数等因素考虑确定
		中央分隔带地下排水	由纵向排水沟(明沟、暗沟)、渗沟、雨水井、集水井、横向排水管等组成

B 路面内部排水设置的作用及条件

路面内部排水设置的作用及条件　　　表 9-2

项目		内容
设置路面排水的作用		被围封在路面结构内的水分，会浸湿各结构层材料和路基土，使其强度下降，变形增加，从而使路面结构的承载力降低；而积滞在层间结合处空隙内或结构层孔隙内的自由水，在行车荷载的使用下，形成高孔隙水压力和高流速的水流，冲刷层面材料，并从缝隙处向外“唧泥”，促使沥青面层出现剥落、松散和坑槽，水泥混凝土面层出现错台、板底脱空和断裂等病害。积滞在路面结构内的自由水，是造成或加速路面损坏的主要原因。因此，设置路面内部排水系统，将这部分积滞水迅速排除到路面和路基结构外，有利于改善路面的使用性能，提高其使用寿命
设置应考虑因素		(1)道路等级——设计使用年限和使用性能要求； (2)交通繁重程度——促成路面出现唧泥和错台等各种病害的可能性和严重程度； (3)路基—路面结构组合状况——是否为不透水的结构体系，主要有以下三种状况： ①路基和路肩基(垫)层由低透水性的材料组成； ②基层或底基层由密实型混合料组成(如水泥稳定碎石、石灰—粉煤灰稳定碎石、密级配粒料等)，而路肩基(垫)层仍由低透水性的材料组成； ③上(表)面层由透水性混合料组成(如多孔隙沥青面层或多孔隙水泥混凝土面层等)，而两侧有不透水的侧石约束。 (4)气候和地形条件——路面渗入水的来源
设置条件	美国路面结构排水指南规定	下列情况可不设路面内部排水系统： (1)地下水位深，年降水量在200~250mm以下，无大量融雪或冰水进入路面结构； (2)路基土渗透系数大，无冰冻作用； (3)轻交通，标准轴载(80kN)作用次数小于150~200次/天
	国际道路会议的建议	(1)交通等级为中等(设计车道标准轴载为100kN的货车每天400~2 000辆)以上，而年降雨天数在150d以上时，或者交通等级繁重(设计车道标准轴载为100kN的货车每天2 000辆以上)而降雨天数为50~150d时，采用排水基层或路面边缘排水系统； (2)交通等级繁重而降雨天数少于50d，或者交通等级为中等而降雨天数为50~150d时，采用路面边缘排水系统
	美国陆军司令部排水技术指南	(1)在所有的水泥混凝土铺面的面层下均须设置排水层，以消除唧泥、冲刷和基底软弱； (2)在面层厚度大于20cm的沥青铺面结构中均应设置排水层，以利于结构排水； (3)在排水层和路基之间建议设置粒料隔离层，以防止细粒由路基进入排水层，并为排水层压实提供坚实的施工平台
	我国公路排水设计规范	(1)年降水量60mm以上的湿润和多雨地区，路基由透水性差的细粒土(渗透系统$\leq 10^{-5}$cm/s)组成的高速公路、一级公路或重要的二级公路； (2)路基两侧有滞水，可能渗入路面结构内； (3)严重冰冻地区，路基为由粉性土组成的潮湿、过湿路段； (4)现有路面改建或改善工程，需排除积滞在路面结构内的水分

C 路面内部排水一般要求及主要排水系统

路面内部排水一般要求及主要排水系统　　表 9-3

项目		内　　容
一般要求		(1)路面内部排水系统中各项排水设施的泄水能力均应大于渗入路面结构内的水量，且下游排水设施的泄水能力应超过上游排水设施的泄水能力。 (2)渗入水在路面结构内的最大渗流时间，冰冻地区不应超过 1h，其它地区不应超过 2h(重交通时)~4h(轻交通时)。渗入水在路面结构内的渗流路径长度不宜超过 45~60m。 (3)各项排水设施不应被渗流从路面结构、路基或路肩中带来的细料堵塞，以保证系统的排水效率不随时间推移而很快丧失。 (4)表面水渗入路面结构的量，应小于路面内部排水设施的泄水能力，即应满足规定的水力计算的要求
路面内部排水系统	边缘排水系统及功能	(1)沿路面结构的外侧边缘设置纵向边缘排水系统。渗入路面结构内的水分，先沿路面结构层中某一透水层次或者层间空隙横向流入由透水性材料组成的纵向排水沟，再由间隔一定距离布设的横向出水管排引出路基。 (2)边缘排水系统常用于基层透水性小的水泥混凝土路面。设置边缘排水系统，便于将面层—基层—路肩界面空隙处积滞的自由水排离出路面结构。对于路面结构排水状况不良的旧水泥混凝土路面或旧沥青路面，采用边缘排水设施方案，可以在不扰动原路面结构的情况下改善其排水状况，从而改善原路面的使用性能并延长其使用寿命
	排水层排水系统及功能	路面结构采用透水性材料做基层或垫层。渗入路面结构内的水分，先通过竖向渗流进入排水层，然后由横向渗流进入纵向排水沟和排水管，再由间隔一定距离布设的横向出水管排引出路基。直接设置在面层下的排水基层，由于自由水进入排水层的渗流路径短，在透水性材料中渗流的速率快，排水效果较好。在高速和一级公路新建路面时可采用此方案

D 路面排水水文水力计算

路面排水水文、水力计算　　表 9-4

项目		原则要求及计算方法
原则及要求		水文分析和水力计算的目的是确定排水设施的设计流量和所需的结构尺寸，检验自由水在设施内的渗流时间和速度。 分析计算时应考虑下述原则和要求： (1)路面内部排水系统中各项设施的排水能力应足以排除渗入路面结构内的自由水；并且，由于渗入量的估计和透水材料渗透系统的测定精度较低，设施的排水能力应留有较大的安全度，通常可对设计排水量采用两倍以上的安全系数 (2)系统中各项设施的排水能力应从上游到下游逐项增加。例如，对于排水基层排水系统，排水基层的排水能力要大于路表水渗入量，排水沟和排水管的排水能力要大于排水基层的排水能力，出水管的排水能力要大于排水沟和排水管的排水能力，出水口的排水能力要大于出水管的排水能力。 (3)自由水在路面结构内的渗流时间不能太久，渗流路径不能太长，以免自由水滞留时间过长，从而使路面结构处于浸水状态的时间过久，或者在冰冻地区使水分在排水层内结冰。美国联邦公路局设计指南中建议的标准为：最大渗流时间不超过 0.5h(冰冻地区)、1h(其他地区)或 1~2h(宽而厚的机场道面)。我国公路排水设计规范的建议标准为：最大渗流时间不超过 1h(冰冻地区)、2h(其他地区，重交通)或 4h(其他地区，轻交通)，渗流路径长度不宜超过 45~60m。 (4)各项排水设施应考虑采取反滤措施以防止细粒随渗流水进入而堵塞失效，同时，所设计的设施尺寸要便于进行经常性的检查和清扫或疏通
设计渗入量计算	水泥混凝土路面设计渗入量	$$Q_i = I_i\left(n_B + n_L\frac{B}{L}\right)$$ 式中：Q_i——每延米路面的表面水渗入量(m^3/d/m)； I_i——表面水对每延米接缝或裂缝的设计渗入率(m^3/d/m)，建议采用 0.36m^3/d/m(150cm^3/h/cm)； B——单向横坡路面的宽度(m)； L——横向接缝或裂缝的间距(m)； n_B——B 宽度范围内纵向接缝和裂缝的条数(包括路面和路肩之间的接缝)； n_L——L 长度范围内横向接缝和裂缝的条数
	沥青路面设计渗入量	$$Q_i = I_aB + k_pB$$ 式中：I_a——每平方米有裂缝沥青路面的表面水设计渗入率($m^3/d/m^2$)，可按 0.15($m^3/d/m^2$)取用； k_p——表面水对每平方米未开裂路面表面的渗透率(m^3/d/m)，对于密级配沥青混凝土面层，可不考虑，也即可采用 $k_p = 0$。 排水基层排水系统的设计流量 Q_c 便为： $$Q_c = Q_iL_c$$ 式中：L_c——出水口的间距(m)。 对于纵向边缘排水系统(无排水基层)，渗入路面结构内的自由水有一部分被结构层截留，余下部分流向排水沟内。因而，边缘排水系统的设计流量为： $$Q_c = Q_if_jL_c$$ 式中：f_j——路面结构截留系数。依据国外的经验，对于密级配的基层或底基层，使用年数≥5 年时，f_j = 1/4；使用年数 < 5 年时，f_j = 1/3。对于开级配的基层或底基层，使用年数≥5 年时，f_j = 1/3；使用年数 < 5 年时，f_j = 1/2

9

续上表

项目		原则要求及计算方法
排水层排水能力的计算		自由水在排水基层中的渗流量,可近似粗略地按达西(Darcy)公式计算确定: $$Q_0 = kiA$$ 式中:Q_0——纵向每延米排水层的排水量($m^3/d/m$); k——透水材料的渗透系数(m/d); i——渗流路径的平均水力坡度,在基层有纵横向坡度时,渗流的水力坡度为其合成坡度: $$i = \sqrt{i_z^2 + i_h^2}$$ i_z、i_h——相应为纵坡和横坡; A——纵向每延米排水层的过水断面面积(m^2),无纵坡时,$A = h$,有纵坡时,$A = h(i_h/i)$; h——排水层厚度(m)。 设排水基层的排水量大于等于表面水的设计渗入量(计入安全系数),即 $Q_0 \geqslant Q_i$
在排水层中渗流时间的计算		$$t = \frac{L_s}{3\,600 v_s} \qquad L_s = B\sqrt{1 + \frac{i_z^2}{i_h^2}} \qquad v_s = \frac{1}{n_e} k \sqrt{i_z^2 + i_h^2}$$ 式中:t——渗流时间(h); L_s——渗流路径(m); v_s——平均渗流速度(m/s); k——透水材料的渗透系数(m/s); n_e——透水材料的有效孔隙率。 其余符号同前述公式。如果渗流时间超过了规定的最大容许值,需采用透水性更大的材料做排水层,或者增大排水坡度或缩短排水路径(如增设横向集水沟)
排水管和排水口的排水能力计算		排水管和出水管中的排水量,可按满宁公式计算确定: $$Q_0 = vA$$ $$v = \frac{1}{n} R^{2/3} i^{1/2}$$ 式中:Q_0——排水管或出水管的排水能力(m^3/s); v——管内水流的平均流速(m/s); A——过水断面面积(m^2); n——管壁的粗糙系数,光面塑料管时,可采用 $n = 0.010$,波纹塑料管时,$n = 0.020$,混凝土管时,可采用 $n = 0.013$; R——水力半径(m); ρ——过水断面湿周(m); i——水力坡度,一般取用管的底坡。 排水管和出水管的排水能力应大于等于表面水的设计渗入量,由此确定所需的管径大小
渗透系数计算(K)	粒料渗透系数	(1)海曾(Hazen)对净洁砂提出的估算关系式为: $$k = C_k D_{10}^2 \quad (cm/s)$$ 式中:D_{10}——透水材料通过率为10%时的粒径(cm); C_k——系数,对于均匀砂(D_{10}范围为 0.006 ~ 0.3cm),变动于 80 ~ 120;对于级配良好砂和粉质砂(D_{10}范围为 0.0003 ~ 0.06cm),变动于 50 ~ 80。 此关系式的主要缺点是没有考虑到材料的密实程度(或孔隙率)。 (2)摩尔顿(Moulton)绘制了可估算无结合料粒料的渗透系数的诺谟图,此图依据下述关系式:

续上表

项目		原则要求及计算方法
渗透系数计算(K)	粒料渗透系数	$$k = \frac{1.895 \times 10^5 (D_{10})^{1.478} (n)^{6.854}}{(P_{0.075})^{0.597}} \quad (m/d)$$ 式中:D_{10}——透水材料通过率为10%时的粒径(mm); n——透水材料的孔隙率; $P_{0.075}$——透水材料通过 0.075mm 筛孔的百分率。 (3)爱尔赛伊特(Elsayed)依据室内对无结合料粒料进行渗透试验的结果,回归得出下述经验关系式: $$k = -0.251 + 0.92\varepsilon_b + \frac{2.68}{P_{0.6}} - 0.005 P_{0.075} \quad (cm/s)$$ 式中:ε_b——透水材料的孔隙比; $P_{0.6}$——透水材料通过 0.6mm 筛子的百分率; $P_{0.075}$——透水材料通过 0.075mm 筛子的百分率
	多孔隙沥青稳定碎石	$$k = 3.0 \times 10^{-5} V_a^{3.72} \quad (cm/s)$$ 式中:V_a——孔隙率
浅三角形沟的泄水能力计算		$$Q_c = 0.377 \frac{1}{i_h n} h^{\frac{8}{3}} I^{\frac{1}{2}}$$ 式中:Q_c——沟或过水断面的泄水能力,m^3/s; i_h——沟或过水断面的横向坡度; n——沟壁或管壁的粗糙系数,按下表选用; I——水力坡度,要取用沟或管的坡度

沟壁或管壁的粗糙系数(n)

沟或管类型	n	沟或管类型	n
塑料管(聚氯乙烯)	0.010	岩石质明沟	0.035
石棉水泥管	0.012	植草坡明沟(流速 0.6m/s)	0.035 ~ 0.050
水泥混凝土管	0.013	植坡明沟(流速 0.8m/s)	0.050 ~ 0.090
陶土管	0.013	浆砌石明沟	0.025
铸铁管	0.015	干砌石明沟	0.032
波纹管	0.027	水泥混凝土明沟(镘抹面)	0.015
沥青路面(光滑)	0.013	水泥混凝土明沟(预制)	0.012
沥青路面(粗糙)	0.016	土质明沟	0.022
水泥混凝土路面(镘抹面)	0.014	带杂草土质明沟	0.027
水泥混凝土路面(拉毛)	0.016	砂砾质明沟	0.025

续上表

项目	原则要求及计算方法
格栅进水口长度及泄水能力计算	$L_g = 0.91 v_g (h_i + t_b)^{0.5}$ 式中：L_g——格栅孔口的最小净长度，cm； v_g——格栅宽度范围内水流的平均流速，m/s； t_b——格栅栅条的厚度，m； h_i——格栅上面的水深，m； $Q_0 = 1.66 p_g h_i^{1.5}$

续上表

项目	原则要求及计算方法
格栅进水口长度及泄水能力计算	式中：Q_0——凹形竖曲线底部的格栅式泄水口的泄水量（$h_i < 0.12$m 时）； p_g——格栅的有效周边长，为格栅进水周边边长之和的一半，m。 $Q_0 = 2.96 A_i h_i^{0.5}$ 式中：A_i——格栅孔口净泄水面积的一半，m^2； Q_0——凹形竖曲线底部的格栅式泄水口的泄水量（$h_i > 0.43$m 时）

9

A 路面边缘排水系统组成及布置图式

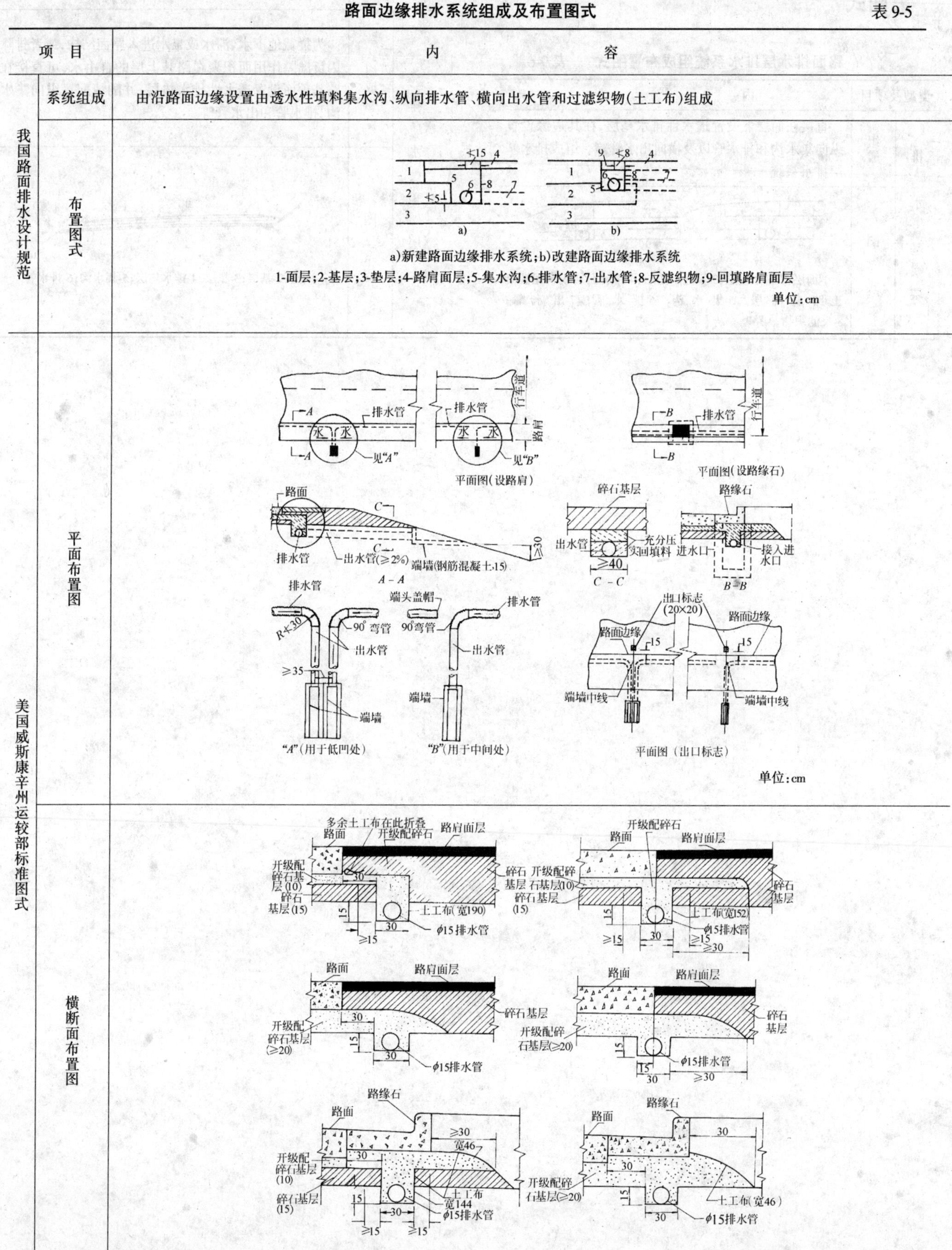

路面边缘排水系统组成及布置图式　　表9-5

项　目		内　容
我国路面排水设计规范	系统组成	由沿路面边缘设置由透水性填料集水沟、纵向排水管、横向出水管和过滤织物(土工布)组成
	布置图式	a)新建路面边缘排水系统；b)改建路面边缘排水系统 1-面层；2-基层；3-垫层；4-路肩面层；5-集水沟；6-排水管；7-出水管；8-反滤织物；9-回填路肩面层 单位：cm
美国威斯康辛州运输部标准图式	平面布置图	单位：cm
	横断面布置图	单位：cm

B 路面内部排水层排水系统组成及布置图式

路面排水层排水系统组成布置图式　　表 9-6

类型及项目		内　　容
排水基层	组成	直接在面层下设置透水性排水基层，在其边缘设置纵向集水沟和排水管以及横向出水管等。组成排水基层排水系统
	图式	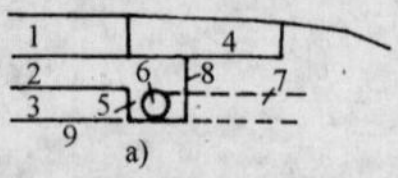 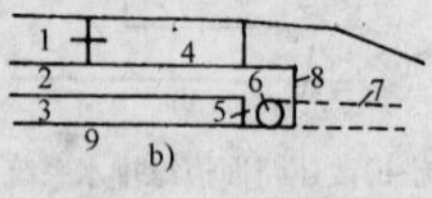 a)　b) 1-面层；2-排水基层；3-不透水垫层；4-路肩面层或水泥混凝土路肩面层；5-集水沟；6-排水管；7-出水管；8-反滤织物；9-路基

续上表

类型及项目		内　　容
排水垫层	组成	为拦截地下水、滞水或泉水进入路面结构，或者排除因负温差作用而积聚在路基上层的自由水，可直接在路基顶面设置透水性排水垫层，并酌情配置纵向集水沟、排水管和出水管等
	图式	 1-面层；2-基层；3-垫层；4-排水垫层；5-集水沟；6-排水管

9

A 边缘排水设施

边缘排水设施　　表 9-7

设施类型		布设及图式
纵向管式排水沟	组成	由带孔排水管、透水性回填料和反滤织物组成
	设置要点	(1)纵向边缘排水沟可设在行车道路面边缘、硬路肩铺面边缘或者路肩铺面(或路缘石)下,视排水要求、行车道路面和路肩铺面的结构组成情况、施工便利或影响等条件而定。 (2)排水沟的埋设深度视排水要求和气候条件而定。在非冰冻地区,新建路面时,排水沟底通常深达透水层或层面下的不透水结构层底面或更深些;改建路面时,为减少开挖量,排水沟可浅些,但排水管管底应低于透水层或层面下的不透水结构层顶面。在冰冻地区,排水管应尽可能设在冰冻深度线以下。 (3)排水沟下有涵洞或通道时,如沟底至洞顶的间距小于 30cm,则排水沟须在涵洞或通道前后 1m 距离外中断。 (4)排水沟底面的最小宽度,应方便于施工。新建路面时,一般采用 30cm;改建路面时,应能保证排水管两侧各有至少 5cm 宽的透水性回填料。 (5)沟内回填透水性粒料。透水性材料可由不含细料的开级配或断级配碎石或砾石组成。排水沟为排水基层或垫层的组成部分时,沟内回填料也可采用与排水基层或垫层相同的透水性材料,如水泥或沥青稳定开级配碎石或砾石集料或者无结合料的开级配粒料。 (6)回填料的底面和两侧围以反滤织物(土工布),以防垫层、基层或路肩内的细粒土随水流渗入而堵塞回填料孔隙或排水管管孔
	排水管要求	(1)纵向排水管通常选用带孔的聚氯乙烯(PVC)或高密度聚乙烯(HDPE)塑料管,设在排水沟的底部。 (2)孔口的总面积应不小于每延米 $42m^2/m$,孔口直径不大于透水性回填料通过率为 85%时的粒径的 1/2。管径可按设计流量由水力计算确定,但选用时还须考虑维护的方便,一般采用 100~150mm。 (3)排水沟和排水管的纵向坡度与路线纵坡相同,但不得小于 0.25%
	图式	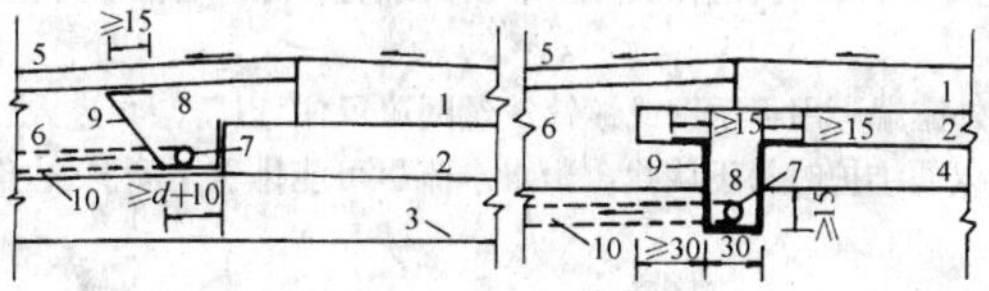 ≥15　5　1　2　3　4　6　7　8　9　10　≥d+10　≥15　≥30　30 单位:cm 1-面层;2-基层;3-排水基层;4-不透水底层;5-路肩面层;6-路肩基层;7-带孔排水管;8-透水性回填料;9-反滤织物;10-横向出水管
纵向板式排水沟	组成	由复合土工排水板(塑料芯板外包土工织物)和透水性回填料或者鳍状排水板(塑料芯板连接带孔或不带孔排水管外包土工织物)和透水性回填料组成
	布置要点	(1)由聚氯乙烯或聚乙烯材料做成不同断面形状的芯体,外面包裹无纺土工织物作为滤层。芯体下端可插入无孔的排水管或者连接带孔的排水管,后者在英国称作鳍状排水板。 (2)复合土工排水板或鳍状排水板安设在路面边缘排水沟内,紧贴路面结构,并在其背后回填透水性材料。路面结构中的自由水侧向通过土工布渗入排水内芯,由芯板通道竖向流下并纵向流入出水口,或者竖向流入排水管,再由排水管排向指定的出水口。 (3)芯板的厚度一般不大于 2.5cm,排水管的管径不大于 10cm。因而,排水沟的宽度较窄,一般为 5~15cm。复合土工排水板的顶面应略高于面层—基层界面,其底面应超出最低排水点足够的深度,使芯板在最低排水点以下的通道泄水断面能提供 $0.568m^3/h$(或 $1.577\times10^{-4}m^3/s$)的排水量,也即排水沟内的水位不超过最低排水点。鳍状排水板的埋置深度一般为底基层底面下 60cm 以上。 (4)排水沟内回填透水性材料。在级配和透水性符合要求的情况下,也可采用沟渠开挖的材料回填。回填料分层捣实,每层厚度不大于 20cm,并须注意避免挤压土工板。 (5)一些多年使用效果的观测调查表明,板式排水沟的排水量不及管式排水管,并且复合土工排水板在使用数年后易于被细粒土堵塞而失效
	布置图式	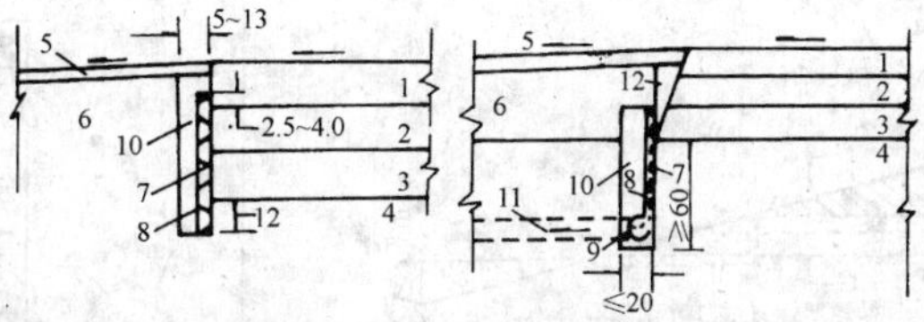 5~13　5　1　2　3　4　6　7　8　10　12　2.5~4.0　11　9　≥60　≤20 单位:cm 1-面层;2-基层;3-底基层;4-垫层或路床;5-路肩面层;6-路肩基层;7-复合土工排水板或鳍状排水板芯板;8-土工织物;9-带孔或不带孔排水管;10-透水性回填料;11-横向出水管

9

续上表

设施类型		布设及图式
纵向板式排水沟	排水板构造图	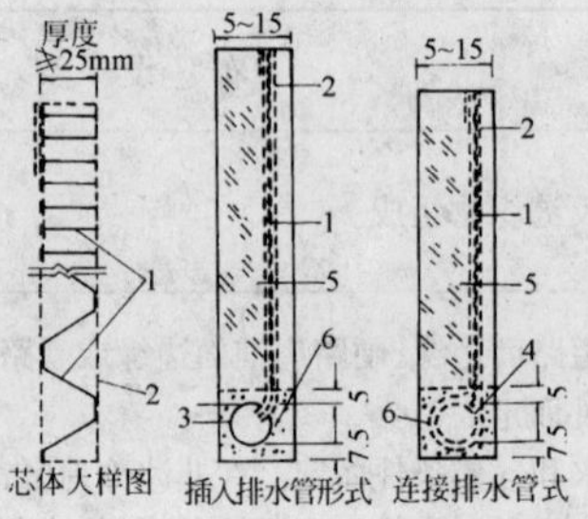 芯体大样图　插入排水管形式　连接排水管式 单位:cm 1-芯体;2-土工布;3-无孔排水管(顶部开口供芯体插入,管径(≤10cm);4-带孔排水管(管径≤10cm);5-回填料;6-管外覆裹料;7-宽度(管径+5cm,最大20cm)
横向出水口和出水管	作用	沿纵向排水管,间隔适当距离设置出水口,通过横向出水管或雨水井进水口将排水管内汇集的水排引出路基外
	布置要点	(1)出水口的间距,可按设计流量、管径和纵坡大小由水力计算确定,但还须考虑养护便利。常用的间距一般为40~60m,最大间距75~100。在凹形竖曲线底部和桥台前均应布置出水口。 (2)排水管上游起端设置横向通气管,与外界大气相通;下游终端设置横向出水管。中间段的出水口采用单根出水管或一根出水管和一根通气管。排水管与出水管的端头用半径不小于30cm的90°弯管联接。排水沟设在路缘石下时,排水管出水口直接与雨水的进水口相连接。 (3)横向出水管通常选用不带孔的聚氯乙烯(PVC)或高密度聚乙烯(HDPE)塑料管,管径与纵向排水管相同。出水管的横坡为2%~5%,视下游出口处的路基排水沟的高程情况选定,埋设出水管和通气管的所开挖的沟内的回填料须经充分压实,并在顶部覆盖不透水材料。 (4)出水管和通气管的外露端头用不锈钢或镀锌铁丝网罩罩住,以防杂物进入、植物侵入或啮齿动物筑巢。在出口位置的路面边缘处设置方形或圆形标志,以便维护时易于认找。出水水流尽可能排引至涵洞、边沟或排水沟中。出水口应高出边沟或排水沟沟底至少30cm
	布置及处理图式	**管口直接伸出路基坡面外** 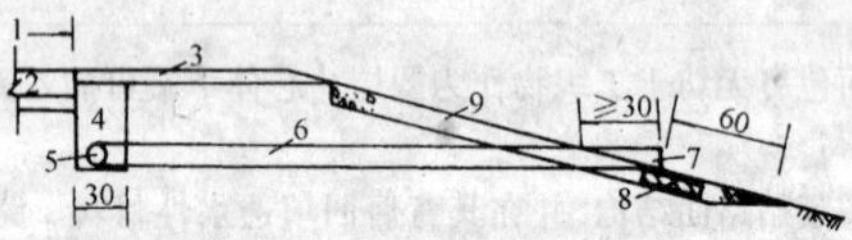 单位:cm 1-路面边缘;2-面层;3-路肩面层;4-排水沟;5-排水管;6-出水管;7-管端网罩;8-混凝土挡溅垫板;9-片石铺砌 **出水管弯向路基坡脚处伸出坡面外** 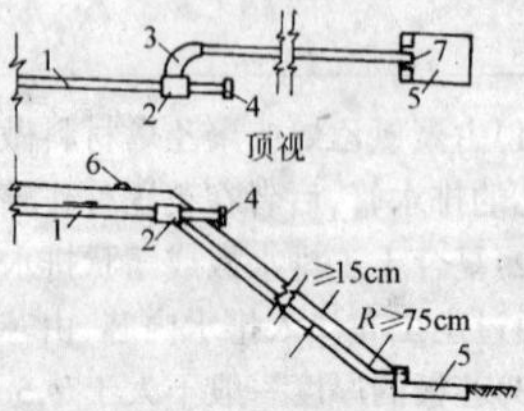 顶视 1-出水管;2-T形接头;3-90°弯管;4-管端盖帽(螺帽);5-混凝土挡溅垫板;6-出水口标志;7-网罩 **管口设直立式端墙** 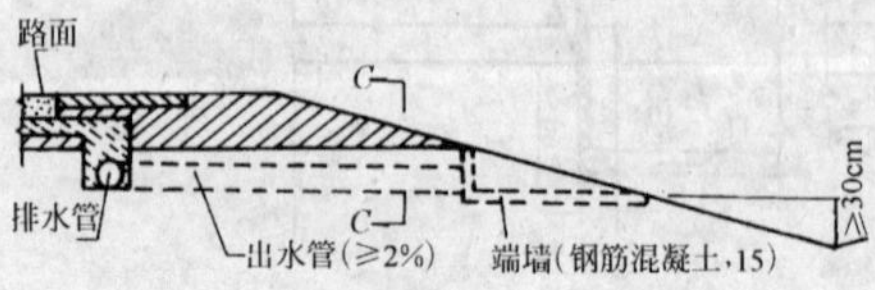 路面　排水管　出水管(≥2%)　端墙(钢筋混凝土,15)　≥30cm **管口设平头式端墙(墙面与坡面齐平)** 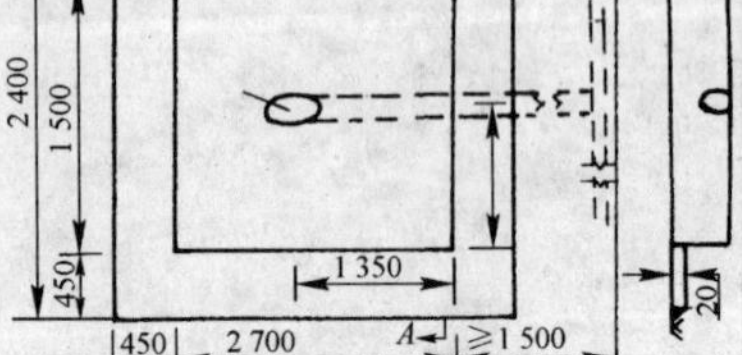 顶视　A—A　单位:mm

B 排水层排水设置要求及要点

排水层排水设置要求及要点　　表 9-8

项目		内容
布设要求及要点	透水材料及回填要求	(1)不含或含少量细料的开级配碎石(或砾石)集料; (2)沥青处治开级配碎石集料; (3)水泥处治开级配碎石(或砾石)集料。 排水垫层的透水性材料选用不含或含少量细料的开级配碎石(或砾石)集料。 排水沟的回填料主要选用不含或含少量细料的开级配碎石(或砾石)集料。设在排水基层处的排水沟回填料,也可选用与排水基层相同的混合料
	排水层尺寸	排水层的厚度按所需排放的水量和透水材料的渗透性而定,通常变动在 8 ~ 15cm 范围内(一般为 10cm 左右),其最小厚度不得少于 6cm。其宽度,在路面横坡的上侧方向应超出面层边缘至少 30cm,而在下侧方向到达排水沟的外缘,并应超出面层边缘 30 ~ 90cm。排水垫层(开级配粒料)的厚度一般为 20cm
	排水沟或排水管设置	纵向排水沟和排水管设置在路面横坡的下方。行车道路面为双向坡路拱时,在路面两侧都设置纵向排水沟和排水管。排水沟的内侧边缘一般位于行车道面层边缘处,但有时为了避免排水管被面层施工机械压裂,或者避免路面受排水沟沉降变形的影响,可将排水沟内侧边缘向外移出 60 ~ 90cm。路肩采用水泥混凝土面层时,排水沟内侧边缘可外移到路肩面层外侧边缘处。路面边缘设路缘石时,排水沟一般设在平石下。纵向排水沟和排水管的组成和要求与边缘排水系统相同
布设要求及要点	排水垫层	排水基层下应设置由密级配集料组成的垫层,以防止基层内自由水下渗,并保护排水基层免受下卧层中细粒的侵入而遭堵塞。设在土基上的排水垫层,应在其间设置反滤层或者反滤织物(土工布),以阻截土基中细粒土的侵入。集水沟的周边也应设置反滤织物,以防止路肩、路面垫层或路基中的细粒进入
	渗流长度	自由水在排水层内向出水口渗流的长度(距离),一般不宜超过 45 ~ 60m
曲线上增设横向排水管布置图式		1-面层;2-排水基层;3-纵向集水管;4-横向集水管;5-横向出水管;6-纵坡;7-横坡

A 路面表面排水作用、原则及要求

路面表面排水作用、原则及要求　表 9-9

项目	内容
路表排水的作用	由降雨形成的路面水若不能及时排除，形成的路面水膜会使车轮产生液面滑移，高速行驶的车辆在车尾形成的水雾会影响后面车辆驾驶员的视线而引起交通事故。下渗到路面基层中的水分会造成基层软化，最终导致路面面层的过早破坏。因此路面排水在路面设计中被作为三大要素（交通量、强度、排水）之一
基本原则	(1)降落在路面上的雨水，应通过路面横向坡度向两侧排流，避免行车道路范围内出现积水。 (2)在路线纵坡平缓、汇水量不大、路堤较低且边坡坡面不会受到冲刷的情况下，应采用在路堤边坡上横向漫流的方式排除路面表面水。 (3)在路堤较高，边坡坡面未做防护而易遭受路面表面水流冲刷，或者坡面虽已采取防护措施但仍有可能受到冲刷时，应沿路肩外侧边缘设置拦水带，汇集路面表面水，然后通过泄水口和急流槽排离路堤。 (4)设置拦水带汇集路面表面水时，拦水带过水断面内的水面，在高速公路及一级公路上不得漫过右侧车道外边缘，在二级及二级以下公路上不得漫过右侧车道中心线

续上表

项目	内容
一般要求	(1)高等级公路中，沥青混凝土路面横坡一般应为 2% 左右，当为软土路基，路基工后沉降较大，采用过渡路面时，路面横坡应适当加大到 3%。当位于纵坡小或超高缓和段的扭曲路面时，最小合成坡度不小于 0.5%。设拦水带时，右硬路肩的横向坡度宜采用 5%。 (2)在设有中央分隔带的高等级公路，为了排水需要，平面线形应优先考虑采用不设超高的平曲线半径。 (3)在公路交叉路口排水困难地段，路面排水设计应满足行驶动力学和排水技术要求，在交叉路口前应设置泄水口。停车广场、收费站处的排水工程应适当考虑美观，主车道和附属行车道路面之间可设相同的排水纵坡和横坡。 (4)对于纵坡较大的地段，弯道内侧车道、竖曲线的凹部、高路堤的桥端部等特殊部位，为防止过大集中水流对路基路肩、边坡冲刷，可局部设置挡水缘石和水簸箕。 (5)所有排水设施的设置，除能满足排水要求外，均应满足有利于今后养护维修管理的作业需要。 (6)为减少地表水和地下水对面层、基层、路基的侵蚀破坏，迅速排除路面结构内的层间水，通常可将路面排水与路面结构内部排水系统综合考虑

B 路面表面排水设施参考图

路面表面排水设施参考图　表 9-10

设施名称		适用条件	参考图式
水泥混凝土沟渠	L形混凝土沟渠	主要用作缘石边沟[a)～d)]，其中 a)和 b)为侧石和平石浇筑成一体；c)和 d)为侧石和平石分别预制后砌筑而成；e)和 f)为设在支挡结构物(如挡土墙等)下部的路堑边沟，用于汇集由墙背排出的自由水以及路面表面水	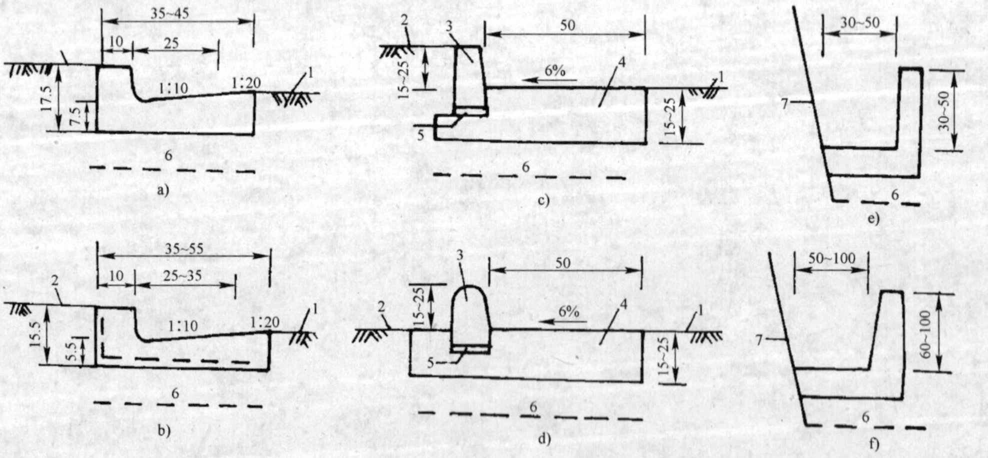 a) 35~45；10；25；1:10；1:20；17.5；7.5 b) 35~55；10；25~35；1:10；1:20；15.5；5.5 c) 50；6%；15~25；15~25 d) 50；6%；15~25；15~25 e) 30~50；30~50 f) 50~100；60~100 单位：cm 1-行车道；2-人行道；3-缘石(侧石)；4-平石；5-砂浆；6-基础；7-挡土墙

续上表

设施名称		适用条件	参考图式
水泥混凝土沟渠	三角形沟渠	用于路堤边沟或路堑边沟；路面采用混凝土面层时，边沟可与面层浇筑成一体	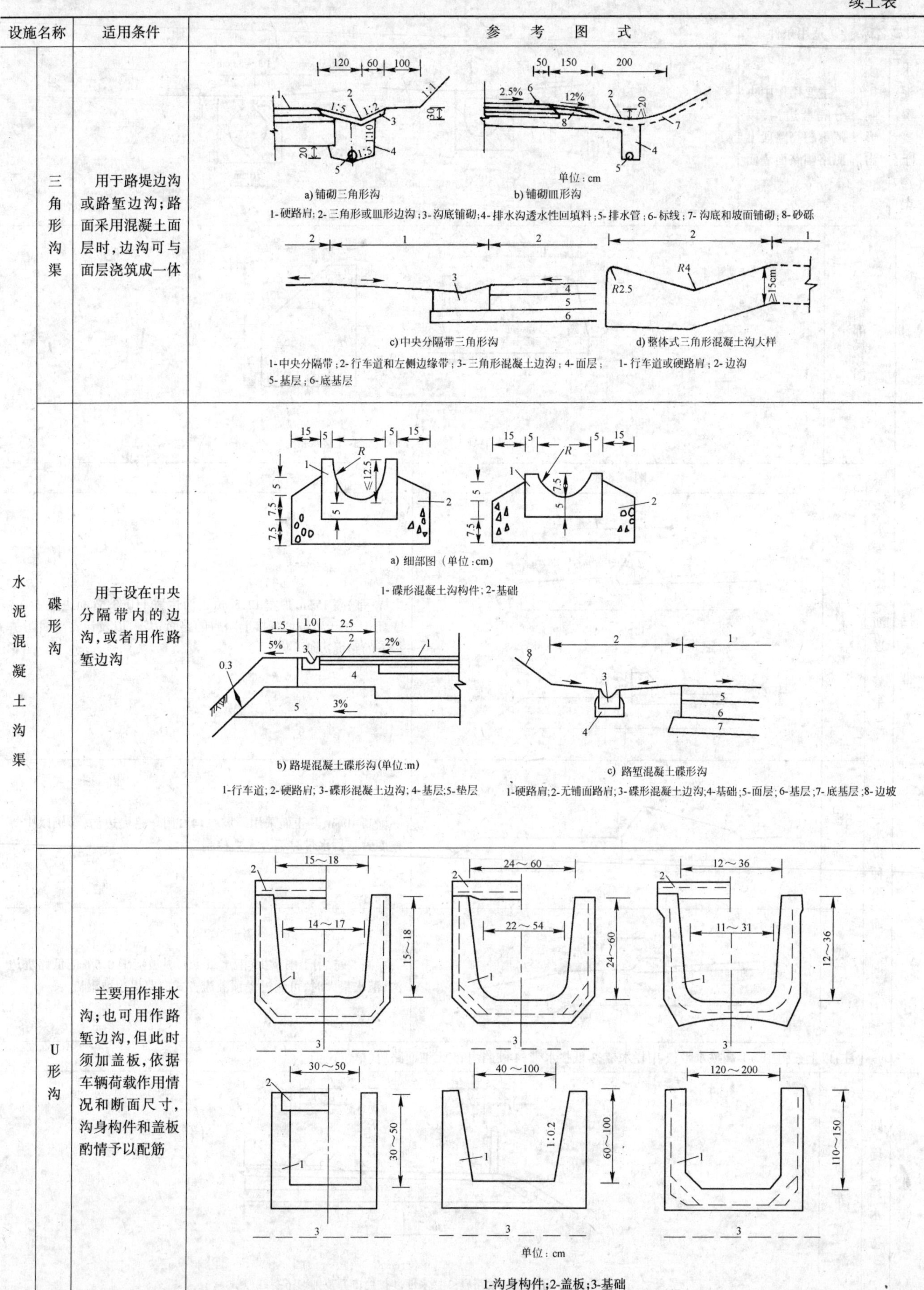 单位：cm a) 铺砌三角形沟　b) 铺砌皿形沟 1-硬路肩；2-三角形或皿形边沟；3-沟底铺砌；4-排水沟透水性回填料；5-排水管；6-标线；7-沟底和坡面铺砌；8-砂砾 c) 中央分隔带三角形沟　d) 整体式三角形混凝土沟大样 1-中央分隔带；2-行车道和左侧边缘带；3-三角形混凝土边沟；4-面层；5-基层；6-底基层　1-行车道或硬路肩；2-边沟
	碟形沟	用于设在中央分隔带内的边沟，或者用作路堑边沟	a) 细部图（单位：cm） 1-碟形混凝土沟构件；2-基础 b) 路堤混凝土碟形沟(单位:m)　c) 路堑混凝土碟形沟 1-行车道；2-硬路肩；3-碟形混凝土边沟；4-基层；5-垫层　1-硬路肩；2-无铺面路肩；3-碟形混凝土边沟；4-基础；5-面层；6-基层；7-底基层；8-边坡
	U形沟	主要用作排水沟；也可用作路堑边沟，但此时须加盖板，依据车辆荷载作用情况和断面尺寸，沟身构件和盖板酌情予以配筋	单位：cm 1-沟身构件；2-盖板；3-基础

9

续上表

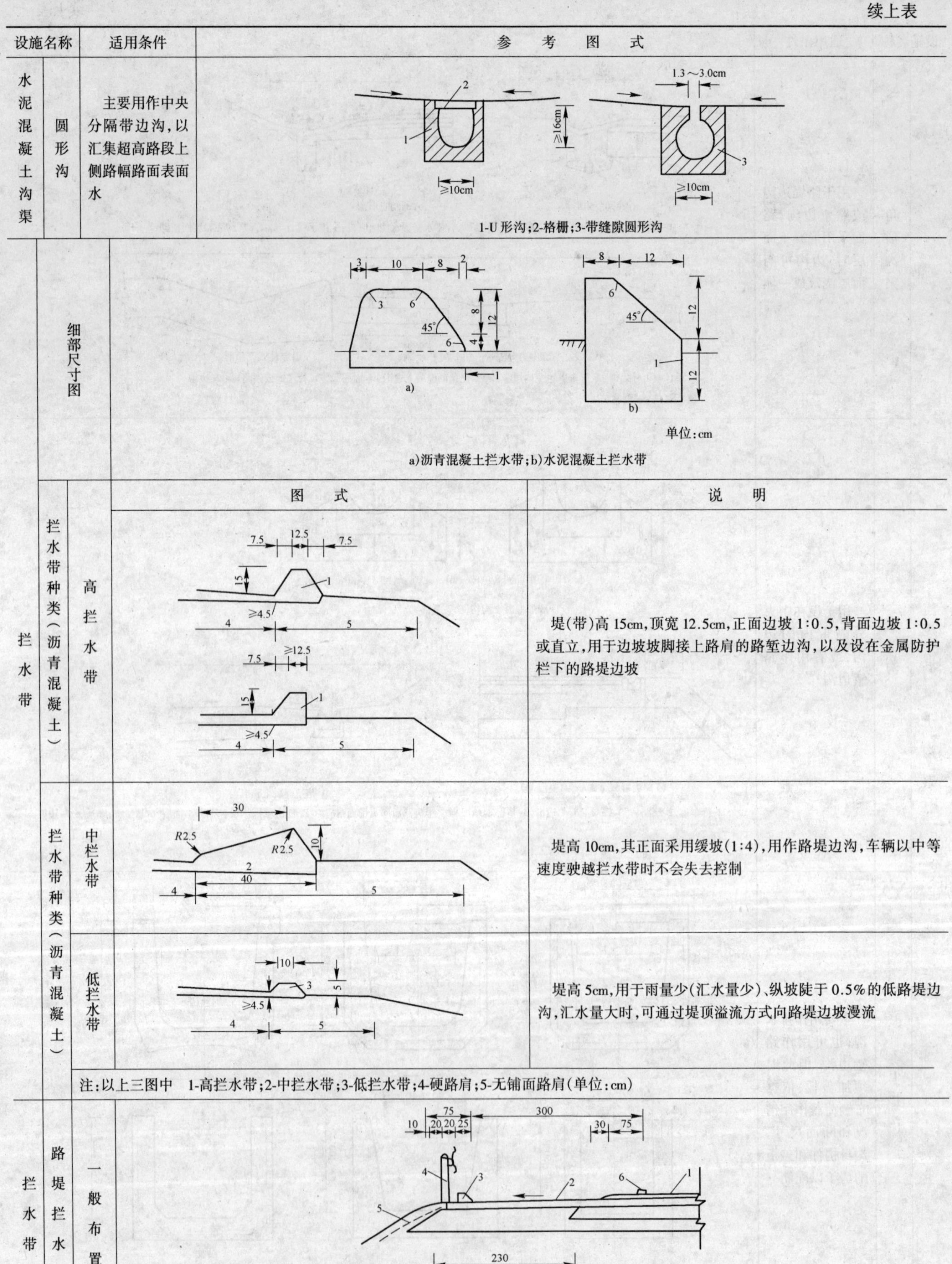

设施名称		适用条件	参考图式
水泥混凝土沟渠	圆形沟	主要用作中央分隔带边沟，以汇集超高路段上侧路幅路面表面水	1-U形沟;2-格栅;3-带缝隙圆形沟
拦水带	细部尺寸图		单位:cm a)沥青混凝土拦水带;b)水泥混凝土拦水带
拦水带	拦水带种类（沥青混凝土）	图式	说明
	高拦水带		堤(带)高15cm,顶宽12.5cm,正面边坡1:0.5,背面边坡1:0.5或直立,用于边坡坡脚接上路肩的路堑边沟,以及设在金属防护栏下的路堤边坡
	中栏水带		堤高10cm,其正面采用缓坡(1:4),用作路堤边沟,车辆以中等速度驶越拦水带时不会失去控制
	低拦水带		堤高5cm,用于雨量少(汇水量少)、纵坡陡于0.5%的低路堤边沟,汇水量大时,可通过堤顶溢流方式向路堤边坡漫流
		注:以上三图中　1-高拦水带;2-中拦水带;3-低拦水带;4-硬路肩;5-无铺面路肩(单位:cm)	
拦水带	路堤拦水带	一般布置	单位:cm 1-行车道;2-硬路肩;3-拦水带;4-护拦;5-草皮铺砌;6-标线

9

续上表

设施名称
参考图式
拦水带
路堤拦水带
带有排水沟的布置
1-硬路肩;2-无铺面路肩;3-拦水带;4-U形排水沟;5-泄水槽;6-基层
路堑拦水带布置
1-行车道;2-硬路肩;3-无铺面路肩;4-拦水带;5-面层;6-基层;7-底基层;8-草皮;9-边坡
拦水带开口
矩形排水沟
1-水流方向;2-硬路肩边缘;3-低凹区;4-拦水带顶;5-路堤边坡坡顶;6-急流槽
梯形排水沟
单位:cm
1-硬路肩边缘;2-路堤边缘;3-拦水带顶;4-有铺面的边沟扩展区(低凹区);5-坡谷线;6-水流方向;7-下凹深;8-低凹区宽;9-槽壁
接拦水带开口的急流槽
路基中线
拦水带
急流槽
平面
消力槛
剖面 A-A
干砌块石
8号砂浆勾缝
剖面 I-I
单位:m
中央分隔带排水设施
凸形中央分隔带
填石渗沟
中央分隔带
路面
沥青涂层
通信管道
护栏柱
油毛毡
填石渗沟
单位:cm

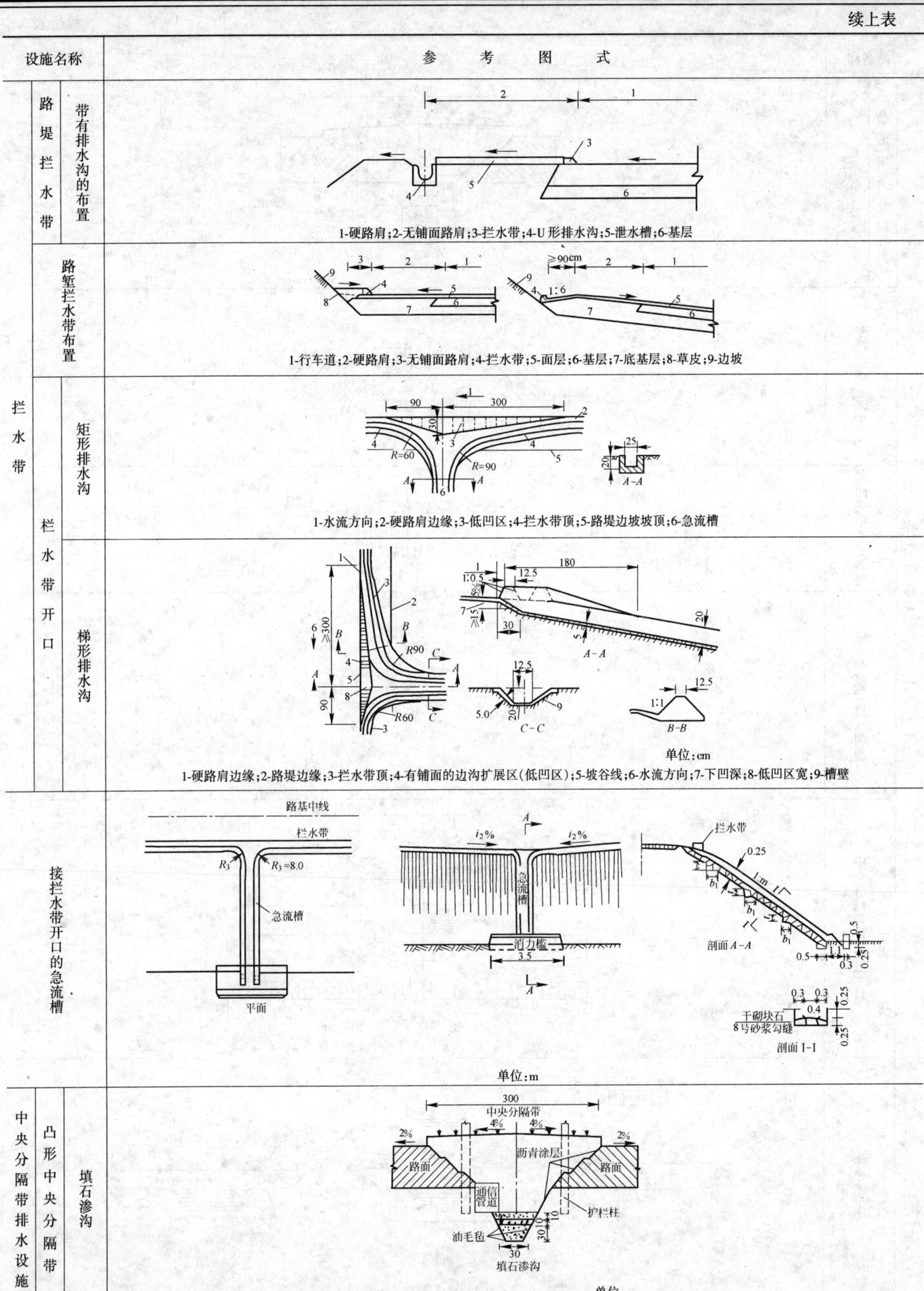

续上表

设施名称			参考图式
中央分隔带排水设施	凸形中央分隔带	管式渗沟	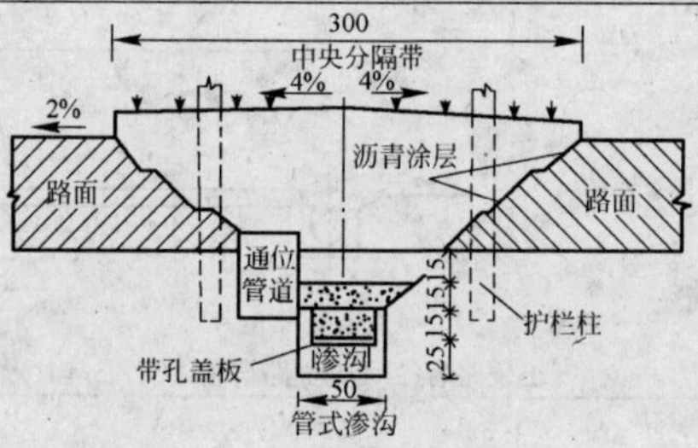单位:cm
	凹形中央分隔带		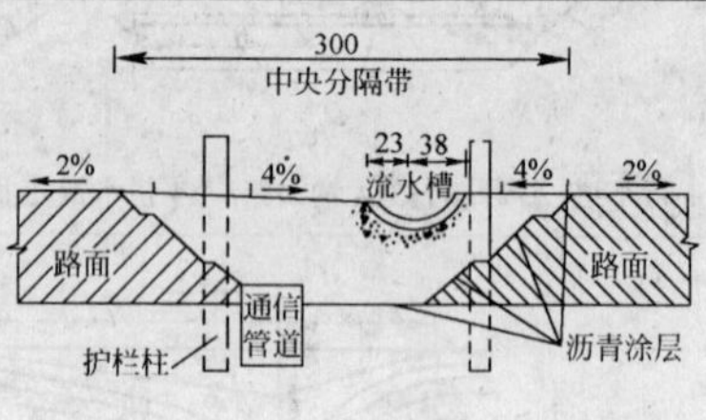单位:cm
	封闭式中央分隔带		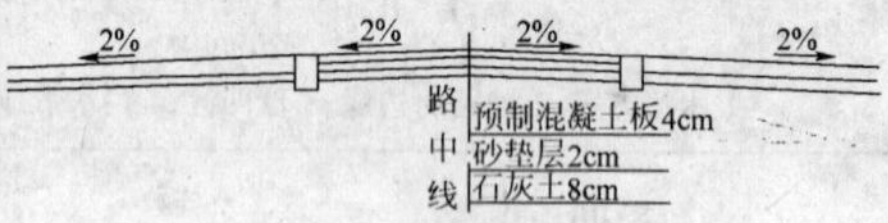
	中央分隔带过水明槽		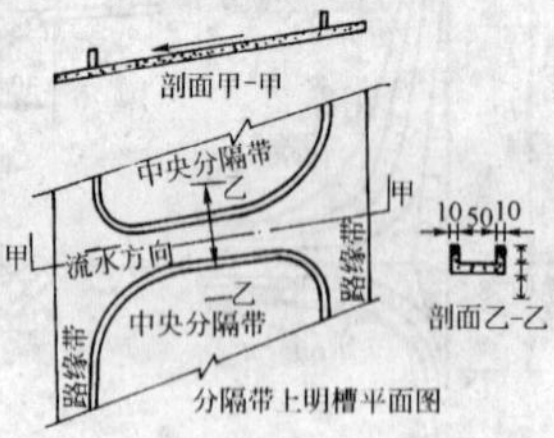单位:cm
	中央分隔带格栅进水口		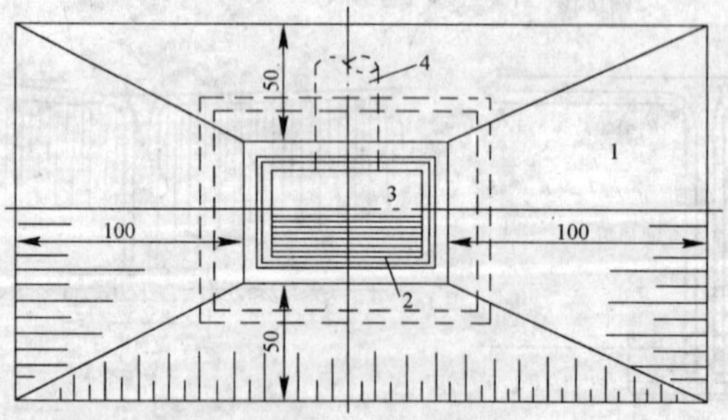单位:cm 1-低凹区;2-格栅;3-集水井;4-排水管
进水口设施	主要类型		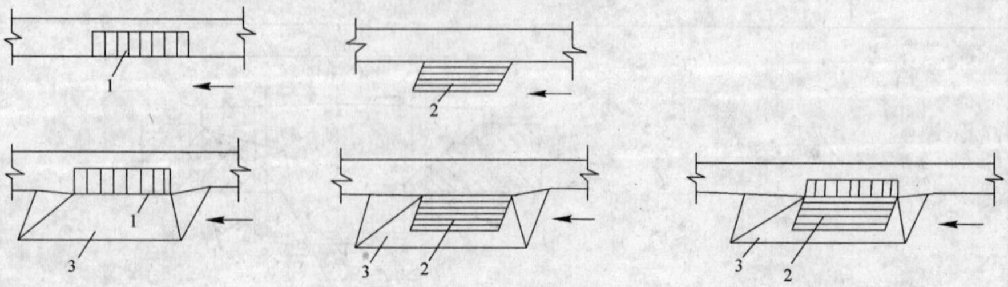a)　b)　c) a)开口式;b)格栅式;c)低凹区

续上表

设施名称			参考图式
进水口设施	位置及间距		进水口设置在低处。 下述情况下,进水口应设置在: (1)竖曲线的最低点及其前后约 3m 处或前后高差 0.6m 处; (2)弯道内侧及反向曲线的路面横坡方向转换处; (3)交叉口的路面最低点; (4)下穿道路的入口处。 在直线段上进水口的间距视地形、汇水面积、道路纵向和横向坡度、进水口形式、边沟容量等条件而异,可通过水力计算确定,一般为 30 ~ 50m
	进水口构造		(1)缘石开口的长度不得小于 50cm,高度不得小于 8cm。如有漂浮垃圾进入可能时,开口处应加设竖向挡污栅条。 (2)拦水带开口应做成喇叭口式,长度不得小于 50cm。设在平坡或竖曲线底部时,可做成对称式喇叭口;设在坡段上时,应做成不对称喇叭口,并在硬路肩边缘的外侧设置逐渐变宽的低凹区。低凹区在铺面与路肩相同。 (3)格栅宜采用金属材料。栅孔的长度方向须与水流方向平行。格栅的宽度为 40 ~ 60cm,长度为 50 ~ 130cm。栅孔净面积应占格栅面积的一半以上,并不得小于 250cm^2。 为增加进水口的泄水能力,可在进水口周围设置低凹区
	进水口参考图	缘石开口式进水口低凹区布置	单位:cm 1-缘石开口长度;2-边沟;3-水流方向;4-变坡线;5-坡谷; B_w——低凹区宽度;h_g——下凹深度
		格栅式进水口低凹区布置	单位:cm 1-隔栅长度;2-边沟;3-水流方向;4-变坡线;5-坡骨;6-与边沟横坡相同;7-缘石;8-拦水带;9-路肩横坡;10-集水井

续上表

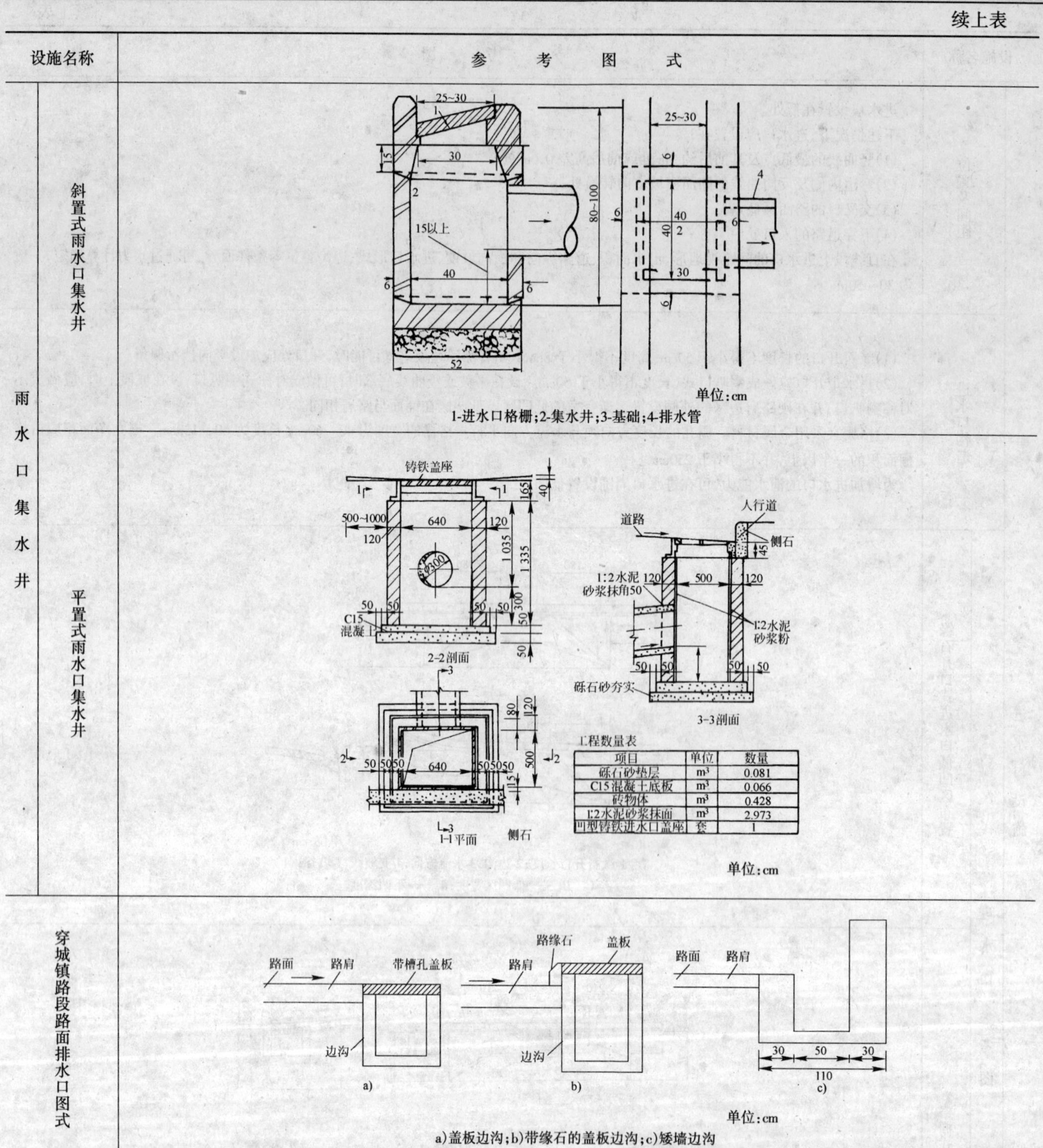

设施名称		参考图式
雨水口集水井	斜置式雨水口集水井	单位:cm 1-进水口格栅;2-集水井;3-基础;4-排水管
	平置式雨水口集水井	单位:cm
穿城镇路段路面排水口图式		单位:cm a)盖板边沟;b)带缘石的盖板边沟;c)矮墙边沟

工程数量表

项目	单位	数量
砾石砂垫层	m^3	0.081
C15混凝土底板	m^3	0.066
砖物体	m^3	0.428
1:2水泥砂浆抹面	m^2	2.973
叫型铸铁进水口盖座	套	1

9

A 透水性粒料

a 不同细集料含量对粒料透水性的影响

不同细集料含量对粒料透水性的影响　　表 9-11

编号	通过下列筛孔(mm)百分率(%)											密度 (mg/m^3)	渗透系数 (m/d)
	19	12.5	9.5	4.75	2.36	2.00	0.83	0.425	0.25	0.11	0.075		
1	100	85	77.5	58.5	42.5	39	26.5	18.5	13.0	6.0	0	1.938	3.05
2	100	84	76	56	39	35	22	13.3	7.5	0	0	1.874	33.53
3	100	83	74	52.5	34	30	15.5	6.3	0	0	0	1.842	97.54
4	100	81.5	72.5	49	29.5	25	9.8	0	0	0	0	1.778	304.8
5	100	79.5	69.5	43.5	22	17	0	0	0	0	0	1.666	792.5
6	100	75	63	32	5.8	0	0	0	0	0	0	1.618	914.4

b 不同细粒土含量对粒料渗透系数(m/d)的影响

不同细粒土含量对粒料渗透系数(m/d)的影响　　表 9-12

细粒土(<0.074mm)含量(%)	0	5	10	15
硅石或石灰石	3.05	2.13×10^{-2}	2.44×10^{-2}	0.91×10^{-2}
粉　土	3.05	2.44×10^{-2}	3.05×10^{-3}	6.10×10^{-4}
粘　土	3.05	3.05×10^{-2}	1.52×10^{-3}	2.74×10^{-4}

c 透水性粒料的级配组成及其渗透系数

透水性粒料的级配组成及其渗透系数　　表 9-13

编号	通过下列筛孔(mm)百分率(%)														渗透系数 (m/d)
	50	37.5	25	19	12.5	9.5	4.75	2.36	2.00	1.18	0.83	0.425	0.300	0.075	
KY		100	95~100	—	25~60	—	0~10	0~5	—	—	—	—	—	0~2	6090
WⅠ—1			100	90~100	—	20~55	0~10	0~5	—						3048
WⅠ—2			100	—	—	45~65	15~45	0~20	—	—	—	0~10	—	0~5	305
AL		100	96~100	81~89	63~68	53~58	36~39	21~26	—	10~12	—	—	1~7	0~3	613.4
NJ		100	95~100	—	60~80	—	40~55	5~25	—	0~8	—	—	0~5	—	609
PA	100	—	—	52~100	—	35~65	8~40	—	—	0~12	0~8	—	—	0~5	304.5
MI		100	—	—	0~90	—	0~8	—							304.5
IA			100	—	50~80	—	—	10~35	—	—	—	—	0~15	0~6	152.2
MN			100	65~100	—	35~70	20~45	—	8~25	—	—	2~10	—	0~3	60.9
OH	100	—	70~100	50~90	—	—	30~60	—	—	—	—	7~30	—	0~13	60.9
CE—1		100	70~100	55~100	42~80	30~60	10~50	0~25	—	0~5					300~1500
CE—2		100	95~100	—	25~80	—	0~10	0~5	—	—					>1500
A—57		100	95~100	—	25~60	—	0~10	0~5	—					—	10553
A—67			100	90~100	—	20~55	0~10	0~5	—					—	14640

B 多孔隙沥青稳定碎石

a 结合料处治前后混合料渗透系数 k(m/d)的变化

结合料处治前后混合料渗透系数 k(m/d)的变化 表 9-14

集料	37.5~25mm	19~9.5mm	4.75~2.36mm	A-57(石灰石)	A-57(砾石)	A-67(石灰石)	A-67(砾石)
无结合料	42 700	11 590	2 440	10 370	10 370	14 670	8 204
沥青处治	36 600	10 675	1 830	9 485	6 984	11 224	10 370
水泥处治	—	—	—	9 485	7 503	6 466	8 631

b 多孔隙沥青稳定碎石混合料的级配组成

多孔隙沥表稳定碎石混合料的级配组成 表 9-15

编号	通过下列筛孔(mm)的百分率(%)										渗透系数(m/d)
	37.5	25	19	12.5	9.5	4.75	2.36	1.18	0.30	0.075	
1		100	90~100	35~65	20~45	0~10	0~5	—	—	0~2	4575
2		100	50~100	—	15~85	0~5	—				
3	100	70~98	50~85	28~62	15~50	15±5	3~20	2~15	0~7	0~4	22.4
4		85~100	60~90	3065	15~50	0~20	0~15	—	—	0~5	
5	100	95~100	—	25~60	—	0~10	0~5				9 485
6		100	90~100	—	20~55	0~10	0~5				11 224
7		100	90~100	45~65	20~40	14~20	7~11	—	2~4	1~2	2 000

注:7 号级配为上海修筑沥青碎石排水基层所采用的集料级配范围,沥青用量 2.4%,孔隙率 20%,抗压回弹模量 100MPa。

C 多孔隙水泥稳定碎石

a 多孔隙水泥稳定碎石混合料的级配组成

多孔隙水泥稳定碎石混合料的级配组成 表 9-16

编号	通过下列筛孔(mm)的百分率(%)								渗透系数(m/d)
	37.5	25	19	12.5	9.5	4.75	2.36	0.075	
1	100	88~100	52~85	—	15~38	0~16	0~6		1 200
2	100	95~100	—	25~60	—	0~10	0~5	0~2	6 100
3		100	90~100	—	20~55	0~10	0~5		6 466
4		100	80~95	40~60	25~35	0~10	0~5	0~2	1 200

注:4 号级配为上海修筑水泥稳定排水基层所采用的集料级配范围,水泥:集料 = 8.5:1,孔隙率 20%,28d 抗压强度 7MPa。

9

b　不同水泥用量时多孔隙水泥稳定碎石的性能指标及水泥用量

不同水泥用量时多孔隙水泥稳定碎石的性能指标及水泥用量　　表 9-17

	集料:水泥（质量）	干密度（g/cm³）	孔隙率（%）	渗透系数（cm/s）	7d 抗压强度（MPa）
水泥用量与水泥稳定碎石性能	11.5:1	1.95	22.15	2.12	3.2
	10.5:1	1.97	21.39	1.78	3.9
	9.5:1	1.99	20.81	1.59	5.7
	9.0:1	2.00	20.22	1.37	6.9
	8.5:1	2.01	20.08	1.24	7.7

注：集料级配如下表

通过下列筛孔（mm）的质量百分率（%）						
26.5	19	13.2	9.5	4.75	2.36	0.075
100	95	50	32.5	5	2.5	1.0

水泥用量及水灰比要求：

水泥用量直接影响混合料的强度。表中例示了一组试验数据，反映水泥用量与强度的关系。因而，可根据排水基层的强度要求选定相应的水泥用量。7d 抗压强度的要求值为 4MPa 以上时，集料与水泥的质量比可在 9.0:1 ~ 10.5:1 的范围内选用，也即水泥剂量为 11% ~ 9.5%（占集料质量的百分率）。水泥用量为 120 ~ 170kg/m³。

水灰比在 0.39 ~ 0.43 范围内选用

D　复合土排水板、土工纤维、土工织物

a　美国复合土工排水板断面结构及材料性质

美国复合土工排水板断面结构及材料性质　　表 9-18

编号	芯板剖面（尺寸单位：mm）	芯板材料性质	土工织物性质
A	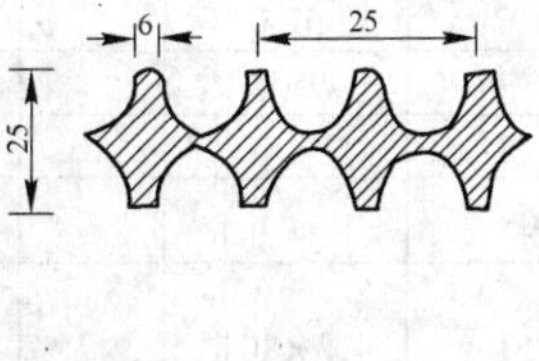	低密度聚乙烯；双面突头带孔芯板；每侧 1 819 个突头/m²；黑色，质量 1 615g/m²	无纺，针刺标准聚丙烯纤维，加热粘结在一侧突头上，质量 136g/m²
B	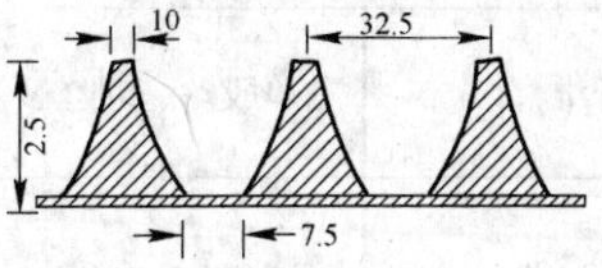	高密度聚乙烯；锥形突头带孔基座；1 076 个突头/m²；黄色，质量 1 948g/m²	无纺，针刺长丝聚酯纤维，质量 139g/m²
C	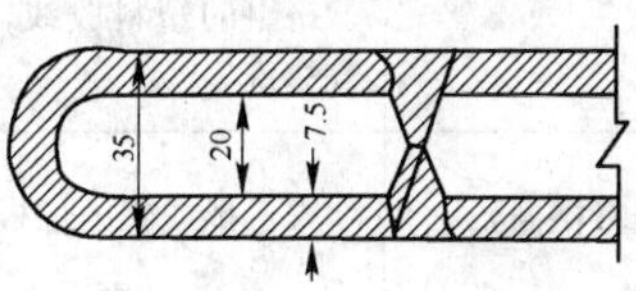	高密度聚乙烯；长椭圆形波纹管断面；59 个波纹/m；底部波纹带孔；194 个中间支柱/m²；黑色，质量 4 098g/m²	无纺，针刺标准聚丙烯纤维，加热设在一侧，质量 119g/m²
D	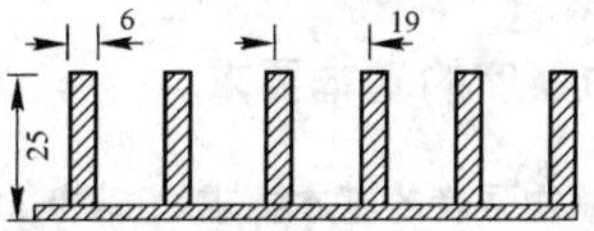	低密度聚乙烯；高立柱、带孔基座 2 422 根空心柱/m²；黑色，质量 2 400g/m²	无纺，针刺标准聚丙烯纤维，加热粘结在基座和全部立柱上，质量 153g/m²

b　国内一些塑料排水板断面形式

国内一些塑料排水板断面形式　　表 9-19

结构形式	简图	结构形式	简图
门槽塑料板	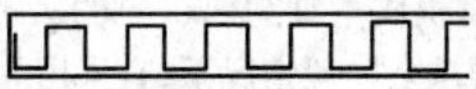	梯形槽塑料板	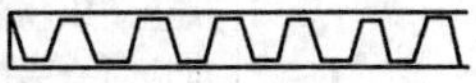
△槽塑料板	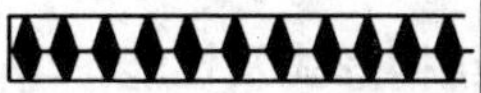	硬透水膜塑料板	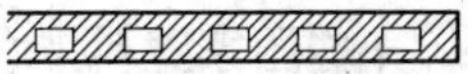
无纺布螺旋孔塑料板	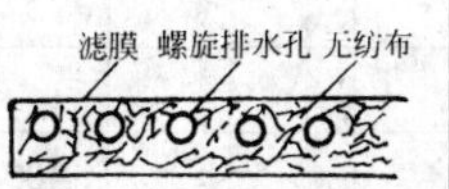 滤膜　螺旋排水孔　无纺布	无纺布柔性塑料板	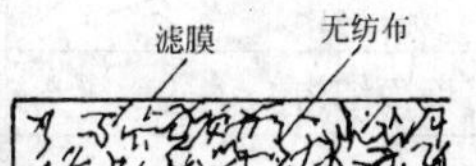 滤膜　无纺布

c 土工纤维产品的类型

土工纤维产品的类型　　表 9-20

序号	分类		原材	制造方法	主要用途
1	土工纤维	编型土工纤维	单股丝,多股丝、纱	缠绕	排水、反滤、防护、加筋、强化、隔离、垫层等
2		织型土工纤维	单股丝、多股丝	经纬线交织而成,有平纹,斜纹和缎子	
3		无纺型土工纤维	纤维	针刺法厚 1~5mm 热粘法厚 0.5~1.0mm 化学粘合法	同上(主要用针刺法织物)
4		组合型土工纤维	1~3 的组合	缝制或用针刺法	
5	条带织物		带状条	大孔眼(数厘米宽)织造	防浸蚀,加筋强化
6	土工垫(土工塑料垫)		粗硬纤维丝	交点处粘接,厚 1~2mm	排水,反滤,防浸蚀
7	土工网(土工塑料网)		挤出的塑料股线,线的直径 1~5mm	挤出的塑料股线(直径 1~5mm)	加筋强化
8	土工格栅(土工塑料格栅)		聚乙烯或聚丙烯板	单向或双向拉伸扩孔,孔径 1~10cm	加筋强化,板式结构物
9	土工泡沫塑料板		多孔泡沫塑料	挤压机制、压成型	
10	复合型土工聚合物		1~9 的组合		
11	土工薄膜		塑料、橡胶或土工纤维加防水涂料	溶制喷涂	防水、防渗、封闭

d 我国规范对土工织物强度的基本要求

我国规范对土工织物强度的基本要求　　表 9-21

测试项目	单位	用途分类					
		Ⅰ级		Ⅱ级		Ⅲ级	
		伸长率<50%	≥50%	<50%	≥50%	<50%	≥50%
握持强度	N	≥1 400	≥900	≥1 100	≥700	≥800	≥500
撕裂强度	N	≥500	≥350	≥400*	≥250	≥300	≥175
刺破强度	N	≥500	≥350	≥400	≥250	≥300	≥175
CBR 顶破强度	N	≥3 500	≥1 750	≥2 750	≥1 350	≥1 000	≥950
使用说明	土工织物的单位面积质量宜为 300~500g/m²,其强度应符合表的基本要求。一般情况下,宜采用Ⅱ级;如铺设条件良好可采用Ⅲ级;土工合成材料所处环境状况较恶劣(如有冲刷)时应采用Ⅰ级						

注:1.表中 * 指对机织单丝织物,采用 250N;
2.表列数值指卷材沿强度最弱方向测试的最低平均值。

e 一些国家塑料排水板的结构形式及性能

一些国家塑料排水板的结构形式及性能　　表 9-22

项目 \ 指标 \ 类型			TJ—1	SPB—1	Mebra	日本
断面结构						
外型尺寸(mm)			100×4	100×4	100×3.5	100×1.6
材料	板芯		聚乙烯、聚丙烯	聚氯乙烯	聚乙烯	聚乙烯
	滤膜		纯涤纶	混合涤纶	合成纤维质	
纵向沟槽数			38	38	38	10
沟槽面积(mm²)			152	152	207	112
板芯	抗拉强度(N/cm)		210	170		270
	180°弯曲		不脆不断	不脆不断		
	扁平压缩变形					
滤膜	滤膜重(N/m²)		0.65 含胶 40%	0.50		
	抗拉强度(N/cm)	干	>30	经 42,纬 27.2	107	
		饱和	25~30	经 22.7,纬 14.5		
	耐破度(N/cm)	干	87.7	52.5		
		饱和	71.7	51.0		
	撕裂度(N)	干		1.34		
		饱和				
	顶破强度(N)		103			
渗透系数(cm/s)			1×10^{-2}	4.2×10^{-4}		1.2×10^{-2}

f 国产几种土工纤维产品的性能指标

国产几种土工纤维产品的性能指标　　表 9-23

编号	厂名	原料工艺	单位面积质量 (g/m^2)	厚度 (mm)	孔隙特征(mm)			抗拉强度(kN/cm)		延伸率(%)		透气率	顶破强度 (kN)
					O_{50}	O_{90}	O_{95}	经向	纬向	经向	纬向		
1	上海工业用泥厂	丙纶针刺	580	4.8	—	—	—	0.188	0.27	52	82	76	—
2	上海工业用泥厂	涤纶针刺	370	3.5~4.0	—	—	—	0.168	0.096	102	68	46	72
3	天津工业用泥厂	涤纶针刺	—	—	0.061	0.096	0.120	0.100	—	75	—	—	—
4	天津工业用泥厂	涤纶针刺	—	4.3	—	—	—	0.096	0.066	75	90	—	118

g 国外几种土工纤维产品的性能指标

国外几种土工纤维产品的性能指标　　表 9-24

编号	国家厂名	原料工艺	单位面积质量 (g/m^2)	厚度 (mm)	孔隙特征(mm)			抗拉强度 (N/cm)	延伸率 (%)	断裂伸长率 (%)	渗透系数 (cm/s)	CBR 顶破阻力 (kN)
					O_{50}	O_{90}	O_{95}					
1	美 Du Pont	丙纶、纺粘、热压	270	0.69	—	0.07	0.085	15	45	250	1.1×10^2	—
2	英 ICI	丙纶、热粘	350	1.4	0.01	0.03	0.04	10	30	75	—	4.0
3	法	涤沦、纺粘、针刺	270	2.3	—	—	—	140	—	50~70	30×10^2	—
4	ENC	涤沦、纺粘、针刺	550	4.4	—	—	—	330	—	50~70	30×10^2	—
5	美 Phillips	丙纶、针刺	180	1.3	—	—	—	114	—	80	5×10^2	—
6	日	绦纶、纺粘、热压	300	2.6	—	—	—	130	—	65	15.3×10^2	—
7	UNITIKA	涤纶、纺粘、热压	500	1.1	—	—	—	220	—	75	15.3×10^2	—

h 我国规范对反滤织物各项性能指标的建议值

我国规范对反滤织物各项性能指标的建议值　　表 9-25

项　目	渗透性(cm/s)	孔径尺寸 O_{95}(mm)	刺破强度(N)	握持强度(N)	梯形撕裂强度(N)
试验方法	ASTM D4491	ASTM D4751	ASTM D3787	ASTM D4632	ASTM D4533
指标值	≥0.001	≤0.15*	≥334	≥800	≥334

*需阻挡粉土时，孔径尺寸 O_{95} 应 ≤ 0.074mm 或 0.037mm。

i 土工织物的渗透系数

土工织物的渗透系数　　表 9-26

	织物样编号	织物厚度(mm)	渗透系数(cm/s)
不同织物厚度	1#	3.04	5.6×10^{-1}
	2#	3.36	9.6×10^{-1}
	3#	3.96	3.4×10^{-1}
	4#	4.16	5.7×10^{-1}
	5#	4.24	4.1×10^{-1}

续上表

	化学材料	纤维细度(旦)	渗透系数(cm/s)
不同材料细度	PP	2.5	2.70×10^{-1}
	PP	2.5h*	2.05×10^{-1}
	PVA	6	3.58×10^{-1}
	PET	15	3.04×10^{-1}
	PET	15+2.5	3.30×10^{-1}
说明	1.h* 指加热处理过。 2.表中符号如下： 聚酰胺(锦纶 PA)　聚氯乙烯(氯纶 PVC) 聚酯(涤纶 PET)　聚乙烯醇(维纶 PVA) 聚丙烯(丙纶 PP)　聚丙烯腈(腈纶 PAN)		

j　聚酯长丝针刺土工布基本性能及技术要求

聚酯长丝针刺土工布基本性能及技术要求　　表 9-27

序号	项　　目	100	150	200	250	300	350	400	450	500	600	800	备注
1	单位面积质量偏差,%	-6	-6	-6	-5	-5	-5	-5	-5	-4	-4	-4	
2	厚度,mm,≥	0.8	1.2	1.6	1.9	2.2	2.5	2.8	3.1	3.4	4.2	5.5	
3	路宽偏差,%	-0.5											
4	断裂强力,kN/m≥	4.5	7.5	10.0	12.5	15.0	17.5	20.5	22.5	25.0	30.0	40.0	纵横向
5	断裂伸长率,%	40~80											
6	CBR 面顶破强力,kN≥	0.8	1.4	1.8	2.2	2.6	3.0	3.5	4.0	4.7	5.5	7.0	
7	等效孔径 $O_{90}(O_{95})$,mm	0.07~0.2											
8	垂直渗透系数,cm/s	$K\times(10^{-1}\sim10^{-3})$,$K=1.0\sim9.9$											
9	撕破强力,kN≥	0.14	0.21	0.28	0.35	0.42	0.49	0.56	0.63	0.70	0.82	1.10	纵横向

E　塑料排水管

a　聚乙烯管的物理性能

聚乙烯管的物理性能　　表 9-28

项　　目		给水用高密度聚乙烯管(GB/T 13663—92)	低密度聚乙烯管(SG 80—75)	喷灌用低密度聚乙烯管(GB 6674—86)
拉伸屈服应力(MPa)不小于		20	7.85	9.6
断裂伸长率(%)不小于		—	200	200
液压试验	温度 20℃ 时间 1h	环向应力 11.8MPa:不破裂,不渗漏	—	瞬时爆破压力不小于 3 倍工作压力
	温度 80℃ 时间 170h(60h) 环向应力 3.9MPa(4.9MPa)	不破裂,不渗漏	—	—
	0.8MPa 5min	—	不破裂,不渗漏	—
纵向尺寸收缩率(%)不大于		3	—	—
外观		管材内、外壁应平整、光滑,无气泡、无裂口、无分解变色线及显著沟纹、凹陷和影响使用的划伤。管材两端切割平整并与轴线垂直		

注:液压试验项内( )中的时间和应力为可替换试验值。

b　聚乙烯管的规格尺寸

聚乙烯管的规格尺寸　　表 9-29

公称外径(mm)	高密度聚乙烯给水管				低密度聚乙烯管	喷灌用低密度聚乙烯管	
	公称压力等级(MPa)						
	0.25	0.4	0.6	1.0	0.4	0.4	0.6
	管壁厚(mm)						
5					0.5		
6					0.5		
8					1.0		
10					1.0		
12					1.5		
16				2.0	2.0		
20				2.0	2.0	2.0	2.0
25			2.0	2.3	2.0	2.0	2.3
32			2.0	2.9	2.5	2.0	2.9
40		2.0	2.4	3.7	3.0	2.4	3.7
50		2.0	3.0	4.6	4.0	3.0	4.6
63	2.0	2.4	3.8	5.8	5.0	3.8	5.8
75	2.0	2.9	4.5	6.8		4.5	6.9
90	2.2	3.5	5.4	8.2		5.3	8.2
110	2.7	4.2	6.6	10.0		6.5	10.0
125	3.1	4.8	7.4	11.4		7.4	11.4

9

c　硬聚氯乙烯管性能指标

硬聚氯乙烯管性能指标　　　　表 9-30

项目	性　　能	指　　　　标
物理力学性能	密度	1 350 ~ 1 460kg/m³
	维卡软化温度	≥76℃
	吸水性	≤40g/m²
	纵向回缩率	≤5%
	扁平试验	无裂缝
	耐丙酮性	不允许分层或碎裂
	落锤冲击试验	A:0℃10 次冲击均无破裂为合格 B:0℃冲击 TIR < 5%;20℃冲击 TIR < 10%
	拉伸屈服应力	≥45MPa
	液压试验	无渗漏
饮用水管的卫生性能	铅的萃取值	第 1 次小于 1.0mg/l;第 2 次小于 0.3mg/l
	锡的萃取值	第 2 次小于 0.02mg/l
	镉的萃取值	3 次萃取液的每次不大于 0.01mg/l
	汞的萃取值	3 次萃取液的每次不大于 0.001mg/l
	氯乙烯单体含量	≤1.0mg/l
色泽		不透光的白色
外观		内、外壁光滑、清洁、无划伤、无气泡、裂口及明显的凹槽、杂质,无不匀及分解变色线等,端头平整

注:饮水用管不得使水产生气味、味道和颜色。

d　硬聚氯乙烯管规格尺寸

硬聚氯乙烯管规格尺寸　　　　表 9-31

公称外径(mm)	公称工作压力(MPa)		管长 L(mm)	最小承口长度 L_1(mm)	
	0.63	1.00		弹性密封圈连接型	溶剂粘接型
	壁　厚　(mm)				
20	1.6	1.9			16
25	1.6	1.9			18.5
32	1.6	1.9			22
40	1.6	1.9	4		26
50	1.6	2.4	6		31
63	2.0	3.0	10	64	37.5

续上表

公称外径(mm)	公称工作压力(MPa)		管长 L(mm)	最小承口长度 L_1(mm)	
	0.63	1.00		弹性密封圈连接型	溶剂粘接型
	壁　厚　(mm)				
75	2.3	3.6	12	67	43.5
90	2.8	4.3		70	51
110	3.4	5.3		75	61
125	3.9	6.0		78	68.5
140	4.3	6.7		81	76
160	4.9	7.7		86	86
180	5.5	8.6		90	
200	6.2	9.6		94	
225	6.9	10.8		100	
250	7.7	11.9		105	
280	8.6	13.4		112	
315	9.7	15.0		118	

注:水温变化时,工作压力需乘以以下调整系数:0 ~ 25℃取 1; > 25 ~ 35℃取 0.8; > 35 ~ 45℃取 0.63。

e　聚丙烯管的规格(mm)

聚丙烯管的规格(mm)　　　　表 9-32

公称外径	壁　厚			公称外径	壁　厚		
	Ⅰ型	Ⅱ型	Ⅲ型		Ⅰ型	Ⅱ型	Ⅲ型
16	—	—	—	180	6.4	9.4	12.2
20	—	—	—	200	7.1	10.4	13.5
25	—	—	2.0	225	7.9	11.7	—
32	—	—	2.2	250	8.3	13.0	—
40	—	2.1	2.8	280	9.9	14.5	—
50	2.0	2.6	3.4	315	11.1	16.3	—
63	2.3	3.3	4.3	355	12.5	18.4	—
75	2.7	3.9	5.1	400	14.1	20.7	—
90	3.2	4.7	6.1	450	15.8	—	—
110	3.9	5.7	7.5	500	17.6	—	—
125	4.4	6.5	8.5	560	—	—	—
140	5.0	7.3	9.5	630	—	—	—
160	5.7	8.3	10.8	—	—	—	—

注:聚丙烯管长度为 4m,可根据用途不同商定调整。

第十部分

路面典型结构及实例资料

A 《公路沥青路面设计规范》(JTJ 014—97)中的路面推荐结构

《公路沥青路面设计规范》(JTJ 014—97)中的路面推荐结构　　表 10-1

公路等级	类型	结构与厚度(cm)	设计年限内一个行车道上累计标准轴次(万次) 400~800	800~1 200	>1 200
高速公路、一级公路推荐结构	Ⅰ$_1$	面层	AC 12	AC 15	AC 16~18
		基层	CGA 20~30	CGA 20~34	CGA 20~38
		底基层	LS ? (或 CS) (或 CLS)	LS ? (或 CS) (或 CLS)	LS ? (或 CS) (或 CLS)
	Ⅰ$_2$	面层	AC 12	AC 15	AC 16~18
		基层	CGA ?	CGA ?	CGA ?
		底基层	GA 20	GA 20~30	GA 20~30
	Ⅱ$_1$	面层	AC 12	AC 15	AC 16~18
		基层	LFGA 20~30	LFGA 20~34	LFGA 20~38
		底基层	LS (或 CS) ? (或 LFS)	LS (或 CS) ? (或 LFS)	LS (或 CS) ? (或 LFS)
	Ⅱ$_2$	面层	AC 12	AC 15	AC 16~18
		基层	LFGA ?	LFGA ?	LFGA ?
		底基层	GA 20	GA 20~30	GA 20~30
	Ⅲ$_1$	面层	AC 12	AC 15	AC 16~18
		基层	CLFGA 20~30	CLFGA 20~34	CLFGA 20~38
		底基层	LS 或 LFS ? (或 CS) (或 CLS)	LS 或 LFS ? (或 CS) (或 CLS)	LS 或 LFS ? (或 CS) (或 CLS)
	Ⅲ$_2$	面层	AC 12	AC 15	AC 16~18
		基层	CLFGA ?	CLFGA ?	CLFGA ?
		底基层	GA 20	GA 20~30	GA 20~30
	Ⅳ	面层	AC 6~10	—	—
		上基层	AS 8~10	—	—
		下基层	CR ?	—	—
		底基层	GA 20~30 (或 CR) (或 SG)	—	—

续上表

公路等级	类型	结构与厚度(cm)	设计年限内一个行车道上累计轴次(万次) 三级公路 <100	二级公路 100~200	二级公路 200~400
二级、三级公路路面推荐结构	Ⅰ	面层	AC 2~4	AC 5~8	AC 8~10
		基层	CGA 20	CGA 20	CGA 20~30
		底基层	LS ? (或 CS) (或 CLS) (或 GA)	LS ? (或 CS) (或 CLS) (或 GA)	LS ? (或 CS) (或 CLS) (或 GA)
	Ⅱ	面层	AC 2~4	AC 5~8	AC 8~10
		基层	LFGA 20	LFGA 20	LFGA 20~30
		底基层	LFS (或 LS) ? (或 GA)	LFS (或 LS) ? (或 GA)	LFS (或 LS) ? (或 GA)
二级、三级公路路面推荐结构	Ⅲ	面层	AC 2~4	AC 5~8	AC 8~10
		基层	SGA 20	SGA 20	SFGA ?
		底基层	LS ? (或 GA)	LS ? (GA)	LS 20 (或 GA)
	Ⅳ	面层	AC 2~4	AC 5~8	AC 8~10
		联接层	CR 8~10	CR 8~12	CR 12~15
		底基层	LS ? (或 SGA)	LS ? (SGA)	LS(或 SGA) ? (或 CS) (或 CLS)
	Ⅴ	面层	AC 4~6	AC 8~10	AC 10~12
		基层	CR ?	CR ?	CR ?
		底基层	GA 20	GA 20	GA 20

	结构类型	符号
结构类型符号	沥青混凝土	AC
	沥青碎石	AS
	水泥稳定集料	CGA
	水泥稳定级配碎石	CCR
	水泥稳定砂砾	CSG
	二灰稳定集料	LFGA
	二灰稳定碎石	LFCR
	二灰稳定砂砾	LFSG
	水泥粉煤灰等综合稳定集料	CLFGA
	石灰稳定集料	SGA
	水泥土	CS
	二灰土	LFS
	石灰土	LS
	水泥石灰土	CLS
	级配碎石	CR
	砂砾	SG
	集料	GA

续上表

公路等级	结构与厚度(cm) 类型	设计年限内一个行车道上累计标准轴次(万次)		
		400～800	800～1 200	>1 200
说明	(1)CGA为水泥稳定集料,包括水泥稳定级配碎石(CCR)和水泥稳定砂砾(CSG)。集料GA包括级配碎石(CR)和级配砂砾或天然砂砾(SG)或未筛分碎石以及粗、中粒土。 (2)高速公路、一级公路的面层由二至三层组成,应根据规范要求,结合各地具体情况选用各沥青混合料的级配。 (3)基层、底基层的材料应本着因地制宜,就近取材、保证质量、节约投资的原则选择结构类型,特别是底基层材料,更应注重当地材料的选用。 (4)各结构层原材料及混合料的配合比、级配、力学性能指标应符合规范的规定。 (5)表中赋有"?"的基层或底基层为设计层,应考虑交通量、土基状况按专用设计程序进行厚度计算			

B 国内一些地区高等级公路半刚性沥青路面典型结构

a 半刚性沥青路面典型结构参数及符号说明

半刚性沥青路面典型结构参数及符号说明　　表10-2

参数名称	参数取值		
	材　料	范　围 (单位MPa)	说　明
半刚性材料及沥青混凝土回弹模量设计值	石灰土	400～500	$R_7 \geq 1.0$MPa时取高限, $R_7 \geq 0.8$MPa时取低限
	二灰土	550～650	$R_7 \geq 0.7$MPa时取高限, $R_7 \geq 0.5$MPa时取低限
	水泥土	500～600	$R_7 \geq 2.0$MPa时取高限, $R_7 \geq 1.5$MPa时取低限
	水泥级配集料	900～1 100	$R_7 = 4.0$MPa时取高限, $R_7 = 3.0$MPa时取低限
	二灰级配集料	900～1 100	$R_7 > 1.1$MPa时取高限, $R_7 = 0.8$MPa时取低限
	沥青混凝土	900～1 200	重冰冻地区取高限值,轻冰冻地区取接近高限的值,非冰冻地区取接近低限或低限值

续上表

参数名称	参数取值		
材料劈裂及抗弯拉强度	材料名称	劈裂强度(MPa)	抗弯拉强度(MPa)
	石灰土	0.25	0.50
	二灰土	0.35	0.70
	水泥土	0.40	0.80
	水泥级配集料	0.50	1.00
	二灰级配集料	0.50	1.00
	沥青混凝土	0.70(15℃) 1.50(10℃)	1.90(15℃) 4.00(10℃)

参数名称	地区	取值	交通等级划分
土基回弹模量取值E_0	华北、东北、西南、华东、中南片区	S_1　30MPa≤E_0<45MPa S_2　45MPa≤E_0<65MPa S_3　E_0≥65MPa	根据累计标准轴次N_e拟定的4个交通等级为: T_1　$N_e < 5\times10^6$ T_2　N_e 5×10^6～8×10^6 T_3　N_e 8×10^6～12×10^6 T_4　N_e 12×10^6～18×10^6
	黄土高原片区	S_1　35MPa≤E_0<50MPa S_2　50MPa≤E_0<70MPa S_3　E_0≥70MPa	
		S_1　45MPa≤E_0<60MPa S_2　60MPa≤E_0<80MPa S_3　E_0≥80MPa	
	西北干旱片区	砂砾石 75MPa≤E_0<100MPa 100MPa≤E_0<150MPa E_0≥150MPa 沙漠砂 E_0=100MPa	

参数名称	结构层名称	符号	结构层名称	符号
结构层采用符号	沥青混凝土面层	AC	水泥砂砾基层	CSG
	沥青混凝土上面层	AC(S)	二灰砂砾基层	LFST
	沥青混凝土下面层	AC(X)	天然砂砾	SG
	二灰稳定粒料类基层	LFGA	级配碎石	CR
	水泥稳定粒料类基层	CGA	沥青碎石	RC
	二灰稳定粒料类底基层	LFS	水泥土	CST
	水泥稳定粒料类底基层	CS	石灰土	LST
	二灰土	LFST		

注:以下半刚性沥青路面典型结构中除有注明外,表中符号的含义均以本表为准。

b 北京高等级公路半刚性路面典型结构

北京高等级公路半刚性路面典型结构　　表10-3

序号	交通量等级	$T_1(<5\times10^6)$			$T_2(<5\times10^6\sim8\times10^6)$			$T_3(<8\times10^6\sim12\times10^6)$			$T_4(<12\times10^6\sim18\times10^6)$		
	结构层材料	路基强度等级(E_0)			路基强度等级(E_0)			路基强度等级(E_0)			路基强度等级(E_0)		
		S_1	S_2	S_3	S_1	S_2	S_3	S_1	S_2	S_3	S_1	S_2	S_3

续上表

序号	交通量等级 / 结构层材料	$T_1(<5\times10^6)$			$T_2(<5\times10^6\sim8\times10^6)$			$T_3(<8\times10^6\sim12\times10^6)$			$T_4(<12\times10^6\sim18\times10^6)$		
		路基强度等级(E_0)			路基强度等级(E_0)			路基强度等级(E_0)			路基强度等级(E_0)		
		S_1	S_2	S_3	S_1	S_2	S_3	S_1	S_2	S_3	S_1	S_2	S_3
1	中粒式沥青混凝土/粗粒式沥青混凝土	4/5	4/5	4/5	5/6	5/6	5/6	5/6	5/6	5/6	4/11	4/11	4/11
	二灰(或水泥)集配集料	18	18	18	20	20	20	30	30	30	30	30	30
	石灰土	40	35	30	40	35	30	35	30	25	35	30	25
2	中粒式沥青混凝土/粗粒式沥青混凝土	4/5	4/5	4/5	5/6	5/6	5/6	5/6	5/6	5/6	4/11	4/11	4/11
	二灰(或水泥)集配集料	18	18	18	20	20	20	30	30	30	30	30	30
	石灰稳定砂砾	35	30	25	35	30	25	30	25	20	30	25	20

注:11cm粗粒式沥青混凝土分为5cm+6cm铺筑。

c　东北地区典型结构

东北地区高等级公路半刚性基层沥青路面

典型结构(Ⅱ$_1$气候区)(一)　　表10-4

T \ S	S_1 $E_0=30\sim35$MPa	S_2 $E_0=35\sim55$MPa	S_3 $E_0\geqslant55$MPa
T_1 $L_R=39.9$ ($N_e<5$百万次)	$L_m=36.8$	$L_m=37.6$	$L_m=36.8$
	9～12cm沥青混凝土	9～12cm沥青混凝土	9～12cm沥青混凝土
	20cm水泥砂砾(二灰碎、砾石)	20cm水泥砂砾(二灰碎、砾石)	20cm水泥砂砾(二灰碎、砾石)
	39cm二灰土(水泥土)	35cm二灰土(水泥土)	32cm二灰土(水泥土)
T_2 $L_R=39.9\sim35.3$($N_e=5\sim8$百万次)	$L_m=32.1$	$L_m=33.1$	$L_m=33.1$
	11～13cm沥青混凝土	11～13cm沥青混凝土	11～13cm沥青混凝土
	20cm水泥砂砾(二灰碎、砾石)	20cm水泥砂砾(二灰碎、砾石)	20cm水泥砂砾(二灰碎、砾石)
	44cm二灰土(水泥土)	39cm二灰土(水泥土)	34cm二灰土(水泥土)
T_3 $L_R=35.3\sim31.8$($N_e=8\sim12$百万次)	$L_m=28.1$	$L_m=28.9$	$L_m=28.1$
	12～14cm沥青混凝土	12～14cm沥青混凝土	12～14cm沥青混凝土
	30cm水泥砂砾(二灰碎、砾石)	30cm水泥砂砾(二灰碎、砾石)	30cm水泥砂砾(二灰碎、砾石)
	39cm二灰土(水泥土)	34cm二灰土(水泥土)	32cm二灰土(水泥土)
T_4 $L_R=31.8\sim28.6$($N_e=12\sim18$百万次)	$L_m=25.4$	$L_m=26.1$	$L_m=26.1$
	13～15cm沥青混凝土	13～15cm沥青混凝土	13～15cm沥青混凝土
	30cm水泥砂砾(二灰碎、砾石)	30cm水泥砂砾(二灰碎、砾石)	30cm水泥砂砾(二灰碎、砾石)
	44cm二灰土(水泥土)	39cm二灰土(水泥土)	34cm二灰土(水泥土)

注:1.面层厚度辽宁取低限,黑龙江取高限,吉林取中值;

2.表中弯沉值单位为0.01mm,T_1、T_2、T_3、T_4为交通量等级划分。

3.表中给出的结构计算弯沉值L_m是采用极限最不利情况下计算所得值。即:面层厚度取低限,底基层模量取水泥土模量值;

4.表中L_R为计算路面容许弯沉值,单位为0.01mm;

5.面层沥青混凝土分层厚度如下:9=4+5;10=4+6;11=5+6;12=5+7;14=4+5+5;15=5+5+5(cm)。

东北地区高等级公路半刚性基层沥青路面

典型结构(Ⅱ$_2$气候区)(二)　　表10-5

$T(L_R)$ \ $S(E_0)$	S_1 $E_0=30\sim40$MPa	S_2 $E_0=40\sim60$MPa	S_3 $E_0>60$MPa
T_1 $L_R=39.9$	$L_m=37.6$	$L_m=38.2$	$L_m=37.1$
	9～12cm沥青混凝土	9～12cm沥青混凝土	9～12cm沥青混凝土
	20cm水泥砂砾(二灰碎、砾石)	20cm水泥砂砾(二灰碎、砾石)	20cm水泥砂砾(二灰碎、砾石)
	37cm二灰土(石灰土)	32cm二灰土(石灰土)	30cm二灰土(石灰土)
T_2 $L_R=39.9\sim35.3$	$L_m=32.7$	$L_m=33.3$	$L_m=33.4$
	11～13cm沥青混凝土	11～13cm沥青混凝土	11～13cm沥青混凝土
	20cm水泥砂砾(二灰碎、砾石)	20cm水泥砂砾(二灰碎、砾石)	20cm水泥砂砾(二灰碎、砾石)
	42cm二灰土(石灰土)	37cm二灰土(石灰土)	32cm二灰土(石灰土)
T_3 $L_R=35.3\sim31.8$	$L_m=28.6$	$L_m=29.0$	$L_m=28.4$
	12～14cm沥青混凝土	12～14cm沥青混凝土	12～14cm沥青混凝土
	30cm水泥砂砾(二灰碎、砾石)	30cm水泥砂砾(二灰碎、砾石)	30cm水泥砂砾(二灰碎、砾石)
	37cm二灰土(石灰土)	32cm二灰土(石灰土)	30cm二灰土(石灰土)

续上表

$S(E_0)$ / $T(L_R)$	S_1 $E_0=30\sim40$MPa	S_2 $E_0=40\sim60$MPa	S_3 $E_0>60$MPa
T_4 $L_R=31.8\sim28.6$	$L_m=26.3$	$L_m=26.2$	$L_m=26.3$
	13 ~ 15cm 沥青混凝土	13 ~ 15cm 沥青混凝土	13 ~ 15cm 沥青混凝土
	30cm 水泥砂砾（二灰碎、砾石）	30cm 水泥砂砾（二灰碎、砾石）	30cm 水泥砂砾（二灰碎、砾石）
	40cm 二灰土（石灰土）	37cm 二灰土（石灰土）	32cm 二灰土（石灰土）

东北地区高等级公路半刚性基层沥青路面典型结构（Ⅱ$_3$ 气候区）（三）　　表 10-6

S / T	S_1 $E_0=30\sim45$MPa	S_2 $E_0=45\sim65$MPa	S_3 $E_0>65$MPa
T_1 $L_R=39.9$	$L_m=38.7$	$L_m=38.7$	$L_m=37.6$
	9 ~ 12cm 沥青混凝土	9 ~ 12cm 沥青混凝土	9 ~ 12cm 沥青混凝土
	20cm 水泥砂砾（二灰碎、砾石）	20cm 水泥砂砾（二灰碎、砾石）	20cm 水泥砂砾（二灰碎、砾石）
	35cm 二灰土（石灰土）	30cm 二灰土（石灰土）	28cm 二灰土（石灰土）
T_2 $L_R=39.9\sim35.3$	$L_m=33.7$	$L_m=33.7$	$L_m=33.8$
	11 ~ 13cm 沥青混凝土	11 ~ 13cm 沥青混凝土	11 ~ 13cm 沥青混凝土
	20cm 水泥砂砾（二灰碎、砾石）	20cm 水泥砂砾（二灰碎、砾石）	20cm 水泥砂砾（二灰碎、砾石）
	40cm 二灰土（石灰土）	35cm 二灰土（石灰土）	30cm 二灰土（石灰土）
T_3 $L_R=35.3\sim31.8$	$L_m=29.2$	$L_m=29.1$	$L_m=28.4$
	12 ~ 14cm 沥青混凝土	12 ~ 14cm 沥青混凝土	12 ~ 14cm 沥青混凝土
	30cm 水泥砂砾（二灰碎、砾石）	30cm 水泥砂砾（二灰碎、砾石）	30cm 水泥砂砾（二灰碎、砾石）
	35cm 二灰土（石灰土）	30cm 二灰土（石灰土）	28cm 二灰土（石灰土）
T_4 $L_R=31.8\sim28.6$	$L_m=26.3$	$L_m=26.3$	$L_m=26.4$
	13 ~ 15cm 沥青混凝土	13 ~ 15cm 沥青混凝土	13 ~ 15cm 沥青混凝土
	30cm 水泥砂砾（二灰碎、砾石）	30cm 水泥砂砾（二灰碎、砾石）	30cm 水泥砂砾（二灰碎、砾石）
	40cm 二灰土（石灰土）	35cm 二灰土（石灰土）	30cm 二灰土（石灰土）

东北地区高等级公路半刚性基层沥青路面典型结构（潮湿路段低强度土基）（四）　　表 10-7

结　构　(1)	结　构　(2)
9 ~ 15cm 沥青混凝土	9 ~ 15cm 沥青混凝土
50 ~ 60cm 二灰碎（砾）石（水泥砂砾）	30cm 二灰碎（砾）石（水泥砂砾）
	50 ~ 55cm 二灰土

注：潮湿路段低强度土基为防治翻浆冻胀，除面层厚度按交通量等级确定外，对基层、低基层可根据当地材料任选其一。

d　吉林省典型结构

吉林高等级公路半刚性基层沥青路面典型结构（一）　　表 10-8

S / T	S_1		S_2		S_3	
T_4 $N_e=12\sim18$ 百万次	类型	厚度(cm)	类型	厚度(cm)	类型	厚度(cm)
	AC	4	AC	4	AC	4
	AC	5+6	AC	5+6	AC	5+6
	LFGA	30	LFGA	20	LFGA	20
	LFST	30	LFST	35	LFST	30
T_3 $N_e=8\sim12$ 百万次	类型	厚度(cm)	类型	厚度(cm)	类型	厚度(cm)
	AC	5	AC	5	AC	5
	AC	8	AC	8	AC	8
	LFGA	20	LFGA	20	LFGA	20
	LFST	35	LFST	30	LFST	25
T_2 $N_e=5\sim8$ 百万次	类型	厚度(cm)	类型	厚度(cm)	类型	厚度(cm)
	AC	4	AC	4	AC	4
	AC	8	AC	8	AC	8
	LFGA	20	LFGA	20	LFGA	20
	LFST	30	LFST	25	LFST	22
T_1 $N_e<5$ 百万次	类型	厚度(cm)	类型	厚度(cm)	类型	厚度(cm)
	AC	5	AC	5	AC	5
	AC	5	AC	5	AC	5
	LFGA	20	LFGA	20	LFGA	20
	LFST	30	LFST	25	LFST	20

注：T – 累计标准轴次 N_e；S – 土基回弹模量 E_0。
　　表中符号见表 10-2。

吉林高等级公路半刚性基层沥青路面典型结构（二）　　表 10-9

S / T	S_1		S_2		S_3	
T_4 $N_e=12\sim18$ 百万次	类型	厚度(cm)	类型	厚度(cm)	类型	厚度(cm)
	AC	4	AC	4	AC	4
	AC	5+6	AC	5+6	AC	5+6
	CGA	30	CGA	20	CGA	20
	LST	30	LST	40	LST	35
T_3 $N_e=8\sim12$ 百万次	类型	厚度(cm)	类型	厚度(cm)	类型	厚度(cm)
	AC	5	AC	5	AC	5
	AC	8	AC	8	AC	8
	CGA	20	CGA	20	CGA	20
	LST	40	LST	35	LST	30

续上表

T \ S	S_1		S_2		S_3	
	类型	厚度(cm)	类型	厚度(cm)	类型	厚度(cm)
T_2 $N_e=5\sim8$ 百万次	AC	4	AC	4	AC	4
	AC	8	AC	8	AC	8
	CGA	20	CGA	20	CGA	20
	LST	35	LST	35	LST	35
	类型	厚度(cm)	类型	厚度(cm)	类型	厚度(cm)
T_1 $N_e<5$ 百万次	AC	5	AC	5	AC	5
	AC	5	AC	5	AC	5
	CGA	20	CGA	20	CGA	20
	LST	35	LST	30	LST	22

注：T－累计标准轴次 N_e；S－土基回弹模量 E_0。

表中符号见表 10-2。

吉林高等级公路半刚性基层沥青路面典型结构(三)　　表 10-10

T \ S	S_1		S_2		S_3	
	类型	厚度(cm)	类型	厚度(cm)	类型	厚度(cm)
T_4 $N_e=12\sim18$ 百万次	AC	4	AC	4	AC	4
	AC	5+6	AC	5+6	AC	5+6
	CGA	30	CGA	20	CGA	20
	CST	30	CST	35	CST	30
	类型	厚度(cm)	类型	厚度(cm)	类型	厚度(cm)
T_3 $N_e=8\sim12$ 百万次	AC	5	AC	5	AC	5
	AC	8	AC	8	AC	8
	CGA	20	CGA	20	CGA	20
	CST	35	CST	30	CST	25
	类型	厚度(cm)	类型	厚度(cm)	类型	厚度(cm)
T_2 $N_e=5\sim8$ 百万次	AC	4	AC	4	AC	4
	AC	8	AC	8	AC	8
	CGA	20	CGA	20	CGA	20
	CST	35	CST	35	CST	22
	类型	厚度(cm)	类型	厚度(cm)	类型	厚度(cm)
T_1 $N_e<5$ 百万次	AC	5	AC	5	AC	5
	AC	5	AC	5	AC	5
	CGA	20	CGA	20	CGA	20
	CST	30	CST	25	CST	20

注：T－累计标准轴次 N_e；S－土基回弹模量 E_0。

表中符号见表 10-2。

吉林高等级公路半刚性基层沥青路面典型结构(四)　　表 10-11

T \ S	S_1		S_2		S_3	
	类型	厚度(cm)	类型	厚度(cm)	类型	厚度(cm)
T_4 $N_e=12\sim18$ 百万次	AC	4	AC	4	AC	4
	AC	5+6	AC	5+6	AC	5+6
	LFGA	30	LFGA	20	LFGA	20
	LST	30	LST	40	LST	35

续上表

T \ S	S_1		S_2		S_3	
	类型	厚度(cm)	类型	厚度(cm)	类型	厚度(cm)
T_3 $N_e=8\sim12$ 百万次	AC	5	AC	5	AC	5
	AC	8	AC	8	AC	8
	LFGA	20	LFGA	20	LFGA	20
	LST	40	LST	35	LST	30
	类型	厚度(cm)	类型	厚度(cm)	类型	厚度(cm)
T_2 $N_e=5\sim8$ 百万次	AC	4	AC	4	AC	4
	AC	8	AC	8	AC	8
	LFGA	20	LFGA	20	LFGA	20
	LST	35	LST	30	LST	25
	类型	厚度(cm)	类型	厚度(cm)	类型	厚度(cm)
T_1 $N_e<5$ 百万次	AC	5	AC	5	AC	5
	AC	5	AC	5	AC	5
	LFGA	20	LFGA	20	LFGA	20
	LST	35	LST	30	LST	22

注：T－累计标准轴次 N_e；S－土基回弹模量 E_0。

表中符号见表 10-2。

e　华东地区典型结构

华东地区重交通公路半刚性基层沥青路面典型结构(一)　　表 10-12

T \ S	S_1		S_2		S_3	
	类型	厚度(cm)	类型	厚度(cm)	类型	厚度(cm)
T_4 $N_e=12\sim18$ 百万次	AC	15	AC	15	AC	15
	LFGA	20	LFGA	20	LFGA	20
	LFST	40	LFST	35	LFST	30
	类型	厚度(cm)	类型	厚度(cm)	类型	厚度(cm)
T_3 $N_e=8\sim12$ 百万次	AC	12	AC	12	AC	12
	LFGA	20	LFGA	20	LFGA	18
	LFST	37	LFST	32	LFST	30
	类型	厚度(cm)	类型	厚度(cm)	类型	厚度(cm)
T_2 $N_e=5\sim8$ 百万次	AC	10	AC	10	AC	10
	LFGA	20	LFGA	20	LFGA	17
	LFST	35	LFST	30	LFST	30
	类型	厚度(cm)	类型	厚度(cm)	类型	厚度(cm)
T_1 $N_e<5$ 百万次	AC	8	AC	8	AC	8
	LFGA	20	LFGA	18	LFGA	20
	LFST	30	LFST	30	LFST	20

注：T－累计标准轴次 N_e；S－土基回弹模量 E_0。

表中符号见表 10-2。

华东地区重交通公路半刚性基层沥青路面典型结构(二)　　表 10-13

T \ S	S_1		S_2		S_3	
	类型	厚度(cm)	类型	厚度(cm)	类型	厚度(cm)
T_4 $N_e=12\sim18$ 百万次	AC	15	AC	15	AC	15
	LFGA	30	LFGA	30	LFGA	20
	LST	30	LST	25	LST	35

10

续上表

S / T	S_1		S_2		S_3	
T_3 N_e = 8 ~ 12 百万次	类型	厚度(cm)	类型	厚度(cm)	类型	厚度(cm)
	AC	12	AC	12	AC	12
	LFGA	30	LFGA	18	LFGA	18
	LST	30	LST	40	LST	35
T_2 N_e = 5 ~ 8 百万次	类型	厚度(cm)	类型	厚度(cm)	类型	厚度(cm)
	AC	10	AC	10	AC	10
	LFGA	20	LFGA	20	LFGA	20
	LST	40	LST	35	LST	30
T_1 N_e < 5 百万次	类型	厚度(cm)	类型	厚度(cm)	类型	厚度(cm)
	AC	9	AC	8	AC	8
	LFGA	20	LFGA	18	LFGA	18
	LST	35	LST	35	LST	30

注：T – 累计标准轴次 N_e；S – 土基回弹模量 E_0。

表中符号见表 10-2。

华东地区重交通公路半刚性基层沥青路面典型结构(三)　　表 10-14

S / T	S_1		S_2		S_3	
T_4 N_e = 12 ~ 18 百万次	类型	厚度(cm)	类型	厚度(cm)	类型	厚度(cm)
	AC	15	AC	15	AC	15
	CGA	18	CGA	18	CGA	18
	LFST	40	LFST	35	LFST	30
T_3 N_e = 8 ~ 12 百万次	类型	厚度(cm)	类型	厚度(cm)	类型	厚度(cm)
	AC	12	AC	12	AC	12
	CGA	20	CGA	20	CGA	20
	LFST	35	LFST	30	LFST	25
T_2 N_e = 5 ~ 8 百万次	类型	厚度(cm)	类型	厚度(cm)	类型	厚度(cm)
	AC	10	AC	10	AC	10
	CGA	18	CGA	18	CGA	18
	LFST	35	LFST	30	LFST	25
T_1 N_e < 5 百万次	类型	厚度(cm)	类型	厚度(cm)	类型	厚度(cm)
	AC	9	AC	8	AC	8
	CGA	20	CGA	17	CGA	20
	LFST	30	LFST	30	LFST	20

注：T – 累计标准轴次 N_e；S – 土基回弹模量 E_0。

表中符号见表 10-2。

华东地区重交通公路半刚性基层沥青路面典型结构(四)　　表 10-15

S / T	S_1		S_2		S_3	
T_4 N_e = 12 ~ 18 百万次	类型	厚度(cm)	类型	厚度(cm)	类型	厚度(cm)
	AC	15	AC	15	AC	15
	CGA	30	CGA	20	CGA	19
	LST	30	LST	40	LST	35
T_3 N_e = 8 ~ 12 百万次	类型	厚度(cm)	类型	厚度(cm)	类型	厚度(cm)
	AC	12	AC	12	AC	12
	CGA	30	CGA	20	CGA	20
	LST	30	LST	35	LST	30
T_2 N_e = 5 ~ 8 百万次	类型	厚度(cm)	类型	厚度(cm)	类型	厚度(cm)
	AC	10	AC	10	AC	10
	CGA	18	CGA	18	CGA	18
	LST	40	LST	35	LST	30
T_1 N_e < 5 百万次	类型	厚度(cm)	类型	厚度(cm)	类型	厚度(cm)
	AC	8	AC	8	AC	8
	CGA	20	CGA	20	CGA	17
	LST	35	LST	30	LST	20

注：T – 累计标准轴次 N_e；S – 土基回弹模量 E_0。

表中符号见表 10-2。

华东地区重交通公路半刚性基层沥青路面典型结构(五)　　表 10-16

S / T	S_1		S_2		S_3	
T_4 N_e = 12 ~ 18 百万次	类型	厚度(cm)	类型	厚度(cm)	类型	厚度(cm)
	AC	8	AC	8	AC	8
	CGA	15	CGA	12	CGA	12
	LFGA	15	LFGA	15	LFGA	13
	LFST	30	LFST	30	LFST	30
T_3 N_e = 8 ~ 12 百万次	类型	厚度(cm)	类型	厚度(cm)	类型	厚度(cm)
	AC	10	AC	10	AC	10
	CGA	15	CGA	15	CGA	12
	LFGA	15	LFGA	15	LFGA	15
	LFST	35	LFST	30	LFST	30
T_2 N_e = 5 ~ 8 百万次	类型	厚度(cm)	类型	厚度(cm)	类型	厚度(cm)
	AC	12	AC	12	AC	12
	CGA	15	CGA	15	CGA	15
	LFGA	15	LFGA	15	LFGA	18
	LFST	40	LFST	35	LFST	30
T_1 N_e < 5 百万次	类型	厚度(cm)	类型	厚度(cm)	类型	厚度(cm)
	AC	15	AC	15	AC	15
	CGA	15	CGA	15	CGA	15
	LFGA	15	LFGA	15	LFGA	18
	LFST	40	LFST	35	LFST	30

注：T – 累计标准轴次 N_e；S – 土基回弹模量 E_0。

表中符号见表 10-2。

f　安徽省典型结构

安徽高等级公路半刚性基层沥青路面典型结构($T_1 \leq 5$百万次)(一)　表10-17

地基参数	结构层次	推荐典型结构及厚度(cm)					
S_1	面层	2AC/6AR					
	基层	18LFA		18CCR			20CCS
	底基层	30LS	30LFS	30LS	30LFS	35NS	35NS
S_2	面层	2AC/6AR					
	基层	18LFA		18CCR			20CCS
	底基层	25LS	25LFS	25LS	25LFS	30NS	30NS
S_3	面层	2AC/6AR					
	基层	18LFA		18CCR			20CCS
	底基层	20LS	20LFS	20LS	20LFS	25NS	25NS
S_4	面层	2AC/6AR					
	基层	18LFA		18CCR			20CCS
	底基层	15LS	15LFS	15LS	15LFS	20NS	20NS

注:AC-沥青混凝土;RC-沥青碎石;LFA-二灰碎石;CCR-水泥稳定碎石;CCS-水泥稳定砂砾;LFS-二灰土;LS-石灰土;NS-天然砂砾。(下同)

安徽高等级公路半刚性基层沥青路面典型结构($T_2 = 5 \sim 8$百万次)(二)　表10-18

地基参数	结构层次	推荐典型结构及厚度(cm)					
S_1	面层	4AC/6AR					
	基层	20LFA		20CCR			20CCS
	底基层	35LS	35LFS	35LS	35LFS	35NS	40NS
S_2	面层	4AC/6AR					
	基层	20LFA		20CCR			20CCS
	底基层	30LS	30LFS	30LS	30LFS	30NS	35NS
S_3	面层	4AC/6AR					
	基层	20LFA		20CCR			20CCS
	底基层	25LS	25LFS	25LS	25LFS	25NS	30NS
S_4	面层	4AC/6AR					
	基层	20LFA		20CCR			20CCS
	底基层	20LS	20LFS	20LS	20LFS	20NS	25NS

安徽高等级公路半刚性基层沥青路面典型结构($T_3 = 8 \sim 12$百万次)(三)　表10-19

地基参数	结构层次	推荐典型结构及厚度(cm)					
S_1	面层	10AC					
	基层	25LFA		25CCR			25CCS
	底基层	35LS	35LFS	35LS	35LFS	35NS	40NS

续上表

地基参数	结构层次	推荐典型结构及厚度(cm)					
S_2	面层	10AC					
	基层	25LFA		25CCR			25CCS
	底基层	30LS	30LFS	30LS	30LFS	30NS	35NS
S_3	面层	10AC					
	基层	25LFA		25CCR			25CCS
	底基层	25LS	25LFS	25LS	25LFS	25NS	30NS
S_4	面层	10AC					
	基层	25LFA		25CCR			25CCS
	底基层	20LS	20LFS	20LS	20LFS	20NS	25NS

安徽高等级公路半刚性基层沥青路面典型结构($T_4 = 12 \sim 18$百万次)(四)　表10-20

地基参数	结构层次	推荐典型结构及厚度(cm)					
S_1	面层	12AC					
	基层	30LFA		30CCR			30CCS
	底基层	40LS	40LFS	40LS	40LFS	40NS	45NS
S_2	面层	12AC					
	基层	30LFA		30CCR			30CCS
	底基层	35LS	35LFS	35LS	35LFS	35NS	45NS
S_3	面层	12AC					
	基层	30LFA		30CCR			30CCS
	底基层	30LS	30LFS	30LS	30LFS	30NS	35NS
S_4	面层	12AC					
	基层	30LFA		30CCR			30CCS
	底基层	25LS	25LFS	25LS	25LFS	25NS	30NS

g　四川省典型结构

四川高等级公路半刚性基层沥青路面典型结构(一)　表10-21

T \ S	S_1		S_2		S_3	
T_4 $N_e = 12 \sim 18$ 百万次	类型	厚度(cm)	类型	厚度(cm)	类型	厚度(cm)
	AC	12	AC	12	AC	12
	CGA	20	CGA	20	CGA	20
	CST	45	CST	40	CST	35
T_3 $N_e = 8 \sim 12$ 百万次	类型	厚度(cm)	类型	厚度(cm)	类型	厚度(cm)
	AC	12	AC	12	AC	12
	CGA	20	CGA	20	CGA	20
	CST	40	CST	35	CST	30

续上表

T \ S	S_1		S_2		S_3	
T_2 N_e = 5 ~ 8 百万次	类型	厚度(cm)	类型	厚度(cm)	类型	厚度(cm)
	AC	9	AC	9	AC	9
	CGA	20	CGA	20	CGA	20
	CST	40	CST	35	CST	30
T_1 N_e < 5 百万次	类型	厚度(cm)	类型	厚度(cm)	类型	厚度(cm)
	AC	9	AC	9	AC	9
	CGA	20	CGA	20	CGA	20
	CST	35	CST	30	CST	25

注：T – 累计标准轴次 N_e；S – 土基回弹模量 E_0。

表中符号见表 10-2。

四川高等级公路半刚性基层沥青路面典型结构(二)　　表 10-22

T \ S	S_1		S_2		S_3	
T_4 N_e = 12 ~ 18 百万次	类型	厚度(cm)	类型	厚度(cm)	类型	厚度(cm)
	AC	12	AC	12	AC	12
	LFGA	20	LFGA	20	LFGA	20
	LFST	42	LFST	38	LFST	33
T_3 N_e = 8 ~ 12 百万次	类型	厚度(cm)	类型	厚度(cm)	类型	厚度(cm)
	AC	12	AC	12	AC	12
	LFGA	20	LFGA	20	LFGA	20
	LFST	38	LFST	33	LFST	28
T_2 N_e = 5 ~ 8 百万次	类型	厚度(cm)	类型	厚度(cm)	类型	厚度(cm)
	AC	9	AC	9	AC	9
	LFGA	20	LFGA	20	LFGA	20
	LFST	38	LFST	33	LFST	33
T_1 N_e < 5 百万次	类型	厚度(cm)	类型	厚度(cm)	类型	厚度(cm)
	AC	9	AC	9	AC	9
	LFGA	18	LFGA	18	LFGA	18
	LFST	35	LFST	30	LFST	25

注：T – 累计标准轴次 N_e；S – 土基回弹模量 E_0。

表中符号见表 10-2。

四川高等级公路半刚性基层沥青路面典型结构(三)　　表 10-23

T \ S	S_1		S_2		S_3	
T_4 N_e = 12 ~ 18 百万次	类型	厚度(cm)	类型	厚度(cm)	类型	厚度(cm)
	AC	12	AC	12	AC	12
	LFGA	42	LFGA	38	LFGA	34
	SG	35	SG	35	SG	35
T_3 N_e = 8 ~ 12 百万次	类型	厚度(cm)	类型	厚度(cm)	类型	厚度(cm)
	AC	12	AC	12	AC	12
	LFGA	38	LFGA	34	LFGA	30
	SG	35	SG	35	SG	35

续上表

T \ S	S_1		S_2		S_3	
T_2 N_e = 5 ~ 8 百万次	类型	厚度(cm)	类型	厚度(cm)	类型	厚度(cm)
	AC	9	AC	9	AC	9
	LFGA	38	LFGA	34	LFGA	30
	SG	35	SG	35	SG	35
T_1 N_e < 5 百万次	类型	厚度(cm)	类型	厚度(cm)	类型	厚度(cm)
	AC	9	AC	9	AC	9
	LFGA	35	LFGA	30	LFGA	25
	SG	30	SG	30	SG	30

注：T – 累计标准轴次 N_e；S – 土基回弹模量 E_0。

表中符号见表 10-2。

h　云南省典型结构

云南高速公路半刚性基层沥青路面典型结构(一)　　表 10-24

T \ S	S_1		S_2		S_3	
T_4 N_e = 12 ~ 18 百万次	类型	厚度(cm)	类型	厚度(cm)	类型	厚度(cm)
	AC(S)	4	AC(S)	4	AC(S)	4
	AC(X)	8	AC(X)	8	AC(X)	8
	LFGA	20	LFGA	20	LFGA	20
	LFS	48	LFS	44	LFS	40
T_3 N_e = 8 ~ 12 百万次	类型	厚度(cm)	类型	厚度(cm)	类型	厚度(cm)
	AC(S)	4	AC(S)	4	AC(S)	4
	AC(X)	8	AC(X)	8	AC(X)	8
	LFGA	20	LFGA	20	LFGA	20
	LFS	44	LFS	40	LFS	36
T_2 N_e = 5 ~ 8 百万次	类型	厚度(cm)	类型	厚度(cm)	类型	厚度(cm)
	AC(S)	4	AC(S)	4	AC(S)	4
	AC(X)	8	AC(X)	8	AC(X)	8
	LFGA	20	LFGA	20	LFGA	20
	LFS	40	LFS	36	LFS	32
T_1 N_e < 5 百万次	类型	厚度(cm)	类型	厚度(cm)	类型	厚度(cm)
	AC(S)	4	AC(S)	4	AC(S)	4
	AC(X)	8	AC(X)	8	AC(X)	8
	LFGA	20	LFGA	20	LFGA	20
	LFS	36	LFS	32	LFS	28

注：T – 累计标准轴次 N_e；S – 土基回弹模量 E_0。

云南高速公路半刚性基层沥青路面典型结构(二)　　表 10-25

T \ S	S_1		S_2		S_3	
T_4 N_e = 12 ~ 18 百万次	类型	厚度(cm)	类型	厚度(cm)	类型	厚度(cm)
	AC(S)	4	AC(S)	4	AC(S)	4
	AC(X)	8	AC(X)	8	AC(X)	8
	CGA	20	CGA	20	CGA	20
	CS	48	CS	44	CS	40
T_3 N_e = 8 ~ 12 百万次	类型	厚度(cm)	类型	厚度(cm)	类型	厚度(cm)
	AC(S)	4	AC(S)	4	AC(S)	4
	AC(X)	8	AC(X)	8	AC(X)	8
	CGA	20	CGA	20	CGA	20
	CS	44	CS	40	CS	36

10

续上表

T \ S	S_1		S_2		S_3	
	类型	厚度(cm)	类型	厚度(cm)	类型	厚度(cm)
T_2 $N_e=5\sim8$ 百万次	AC(S)	4	AC(S)	4	AC(S)	4
	AC(X)	8	AC(X)	8	AC(X)	8
	CGA	20	CGA	20	CGA	20
	CS	40	CS	36	CS	32
	类型	厚度(cm)	类型	厚度(cm)	类型	厚度(cm)
T_1 $N_e<5$ 百万次	AC(S)	4	AC(S)	4	AC(S)	4
	AC(X)	8	AC(X)	8	AC(X)	8
	CGA	20	CGA	20	CGA	20
	CS	36	CS	32	CS	28

注：T – 累计标准轴次 N_e；S – 土基回弹模量 E_0。

云南一级公路半刚性基层沥青路面典型结构(三)　　表 10-26

T \ S	S_1		S_2		S_3	
	类型	厚度(cm)	类型	厚度(cm)	类型	厚度(cm)
T_4 $N_e=12\sim18$ 百万次	AC(S)	4	AC(S)	4	AC(S)	4
	AC(X)	6	AC(X)	6	AC(X)	6
	LFGA	20	LFGA	20	LFGA	20
	LFS	48	LFS	44	LFS	40
	类型	厚度(cm)	类型	厚度(cm)	类型	厚度(cm)
T_3 $N_e=8\sim12$ 百万次	AC(S)	4	AC(S)	4	AC(S)	4
	AC(X)	6	AC(X)	6	AC(X)	6
	LFGA	20	LFGA	20	LFGA	20
	LFS	44	LFS	40	LFS	36
	类型	厚度(cm)	类型	厚度(cm)	类型	厚度(cm)
T_2 $N_e=5\sim8$ 百万次	AC(S)	4	AC(S)	4	AC(S)	4
	AC(X)	6	AC(X)	6	AC(X)	6
	LFGA	20	LFGA	20	LFGA	20
	LFS	40	LFS	36	LFS	32
	类型	厚度(cm)	类型	厚度(cm)	类型	厚度(cm)
T_1 $N_e<5$ 百万次	AC(S)	4	AC(S)	4	AC(S)	4
	AC(X)	6	AC(X)	6	AC(X)	6
	LFGA	20	LFGA	20	LFGA	20
	LFS	36	LFS	32	LFS	28

注：T – 累计标准轴次 N_e；S – 土基回弹模量 E_0。

云南一级公路半刚性基层沥青路面典型结构(四)　　表 10-27

T \ S	S_1		S_2		S_3	
	类型	厚度(cm)	类型	厚度(cm)	类型	厚度(cm)
T_4 $N_e=12\sim18$ 百万次	AC(S)	4	AC(S)	4	AC(S)	4
	AC(X)	6	AC(X)	6	AC(X)	6
	CGA	20	CGA	20	CGA	20
	CS	48	CS	44	CS	40
	类型	厚度(cm)	类型	厚度(cm)	类型	厚度(cm)
T_3 $N_e=8\sim12$ 百万次	AC(S)	4	AC(S)	4	AC(S)	4
	AC(X)	6	AC(X)	6	AC(X)	6
	CGA	20	CGA	20	CGA	20
	CS	44	CS	40	CS	36

续上表

T \ S	S_1		S_2		S_3	
	类型	厚度(cm)	类型	厚度(cm)	类型	厚度(cm)
T_2 $N_e=5\sim8$ 百万次	AC(S)	4	AC(S)	4	AC(S)	4
	AC(X)	6	AC(X)	6	AC(X)	6
	CGA	20	CGA	20	CGA	20
	CS	40	CS	36	CS	32
	类型	厚度(cm)	类型	厚度(cm)	类型	厚度(cm)
T_1 $N_e<5$ 百万次	AC(S)	4	AC(S)	4	AC(S)	4
	AC(X)	6	AC(X)	6	AC(X)	6
	CGA	20	CGA	20	CGA	20
	CS	36	CS	32	CS	28

注：T – 累计标准轴次 N_e；S – 土基回弹模量 E_0。

i　河北省典型结构

河北省高等级公路半刚性基层沥青路面典型结构(一)　　表 10-28

T \ S	S_1		S_2		S_3	
	类型	厚度(cm)	类型	厚度(cm)	类型	厚度(cm)
T_4 $N_e=12\sim18$ 百万次	AC	4	AC	4	AC	4
	AC	6	AC	6	AC	6
	LFGA	20	LFGA	20	LFGA	20
	LST	49	LST	45	LST	42
	类型	厚度(cm)	类型	厚度(cm)	类型	厚度(cm)
T_3 $N_e=8\sim12$ 百万次	AC	4	AC	4	AC	4
	AC	6	AC	6	AC	6
	LFGA	20	LFGA	20	LFGA	20
	LST	44	LST	39	LST	34
	类型	厚度(cm)	类型	厚度(cm)	类型	厚度(cm)
T_2 $N_e=5\sim8$ 百万次	AC	4	AC	4	AC	4
	AC	6	AC	6	AC	6
	LFGA	20	LFGA	20	LFGA	20
	LST	38	LST	33	LST	28
	类型	厚度(cm)	类型	厚度(cm)	类型	厚度(cm)
T_1 $N_e<5$ 百万次	AC	4	AC	4	AC	4
	AC	6	AC	6	AC	6
	LFGA	20	LFGA	20	LFGA	20
	LST	32	LST	26	LST	20

注：T – 累计标准轴次 N_e；S – 土基回弹模量 E_0。

河北省高等级公路半刚性基层沥青路面典型结构(二)　　表 10-29

T \ S	S_1		S_2		S_3	
	类型	厚度(cm)	类型	厚度(cm)	类型	厚度(cm)
T_4 $N_e=12\sim18$ 百万次	AC	5	AC	5	AC	5
	AC	7	AC	7	AC	7
	LFGA	20	LFGA	20	LFGA	20
	LST	46	LST	42	LST	38
	类型	厚度(cm)	类型	厚度(cm)	类型	厚度(cm)
T_3 $N_e=8\sim12$ 百万次	AC	5	AC	5	AC	5
	AC	7	AC	7	AC	7
	LFGA	20	LFGA	20	LFGA	20
	LST	40	LST	36	LST	32

续上表

T \ S	S_1		S_2		S_3	
	类型	厚度(cm)	类型	厚度(cm)	类型	厚度(cm)
T_2 $N_e=5\sim8$ 百万次	AC	5	AC	5	AC	5
	AC	7	AC	7	AC	7
	LFGA	20	LFGA	20	LFGA	20
	LST	35	LST	30	LST	26
	类型	厚度(cm)	类型	厚度(cm)	类型	厚度(cm)
T_1 $N_e<5$ 百万次	AC	5	AC	5	AC	5
	AC	7	AC	7	AC	7
	LFGA	20	LFGA	20	LFGA	20
	LST	30	LST	25	LST	20

注：T－累计标准轴次 N_e；S－土基回弹模量 E_0。

河北省高等级公路半刚性基层沥青路面典型结构(三)　　表 10-30

T \ S	S_1		S_2		S_3	
	类型	厚度(cm)	类型	厚度(cm)	类型	厚度(cm)
T_4 $N_e=12\sim18$ 百万次	AC	5	AC	5	AC	5
	AC	7	AC	7	AC	7
	CGA	40	CGA	40	CGA	40
	LST	20	LST	18	LST	15
	类型	厚度(cm)	类型	厚度(cm)	类型	厚度(cm)
T_3 $N_e=8\sim12$ 百万次	AC	5	AC	5	AC	5
	AC	7	AC	7	AC	7
	CGA	36	CGA	36	CGA	36
	LST	20	LST	18	LST	15
	类型	厚度(cm)	类型	厚度(cm)	类型	厚度(cm)
T_2 $N_e=5\sim8$ 百万次	AC	5	AC	5	AC	5
	AC	7	AC	7	AC	7
	CGA	32	CGA	32	CGA	32
	LST	20	LST	18	LST	15
	类型	厚度(cm)	类型	厚度(cm)	类型	厚度(cm)
T_1 $N_e<5$ 百万次	AC	5	AC	5	AC	5
	AC	7	AC	7	AC	7
	CGA	20	CGA	20	CGA	20
	LST	30	LST	26	LST	20

注：T－累计标准轴次 N_e；S－土基回弹模量 E_0。

j　河南省典型结构

河南省高等级公路半刚性基层沥青路面典型结构(一)　　表 10-31

T \ S	S_1		S_2		S_3	
	类型	厚度(cm)	类型	厚度(cm)	类型	厚度(cm)
T_4 $N_e=12\sim18$ 百万次	AC_1	4	AC_1	4	AC_1	4
	AC_2	8	AC_2	8	AC_2	8
	CGA	20	CGA	20	CGA	20
	LS(CLS)	50	LS(CLS)	45	LS(CLS)	40

续上表

T \ S	S_1		S_2		S_3	
	类型	厚度(cm)	类型	厚度(cm)	类型	厚度(cm)
T_3 $N_e=8\sim12$ 百万次	AC_1	4	AC_1	4	AC_1	4
	AC_2	8	AC_2	8	AC_2	8
	CGA	20	CGA	20	CGA	20
	LS(CLS)	45	LS(CLS)	40	LS(CLS)	35
	类型	厚度(cm)	类型	厚度(cm)	类型	厚度(cm)
T_2 $N_e=5\sim8$ 百万次	AC_1	4	AC_1	4	AC_1	4
	AC_2	5	AC_2	5	AC_2	5
	CGA	20	CGA	20	CGA	20
	LS(CLS)	41	LS(CLS)	36	LS(CLS)	32
	类型	厚度(cm)	类型	厚度(cm)	类型	厚度(cm)
T_1 $N_e<5$ 百万次	AC_1	4	AC_1	4	AC_1	4
	AC_2	5	AC_2	5	AC_2	5
	CGA	18	CGA	18	CGA	18
	LS(CLS)	38	LS(CLS)	33	LS(CLS)	28

注：AC_1－中粒式沥青混凝土；AC_2－粗粒式沥青混凝土；CGA－水泥级配集料(砂砾碎石等)；LS－石灰土；CLS－水泥石灰土。

河南省高等级公路半刚性基层沥青路面典型结构(二)　　表 10-32

T \ S	S_1		S_2		S_3	
	类型	厚度(cm)	类型	厚度(cm)	类型	厚度(cm)
T_4 $N_e=12\sim18$ 百万次	AC_1	4	AC_1	4	AC_1	4
	AC_2	8	AC_2	8	AC_2	8
	CGA	20	CGA	20	CGA	20
	CS	45	CS	40	CS	35
	类型	厚度(cm)	类型	厚度(cm)	类型	厚度(cm)
T_3 $N_e=8\sim12$ 百万次	AC_1	4	AC_1	4	AC_1	4
	AC_2	8	AC_2	8	AC_2	8
	CGA	20	CGA	20	CGA	20
	CS	40	CS	35	CS	30
	类型	厚度(cm)	类型	厚度(cm)	类型	厚度(cm)
T_2 $N_e=5\sim8$ 百万次	AC_1	4	AC_1	4	AC_1	4
	AC_2	5	AC_2	5	AC_2	5
	CGA	20	CGA	20	CGA	20
	CS	38	CS	33	CS	28
	类型	厚度(cm)	类型	厚度(cm)	类型	厚度(cm)
T_1 $N_e<5$ 百万次	AC_1	4	AC_1	4	AC_1	4
	AC_2	5	AC_2	5	AC_2	5
	CGA	18	CGA	18	CGA	18
	CS	35	CS	30	CS	26

注：AC_1－中粒式沥青混凝土；AC_2－粗粒式沥青混凝土；CGA－水泥级配集料(砂砾碎石等)；CS－水泥土。

河南省高等级公路半刚性基层沥青路面典型结构(三)　　表 10-33

T \ S	S_1		S_2		S_3	
	类型	厚度(cm)	类型	厚度(cm)	类型	厚度(cm)
T_4 $N_e=12\sim18$ 百万次	AC_1	4	AC_1	4	AC_1	4
	AC_2	8	AC_2	8	AC_2	8
	LFGA	20	LFGA	20	LFGA	20
	LFS	45	LFS	40	LFS	35

续上表

T \ S	S_1		S_2		S_3	
	类型	厚度(cm)	类型	厚度(cm)	类型	厚度(cm)
T_3 $N_e=8\sim12$ 百万次	AC_1	4	AC_1	4	AC_1	4
	AC_2	8	AC_2	8	AC_2	8
	LFGA	20	LFGA	20	LFGA	20
	LFS	40	LFS	35	LFS	30
	类型	厚度(cm)	类型	厚度(cm)	类型	厚度(cm)
T_2 $N_e=5\sim8$ 百万次	AC_1	4	AC_1	4	AC_1	4
	AC_2	5	AC_2	5	AC_2	5
	LFGA	20	LFGA	20	LFGA	20
	LFS	38	LFS	33	LFS	28
	类型	厚度(cm)	类型	厚度(cm)	类型	厚度(cm)
T_1 $N_e<5$ 百万次	AC_1	4	AC_1	4	AC_1	4
	AC_2	5	AC_2	5	AC_2	5
	LFGA	18	LFGA	18	LFGA	18
	LFS	35	LFS	30	LFS	26

注:AC_1－中粒式沥青混凝土;AC_2－粗粒式沥青混凝土;LFGA－二灰级配集料(砂砾碎石等);LFS－二灰土。

河南省高等级公路半刚性基层沥青路面典型结构(四)　表 10-34

T \ S	S_1		S_2		S_3	
	类型	厚度(cm)	类型	厚度(cm)	类型	厚度(cm)
T_4 $N_e=12\sim18$ 百万次	AC_1	4	AC_1	4	AC_1	4
	AC_2	8	AC_2	8	AC_2	8
	LFGA	20	LFGA	20	LFGA	20
	LS	51	LS	46	LS	43
	类型	厚度(cm)	类型	厚度(cm)	类型	厚度(cm)
T_3 $N_e=8\sim12$ 百万次	AC_1	4	AC_1	4	AC_1	4
	AC_2	8	AC_2	8	AC_2	8
	LFGA	20	LFGA	20	LFGA	20
	LS	45	LS	40	LS	35
	类型	厚度(cm)	类型	厚度(cm)	类型	厚度(cm)
T_2 $N_e=5\sim8$ 百万次	AC_1	4	AC_1	4	AC_1	4
	AC_2	5	AC_2	5	AC_2	5
	LFGA	20	LFGA	20	LFGA	20
	LS	43	LS	38	LS	33
	类型	厚度(cm)	类型	厚度(cm)	类型	厚度(cm)
T_1 $N_e<5$ 百万次	AC_1	4	AC_1	4	AC_1	4
	AC_2	5	AC_2	5	AC_2	5
	LFGA	18	LFGA	18	LFGA	18
	LS	40	LS	35	LS	30

注:AC_1－中粒式沥青混凝土;AC_2－粗粒式沥青混凝土;LFGA－二灰级配集料(砂砾、碎石等);LS－石灰土。

k　新疆典型结构

新疆高等级公路半刚性基层沥青路面典型结构(一)

气候影响系数:$A<5$　表 10-35

T \ S	S_1		S_2		S_3	
	类型	厚度(cm)	类型	厚度(cm)	类型	厚度(cm)
T_4 $N_e=12\sim18$ 百万次	AC	15	AC	15	AC	15
	CSG	43	CSG	38	CSG	35
	GS	20	GS	20	GS	20
	类型	厚度(cm)	类型	厚度(cm)	类型	厚度(cm)
T_3 $N_e=8\sim12$ 百万次	AC	15	AC	15	AC	15
	CSG	38	CSG	34	CSG	30
	GS	20	GS	20	GS	20
	类型	厚度(cm)	类型	厚度(cm)	类型	厚度(cm)
T_2 $N_e=5\sim8$ 百万次	AC	15	AC	15	AC	15
	CSG	33	CSG	29	CSG	26
	GS	20	GS	20	GS	20
	类型	厚度(cm)	类型	厚度(cm)	类型	厚度(cm)
T_1 $N_e<5$ 百万次	AC	15	AC	15	AC	15
	CSG	29	CSG	25	CSG	21
	GS	20	GS	20	GS	20

注:$T_1<T_2<T_3<T_4$　$S_1<S_2<S_3$
AC－沥青混凝土　CSG－水泥砂砾　GS－级配砂砾。

新疆高等级公路半刚性基层沥青路面典型结构(二)

气候影响系数:$5\leqslant A<10$　表 10-36

T \ S	S_1		S_2		S_3	
	类型	厚度(cm)	类型	厚度(cm)	类型	厚度(cm)
T_4 $N_e=12\sim18$ 百万次	AC	15	AC	15	AC	15
	CSG	33	CSG	29	CSG	26
	GS	20	GS	20	GS	20
	类型	厚度(cm)	类型	厚度(cm)	类型	厚度(cm)
T_3 $N_e=8\sim12$ 百万次	AC	15	AC	15	AC	15
	CSG	29	CSG	25	CSG	21
	GS	20	GS	20	GS	20
	类型	厚度(cm)	类型	厚度(cm)	类型	厚度(cm)
T_2 $N_e=5\sim8$ 百万次	AC	12	AC	12	AC	12
	CSG	37	CSG	33	CSG	30
	GS	20	GS	20	GS	20
	类型	厚度(cm)	类型	厚度(cm)	类型	厚度(cm)
T_1 $N_e<5$ 百万次	AC	12	AC	12	AC	12
	CSG	32	CSG	28	CSG	25
	GS	20	GS	20	GS	20

注:$T_1<T_2<T_3<T_4$　$S_1<S_2<S_3$
AC－沥青混凝土　CSG－水泥砂砾　GS－级配砂砾。

新疆高等级公路半刚性基层沥青路面典型结构(三)

气候影响系数:$10 \leqslant A < 19$　　表 10-37

T \ S	S_1		S_2		S_3	
	类型	厚度(cm)	类型	厚度(cm)	类型	厚度(cm)
T_4 $N_e = 12 \sim 18$ 百万次	AC	12	AC	13	AC	14
	CSG	46	CSG	43	CSG	39
	GS	20	GS	20	GS	20
	类型	厚度(cm)	类型	厚度(cm)	类型	厚度(cm)
T_3 $N_e = 8 \sim 12$ 百万次	AC	12	AC	12	AC	12
	CSG	42	CSG	37	CSG	34
	GS	20	GS	20	GS	20
	类型	厚度(cm)	类型	厚度(cm)	类型	厚度(cm)
T_2 $N_e = 5 \sim 8$ 百万次	AC	9	AC	9	AC	9
	CSG	41	CSG	37	CSG	33
	GS	20	GS	20	GS	20
	类型	厚度(cm)	类型	厚度(cm)	类型	厚度(cm)
T_1 $N_e < 5$ 百万次	AC	9	AC	9	AC	9
	CSG	36	CSG	32	CSG	29
	GS	20	GS	20	GS	20

注:$T_1 < T_2 < T_3 < T_4$　$S_1 < S_2 < S_3$

AC-沥青混凝土;CSG-水泥砂砾;GS-级配砂砾。

新疆高等级公路半刚性基层沥青路面典型结构(四)

气候影响系数:$A \geqslant 19$　　表 10-38

T \ S	S_1		S_2		S_3	
	类型	厚度(cm)	类型	厚度(cm)	类型	厚度(cm)
T_4 $N_e = 12 \sim 8$ 百万次	AC	9	AC	9	AC	9
	CSG	50	CSG	47	CSG	43
	GS	20	GS	20	GS	20
	类型	厚度(cm)	类型	厚度(cm)	类型	厚度(cm)
T_3 $N_e = 8 \sim 12$ 百万次	AC	9	AC	9	AC	9
	CSG	45	CSG	41	CSG	38
	GS	20	GS	20	GS	20
	类型	厚度(cm)	类型	厚度(cm)	类型	厚度(cm)
T_2 $N_e = 5 \sim 8$ 百万次	AC	6	AC	6	AC	6
	CSG	45	CSG	41	CSG	37
	GS	20	GS	20	GS	20
	类型	厚度(cm)	类型	厚度(cm)	类型	厚度(cm)
T_1 $N_e < 5$ 百万次	AC	6	AC	6	AC	6
	CSG	40	CSG	35	CSG	32
	GS	20	GS	20	GS	20

注:$T_1 < T_2 < T_3 < T_4$　$S_1 < S_2 < S_3$

AC-沥青混凝土;CSG-水泥砂砾;GS-级配砂砾。

1　内蒙古典型结构

内蒙古高速公路半刚性基层沥青路面典型结构(一)　　表 10-39

T \ S	S_1		S_2		S_3	
	类型	厚度(cm)	类型	厚度(cm)	类型	厚度(cm)
T_1	AC	4	AC	4	AC	4
	AC	5	AC	5	AC	5
	LFSG/CSG	20	LFSG/CSG	20	LFSG/CSG	20
	LFS(CS,LS,CLS)	25	LFS(CS,LS,CLS)	20	LFS(CS,LS,CLS)	20
	类型	厚度(cm)	类型	厚度(cm)	类型	厚度(cm)
T_2	AC	4	AC	4	AC	4
	AC	6	AC	6	AC	6
	LFSG/CSG	20	LFSG/CSG	20	LFSG/CSG	20
	LFS(CS,LS,CLS)	30	LFS(CS,LS,CLS)	25	LFS(CS,LS,CLS)	20
	类型	厚度(cm)	类型	厚度(cm)	类型	厚度(cm)
T_3	AC	5	AC	5	AC	5
	AC	7	AC	7	AC	7
	LFSG/CSG	20	LFSG/CSG	20	LFSG/CSG	20
	LFS(CS,LS,CLS)	30	LFS(CS,LS,CLS)	30	LFS(CS,LS,CLS)	30
	SG	15				
	类型	厚度(cm)	类型	厚度(cm)	类型	厚度(cm)
T_4	AC	4	AC	4	AC	4
	AC	5	AC	5	AC	5
	AC	6	AC	6	AC	6
	LFSG/CSG	20	LFSG/CSG	20	LFSG/CSG	20
	LFS(CS,LS,CLS)	30	LFS(CS,LS,CLS)	30	LFS(CS,LS,CLS)	30
	SG	20	SG	15		

注:AC-沥青混凝土;CSG-水泥砂砾;LS-石灰土;LFS-石灰稳定砂砾;LFSG-石灰粉煤灰砂砾;CS-水泥土;CLS-水泥石灰土;LFS-石灰粉煤灰土;GS-级配砂砾。

内蒙古一级公路半刚性基层沥青路面典型结构(二)　　表 10-40

T \ S	S_1		S_2		S_3	
	类型	厚度(cm)	类型	厚度(cm)	类型	厚度(cm)
T_1	AC	4	AC	4	AC	4
	AC	4	AC	4	AC	4
	LFSG/CSG	20	LFSG/CSG	20	LFSG/CSG	20
	LFS(CS,LS,CLS)	25	LFS(CS,LS,CLS)	20	LFS(CS,LS,CLS)	20
T_2	类型	厚度(cm)	类型	厚度(cm)	类型	厚度(cm)
	AC	4	AC	4	AC	4

续上表

T \ S	S_1		S_2		S_3	
T_2	AC	4	AC	4	AC	4
	LFSG/CSG	20	LFSG/CSG	20	LFSG/CSG	20
	LFS(CS,LS,CLS)	30	LFS(CS,LS,CLS)	30	LFS(CS,LS,CLS)	20
	类型	厚度(cm)	类型	厚度(cm)	类型	厚度(cm)
T_3	AC	4	AC	4	AC	4
	AC	6	AC	6	AC	6
	LFSG/CSG	20	LFSG/CSG	20	LFSG/CSG	20
	LFS(CS,LS,CLS)	30	LFS(CS,LS,CLS)	30	LFS(CS,LS,CLS)	30
	SG	15				

续上表

T \ S	S_1		S_2		S_3	
	类型	厚度(cm)	类型	厚度(cm)	类型	厚度(cm)
T_4	AC	5	AC	5	AC	5
	AC	7	AC	7	AC	7
	LFSG/CSG	20	LFSG/CSG	20	LFSG/CSG	20
	LFS(CS,LS,CLS)	30	LFS(CS,LS,CLS)	30	LFS(CS,LS,CLS)	30
	SG	20	SG	15		

注:AC－沥青混凝土;CSG－水泥砂砾;LS－石灰土;LFS－石灰稳定砂砾;LFSG－石灰粉煤灰砂砾;CS－水泥土;CLS－水泥石灰土;LFS－石灰粉煤灰土;GS－级配砂砾。

m　湖北省典型结构

湖北省半刚性基层沥青路面典型结构及材料参数建议值　　表 10-41

	公路等级	结构组合形式及结构层次厚度	土基模量 E_0 (MPa) 70	50	40	30
推荐的典型结构	高速或一级专用	沥青混凝土面层	7 ~ 10	7 ~ 10	7 ~ 10	7 ~ 10
		沥青碎石联接层	5 ~ 7	5 ~ 7	5 ~ 7	5 ~ 7
		半刚性基层	16 ~ 18	18 ~ 20	20 ~ 22	22 ~ 24
		半刚性底基层	20 ~ 25	18 ~ 20	20 ~ 22	22 ~ 24
		级配粒料垫层	0	15	18	20
		路面总厚度(cm)	48 ~ 60	63 ~ 72	70 ~ 79	76 ~ 85
	一级	沥青混凝土面层	3 ~ 5	3 ~ 5	3 ~ 5	3 ~ 5
		沥青碎石联接层	5 ~ 7	5 ~ 7	5 ~ 7	5 ~ 7
		半刚性基层	15 ~ 16	16 ~ 18	18 ~ 20	20
		半刚性底基层	20 ~ 25	16 ~ 18	18 ~ 20	18 ~ 20
		级配粒料垫层	0	15	17	20
		路面总厚度(cm)	43 ~ 53	55 ~ 63	61 ~ 67	66 ~ 72
	二级	沥青混凝土面层	2 ~ 3	2 ~ 3	2 ~ 3	2 ~ 3
		沥青碎石联接层	3 ~ 4	3 ~ 4	3 ~ 4	3 ~ 4
		半刚性基层	15 ~ 16	16 ~ 18	16 ~ 18	18
		半刚性底基层	15	18	15	16 ~ 18
		级配粒料垫层	0	0	15	15
		路面总厚度(cm)	35 ~ 38	39 ~ 43	51 ~ 55	54 ~ 58
	三级	沥青表处面层	2 ~ 3	2 ~ 3	2 ~ 3	2 ~ 3
		半刚性基层	18 ~ 20	15 ~ 17	16 ~ 18	18 ~ 20
		半刚性底基层	0	0	0	18 ~ 20
		级配粒料垫层	0	15 ~ 17	15 ~ 17	0
		路面总厚度(cm)	20 ~ 23	32 ~ 37	33 ~ 38	38 ~ 43

材料参数建议值(单位:MPa)

材料名称	抗压回弹模量	抗弯拉模量	抗弯拉强度
沥青石屑	1 100 ± 100	1 800 ± 200	1.0 ± 0.2
沥青混凝土	1 100 ± 100	1 500 ± 100	1.5 ± 0.3
沥青碎石	800 ± 100		
水泥稳定砂砾	1 000 ± 100	2 800 ± 200	0.65 ± 0.2
水泥灰土稳定砂	900 ± 100	2 000 ± 200	0.5 ± 0.1
水泥稳定碎石	2 000 ± 200	2 800 ± 200	0.66 ± 0.2
二灰碎石	2 000 ± 200	1 800 ± 200	0.65 ± 0.2
二灰砂砾	1 800 ± 200	1 800 ± 200	0.65 ± 0.2
二灰土	1 000 ± 100	1 800 ± 200	0.65 ± 0.1
灰结碎石	750 ± 80	1 200 ± 100	0.35 ± 0.1
石灰土	650 ± 70	1 200 ± 100	0.38 ± 0.1
砂灰土	550 ± 50	1 200 ± 100	0.3 ± 0.1
级配碎石	200 ± 30		
级配砂砾	180 ± 20		
天然砂砾	150 ± 20		

说明

(1)沥青路面厚度可根据交通量中重车(≥ 10t)比例确定,重车占交通量 25% 以上,取上限,小于 10% 取下限。

(2)半刚性基层厚度,高速公路、一级公路用二灰稳定碎石、二灰稳定砂砾,分别取表中的下、上限值,用水泥稳定碎石取中值;对二级公路采用水泥灰土砂砾取上限值,采用二灰土取下限值。

(3)半刚性底基层材料为二灰土、二灰砂、灰结碎石、石灰土、砂灰土。当采用二灰土、二灰砂时厚度应取下限值。

(4)级配粒料垫层的材料为级配碎(砾)石,天然砂砾或山渣掺灰

n 山西省典型结构

山西省重交通路面典型结构　　表 10-42

	路基土分类	路基干湿类型		
		干燥	中湿	潮湿
典型结构	粉性土	2cm LH-15_{1-2} 4cm LS-35 30cm 二灰碎石 15cm 碎石灰土	3cm LH-15_{1-2} 4cm LH-25 35cm 水泥碎石* 15cm 砂砾垫层	3cm LH-10 5cm LH-35 15cm 油稳碎石 20cm 水泥砂砾* 20cm 二灰碎石
	粘性土 砂性土	6cm 上拌下贯 30cm 泥灰结碎石 15cm 石灰土	3cm LH-15_{1-2} 4cm LS-25 35cm 二灰砂砾* 15cm 矿渣灰土*	3cm LH-15_{1-2} 5cm 贯入 20cm 水泥碎石 15cm 矿渣灰土 20cm 二灰砂砾
	注:1.表中结构以Ⅰ级重交通道路考虑,Ⅱ、Ⅲ级可酌情变通; 2.有"*"号者可互换			

	道路等级划分原则	Ⅰ	Ⅱ	Ⅲ
重交通道路等级	混合交通量(辆/昼)	>10 000	7 000~10 000	4 000~7 000
	重车比例(%)	>50	50~30	30~15
	BZZ—100 累计当量轴次(10^7)	>15	15~7	7~2
	设计年限(年)	15	12	8
	注:表中重车系指荷载≥8t 的车型			

		基层结构设计参数	灰土类	二灰类	水泥类
建议的设计参数		动荷载系数 K_d	1.00	1.05	1.10
		弯拉强度折减系数 K_{sw}	1.25	1.20	1.15
		结构强度变异系数 K_s	3.0	2.5	2.0
	材料参数	极限弯拉强度 S(MPa)	0.35~0.40	0.70~0.90	0.80~0.90
		弯拉模量 Es(MPa)	2 300~2 700	3 000~4 500	5 500~6 500
		抗压回弹模量 E_{a2}(MPa)	300~400	700~1 000	900~1 100
		补强参数 β	16~18	12~15	10~12
		饱水抗压强度 R_{28}(MPa)	1.5~2.0	1.5~2.0	3.0~4.5
	沥青层参数	极限弯拉强度 S_a(MPa)	1.0~2.0		
		弯拉模量 E_{sa}(MPa)	1 000~2 000		
		抗压回弹模量 E_{a1}(MPa)	800~1 000		

C 安徽省沥青路面典型结构

a 安徽江南地区

(一)累计标准轴次:50~200 万

道路等级:二　　表 10-43

序号	各层厚度(cm) E_0 / 各层材料名称	25	30	40	50	60
1	上封层+中粒式沥青混凝土	5	5	5	5	5
	水泥稳定砂砾(级配碎石)	22~30	20~27	17~23	15~21	15~19
	天然砂砾	20	20	20	20	20
2	上封层+中粒式沥青混凝土	5	5	5	5	5
	二灰碎石(砂砾)	22~30	20~27	17~23	15~21	15~19
	天然砂砾	20	20	20	20	20
3	上封层+中粒式沥青混凝土	5	5	5	5	5
	水泥稳定级配铜渣	22~30	20~27	17~23	15~21	15~19
	天然砂砾	20	20	20	20	20
4	上封层+中粒式沥青混凝土	5	5	5	5	5
	级配碎石(级配铜渣)	20~30	20~26	15~22	15~20	15~18
	天然砂砾	20	20	20	20	20
5	上封层+中粒式沥青混凝土	5	5	5	5	5
	石灰稳定天然砂砾	30~40	28~37	22~34	20~30	18~26
	天然砂砾	20	20	20	20	20
6	上封层+中粒式沥青混凝土	5	5	5	5	5
	水泥石灰稳定天然砂砾	24~32	22~30	18~26	16~23	15~20
	天然砂砾	20	20	20	20	20

(二)累计标准轴次:200~400 万

道路等级:二　　表 10-44

序号	各层厚度(cm) E_0 / 各层材料名称	25	30	40	50	60
1	上封层+沥青碎石	6	6	6	6	6
	水泥稳定砂砾(级配碎石)	28~32	25~29	22~25	19~23	16~21
	天然砂砾	20	20	20	20	20
2	上封层+沥青碎石	6	6	6	6	6
	二灰碎石(砂砾)	27~31	25~28	22~25	19~22	16~19
	天然砂砾	20	20	20	20	20
3	上封层+沥青碎石	6	6	6	6	6
	水泥稳定级配铜渣	28~32	25~29	22~25	19~23	16~21
	天然砂砾	20	20	20	20	20
4	上封层+沥青碎石	6	6	6	6	6
	级配铜渣	29~36	26~33	21~28	18~24	15~20
	天然砂砾	20	20	20	20	20
5	上封层+沥青碎石	6	6	6	6	6
	石灰稳定砂砾	38~44	34~41	30~36	27~32	24~28
	天然砂砾	20	20	20	20	20
6	上封层+沥青碎石	6	6	6	6	6
	水泥石灰稳定砂砾	30~35	28~32	24~28	21~25	18~22
	天然砂砾	20	20	20	20	20

(三)累计标准轴次:400~800万

道路等级:二 表10-45

序号	各层厚度(cm) E_0 / 各层材料名称	25	30	40	50	60
1	中粒式沥青混凝土	4	4	4	4	4
	粗粒式沥青混凝土	6	6	6	6	6
	水泥稳定砂砾(级配碎石)	30~35	27~32	23~27	20~24	17~21
	天然砾石	20	20	20	20	20
2	中粒式沥青混凝土	4	4	4	4	4
	粗粒式沥青混凝土	6	6	6	6	6
	二灰碎石(砂砾)	30~35	27~32	23~27	20~24	17~21
	天然砂砾	20	20	20	20	20
3	中粒式沥青混凝土	4	4	4	4	4
	粗粒式沥青混凝土	6	6	6	6	6
	水泥稳定级配铜渣	30~35	27~32	23~27	20~24	17~21
	天然砂砾	20	20	20	20	20
4	中粒式沥青混凝土	4	4	4	4	4
	粗粒式沥青混凝土	6	6	6	6	6
	级配铜渣	31~39	27~36	22~31	19~27	16~23
	天然砂砾	20	20	20	20	20
5	中粒式沥青混凝土	4	4	4	4	4
	粗粒式沥青混凝土	6	6	6	6	6
	石灰稳定砂砾	40~48	37~45	32~39	28~36	24~33
	天然砂砾	20	20	20	20	20
6	中粒式沥青混凝土	4	4	4	4	4
	粗粒式沥青混凝土	6	6	6	6	6
	水泥石灰稳定砂砾	32~38	29~35	25~30	22~28	19~26
	天然砂砾	20	20	20	20	20

(四)累计标准轴次:800~1 200万

道路等级:二 表10-46

序号	各层厚度(cm) E_0 / 各层材料名称	25	30	40	50	60
1	细粒式沥青混凝土	5	5	5	5	5
	粗粒式沥青混凝土	7	7	7	7	7
	水泥稳定砂砾(级配碎石)	33~36	30~33	26~28	23~25	20~22
	天然砂砾	20	20	20	20	20
2	细粒式沥青混凝土	5	5	5	5	5
	中粒式沥青混凝土	7	7	7	7	7
	二灰碎石(砂砾)	33~36	30~33	26~28	23~25	20~22
	天然砂砾	20	20	20	20	20
3	细粒式沥青混凝土	5	5	5	5	5
	粗粒式沥青混凝土	7	7	7	7	7
	水泥稳定级配铜渣	33~36	30~33	26~28	23~25	20~22
	天然砂砾	20	20	20	20	20
4	细粒式沥青混凝土	5	5	5	5	5
	粗粒式沥青混凝土	7	7	7	7	7
	级配铜渣	34~40	31~36	26~31	22~27	18~23
	天然砂砾	20	20	20	20	20
5	细粒式沥青混凝土	5	5	5	5	5
	粗粒式沥青混凝土	7	7	7	7	7
	石灰稳定砂砾	45~50	42~47	36~41	33~37	30~33
	天然砂砾	20	20	20	20	20

续上表

序号	各层厚度(cm) E_0 / 各层材料名称	25	30	40	50	60
6	细粒式沥青混凝土	5	5	5	5	5
	粗粒式沥青混凝土	7	7	7	7	7
	水泥石灰稳定砂砾	36~39	33~36	28~31	24~28	20~24
	天然砂砾	20	20	20	20	20

(五)累计标准轴次:800~1 200万

道路等级:一 表10-47

序号	各层厚度(cm) E_0 / 各层材料名称	30	40	50	60
1	中粒式沥青混凝土	4	4	4	4
	粗粒式沥青混凝土	8	8	8	8
	水泥稳定砂砾(级配碎石)	33~36	29~32	26~29	23~26
	天然砂砾	20	20	20	20
2	中粒式沥青混凝土	4	4	4	4
	粗粒式沥青混凝土	8	8	8	8
	二灰碎石(砂砾)	33~36	28~31	26~28	24~25
	天然砂砾	20	20	20	20
3	中粒式沥青混凝土	4	4	4	4
	粗粒式沥青混凝土	8	8	8	8
	水泥稳定级配铜渣	33~36	29~32	26~29	23~26
	天然砂砾	20	20	20	20
4	中粒式沥青混凝土	4	4	4	4
	粗粒式沥青混凝土	8	8	8	8
	级配铜渣	38~44	33~38	29~35	25~32
	天然砂砾	20	20	20	20
5	中粒式沥青混凝土	4	4	4	4
	粗粒式沥青混凝土	8	8	8	8
	水泥石灰稳定砂砾	38~42	33~37	30~33	27~29
	天然砂砾	20	20	20	20

(六)累计标准轴次:1 200~1 600万

道路等级:一 表10-48

序号	各层厚度(cm) E_0 / 各层材料名称	30	40	50	60
1	中粒式沥青混凝土	4	4	4	4
	粗粒式沥青混凝土	5	5	5	5
	沥青碎石	6	6	6	6
	水泥稳定砂砾(级配碎石)	36~39	32~34	28~30	24~26
	天然砂砾	20	20	20	20
2	中粒式沥青混凝土	4	4	4	4
	粗粒式沥青混凝土	5	5	5	5
	沥青碎石	6	6	6	6
	二灰碎石(砂砾)	36~39	32~34	28~30	24~26
	天然砂砾	20	20	20	20
3	中粒式沥青混凝土	4	4	4	4
	粗粒式沥青混凝土	5	5	5	5
	沥青碎石	6	6	6	6
	级配碎石(或级配铜渣)	40~44	35~39	30~35	25~31
	天然砂砾	20	20	20	20

续上表

序号	各层厚度(cm) E_0 / 各层材料名称	30	40	50	60
4	中粒式沥青混凝土	4	4	4	4
	粗粒式沥青混凝土	5	5	5	5
	沥青碎石	6	6	6	6
	石灰稳定砂砾	52 ~ 56	46 ~ 50	42 ~ 46	38 ~ 42
	天然砂砾	20	20	20	20
5	中粒式沥青混凝土	4	4	4	4
	粗粒式沥青混凝土	5	5	5	5
	沥青碎石	6	6	6	6
	水泥石灰砂砾	40 ~ 43	35 ~ 38	31 ~ 34	27 ~ 30
	天然砂砾	20	20	20	20

(七)累计标准轴次:1 600 ~ 2 000 万

道路等级:一　　表 10-49

序号	各层厚度(cm) E_0 / 各层材料名称	30	40	50	60
1	中粒式沥青混凝土	4	4	4	4
	粗粒式沥青混凝土	6	6	6	6
	沥青碎石	7	7	7	7
	水泥稳定砂砾(级配碎石)	37 ~ 39	33 ~ 35	29 ~ 31	25 ~ 27
	天然砂砾	20	20	20	20
2	中粒式沥青混凝土	4	4	4	4
	粗粒式沥青混凝土	6	6	6	6
	沥青碎石	7	7	7	7
	二灰碎石(砂砾)	37 ~ 39	33 ~ 35	29 ~ 31	25 ~ 27
	天然砂砾	20	20	20	20
3	中粒式沥青混凝土	4	4	4	4
	粗粒式沥青混凝土	6	6	6	6
	沥青碎石	7	7	7	7
	水泥稳定级配铜渣	37 ~ 39	33 ~ 35	29 ~ 31	25 ~ 27
	天然砂砾	20	20	20	20
4	中粒式沥青混凝土	4	4	4	4
	粗粒式沥青混凝土	6	6	6	6
	沥青碎石	7	7	7	7
	石灰稳定砂砾	53 ~ 56	48 ~ 51	44 ~ 47	40 ~ 43
	天然砂砾	20	20	20	20
5	中粒式沥青混凝土	4	4	4	4
	粗粒式沥青混凝土	6	6	6	6
	沥青碎石	7	7	7	7
	水泥石灰稳定砂砾	41 ~ 43	36 ~ 38	32 ~ 34	28 ~ 30
	天然砂砾	20	20	20	20

b　安徽江淮地区

(一)累计标准轴次:50 ~ 200 万

道路等级:二　　表 10-50

序号	各层厚度(cm) E_0 / 各层材料名称	25	30	40	50	60
1	中粒式沥青混凝土	5	5	5	5	5
	二灰碎石(砂砾)	22 ~ 29	19 ~ 26	17 ~ 23	15 ~ 21	15 ~ 19
	天然砂砾	20	20	20	20	20

续上表

序号	各层厚度(cm) E_0 / 各层材料名称	25	30	40	50	60
2	中粒式沥青混凝土	5	5	5	5	5
	二灰碎石(砂砾)	15 ~ 20	15 ~ 18	15	15	15
	石灰土	15	15	15	15	15
	天然砂砾	15	15	15	15	15
3	中粒式沥青混凝土	5	5	5	5	5
	水泥稳定碎石(砂砾)	22 ~ 29	20 ~ 27	17 ~ 23	15 ~ 21	15 ~ 19
	天然砂砾	20	20	20	20	20
4	中粒式沥青混凝土	5	5	5	5	5
	水泥稳定碎石(砂砾)	15 ~ 21	15 ~ 19	15	15	15
	石灰土	15	15	15	15	15
	天然砂砾	15	15	15	15	15
5	中粒式沥青混凝土	5	5	5	5	5
	水泥石灰稳定砂砾	15 ~ 23	15 ~ 20	15	15	15
	石灰土	15	15	15	15	15
	天然砂砾	15	15	15	15	15
6	中粒式沥青混凝土	5	5	5	5	5
	水泥石灰稳定砂砾	23 ~ 32	21 ~ 29	18 ~ 25	16 ~ 23	15 ~ 21
	天然砂砾	20	20	20	20	20

(二)累计标准轴次:200 ~ 400 万

道路等级:二　　表 10-51

序号	各层厚度(cm) E_0 / 各层材料名称	25	30	40	50	60
1	细粒式沥青混凝土	3	3	3	3	3
	沥青碎石	4	4	4	4	4
	二灰碎石(砂砾)	25 ~ 29	23 ~ 27	19 ~ 23	17 ~ 20	15 ~ 17
	天然砂砾	20	20	20	20	20
2	细粒式沥青混凝土	3	3	3	3	3
	沥青碎石	4	4	4	4	4
	二灰碎石(砂砾)	17 ~ 21	15 ~ 19	15	15	15
	石灰土	15	15	15	15	15
	天然砂砾	15	15	15	15	15
3	细粒式沥青混凝土	3	3	3	3	3
	沥青碎石	4	4	4	4	4
	水泥稳定碎石(砂砾)	25 ~ 29	23 ~ 27	20 ~ 23	17 ~ 21	15 ~ 19
	天然砂砾	20	20	20	20	20
4	细粒式沥青混凝土	3	3	3	3	3
	沥青碎石	4	4	4	4	4
	水泥稳定碎石	17 ~ 22	15 ~ 19	15	15	15
	石灰土	15	15	15	15	15
	天然砂砾	15	15	15	15	15
5	细粒式沥青混凝土	3	3	3	3	3
	沥青碎石	4	4	4	4	4
	水泥石灰稳定砂砾	19 ~ 23	16 ~ 21	15 ~ 17	15	15
	石灰土	15	15	15	15	15
	天然砂砾	15	15	15	15	15
6	细粒式沥青混凝土	3	3	3	3	3
	沥青碎石	4	4	4	4	4
	水泥石灰稳定砂砾	28 ~ 32	25 ~ 29	21 ~ 26	19 ~ 23	17 ~ 20
	天然砂砾	20	20	20	20	20

(三)累计标准轴次:400~800万

道路等级:二　　表 10-52

序号	各层厚度(cm) E_0 / 各层材料名称	25	30	40	50	60
1	中粒式沥青混凝土	4	4	4	4	4
	粗粒式沥青混凝土	6	6	6	6	6
	二灰碎石(砂砾)	29~34	27~31	23~27	20~24	17~21
	天然砂砾	20	20	20	20	20
2	中粒式沥青混凝土	4	4	4	4	4
	粗粒式沥青混凝土	6	6	6	6	6
	二灰碎石(砂砾)	22~26	19~24	15~19	15~16	15
	石灰土	15	15	15	15	15
	天然砂砾	15	15	15	15	15
3	中粒式沥青混凝土	4	4	4	4	4
	粗粒式沥青混凝土	6	6	6	6	6
	水泥稳定碎石(砂砾)	29~34	27~31	23~27	20~24	17~21
	天然砂砾	20	20	20	20	20
4	中粒式沥青混凝土	4	4	4	4	4
	粗粒式沥青混凝土	6	6	6	6	6
	水泥稳定碎石(砂砾)	22~26	19~24	15~20	15~16	15
	石灰土	15	15	15	15	15
	天然砂砾	15	15	15	15	15
5	中粒式沥青混凝土	4	4	4	4	4
	粗粒式沥青混凝土	6	6	6	6	6
	水泥石灰稳定砂砾(砂砾)	32~38	29~35	25~30	22~26	19~23
	天然砂砾	20	20	20	20	20
6	中粒式沥青混凝土	4	4	4	4	4
	粗粒式沥青混凝土	6	6	6	6	6
	水泥石灰稳定砂砾(碎石)	24~29	21~26	16~21	15~18	15
	石灰土	15	15	15	15	15
	天然砂砾	15	15	15	15	15

(四)累计标准轴次:800~1 200万

道路等级:二　　表 10-53

序号	各层厚度(cm) E_0 / 各层材料名称	25	30	40	50	60
1	中粒式沥青混凝土	5	5	5	5	5
	粗粒式沥青混凝土	7	7	7	7	7
	二灰碎石(砂砾)	32~35	29~32	25~28	22~25	19~22
	天然砂砾	20	20	20	20	20
2	中粒式沥青混凝土	5	5	5	5	5
	粗粒式沥青混凝土	7	7	7	7	7
	二灰碎石(砂砾)	25~28	22~25	18~20	15~17	15
	石灰土	15	15	15	15	15
	天然砂砾	15	15	15	15	15
3	中粒式沥青混凝土	5	5	5	5	5
	粗粒式沥青混凝土	7	7	7	7	7
	水泥稳定碎石(砂砾)	32~35	29~32	25~28	22~25	19~22
	天然砂砾	20	20	20	20	20
4	中粒式沥青混凝土	5	5	5	5	5
	粗粒式沥青混凝土	7	7	7	7	7
	水泥稳定碎石(砂砾)	25~28	22~25	18~20	15~17	15
	石灰土	15	15	15	15	15
	天然砂砾	15	15	15	15	15

续上表

序号	各层厚度(cm) E_0 / 各层材料名称	25	30	40	50	60
5	中粒式沥青混凝土	5	5	5	5	5
	粗粒式沥青混凝土	7	7	7	7	7
	水泥石灰稳定砂砾	36~39	33~36	28~31	24~27	20~23
	天然砂砾	20	20	20	20	20
6	中粒式沥青混凝土	5	5	5	5	5
	粗粒式沥青混凝土	7	7	7	7	7
	水泥石灰稳定砂砾	27~31	24~27	19~23	16~19	15
	石灰土	15	15	15	15	15
	天然砂砾	15	15	15	15	15

(五)累计标准轴次:800~1 200万

道路等级:一　　表 10-54

序号	各层厚度(cm) E_0 / 各层材料名称	30	40	50	60
1	中粒式沥青混凝土	4	4	4	4
	粗粒式沥青混凝土	8	8	8	8
	二灰碎石(砂砾)	33~36	28~31	25~28	22~25
	天然砂砾	20	20	20	20
2	中粒式沥青混凝土	4	4	4	4
	粗粒式沥青混凝土	8	8	8	8
	二灰碎石(砂砾)	25~29	21~24	18~21	15~18
	石灰土	15	15	15	15
	天然砂砾	15	15	15	15
3	中粒式沥青混凝土	4	4	4	4
	粗粒式沥青混凝土	8	8	8	8
	水泥稳定碎石(砂砾)	33~37	29~32	26~29	23~26
	天然砂砾	20	20	20	20
4	中粒式沥青混凝土	4	4	4	4
	粗粒式沥青混凝土	8	8	8	8
	水泥稳定碎石(砂砾)	26~29	21~24	18~21	15~18
	石灰土	15	15	15	15
	天然砂砾	15	15	15	15
5	中粒式沥青混凝土	4	4	4	4
	粗粒式沥青混凝土	8	8	8	8
	水泥石灰稳定砂砾	37~40	32~35	29~32	26~29
	天然砂砾	20	20	20	20
6	中粒式沥青混凝土	4	4	4	4
	粗粒式沥青混凝土	8	8	8	8
	水泥石灰稳定砂砾	28~32	23~27	20~23	17~19
	石灰土	15	15	15	15
	天然砂砾	15	15	15	15

(六)累计标准轴次:1 200~1 600万

道路等级:一　　表 10-55

序号	各层厚度(cm) E_0 / 各层材料名称	30	40	50	60
1	中粒式沥青混凝土	4	4	4	4
	粗粒式沥青混凝土	5	5	5	5
	沥青碎石	6	6	6	6
	二灰碎石(砂砾)	35~38	31~33	28~30	25~27
	天然砂砾	20	20	20	20

续上表

序号	各层厚度(cm) E_0 各层材料名称	30	40	50	60
2	中粒式沥青混凝土	4	4	4	4
	粗粒式沥青混凝土	5	5	5	5
	沥青碎石	6	6	6	6
	二灰碎石(砂砾)	28 ~ 31	23 ~ 26	20 ~ 22	17 ~ 19
	石灰土	15	15	15	15
	天然砂砾	15	15	15	15
3	中粒式沥青混凝土	4	4	4	4
	粗粒式沥青混凝土	5	5	5	5
	沥青碎石	6	6	6	6
	水泥稳定碎石(砂砾)	36 ~ 39	32 ~ 34	28 ~ 30	24 ~ 26
	天然砂砾	20	20	20	20
4	中粒式沥青混凝土	4	4	4	4
	粗粒式沥青混凝土	5	5	5	5
	沥青碎石	6	6	6	6
	水泥稳定碎石(砂砾)	29 ~ 31	24 ~ 26	21 ~ 23	18 ~ 20
	石灰土	15	15	15	15
	天然砂砾	15	15	15	15
5	中粒式沥青混凝土	4	4	4	4
	粗粒式沥青混凝土	5	5	5	5
	沥青碎石	6	6	6	6
	水泥石灰稳定砂砾	40 ~ 43	35 ~ 38	31 ~ 34	27 ~ 30
	天然砂砾	20	20	20	20
6	中粒式沥青混凝土	4	4	4	4
	粗粒式沥青混凝土	5	5	5	5
	沥青碎石	6	6	6	6
	水泥石灰稳定砂砾	31 ~ 34	26 ~ 29	23 ~ 25	20 ~ 22
	石灰土	15	15	15	15
	天然砂砾	15	15	15	15

(七)累计标准轴次:1 600 ~ 2 000 万

道路等级:一　　表 10-56

序号	各层厚度(cm) E_0 各层材料名称	30	40	50	60
1	中粒式沥青混凝土	4	4	4	4
	粗粒式沥青混凝土	6	6	6	6
	沥青碎石	7	7	7	7
	二灰碎石(砂砾)	37 ~ 39	32 ~ 34	29 ~ 30	26 ~ 28
	天然砂砾	20	20	20	20
2	中粒式沥青混凝土	4	4	4	4
	粗粒式沥青混凝土	6	6.	6	6
	沥青碎石	7	7	7	7
	二灰碎石(砂砾)	29 ~ 31	25 ~ 27	21 ~ 23	17 ~ 19
	石灰土	15	15	15	15
	天然砂砾	15	15	15	15

续上表

序号	各层厚度(cm) E_0 各层材料名称	30	40	50	60
3	中粒式沥青混凝土	4	4	4	4
	粗粒式沥青混凝土	6	6	6	6
	沥青碎石	7	7	7	7
	水泥稳定碎石(砂砾)	37 ~ 39	33 ~ 35	29 ~ 31	25 ~ 27
	天然砂砾	20	20	20	20
4	中粒式沥青混凝土	4	4	4	4
	粗粒式沥青混凝土	6	6	6	6
	沥青碎石	7	7	7	7
	水泥稳定碎石(砂砾)	30 ~ 32	25 ~ 27	22 ~ 23	19 ~ 20
	石灰土	15	15	15	15
	天然砂砾	15	15	15	15
5	中粒式沥青混凝土	4	4	4	4
	粗粒式沥青混凝土	6	6	6	6
	沥青碎石	7	7	7	7
	水泥石灰稳定砂砾	41 ~ 43	36 ~ 38	32 ~ 34	28 ~ 30
	天然砂砾	20	20	20	20
6	中粒式沥青混凝土	4	4	4	4
	粗粒式沥青混凝土	6	6	6	6
	沥青碎石	7	7	7	7
	水泥石灰稳定碎石(砂砾)	33 ~ 35	28 ~ 30	24 ~ 26	20 ~ 22
	石灰土	15	15	15	15
	天然砂砾	15	15	15	15

c　安徽淮北地区

(一)累计标准轴次:50 ~ 200 万

道路等级:二　　表 10-57

序号	各层厚度(cm) E_0 各层材料名称	25	30	40	50	60
1	上封 + 中粒式沥青混凝土	5	5	5	5	5
	二灰碎石(砂砾)	15	15	15	15	15
	石灰土	21 ~ 31	18 ~ 28	14 ~ 23	10 ~ 19	10 ~ 15
2	上封 + 中粒式沥青混凝土	5	5	5	5	5
	水泥稳定碎石砂砾	15	15	15	15	15
	石灰土	21 ~ 31	18 ~ 28	14 ~ 23	10 ~ 19	10 ~ 15
3	上封 + 粗粒式沥青混凝土	6	6	6	6	6
	二灰碎石(砂砾)	15	15	15	15	15
	石灰土	22 ~ 32	19 ~ 29	14 ~ 24	11 ~ 20	10 ~ 16
4	上封 + 粗粒式沥青混凝土	6	6	6	6	6
	二灰碎石(砂砾)	15	15	15	15	15
	石灰土	20 ~ 31	18 ~ 28	13 ~ 22	10 ~ 19	10 ~ 16

续上表

序号	各层厚度(cm) \ E_0 各层材料名称	25	30	40	50	60
5	上封+贯入式	6	6	6	6	6
	二灰碎石(砂砾)	15	15	15	15	15
	石灰土	23~33	20~30	15~25	12~21	10~17
6	上封+贯入式	6	6	6	6	6
	水泥稳定碎石(砂砾)	15	15	15	15	15
	石灰土	23~33	20~30	15~25	12~21	10~17

(二)累计标准轴次:200~400万

道路等级:二　　表10-58

序号	各层厚度(cm) \ E_0 各层材料名称	25	30	40	50	60
1	细粒式沥青混凝土	3	3	3	3	3
	沥青碎石	4	4	4	4	4
	二灰碎石(砂砾)	15	15	15	15	15
	石灰土	26~32	23~28	18~23	14~19	10~15
2	细粒式沥青混凝土	3	3	3	3	3
	沥青碎石	4	4	4	4	4
	水泥稳定碎石(砂砾)	15	15	15	15	15
	石灰土	26~32	23~28	18~23	14~19	10~15

(三)累计标准轴次:400~800万

道路等级:二　　表10-59

序号	各层厚度(cm) \ E_0 各层材料名称	25	30	40	50	60
1	中粒式沥青混凝土	4	4	4	4	4
	粗粒式沥青混凝土	6	6	6	6	6
	二灰碎石(砂砾)	15	15	15	15	15
	石灰土	32~39	28~35	23~29	18~24	14~19
2	中粒式沥青混凝土	4	4	4	4	4
	粗粒式沥青混凝土	6	6	6	6	6
	水泥稳定碎石(砂砾)	15	15	15	15	15
	石灰土	32~39	28~35	23~29	18~24	14~19
3	中粒式沥青混凝土	4	4	4	4	4
	沥青碎石	6	6	6	6	6
	二灰碎石(砂砾)	15	15	15	15	15
	石灰土	34~40	29~36	24~31	20~26	16~21
4	中粒式沥青混凝土	4	4	4	4	4
	沥青碎石	6	6	6	6	6
	水泥稳定碎石(砂砾)	15	15	15	15	15
	石灰土	34~40	29~36	24~31	20~26	16~21

续上表

序号	各层厚度(cm) \ E_0 各层材料名称	25	30	40	50	60
5	中粒式沥青混凝土	4	4	4	4	4
	贯入式	6	6	6	6	6
	二灰碎石(砂砾)	15	15	15	15	15
	石灰土	34~41	30~37	25~32	20~27	15~22

(四)累计标准轴次:800~1 200万

道路等级:二　　表10-60

序号	各层厚度(cm) \ E_0 各层材料名称	25	30	40	50	60
1	中粒式沥青混凝土	5	5	5	5	5
	粗粒式沥青混凝土	7	7	7	7	7
	二灰碎石(砂砾)	15	15	15	15	15
	石灰土	37~41	32~36	27~31	22~26	17~21
2	中粒式沥青混凝土	5	5	5	5	5
	粗粒式沥青混凝土	7	7	7	7	7
	水泥稳定碎石(砂砾)	15	15	15	15	15
	石灰土	37~41	32~36	27~31	22~26	17~21
3	中粒式沥青混凝土	4	4	4	4	4
	粗粒式沥青混凝土	8	8	8	8	8
	水泥稳定碎石(砂砾)	15	15	15	15	15
	石灰土	37~41	32~36	27~31	22~26	17~21
4	中粒式沥青混凝土	4	4	4	4	4
	粗粒式沥青混凝土	8	8	8	8	8
	二灰碎石(砂砾)	15	15	15	15	15
	石灰土	37~41	32~36	27~31	22~26	17~21

(五)累计标准轴次:800~1 200万

道路等级:一　　表10-61

序号	各层厚度(cm) \ E_0 各层材料名称	30	40	50	60
1	中粒式沥青混凝土	4	4	4	4
	粗粒式沥青混凝土	8	8	8	8
	二灰碎石(砂砾)	15	15	15	15
	石灰土	37~42	32~37	27~31	22~26
2	中粒式沥青混凝土	4	4	4	4
	粗粒式沥青混凝土	8	8	8	8
	水泥稳定碎石(砂砾)	15	15	15	15
	石灰土	37~42	32~37	27~31	22~26
3	中粒式沥青混凝土	5	5	5	5
	粗粒式沥青混凝土	7	7	7	7
	二灰碎石(砂砾)	15	15	15	15
	石灰土	37~42	32~37	27~31	22~26

续上表

序号	各层厚度(cm) E_0 / 各层材料名称	30	40	50	60
4	中粒式沥青混凝土	5	5	5	5
	粗粒式沥青混凝土	7	7	7	7
	水泥稳定碎石(砂砾)	15	15	15	15
	石灰土	37~42	32~37	27~31	22~26

续上表

序号	各层厚度(cm) E_0 / 各层材料名称	30	40	50	60
4	抗滑表层	4	4	4	4
	中粒式沥青混凝土	5	5	5	5
	粗粒式沥青混凝土	6	6	6	6
	水泥稳定碎石(砂砾)	15	15	15	15
	石灰土	37~41	32~35	26~30	20~24

(六)累计标准轴次:1 200~1 600 万

道路等级:一　　表 10-62

序号	各层厚度(cm) E_0 / 各层材料名称	30	40	50	60
1	中粒式沥青混凝土	4	4	4	4
	粗粒式沥青混凝土	5	5	5	5
	沥青碎石	6	6	6	6
	二灰碎石(砂砾)	15	15	15	15
	石灰土	41~45	36~39	31~34	22~29
2	中粒式沥青混凝土	4	4	4	4
	粗粒式沥青混凝土	5	5	5	5
	沥青碎石	6	6	6	6
	水泥稳定碎石(砂砾)	15	15	15	15
	石灰土	41~45	36~39	31~34	22~29
3	抗滑表层	4	4	4	4
	中粒式沥青混凝土	5	5	5	5
	粗粒式沥青混凝土	6	6	6	6
	二灰碎石(砂砾)	15	15	15	15
	石灰土	37~41	32~35	26~30	20~24

(七)累计标准轴次:1 600~2 000 万

道路等级:一　　表 10-63

序号	各层厚度(cm) E_0 / 各层材料名称	30	40	50	60
1	中粒式沥青混凝土	4	4	4	4
	粗粒式沥青混凝土	6	6	6	6
	沥青碎石	7	7	7	7
	二灰碎石(砂砾)	15	15	15	15
	石灰土	42~45	37~40	32~35	27~30
2	中粒式沥青混凝土	4	4	4	4
	粗粒式沥青混凝土	6	6	6	6
	沥青碎石	7	7	7	7
	水泥稳定碎石(砂砾)	15	15	15	15
	石灰土	42~45	37~40	32~35	27~30

A 有关规范推荐的城市沥青路面典型结构

a 城市道路钢渣石灰类基层路面结构组合

城市道路钢渣石灰类基层路面结构组合　　表 10-64

序号	路面结构组合图式	适用范围	标准轴（次/d）
1	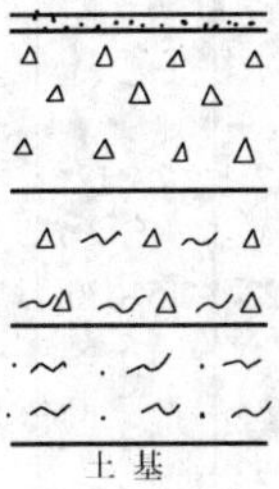 沥青混凝土 沥青碎石 钢渣石灰粉煤灰混合料 石灰土，级配碎（砾）石等 土基	主干路	>625
2	 水泥混凝土 钢渣石灰粉煤灰（土）混合料 土基	主干路	>625
3	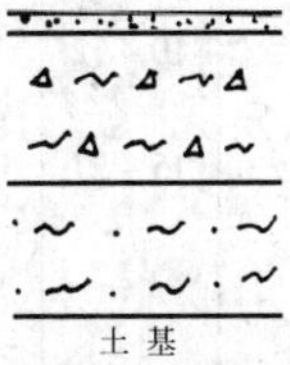 沥青混凝土，沥青碎石，贯入式 钢渣石灰粉煤灰混合料 石灰土，级配砂石，混合钢渣 土基	次干路	250~625
4	 沥青混凝土，沥青碎石，贯入式，表处 钢渣石灰类混合料 石灰土，级配砂（砾）石等 土基	一般道路	60~250
5	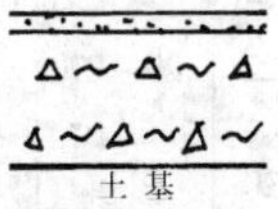 沥青混凝土，沥青碎石，贯入式，表处 钢渣石灰类混合料 土基	一般道路	<60

注：摘自《钢渣石灰类道路基层施工及验收规范》（CJJ 35—90）。

b 城市道路粉煤灰石灰类基层路面结构组合

城市道路粉煤灰石灰类基层路面结构组合　　表 10-65

序号	路面结构组合图式	适用范围	混合汽车交通量（辆/昼夜）
1	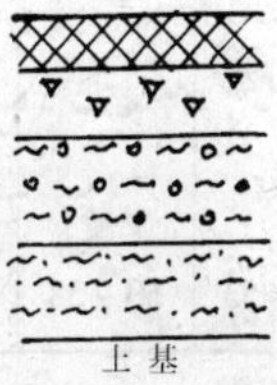 沥青混凝土 黑色碎石或沥青处治碎石 粉煤灰石灰类混合料 石灰土或级配砂砾等材料 土基	主干路	5 000 以上
2	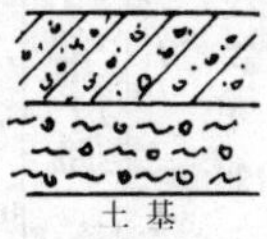 水泥混凝土 粉煤灰石灰类混合料 土基	主干路	5 000 以上
3	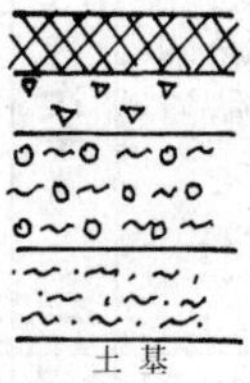 沥青混合料或贯入式沥青稳定碎石或碎石 粉煤灰石灰类混合料 石灰土或级配砂砾等材料 土基	次干路	2 000~5 000
4	 沥青混合料或贯入式或表处 粉煤灰石灰类混合料 石灰土或级配砂砾等材料 土基	一般道路	500~2 000
5	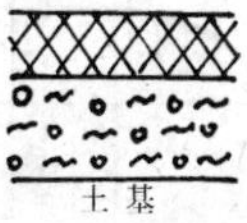 沥青混合料或表处 粉煤灰石灰类混合料 土基	一般道路	500 以下
说明	1.沥青混合料包括沥青混凝土和黑色碎石； 2.沥青处治包括贯入式和沥青稳定碎石		

注：摘自《粉煤灰石灰类道路基层施工暂行技术规定》（CJJ 4—83）。

c 城市道路煤渣石灰类基层路面结构组合

城市道路煤渣石灰类基层路面结构组合　表 10-66

序号	路面结构组合图式	适用范围	混合交通量（辆/昼夜）
1	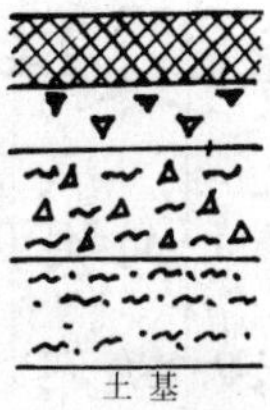 沥青混凝土 沥青处治碎石或黑色碎石 煤渣石灰类混合料 级配砂砾石或石灰土 土基	主干路	5 000 以上

10

续上表

序号	路面结构组合图式	适用范围	混合交通量（辆/昼夜）
2	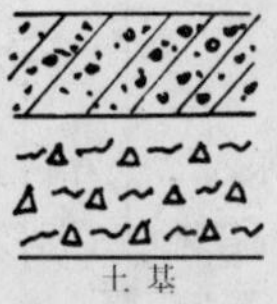 水泥混凝土 煤渣石灰类混合料 土基	主干路	5 000以上
3	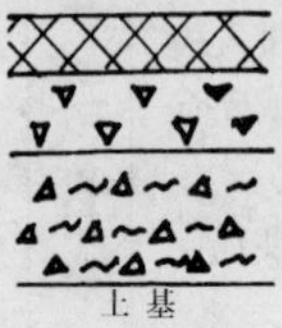 沥青混合料或贯入式沥青稳定碎石或碎石 煤渣石灰类混合料 土基	次干路	2 000～5 000
4	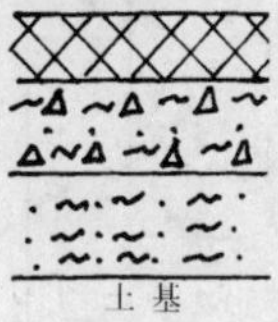 沥青混合料或贯入式或表面处治 煤渣石灰类混合料 石灰土 土基	一般道路	500～2 000
5	 沥青混合料或贯入式或表面处治 煤渣石灰类混合料 土基	一般道路	500以下
6	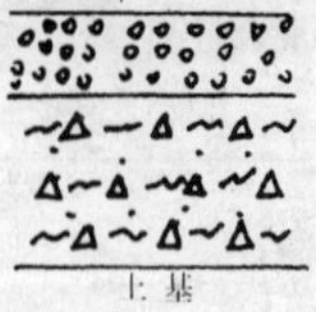 表面处治 煤渣石灰类混合料 土基	人行道	

注：摘自《煤渣石灰类道路基层施工暂行技术规定》(CJJ 5—83)。

B　国内一些城市道路沥青路面参考结构

a　北京市沥青路面参考结构(一)

北京市沥青路面参考结构(一)　　表10-67

标准轴BZZ—100作用次数（次/日）	结构组合	各层厚度（cm）			
		土基回弹模量（MPa）			
		18～36	36～48	48～66	
2 800～8 000	沥青混凝土或沥青碎石	5.5～6	5～5.5	4.5～5.5	4.5～5.5
	沥青稳定碎石	12～20	10～20	10～12	10～12
	级配碎石	20～30	15～20	21～30	
	石灰土(12%)	15～20	12～20		15～20

续上表

标准轴BZZ—100作用次数（次/日）	结构组合	各层厚度（cm）			
		土基回弹模量（MPa）			
		18～36	36～48	48～66	
2 800～8 000	石灰土(9%)	15			
	总厚度	51～86	42～63	36～48	30～37
800～2 800		18～24	30～36	36～66	
	沥青混凝土或沥青碎石	5～6	5～5.5	4～5	4～5
	沥青稳定碎石	10～15	7～12	7～12	7～10
	级配碎石	15～30	15～22	15～30	
	石灰土(12%)	12～20	11～20		11～20
	石灰土(9%)	15			
	总厚度	45～60	41～58	27～42	22～35
60～800		18～30		30～36	
	沥青混凝土或沥青碎石	4.5～5.0		4.5～5.5	4.5～5.5
	沥青稳定碎石	10～12		10～12	7～12
	级配碎石	15～28		15～27	
	石灰土(12%)				12～20
	石灰土(9%)	15			
	总厚度	35～45		35～45	27～35
2 000～4 000		18～30	30～42	42～66	
	沥青贯入式	12	10～12	10～12	10～12
	级配碎石	16～30	15～22	20～27	
	石灰土(12%)	15～20	12～20		13～20
	石灰土(9%)	15～20			
	总厚度	47～67	39～54	30～39	23～32
180～2 000		18～24	20～30	30～66	
	沥青贯入式	10～12	10～12	10～12	
	级配碎石	15～30	15～21	20～28	
	石灰土(12%)		13～20		
	石灰土(9%)	15			
	总厚度	25～42	38～53	30～38	

注：表中路面结构总厚度中不包括石灰土(9%)。

b　北京市沥青路面参考结构(二)

北京市沥青路面参考结构(二)　表 10-68

结构层类别及总厚度(cm)	道路类别 / 交通量 $N(\times10^6)$ 次	支路				次干路				主干路				快速路		
	交通量 $N(\times10^6)$ 次	$N<2$	$2\leqslant N<4$				$4\leqslant N<6$	$6\leqslant N<8$			$8\leqslant N<10$	$10\leqslant N<12$			$12\leqslant N<14$	$N\geqslant14$
					$4\leqslant N<6$	$2\leqslant N<4$			$8\leqslant N<10$	$6\leqslant N<8$			$12\leqslant N<14$	$10\leqslant N<12$		
沥青混凝土(石屑+中粒式)		8(石屑)	5(1.5+3.5)	3(石屑)	3(石屑)	5(1.5+3.5)	5(1.5+3.5)	5(1.5+3.5)	5(1.5+3.5)	5(1.5+3.5)	5(1.5+3.5)	7(1.5+3.5)	7(1.5+3.5)	5(1.5+3.5)	5(1.5+3.5)	7(1.5+5.5)
厂拌大粒径沥青碎石		0	0	6	6	6	6	6	6	8	8	8	8	12	12	12
石灰粉煤灰砂砾	当土基回弹模量(MPa)为 $20\leqslant E_n<26$	25/30②(20)①	25/30(20)	20/25(20)	25/30(20)	20/25(15/20)	20/25/30(20)	25/30/35(20/25)	25/30/35(20/25)	25/30/35(20/25)	25/30/35(20/25)	25/30/35(20/25)	30/35(20/25)	35/40(25/30)	35/40(25/30)	35/40(25/30)
石灰粉煤灰砂砾	$26\leqslant E_n<34$	25(20)	25(15/20)	20(15/20)	20/25(15/20)	20/25(15/20)	20/25(20)	20/25/30(20)	20/25/30(20)	25/30(20)	25/30(20)	25/30(20)	25/30(20)	30/35(25)	30/35(25)	30/35(25)
石灰粉煤灰砂砾	$34\leqslant E_n<44$	20/25(20)	20/25(15/20)	20(15/20)	20(15/20)	20(15)	20(15/20)	20/25(20)	20/25(20)	20/25(20)	20/25(20)	20/25(20)	25(20)	25/30(20/25)	25/30(20/25)	25/30(20/25)
石灰粉煤灰砂砾	$E_n0\geqslant44$	20(20)	20(15)	20(15)	20(15)	20(15)	20(15/20)	20/25(20)	20/25(20)	20/25(20)	20/25(20)	20/25(20)	25(20)	25(20)	25(20)	25(20)
石灰土		15(30)	15(30)	15(30)	15(30)	15(30)	15(30)	15(30)	15(30)	15(30)	15(30)	15(30)	15(30)	15(30)	15(30)	15(30)
路面总厚度(cm)		38～48(53)	45～50(50～55)	44～49(54～59)	44～54(54～95)	46～51(56～66)	46～56(56～61)	46～61(61～66)	46～61(61～66)	48～63(63～68)	48～63(63～68)	50～65(65～70)	55～65(65～70)	57～72(67～77)	57～72(67～77)	59～74(69～79)
备注	设计使用年限	10				15				15				15		
备注：设计车道日交通量初期(次/日)	二环以内 $r=8\%$	$N<380$	$380\leqslant N<750$	$750\leqslant N<1130$		$200\leqslant N<400$	$400\leqslant N<600$	$600\leqslant N<800$	$800\leqslant N<1000$	$600\leqslant N<800$	$800\leqslant N<1000$	$1000\leqslant N<1200$	$1200\leqslant N<1400$	$1000\leqslant N<1200$	$1200\leqslant N<1400$	$N\geqslant1400$
备注：设计车道日交通量初期(次/日)	二环至近郊 $r=12\%$	$N<310$	$310\leqslant N<620$	$620\leqslant N<930$		$140\leqslant N<300$	$300\leqslant N<440$	$440\leqslant N<590$	$590\leqslant N<735$	$440\leqslant N<590$	$590\leqslant N<735$	$735\leqslant N<880$	$880\leqslant N<1030$	$735\leqslant N<880$	$880\leqslant N<1030$	$N\geqslant1030$

① 当石灰土底基层厚度为 30cm 时,采用括号内的结构厚度数值。

② 当石灰粉煤灰砂砾基层厚度为 1 个数时,交通量与土基模量在任何组合下结构厚度都取此数;当此层厚度为 2 个数时,交通量的高值与土基模量的低值组合,结构厚度取高值,其它组合取低值;当此层厚度为 3 个数时,交通量的高值与土基模数低值组合,结构厚度取高值,反之取低值,其它组合视具体条件取中值或高值。但高、中、低三值当中不作内插

c　上海市沥青路面参考结构

上海市沥青路面参数结构　　　表 10-69

道路分类		BZZ—100 作用次数（次/日）	沥青面层种类及厚度（cm）	新路基层种类及厚度	
				用半刚性基层时	用柔性基层时
主要干道	特重交通	3 400 ~ 10 000	①2cm 沥青砂 + 5 ~ 8cm 粗粒式沥青混凝土(或沥青碎石) ②旧路加固时,亦可加厚面层不再加基层(原路破损严重处应处理)	40 ~ 45cm 三渣或二渣	10cm 沥青稳定碎石 + 45 ~ 50cm 二渣稳定碎石 + 15cm 煤渣(砾石砂)
区域干道	繁重交通	2 000 ~ 3 400	①2cm 沥青砂 + 15cm 粗粒式沥青混凝土(或沥青碎石) ②8cm 贯入式(郊区为主) ③旧路加固时,亦可不加基层而加厚面层	35 ~ 40cm 三渣或二渣	10cm 沥青稳定碎石 + 40 ~ 45cm 道渣(最好二渣稳定) + 15cm 煤渣(砾石砂)
区域干道	重交通	1 000 ~ 2 000	①2cm 沥青砂 + 5cm 粗粒式沥青混凝土(或沥青碎石) ②8cm 贯入式(郊区为主)	30 ~ 40cm 三渣或二渣	10cm 沥青稳定碎石 + 25 ~ 35cm 道渣(最好二渣稳定) + 15cm 煤渣(砾石砂)
一般道路	中等交通	340 ~ 1 000	①2cm 沥青砂 + 5cm 粗粒式沥青混凝土(或沥青碎石) ②6 ~ 8cm 贯入式 ③2cm 沥青砂 + 5cm 粗粒式沥青表处	30 ~ 35cm 二渣或三渣	①10cm 沥青稳定碎石 + 20 ~ 30cm 道渣 + 15cm 煤渣 ② 15cm 二渣稳定碎石 + 15cm 道渣 + 15cm 煤渣(砾石砂)
	轻交通	340 以下	①2.5 ~ 3cm 三层式沥青表处 ②4 ~ 6cm 浅贯入式 ③2cm 沥青砂 + 5cm 粗粒式沥青混凝土(或沥青碎石) ④2cm 沥青砂 + 2cm 粗粒式沥青表处或 4 ~ 6cm 浅贯入式(用渣油时)	25 ~ 30cm 二渣或三渣	①10cm 沥青稳定碎石 + 15 ~ 20cm 道渣 + 15cm 煤渣 ②25 ~ 30cm 二渣(或石灰土)稳定碎石 + 15cm 煤渣

d　广州市、武汉市沥青路面参考结构

广州市、武汉市沥青路面参考结构　　　表 10-70

城市	荷重等级	总厚(cm)	结构组合
广州	重	57.5	2.5cm 细粒式沥青混凝土 5cm 中(粗)粒式沥青混凝土 5cm 碎石(沥青贯入 3cm) 45cm 石灰煤渣土或石灰土
	轻$_1$	40.5	2.5cm 细粒式沥青混凝土 3cm 中粒式沥青混凝土 5cm 碎石(沥青贯入 3cm) 30cm 石灰煤渣土或石灰土
	轻$_2$	32.5	2.5cm 细粒式沥青混凝土 5cm 碎石(沥青贯入 3cm) 25cm 石灰煤渣土或石灰土
	轻$_3$	22.5	2.5cm 细粒式沥青混凝土 5cm 碎石(沥青贯入 3cm) 15cm 石灰土
	轻$_4$	17.5	2.5cm 细粒式沥青混凝土 12cm 碎石(沥青贯入 3cm)
	轻$_5$	27.5	2.5cm 细粒式沥青混凝土 5cm 碎石(沥青贯入 3cm) 20cm 石渣

城市	荷重等级	总厚(cm)	结构组合
武汉	重$_1$	51.5	1.5cm 沥青石屑封面 5cm 中粒式黑色碎石 15cm 煤渣土 30cm 钢渣
	重$_2$	66.5	1.5cm 沥青石屑封面 5cm 中粒式黑色碎石混合料 30cm 石灰煤渣土 30cm 石灰土
	重$_3$	51.5	1.5cm 沥青石屑封面 5cm 中粒式黑色碎石混合料 45cm 石灰煤渣土或钢渣
	轻$_1$	41.5	1.5cm 沥青石屑封面 5cm 中粒式黑色碎石混合料 15cm 石灰煤渣土 20cm 石灰土或石灰碎石土
	轻$_2$	36.5	1.5cm 沥青石屑封面 5cm 中粒式黑色碎石混合料 30cm 石灰煤渣土或钢渣

e 天津市、南京市沥青路面参考结构

天津市、南京市沥青路面参考结构　表 10-71

城市	荷重等级	总厚(cm)	结构组合	城市	荷重等级	总厚(cm)	结构组合
天津	重$_1$	48	5cm 沥青混凝土 7cm 沥青稳定碎石 2×18cm 石灰土	南京	重$_1$	43.5	1.5cm 沥青砂 4cm 中粒式沥青混凝土 8cm 沥青碎石 30cm 块石
	重$_2$	50	5cm 沥青混凝土 15cm 炉渣石灰土 2×15cm 石灰土		重$_2$	35.5	1.5cm 沥青砂 4cm 中粒式沥青混凝土 15cm 石灰煤渣土 15cm 石灰土
	轻$_1$	38~40	5cm 沥青混凝土 15cm 炉渣石灰土(或 17cm 石灰土) 18~20cm 石灰土		轻$_1$	33.5	2.5cm 粗双层表面处治 6cm 沥青碎石 25cm 块石
	轻$_2$	33.5	3.5cm 沥青混凝土 15cm 炉渣石灰土(或石灰土) 15cm 石灰土		轻$_2$	28	3cm 细粒式沥青混凝土 25cm 煤渣石灰土

f 福州、兰州沥青路面参考结构

福州、兰州沥青路面参考结构　表 10-72

城市	荷重等级	总厚(cm)	结构组合	城市	荷重等级	总厚(cm)	结构组合
福州	重$_1$	46	5cm 中粒式沥青混凝土 8cm 水结碎石 8cm 泥结碎石 25cm 灌砂片石	兰州	重$_1$	45	1cm 沥青砂 4cm 黑色碎石 20cm 煤渣石灰土 20cm 煤渣石灰土
	重$_2$	40	5cm 中粒式沥青混凝土 10cm 水结碎石 25cm 灌砂片石		重$_2$	40	1cm 沥青砂 4cm 黑色碎石 10cm 水结碎石 10cm 石灰土 15cm 石灰土
	重$_3$	45	12cm 沥青贯碎石 8cm 泥结碎石 25cm 灌砂片石		重$_3$	45	1cm 沥青砂 4cm 黑色碎石 20cm 级配砾石掺石灰 20cm 石灰土
	轻$_1$	31~34	3~4cm 中粒式沥青混凝土 8~10cm 水结碎石 20cm 灌砂片石		轻$_1$	35	1cm 沥青砂 4cm 黑色碎石 10cm 级配砾石掺石灰 20cm 煤渣石灰土
	轻$_2$	38	10cm 沥青贯入式 8cm 泥结碎石 20cm 灌砂片石		轻$_2$	30	1cm 沥青砂 4cm 黑色碎石 10cm 级配砾石掺石灰 15cm 石灰土
	轻$_3$	24.5	1.5cm 沥青砂 8cm 水结碎石 15cm 灌砂片石				

g　济南、成都、青岛、合肥沥青路面参考结构

济南、成都、青岛、合肥沥青路面参考结构　表 10-73

城市	荷重等级	总厚(cm)	结构组合	城市	荷重等级	总厚(cm)	结构组合
济南	重	43	5cm 中粒式沥青混凝土 8cm 碎石 30cm 石灰土	青岛	重	38	3cm 细粒式沥青混凝土 5cm 粗粒式沥青混凝土 10cm 碎石 20cm 碎石
	轻$_1$	31	5cm 中粒式沥青混凝土 7cm 碎石 20cm 石灰土		轻$_1$	14	4cm 沥青混凝土 10cm 碎石
	轻$_2$	28	5cm 中粒式沥青混凝土 8cm 碎石 15cm 小毛石		轻$_2$	10	4cm 沥青混凝土 6cm 碎石
成都	重	48	8cm 沥青结合料 40cm 连槽卵石	合肥	重$_1$	45	5cm 黑色碎石 20cm 二渣(或三渣) 20cm 石灰土
	轻$_1$	35	5cm 沥青混合料 30cm 连槽卵石		重$_2$	35	5cm 黑色碎石 15cm 三渣 15cm 二渣
	轻$_2$	30	5cm 沥青结合料 10cm 三渣土 15cm 三渣土		重$_3$	35	5cm 黑色碎石 30cm 二渣(或三渣)
					轻	28	3cm 黑色碎石 25cm 二渣

h　长春市沥青路面参考结构

长春市沥青路面参考结构　表 10-74

城市	荷重等级	总厚(cm)	结构组合	荷重等级	总厚(cm)	结构组合
长春	重$_1$	69	3cm 沥青混凝土 6cm 柏油贯碎石 15cm 石灰炉渣土 15cm 混合石	轻$_2$	37.5	3cm 沥青混凝土 6cm 柏油贯碎石 40cm 石灰炉渣土 20cm 混合石
	重$_2$	47.5	3cm 沥青混凝土 4.5cm 柏油贯碎石 20cm 石灰炉渣土 20cm 混合石	轻$_3$	46	6cm 柏油碎石贯入沥青石屑封面 20cm 混合石 20cm 炉渣
	轻$_1$	47.5	3cm 沥青混凝土 4.5cm 柏油贯碎石 20cm 石灰炉渣土 20cm 混合石	轻$_4$	24.5	4.5cm 柏油碎石贯入，沥青石屑封面 20cm 石灰土(或石灰炉渣土，或混合石)
				轻$_5$	22.5	2.5cm 双层表面处治 20cm 石灰炉渣土

10

i　其他一些城市沥青路面参考结构

其他一些城市沥青路面参考结构　　表 10-75

城市	荷重等级	总厚(cm)	结构组合
太原	重$_1$	42	2cm 沥青混凝土(细) 4cm 沥青混凝土 6cm 沥青贯碎石 15cm 矿渣 15cm 石灰矿渣土
	重$_2$	38	2cm 沥青混凝土(细) 6cm 沥青贯入碎石 30cm 矿渣 [15cm 矿渣 15cm 矿渣或 15cm 石灰矿渣土]
	轻$_1$	37	7cm 沥青贯入碎石 15cm 矿渣 15cm 石灰矿渣土
	轻$_2$	22 ~ 27	7cm 沥青贯入碎石 15 ~ 20cm 矿渣或 15cm 石灰矿渣土
西安		27 ~ 46	4cm 黑色碎石 8 ~ 12cm 干压碎石(灌油 2 ~ 2.5kg/m^2) 15 ~ 30cm 石灰土
哈尔滨	重	50	4cm 沥青混凝土 6cm 碎石 20cm 炉渣石灰土 20cm 石灰土
	轻$_1$	35	4cm 沥青混凝土 6cm 碎石 25cm 炉渣石灰土
	轻$_2$	26	6cm 沥青贯入式 20cm 石灰土
杭州	重	35 ~ 45	5 ~ 7cm 黑色碎石或贯入式沥青碎石 8cm 道渣 25 ~ 30cm 块石
	轻	30	5cm 贯入式沥青碎石 5cm 碎石 20cm 块石
乌鲁木齐	重	33 ~ 39	5cm 中粒式沥青混凝土 10 ~ 12cm 碎石 18 ~ 22cm 片石 (下为天然戈壁层)
	轻$_1$	21 ~ 30	3cm 沥青混凝土 8 ~ 12cm 碎石 10 ~ 15cm 戈壁石
	轻$_2$	18	3cm 表面处治 15cm 级配砾石
沈阳	重	55	4cm 中粒式沥青混凝土 6cm 油结碎石 15cm 三合土 30cm 石灰土
	轻	40	4cm 中粒式沥青混凝土 6cm 碎石 15cm 三合土 15cm 石灰土

C　厂矿及建筑小区道路沥青路面典型结构

a　标准轴载当量轴次 N_t:600 ~ 300(次/日车道)　土基模量 E_0:20 ~ 35(MPa)

标准轴载当量轴次 N_t:600 ~ 300(次/日车道)　土基模量 E_0:20 ~ 35MPa　　表 10-76

序号	结构图式及厚度(cm)	上基层厚度 h_3(cm)								
1	h_1 = 5cm 中(细)粒式沥青混凝土面层 h_2 = ?cm 沥青碎石(热拌)联结层 h_3 = ?cm 水泥稳定砂砾上基层 h_4 = 15cm 石灰土底基层 h_5 = 15cm 天然砂砾垫层 E_0 = ?MPa 土基	序号	1	2	3	4	5	6	7	8
		E_0	20		25		30		35	
		日车道当量轴次 N_t \ h_2	7	5	7	5	7	5	7	5
		600(次/日车道)	33	34	32	33	31	32	30	32
		300(次/日车道)	31	32	30	31	29	30	28	30
2	h_1 = 5cm 中(细)粒式沥青混凝土面层 h_2 = ?cm 沥青碎石(热拌)联结层 h_3 = ?cm 水泥稳定砂砾上基层 h_4 = 15cm 级配碎砾石底基层 h_5 = 15cm 天然砂砾垫层 E_0 = ?MPa 土基	序号	1	2	3	4	5	6	7	8
		E_0	20		25		30		35	
		日车道当量轴次 N_t \ h_2	7	5	7	5	7	5	7	5
		600(次/日车道)	35	36	34	35	33	34	32	33
		300(次/日车道)	33	34	32	33	31	32	30	32

续上表

序号	结构图式及厚度(cm)	上基层厚度 h_3(cm)								
3	h_1 = 5cm 中(细)粒式沥青混凝土面层 h_2 = ?cm 沥青碎石(热拌)联结层 h_3 = ?cm 石灰粉煤灰碎砾石上基层 h_4 = 15cm 石灰土底基层 h_5 = 15cm 天然砂砾垫层 E_0 = ?MPa 土基	序号	1	2	3	4	5	6	7	8
		E_0	20		25		30		35	
		h_2 / 日车道当量轴次 N_t	7	5	7	5	7	5	7	5
		600(次/日车道)	27	29	26	28	25	26	24	25
		300(次/日车道)	25	27	24	26	23	24	22	23
4	h_1 = 5cm 中(细)粒式沥青混凝土面层 h_2 = ?cm 沥青碎石(热拌)联结层 h_3 = ?cm 石灰粉煤灰碎砾石上基层 h_4 = 15cm 级配碎砾石底基层 h_5 = 15cm 天然砂砾垫层 E_0 = ?MPa 土基	序号	1	2	3	4	5	6	7	8
		E_0	20		25		30		35	
		h_2 / 日车道当量轴次 N_t	7	5	7	5	7	5	7	5
		600(次/日车道)	27	28	26	27	25	27	24	26
		300(次/日车道)	25	26	24	25	23	24	22	24
5	h_1 = 5cm 中(细)粒式沥青混凝土面层 h_2 = ?cm 沥青贯入碎石联结层 h_3 = ?cm 水泥稳定砂砾上基层 h_4 = 15cm 石灰土底基层 h_5 = 15cm 天然砂砾垫层 E_0 = ?MPa 土基	序号	1	2	3	4	5	6	7	8
		E_0	20		25		30		35	
		h_2 / 日车道当量轴次 N_t	7	5	7	5	7	5	7	5
		600(次/日车道)	33	35	32	34	31	33	31	32
		300(次/日车道)	31	33	30	32	29	31	29	30
6	h_1 = 5cm 中(细)粒式沥青混凝土面层 h_2 = ?cm 沥青贯入碎石联结层 h_3 = ?cm 水泥稳定砂砾上基层 h_4 = 15cm 级配碎砾石底基层 h_5 = 15cm 天然砂砾垫层 E_0 = ?MPa 土基	序号	1	2	3	4	5	6	7	8
		E_0	20		25		30		35	
		h_2 / 日车道当量轴次 N_t	7	5	7	5	7	5	7	5
		600(次/日车道)	35	36	34	35	33	34	32	34
		300(次/日车道)	33	34	32	33	31	33	30	32
7	h_1 = 5cm 中(细)粒式沥青混凝土面层 h_2 = ?cm 沥青贯入碎石联结层 h_3 = ?cm 石灰粉煤灰碎砾石上基层 h_4 = 15cm 石灰土底基层 h_5 = 15cm 天然砂砾垫层 E_0 = ?MPa 土基	序号	1	2	3	4	5	6	7	8
		E_0	20		25		30		35	
		h_2 / 日车道当量轴次 N_t	7	5	7	5	7	5	7	5
		600(次/日车道)	28	29	26	28	25	27	24	26
		300(次/日车道)	26	27	24	26	23	25	22	24
8	h_1 = 5cm 中(细)粒式沥青混凝土面层 h_2 = ?cm 沥青贯入碎石联结层 h_3 = ?cm 石灰粉煤灰碎砾石上基层 h_4 = 15cm 级配碎砾石底基层 h_5 = 15cm 天然砂砾垫层 E_0 = ?MPa 土基	序号	1	2	3	4	5	6	7	8
		E_0	20		25		30		35	
		h_2 / 日车道当量轴次 N_t	7	5	7	5	7	5	7	5
		600(次/日车道)	27	29	26	28	25	27	25	26
		300(次/日车道)	25	27	24	26	23	25	22	24
9	h_1 = 5cm 中(细)粒式沥青混凝土面层 h_2 = ?cm 沥青碎石(热拌)联结层 h_3 = ?cm 水泥稳定砂砾基层 h_4 = 15cm 天然砂砾垫层 E_0 = ?MPa 土基	序号	1	2	3	4	5	6	7	8
		E_0	20		25		30		35	
		h_2 / 日车道当量轴次 N_t	7	5	7	5	7	5	7	5
		600(次/日车道)	40	41	39	40	38	39	37	38
		300(次/日车道)	38	39	37	38	36	37	35	36
10	h_1 = 5cm 中(细)粒式沥青混凝土面层 h_2 = ?cm 沥青碎石(热拌)联结层 h_3 = ?cm 石灰粉煤灰碎砾石基层 h_4 = 15cm 天然砂砾垫层 E_0 = ?MPa 土基	序号	1	2	3	4	5	6	7	8
		E_0	20		25		30		35	
		h_2 / 日车道当量轴次 N_t	7	5	7	5	7	5	7	5
		600(次/日车道)	34	36	33	35	32	34	31	33
		300(次/日车道)	32	34	31	33	30	32	30	31

续上表

序号	结构图式及厚度（cm）	上基层厚度 h_3(cm)								
11	h_1 = 5cm 中(细)粒式沥青混凝土面层 h_2 = ?cm 沥青贯入碎石联结层 h_3 = ?cm 水泥稳定砂砾基层 h_4 = 15cm 天然砂砾垫层 E_0 = ?MPa 土基	序号	1	2	3	4	5	6	7	8
		E_0	20		25		30		35	
		日车道当量轴次 N_t ＼ h_2	7	5	7	5	7	5	7	5
		600(次/日车道)	40	42	39	41	38	39	37	39
		300(次/日车道)	38	40	37	39	36	38	35	37
12	h_1 = 5cm 中(细)粒式沥青混凝土面层 h_2 = ?cm 沥青贯入碎石联结层 h_3 = ?cm 石灰粉煤灰碎砾石基层 h_4 = 15cm 天然砂砾垫层 E_0 = ?MPa 土基	序号	1	2	3	4	5	6	7	8
		E_0	20		25		30		35	
		日车道当量轴次 N_t ＼ h_2	7	5	7	5	7	5	7	5
		600(次/日车道)	35	36	34	35	33	34	32	33
		300(次/日车道)	33	35	32	33	31	32	30	32

b　标准轴载当量轴次 N_t:600～300(次/日车道)　土基模量 E_0:40～60(MPa)

标准轴载当量轴次 N_t:600～300(次/日车道)　土基模量 E_0:40～60MPa　　表 10-77

序号	结构图式及厚度（cm）	上基层厚度 h_3(cm)										
1	h_1 = 5cm 中(细)粒式沥青混凝土面层 h_2 = ?cm 沥青碎石(热拌)联结层 h_3 = ?cm 水泥稳定砂砾上基层 h_4 = 15cm 石灰土底基层 E_0 = ?MPa 土基	序号	1	2	3	4	5	6	7	8	9	10
		E_0	40		45		50		55		60	
		日车道当量轴次 N_t ＼ h_2	7	5	7	5	7	5	7	5	7	5
		600(次/日车道)	32	33	31	32	30	32	30	31	29	31
		300(次/日车道)	30	31	29	31	28	30	28	29	27	29
2	h_1 = 5cm 中(细)粒式沥青混凝土面层 h_2 = ?cm 沥青碎石(热拌)联结层 h_3 = ?cm 水泥稳定砂砾上基层 h_4 = 15cm 级配碎砾石底基层 E_0 = ?MPa 土基	序号	1	2	3	4	5	6	7	8	9	10
		E_0	40		45		50		55		60	
		日车道当量轴次 N_t ＼ h_2	7	5	7	5	7	5	7	5	7	5
		600(次/日车道)	33	35	32	34	32	33	31	33	31	32
		300(次/日车道)	31	33	31	32	30	32	29	31	29	31
3	h_1 = 5cm 中(细)粒式沥青混凝土面层 h_2 = ?cm 沥青碎石(热拌)联结层 h_3 = ?cm 石灰粉煤灰碎砾石上基层 h_4 = 15cm 石灰土底基层 E_0 = ?MPa 土基	序号	1	2	3	4	5	6	7	8	9	10
		E_0	40		45		50		55		60	
		日车道当量轴次 N_t ＼ h_2	7	5	7	5	7	5	7	5	7	5
		600(次/日车道)	26	28	26	27	25	26	24	25	23	25
		300(次/日车道)	24	26	24	25	23	24	22	24	21	23
4	h_1 = 5cm 中(细)粒式沥青混凝土面层 h_2 = ?cm 沥青碎石(热拌)联结层 h_3 = ?cm 石灰粉煤灰碎砾石上基层 h_4 = 15cm 级配碎砾石底基层 E_0 = ?MPa 土基	序号	1	2	3	4	5	6	7	8	9	10
		E_0	40		45		50		55		60	
		日车道当量轴次 N_t ＼ h_2	7	5	7	5	7	5	7	5	7	5
		600(次/日车道)	26	28	25	27	25	26	24	26	23	25
		300(次/日车道)	24	26	23	25	23	25	22	24	22	23
5	h_1 = 5cm 中(细)粒式沥青混凝土面层 h_2 = ?cm 沥青贯入碎石联结层 h_3 = ?cm 水泥稳定砂砾上基层 h_4 = 15cm 石灰土底基层 E_0 = ?MPa 土基	序号	1	2	3	4	5	6	7	8	9	10
		E_0	40		45		50		55		60	
		日车道当量轴次 N_t ＼ h_2	7	5	7	5	7	5	7	5	7	5
		600(次/日车道)	32	33	31	33	31	32	30	32	30	31
		300(次/日车道)	30	32	29	31	29	30	28	30	28	29

续上表

序号	结构图式及厚度(cm)	上基层厚度 h_3(cm)										
6	h_1 = 5cm中(细)粒式沥青混凝土面层 h_2 = ?cm沥青贯入碎石联结层 h_3 = ?cm水泥稳定砂砾上基层 h_4 = 15cm级配碎砾石底基层 E_0 = ?MPa土基	序号	1	2	3	4	5	6	7	8	9	10
		E_0	40		45		50		55		60	
		日车道当量轴次 N_t ＼ h_2	7	5	7	5	7	5	7	5	7	5
		600(次/日车道)	34	35	33	34	32	34	32	33	31	33
		300(次/日车道)	32	33	31	33	31	32	30	31	29	31
7	h_1 = 5cm中(细)粒式沥青混凝土面层 h_2 = ?cm沥青贯入碎石联结层 h_3 = ?cm石灰粉煤灰碎砾石上基层 h_4 = 15cm石灰土底基层 E_0 = ?MPa土基	序号	1	2	3	4	5	6	7	8	9	10
		E_0	40		45		50		55		60	
		日车道当量轴次 N_t ＼ h_2	7	5	7	5	7	5	7	5	7	5
		600(次/日车道)	27	28	26	28	25	27	24	26	24	25
		300(次/日车道)	25	27	24	26	23	25	23	24	22	23
8	h_1 = 5cm中(细)粒式沥青混凝土面层 h_2 = ?cm沥青贯入碎石联结层 h_3 = ?cm石灰粉煤灰碎砾石上基层 h_4 = 15cm级配碎砾石底基层 E_0 = ?MPa土基	序号	1	2	3	4	5	6	7	8	9	10
		E_0	40		45		50		55		60	
		日车道当量轴次 N_t ＼ h_2	7	5	7	5	7	5	7	5	7	5
		600(次/日车道)	27	28	26	28	25	27	25	26	24	26
		300(次/日车道)	25	26	24	25	23	25	23	24	22	24
9	h_1 = 5cm中(细)粒式沥青混凝土面层 h_2 = ?cm沥青碎石(热拌)联结层 h_3 = ?cm水泥稳定砂砾基层 h_4 = 15cm天然砂砾垫层 E_0 = ?MPa土基	序号	1	2	3	4	5	6	7	8	9	10
		E_0	40		45		50		55		60	
		日车道当量轴次 N_t ＼ h_2	7	5	7	5	7	5	7	5	7	5
		600(次/日车道)	36	38	36	37	35	36	34	36	34	35
		300(次/日车道)	34	36	34	35	33	35	33	34	32	34
10	h_1 = 5cm中(细)粒式沥青混凝土面层 h_2 = ?cm沥青碎石(热拌)联结层 h_3 = ?cm石灰粉煤灰碎砾石基层 h_4 = 15cm天然砂砾垫层 E_0 = ?MPa土基	序号	1	2	3	4	5	6	7	8	9	10
		E_0	40		45		50		55		60	
		日车道当量轴次 N_t ＼ h_2	7	5	7	5	7	5	7	5	7	5
		600(次/日车道)	31	32	30	32	29	31	29	31	28	30
		300(次/日车道)	29	31	28	30	28	29	27	29	27	28
11	h_1 = 5cm中(细)粒式沥青混凝土面层 h_2 = ?cm沥青贯入碎石联结层 h_3 = ?cm水泥稳定砂砾基层 h_4 = 15cm天然砂砾垫层 E_0 = ?MPa土基	序号	1	2	3	4	5	6	7	8	9	10
		E_0	40		45		50		55		60	
		日车道当量轴次 N_t ＼ h_2	7	5	7	5	7	5	7	5	7	5
		600(次/日车道)	37	38	36	37	35	37	35	36	34	36
		300(次/日车道)	35	36	34	35	34	35	33	34	33	34
12	h_1 = 5cm中(细)粒式沥青混凝土面层 h_2 = ?cm沥青贯入碎石联结层 h_3 = ?cm石灰粉煤灰碎砾石基层 h_4 = 15cm天然砂砾垫层 E_0 = ?MPa土基	序号	1	2	3	4	5	6	7	8	9	10
		E_0	40		45		50		55		60	
		日车道当量轴次 N_t ＼ h_2	7	5	7	5	7	5	7	5	7	5
		600(次/日车道)	31	33	31	32	30	32	29	31	29	31
		300(次/日车道)	29	31	29	30	28	30	28	29	27	29

c　标准轴载当量轴次 N_t:600～300(次/日车道)　土基模量 E_0:80～120(MPa)

标准轴载当量轴次 N_t:600～300(次/日车道)　土基模量 E_0:80～120MPa　　表 10-78

序号	结构图式及厚度（cm）	上基层厚度 h_3(cm)						
1	h_1 = 5cm中(细)粒式沥青混凝土面层 h_2 = ?cm沥青碎石(热拌)联结层 h_3 = ?cm水泥稳定砂砾上基层 h_4 = 15cm石灰土底基层 E_0 = ?MPa土基	序号	1	2	3	4	5	6
		E_0	80		100		120	
		h_2	7	5	7	5	7	5
		日车道当量轴次 N_t 600(次/日车道)	27	29	26	27	25	26
		300(次/日车道)	26	27	24	26	23	25
2	h_1 = 5cm中(细)粒式沥青混凝土面层 h_2 = ?cm沥青碎石(热拌)联结层 h_3 = ?cm水泥稳定砂砾上基层 h_4 = 15cm级配碎砾石底基层 E_0 = ?MPa土基	序号	1	2	3	4	5	6
		E_0	80		100		120	
		h_2	7	5	7	5	7	5
		日车道当量轴次 N_t 600(次/日车道)	29	31	28	29	27	28
		300(次/日车道)	27	29	26	27	25	26
3	h_1 = 5cm中(细)粒式沥青混凝土面层 h_2 = ?cm沥青碎石(热拌)联结层 h_3 = ?cm石灰粉煤灰碎砾石上基层 h_4 = 15cm石灰土底基层 E_0 = ?MPa土基	序号	1	2	3	4	5	6
		E_0	80		100		120	
		h_2	7	5	7	5	7	5
		日车道当量轴次 N_t 600(次/日车道)	20	22	18	20	16	18
		300(次/日车道)	19	20	16	18	15	16
4	h_1 = 5cm中(细)粒式沥青混凝土面层 h_2 = ?cm沥青碎石(热拌)联结层 h_3 = ?cm石灰粉煤灰碎砾石上基层 h_4 = 15cm级配碎砾石底基层 E_0 = ?MPa土基	序号	1	2	3	4	5	6
		E_0	80		100		120	
		h_2	7	5	7	5	7	5
		日车道当量轴次 N_t 600(次/日车道)	22	23	20	22	19	21
		300(次/日车道)	20	22	18	20	17	19
5	h_1 = 5cm中(细)粒式沥青混凝土面层 h_2 = ?cm沥青贯入碎石联结层 h_3 = ?cm水泥稳定砂砾上基层 h_4 = 15cm石灰土底基层 E_0 = ?MPa土基	序号	1	2	3	4	5	6
		E_0	80		100		120	
		h_2	7	5	7	5	7	5
		日车道当量轴次 N_t 600(次/日车道)	28	29	26	28	25	27
		300(次/日车道)	26	27	25	26	23	25
6	h_1 = 5cm中(细)粒式沥青混凝土面层 h_2 = ?cm沥青贯入碎石联结层 h_3 = ?cm水泥稳定砂砾上基层 h_4 = 15cm级配碎砾石底基层 E_0 = ?MPa土基	序号	1	2	3	4	5	6
		E_0	80		100		120	
		h_2	7	5	7	5	7	5
		日车道当量轴次 N_t 600(次/日车道)	30	31	28	30	27	29
		300(次/日车道)	28	29	26	28	25	27
7	h_1 = 5cm中(细)粒式沥青混凝土面层 h_2 = ?cm沥青贯入碎石联结层 h_3 = ?cm石灰粉煤灰碎砾石上基层 h_4 = 15cm石灰土底基层 E_0 = ?MPa土基	序号	1	2	3	4	5	6
		E_0	80		100		120	
		h_2	7	5	7	5	7	5
		日车道当量轴次 N_t 600(次/日车道)	21	22	19	20	16	18
		300(次/日车道)	19	21	17	18	15	16
8	h_1 = 5cm中(细)粒式沥青混凝土面层 h_2 = ?cm沥青贯入碎石联结层 h_3 = ?cm石灰粉煤灰碎砾石上基层 h_4 = 15cm级配碎砾石底基层 E_0 = ?MPa土基	序号	1	2	3	4	5	6
		E_0	80		100		120	
		h_2	7	5	7	5	7	5
		日车道当量轴次 N_t 600(次/日车道)	22	24	21	22	20	21
		300(次/日车道)	20	22	19	21	18	19

续上表

序号	结构图式及厚度(cm)	上基层厚度 h_3(cm)						
9	h_1 = 5cm 中(细)粒式沥青混凝土面层 h_2 = ?cm 沥青碎石(热拌)联结层 h_3 = ?cm 水泥稳定砂砾基层 E_0 = ?MPa 土基	序号	1	2	3	4	5	6
		E_0	80		100		120	
		日车道当量轴次 N_t \ h_2	7	5	7	5	7	5
		600(次/日车道)	34	35	32	33	31	32
		300(次/日车道)	32	33	30	32	29	30
10	h_1 = 5cm 中(细)粒式沥青混凝土面层 h_2 = ?cm 沥青碎石(热拌)联结层 h_3 = ?cm 石灰粉煤灰碎砾石基层 E_0 = ?MPa 土基	序号	1	2	3	4	5	6
		E_0	80		100		120	
		日车道当量轴次 N_t \ h_2	7	5	7	5	7	5
		600(次/日车道)	28	30	27	28	25	27
		300(次/日车道)	27	28	25	27	23	25
11	h_1 = 5cm 中(细)粒式沥青混凝土面层 h_2 = ?cm 沥青贯入碎石联结层 h_3 = ?cm 水泥稳定砂砾基层 E_0 = ?MPa 土基	序号	1	2	3	4	5	6
		E_0	80		100		120	
		日车道当量轴次 N_t \ h_2	7	5	7	5	7	5
		600(次/日车道)	34	35	32	34	31	32
		300(次/日车道)	32	34	31	32	29	31
12	h_1 = 5cm 中(细)粒式沥青混凝土面层 h_2 = ?cm 沥青贯入碎石联结层 h_3 = ?cm 石灰粉煤灰碎砾石基层 E_0 = ?MPa 土基	序号	1	2	3	4	5	6
		E_0	80		100		120	
		日车道当量轴次 N_t \ h_2	7	5	7	5	7	5
		600(次/日车道)	29	31	27	29	25	27
		300(次/日车道)	27	29	25	27	24	25

d　标准轴载当量轴次 N_t:300～100(次/日车道)　土基模量 E_0:20～25(MPa)

标准轴载当量轴次 N_t:300～100(次/日车道)　土基模量 E_0:20～35MPa　　表 10-79

序号	结构图式及厚度(cm)	上基层厚度 h_3(cm)				
1	h_1 = 5cm 中(细)粒式沥青混凝土面层 h_2 = ?cm 水泥稳定砂砾上基层 h_3 = 15cm 石灰土底基层 h_4 = 15cm 天然砂砾垫层 E_0 = ?MPa 土基	序号	1	2	3	4
		日车道当量轴次 N_t \ E_0	20	25	30	35
		300(次/日车道)	33	32	31	31
		200(次/日车道)	32	31	30	29
		100(次/日车道)	30	29	28	28
2	h_1 = 5cm 中(细)粒式沥青混凝土面层 h_2 = ?cm 水泥稳定砂砾上基层 h_3 = 15cm 级配碎砾石底基层 h_4 = 15cm 天然砂砾垫层 E_0 = ?MPa 土基	序号	1	2	3	4
		日车道当量轴次 N_t \ E_0	20	25	30	35
		300(次/日车道)	35	34	33	32
		200(次/日车道)	34	33	32	31
		100(次/日车道)	32	31	30	29
3	h_1 = 5cm 中(细)粒式沥青混凝土面层 h_2 = ?cm 石灰粉煤灰碎砾石上基层 h_3 = 15cm 石灰土底基层 h_4 = 15cm 天然砂砾垫层 E_0 = ?MPa 土基	序号	1	2	3	4
		日车道当量轴次 N_t \ E_0	20	25	30	35
		300(次/日车道)	28	27	26	26
		200(次/日车道)	27	26	25	24
		100(次/日车道)	25	24	23	22

续上表

序号	结构图式及厚度（cm）	上基层厚度 h_3(cm)				
4	h_1 = 5cm 中(细)粒式沥青混凝土面层 h_2 = ?cm 石灰粉煤灰碎砾石上基层 h_3 = 15cm 级配碎砾石底基层 h_4 = 15cm 天然砂砾垫层 E_0 = ?MPa 土基	序号	1	2	3	4
		日车道当量轴次 N_t ＼ E_0	20	25	30	35
		300(次 / 日车道)	30	29	29	28
		200(次 / 日车道)	27	26	25	24
		100(次 / 日车道)	25	24	23	22
5	h_1 = 5cm 沥青碎石(热拌)面层 h_2 = ?cm 水泥稳定砂砾上基层 h_3 = 15cm 石灰土底基层 h_4 = 15cm 天然砂砾垫层 E_0 = ?MPa 土基	序号	1	2	3	4
		日车道当量轴次 N_t ＼ E_0	20	25	30	35
		300(次 / 日车道)	34	33	32	32
		200(次 / 日车道)	33	32	31	31
		100(次 / 日车道)	31	30	29	29
6	h_1 = 5cm 沥青碎石(热拌)面层 h_2 = ?cm 水泥稳定砂砾上基层 h_3 = 15cm 级配碎砾石底基层 h_4 = 15cm 天然砂砾垫层 E_0 = ?MPa 土基	序号	1	2	3	4
		日车道当量轴次 N_t ＼ E_0	20	25	30	35
		300(次 / 日车道)	36	35	34	33
		200(次 / 日车道)	35	34	33	32
		100(次 / 日车道)	33	32	31	31
7	h_1 = 5cm 沥青碎石(热拌)面层 h_2 = ?cm 石灰粉煤灰碎砾石上基层 h_3 = 15cm 石灰土底基层 h_4 = 15cm 天然砂砾垫层 E_0 = ?MPa 土基	序号	1	2	3	4
		日车道当量轴次 N_t ＼ E_0	20	25	30	35
		300(次 / 日车道)	29	28	27	26
		200(次 / 日车道)	28	27	26	25
		100(次 / 日车道)	26	25	24	23
8	h_1 = 5cm 沥青碎石(热拌)面层 h_2 = ?cm 石灰粉煤灰碎砾石上基层 h_3 = 15cm 级配碎砾石底基层 h_4 = 15cm 天然砂砾垫层 E_0 = ?MPa 土基	序号	1	2	3	4
		日车道当量轴次 N_t ＼ E_0	20	25	30	35
		300(次 / 日车道)	29	28	27	26
		200(次 / 日车道)	28	27	26	25
		100(次 / 日车道)	26	25	24	24
9	h_1 = 5cm 沥青贯入碎石或沥青上拌下贯面层 h_2 = ?cm 水泥稳定砂砾上基层 h_3 = 15cm 石灰土底基层 h_4 = 15cm 天然砂砾垫层 E_0 = ?MPa 土基	序号	1	2	3	4
		日车道当量轴次 N_t ＼ E_0	20	25	30	35
		300(次 / 日车道)	34	33	32	31
		200(次 / 日车道)	33	32	31	31
		100(次 / 日车道)	31	30	29	28
10	h_1 = 5cm 沥青贯入碎石或沥青上拌下贯面层 h_2 = ?cm 水泥稳定砂砾上基层 h_3 = 15cm 级配碎砾石底基层 h_4 = 15cm 天然砂砾垫层 E_0 = ?MPa 土基	序号	1	2	3	4
		日车道当量轴次 N_t ＼ E_0	20	25	30	35
		300(次 / 日车道)	35	35	34	33
		200(次 / 日车道)	35	34	33	32
		100(次 / 日车道)	33	32	31	30
11	h_1 = 5cm 沥青贯入碎石或沥青上拌下贯面层 h_2 = ?cm 石灰粉煤灰碎砾石上基层 h_3 = 15cm 石灰土底基层 h_4 = 15cm 天然砂砾垫层 E_0 = ?MPa 土基	序号	1	2	3	4
		日车道当量轴次 N_t ＼ E_0	20	25	30	35
		300(次 / 日车道)	29	28	27	26
		200(次 / 日车道)	28	27	26	25
		100(次 / 日车道)	26	25	24	23

续上表

序号	结构图式及厚度(cm)	上基层厚度 h_3(cm)				
12	h_1 = 5cm 沥青贯入碎石或沥青上拌下贯面层 h_2 = ?cm 石灰粉煤灰碎砾石上基层 h_3 = 15cm 级配碎砾石底基层 h_4 = 15cm 天然砂砾垫层 E_0 = ?MPa 土基	序号	1	2	3	4
		日车道当量轴次 N_t \ E_0	20	25	30	35
		300(次/日车道)	29	28	27	26
		200(次/日车道)	28	27	26	26
		100(次/日车道)	26	25	24	23

e　标准轴载当量轴次 N_t:300～100(次/日车道)　土基模量 E_0:40～120(MPa)

标准轴载当量轴次 N_t:300～100(次/日车道)　土基模量 E_0:40～120MPa　表 10-80

序号	结构图式及厚度(cm)	上基层厚度 h_3(cm)								
1	h_1 = 5cm 中(细)粒式沥青混凝土面层 h_2 = ?cm 水泥稳定砂砾上基层 h_3 = 15cm 石灰土底基层 E_0 = ?MPa 土基	序号	1	2	3	4	5	6	7	8
		日车道当量轴次 N_t \ E_0	40	45	50	55	60	80	100	120
		300(次/日车道)	32	31	31	30	30	28	27	26
		200(次/日车道)	31	30	30	29	29	27	26	25
		100(次/日车道)	29	29	28	27	27	25	24	23
2	h_1 = 5cm 中(细)粒式沥青混凝土面层 h_2 = ?cm 水泥稳定砂砾上基层 h_3 = 15cm 级配碎砾石底基层 E_0 = ?MPa 土基	序号	1	2	3	4	5	6	7	8
		日车道当量轴次 N_t \ E_0	40	45	50	55	60	80	100	120
		300(次/日车道)	34	33	32	32	31	30	29	28
		200(次/日车道)	33	32	31	31	31	29	28	27
		100(次/日车道)	31	30	30	29	29	27	26	25
3	h_1 = 5cm 中(细)粒式沥青混凝土面层 h_2 = ?cm 石灰粉煤灰碎砂石上基层 h_3 = 15cm 石灰土底基层 E_0 = ?MPa 土基	序号	1	2	3	4	5	6	7	8
		日车道当量轴次 N_t \ E_0	40	45	50	55	60	80	100	120
		300(次/日车道)	28	28	27	26	26	24	22	21
		200(次/日车道)	26	25	25	24	23	21	19	17
		100(次/日车道)	25	24	23	22	22	19	17	15
4	h_1 = 5cm 中(细)粒式沥青混凝土面层 h_2 = ?cm 石灰粉煤灰碎砾石上基层 h_3 = 15cm 级配碎砾石底基层 E_0 = ?MPa 土基	序号	1	2	3	4	5	6	7	8
		日车道当量轴次 N_t \ E_0	40	45	50	55	60	80	100	120
		300(次/日车道)	31	30	29	29	28	26	25	24
		200(次/日车道)	26	26	25	25	24	22	21	20
		100(次/日车道)	25	24	23	23	22	21	19	18
5	h_1 = 5cm 沥青碎石(热拌)面层 h_2 = ?cm 水泥稳定砂砾上基层 h_3 = 15cm 石灰土底基层 E_0 = ?MPa 土基	序号	1	2	3	4	5	6	7	8
		日车道当量轴次 N_t \ E_0	40	45	50	55	60	80	100	120
		300(次/日车道)	33	32	32	31	31	29	28	27
		200(次/日车道)	32	31	31	30	30	28	27	26
		100(次/日车道)	30	30	29	28	28	26	25	24
6	h_1 = 5cm 沥青碎石(热拌)面层 h_2 = ?cm 水泥稳定砂砾上基层 h_3 = 15cm 级配碎砾石底基层 E_0 = ?MPa 土基	序号	1	2	3	4	5	6	7	8
		日车道当量轴次 N_t \ E_0	40	45	50	55	60	80	100	120
		300(次/日车道)	35	34	33	33	33	31	30	29
		200(次/日车道)	34	33	32	32	31	30	29	28
		100(次/日车道)	32	31	31	30	30	28	27	26

续上表

序号	结构图式及厚度(cm)	上基层厚度 h_3(cm)								
7	h_1 = 5cm 沥青碎石(热拌)面层 h_2 = ?cm 石灰粉煤灰碎砾石上基层 h_3 = 15cm 石灰土底基层 E_0 = ?MPa 土基	序号	1	2	3	4	5	6	7	8
		日车道当量轴次 N_t ＼ E_0	40	45	50	55	60	80	100	120
		300(次/日车道)	29	28	27	26	26	23	21	19
		200(次/日车道)	28	27	26	25	25	22	20	18
		100(次/日车道)	26	25	24	24	23	20	18	16
8	h_1 = 5cm 沥青碎石(热拌)面层 h_2 = ?cm 石灰粉煤灰碎砾石上基层 h_3 = 15cm 级配碎砾石底基层 E_0 = ?MPa 土基	序号	1	2	3	4	5	6	7	8
		日车道当量轴次 N_t ＼ E_0	40	45	50	55	60	80	100	120
		300(次/日车道)	29	28	27	27	26	24	23	22
		200(次/日车道)	28	27	26	26	25	23	22	21
		100(次/日车道)	26	25	25	24	23	22	20	19
9	h_1 = 5cm 沥青贯入碎石或沥青上拌下贯面层 h_2 = ?cm 水泥稳定砂砾上基层 h_3 = 15cm 石灰土底基层 E_0 = ?MPa 土基	序号	1	2	3	4	5	6	7	8
		日车道当量轴次 N_t ＼ E_0	40	45	50	55	60	80	100	120
		300(次/日车道)	33	32	32	31	31	29	28	27
		200(次/日车道)	32	32	31	30	30	28	27	26
		100(次/日车道)	30	29	29	28	28	26	25	24
10	h_1 = 5cm 沥青贯入碎石或沥青上拌下贯面层 h_2 = ?cm 水泥稳定砂砾上基层 h_3 = 15cm 级配碎砾石底基层 E_0 = ?MPa 土基	序号	1	2	3	4	5	6	7	8
		日车道当量轴次 N_t ＼ E_0	40	45	50	55	60	80	100	120
		300(次/日车道)	34	34	33	33	32	31	29	28
		200(次/日车道)	34	33	32	32	32	30	29	28
		100(次/日车道)	32	31	31	30	30	28	27	26
11	h_1 = 5cm 沥青贯入碎石或沥青上拌下贯面层 h_2 = ?cm 石灰粉煤灰碎砾上基层 h_3 = 15cm 石灰土底基层 E_0 = ?MPa 土基	序号	1	2	3	4	5	6	7	8
		日车道当量轴次 N_t ＼ E_0	40	45	50	55	60	80	100	120
		300(次/日车道)	29	28	27	26	25	23	21	19
		200(次/日车道)	28	27	26	25	24	22	20	18
		100(次/日车道)	26	25	24	23	23	20	18	16
12	h_1 = 5cm 沥青贯入碎石或沥青上拌下贯面层 h_2 = ?cm 石灰粉煤灰碎砾石上基层 h_3 = 15cm 级配碎砾石底基层 E_0 = ?MPa 土基	序号	1	2	3	4	5	6	7	8
		日车道当量轴次 N_t ＼ E_0	40	45	50	55	60	80	100	120
		300(次/日车道)	29	28	27	27	26	24	23	22
		200(次/日车道)	28	27	27	26	25	24	22	21
		100(次/日车道)	26	25	24	24	23	22	20	19

f　标准轴载当量轴次 N_t:300～100(次/日车道)　土基模量 E_0:20～120(MPa)

标准轴载当量轴次 N_t:300～100(次/日车道)　土基模量 E_0:20～120MPa　　表 10-81

序号	结构图式及厚度(cm)	上基层厚度 h_3(cm)				
1	h_1 = 5cm 沥青碎石(热拌)面层 h_2 = ?cm 石灰土碎砾石上基层 h_3 = 15cm 级配碎砾石底基层 h_4 = 15cm 天然砂砾垫层 E_0 = ?MPa 土基	序号	1	2	3	4
		日车道当量轴次 N_t ＼ E_0	20	25	30	35
		300(次/日车道)	36	35	34	33
		200(次/日车道)	35	34	33	32
		100(次/日车道)	33	31	30	30

续上表

序号	结构图式及厚度（cm）	上基层厚度 h_3（cm）								
2	h_1 = 5cm 沥青碎石（热拌）面层 h_2 = ?cm 石灰土碎砾石上基层 h_3 = 15cm 级配碎砾石底基层 E_0 = ?MPa 土基	序号	1	2	3	4	5	6	7	8
		日车道当量轴次 N_t \ E_0	40	45	50	55	60	80	100	120
		300（次/日车道）	36	35	34	33	33	31	29	27
		200（次/日车道）	35	34	33	32	32	29	28	26
		100（次/日车道）	33	32	31	30	30	27	26	24

序号	结构图式及厚度（cm）	上基层厚度 h_3（cm）				
3	h_1 = 5cm 沥青贯入碎石或沥青上拌下贯面层 h_2 = ?cm 石灰土碎砾石上基层 h_3 = 15cm 级配碎砾石底基层 h_4 = 15cm 天然砂砾垫层 E_0 = ?MPa 土基	序号	1	2	3	4
		日车道当量轴次 N_t \ E_0	20	25	30	35
		300（次/日车道）	36	35	34	33
		200（次/日车道）	35	33	32	32
		100（次/日车道）	32	31	30	29

序号	结构图式及厚度（cm）	上基层厚度 h_3（cm）								
4	h_1 = 5cm 沥青贯入碎石或沥青上拌下贯面层 h_2 = ?cm 石灰土碎砾石上基层 h_3 = 15cm 级配碎砾石底基层 E_0 = ?MPa 土基	序号	1	2	3	4	5	6	7	8
		日车道当量轴次 N_t \ E_0	40	45	50	55	60	80	100	120
		300（次/日车道）	36	35	34	33	33	30	29	27
		200（次/日车道）	34	34	33	32	31	29	28	26
		100（次/日车道）	32	32	31	30	29	27	25	24

g 标准轴载当量轴次 N_t:100～80（次/日车道）　土基模量 E_0:20～60（MPa）

标准轴载当量轴次 N_t:100～80（次/日车道）　土基模量 E_0:20～60MPa　表 10-82

序号	结构图式及厚度（cm）	上基层厚度 h_3（cm）				
1	h_1 = 4cm 中（细）粒式沥青混凝土面层 h_2 = ?cm 石灰粉煤灰碎砾石基层 h_3 = 15cm 天然砂砾垫层 E_0 = ?MPa 土基	序号	1	2	3	4
		日车道当量轴次 N_t \ E_0	20	25	30	35
		100（次/日车道）	23	20	18	16
		80（次/日车道）	21	19	17	15

序号	结构图式及厚度（cm）	上基层厚度 h_3（cm）					
2	h_1 = 4cm 中（细）粒式沥青混凝土面层 h_2 = ?cm 石灰粉煤灰碎砾石基层 E_0 = ?MPa 土基	序号	1	2	3	4	5
		日车道当量轴次 N_t \ E_0	40	45	50	55	60
		100（次/日车道）	22	21	20	18	17
		80（次/日车道）	21	20	19	18	17

序号	结构图式及厚度（cm）	上基层厚度 h_3（cm）				
3	h_1 = 4cm 沥青碎石（热拌）面层 h_2 = ?cm 石灰粉煤灰碎砾石基层 h_3 = 15cm 天然砂砾垫层 E_0 = ?MPa 土基	序号	1	2	3	4
		日车道当量轴次 N_t \ E_0	20	25	30	35
		100（次/日车道）	24	21	19	17
		80（次/日车道）	22	20	17	16

序号	结构图式及厚度（cm）	上基层厚度 h_3（cm）					
4	h_1 = 4cm 沥青碎石（热拌）面层 h_2 = ?cm 石灰粉煤灰碎砾石基层 E_0 = ?MPa 土基	序号	1	2	3	4	5
		日车道当量轴次 N_t \ E_0	40	45	50	55	60
		100（次/日车道）	23	22	20	19	18
		80（次/日车道）	22	21	19	18	17

序号	结构图式及厚度（cm）	上基层厚度 h_3（cm）				
5	h_1 = 4cm 沥青贯入碎石面层 h_2 = ?cm 石灰粉煤灰碎砾石基层 h_3 = 15cm 天然砂砾垫层 E_0 = ?MPa 土基	序号	1	2	3	4
		日车道当量轴次 N_t \ E_0	20	25	30	35
		100（次/日车道）	21	18	16	15
		80（次/日车道）	20	17	15	15

续上表

序号	结构图式及厚度(cm)	上基层厚度 h_3(cm)					
6	h_1 = 4cm 沥青贯入碎石面层 h_2 = ?cm 石灰粉煤灰碎砾石基层 E_0 = ?MPa 土基	序号	1	2	3	4	5
		日车道当量轴次 N_t ＼ E_0	40	45	50	55	60
		100(次/日车道)	21	19	18	17	16
		80(次/日车道)	20	18	17	16	15
7	h_1 = 2.5cm 沥青碎石表面处治层 h_2 = ?cm 石灰粉煤灰碎砾石基层 h_3 = 15cm 天然砂砾垫层 E_0 = ?MPa 土基	序号	1	2	3	4	
		日车道当量轴次 N_t ＼ E_0	20	25	30	35	
		100(次/日车道)	22	19	17	16	
		80(次/日车道)	20	18	16	15	
8	h_1 = 2.5cm 沥青碎石表面处治层 h_2 = ?cm 石灰粉煤灰碎砾石基层 E_0 = ?MPa 土基	序号	1	2	3	4	5
		日车道当量轴次 N_t ＼ E_0	40	45	50	55	60
		100(次/日车道)	20	19	17	16	15
		80(次/日车道)	19	18	17	16	15

h　标准轴载当量轴次 N_t:100 ~ 60(次/日车道)　土基模量 E_0:20 ~ 60(MPa)

标准轴载当量轴次 N_t:100 ~ 60(次/日车道)　土基模量 E_0:20 ~ 60MPa　　表 10-83

序号	结构图式及厚度(cm)	上基层厚度 h_3(cm)					
1	h_1 = 4cm 中(细)粒式沥青混凝土面层 h_2 = ?cm 石灰土碎砾石基层 h_3 = 15cm 天然砂砾垫层 E_0 = ?MPa 土基	序号	1	2	3	4	
		日车道当量轴次 N_t ＼ E_0	20	25	30	35	
		100(次/日车道)	26	23	20	18	
		80(次/日车道)	24	21	19	17	
		60(次/日车道)	23	20	17	15	
2	h_1 = 4cm 中(细)粒式沥青混凝土面层 h_2 = ?cm 石灰土碎砾石基层 E_0 = ?MPa 土基	序号	1	2	3	4	5
		日车道当量轴次 N_t ＼ E_0	40	45	50	55	60
		100(次/日车道)	26	24	23	21	20
		80(次/日车道)	24	23	21	20	19
		60(次/日车道)	23	21	20	18	17
3	h_1 = 4cm 沥青碎石(热拌)面层 h_2 = ?cm 石灰土碎砾石基层 h_3 = 15cm 天然砂砾垫层 E_0 = ?MPa 土基	序号	1	2	3	4	
		日车道当量轴次 N_t ＼ E_0	20	25	30	35	
		100(次/日车道)	27	24	21	19	
		80(次/日车道)	25	22	20	18	
		60(次/日车道)	24	20	18	16	
4	h_1 = 4cm 沥青碎石(热拌)面层 h_2 = ?cm 石灰土碎砾石基层 E_0 = ?MPa 土基	序号	1	2	3	4	5
		日车道当量轴次 N_t ＼ E_0	40	45	50	55	60
		100(次/日车道)	26	25	23	22	21
		80(次/日车道)	25	23	22	21	19
		60(次/日车道)	23	22	21	19	18
5	h_1 = 4cm 沥青贯入碎石面层 h_2 = ?cm 石灰土碎砾石基层 h_3 = 15cm 天然砂砾垫层 E_0 = ?MPa 土基	序号	1	2	3	4	
		日车道当量轴次 N_t ＼ E_0	20	25	30	35	
		100(次/日车道)	23	20	18	16	
		80(次/日车道)	22	19	17	15	
		60(次/日车道)	22	18	15	15	

续上表

序号	结构图式及厚度(cm)	上基层厚度 h_3(cm)					
6	h_1 = 4cm 沥青贯入碎石面层 h_2 = ?cm 石灰土碎砾石基层 E_0 = ?MPa 土基	序号	1	2	3	4	5
		日车道当量轴次 N_t \ E_0	40	45	50	55	60
		100(次/日车道)	23	22	20	19	18
		80(次/日车道)	22	21	19	18	17
		60(次/日车道)	21	19	18	17	15
7	h_1 = 2.5cm 沥青碎石表面处治层 h_2 = ?cm 石灰土碎砾石基层 h_3 = 15cm 天然砂砾垫层 E_0 = ?MPa 土基	序号	1	2	3	4	
		日车道当量轴次 N_t \ E_0	20	25	30	35	
		100(次/日车道)	24	22	20	18	
		80(次/日车道)	23	20	18	17	
		60(次/日车道)	22	19	17	15	
8	h_1 = 2.5cm 沥青碎石表面处治层 h_2 = ?cm 石灰土碎砾石基层 E_0 = ?MPa 土基	序号	1	2	3	4	5
		日车道当量轴次 N_t \ E_0	40	45	50	55	60
		100(次/日车道)	23	21	20	19	17
		80(次/日车道)	22	21	19	18	16
		60(次/日车道)	21	19	18	16	15

i　标准轴载当量轴次 N_t:100～40(次/日车道)　土基模量 E_0:20～60(MPa)

标准轴载当量轴次 N_t:100～40(次/日车道)　土基模量 E_0:20～60MPa　　表 10-84

序号	结构图式及厚度(cm)	上基层厚度 h_3(cm)					
1	h_1 = 4cm 中(细)粒式沥青混凝土面层 h_2 = ?cm 石灰土基层 h_3 = 15cm 天然砂砾垫层 E_0 = ?MPa 土基	序号	1	2	3	4	
		日车道当量轴次 N_t \ E_0	20	25	30	35	
		100(次/日车道)	27	24	21	19	
		80(次/日车道)	25	22	20	18	
		60(次/日车道)	24	20	18	16	
		40(次/日车道)	21	18	16	15	
2	h_1 = 4cm 中(细)粒式沥青混凝土面层 h_2 = ?cm 石灰土基层 E_0 = ?MPa 土基	序号	1	2	3	4	5
		日车道当量轴次 N_t \ E_0	40	45	50	55	60
		100(次/日车道)	27	25	24	22	21
		80(次/日车道)	25	24	22	21	20
		60(次/日车道)	24	22	21	19	18
		40(次/日车道)	22	20	19	17	16
3	h_1 = 4cm 沥青碎石(热拌)面层 h_2 = ?cm 石灰土基层 h_3 = 15cm 天然砂砾垫层 E_0 = ?MPa 土基	序号	1	2	3	4	
		日车道当量轴次 N_t \ E_0	20	25	30	35	
		100(次/日车道)	28	25	22	20	
		80(次/日车道)	26	23	21	19	
		60(次/日车道)	24	21	19	17	
		40(次/日车道)	22	19	17	15	
4	h_1 = 4cm 沥青碎石(热拌)面层 h_2 = ?cm 石灰土基层 E_0 = ?MPa 土基	序号	1	2	3	4	5
		日车道当量轴次 N_t \ E_0	40	45	50	55	60
		100(次/日车道)	28	26	24	23	22
		80(次/日车道)	26	24	23	22	20
		60(次/日车道)	24	23	21	20	19
		40(次/日车道)	22	21	19	18	17

续上表

序号	结构图式及厚度（cm）	上基层厚度 h_3(cm)					
		序号	1	2	3	4	
5	h_1 = 4cm 沥青贯入碎石面层 h_2 = ?cm 石灰土基层 h_3 = 15cm 天然砂砾垫层 E_0 = ?MPa 土基	日车道当量轴次 N_t ＼ E_0	20	25	30	35	
		100(次/日车道)	24	21	19	17	
		80(次/日车道)	23	20	17	15	
		60(次/日车道)	21	18	16	15	
		40(次/日车道)	19	16	15	15	
		序号	1	2	3	4	5
6	h_1 = 4cm 沥青贯入碎石面层 h_2 = ?cm 石灰土基层 E_0 = ?MPa 土基	日车道当量轴次 N_t ＼ E_0	40	45	50	55	60
		100(次/日车道)	24	23	21	20	18
		80(次/日车道)	23	22	20	18	17
		60(次/日车道)	22	20	18	17	16
		40(次/日车道)	20	18	17	15	15
		序号	1	2	3	4	
7	h_1 = 2.5cm 沥青碎石表面处治层 h_2 = ?cm 石灰土基层 h_3 = 15cm 天然砂砾垫层 E_0 = ?MPa 土基	日车道当量轴次 N_t ＼ E_0	20	25	30	35	
		100(次/日车道)	25	22	20	18	
		80(次/日车道)	24	21	19	17	
		60(次/日车道)	22	20	18	16	
		40(次/日车道)	20	18	16	15	
		序号	1	2	3	4	5
8	h_1 = 2.5cm 沥青碎石表面处层 h_2 = ?cm 石灰土基层 E_0 = ?MPa 土基	日车道当量轴次 N_t ＼ E_0	40	45	50	55	60
		100(次/日车道)	24	22	21	20	18
		80(次/日车道)	23	21	20	18	17
		60(次/日车道)	22	20	19	17	16
		40(次/日车道)	20	18	17	15	15

j　标准轴载当量轴次 N_t:100～20(次/日车道)　土基模量 E_0:20～60(MPa)

标准轴载当量轴次 N_t:100～20(次/日车道)　土基模量 E_0:20～60MPa　　表 10-85

序号	结构图式及厚度（cm）	上基层厚度 h_3(cm)					
		序号	1	2	3	4	
1	h_1 = 4cm 中(细)粒式沥青混凝土面层 h_2 = ?cm 泥灰结碎砾石或级配碎砾石掺灰基层 h_3 = 15cm 天然砂砾垫层 E_0 = ?MPa 土基	日车道当量轴次 N_t ＼ E_0	20	25	30	35	
		100(次/日车道)	28	25	22	20	
		80(次/日车道)	27	23	21	19	
		60(次/日车道)	24	22	19	17	
		40(次/日车道)	22	19	17	14	
		20(次/日车道)	18	15	13	11	
		序号	1	2	3	4	5
2	h_1 = 4cm 中(细)粒式沥青混凝土面层 h_2 = ?cm 泥灰结碎砾石或级配碎砾石掺灰基层 E_0 = ?MPa 土基	日车道当量轴次 N_t ＼ E_0	40	45	50	55	60
		100(次/日车道)	28	26	25	23	22
		80(次/日车道)	27	25	23	22	21
		60(次/日车道)	25	23	22	20	19
		40(次/日车道)	23	21	19	18	17
		20(次/日车道)	19	18	16	15	13
		序号	1	2	3	4	
3	h_1 = 4cm 沥青碎石(热拌)面层 h_2 = ?cm 泥灰结碎砾石或级配碎砾石掺灰基层 h_3 = 15cm 天然砂砾垫层 E_0 = ?MPa 土基	日车道当量轴次 N_t ＼ E_0	20	25	30	35	
		100(次/日车道)	29	26	23	21	
		80(次/日车道)	28	24	22	19	
		60(次/日车道)	25	22	20	18	
		40(次/日车道)	23	20	17	15	
		20(次/日车道)	19	16	13	12	

续上表

序号	结构图式及厚度(cm)	上基层厚度 h_3(cm)					
4	 h_1 = 4cm 沥青碎石(热拌)面层 h_2 = ?cm 泥灰结碎砾石或级配碎砾石掺灰基层 E_0 = ?MPa 土基	序号	1	2	3	4	5
		日车道当量轴次 N_t ＼ E_0	40	45	50	55	60
		100(次/日车道)	29	27	26	24	23
		80(次/日车道)	27	26	24	23	21
		60(次/日车道)	26	24	22	21	20
		40(次/日车道)	23	22	20	19	17
		20(次/日车道)	20	18	17	15	14
5	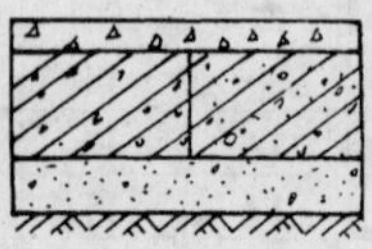 h_1 = 4cm 沥青贯入碎石面层 h_2 = ?cm 泥灰结碎砾石或级配碎砾石掺灰基层 h_3 = 15cm 天然砂砾垫层 E_0 = ?MPa 土基	序号	1	2	3	4	
		日车道当量轴次 N_t ＼ E_0	20	25	30	35	
		100(次/日车道)	25	22	19	17	
		80(次/日车道)	24	21	18	16	
		60(次/日车道)	22	19	17	14	
		40(次/日车道)	20	17	14	12	
		20(次/日车道)	16	13	11	9	
6	 h_1 = 4cm 沥青贯入碎石面层 h_2 = ?cm 泥灰结碎砾石或级配碎砾石掺灰基层 E_0 = ?MPa 土基	序号	1	2	3	4	5
		日车道当量轴次 N_t ＼ E_0	40	45	50	55	60
		100(次/日车道)	25	24	22	21	19
		80(次/日车道)	24	22	21	19	18
		60(次/日车道)	23	21	19	18	17
		40(次/日车道)	20	19	17	16	15
		20(次/日车道)	17	16	14	13	11
7	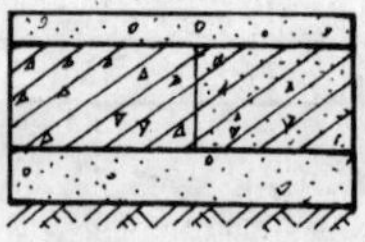 h_1 = 2.5cm 沥青碎石表面处治层 h_2 = ?cm 泥灰结碎砾石或级配碎砾石掺灰基层 h_3 = 15cm 天然砂砾垫层 E_0 = ?MPa 土基	序号	1	2	3	4	
		日车道当量轴次 N_t ＼ E_0	20	25	30	35	
		100(次/日车道)	26	23	21	19	
		80(次/日车道)	25	22	20	18	
		60(次/日车道)	23	20	18	16	
		40(次/日车道)	21	18	16	15	
		20(次/日车道)	17	15	13	12	
8	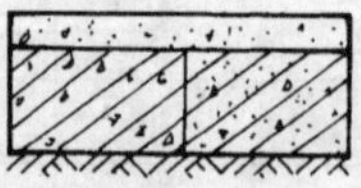 h_1 = 2.5cm 沥青碎石表面处治层 h_2 = ?cm 泥灰结碎砾石或级配碎砾石掺灰基层 E_0 = ?MPa 土基	序号	1	2	3	4	5
		日车道当量轴次 N_t ＼ E_0	40	45	50	55	60
		100(次/日车道)	25	23	22	20	19
		80(次/日车道)	24	22	21	19	18
		60(次/日车道)	22	21	19	18	16
		40(次/日车道)	21	19	17	16	15
		20(次/日车道)	18	16	15	13	12

A 国内推荐的一些公路水泥混凝土路面参考典型结构

a 《公路设计手册·路面》推荐的普通水泥混凝土路面结构标准断面(cm)

《公路设计手册·路面》推荐的普通水泥混凝土路面结构标准断面(cm)　　表 10-86

交通等级	特重	重	中等	轻
标准轴载累计作用次数 N_e	$(3\sim4)\times10^7\sim(0.8\sim1)\times10^7$	$(0.8\sim1)\times10^7\sim(2\sim3)\times10^5$	$(2\sim3)\times10^5\sim(5\sim9)\times10^3$	$\leqslant(5\sim9)\times10^3$
1. 土基回弹模量 $E_0=20$MPa				
1.1 粒料垫层 ($E_2=150$MPa)	$E_t=150$ ↓面 26 ☆基 25 垫 25 $H=76$	$E_t=130$ ↓面 24 ☆基 20 垫 20 $H=64$	$E_t=110$ ↓面 22 基 20 垫 20 $H=62$	$E_t=90$ ↓面 20 基 15 垫 20 $H=55$
1.2 稳定土垫层 ($E_2=250$MPa)	$E_t=150$ ↓面 26 ☆基 20 垫 20 $H=66$	$E_t=130$ ↓面 24 基 20 垫 25 $H=69$	$E_t=110$ ↓面 22 基 15 垫 20 $H=57$	
2. 土基回弹模量 $E_0=30$MPa				
2.1 粒料垫层 ($E_2=150$MPa)	$E_t=150$ ↓面 26 ☆基 20 垫 20 H=66	$E_t=130$ ↓面 24 ☆基 15 垫 20 $H=59$	$E_t=110$ ↓面 22 基 15 垫 20 $H=57$	
2.2 稳定土垫层 ($E_2=250$MPa)	$E_t=150$ ↓面 26 ☆基 20 垫 15 $H=61$	$E_t=130$ ↓面 24 基 20 垫 20 $H=64$	$E_t=110$ ↓面 22 基 15 垫 15 $H=52$	$E_t=90$ ↓面 20 基 25 $H=45$
3. 土基回弹模量 $E_0=40$MPa				
3.1 粒料垫层 ($E_2=150$MPa)	$E_t=150$ ↓面 26 ☆基 20 垫 15 $H=61$	$E_t=130$ ↓面 24 ☆基 15 垫 15 H=54	$E_t=110$ ↓面 22 基 15 垫 15 $H=52$	
3.2 稳定土垫层 ($E_2=250MPa$)	$E_t=150$ ↓面 26 ☆基 15 垫 15 $H=56$	$E_t=130$ ↓面 24 基 15 垫 20 $H=59$	$E_t=110$ ↓面 22 基 25 $H=47$	$E_t=90$ ↓面 20 基 20 $H=40$

注:1.表中基层带☆者为优质水泥稳定粒料基层,$E_1=500$MPa;不带☆者为粒料或稳定粒料基层,$E_1=300$MPa;

2.在季节性冰冻地区,上述结构总厚度 H 小于最小防冻厚度要求时,其厚度差值以增加垫层厚度补足。

b 固化类路面基层和底基层结构组合

固化类路面基层和底基层结构组合　　表 10-87

	路面结构组合		
城市快速路	面层; 土壤固化剂稳定粒料基层; 级配碎石(或砂砾)底基层; 土基	面层; 土壤固化剂稳定粒料基层; 水泥土壤固化剂土底基层; 土基	面层; 二灰稳定粒料基层; 石灰土壤固化剂土底基层; 土基

续上表

	路面结构组合		
城市主干路	面层； 土壤固化剂稳定粒料基层； 石灰土壤固化剂土底基层； 土基	面层； 二灰稳定集料基层； 水泥土壤固化剂土底基层； 土基	面层； 土壤固化剂稳定粒料基层； 石灰粉煤灰固化剂土底基层； 土基
城市次干路	面层； 土壤固化剂稳定粒料基层； 集料底基层； 土基	面层； 水泥石灰土壤固化剂土基层； 土基	面层； 土壤固化剂稳定粒料基层； 水泥石灰土壤固化剂土底基层； 土基
支路	面层； 水泥土壤固化剂土基层； 土基	面层； 石灰粉煤灰土壤固化剂土基层； 土基	面层； 土壤固化剂稳定粒料基层； 土基

注：本表引自《固化类路面基层和底基层技术规程》(CJJ/T 80—98)。

B 重庆地区公路水泥混凝土路面典型结构

a 典型结构设计计算参数

典型结构设计计算参数　　表 10-88

名称	设计参数					
	公路等级	交通等级	设计年限	设计初年	年平均增长率(%)	累计当量轴次 N_e
交通参数	一级	特重	30	10 000	3~5	$3.65\times10^7\sim5.09\times10^7$
交通参数	一级	特重	30	1 501	3~5	$5.47\times10^6\sim7.64\times10^6$
交通参数	一级	重	30	1 500	4~6	$6.45\times10^6\sim9.09\times10^6$
交通参数	一级	重	30	201	4~6	$0.86\times10^6\sim1.22\times10^6$
交通参数	二级	特重	30	5 000	3~5	$3.12\times10^7\sim4.36\times10^7$
交通参数	二级	特重	30	1 501	3~5	$9.38\times10^6\sim13.1\times10^6$
交通参数	二级	重	30	1 500	4~6	$1.105\times10^7\sim1.56\times10^7$
交通参数	二级	重	30	201	4~6	$1.48\times10^6\sim2.09\times10^6$
交通参数	二级	中等	20	200	5~7	$8.69\times10^5\sim10.77\times10^5$
交通参数	二级	中等	20	7	5~7	$3.04\times10^4\sim3.77\times10^4$
交通参数	三级	轻	20	6	6~8	$2.9\times10^4\sim3.61\times10^4$

名称	材料名称		二灰碎(砾)石	水泥稳定碎(砾)石	石灰碎石土	石灰煤渣碎石	级配碎(砾)石	填隙碎石	片石
基层	设计参数(抗压回弹模量)(MPa)	一级公路	700	600	400	450	250	300	
基层	设计参数(抗压回弹模量)(MPa)	二、三级公路	500	400	300	350	150	200	200

名称	路基干湿状态	潮湿	潮湿—中湿	中湿—干燥	干燥(或旧路或岩石路基)
土基干湿状态	模量 E_0 (MPa)	25~30	30~40	40~50	≥50
土基干湿状态	E_0 计算取值 (MPa)	27.5	35	45	50

续上表

名称	设计参数										
混凝土面板	公路等级	交通等级	混凝土的模量 E_e (MPa)	设计强度 (MPa)	K_r	K_c	板长 (cm)	T_g (℃/cm)	设计年限	交通增长率 (%)	车道横向分布系数
	一级公路	特重	3×10^4	5.0	0.87	1.4	5.0	0.85	30	3~5	0.2~0.22
		重	3×10^4	5.0	0.87	1.3	5.0	0.85	30	4~6	0.2~0.22
	二级公路	特重	3×10^4	5.0	0.87	1.4	5.0	0.85	30	3~5	0.36
		重	3×10^4	5.0	0.87	1.3	5.0	0.85	30	4~6	0.34~0.39
		中等	2.8×10^4	4.5	0.87	1.2	5.0	0.85	20	5~7	0.34~0.39
	三级	轻	2.7×10^4	4.5	0.87	1.0	5.0	0.85	20	6~8	0.54~0.62

b　重庆公路水泥混凝土路面典型结构

b-1　公路等级：一级；交通等级：特重；设计累计当量轴次 $N_e=3.65\times10^7\sim5.1\times10^7$

公路等级：一级；交通等级：特重；设计累计

当量轴次 N_e:$3.65\times10^7\sim5.1\times10^7$　表 10-89

编号	结构层厚 \ 土基干湿类型	潮湿 (S1)	潮湿—中湿 (S2)	中湿—干湿 (S3)	干燥(或旧路) (S4)
	模量	25~30MPa	30~40MPa	40~50MPa	≥50MPa
1-TZ-1	面层	混凝土板 27cm	混凝土板 27cm	混凝土板 27cm	混凝土板 27cm
	基层	二灰碎(砾)石 20cm	二灰碎(砾)石 18cm	二灰碎(砾)石 16cm	二灰碎(砾)石 15cm
	底基层	级配碎(砾)石 20cm	级配碎(砾)石 18cm	级配碎(砾)石 18cm	级配碎(砾)石 15cm
1-TZ-2	面层	混凝土板 27cm	混凝土板 27cm	混凝土板 27cm	混凝土板 27cm
	基层	二灰碎(砾)石 20cm	二灰碎(砾)石 18cm	二灰碎(砾)石 16cm	二灰碎(砾)石 20cm
	底基层	填隙碎(砾)石 15cm	填隙碎(砾)石 18cm	填隙碎(砾)石 18cm	
1-TZ-3	面层	混凝土板 27cm	混凝土板 27cm	混凝土板 27cm	混凝土板 27cm
	基层	水泥稳定碎（砾）石 20cm	水泥稳定碎（砾）石 18cm	水泥稳定碎（砾）石 16cm	水泥稳定碎（砾）石 15cm
	底基层	级配碎(砾)石 20cm	级配碎(砾)石 18cm	级配碎(砾)石 18cm	级配碎(砾)石 15cm
1-TZ-4	面层	混凝土板 27cm	混凝土板 27cm	混凝土板 27cm	混凝土板 27cm
	基层	水泥稳定碎（砾）石 20cm	水泥稳定碎（砾）石 18cm	水泥稳定碎（砾）石 16cm	水泥稳定碎（砾）石 20cm
	底基层	填隙碎石 20cm	填隙碎石 18cm	填隙碎石 18cm	

续上表

编号	结构层厚 \ 土基干湿类型	潮湿 (S1)	潮湿—中湿 (S2)	中湿—干湿 (S3)	干燥(或旧路) (S4)
	模量	25~30MPa	30~40MPa	40~50MPa	≥50MPa
1-TZ-5	面层	混凝土板 27cm	混凝土板 27cm	混凝土板 27cm	混凝土板 27cm
	基层	石灰煤渣碎石 20cm	石灰煤渣碎石 18cm	石灰煤渣碎石 16cm	石灰煤渣碎石 15cm
	底基层	级配碎(砾)石 20cm	级配碎(砾)石 18cm	级配碎(砾)石 18cm	级配碎(砾)石 15cm
1-TZ-6	面层	混凝土板 27cm	混凝土板 27cm	混凝土板 27cm	混凝土板 27cm
	基层	石灰煤渣碎石 20cm	石灰煤渣碎石 18cm	石灰煤渣碎石 16cm	石灰煤渣碎石 20cm
	底基层	填隙碎(砾)石 20cm	填隙碎(砾)石 18cm	填隙碎(砾)石 18cm	
1-TZ-7	面层	混凝土板 27cm	混凝土板 27cm	混凝土板 27cm	混凝土板 27cm
	基层	石灰碎石土 20cm	石灰碎石土 18cm	石灰碎石土 16cm	石灰碎石土 15cm
	底基层	级配碎(砾)石 20cm	级配碎(砾)石 18cm	级配碎(砾)石 18cm	级配碎(砾)石 15cm
1-TZ-8	面层	混凝土板 27cm	混凝土板 27cm	混凝土板 27cm	混凝土板 27cm
	基层	石灰碎石土 20cm	石灰碎石土 18cm	石灰碎石土 16cm	石灰碎石土 20cm
	底基层	填隙碎石 20cm	填隙碎石 18cm	填隙碎石 18cm	
1-TZ-9	面层	混凝土板 27cm	混凝土板 27cm	混凝土板 27cm	
	基层	二灰碎(砾)石 15cm	二灰碎(砾)石 15cm	二灰碎(砾)石 15cm	
	底基层	石灰煤渣碎石 18cm	石灰煤渣碎石 17cm	石灰煤渣碎石 16cm	

续上表

编号	结构层	潮　湿（S1）25~30MPa	潮湿—中湿（S2）30~40MPa	中湿—干湿（S3）40~50MPa	干燥（或旧路）（S4）≥50MPa
1-TZ-10	面层	混凝土板 27cm	混凝土板 27cm	混凝土板 27cm	
	基层	水泥稳定碎（砾）石 15cm	水泥稳定碎（砾）石 15cm	水泥稳定碎（砾）石 15cm	
	底基层	石灰煤渣碎石 18cm	石灰煤渣碎石 17cm	石灰煤渣碎石 16cm	

b-2　公路等级：一级；交通等级：特重；设计累计当量轴次 $N_e = 5.47 \times 10^6 \sim 7.64 \times 10^6$

公路等级：一级　交通等级：特重　设计累计当量轴次 N_e：$5.47 \times 10^6 \sim 7.64 \times 10^6$　表 10-90

编号	结构层	潮　湿（S1）25~30MPa	潮湿—中湿（S2）30~40MPa	中湿—干湿（S3）40~50MPa	干燥（或旧路）（S4）≥50MPa
1-TZ-11	面层	混凝土板 26cm	混凝土板 26cm	混凝土板 26cm	混凝土板 26cm
	基层	二灰碎（砾）石 20cm	二灰碎（砾）石 18cm	二灰碎（砾）石 16cm	二灰碎（砾）石 15cm
	底基层	级配碎（砾）石 20cm	级配碎（砾）石 20cm	级配碎（砾）石 18cm	级配碎（砾）石 15cm
1-TZ-12	面层	混凝土板 26cm	混凝土板 26cm	混凝土板 26cm	混凝土板 26cm
	基层	二灰碎（砾）石 20cm	二灰碎（砾）石 18cm	二灰碎（砾）石 16cm	二灰碎（砾）石 20cm
	底基层	填隙碎（砾）石 20cm	填隙碎（砾）石 20cm	填隙碎（砾）石 18cm	
1-TZ-13	面层	混凝土板 26cm	混凝土板 26cm	混凝土板 26cm	混凝土板 26cm
	基层	水泥稳定碎（砾）石 20cm	水泥稳定碎（砾）石 18cm	水泥稳定碎（砾）石 16cm	水泥稳定碎（砾）石 15cm
	底基层	级配碎（砾）石 20cm	级配碎（砾）石 20cm	级配碎（砾）石 18cm	级配碎（砾）石 15cm
1-TZ-14	面层	混凝土板 26cm	混凝土板 26cm	混凝土板 26cm	混凝土板 26cm
	基层	水泥稳定碎（砾）石 20cm	水泥稳定碎（砾）石 18cm	水泥稳定碎（砾）石 16cm	水泥稳定碎（砾）石 20cm
	底基层	填隙碎石 20cm	填隙碎石 20cm	填隙碎石 18cm	

续上表

编号	结构层	潮　湿（S1）25~30MPa	潮湿—中湿（S2）30~40MPa	中湿—干湿（S3）40~50MPa	干燥（或旧路）（S4）≥50MPa
1-TZ-15	面层	混凝土板 26cm	混凝土板 26cm	混凝土板 26cm	混凝土板 26cm
	基层	石灰煤渣碎石 20cm	石灰煤渣碎石 18cm	石灰煤渣碎石 16cm	石灰煤渣碎石 15cm
	底基层	级配碎（砾）石 20cm	级配碎（砾）石 20cm	级配碎（砾）石 18cm	级配碎（砾）石 15cm
1-TZ-16	面层	混凝土板 26cm	混凝土板 26cm	混凝土板 26cm	混凝土板 26cm
	基层	石灰煤渣碎石 20cm	石灰煤渣碎石 18cm	石灰煤渣碎石 16cm	石灰煤渣碎石 20cm
	底基层	填隙碎（砾）石 20cm	填隙碎（砾）石 20cm	填隙碎（砾）石 18cm	
1-TZ-17	面层	混凝土板 26cm	混凝土板 26cm	混凝土板 26cm	混凝土板 26cm
	基层	石灰碎石土 20cm	石灰碎石土 18cm	石灰碎石土 16cm	石灰碎石土 15cm
	底基层	级配碎（砾）石 20cm	级配碎（砾）石 20cm	级配碎（砾）石 18cm	级配碎（砾）石 15cm
1-TZ-18	面层	混凝土板 26cm	混凝土板 26cm	混凝土板 26cm	混凝土板 26cm
	基层	石灰碎石土 20cm	石灰碎石土 18cm	石灰碎石土 16cm	石灰碎石土 15cm
	底基层	填隙碎石 20cm	填隙碎石 20cm	填隙碎石 18cm	填隙碎石 15cm
1-TZ-19	面层	混凝土板 26cm	混凝土板 26cm	混凝土板 26cm	
	基层	二灰碎（砾）石 15cm	二灰碎（砾）石 15cm	二灰碎（砾）石 15cm	
	底基层	石灰煤渣碎石 18cm	石灰煤渣碎石 17cm	石灰煤渣碎石 16cm	
1-TZ-20	面层	混凝土板 26cm	混凝土板 26cm	混凝土板 26cm	
	基层	水泥稳定碎（砾）石 15cm	水泥稳定碎（砾）石 15cm	水泥稳定碎（砾）石 15cm	
	底基层	石灰煤渣碎石 18cm	石灰煤渣碎石 17cm	石灰煤渣碎石 16cm	

b-3　公路等级:一级;交通等级:重型;设计累计当量轴次 $N_e = 6.45 \times 10^6 \sim 9.09 \times 10^6$

公路等级:一级　交通等级:重型　设计累计当量轴次 N_e:6.45 × 10⁶ ~ 9.09 × 10⁶ 表 10-91

编号	结构层厚 \ 土基干湿类型	潮湿 (S1)	潮湿—中湿 (S2)	中湿—干湿 (S3)	干燥(或旧路) (S4)
	模量	25 ~ 30MPa	30 ~ 40MPa	40 ~ 50MPa	≥50MPa
1-Z-1	面层	混凝土板 24 ~ 25cm	混凝土板 24 ~ 25cm	混凝土板 24 ~ 25cm	混凝土板 24 ~ 25cm
	基层	二灰碎(砾)石 18cm	二灰碎(砾)石 17cm	二灰碎(砾)石 15cm	二灰碎(砾)石 15cm
	底基层	级配碎(砾)石 15cm	级配碎(砾)石 15cm	级配碎(砾)石 15cm	级配碎(砾)石 15cm
1-Z-2	面层	混凝土板 24 ~ 25cm	混凝土板 24 ~ 25cm	混凝土板 24 ~ 25cm	混凝土板 24 ~ 25cm
	基层	二灰碎(砾)石 18cm	二灰碎(砾)石 17cm	二灰碎(砾)石 15cm	二灰碎(砾)石 20cm
	底基层	填隙碎(砾)石 15cm	填隙碎(砾)石 15cm	填隙碎(砾)石 15cm	
1-Z-3	面层	混凝土板 24 ~ 25cm	混凝土板 24 ~ 25cm	混凝土板 24 ~ 25cm	混凝土板 24 ~ 25cm
	基层	水泥稳定碎(砾)石 18cm	水泥稳定碎(砾)石 17cm	水泥稳定碎(砾)石 15cm	水泥稳定碎(砾)石 15cm
	底基层	级配碎(砾)石 15cm	级配碎(砾)石 15cm	级配碎(砾)石 15cm	级配碎(砾)石 15cm
1-Z-4	面层	混凝土板 24 ~ 25cm	混凝土板 24 ~ 25cm	混凝土板 24 ~ 25cm	混凝土板 24 ~ 25cm
	基层	水泥稳定碎(砾)石 18cm	水泥稳定碎(砾)石 17cm	水泥稳定碎(砾)石 15cm	水泥稳定碎(砾)石 20cm
	底基层	填隙碎石 15cm	填隙碎石 15cm	填隙碎石 15cm	
1-Z-5	面层	混凝土板 24 ~ 25cm	混凝土板 24 ~ 25cm	混凝土板 24 ~ 25cm	混凝土板 24 ~ 25cm
	基层	石灰煤渣碎石 18cm	石灰煤渣碎石 17cm	石灰煤渣碎石 15cm	石灰煤渣碎石 15cm
	底基层	级配碎(砾)石 15cm	级配碎(砾)石 15cm	级配碎(砾)石 15cm	级配碎(砾)石 15cm
1-Z-6	面层	混凝土板 24 ~ 25cm	混凝土板 24 ~ 25cm	混凝土板 24 ~ 25cm	混凝土板 24 ~ 25cm
	基层	石灰煤渣碎石 18cm	石灰煤渣碎石 17cm	石灰煤渣碎石 15cm	石灰煤渣碎石 20cm
	底基层	填隙碎(砾)石 15cm	填隙碎(砾)石 15cm	填隙碎(砾)石 15cm	
1-Z-7	面层	混凝土板 24 ~ 25cm	混凝土板 24 ~ 25cm	混凝土板 24 ~ 25cm	混凝土板 24 ~ 25cm
	基层	石灰碎石土 18cm	石灰碎石土 17cm	石灰碎石土 15cm	石灰碎石土 15cm
	底基层	级配碎(砾)石 15cm	级配碎(砾)石 15cm	级配碎(砾)石 15cm	级配碎(砾)石 15cm

续上表

编号	结构层厚 \ 土基干湿类型	潮湿 (S1)	潮湿—中湿 (S2)	中湿—干湿 (S3)	干燥(或旧路) (S4)
	模量	25 ~ 30MPa	30 ~ 40MPa	40 ~ 50MPa	≥50MPa
1-Z-8	面层	混凝土板 24 ~ 25cm	混凝土板 24 ~ 25cm	混凝土板 24 ~ 25cm	混凝土板 24 ~ 25cm
	基层	石灰碎石土 18cm	石灰碎石土 17cm	石灰碎石土 15cm	石灰碎石土 20cm
	底基层	填隙碎石 15cm	填隙碎石 15cm	填隙碎石 15cm	
1-Z-9	面层	混凝土板 24 ~ 25cm	混凝土板 24 ~ 25cm	混凝土板 24 ~ 25cm	
	基层	二灰碎(砾)石 18cm	二灰碎(砾)石 17cm	二灰碎(砾)石 15cm	
	底基层	石灰煤渣碎石 15cm	石灰煤渣碎石 15cm	石灰煤渣碎石 15cm	
1-Z-10	面层	混凝土板 24 ~ 25cm	混凝土板 24 ~ 25cm	混凝土板 24 ~ 25cm	
	基层	水泥稳定碎(砾)石 18cm	水泥稳定碎(砾)石 17cm	水泥稳定碎(砾)石 15cm	
	底基层	石灰煤渣碎石 15cm	石灰煤渣碎石 15cm	石灰煤渣碎石 15cm	

b-4　公路等级:一级;交通等级:重型;设计累计当量轴次 $N_e = 0.86 \times 10^6 \sim 1.22 \times 10^6$

公路等级:一级　交通等级:重型　设计累计当量轴次 N_e:0.86 × 10⁶ ~ 1.22 × 10⁶ 表 10-92

编号	结构层厚 \ 土基干湿类型	潮湿 (S1)	潮湿—中湿 (S2)	中湿—干湿 (S3)	干燥(或旧路) (S4)
	模量	25 ~ 30MPa	30 ~ 40MPa	40 ~ 50MPa	≥50MPa
1-Z-11	面层	混凝土板 24cm	混凝土板 24cm	混凝土板 24cm	混凝土板 24cm
	基层	二灰碎(砾)石 18cm	二灰碎(砾)石 17cm	二灰碎(砾)石 16cm	二灰碎(砾)石 15cm
	底基层	级配碎(砾)石 15cm	级配碎(砾)石 15cm	级配碎(砾)石 15cm	级配碎(砾)石 15cm
1-Z-12	面层	混凝土板 24cm	混凝土板 24cm	混凝土板 24cm	混凝土板 24cm
	基层	二灰碎(砾)石 18cm	二灰碎(砾)石 17cm	二灰碎(砾)石 16cm	二灰碎(砾)石 20cm
	底基层	填隙碎(砾)石 15cm	填隙碎(砾)石 15cm	填隙碎(砾)石 15cm	
1-Z-13	面层	混凝土板 24cm	混凝土板 24cm	混凝土板 24cm	混凝土板 24cm
	基层	水泥稳定碎(砾)石 18cm	水泥稳定碎(砾)石 17cm	水泥稳定碎(砾)石 17cm	水泥稳定碎(砾)石 17cm
	底基层	级配碎(砾)石 15cm	级配碎(砾)石 15cm	级配碎(砾)石 15cm	级配碎(砾)石 15cm

续上表

编号	结构层	潮湿(S1) 25~30MPa	潮湿—中湿(S2) 30~40MPa	中湿—干湿(S3) 40~50MPa	干燥(或旧路)(S4) ≥50MPa
1-Z-14	面层	混凝土板 24cm	混凝土板 24cm	混凝土板 24cm	混凝土板 24cm
	基层	水泥稳定碎（砾）石 18cm	水泥稳定碎（砾）石 17cm	水泥稳定碎（砾）石 16cm	水泥稳定碎（砾）石 20cm
	底基层	填隙碎石 15cm	填隙碎石 15cm	填隙碎石 15cm	
1-Z-15	面层	混凝土板 24cm	混凝土板 24cm	混凝土板 24cm	混凝土板 24cm
	基层	石灰煤渣碎石 18cm	石灰煤渣碎石 17cm	石灰煤渣碎石 16cm	石灰煤渣碎石 15cm
	底基层	级配碎(砾)石 15cm	级配碎(砾)石 15cm	级配碎(砾)石 15cm	级配碎(砾)石 15cm
1-Z-16	面层	混凝土板 24cm	混凝土板 24cm	混凝土板 24cm	混凝土板 24cm
	基层	石灰煤渣碎石 18cm	石灰煤渣碎石 17cm	石灰煤渣碎石 16cm	石灰煤渣碎石 20cm
	底基层	填隙碎(砾)石 15cm	填隙碎(砾)石 15cm	填隙碎(砾)石 15cm	
1-Z-17	面层	混凝土板 24cm	混凝土板 24cm	混凝土板 24cm	混凝土板 24cm
	基层	石灰碎石土 18cm	石灰碎石土 17cm	石灰碎石土 16cm	石灰碎石土 15cm
	底基层	级配碎(砾)石 15cm	级配碎(砾)石 15cm	级配碎(砾)石 15cm	级配碎(砾)石 15cm
1-Z-18	面层	混凝土板 24cm	混凝土板 24cm	混凝土板 24cm	混凝土板 24cm
	基层	石灰碎石土 18cm	石灰碎石土 17cm	石灰碎石土 16cm	石灰碎石土 15cm
	底基层	填隙碎石 15cm	填隙碎石 15cm	填隙碎石 15cm	填隙碎石 15cm
1-Z-19	面层	混凝土板 24cm	混凝土板 24cm	混凝土板 24cm	
	基层	二灰碎(砾)石 18cm	二灰碎(砾)石 17cm	二灰碎(砾)石 15cm	
	底基层	石灰煤渣碎石 15cm	石灰煤渣碎石 15cm	石灰煤渣碎石 15cm	
1-Z-20	面层	混凝土板 24cm	混凝土板 24cm	混凝土板 24cm	
	基层	水泥稳定碎（砾）石 18cm	水泥稳定碎（砾）石 17cm	水泥稳定碎（砾）石 15cm	
	底基层	石灰煤渣碎石 15cm	石灰煤渣碎石 15cm	石灰煤渣碎石 15cm	

b-5　公路等级：二级；交通等级：特重；设计累计当量轴次 $N_e = 3.125 \times 10^7 \sim 4.365 \times 10^7$

公路等级：二级　交通等级：特重　设计累计当量轴次 N_e：$3.125 \times 10^7 \sim 4.365 \times 10^7$ 表10-93

编号	结构层	潮湿(S1) 25~30MPa	潮湿—中湿(S2) 30~40MPa	中湿—干湿(S3) 40~50MPa	干燥(或旧路)(S4) ≥50MPa
2-TZ-1	面层	混凝土板 26~26.5cm	混凝土板 26~26.5cm	混凝土板 26~26.5cm	混凝土板 26~26.5cm
	基层	二灰碎(砾)石 20cm	二灰碎(砾)石 18cm	二灰碎(砾)石 16cm	二灰碎(砾)石 15cm
	底基层	级配碎(砾)石 15cm	级配碎(砾)石 15cm	级配碎(砾)石 15cm	级配碎(砾)石 15cm
2-TZ-2	面层	混凝土板 26~26.5cm	混凝土板 26~26.5cm	混凝土板 26~26.5cm	混凝土板 26~26.5cm
	基层	二灰碎(砾)石 20cm	二灰碎(砾)石 18cm	二灰碎(砾)石 16cm	二灰碎(砾)石 20cm
	底基层	填隙碎(砾)石 15cm	填隙碎(砾)石 15cm	填隙碎(砾)石 15cm	
2-TZ-3	面层	混凝土板 26~26.5cm	混凝土板 26~26.5cm	混凝土板 26~26.5cm	混凝土板 26~26.5cm
	基层	水泥稳定碎（砾）石 20cm	水泥稳定碎（砾）石 18cm	水泥稳定碎（砾）石 16cm	水泥稳定碎（砾）石 15cm
	底基层	级配碎(砾)石 15cm	级配碎(砾)石 15cm	级配碎(砾)石 15cm	级配碎(砾)石 15cm
2-TZ-4	面层	混凝土板 26~26.5cm	混凝土板 26~26.5cm	混凝土板 26~26.5cm	混凝土板 26~26.5cm
	基层	水泥稳定碎（砾）石 20cm	水泥稳定碎（砾）石 18cm	水泥稳定碎（砾）石 16cm	水泥稳定碎（砾）石 20cm
	底基层	填隙碎石 15cm	填隙碎石 15cm	填隙碎石 15cm	
2-TZ-5	面层	混凝土板 26~26.5cm	混凝土板 26~26.5cm	混凝土板 26~26.5cm	混凝土板 26~26.5cm
	基层	石灰煤渣碎石 20cm	石灰煤渣碎石 18cm	石灰煤渣碎石 16cm	石灰煤渣碎石 15cm
	底基层	级配碎(砾)石 15cm	级配碎(砾)石 15cm	级配碎(砾)石 15cm	级配碎(砾)石 15cm
2-TZ-6	面层	混凝土板 26~26.5cm	混凝土板 26~26.5cm	混凝土板 26~26.5cm	混凝土板 26~26.5cm
	基层	石灰煤渣碎石 20cm	石灰煤渣碎石 18cm	石灰煤渣碎石 16cm	石灰煤渣碎石 20cm
	底基层	填隙碎(砾)石 15cm	填隙碎(砾)石 15cm	填隙碎(砾)石 15cm	

续上表

编号	结构层 \ 土基干湿类型	潮湿 (S1)	潮湿—中湿 (S2)	中湿—干湿 (S3)	干燥(或旧路) (S4)
	层厚 \ 模量	25~30MPa	30~40MPa	40~50MPa	≥50MPa
2-TZ-7	面层	混凝土板 26~26.5cm	混凝土板 26~26.5cm	混凝土板 26~26.5cm	混凝土板 26~26.5cm
	基层	石灰碎石土 20cm	石灰碎石土 18cm	石灰碎石土 16cm	石灰碎石土 15cm
	底基层	级配碎(砾)石 15cm	级配碎(砾)石 15cm	级配碎(砾)石 15cm	级配碎(砾)石 15cm
2-TZ-8	面层	混凝土板 26~26.5cm	混凝土板 26~26.5cm	混凝土板 26~26.5cm	混凝土板 26~26.5cm
	基层	石灰碎石土 20cm	石灰碎石土 18cm	石灰碎石土 16cm	石灰碎石土 15cm
	底基层	填隙碎石 15cm	填隙碎石 15cm	填隙碎石 15cm	填隙碎石 15cm
2-TZ-9	面层	混凝土板 26~26.5cm	混凝土板 26~26.5cm	混凝土板 26~26.5cm	
	基层	二灰碎(砾)石 18cm	二灰碎(砾)石 17cm	二灰碎(砾)石 15cm	
	底基层	石灰煤渣碎石 15cm	石灰煤渣碎石 15cm	石灰煤渣碎石 15cm	
2-TZ-10	面层	混凝土板 26~26.5cm	混凝土板 26~26.5cm	混凝土板 26~26.5cm	
	基层	水泥稳定碎(砾)石 18cm	水泥稳定碎(砾)石 17cm	水泥稳定碎(砾)石 15cm	
	底基层	石灰煤渣碎石 15cm	石灰煤渣碎石 15cm	石灰煤渣碎石 15cm	

b-6　公路等级：二级；交通等级：特重；设计累计当量轴次 $N_e = 9.38 \times 10^6 \sim 13.10 \times 10^6$

公路等级:二级　交通等级:特重　设计累计当量轴次 N_e:$9.38 \times 10^6 \sim 13.10 \times 10^6$ 表 10-94

编号	结构层 \ 土基干湿类型	潮湿 (S1)	潮湿—中湿 (S2)	中湿—干湿 (S3)	干燥(或旧路) (S4)
	层厚 \ 模量	25~30MPa	30~40MPa	40~50MPa	≥50MPa
2-TZ-11	面层	混凝土板 26cm	混凝土板 26cm	混凝土板 26cm	混凝土板 26cm
	基层	二灰碎(砾)石 20cm	二灰碎(砾)石 18cm	二灰碎(砾)石 16cm	二灰碎(砾)石 15cm
	底基层	级配碎(砾)石 15cm	级配碎(砾)石 15cm	级配碎(砾)石 15cm	级配碎(砾)石 15cm
2-TZ-12	面层	混凝土板 26cm	混凝土板 26cm	混凝土板 26cm	混凝土板 26cm
	基层	二灰碎(砾)石 20cm	二灰碎(砾)石 18cm	二灰碎(砾)石 16cm	二灰碎(砾)石 20cm
	底基层	填隙碎(砾)石 15cm	填隙碎(砾)石 15cm	填隙碎(砾)石 15cm	

续上表

编号	结构层 \ 土基干湿类型	潮湿 (S1)	潮湿—中湿 (S2)	中湿—干湿 (S3)	干燥(或旧路) (S4)
	层厚 \ 模量	25~30MPa	30~40MPa	40~50MPa	≥50MPa
2-TZ-13	面层	混凝土板 26cm	混凝土板 26cm	混凝土板 26cm	混凝土板 26cm
	基层	水泥稳定碎(砾)石 20cm	水泥稳定碎(砾)石 18cm	水泥稳定碎(砾)石 16cm	水泥稳定碎(砾)石 15cm
	底基层	级配碎(砾)石 15cm	级配碎(砾)石 15cm	级配碎(砾)石 15cm	级配碎(砾)石 15cm
2-TZ-14	面层	混凝土板 26cm	混凝土板 26cm	混凝土板 26cm	混凝土板 26cm
	基层	水泥稳定碎(砾)石 20cm	水泥稳定碎(砾)石 18cm	水泥稳定碎(砾)石 16cm	水泥稳定碎(砾)石 20cm
	底基层	填隙碎石 15cm	填隙碎石 15cm	填隙碎石 15cm	
2-TZ-15	面层	混凝土板 26cm	混凝土板 26cm	混凝土板 26cm	混凝土板 26cm
	基层	石灰煤渣碎石 20cm	石灰煤渣碎石 18cm	石灰煤渣碎石 16cm	石灰煤渣碎石 15cm
	底基层	级配碎(砾)石 15cm	级配碎(砾)石 15cm	级配碎(砾)石 15cm	级配碎(砾)石 15cm
2-TZ-16	面层	混凝土板 26cm	混凝土板 26cm	混凝土板 26cm	混凝土板 26cm
	基层	石灰煤渣碎石 20cm	石灰煤渣碎石 18cm	石灰煤渣碎石 16cm	石灰煤渣碎石 20cm
	底基层	填隙碎(砾)石 15cm	填隙碎(砾)石 15cm	填隙碎(砾)石 15cm	
2-TZ-17	面层	混凝土板 26cm	混凝土板 26cm	混凝土板 26cm	混凝土板 26cm
	基层	石灰碎石土 20cm	石灰碎石土 18cm	石灰碎石土 16cm	石灰碎石土 15cm
	底基层	级配碎(砾)石 15cm	级配碎(砾)石 15cm	级配碎(砾)石 15cm	级配碎(砾)石 15cm
2-TZ-18	面层	混凝土板 26cm	混凝土板 26cm	混凝土板 26cm	混凝土板 26cm
	基层	石灰碎石土 20cm	石灰碎石土 18cm	石灰碎石土 16cm	石灰碎石土 15cm
	底基层	填隙碎石 15cm	填隙碎石 15cm	填隙碎石 15cm	
2-TZ-19	面层	混凝土板 26cm	混凝土板 26cm	混凝土板 26cm	
	基层	二灰碎(砾)石 18cm	二灰碎(砾)石 17cm	二灰碎(砾)石 15cm	
	底基层	石灰煤渣碎石 15cm	石灰煤渣碎石 15cm	石灰煤渣碎石 15cm	

续上表

编号 \ 结构层厚 \ 土基干湿类型 / 模量		潮湿（S1）	潮湿—中湿（S2）	中湿—干湿（S3）	干燥(或旧路)（S4）
		25～30MPa	30～40MPa	40～50MPa	≥50MPa
2-TZ-20	面层	混凝土板 26cm	混凝土板 26cm	混凝土板 26cm	
	基层	水泥稳定碎（砾）石 18cm	水泥稳定碎（砾）石 17cm	水泥稳定碎（砾）石 15cm	
	底基层	石灰煤渣碎石 15cm	石灰煤渣碎石 15cm	石灰煤渣碎石 15cm	

b-7　公路等级：二级；交通等级：重型；设计累计当量轴次 $N_e = 1.105 \times 10^6 \sim 1.56 \times 10^7$

公路等级：二级　交通等级：重型　设计累计

当量轴次 N_e：$1.105 \times 10^6 \sim 1.56 \times 10^7$ 表 10-95

编号 \ 结构层厚 \ 土基干湿类型 / 模量		潮湿（S1）	潮湿—中湿（S2）	中湿—干湿（S3）	干燥(或旧路)（S4）
		25～30MPa	30～40MPa	40～50MPa	≥50MPa
2-Z-1	面层	混凝土板 24～25cm	混凝土板 24～25cm	混凝土板 24～25cm	混凝土板 24～25cm
	基层	二灰碎(砾)石 18cm	二灰碎(砾)石 17cm	二灰碎(砾)石 16cm	二灰碎(砾)石 15cm
	底基层	级配碎(砾)石 15cm	级配碎(砾)石 15cm	级配碎(砾)石 15cm	级配碎(砾)石 15cm
2-Z-2	面层	混凝土板 24～25cm	混凝土板 24～25cm	混凝土板 24～25cm	混凝土板 24～25cm
	基层	二灰碎(砾)石 18cm	二灰碎(砾)石 17cm	二灰碎(砾)石 16cm	二灰碎(砾)石 20cm
	底基层	填隙碎(砾)石 15cm	填隙碎(砾)石 15cm	填隙碎(砾)石 15cm	
2-Z-3	面层	混凝土板 24～25cm	混凝土板 24～25cm	混凝土板 24～25cm	混凝土板 24～25cm
	基层	二灰碎(砾)石 18cm	二灰碎(砾)石 17cm	二灰碎(砾)石 16cm	二灰碎(砾)石 15cm
	底基层	手摆片石 20cm	手摆片石 20cm	手摆片石 20cm	手摆片石 20cm
2-Z-4	面层	混凝土板 24～25cm	混凝土板 24～25cm	混凝土板 24～25cm	混凝土板 24～25cm
	基层	水泥稳定碎（砾）石 18cm	水泥稳定碎（砾）石 17cm	水泥稳定碎（砾）石 16cm	水泥稳定碎（砾）石 15cm
	底基层	级配碎(砾)石 15cm	级配碎(砾)石 15cm	级配碎(砾)石 15cm	级配碎(砾)石 15cm

续上表

编号 \ 结构层厚 \ 土基干湿类型 / 模量		潮湿（S1）	潮湿—中湿（S2）	中湿—干湿（S3）	干燥(或旧路)（S4）
		25～30MPa	30～40MPa	40～50MPa	≥50MPa
2-Z-5	面层	混凝土板 24～25cm	混凝土板 24～25cm	混凝土板 24～25cm	混凝土板 24～25cm
	基层	水泥稳定碎（砾）石 18cm	水泥稳定碎（砾）石 17cm	水泥稳定碎（砾）石 16cm	水泥稳定碎（砾）石 15cm
	底基层	填隙碎石 15cm	填隙碎石 15cm	填隙碎石 15cm	填隙碎石 15cm
2-Z-6	面层	混凝土板 24～25cm	混凝土板 24～25cm	混凝土板 24～25cm	混凝土板 24～25cm
	基层	水泥稳定碎（砾）石 18cm	水泥稳定碎（砾）石 17cm	水泥稳定碎（砾）石 16cm	水泥稳定碎（砾）石 15cm
	底基层	手摆片石 20cm	手摆片石 20cm	手摆片石 20cm	手摆片石 20cm
2-Z-7	面层	混凝土板 24～25cm	混凝土板 24～25cm	混凝土板 24～25cm	混凝土板 24～25cm
	基层	石灰煤渣碎石 18cm	石灰煤渣碎石 17cm	石灰煤渣碎石 16cm	石灰煤渣碎石 15cm
	底基层	级配碎(砾)石 15cm	级配碎(砾)石 15cm	级配碎(砾)石 15cm	级配碎(砾)石 15cm
2-Z-8	面层	混凝土板 24～25cm	混凝土板 24～25cm	混凝土板 24～25cm	混凝土板 24～25cm
	基层	石灰煤渣碎石 18cm	石灰煤渣碎石 17cm	石灰煤渣碎石 16cm	石灰煤渣碎石 20cm
	底基层	填隙碎(砾)石 15cm	填隙碎(砾)石 15cm	填隙碎(砾)石 15cm	
2-Z-9	面层	混凝土板 24～25cm	混凝土板 24～25cm	混凝土板 24～25cm	混凝土板 24～25cm
	基层	石灰煤渣碎石 18cm	石灰煤渣碎石 17cm	石灰煤渣碎石 16cm	石灰煤渣碎石 20cm
	底基层	手摆片石 20cm	手摆片石 20cm	手摆片石 20cm	
2-Z-10	面层	混凝土板 24～25cm	混凝土板 24～25cm	混凝土板 24～25cm	混凝土板 24～25cm
	基层	石灰碎石土 18cm	石灰碎石土 17cm	石灰碎石土 16cm	石灰碎石土 15cm
	底基层	级配碎(砾)石 15cm	级配碎(砾)石 15cm	级配碎(砾)石 15cm	级配碎(砾)石 15cm
2-Z-11	面层	混凝土板 24～25cm	混凝土板 24～25cm	混凝土板 24～25cm	混凝土板 24～25cm
	基层	石灰碎石土 18cm	石灰碎石土 17cm	石灰碎石土 16cm	石灰碎石土 15cm
	底基层	填隙碎石 15cm	填隙碎石 15cm	填隙碎石 15cm	填隙碎石 15cm

b-8　公路等级：二级；交通等级：重型；设计累计当量轴次 $N_e = 1.48 \times 10^6 \sim 2.09 \times 10^6$

公路等级：二级　交通等级：重型　设计累计当量轴次 N_e：$1.48 \times 10^6 \sim 2.09 \times 10^6$ 表 10-96

编号	结构层厚 \ 土基干湿类型	潮湿(S1)	潮湿—中湿(S2)	中湿—干湿(S3)	干燥(或旧路)(S4)
	模量	25～30MPa	30～40MPa	40～50MPa	≥50MPa
2-Z-12	面层	混凝土板 24～25cm	混凝土板 24～25cm	混凝土板 24～25cm	混凝土板 24～25cm
	基层	石灰碎石土 18cm	石灰碎石土 17cm	石灰碎石土 16cm	石灰碎石土 15cm
	底基层	手摆片石 20cm	手摆片石 20cm	手摆片石 20cm	手摆片石 20cm
2-Z-13	面层	混凝土板 24cm	混凝土板 24cm	混凝土板 24cm	混凝土板 24cm
	基层	二灰碎(砾)石 18cm	二灰碎(砾)石 17cm	二灰碎(砾)石 16cm	二灰碎(砾)石 15cm
	底基层	级配碎(砾)石 15cm	级配碎(砾)石 15cm	级配碎(砾)石 15cm	级配碎(砾)石 15cm
2-Z-14	面层	混凝土板 24cm	混凝土板 24cm	混凝土板 24cm	混凝土板 24cm
	基层	二灰碎(砾)石 18cm	二灰碎(砾)石 17cm	二灰碎(砾)石 16cm	二灰碎(砾)石 20cm
	底基层	填隙碎(砾)石 15cm	填隙碎(砾)石 15cm	填隙碎(砾)石 15cm	
2-Z-15	面层	混凝土板 24cm	混凝土板 24cm	混凝土板 24cm	混凝土板 24cm
	基层	二灰碎(砾)石 18cm	二灰碎(砾)石 17cm	二灰碎(砾)石 16cm	二灰碎(砾)石 15cm
	底基层	手摆片石 20cm	手摆片石 20cm	手摆片石 20cm	手摆片石 20cm
2-Z-16	面层	混凝土板 24cm	混凝土板 24cm	混凝土板 24cm	混凝土板 24cm
	基层	水泥稳定碎(砾)石 18cm	水泥稳定碎(砾)石 17cm	水泥稳定碎(砾)石 16cm	水泥稳定碎(砾)石 15cm
	底基层	级配碎(砾)石 15cm	级配碎(砾)石 15cm	级配碎(砾)石 15cm	级配碎(砾)石 15cm
2-Z-17	面层	混凝土板 24cm	混凝土板 24cm	混凝土板 24cm	混凝土板 24cm
	基层	水泥稳定碎(砾)石 18cm	水泥稳定碎(砾)石 17cm	水泥稳定碎(砾)石 16cm	水泥稳定碎(砾)石 15cm
	底基层	填隙碎石 15cm	填隙碎石 15cm	填隙碎石 15cm	填隙碎石 15cm

续上表

编号	结构层厚 \ 土基干湿类型	潮湿(S1)	潮湿—中湿(S2)	中湿—干湿(S3)	干燥(或旧路)(S4)
	模量	25～30MPa	30～40MPa	40～50MPa	≥50MPa
2-Z-18	面层	混凝土板 24cm	混凝土板 24cm	混凝土板 24cm	混凝土板 24cm
	基层	水泥稳定碎(砾)石 18cm	水泥稳定碎(砾)石 17cm	水泥稳定碎(砾)石 16cm	水泥稳定碎(砾)石 15cm
	底基层	手摆片石 20cm	手摆片石 20cm	手摆片石 20cm	手摆片石 20cm
2-Z-19	面层	混凝土板 24cm	混凝土板 24cm	混凝土板 24cm	混凝土板 24cm
	基层	石灰煤渣碎石 18cm	石灰煤渣碎石 17cm	石灰煤渣碎石 16cm	石灰煤渣碎石 15cm
	底基层	级配碎(砾)石 15cm	级配碎(砾)石 15cm	级配碎(砾)石 15cm	级配碎(砾)石 15cm
2-Z-20	面层	混凝土板 24cm	混凝土板 24cm	混凝土板 24cm	混凝土板 24cm
	基层	石灰煤渣碎石 18cm	石灰煤渣碎石 17cm	石灰煤渣碎石 16cm	石灰煤渣碎石 20cm
	底基层	填隙碎(砾)石 15cm	填隙碎(砾)石 15cm	填隙碎(砾)石 15cm	
2-Z-21	面层	混凝土板 24cm	混凝土板 24cm	混凝土板 24cm	混凝土板 24cm
	基层	石灰煤渣碎石 18cm	石灰煤渣碎石 17cm	石灰煤渣碎石 16cm	石灰煤渣碎石 15cm
	底基层	手摆片石 20cm	手摆片石 20cm	手摆片石 20cm	手摆片石 20cm
2-Z-22	面层	混凝土板 24cm	混凝土板 24cm	混凝土板 24cm	混凝土板 24cm
	基层	石灰碎石土 18cm	石灰碎石土 17cm	石灰碎石土 16cm	石灰碎石土 15cm
	底基层	级配碎(砾)石 15cm	级配碎(砾)石 15cm	级配碎(砾)石 15cm	级配碎(砾)石 15cm
2-Z-23	面层	混凝土板 24cm	混凝土板 24cm	混凝土板 24cm	混凝土板 24cm
	基层	石灰碎石土 18cm	石灰碎石土 17cm	石灰碎石土 16cm	石灰碎石土 20cm
	底基层	填隙碎石 15cm	填隙碎石 15cm	填隙碎石 15cm	
2-Z-24	面层	混凝土板 24cm	混凝土板 24cm	混凝土板 24cm	混凝土板 24cm
	基层	石灰碎石土 18cm	石灰碎石土 17cm	石灰碎石土 16cm	石灰碎石土 15cm
	底基层	手摆片石 20cm	手摆片石 20cm	手摆片石 20cm	手摆片石 20cm

b-9　公路等级:二级;交通等级:中等;设计累计当量轴次 $N_e = 8.69\times10^5 \sim 10.77\times10^5$

公路等级:二级　交通等级:中等　设计累计

当量轴次 N_e:$8.69\times10^5 \sim 10.77\times10^5$　表 10-97

编号	结构层厚 \ 土基干湿类型	潮湿 (S1)	潮湿—中湿 (S2)	中湿—干湿 (S3)	干燥(或旧路) (S4)
	模量	25~30MPa	30~40MPa	40~50MPa	≥50MPa
2-ZD-1	面层	混凝土板 22~23cm	混凝土板 22~23cm	混凝土板 22~23cm	混凝土板 22~23cm
	基层	二灰碎(砾)石 16cm	二灰碎(砾)石 15cm	二灰碎(砾)石 15cm	二灰碎(砾)石 15cm
	底基层	级配碎(砾)石 20cm	级配碎(砾)石 18cm	级配碎(砾)石 16cm	级配碎(砾)石 15cm
2-ZD-2	面层	混凝土板 22~23cm	混凝土板 22~23cm	混凝土板 22~23cm	混凝土板 22~23cm
	基层	二灰碎(砾)石 16cm	二灰碎(砾)石 15cm	二灰碎(砾)石 15cm	二灰碎(砾)石 20cm
	底基层	填隙碎(砾)石 20cm	填隙碎(砾)石 18cm	填隙碎(砾)石 16cm	
2-ZD-3	面层	混凝土板 22~23cm	混凝土板 22~23cm	混凝土板 22~23cm	混凝土板 22~23cm
	基层	二灰碎(砾)石 16cm	二灰碎(砾)石 15cm	二灰碎(砾)石 15cm	二灰碎(砾)石 15cm
	底基层	手摆片石 20cm	手摆片石 18cm	手摆片石 16cm	手摆片石 15cm
2-ZD-4	面层	混凝土板 22~23cm	混凝土板 22~23cm	混凝土板 22~23cm	混凝土板 22~23cm
	基层	水泥稳定碎(砾)石 15cm	水泥稳定碎(砾)石 15cm	水泥稳定碎(砾)石 15cm	水泥稳定碎(砾)石 15cm
	底基层	级配碎(砾)石 20cm	级配碎(砾)石 18cm	级配碎(砾)石 16cm	级配碎(砾)石 15cm
2-ZD-5	面层	混凝土板 22~23cm	混凝土板 22~23cm	混凝土板 22~23cm	混凝土板 22~23cm
	基层	水泥稳定碎(砾)石 16cm	水泥稳定碎(砾)石 15cm	水泥稳定碎(砾)石 15cm	水泥稳定碎(砾)石 15cm
	底基层	填隙碎石 20cm	填隙碎石 18cm	填隙碎石 16cm	填隙碎石 15cm
2-ZD-6	面层	混凝土板 22~23cm	混凝土板 22~23cm	混凝土板 22~23cm	混凝土板 22~23cm
	基层	水泥稳定碎(砾)石 16cm	水泥稳定碎(砾)石 15cm	水泥稳定碎(砾)石 15cm	水泥稳定碎(砾)石 15cm
	底基层	手摆片石 20cm	手摆片石 20cm	手摆片石 20cm	手摆片石 20cm
2-ZD-7	面层	混凝土板 22~23cm	混凝土板 22~23cm	混凝土板 22~23cm	混凝土板 22~23cm
	基层	石灰煤渣碎石 16cm	石灰煤渣碎石 15cm	石灰煤渣碎石 15cm	石灰煤渣碎石 15cm
	底基层	级配碎(砾)石 20cm	级配碎(砾)石 18cm	级配碎(砾)石 16cm	级配碎(砾)石 15cm
2-ZD-8	面层	混凝土板 22~23cm	混凝土板 22~23cm	混凝土板 22~23cm	混凝土板 22~23cm
	基层	石灰煤渣碎石 16cm	石灰煤渣碎石 15cm	石灰煤渣碎石 15cm	石灰煤渣碎石 20cm
	底基层	填隙碎(砾)石 20cm	填隙碎(砾)石 18cm	填隙碎(砾)石 16cm	
2-ZD-9	面层	混凝土板 22~23cm	混凝土板 22~23cm	混凝土板 22~23cm	混凝土板 22~23cm
	基层	石灰煤渣碎石 16cm	石灰煤渣碎石 15cm	石灰煤渣碎石 15cm	石灰煤渣碎石 15cm
	底基层	手摆片石 20cm	手摆片石 20cm	手摆片石 20cm	手摆片石 20cm
2-ZD-10	面层	混凝土板 22~23cm	混凝土板 22~23cm	混凝土板 22~23cm	混凝土板 22~23cm
	基层	石灰碎石土 16cm	石灰碎石土 15cm	石灰碎石土 15cm	石灰碎石土 15cm
	底基层	级配碎(砾)石 20cm	级配碎(砾)石 18cm	级配碎(砾)石 16cm	级配碎(砾)石 15cm
2-ZD-11	面层	混凝土板 22~23cm	混凝土板 22~23cm	混凝土板 22~23cm	混凝土板 22~23cm
	基层	石灰碎石土 16cm	石灰碎石土 15cm	石灰碎石土 15cm	石灰碎石土 15cm
	底基层	填隙碎石 20cm	填隙碎石 18cm	填隙碎石 16cm	填隙碎石 15cm
2-ZD-12	面层	混凝土板 22~23cm	混凝土板 22~23cm	混凝土板 22~23cm	混凝土板 22~23cm
	基层	石灰碎石土 16cm	石灰碎石土 15cm	石灰碎石土 15cm	石灰碎石土 15cm
	底基层	手摆片石 20cm	手摆片石 20cm	手摆片石 20cm	C 手摆片石 20cm

b-10　公路等级:二级;交通等级:中等;设计累计当量轴次 $N_e = 3.04\times10^4 \sim 3.77\times10^4$

公路等级:二级　交通等级:中等　设计累计

当量轴次 N_e:$3.04\times10^4 \sim 3.77\times10^4$　表 10-98

编号	结构层厚 \ 土基干湿类型	潮湿 (S1)	潮湿—中湿 (S2)	中湿—干湿 (S3)	干燥(或旧路) (S4)
	模量	25~30MPa	30~40MPa	40~50MPa	≥50MPa
2-ZD-13	面层	混凝土板 21.5~22cm	混凝土板 21.5~22cm	混凝土板 21.5~22cm	混凝土板 21.5~22cm
	基层	二灰碎(砾)石 16cm	二灰碎(砾)石 15cm	二灰碎(砾)石 15cm	二灰碎(砾)石 15cm
	底基层	级配碎(砾)石 18cm	级配碎(砾)石 17cm	级配碎(砾)石 16cm	级配碎(砾)石 15cm

10

续上表

编号	结构层	潮湿(S1) 25~30MPa	潮湿—中湿(S2) 30~40MPa	中湿—干湿(S3) 40~50MPa	干燥(或旧路)(S4) ≥50MPa
2-ZD-14	面层	混凝土板 21.5~22cm	混凝土板 21.5~22cm	混凝土板 21.5~22cm	混凝土板 21.5~22cm
	基层	二灰碎(砾)石 16cm	二灰碎(砾)石 15cm	二灰碎(砾)石 15cm	二灰碎(砾)石 20cm
	底基层	填隙碎(砾)石 18cm	填隙碎(砾)石 17cm	填隙碎(砾)石 16cm	
2-ZD-15	面层	混凝土板 21.5~22cm	混凝土板 21.5~22cm	混凝土板 21.5~22cm	混凝土板 21.5~22cm
	基层	二灰碎(砾)石 16cm	二灰碎(砾)石 15cm	二灰碎(砾)石 15cm	二灰碎(砾)石 15cm
	底基层	手摆片石 20cm	手摆片石 20cm	手摆片石 20cm	手摆片石 20cm
2-ZD-16	面层	混凝土板 21.5~22cm	混凝土板 21.5~22cm	混凝土板 21.5~22cm	混凝土板 21.5~22cm
	基层	水泥稳定碎(砾)石 16cm	水泥稳定碎(砾)石 15cm	水泥稳定碎(砾)石 15cm	水泥稳定碎(砾)石 15cm
	底基层	级配碎(砾)石 18cm	级配碎(砾)石 17cm	级配碎(砾)石 16cm	级配碎(砾)石 15cm
2-ZD-17	面层	混凝土板 21.5~22cm	混凝土板 21.5~22cm	混凝土板 21.5~22cm	混凝土板 21.5~22cm
	基层	水泥稳定碎(砾)石 16cm	水泥稳定碎(砾)石 15cm	水泥稳定碎(砾)石 15cm	水泥稳定碎(砾)石 15cm
	底基层	填隙碎石 18cm	填隙碎石 17cm	填隙碎石 16cm	填隙碎石 15cm
2-ZD-18	面层	混凝土板 21.5~22cm	混凝土板 21.5~22cm	混凝土板 21.5~22cm	混凝土板 21.5~22cm
	基层	水泥稳定碎(砾)石 16cm	水泥稳定碎(砾)石 15cm	水泥稳定碎(砾)石 15cm	水泥稳定碎(砾)石 15cm
	底基层	手摆片石 20cm	手摆片石 20cm	手摆片石 20cm	手摆片石 20cm
2-ZD-19	面层	混凝土板 21.5~22cm	混凝土板 21.5~22cm	混凝土板 21.5~22cm	混凝土板 21.5~22cm
	基层	石灰煤渣碎石 16cm	石灰煤渣碎石 15cm	石灰煤渣碎石 15cm	石灰煤渣碎石 15cm
	底基层	级配碎(砾)石 18cm	级配碎(砾)石 17cm	级配碎(砾)石 16cm	级配碎(砾)石 15cm
2-ZD-20	面层	混凝土板 21.5~22cm	混凝土板 21.5~22cm	混凝土板 21.5~22cm	混凝土板 21.5~22cm
	基层	石灰煤渣碎石 16cm	石灰煤渣碎石 15cm	石灰煤渣碎石 15cm	石灰煤渣碎石 20cm
	底基层	填隙碎(砾)石 18cm	填隙碎(砾)石 17cm	填隙碎(砾)石 16cm	

续上表

编号	结构层	潮湿(S1) 25~30MPa	潮湿—中湿(S2) 30~40MPa	中湿—干湿(S3) 40~50MPa	干燥(或旧路)(S4) ≥50MPa
2-ZD-21	面层	混凝土板 21.5~22cm	混凝土板 21.5~22cm	混凝土板 21.5~22cm	混凝土板 21.5~22cm
	基层	石灰煤渣碎石 16cm	石灰煤渣碎石 15cm	石灰煤渣碎石 15cm	石灰煤渣碎石 15cm
	底基层	手摆片石 20cm	手摆片石 20cm	手摆片石 20cm	手摆片石 20cm
2-ZD-22	面层	混凝土板 21.5~22cm	混凝土板 21.5~22cm	混凝土板 21.5~22cm	混凝土板 21.5~22cm
	基层	石灰碎石土 16cm	石灰碎石土 15cm	石灰碎石土 15cm	石灰碎石土 15cm
	底基层	级配碎(砾)石 18cm	级配碎(砾)石 17cm	级配碎(砾)石 16cm	级配碎(砾)石 15cm
2-ZD-23	面层	混凝土板 21.5~22cm	混凝土板 21.5~22cm	混凝土板 21.5~22cm	混凝土板 21.5~22cm
	基层	石灰碎石土 16cm	石灰碎石土 15cm	石灰碎石土 15cm	石灰碎石土 15cm
	底基层	填隙碎石 18cm	填隙碎石 17cm	填隙碎石 16cm	
2-ZD-24	面层	混凝土板 21.5~22cm	混凝土板 21.5~22cm	混凝土板 21.5~22cm	混凝土板 21.5~22cm
	基层	石灰碎石土 16cm	石灰碎石土 15cm	石灰碎石土 15cm	石灰碎石土 15cm
	底基层	手摆片石 20cm	手摆片石 20cm	手摆片石 20cm	手摆片石 20cm

b-11　公路等级：三级；交通等级：轻型；设计累计当量轴次 $N_e = 2.9 \times 10^4 \sim 3.61 \times 10^4$

公路等级：三级　交通等级：轻型　设计累计当量轴次 N_e：$2.9 \times 10^4 \sim 3.61 \times 10^4$　表 10-99

编号	结构层	潮湿(S1) 25~30MPa	潮湿—中湿(S2) 30~40MPa	中湿—干湿(S3) 40~50MPa	干燥(或旧路)(S4) ≥50MPa
3-Q-1	面层	混凝土板 21.5~22cm	混凝土板 21.5~22cm	混凝土板 21.5~22cm	混凝土板 21.5~22cm
	基层	二灰碎(砾)石 15cm	二灰碎(砾)石 15cm	二灰碎(砾)石 15cm	二灰碎(砾)石 15cm
	底基层	级配碎(砾)石 18cm	级配碎(砾)石 17cm	级配碎(砾)石 16cm	级配碎(砾)石 15cm
3-Q-2	面层	混凝土板 21.5~22cm	混凝土板 21.5~22cm	混凝土板 21.5~22cm	混凝土板 21.5~22cm
	基层	二灰碎(砾)石 15cm	二灰碎(砾)石 15cm	二灰碎(砾)石 15cm	二灰碎(砾)石 18cm
	底基层	填隙碎(砾)石 18cm	填隙碎(砾)石 17cm	填隙碎(砾)石 16cm	

续上表

编号	结构层	潮湿(S1)	潮湿—中湿(S2)	中湿—干湿(S3)	干燥(或旧路)(S4)
	模量 / 厚	25～30MPa	30～40MPa	40～50MPa	≥50MPa
3-Q-3	面层	混凝土板 21.5～22cm	混凝土板 21.5～22cm	混凝土板 21.5～22cm	混凝土板 21.5～22cm
	基层	二灰碎(砾)石 15cm	二灰碎(砾)石 15cm	二灰碎(砾)石 15cm	二灰碎(砾)石 15cm
	底基层	手摆片石 20cm	手摆片石 20cm	手摆片石 20cm	手摆片石 20cm
3-Q-4	面层	混凝土板 21.5～22cm	混凝土板 21.5～22cm	混凝土板 21.5～22cm	混凝土板 21.5～22cm
	基层	水泥稳定碎(砾)石 15cm	水泥稳定碎(砾)石 15cm	水泥稳定碎(砾)石 15cm	水泥稳定碎(砾)石 15cm
	底基层	级配碎(砾)石 18cm	级配碎(砾)石 17cm	级配碎(砾)石 16cm	级配碎(砾)石 15cm
3-Q-5	面层	混凝土板 21.5～22cm	混凝土板 21.5～22cm	混凝土板 21.5～22cm	混凝土板 21.5～22cm
	基层	水泥稳定碎(砾)石 15cm	水泥稳定碎(砾)石 15cm	水泥稳定碎(砾)石 15cm	水泥稳定碎(砾)石 15cm
	底基层	填隙碎石 18cm	填隙碎石 17cm	填隙碎石 16cm	填隙碎石 15cm
3-Q-6	面层	混凝土板 21.5～22cm	混凝土板 21.5～22cm	混凝土板 21.5～22cm	混凝土板 21.5～22cm
	基层	水泥稳定碎(砾)石 15cm	水泥稳定碎(砾)石 15cm	水泥稳定碎(砾)石 15cm	水泥稳定碎(砾)石 15cm
	底基层	手摆片石 20cm	手摆片石 20cm	手摆片石 20cm	手摆片石 20cm
3-Q-7	面层	混凝土板 21.5～22cm	混凝土板 21.5～22cm	混凝土板 21.5～22cm	混凝土板 21.5～22cm
	基层	石灰煤渣碎石 15cm	石灰煤渣碎石 15cm	石灰煤渣碎石 15cm	石灰煤渣碎石 15cm
	底基层	级配碎(砾)石 18cm	级配碎(砾)石 17cm	级配碎(砾)石 16cm	级配碎(砾)石 15cm

续上表

编号	结构层	潮湿(S1)	潮湿—中湿(S2)	中湿—干湿(S3)	干燥(或旧路)(S4)
	模量 / 厚	25～30MPa	30～40MPa	40～50MPa	≥50MPa
3-Q-8	面层	混凝土板 21.5～22cm	混凝土板 21.5～22cm	混凝土板 21.5～22cm	混凝土板 21.5～22cm
	基层	石灰煤渣碎石 15cm	石灰煤渣碎石 15cm	石灰煤渣碎石 15cm	石灰煤渣碎石 20cm
	底基层	填隙碎(砾)石 18cm	填隙碎(砾)石 17cm	填隙碎(砾)石 16cm	
3-Q-9	面层	混凝土板 21.5～22cm	混凝土板 21.5～22cm	混凝土板 21.5～22cm	混凝土板 21.5～22cm
	基层	石灰煤渣碎石 15cm	石灰煤渣碎石 15cm	石灰煤渣碎石 15cm	石灰煤渣碎石 15cm
	底基层	手摆片石 20cm	手摆片石 20cm	手摆片石 20cm	手摆片石 20cm
3-Q-10	面层	混凝土板 21.5～22cm	混凝土板 21.5～22cm	混凝土板 21.5～22cm	混凝土板 21.5～22cm
	基层	石灰碎石土 15cm	石灰碎石土 15cm	石灰碎石土 15cm	石灰碎石土 15cm
	底基层	级配碎(砾)石 18cm	级配碎(砾)石 17cm	级配碎(砾)石 16cm	级配碎(砾)石 15cm
3-Q-11	面层	混凝土板 21.5～22cm	混凝土板 21.5～22cm	混凝土板 21.5～22cm	混凝土板 21.5～22cm
	基层	石灰碎石土 15cm	石灰碎石土 15cm	石灰碎石土 15cm	石灰碎石土 15cm
	底基层	填隙碎石 18cm	填隙碎石 17cm	填隙碎石 16cm	
3-Q-12	面层	混凝土板 21.5～22cm	混凝土板 21.5～22cm	混凝土板 21.5～22cm	混凝土板 21.5～22cm
	基层	石灰碎石土 15cm	石灰碎石土 15cm	石灰碎石土 15cm	石灰碎石土 15cm
	底基层	手摆片石 20cm	手摆片石 20cm	手摆片石 20cm	手摆片石 20cm

A 国内城市道路水泥混凝土路面典型结构

a 城市道路刚性路面下常用基层结构组合

城市道路刚性路面下常用基层结构组合　表 10-100

编号	结构组合图式	适用条件	说明
Ⅰ	水泥混凝土板 整体型基层	适用于干燥、中湿、潮湿路段，冰冻地区潮湿路段宜加厚或设两种材料的整体型结构，也可采用Ⅳ、Ⅴ的结构组合	可根据需要设 1～3 种整体型基层（包括底层、基层或底基层）
Ⅱ	水泥混凝土板 级配型基层	适用于冰冻地区干燥路段，非冰冻地区干燥、中湿路段	
Ⅲ	水泥混凝土板 嵌锁型基层	1. 适用于岩基（如隧洞内）及丰产石料的地区； 2. 用钢渣时，适用条件同Ⅰ类	岩基用平整层厚 3～5cm，用石屑时，其粒径不大于 2cm，直接铺在土上的应在基层下设隔离层*

续上表

编号	结构组合图式	适用条件	说明
Ⅳ	水泥混凝土板 整体型底层 级配型基层	适用于冰冻地区中湿、潮湿及翻浆路段。 应按防冻胀基层设计	基层结构受力合理，但施工比较麻烦
Ⅴ	水泥混凝土板 级配型底层 整体型基层	适用于冰冻地区中湿、潮湿及翻浆路段。 应按防冰胀基层设计	施工方便，级配型基层中应掺灰或其他结合料，以提高其整体型及均匀性
Ⅵ	水泥混凝土板 嵌锁型底层 级配型底层	适用于丰产石料的冰冻地区中湿、潮湿及翻浆路段	基层结构受力合理、施工简便，但造价较高
Ⅶ	水泥混凝土板 嵌锁型底层 整体型基层	适用于丰产石料的冰冻地区中湿、潮湿及翻浆地段	

* 隔离层以砂或其他在潮湿状态时不变成塑性的材料铺筑，其厚度不小于 5cm。

b 城市道路水泥混凝土路面板厚参考资料

城市道路水泥混凝土路面板厚参考资料　表 10-101

	水泥混凝土强度等级及水泥混凝土抗弯拉弹性模量			45/300～350　$E = 32 \times 10^4$(kg/cm²)				50/350～400　$E = 35 \times 10^4$(kg/cm²)			
	车轮荷载 P (kg)	设计荷载 $P_{计}$ (kg)	轮迹相当圆直径 D (cm)	基础综合弹性模量 E_0(kg/cm²)				基础综合弹性模量 E_0(kg/cm²)			
				400	600	800	1 000	400	600	800	1 000
				板厚 h (cm)				板厚 h (cm)			
设传力杆的板厚	3 500	4 200	28	15	15	—	—	—	—	—	—
	4 000	4 800	29	16	16	15	15	15	15	—	—
	5 000	6 000	30	19	18	18	17	18	17	17	16
	6 000	6 900	33	20	19	19	18	19	18	18	17
	6 500	7475	34.5	21	20	20	19	20	19	18	18

续上表

	混凝土强度等级　40/250 ~ 300　　混凝土弹性模量 $E = 29 \times 10^4 (kg/cm^2)$														
	车轮荷载 P (kg)	轮迹相当圆直径 D (cm)	类别	基础综合弹性模量 E_0 (kg/cm^2)											
				400		600		800		1 000		1 500		2 000	
				h_1	h_2	h_1	h_2	h_1	h_2	h_1	h_2	h_1	h_2	h_1	h_2
不设传力杆的板厚(一)	3 000	27	Ⅰ	19	22	18	21	18	20	18	20	17	20	17	19
			Ⅱ	18	20	17	19	16	19	16	19	16	18	15	17
	3 500	28	Ⅰ	21	23	20	23	20	22	19	22	19	21	18	21
			Ⅱ	19	22	19	21	18	20	18	20	17	20	17	19
	4 000	29	Ⅰ	23	25	22	25	21	24	21	24	20	23	19	22
			Ⅱ	21	23	20	23	19	22	19	22	18	21	18	21
	5 000	30	Ⅰ	26	28	25	28	24	27	24	27	23	26	22	26
			Ⅱ	24	26	23	26	22	25	22	25	21	24	21	24
	6 000	33	Ⅰ	27	31	26	30	25	29	25	29	24	28	24	27
			Ⅱ	25	28	24	27	23	27	23	27	22	26	22	25
	6 500	34.5	Ⅰ	29	32	28	31	27	30	26	30	25	29	25	28
			Ⅱ	26	29	25	28	24	28	24	28	23	27	23	26

	混凝土强度等级　45/300 ~ 350　　混凝土弹性模量 $E = 32 \times 10^4 (kg/cm^2)$														
	车轮荷载 P (kg)	轮迹相当圆直径 D (cm)	类别	基础综合弹性模量 E_0 (kg/cm^2)											
				400		600		800		1 000		1 500		2 000	
				h_1	h_2	h_1	h_2	h_1	h_2	h_1	h_2	h_1	h_2	h_1	h_2
不设传力杆的板厚(二)	3 000	27	Ⅰ	18	20	17	20	17	19	16	19	16	18	15	18
			Ⅱ	16	19	16	18	15	18	15	17	14	17	14	16
	3 500	28	Ⅰ	20	22	19	21	18	21	18	21	17	20	17	19
			Ⅱ	18	20	17	20	17	19	17	19	16	18	15	18
	4 000	29	Ⅰ	21	24	20	23	20	23	19	22	19	21	18	21
			Ⅱ	19	22	19	21	18	21	18	20	17	20	17	19
	5 000	30	Ⅰ	24	27	23	26	23	26	22	25	21	25	21	24
			Ⅱ	22	25	21	24	21	24	20	23	20	23	19	22
	6 000	33	Ⅰ	26	29	25	28	24	27	23	27	23	26	22	25
			Ⅱ	23	26	22	26	22	25	21	25	21	24	20	23
	6 500	34.5	Ⅰ	27	30	26	29	25	28	24	28	23	27	23	26
			Ⅱ	24	27	23	27	23	26	22	26	21	25	21	24

续上表

不设传力杆的板厚(三)

混凝土强度等级　50/350 ~ 400　　混凝土弹性模量 $E = 35 \times 10^4$(kg/cm²)

车轮荷载 P (kg)	轮迹相当圆直径 D (cm)	类别	基础综合弹性模量 E_0 (kg/cm²) 400		600		800		1 000		1 500		2 000	
			h_1	h_2	h_1	h_2	h_1	h_2	h_1	h_2	h_1	h_2	h_1	h_2
3 000	27	Ⅰ	17	19	16	19	16	18	16	18	15	17	15	17
		Ⅱ	15	18	15	17	15	17	14	16	14	16	13	16
3 500	28	Ⅰ	18	21	18	20	17	20	17	19	16	19	16	19
		Ⅱ	17	19	16	19	16	18	16	18	15	17	15	17
4 000	29	Ⅰ	20	22	19	22	19	21	18	21	18	20	17	20
		Ⅱ	18	20	17	20	17	20	17	19	16	19	16	18
5 000	30	Ⅰ	23	25	22	25	21	24	21	24	20	23	20	23
		Ⅱ	21	23	20	23	19	22	19	22	19	21	18	21
6 000	33	Ⅰ	24	27	23	26	23	26	22	25	22	25	21	24
		Ⅱ	22	25	21	24	21	24	20	23	20	23	19	22
6 500	34.5	Ⅰ	25	28	24	27	24	27	23	26	22	25	22	25
		Ⅱ	23	26	22	25	22	25	21	24	20	23	20	23

矿山公路板厚

混凝土强度等级　45/300 ~ 350($n = 0.55$)　　混凝土弹性模量 $E = 32 \times 10^4$kg/cm²

车轮荷载 P (kg)	设计荷载 $P_{计}$ (kg)	轮迹相当圆直径 D (cm)	基础综合弹性模量 E_0 (kg/cm²) 400			600			800			1 000		
			h	h_1	h_2	h	h_1	h_2	h	h_1	h_2	h	h_1	h_2
9 500	10 450	43	23	29	33	22	28	32	21	27	31	21	27	31
12 000	13 200	49	25	33	37	25	31	36	24	31	35	23	30	35
18 000	19 800	62	31	40	45	30	38	44	29	37	43	28	37	42
35 000	38 500	83	43	56	63	42	54	61	41	52	60	40	51	59

注:1.本表为主要通行矿山重型卸车的矿山公路水泥混凝土路面板厚表。荷载等级分别为汽车—30、40、55及105级。

2.强度折减系数为0.55;荷载安全系数为1.10。

3.板厚 h 为设传力杆的水泥混凝土路面板厚;h_1 为不设传力杆接缝处有传荷作用时的板厚;h_2 为不设传力杆接缝处无传荷作用时的板厚

停车场板厚(一)

混凝土强度等级　40/250 ~ 300　　混凝土弹性模量 $E = 29 \times 10^4$kg/cm²

车轮荷载 P (kg)	设计荷载 $P_{计}$ (kg)	轮迹相当圆直径 D (cm)	基础综合弹性模量 E_0 (kg/cm²) 400		600		800		1 000	
			h_1	h_2	h_1	h_2	h_1	h_2	h_1	h_2
1 000	1 500	16	12	14	12	13	11	13	11	13
1 500	2 250	19	15	17	14	16	14	16	14	16
2 000	2 800	21	17	19	16	18	15	18	15	17
2 250	3 150	21	18	20	17	19	17	19	16	19
2 500	3 500	22	19	21	18	20	18	20	17	20

停车场板厚(二)

混凝土强度等级　45/300 ~ 350　　混凝土弹性模量 $E = 32 \times 10^4$kg/cm²

车轮荷载 P (kg)	设计荷载 $P_{计}$ (kg)	轮迹相当圆直径 D (cm)	基础综合弹性模量 E_0 (kg/cm²) 400		600		800		1 000	
			h_1	h_2	h_1	h_2	h_1	h_2	h_1	h_2
1 000	1 500	16	11	13	11	12	11	12	10	12
1 500	2 250	19	14	15	13	15	13	15	13	15
2 000	2 800	21	16	17	15	17	14	17	14	16
2 250	3 150	21	17	19	16	18	16	18	15	18
2 500	3 500	22	18	20	17	19	16	19	16	18

注:1.表适用于汽车场(包括社会停车场、公共交通停车场、汽车保养厂、展览地坪等)只考虑空车行驶及停驻。强度折减系数为0.55;荷载安全系数分别为1.5及1.4。

2.h_1 为不设传力杆接缝处有传荷作用时的板厚;h_2 为不设传力杆接缝处无传荷作用时的板厚

续上表

说明	(1) 设传力杆的水泥混凝土路面板厚,系按板中受荷考虑。 (2) 不设传力杆的水泥混凝土路面板厚,系按板边或板角受荷考虑。 (3) 表中道路类别为: Ⅰ类路包括:① 城市市区、郊区主干道与次干道;② 交通量较大且车型较重的大中型工矿、企业的外部专用线及内部道路。 Ⅱ类路包括:① 机关、学校、公园及住宅区内部道路;② 交通量较小且车型较轻的中小型工矿、企业内部道路。 (4) 表中 h_1 为接缝按有传荷作用(如缩缝为假缝)时的板厚;h_2 为接缝按无传荷作用(如胀缝为通缝)时的板厚。 (5) 表中Ⅰ类路混凝土强度折减系数为 0.5;Ⅱ类路混凝土强度折减系数为 0.55。 (6) 混凝土强度等级中分子为 28d 龄期混凝土极限抗弯拉强度;分母为 28d 龄期混凝土极限抗压强度。 (7) 矿山公路板厚为主要通行矿山重型自卸车的矿山公路水泥混凝土路面板厚。 (8) 停车场板厚为汽车停车场(包括社会停车场、公共交通停车场、汽车保养厂及展览地坪等)只考虑空车行驶及停驻时的水泥混凝土路面板厚。 使用以上各表时,应根据确定的设计车轮荷载,混凝土标号及基础综合弹性模量,从以上各表中可直接查出所需板厚,超出表中范围及考虑多轮荷载、履带荷载和集装箱荷载等,需要另行计算

c 水泥混凝土路面常用结构

水泥混凝土路面常用结构　　表 10-102

交通等级	路面结构及各层厚度(cm)					
特重	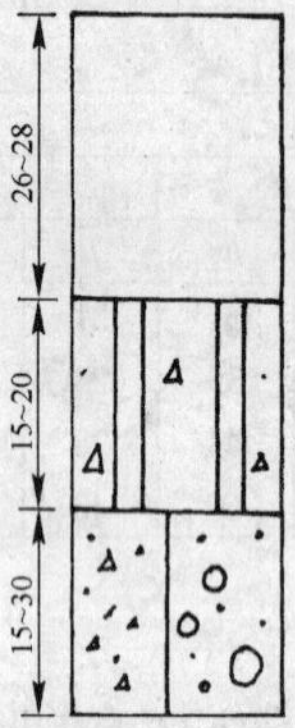 26~28 15~20 15~30	水泥混凝土 水泥稳定粒料类 级配碎石或砂砾	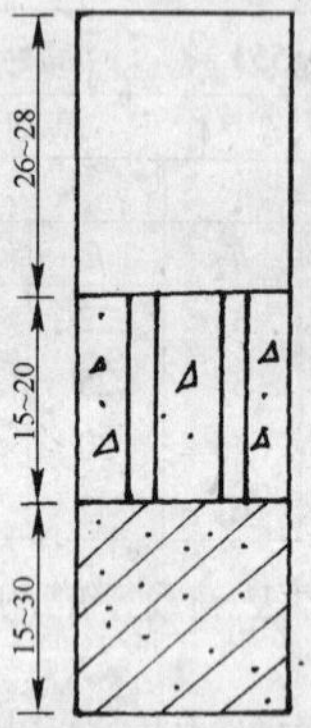 26~28 15~20 15~30	水泥混凝土 水泥稳定粒料类 石灰土	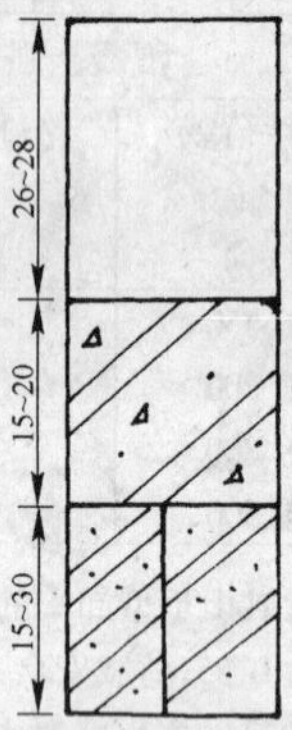 26~28 15~20 15~30	水泥混凝土 二灰稳定粒料类 石灰土或二灰土
重	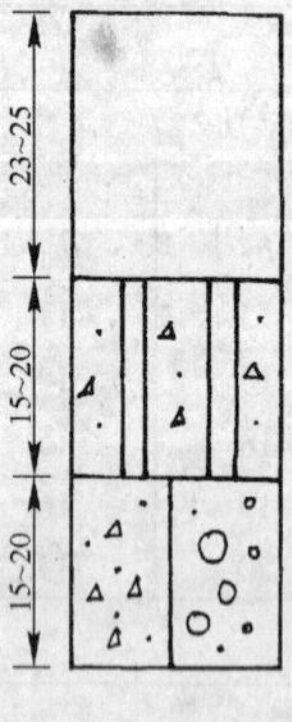 23~25 15~20 15~20	水泥混凝土 水泥或石灰稳定粒料类 级配碎石或砂砾	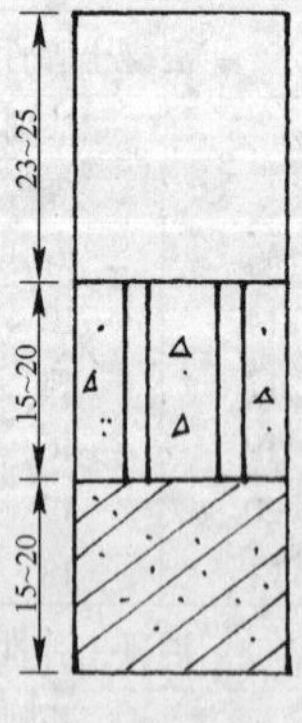 23~25 15~20 15~20	水泥混凝土 水泥或石灰稳定粒料类 石灰土	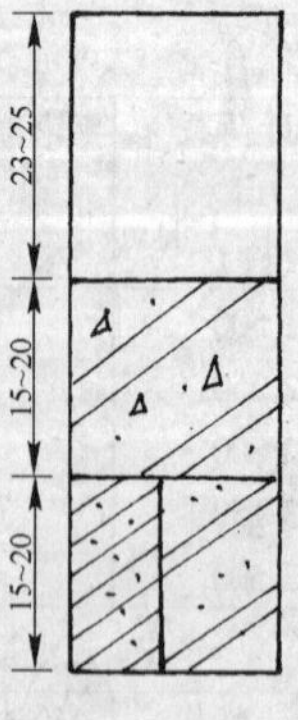 23~25 15~20 15~20	水泥混凝土 二灰稳定粒料类 石灰土或二灰土
中	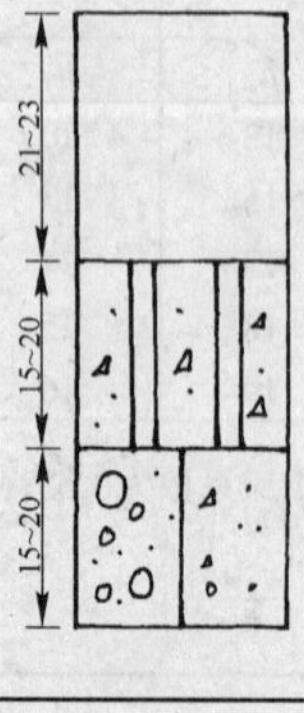 21~23 15~20 15~20	水泥混凝土 水泥或石灰稳定粒料类 天然砂砾或石屑	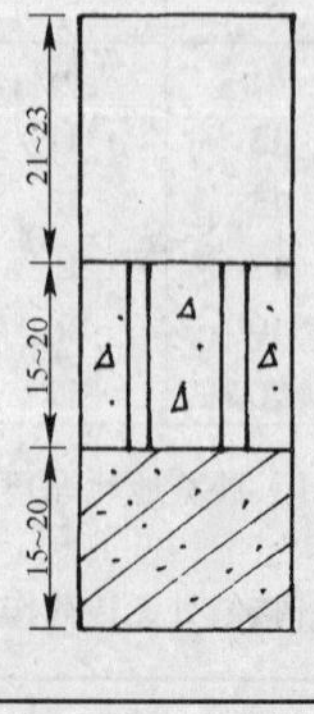 21~23 15~20 15~20	水泥混凝土 水泥或石灰稳定类 石灰土	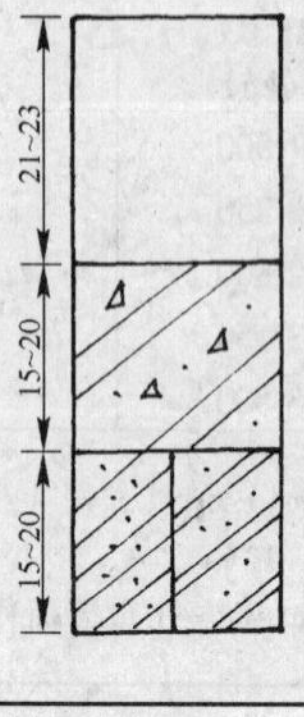 21~23 15~20 15~20	水泥混凝土 二灰稳定粒料类 石灰土或二灰土

续上表

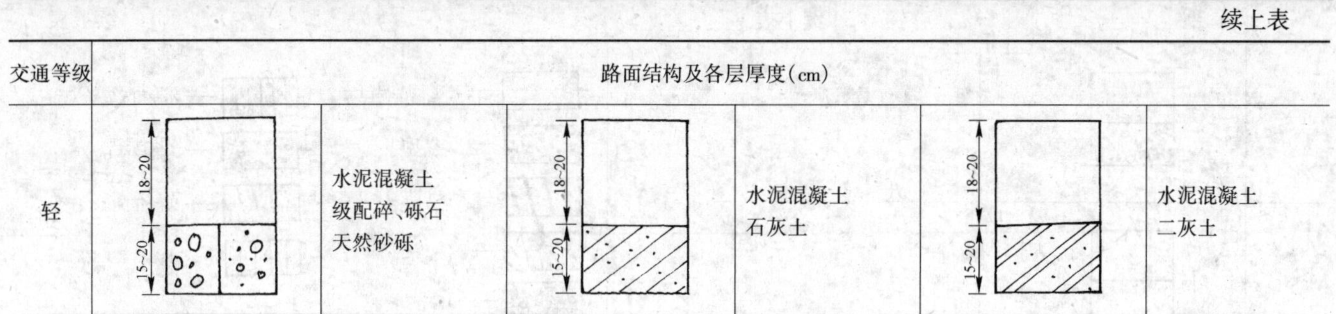

交通等级	路面结构及各层厚度(cm)					
轻	18~20 15~20	水泥混凝土 级配碎、砾石 天然砂砾	18~20 15~20	水泥混凝土 石灰土	18~20 15~20	水泥混凝土 二灰土

注:1.路基回弹模量小于 20MPa 时,应对路基进行处理,使之达到 20MPa 以上;
2.冰冻地区路面结构总厚度应符合抗冻厚度的要求;
3.各结构层厚度尚应参考本地经验或计算确定。

d　中南湿热地区(Ⅳ区)水泥混凝土路面典型结构

中南湿热地区(Ⅳ区)水泥混凝土路面典型结构　表 10-103

(一)特重交通

交通等级	特重($1\times10^7\sim4\times10^7$)	
土基强度等级	标准结构组合图例	
S_1	26cm 20cm 20cm	26cm 20cm 20cm
	26cm 20cm 15cm	26cm 20cm 15cm
S_2	26cm 20cm 15cm	26cm 20cm 15cm
	26cm 15cm 15cm	26cm 15cm 15cm
S_3	26cm 15cm 15cm	26cm 15cm 15cm

(二)重交通

交通等级	重($3\times10^6\sim1\times10^7$)	
土基强度等级	标准结构组合图例	
S_1	24cm 20cm 15cm	24cm 20cm 15cm
	24cm 15cm 20cm	24cm 15cm 20cm

续上表

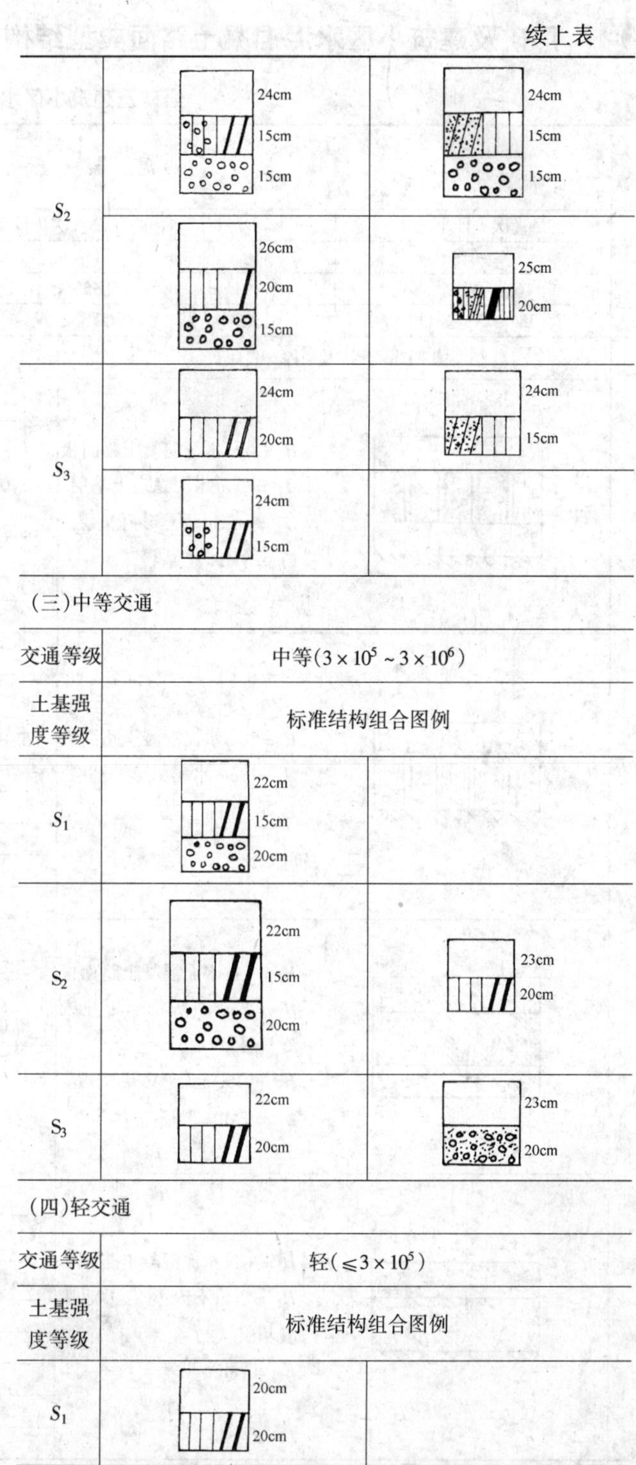

S_2	24cm 15cm 15cm	24cm 15cm 15cm
	26cm 20cm 15cm	25cm 20cm
S_3	24cm 20cm	24cm 15cm
	24cm 15cm	

(三)中等交通

交通等级	中等($3\times10^5\sim3\times10^6$)	
土基强度等级	标准结构组合图例	
S_1	22cm 15cm 20cm	
S_2	22cm 15cm 20cm	23cm 20cm
S_3	22cm 20cm	23cm 20cm

(四)轻交通

交通等级	轻($\leqslant3\times10^5$)	
土基强度等级	标准结构组合图例	
S_1	20cm 20cm	

续上表

S_2	20cm / 20cm	
S_3	20cm / 15cm	

续上表

图例：普通水泥混凝土；石灰稳定土；水泥石灰综合稳定砂土；二灰稳定砂砾；填隙碎石；水泥稳定砂砾（碎石）；天然砂砾；级配碎（砾）石；水泥稳定工业矿渣

B 厂矿及建筑小区水泥混凝土路面典型结构

厂矿及建筑小区水泥混凝土路面典型结构　表 10-104

层次	混凝土板厚度 H (cm)				
面层	N_s(次/日车道)	H	N_s(次/日车道)	H	注：
	≤16	18	$110 < N_s \leq 355$	21	水泥混凝土计算抗折强度；
	$16 < N_s \leq 38$	19	$355 < N_s \leq 575$	22	当路面板厚 $H \leq 20$cm 时，为 4.0MPa；
	$38 < N_s \leq 110$	20	$575 < N_s \leq 1\,200$	23	当路面板厚 $H > 20$cm 时，为 4.5MPa

基层

结构图式及厚度 (cm)	$N_s < 500$(次/日车道) E_0(MPa) \ E_1	H_1: 550	500	450	$500 \leq N_s < 1\,500$(次/日车道) E_0(MPa) \ E_1	H_1: 550	500	450
H = ?cm 水泥混凝土路面板 H_1 = ?cm 水泥稳定土基层 H_2 = 15cm 天然砂砾垫层 E_0 = ?MPa 土基	20	15	15	15	20	16	17	18
	25	15	15	15	25	15	15	15
	30	15	15	15	30	15	15	15
	35	15	15	15	35	15	15	15

结构图式及厚度 (cm)	$N_s < 500$(次/日车道) E_0(MPa) \ E_1	H_1: 550	500	450	$500 \leq N_s < 1\,500$(次/日车道) E_0(MPa) \ E_1	H_1: 550	500	450
H = ?cm 水泥混凝土路面板 H_1 = ?cm 水泥稳定土基层 E_0 = ?MPa 土基	40	15	15	15	40	15	16	17
	45	15	15	15	45	15	15	15
	50	15	15	15	50	15	15	15
	55	15	15	15	55	15	15	15
	60	15	15	15	60	15	15	15

结构图式及厚度 (cm)	$N_s < 500$(次/日车道) E_0(MPa) \ E_1	H_1: 500	450	380	$500 \leq N_s < 1\,500$(次/日车道) E_0(MPa) \ E_1	H_1: 500	450	380
H = ?cm 水泥混凝土路面板 H_1 = ?cm 石灰稳定工业废渣基层 H_2 = 15cm 天然砂砾垫层 E_0 = ?MPa 土基	20	15	15	15	20	17	18	19
	25	15	15	15	25	15	15	16
	30	15	15	15	30	15	15	15
	35	15	15	15	35	15	15	15

结构图式及厚度 (cm)	$N_s < 500$(次/日车道) E_0(MPa) \ E_1	H_1: 500	450	380	$500 \leq N_s < 1\,500$(次/日车道) E_0(MPa) \ E_1	H_1: 500	450	380
H = ?cm 水泥混凝土路面板 H_1 = ?cm 石灰稳定工业废渣基层 E_0 = ?MPa 土基	40	15	15	15	40	16	17	18
	45	15	15	15	45	15	15	16
	50	15	15	15	50	15	15	15
	55	15	15	15	55	15	15	15
	60	15	15	15	60	15	15	15

续上表

基层

结构图式及厚度（cm）：

H = ?cm 水泥混凝土路面板
H_1 = ?cm 石灰稳定土基层
H_2 = 15cm 天然砂砾垫层
E_0 = ?MPa 土基

$N_s<500$(次/日车道)				$500 \leqslant N_s < 1\,500$(次/日车道)			
E_0(MPa) ＼ E_1 ＼ 厚度 H_1	450	380	330	E_0(MPa) ＼ E_1 ＼ 厚度 H_1	450	380	330
20	15	15	15	20	18	19	20
25	15	15	15	25	15	16	17
30	15	15	15	30	15	15	15
35	15	15	15	35	15	15	15

H = ?cm 水泥混凝土路面板
H_1 = ?cm 石灰稳定土基层
E_0 = ?MPa 土基

$N_s<500$(次/日车道)				$500 \leqslant N_s < 1\,500$(次/日车道)			
E_0(MPa) ＼ E_1 ＼ 厚度 H_1	450	380	330	E_0(MPa) ＼ E_1 ＼ 厚度 H_1	450	380	330
40	15	15	15	40	17	18	19
45	15	15	15	45	15	16	17
50	15	15	15	50	15	15	15
55	15	15	15	55	15	15	15
60	15	15	15	60	15	15	15

H = ?cm 水泥混凝土路面板
H_1 = ?cm 泥灰结碎砾石或级配碎砾石掺灰基层
H_2 = 15cm 天然砂砾垫层
E_0 = ?MPa 土基

$N_s<500$(次/日车道)				$500 \leqslant N_s < 1\,500$(次/日车道)			
E_0(MPa) ＼ E_1 ＼ 厚度 H_1	380	330	300	E_0(MPa) ＼ E_1 ＼ 厚度 H_1	380	330	300
20	15	15	15	20	19	20	22
25	15	15	15	25	16	17	18
30	15	15	15	30	15	15	16
35	15	15	15	35	15	15	15

H = ?cm 水泥混凝土路面板
H_1 = ?cm 泥灰结碎砾石或级配碎砾石掺灰基层
E_0 = ?MPa 土基

$N_s<500$(次/日车道)				$500 \leqslant N_s < 1\,500$(次/日车道)			
E_0(MPa) ＼ E_1 ＼ 厚度 H_1	380	330	300	E_0(MPa) ＼ E_1 ＼ 厚度 H_1	380	330	300
40	15	15	15	40	18	19	21
45	15	15	15	45	16	17	18
50	15	15	15	50	15	15	16
55	15	15	15	55	15	15	15
60	15	15	15	60	15	15	15

H = ?cm 水泥混凝土路面板
H_1 = ?cm 级配碎石或级配碎砾石基层
H_2 = 15cm 天然砂砾垫层
E_0 = ?MPa 土基

$N_s<500$(次/日车道)				$500 \leqslant N_s < 1\,500$(次/日车道)			
E_0(MPa) ＼ E_1 ＼ 厚度 H_1	300	250	200	E_0(MPa) ＼ E_1 ＼ 厚度 H_1	300	250	200
20	15	16	19	20	22	25	28
25	15	15	15	25	18	20	25
30	15	15	15	30	16	18	22
35	15	15	15	35	15	15	19

H = ?cm 水泥混凝土路面板
H_1 = ?cm 级配碎石或级配碎砾石基层
E_0 = ?MPa 土基

$N_s<500$(次/日车道)				$500 \leqslant N_s < 1\,500$(次/日车道)			
E_0(MPa) ＼ E_1 ＼ 厚度 H_1	300	250	200	E_0(MPa) ＼ E_1 ＼ 厚度 H_1	300	250	200
40	15	15	18	40	21	23	27
45	15	15	15	45	18	20	25
50	15	15	15	50	16	18	22
55	15	15	15	55	15	15	19
60	15	15	15	60	15	15	17

C 人行道铺装参考结构

人行道铺面典型结构　表 10-105

名称	总厚(cm)	结构层	图式	说明
混凝土整体铺面(一)	20 (25)	1.8(10)cm 厚 C20～C25 混凝土面层，就地浇筑，震捣密实随打随抹平，每隔 3～5m 设一道横缝。 2.12(15)cm 厚灰土类基层。 3.素土夯实	10mm h/4 h 1 2 3	适用于车行道侧人行道及小区内人行道
混凝土整体铺面(二)	16 (20)	1.8(10)cm 厚 C20～C25 混凝土面层，就地浇筑，震捣密实，随打随抹平，每隔 3～5m 设一道横缝。 2.8(10)m 厚碎(砾)石基层。 3.素土夯实		
混凝土预制块铺面(一)	22	1.25×25×5cm³，C20～C25 混凝土预制(9 格或 16 格)水泥方格砖(或方缸砖)，砂填充或干石灰砂扫缝。 2.1:3 石灰砂浆卧层 2cm 厚。 3.15cm 厚灰土类基层。 4.素土夯实	5mm 1 2 3 4	1.适用于有地下管道需检修地段的人行道及路侧小区内人行道。 2.方砖材料配比：水泥：砂：碎石 = 17:54:29 或按各地情况确定
混凝土预制块铺面(二)	18	1.25×25×5cm³，C20～C25 混凝土预制(9 格或 16 格)水泥方格砖(或方缸砖)，砂填充或干石灰砂扫缝。 2.3cm 厚砂调平层。 3.10cm 厚碎(砾)石基层。 4.素土夯实		
混凝土预制块铺面(三)	32	1.49.5×49.5×10cm³，C25 混凝土预制方砖面层，干砂填缝、洒水使砂沉实(或干石灰砂扫缝)。 2.2cm 厚 1:3 石灰砂浆卧层。 3.20cm 厚灰土类基层(分两步打)。 4.路基碾压密实	5 5 1 2 3 4	
混凝土预制块铺面(四)	28	1.49.5×49.5×10cm³，C25 混凝土预制方砖面层，干砂填缝、洒水使砂沉实(或干石灰砂扫缝)。 2.3cm 厚砂调平层。 3.15cm 厚碎(砾)石基层。 4.路基碾压密实		
沥青混凝土铺面	13	1.3cm 厚细粒式沥青混凝土面层(或沥青砂面层)。 2.10cm 厚碎(砾)石或灰土类基层。 3.素土夯实	1 2 3	适用于要求路面平整、不起尘、地下管线较少的路段人行道
沥青表处铺面	12	1.2cm 厚沥青表面处治面层。 2.10cm 厚碎(砾)石或灰土类基层。 3.素土夯实		

续上表

名称	总厚(cm)	结构层	图式	说明
普通粘土砖铺面(一)	28.5 (22.3)	1.11.5(5.3)cm厚机制粘土砖面层,砂填充或干石灰砂扫缝。 2.2cm厚1:3石灰砂浆卧层。 3.15cm厚灰土类基层。 4.素土夯实	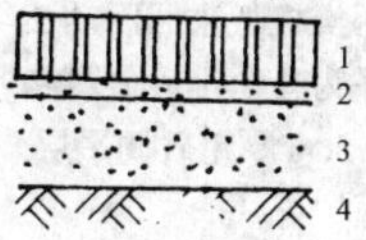 1 2 3 4	适用于小区内人行道及庭院内小路,砌筑图案由设计人定
普通粘土砖铺面(二)	23.5 (17.3)	1.11.5(5.3)cm厚机制粘土砖面层,砂填充或干石灰砂扫缝。 2.2cm厚砂调平层。 3.10cm厚碎(砾)石基层。 4.素土夯实	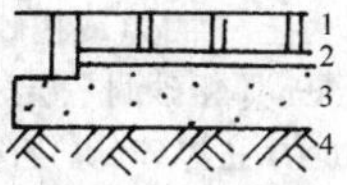 1 2 3 4	
级配碎砾石铺面	10	1.10cm厚级配碎(砾)石面层。 2.素土夯实	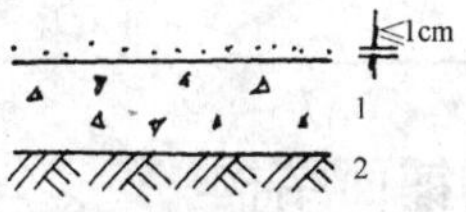 ≤1cm 1 2	适用于交通量较少的次要人行道
石灰煤渣土铺面	15	1.15cm厚煤渣石灰土面层。 2.素土夯实。 石灰:煤渣:土=15:70:15		
泥结碎砾石铺面	11	1.粗砂层厚≤1.0cm。 2.10cm厚泥结碎(砾)石面层。 3.素土夯实		
拼碎大理石铺面(一)	24.5	1.2cm厚碎大理石块,1:2水泥砂浆灌缝,表面平整。 2.2.5cm厚1:3干硬性水泥砂浆。 3.5cm厚C15混凝土。 4.15cm厚3:7灰土(或灰土类层)。 5.素土夯实	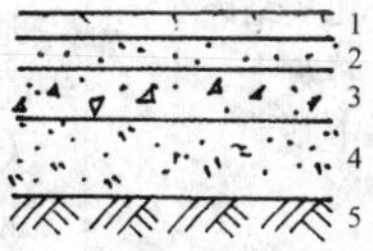 1 2 3 4 5	适用于有装饰要求的庭院人行道,灌缝加色由设计人定
拼碎大理石铺面(二)	24.5	1.2cm厚碎大理石块,1:2水泥砂浆灌缝,表面平整。 2.2.5cm厚1:3干硬性水泥砂浆。 3.5cm厚C15混凝土。 4.15cm厚碎(砾)石层灌M2.5混合砂浆。 5.素土夯实		
卵石铺面(一)	23	1.6cm厚1:2:4细石混凝土嵌砌卵石面层。 2.2cm厚粗砂层。 3.15cm厚3:7灰土(或灰土类层)。 4.素土夯实	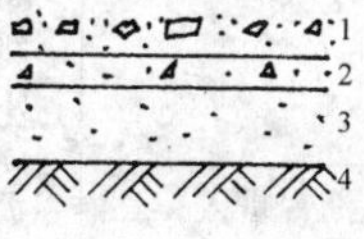 1 2 3 4	适用于庭院内人行道
卵石铺面(二)	23	1.6cm厚1:2:4细石混凝土嵌砌卵石面层。 2.2cm厚粗砂层。 3.15cm厚卵石灌M2.5混合砂浆。 4.素土夯实		

10

续上表

名　称	总厚(cm)	结　构　层	图　式	说　明
预制块异形混凝土连锁砌块铺面（预制块厚6cm或8cm）	23.5～30.5	1.铺置预制异型混凝土连锁砌块，以强力震动压实机板来回震动2～3遍，以达到所需的水平为止。细砂(或粗砂)填塞缝隙。 2.2.5cm厚粗砂调平层	2~5 1 2 3 4	异型混凝土(成品)砌块的抗压强度不小于30MPa。可做停车场、人行道等。组合形状及色彩由设计人定。设计需路缘石时应在施工图中注明。8cm厚用于有车辆通行的广场。6cm厚用于人行道，当用于人行道时基层厚度可改为15cm。砌块与砌块之间应保持2～5mm的缝隙
	23.5～30.5	1.铺置预制异型混凝土连锁砌块，以强力震动压实机板来回震动2～3遍以达到所需的水平为止。细砂(或粗砂)填塞缝隙。 2.2.5cm厚粗砂调平层。 3.15(20)cm厚碎(砾)石基层。 4.路基碾压密实		
	锁块类型图式	S型 11.25　39块/m²　S 型　22.5	I型 19.8　35块/m²　I 型　16.3	D型 22.09　30块/m²　D 型　21.9

D 港口道路和堆场铺面结构

a 沥青铺面典型结构及最小厚度

沥青铺面典型结构及最小厚度　表 10-106

结构 \ 道路和堆场分类		集装箱堆场或主干道	件杂货堆场或次干道	散货堆场或支道
典型结构	1	细粒式沥青混凝土面层； 沥青贯入； 水泥(石灰)稳定粒料或工业废渣； 级配碎(砾)石或砂砾； 土基	沥青碎石； 泥灰结碎石； 石灰土； 土基	沥青表面处治； 泥灰结碎石或级配碎石； 天然砂砾； 土基 泥结碎石； 土基
	2	细粒或中粒式沥青混凝土； 粗粒式沥青混凝土； 水泥(石灰)稳定粒料或工业废渣； 石灰土； 土基	细粒式沥青混凝土； 沥青碎石； 水泥(石灰)稳定粒料； 天然砂砾； 土基	沥青表面处治； 水泥(石灰)稳定粒料； 天然砂砾或石灰土； 土基 级配碎(砾)石； 土基
	3	细粒式沥青混凝土； 沥青碎石； 二灰稳定粒料； 石灰土； 土基	沥青贯入； 二灰稳定粒料或工业废渣； 石灰土或粒料； 土基	沥青表面处治； 级配碎(砾)石； 天然砂砾； 土基 天然砂砾； 土基

续上表

	结　构　层　名　称			最小厚度(cm)
最小厚度	沥青混凝土热拌沥青碎石	粗粒式		6.0
		中粒式		4.0
		细粒式	d_{max} = 10mm	1.5
			d_{max} = 15mm	2.5
	砂粒式沥青混凝土			1.0
	冷拌沥青碎石和沥青贯入式			4.0
	沥青表面处治			1.5
	无机结合料稳定类			12.0
	级配碎(砾)石、泥结碎(砾)石、泥灰结碎(砾)石等粒料类			10.0

b 水泥混凝土铺面初估厚度及荷载情况

水泥混凝土铺面初估厚度及荷载情况　表 10-107

初估板厚	荷载等级	$<P_1$	P_1	P_2	P_3	P_4	P_5	P_6
	板厚(cm)	18～23	23～26	27～28	30～35	33～39	37～44	41～49

荷载参数		荷载等级	P_1	P_2	P_3	P_4	P_5	P_6
	标准荷载计算参数	轮载 Q_k (kN)	50	100	150	200	300	400
		接地面积 A_k(cm²)	715	1000	1500	2000	3000	4000
		接地压强 P_k(MPa)	0.700	1.00	1.00	1.00	1.00	1.00
	荷载适用范围(kN)		30～70	70～130	130～180	180～250	250～350	＞350

续上表

初估板厚	荷载等级	$<P_1$	P_1	P_2	P_3	P_4	P_5	P_6
	板厚(cm)	18 ~ 23	23 ~ 26	27 ~ 28	30 ~ 35	33 ~ 39	37 ~ 44	41 ~ 49
荷载作用图式	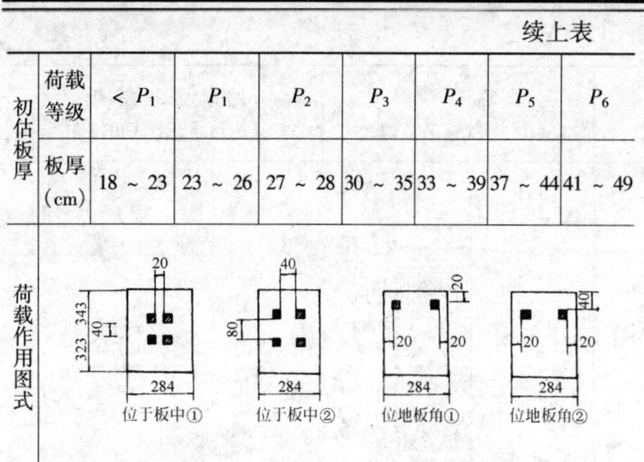							

c 联锁块铺面典型结构

联锁块铺面典型结构　　表 10-108

	结构 \ 道路和堆场分类	集装箱堆场或主干道	件杂货堆场或次干道	散货堆场或支道
常用典型结构	1	联锁块；5cm 中粗砂；贫混凝土；水泥(石灰)稳定类；土基	联锁块；5cm 中粗砂；水泥(石灰)稳定类；级配碎(砾)石土；土基	联锁块；5cm 中粗砂；石灰粉煤灰碎石；土基
	2	联锁块；5cm 中粗砂；水泥(石灰)稳定类；碎石；土基	联锁块；5cm 中粗砂；级配碎石灰土；土基	联锁块；5cm 中粗砂；级配碎(砾)石；土基
	3	联锁块；5cm 中粗砂；水泥(石灰)稳定类；炉渣或矿渣；土基	联锁块；5cm 中粗砂；二灰稳定类；土基	联锁块；5cm 中粗砂；泥灰结碎石；土基

续上表

图式	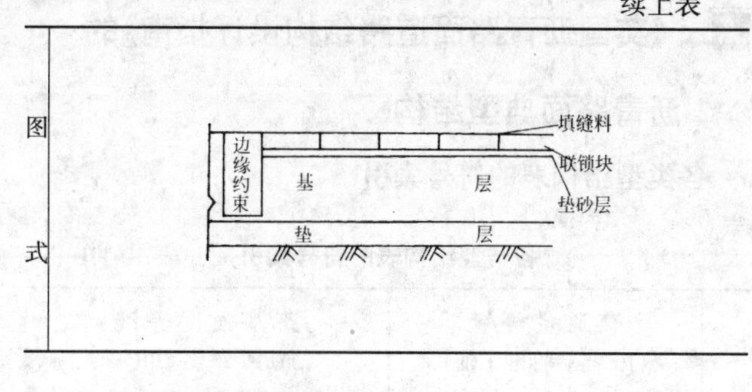

d 独立块铺面块体厚度

独立块铺面块体厚度　　表 10-109

	荷载			块体平面尺寸 40cm × 40cm	块体平面尺寸 100cm × 100cm
块体厚度	流动机械荷载	P_1 与 65kN 支腿压力		12	17
		P_2 与 75 ~ 120kN 支腿压力		12	21
		P_3 与 135 ~ 170kN 支腿压力		12	22
		P_4 与 190kN 支腿压力		12	23
	集装箱荷载	40ft 集装箱	三层及以下	18	36
			四层	20	40
			五层	22	43
		20ft 集装箱	三层及以下	15	30
			四层	16	32
			五层	18	34
图式	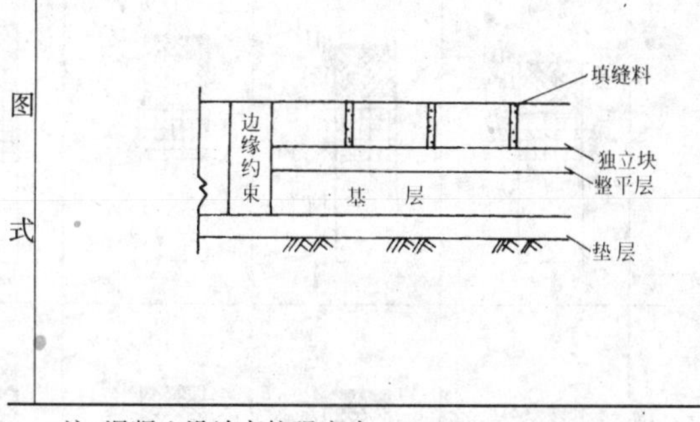				

注：混凝土设计弯拉强度为 4.0MPa。

10

A 《英国沥青路面道路结构设计指南》的沥青路面典型结构

a　各类型结构表的符号索引

各类型结构表的符号索引　　表 10-110

	交通量等级 (10^6 等代标准车轴)	路基强度等级 (加州承载比 CBR%)
设计参数	$T_1=<0.3$	
	$T_2=0.3\sim0.7$	$S_1=2$
	$T_3=0.7\sim1.5$	$S_2=3,4$
	$T_4=1.5\sim3.0$	$S_3=5\sim7$
	$T_5=3.0\sim6.0$	$S_4=8\sim14$
	$T_6=6.0\sim10$	$S_5=15\sim29$
	$T_7=10\sim17$	$S_6=30+$
	$T_8=17\sim30$	

续上表

	交通量等级 (10^6 等代标准车轴)	路基强度等级 (加州承载比 CBR%)
材料图例	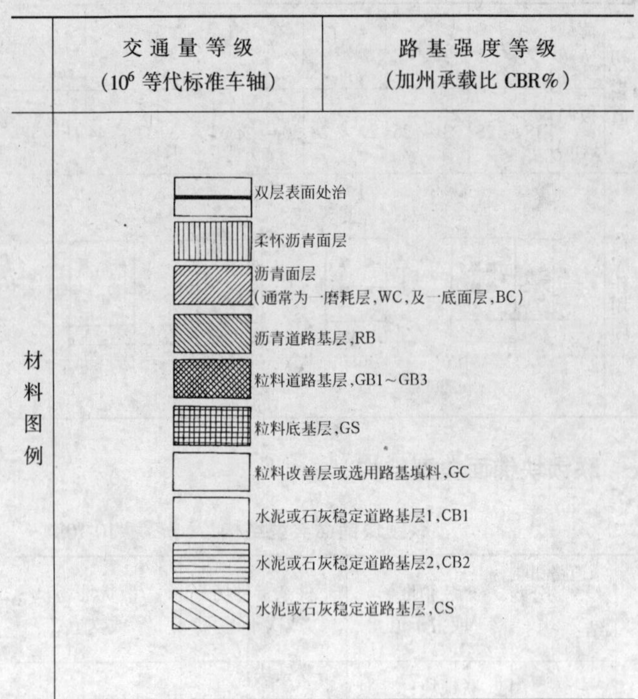	

b　粒料基层沥青表面处治结构(mm)

粒料基层沥青表面处治结构(mm)　　表 10-111

S \ T	T_1	T_2	T_3	T_4	T_5	T_6	T_7	T_8
S_1	SD 150 175 300	SD 150 225* 300	SD 200 200 300	SD 200 250* 300	SD 200 300* 300	SD 225 325* 300		
S_2	SD 150 150 200	SD 150 200 200	SD 200 175 200	SD 200 225* 200	SD 200 275* 200	SD 225 300* 200		
S_3	SD 150 200	SD 150 250	SD 200 225	SD 200 275*	SD 200 325*	SD 225 350*		
S_4	SD 150 125	SD 150 175	SD 200 150	SD 200 200	SD 200 250	SD 225 275		

续上表

T / S	T_1	T_2	T_3	T_4	T_5	T_6	T_7	T_8
S_5	SD 150 100	SD 150 100	SD 175 100	SD 200 125	SD 225 150	SD 250 175		
S_6	SD 150	SD 150	SD 175	SD 200	SD 225	SD 250		

注:1.＊只要底基层不薄于道路基层厚度或不小于200mm(以大者为准),底基层的100mm厚度以内可选用填料代替。

底基层部分厚度用选用填料代替时,其代替比例为25mm:32mm。

2.亦可使用水泥或石灰稳定底基层。

c　无结合料和水泥结粒料基层及沥青表处结构(mm)

无结合料和水泥结粒料基层及沥青表处结构(mm)　　表10-112

T / S	T_1	T_2	T_3	T_4	T_5	T_6	T_7	T_8
S_1	SD 150 150 300	SD 150 175 300	SD 150 200 300	SD 150 225 300	SD 150 275 300	SD 150 125 150 300	SD 150 125 175 300	
S_2	SD 125 150 200	SD 150 150 200	SD 150 175 200	SD 150 200 200	SD 150 250 200	SD 150 125 125 200	SD 150 125 175 200	
S_3	SD 125 150 100	SD 125 150 125	SD 150 150 125	SD 150 175 150	SD 150 225 150	SD 150 125 125 150	SD 150 125 150 150	
S_4	SD 125 150	SD 125 175	SD 150 175	SD 150 200	SD 150 250	SD 150 125 125	SD 150 125 175	
S_5	SD 125 175	SD 125 125	SD 150 125	SD 150 150	SD 150 175	SD 150 200	SD 150 250	
S_6	SD 150	SD 150	SD 175	SD 200	SD 225	SD 125 150	SD 150 175	

注:底基层不允许用填料代替。

d　粒料基层及柔性沥青混合料面层结构(mm)

粒料基层及柔性沥青混合料面层结构(mm)　　表 10-113

S \ T	T_1	T_2	T_3	T_4	T_5	T_6	T_7	T_8
S_1			50 175 200 300	50 175 250* 300	50 175 300* 300	50 200 325* 300		
S_2			50 175 175 200	50 175 225* 200	50 175 275* 200	50 200 300* 200		
S_3			50 175 225	50 175 275*	50 175 325*	50 200 350*		
S_4			50 175 150	50 175 200	50 175 250	50 200 275*		
S_5			50 150 100	50 175 125	50 175 150	50 200 175		
S_6			50 150	50 175	50 200	50 225		

注:1. * 只要底基层不薄于道路基层厚度或不小于 200mm(以大者为准),底基层的 100mm 厚度以内可选用填料代替;

底基层部分厚度用选用填料代替时,其代替比例为 25mm:32mm;

2.亦可使用水泥或石灰稳定底基层。

e　复合式基层及柔性沥青混合料面层结构(mm)

复合式基层及柔性沥青混合料面层结构(mm)　　　　表 10-114

S \ T	T_1	T_2	T_3	T_4	T_5	T_6	T_7	T_8
S_1			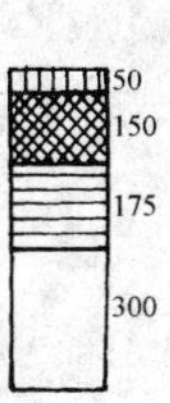 50 150 175 300	 50 150 200 300	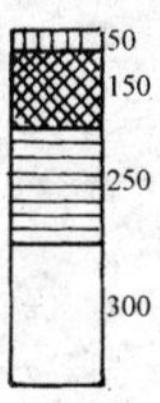 50 150 250 300	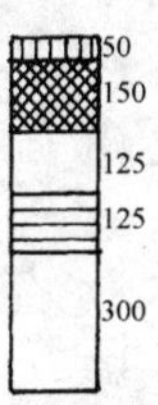 50 150 125 125 300	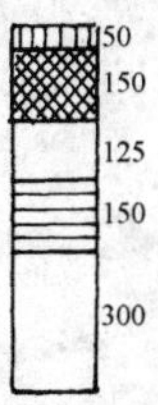 50 150 125 150 300	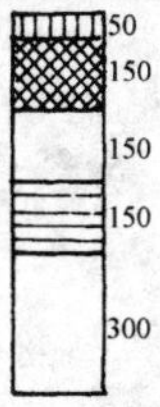 50 150 150 150 300
S_2			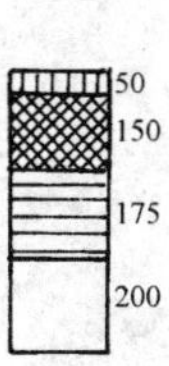 50 150 175 200	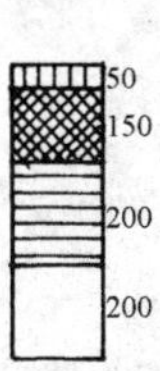 50 150 200 200	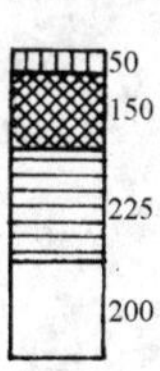 50 150 225 200	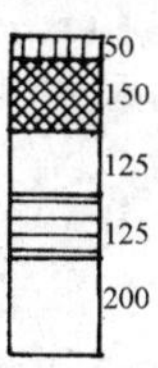 50 150 125 125 200	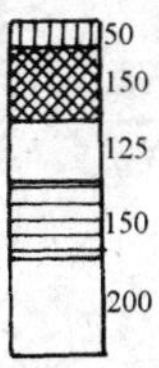 50 150 125 150 200	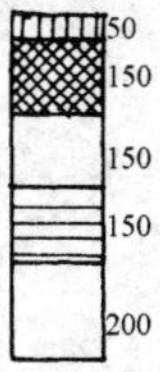 50 150 150 150 200
S_3			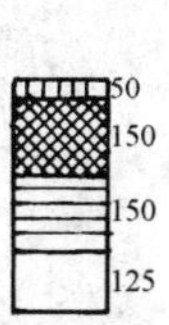 50 150 150 125	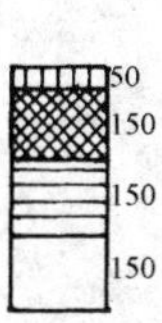 50 150 150 150	 50 150 200 150	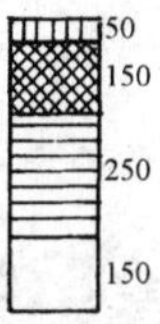 50 150 250 150	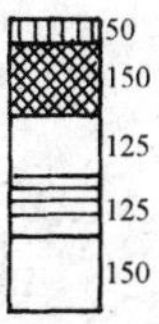 50 150 125 125 150	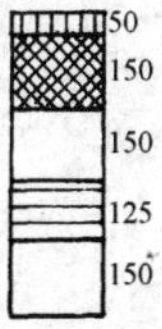 50 150 150 125 150
S_4			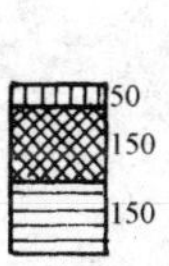 50 150 150	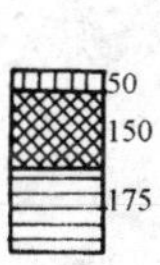 50 150 175	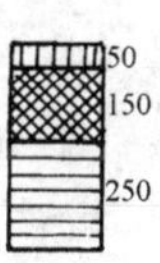 50 150 250	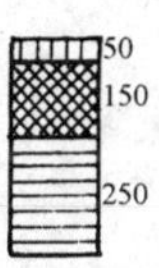 50 150 250	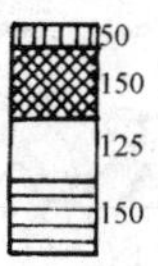 50 150 125 150	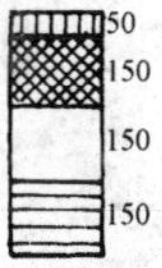 50 150 150 150
S_5			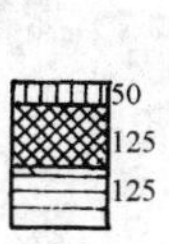 50 125 125	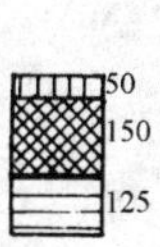 50 150 125	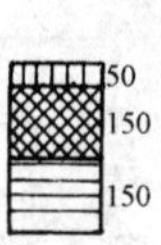 50 150 150	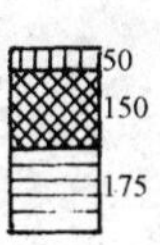 50 150 175	 50 150 225	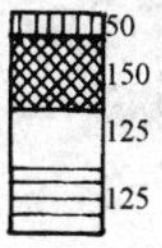 50 150 125 125
S_6			 50 150	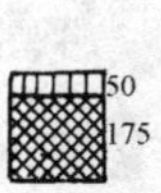 50 175	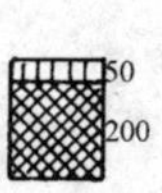 50 200	 50 100 150	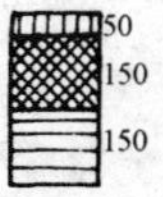 50 150 150	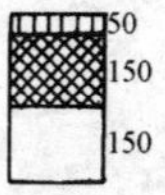 50 150 150

注:底基层不允许用填料代替。

10

f　粒料基层及沥青面层结构(mm)

粒料基层及沥青面层结构(mm)　　表 10-115

S \ T	T_1	T_2	T_3	T_4	T_5	T_6	T_7	T_8
S_1						 100 200 225* 350	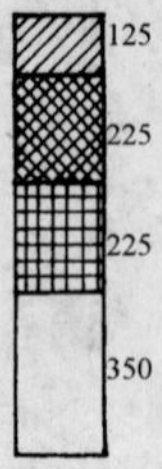 125 225 225 350	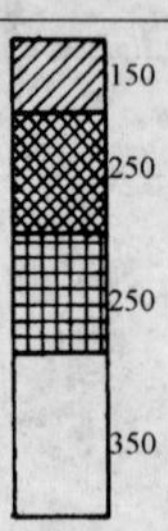 150 250 250 350
S_2						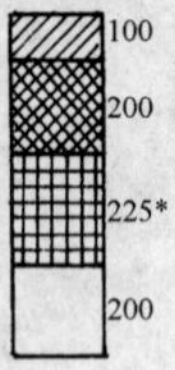 100 200 225* 200	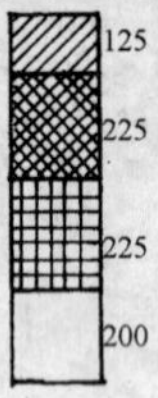 125 225 225 200	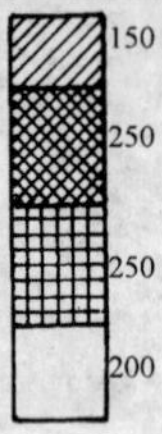 150 250 250 200
S_3						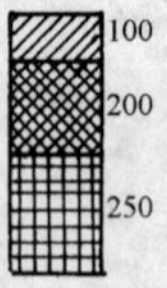 100 200 250	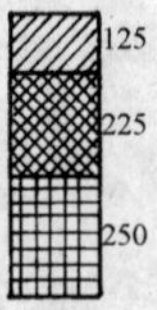 125 225 250	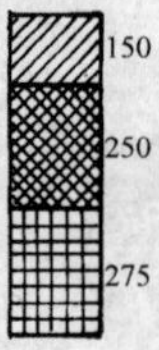 150 250 275
S_4						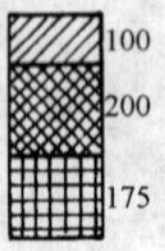 100 200 175	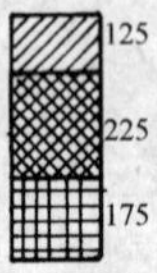 125 225 175	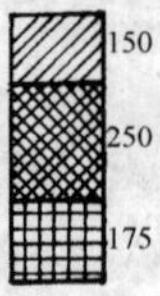 150 250 175
S_5						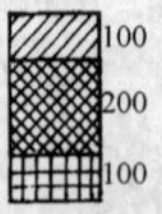 100 200 100	 125 225 100	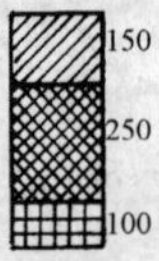 150 250 100
S_6						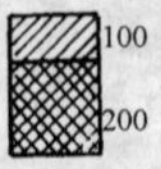 100 200	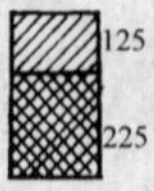 125 225	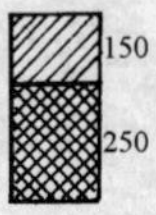 150 250

注:1. * 只要底基层不薄于道路基层厚度或不小于 200mm(以大者为准),底基层的 100mm 厚度以内可选用填料代替;

底基层部分厚度用选用填料代替时,其代替比例为 25mm:32mm;

2.亦可使用水泥或石灰稳定底基层。

g　复合式基层及沥青面层结构(mm)

复合式基层及沥青面层结构(mm)　　表 10-116

S \ T	T_1	T_2	T_3	T_4	T_5	T_6	T_7	T_8
S_1						100 150 200 350	125 150 250 350	150 150 125 125 350
S_2						100 150 200 200	125 150 250 200	150 150 125 125 200
S_3						100 150 175 125	125 150 200 125	150 150 225 125
S_4						100 150 175	125 150 200	150 150 225
S_5						100 150 150	125 150 150	150 150 150
S_6						100 100 150	125 100 150	150 100 150

注:底基层不允许用填料代替。

h　沥青基层及柔性沥青混合料面层结构(mm)

沥青基层及柔性沥青混合料面层结构(mm)　　表 10-117

S \ T	T_1	T_2	T_3	T_4	T_5	T_6	T_7	T_8
S_1				SD 150 200 350	50 125 225* 350	50 150 225* 350	50 175 225* 350	50 200 250* 350
S_2				SD 150 200 200	50 125 225* 200	50 150 225* 200	50 175 225* 200	50 200 250* 200
S_3				SD 150 250	50 125 250	50 150 275*	50 175 275*	50 200 275*
S_4				SD 150 175	50 125 200	50 150 200	50 175 200	50 200 200
S_5				SD 150 125	50 125 125	50 150 125	50 175 125	50 200 125
S_6				SD 150	50 125	50 150	50 175	50 200

注:1. * 只要底基层不薄于道路基层厚度或不小于 200mm(以大者为准),底基层的 100mm 厚度以内可选用填料代替;
底基层部分厚度用选用填料代替时,其代替比例为 25mm∶32mm;
2. 亦可使用水泥或石灰稳定底基层。

i　水泥结粒料基层及沥青表处结构(mm)

水泥结粒料基层及沥青表处结构(mm)　　表 10-118

S \ T	T_1	T_2	T_3	T_4	T_5	T_6	T_7	T_8
S_1	SD 150 150 350	SD 150 175 350	SD 175 175 350	SD 200 200 350	SD 200 225 350	SD 200 250 350		
S_2	SD 150 150 225	SD 150 175 225	SD 175 175 225	SD 200 175 225	SD 200 225 225	SD 200 275 225		
S_3	SD 150 150 125	SD 150 150 125	SD 175 150 125	SD 200 175 125	SD 200 200 125	SD 200 225 125		
S_4	SD 150 150	SD 150 150	SD 175 150	SD 200 100 100	SD 200 150 100	SD 200 200 100		
S_5	SD 150 100	SD 150 100	SD 175 100	SD 175 150	SD 200 175	SD 200 200		
S_6	SD 150	SD 150	SD 175	SD 200	SD 225	SD 250		

注:亦可使用粒料底基层。

B 德国路面参考典型结构

a 德国路面设计指南中的沥青路面标准结构断面(cm)

德国路面设计指南中的沥青路面标准结构断面(cm)　　表 10-119

代号	等级	SV				Ⅰ				Ⅱ				Ⅲ				Ⅳ				Ⅴ				Ⅵ			
	交通荷载量(veh/d)	>3 200				1 800~3 200				900~1 800				300~900				60~300				10~60				<10			
	抗冻路面厚	60	70	80	90	50	60	70	80	50	60	70	80	50	60	70	80	50	60	70	80	40	50	60	70	40	50	60	70
	防冻层上沥青基层																												
1	表面层 结合层 沥青基层 防冻层	▽120 ▽45; 4 8 22/34				▽120 ▽45; 4 8 18/30				▽120 ▽45; 4 8 14/26				▽120 ▽45; 4 4 14/22				▽120 ▽45; 4 14/18				▽120 ▽45; 4 10/14				▽100 ▽45; 10 51 10			
	防冻层厚	26	36	46	56		30	40	50		34	44	54	28	38	48	58	32	42	52	62	26	36	46	56	30	40	50	60
	防冻层上沥青基层和稳定土层																												
2	表面层 结合层 沥青基层 稳定土 防冻层	▽45; 4 8 18 15/45				▽45; 4 8 14 15/41				▽45; 4 8 10 15/37				▽45; 4 4 10 15/33				▽45; 4 10 15/29				41 ▽45; 4 8 15/27				81 41 ▽45; 10 51 15 41 25			
	防冻层厚	15	25	35	45	9	19	29	39	13	23	33	43	17	27	37	47	21	31	41	51	13	23	33	43	15	25	35	45
	防冻层上沥青基层和碎石层																												
3.1	表面层 结合层 沥青基层 碎石层[E_{V2}≥150(120)] 防冻层	▽150 ▽120 ▽45; 4 8 18 15/45				▽150 ▽120 ▽45; 4 8 14 15/41				▽150 ▽120 ▽45; 4 8 10 15/37				▽150 ▽120 ▽45; 4 4 10 15/33				▽150 ▽120 ▽45; 4 10 15/29				▽120 ▽100 ▽45; 4 8 15/27				▽120 ▽100 ▽45; 10 51 15/25			
	防冻层厚		25	35	45			29	39			33	43		27	37	47		31	41	51		23	33	43		25	35	45
3.2	表面层 结合层 沥青基层 碎石层[E_{V2}≥180(120)] 防冻层	▽180 ▽120 ▽45; 4 8 16 20/48				▽180 ▽120 ▽45; 4 8 12 20/44				▽180 ▽120 ▽45; 4 8 8 20/40				▽180 ▽120 ▽45; 4 4 8 20/36				▽180 ▽120 ▽45; 4 8 20/32				▽150 ▽100 ▽45; 4 8 20/32				▽150 ▽100 ▽45; 8 51 20/28			
	防冻层厚			32	42			26	36			30	40			34	44		28	38	48		18	28	38		22	32	42
	防冻层上沥青基层和砾石层																												
4.1	表面层 结合层 沥青基层 碎石层[E_{V2}≥150(120)] 防冻层	▽150 ▽120 ▽45; 4 8 18 20/50				▽150 ▽120 ▽45; 4 8 14 20/46				▽150 ▽120 ▽45; 4 8 10 20/42				▽150 ▽120 ▽45; 4 4 10 20/38				▽150 ▽120 ▽45; 4 10 20/34				▽120 ▽100 ▽45; 4 8 20/32				▽120 ▽100 ▽45; 10 51 20/30			
	防冻层厚			30	40				34			28	38			32	42		26	36	46		18	28	38		20	30	40
4.2	表面层 结合层 沥青基层 碎石层[E_{V2}≥180(120)] 防冻层									▽180 ▽120 ▽45; 4 8 8 25/45				▽180 ▽120 ▽45; 4 4 8 25/41				▽180 ▽120 ▽45; 4 8 25/37				▽150 ▽100 ▽45; 4 8 25/37				▽150 ▽100 ▽45; 8 51 25/33			
	防冻层厚											25	35			29	39			33	43			23	33			27	37
	路基上沥青基层和碎石或砾石层																												
5	表面层 结合层 沥青基层 碎石或砾石层	▽150 ▽45; 4 8 18/30				▽150 ▽45; 4 8 14/26				▽150 ▽45; 4 8 10/22				▽150 ▽45; 4 4 10/18				▽150 ▽45; 4 10/14				▽120 ▽45; 4 8/12				▽120 ▽45; 10 51 10			
	碎石或砾石层厚	30	40	50	60		34	44	54		38	48	58	32	42	52	62	36	46	56	66	28	38	48	58	30	40	50	60

续上表

代号	等　级	SV	Ⅰ	Ⅱ	Ⅲ	Ⅳ	Ⅴ	Ⅵ
	交通荷载量(veh/d)	>3 200	1 800～3 200	900～1 800	300～900	60～300	10～60	<10
	防冻层上沥青基层和水硬性结合料加固层							
6	表面层 结合层 沥青基层 水硬性结合料加固层 防冻层	4 8 14 15/41 ∇120 ∇45	4 8 10 15/37 ∇120 ∇45	4 8 8 15/35 ∇120 ∇45	4 4 8 15/31 ∇120 ∇45	4 8 15/27 ∇120 ∇45	4 8 15/27 ∇100 ∇45	81 8 51 15/23 ∇100 ∇45
	防冻层厚	29 39 49	33 43	25 35 45	29 39 49	33 43 53	23 33 43	27 37 47

b　德国路面设计指南中的水泥混凝土路面标准结构断面(cm)

德国路面设计指南中的水泥混凝土路面标准结构断面(cm)　　表 10-120

编号	等　级	特　重	Ⅰ	Ⅱ	Ⅲ	Ⅳ	Ⅴ	Ⅵ
	平均日货车数(辆)	>3 200	1 800～3 200	900～1 800	300～900	60～300	10～60	<10
	路面防冻厚度	60 70 80 90	50 60 70 80	50 60 70 80	50 60 70 80	50 60 70 80	40 50 60 70	40 50 60 70
防冻层上水硬性结合料基层								
1	混凝土面层 水硬性结合料基层 防止冻层	26 15/41 ∇120 ∇45	24 15/39 ∇120 ∇45	22 15/37 ∇120 ∇45	22 15/37 ∇120 ∇45			
	防冻层厚	29 39 49	11 21 31 41	13 23 33 43	12 23 33 43			
防冻层上水硬性结合料稳定土基层								
2.1	混凝土面层 水硬性结合料稳定土基层 间断级配防冻层	26 15/41 ∇45	24 15/39 ∇45	22 15/37 ∇45	22 15/37 ∇45			
	防冻层厚	19 29 39 49	11 21 31 41	13 23 33 43	12 23 33 43			
2.2	混凝土面层． 水硬性结合料稳定土基层 密级配防冻层	26 20/46 ∇45	24 20/44 ∇45	22 20/42 ∇45	22 20/42 ∇45			
	防冻层厚	14 24 34 44	6 16 26 36	8 18 28 38	8 18 28 38			
防冻层上沥青基层								
3	混凝土面层 沥青基层 防冻层	26 10/36 ∇120 ∇45	24 10/34 ∇120 ∇45	22 10/32 ∇120 ∇45	22 10/32 ∇120 ∇45	18 8/26 ∇120 ∇45	16 8/24 ∇100 ∇45	16 8/24 ∇100 ∇45
	防冻层厚	－34 44 54	－26 36 46	－28 38 48	－28 38 48	－34 44 54	－26 36 46	－26 36 46

续上表

编号	等级	特重	Ⅰ	Ⅱ	Ⅲ	Ⅳ	Ⅴ	Ⅵ
	平均日货车数(辆)	>3 200	1 800~3 200	900~1 800	300~900	60~300	10~60	<10
	路面防冻厚度	60 70 80 90	50 60 70 80	50 60 70 80	50 60 70 80	50 60 70 80	40 50 60 70	40 50 60 70
防冻层								
4.1	混凝土面层 间断级配防冻层					▽120 20/20 ▽45	▽100 18/18 ▽45	▽100 16/16 ▽45
	防冻层厚					30 40 50 60	22 32 42 52	24 34 44 54
4.2	混凝土面层 密级配防冻层						▽100 20/20 ▽45	▽100 18/18 ▽45
	防冻层厚						30 40 50	32 42 52

c　原联邦德国水泥混凝土路面典型参考结构

原联邦德国水泥混凝土路面典型参考结构　　表 10-121

交通类型	极重	重	中等	轻和极轻
混凝土 煤沥青稳定层 不易冻材料	22cm 15cm	20cm 15cm	18cm 15cm	15cm 15cm
混凝土 沥青层 不易冻材料	22cm 10cm	20cm 10cm	16cm 8cm	16cm 8cm
混凝土 水泥稳定层 不易冻材料	22cm 15cm	20cm 15cm	16cm 15cm	14cm 15cm
混凝土 不易冻材料			18cm	16cm

注：一个轴的最大荷重为 10t。

C　国外部分国家高速公路沥青路面参考典型结构

国外部分国家高速公路沥青路面参考典型结构　　表 10-122

国家	沥青面层厚度(cm) 名称	基层厚度(cm) 名称	底基层厚度(cm) 名称	总厚度(cm)
奥地利(伯利纳)	10　沥青混凝土	30　沥青碎石	30　防冻层	70
比利时(布鲁塞尔)	12　沥青混凝土	16　沥青碎石	(30)　底基层	(58)

续上表

国家	沥青面层厚度(cm) 名称	基层厚度(cm) 名称	底基层厚度(cm) 名称	总厚度(cm)
意大利	10　沥青混凝土	15　沥青碎石	35　级配砂砾＋35砂层	95
德国(法兰克福)	12　浇注沥青混凝土、沥青混凝土	18　砂砾沥青混凝土	15　贫混凝土＋(30)防冻层	(75)
德国(汉堡)	12　沥青混凝土	18　沥青碎石	15 级配砂砾＋(30)防冻层	(75)
德国(汉堡)	12　浇注沥青混凝土、沥青混凝土	18　沥青碎石	15 级配砂砾＋(30)防冻层	(75)
挪威	10　沥青混凝土	10 沥青碎石＋50 未筛分砾石	20 砂砾＋50 防冻层	140
阿根廷	7.5 沥青混凝土	12.5 沥青碎石＋10 沥青砂土	35 防冻层	65
法国	7　沥青混凝土	16　沥青碎石＋35 水泥处治粒料	15 砂	63
荷兰	8　沥青混凝土	18　沥青稳定砂砾	30 水泥稳定砂砾	56
瑞士	7　沥青混凝土	11　沥青碎石	30 砂砾＋20 水泥处治砂砾	68
美国(新泽西州)	13　沥青混凝土	17.5 沥青贯入＋16 水结碎石	25 砂砾	71.5

续上表

国　家	沥青面层厚度(cm)名称	基层厚度(cm)名称	底基层厚度(cm)名称	总厚度(cm)
美国(弗吉尼亚州)	5　沥青混凝土	19　沥青碎石	15 砂砾 + 15 加固层	54
美国(缅因州)	7　沥青混凝土	12　沥青碎石	75 级配砂砾	94
英国(M—1)	9.5 沥青混凝土	35.6　贫混凝土	15.2 级配砂砾	60.3
英国(M—6)	17　沥青混凝土	19　贫混凝土	20 级配砂砾	56
英国(M—4)	15　沥青混凝土	24　贫混凝土	20 水泥结碎石	59

续上表

国　家	沥青面层厚度(cm)名称	基层厚度(cm)名称	底基层厚度(cm)名称	总厚度(cm)
瑞典	5　沥青混凝土	7.5 沥青稳定砂砾	18 水泥稳定砂砾	30.5
西班牙	10　沥青混凝土	10　沥青碎石	20 水泥稳定砂砾 + 15 级配砂砾	55
波兰	10　沥青混凝土	8 沥青碎石 + 27 水泥石屑	12 水泥石屑 + 50 砂砾	107
澳大利亚(悉—墨)	3.7 沥青混凝土	15 级配碎石 + 30 石灰稳定砂	25 补强层	73.7

D　日本道路及广场铺面

a　日本道路及广场铺面分类

日本道路及广场铺面分类　　表 10-123

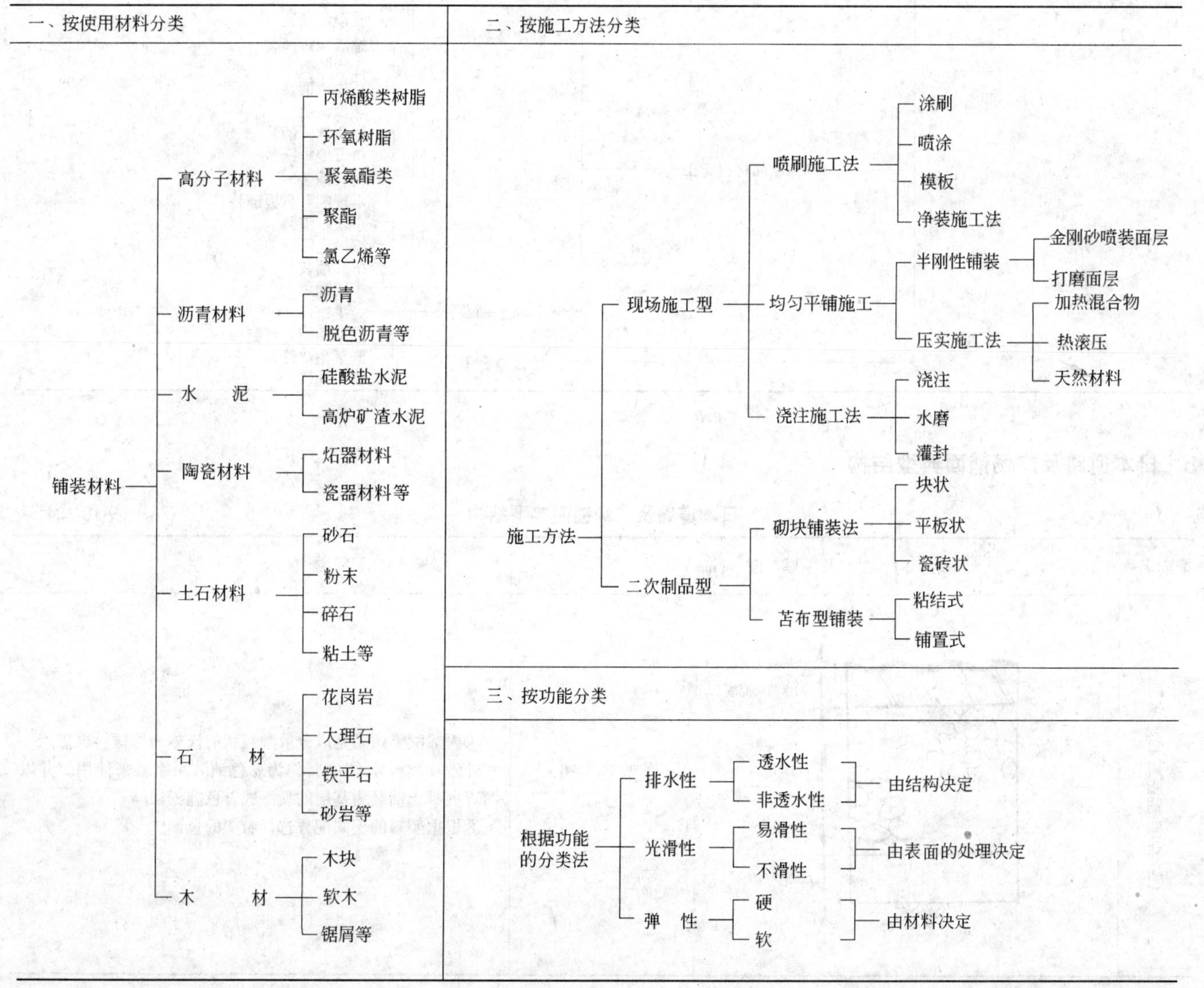

续上表

四、综合分类

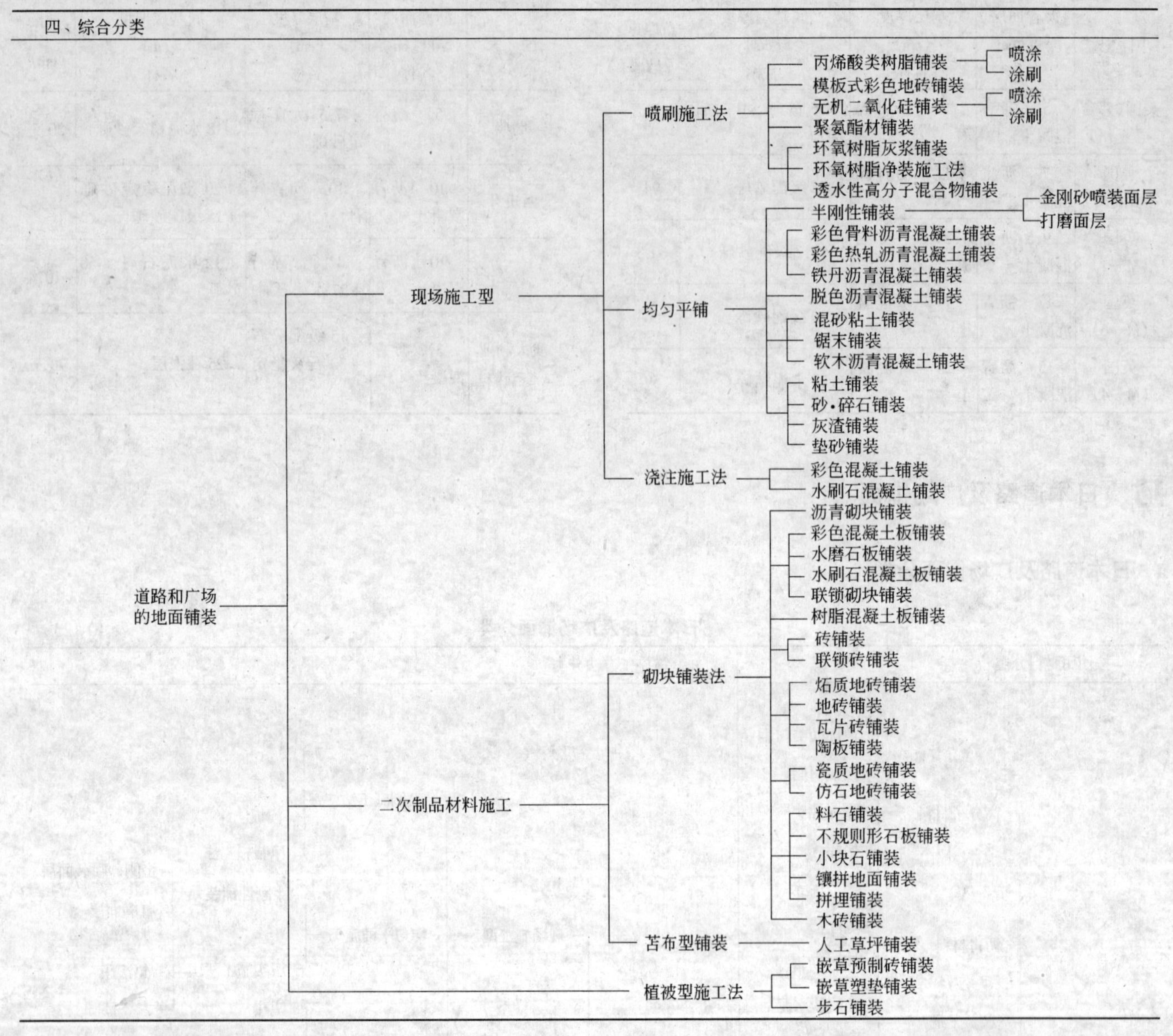

b　日本道路及广场铺面典型结构

日本道路及广场铺面典型结构　　表 10-124

铺面名称	结构图及厚度（mm）	说　明
丙烯酸类树脂铺面（喷涂）	丙烯酸类树脂涂料 0.5L/m² 透水沥青混凝土 40mm 碎石垫层 150mm 过滤砂石垫层 50mm	①丙烯酸类树脂是以分散颗粒状的液体为原材料再掺入一些硅砂及颜料等添加剂，作为彩色铺装用涂料来使用。并以沥青混凝土铺装为基层的喷涂式着色施工法。 ②根据颜料的不同配方选择希望的色调

续上表

铺面名称	结构图及厚度（mm）	说　明
丙烯酸类树脂铺面（涂刷）	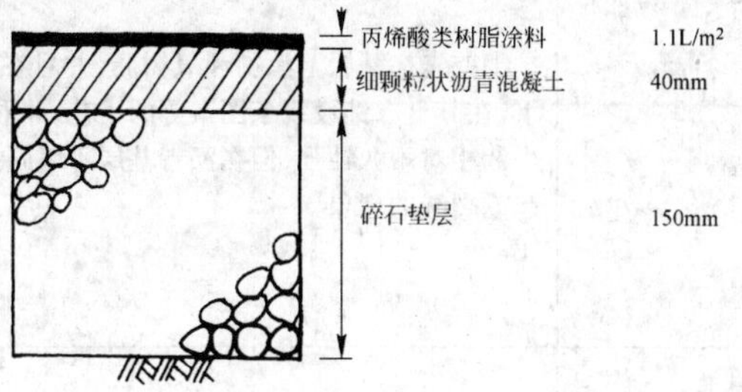 丙烯酸类树脂涂料 1.1L/m² 细颗粒状沥青混凝土 40mm 碎石垫层 150mm	①使用与丙烯酸类树指喷涂铺装相同系列的材料，用橡胶刷子涂 3～4 遍，最后达到对基层沥青混凝土铺装进行着色的施工法。 ②相对比较不易被磨损。一次涂刷，可以保持 100 万人次的使用
模板式彩色地砖铺面	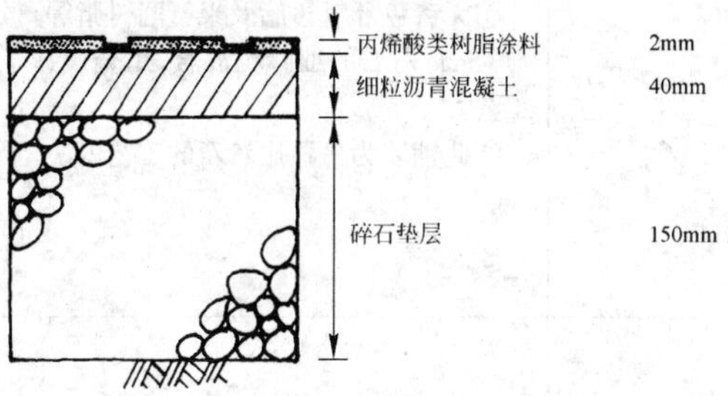 丙烯酸类树脂涂料 2mm 细粒沥青混凝土 40mm 碎石垫层 150mm	①将带砖缝的模板（厚约 2mm）粘贴在基层上，放入材料，并用抹子抹平后，把模板拆掉。材料上使用了丙烯酸类树脂及树脂水泥等，这种铺装也被称为瓷砖状涂刷式树脂铺装。 ②因为有自由的可变性，在预制模板上可以方便地设计不同的铺砖尺寸的组合
无机二氧化硅铺面（喷涂）	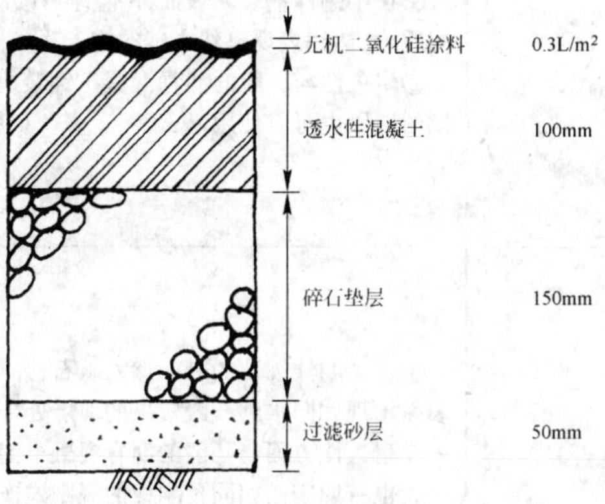 无机二氧化硅涂料 0.3L/m² 透水性混凝土 100mm 碎石垫层 150mm 过滤砂层 50mm	①无机二氧化硅内掺入颜料等添加剂作为彩色铺装涂料来使用，并喷涂在基层的表面，以达到对路面的着色的施工法。 ②交通量大的地方，表面凸出部分较易被磨损。耐水性相对较强
聚氨酯材铺面	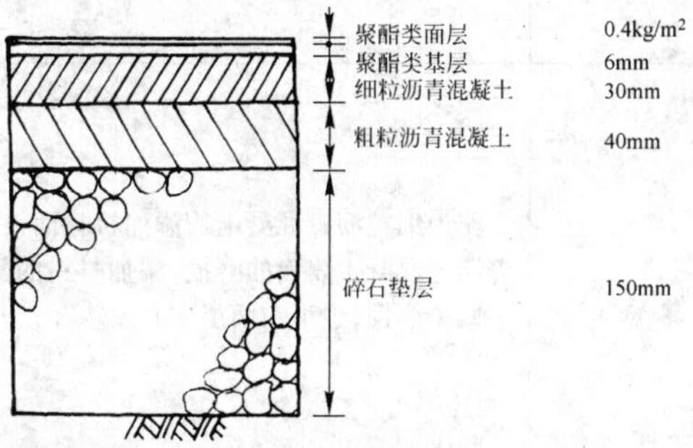 聚酯类面层 0.4kg/m² 聚酯类基层 6mm 细粒沥青混凝土 30mm 粗粒沥青混凝土 40mm 碎石垫层 150mm	①聚氨酯树脂着色后，用金属抹子或刷子涂刷在基层上，作为聚氨酯树脂的保护面层，采用 3mm 左右橡胶颗粒混合物，通过金属抹子或专用铺路机进行铺设的施工法。 ②面层的耐久性为 2～3 年，所以每隔 2～3 年需要重新喷涂一次。 ③现在运动场、校园内、高尔夫球场的人行道上经常使用这种铺装，有一定弹性，走起来较舒适，并期待成为今后应用最广泛的人行道铺装之一
环氧树脂灰浆铺面	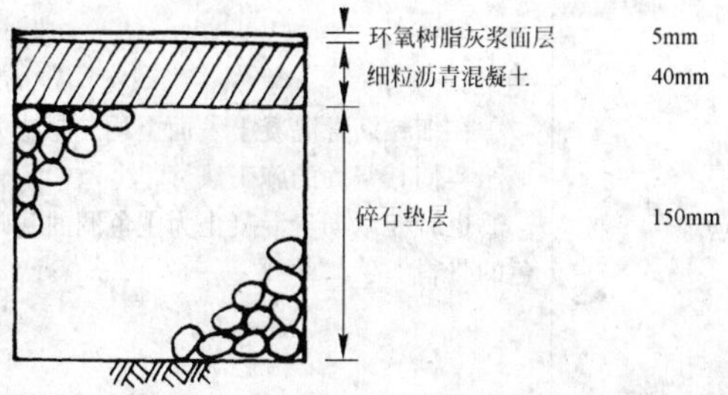 环氧树脂灰浆面层 5mm 细粒沥青混凝土 40mm 碎石垫层 150mm	①采用着色的环氧树脂和硅砂的水泥混合物，用金属抹子涂抹在基层上的施工法。 ②耐久性虽然较强，但是在沥青混凝土基层不十分坚固的情况下，较易发生裂缝

续上表

铺面名称	结构图及厚度（mm）	说明
环氧树脂净装铺面	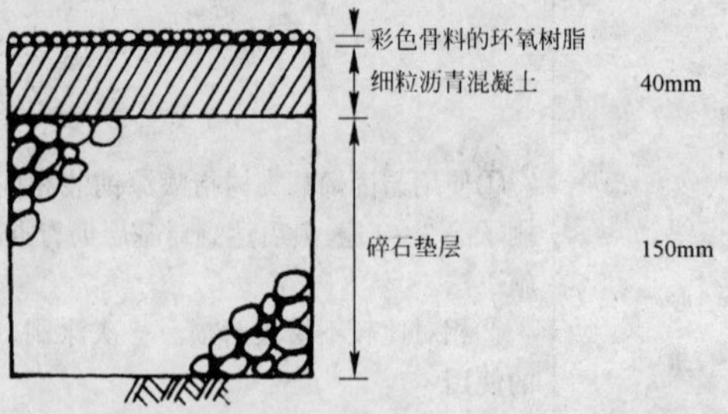 彩色骨料的环氧树脂 细粒沥青混凝土 40mm 碎石垫层 150mm	①首先在基层上涂刷环氧树脂，并且在还未固化定型状态下，在其上方铺设线条图案等的工艺，并形成基层上的图案。 ②相对耐久性强，但在沥青基层不坚固情况下，较易发生凸起或裂缝的现象
透水性高分子混合物铺面	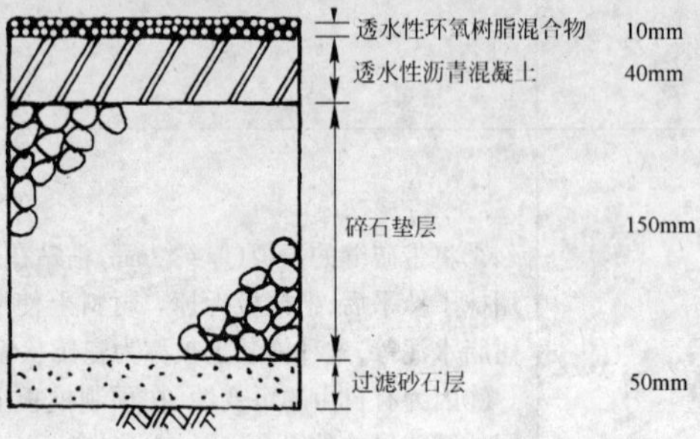 透水性环氧树脂混合物 10mm 透水性沥青混凝土 40mm 碎石垫层 150mm 过滤砂石层 50mm	①无着色环氧树脂及聚氨酯树脂等高分子材料作为胶合剂与 φ5mm 左右的细砂粒混合，用金属抹子铺设透水性面层的工艺。 ②此铺装为一种比较新的工艺做法，十分引人注目
金刚砂喷装铺面	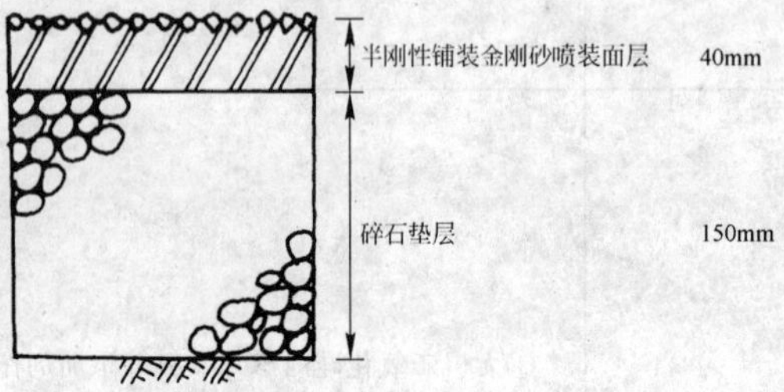 半刚性铺装金刚砂喷装面层 40mm 碎石垫层 150mm	①在半刚性铺装的表面，用金刚砂喷装面层，通过强调材料的质感，达到表现自然之感的施工法。 ②耐久性与一般的沥青混凝土铺装类似，在车辆交通较繁忙的地段也可以使用
打磨面层铺面	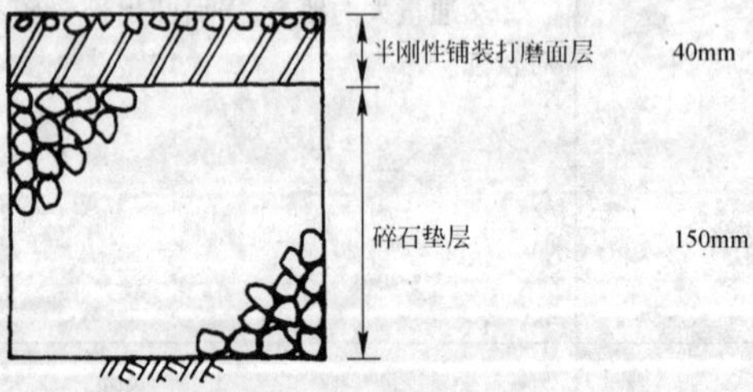 半刚性铺装打磨面层 40mm 碎石垫层 150mm	①在半刚性铺装的表面掺入砾石，并对其进行打磨，使铺装表面出现如同水磨石般效果的面层处理施工法。 ②耐久性方面与一般的沥青混凝土铺装相同。 ③也有像表面如同预制板的规则式连缝图案
彩色骨料沥青混凝土铺面	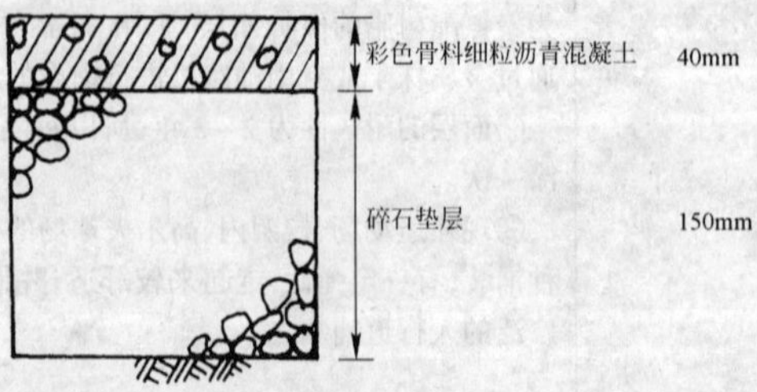 彩色骨料细粒沥青混凝土 40mm 碎石垫层 150mm	作为细粒沥青混凝土的添加材料而被使用的彩色骨料，随着沥青混凝土表面的磨损，添加材料的颜色就更加明显。为了减少磨损，也可在面层上洒细砂
彩色热轧沥青混凝土铺面	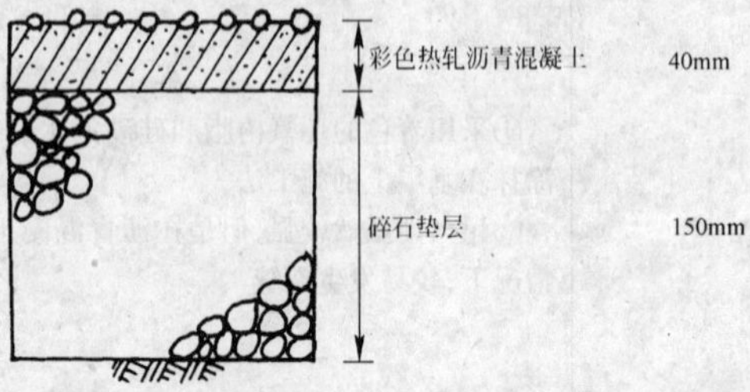 彩色热轧沥青混凝土 40mm 碎石垫层 150mm	①在细粒沥青混凝土表面上均匀散布彩色骨料，并通过机械压实使其坚固的施工法。 ②也有在以沥青混凝土为主色调的基础上点缀着掺入茶红色的骨料

续上表

铺面名称	结构图及厚度（mm）	说明
铁丹沥青混凝土铺面	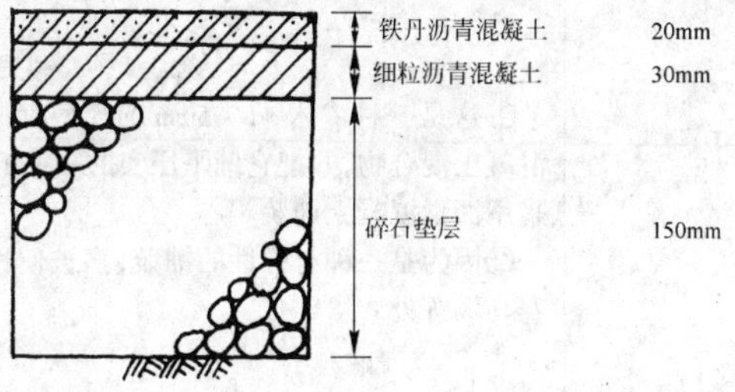 铁丹沥青混凝土 20mm 细粒沥青混凝土 30mm 碎石垫层 150mm	用无机红色颜料代替通常作用的石粉掺入沥青混凝土中，使混凝土呈献茶色的施工法。如果使用透水性沥青混凝土即成为透水性彩色铺装
脱色沥青混凝土铺面	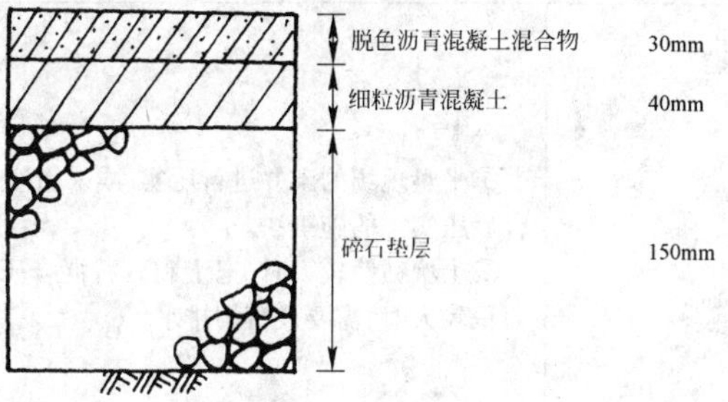 脱色沥青混凝土混合物 30mm 细粒沥青混凝土 40mm 碎石垫层 150mm	①利用与沥青混凝土相类似的受热后可伸缩的石油树脂(透明)作为表层，并通过添加颜料的混合物，施工方法与通常的沥青混凝土相同，平铺沥青混凝土料，最后通过机械压实，使其达到坚固的施工法。 ②由于采用了石油树脂，耐久性比一般的沥青混凝土容易老化
透水性脱色沥青混凝土铺面	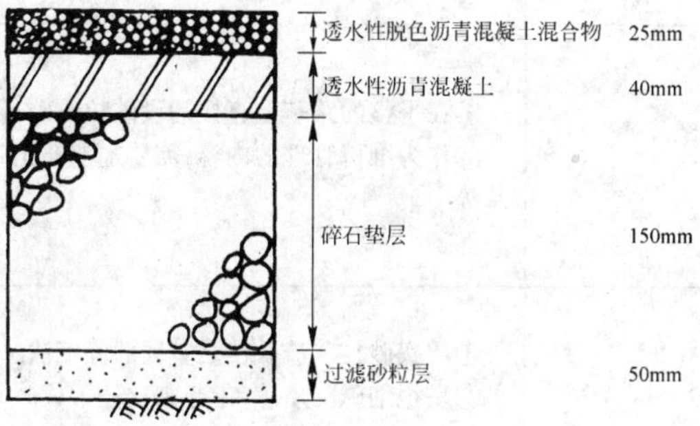 透水性脱色沥青混凝土混合物 25mm 透水性沥青混凝上 40mm 碎石垫层 150mm 过滤砂粒层 50mm	①用受热后可以伸缩的石油树脂作面层，用透水性原料做成的混合物，一但通过颜料进行着色，那些没有被着色的原料就会显得更自然。不加颜料的原料多掺入砂粒。施工与通常的沥青混凝土铺装相同。 ②与沥青混凝土相比，表面较易老化
混砂粘土铺面	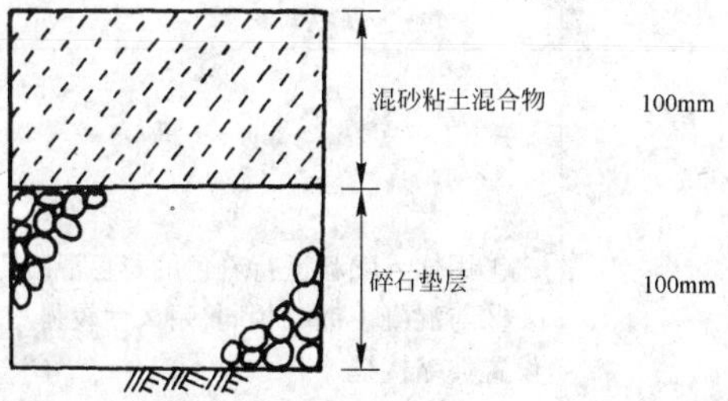 混砂粘土混合物 100mm 碎石垫层 100mm	①用混砂性粘土做原料，并与沥青混凝土面层在常温下进行混合铺设压实的工艺。施工法与一般的沥青混凝土相同。 ②易被磨损，交通量较小的地方，可以增加铺装的厚度，也可以行车
锯末铺面	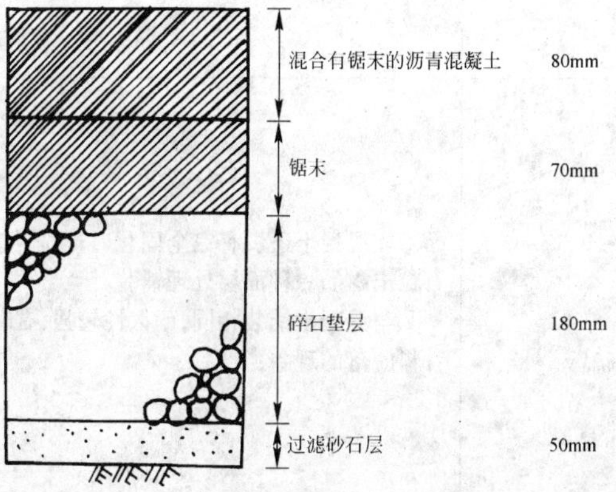 混合有锯末的沥青混凝土 80mm 锯末 70mm 碎石垫层 180mm 过滤砂石层 50mm	①在透水性的路盘上散布锯末后压实的一种铺装，表层与沥青混凝土混合后使其保持安定。 ②这种道路是为利用者提供的专用散步道或慢跑路铺装。作为同类铺装，采用碎木块或碎竹块等材料使用在赛马场或马道上

续上表

铺面名称	结构图及厚度（mm）	说明
软木沥青混凝土铺面	软木混合物 30mm 细粒沥青混凝土 40mm 碎石垫层 150mm	①这是一种渗入 $\phi1\sim5$mm 的轻型有弹性软木颗粒的沥青混凝土混合物，并把它铺平压实的一种工艺。作为基层，需要采用沥青混凝土铺装。 ②因为是一种有弹性的铺装，多被使用在散步道、慢跑道、赛马场等处
粘土铺面	面层安定剂 混合土（砂土或混砂粘土＋火山岩砂粒） 80mm 砂质土壤 100mm	①平整现场的土并进行压实，或采用沙土压实，土与砂石混合后压实等的施工法。 ②土壤粘性较大时，把土和砂石混合压实。另外如果铺装面积较大时，需要设盲沟排水
砂、碎石铺面	砂粒或碎石 50mm	①在平整的路基上直接铺设砂粒或碎石的简易施工法。 ②作为维持管理的内容，需要定期补充砂粒或碎石，平整路基等
灰渣铺面	石灰岩灰渣 40mm	①压实砂粒灰渣并使之坚固的施工法。砂粒的淡灰色。 ②呈很细腻的质感，走起来比较柔软。 ③与陶土粉铺装相比耐磨性较强，但是为了保证表面良好状态，一年需要 1~2 次的整理
彩色混凝土铺面	混凝土（表面彩色处理） 100mm 碎石垫层 100mm	①用加入颜料进行着色的彩色混凝土进行铺装。 ②与混凝土铺装相同，耐久性较强。与混凝土铺装相同，应设置伸缩接缝
水刷石混凝土铺面	混凝土（水刷石面层处理） 100mm 碎石垫层 100mm	①在混凝土还没有完全固化时冲洗其表面，使混凝土内的石粒出露的一种面层处理铺装。 ②与混凝土铺装相同，耐久性较强，有时也会发生局部面层骨料脱落的现象

续上表

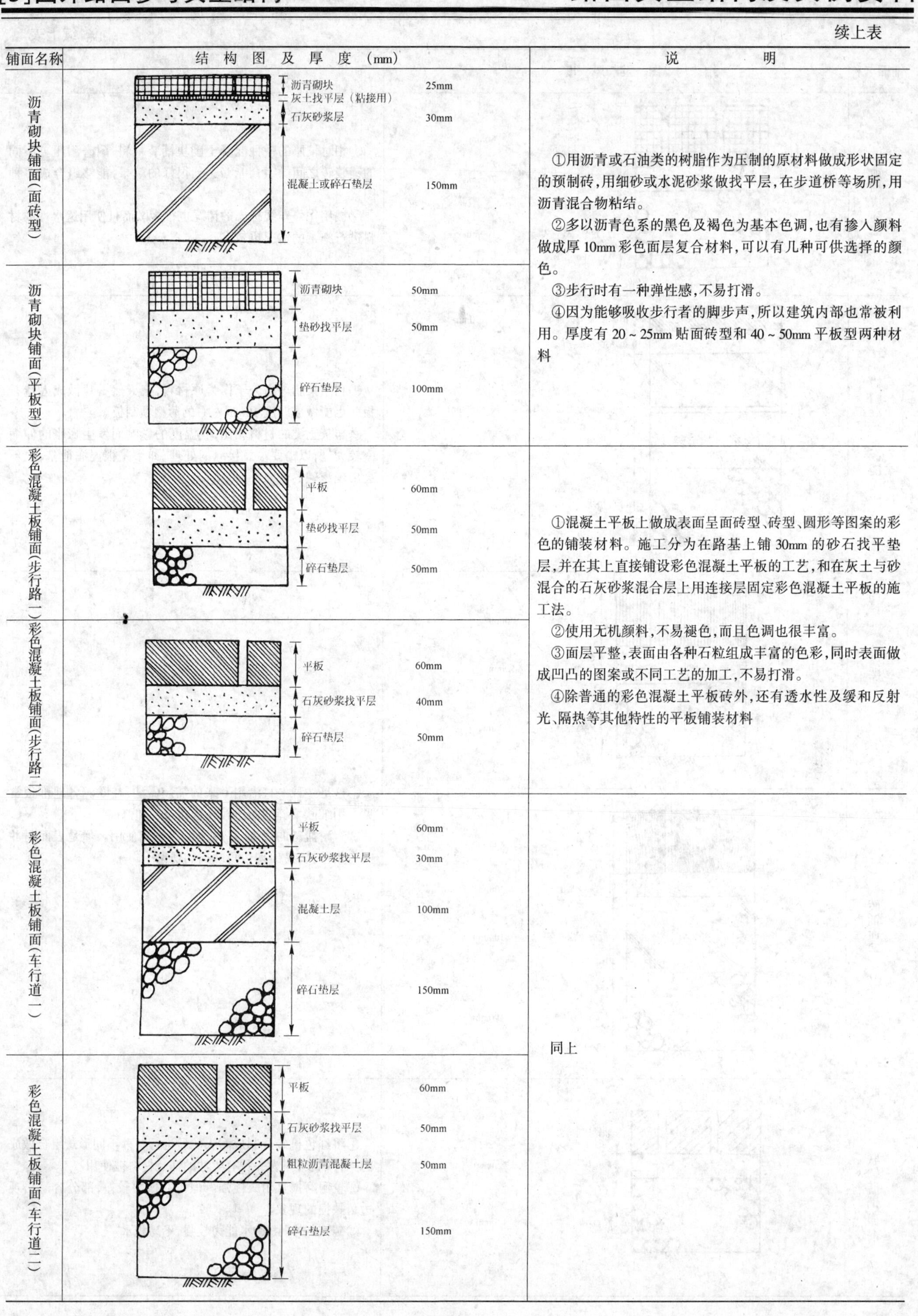

铺面名称	结构图及厚度（mm）	说明
沥青砌块铺面（面砖型）	沥青砌块 25mm 灰土找平层（粘接用） 石灰砂浆层 30mm 混凝土或碎石垫层 150mm	①用沥青或石油类的树脂作为压制的原材料做成形状固定的预制砖，用细砂或水泥砂浆做找平层，在步道桥等场所，用沥青混合物粘结。 ②多以沥青色系的黑色及褐色为基本色调，也有掺入颜料做成厚 10mm 彩色面层复合材料，可以有几种可供选择的颜色。 ③步行时有一种弹性感，不易打滑。 ④因为能够吸收步行者的脚步声，所以建筑内部也常被利用。厚度有 20～25mm 贴面砖型和 40～50mm 平板型两种材料
沥青砌块铺面（平板型）	沥青砌块 50mm 垫砂找平层 50mm 碎石垫层 100mm	
彩色混凝土板铺面（步行路一）	平板 60mm 垫砂找平层 50mm 碎石垫层 50mm	①混凝土平板上做成表面呈面砖型、砖型、圆形等图案的彩色的铺装材料。施工分为在路基上铺 30mm 的砂石找平垫层，并在其上直接铺设彩色混凝土平板的工艺，和在灰土与砂混合的石灰砂浆混合层上用连接层固定彩色混凝土平板的施工法。 ②使用无机颜料，不易褪色，而且色调也很丰富。 ③面层平整，表面由各种石粒组成丰富的色彩，同时表面做成凹凸的图案或不同工艺的加工，不易打滑。 ④除普通的彩色混凝土平板砖外，还有透水性及缓和反射光、隔热等其他特性的平板铺装材料
彩色混凝土板铺面（步行路二）	平板 60mm 石灰砂浆找平层 40mm 碎石垫层 50mm	
彩色混凝土板铺面（车行道一）	平板 60mm 石灰砂浆找平层 30mm 混凝土层 100mm 碎石垫层 150mm	同上
彩色混凝土板铺面（车行道二）	平板 60mm 石灰砂浆找平层 50mm 粗粒沥青混凝土层 50mm 碎石垫层 150mm	

10

续上表

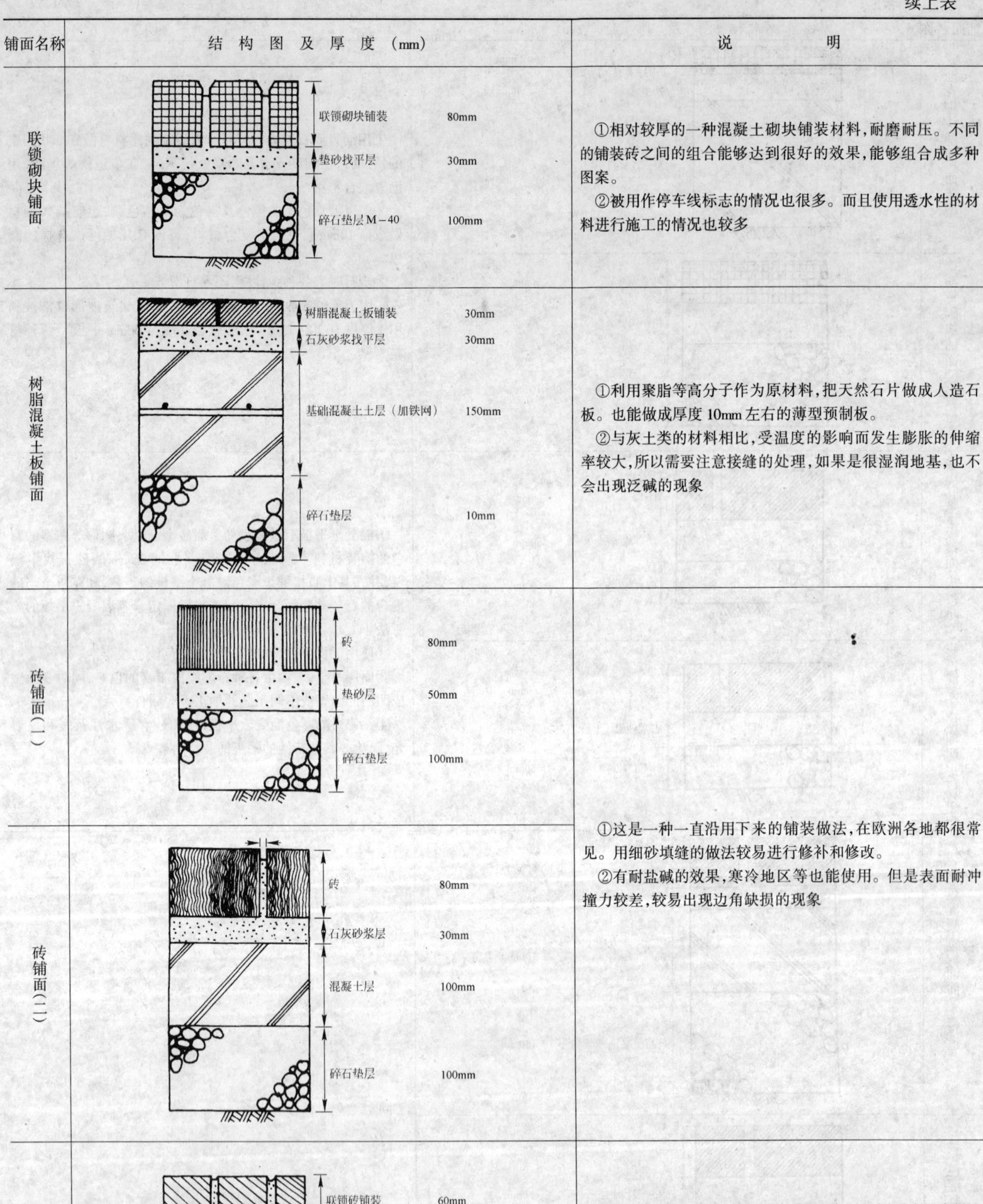

铺面名称	结构图及厚度（mm）	说明
联锁砌块铺面	联锁砌块铺装 80mm 垫砂找平层 30mm 碎石垫层M－40 100mm	①相对较厚的一种混凝土砌块铺装材料，耐磨耐压。不同的铺装砖之间的组合能够达到很好的效果，能够组合成多种图案。 ②被用作停车线标志的情况也很多。而且使用透水性的材料进行施工的情况也较多
树脂混凝土板铺面	树脂混凝土板铺装 30mm 石灰砂浆找平层 30mm 基础混凝土土层（加铁网） 150mm 碎石垫层 10mm	①利用聚脂等高分子作为原材料，把天然石片做成人造石板。也能做成厚度10mm左右的薄型预制板。 ②与灰土类的材料相比，受温度的影响而发生膨胀的伸缩率较大，所以需要注意接缝的处理，如果是很湿润地基，也不会出现泛碱的现象
砖铺面（一）	砖 80mm 垫砂层 50mm 碎石垫层 100mm	①这是一种一直沿用下来的铺装做法，在欧洲各地都很常见。用细砂填缝的做法较易进行修补和修改。 ②有耐盐碱的效果，寒冷地区等也能使用。但是表面耐冲撞力较差，较易出现边角缺损的现象
砖铺面（二）	砖 80mm 石灰砂浆层 30mm 混凝土层 100mm 碎石垫层 100mm	
联锁砖铺面	联锁砖铺装 60mm 砂垫层 30mm 碎石垫层 100mm	①将红色机砖烧制成耐火砖后进行各种不同形式组合做成的一种铺装，作为一种有柔性的铺装材料被使用。 ②较耐磨损且耐久性强。但耐冲撞力较差，部分容易出现边角缺损的现象。 ③砖有保水性，透水能力较强，不易积水

续上表

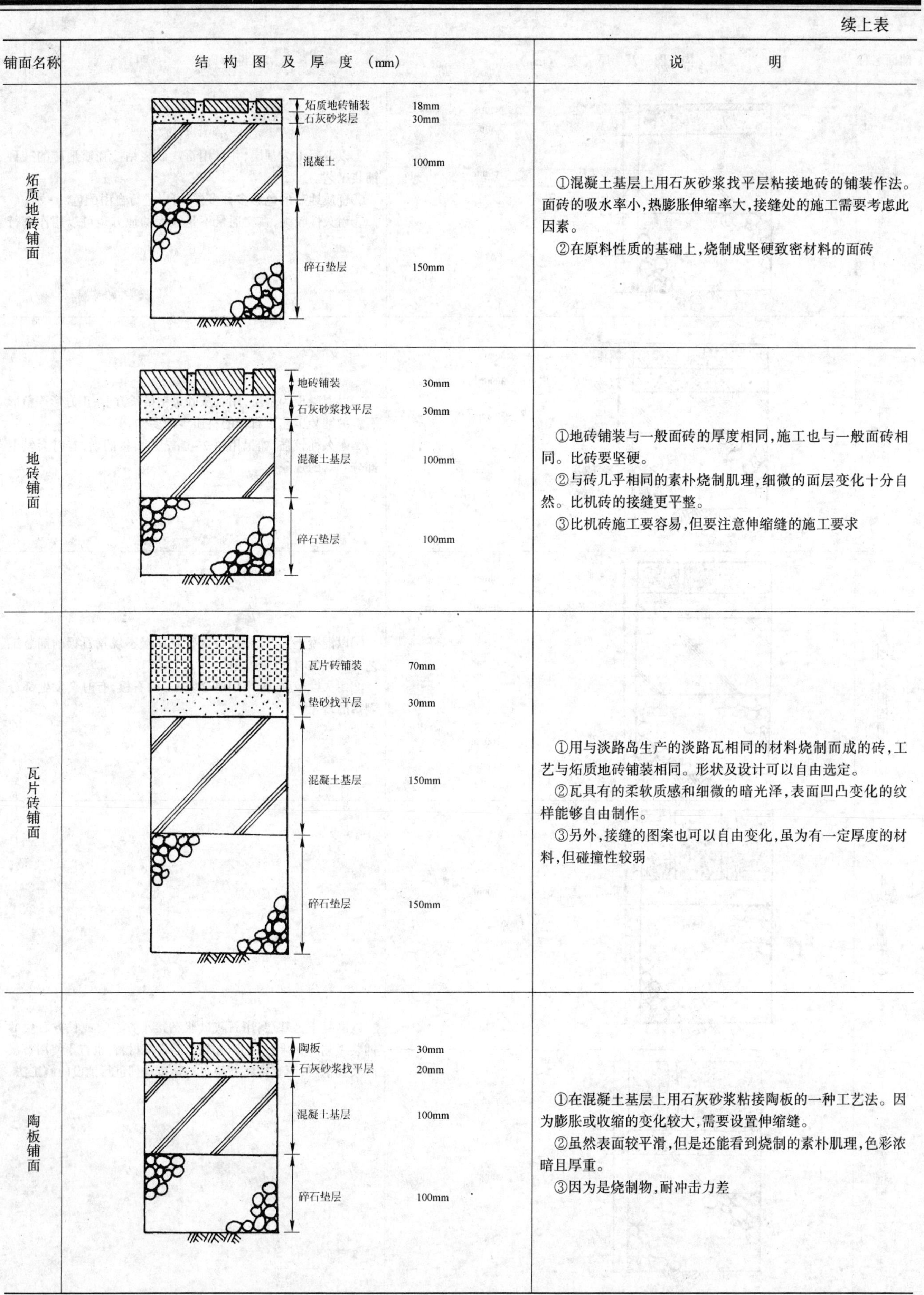

铺面名称	结构图及厚度(mm)	说明
炻质地砖铺面	炻质地砖铺装 18mm 石灰砂浆层 30mm 混凝土 100mm 碎石垫层 150mm	①混凝土基层上用石灰砂浆找平层粘接地砖的铺装作法。面砖的吸水率小，热膨胀伸缩率大，接缝处的施工需要考虑此因素。 ②在原料性质的基础上，烧制成坚硬致密材料的面砖
地砖铺面	地砖铺装 30mm 石灰砂浆找平层 30mm 混凝土基层 100mm 碎石垫层 100mm	①地砖铺装与一般面砖的厚度相同，施工也与一般面砖相同。比砖要坚硬。 ②与砖几乎相同的素朴烧制肌理，细微的面层变化十分自然。比机砖的接缝更平整。 ③比机砖施工要容易，但要注意伸缩缝的施工要求
瓦片砖铺面	瓦片砖铺装 70mm 垫砂找平层 30mm 混凝土基层 150mm 碎石垫层 150mm	①用与淡路岛生产的淡路瓦相同的材料烧制而成的砖，工艺与炻质地砖铺装相同。形状及设计可以自由选定。 ②瓦具有的柔软质感和细微的暗光泽，表面凹凸变化的纹样能够自由制作。 ③另外，接缝的图案也可以自由变化，虽为有一定厚度的材料，但碰撞性较弱
陶板铺面	陶板 30mm 石灰砂浆找平层 20mm 混凝土基层 100mm 碎石垫层 100mm	①在混凝土基层上用石灰砂浆粘接陶板的一种工艺法。因为膨胀或收缩的变化较大，需要设置伸缩缝。 ②虽然表面较平滑，但是还能看到烧制的素朴肌理，色彩浓暗且厚重。 ③因为是烧制物，耐冲击力差

续上表

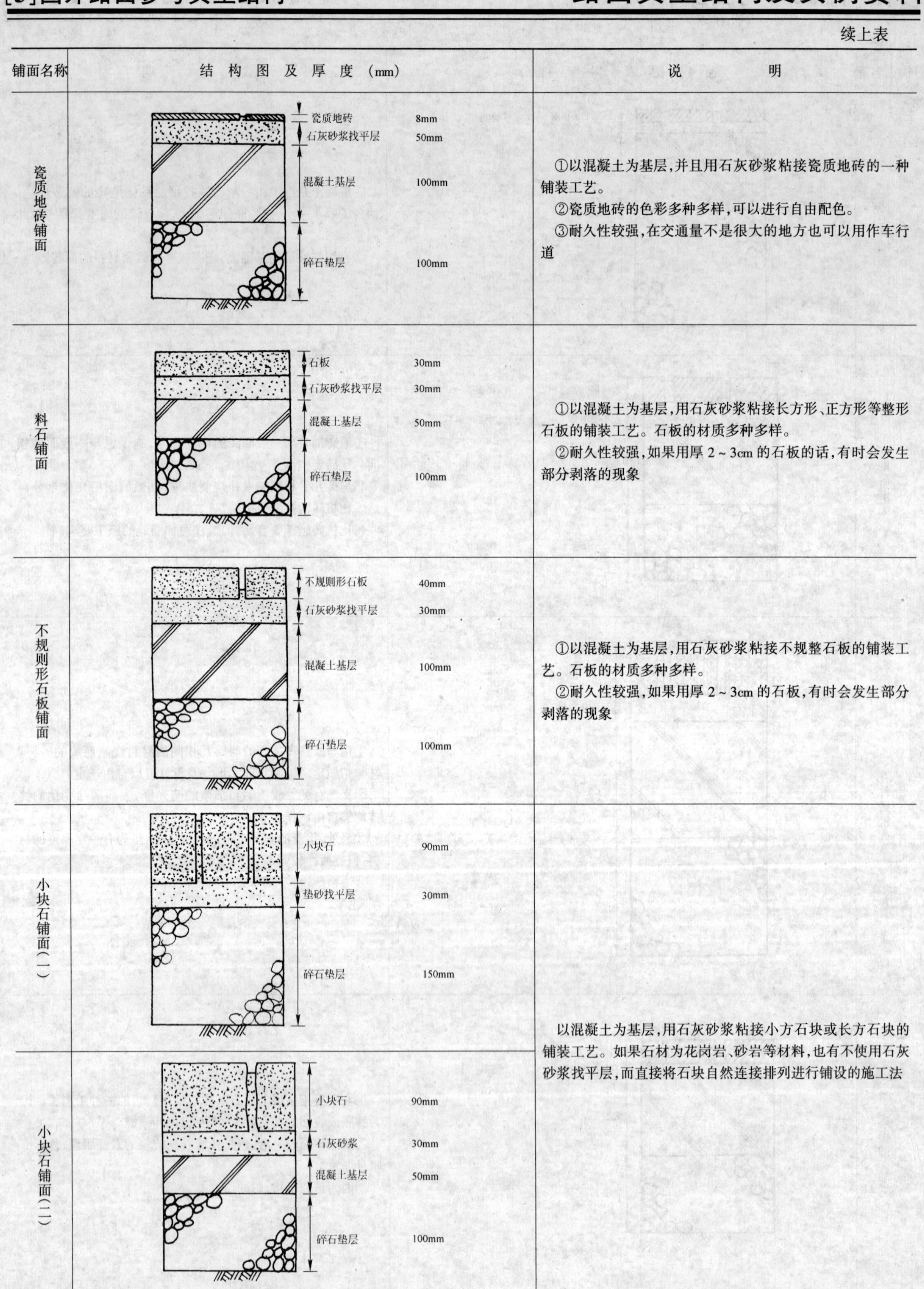

铺面名称	结构图及厚度（mm）	说明
瓷质地砖铺面	瓷质地砖 8mm 石灰砂浆找平层 50mm 混凝土基层 100mm 碎石垫层 100mm	①以混凝土为基层，并且用石灰砂浆粘接瓷质地砖的一种铺装工艺。 ②瓷质地砖的色彩多种多样，可以进行自由配色。 ③耐久性较强，在交通量不是很大的地方也可以用作车行道
料石铺面	石板 30mm 石灰砂浆找平层 30mm 混凝土基层 50mm 碎石垫层 100mm	①以混凝土为基层，用石灰砂浆粘接长方形、正方形等整形石板的铺装工艺。石板的材质多种多样。 ②耐久性较强，如果用厚 2～3cm 的石板的话，有时会发生部分剥落的现象
不规则形石板铺面	不规则形石板 40mm 石灰砂浆找平层 30mm 混凝土基层 100mm 碎石垫层 100mm	①以混凝土为基层，用石灰砂浆粘接不规整石板的铺装工艺。石板的材质多种多样。 ②耐久性较强，如果用厚 2～3cm 的石板，有时会发生部分剥落的现象
小块石铺面(一)	小块石 90mm 垫砂找平层 30mm 碎石垫层 150mm	以混凝土为基层，用石灰砂浆粘接小方石块或长方石块的铺装工艺。如果石材为花岗岩、砂岩等材料，也有不使用石灰砂浆找平层，而直接将石块自然连接排列进行铺设的施工法
小块石铺面(二)	小块石 90mm 石灰砂浆 30mm 混凝土基层 50mm 碎石垫层 100mm	

续上表

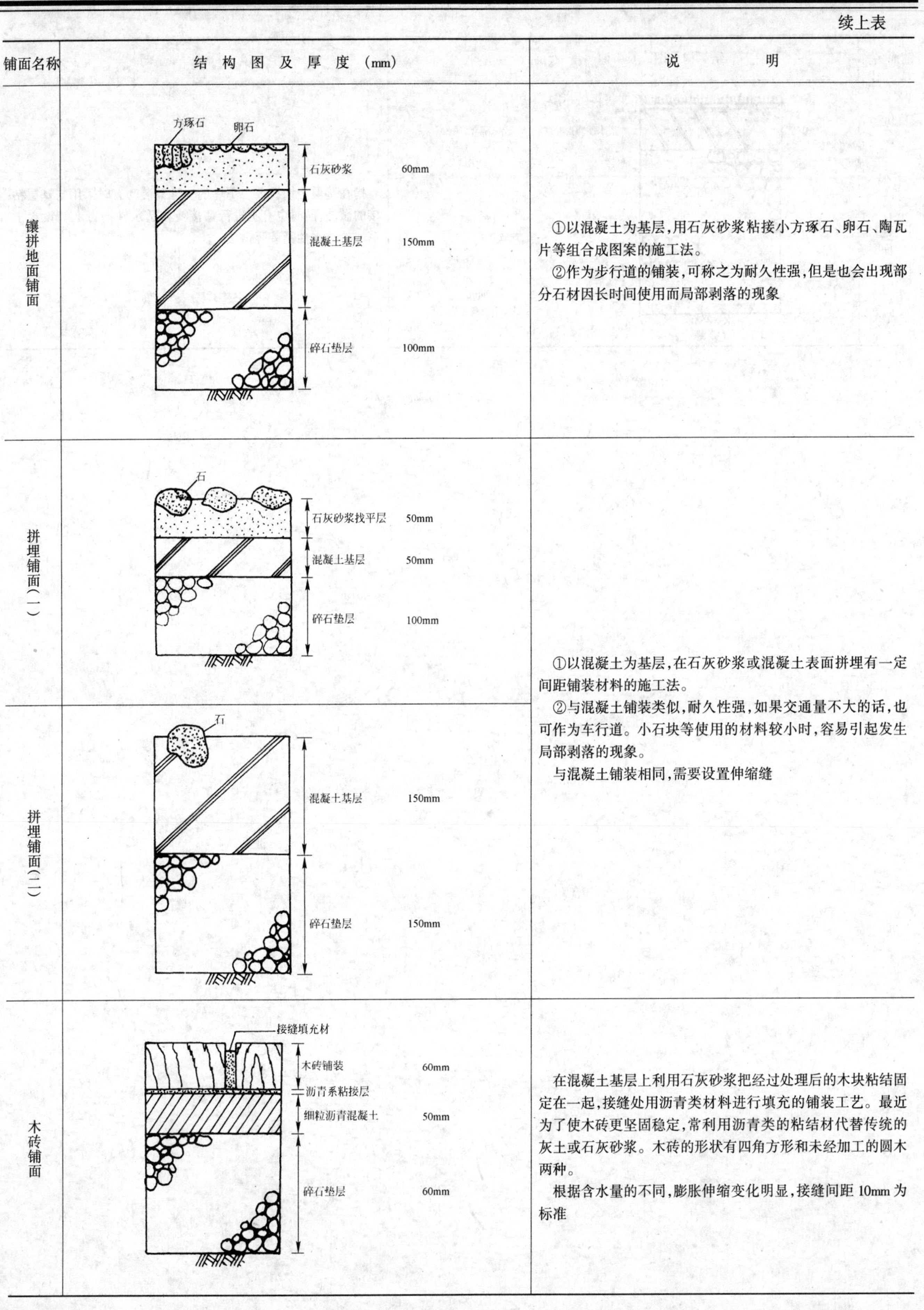

铺面名称	结构图及厚度(mm)	说明
镶拼地面铺面	方琢石 卵石 石灰砂浆 60mm 混凝土基层 150mm 碎石垫层 100mm	①以混凝土为基层,用石灰砂浆粘接小方琢石、卵石、陶瓦片等组合成图案的施工法。 ②作为步行道的铺装,可称之为耐久性强,但是也会出现部分石材因长时间使用而局部剥落的现象
拼埋铺面(一)	石 石灰砂浆找平层 50mm 混凝土基层 50mm 碎石垫层 100mm	①以混凝土为基层,在石灰砂浆或混凝土表面拼埋有一定间距铺装材料的施工法。 ②与混凝土铺装类似,耐久性强,如果交通量不大的话,也可作为车行道。小石块等使用的材料较小时,容易引起发生局部剥落的现象。 与混凝土铺装相同,需要设置伸缩缝
拼埋铺面(二)	石 混凝土基层 150mm 碎石垫层 150mm	
木砖铺面	接缝填充材 木砖铺装 60mm 沥青系粘接层 细粒沥青混凝土 50mm 碎石垫层 60mm	在混凝土基层上利用石灰砂浆把经过处理后的木块粘结固定在一起,接缝处用沥青类材料进行填充的铺装工艺。最近为了使木砖更坚固稳定,常利用沥青类的粘结材代替传统的灰土或石灰砂浆。木砖的形状有四角方形和未经加工的圆木两种。 根据含水量的不同,膨胀伸缩变化明显,接缝间距 10mm 为标准

续上表

铺面名称	结构图及厚度(mm)	说明
人工草坪铺面	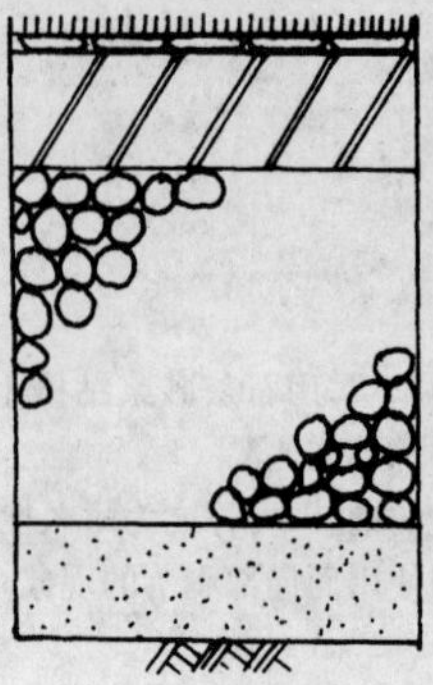 透水性人工草坪（附透水网） 透水性沥青混凝土 50mm 碎石垫层 150mm 过滤砂石层 50mm	指在基层上铺设人工草坪的一种铺装。有时采用与基层粘接的做法，同时也有不进行粘接或在透水性沥青上铺设人工草坪的透水性铺装等做法

A 国内已建成公路路面结构实例

a 国内已建成公路路面结构实例

国内已建成公路路面结构实例　表 10-125

路名及等级	路面结构与厚度(cm)	主要参数
西临高速公路(双幅)	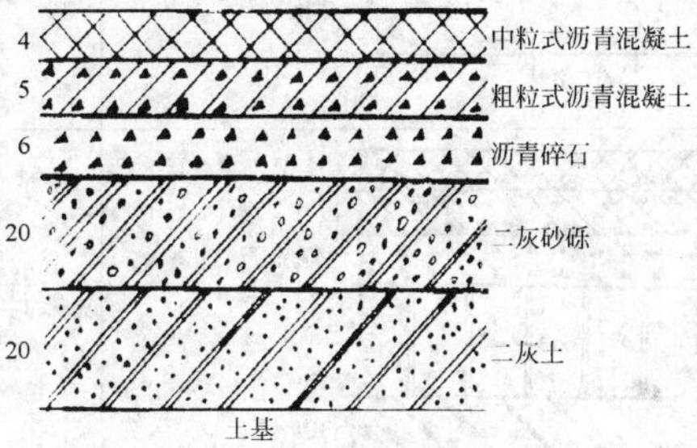 4 中粒式沥青混凝土 5 粗粒式沥青混凝土 6 沥青碎石 20 二灰砂砾 20 二灰土 土基	累计轴次 4.33×10^6 次
西临高速公路(单幅)	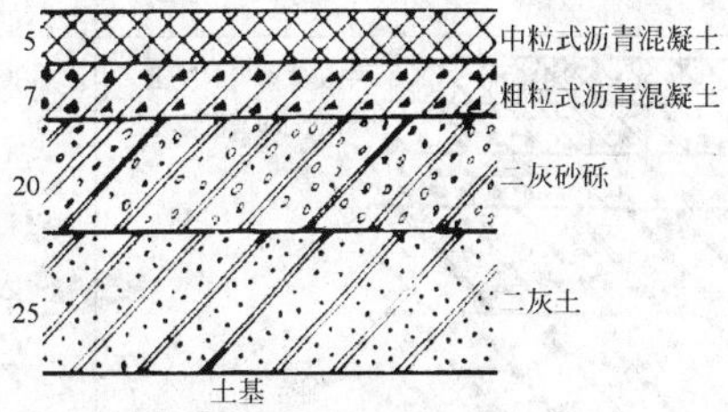 5 中粒式沥青混凝土 7 粗粒式沥青混凝土 20 二灰砂砾 25 二灰土 土基	累计轴次 4.33×10^6 次
京石高速公路(河北段)	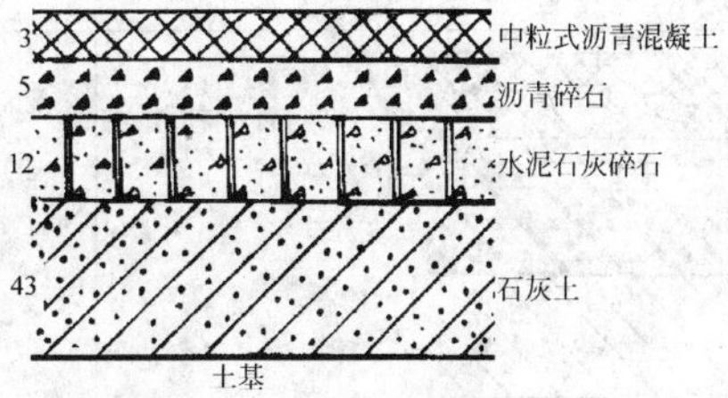 3 中粒式沥青混凝土 5 沥青碎石 12 水泥石灰碎石 43 石灰土 土基	
京津塘高速公路(北京段)	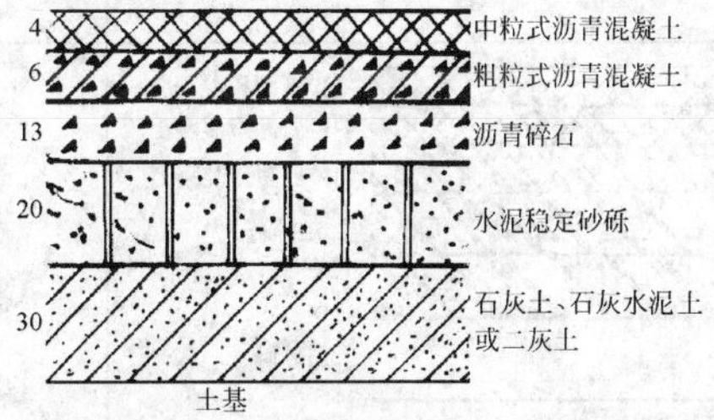 4 中粒式沥青混凝土 6 粗粒式沥青混凝土 13 沥青碎石 20 水泥稳定砂砾 30 石灰土、石灰水泥土或二灰土 土基	累计轴次 27.5×10^6 次
沈阳~铁岭高速公路	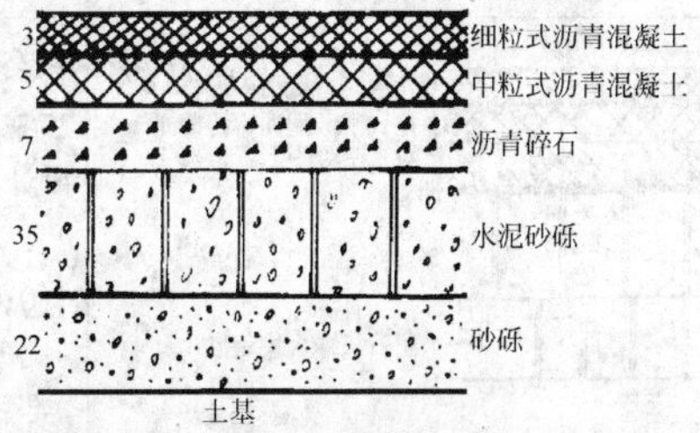 3 细粒式沥青混凝土 5 中粒式沥青混凝土 7 沥青碎石 35 水泥砂砾 22 砂砾 土基	累计轴次 10.9×10^6 次
长春~四平高速公路	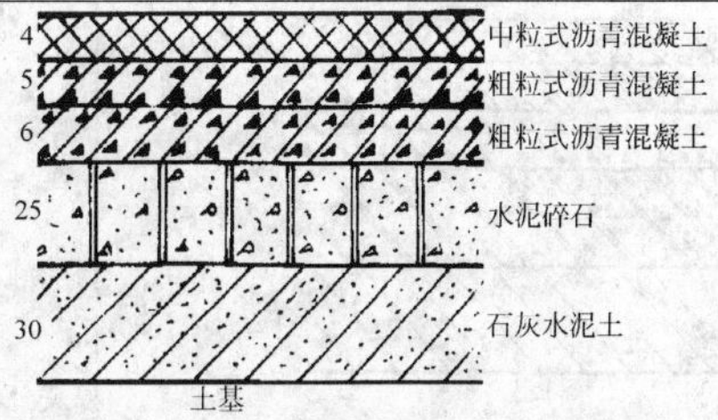 4 中粒式沥青混凝土 5 粗粒式沥青混凝土 6 粗粒式沥青混凝土 25 水泥碎石 30 石灰水泥土 土基	累计轴次 6.37×10^6 次

续上表

路名及等级	路面结构与厚度(cm)	主要参数
泉州~厦门高速公路	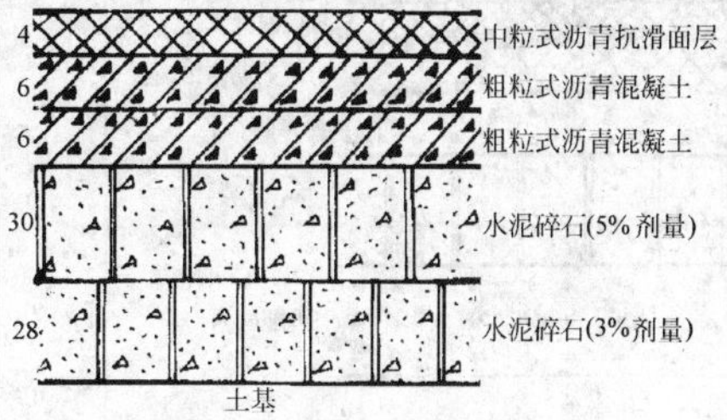 4 中粒式沥青抗滑面层 6 粗粒式沥青混凝土 6 粗粒式沥青混凝土 30 水泥碎石(5%剂量) 28 水泥碎石(3%剂量) 土基	累计轴次 7.45×10^6 次
深圳~汕头高速公路	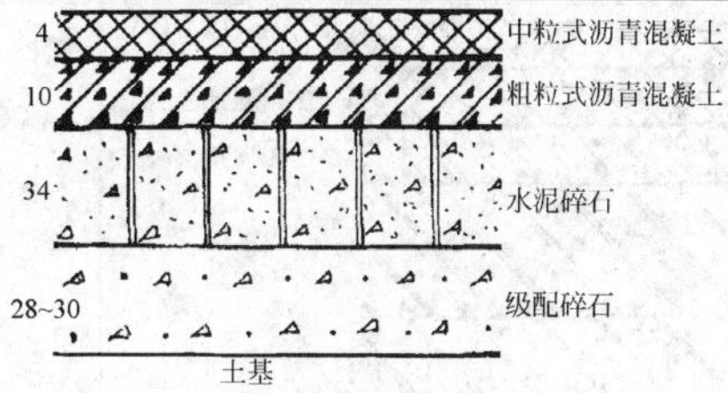 4 中粒式沥青混凝土 10 粗粒式沥青混凝土 34 水泥碎石 28~30 级配碎石 土基	累计轴次 $9.1 \sim 11.8 \times 10^6$ 次
沪嘉高速公路(1985年)	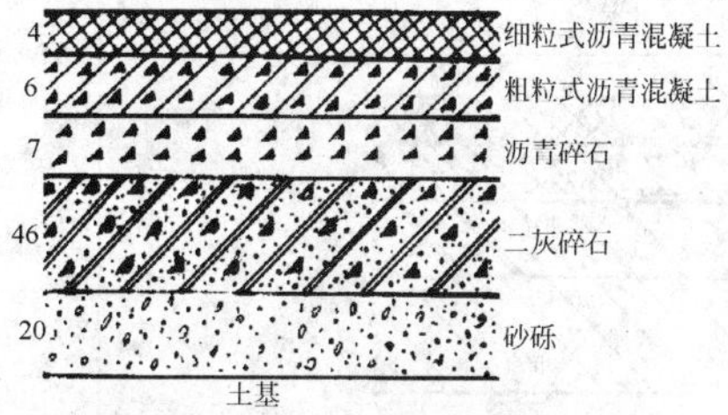 4 细粒式沥青混凝土 6 粗粒式沥青混凝土 7 沥青碎石 46 二灰碎石 20 砂砾 土基	累计轴次 25×10^6 次
沈大高速公路(1985年)	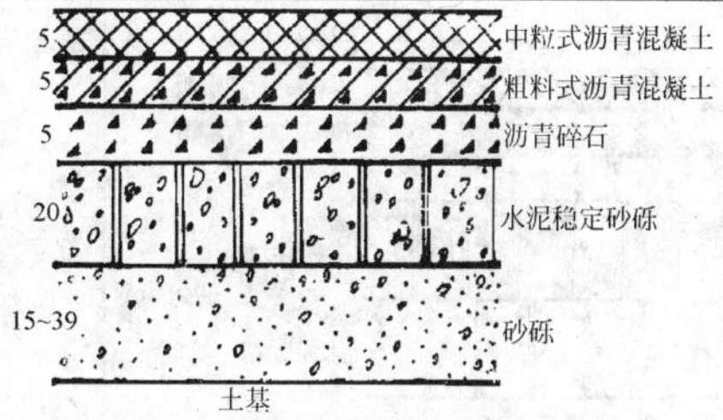 5 中粒式沥青混凝土 5 粗料式沥青混凝土 5 沥青碎石 20 水泥稳定砂砾 15~39 砂砾 土基	累计轴次 18×10^6 次
西三高速公路(1985年)	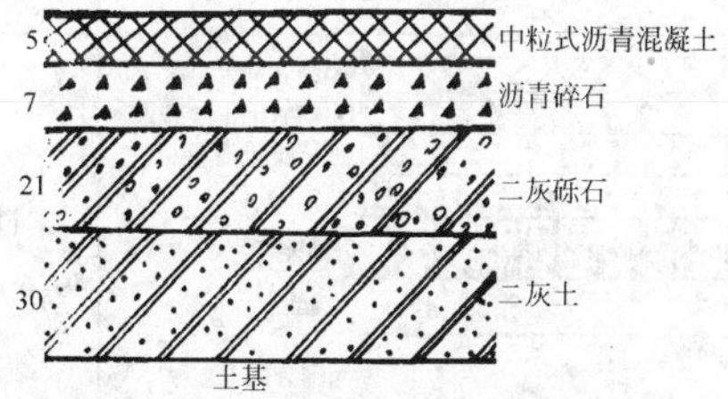 5 中粒式沥青混凝土 7 沥青碎石 21 二灰砾石 30 二灰土 土基	累计轴次 6.3×10^6 次
广佛高速公路	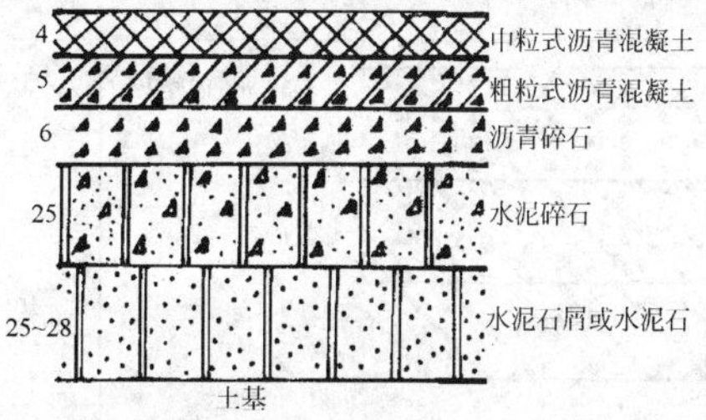 4 中粒式沥青混凝土 5 粗粒式沥青混凝土 6 沥青碎石 25 水泥碎石 25~28 水泥石屑或水泥石 土基	累计轴次 19×10^6 次
郑州~洛阳高速公路	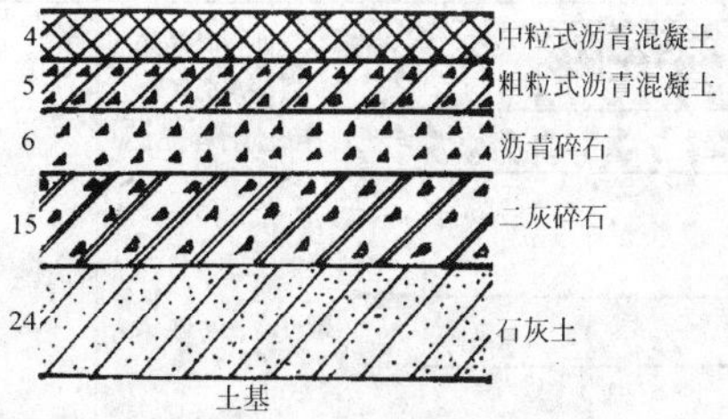 4 中粒式沥青混凝土 5 粗粒式沥青混凝土 6 沥青碎石 15 二灰碎石 24 石灰土 土基	

续上表

路名及等级	路面结构与厚度(cm)	主要参数
佛山~开平高速公路	3 沥青混凝土 7 中粒式沥青混凝土 8 沥青碎石 25 水泥石屑 28 级配碎石 土基	
南京新机场高速公路	4.5 AC-16B型沥青混凝土 6 AC-25Ⅰ型沥青混凝土 6 AC-25Ⅱ型沥青混凝土 34 石灰、粉煤灰、碎石 20 石灰粉煤灰土 土基	
高深高速公路(涿州至北京段)	5 中粒式沥青混凝土 7 粗粒式沥青混凝土 15 二灰碎石 40 石灰土 土基	
海南东干线高速公路	4 中粒式沥青混凝土 4 粗粒式沥青混凝土 4 沥青碎石 20 水泥碎石 20 水泥碎石 土基	
广州至深圳高速公路	4 中粒式沥青混凝土 8 粗粒式沥青混凝土 10 密级配沥青碎石 10 沥青碎石 23 水泥碎石 23 级配碎石 22~23 未筛分碎石 土基	累计轴次 49.6×10^6 次
西安至宝鸡高速公路	4 中粒式沥青混凝土 8 沥青碎石 21 二灰砂砾 22 二灰土 土基	
莘松高速公路(莘庄~新桥段)	4 细粒式沥青混凝土 6 粗粒式沥青混凝土 8 厂拌式沥青碎石 44 粉煤灰三渣 15 砾石砂 土基	

续上表

路名及等级	路面结构与厚度(cm)	主要参数
成渝高速公路(重庆段)	5 中粒式沥青混凝土 7 粗粒式沥青混凝土 20 二灰碎石 36 级配碎石 土基	累计轴次 15.7×10^6 次
济青高速公路(淄川段)	4 中粒式沥青混凝土 5 粗粒式沥青混凝土 6 沥青碎石 34 水泥砂砾 18 二灰土 土基	累计轴次 19.1×10^6 次
沪宁高速公路	4 中粒式沥青混凝土 6 粗粒式沥青混凝土 6 沥青碎石 30 二灰碎石 30 二灰土 土基	累计轴次 28×10^6 次
南京至南通高速公路(扬州段)	4 中粒式多碎石沥青混凝土 6 粗粒式多碎石沥青混凝土 6 沥青碎石 20 二灰碎石 33 石灰土 土基	
长春至吉林高速公路	4 中粒式沥青混凝土 5 中粒式沥青混凝土 6 粗粒式沥青混凝土 25 二灰碎石 15~30 二灰土 30~50 天然砂砾 土基	
厦漳高速公路(厦门段)	4 多碎石沥青抗滑表层(SAL 16) 4 中粒式密级配沥青混凝土 6 粗粒式密级配沥青混凝土 1 沥青砂封层 33 5%水泥稳定级配碎石 20 水泥石灰综合稳定砂土 土基	累计轴次 25.36×10^6 次 设计弯沉 L_d = 25.36 (0.01mm) 路基干湿 类型:中湿
石家庄至太原高速公路(河北段)	4 沥青混凝土 5 沥青混凝土 6 沥青碎石 22 二灰碎石 20~25 石灰土 土基	

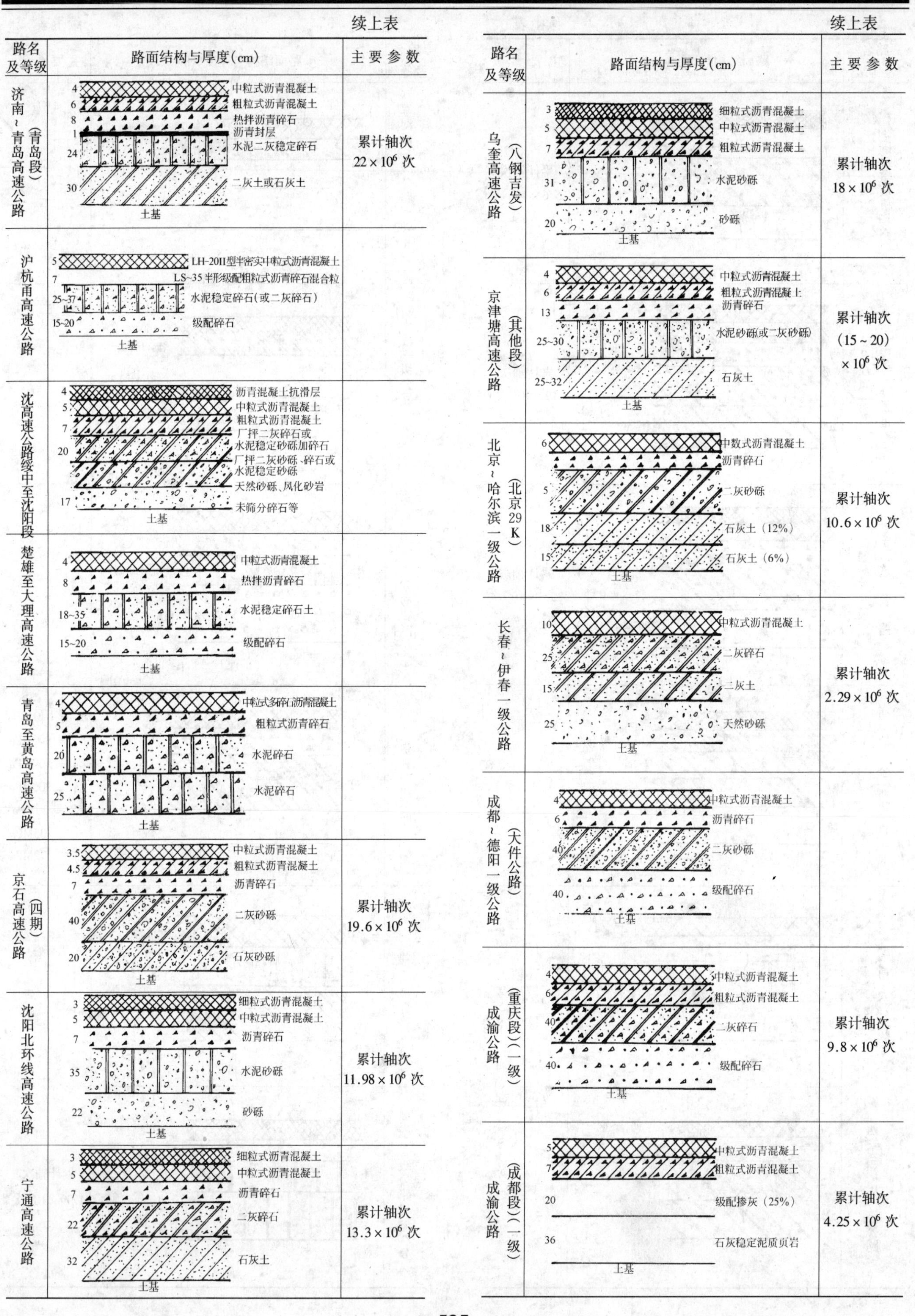

续上表

路名及等级	路面结构与厚度(cm)	主要参数
济南~青岛高速公路(青岛段)	4 中粒式沥青混凝土 6 粗粒式沥青混凝土 8 热拌沥青碎石 1 沥青封层 24 水泥二灰稳定碎石 30 二灰土或石灰土 土基	累计轴次 22×10^6 次
沪杭甬高速公路	5 LH-20II型半密实中粒式沥青混凝土 7 LS-35半开级配粗粒式沥青碎石混合料 25~37 水泥稳定碎石(或二灰碎石) 15~20 级配碎石 土基	
沈高速公路绥中至沈阳段	4 沥青混凝土抗滑层 5 中粒式沥青混凝土 7 粗粒式沥青混凝土 20 厂拌二灰碎石或水泥稳定砂砾加碎石 厂拌二灰砂砾、碎石或水泥稳定砂砾 17 天然砂砾、风化砂岩未筛分碎石等 土基	
楚雄至大理高速公路	4 中粒式沥青混凝土 8 热拌沥青碎石 18~35 水泥稳定碎石土 15~20 级配碎石 土基	
青岛至黄岛高速公路	4 中粒式多碎石沥青混凝土 5 粗粒式沥青碎石 20 水泥碎石 25 水泥碎石 土基	
京石高速公路(四期)	3.5 中粒式沥青混凝土 4.5 粗粒式沥青混凝土 7 沥青碎石 40 二灰砂砾 20 石灰砂砾 土基	累计轴次 19.6×10^6 次
沈阳北环线高速公路	3 细粒式沥青混凝土 5 中粒式沥青混凝土 7 沥青碎石 35 水泥砂砾 22 砂砾 土基	累计轴次 11.98×10^6 次
宁通高速公路	3 细粒式沥青混凝土 5 中粒式沥青混凝土 7 沥青碎石 22 二灰碎石 32 石灰土 土基	累计轴次 13.3×10^6 次

续上表

路名及等级	路面结构与厚度(cm)	主要参数
乌奎高速公路(八钢吉发)	3 细粒式沥青混凝土 5 中粒式沥青混凝土 7 粗粒式沥青混凝土 31 水泥砂砾 20 砂砾 土基	累计轴次 18×10^6 次
京津塘高速公路(其他段)	4 中粒式沥青混凝土 6 粗粒式沥青混凝土 13 沥青碎石 25~30 水泥砂砾(或二灰砂砾) 25~32 石灰土 土基	累计轴次 $(15\sim20)\times10^6$ 次
北京~哈尔滨一级公路(北京29K)	6 中数式沥青混凝土 沥青碎石 5 二灰砂砾 18 石灰土(12%) 15 石灰土(6%) 土基	累计轴次 10.6×10^6 次
长春~伊春一级公路	10 中粒式沥青混凝土 25 二灰碎石 15 二灰土 25 天然砂砾 土基	累计轴次 2.29×10^6 次
成都~德阳一级公路(大件公路)	4 中粒式沥青混凝土 6 沥青碎石 40 二灰砂砾 40 级配碎石 土基	
成渝公路(重庆段)(一级)	4 中粒式沥青混凝土 6 粗粒式沥青混凝土 40 二灰碎石 40 级配碎石 土基	累计轴次 9.8×10^6 次
成渝公路(成都段)(一级)	5 中粒式沥青混凝土 7 粗粒式沥青混凝土 20 级配掺灰(25%) 36 石灰稳定泥质页岩 土基	累计轴次 4.25×10^6 次

10

续上表

路名及等级	路面结构与厚度(cm)	主要参数
210国道重庆机场路（一级）	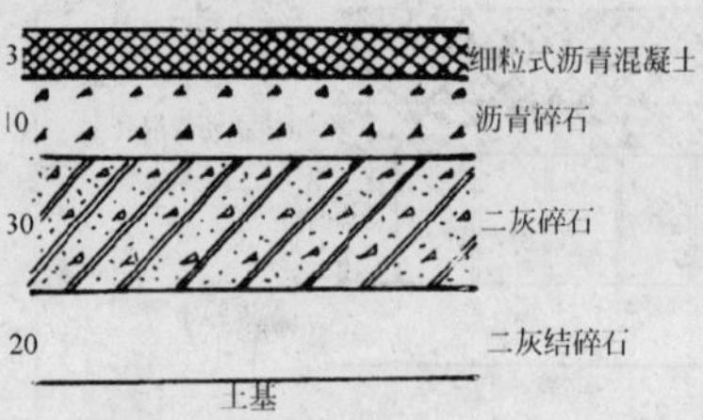 3 细粒式沥青混凝土；10 沥青碎石；30 二灰碎石；20 二灰结碎石；土基	累计轴次 5.6×10^6 次
南京～连云港（B段）（一级）	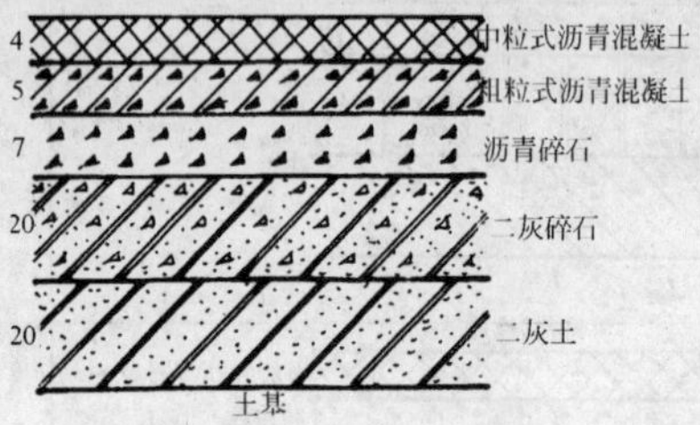 4 中粒式沥青混凝土；5 粗粒式沥青混凝土；7 沥青碎石；20 二灰碎石；20 二灰土；土基	累计轴次 19×10^6 次
宁连公路（南城）（一级）	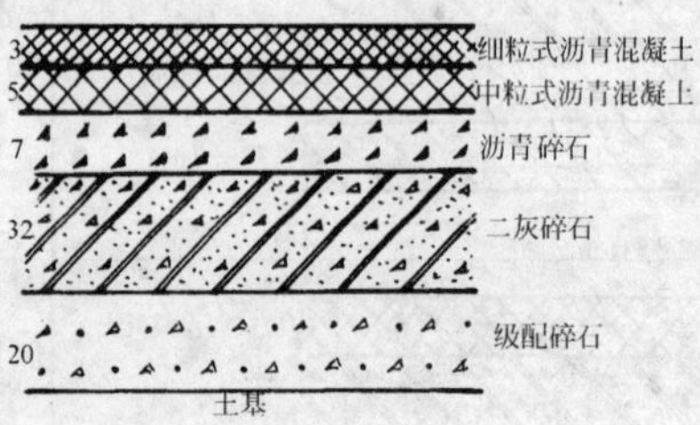 3 细粒式沥青混凝土；5 中粒式沥青混凝土；7 沥青碎石；32 二灰碎石；20 级配碎石；土基	累计轴次 20.3×10^6 次
通快公路1110K（一级）	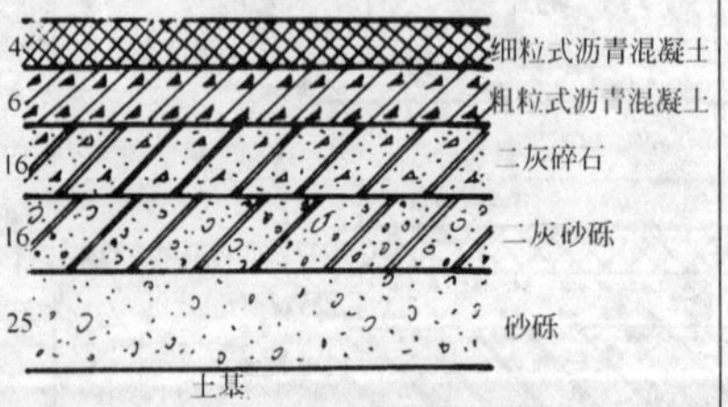 4 细粒式沥青混凝土；6 粗粒式沥青混凝土；16 二灰碎石；16 二灰砂砾；25 砂砾；土基	
乌昌公路（新疆）（一级）	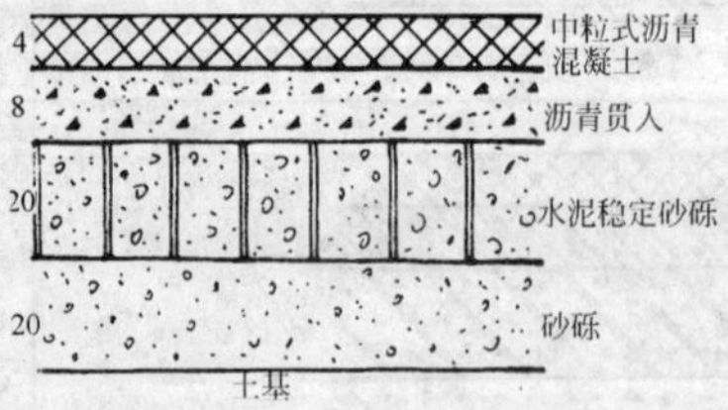 4 中粒式沥青混凝土；8 沥青贯入；20 水泥稳定砂砾；20 砂砾；土基	累计轴次 3.5×10^6 次
西安至铜川一级公路	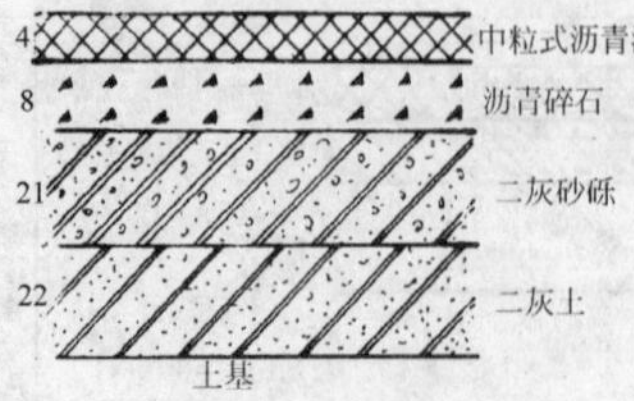 4 中粒式沥青混凝土；8 沥青碎石；21 二灰砂砾；22 二灰土；土基	

续上表

路名及等级	路面结构与厚度(cm)	主要参数
军河段一级公路（1982年）	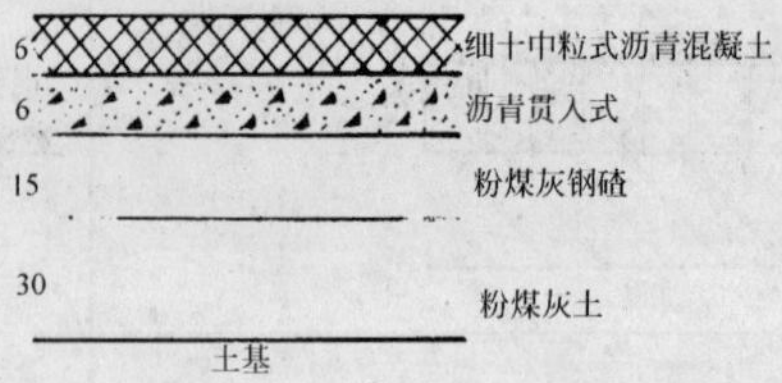 6 细十中粒式沥青混凝土；6 沥青贯入式；15 粉煤灰钢碴；30 粉煤灰土；土基	
黄南段一级公路（1982年）	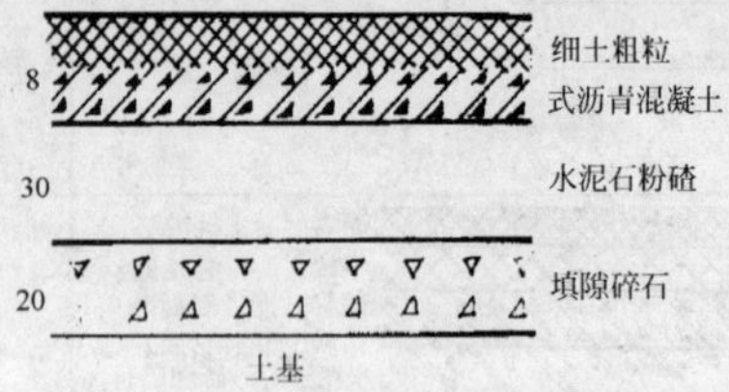 8 细十粗粒式沥青混凝土；30 水泥石粉碴；20 填隙碎石；土基	
沈抚南线一级公路（1973年）	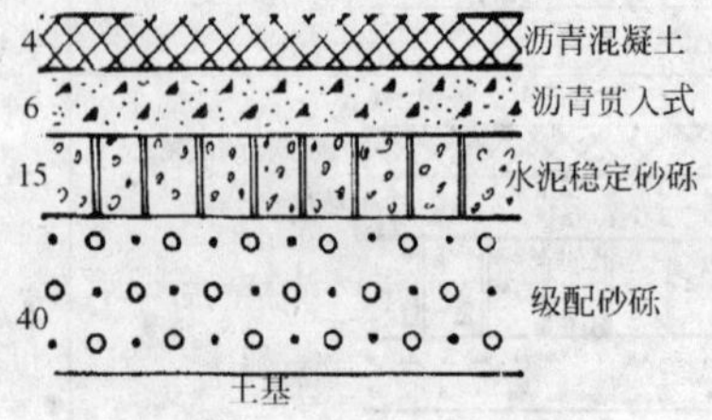 4 沥青混凝土；6 沥青贯入式；15 水泥稳定砂砾；40 级配砂砾；土基	
贵黄一级公路	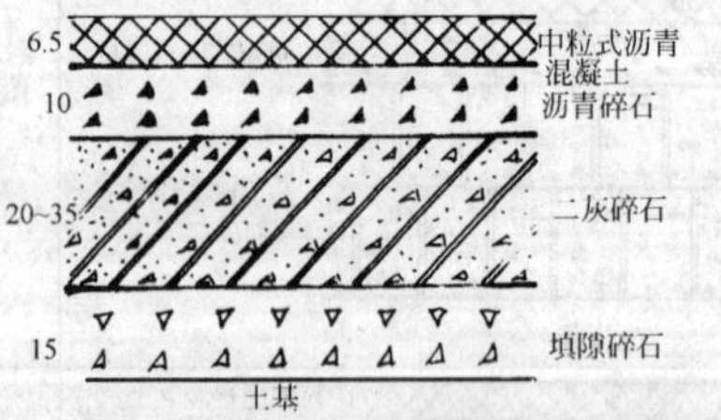 6.5 中粒式沥青混凝土；10 沥青碎石；20～35 二灰碎石；15 填隙碎石；土基	E_1 = 1 100MPa E_2 = 800MPa E_3 = 500MPa E_4 = 200MPa E_0 = 20MPa 35MPa 72MPa
通黄一级公路	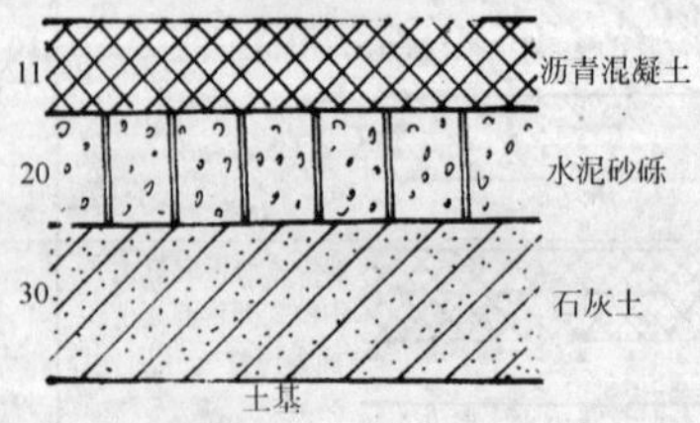 11 沥青混凝土；20 水泥砂砾；30 石灰土；土基	
泰莱一级公路11～20K	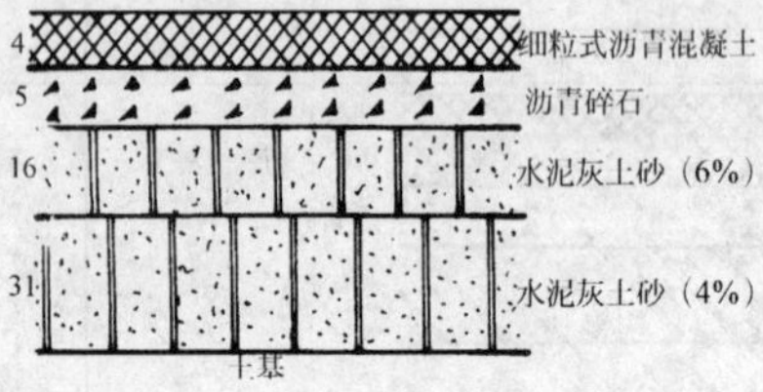 4 细粒式沥青混凝土；5 沥青碎石；16 水泥灰土砂（6%）；31 水泥灰土砂（4%）；土基	累计轴次 4.99×10^6 次

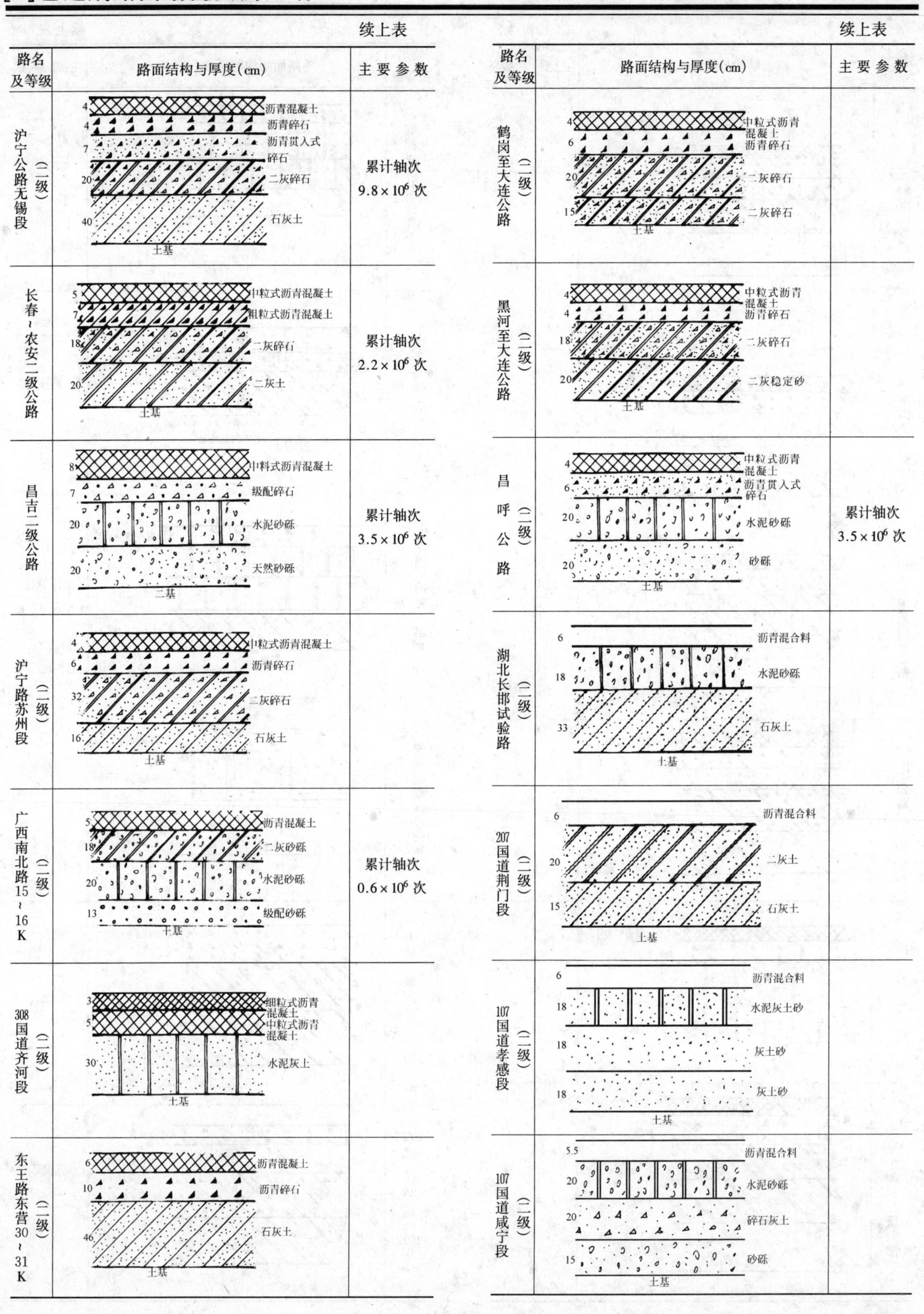

续上表

路名及等级	路面结构与厚度(cm)	主要参数
沪宁公路无锡段(二级)	4 沥青混凝土 4 沥青碎石 7 沥青贯入式碎石 20 二灰碎石 40 石灰土 土基	累计轴次 9.8×10^6 次
长春~农安二级公路	5 中粒式沥青混凝土 7 粗粒式沥青混凝土 18 二灰碎石 20 二灰土 土基	累计轴次 2.2×10^6 次
昌吉二级公路	8 中料式沥青混凝土 7 级配碎石 20 水泥砂砾 20 天然砂砾 土基	累计轴次 3.5×10^6 次
沪宁路苏州段(二级)	4 中粒式沥青混凝土 6 沥青碎石 32 二灰碎石 16 石灰土 土基	
广西南北路15~16K(二级)	5 沥青混凝土 18 二灰砂砾 20 水泥砂砾 13 级配砂砾 土基	累计轴次 0.6×10^6 次
308国道齐河段(二级)	3 细粒式沥青混凝土 5 中粒式沥青混凝土 30 水泥灰土 土基	
东王路东营30~31K(二级)	6 沥青混凝土 10 沥青碎石 46 石灰土 土基	

续上表

路名及等级	路面结构与厚度(cm)	主要参数
鹤岗至大连公路(二级)	4 中粒式沥青混凝土 6 沥青碎石 20 二灰碎石 15 二灰碎石 土基	
黑河至大连公路(二级)	4 中粒式沥青混凝土 4 沥青碎石 18 二灰碎石 20 二灰稳定砂 土基	
昌呼公路(二级)	4 中粒式沥青混凝土 6 沥青贯入式碎石 20 水泥砂砾 20 砂砾 土基	累计轴次 3.5×10^6 次
湖北长邯试验路(二级)	6 沥青混合料 18 水泥砂砾 33 石灰土 土基	
207国道荆门段(二级)	6 沥青混合料 20 二灰土 15 石灰土 土基	
107国道孝感段(二级)	6 沥青混合料 18 水泥灰土砂 18 灰土砂 18 灰土砂 土基	
107国道咸宁段(二级)	5.5 沥青混合料 20 水泥砂砾 20 碎石灰土 15 砂砾 土基	

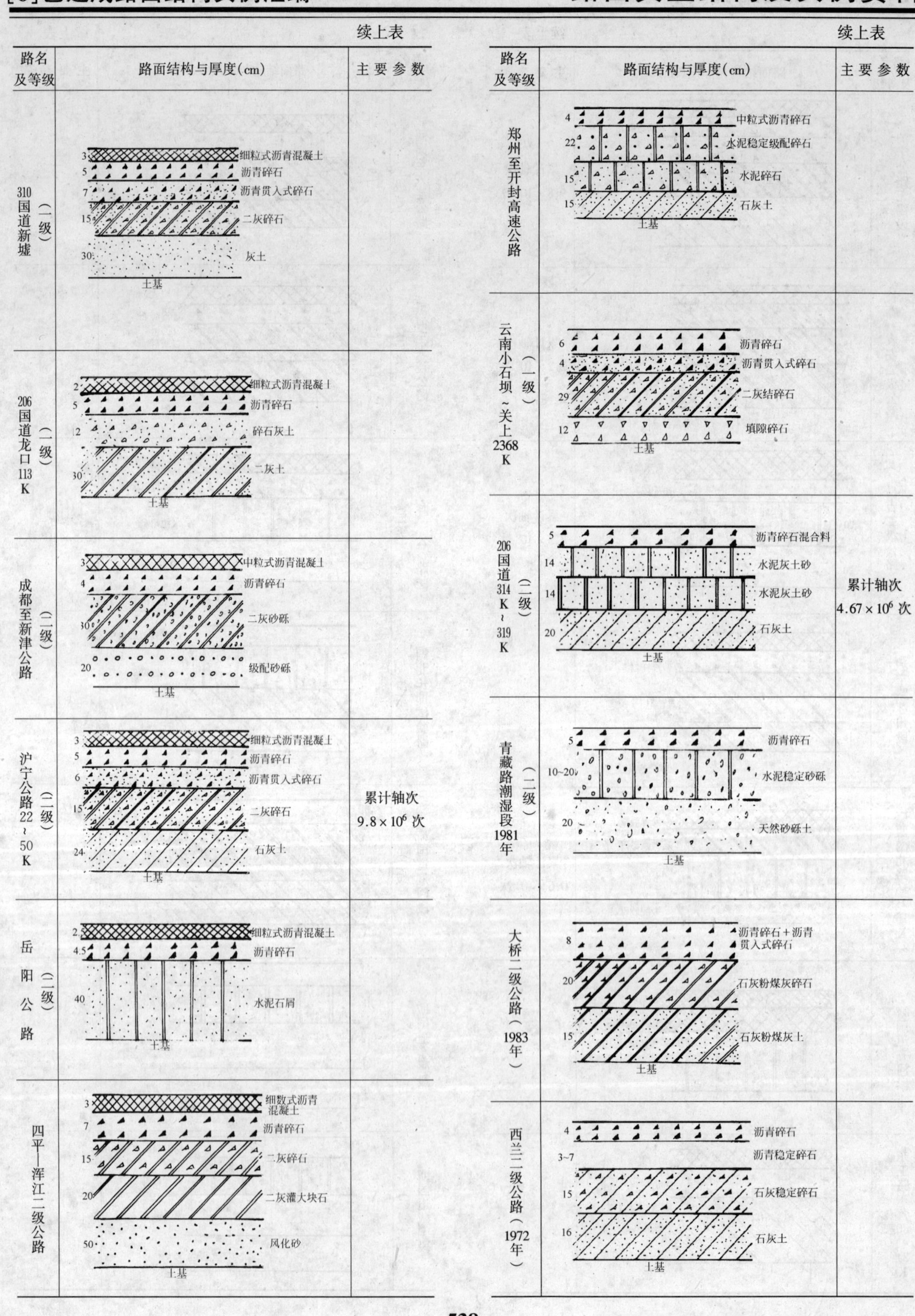

续上表

路名及等级	路面结构与厚度(cm)	主要参数
310国道新墟（二级）	3 细粒式沥青混凝土；5 沥青碎石；7 沥青贯入式碎石；15 二灰碎石；30 灰土；土基	
206国道龙口113K（二级）	2 细粒式沥青混凝土；5 沥青碎石；12 碎石灰土；30 二灰土；土基	
成都至新津公路（二级）	3 中粒式沥青混凝土；4 沥青碎石；30 二灰砂砾；20 级配砂砾；土基	
沪宁公路22～50K（二级）	3 细粒式沥青混凝土；5 沥青碎石；6 沥青贯入式碎石；15 二灰碎石；24 石灰土；土基	累计轴次 9.8×10^6 次
岳阳公路（二级）	2.5 细粒式沥青混凝土；4.5 沥青碎石；40 水泥石屑；土基	
四平—浑江二级公路	3 细数式沥青混凝土；7 沥青碎石；15 二灰碎石；20 二灰灌大块石；50 风化砂；土基	

续上表

路名及等级	路面结构与厚度(cm)	主要参数
郑州至开封高速公路	4 中粒式沥青碎石；22 水泥稳定级配碎石；15 水泥碎石；15 石灰土；土基	
云南小石坝～关上2368K（二级）	6 沥青碎石；4 沥青贯入式碎石；29 二灰结碎石；12 填隙碎石；土基	
206国道314K～319K（二级）	5 沥青碎石混合料；14 水泥灰土砂；14 水泥灰土砂；20 石灰土；土基	累计轴次 4.67×10^6 次
青藏路潮湿段1981年（二级）	5 沥青碎石；10～20 水泥稳定砂砾；20 天然砂砾土；土基	
大桥二级公路（1983年）	8 沥青碎石＋沥青贯入式碎石；20 石灰粉煤灰碎石；15 石灰粉煤灰土；土基	
西兰二级公路（1972年）	4 沥青碎石；3～7 沥青稳定碎石；15 石灰稳定碎石；16 石灰土；土基	

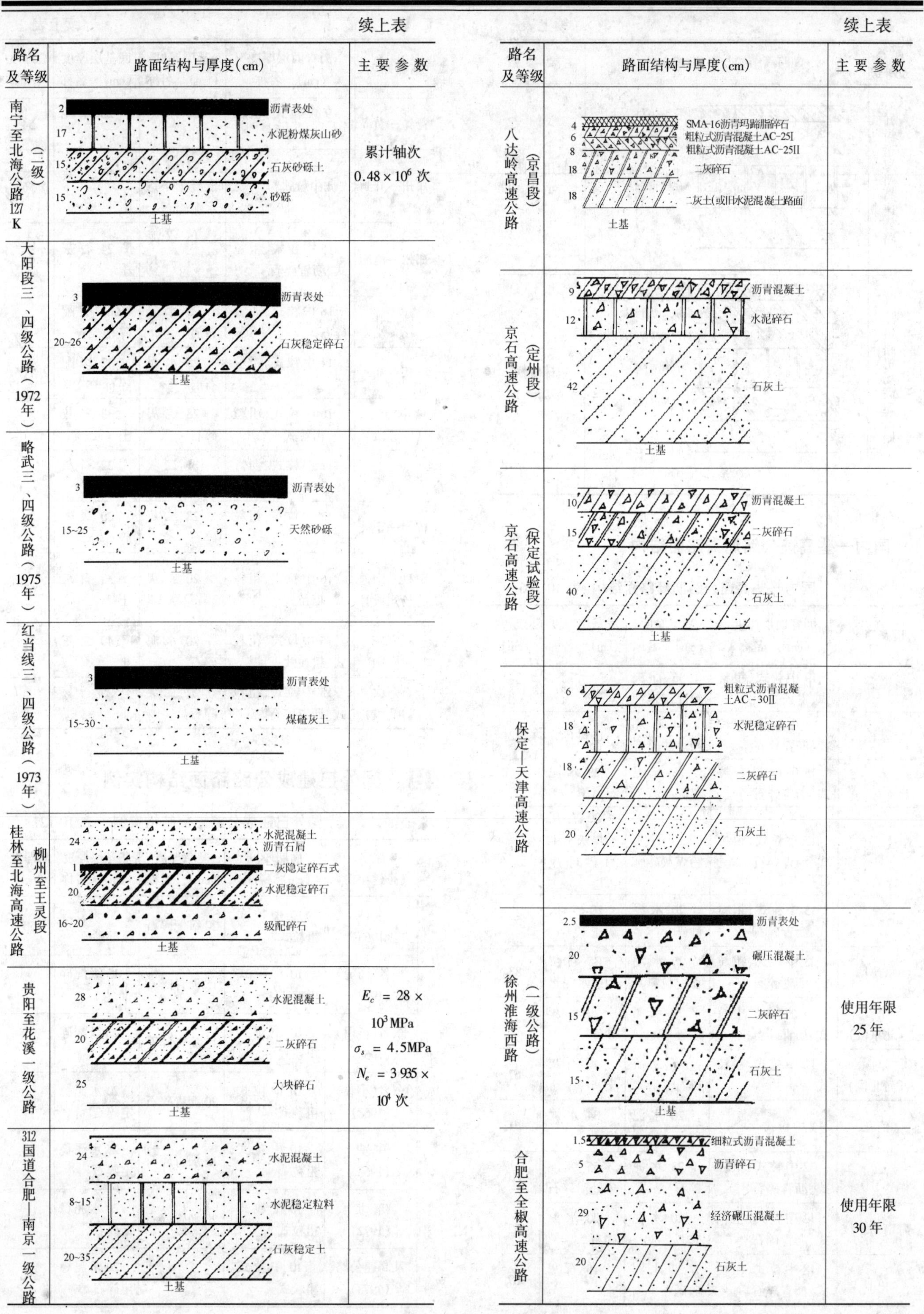

续上表

路名及等级	路面结构与厚度(cm)	主要参数
南宁至北海公路127K（二级）	2 沥青表处 17 水泥粉煤灰山砂 15 石灰砂砾土 15 砂砾 土基	累计轴次 0.48×10^6 次
大阳段三、四级公路（1972年）	3 沥青表处 20~26 石灰稳定碎石 土基	
略武三、四级公路（1975年）	3 沥青表处 15~25 天然砂砾 土基	
红当线三、四级公路（1973年）	3 沥青表处 15~30 煤碴灰土 土基	
桂林至北海高速公路 柳州至王灵段	24 水泥混凝土 1 沥青石屑 20 二灰稳定碎石式 水泥稳定碎石 16~20 级配碎石 土基	
贵阳至花溪一级公路	28 水泥混凝土 20 二灰碎石 25 大块碎石 土基	$E_c = 28\times10^3$ MPa $\sigma_s = 4.5$MPa $N_e = 3\,935\times10^4$ 次
312国道合肥—南京一级公路	24 水泥混凝土 8~15 水泥稳定粒料 20~35 石灰稳定土 土基	

续上表

路名及等级	路面结构与厚度(cm)	主要参数
八达岭高速公路（京昌段）	4 SMA-16沥青玛蹄脂碎石 6 粗粒式沥青混凝土AC-25I 8 粗粒式沥青混凝土AC-25II 18 二灰碎石 18 二灰土(或旧水泥混凝土路面) 土基	
京石高速公路（定州段）	9 沥青混凝土 12 水泥碎石 42 石灰土 土基	
京石高速公路（保定试验段）	10 沥青混凝土 15 二灰碎石 40 石灰土 土基	
保定—天津高速公路	6 粗粒式沥青混凝土AC-30II 18 水泥稳定碎石 18 二灰碎石 20 石灰土	
徐州淮海西路（一级公路）	2.5 沥青表处 20 碾压混凝土 15 二灰碎石 15 石灰土 土基	使用年限25年
合肥至全椒高速公路	1.5 细粒式沥青混凝土 5 沥青碎石 29 经济碾压混凝土 20 石灰土	使用年限30年

10

续上表

路名及等级	路面结构与厚度(cm)	主要参数
开封至郑州高速公路	5 中粒式沥青混凝土 22 碾压混凝土 15 水泥稳定碎石 15 石灰水泥综合稳定土	使用年限30年
道路机场高速公路	4 SMA-16沥青玛蹄脂碎石 6 粗粒式沥青混凝土 8 粗粒式沥青混凝土 18 水泥稳定砂砾 16 二灰砂砾 15 石灰土	累计轴次 7.8×10^6 次

b　国内一些高速公路沥青路面结构

国内一些高速公路沥青路面结构　表 10-126

道路简名	沥青面层厚度(cm)　名称	基层厚度(cm)　名称	底基层厚度(cm)　名称	总厚度(cm)
沪嘉	19 中粒式、粗料式、贯入式	36 石灰粉煤灰碎石	20 砂砾	75
莘松	23 中粒式、粗粒式、沥青碎石	34 石灰粉煤灰碎石	15 砂砾	72
广佛	15 中粒式、粗粒式、沥青碎石	25 水泥级配碎石	28 水泥石屑土	68
西临	15 中粒式、粗粒式、沥青碎石	20 石灰粉煤灰砂砾	20 石灰粉煤灰土+20 砂砾改善层	75
沈大	15 中粒式、粗粒式、沥青碎石	20 水泥砂砾	20 砂砾、矿渣	55
京津塘	23 中粒式、粗粒式、沥青碎石	25 水泥稳定粒料	35 石灰土或水泥土	83
京石(北京段)	15 细粒式、中粒式、沥青碎石	20 水泥砂砾	20 二灰砂砾	55
京深(河北段)	12 中粒式、粗粒式	15 二灰碎石	40 石灰土	67
广花	7 中粒式	20 水泥碎石	34 水泥石屑	61
广深	32 中粒式、粗粒式、沥青碎石	23 水泥碎石	55 级配未处治碎石	110
海南东干线	12 中粒式、粗粒式、沥青碎石	20 水泥碎石	20 水泥碎石	52
济青	18 中粒式、粗粒式、沥青碎石	34 水泥砂砾	15 石灰土	67

续上表

道路简名	沥青面层厚度(cm)　名称	基层厚度(cm)　名称	底基层厚度(cm)　名称	总厚度(cm)
青岛—黄岛	9 中粒式、粗粒式	20 水泥碎石	25 水泥碎石	54
郑州—开封	4 中粒式	22 碾压混凝土+15 水泥碎石	15 石灰土	56
郑州—洛阳	15 中粒式、粗粒式、沥青碎石	15 水泥碎石+15 二灰碎石	24 石灰土	69
佛—开	18 中粒式、沥青碎石	25 水泥石屑	23 级配碎石	66
深—汕	14 中粒式、粗粒式	25 水泥石屑	32 级配碎石	71
沪宁(江苏段)	16 中粒式、粗粒式、粗粒式	28 二灰碎石	33 二灰土	77
西安—铜川	12 中粒式、沥青碎石	21 二灰砂砾	22 石灰土	55
杭州—宁波	12 中粒式、粗粒式	28 二灰碎石	20 级配碎石	60
南京—南通(杨州段)	16 中粒式、粗粒式、粗粒式	20 二灰碎石	33 石灰土	69
石家庄—安阳	15 中粒式、粗粒式、粗粒式	20 水泥碎石	40 二灰土	75
石—太(河北段)	15 中粒式、粗粒式、沥青碎石	22 二灰碎石	25 石灰土	66

B　国外已建成公路路面结构实例

国外已建成公路路面结构实例　表 10-127

国名	路名(修建年份)	面层厚度(cm)　名称	基层厚度(cm)　名称	底基层厚度(cm)　名称	总厚度(cm)
日本	名神(1963)	10 中粒式、粗粒式	20 级配碎石	20 未处理级配砂砾	50
日本	东名(冈琦)(1967)	10 中粒式、粗粒式	15 沥青碎石	15 级配碎石	40
日本	东名(丰田)(1968)	10 中粒式、粗粒式	18 沥青碎石	22 级配碎石	50
日本	东名(小牧)(1968)	10 中粒式、粗粒式	20 沥青碎石	20 水泥稳定碎石	50
日本	中央(1968)	10 中粒式、粗粒式	15 沥青碎石	25 水泥稳定碎石	50
日本	东北(1972)	10 中粒式、粗粒式	20 沥青碎石	20 水泥稳定碎石	50
日本	某高速公路(1973)	10 中粒式、粗粒式	15 沥青碎石	20 水泥稳定碎石	45

10

续上表

国名	路名（修建年份）	面层厚度（cm） 名称	基层厚度（cm） 名称	底基层厚度（cm） 名称	总厚度（cm）
日本	北陆（1974）	10 中粒式、粗粒式	10 沥青碎石	30 水泥稳定碎石	50
	札幌（1973）	10 中粒式、粗粒式	20 沥青碎石	50 未筛分碎石	80
	道央（1982）	10 中粒式、粗粒式	15 沥青碎石	25 水泥稳定碎石	50
英国	高速公路（一）	9.5 热压式沥青混凝土	35.6 贫混凝土	15.2 级配砂砾	60.3
	高速公路（二）	3.8+6.8+6.3 沥青混凝土	19 贫混凝土	20 级配砂砾	55.9
	高速公路（三）	3.5+8.5 沥青面层	18 地沥青稳定处理层+15 水泥土	35 防冻层	65
	快速干道	4+6 沥青面层	7.5 沥青结合层+17.5 贫混凝土	干砾石垫层（厚度由CBR确定）	35+垫层厚
美国	高速公路（一）	4+9 沥青混凝土	17.5 沥青贯入式+16 水结碎石	25 砂砾层	71.5
	高速公路（二）	5 沥青混凝土	19 沥青稳定碎石+15 砂砾	15 加固底基层	54
	州际公路（一）	20~25 普通混凝土	10~15 水泥或沥青稳定层	15~30 级配粒料	45~70
	州际公路（二）	20 连续配筋混凝土面层	10~15 水泥或沥青稳定层		30~35
瑞士	高速公路（一）	5 沥青混凝土	7.5 沥青碎石	18 水泥稳定砂砾	30.5
	高速公路（二）	3+4 沥青混凝土	11 沥青碎石	30 砂砾石+20 水泥处治砂砾	68
	国道（一）	22 钢筋混凝土	25~45 砂砾和砂的混合物	15 水泥稳定层	62~82
	国道（二）	22 普通混凝土	15 水泥土	25 砂砾和砂的混合物	62
	国道（三）	7+11~13 沥青面层	30~49 砂砾和砂的混合物	20 水泥土	58~89
	国道（四）	7+11~13 沥青面层	60~80 砂砾和砂的混合物		70~93

续上表

国名	路名（修建年份）	面层厚度（cm） 名称	基层厚度（cm） 名称	底基层厚度（cm） 名称	总厚度（cm）
德国	高速公路（一）	4+3+5 沥青混凝土	18 沥青稳定碎石	15 级配砂砾+防冻层	45+防冻层
	高速公路（二）	22 钢筋混凝土板	3 沥青隔层+12 沥青稳定处理层	45 防冻层	82
	汉堡高速公路	3.5+3.5+5 沥青混凝土	18 沥青碎石	15 级配砂砾	45
法国	高速公路（一）	8 沥青混凝土	15 沥青基层	25 优质级配粒料+防冻层	48+防冻层
	高速公路（二）	8 沥青混凝土	25 沥青或水泥稳定层或矿碴稳定层	25 矿碴稳定层	58
	高速公路（三）	25(28)普通混凝土板	15 水泥土	15 矿碴稳定处理	55
	高速公路（四）	3+4 沥青混凝土	16 干压碎石	10~35 水泥稳定砂砾+15 砂层	48~73
	高速公路（五）	3+4 沥青混凝土	16 沥青稳定碎石	10~35 水泥稳定粒料+15 砂层	48~73
荷兰	高速公路（一）	22 钢筋混凝土	3 贫混凝土	15 水泥土	40
	高速公路（二）	4+4 沥青混凝土	13 沥青基层	12 沥青稳定层或13 水泥稳定层	33（或34）
	高速公路（三）	3+4 沥青混凝土	12 沥青基层	20 水泥土	39
	高速公路（四）	4+4 沥青混凝土	12~18 沥青稳定砂砾	15~40 水泥稳定砂砾	35~66
西班牙	高速公路	3~5+4~6 沥青混凝土	6~10 沥青碎石	20 水泥稳定砂砾+15 级配砂砾	48~56
意大利	高速公路	3+7 沥青混凝土	15 沥青稳定碎石	35 级配砂砾+30~40 砂层	90~100
奥地利	布伦纳高速公路	2.7+3.0+4.1 沥青混凝土	14+16 沥青稳定碎石	30 防冻层	69.8
挪威	高速公路	10 沥青混凝土	10 沥青稳定碎石	50 未筛分碎石+20 砂砾+40~90 防冻层	130~180
阿根廷	高速公路	7.5 沥青混凝土	12.5 沥青稳定碎石	10 沥青乳液稳定砂砾+35 防冻层	65

10

A 水泥混凝土路面设计图示例

a 水泥路面结构设计图(一)

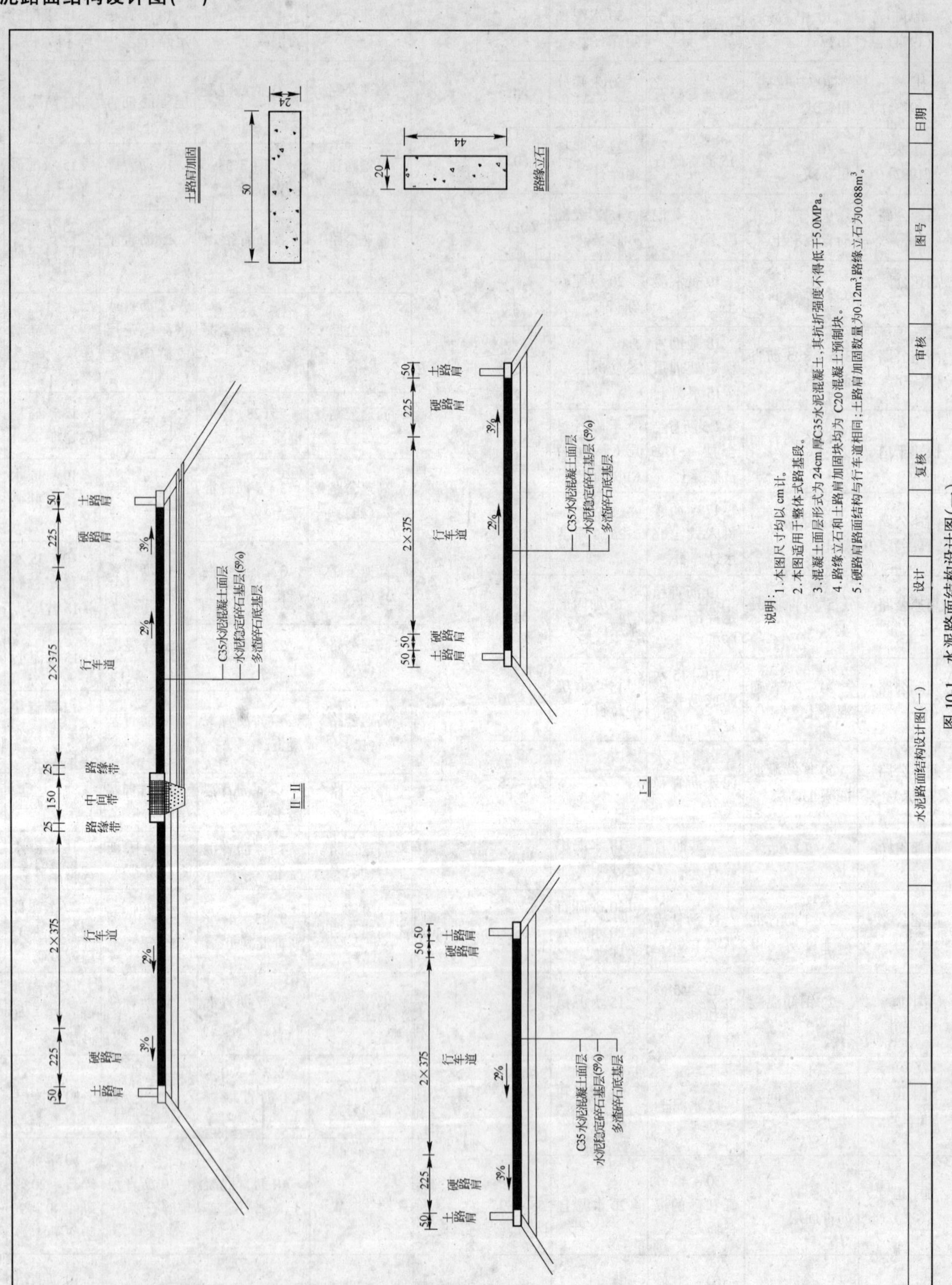

图 10-1　水泥路面结构设计图(一)

b　水泥路面结构设计图(二)

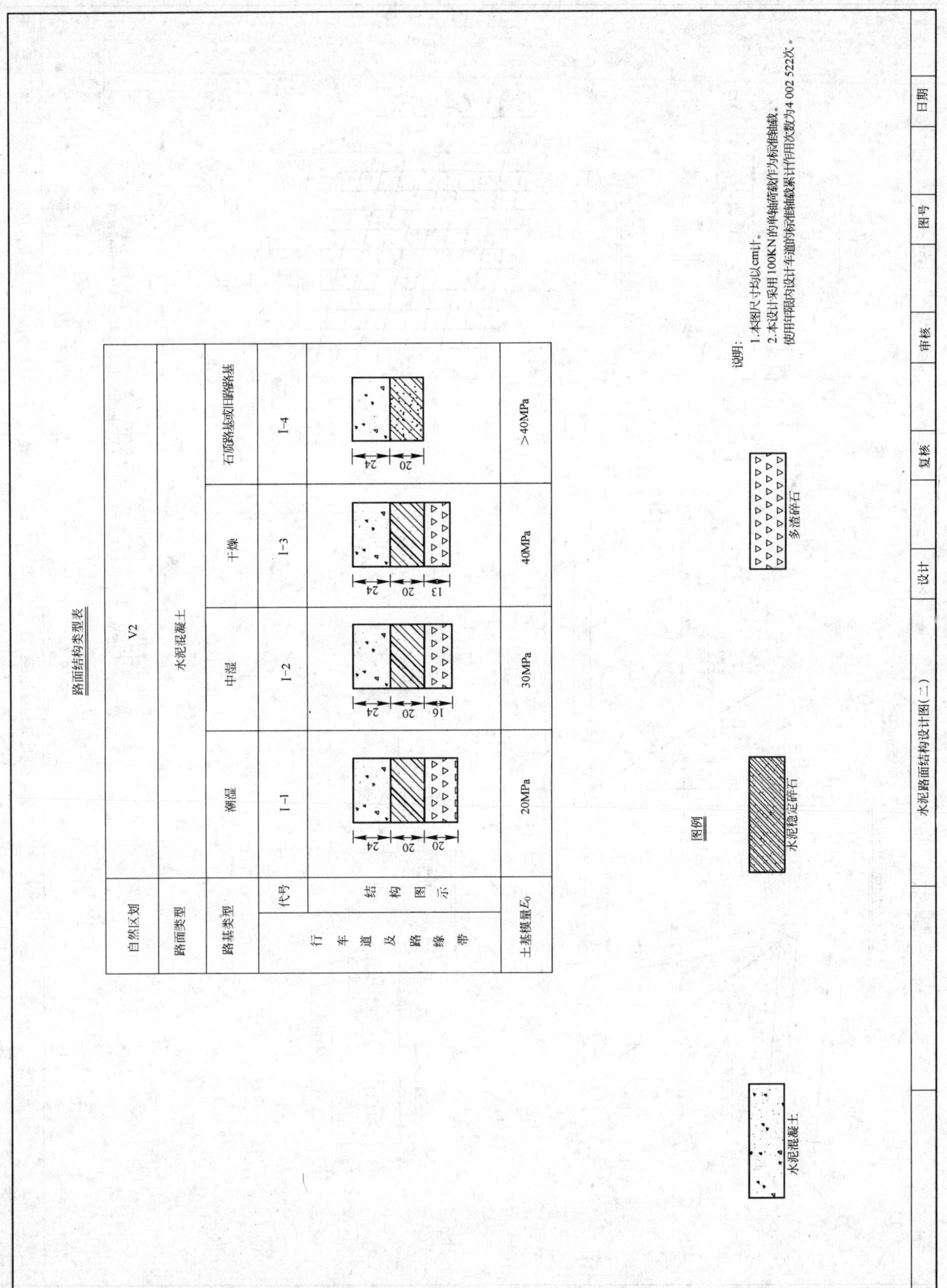

图 10-2　水泥路面结构设计图(二)

c 路面板边和角隅补强设计图

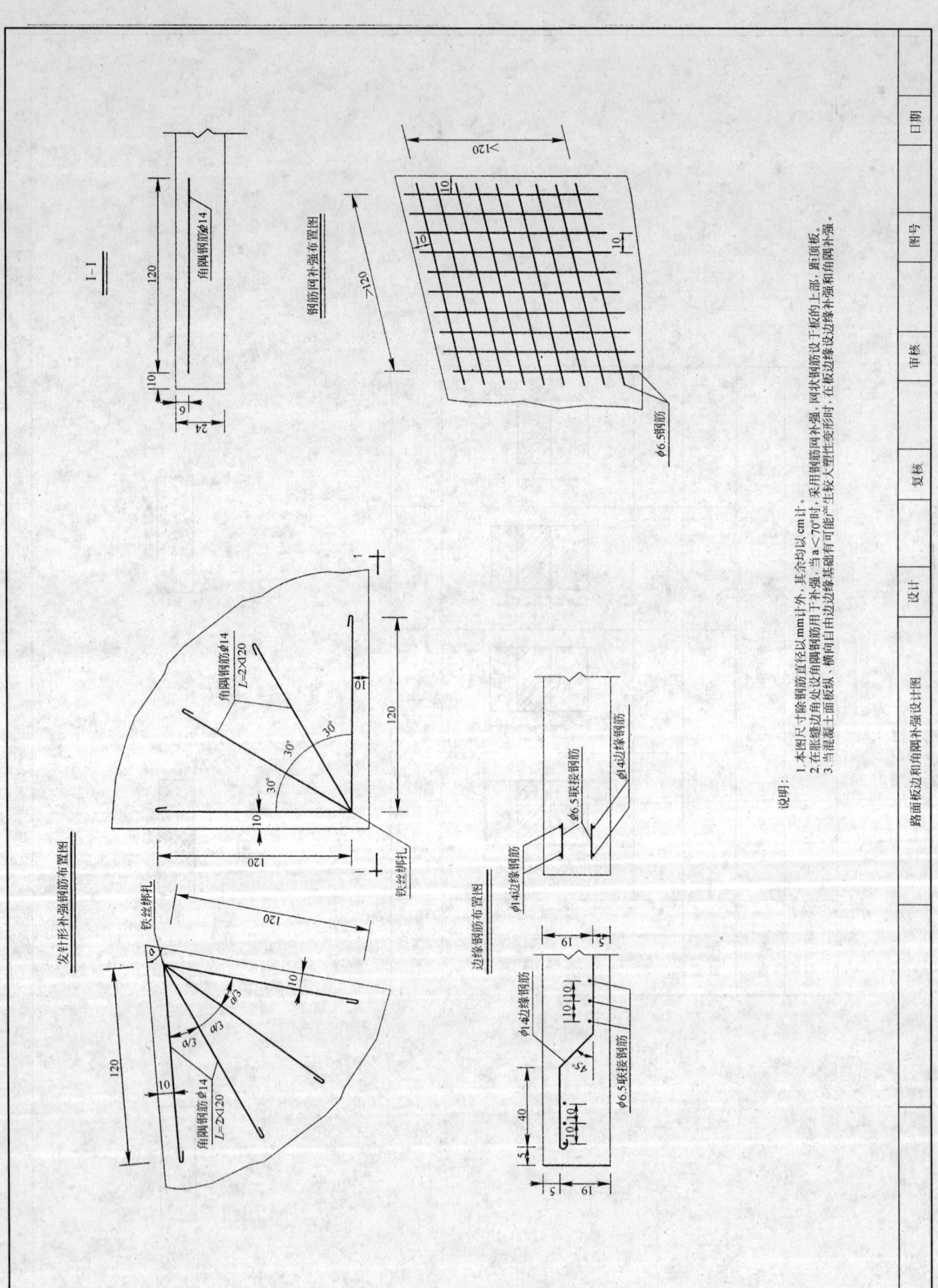

图 10-3 路面板边和角隅补强设计图

d　路面接缝设计图

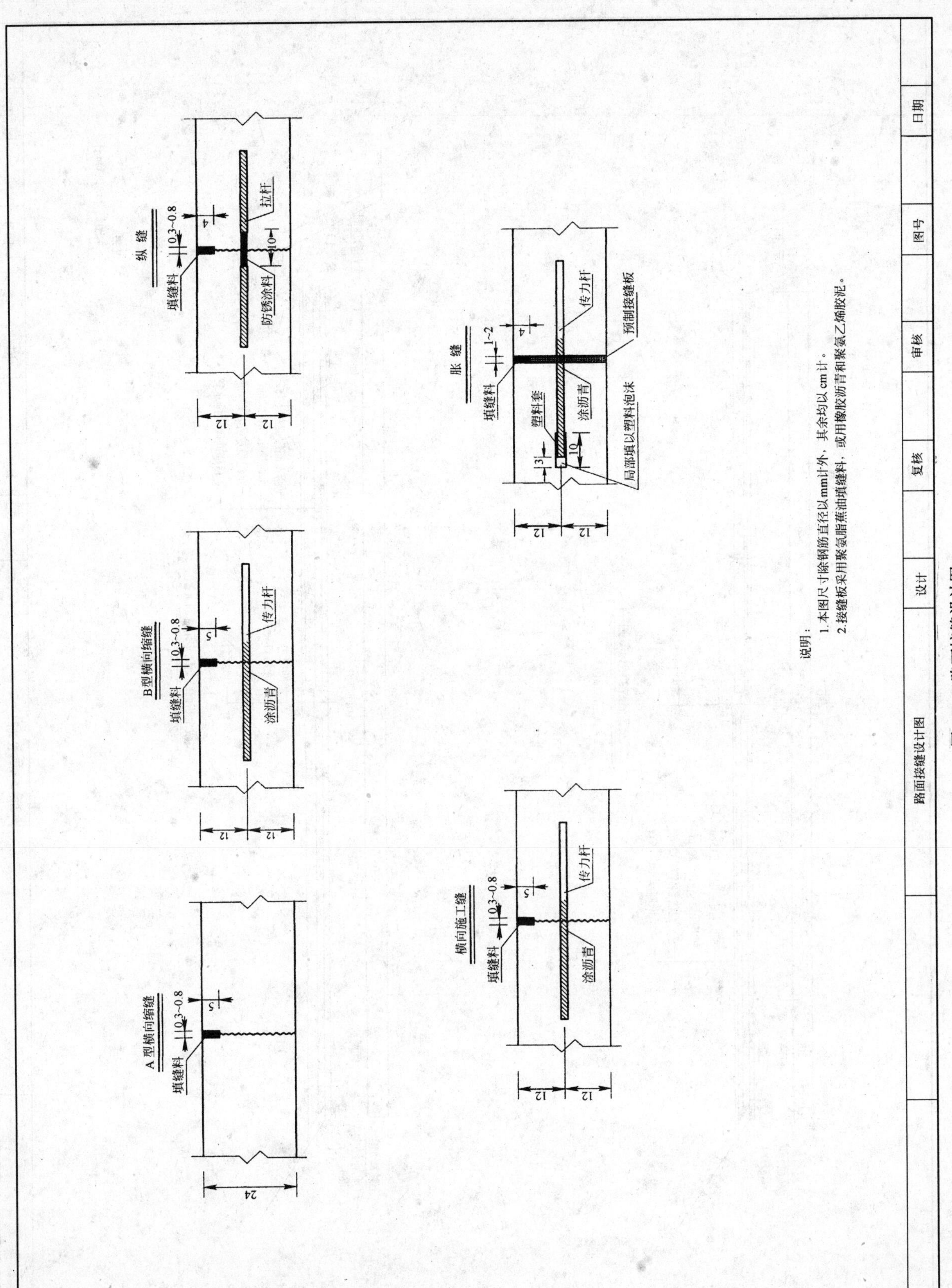

图 10-4　路面接缝设计图

10

B 沥青混凝土路面设计图示例

a 沥青路面结构设计图(一)

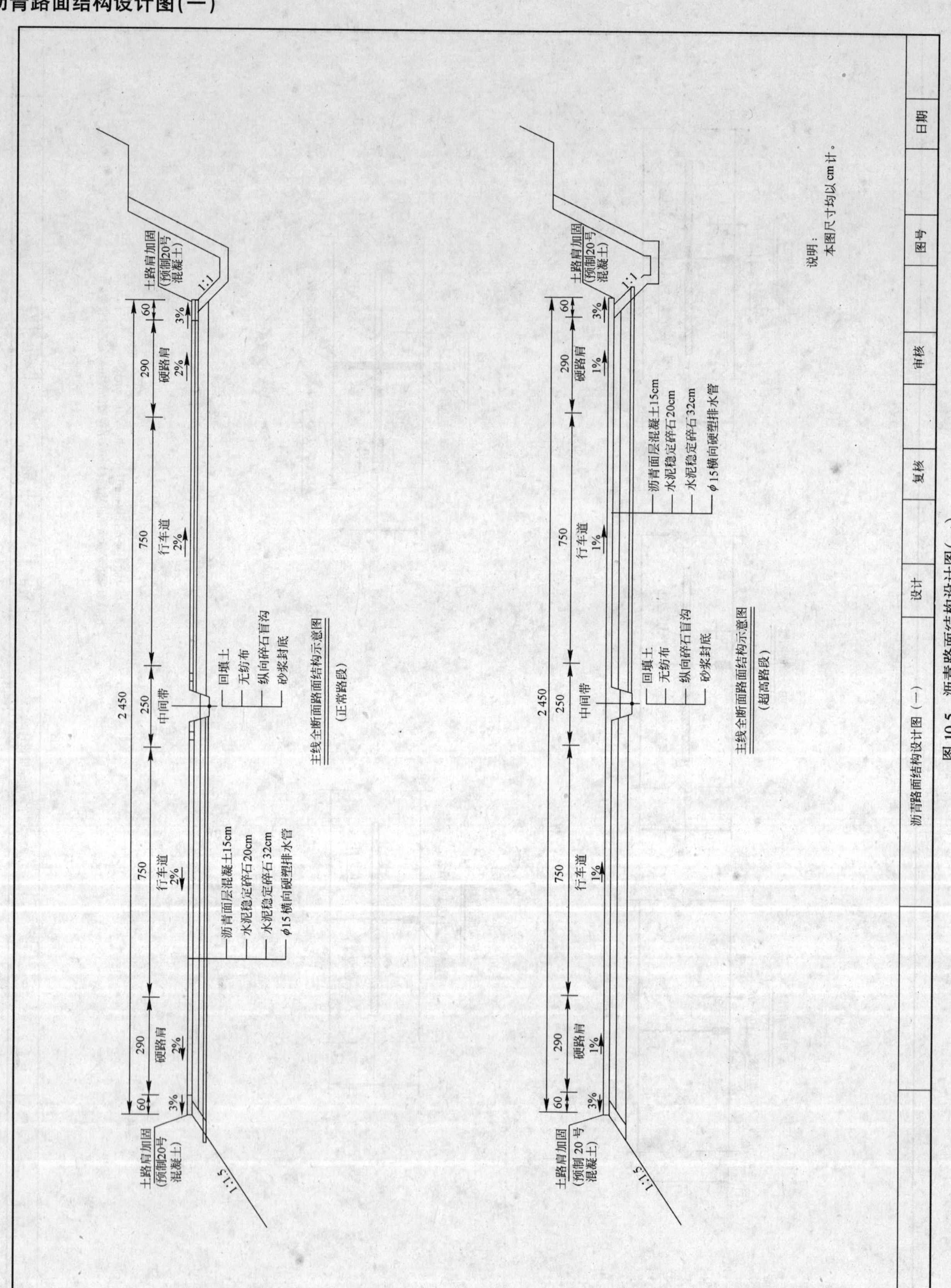

图 10-5　沥青路面结构设计图(一)

10

b　沥青路面结构设计图(二)

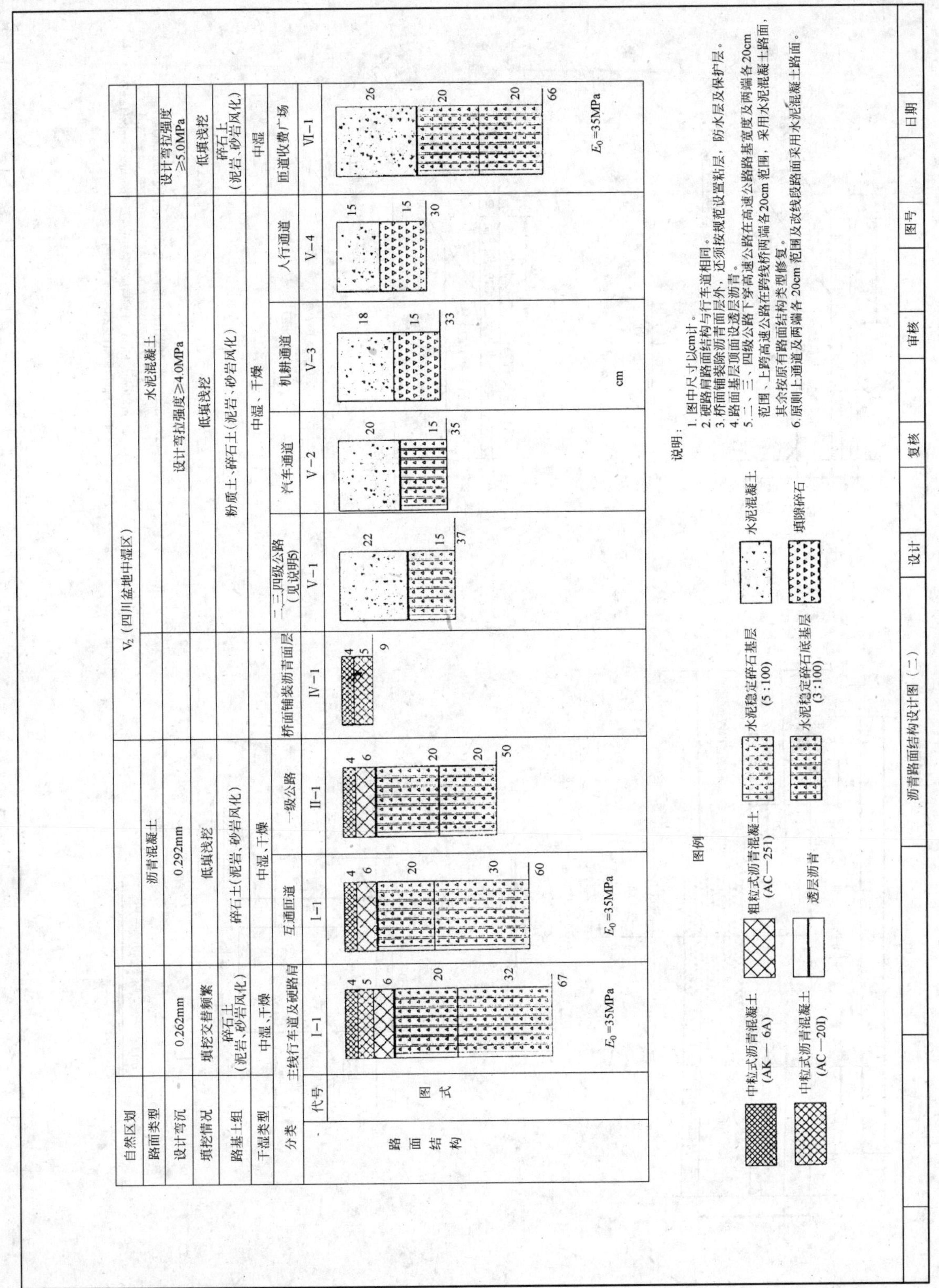

图 10-6　沥青路面结构设计图（二）

c 沥青路面结构设计图(三)

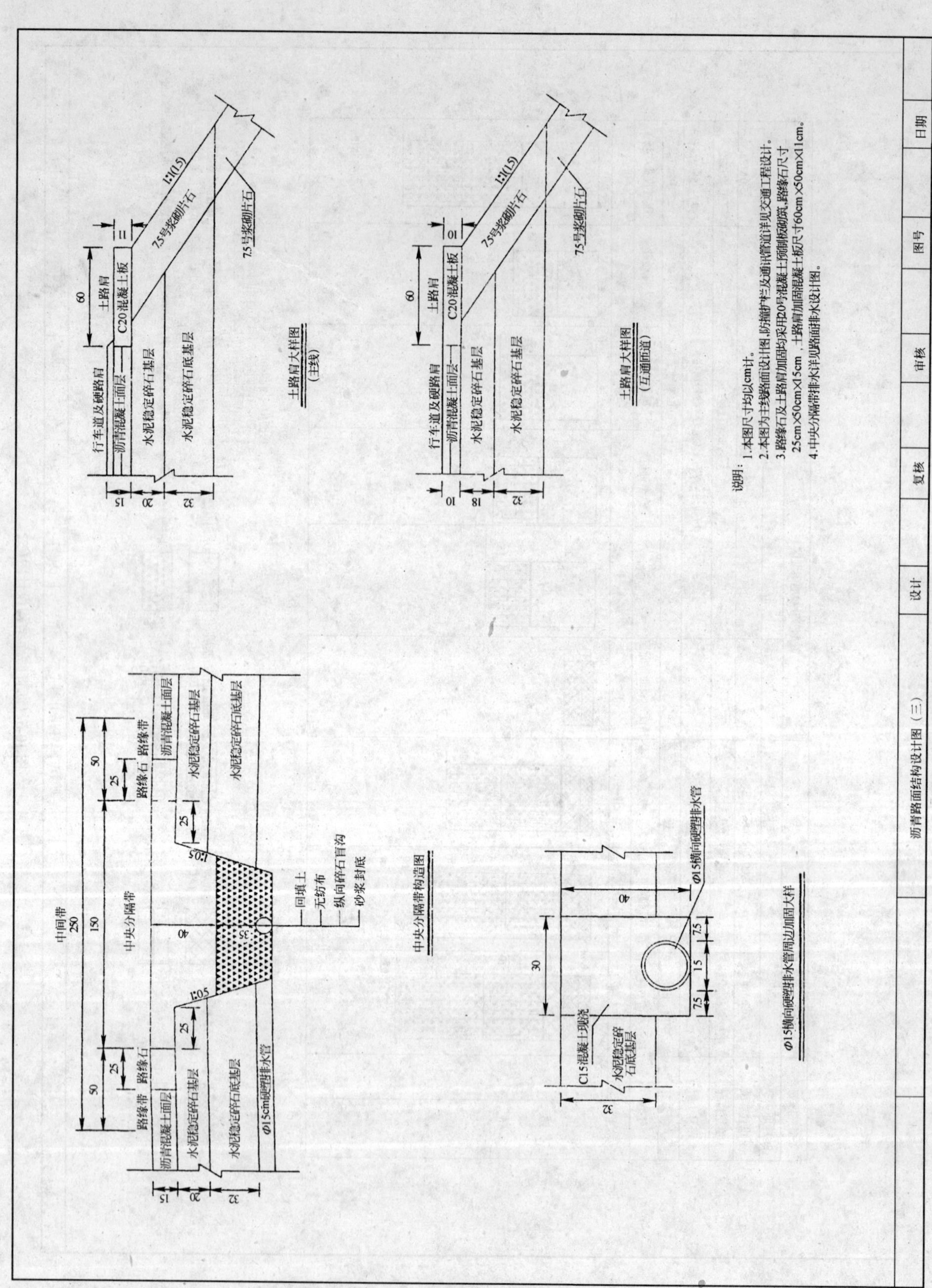

图 10-7 沥青路面结构设计图(三)

主要参考文献

1 公路工程技术标准(JTJ 001—97).北京:人民交通出版社,1997

2 公路排水设计规范(JTJ 018—97).北京:人民交通出版社,1996

3 城市道路设计规范(CJJ 37—90).北京:中国建筑工业出版社,1991

4 公路水泥混凝土路面设计规范(JTG D40—2002).北京:人民交通出版社,2002

5 公路沥青路面设计规范(JTJ 014—97).北京:人民交通出版社,1997

6 公路沥青路面施工技术规范(JTJ 032—94).北京:人民交通出版社,1994

7 公路路面基层施工技术规范(JTJ 034—2000).北京:人民交通出版社,2000

8 沥青路面施工及验收规范(GB 50092—96).北京:中国计划出版社,1996

9 粉煤灰石灰类道路基层施工及验收规程(CJJ 4—97).北京:中国建筑工业出版社,1998

10 固化类路面基层和底基层技术规程(CJJ/T 80—98).北京:人民交通出版社,1998

11 公路改性沥青路面施工技术规范(JTJ 036—98).北京:人民交通出版社,1998

12 路面稀浆封层施工规程(CJJ 66—95).北京:中国建筑工业出版社,1996

13 公路水泥混凝土路面滑模施工技术规程(JTJ 037.1—2000).北京:人民交通出版社,2000

14 钢纤维混凝土结构设计与施工规程(CECS 38:92).北京:中国计划出版社,1992

15 港口道路、堆场铺面设计与施工规范(JTJ 296—96).北京:人民交通出版社,1996

16 联锁型路面砖路面施工及验收规程(CJJ 79—98).北京:中国建筑工业出版社,1998

17 钢渣石灰类道路基层施工及验收规范(CJJ 35—89).北京:人民交通出版社,1990

18 公路工程质量检验评定标准(JTJ 071—94).北京:人民交通出版社,1994

19 公路勘测规范(JTJ 061—99).北京:人民交通出版社,1999

20 道路工程术语标准(GBJ 124—88).北京:中国计划出版社,1989

21 公路工程名词术语(JTJ 002—87).北京:人民交通出版社,1987

22 交通部.公路工程基本建设项目设计文件编制办法　北京:人民交通出版社,1996

23 硅酸盐水泥、普通硅酸盐水泥(GB 175—92).北京:中国建筑工业出版社,1993

24 粉煤灰在混凝土和砂浆中应用技术规程(JGJ 28—86).北京:中国建筑工业出版社,1986

25 预应力混凝土路面设计指南——美国预应力协会技术委员会 325 技术报告.(AC1 325·7R—88).上海:同济大学出版社,2000

26 北京市市政设计院.城市道路设计手册(上册).北京:中国建筑工业出版社,1985

27 姚祖康主编.公路设计手册·路面(第二版).北京:人民交通出版社,1999

28 姚祖康编著.公路排水手册.北京:人民交通出版社,2002

29 交通部第一公路工程局总公司编.道路建筑工程材料手册.北京:人民交通出版社,1997

30 杨文渊编.实用土木工程手册.北京:人民交通出版社,2000

31 杨文渊等编.道路施工工程师手册.北京:人民交通出版社,1997

32 杨文渊等编.简明公路施工手册.北京:人民交通出版社,2000

33 杨文渊编.路桥施工常用数据手册.北京:人民交通出版社,1998

34 国家建筑标准设计.道路(93SJ007(一)(二)).北京:中国建筑标准设计研究所出版,1993

35 国家建筑标准设计.道路(93SJ007(五)~(八)).北京:中国建筑标准设计研究所出版,1993

36 姚祖康著.水泥混凝土路面设计.安徽:安徽科学技术出版社,1999

37 高速公路丛书编委会.高速公路路面设计与施工.北京:人民交通出版社,2001
38 沙庆林编著.高等级公路半刚性基层沥青路面.北京:人民交通出版社,1998
39 黄已等著.高等级沥青路面设计理论与方法.北京:科学出版社,2001
40 黄已等著.高等级水泥混凝土路面设计理论与方法.北京:科学出版社,2000
41 邓学钧等编著.路面设计原理与方法.北京:人民交通出版社,2001
42 邓学钧主编.路基路面工程.北京:人民交通出版社,2000
43 张登良编著.沥青路面.北京:人民交通出版社,1999
44 姚祖康编著.铺面工程.上海:同济大学出版社,2001
45 沈金安编著.改性沥青与SMA路面.北京:人民交通出版社,1999
46 吕伟民编著.沥青混合料设计原理与方法.上海:同济大学出版社,2001
47 吴初航等编著.水泥混凝土路面施工及新技术.北京:人民交通出版社,2001
48 般岳川主编.公路沥青路面施工.北京:人民交通出版社,2000
49 朱新实等编.公路排水设施.北京:人民交通出版社,2000
50 徐家钰等编著.道路工程.上海:同济大学出版社,1995
51 杨金泉主编.碾压混凝土路面施工技术.北京:人民交通出版社,1998
52 任福田等编著.城市道路规划与设计.北京:中国建筑工业出版社,1998
53 虎增福主编.乳化沥青及稀浆封层技术.北京:人民交通出版社,2001
54 徐培华等编著.公路工程混合料配合比设计与试验技术手册.北京:人民交通出版社,2001
55 胡长顺等著.复合式路面设计原理与施工技术.北京:人民交通出版社,1999
56 辛德刚等编著.高速公路沥青路面材料与结构.北京:人民交通出版社,2002
57 胡长顺等编著.高等级公路路基路面施工技术.北京:人民交通出版社,1994
58 [日]金井格等著.道路和广场的地面铺装.北京:中国建筑工业出版社,2002
59 卓知学等编著.现代路面工程学.湖南:湖南科学技术出版社,1995
60 武和平编著.高等级公路路面结构设计方法.北京:人民交通出版社,1999
61 韩凤华等编著.公路沥青路面典型结构.上海:同济大学出版社,1998
62 杨锡武编著.公路水泥混凝土路面典型结构设计.北京:人民交通出版社,2002
63 英国运输研究院编.沥青路面道路结构设计指南.北京:人民交通出版社,1998
64 陈贺主编.公路、桥梁设计与研究论文集.北京:人民交通出版社,2000
65 交通部公路司.全国优秀公路勘察设计技术交流成果汇编.北京:人民交通出版社,2001